Springer Wien New York

Manfred Gerlach
Heinz Reichmann
Peter Riederer

Die Parkinson-Krankheit

Grundlagen, Klinik, Therapie

Vierte, überarbeitete und erweiterte Auflage

unter Mitarbeit von
Otto Dietmaier, Wolfgang Götz,
Gerd Laux und Alexander Storch

SpringerWienNewYork

Prof. Dr. Manfred Gerlach
Universitätsklinik und Poliklinik für Kinder- und Jugendpsychiatrie,
Würzburg, Deutschland

Prof. Dr. Heinz Reichmann
Neurologische Universitätsklinik, Dresden, Deutschland

Prof. Dr. Peter Riederer
Universitätsklinik und Poliklinik für Psychiatrie und Psychotherapie,
Würzburg, Deutschland

unter Mitarbeit von
Prof. Dr. Otto Dietmaier
Zentrum für Psychiatrie, Klinikum am Weissenhof, Weinsberg, Deutschland

Dr. Wolfgang Götz
Wildesheim, Deutschland

Prof. Dr. Gerd Laux
Inn-Salzach-Klinikum, Wasserburg am Inn – Rosenheim, Deutschland

Prof. Dr. Alexander Storch
Klinik und Poliklinik für Neurologie, Dresden, Deutschland

Das Werk ist urheberrechtlich geschützt.
Die dadurch begründeten Rechte, insbesondere die der Übersetzung, des Nachdruckes,
der Funksendung, der Wiedergabe auf photomechanischem oder ähnlichem Wege und der Speicherung
in Datenverarbeitungsanlagen, bleiben, auch bei nur auszugsweiser Verwertung, vorbehalten.
Die Wiedergabe von Gebrauchsnamen, Handelsnamen, Warenbezeichnungen usw. in diesem Buch
berechtigt auch ohne besondere Kennzeichnung nicht zu der Annahme, dass solche Namen
im Sinne der Warenzeichen- und Markenschutz-Gesetzgebung als frei zu betrachten wären
und daher von jederman benutzt werden dürfen.

© 2001, 2003, 2007 Springer-Verlag/Wien
Printed in Germany

SpringerWienNewYork ist ein Unternehmen von
Springer Science + Business Media
springer.at

Satz und Druck: Druckerei zu Altenburg, 04600 Altenburg, Deutschland

Gedruckt auf säurefreiem, chlorfrei gebleichtem Papier
SPIN 11915225

Mit 76 (teils farbigen) Abbildungen

Biografische Information der Deutschen Nationalbibliothek
Die Deutsche Nationalbibliothek verzeichnet diese Publikation in der Deutschen
Nationalbibliografie; detaillierte bibliografische Daten sind im Internet über
http://dnb.d-nb.de abrufbar.

ISBN 978-3-211-48307-7 SpringerWienNewYork
ISBN 3-211-83884-8 3. Aufl. SpringerWienNewYork

*Den
Parkinson-Patienten
gewidmet*

Geleitwort

Parkinsonkrankheiten sind nach wie vor weit verbreitet. Forschung, Diagnostik und Therapie sind daher Bereiche, die eng zusammenarbeiten müssen. Verdienst der neuen Auflage des vorliegenden Standardwerks ist es, hierzu einen wichtigen Beitrag zu liefern.

Seit Einführung der L-Dopa-Medikation können wir im Verlauf der Parkinson-Erkrankungen heute einen späteren Erkrankungsgipfel verzeichnen. Anspruch des modernen Therapieregimes ist es, die in diesem Buch aktualisiert dargestellt verfügbaren diagnostischen und therapeutischen Möglichkeiten zu nutzen, Lebenserwartung und Lebensqualität der Betroffenen und ebenso deren pflegender Angehörigen weiter zu steigern.

Das Behandlungsspektrum kann heute individuell auf die jeweiligen Parkinson-Patientinnen und -patienten angepasst werden und dadurch den zeitlich und symptombedingten Einschränkungen dieser fortschreitenden neurologischen Erkrankung Rechung tragen. Ziel ist es, dass die sozialen Einschränkungen der Betroffenen möglichst spät auftreten und so geringfügig wie möglich gehalten werden.

Ich danke den Autoren für ihr Engagement, die aktuell überarbeitete 4. Auflage dieses Standardwerkes vorzulegen. Im Besonderen gilt es zu würdigen, wie über die Darstellung neuester medikamentöser Therapieansätze hinaus die Chance eines ganzheitlich orientierten Therapieregimes herausgearbeitet und der Inhalt durch die Sicht der Betroffenen bereichert wird.

Allen Leserinnen und Lesern der neuen Auflage dieses Buches wünsche ich einen hohen Nutzen.

Januar 2007

Helma Orosz
Sächsische Staatsministerin für Soziales

Vorwort
zur vierten, völlig neu bearbeiteten Auflage

Dies ist bereits die 4. Auflage des von der Leserschaft erfreulicherweise mit großem Interesse aufgenommenen Buches zu Grundlagen, Klinik und Therapie der Parkinson-Krankheit. Seit der 1. Auflage vor gut sechs Jahren kennzeichnet dieses Buch die gründliche Erörterung der Klinik, Pathophysiologie und Neuropathologie der Parkinson-Krankheit sowie die ausführliche Behandlung der Wirkungsmechanismen von Anti-Parkinson-Medikamenten, tierexperimentellen Modellen und theoretischer Konzepte zur Neurodegeneration und Neuroprotektion, die dem interessierten, fortgeschrittenen Studenten, Pharmazeuten und in der Forschung tätigen Wissenschaftlern einen aktuellen Überblick über diesen Wissensstand vermitteln. Diese Kenntnisse sind aber auch die rationale Grundlage für die Kapitel zur Therapie der Parkinson-Krankheit und sollen dem um Rationalität seines therapeutischen Handelns und Beratens bemühten Arzt eine Richtschnur sein.

Seit dem Druck der letzten Ausgabe im März 2003 hat sich erneut viel auf dem Sektor der Diagnostik, Ätiopathogenese und Therapie der Parkinson-Krankheit getan. Es wird immer deutlicher, dass wir nicht mehr von einer Parkinson-Krankheit sprechen können, sondern dass es sich um ein weit gefächertes Spektrum an Parkinson-Krankheiten handelt. Diese Erkenntnis wird nicht zuletzt durch die stetig neu entdeckten genetisch determinierten Formen der Parkinson-Krankheit unterlegt. Wir haben deswegen auch in dieser Auflage die genetisch bedingten Parkinson-Syndrome ausführlich gewürdigt. Gerade die Erforschung der molekularen Ursachen der familiären Formen der Parkinson-Krankheit hat zu einem sprunghaften Erkenntnisgewinn zur Ätiopathogenese des so genannten idiopathischen Parkinson-Syndroms geführt. Durch die Entdeckung des α-Synucleins, aber auch durch altbekannte Proteine wie Tau sind wichtige Diagnose- und Differenzialdiagnose-Möglichkeiten für die Parkinson-Krankheit möglich geworden. Die Differenzialdiagnostik zur Multisystematrophie, progressiven supranukleären Blicklähmung und kortikobasalen Degeneration hat sich weiter verfeinert. Methoden wie Riechanalysen, Parenchymsonographie der Substantia nigra, Szintigraphie des sympathischen Nervensystems am Herzen, nuklearmedizinische PET- und SPECT-Methoden erlauben schon zu Lebzeiten des Patienten immer differenziertere Differenzialdiagnosen, welche dann auch eine bessere Möglichkeit zur Prognosestellung bezüglich der Krankheitsbilder ermöglichen. Bezüglich der bildgebenden Verfahren sind das so genannte Mickey-Mouse- oder das Hot-cross-bun-Zeichen neu hinzugekommen.

Seit der letzten Auflage ist der COMT-Hemmer Tolcapon wieder auf dem europäischen Markt zugelassen worden. Des Weiteren gibt es neben dem Selegilin einen neuen MAO-B-Hemmer, Rasagilin. Dieser Arzneistoff hat nicht nur in präklinischen Modellen neurodegenerativer Erkrankungen einen neuroprotektiven Effekt gezeigt, sondern wohl auch beim Menschen eine krankheitsmodifizierende Wirkung in einer klinischen Studie mit einem neuartigen Design, was wir ausführlich diskutieren. Unser Anliegen ist es, durch frühe Diagnoseoptionen mögliche neuroprotektive Therapeutika für die Patienten zur Anwendung zu bringen. Nicht zuletzt haben Arbeiten zum Rasagilin und Selegilin die Therapieempfehlung dahingehend modifiziert, dass allgemein eine frühe Therapie von Parkinson-Patienten dringlich empfohlen wird. Dies steht im Gegensatz zu der bisherigen Auffassung, dass Parkinson-Patienten dann therapiert werden sollten, sobald sie motorisch nennenswerte Probleme aufweisen. Das Feld der Neuroprotektion ist ein spannendes Thema, da weiterhin offen bleiben muss, ob Wirkstoffe wie Dopamin-Rezeptoragonisten, MAO-B-Hemmer oder auch Amantadin und Budipin neuroprotektive Eigenschaften besitzen. Unsere Überzeugung ist es, dass der frühe Einsatz dieser Wirkstoffe bei früher Diagnose der Parkinson-Krankheit von hohem Nutzen, unter anderem auch im Sinne einer Beeinflussung des Krankheitsverlaufes für die Patienten ist.

Ein weiterer Fortschritt in der Parkinson-Therapie dürfte die neue Pflaster-Galenik für Dopamin-Rezeptoragonisten darstellen. Bei Drucklegung dieses Buches ist Rotigotin in der transdermalen Anwendungsform zugelassen; für Lisurid wird eine Zulassung angestrebt. Durch diese Applikationsweise soll eine längerfristige Freisetzung des Wirkstoffes gewährleistet werden und damit eine kontinuierliche Stimulation zentraler Dopamin-Rezeptoren ermöglicht werden, was zu einer Prophylaxe von Dyskinesien führen sollte. Die Zukunft wird zeigen müssen, ob die Pflasterformulierung, der besonders lang wirksame Dopamin-Rezeptoragonist Cabergolin oder Dopamin-Rezeptoragonisten als Retardformulierung (die kurz vor der Zulassung stehen) Vorteile gegenüber der bisher angewandten oralen Therapie mit Dopamin-Rezeptoragonisten darstellen. In fortgeschrittenen Stadien der Parkinson-Krankheit gibt es neue, zum Teil wiederentdeckte Optionen. Dazu gehören die Apomorphin- und die Duodopa®-Pumpe. Eine besonders überzeugende Therapieform ist mittlerweile die tiefe Hirnstimulation, wenngleich sie auch keine Wunderwaffe darstellt. Sie erlaubt aber, schwer dyskinetischen Patienten eine erhebliche Verbesserung der Lebensqualität und Unterdrückung von Dyskinesien zu eröffnen. Somit ist sie von besonders hohem Stellenwert in fortgeschrittenen Parkinson-Stadien.

Noch sind wir weit davon entfernt, die Ursachen und die optimale Therapie für das idiopathische Parkinson-Syndrom im Buch diskutieren zu können. Andererseits ist aber festzuhalten, dass es für keine andere neurodegenerative Erkrankung solch überzeugende und wirksame Therapieoptionen gibt, wie das für das idiopathische Parkinson-Syndrom der Fall ist. Durch eine strategisch weit blickende Therapie kann man Patienten für sehr lange Zeit vor schweren motorischen Komplikationen schützen und wenn sie dann einmal auftreten, gibt es mittlerweile klare Konzepte, wie man die schweren Nebenwirkungen der Medikamente und die fortgeschrittenen Stadien der Parkinson-Krankheit positiv therapeutisch beeinflusst.

Gerade weil wir immer aktuell bleiben möchten und bestrebt sind, dass die neuesten Erkenntnisse aus der Forschung und Arzneimittelentwicklung in die Praxis umgesetzt werden, haben wir auch das Kapitel über zukünftige Strategien zur Verbesserung der Parkinson-Therapie überarbeitet und besprechen ausführlich die Probleme bei der Entwicklung neuroprotektiver Therapien.

Herrn Prof. Dr. G. Laux und Herrn Prof. Dr. O. Dietmaier sind wir für die Aktualisierung der Übersichtstabellen zu Dank verpflichtet. Herrn Prof. Dr. A. Storch gilt unser Dank für die Mitarbeit am Kapitel 17. Herrn Dr. W. Götz danken wir nicht nur für die Überarbeitung des Appendix A, das die Parkinson-Erkrankung aus der Sicht eines Betroffenen darstellt, sondern auch für sein Korrekturlesen der Druckfahnen und der Mithilfe bei der Erstellung des Sachregisters. Ein besonderer Dank gilt dem Springer-Verlag Wien und seinen Mitarbeitern Frau Mag. Renate

Eichhorn, Herrn R. Petri-Wieder und Herrn Mag. W. Dollhäubl, die dieses Buch in bewährter Qualität der Ausstattung und dennoch zu einem günstigen Preis herausbrachten.

Wir wünschen unserem Buch weiterhin viele Leserinnen und Leser und freuen uns über jeden Hinweis auf Fehlerquellen und Verbesserungsvorschläge.

Würzburg Dresden, Februar 2007

Manfred Gerlach
Heinz Reichmann
Peter Riederer

Vorwort
zur ersten Auflage

Seit der Publikation der Monographie von Birkmayer und Riederer „Die Parkinson-Krankheit" sind etwa fünfzehn Jahre vergangen. In dieser Zeit sind in den deutschsprachigen Ländern – vor allem aber in Deutschland – mehrere Forschungsinitiativen verwirklicht worden. Diese haben dazu beigetragen, die Zahl der an der Parkinson-Krankheit interessierten Kliniker und Grundlagenforscher anzuheben, Umfang und Qualität der klinischen und grundlagenorientierten Forschung entscheidend zu verbessern und dadurch die therapeutischen Optionen für Parkinson-Kranke weiter zu verbessern. Die vom Bundesministerium für Bildung und Forschung (BMBF) geförderten Maßnahmen – der über viele Jahre geförderte Schwerpunkt „Morbus Parkinson und andere Basalganglienerkrankungen" und das kürzlich initiierte bundesweite „Kompetenznetz Parkinson" – weisen auf den hohen Stellenwert dieser Krankheit im Bereich der altersassoziierten neurologisch/psychiatrischen Erkrankungen hin.

Seit den 50er und 60er Jahren gilt die Parkinson-Krankheit als „Modellerkrankung" einer Gehirnerkrankung. Neben der Identifizierung des morphologischen Substrats und der Aufdeckung des zugrunde liegenden neurochemischen Defektes gelang es die logische Schlussfolgerung einer hierauf basierenden klinisch wirksamen Substitutionstherapie zu ziehen. Dieser Anspruch wurde auch in den letzten 15 Jahren voll erfüllt. Die Durchführung molekularbiologischer und -genetischer Studien zur Ätiopathogenese der Erkrankung und weiterführende neurochemisch-pharmakologische Untersuchungen zur Funktion von Synapsen, die Vernetzung biochemisch orientierter Ätiopathogenese-Konzepte mit solchen der Genetik, Experimente zu Zelltodmechanismen, neuroregenerativen und -protektiven Strategien, Erkenntnisse zur Funktion des motorischen Regelkreises und daraus abgeleitete verbesserte stereotaktische Therapiestrategien, und vieles mehr haben zur berechtigten Hoffnung geführt, dass die Ursachen dieser behindernden Erkrankung aufgeklärt werden können.

Organisationen mit zunächst unterschiedlichen Interessen und Zielen haben sich zusammengefunden, um diese neuen Erkenntnisse rasch und effizient für den Patienten nutzbar zu machen. Die Deutsche-Parkinson-Gesellschaft (DPG) als Vertreterin der die Krankheit behandelnden Ärzte und erforschenden Wissenschaftler und die Deutsche Parkinson-Vereinigung (dPV) als Vertreterin der Interessen der betroffenen Patienten und deren Angehörigen entwickeln gemeinsame Forschungsaktivitäten, tauschen Erfahrungen aus und bilden gemeinsam Ärzte und Laien fort. Das Anliegen der von uns initiierten Initiative „PANTHER" (**Pa**rkinson und **n**europrotektive **Ther**apien) ist, auf Alternativen zur L-DOPA-Therapie und neuroprotektive Therapieprinzipien aufmerksam zu machen: Wissenschaftler, Kliniker und die pharmazeutische Industrie arbeiten gemeinsam an Konzepten, die Parkinson-Krankheit ursächlich zu behandeln, da es nur dadurch möglich sein wird, den natürlichen Krankheitsverlauf aufzuhalten.

Auch in Österreich und der Schweiz ist diese Art der vernetzten Bestrebung, die Parkinson-Krankheit, möglichst rasch und effizient besser verstehen und therapieren zu können, verwirklicht worden.

Dieser Hintergrund war für uns Anreiz genug, den aktuellen Stand von Grundlagenwissen, Klinik und Therapiestrategien der Parkinson-Krankheit zu beschreiben. Dabei war es nicht unser Bestreben, eine allgemein akzeptierte und daher auf Kompromissen aufgebaute Meinung zu bestätigen. Es ist unsere Meinung, die sich hier, basierend auf hochkarätiger präklinischer und klinischer Wissenschaft, präsentiert, und natürlich hoffen wir, dass sich möglichst viele Leser des Buches mit dessen Inhalt identifizieren können. Sollte dies nicht der Fall sein, sind wir zur Diskussion bereit, denn nur die Aussprache wird zu weiterführenden Erkenntnissen und Forschungsstrategien führen beziehungsweise beitragen. Manches ist daher auch provokant formuliert. Der Inhalt dieses Buch erhebt nicht den Anspruch auf Vollständigkeit; seine Nuancierung fördert den interdisziplinären Dialog zum Wohle des Patienten.

Wir wollen in diesem Lehrbuch kompetent, fächerübergreifend und komprimiert das aktuelle Wissen über die Parkinson-Krankheit darstellen. Es ist im deutschsprachigen Raum das erste und einzige Buch, das umfassend die pathologischen und -physiologischen Grundlagen als auch die Klinik und Therapie der Parkinson-Krankheit beschreibt. Darüber hinaus werden auch dem interessierten Patienten und Laien wichtige Informationen dargeboten. Besonderen Wert gelegt haben wir auf eine klare Darstellung hoch-komplexer Sachverhalte, auf eine anschauliche Bebilderung und die Verwendung zahlreicher Übersichtstabellen. Wichtig war uns auch einen historischen Bezug herzustellen, der den Studenten, aber auch an diesem Gebiet interessierten Wissenschaftlern und Medizinern die fundamentalen Beiträge früherer Forschergenerationen vor Augen führt.

Wir haben uns sehr darüber gefreut, dass die dPV, vertreten durch ihren 1. Vorsitzenden, unsere Einladung sofort angenommen hat, ein Kapitel aus der Sicht des Betroffenen zu verfassen. Prof. Dr. G. Laux und Prof. Dr. O. Dietmaier danken wir für die Zustimmung, die Übersichtstabellen aus dem Band V des Buches „Neuro-Psychopharmaka", 2. Auflage, zu übernehmen. Besonders verpflichtet sind wir Prof. Dr. Lutz Lachenmayer für seine wertvollen Anregungen und die Mühe und Zeit, die er mit dem kritischen Lesen des Buchmanuskriptes verbracht hat. Ein herzlicher Dank gilt unseren Frauen und Familien, die unsere Arbeit immer wohlwollend unterstützen. Anmerken wollen wir auch das Engagement des Springer-Verlages, dem wir für die gute Ausstattung des Buches und die Wegbegleitung danken.

Würzburg Dresden, September 2000

Manfred Gerlach
Heinz Reichmann
Peter Riederer

Danksagung

Diese Arbeit wurde durch die Unterstützung der „Center of Excellence Research Laboratories" der National Parkinson Foundation Inc. (NPF), Miami, USA, an der Klinik und Poliklinik für Psychiatrie und Psychotherapie, Universitäts-Nervenklinik, Klinische Neurochemie (PR), mit ermöglicht.

Inhaltsverzeichnis

1 Klinik 1
   1.1 James Parkinson 1
   1.2 Klassifikation und Subtypen der Parkinson-Syndrome 2
   1.3 Ätiologie des idiopathischen Parkinson-Syndroms 8
      1.3.1 Wann beginnt der krankheitsverursachende Prozess?
           Probleme bei der Stellung einer Frühdiagnose 9
      1.3.2 Hypothesen zur Pathogenese des idiopathischen Parkinson-Syndroms . . . 15
   1.4 Klinisches Bild des idiopathischen Parkinson-Syndroms 24
   1.5 Diagnose und Differenzialdiagnose des idiopathischen Parkinson-Syndroms 31

2 Neurobiologie der Parkinson-Krankheit 39
   2.1 Allgemeine Prinzipien der Neurotransmission mit
      besonderer Berücksichtigung des dopaminergen Systems 39
      2.1.1 Synaptische Übertragungsmechanismen 39
      2.1.2 Rezeptoren als Bindungs- und Wirkorte von Neurotransmittern und Arzneistoffen . . . 48
   2.2 Pathologische Befunde der Parkinson-Krankheit 57
      2.2.1 Neuropathologie 57
      2.2.2 Neurochemische und bildgebende Befunde 59
   2.3 Konzepte zur Funktion und Dysfunktion der Basalganglien bei der Parkinson-Erkrankung . . 72

**3 Präklinische und klinische Pharmakologie und Wirkungsmechanismen
von Anti-Parkinson-Medikamenten** 81

4 Tiermodelle der Parkinson-Krankheit 105
   4.1 Pharmakologisch-induzierte funktionelle Störungen der dopaminergen Neurotransmission . . 106
   4.2 Experimentell-induzierte Degeneration von nigro-striatalen dopaminergen Neuronen . . . 108
      4.2.1 6-OHDA 108
      4.2.2 Methamphetamin 117
      4.2.3 MPTP 119
      4.2.4 MPTP-ähnliche Verbindungen 128
      4.2.5 Eisen 131
      4.2.6 Weitere dopaminerge Neurotoxine 132
   4.3 Transgene Tiermodelle der Parkinson-Krankheit 134

5 Hypothesen zur molekularen und zellulären Pathogenese der Parkinson-Krankheit 137
   5.1 Oxidativer Stress 137
   5.2 Exzitotoxizität 146
   5.3 Störung der Ca^{2+}-Homöostase 149
   5.4 Apoptose 151
   5.5 Entzündliche Reaktionen 154

5.6 Protein-Aggregation 156
  5.7 Interagierende molekulare und zelluläre Pathomechanismen 162

6 Präklinische und klinische Befunde zur Neuroprotektion 165
  6.1 Präklinische Untersuchungen 168
  6.2 Klinische Studien, die mit dem Ziel durchgeführt wurden,
      Neuroprotektion nachzuweisen 179

7 Die Therapie des idiopathischen Parkinson-Syndroms 197
  7.1 Anticholinergika 197
      7.1.1 Einleitung und experimentelle Pharmakologie 197
      7.1.2 Indikationen und klinische Pharmakologie 198
      7.1.3 Nebenwirkungen und Kontraindikationen 198
  7.2 L-DOPA 198
      7.2.1 Einleitung und experimentelle Pharmakologie 198
      7.2.2 Indikationen und klinische Pharmakologie 199
            7.2.2.1 Normal und schnell freisetzende L-DOPA-Präparate 199
            7.2.2.2 L-DOPA-Retardpräparate 201
            7.2.2.3 Systemische Applikation von L-DOPA 205
      7.2.3 Nebenwirkungen und Kontraindikationen 207
  7.3 COMT-Hemmer 210
      7.3.1 Entacapon 210
            7.3.1.1 Einleitung und experimentelle Pharmakologie 210
            7.3.1.2 Indikationen und klinische Pharmakologie 210
                    7.3.1.2.1 Entacapon in Kombination mit L-DOPA-Formulierungen 210
                    7.3.1.2.2 Kombinationspräparat aus L-DOPA/Carbidopa/Entacapon 213
            7.3.1.3 Nebenwirkungen und Kontraindikationen 214
      7.3.2 Tolcapon 215
            7.3.2.1 Einleitung und experimentelle Pharmakologie 215
            7.3.2.2 Indikationen und klinische Pharmakologie 216
            7.3.2.3 Nebenwirkungen und Kontraindikationen 217
  7.4 Dopamin-Rezeptoragonisten 217
      7.4.1 α-Dihydroergocryptin 221
            7.4.1.1 Einleitung und experimentelle Pharmakologie 221
            7.4.1.2 Indikationen und klinische Pharmakologie 221
            7.4.1.3 Nebenwirkungen und Kontraindikationen 222
      7.4.2 Apomorphin 223
            7.4.2.1 Einleitung und experimentelle Pharmakologie 223
            7.4.2.2 Indikationen und klinische Pharmakologie 223
            7.4.2.3 Nebenwirkungen und Kontraindikationen 225
      7.4.3 Bromocriptin 225
            7.4.3.1 Einleitung und experimentelle Pharmakologie 225
            7.4.3.2 Indikationen und klinische Pharmakologie 226
            7.4.3.3 Nebenwirkungen und Kontraindikationen 227
      7.4.4 Cabergolin 227
            7.4.4.1 Einleitung und experimentelle Pharmakologie 227
            7.4.4.2 Indikationen und klinische Pharmakologie 227
            7.4.4.3 Nebenwirkungen und Kontraindikationen 229
      7.4.5 Lisurid 229
            7.4.5.1 Einleitung und experimentelle Pharmakologie 229
            7.4.5.2 Indikationen und klinische Pharmakologie 229
            7.4.5.3 Nebenwirkungen und Kontraindikationen 231

　　　　7.4.6　Pergolid 231
　　　　　　7.4.6.1　Einleitung und experimentelle Pharmakologie 231
　　　　　　7.4.6.2　Indikationen und klinische Pharmakologie 231
　　　　　　7.4.6.3　Nebenwirkungen und Kontraindikationen 234
　　　　7.4.7　Pramipexol 234
　　　　　　7.4.7.1　Einleitung und experimentelle Pharmakologie 234
　　　　　　7.4.7.2　Indikationen und klinische Pharmakologie 234
　　　　　　7.4.7.3　Nebenwirkungen und Kontraindikationen 237
　　　　7.4.8　Ropinirol 239
　　　　　　7.4.8.1　Einleitung und experimentelle Pharmakologie 239
　　　　　　7.4.8.2　Indikationen und klinische Pharmakologie 239
　　　　　　7.4.8.3　Nebenwirkungen und Kontraindikationen 245
　　　　7.4.9　Rotigotin 245
　　　　　　7.4.9.1　Einleitung und experimentelle Pharmakologie 245
　　　　　　7.4.9.2　Applikation des Pflasters 246
　　　　　　7.4.9.3　Indikationen und klinische Pharmakologie 246
　　　　　　7.4.9.4　Nebenwirkungen und Kontraindikationen 249
　　7.5　MAO-B-Hemmer 249
　　　　7.5.1　Selegilin 249
　　　　　　7.5.1.1　Einleitung und experimentelle Pharmakologie 249
　　　　　　7.5.1.2　Indikationen und klinische Pharmakologie 250
　　　　　　7.5.1.3　Nebenwirkungen und Kontraindikationen 254
　　　　7.5.2　Rasagilin 255
　　　　　　7.5.2.1　Einleitung und experimentelle Pharmakologie 255
　　　　　　7.5.2.2　Indikationen und klinische Pharmakologie 255
　　　　　　7.5.2.3　Nebenwirkungen und Kontraindikationen 258
　　7.6　NMDA-Rezeptorantagonisten 258
　　　　7.6.1　Amantadin 258
　　　　　　7.6.1.1　Einleitung und experimentelle Pharmakologie 258
　　　　　　7.6.1.2　Indikationen und klinische Pharmakologie 259
　　　　　　7.6.1.3　Nebenwirkungen und Kontraindikationen 260
　　　　7.6.2　Budipin 260
　　　　　　7.6.2.1　Einleitung und experimentelle Pharmakologie 260
　　　　　　7.6.2.2　Indikationen und klinische Pharmakologie 261
　　　　　　7.6.2.3　Nebenwirkungen und Kontraindikationen 261

8　Stereotaktische operative Verfahren 263
　　8.1　Thermokoagulation 263
　　8.2　Neurostimulation 264
　　　　8.2.1　Durchführung der tiefen Hirnstimulation 264
　　　　8.2.2　Nachsorge bei Patienten mit tiefer Hirnstimulation 267

9　Reflexionen zu möglichen neurotoxischen Nebenwirkungen von L-DOPA 271

10　Wann sollte mit der Parkinson-Therapie begonnen werden? 281

11　Therapie der Frühphase der Parkinson-Krankheit 283
　　11.1　Therapiestrategien bei Patienten unter 70 Jahren 283
　　11.2　Therapiestrategien bei Patienten über 70 Jahren 286

12　Therapie der Spätphase der Parkinson-Krankheit 287

13 Therapie von L-DOPA-assoziierten motorischen Komplikationen der Parkinson-Krankheit 289

13.1 Suboptimale Peak-Response von L-DOPA 291
13.2 Optimale Peak-Response von L-DOPA, aber unvorhergesehenes Off 292
13.3 Optimale Peak-Response unter L-DOPA mit Wearing-off 292
13.4 Die L-DOPA-Antwort bleibt aus 293
13.5 Peak-dose-Dys-/Hyperkinesien 293
13.6 Dystone Dyskinesie 294
13.7 Biphasische Dyskinesien 295
13.8 Freezing 295

14 Therapie von autonomen Störungen 297

14.1 Blasenentleerungsstörungen 297
14.2 Sexuelle Probleme 298
14.3 Störungen der Verdauung 299
14.4 Orthostatische Hypotension 300
14.5 Schmerzen und Paraesthesien 301
14.6 Seborrhö 301
14.7 Vermehrtes Schwitzen 302

15 Therapie von Schlafstörungen 303

16 Therapie neuropsychiatrischer Symptome 305

17 Zukünftige und nicht zugelassene Therapien der Parkinson-Krankheit . . . 311

17.1 Therapeutische Entwicklungen für die Parkinson-Krankheit 312
    17.1.1 Entwicklungen zur Verbesserung der symptomatischen Therapie . . 313
    17.1.2 Antidyskinetische Therapieentwicklungen 322
    17.1.3 Entwicklungen zur kausalen Therapie der Parkinson-Krankheit . . 324
17.2 Nicht zugelassene Therapien der Parkinson-Krankheit 328

Appendix A: Der Patient und sein Umfeld (W. Götz) 333

A.1 Von den ersten Symptomen bis zur Diagnose 333
    A.1.1 Die ersten Symptome 333
        A.1.1.1 Bedeutung von Aktionen zur Früherkennung 335
        A.1.1.2 Wege und Irrwege bei der Odyssee vor der Diagnose . . . 335
    A.1.2 Die Diagnose 338
A.2 Mit dem Morbus Parkinson/IPS leben 338
    A.2.1 Diagnose und Akzeptanz 338
    A.2.2 Das Verhältnis zwischen Betroffenen und ihrem Umfeld 339
        A.2.2.1 Die Bedeutung psychischer Probleme für die Beziehung zwischen Betroffenen und Bezugspersonen 339
            A.2.2.1.1 Die Situation der pflegenden Bezugspersonen . . . 340
            A.2.2.1.2 Sexualität und Partnerschaft 341
    A.2.3 Ergänzende Therapien 344
        A.2.3.1 Musiktherapie 345
        A.2.3.2 Physiotherapie 346
            A.2.3.2.1 Nordic Walking 346
        A.2.3.3 Entspannungstechniken 347
            A.2.3.3.1 Entspannungstraining nach Jacobson 347
            A.2.3.3.2 Atemtherapie 348
            A.2.3.3.3 Reiki, Johrei und QiGong 348

A.3 Hilfe zur Selbsthilfe bei Parkinson-Patienten in Deutschland 349
    A.3.1 Die „deutsche Parkinson Vereinigung" (dPV) 349
    A.3.2 Der „Club U 40" 354
    A.3.3 TIP, MSA, PSP 354
A.4 Fachkliniken, Pflege und Begleitkrankheiten 355
    A.4.1 Pflege 355
    A.4.2 Begleiterkrankungen, hier Osteoporose 357

Appendix B: Übersichtstabellen (O. Dietmaier und G. Laux) 361

Literatur 385

Verwendete Abkürzungen 433

Sachverzeichnis 435

1 Klinik

1.1 James Parkinson

James Parkinson wurde am 11.4.1755 in Hoxton, zu dieser Zeit ein Vorort von London, als Sohn des praktischen Arztes John Parkinson geboren. Als er seinen berühmten **„An Essay on the Shaking Palsy"** 1817 verfasste, konnte er bereits auf eine lange erfolgreiche Tätigkeit als Arzt in Hoxton zurückblicken. Er hatte damals seine Praxis bereits zum größten Teil seinem Sohn übergeben und damit begonnen, wissenschaftliche und gesellschaftspolitische Schriften zu verfassen. Nach seiner Heirat 1781 mit Mary Dale hatte das Paar sechs Kinder, von denen vier die Kindheit überlebten. Hoxton liegt im Nordosten Londons und war zu Zeiten von James Parkinson zunächst ein vornehmer Vorort, was sich im Laufe der industriellen Revolution wandelte, da sich immer mehr Arbeiter und Arme in Hoxton ansiedelten. So hatte Hoxton bald 50 000 Einwohner erreicht. James Parkinson schrieb in dieser Zeit mehrere praktische Anleitungen zur Hygiene für seine Mitbürger und Patienten, er gründete die Sonntagsschule und verfasste Schriften zur Unterbringung psychiatrisch Erkrankter. Die soziale Lage in Hoxton verschlechterte sich um die Jahrhundertwende zunehmend, was James Parkinson auch öffentlich anprangerte, ein Unterfangen, das damals nicht ungefährlich war. Sein ansonsten untadeliger Ruf bewahrte ihn aber vor Verfolgung. Neben der Medizin und der Politik galt seine ganze Liebe der Geologie und Paläontologie. Am 21.12.1824 starb James Parkinson, hochgeachtet von seiner Gemeinde und seinen Patienten.

In seiner Schrift „An Essay on the Shaking Palsy" beschreibt James Parkinson sechs Patienten, von denen er nur einen bis zu dessen Tod ärztlich betreute. Zwei der sechs Patienten waren ihm aufgrund ihres langsamen und nach vorne gebückten Ganges in den Straßen von London aufgefallen und er hatte sie angesprochen. Einen weiteren Patienten konnte er nur drei Wochen lang studieren, als sich dieser bei ihm wegen eines Abszesses behandeln ließ. Besonders interessant ist ein von ihm beschriebener Patient, der nach einem Schlaganfall seinen Ruhetremor verlor. Nach Besserung der Schlaganfallsfolgen kehrte dieser Tremor zurück. Diese Beobachtung kann als pathophysiologische Basis für die heute verwandten stereotaktischen Behandlungskonzepte gelten (siehe Kap. 8).

Überhaupt ist der Essay von James Parkinson eine wahre Fundgrube für viele auch heute noch geltende Regeln der Parkinson-Krankheit. Nach den Beobachtungen von James Parkinson begänne die Krankheit mit einem einseitigen Tremor, der innerhalb eines Jahres auch gegenseitig aufträte. Kurz darauf träte ein vornübergebeugter Gang auf, und es käme zu einer generalisierten Verlangsamung. Innerhalb von drei bis fünf Jahren werde das Gangbild kleinschrittig. Es käme im weiteren Verlauf zur Fallneigung. Letztendlich werde der Patient bettlägerig, komplett hilflos, sein Kopf sei zum Sternum geneigt. Final käme es zu

Dekubitus, Fieber und Delir. Die kognitiven Funktionen seien allerdings bis zum Tode erhalten. Es ist hier sicherlich nicht der Ort, dieser beeindruckenden Schilderung aus heutiger Sicht Ergänzungen hinzuzufügen, wie die Tatsache, dass leider ein nicht unerheblicher Teil von Patienten mit Morbus Parkinson kognitive Einbußen aufweist. Ganz im Gegenteil sollten wir mit großem Respekt diese wunderbare Schrift lesen, die aufgrund der Beobachtung und Untersuchung weniger Patienten die Charakteristika der Krankheit wie Tremor und Bradykinese schon so hervorragend beschreibt.

Im zweiten Teil seines Essays diskutierte Parkinson die mögliche Lokalisation der Schüttellähmung, wobei er das obere Halsmark als den wahrscheinlichsten Entstehungsort nennt. Auch hier kann man nur mit höchster Achtung den Überlegungen eines Arztes folgen, der keine Hirnschnitte kannte, über ein noch eingeschränktes anatomisches und insbesondere pathophysiologisches Wissen verfügte und sich doch deduktiv zu einer Annahme vorarbeitete, die heute zumindest in der Diskussion der Tremor-Genese und -Unterhaltung wieder interessant wird.

Parkinson scheint ein weiteres Kardinalsymptom der Erkrankung, nämlich den Rigor nicht erlebt zu haben, zumindest hat er ihn nicht erwähnt. Dies blieb dem großen französischen Arzt **Charcot** vorbehalten, der neben dem Muskelrigor auch erstmals die typische Haltung der Hände und Füße und insbesondere die Mikrographie beschrieb.

Schon bald nach James Parkinson hat **Wilhelm von Humboldt,** der selbst an der Parkinson-Krankheit litt, die Erkrankung in deutscher Sprache an Hand von Briefen und Aufzeichnungen umfassend in allen Stadien beschrieben. Von etwa 1825 bis 1834 hat er die zunehmenden Beschwerden detailliert aufgezeichnet. Bemerkenswert ist seine Meinung, dass es sich wohl um einen Prozess des Alterns handeln müsse! Eine pathologische Ursache hat er nicht angenommen. Für den interessierten Leser möchten wir auf die ausführliche Publikation zur Parkinson-Krankheit von Wilhelm von Humboldt von Horowski et al. (2000) hinweisen.

1.2 Klassifikation und Subtypen der Parkinson-Syndrome

Die Parkinson-Krankheit im engeren Sinne wird heute meist nicht mehr als Morbus Parkinson, sondern eher als idiopathisches Parkinson-Syndrom (IPS) oder primäre Parkinson-Krankheit bezeichnet. Der Anlass für diese Nomenklatur ist die Tatsache, dass es einige Parkinson-Syndrome gibt, deren Genese man gut kennt und die man als sekundäre oder symptomatische Parkinson-Erkrankungen bezeichnen könnte, wohingegen beim IPS die eigentliche Ursache der Erkrankung weiter im Dunkeln liegt. Bis auf weiteres werden wir aus historischen Gründen die genetisch bedingten Parkinson-Syndrome zu den primären (idiopathischen) Formen und nicht zu den sekundären zählen. Es ist anzunehmen, dass sich dies in Bälde ändern wird, sobald sich die monogenetisch determinierten Parkinson-Formen noch besser definieren lassen. Unserer Meinung nach spricht viel dafür, dass es sehr wohl sein könnte, dass auch das so genannte IPS polygenetisch determiniert ist und durch eine zusätzliche endogene oder exogene Noxe dann klinisch manifest wird.

Die Genese sekundärer Parkinson-Syndrome ist bekannt

Bei den symptomatischen Formen (Tabelle 1.1) kommt dem **medikamenteninduzierten Parkinsonismus** eine besondere Rolle zu. Als auslösende Medikamente müssen insbeson-

Tabelle 1.1. Klassifikation der Parkinson-Syndrome

1. *Idiopathisches Parkinson-Syndrom*
   - weitaus die häufigste primäre Form der Erkrankung, inklusive genetisch determinierte Formen
2. *Idiopathische Parkinson-Plus-Syndrome*
   - Multisystem-Atrophie
   - progressive supranukleäre Blick-Lähmung (Steele-Richardson-Olszewski-Syndrom)
   - kortikobasale Degeneration
   - Lewy-Körperchen-Demenz
3. *Sekundäre (symptomatische) Parkinson-Syndrome (Pseudoparkinsonismus)*
   - medikamentös bedingtes Parkinson-Syndrom (z. B. Neuroleptika, Flunarizin, α-Methyl-DOPA, Lovastatin und andere)
   - traumatisches Parkinson-Syndrom (selten, z. B. bei Boxern)
   - postenzephalitisches Parkinson-Syndrom
   - Encephalitis lethargica, heute sehr selten
   - Parkinson-Syndrom bei Raumforderung (selten, z. B. bei Lymphom beschrieben)
   - toxisches Parkinson-Syndrom (Blei, Mangan, Kohlenmonoxid, MPTP, TaClo)
   - arteriosklerotisches Parkinson-Syndrom (umstritten)

dere die Neuroleptika (Phenothiazine und Butyrophenone) genannt werden. Diese Substanzen wirken als Dopamin-Rezeptorblocker (Dopamin-Rezeptorantagonisten, siehe Kap. 2.1.2). Sie induzieren Frühdyskinesien oder auch tardive Syndrome, zu denen man das Parkinson-Syndrom zählen kann. Sie sind therapeutisch zum Teil sehr schwer korrigierbar, sodass man den langjährigen Einsatz von Neuroleptika sehr genau abwägen muss, die Patienten immer wieder zur neurologischen Kontrolle einbestellen muss und gegebenenfalls atypische Neuroleptika wie Clozapin oder Olanzapin bei der Behandlung von Psychosen einsetzen sollte, da deren Parkinson-induzierende Potenz sehr niedrig ist. Weiter können Substanzen wie Metoclopramid, ein Antiemetikum mit Serotonin-5-HT$_4$-Rezeptor agonistischen und zusätzlich Dopamin-Rezeptor antagonistischen Eigenschaften, das in bis zu vier Prozent zum Parkinson-Syndrom führen kann (Ganzini et al., 1993), Reserpin, Tetrabenazin und α-Methyl-DOPA, Substanzen, die als Dopamin-Speicherentleerer wirken, Ursache eines Parkinson-Syndroms sein.

Aus neurologischer Sicht ist besonders zu erwähnen, dass auch Flunarizin und Cinnarizin zum Parkinsonismus führen können. Insbesondere Flunarizin, das bei jungen Frauen zur Migräne-Prophylaxe angewandt wurde, hat wiederholt zu Parkinsonismus geführt. Glücklicherweise waren diese Symptome aber meist nach Absetzung des Flunarizins komplett reversibel, wobei die Arbeitsgruppe um Micheli (1989) beschrieb, dass die Rückbildung der Symptome bis zu 18 Monate dauern konnte. Neben der geringfügigen Hemmung der Dopamin-D2-Rezeptorfamilie (siehe Kap. 2.1.2) weisen diese Substanzen einen Ca^{2+}-Antagonismus auf, sodass eine Beobachtung von Hefner und Fischer (1989) interessant ist, die auch unter dem Ca^{2+}-Antagonisten Nifedipin Patienten sahen, die ein Parkinson-Syndrom entwickelt hatten.

Zu den Medikamenten, die ein Parkinson-Syndrom auslösen beziehungsweise eine Parkinson-Krankheit demaskieren können zählt auch Lovastatin, das das Schlüsselenzym der Cholesterol-Biosynthese, die Hydroxymethylglutaryl-CoA-Reduktase, hemmt und zur Behandlung erhöhter Cholesterol-Blutspiegel verwendet wird. Müller und Kollegen (1995), die von zwei Fällen berichteten, vermuteten, dass durch die Hemmung der Hydroxymethylglutaryl-CoA-Reduktase unter anderem erhöhte Mengen an Acetyl-CoA entstehen, die zur vermehrten Bildung von Acetylcholin (ACh) führen. Von Tacrin, einem ACh-Esterase-Hemmer, ist bekannt, dass es durch die erhöhte zentrale ACh-Aktivität eine Parkinson-Symptomatik verschlechtert (Ott und Lannon, 1992).

In der heutigen Zeit kaum relevant sind die postenzephalitischen Formen. Am bekanntesten in diesem Zusammenhang ist die epidemische Form der **von-Economo-Enzephalitis** (neuere Bezeichnung Encephalitis lethargica), die um die Wende vom 19. zum 20. Jahrhundert (insbesondere in den Jahren um 1916–1920) in Europa, den USA, aber auch in Südamerika und Indien viele Menschen zu chronischen Parkinson-Patienten machte. Von Economo publizierte seine Beobachtungen 1917, die auf Untersuchungen von Patienten an der Psychiatrischen Klinik in Wien basierten. Schon in der Jugend entwickelten die Patienten zunächst aus unerklärlichen Gründen einen Tremor und Rigor der Arme und Hände. Manche Patienten entwickelten das Parkinson-Syndrom aber auch bis zu 25 Jahre nach der Pandemie, sodass natürlich der kausale Zusammenhang diskutiert werden muss. Ähnliche Verhältnisse gelten für die Japan-B-Enzephalitis. Bis heute hat man das verantwortliche Virus für die von-Economo-Enzephalitis nicht gefunden, es könnte sich aber um ein Grippevirus gehandelt haben, da die Krankheit im Rahmen der Grippe-Pandemie zur Zeit des Ersten Weltkrieges auftrat. Eine virusinduzierte Enzephalitis kann jedenfalls zu einer Schädigung des nigro-striatalen Systems führen, was z. B. durch eine Reduktion des ^{18}F-DOPA-Signals im PET (Positronemissions-Tomographie) nachgewiesen wurde (Clane, persönliche Mitteilung).

Oliver Sacks, der berühmte Neurologe aus New York, hat in einem seiner Bücher (Zeit des Erwachens) eindrucksvoll die Symptome der Encephalitis lethargica beschrieben, und der darauf basierende Film mit Robert DeNiro und Robin Williams ist in der Darstellungskunst von Parkinsonismus kaum zu überbieten und zeigt höchst eindrücklich, was Birkmayer und Cotzias erlebt haben müssen, als die ersten Patienten auf L-DOPA (L-3,4-Dihydroxyphenylalanin, Synonym Levodopa) ansprachen. Für uns Europäer ist auch nicht mehr sehr relevant, dass die Syphilis häufig zu Parkinsonismus führte. Die in einigen Gebieten Deutschlands häufiger auftretende Borreliose unterscheidet sich davon, da ich (HR) auch bei unbehandelten Patienten in späten Stadien der Erkrankung nie ein Parkinson-Syndrom sah. **Metabolische Störungen** wie z. B. bei einer hepatozerebralen Degeneration, nach Hypoxie oder Störungen der Parathyreoidea können ebenfalls extrapyramidal-motorische Symptome bewirken, die aber meist gut von einem primären Parkinson-Syndrom zu unterscheiden sind.

Besonderes Augenmerk fanden die **Neurotoxine,** und hier insbesondere das 1-Methyl-4-phenyl-1,2,3-6-tetrahydropyridin (MPTP), das ein Parkinson-Syndrom beim Menschen auslösen kann, weil sie die Möglichkeit eröffneten, im Tierexperiment das Krankheitsbild zu imitieren und die pathogenetische Forschung stimulierten. Auf die verschiedenen Neurotoxine wie unter anderem auch das MPTP und auf das von uns entdeckte TaClo (1-Trichlormethyl-1,2,3,4-tetrahydro-β-carbolin) wird im Kap. 4 eingegangen werden. Besonders erwähnen möchten wir hier die Kohlenmonoxid-Vergiftung, die seit der Einführung von Erdgas und Abschaffung der Kohleheizung deutlich seltener wurde und heute meist nur noch bei Applikation von Kohlenmonoxid in suizidaler Absicht beobachtet und häufig nicht überlebt wird. Nach einer Untersuchung von Choi (2002) an 242 Patienten mit einer Kohlenmonoxid-Vergiftung entwickelten 9,5 Prozent innerhalb eines Monats ein Parkinson-Syndrom. Dieses konnte nicht mit L-DOPA und Anticholinergika therapiert werden; bei 81,3 Prozent der Fälle trat eine spontane Besserung innerhalb von sechs Monaten ein. In Chile wurden Grubenarbeiter beobachtet, die ungeschützt in

Mangan-Gruben arbeiteten und ebenfalls Parkinson-Symptome entwickelten. Weitere Parkinsonismus auslösende Toxine sind Kohlendisulfid und Zyanid.

Umstritten ist die Frage, ob vaskuläre oder tumoröse Erkrankungen zum Parkinson-Syndrom führen. Sicherlich lassen sich Patienten finden, die nach einem Schlaganfall ein Parkinson-Syndrom entwickeln. Berücksichtigt man aber, wie häufig Ischämien die Basalganglien betreffen, ist es erstaunlich, wie selten Parkinson-Symptome auftreten. Anders ist die Situation aber bei Patienten mit einer Mikroangiopathie (subkortikale arteriosklerotische Enzephalopathie), die sehr häufig einen Pseudo-Parkinsonismus aufweisen und mit einem kleinschrittigen und breitbasigen Gangbild (Dysbasie) auffallen. Ähnliches gilt für Patienten mit einem Normaldruckhydrozephalus, die zusätzlich noch eine Harninkontinenz und eine Demenz aufweisen können. Erwähnenswert sind Fallberichte, in denen Patienten mit einem IPS beschrieben werden, die nach einem Schlaganfall, der auch den Nucleus subthalamicus einschloss, den Ruhetremor und Rigor verloren und nach Restitution wieder Parkinson-krank waren. Solche Beobachtungen lassen sich durch die motorischen Schleifen, wie sie weiter unten ausführlich dargestellt werden (siehe Kap. 2.3), unschwer erklären.

Trotz der persönlichen Erfahrung mit vielen Hirntumorpatienten kann ich mich (HR) an keinen Patienten mit einem Parkinsonismus darunter erinnern. Erst jüngst wurde allerdings über einen 75-jährigen Patienten berichtet, der ein zerebrales Lymphom hatte, mit dem ein rein akinetisches Parkinson-Syndrom verknüpft war (Pramstaller et al., 1999).

Tragisch ist das Beispiel von Boxern, die im Rahmen vieler Kopftreffer ein **traumatisches Parkinson-Syndrom** entwickeln können. Es ist bekannt, dass Boxer durch die schweren Kopftreffer intrazerebrale Mikrohämatome entwickeln, die nicht selten in den Basalgan-

Tabelle 1.2. Genetische Ursachen für ein Parkinson-Syndrom (nach Gwinn-Hardy, 2002; Hardy et al., 2006)

Genetische Variante	Klinik	Vererbung	Betroffene Population	Demenz	Asymmetrie	Ruhetremor	Ansprechbarkeit auf Dopaminergika	Charakteristische klinische Zeichen	Neuropathologie
α-Synuclein-Mutation A53T (PARK 1)	PK, LBD	AD	italienischer, griechischer Abstammung	++	+++	+++	+++	Beginn typischerweise 1 <45 Jahre	PK?, LBD (siehe Duda et al., 2002)
α-Synuclein-Mutation A30P (PARK 1)	PK	AD	deutscher Abstammung	±	+++	+++	+++	eher typischer Beginn als bei A53T-Mutation	PK
Parkin-Deletionen oder „compound point mutation" (PARK 2)	OD, dystoner Parkinsonismus	größtenteils AD	wahrscheinlich global	−	±	±	+++	Fuß-Dystonie, Besserung im Schlaf, schleichender Verlauf	Verlust pigmentierter Neuronen, keine LK, außer 1 Fall

Tabelle 1.2. (Fortsetzung)

Genetische Variante	Klinik	Vererbung	Betroffene Population	Demenz	Asymmetrie	Ruhetremor	Ansprechbarkeit auf Dopaminergika	Charakteristische klinische Zeichen	Neuropathologie
Ch 2p13-Kopplung (PARK 3)	PK	AD, verminderte Penetranz	nordeuropäische Abstammung	±	+++	+++	+++	könnte typischer Parkinson-Krankheit ähneln	Lewy-Körperchen vorhanden
α-Synuclein-Locus-Triplikation (PARK 4)	PK, Aktionstremor, LBD	AD, verminderte Penetranz	Iowa-Abstammung (irisch, englisch, andere?)	++, vor allem später im Verlauf	+++	+++	+++	könnte eine LBD sein; PK oder mit Aktions-/essentiellem Tremor Erkrankungsbeginn 3.–6. Dekade	LBD
Ch 1p-Kopplung (PARK 6, PINK1)	PK	AR	italienische Abstammung	–	+++	+++	+++	früher Beginn, Tremor-dominant	nicht verfügbar
Ch 1p-Kopplung (PARK 7, DJ-1)	PK	AR	holländische Abstammung	–	+++	+++	+++	früher Beginn, Dystonie, psychische Auffälligkeiten	nicht verfügbar
Ch 1p-Kopplung (PARK 8)	PK	AD	isländische Abstammung	–	+++	+++	+++	ähnelt typischer Parkinson-Krankheit, Tremor-dominant später Beginn	nicht verfügbar
Ubiquitin-C-Hydrolase-Mutation (Exon 4)	PK	nicht bekannt, wahrscheinlich AD	deutsche Abstammung	–	+++	+++	+++		nicht verfügbar
Tau-kodierend, Spleißmutation	Frontalhirn-Demenz, Parkinsonismus (FTDP = 17)	AD	global	+++	–	–	–	Dis-Inhibition, insbesondere am Anfang, später Abulie	neurofibrilläre Tangles

1.2 Klassifikation und Subtypen der Parkinson-Syndrome

multiple Mutationen in Kupfer-transportierender ATPase	Morbus Wilson	AR	global, insbesondere im Mittleren Osten, Japan, Sardinien	±	±	±	±	Kayser-Fleischer-Ringe unter der Spaltlampe, verschiedene Bewegungen, psychiatrische Auffälligkeiten	Kupfer-Ablagerung im lentikulären Kern
Xp11.22-Xq21.3-Kopplung	PK, Parkinsonismus, Dystonie (Lubag, XLP)	X-Chromosom-gekoppelt, rezessiv	Panay-Insel auf Philippinen	−	±	±	±	hervorragend Dystonie, einschließlich des Gesichtes (Blepharospasmus)	nur wenige Daten vorhanden, mosaikförmige Astrozyten im Putamen, Zellverluste
Ataxin-2-poly-CAG-Expansion (>34 Repeats)	SCA2-Ataxie (31–34 Repeats können nicht typische Parkinson-Krankheit verursachen)	AD	global	−	±	±	±	periphere Neuropathie, sakkadische Augenbewegungen, Ataxie	Polyglutamin-Einschlüsse
Ataxin-3-poly-CAG-Expansion (>56 Repeats)	SCA3/MJD (41–56 Repeats können nicht typische Parkinson-Krankheit verursachen)	AD	global	−	±	±	++	Ataxie	Polyglutamin-Einschlüsse

AD, autosomal dominant; AR, autosomal rezessiv; LBD, Demenz mit Lewy-Körperchen (entsprechend den Kriterien von McKeith et al., 1996); FTDP = 17, fronto-temporale Demenz und Parkinsonismus, der mit dem Chromosom 17 verknüpft ist; LK, Lewy-Körperchen; MJD, Machado-Joseph-Krankheit (SCA3); PK, es müssen mindestens zwei der vier Hauptsymptome der Parkinson-Krankheit und die Ansprechbarkeit auf Dopaminergika vorhanden sein; Parkinsonismus; das Vorhandensein von mindestens zwei der vier Hauptsymptome der Parkinson-Krankheit kann die typische Parkinson-Krankheit umfassen oder andere Symptome wie Augenbewegungsstörungen, Dysautonomia, kognitive Beeinträchtigungen, psychologische Störungen und Nicht-Ansprechen auf Dopaminergika; SCA, spinozerebelläre Ataxie; XLP, X-Chromosom-verknüpfter Parkinsonismus; +++, dieses Merkmal ist typisch oder klassisch; ++, häufig, aber nicht typisch; ±, wurde beschrieben; −, wurde nicht beschrieben, wurde aber nicht klar bei der Krankheit klinisch gesehen.

glien lokalisiert sind und dann Parkinson-krank machen.

Neben diesen symptomatischen Parkinson-Syndromen setzt sich immer mehr die Meinung durch, dass auch das IPS in Wirklichkeit einen Sammeltopf für verschiedene Krankheiten darstellt. Als überzeugendstes Beispiel seien die **genetisch determinierten Formen** genannt, die sich zum Teil (PARK 2) neuropathologisch von der üblichen Parkinson-Krankheit klar abheben (Tabelle 1.2).

Klinische Einteilung in Subtypen ist klinisch hilfreich

Man kann die Parkinson-Krankheit aber auch klinisch in Subtypen einteilen. Allgemein akzeptiert werden dabei die Begriffe Parkinson-Syndrom vom Äquivalenz-Typ (wobei Patienten gemeint sind, die sämtliche Kardinalsymptome der Parkinson-Krankheit aufweisen), vom Rigor-Akinese-Typ, vom Tremor-Dominanz-Typ und, was seltener benutzt wird, vom marantischen Typ, womit Patienten bezeichnet werden, die aufgrund von Schluckstörungen und Immobilität einen hochgradigen Muskelabbau aufweisen. Es ist nicht auszuschließen, dass Patienten, die früher als dem marantischen Typ zugehörig geführt wurden, Patienten mit Multisystematrophie (MSA) waren. Wichtig ist auch die Abgrenzung von IPS-Patienten, die vor dem 40. Lebensjahr erkranken, da sie mit hoher Wahrscheinlichkeit eine L-DOPA-induzierte Dys-/Hyperkinesie entwickeln können. Patienten unter 30 Jahren sollten genetisch untersucht werden, da die Wahrscheinlichkeit für eine PARK-2- oder

Tabelle 1.3. Vereinfachte Darstellung der Stadien-Einteilung nach Hoehn und Yahr (1967)

Stadium I	einseitiger Befall
Stadium II	beidseitiger Befall
Stadium III	zusätzlich posturale Instabilität
Stadium IV	Patient benötigt Hilfe bei Verrichtungen des täglichen Lebens
Stadium V	pflegebedürftig, häufig rollstuhlpflichtig, Vorliegen einer MSA (?)

LRRK-2-Krankheit (für Leucine-rich repeat kinase 2) für sie besonders hoch ist. Klinisch sind diese Unterteilungen hilfreich, da sie gewisse Implikationen für die Therapieerfolge und für die Prognose der Krankheit erlauben. Man kann auch heute noch davon ausgehen, dass ein Tremor-Dominanz-Typ die bessere Lebenserwartung hat (Jankovic et al., 1990), meist aber auch nicht so überzeugend und rasch auf Medikamente anspricht wie der Rigor-Akinese- oder der Äquivalenz-Typ. Besonders weit verbreitet ist die Einteilung des IPS nach **Hoehn und Yahr** (Tabelle 1.3). Die Leistung dieser beiden Parkinson-Forscher war, dass sie viele Patienten, wovon einige auch nicht behandelt waren, untersuchten und eine **Stadieneinteilung** entwarfen. Man kann natürlich einwenden, dass diese Skala aufgrund der modernen Therapieformen, der ätiopathogenetischen Forschung und der neuropathologischen Charakterisierung nicht mehr überzeugend ist. Für den Kliniker ist diese Stadieneinteilung aber weiterhin vorteilhaft, da sie dem Kenner sofort erlaubt, sich den entsprechenden Patienten vorzustellen. Ferner dient sie zur Charakterisierung der in Parkinson-Studien eingeschlossenen Patienten.

1.3 Ätiologie des idiopathischen Parkinson-Syndroms

Die Überschrift dieses Kapitels ist ein Widerspruch in sich. Wüssten wir, welche Faktoren für das Entstehen des IPS ausschlaggebend sind, könnte man nicht länger von IPS sprechen, man könnte dann den alten Begriff *Morbus Parkinson* wieder verwenden. Dies wird aber unter Berücksichtigung der genetischen Erkenntnisse nicht mehr zu erwarten

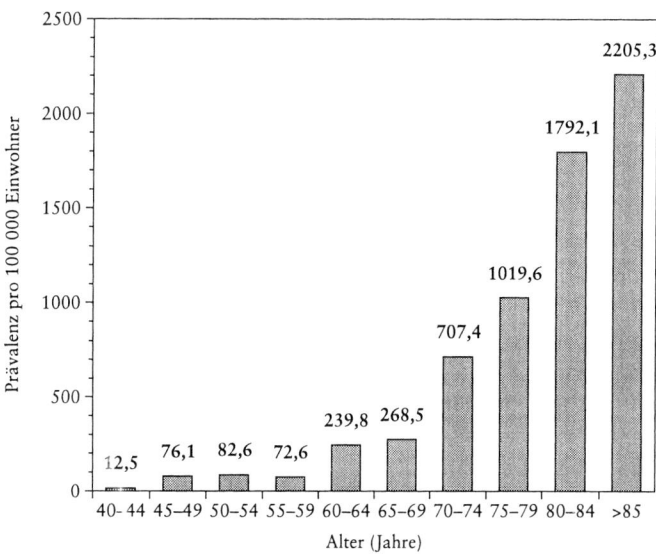

Abb. 1.1. Prävalenz des idiopathischen Parkinson-Syndroms (nach Mutch et al., 1986)

sein. Leider kennen wir den Auslöser für die überwiegende Zahl der Patienten mit IPS nicht und können daher nicht kausal, sondern nur rein symptomatisch therapieren. Diese Aussage impliziert, dass somit insbesondere der Parkinson-Therapeut daran interessiert sein muss, die Ätiopathogenese der Parkinson-Krankheit zunehmend besser verstehen zu lernen. Erfreulicherweise standen die vergangenen zehn Jahre doch im Zeichen zunehmenden Erkenntnisgewinnes. Es gibt mehrere elegante Erklärungsmodelle für das Absterben von dopaminergen Neuronen in der Substantia nigra (SN) (vgl. Kap. 4 und 5). Mit Ausnahme der genetisch bedingten Parkinson-Krankheit weiß man leider aber immer noch nicht, welche Noxe oder welche endogene Störung die weiter unten diskutierten Schadenskaskaden auslösen.

Nachdem in den westlichen Industrieländern die **Lebenserwartung** ständig steigt und die Parkinson-Krankheit typischerweise im höheren Lebensalter auftritt, kann davon ausgegangen werden, dass man zunehmend Patienten mit IPS erwarten muss. Während Männer 1965 noch eine Lebenserwartung von 68 Jahren hatten, erhöhte sich diese bereits 1995 auf 73 Jahre. Für Frauen galten im entsprechenden Zeitraum 74 beziehungsweise 80 Jahre mittlere Lebenserwartung.

In Deutschland geht man von einer Gesamtzahl von 250 000 bis 400 000 Patienten mit IPS aus. Die Prävalenz für die Parkinson-Krankheit beträgt nach Mutch und Mitarbeitern (1986) zwischen 40 und 44 Jahren 12,5 Patienten pro 100 000 Einwohner, zwischen 60 und 64 Jahren sind es schon 240 Patienten, zwischen 70 und 74 Jahren sind es 707 Patienten, zwischen 80 und 84 Jahren sind es 1792, und über 85 Jahre sind 2 205 Patienten bei 100 000 Einwohnern zu erwarten (Abb. 1.1).

1.3.1 Wann beginnt der krankheitsverursachende Prozess? Probleme bei der Stellung einer Frühdiagnose

Es ist seit den Arbeiten von Tretiakoff bewiesen, dass der **neuropathologische Schlüsselbefund** ein Untergang der Neuromelaninhaltigen nigro-striatalen Neuronen ist. Seit

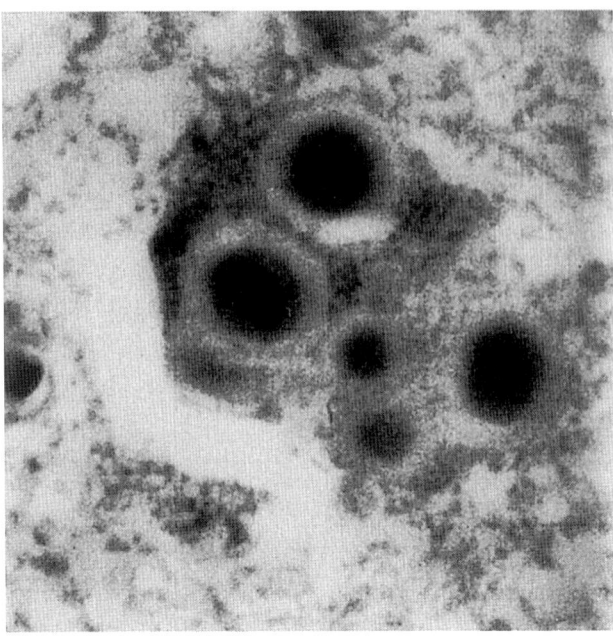

Abb. 1.2. Typisches lichtmikroskopisches Erscheinungsbild von Lewy-Körperchen, deren Nachweis in hoher Zahl in der Substantia nigra pathognomonisch für ein idiopathisches Parkinson-Syndrom ist. Hematoxylin-Eosin-Färbung, 1100fache Vergrößerung (aus Forno, 1996)

den Arbeiten von Carlsson weiß man ferner, dass Dopamin als Überträgerstoff fungiert (Carlsson et al., 1957). Es sei schon an dieser Stelle betont, dass es falsch wäre, die Parkinson-Krankheit als reine **Dopamin-Mangel-Krankheit** anzusehen (vgl. Kap. 2.2). Ein weiterer wichtiger neuropathologischer Befund wurde durch den Berliner Neuropathologen Lewy erstmals beschrieben; es handelt sich dabei um runde kleine Proteinkonglomerate, die man in dieser Form nahezu ausschließlich in der SN von Patienten mit IPS findet (Abb. 1.2).

Der Nachweis von **Lewy-Körperchen** ist somit eine neuropathologische Voraussetzung für die Diagnose eines IPS. Der Nachweis von Lewy-Körperchen ist insbesondere für die Forscher notwendig, die in Post-mortem-Material versuchen, den Ursachen der Krankheit auf die Spur zu kommen. Nur unter neuropathologischer Begleitdiagnostik lassen sich Verfälschungen von biochemischen Daten vermeiden, die dann zu erwarten wären, wenn z. B. Patienten mit MSA, progressiver supranukleärer Lähmung (PSP) oder kortikobasaler Degeneration subsumiert würden. Einschränkend sei darauf hingewiesen, dass bei den Patienten mit PARK 2 oder denen, die mit MPTP exponiert waren (Langston et al., 1999), keine Lewy-Körperchen in der SN vorkommen.

Aufgrund von retrospektiven klinisch-neuropathologischen Korrelationsanalysen (Bernheimer et al., 1973; Riederer und Wuketich, 1976) weiß man, dass Patienten mit einem klinisch manifesten IPS bereits ca. 60 Prozent ihrer dopaminergen Neuronen in der SN verloren haben (Abb. 1.3). Daraus kann man den Schluss ziehen, dass man nach Früherkennungsmethoden und noch wichtiger nach Medikamenten suchen muss, um diesen Zelluntergang rechtzeitig zu verhindern und so eine erfolgreiche kausale und neuroprotektive Therapie anbieten zu können.

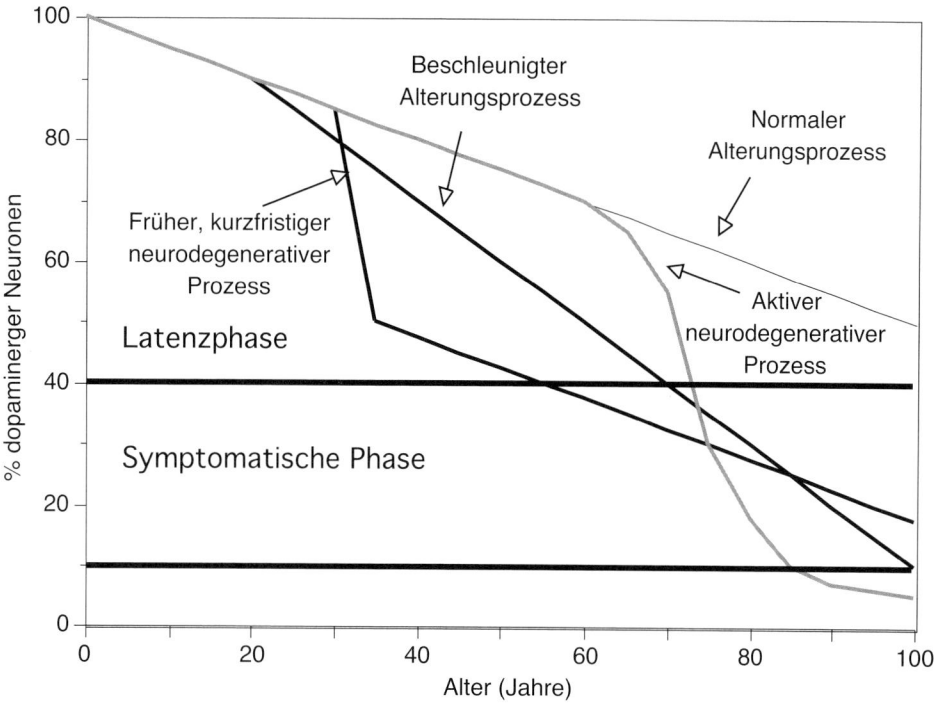

Abb. 1.3. Vorstellungen über zeitliche Verläufe der Degeneration dopaminerger Neuronen der Substantia nigra (nach McGeer et al., 1988a)

Die frühzeitige Diagnose ist wichtig für eine kausale Therapie

Die nächste wichtige Frage war in diesem Zusammenhang, wann der Zelluntergang startet, d. h., wie lang dauert es, bis 60 Prozent der dopaminergen Zellen untergegangen sind. Hierzu gibt es weiterhin widersprüchliche Meinungen (Abb. 1.3). Je nach dem, welches Modell man zugrunde legt, kann der Zeitraum zwischen fünf und 40 Jahren schwanken. Aufgrund der Extrapolation von PET-Befunden geht man von einer Latenz von ca. fünf Jahren aus (Morrish et al., 1996). Auf etwa acht Jahre kommt eine Hochrechnung aufgrund von Post-mortem-Untersuchungen unter der Annahme eines aktiven Degenerationsprozesses (McGeer et al., 1977). Mit anderen Worten: Unsere Frühdiagnose müsste wesentlich früher als bisher einsetzen. Unseres Erachtens nach sollte der Vorlauf von fünf Jahren allerdings noch mit Zurückhaltung diskutiert werden, da die PET-Daten, mit denen der Verlauf hochgerechnet wurde, in einem sehr kurzen Untersuchungszeitraum erhoben wurden und ein linearer Zusammenhang zwischen der Degeneration dopaminerger Neuronen und der Abnahme der L-DOPA-Einflusskonstanten angenommen wurde. Dagegen gehen die meisten Neuropathologen und -chemiker davon aus, dass die initiale Absterberate der nigro-striatalen Neuronen anfänglich sehr niedrig ist und später in einen exponentiellen Verlauf einmündet (Abb. 1.3). Klinisch ist es jedoch bisher nicht möglich, eine **Diagnose** vor dem Ausbruch der Krankheitssymptome zu stellen, obwohl man Frühsymptome wie Schulterverspannung und Veränderung der Handschrift kennt. Eine motorische Leistungsprüfung oder eine PET-Reihenuntersuchung, die vielleicht zur Frühdiagnose beitragen könnten, sind weder praktikabel noch finanzierbar.

Typischerweise findet man bei Patienten mit einem IPS **Riechstörungen** im Sinne von Problemen der Diskrimination ähnlicher Gerüche oder des Erkennens bestimmter Duftstoffe (bekanntestes Beispiel ist die Unfähigkeit vieler Parkinson-Patienten, den Oregano in Pizzas zu erkennen [Pizza-Test]). Eine Beeinflussung durch Anti-Parkinson-Medikamente besteht dabei nicht. Die olfaktorisch evozierten Potenziale sind verlängert, unabhängig davon, ob die Patienten Medikamente einnehmen oder das nicht tun. Allerdings waren die Latenzen bei Patienten, die Medikamente einnehmen, etwas mehr verlängert als bei den unbehandelten (Barz et al., 1997). In einer an meiner Klinik (HR) durchgeführten großen Untersuchungsreihe konnten wir bestätigen, dass nahezu jeder Patient mit IPS oder MSA eine Riechstörung aufweist, die weit über das mit zunehmendem Alter eingeschränkte Riechvermögen hinausgeht (Müller et al., 2002). Wir konnten ferner zeigen, dass Patienten mit einem IPS im Laufe ihrer Krankheit kaum Verschlechterung des Riechvermögens aufweisen, wohingegen Patienten mit MSA meist initial noch ein intaktes Riechvermögen haben, das sich dann während des Krankheitsprozesses kontinuierlich verschlechtert. Wir konnten darüber hinaus zeigen, dass die Riechstörung einen prädiktiven Wert bezüglich der Entstehung eines IPS aufweist (Sommer et al., 2004). In einer Kohorte von 20 Patienten, die in unserem Klinikum wegen einer Riechstörung vorstellig wurden, führten wir eine Analyse der UPDRS (Unified Parkinson's Disease Rating Scale), eine Parenchymsonografie und eine Dopamin-Transporter (DAT)-Scan durch und konnten damit einige Patienten ausfindig machen, die Parkinson-krank sind und initial noch keine neurologische Symptome wie Tremor, Rigor oder Bradykinese hatten. In den letzten Jahren haben sich weitere Patienten klinisch in Richtung IPS entwickelt. Somit sollten Patienten, die in mittleren Jahren eine Einschränkung des Riechvermögens entwickeln, neurologisch kontrolliert werden. Die Spezifität einer Riechstörung ist allerdings nicht sehr hoch, da z. B. auch bei Patienten mit einer Demenz häufig zuerst eine Riechstörung festgestellt wird (Doty, 1991).

Neben der Riechfunktion ist auch die **Farbdiskriminierung** bei Patienten mit IPS typisch **gestört.** Büttner und Kollegen (1995a) konnten nachweisen, dass insbesondere eine Blau-Grün-Schwäche vorliegt, dass dies ein Frühsymptom der Erkrankung ist (Büttner et al., 1995b), dass sowohl chromatische als auch achromatische visuell evozierte Potenziale verlängert sind (Büttner et al., 1996) und dass diese Farbdiskriminations-Schwäche mit dem Schweregrad der Krankheit einhergeht (Müller et al., 1997). Es gibt jedoch keinen Zusammenhang zwischen der Schwere der Farbdiskriminationsschwäche und der Degeneration dopaminergen Neuronen in der SN (Müller et al., 1997). Vielmehr kann man diese Diskriminations-Schwäche mit der Degeneration von dopaminergen Neuronen der Retina erklären (siehe Kap. 2.2).

Interessant sind auch Überlegungen mit **transkranieller Sonografie** die Echogenität von Hirnstrukturen zu untersuchen. Aufgrund einer Reihe von Untersuchungen der Arbeitsgruppe Becker kann damit ein möglicherweise bedeutsamer Suszeptibilitätsfaktor für die Entwicklung des IPS vor Ausbruch der Erkrankung erkannt werden. Neunzig Prozent aller Parkinson-Patienten weisen in der sonografischen Untersuchung eine deutliche Anhebung der Echogenität der SN auf (Berg et al., 2001a; Abb. 1.4). Untersuchungen bei über 400 gesunden Probanden zeigten, dass ca. acht Prozent das für das IPS typische sonografische Zeichen aufweisen (Berg et al., 1999a). Dieses sonografische Merkmal kann für einige seiner Träger durchaus Bedeutung gewinnen:

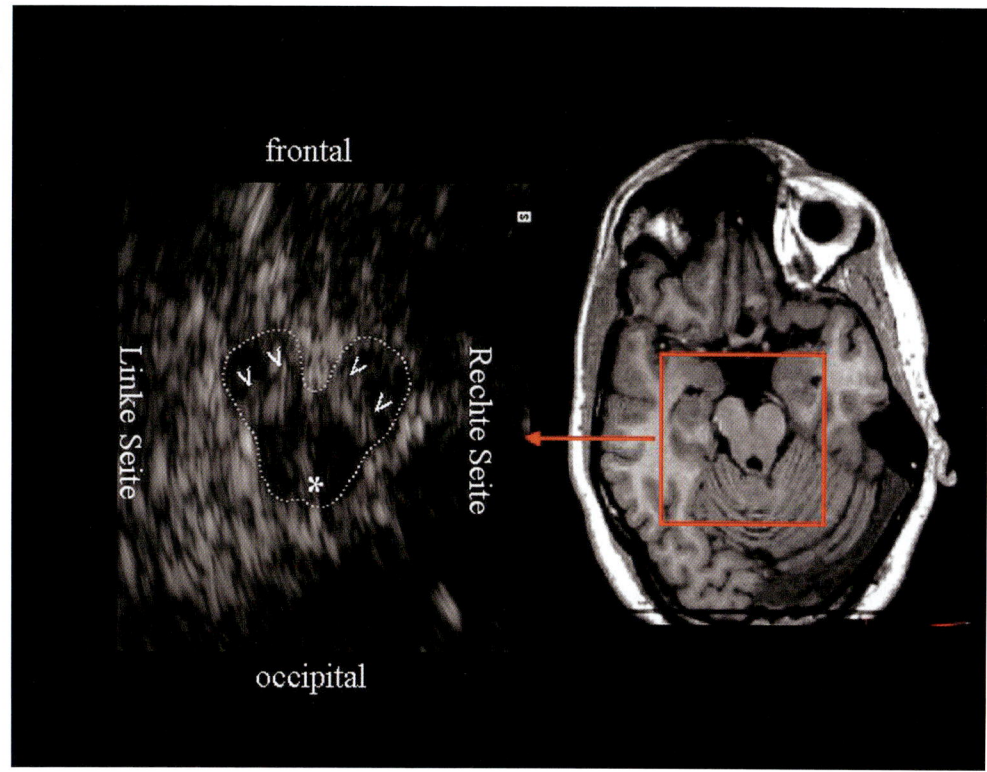

Abb. 1.4. Sonografische Darstellung des mesenzephalen Hirnstammes eines Patienten mit einem idiopathischen Parkinson-Syndrom. Ausschnittsvergrößerung des mesenzephalen Hirnstamms (gepunktete Linie) in der gleichen Orientierung wie in der MRI-Untersuchung dargestellt. Deutliche Anhebung der Echogenität der Substantia nigra (>) beidseits; *Aquädukt (Die Abbildung wurde uns freundlicherweise von Prof. Dr. Georg Becker (†), Neurologische Universitätsklinik des Saarlandes, Homburg, zur Verfügung gestellt)

(1) 8,6 Prozent der gesunden Probanden mit echogener SN wiesen in einer PET-Untersuchung eine im Vergleich zu einer Kontrollgruppe unter deren 90. Perzentile reduzierte ^{18}F-DOPA-Aufnahme im Striatum auf, was für eine subklinische Schädigung der nigro-striatalen Neuronen spricht (Berg et al., 1999a).

(2) Psychiatrische Patienten mit echogener SN entwickeln unter hochpotenter Neuroleptika-Therapie häufiger und ausgeprägter ein akinetisches Syndrom als Patienten, die dieses Merkmal nicht aufweisen. Das heißt, dass Neuroleptika, die Dopamin-Rezeptoren blockieren, bei psychiatrischen Patienten mit echogener SN eine präexistente nigro-striatale Störung eher und stärker demaskieren können als bei Patienten ohne dieses Ultraschallmerkmal (Berg et al., 2001b).

(3) Alte Menschen mit dem Merkmal echogene SN zeigen häufiger und ausgeprägter eine Bewegungsverlangsamung ohne diagnostische Kriterien der Parkinson-Krankheit zu erfüllen als eine Kontrollgruppe ohne dieses Merkmal (Berg et al., 2001c).

Diese Untersuchungen legen nahe, dass die Anhebung der Echogenität mit einer verstärkten Neigung für eine Schädigung nigro-striataler Neurone assoziiert ist. Faktoren, die zur Anhebung der SN-Echogenität führen, könnten Vulnerabilitätsfaktoren für die Alteration nigraler Neurone sein, die nicht alleine, aber in Kombination mit andern Faktoren (Endo- oder Exotoxine) zu einer Schädigung führen (siehe Kap. 4 und 5). Tierexperimentelle Studien (Berg et al., 1999b) und Untersuchungen an Post-mortem-Gewebe (Berg et al., 2002; Zecca et al., 2005) ergeben Hinweise dafür, dass eine erhöhte Eisen-Konzentration für das Merkmal echogene SN verantwortlich ist und ein Auslöser für die Schädigung der dopaminergen SN-Neuronen darstellen könnte (siehe auch Kap. 4.2 und 5). Beispielsweise zeigten die Ergebnisse an Post-mortem-Gewebe eine enge Korrelation des sonografisch ermittelten Ausmaßes echogener Zonen im Bereich der SN mit dem Eisen-Gehalt der SN, nicht aber mit dem Kupfer-, Mangan- oder Zink-Gehalt der SN (Berg et al., 2002). Weiterhin wurde eine positive Korrelation zwischen der SN-Echogenität und dem Eisen- und L-Ferritin-Gehalt (ein Eisen speicherndes Protein) der SN sowie eine negative Korrelation zwischen der SN-Echogenität und der Neuromelanin-Konzentration der SN gefunden (Zecca et al., 2005).

Da aber alle diese Untersuchungen zum Teil nicht billig sind und insbesondere einen hohen apparativen Aufwand benötigen, muss man weiter hoffen, dass in absehbarer Zeit ein messbarer Laborparameter oder eine einfache Untersuchung gefunden wird, um die Frühform des IPS diagnostizieren zu können, da sich unserer Meinung nach medikamentös abzuzeichnen scheint, dass gewisse Therapieschemata zu einer Verlangsamung der Absterberate der nigro-striatalen Neuronen führen können (siehe Kap. 6). Gewisse Erwartungen erweckt ein von uns (MG, PR) mitentwickelter **biochemischer Test,** der die Degeneration dopaminerger Neuronen durch eine Blut-Untersuchung nachweisen soll (Double et al., 2002; 2006). Dieser Test basiert auf dem

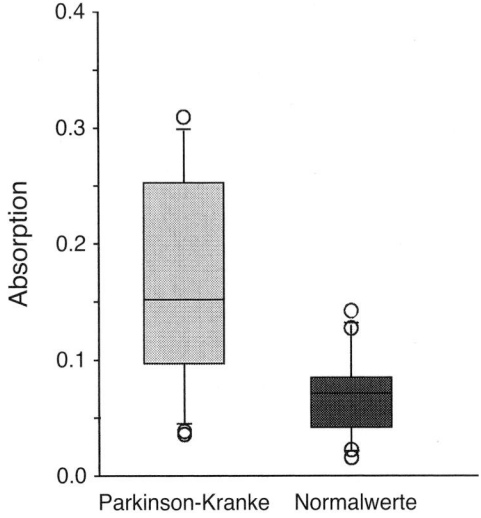

Abb. 1.5. Humorale Immunantwort gegen Neuromelanin im Serum von Parkinson-Patienten und Kontrollen (nach Double et al., 2002)

neuropathologischen Befund (siehe Kap. 2.2), dass stark pigmentierte Neuromelanin-haltige, dopaminerge Neuronen bei Patienten mit einem Parkinson-Syndrom degenerieren und dadurch Neuromelanin freigesetzt wird. Der gegen dieses Neuromelanin gerichtete Antikörper wird mithilfe der sogenannten ELISA-Methode (enzyme-linked immunosorbant assay) im Serum von Parkinson-Patienten gemessen. Erste Untersuchungen an einer australischen und deutschen Population zeigten eine hochsignifikante, erhöhte humorale Immunantwort bei den Parkinson-Kranken im Vergleich zu einer Kontrollgruppe (Abb. 1.5; Double et al., 2006). Im Einklang mit der Annahme, dass zu Beginn der Erkrankung vermehrt dopaminerge Neuronen degenerieren, fanden wir stärkere Zunahmen in frühen Krankheitsstadien als in späteren (Abb. 1.6). Derzeit sind wir dabei die Spezifität dieses Tests nachzuweisen, indem wir Blutproben von Patienten mit sekundären Parkinson-Syndromen (MSA, PSP) und anderen neurodegenerativen Erkrankungen sammeln (z.B. Chorea Huntington, Alzheimer-Kranke).

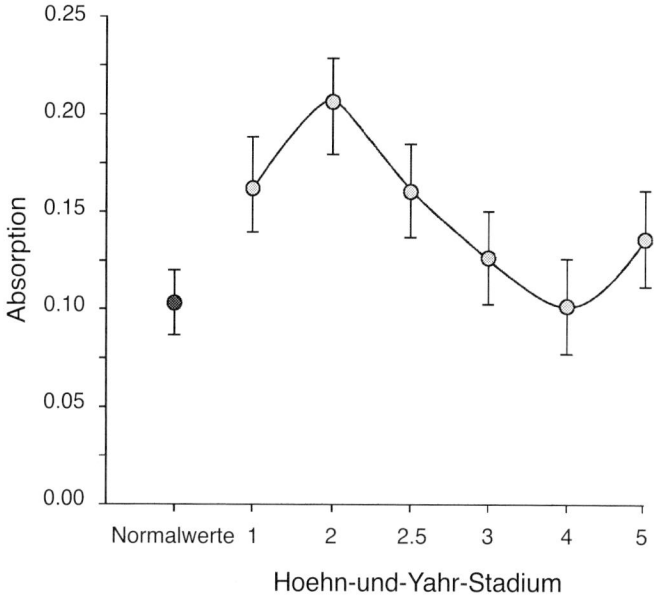

Abb. 1.6. Abhängigkeit der humoralen Immunantwort bei Parkinson-Patienten in Abhängigkeit vom Hoehn-und-Yahr-Stadium (nach Double et al., 2002)

1.3.2 Hypothesen zur Pathogenese des idiopathischen Parkinson-Syndroms

Wie bereits weiter vorne besprochen, ist die Ursache des IPS unbekannt. Eine große Hoffnung war, mittels **epidemiologischer Analysen** die die Parkinson-Krankheit auslösenden Faktoren zu finden. Viele Hunderte von Patienten mit IPS mussten umfangreiche Fragebögen ausfüllen, in denen nach Ess- und Lebensgewohnheiten, nach dem toxikologischen Umfeld und vieles mehr gefragt wurde. Nach Auswertung der Ergebnisse kam allerdings wenig Neues heraus. Raucher und Kaffeetrinker haben ein geringeres Risiko am IPS zu erkranken als Nichtraucher und -kaffeetrinker, was vermutlich durch einen protektiven Effekt von im Tabakrauch und Kaffee befindlichen Stoffen verursacht wird (Hernan et al., 2002). Die Autoren verweisen aber ausdrücklich darauf, dass vom Standpunkt der öffentlichen Gesundheit aus gesehen, die Vorteile des Rauchens für die Parkinson-Krankheit durch dessen nachteilige Auswirkungen auf Krebs-, Herz-, Kreislauf- und Lungenerkrankungen und auf die Gesamtmortalität mehr als ausgeglichen werden. Auf der anderen Seite scheinen Parkinson-Patienten anhedonistisch veranlagt und weniger suchtgefährdet zu sein, was durch das ebenfalls gestörte dopaminerge mesolimbische Belohnungssystem (siehe Kap. 2.2) erklärt werden könnte.

Menschen, die im ländlichen Raum leben, erkranken eher an einem IPS als solche, die in der Großstadt leben (Koller et al., 1990). Das erhöhte Risiko auf dem Land an der Parkinson-Krankheit zu erkranken hängt möglicherweise mit der erhöhten Exposition von Pestiziden zusammen (Priyadarshi et al., 2000), die ähnlich wie das 1-Methyl-4-phenylpyridinium-Ion (MPP+), der aktive Metabolit von MPTP, den Komplex I der Atmungskette hemmen können (siehe auch Kap. 4.2.4). Aufgrund von Ergebnissen aus tierexperimentellen, neuropathologischen und genetischen Untersuchungen wurde aber eine Reihe von

Tabelle 1.4. Mögliche Ursachen für die Entstehung des idiopathischen Parkinson-Syndroms

- Alterungsprozesse (?)
- Persönlichkeit (?)
- Apoptose, programmierter Zelltod (?)
- Endogene Energiestoffwechselstörung in der Substantia nigra
- Entzündliche Reaktionen in der Substantia nigra
- Genetische Faktoren, die zu Protein- und Stoffwechselanomalien führen
  (z. B. α-Synuclein-Mutation, Mutation in mitochondrialer DNS)
- MPTP-ähnliche Endo- oder Exotoxine
- Oxidativer Stress
- Protein-Aggregation

MPTP, 1-Methyl-4-phenyl-1,2,3,6-tetrahydropyridin

Vorstellungen zur Pathogenese des IPS entwickelt, die in Tabelle 1.4. aufgelistet sind und nachfolgend kurz erörtert werden.

Alterungsprozesse

Man wird nicht widersprechen können, wenn das Alter als höchster Risikofaktor für das IPS genannt wird (Abb. 1.1). Wenn man die Vorgänge in einer Zelle, die zum Altern führen, Revue passieren lässt, wird man auch unschwer auf einige Überschneidungen mit Befunden beim IPS stoßen. Altern wird durch Veränderungen im Ionen-Milieu (z. B. Erhöhung der intrazellulären Ca^{2+}-Konzentration), vermehrtes Auftreten reaktiver Sauerstoff-Spezies (reactive oxygen species; ROS), oxidative Effekte auf das Zytoskelett und die nukleäre Matrix mit Veränderung von Chromatin und der mRNS-Prozessierung sowie durch Veränderungen des Redox-Gleichgewichtes und damit Störung der Gen-Expression mit Veränderung des zellulären Milieus erklärt. Auf den ersten Blick besorgniserregend ist im Zusammenhang mit dem IPS die Tatsache, dass tatsächlich mit zunehmendem Alter immer mehr SN-Neurone verloren gehen. Jedoch entspricht das Muster der Degeneration dopaminerger Nervenzellen beim Altern nicht dem bei der Parkinson-Krankheit, sodass man davon ausgeht, dass unterschiedliche pathogenetische Ursachen für die Entstehung des IPS verantwortlich sind (Fearnley und Lees,

1991). Unabhängig davon muss man davon ausgehen, dass die erhoffte weitere Verbesserung der Lebenserwartung auch eine weitere Zunahme an Parkinson-Patienten bringen wird (siehe Appendix A).

Oxidativer Stress

Das derzeit favorisierte Modell für den dopaminergen Zelluntergang ist mit dem Schlagwort oxidativer Stress verknüpft (vgl. Kap. 5). Nach Sies (1991) versteht man unter oxidativem Stress „a disturbance of the pro-oxidant-antioxidant balance in favour of pro-oxidants, which causes potential damage". Man hat verschiedene Hinweise dafür, dass ein Circulus vitiosus ineinandergreifender biochemischer Veränderungen die Entstehung von ROS in der SN begünstigt und damit vor allem eine Schädigung dopaminerger SN-Neuronen hervorruft (siehe Kap. 5).

Eine Ursache für die vermehrte Bildung von ROS, zu den neben Wasserstoffperoxid, das Hydroxyl- und das Superoxid-Radikal gehören, kann in der Störung der mitochondrialen Atmungskette liegen. Wir selbst (HR, PR) haben entdeckt, dass selektiv in der SN pars compacta (SNc) ein **Mangel an Komplex-I-Aktivität** vorliegt (Reichmann und Riederer, 1989; Janetzky et al., 1994). Obwohl dieser Defekt nur zu einer ca. 30-prozentigen Aktivitätsminderung führt (Schapira et al., 1990), kann man sich vorstellen, dass innerhalb von Jahren dies doch zu einer nennenswerten Störung der Zellhomöostase führen wird. Beim Komplex I handelt es sich um den ersten von fünf Komplexen der Atmungskette, der in der inneren Mitochondrienmembran verankert ist. Am Komplex I wird NADH in NAD und Protonen und Elektronen umgewandelt. Durch den Komplex-I-Defekt kommt es zur vermehrten Radikalen-Bildung, da ja sowohl Sauerstoff als auch Elektronen im Bereich der Atmungskette anzutreffen sind, und zur Auslösung einer Zelltodkaskade (siehe Kap. 5).

Neben der vermehrten Radikalen-Bildung bedingt der Komplex-I-Mangel auch eine reduzierte ATP-Produktion, sodass der Energiestoffwechsel von SN-Neuronen gestört ist. Weiter ist der Komplex-I-Defekt für **DNS-Schäden** verantwortlich, die sich z. B. in der Bildung von 8-Hydroxy-deoxyguanosin manifestieren. Im Parkinson-Gehirn konnte sowohl in der SN als auch im Nucleus caudatus eine Verdreifachung der 8-Hydroxy-deoxyguanosin-Konzentration nachgewiesen werden (Sanchez-Ramos et al., 1994), die insbesondere auf die Schädigung der mitochondrialen DNS (mtDNS) zurückzuführen ist.

Wie oben schon angedeutet, darf man davon ausgehen, dass **Mitochondrien** im Sinne von Archaebakterien in die Säugetierzellen symbiontisch eingedrungen sind und nun den Sauerstoff unter Energiegewinnung in Wasser umwandeln. Mitochondrien besitzen ein kleines zirkuläres 16 569 Basenpaare großes Genom, das einige Besonderheiten aufweist. Es wird rein maternal vererbt, da das väterliche Spermion die meisten Mitochondrien im Schwanzteil enthält und nur der Kopfteil mit der nukleären Erbsubstanz in die mütterliche Eizelle eindringt, die wiederum Mitochondrien enthält. Zudem wird paternale mtDNS im Ovar sofort abgebaut. Das **mitochondriale Genom** folgt nicht dem universellen Code, es hat kein Reparatursystem und enthält keine schützenden Histone. Somit ist auch verständlich, dass es dem Einfluss von Radikalen viel schutzloser ausgeliefert ist als das nukleäre Genom, was den höheren 8-Hydroxy-deoxyguanosin-Gehalt im mitochondrialen Genom erklärt. Das mitochondriale Genom kodiert für 13 Untereinheiten der Atmungskettenkomplexe I, III, IV und V sowie für zwei ribosomale RNSs und 22 Transfer-RNSs. Somit ist das Mitochondrion für die Synthese von 13 Atmungskettenuntereinheiten autark.

Es lag nun nahe, aufgrund des beschriebenen Komplex-I-Defektes und seiner Auswirkungen auf die mtDNS nach Störungen in der mtDNS zu suchen. Wir (HR, PR) waren weltweit die Ersten, die zeigen konnten, dass keine nennenswerten Deletionen der mtDNS in der SN oder anderen Gehirnteilen von Patienten, die mit einem IPS verstorben waren, gefunden werden konnten (Lestienne et al., 1990; 1991). Unter dem Vorbehalt, dass es sich dabei um Post-mortem-Analysen handelte, scheinen keine großen Defekte der mtDNS vorzuliegen. Ähnliche Ergebnisse wurden auch in Thrombozyten und Lymphozyten erzielt. Schapiras Arbeitsgruppe hat allerdings unter Verwendung der so genannten Rho-zero-Zelltechnik bei einigen Patienten auch in den peripheren Blutzellen eine reduzierte Komplex-I-Aktivität feststellen können. Ohne ins Detail zu gehen, deuten diese Arbeiten an, dass dafür eine genetische Störung im mitochondrialen Genom verantwortlich ist. Grünewald und Mitarbeiter aus meiner Gruppe (HR) konnten folgerichtig bei einer Familie mit maternal vererbter Parkinson-Krankheit eine Mutation im Bereich der Exone, die für die Untereinheiten des Komplex I kodieren, nachweisen (Grünewald, persönliche Mitteilung). Die Überlappung der Komplex-I-Analysen in Blutplättchen ist leider so stark, dass im Einzelfall keine diagnostischen Rückschlüsse getroffen werden können, wenngleich die Gruppe der Patienten mit IPS bei einigen Arbeitsgruppen (Benecke et al., 1993) eine signifikant erniedrigte Komplex-I-Aktivität aufweisen. Jüngste Analysen aus meiner Arbeitsgruppe (HR) weisen darauf hin, dass bei manchen Patienten in Thrombozyten Veränderungen der Atmungskette im Sinne eines Komplex-I-Defektes und in Rhozero-Zellen in manchen Klonen genetische Defekte vorhanden sind (Mortiboys et al., in Vorbereitung).

Exogene und endogene Toxine als mögliche Auslöser der Parkinson-Krankheit

Als weitere mögliche Ursache für die Entstehung eines IPS wird eine Exposition mit endogenen oder exogenen Toxinen diskutiert. Diese Vorstellung ergab sich aus den Erkenntnissen über die so genannten **„erstarrten Süchtigen"**. Im Jahre 1979 kamen in Kalifornien mehrere junge Heroinabhängige als Patienten, die plötzlich fast völlig bewegungsunfähig geworden waren, nachdem sie sich selbst hergestelltes synthetisches Heroin gespritzt hatten, in die Klinik (Davis et al., 1979). Es war, als hätte sich über Nacht eine schwere Parkinson-Krankheit entwickelt. Die Symptome konnten mit L-DOPA und dem damals zur Verfügung stehenden Dopamin-Rezeptoragonisten Bromocriptin behandelt werden. Bei der Analyse des verwendeten Heroins wurde MPTP nachgewiesen, und mit diesem konnte dann am Affen ein Parkinson-Syndrom erzeugt werden (siehe Kap. 4). Seither hat die Untersuchung der Frage, auf welche Weise MPTP dopaminerge Neuronen schädigt, auch das Verständnis des Krankheitsprozesses im Allgemeinen erweitert und zumindest einen Weg aufgedeckt, über den theoretisch irgendein ähnliches häufiges natürliches Toxin die klassische Parkinson-Krankheit auslösen könnte (siehe Kap. 4). Da MPTP ein nicht natürlich vorkommendes Molekül ist, machte man sich auch auf die Suche nach endogenen oder häufig in der Umwelt vorkommenden MPTP-ähnlichen Toxinen, da theoretisch eine MPTP-ähnliche Verbindung über einen derartigen Mechanismus die Parkinson-Krankheit verursachen könnte (siehe Kap. 4). Es sei bereits hier vorweggenommen, dass alle epidemiologischen, tierexperimentellen und humanen Untersuchungen keine eindeutigen Hinweise dafür ergaben, dass ein bestimmtes Neurotoxin Auslöser der klassischen Parkinson-Krankheit ist. Es gibt lediglich Hinweise dafür, dass bestimmte genetisch vorbelastete Individuen besonders empfindlich auf die toxische Wirkung von MPTP-ähnlichen Verbindungen wie dem Herbizid Paraquat reagieren könnten und damit besonders empfänglich sind, ein IPS zu entwickeln (siehe z. B. Jenner, 2001).

In den letzten Jahren konnten unsere Arbeitsgruppen ein neues Neurotoxin mit einer MPTP-ähnlichen Struktur biochemisch und pharmakologisch charakterisieren, das **TaClo** (Riederer et al., 2002). Meine Arbeitsgruppe (HR) konnte unter anderem zeigen, dass TaClo die Aktivität des Komplex I der Atmungskette noch stärker hemmt als MPTP beziehungsweise sein Metabolit MPP$^+$ (Janetzky et al., 1995) und möglicherweise ein Parkinson-Syndrom auslöst (siehe Riederer et al., 2002). Interessant ist, dass TaClo in vitro aber auch in vivo aus Tryptamin und Chloral entstehen kann. Theoretisch könnte somit eine Person, die Chloralhydrat als Schlafmittel verwendet oder am Arbeitsplatz Trichlorethylen („Tri") ausgesetzt ist, an Parkinson erkranken, da diese Stoffe endogen in Chloral umgewandelt und dann zusammen mit dem endogen vorhandenen biogenen Amin, Tryptamin, zu TaClo umgewandelt werden könnten. Untersuchungen in dieser Richtung laufen in unseren Labors, da es einem unserer Kooperationspartner, Prof. Bringmann, gelang, im menschlichen Organismus auch kleinste TaClo-Spuren nachzuweisen. In diesem Zusammenhang interessant ist ein Fall, der von Guehl et al. (1999) berichtet wurde: Danach entwickelte eine Frau nach beruflicher Exposition mit Trichlorethylen ein akutes Parkinson-Syndrom.

Die Arbeitsgruppe um Przuntek berichtete 1998 von Postbeamten, welche vor Jahren mit bleihaltigen Akkumulatoren beruflich zu tun hatten und Jahrzehnte später ein Parkinson-Syndrom entwickelten (Kuhn et al., 1998). Solche Ergebnisse regen an, weiter nach einem Neurotoxin zu suchen, das für die Entstehung der Parkinson-Krankheit verantwortlich ist.

Genetische Faktoren

Eine andere wichtige Hypothese ist, dass die Parkinson-Krankheit auf erblichen Faktoren beruhen könnte. Für diese Annahme spricht die Beobachtung, dass Familienangehörige von Parkinson-Patienten ein doppelt so hohes Risiko haben, ebenfalls an Parkinson zu erkranken. In der Normalbevölkerung beträgt die Wahrscheinlichkeit, an einem IPS zu erkranken entsprechend den oben diskutierten epidemiologischen Daten ca. ein Prozent, wenn man die Altersgruppe der über 65-Jährigen betrachtet. Verwandte von Patienten mit IPS haben das doppelt so hohe Risiko, nämlich zwei Prozent. Es ist derzeit davon auszugehen, dass ca. fünf bis allenfalls zehn Prozent der Parkinson-Patienten eine genetisch monogen determinierte Form des IPS haben. Vieregge und Kollegen (1999) haben mittels PET-Untersuchungen ein- und zweieiige Zwillingspaare über sieben Jahre untersucht: Dabei fanden sie bei den (eventuell noch) nicht betroffenen **Zwillingen** keine signifikanten Auffälligkeiten, was sie in einer sieben Jahre später erfolgten Kontrolluntersuchung klinisch bestätigt fanden. Andere Arbeitsgruppen gewannen allerdings den Eindruck, dass bei Zwillingspaaren der (noch) nicht betroffene eineiige Zwilling Auffälligkeiten im ^{18}F-DOPA-PET zeigt, d. h., dass schon ein erhöhter Verlust an nigro-striatalen dopaminergen Neuronen (Holthoff et al., 1994) vorliegt.

Die Parkinson-Krankheit wird aber wohl doch in der Mehrzahl der Fälle nicht durch die Deletion oder Punktmutation eines Parkinson-Genes bedingt, sie könnte vielmehr **polygenetisch** determiniert sein und dann durch Anstoßen, z. B. durch ein Neurotoxin, ihren Lauf nehmen.

Trotz der Annahme, dass man nach einer polygenetischen Determination wird suchen müssen, gibt es in jüngster Zeit doch einige sehr interessante Berichte über Familien, die eine monogenetische Vererbung der Parkinson-Krankheit aufweisen (Tabelle 1.2).

Besonders bemerkenswert ist die von Polymeropoulos 1997 beschriebene Familie, da hier nicht nur der defekte Genort, sondern bereits auch das defekte Gen-Produkt gefunden wurden (Polymeropoulos et al., 1997). Das krankheitsverursachende Gen liegt auf dem langen Arm des Chromosoms 4 (Chromosom 4q21, A53T) und wurde auch als **PARK 1** bezeichnet. Es handelt sich um eine Punktmutation, d. h., nur ein Nukleotid in der DNS-Sequenz dieses Gens ist vertauscht. Dieses Gen ist für die Synthese von **α-Synuclein** zuständig, einem wichtigen Bestandteil der oben schon beschriebenen Lewy-Körperchen, die vermehrt in Neuronen von Patienten mit IPS gefunden werden. α-Synuclein wurde ursprünglich im elektrischen Organ des Zitteraales Torpedo california identifiziert. Es ist mittlerweile gut belegt, dass α-Synuclein und das eng verwandte β-Synuclein ubiquitär in präsynaptischen Nervenendigungen von Vertebraten vorkommen (siehe zur Übersicht Kahle et al., 2002). Die experimentelle Herunterregulation von α-Synuclein in Knockout-Mäusen und in primären Neuronenkulturen lässt vermuten, dass es an der Regulation der synaptischen Neurotransmission beteiligt ist, jedoch ist der zugrunde liegende molekulare Mechanismus noch wenig verstanden. Wenig bekannt ist auch, wie die Expression des veränderten α-Synuclein-Proteins den dopaminergen Zellverlust herbeiführen kann. Nachdem α-Synuclein in allen Neuronen und sogar Gliazellen exprimiert wird, ist die Spezifität des dopaminergen Neuronen-Unterganges allein durch diesen Defekt nur schwer zu erklären. In Kap. 4 und 5 werden mögliche Mechanismen diskutiert. Man sollte in diesem Zusammenhang auch darauf hinweisen, dass die deutsche Arbeitsgruppe um Gasser (Gasser et al., 1997) bereits diesen Gendefekt als Ursache in anderen Parkinson-Familien und auch in sporadischen Parkinson-Patienten ausgeschlossen hat, sodass **PARK 1** sicherlich eine Seltenheit bleiben wird. Erwähnenswert ist in diesem Zusammenhang auch die Publikation von Duda et al. (2002). Die Autoren untersuchten nochmals eines der Orginalgehirne der **Contursi-Familie,** bei der die A53T-Mutation im α-Synuclein-Gen gefunden wurde, mittels neuer immunhistochemischer Reagenzien (Thioflavin-S-Färbung) und Elektronenmikroskopie. Dabei wurden überraschenderweise eine neuritische α-Synuclein-Pathologie, wenig Lewy-Körperchen, häufig neuritische Tau-Einschlusskörperchen und weniger häufig Einschlusskörperchen im Zellkern von Neuronen nachgewiesen. Die Autoren schlussfolgerten, dass der **neuropathologische Prozess,** der durch die **A53T-Mutation** im α-Synuclein-Gen verursacht wird, nicht identisch ist mit dem, der das IPS hervorruft. Die Patienten sprechen auf L-DOPA an und haben zum Teil erhebliche kognitive Defizite. Golbe et al. (1990) beschrieben die klinischen Eigenschaften dieser Patienten detailliert und hielten fest, dass das mittlere Erkrankungsalter etwa 46,5 ± 10,8 Jahre betrug, d. h., es lag niedriger als das von Patienten mit einem IPS. Dies liegt vermutlich daran, dass durch die Akkumulation von α-Synuclein die Neurone früher als beim IPS geschädigt werden. PARK 1 wird autosomal-dominant vererbt.

Die deutsche Arbeitsgruppe um Riess beschrieb 1998 (Krüger et al., 1998) zwei Familien mit PARK 1, wobei die Mutation von der von Polymeropoulos beschriebenen abwich (A39P). Vonseiten des klinischen Bildes waren die Patienten mit Patienten vom Äquivalenz-Typ durchaus vergleichbar, wenngleich sie im Median früher (mit 44 Jahren) erkrankten und einen nach neun Jahren zum Tode führenden Verlauf hatten. Vergleichsweise häufig hatten die Patienten eine Demenz. Es soll bereits hier betont werden, dass α-Synucleinopathien neben der PARK-1-Krankheit auch die **Lewy-Körperchen-Demenz** (Lewy body dementia, LBD; synonym wird auch der Begriff diffuse Lewy body disease gebraucht) und die MSA einschließen. Singleton und Mitarbeiter beschrieben 2003 Patienten mit einer Triplikation des α-Synuclein-Gens, was zu einer Überexpression von α-Synuclein führt. Diese Patienten wiesen eine Demenz auf und zeigten eine hohe Anzahl über das Gehirn, inklusive Kortex, verteilter Lewy-Körperchen.

PARK 2 wurde in Japan bei sehr jungen Patienten gefunden, die schon in der zweiten oder dritten Lebensdekade an einem IPS erkrankten (Tabelle 1.2). Kitada und Kollegen nannten das auf dem langen Arm von Chromosom 6 (6q25) gelegene Gen **„Parkin"** (Kitada et al., 1998). Es handelt sich um eine autosomal-rezessiv vererbte Form des juvenilen Parkinsonismus. Das Genprodukt ist noch nicht bekannt. Interessant ist, dass es sich dabei um ein L-DOPA-sensitives Parkinson-Syndrom handelt, dass in Japan die Krankheit um das 17. bis 28. Lebensjahr beginnt und dass es über die japanische Bevölkerung hinaus auch Patienten mit PARK 2 gibt (Yamamura et al. 1973; Abbas et al., 1999). Besonders bemerkenswert ist, dass diese Patienten keine Lewy-Körperchen in der SN aufweisen, aber doch eine selektive Degeneration in der SNc vorhanden ist, wie es für das IPS typisch ist. Der Verlauf ist sehr langsam und diese Patienten sind wie „andere" IPS-Patienten durch einen Äquivalenz-Typ mit posturaler Instabilität und leichter Fußdystonie charakterisiert. Sie weisen alle einen Tremor, Rigor und Bradykinesie auf. Interessant ist, dass viele Patienten von einem kurzen Schlaf profitieren. Im Gegensatz zu PARK-1-Patienten zeigen diese Patienten keine Demenz. Obwohl die Patienten, wie oben schon gesagt, gut auf L-DOPA ansprechen, entwickeln sie andererseits relativ rasch motorische Fluktuationen. Meist treten diese Fluktuationen bereits nach zwei bis drei Jahren auf. Abbas et al. (1999) konnten bei Analyse von 35 europäischen und nordafrikanischen Familien zeigen, dass acht Familien die typische Mutation oder Deletion auf 6q25 aufwiesen, wobei ein mittleres Erkrankungsalter von 37 ± 12 Jahren angegeben wurde. Alle Patienten wiesen ein typisches IPS auf. Es wird derzeit vermutet, dass die meisten der ganz jungen Patienten mit IPS einen PARK-2-Gendefekt aufweisen. Aufgrund der jetzt in vielen Labors verfügbaren genetischen Untersuchungen ist andererseits auch bekannt, dass es atypische Verläufe gibt. So beschrieben Lincolon et al. (2003) Patienten mit 72 Jahren bei Krankheitsbeginn.

Das Parkin-Protein ist eine Ubiquitin-Ligase, d. h., es dient dazu, Proteine, die im Proteasom abgebaut werden sollen, mit Ubiquitin zu markieren (Shimura et al., 2000). Es wird somit spekuliert, dass durch die Mutation im Parkin-Gen Proteine, die mittels Parkin ubiquitiniert werden sollten, verklumpen und somit den Zelltod verursachen (siehe Kap. 5). Neueste japanische Arbeiten aus der Gruppe um Mizuno deuten darauf hin, dass Parkin auch antioxidative Eigenschaften aufweist. Trotzdem bleibt der exakte Mechanismus des Parkin assoziierten Zellunterganges von dopaminergen Neuronen unklar.

Gasser et al. (1998) berichteten von einem weiteren Gendefekt, der **PARK-3-Form,** die auf dem kurzen Arm des Chromosom 2 (2p13) lokalisiert ist und ebenfalls autosomal dominant vererbt wird (Tabelle 1.2). Auch hier ist das Genprodukt noch nicht bekannt. Bemerkenswert bleibt, dass nicht alle Genträger an Parkinson erkranken (verminderte Penetranz von ca. 40 Prozent). Dieser genetische Defekt konnte bisher bei drei deutschen und einer dänischen Familie festgestellt werden. Das klinische Bild dieser Patienten ähnelt sehr dem von Patienten mit einem IPS. Das mittlere Erkrankungsalter betrug 59 Jahre und ähnelt damit dem „typischen" IPS. Neuropathologisch weisen diese Patienten einen Neuronenuntergang in der SNc und Lewy-Körperchen auf.

In einer deutschen Familie konnten Wintermeyer et al. (2000) einen Aminosäuren-Austausch im Gen für die Ubiquitin-Carboxy-terminale Hydrolase (UCH-L1) identifizieren. Beide Geschwister wiesen einen Äquivalenz-Typ auf und sprachen auf L-DOPA an. Grünewald aus meiner Arbeitsgruppe (HR) hat in einer amerikanischen Parkinson-Familie bei maternaler Vererbung eine **Mutation der mtDNS** nachweisen können (Grünewald, persönliche Mitteilung). Man wird nun erneut nach Familien mit maternalem Erbgang suchen und deren mtDNS komplett durchsequenzieren müssen, um so möglicherweise weitere Gendefekte zu finden.

Vor kurzem ist eine Übersicht zur Genetik der Parkinson-Krankheit erschienen (Hardy et al., 2006). Darin sind weitere Genorte, die mit der Parkinson-Krankheit in Verbindung gebracht werden, beschrieben; eine Erweiterung bis zu PARK 11 findet sich bei Moore et al. (2005) (Tabelle 1.2). Entsprechend der internationalen Nomenklatur folgt **PARK 4,** das ebenfalls familiär autosomal-dominant vererbt wird. Ursache dieser genetisch determinierten Parkinson-Erkrankung ist eine Triplikation von α-Synuclein (Singleton et al., 2003). Spellmann (1962) und später Muenter et al. (1998) beschrieben eine große Familie, die auch als Iowa-Familie bekannt wurde. Diese Patienten reagieren gut auf L-DOPA und weisen eine Demenz auf, die die Kriterien der LBD erfüllt. Neuropathologisch finden sich nämlich nicht nur in der SN, sondern auch im Kortex deutlich vermehrt Lewy-Körperchen. Wegen der Entdeckung von Singleton und Kollegen (2003) wird heute allgemein angeraten, PARK 4 als Untergruppe von PARK 1 zu sehen.

PARK 5 wird ebenfalls autosomal-dominant vererbt. Das Krankheits-Gen liegt auf dem kurzen Arm von Chromosom 4. Leroy et al. (1998) beschrieben bisher die einzige Familie mit diesem Gendefekt. Deren Mitglieder weisen einen Defekt des UCH-L1-Gens auf. UCH-L1 ist für den Abbau von polyubiquitinierten Proteinen zuständig. Es wird spekuliert, dass aufgrund dieses Gendefektes zuwenig gebundenes Ubiquitin freigesetzt wird, wodurch ein Ubiquitin-Mangel entsteht, der wiederum zur Akkumulation von Proteinen führen könnte.

PARK 6 wird autosomal-rezessiv vererbt und ist eines der wichtigsten neu entdeckten Gene, dessen Mutation ein Parkinson-Syndrom verursachen könnte. Valente et al. (2001) beschrieben, dass PARK 6 auf einen Defekt im so genannten PINK (PTEN-induced kinase 1) zurückzuführen ist. PARK-6-Patienten sind sehr jung Erkrankte. Der Gendefekt liegt auf Chromosom 1 (Valente et al., 2004). Es scheint so, dass PARK 6 nach PARK 2 die zweithäufigste Ursache für eine familiäre Parkinson-Krankheit darstellt. PINK1 ist ein mitochondriales Matrixenzym, das eine Proteinkinase-Aktivität hat. Meine Arbeitsgruppe (HR) und andere versuchen, seine genaue Aufgabe zu entschlüsseln.

PARK 7 wird ebenfalls autosomal-rezessiv vererbt. Bonifati und Kollegen (2003) beschrieben eine Mutation von DJ-1. Auch diese Patienten ähneln den PARK-2-Patienten, das heißt, sie erkranken in jungen Jahren. Sie sprechen gut auf L-DOPA an, entwickeln aber auch motorische Fluktuationen und Dyskinesien. Dekker et al. (2004) beschreiben, dass etwa 75 Prozent dieser Patienten unter Panikattacken leiden. Mutationen, Deletionen sind für die Fehlfunktion dieses Onkogens verantwortlich. DJ-1 ist eine sehr seltene Ursache familiärer Parkinson-Erkankungen. Taira et al. (2004) gehen davon aus, dass DJ-1 auch antioxidativ wirken kann und nicht nur im Zytoplasma, sondern auch in Mitochondrien gefunden wird.

Eine noch sehr junge Erkenntnis ist, dass **PARK 8** auf einem Defekt des LRRK/dardarin-Gens beruht. Auch hier wurde die erste Familie in Japan beschrieben (Nukada et al., 1978). Die Patienten erkranken um das 50. Lebensjahr und haben häufig Gangunsicherheit und einen Ruhetremor. Sie reagieren positiv auf L-DOPA, entwickeln zum Teil aber auch Dyskinesien und motorische Fluktuationen. Die SN dieser Patienten weist Lewy-Körperchen auf. Zimprich et al. (2004) sind die Erstbeschreiber des Gendefektes, wobei LRRK für leucine-rich repeat kinase 2 steht. Dardar bedeutet in der Baskensprache Tremor. Die Funktion der LRRK ist unbekannt, wenngleich vermutet wird, dass es wichtige Proteine in den dopaminergen Neuronen phosphoryliert.

PARK 9 wurde von Hampshire et al. (2001) beschrieben und liegt auf dem kurzen Arm von Chromosom 1. Es wird autosomal-rezessiv vererbt. Klinische Zeichen sind ein positives Ansprechen auf L-DOPA, supranukleäre Blicklähmung, Pyramidentraktzeichen und Demenz. Die Krankheit beginnt bereits im 10.–20. Lebensjahr und wird auch Kufor-Rakeb-Syndrom genannt und sicherlich meist nicht erkannt. Es würde sich sicherlich lohnen, Patienten mit einer klinischen MSA auch auf diesen Gendefekt zu untersuchen.

PARK 10 liegt ebenfalls auf dem kurzen Arm von Chromosom 1, dem Chromosom, auf dem eine ganze Reihe von Parkinson-auslösenden Genen beheimatet sind (Hicks et al., 2002). Die meisten Patienten erkranken im typischen Parkinsonalter um die 60 Jahre und gleichen Patienten mit einem IPS. Der Gendefekt ist bisher nicht entdeckt.

PARK 11 wird autosomal-dominant vererbt und liegt auf dem langen Arm des Chromosom 2 (Pankratz et al., 2003). Auch bei diesen Patienten sind die klinischen Zeichen identisch mit denen von Patienten mit einem IPS. Das krankheitsauslösende Gen ist noch nicht entdeckt.

Abschließend muss noch einmal darauf hingewiesen werden, dass aber wohl doch der Großteil der Parkinson-Patienten **keine monogen determinierte Erkrankung,** sondern eher eine **polygen** determinierte besondere Suszeptibilität aufweist, an einem IPS zu erkranken. Zu prüfen bleibt, ob nicht doch wichtige Proteine im Rahmen der Parkinson-Krankheit abnorm sind (Rezeptoren, Transporterproteine, Enzyme) und das aufgrund eines genetischen Defektes.

Apoptose

Eine weitere Hypothese zur Pathogenese der Parkinson-Krankheit geht davon aus, dass die Parkinson-Krankheit durch einen apoptotischen Vorgang, also quasi durch einen programmierten Zelltod („Zellselbstmord"), hervorgerufen wird (siehe auch Kap. 5). Dieser Zelltodmechanismus wird aufgrund morphologischer und biochemischer Kriterien von der Nekrose, d. h. provoziertem Zelltod, unterschieden. Unter programmiertem Zelltod versteht man die Tatsache, dass es Zellen „vorgegeben" zu sein scheint, wann sie absterben. Dies ist wichtig, da die Apoptose einen physiologischen Kontrollmechanismus während der Embryogenese darstellt, die Zellregeneration unterstützt (z. B. Dünndarmepithel) und auch bei der klonalen Selektion des Immunsystems eine wichtige Rolle spielt. Apoptotische Zellen beginnen „plötzlich", sich aus dem Zellverband zu lösen, sie schrumpfen und weisen eine Chromatin-Kondensation auf. Die Zellmembranen weisen typische Ausstülpungen auf. DNS wid durch eine Mg^{2+}-/Ca^{2+}-abhängige Endonuklease in 180 Basenpaare große Bruchstücke fragmentiert. Die Zelle zerfällt in membranumschlossene Apoptose-Körper, sodass keine Proteine dem Immunsystem frei präsentiert werden und so eine Entzündungsreaktion vermieden wird. Die Apoptose-Körper werden durch Makrophagen phagozytiert. Der gesamte Vorgang verläuft relativ rasch. Diese Besonderheit des apoptotischen Zelltodes könnte erklären, warum man bei den Untersuchungen an Postmortem-Gewebe bisher keine eindeutigen Hinweise für das Vorliegen apoptotischer Prozesse bei der Parkinson-Krankheit fand (siehe Graeber et al., 1999; Wüllner et al., 1999; Jellinger, 2000). Da der die Parkinson-Krankheit auslösende Prozess Jahre vor dem Sichtbarwerden der klinischen Symptome auftritt, ist zudem die Wahrscheinlichkeit sehr gering in Post-mortem-Gewebe histologisch einen apoptotischen Zelltod nachzuweisen. Unabhängig von den experimentellen Schwierigkeiten, apoptotische Vorgänge zu dokumentieren, gehen wir und viele andere Parkinson-Forscher davon aus, dass die Apoptose nicht als die Parkinson-Krankheit auslösende Ursache in Frage kommt (siehe auch Kap. 5).

Protein-Aggregation

Ein gemeinsames Charakteristikum vieler neurodegenerativer Erkrankungen ist die abnormale Akkumulation von Proteinen (Tabelle 1.5) und das abnormale Verarbeiten von mutanten oder geschädigten intra- und extrazellulären Proteinen (siehe z. B. Chung et al., 2001; Taylor et al., 2002). Man nimmt an, dass durch die Anhäufung dieser falschgefalteten, zur Aggregation neigenden Proteine der Ubiquitin-Proteasom-Weg, der normalerweise geschädigte oder toxische Proteine durch eine Ubiquitin-abhängige Proteolyse abbaut, überfordert und deshalb die Bildung von so genannten Einschluss-Körperchen induziert wird, wodurch es zu einer selektiven Vulnerabilität und Dysfunktion bestimmter Neuronen und schließlich zu deren Untergang kommen kann. Wir möchten aber bereits an dieser Stelle darauf hinweisen, dass nicht bekannt ist, ob die Einschluss-Körperchen zellschädigend oder sogar neuroprotektiv wirken. In Kap. 5 werden wir ausführlich die Befunde erörtern, die die Protein-Aggregation als möglichen Pathomechanismus der Parkinson-Krankheit unterstützen. Da solche α-Synuclein-immunreaktiven Einschluss-Körperchen beziehungsweise Protein-Aggregate bei einer Reihe degenerativer Erkrankungen (Parkinson- und Alzheimer-Demenz, Demenz vom Lewy-Körperchen-Typ; Chorea Huntington, MSA) nachgewiesen wurden, werden diese von einigen Neuropathologen unter dem Begriff **α-Synucleinopathien** zusammengefasst (Goedert und Spillantini, 1998).

Tabelle 1.5. Merkmale von neurodegenerativen Erkrankungen, die durch Protein-Aggregation und Ablagerung abnormaler Proteine charakterisiert sind (nach Taylor et al., 2002)

Erkrankung	Protein-Ablagerung	Toxisches Protein	Krankheitsverursachendes Gen	Risikofaktor
Alzheimer-Krankheit	extrazelluläre Plaques intrazelluläre Tangles	Aβ Tau	APP* Presenilin 1‡ Presenilin 2‡	ApoE4-Allel
Parkinson-Krankheit	Lewy-Körperchen	α-Synuclein	α-Synuclein* Parkin‡ UCHL1‡	Tau-Kopplung
Prionen-Erkrankungen	Prionen-Plaques	PrP^{sc}	PRNP*	Homozygot am Prion-Codon 129
Polyglutamin-Erkrankungen	nukleäre und zytoplasmatische Einschlüsse	Polyglutamin-enthaltende Proteine	9 verschiedene Gene mit CAG-Repeat-Expansion	
Tauopathien	zytoplasmatische Tangles	Tau	Tau*	Tau-Kopplung
familiäre Amyotrophe Lateralsklerose	Bunina-Körperchen	SOD1	SOD1*	

Aβ, β-Amyloid-Peptid; APP, Amyloid-Precursor-Protein; SOD, Superoxid-Dismutase; PRNP, das Gen des Prion-Proteins beim Menschen; PrP^{SC}, modifizierte, krankheitsverursachende Form des Prion-Proteins. * Pathogenetische Mutation ist mit einer toxischen „Gain of function" assoziiert. ‡ Pathogenetische Mutation ist mit einem Funktionsverlust gekoppelt.

1.4 Klinisches Bild des idiopathischen Parkinson-Syndroms

Die vier anerkannten Kardinalsymptome des IPS sind:

- Bradykinese
- Rigor
- Tremor und
- posturale Instabilität.

Bradykinese

Unter Bradykinese versteht man die Verlangsamung der Initiation von Willkürbewegungen mit progressiver Abnahme von Geschwindigkeit und Amplitude bei repetitiven Aktionen. Genaugenommen sollte man davon die **Hypokinese,** die auf der Reduktion von Bewegungsamplituden und Spontanbewegungen beruht, und die **Akinese,** die ein Sistieren sämtlicher willkürlicher motorischer Entäußerungen impliziert, abtrennen. Meist werden die drei Begriffe vermischt, und es erscheint daher ratsam, Bradykinese als Oberbegriff zu verwenden.

Parkinson-Patienten weisen eine gebeugte Haltung auf, wobei sämtliche großen Gelenke, d. h. Hüft-, Knie-, Sprung-, Kopf-, Schulter-, Ellenbogen- und Handgelenke, in Flexion gehalten werden und dem Patienten die unverwechselbare Haltung geben (Rigor). Meist beginnt die Krankheit im Bereich der Arme, daher die Schulterschmerzen, mit Ad-

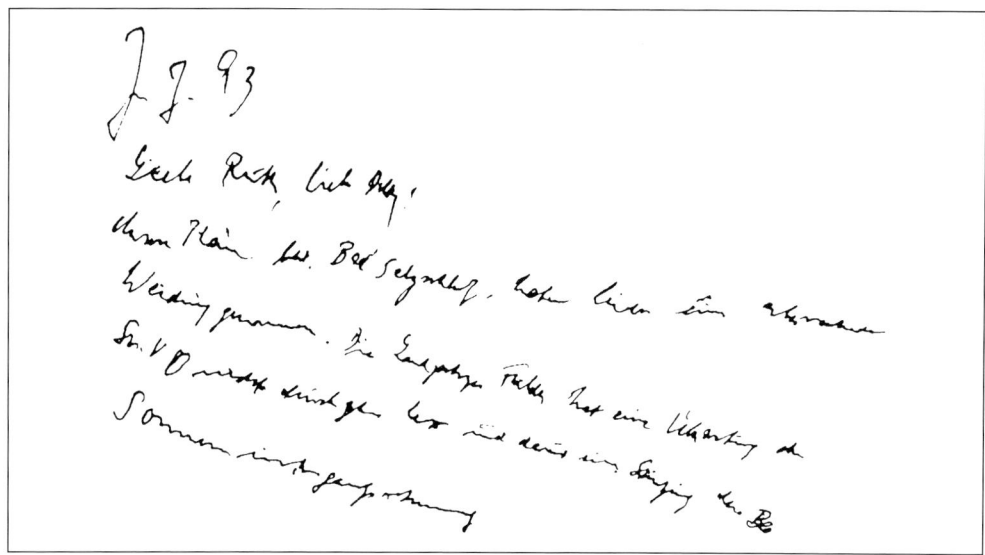

Abb. 1.7. Typisches Beispiel für Mikrografie bei einer 63-jährigen Patientin

duktion des Oberarmes und leichter Flexion im Ellenbogengelenk. Erst ein bis zwei Jahre später kommt ein einseitiges Nachschlurfen oder Hinken eines Beines hinzu. Jetzt wird das Gangbild kleinschrittig, später kommen häufig Starthemmung und die Unfähigkeit, rasch anzuhalten (Festination) hinzu. Die Wendebewegung benötigt viele Zwischenschritte, und häufig kommt eine erhöhte Fallneigung hinzu. Nicht übersehen darf man somit für die Frühdiagnose das mangelnde Mitpendeln zunächst eines Armes, der die Seite anzeigt, auf der die Krankheit begann und auf der sie stärker ausgeprägt ist. Repetitive Bewegungen wie alternierende Supination und Pronation des Unterarmes, rasches Zusammenführen von Daumen und Zeigefinger, rhythmisches Stampfen mit den Füßen sind signifikant verlangsamt und bezüglich der Amplitude reduziert. Freies Aufstehen aus dem Sitzen fällt schwer, sodass Parkinson-Patienten tiefe Sessel vermeiden müssen, da sie sich nicht alleine aufrichten können.

Auch im Gesicht ist die Krankheit im Sinne einer Hypomimie zu erkennen. Die Hypomimie ist zunächst einseitig, was bei genauer Betrachtung des Patienten festgestellt werden kann. Die Mundwinkel stehen still, und die Lidschlusshäufigkeit nimmt ab. Scheinbar regungslos verfolgen Parkinson-Patienten auch psychisch aufwühlende Ereignisse, sodass der oberflächliche Betrachter den Eindruck gewinnen kann, dass der Patient teilnahmslos und interessenlos ist. Unter dieser Fehleinschätzung leiden die Patienten besonders, da gerade die Mimik eine wichtige Kommunikationsform für den Menschen darstellt. Wie unten noch einmal erwähnt werden wird, führt ein verringertes Schlucken zur „**Hypersalivation**" und nicht etwa eine vermehrte Speichelproduktion. Die Nachfrage, ob das Kopfkissen morgens leicht feucht ist wegen des verringerten Schluckens, wird relativ häufig und früh im Verlauf der Erkrankung bejaht. Besonders unangenehm ist für die Patienten, dass im Verlauf der Erkrankung die Stimme zunehmend leise und monoton wird. Die häufig als typisches Parkinson-Symptom angeführte Seborrhoe ist eher selten anzutreffen. Ein weiteres **Frühsymptom** ist die Verkleinerung der Schrift, wie es z. B. in Abb. 1.7 gezeigt wird. Aber auch Verrichtungen, die eine flüssige und koordinierte Beweglichkeit und Geschicklichkeit verlangen, fallen zunehmend schwer. Hier wären Zähneputzen, Handarbeiten, Zuknöpfen, Ballspiele, Computer- und Schreibmaschinenarbeit als Beispiele aufzuführen. Im Verlauf der Erkrankung treten dann Probleme beim Gehen durch eine enge Türe auf, oder die Patienten stehen wie festgewurzelt und kommen schwer von der Stelle (Freezing, motorische Blocks). Diese Schwellenangst von Patienten könnte aus meiner Sicht (HR) auf Störungen im räumlichen Sehen und im Farbkontrasterkennen zurückgeführt werden. Das Gefühl, steif und unbeweglich zu sein und einen Körper zu besitzen, auf den der Geist keinen Einfluss hat, ist für die Patienten so einschneidend, dass die therapeutischen Bemühungen insbesondere zur Besserung der Bradykinese führen müssen.

Rigor

Den Rigor sollte man in einer leicht gebeugten Position des zu untersuchenden Gelenkes prüfen und arhythmische Bewegungen ausführen, um dem Patienten eine Habituation zu verwehren. Dabei wird man eine rigorartige Tonuserhöhung wie z. B. das typische Zahnradphänomen feststellen. Der Rigor ist über die gesamte Bewegungsstrecke vorhanden und lässt nicht plötzlich wie bei der Spastik (Taschenmesser-Phänomen) nach. Ist man sich nicht sicher, ob ein Patient z. B. im Handgelenk, wo man den Rigor am besten und frühesten finden kann, einen Rigor aufweist, kann man den Patienten bitten, den gegenseitigen Arm in 90-Grad-Position hochzuhalten. Weitere Manöver zur Verstärkung des Rigors sind Spiegelbewegungen mit der anderen Extremität (Froment-Manöver, wobei die gegenseitige Hand ständig auf und zu gemacht werden muss) oder das gleichzeitige Bewegen zweier Gelenke wie Hand- und Ellenbogengelenk. Der Rigor spielt sicherlich bei der Unfähigkeit, sich rasch bewegen zu können, oder bei dem Problem, sich nachts im Bett zu wenden, eine wichtige Rolle. Auch verbietet er dem Patienten Arbeiten, die hohe Anforderungen an die Feinmotorik richten, wie z. B. Bastelarbeiten, Reparaturarbeiten, Schreiben und andere, in der gewohnten Weise zu verrichten.

Neben der verringerten Beweglichkeit nachts, die sich darin äußert, dass die Patienten über Schulter- und Rückenschmerzen klagen und morgens in derselben Position aufwachen, die sie beim Einschlafen eingenommen hatten, ist die Veränderung der Schrift ein Frühsymptom der Parkinson-Krankheit. Das Schriftbild von Patienten verändert sich schon Jahre vor Auftreten der vier Kardinalsymptome in einer charakteristischen Art und Weise. Die Mikrografie besteht meist in einer verkleinerten, krakeligen Schrift, die auch die Zeile nicht mehr hält (Abb. 1.7). Ausdruck des Rigors ist auch, dass beim Gehen der Arm nicht richtig mitschwingt. Subjektiv empfindet der Patient den Rigor als ziehenden Schmerz in der Extremität oder im ganzen Körper oder auch als Steifigkeit.

Tremor

Das dritte Kardinalsymptom, das auch zum Begriff der „Schüttel"lähmung führte, ist der Tremor. Es handelt sich dabei in der Regel um einen **Ruhetremor,** der meist einseitig beginnt und eine Frequenz von 4–6 Hz aufweist. Der Ruhetremor ist meist kleinamplitudig, es gibt aber auch Patienten, die einen hochamplitudigen Tremor aufweisen, dies meist aber erst nach mehreren Jahren des Krankheitsverlaufes. Bei der Untersuchung ist Wert darauf zu legen, dass der Tremor in einer vollkommen entspannten Extremität gesucht wird. Bei psychischer Belastung, bei Visite oder bei kognitiver Anspannung im Sinne von Rechenaufgaben kann der Tremor deutlicher werden und bezüglich seiner Amplitude zunehmen. Es ist die Regel, dass der Tremor einseitig beginnt und dass auf der gleichen Seite auch der Rigor und die Bradykinese stärker ausgeprägt sind. Diese **Seitendifferenz** bleibt lebenslang erhalten, sodass der erfahrene Untersucher auch noch nach Jahren vermuten kann, wo die Krankheit begann.

Der Ruhetremor verschwindet bei Bewegung der Extremität. Im Bereich der oberen Extremität kann er als klassischer „Pillendreher-Tremor" imponieren. Am entspannt liegenden Patienten kann man aber auch mitunter einen Ruhetremor des Fußes beobachten. Neben dem Ruhetremor ist auch **häufig** ein **Haltetremor** zu finden, sodass mitunter die Differenzialdiagnose zum essenziellen Tremor schwerfällt. Hier hilft diagnostisch weiter, dass der essenzielle Tremor beidseitig vorhanden ist, familiär gehäuft auftritt, mitunter positiv auf Alkohol anspricht und vor dem 40. Lebensjahr beginnt. Stimmtremor und Kopftremor (Ja-Ja- oder Nein-Nein-Tremor) sprechen für einen essenziellen Tremor. Nicht ganz selten gibt es auch eine Koinzidenz zwischen Parkinson-Krankheit und essenziellem Tremor, wobei die Experten davon ausgehen, dass es sich um zwei distinkte Krankheiten handelt. Ein zerebellärer Intentions-Tremor gehört dagegen nicht zum Parkinson-Syndrom, sondern spricht für eine primär zerebelläre Erkrankung oder eine MSA. Neuroleptika-induzierte Parkinson-Syndrome werden dann wahrscheinlich, wenn ein Tremor der Zunge und perioralen Muskulatur auftritt. Rajput und Mitarbeiter (1991) stellten fest, dass im Verlauf der Krankheit nahezu jeder Parkinson-Patient einen Tremor entwickeln wird. Sollte somit ein Patient über Jahre frei von Tremor bleiben, sollte die Diagnose „IPS" noch einmal kritisch geprüft werden. Genauso kritisch sollte man Patienten nachuntersuchen, die über viele Jahre lediglich einen Tremor aufweisen und keine weiteren für die Parkinson-Krankheit typischen Symptome entwickeln. In einer solchen Situation wäre der Einsatz des teuren DAT-Scans zu vertreten und durchaus zu empfehlen, um nicht einen essenziellen Tremor zu einem Parkinson-Tremor zu machen.

Posturale Instabilität

Das vierte Kardinalsymptom, nämlich die posturale Instabilität, sollte **nicht bereits am Anfang** der Erkrankung auftreten, sondern erst in deren späteren Stadien. Die posturale Instabilität lässt sich dadurch nachweisen, dass der aufrecht stehende Patient auf ein Schubsen nach vorne, hinten oder zur Seite unsicher reagiert, nicht auspendeln kann, sondern durch einen Ausfallschritt das Fallen verhindern muss oder sogar zu Fall käme, wenn er vom Untersucher nicht aufgefangen würde (Stoß- und Zugtest).

Patienten, die schon zu Beginn der Krankheit eine Standunsicherheit aufweisen und häufig fallen, haben meist eine MSA oder eine PSP. Patienten mit MSA fallen meist nach vorne und solche mit PSP eher nach hinten. Störungen der posturalen Instabilität äußern sich als Propulsion, Retropulsion oder Lateropulsion. Dazu zu rechnen ist auch die Festination oder Propulsion beim Gehen, wo der Patient immer schneller wird und dann die Beine nicht mehr nach vorne bekommt und zu Fall kommt. Diese Symptome sprechen nicht gut auf Dopaminergika an und es ist noch nicht geklärt, ob sie durch tiefe Hirnstimulation gebessert werden können. Insgesamt bedingen sie eine eher schlechte Prognose (Jankovic et al., 1990).

Unserer Meinung nach sollte man als **fünftes Kardinalsymptom** die **Riechstörung** aufnehmen, da sie bei nahezu allen Parkinson-Patienten auftritt (Doty et al., 1988; Müller et al., 2002; Sommer et al., 2004) und leicht zu diagnostizieren ist.

Vegetative Symptome

Neben diesen fünf Kardinalsymptomen weisen die meisten Parkinson-Patienten auch vegetative Symptome wie z. B. ein so genanntes Salbengesicht (**Seborrhö**) auf. Genauso häufig ist aber eine sehr trockene Haut bei

Parkinson-Patienten (Gemende, persönliche Mitteilung). Die **Sialorrhö** ist ebenfalls ein typisches Parkinson-Symptom, das in den mittleren bis späteren Phasen der Erkrankung auftritt. Es handelt sich dabei nicht um eine Hypersalivation, sondern eher um eine Schluckstörung.

Im Bereich der Hirnnerven sind ebenfalls einige typische Symptome zu nennen, so haben Parkinson-Patienten z. B. eine schlechtere Bildauflösung für nahe beieinander liegende Farbstreifen und für das Blau-Gelb- und Rot-Grün-Sehen eine schlechtere Perzeption, als diese Gleichaltrige aufweisen. Man kann dieses Phänomen darauf zurückführen, dass in der Kaskade der primären Sehbahn Dopamin als Transmitter eingesetzt wird. Gleiches gilt für die Riechbahn, wo gezeigt werden konnte, dass Parkinson-Patienten eine reduzierte Diskrimination für ähnliche Düfte aufweisen und pathologisch verzögerte Olfaktorius-SEPs (somatosensibel-evozierte Potenziale) typischerweise abgeleitet werden können. Untersuchungen in meiner Klinik (HR) haben zudem gezeigt, dass die Riechstörungen zu den Frühsymptomen des IPS gehören und interessanterweise so nicht bei kortikobasaler Degeneration (kortikobasale Degeneration, CBD) und PSP auftreten (Müller et al., 2002). Manche Patienten beklagen eine eingeschränkte Sehschärfe, und auch unabhängig von der PSP kann es zu einer Einschränkung beim Blick nach oben kommen. Manche haben sogar einen Blepharospasmus. Vielleicht kann in diesem Zusammenhang auch der pathologische Glabellareflex eingeordnet werden, wo bei repetitivem Beklopfen der Glabella mit dem Zeigefinger des Untersuchers ein nicht sistierendes Zwinkern nachgewiesen werden kann.

Die Sprache wird zunehmend leise und monoton. Festination der Sprache bedingt, dass der Patient gegen Ende eines Satzes immer schneller wird und dann Wortteile auslässt. Ackermann und Mitarbeiter (1989) beschrieben Patienten, bei denen trotz Besserung der Bradykinese die Sprache schlechter wurde.

Auch sensible Alterationen werden beklagt. So haben viele Patienten bereits zu Beginn der Erkrankung Schmerzen im Rücken, Schultergelenk und in den Beinen sowie Paraesthesien und Dysaesthesien in den Füßen und seltener in den Händen. Andere beklagen Muskelkrämpfe.

In Kap. 14 werden die Störungen des autonomen Nervensystems und deren Therapie erläutert. Sehr viele Parkinson-Patienten leiden unter Störungen der Magen-Darm-Funktion, des Urogenital- und Sexualsystems, der Schweißproduktion, des kardiovaskulären Systems und anderer autonomer Systeme.

Kognitive und neuropsychiatrische Störungen wie Demenz und Depression

Wichtig sind kognitive und neuropsychiatrische Störungen, die James Parkinson selbst noch als nicht typisch für die nach ihm benannte Erkrankung erachtete („the senses and intellect are uninjured"). Parkinson-Patienten beklagen im Verlauf der Erkrankung fast immer eine nachlassende Konzentrations- und Merkfähigkeit. Etwa 40 Prozent der Patienten entwickeln eine den DMS-IV-Kriterien entsprechende **Depression** (Poewe, 1993; Dooneief et al., 1992), die unterschieden werden muss von der bei noch mehr Patienten scheinbar vorliegenden Pseudodepression. Von diesen Patienten erfüllen aber nur vier bis sechs Prozent die Kriterien der major depression. Es gibt keine Altersabhängigkeit und keinen Zusammenhang mit der Dauer des IPS. Die Depression kann der Bradykinese vorausgehen (Shiba et al., 2000), sodass eine sorgfältige neurologische Untersuchung für Depressive unabdingbar ist. Nach Shiba et al. (2000) trat in einer Fall-Kontroll-Studie von 196 Patienten bei vorbestehender Angst mit 2,2-fach höherer Wahrscheinlichkeit ein IPS, bei einer Depression mit 1,9-fach höherer Wahrscheinlichkeit und bei vorbestehender Depression und Angst mit 2,4-fach höherer Wahrscheinlichkeit später ein IPS auf. Die Latenz zwischen Depression und beginnendem Parkinson-Syndrom betrug in dieser Studie bis zu fünf Jahre. Im Vergleich zur major depression ist die Schwere der Depression geringer und es kommt kaum zu Suiziden oder Wahnvorstellungen. Gefährliche Ausnahme sind die Patienten mit L-DOPA-Langzeitsyndrom, die kurzfristig suizidal werden können. Typische Symptome sind Dysphorie, Gereiztheit, Irritabilität, Traurigkeit, Pessimismus und selten Suizidgedanken (Lemke und Reiff, 2001). Auch heute ist man sich noch nicht einig, wie die Parkinson-Depression am besten erklärt werden kann, obwohl bekannt ist, dass auch die mesolimbischen dopaminergen Bahnen degenerieren, aber eben auch Degenerationen im serotonergen System (Raphe-Kerne) und des noradrenergen Systems (Locus coeruleus) mit der Parkinson-Krankheit vergesellschaftet sind (siehe auch Kap. 2.2). Nach Lemke und Reiff (2001) kommt es, wie schon besprochen, zu einem Untergang neuronaler Strukturen in den Kernen des Hirnstammes und somit zu Veränderungen monoaminerger Mechanismen im Kortex und in den Basalganglien. Das führt zu Störungen von Funktionen im Belohnungssystem und inadäquater Stressantwort und letztendlich zu den oben genannten Symptomen der Parkinson-Depression.

Typischerweise sind Parkinson-Patienten anhedon, d. h., es fehlt ihnen die Freude an Dingen wie gutem Essen, guten Weinen, Sex, guten Filmen und täglichen Dingen, die Gesunde als „Highlights" wahrnehmen.

In den letzten Jahren wurden wertvolle Erkenntnisse zur **Demenz** bei Parkinson-Patienten gewonnen, die bei mehr als 20 Prozent der Patienten auftreten kann (Biggins et al., 1992, Aarsland et al., 2003). Aarsland und Mitarbeiter (2003) hatten in einer epidemiologischen Untersuchung im norwegischen Rogaland County bei ca. 28 Prozent der Parkinson-Patienten eine Demenz festgestellt (s. u.). Im Verlauf hat diese Arbeitsgruppe im Laufe von 17 Jahren bei bis zu 78 Prozent der Patienten einen dementiven Abbau festgestellt. Es ist initial gar nicht so leicht, zwischen benignen kognitiven Veränderungen im Alter und einer beginnenden Demenz zu unterscheiden. Altersbedingt treten physiologischerweise Sehverschlechterung, Hörminderung, leichte Gedächtnisstörung, verlangsamte Reaktionszeit, verlangsamte Bearbeitungszeit, geminderte Aufmerksamkeit und Argumentationsfähigkeit auf. Die Angaben über den Prozentsatz von Patienten mit Demenz bei vorbestehendem Parkinson-Syndrom sind recht unterschiedlich. Eine interessante Untersuchung erfolgte von Perry et al. (1991) in einem Altenheim in Newcastle upon Tyne in Nordengland: Die Autoren nahmen bei 89 verstorbenen Patienten eine Autopsie vor und diagnostizierten anhand neuropathologischer Kriterien bei 52 Prozent eine Demenz vom Alzheimer-Typ, bei sieben Prozent eine vaskulär-bedingte Demenz, bei drei Prozent ein IPS mit Demenz, bei sechs Prozent eine Mischform und bei 20 Prozent eine LBD (s. u.).

Während Parkinson 1817 in seinem „Essay on the Shaking Palsy" noch wörtlich schrieb „the senses and intellect are uninjured", geht man heute von einer Demenzrate von 20–40 Prozent aus, wobei Taylor und Saint-Cyr (1985) acht Prozent und Martin et al. (1973) 81 Prozent in ihren Arbeiten als dement angaben. Diese Prozentangaben sind aber nicht repräsentativ, da sie am Krankengut von Spezialkliniken erhoben wurden. In diesem Zusammenhang ist daher eine Studie von Aarsland et al. (1996) wesentlich aussagekräftiger, da diese Arbeitsgruppe im Rogaland County in Norwegen, in dem ca. 221 000 Menschen leben, 400 Patienten mit möglichem IPS fand, von denen sie bei 245 Patienten ein typisches IPS diagnostizierte und diese Patienten dann mittels Mini-Mental-State-Examination, Gottfries-Brane- und Stehen-Skala sowie der für die Kognition wichtigen Unterskala der UPDRS untersuchte. Diese Autoren fanden bei 28 Prozent dieser Patienten eine Demenz, ein Prozentsatz, der auch meinen (HR) Erfahrungen entspricht. Nachdem keine neuropathologische Evaluation möglich war, ist natürlich nicht auszuschließen, dass einige der Patienten eine LBD oder zusätzlich eine Demenz vom Alzheimer-Typ hatten. Interessant ist die Beobachtung, dass Patienten mit IPS im Vergleich zu ihrer Altersgruppe ein zwei- bis dreifach erhöhtes Risiko haben, eine Demenz zu entwickeln. **Risikofaktoren** und **Prädiktoren** sind dabei hohes Alter bei Krankheitsbeginn, familiär gehäufte Demenzen, schwere extrapyramidale Symptome, niedriges Bildungsniveau, frühzeitig auftretender beidseitiger Befall mit motorischen Symptomen sowie das frühe Auftreten von Verwirrtheit und Psychosen (Aarsland et al., 1996).

Im Zusammenhang mit der bei IPS üblicherweise auftretenden Demenz muss der Begriff der **subkortikalen Demenz** genannt werden, der 1912 von Wilson geprägt und dann von Albert und Kollegen 1974 wieder aufgenommen wurde. Es handelt sich dabei um ein anatomisches Konzept, wonach die neuropathologischen Veränderungen nicht im Kortex, wie z.B. bei der Alzheimer-Krankheit, sondern eben subkortikal vorkommen. Neben der IPS mit Demenz gilt dieses Konzept auch für den Morbus Wilson oder die Chorea Huntington. Typischerweise zeigen sich die kortikalen Ausfälle bei der Alzheimer-Demenz in Aphasie, Amnesie, Apraxie und Agnosie, während Patienten mit einer subkortikalen Demenz vergesslich und denkverlangsamt sind sowie Veränderungen der Persönlichkeit und der Stimmung aufweisen und bereits vorhandenes Wissen einbüßen. Patienten mit IPS und Demenz zeigen noch ein Defizit im räumlichen Sehen, eine gestörte Initiation kognitiver Abläufe und deren geordnete Abfolge (Poewe und Schelosky, 1994). Neuropathologisch konnte bei diesen Patienten neben dem dopaminergen Defizit auch ein cholinerges Defizit im Nucleus Basalis Meynert nachgewiesen werden (Nakano und Hirano, 1984).

Die **apparative Zusatzdiagnostik** ist wenig spezifisch in der Differenzialdiagnose zwischen IPS mit konsekutiver Demenz, LBD, IPS mit Alzheimer oder Alzheimer mit Parkinson-Symptomen. Im EEG findet sich eine Verlangsamung des Grundrhythmus im Sinne eines langsamen α-Rhythmus. Die späten akustischen Potenziale (P300) weisen eine Verzögerung auf. Die kranielle Computertomographie (CT) weist eine innere und äußere Hirnatrophie nach, wobei die Weite des dritten Ventrikels gut mit dem Demenzgrad korreliert (Lichter et al., 1988). Patienten mit IPS und konsekutiver Demenz zeigen im ^{18}F-Deoxyglukose-PET einen verminderten Glukosemetabolismus mit fronto-temporo-parietalem Verteilungsmuster, ähnlich demjenigen bei Demenz vom Alzheimer-Typ (Turjanski und Brooks, 1997). Der regionale zerebrale Blutfluss lässt sich mit SPECT (Single-Photonen-Emissions-Computer-Tomographie)-Untersuchungen bestimmen, wobei als Tracer entweder ^{99m}Tc-HMPAO oder N-isopropyl-^{125}I-Iodoamphetamin verwendet wird. Bei Parkinson-Patienten mit Demenz findet man einen verminderten regionalen Blutfluss beidseits im temporo-parietalen Kortex (Jagust et al., 1992). Man unterscheidet eventuell etwas arbiträr die LBD von der Parkinson-Demenz, wobei man von einer LBD dann spricht, wenn innerhalb eines Jahres kognitive Störungen und motorische für Parkinson typische Symptome auftreten. Patienten mit LBD zeigen neben einer Demenz und Parkinson-Symptomen in der Regel szenische visuelle Halluzinationen, Somnolenz und eine sehr starke Sensitivität bezüglich Neuroleptika, die sie in komaartige Zustände bringen.

Bevor es zu so ausgeprägten neuropsychiatrischen Ausfällen kommt, haben viele Patienten Schlafstörungen, vermehrte Angstgefühle und eine Bradyphrenie, womit die reduzierte geistige Beweglichkeit und Spannkraft gemeint sind. Patienten mit Demenz reagieren sehr sensibel auf MAO-B-Hemmer, N-Methyl-D-Aspartat(NMDA)-Rezeptorantagonisten und auch Dopamin-Rezeptoragonisten, sodass die Behandlung der motorischen Komplikationen häufig schwierig ist (siehe Kap. 8).

Ein wichtiges psychiatrisches Symptom sind durch die Therapie bedingte **Halluzinationen**, die meist visueller Natur sind (Fénelon et al., 2000). Etwa jeder vierte Parkinson-Patient weist visuelle Halluzinationen in seiner Anamnese auf. Fénelon und Mitarbeiter untersuchten 216 Patienten konsekutiv und fanden sogar bei 40 Prozent die Angabe, dass sie während der vergangenen drei Monate unter Halluzinationen gelitten hatten. Die Autoren teilten die Halluzinationen in drei Schweregrade ein, nämlich milde Formen mit dem Gefühl der Anwesenheit einer Person, der schweren Form, bei der sich eine Figur (meist ein Tier) bewegte oder Illusionen auftraten, was in 25,5 Prozent der Patienten der Fall war. Ich selbst (HR) kenne einen Patienten, der bis zu zweimal täglich ein Pferd durch sein Wohnzimmer rennen sieht, von dem er weiß, dass das ein Trugbild ist und deshalb keine Umstellung seiner Parkinson-Therapie wünscht. Die schwerste Form bestand in ausgestalteten szenischen Halluzinationen, die immerhin noch in 22 Prozent auftraten. Das interessanteste Ergebnis dieser Untersuchung war die Erkenntnis, dass nicht nur die Medikation, sondern auch die Grundkrankheit zu Halluzinationen führt. **Prädiktoren** für solche Halluzinationen sind schwere kognitive Einbußen, Tagesmüdigkeit und eine lange Krankenkarriere. Bei den behandelten Patienten haben die das höchste Risiko, die kognitive Einbußen haben.

Wie in Kap. 15 ausführlich dargelegt, weisen Patienten mit einem IPS häufig Schlafstörungen auf. Stiasny-Kolster et al. (2005) beschreiben, dass REM-Schlafverhaltensstörungen häufig ein Frühsymptom des IPS sind. Viele Parkinson-Patienten leiden insbesondere an einer Durchschlafstörung.

1.5 Diagnose und Differenzialdiagnose des idiopathischen Parkinson-Syndroms

Die Diagnose eines IPS erfordert, wie oben bereits diskutiert, den Ausschluss eines symptomatischen Parkinson-Syndroms. Neben der Bradykinese müssen noch drei oder mehr der folgenden **Kriterien für ein IPS** erfüllt sein:

- Kardinal-Symptome
- progressiver Verlauf (bei persistierender Asymmetrie kommt es zum Befall der Gegenseite)
- sehr gutes Ansprechen auf L-DOPA (in ca. 70–100 Prozent)
- L-DOPA-induzierte Dyskinesien und Wirkungsschwankungen
- keine atypischen Zeichen.

Zu den Ausschluss-Symptomen gehören:

- apoplektiformer Verlauf
- okulogyre Krisen
- Remissionen
- Neuroleptika
- Blickparese
- zerebelläre Zeichen
- früh ausgeprägte autonome Störungen
- positives Babinski-Zeichen
- frühe Demenz
- fehlendes Ansprechen auf L-DOPA.

Der so genannte „Lower-body Parkinsonism" beruht häufig auf einer Dysbasie und Dysstasie (Standunsicherheit), wie sie für die hypertensiv bedingte subkortikale arteriosklerotische Enzephalopathie, aber auch für den Normaldruckhydrozephalus typisch sind. Im Gegensatz zu den Patienten mit einem IPS weisen diese Patienten rudernde Bewegungen der oberen Extremitäten auf und gleichen so ihre Gangunsicherheit aus. Wiederholte Kopfverletzungen in der Vorgeschichte könnten auf eine traumatisch bedingte Parkinson-Krankheit hinweisen. Neuroleptika-Therapie und eine gesicherte Enzephalitis in der Vorgeschichte sollten ebenfalls Zweifel am IPS aufkommen lassen.

Bis vor kurzem galt, dass das Auftreten von mehreren betroffenen Verwandten ein IPS ausschloss. Nachdem mittlerweile aber die „Contursi"-Familie (Polymeropoulos et al., 1997) und weitere Familien mit mehreren Betroffenen beschrieben wurden, kann das nicht mehr aufrechterhalten werden (vergleiche Genetik der Parkinson-Krankheit im vorhergehenden Abschnitt). Okulogyre Krisen, anhaltende Remissionen, streng einseitige Symptomatik für länger als drei Jahre, frühe, ausgeprägte autonome, zerebelläre oder pyramidale Störungen gehören nicht zum IPS. Auch das fehlende Ansprechen auf hohe L-DOPA-Dosen oder frühe Demenz, Aphasie und Apraxie sprechen gegen ein IPS. Die frontale Enthemmung bei Patienten mit PSP kann mit Hilfe des sogenannten Applaus-Zeichens nach Dubois nachgewiesen werden. Im Gegensatz zu Gesunden und Patienten mit IPS können Patienten mit PSP nicht dreimal rasch in die Hände klatschen. Bei diesen Patienten sind meist vier und mehr Klatschbewegungen vorhanden.

Apparative und klinische Zusatzdiagnostik

Nachdem die Diagnose eines Parkinson-Syndroms bisher ausschließlich auf der Anamnese-Erhebung und dem Nachweis der typischen klinischen Symptomatik beruht, stellt sich die Frage nach der notwendigen Zusatzdiagnostik. Hilfreich ist ein **Apomorphin-Test.** Nach Vorbereitung mit Domperidon (bis zu dreimal 40 mg am Vortag und am Tag des Apomorphin-Tests) werden 4–8 mg Apomorphin subkutan (s.c.) appliziert, um dann ein rasches Ansprechen mit reduziertem Tremor, Rigor und Bradykinese nachzuweisen. Um die Nebenwirkung des Apomorphin (starkes Emetikum) zu vermeiden, verwenden wir in meiner (HR) Klinik stattdessen meist zwei lösliche L-DOPA-Tabletten, die innerhalb von 30 Minuten die gleiche Information wie der Apomorphin-Test liefern. Nur falls der L-DOPA-Test negativ ausfällt, wird der Apomorphin-Test durchgeführt. Wegen des möglichen „Priming"-Effektes vermeiden wir bei Patienten unter 40 Jahren den L-DOPA-Test, um nicht ein sehr rasches Entstehen von Dys- und Hyperkinesien zu provozieren. Eine dritte Möglichkeit ist die intravenöse (i.v.) Applikation von Amantadin-Sulfat.

Ratsam ist der **Ausschluss einer Kupfer-Stoffwechselstörung** durch die Analyse von Kupfer und Coeruloplasmin, womit besonders bei jungen Parkinson-Patienten gerechnet werden muss (Morbus Wilson). In diesem Zusammenhang ist eine Untersuchung unter der Spaltlampe zum Nachweis/Ausschluss eines Kayser-Fleischer-Ringes wichtig.

Einmal im Verlauf der Krankheit sollte auch zumindest ein kranielles CT erfolgen, um vaskuläre, hydrozephale, tumoröse oder traumatische Schäden auszuschließen. Bezüglich der Differenzialdiagnose von IPS und MSA, PSP und CBD sind nuklearmedizinische Untersuchungen mit radioaktiver Markierung der Dopamin-Rezeptoren (Abb. 1.8), des DAT (DATScan) sowie die Prüfung des DOPA-Stoffwechsels äußerst hilfreich. Patienten mit IPS weisen bis auf die Spätstadien eine normale Dopamin-Rezeptorendichte auf, was im Gegensatz zu Patienten mit MSA und PSP steht, wo nicht nur die präsynaptischen, sondern auch die postsynaptischen Neuronen zugrunde gehen. PET-Analysen können den reduzierten L-DOPA-Gehalt und -Metabo-

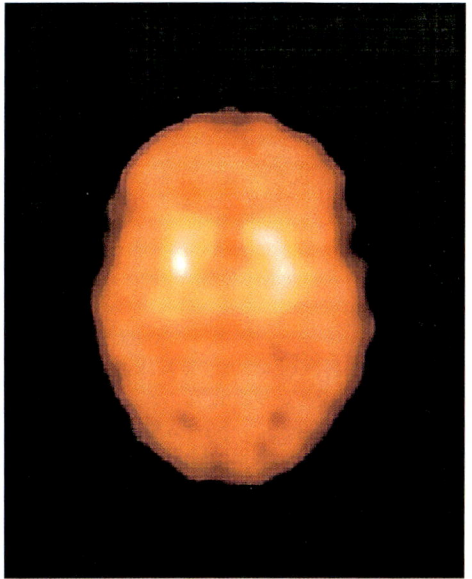 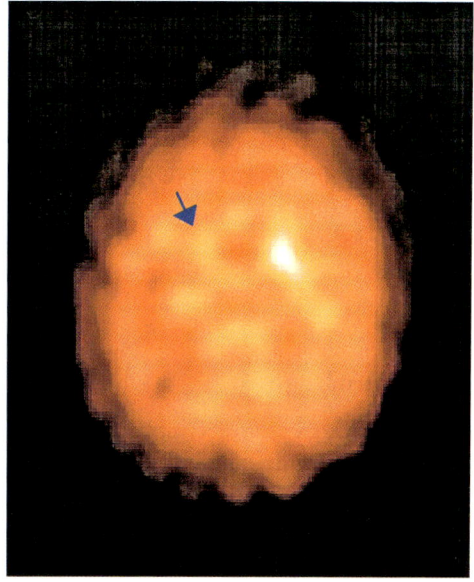

a b

Abb. 1.8. IBZM-SPECT (Iodobenzamid-Single-Photonen-Emissions-Computer-Tomographie)-Aufnahmen zur Darstellung der striatalen Dopamin-Rezeptoren. **a**: Die Aufnahme ist von einem Patienten mit einem idiopathischen Parkinson-Syndrom (IPS, Krankheitsdauer zehn Jahre, linksbetonte Symptomatik); **b**: Die Aufnahme ist von einer Patientin mit Multisystematrophie (MSA) vom nigro-striatalen Typ. Während die Dichte der postsynaptischen dopaminergen D_2-Rezeptoren beim IPS beiderseits im Normbereich liegt, ist bei der MSA auf der linken Seite nur im vorderen Anteil des Putamens und im Nucleus caudatus eine Anreicherung zu erkennen; rechts dagegen fehlt sie nahezu vollständig (siehe Pfeil). (Mit freundlicher Genehmigung der Klinik für Nuklearmedizin, Universitätsklinikum Dresden, Herrn OA PD Dr. Pinkert)

lismus, wie er für die Parkinson-Krankheit typisch ist, sowie die Dopamin-Rezeptoren nachweisen. Diese noch teure Untersuchung könnte als Frühdiagnostikum für die Parkinson-Krankheit benutzt werden, da schon recht früh eine Störung der nigro-striatalen Neurotransmission nachgewiesen werden kann. Einschränkend muss aber erwähnt werden, dass es im Einzelfall aber problematisch sein kann, sicher zwischen niedrig-normal und pathologisch zu unterscheiden, sodass im Verlauf noch ein zweites PET notwendig wird. Noch komplexer ist die Situation durch die Beobachtung geworden, dass auch Parkinson-Kranke einen normalen DAT-Scan haben können. Marek und Kollegen (2002) nennen diese Fälle „Scans Without Evidence of Dopaminergic Deficits" (SWEDDs). Selbstverständlich gehören solche PET-Untersuchungen nicht zu den notwendigen Routineuntersuchungen von Patienten mit einem Parkinson-Syndrom. Die Nuklearmediziner in Dresden bevorzugen ein Glukose-PET, da wir in meiner Klinik (HR) festgestellt haben, dass hier im Gegensatz zu den Patienten mit einem IPS bei Patienten mit MSA, PSP und CBD erhebliche Aktivitätsminderungen im Basalgangliensystem nachzuweisen sind.

Patienten mit IPS weisen keine verlässlichen Veränderungen im kraniellen CT oder im Magnet-Resonanz-Tomogramm (MRT) auf. Wie schon weiter vorne erörtert, könnten jedoch kranielle Ultraschall-Untersuchungen der SN weiterhelfen. In den Untersuchungen der Arbeitsgruppe von Georg Becker konnte bei 90 Prozent der untersuchten Parkinson-Patienten eine signifikant erhöhte Echogenität der SN nachgewiesen werden. Diese Angaben konnten mittlerweile von meiner (HR) und anderen Arbeitsgruppen bestätigt werden (Sommer et al., 2001; Walter et al., 2002, Berg, 2006).

Differenzialdiagnose

Eine besonders wichtige Gruppe von Krankheiten, die man differenzialdiagnostisch vom IPS abgrenzen muss, sind MSA und PSP. Man bezeichnet diese Krankheiten auch als atypische Parkinson-Syndrome oder als Parkinson-Plus-Syndrome. Oben wurden schon typische, ein IPS ausschließende Befunde genannt.

Die **PSP** weist in den Vereinigten Staaten von Amerika eine Prävalenz von ca. 2/100 000 auf. Es gibt sporadische und wenige familiäre Fälle. Es sind häufiger Männer als Frauen betroffen. Die Krankheit beginnt meist zwischen der fünften und sechsten Lebensdekade und die mittlere Überlebensdauer nach Diagnosestellung beträgt nur sechs bis zehn Jahre (Wenning et al., 1994). Typischerweise findet man im Kortex und in den Kerngebieten Tau-positive Neurone und argyrophile Einschlüsse. Patienten weisen typischerweise beiderseits die Kardinalsymptome der Parkinson-Krankheit auf, dazu kommen ein erstaunt-ängstlicher Blick, ein Retrocollis (Dystonie der Nackenmuskulatur), ein breitbasiger, kleinschrittiger Gang mit Unsicherheit und unverhofftem Fallen nach hinten sowie Persönlichkeitsveränderungen. Besonders typisch sind frühe Stürze und eine vertikale Blickparese nach unten. Frühe Verlangsamung der vertikalen Sakkaden ist untypisch für das IPS. Erst spät im Verlauf der Erkrankung schließt die supranukleäre Blicklähmung auch die Augenmuskelkerne ein, sodass dann auch der okulozephale Reflex erlöscht und die Patienten einen „**starren Blick**" bekommen (Mona-Lisa-Syndrom). Potenziell gefährlich sind bulbäre Symptome wie Dysphagie und Sprechstörungen.

Ein weiterer Schlüsselbefund sind **tiefe inspiratorische Seufzer.** Die Krankheit beginnt meist nach dem 40. Lebensjahr. Die Symptome sprechen zu 30 Prozent auf Dopaminergika an. Dieser Effekt ist aber nur vorübergehend. Typische L-DOPA-Nebenwirkungen werden nicht beobachtet (Dyskinesien, On-off-Symptomatik). Manche Patienten haben eine Lidheberapraxie oder/und einen Blepharospasmus. Kognitive Einbußen sind Apathie, frontale Enthemmungszeichen mit Affektinkontinenz, motorische Perseverationen und verlangsamte Sprache. Im MRT weisen viele Patienten eine Hirnstammatrophie (Mickey-Mouse-Sign) bei zusätzlicher Erweiterung des dritten Ventrikels und der Cisterna magna auf. Mit der SPECT-Technik kann man den Verlust von postsynaptischen Rezeptoren nachweisen. Litvan et al. (1996) etablierten obligate Einschlusskriterien sowie die Voraussetzungen für eine wahrscheinliche und eine mögliche PSP. Therapeutisch sollte man Dopaminergika einsetzen. Sollten diese nicht zur Verbesserung z. B. der Bradykinese führen, ist die Prognose schwierig. Neuropathologisch handelt es sich um eine Tauopathie. Wie oben bereits ausgeführt, ist das Applaus-Zeichen ein hilfreicher Test, um die frontale Störung nachzuweisen. In diesem Zusammenhang ist auch darauf hinzuweisen, dass PSP-Patienten in aller Regel früh eine Demenz entwickeln. Die Arbeitsgruppe um Lees hat in einer noch rezenten Publikation darauf hingewiesen, dass es neben der typischen PSP auch eine ohne Störungen der Okulomotorik gibt (Williams et al., 2005).

Unter den Begriff **MSA** subsumiert man die sporadische olivo-ponto-zerebelläre Atrophie, eine spät beginnende sporadische zerebelläre Ataxie, die striato-nigrale Degeneration, bei der neben dem führenden Parkinson-

Syndrom z. B. zerebelläre Zeichen vorliegen, sowie das **Shy-Drager-Syndrom,** das vordergründig autonome Störungen aufweist. Viele Experten gehen davon aus, dass die geschilderten Syndrome Formen eines Kontinuums sind. Die neueste Nomenklatur spricht von **MSA-C** (wenn die zerebelläre Symptomatik im Vordergrund steht) und **MSA-P** (wenn die typischen Parkinson-Symptome im Vordergrund stehen).

Erkrankungsbeginn ist meist erst in der sechsten Lebensdekade, mit einer Inzidenz von ca. 3/100 000. Die mediane Überlebenszeit liegt bei sechs Jahren. Ähnlich wie die Patienten mit PSP versterben die MSA-Patienten meist an den Folgen einer Pneumonie. Die Ätiologie ist unklar. Der Komplex I der Atmungskette ist sowohl in der SN als auch in den Blutplättchen normal. Typischerweise können gliäre α-Synuclein-haltige Lewy-Körperchen im Autopsiegewebe nachgewiesen werden. Darüber hinaus finden sich Gliose und Pigmentablagerungen in der unteren Olive, Kleinhirn, Pons, intermediolateralen Säule und im Nucleus Onuf des Rückenmarks (daher auch die periphere Denervation der Schließmuskeln). Oligodendrogliale argyrophile zytoplasmatische Einschlüsse sind typisch.

Nach Wenning und Kollegen (1995) treten Parkinsonismus, Kleinhirnsymptome wie Gang- und Extremitätenataxie, Nystagmus und Intentionstremor, autonome Störungen wie Impotenz, Urininkontinenz, Stuhlinkontinenz und Orthostase sowie Pyramidenbahnzeichen mit Hyperreflexie und Babinski-Zeichen auf. Ein Drittel der Patienten spricht vorübergehend auf L-DOPA an (Wenning et al., 1994; 1995). Diese Therapie kann zu Dyskinesien und Dystonien im Nacken und Gesichtsbereich führen. Ähnlich wie bei PSP-Patienten gibt es Frontalhirnsyndrome, Sprech- und Schluckstörungen mit spasmodischer Dysphonie, aber keine Blickparese nach unten, kein Alien-limb-Syndrom und keine kortikale Demenz. Meine (HR) eigenen Erfahrungen mit vielen Patienten mit MSA sprechen dafür, dass doch einige in den späteren fortgeschrittenen Krankheitsstadien eine Demenz entwickeln können.

Diagnostisch kann man sich die Störungen des autonomen Systems zu Nutze machen und die orthostatische Regulation mit dem Schellong-Test oder Kipptisch prüfen oder Herzfrequenzvarianzanalysen durchführen. Im **Sphinkter-Elektromyogramm** (EMG) wird man Spontanaktivität im Musculus sphincter ani externus nachweisen können. Das pathologische Sphinkter-EMG hilft nicht in der Differenzialdiagnose zur PSP, wohl aber zum IPS. Ist das Sphinkter-EMG normal, ist eine MSA trotzdessen möglich. Die meisten Experten raten aber mittlerweile nicht mehr zur Durchführung des Sphinkter-EMG, da die Trennschärfe nach vielen Jahren der Erfahrung als eher gering einzuschätzen ist (z. B. Jost, persönliche Mitteilung). Im MRT findet sich typischerweise ein hyperintenses Band am lateralen Rand des Putamen und im Hirnstamm eine kreuzförmige Hyperdensität (hot cross bun sign). SPECT und PET werden den Verlust von postsynaptischen Dopamin-Rezeptoren zeigen. Schwere Orthostase-Symptome versuche ich (HR) in meiner Klinik mittels Stützstrümpfen, Midodrin, Fluorcortison oder L-DOPS (L-3,4-Dihydroxyphenylserin, einer Vorstufe von Noradrenalin) zu therapieren, was aber häufig auch zu keinem zufriedenstellenden Ergebnis führt. Leider hat die japanische Hersteller-Firma von L-DOPS trotz einer Studie, die einen Effektivitätsnachweis erbrachte, diesen als zu gering erachtet und zudem wegen auftretender Nebenwirkungen entschieden, das Präparat nicht auf den Markt zu bringen.

Ein sehr sensibler Test ist die Herzfrequenzvarianz-Variabilität, die bei Patienten mit IPS näher am Normalwert liegt als bei Patienten mit MSA, die eine sehr eingeschränkte Varianz aufweisen (Ziemssen, persönliche Mitteilung). Weiterhin kann eine szintigrafische Methode, bei der die Aufnahme von [123] MIBG (Metaiod-benzylguanidin) in präsynaptische sympathische Neuronen gemessen und die sympathische Regulation des Herzens untersucht wird, eine hohe Trennschärfe zu MSA erreichen. Braune und andere haben nachgewiesen, dass bei IPS eine Schädigung des postsynaptischen und bei MSA des präsynaptischen sympathischen Neurons vorhanden ist (Braune et al., 1999).

Die **CBD** ist eine ungeklärte Erkrankung, die auch in diesem Kontext zu nennen ist. Typische Symptome sind halbseitiger Parkinsonismus mit meist vorhandener Bradykinese, Rigor und posturaler Instabilität, wohingegen Tremor nur bei ca. 50 Prozent der Patienten auftritt (Kompoliti et al., 1998). Immerhin weisen 70–80 Prozent der Patienten Dystonien auf, so z. B. eine Handdystonie mit stark flexiertem Ellenbogengelenk, flektiertem Handgelenk und verschraubt wirkenden Fingern. Bei den durch Autopsie bestätigten Fällen fanden sich bei 100 Prozent Myoklonien. Höhere kortikale Funktionen wie z. B. das Leitsymptom der „alien-limb" oder „alienhand" finden sich nahezu immer, dazu kommen auch in 25 Prozent eine kortikale Demenz und in ca. zehn Prozent eine Aphasie. Viele der Patienten weisen Pyramidenzeichen, eine vertikale Blickparese, Dysarthrie und ganz selten zerebelläre Zeichen auf. Neuropathologisch liegen, was sich auch im kraniellen CT bestätigen lässt, eine asymmetrische fronto-parietale Atrophie, achromatische Neuronenschwellungen, Zellverlust mit Gliose, unter anderem im Kortex und in der SN sowie Tau-positive Einschluss-Körperchen vor. Somit gehört die CBD neben der PSP und der Alzheimer-Demenz zu den so genannten Tauopathien.

Vervollständigt werden muss diese Aufzählung durch die Darstellung der **LBD** (McKeith et al., 1996), über deren Existenz es zunehmend weniger Zweifel gibt. Wie der Name schon sagt, finden sich nicht nur in der SN, sondern insbesondere auch im Kortex Lewy-Körperchen, somit darf man auch von einer α-Synucleinopathie sprechen. Des Weiteren geht die Demenz den Parkinson-Symptomen voraus oder tritt, was arbiträr angenommen wird, innerhalb eines Jahres nach

Tabelle 1.6. Kriterien für die klinische Diagnose „Diffuse Lewy-Körperchen-Erkrankung", LBD

1. **Essenzielle Symptome**
   - Progressives kognitives Defizit, das zu einer Beeinträchtigung sozialer und beruflicher Kompetenz führt
   - Eindeutige Beeinträchtigung amnestischer Funktionen in Anfangsstadien oder im späteren Verlauf dominierend
   - Aufmerksamkeitsstörung
   - Dysfunktion des Frontallappens
   - Defizite im räumlichen Sehen
   - Fluktuierende Intensität der Aufmerksamkeit und Vigilanz
   - Intermittierende visuelle Halluzinationen
   - Parkinson-Syndrom mit Rigor, Ruhetremor und Akinese mit variablen Symptomdominanzen ähnlich wie bei Morbus Parkinson

2. **Fakultative Symptome**
   - Häufige Stürze in Anfangsstadien der Erkrankung
   - Synkopen
   - Intermittierende Somnolenzen
   - Abnorme Sensitivität für Neuroleptika
   - Systematisierte Verkennungen
   - Nichtvisuelle Halluzinationen

1.5 Diagnose und Differenzialdiagnose des idiopathischen Parkinson-Syndroms

Tabelle 1.7. Charakteristika der Multisystematrophien

	MSA-P	MSA-C	CBD	PSP	IPS
Rigor/Akinese	++	+	++/+++	++/+++	++/+++
Zerebelläre Zeichen	+	++	–	–	–
Pyramidenbahnzeichen	–	++	++	+	–
Posturale Instabilität	+	+	+	+++	+
Demenz	–	–	+	+	+
Okulomotorik-Störungen	+	(+)	+	+++	+
Dysphagie	–	+	++	++	+
Retrocollis	–	–	–	++	–
Sphinkter-Störungen	+	+	–	–	–
Impotenz	+	+	++	+	+

IPS, idiopathisches Parkinson-Syndrom; CBD, kortikobasale Degeneration; MSA-C, Multisystematrophie mit vordergründiger zerebellärer Symptomatik; MSA-P, Multisystematrophie mit vordergründiger typischer Parkinson-Symptomatik; PSP, progressive supranukleäre Blicklähmung. +, häufig vorhanden; ++, meist vorhanden; +++, immer vorhanden; vorliegend oder trifft zu; (+), ganz selten vorhanden/der Fall; –, nicht vorhanden/vorliegend.

Entwicklung der Parkinson-Symptome auf. Der zunehmende kognitive Verfall ist so stark, dass die Patienten nicht mehr in der Lage sind, ihren beruflichen und sozialen Verpflichtungen nachzukommen. Gedächtnisstörungen können initial noch fehlen, treten im Rahmen der Progression aber immer auf. Besonders ausgeprägte Störungen können die Aufmerksamkeit, frontale-subkortikale und visuospatiale Fähigkeiten betreffen. In einer 1996 publizierten Konsensuskonferenz (McKeith et al.) wurden die so genannten **McKeith-Kriterien für** die **LBD** definiert, wonach zwei von den folgenden drei Kriterien auf alle Fälle erfüllt sein müssen: fluktuierende Aufmerksamkeit (zum Teil mit intermittierender Somnolenz), wiederholte visuelle Halluzinationen (typischerweise detaillierte und ausgeformte Halluzinationen) und motorische Symptome eines Parkinsonismus. Die Diagnose wird unterstützt durch das Vorliegen von wiederholten Stürzen, Synkopen, vorübergehendem Bewusstseinsverlust, besondere Sensitivität für Neuroleptika (besonders für „typische" Neuroleptika), systematisierter Wahn und akustische oder taktile Halluzinationen. Wenig wahrscheinlich ist die LBD bei einer zerebrovaskulären Anamnese mit fokalneurologischen Ausfällen und/oder entsprechender neuroradiologischer Bildgebung, einer organischen Erkrankung oder anderen Gehirnerkrankungen, die für die oben genannten Symptome verantwortlich sein könnten (vgl. Tabelle 1.6).

Über die Parkinson-Plus-Syndrome oder MSA gibt Tabelle 1.7 einen Überblick. Auch hereditäre Erkrankungen wie die autosomal-dominanten zerebellären Erkrankungen gehen häufig mit einem Parkinson-Syndrom einher. Dazu kommen Krankheiten wie die Westphal-Variante der Chorea Huntington, die Neuroakanthozytose, die Wilson-Krankheit oder auch Mitochondriopathien, die differenzialdiagnostisch bedacht werden müssen.

2
Neurobiologie der Parkinson-Krankheit

2.1 Allgemeine Prinzipien der Neurotransmission mit besonderer Berücksichtigung des dopaminergen Systems

2.1.1 Synaptische Übertragungsmechanismen

Nervenzellen (Neuronen) sind die elementaren Signalübertragungseinheiten des Nervensystems. Vor allen übrigen Zellen im Körper zeichnen sich Neuronen durch die Fähigkeit aus, über große Entfernungen rasch und präzise miteinander Informationen auszutauschen. Der Ort der Informationsvermittlung wird als **Synapse** bezeichnet. Eine Synapse besteht aus drei wesentlichen Elementen: der präsynaptischen Nervenendigung, der postsynaptischen Empfängerzelle und einer Kontaktzone. Der Begriff wurde 1897 von dem englischen Physiologen Charles Sherrington geprägt; histologisch ist die spezialisierte Kontaktzone zum ersten Mal 1888 von dem spanischen Anatom Santiago Ramón y Cajal beschrieben worden.

Jedes Neuron stellt gleichzeitig eine Empfangs- und eine Sendeeinheit dar. Die Zellkörper (Perikaryon) und Zellfortsätze (Axone und Dendriten) der Neuronen sind an ihrer Oberfläche mit speziellen Proteinen (Rezeptoren) ausgestattet, die von außen eintreffende Signale in erregende (exzitatorische) oder hemmende (inhibitorische) Membranpotenziale umwandeln. Die räumliche und zeitliche Integration dieser Signale entscheidet darüber, ob das Neuron ein Aktionspotenzial abfeuert. Nach diesem informationsverarbeitenden Prozess liegt die zu übertragende Information in kodierter Form als Folge von Aktionspotenzialen vor, die über die Axone weitergeleitet werden. Im Unterschied zu anderen Zelltypen besitzen Nervenzellen spezifische Kontakte zu vielen anderen Zielzellen. Hierbei kann es sich um andere Arten von Neuronen sowie um Muskel- oder Drüsenzellen handeln.

Synapsen sind entweder elektrischer oder chemischer Natur

Ein Neuron bildet durchschnittlich rund 1 000 synaptische Verbindungen aus und empfängt sogar noch bedeutend mehr. Daher besitzt das menschliche Gehirn, das schätzungsweise 10^{11} Neuronen enthält, etwa 10^{14} Synapsen. Trotz dieser riesigen Anzahl liegen der synaptischen Übertragung im gesamten Nervensystem nur zwei wesentliche Mechanismen zugrunde: die elektrische und die chemische synaptische Übertragung. Chemische und elektrische Synapsen sind morphologisch unterschiedlich aufgebaut. Bei chemischen Synapsen existiert keine zytoplasmatische Verbindung zwischen den Nervenzellen; stattdessen sind die Neuronen durch einen schmalen Bereich von 15–25 nm, den synaptischen Spalt, voneinander getrennt. Im Gegensatz dazu werden bei elektrischen Synapsen über spezielle Ionenkanäle in der prä- und postsynaptischen Zellmembran, so genannte Gap junctions, Informationen zwischen dem Zytoplasma beider Zellen direkt ausgetauscht. Die elektrische Informationsvermittlung erfolgt naturgemäß rasch und stereotyp. Elektrische Synapsen dienen primär dazu, einfache depolarisierende Signale weiterzuleiten; sie können nicht ohne weiteres hemmend wirken oder lang anhaltende Effektivitätsveränderungen hervorrufen.

Chemische Synapsen können dagegen sowohl inhibitorische als auch exzitatorische Signale vermitteln. Sie sind damit flexibler und rufen deshalb im Allgemeinen komplexere Verhaltensreaktionen hervor als elektrische Synapsen. Da die Sensitivität chemischer Synapsen modulierbar ist, weisen Synapsen dieses Typs eine Plastizität auf, die eine Grundvoraussetzung für das Gedächtnis und andere höhere Gehirnfunktionen darstellt. Chemische Synapsen können neuronale Signale verstärken; auf diese Weise kann auch eine kleine präsynaptische Nervenendigung das Potenzial einer großen postsynaptischen Zelle erheblich verändern, was bei elektrischen Synapsen unmöglich ist. Da durch die chemische Synapsen-Übertragung Nervenimpulse nur in einer Richtung übertragen werden, sind diese für die Reizleitung Gleichrichter.

Die Informationsübertragung zwischen Neuronen im Gehirn erfolgt überwiegend an chemischen Synapsen. Die Mechanismen der chemischen synaptischen Übertragung sind Grundlage geistiger Leistungen des Gehirns wie Denken, Bewusstsein, Wahrnehmung, Empfinden, Bewegungssteuerung, Erinnerung und Lernen. Beim Menschen bezeichnen wir diese zusammenfassend als „Geist", obwohl sich auch klare Vorstufen dieser geistigen Fähigkeiten bei Tieren finden.

Definition von Neurotransmittern

In chemischen Synapsen wird die Informationsübertragung zwischen den Neuronen durch niedermolekulare Botenstoffe, so genannte (Neuro-)Transmitter, vermittelt. Ausgehend von dem **Dale'schen Prinzip,** wonach jedes Neuron nur einen Neurotransmitter synthetisiert, wird durch den Botenstoff, den ein Neuron zur Informationsübertragung verwendet, ein Neuron näher gekennzeichnet: Ein Neuron, das beispielsweise Dopamin synthetisiert, wird als dopaminerges Neuron bezeichnet. Dieses Prinzip ist jedoch heute nicht mehr uneingeschränkt gültig. So können durchaus mehrere Neurotransmitter gemeinsam vorkommen, z. B. ein klassischer Neurotransmitter und ein oder mehrere Neuropeptide.

Erster Nachweis eines Neurotransmitters am Vagusnerv des Herzens

Der erstmalige Nachweis, dass eine chemische Verbindung in der Lage ist, einen elektrischen Impuls über den synaptischen Spalt weiterzuleiten, gelang 1921 dem Grazer Pharmakologen und Physiologen Otto Loewi am Herzen, dessen Schlagfrequenz durch den Vagusnerv zentral gesteuert wird. Weitere fünf Jahre benötigte er, um zu zeigen, dass die chemische Substanz, die der Vagus als kardiale Hemmsubstanz freisetzt, mit dem ACh identisch ist. Seit dieser Zeit hat man viele neue als Neurotransmitter wirkende Substanzen entdeckt, jedoch gelang es nie, analoge Ergebnisse in Gehirn- und Rückenmarksgewebe zu erzielen. Dies führte dazu, dass sich die Vorstellung von Neurotransmittern mit den neuesten Erkenntnissen zur Neurobiologie und Rezeptorpharmakologie stetig veränderte.

Entsprechend dem Loewischen Befund ist ein Neurotransmitter ein Stoffwechselprodukt, das von einer Synapse eines Neurons durch Stimulation freigesetzt wird und eine andere Zelle in einem Effektororgan in bestimmter Weise beeinflusst. Obwohl es theoretisch einfach erscheint, eine im Gehirn vorkommende chemische Substanz entsprechend dieser Definition als Neurotransmitter zu klassifizieren, ist dies im Experiment nur schwer zu verifizieren. Dies hängt zum einen damit zusammen, dass es wegen der anatomischen Komplexität des ZNS experimentell sehr schwierig ist, selektiv einen einheitlichen Satz von Neuronen elektrisch zu stimulieren. Zum anderen sind die derzeit zur Verfügung stehenden Analysetechniken nicht hinreichend empfindlich genug, um die lokale präsynaptische Freisetzung von potenziellen Neurotransmittern quantitativ zu erfassen. Moderne Analyseverfahren ermöglichen zwar die Bestimmung von Konzentrationen im femtomolaren Bereich, doch reicht diese Empfindlichkeit nicht dazu aus, den Gehalt eines präsynaptisch freigesetzten Neurotransmitters zu messen. Ein Femtomol eines Transmitters enthält etwa 600 Millionen Moleküle. Die Ankunft eines präsynaptischen Aktionspotenzials löst an jeder Nervenendigung aber nur die Ausschüttung von einigen hundert synaptischen Vesikeln aus, von denen jedes nur etwa 10 000 Transmitter-Moleküle enthält. Neben dem analytischen Problem kommt erschwerend hinzu, dass ein Neuron rund 1 000 synaptische Verbindungen in unterschiedlichen Bereichen der Nervenzelle enthält und Teil eines komplexen Verbandes von neuronalen Regelkreisen ist (siehe Kap. 2.3). Dies macht es nahezu unmöglich, selektiv die Freisetzung eines bestimmten Neurotransmitters zu messen. Darüber hinaus ist es theoretisch möglich, dass nach einer Stimulation von definierten Neuronensystemen keine Neurotransmitter freigesetzt werden, da durch eine rückgekoppelte präsynaptische Hemmung über einen Autorezeptor (präsynaptischer Rezeptor) die Neurotransmitter-Freisetzung unterdrückt wird.

Ein Stoffwechselprodukt muss vier Kriterien erfüllen, um als Neurotransmitter klassifiziert zu werden

Aufgrund der oben aufgezeigten Problematik ist es sogar für allgemein als Neurotransmitter akzeptierte Substanzen schwierig, ihre Transmitter-Funktion nachzuweisen. Deshalb wurden folgende vier Kriterien definiert, die alle erfüllt sein müssen, damit ein Stoffwechselprodukt als Neurotransmitter klassifiziert wird:

(1) Das Stoffwechselprodukt wird in Neuronen synthetisiert (**Lokalisation**). In Postmortem-Untersuchungen findet man beispielsweise charakteristische regionale Verteilungen von Substanzen, die als Neurotransmitter gelten (Abb. 2.1).
(2) Die Substanz liegt in der präsynaptischen Endigung in erhöhten Konzentrationen vor und wird in genügend großer Menge Ca^{2+}-abhängig freigesetzt, um eine bestimmte Wirkung am postsynaptischen Neuron oder Effektororgan hervorzurufen (**Freisetzung**).
(3) Wird die Substanz exogen verabreicht, so imitiert sie mengenabhängig exakt die Wirkung eines endogen freigesetzten Neurotransmitters: Das heißt, sie aktiviert in der postsynaptischen Zelle die gleichen Rezeptor-Ionenkanäle oder intrazellulären Signaltransduktionskaskaden (**Mimikry**).
(4) Es gibt einen spezifischen Mechanismus, um diese Substanz vom synaptischen Spalt zu entfernen (**Inaktivierung**).

Es gibt nur wenige niedermolekulare Neurotransmitter

Generell werden elf niedermolekulare Stoffwechselprodukte als Neurotransmitter angesehen (Tabelle 2.1). Diese werden mit Ausnahme von Adenosintriphosphat (ATP) und ACh in zwei Gruppen eingeteilt: biogene Amine und Aminosäuren. Alle biogenen Amine liegen unter physiologischen Bedingungen als kleine geladene Moleküle vor, die aus Vorläufermolekülen des intermediären Stoffwechsels synthetisiert werden. Wie bei anderen Intermediärstoffwechselwegen wird die Synthese dieser Neurotransmitter fast ausnahmslos durch zytosolische Enzyme katalysiert und reguliert, wobei diese normalerweise für einen bestimmten Neuronentyp charakteristisch sind und gewöhnlich in anderen Neuronenarten fehlen (Tabelle 2.1).

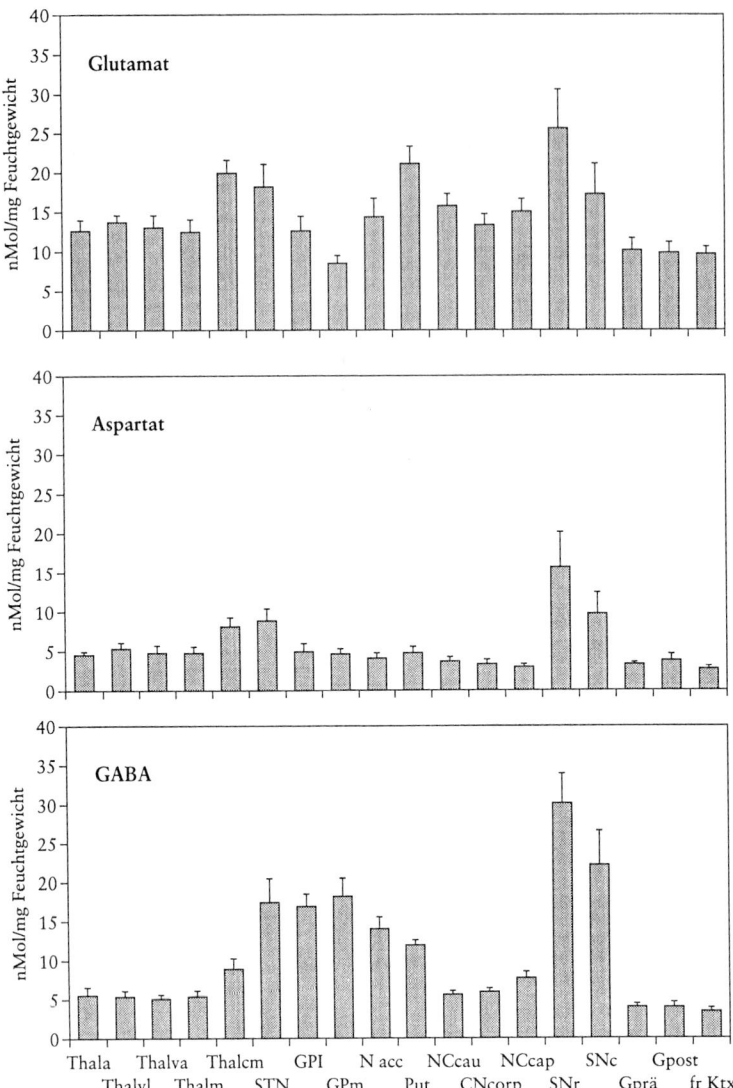

Abb. 2.1. Regionale Verteilung von Aminosäure-Neurotransmittern im menschlichen Gehirn (nach Gerlach et al., 1996b). Dargestellt sind die Mittelwerte ± S.E.M. fr Ktx, frontaler Kortex; GABA, γ-Aminobuttersäure; GPl, Globus pallidus pars lateralis; GPm, Globus pallidus pars medialis; Gprä, Gyrus präcentralis; Gpost, Gyrus postcentralis; N acc, Nucleus accumbens; NCcau, Cauda Nucleus caudatus; NCcap, Caput Nucleus caudatus; CNcorp, Corpus Nucleus caudatus; Put, Putamen pars anterior; SNc, Substantia nigra pars compacta; SNr, Substantia nigra pars reticulata; STN, Nucleus subthalamicus; Thala, Nucleus anterior thalami; Thalcm, Nucleus centromedianus thalami; Thalm, Nucleus medialis thalami; Thalva, Nucleus ventralis anterior thalami; Thalvl, Nucleus ventralis lateralis thalami

Tabelle 2.1. Neurotransmitter und ihre wichtigsten Biosyntheseenzyme (modifiziert nach Kandel et al., 1996)

Neurotransmitter	Enzym
Acetylcholin	Cholinacetyl-Transferase (spezifisch)
ATP und Abbauprodukte	Energie-Stoffwechsel: ATP-Synthase (spezifischer Weg nicht bekannt)
Biogene Amine	
Dopamin	Tyrosin-Hydroxylase (spezifisch)
Noradrenalin	Tyrosin-Hydroxylase und Dopamin-β-Hydroxylase (spezifisch)
Adrenalin	Tyrosin-Hydroxylase, Dopamin-β-Hydroxylase und Phenethylamin-N-Methyltransferase (spezifisch)
Serotonin	Tryptophan-Hydroxylase (spezifisch)
Histamin	Histidin-Decarboxylase (Spezifität unsicher)
Aminosäuren	
Aspartat	allgemeiner Stoffwechsel (spezifischer Weg nicht bekannt)
Glutamat	allgemeiner Stoffwechsel (spezifischer Weg nicht bekannt)
GABA	Glutaminsäure-Decarboxylase (Spezifität wahrscheinlich)
Glycin	allgemeiner Stoffwechsel (spezifischer Weg nicht bekannt)

GABA, γ-Aminobuttersäure

Neuropeptide sind die wichtigsten Neurotransmitter-Kandidaten im ZNS

Diejenigen Substanzen, die nicht alle oben formulierten Kriterien erfüllen, werden putative Neurotransmitter beziehungsweise Neurotransmitter-Kandidaten genannt (Tabelle 2.2). Zu ihnen gehören vor allem neuroaktive Peptide (Neuropeptide). Obwohl einige Neuropeptide sogar alle der vier geforderten Kriterien zur Einstufung als Neurotransmitter erfüllen, werden diese Substanzen aufgrund ihres von den Neurotransmittern unterschiedlichen Metabolismus und Freisetzungsmechanismus nur als Neurotransmitter-Kandidaten klassifiziert. So kommen die Neuropeptide in einigen Neuronen zwar relativ hochkonzentriert vor, doch werden sie nur im Zellkörper synthetisiert, da die Polyproteinsynthese nur an Ribosomen abläuft. Die niedermolekularen Neurotransmitter können dagegen lokal in der synaptischen Nervenendigung synthetisiert werden, da sie zwar an freien Polysomen im Zellkörper gebildet werden, jedoch durch den langsamen axoplasmatischen Transport in so genannten Vesikeln (sind elektronenmikroskopisch sichtbare, bläschenförmige, membranumschlossene Strukturen) im ganzen Neuron verteilt werden. Einige Neuropeptide können zwar auch Ca^{2+}-abhängig in den synaptischen Spalt freigesetzt werden, doch ist aus folgenden Überlegungen anzunehmen, dass sich deren Freisetzung von der der niedermolekularen Neurotransmitter stark unterscheidet: niedermolekulare Transmitter können rasch und anhaltend freigesetzt werden, da die Vesikel sehr schnell wieder mit Neurotransmittern aufgefüllt werden können, die in der Nervenendigung neu synthetisiert oder via Transportmechanismen aus dem synaptischen Spalt aufgenommen werden (siehe nachfolgender Abschnitt); dagegen müssen Neuropeptide erst im Zellkörper neu synthetisiert und immer wieder nachgeliefert werden, bevor eine erneute Freisetzung stattfinden kann.

Es gibt mehr als 50 kurzkettige Peptide, die im Nervensystem pharmakologisch aktiv sind. Entsprechend ihrer Analogie in der Aminosäuresequenz werden diese in verschiedene Familien eingeteilt (Tabelle 2.2). Neuropep-

Tabelle 2.2. Putative Neurotransmitter im ZNS

Neurotransmitter-Kandidaten

Neuroaktive Peptide
Gastrine	Gastrin, Cholecystokinin
Insuline	Insulin, Insulin-ähnliche Wachstumsfaktoren I und II
Opioide	Enkephaline, Dynorphin, β-Endorphin
Peptide der Neurohypophyse	Vasopressin, Oxytocin, Neurophysine
Sekretine	Wachstumshormon-Releasing-Faktor (GHRH, Somatoliberin)
Somatostatine	Somatostatine
Tachykinine	Substanz P, Substanz K (Neurokinin A)

Weitere niedermolekulare Stoffwechselprodukte
Kohlenmonoxid (CO)
L-3,4-Dihydroxyphenylalanin (L-DOPA, Levodopa)
Phenethylamin
Stickstoffmonoxid (NO)

---

tide können hemmend oder erregend wirken oder aber auch an entsprechenden Zielneuronen beides bewirken. Manche Peptide, wie zum Beispiel Angiotensin oder Gastrin, wurden bereits früher als Hormone mit bekannten Zielen außerhalb des Gehirns oder als Produkte der neuroendokrinen Sekretion identifiziert (zum Beispiel Oxytocin, Vasopressin, Somatostatin). Zusätzlich zu ihrer Wirkung als Hormone können diese Peptide in manchen Geweben jedoch auch als chemische Botenstoffe wirken, wenn sie nahe genug neben ihrem Bestimmungsort freigesetzt werden.

Es gibt vermehrt Hinweise dafür, dass L-DOPA auch zu den Neurotransmitter-Kandidaten gehört

Historisch gesehen galt DOPA immer nur als inerte Aminosäure, die ihre Anti-Parkinson-Wirkung durch die enzymatische Umwandlung in Dopamin mittels der DOPA-Decarboxylasse entfaltet (siehe Kap. 3). In letzter Zeit häuften sich jedoch die Hinweise, dass DOPA zusätzlich zu dieser Funktion auch selbst als Neurotransmitter und/oder Neuromodulator der dopaminergen Signalübertragung wirken könnte (zur Übersicht Misu et al., 2002; Misu und Goshima, 2006).

Zumindest für die Beteiligung von DOPA an der zentralen Blutdruckregulation gilt die Funktion als Neurotransmitter als gesichert; alle vier Kriterien (Lokalisation, Freisetzung, Mimikry, Inaktivierung) wurden zweifelsfrei in kreislaufsteuernden Neuronen der Medulla oblongata („verlängertes Mark", Teil des Gehirns, das direkt in das Rückenmark übergeht) nachgewiesen (ebd.). Wie entsprechend den pharmakologischen Regeln zu erwarten, ist die Wirkung von DOPA stereoselektiv und das L-Stereoisomer wie bei der Anti-Parkinson-Wirkung (siehe Kap. 3) effektiver.

Im Striatum ist die Funktion von DOPA als Neurotransmitter jedoch nicht mit Sicherheit geklärt. So wurde beispielsweise zwar gezeigt, dass nach Ca^{2+}-abhängiger Stimulation von nigralen Neuronen DOPA im Striatum freigesetzt wird, jedoch konnte mittels immunhistochemischer Methoden nicht nachgewiesen werden, dass diese auch DOPA enthalten (ebd.). In Gewebeschnitten des Striatums der Ratte wurde eine duale Rolle von L-DOPA als Modulator der Dopamin-Freisetzung beobachtet (ebd.): einerseits durch eine potenzierende Wirkung an den nigro-striatalen dopaminergen Neuronen präsynaptisch lokalisierten β-Adrenozeptoren, und andererseits eine hemmende an präsynaptisch lokalisierten dopaminergen D2-Rezeptoren (Autorezeptoren, zur Klassifikation der Dopamin-Rezeptoren siehe Kap. 2.1.2). Weiterhin konnte gezeigt werden, dass L-DOPA die Dopamin-D2-Rezeptor-vermittelte Lokomotion verstärkt (Nakamura et al., 1994) und die spontane Freisetzung von ACh in einem Rattenmodell der Parkinson-Krankheit hemmt (Ueda et al., 1995).

Die Einzelschritte der chemischen Synapsen-Übertragung können selektiv pharmakologisch beeinflusst werden

Beim Eintreffen eines Aktionspotenziales werden die Neurotransmitter am präsynaptischen Nervenende der Senderzelle Ca^{2+}-abhängig in Portionen (Quanten) freigesetzt. Die Transmitter diffundieren dann durch den synaptischen Spalt und binden an spezifische Rezeptoren, die in der Membran der angrenzenden postsynaptischen Empfängerzelle lokalisiert sind. Die Bindung des entsprechenden Neurotransmitters führt entweder direkt zu einer Veränderung des elektrischen Potenzials über der postsynaptischen Membran (**ionotrope Rezeptoren**) oder zu einer Guanosin-Triphosphat-Protein(G-Protein)-vermittelten Aktivierung (**metabotrope Rezeptoren**) von intrazellulären Signaltransduktionskaskaden (Second-messenger-Systeme), die indirekt auch zu einer Veränderung des elektrischen Potenzials über der postsynaptischen Membran führen kann (Abb. 2.2).

Abbildung 2.3 veranschaulicht die wesentlichen Einzelschritte der dopaminergen Synapsen-Übertragung. Im ersten Schritt erfolgt die enzymatische Synthese von Dopamin im Zytoplasma des Neurons durch Decarboxylierung von L-DOPA, das aus der Aminosäure Tyrosin durch die Tyrosin-Hydroxylase (TH), das geschwindigkeitsbestimmende Enzym der Dopamin-Synthese, gebildet wird (Abb. 2.4). Im zweiten Schritt wird Dopamin mittels spezifischer Transportsysteme in synaptische Vesikel aufgenommen und gespeichert: Hierdurch wird Dopamin vor der weiteren Metabolisierung geschützt und steht somit bei

A. Direkte Steuerung eines Ionenkanals (ionotroper Rezeptor)

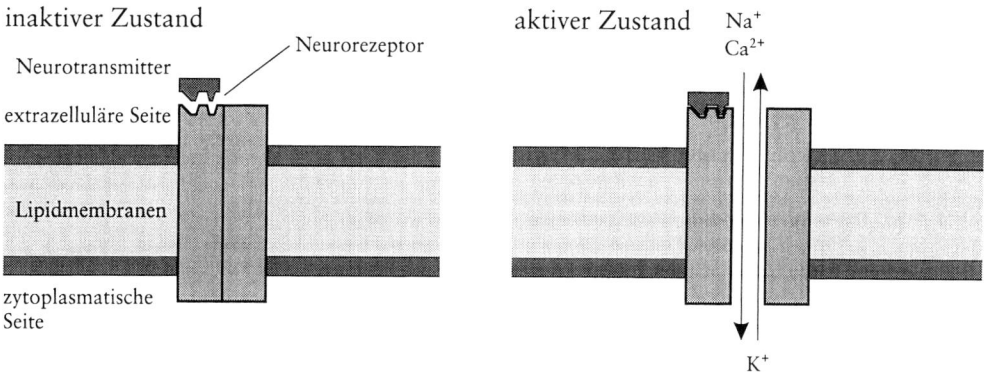

Abb. 2.2. Einteilung der Neurorezeptoren entsprechend ihrer Kopplung an einen Ionenkanal
A. Direkt gesteuerte Ionenkanal-Rezeptoren (ionotrope Rezeptoren). Der Rezeptor an der Außenseite des Neurons und der Ionenkanal durch die Membran sind Bestandteile desselben Proteins. Direkt gesteuerte Ionenkanäle arbeiten normalerweise schnell und vermitteln typischerweise die synaptische Kommunikation zwischen Nervenzellen

B. Indirekte Steuerung eines Ionenkanals
1. G-Protein-gekoppelter (metabotroper) Rezeptor

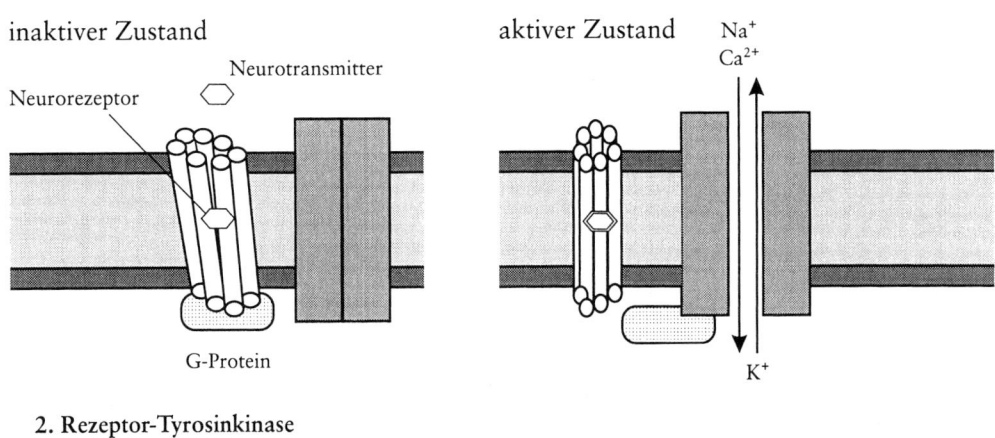

2. Rezeptor-Tyrosinkinase

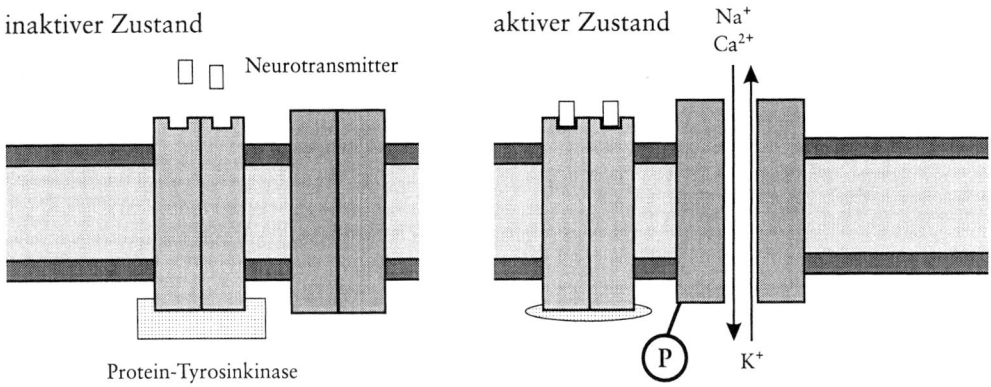

Abb. 2.2. (Fortsetzung)
B. Rezeptoren, die Ionenkanäle indirekt steuern, werden vor allem in zwei Familien eingeteilt: 1. G-Protein-gekoppelte Rezeptoren steuern als metabotrope Rezeptoren Ionenkanäle und andere Effektoren indirekt, indem sie ein G-Protein aktivieren, das dann ein Second-messenger-Enzym anschaltet. 2. Rezeptor-Tyrosinkinasen modulieren die Aktivität von Ionenkanälen indirekt über eine Kaskade von Proteinphosphorylierungen, die mit der Autophosphorylierung der eigenen Kinase-Domäne an Tyrosin-Resten beginnt. Mithilfe metabotroper Rezeptoren können Neuronen in ihren Zielzellen regulatorische Effekte von längerer Dauer erzeugen, aber auch dauerhaft Funktionsänderungen durch die Expression von Genen in Gang setzen

Ankunft eines Nervenimpulses in ausreichender Menge für die Freisetzung in den synaptischen Spalt zur Verfügung. Bei Ankunft eines Nervenimpulses in der präsynaptischen Nervenendigung werden durch eine Ca^{2+}-ausgelöste Fusion der Vesikel mit der präsynaptischen Membran Dopamin-Moleküle in den synaptischen Spalt freigesetzt (**Exozytose**). Die Dopamin-Moleküle diffundieren anschließend zur postsynaptischen Membran, wo spezifische Dopamin-Rezeptoren lokalisiert sind (Abb. 2.3). Als Folge der Bildung des reversiblen Dopamin-Rezeptor-Komplexes kommt es zu einer intrazellulären meta-

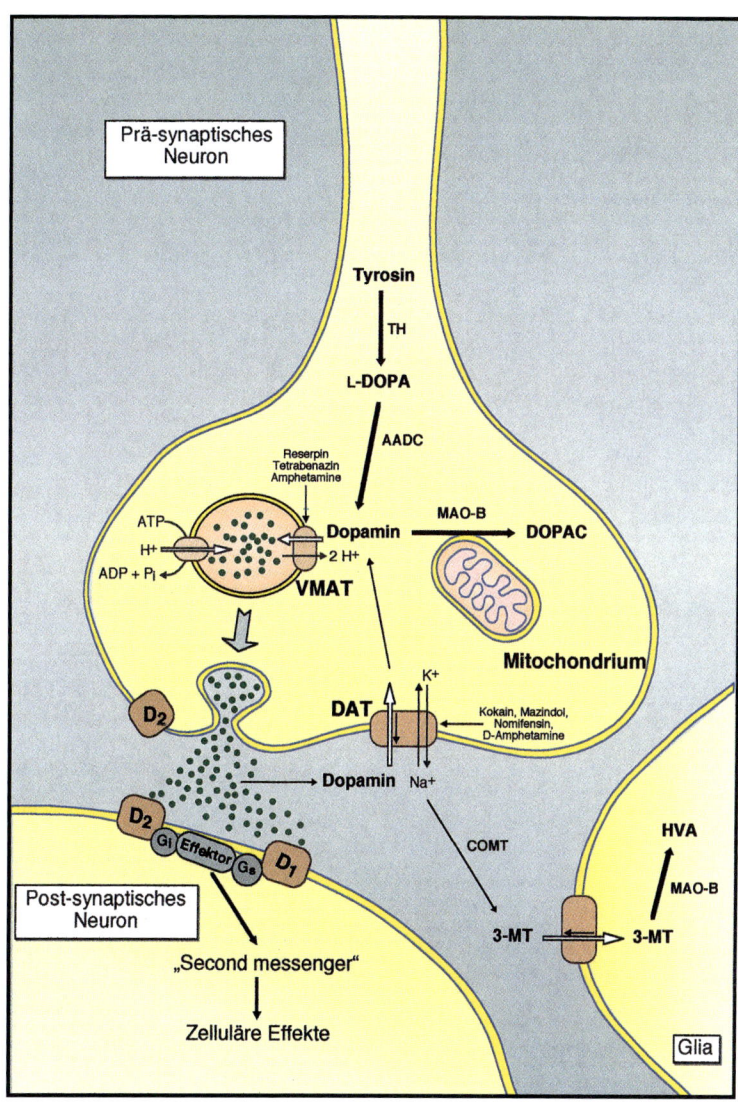

Abb. 2.3. Wesentliche molekulare Schritte der dopaminergen Neurotransmission. AADC, Aromatische Aminosäure-Decarboxylase (anderer Name DOPA-Decarboxylase); COMT, Catechol-O-Methyl-Transferase; D_1, D_2, Dopamin-Rezeptorsubtypen; DAT, Dopamin-Transporter; DOPAC, 3,4-Dihydroxyphenylessigsäure; G_i, Adenylat-Cyclase-inhibierendes G-Protein; Gs, Adenylat-Cyclase-stimulierendes G-Protein; HVA, Homovanillinsäure; MAO-B, Monoamin-Oxidase, Typ B; 3-MT, 3-Methoxytyramin; TH, Tyrosin-Hydroxylase; VMAT, vesikulärer Monoamin-Transporter

bolischen Veränderung durch G-Protein-vermittelte Aktivierung von intrazellulären Signaltransduktionskaskaden (Abb. 2.2 B), die im Endergebnis auch zu einer Durchlässigkeit der postsynaptischen Membran für Ionen führen kann: Überschreitet die dadurch ausgelöste Depolarisierung einen bestimmten Schwellenwert, dann wird ein Aktionspoten-

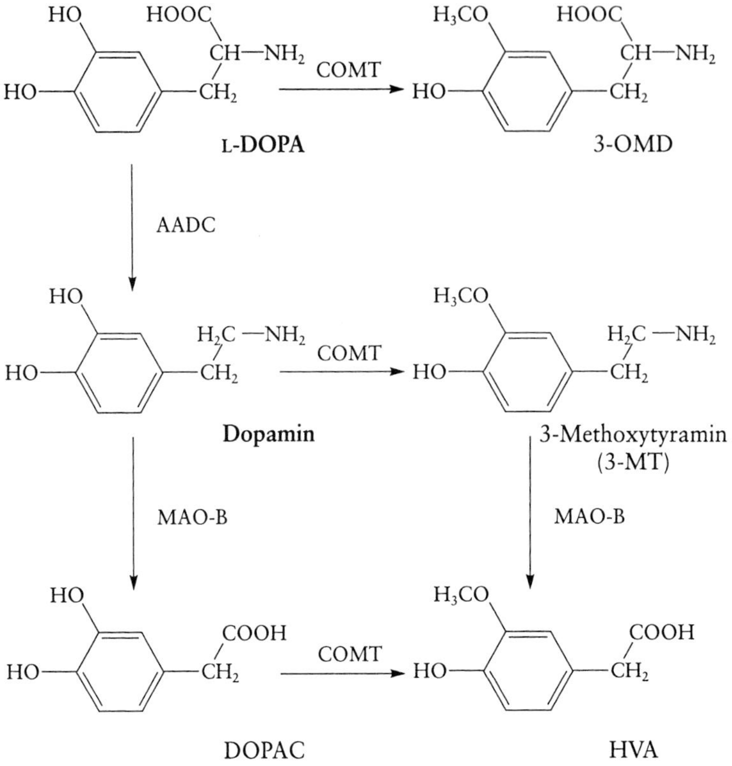

Abb. 2.4. Metabolismus von L-DOPA und Dopamin im Gehirn. AADC, Aromatische Aminosäure-Decarboxylase (anderer Name DOPA-Decarboxylase); COMT, Catechol-O-Methyl-Transferase; DOPAC, Dihydroxyphenylessigsäure; HVA, Homovanillinsäure; L-DOPA, L-3,4-Dihydroxyphenylalanin; MAO-B, Monoamin-Oxidase, Typ B; 3-OMD, 3-O-Methyl-DOPA

zial ausgelöst; d. h., das chemische Signal wird wieder in einen elektrischen Nervenimpuls umgewandelt. Im letzten Schritt muss Dopamin wieder inaktiviert werden, um eine dauernde, nicht-physiologische Stimulation der Dopamin-Rezeptoren zu vermeiden. Dies geschieht entweder durch enzymatischen Abbau mittels Catechol-O-Methyl-Transferase (COMT) und Monoamin-Oxidase (MAO, Abb. 2.4) oder Wiederaufnahme von Dopamin (re-uptake) mittels spezifischer Transport-Proteine in das präsynaptische dopaminerge Neuron und in Gliazellen (Abb. 2.3). Im Striatum erfolgt die Inaktivierung von Dopamin im synaptischen Spalt vor allem durch dessen Wiederaufnahme und nur bedingt durch dessen Metabolismus. Nahezu alle Schritte der dopaminergen Synapsen-Übertragung können selektiv pharmakologisch beeinflusst werden (Tabelle 2.3).

2.1.2 Rezeptoren als Bindungs- und Wirkorte von Neurotransmittern und Arzneistoffen

Als **Agonisten** bezeichnet man in der Pharmakologie Substanzen, die die Wirkung eines Neurotransmitters am Neurorezeptor nachah-

Tabelle 2.3. Pharmakologische Beeinflussung der dopaminergen Synapsen-Übertragung

Einzelschritt	Wirkstoff	Wirkung
Dopamin-Synthese	α-Methyl-p-tyrosin	Hemmung der TH
	Fe^{2+}, Tetrahydrobiopterin	Stimulation der TH
Vesikuläre Dopamin-Speicherung	Reserpin	setzt Amine frei und hemmt die vesikuläre Wiederaufnahme
Präsynaptische Freisetzung	Amphetamine, Kokain	Stimulation
Wirkung am Dopamin-Rezeptor	SKF 38393, SKF 82526	D1-Dopamin-Rezeptoragonist
	SCH 23390	D1-Dopamin-Rezeptorantagonist
	Bromocriptin	D1-Dopamin-Rezeptorantagonist/ D2-Dopamin-Rezeptoragonist
	Apomorphin, Cabergolin, α-Dihydroergocryptin, Lisurid, Pergolid	D1/D2-Dopamin-Rezeptoragonist
	Pramipexol, Ropinirol,	D2-Dopamin-Rezeptoragonist
	Domperidon, Sulpirid	D2-Dopamin-Rezeptorantagonist
Dopamin-Wiederaufnahme	Nomifensin	Hemmung
Enzymatischer Abbau	Clorgylin, Moclobemid	MAO-A-Hemmung
	Pargylin, Rasagilin, Selegilin,	MAO-B-Hemmung
	Pyrogallol, Entacapon, Tolcapon	COMT-Hemmung

COMT, Catechol-O-Methyl-Transferase; D1, D2, Subtypen des Dopamin-Rezeptors; MAO-A, MAO-B, Isoformen der Monoamin-Oxidase; TH, Tyrosin-Hydroxylase

men oder dessen Wirkung verstärken. **Antagonisten** hingegen hemmen die Wirkung eines Neurotransmitters oder wirken dieser entgegen. Entsprechend der spezifischen Wirkung von selektiven Agonisten und Antagonisten teilt man pharmakologisch die Neurorezeptoren in entsprechende Subtypen ein.

Es gibt zwei Familien von Dopamin-Rezeptoren, die im Gehirn in einer charakteristischen Verteilung vorliegen und spezifische Funktionen haben

Die Dopamin-Rezeptoren wurden ursprünglich aufgrund ihrer unterschiedlichen Wirkung gegenüber der Adenylat-Cyclase in D1- (aktivieren die Bildung von zyklischem Adenosin-3´,5´-monophosphat, cAMP) und D2-Subtypen (inhibieren die c-AMP-Bildung) eingeteilt (Tabelle 2.4). Entsprechend molekularbiologischen Unterscheidungsmerkmalen gibt es mindestens fünf Subtypen von Dopamin-Rezeptoren (Tabelle 2.4), jedoch ist die funktionelle Bedeutung der D_{3-5}-Rezeptoren im ZNS nicht bekannt, da es zum einen keine für die jeweiligen Subtypen selektiven Agonisten und Antagonisten gibt, um entsprechende verhaltenspharmakologische Untersuchungen durchzuführen, und zum anderen Untersuchungen an genmanipulierten Mäusen, denen z.B. das Gen für den D_3-Rezeptor fehlte, keinen eindeutigen Phänotyp zeigen (Waddington et al., 2005). Deshalb teilt man die Dopamin-Rezeptoren nach wie vor pharmakologisch in **D1-**(D_1, D_5) und **D2-Familien** (D_2, D_3, D_4) ein (Jaber et al., 1996).

Im Folgenden verwenden wir konsequenterweise bei der Bezeichnung der Dopamin-Rezeptorsubtypen immer nur dann tiefgestellte Zahlen, wenn eindeutig durch molekularbiologische Methoden oder die Verwen-

Tabelle 2.4. Unterteilung der Dopamin-Rezeptoren

1. Ursprüngliche pharmakologische Einteilung

	D1	D2
Wirkung über G-Protein	ja	ja
Wirkung auf Adenylat-Cyclase	Stimulation	Hemmung
Selektiver Agonist	SKF38393	Fenoldopam
Selektiver Antagonist	SCH23390	(-)-Sulpirid, Domperidon, Raclorpid
Funktion	synergistische Beeinflussung der D2-vermittelten Wirkung auf die Motorik	Vermittlung motorischer Effekte, Prolaktin-Senkung

2. Molekularbiologische Einteilung

- D_{1-5} und weitere Subtypen entsprechend den Unterschieden in der Aminosäure-Sequenzanalyse
- pharmakologische und funktionelle Charakterisierung für D_{3-5} nicht möglich, da keine selektiven Agonisten und Antagonisten vorhanden
- → **Einteilung in D1 (D_1, D_5)- und D2(D_{2-4})-Familien**

SCH23390, 7-Chlor-2,3,4,5-tetrahydro-3-methyl-5-phenyl-1H-3-benzazepin-7-ol; SKF38393, 2,3,4,5-Tetrahydro-7,8-dihydroxy-1-phenyl-1H-3-benzazepin-Hydrochlorid

dung selektiver Agonisten und Antagonisten der Rezeptorsubtyp klassifiziert wurde, und sonst hochgestellte Zahlen, um die Zuordnung zu der pharmakologisch definierten D1- oder D2-Familie auszudrücken.

Dopaminerge Rezeptoren kommen sowohl prä- als auch postsynaptisch vor, wobei die präsynaptisch lokalisierten Rezeptoren als **Autorezeptoren** bezeichnet werden. Im menschlichen Gehirn findet man D_1-Rezeptoren in hoher Dichte in den Basalganglien (Striatum, GP, SN), im Nucleus accumbens und Tuberculum olfactorium, geringere Dichten sind im frontalen Kortex vorhanden; D_5-Rezeptoren findet man dagegen in keiner dieser Regionen und in einer sehr geringen Dichte nur im Hippocampus und Hypothalamus (Gurevich und Joyce, 1998). Das regionale Verteilungsmuster der D_2-Rezeptoren ähnelt dem der D_1-Rezeptoren: die höchste Dichte wird im Striatum gefunden, danach folgten der Nucleus accumbens, das externe Segment des GP (GPI), die SN und die Area tegmentalis ventralis (synonym ventral tegmental area, VTA) (Gurevich und Joyce, 1998). D_3- und D_4-Rezeptoren kommen dagegen in wesentlich geringeren Dichten überwiegend nur in limbischen Regionen des Gehirns (Nucleus accumbens, ventrales Striatum) vor. Darüber hinaus werden diese Rezeptoren auch in sensorischen, motorischen und Assoziations-Regionen (wie bestimmten Kernen des Thalamus und dem Corpus amgydaloideum) nachgewiesen; in der VTA kommen aber keine D_3-Rezeptoren vor (Gurevich und Joyce, 1998). Aufgrund der hohen Dichte der D_3-Rezeptorsubtypen im mesolimbischen System nimmt man an, dass dieser Subtyp für die Wirkung antipsychotischer und antidepressiver Pharmaka verantwortlich und an der Entstehung der Drogensucht beteiligt ist.

Interessanterweise findet man im menschlichen Gehirn häufig eine Ko-Lokalisation von D_2- und D_3-Rezeptoren. Dies wirft die Frage nach der physiologischen Bedeutung des simultanen Vorkommens pharmakolo-

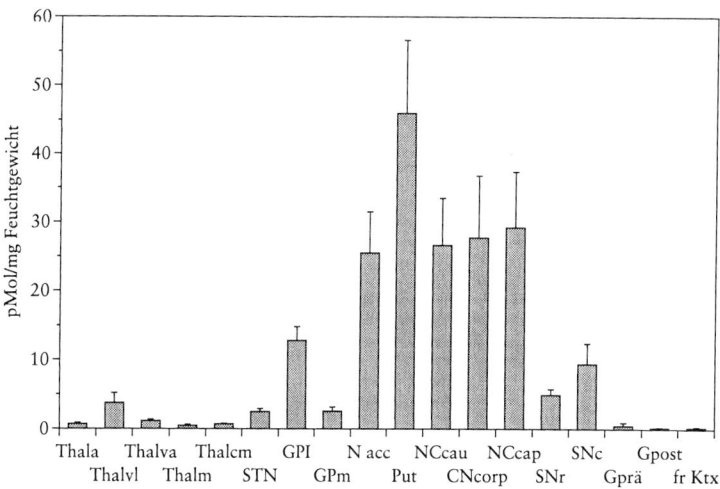

Abb. 2.5. Regionale Verteilung von Dopamin im menschlichen Post-mortem-Gehirn (nach Gerlach et al., 1996b). Dargestellt sind die Mittelwerte ± S.E.M. fr Ktx, frontaler Kortex; GPl, Globus pallidus pars lateralis; GPm, Globus pallidus pars medialis; Gprä, Gyrus präcentralis; Gpost, Gyrus postcentralis; N acc, Nucleus accumbens; NCcau, Cauda Nucleus caudatus; NCcap, Caput Nucleus caudatus; CNcorp, Corpus Nucleus caudatus; Put, Putamen pars anterior; SNc, Substantia nigra pars compacta; SNr, Substantia nigra pars reticulata; STN, Nucleus subthalamicus; Thala, Nucleus anterior thalami; Thalcm, Nucleus centromedianus thalami; Thalm, Nucleus medialis thalami; Thalva, Nucleus ventralis anterior thalami; Thalvl, Nucleus ventralis lateralis thalami

gisch ähnlicher Dopamin-Rezeptoren an derselben Nervenzelle auf. Aufgrund der wesentlich höheren Affinität des D_3-Typs für Dopamin nimmt man an, dass dieser Subtyp in vivo als extrasynaptischer Rezeptor dient, der es ermöglicht, entfernt zur synaptischen Dopamin-Freisetzung auf niedrigere Konzentrationen zu reagieren. Im Gegensatz dazu reagiert der D_2-Rezeptor mit seiner niedrigen Affinität für Dopamin auf hohe präsynaptische Dopamin-Konzentrationen. Demzufolge könnten Gehirnregionen mit hohen D_3-Rezeptor-Dichten selbst dann unter tonischer regulatorischer Kontrolle des dopaminergen Systems stehen, wenn die dopaminerge Innervation spärlich ist. D_2- und D_3-Rezeptoren könnten gegensätzliche Reaktionen in Neuronen hervorrufen und auch unterschiedlich auf erniedrigte präsynaptische dopaminerge Stimulation oder antipsychotische Behandlung reagieren.

Es gibt im Wesentlichen drei dopaminerge Neuronensysteme

Obwohl es nur wenige dopaminerge Neuronen im Gehirn gibt (< 1/100 000 Gehirnneuronen; Girault and Greengard, 2004), spielen diese eine wichtige Rolle in der Regulation verschiedener grundlegender Gehirnfunktionen. Die Dopamin-Konzentrationen (Abb. 2.5) und die Dichten der Dopamin-Rezeptoren kommen im Gehirn in einem charakteristischen Verteilungsmuster vor, das auf das Vorkommen bestimmter dopaminerger Neuronensysteme hinweist. Die drei wichtigsten dopaminergen Systeme sind (Abb. 2.6):

(1) Das **nigro-striatale System,** das bei der Parkinson-Krankheit vorwiegend betroffen ist (siehe Kap. 2.2). In diesem System projizieren Neuronen von der SN pars compacta (SNc) in das Striatum, das in

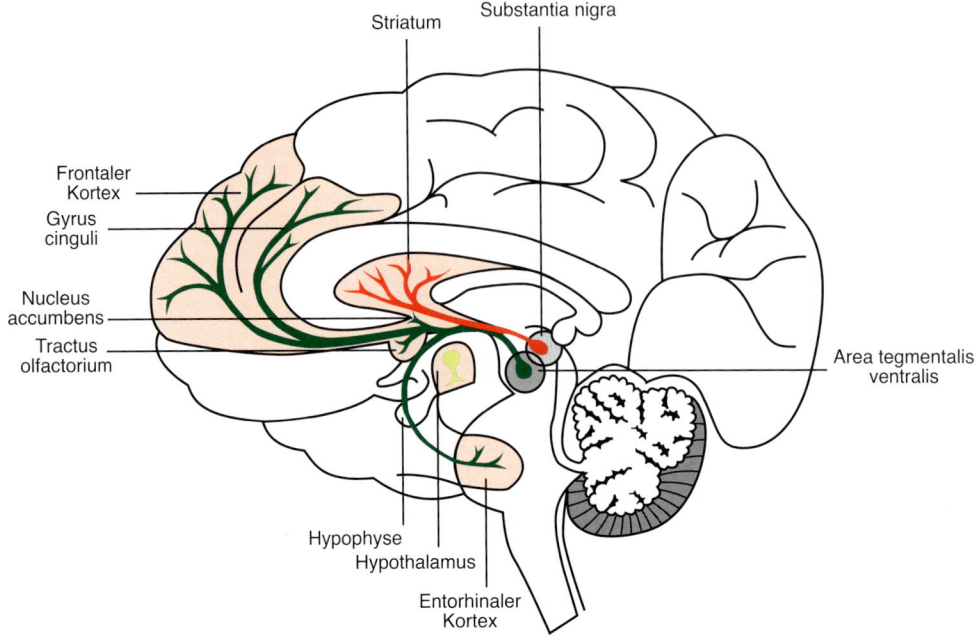

Abb. 2.6. Die wichtigsten dopaminergen Neuronensysteme im menschlichen Gehirn

den Nucleus caudatus und das Putamen unterteilt wird. Die SN (synonym Nucleus niger) erhielt ihre Bezeichnung durch die dunkle Farbe des Neuromelanins, das in vielen dopaminergen Neuronen vorkommt, die vorwiegend bei Parkinson-Kranken degenerieren. Das nigrostriatale dopaminerge System ist vor allem an der Kontrolle willkürlicher Bewegungen beteiligt. Die Bedeutung dieses Systems für die motorische Kontrolle wurde erstmals klinisch erkannt, als es gelang, die Parkinson-Symptomatik durch Gabe der hirngängigen Vorstufe von Dopamin, L-DOPA, zu therapieren (z. B. Barbeau et al., 1962; Birkmayer und Hornykiewicz, 1961).

(2) Das **mesolimbische und mesokortikale System.** In diesem System innervieren dopaminerge Neuronen der VTA mesolimbische (Nucleus accumbens, Septum, Tractus olfactorium, Corpus amygdaloideum, Nucleus septi lateralis) und mesokortikale Gehirnregionen (frontaler und entorhinaler Kortex, Gyrus cinguli). Das mesolimbische-mesokortikale System ist an der Kontrolle des motivationsbedingten Verhaltens und wahrscheinlich auch an Lern- und Gedächtnisfunktionen beteiligt; Störungen in diesem System spielen vermutlich eine entscheidende Rolle an der Suchtentwicklung von Drogen und Alkohol. Eine Überfunktion dieses dopaminergen Systems wird auch als eine mögliche Ursache von endogenen (wie sie z. B. bei der Schizophrenie vorkommen) und pharmakotoxischen Psychosen (wie sie z. B. nach chronischer dopaminerger Therapie vorkommen) angesehen. Konsequenterweise therapiert man diese mit Dopamin-Rezeptorantagonisten (Neuroleptika, Antipsychotika, siehe Kap. 16), die die Wirkung des Dopamins hemmen, in höheren Dosen aber ein Parkinson-

Syndrom hervorrufen, da diese dann auch das nigro-striatale System hemmen.
(3) Das **tubero-infundibulare System.** In diesem System projizieren dopaminerge Neuronen des Nucleus arcuatus in den Hypothalamus und regulieren die Freisetzung von Hypophysen-Hormonen. Die am besten untersuchte D2-Dopamin-Rezeptor-vermittelte Wirkung in diesem System ist die Kontrolle der Synthese und Freisetzung von Prolaktin aus dem Hypophysen-Vorderlappen.

Die Wirkung von Neurotransmittern ist mit der Anzahl der besetzten Rezeptoren korrelierbar

Neurorezeptoren sind die Angriffspunkte von Neurotransmittern und einer Vielzahl von Arzneistoffen. Die Bindungseigenschaften der Rezeptoren sind dabei die Grundlage für die Wirkung und Spezifität eines Neurotransmitters beziehungsweise eines Arzneistoffes. **Neurorezeptoren** sind Proteine, die als **Bindungs- und Wirkort** von Neurotransmittern extrazelluläre Signale in das Zellinnere weitergeben. Sie bestehen aus einem Erkennungs- und Bindungsteil, der das Signal aufnimmt, und einem Effektorteil, der das Signal in Wirkung umsetzt.

Es gibt zahlreiche pharmakologische Rezeptor-Theorien, die den Effekt von Wirkstoffen auf Zellen beschreiben und voraussagen können (Kenakin, 2004). Lange Zeit (1937) bevor man überhaupt wusste, was ein Rezeptor genau ist und wie dessen molekulare Struktur aussieht, nutzte A. J. Clark systematisch mathematische Verfahren, die in der Enzymkinetik angewandt wurden, um den Effekt von chemischen Substanzen auf Gewebe zu beschreiben. Er war damit einer der Begründer der Besetzungs-Theorie (occupation theory), die später durch das operationale Modell der Rezeptorfunktion abgelöst wurde (ebd.). Mit dem Beginn der biochemischen Bindungstechniken bekam man die Möglichkeit, einige der Moleküle zu untersuchen, die an der Vermittlung der extrazellulären Signale in das Zellinnere beteiligt sind, daraus wurde das erweiterte ternäre Komplex-Modell entwickelt, mit dem man das G-Protein-gekoppelte Rezeptorverhalten theoretisch beschreiben konnte (ebd.).

Die Besetzungs-Theorie besagt, dass die zelluläre Antwort von der Konzentration der besetzten Rezeptoren [RA] abhängt und entspricht dem Michaelis-Menten-Modell zur Erklärung kinetischer Eigenschaften einiger Enzyme. Für den einfachsten Fall einer reversiblen Neurotransmitter-Rezeptor-Wechselwirkung gilt folgende Gleichung 1, wobei [R] für die Konzentration des freien Rezeptors und [A] für die Konzentration des freien Agonisten steht:

$$[R] + [A] \underset{k_{-1}}{\overset{k_{+1}}{\rightleftharpoons}} [RA] \longrightarrow \text{biologische Wirkung} \quad (1)$$

Man erhält sigmoide Konzentrations-Wirkungs-Kurven und kann daraus die Neurotransmitter-Konzentration berechnen, bei der die Hälfte der maximalen Wirkung erreicht wird (EC_{50}, für effector concentration 50 Prozent). Entsprechend der Michaelis-Menten-Theorie kann man die Dissoziationskonstante K_D des Rezeptor-Liganden-Komplexes (entspricht dem K_M-Wert von Enzymen) bestimmen. Diese wird als Maß für die Affinität des Agonisten zum Rezeptor angesehen und ergibt sich nach dem Massenwirkungsgesetz aus:

$$K_D = \frac{k_{-1}}{k_{+1}} = \frac{[A] \times [R]}{[RA]} \quad (2)$$

Ein niedriger K_D-Wert entspricht dabei einer hohen Affinität und ist Folge einer hohen Assoziations- (k_{+1}) oder niedrigen Dissoziationsgeschwindigkeit (k_{-1}).

Entsprechend dem operationalen Modell der Rezeptorfunktion verhält sich die biologische Wirkung Q bei einer gegebenen Agonisten-Konzentration zur maximal möglichen Wirkung Q_{max} wie die Konzentration der besetzten Rezeptoren [RA] zur Gesamtkonzentration der Rezeptoren [B_{max}]:

$$\frac{Q}{Q_{max}} = \frac{[RA]}{B_{max}} \qquad (3)$$

Da die Gesamtkonzentration der Rezeptoren [B_{max}] = [R] + [RA] ist, erhält man durch Einsetzen in (3) und entsprechende Umformungen Gleichung 4; eine Michaelis-Menten-Gleichung, bei der die Reaktionsgeschwindigkeiten v und v_{max} durch die biologischen Wirkungen Q und Q_{max} ersetzt sind und die Substrat-Konzentration durch [A]:

$$Q = \frac{Q_{max} \times [A]}{K_D + [A]} \qquad (4)$$

Q erhält man beispielsweise aus der Messung von cAMP in Zellen oder Gehirnhomogenaten, die G-Protein-gekoppelte Neurorezeptoren besitzen, durch die doppelt-reziproke Auftragung 1/[Q] gegen 1/[A]. Analog zur Lineweaver-Burk-Analyse der Enzym-Kinetik kann man daraus Q_{max} und K_D graphisch ermitteln.

Native Rezeptoruntersuchungen beschränken sich häufig auf Ligandenbindungsstudien an Gehirngeweben

Prinzipiell können native Rezeptoren auf drei Ebenen untersucht werden: am intakten Gewebe (z. B. Autopsie-Hirn) beziehungsweise an intakten einzelnen Zellen (z. B. neuronalen Zellkulturen, Blutzellen), an Membransuspensionen, die aus diesen Geweben gewonnen wurden, und am daraus isolierten Material. Untersuchungen der humanen Neurorezeptoren beschränken sich häufig auf Bindungsstudien an Gehirngewebe mit radioaktiv markierten spezifischen Liganden. Hiermit werden jedoch primär nur Bindungsstellen charakterisiert, die nicht automatisch mit Rezeptoren gleichgesetzt werden dürfen. Ergebnisse aus Rezeptorbindungsstudien sollten daher mit einer biologischen Antwort korreliert sein. Die Annahme, dass eine beobachtete spezifische Bindung einen Neurorezeptor darstellt, kann aber durch eine Reihe von notwendigen, jedoch nicht hinreichenden Kriterien wie Sättigungscharakteristik, Bindungskinetik sowie regionale Verteilung und Pharmakologie der Bindung unterstützt werden.

In den vergangenen Jahren wurde die primäre Aminosäurensequenz einer Vielzahl von humanen Neurorezeptoren durch DNS-Klonierung bestimmt. Dadurch ist es möglich, klonierte Zellkulturen herzustellen, die selektiv bestimmte Rezeptorsubtypen exprimieren, und damit die pharmakologische Wirkung von Neurotransmittern und endogenen sowie exogenen Liganden (Arzneistoffe) zu charakterisieren.

Intrazelluläre Signaltransduktion als komplexer Mechanismus der Signalübertragung von der Rezeptorbindungsstelle in das Zytoplasma und den Zellkern

Als **Signaltransduktion** bezeichnet man den gesamten komplexen Mechanismus der Signalübermittlung von der Rezeptorbindungsstelle in das Zytoplasma und den Zellkern mittels verschiedener biochemischer Reaktionen, wodurch intrazelluläre Stoffwechselwege beeinflusst werden (deshalb die Bezeichnung metabotrope Rezeptoren) und extrazelluläre Signale nicht einfach nur weitergeleitet, sondern auch verstärkt, sortiert und integriert werden. Es konnten bislang nur einige wenige Signaltransduktionswege identifiziert werden. Für eine Reihe unterschiedlicher Neurorezeptoren wurde eine starke Übereinstimmung der Prozesse der intrazellulären Signaltransduktion nachgewiesen.

G-Proteine sind die wichtigsten Vermittler der Wirkung von Neurorezeptoren. Zu der

Familie der G-Protein-gekoppelten Rezeptoren (synonym metabotrope Rezeptoren) gehören nicht nur die Dopamin-Rezeptoren, sondern eine Reihe weiterer Rezeptoren wie α- und β-adrenerge Rezeptoren, muscarinische ACh-Rezeptoren, der GABA$_B$-Rezeptor, Subtypen des Glutamat- und Serotonin- (5-Hydroxytryptamin, 5-HT)-Rezeptors, Subtypen der Purinoceptoren, Rezeptoren für Neuropeptide und auch so genannte **Waisen-Rezeptoren** (orphan receptors). Als Waisen-Rezeptoren werden solche Rezeptoren bezeichnet, von denen die endogenen Agonisten nicht bekannt sind. In sensorischen Systemen vermitteln G-Protein-gekoppelte Rezeptoren auch die Signalübertragung, die durch extrazelluläre Signale wie Photonen, Geschmacks- und Geruchsstoffe (Odoranzien) ausgelöst wird, und sie dienen bei nichtneuronalen Zelltypen als Rezeptoren für verschiedene Proteinhormone (wie Zytokine oder Wachstumsfaktoren).

G-Protein-gekoppelte Rezeptoren haben sieben Transmembran-Segmente. Man bezeichnet sie deshalb auch als heptikale oder Serpentin-Rezeptoren. Dieser Rezeptortyp ist generell mit intrazellulären heterotrimären G-Proteinen (Gα, Gβ, Gγ) gekoppelt, die die eigentlichen Effektorproteine (Ionenkanäle oder Enzyme) aktivieren oder inhibieren und

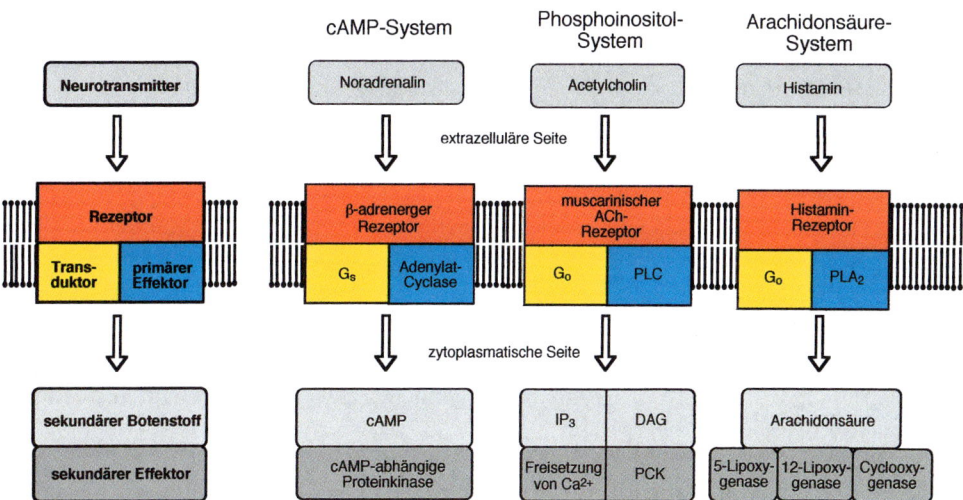

Abb. 2.7. G-Protein-aktivierte intraneuronale Second-Messenger-Wege im schematischen Überblick (nach Kandel et al., 1996b). Es konnten bislang nur einige wenige Signaltransduktionswege identifiziert werden. In den hier dargestellten Fällen verlaufen diese nach einer gemeinsamen Folge von Einzelschritten, die links dargestellt sind. Neurotransmitter aktivieren durch Bindung an einen G-Protein-gekoppelten Rezeptor ein Enzym, das einen sekundären Botenstoff synthetisiert. Dieser schaltet im nächsten Schritt einen sekundären Effektor an. Im ersten dargestellten Fall wird der sekundäre Botenstoff cAMP (zyklisches Adenosin-3′-5′-monophosphat) durch Aktivierung der Adenylat-Cyclase gebildet. Das gezeigte G-Protein wird als G$_s$ bezeichnet, da es die Adenylat-Cyclase stimuliert. Andere Rezeptoren aktivieren ein G-Protein G$_i$, das die Adenylat-Cyclase inaktiviert. Im zweiten Fall wird ein weiteres spezifisches G-Protein, das G$_o$, aktiviert, das dann die Phospholipase C (PLC) anschaltet. Dieses Enzym katalysiert die Bildung der Second-Messenger-Moleküle Diacylglycerol (DAG) und Inositol-1,4,5-triphosphat (IP$_3$). IP$_3$ setzt im nächsten Schritt einen weiteren sekundären Botenstoff, das Ca^{2+}, aus intrazellulären Speicherproteinen frei. Im letzten Beispiel wird der Arachidonsäure-Signalweg durch die Aktivierung der Phospholipase A$_2$ (PLA$_2$) in Gang gesetzt. Drei der Hauptenzyme in diesem Transduktionsweg sind die 5- und die 12-Lipoxygenase sowie die Cyclooxygenase.

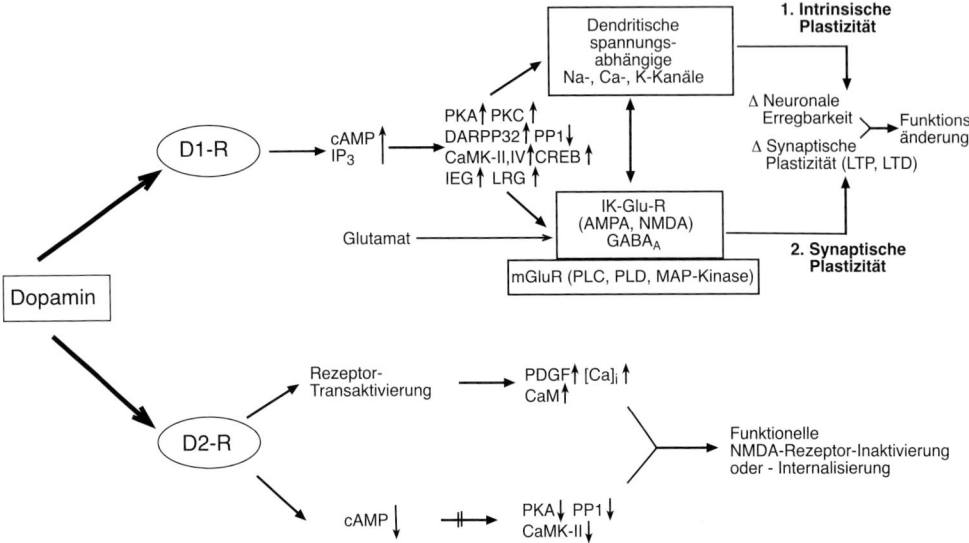

Abb. 2.8. Schematischer Überblick zur Signaltransduktion, die durch die Aktivierung von Dopamin-Rezeptoren hervorgerufen wird (nach Seamans und Yang, 2004).
AMPA, α-Amino-3-hydroxy-5-methyl-4-isoxazolpropionsäure-Rezeptor; CaM, Calmodulin; CAMK-I, -II, -IV, Calmodulinkinase-I, -II, -IV; CREB, cAMP/calcium response binding protein; cAMP, zyklisches Adenosin-3′,5′-monophosphat; DARPP32, Dopamin-Rezeptor-Phosphoprotein-32 kDa; D1-R, Dopamin-D1-Rezeptorfamilie; D2-R, Dopamin-D2-Rezeptorfamilie ; $GABA_A$, Subtyp A des γ-Aminobuttersäure-Rezeptors; IEG, immediate early genes; IK-Glu-R, glutamaterger Ionenkanal-Rezeptor; IP_3, Inositol-1,4,5-triphosphat; LRG, late response genes; LTD, Langzeitdepression; LTP, Langzeitpotenzierung; MAP-Kinase; Mikrotubulus-assoziierte Proteinkinase; NMDA, N-Methyl-D-aspartat-Rezeptor; PDGF, Platelet derived growth factor; PKA, Proteinkinase A, PLC, Proteinkinase C; PLD, Phospholipase D; PP1, Proteinphosphatase 1

eine Vielzahl von zellulären Prozessen vermitteln (Abb. 2.7). Durch Aktivierung von Enzymen wie der Adenylat-Cyclase oder Phospholipase C wird die Synthese von diffusionsfähigen **sekundären Botenstoffen** (second messengers) wie cAMP beziehungsweise Diacylglycerol und Inositol-1,4,5-triphosphat (IP_3) bewirkt (Abb. 2.7). Dadurch können ebenfalls Ionenkanäle reguliert oder spezifische Proteinkinasen aktiviert werden, welche andere Zielproteine, darunter ebenfalls Ionenkanäle, an Serin- und Threonin-Resten phosphorylieren und in ihrer Aktivität und Funktion verändern. Durch die intrazelluläre Bildung von sekundären Botenstoffen wie IP_3 können wiederum **tertiäre Botenstoffe** wie Ca^{2+} aus intrazellulären Speicherproteinen freigesetzt werden (Abb. 2.7). Über Proteinkinasen stehen die Neurotransmitter-Rezeptoren aber auch mit genregulatorischen Vorgängen in Verbindung, die im Zellkern ablaufen, da sie in der Lage sind vom Zytoplasma in den Zellkern zu wandern, um dort Transkriptionsfaktoren zu phosphorylieren und somit die Genexpression zu regulieren. Abbildung 2.8 veranschaulicht die verschiedenen unmittelbaren und Langzeit-Effekte der Dopamin-Rezeptor-vermittelten Wirkung.

2.2 Pathologische Befunde der Parkinson-Krankheit

2.2.1 Neuropathologie

Bei der anatomischen und neuropathologischen Untersuchung eines menschlichen Gehirns zeigt sich in Arealen des Hirnstamms eine auffallend dunkle Färbung der SNc und eine bläuliche Färbung des Locus coeruleus; Gehirnregionen, in denen die katecholaminergen Neurotransmitter Dopamin (SN) und Noradrenalin (Locus coeruleus) synthetisiert werden. Ursache für die Färbung dieser Gehirnregionen und namensgebend für die SN sind bläulich bis braun-schwarze **Neuromelanine** (Tribl et al., 2006). Die Bezeichnung Melanin (μελας, schwarz) wurde erstmals von dem schwedischen Chemiker Jöns Jacob Berzelius (1779–1848) geprägt und beschreibt seither eine im Tier- und Pflanzenreich weit verbreitete Klasse endogener Pigmente, die für die Farbgebung von Haut, Fell, Federn und Augen vieler Tiere verantwortlich ist. Melanine gelten als amorphe, kaum lösliche, anscheinend hochpolymere Pigmente. Diese physikalischen Eigenschaften sind der Grund dafür, dass Melanine als eine der letzten Gruppen biologischer Makromoleküle gelten, deren Struktur bis heute nicht restlos geklärt ist und deren physiologische Funktion oft nur ansatzweise verstanden wird.

Neuromelanine kommen nur in bestimmten Gehirnregionen des menschlichen Gehirns und einiger Säugetiere (Primaten, Kühe, Pferde, einige Schafrassen) vor. Die Struktur ist ebenso wenig bekannt wie die Biosynthesemechanismen und die physiologische Funktion. Die Tyrosinase, die L-Tyrosin zu L-DOPA und Folgeprodukte oxidiert und wesentlich an der Biosynthese von Melanin, diesem Pigment in der Haut, beteiligt ist, kommt nicht im menschlichen Gehirn vor. Deshalb gehen viele Wissenschaftler davon aus, dass Neuromelanine unspezifisch durch Autoxidation von Dopamin und Noradrenalin gebildet werden und nur funktionslose Abfallprodukte katecholaminerger Neuronen sind. Gegen die Autoxidations-Hypothese spricht jedoch die Tatsache, dass Parkinson-Patienten selbst nach chronischer Behandlung mit L-DOPA keinen erhöhten intrazellulären Gehalt an Neuromelaninen aufweisen. Wir gehen deshalb davon aus, dass die Synthese von Neuromelaninen mittels enzymatischer Mechanismen erfolgt und das Neuromelanin der SN eine physiologische Funktion als Eisenspeicher hat (ebd.).

Der Verlust der Pigmentierung des Mittelhirns und das Vorkommen von Lewy-Körperchen in der SN sind die neuropathologischen Kriterien der Parkinson-Krankheit

Tretiakoff beschrieb erstmals 1919 einen Verlust der Pigmentierung des Mittelhirns (SN und Locus coeruleus) bei verstorbenen Parkinson-Kranken. Seitdem gilt als ein neuropathologisches Kriterium für die Diagnose Parkinson-Krankheit, ein abgeblasster Hirnstamm. Dieses Verschwinden der Dunkelfärbung wird durch die Degeneration Dopamin- und Neuromelanin-haltiger Nervenzellen verursacht. Nach Jellinger und Paulus (1991) sind bei Parkinson-Kranken 57–85 Prozent der Neuromelanin-haltigen, TH-immunreaktiven Neuronen verschwunden, wobei die lateralen und ventralen, zum Putamen projizierenden Kerngruppen der SNc immer am schwersten betroffen sind. Andere pigmentierte Hirnstammkerne wie z. B. der Locus coeruleus oder der dorsale Vaguskern degenerieren jedoch auch in unterschiedlichem Ausmaß (siehe nachfolgende Kapitel). Interessant für die Pathogenese der Parkinson-Krankheit ist der Befund, dass vor allem jene Nervenzellen der SNc zu Grunde gehen, die Neuromelanin enthalten, während die nicht pigmentierten, dopaminergen Neurone wesentlich weniger betroffen sind (Hirsch et al., 1988).

Als weiteres neuropathologisches Diagnosekriterium gilt das Vorkommen von Lewy-Körperchen in einigen der noch intakten dopaminergen Neuronen (Gibb, 1986; Jellinger, 1989; Braak et al., 1995). **Lewy-Körperchen** sind eosinophile zytoplasmatische Einschlüsse, die nach dem deutsch-amerikanischen Neurologen Frederic H. Lewy benannt wurden. Ultrastrukturell bestehen sie aus intermediären Filamenten; immunhistochemisch werden Ubiquitin und vor allem α-Synuclein nachgewiesen. In der SN und im Locus coeruleus von Parkinson-Kranken kommen die Lewy-Körperchen in einer charakteristischen Erscheinungsform vor mit einem runden dichten Kern und einem blassen, diesen umgebenden Halo. Lewy-Körperchen werden aber auch häufig in der SN von verstorbenen Individuen beobachtet, bei denen zu Lebzeiten keine Parkinson-Krankheit diagnostiziert wurde (incidental Lewy body pathology). Einige Neuropathologen gehen davon aus, dass in diesen Fällen eine präsymptomatische Parkinson-Krankheit vorliegt (Gibb und Lees, 1988; Del Tredici et al., 2002). Darüber hinaus werden Lewy-Körperchen in kortikalen und subkortikalen Regionen des Gehirns von dementen Patienten gefunden. Die Neuropathologen klassifizieren diese Fälle als LBD (Pollanen et al., 1993; Trojanowski et al., 1993). Die kortikalen Lewy-Körperchen haben nicht die charakteristische Form wie die klassischen Lewy-Körperchen in der SN, sondern sind meist kleiner und von unterschiedlicher Form.

Lewy-Körperchen-ähnliche Einschluss-Körperchen werden bei Parkinson-Kranken in einer Vielzahl von Gehirnregionen wie dem limbischen System (Hippocampus, Corpus amygdaloideum, Gyrus cinguli, Hypothalamus) und in Zentren zur Regulation vegetativer Funktionen (Hypophyse, Formatio reticularis, Nucleus Westphal-Edinger, Nucleus ambiguus, Nucleus basalis Meynert und Vagus-Kerngebiete) gefunden. Darüber hinaus kommen sie in prä- und postganglionären Strukturen des Sympathikus und Parasympathikus, im prävertebralen Plexus des Herzens sowie bestimmten Strukturen des Gastrointestinaltraktes und urogenitalen Systems vor (Braak et al., 1995). Ob das Auftreten dieser Einschluss-Körperchen für die Nervenzelle schädlich ist und zum Untergang des betreffenden Neurons führt, oder aber sogar für die Nervenzelle von Vorteil ist, ist Gegenstand heftiger Diskussionen. Jedoch gibt es zunehmend Hinweise dafür, dass das Auftreten von α-Synuclein-haltigen Einschluss-Körperchen einen protektiven Effekt auf die Nervenzelle ausübt, toxische Protein-Aggregate entsorgt und unschädlich macht (McGowan, 2006; Lee et al., 2006; siehe auch Ausführungen zur Protein-Aggregation in Kap. 5).

Aufgrund vergleichender neuropathologischer Untersuchungen an Gehirnen verstorbener Individuen, bei denen zu Lebzeiten keine Parkinson-Krankheit diagnostiziert wurde, geht die Arbeitsgruppe um Heiko Braak (Del Tredici et al., 2002) davon aus, dass der Beginn der Parkinson-Krankheit nicht in der SN liegt, sondern in anderen vulnerablen Kerngebieten des Hirnstamms wie vor allem in nicht-katecholaminergen Neuronen des Glossopharyngeus- und Vagusareals, in Projektionsneuronen der intermediären retikulären Zone und in spezifischen Nervenzellen des den Kortex aktivierenden Systems (Coeruleus-Subcoeruleus-Komplex, kaudale Raphe-Kerne, Nucleus reticularis gigantocellularis). Da das Auftreten der α-Synuclein-immunpositiven Einschluss-Körperchen in einem charakteristischen regionalen und zeitlichen Muster erfolgt, haben Braak und Mitarbeiter daraus eine neue **neuropathologische Stadieneinteilung** der Parkinson-Krankheit vorgenommen (Braak et al., 2002). Danach beschränkt sich das Auftreten der Einschluss-Körperchen in den präsymptomatischen Stadien 1–2 auf die Medulla oblongata, den Bulbus olfactorius und hinteren Vaguskern; in den Stadien 3–4, in denen die Krankheit in die symptomatische Phase eintritt, sind die SN und die graue Substanz des Mittel- und des basalen Vorderhirns zunächst leicht und dann schwer betroffen; in den Endstadien 5–6, kommen die Lewy-Körperchen und -Neuriten auch im telenzephalen Kortex vor.

Sollte diese Stadieneinteilung tatsächlich den Verlauf der Parkinson-Erkrankung widerspiegeln, dann hätte dies für die Erforschung dieser Erkrankung weitreichende Konsequenzen:

(1) Die Etablierung neuer prämotorischer Frühdiagnosekriterien. Aufgrund der anatomischen Gegebenheiten, dass vom hinteren Vaguskern efferente Neuronenfasern zu den Brusteingeweiden, den Oberbauchorganen und dem Darmtrakt ausgehen, ist es denkbar, dass bei Parkinson-Kranken frühe gastrointestinale Störungen (Przuntek et al., 2004) oder Störungen des olfaktorischen Systems (Sommer et al., 2004) auftreten.

(2) Neue Ansätze in der Parkinson-Pathogenese-Forschung. Sollte das Auftreten von α-Synuclein- und Ubiquitin-immunpositiven Einschluss-Körperchen in einem ursächlichen Zusammenhang mit der Erkrankung stehen (siehe aber auch Kap. 5.6), dann ist es sicherlich interessant der Hypothese nachzugehen, dass durch den Gastrointestinaltrakt möglicherweise Toxine aus der Nahrung aufgenommen werden. Interessant ist in diesem Zusammenhang auch der Befund, dass es bei der Ratte L-DOPA-immunreaktive Neurone im dorsalen Vaguskomplex der Medulla oblongata gibt (Tison et al., 1989).

2.2.2 Neurochemische und bildgebende Befunde

Striataler Dopamin-Mangel ist charakteristisch für das Parkinson-Syndrom

Als Folge der Degeneration dopaminerger nigro-striataler Neuronen findet man eine massive Erniedrigung der Dopamin-Konzentrationen im Striatum (Tabelle 2.5). Der morphologisch nachgewiesene Nervenzellverlust in der SNc korreliert mit der Reduktion von Dopamin im Striatum (Bernheimer et al., 1973). Die Arbeitsgruppe um Isamu Sano war wahrscheinlich die Erste, die Dopamin im menschlichen Gehirn bestimmte und einen Dopamin-Mangel im nigro-striatalen System von Parkinson-Patienten nachwies (siehe Foley et al., 2000). Herbert Ehringer und Oleh Hornykiewicz (1960) berichteten unabhängig davon in 1960 von einem Dopamin-Defizit im Striatum. Die Arbeit dieser beiden Autoren war jedoch der Anlass, dass der Wiener Neurologe Walther Birkmayer 1961 die Wirkung von i. v. verabreichtem L-DOPA bei Parkinson-Patienten untersuchte.

Ein striataler Dopamin-Mangel wird bei allen Formen des Parkinson-Syndroms gefunden; kennzeichnend für die Parkinson-Krankheit ist, dass das Dopamin-Defizit im Putamen stärker als im Nucleus caudatus ausgeprägt ist (Tabelle 2.6). Bei anderen neurodegenerativen Erkrankungen, bei denen keine oder nur geringfügig dopaminerge nigrostriatale Neuronen degenerieren, werden unveränderte Dopamin-Konzentrationen beziehungsweise unbedeutende Dopamin-Defizite nachgewiesen (Tabelle 2.6).

Neben verminderten striatalen Dopamin-Konzentrationen findet man geringere Mengen der Dopamin-Metabolite 3,4-Dihydroxyphenylessigsäure (*3,4*-dihydroxyphenylacetic acid, DOPAC) und Homovanillinsäure (homovanillic acid, HVA) sowie reduzierte Aktivitäten der Dopamin-synthetisierenden Enzyme TH (bei Berechnung auf den Ge-

Tabelle 2.5. Post-mortem-Befunde der Parkinson-Krankheit, die auf die Schädigung des dopaminergen nigro-striatalen Systems hinweisen

Untersuchte Parameter	Gehirnregion	Prozent der Normalwerte	Autoren
Dopamin und -Metaboliten			
Dopamin (Konzentration)	SN	17	Birkmayer und Riederer (1975)
	Nucleus caudatus	10	
	Putamen	4	
DOPAC (Konzentration)	SN	2	Riederer et al. (1986)
	Putamen	10	
HVA (Konzentration)	SN	48	Riederer et al. (1986)
	Putamen	29	
Dopamin-metabolisierende Enzyme			
Tyrosin-Hydroxylase (Aktivität)	SN	46	Riederer et al. (1978)
	Nucleus caudatus	60	Rausch et al. (1988)
	Putamen	16	Riederer et al. (1978)
DOPA-Decarboxylase (Aktivität)	Nucleus caudatus	9	Lloyd und Hornykiewicz (1970)
	Putamen	4	
Catechol-O-Methyl-Transferase (Aktivität)	SN	82	Lloyd et al. (1975)
	Nucleus caudatus	70	
	Putamen	78	
Monoamin-Oxidase Typ B (Aktivität)	SN	125	Riederer et al. (1989)
Dopamin-Wiederaufnahmestellen			
[^{3}H]Mazindol-Bindung	Nucleus caudatus	32	Mizukawa et al. (1993)
	Putamen	16	
[^{3}H]GBR12935-Bindung	Nucleus caudatus	13	Degen et al. (1996)
	Putamen	33	
[^{3}H]WIN35,428-Bindung	Nucleus caudatus	45	Wilson et al. (1996)
	Putamen	13	
DAT-Protein-Menge	Nucleus caudatus	31	Wilson et al. (1996)
	Putamen	3	
DAT-mRNS-Dichte in noch intakten Neuronen	SN	57	Uhl et al. (1994)
	SNc	86	Harrington et al. (1996)
Vesikulärer Monoamin-Transporter			
[^{3}H]Dihydroxytetrabenazin-Bindung	Nucleus caudatus	30	Degen et al. (1996)
	Putamen	15	
	Nucleus caudatus	49	Wilson et al. (1996)
	Putamen	23	
mRNS-Dichte in noch intakten Neuronen	SN	82	Harrington et al. (1996)

DAT, Dopamin-Transporter; DOPA, 3,4-Dihydroxyphenylalanin; DOPAC, 3,4-Dihydroxyphenylessigsäure; HVA, Homovanillinsäure; SN, Substantia nigra; SNc, Substantia nigra pars compacta

samtproteingehalt) und DOPA-Decarboxylase (Tabelle 2.5). Weiterhin wird eine Abnahme der Dichte von Dopamin-Wiederaufnahmestellen (vesikuläre und präsynaptische) nachgewiesen (Tabelle 2.5). Alle diese neurochemischen Veränderungen weisen auf den Untergang dopaminerger nigro-striataler Neuronen hin. Dagegen sind die Aktivitäten

Tabelle 2.6. Striatale Dopamin-Konzentrationen beim Parkinson-Syndrom und anderen neurodegenerativen Erkrankungen

Erkrankung	Konzentration in Prozent der Normalwerte		Autoren
	Nucleus caudatus	Putamen	
Morbus Parkinson	31	22	Ehringer und Hornykiewicz (1960)
	10	4	Birkmayer und Riederer (1975)
	18	2	Kish et al. (1988)
Postenzephalitisches Parkinson-Syndrom	6	6	Ehringer und Hornykiewicz (1960)
	1,5	0,6	Bernheimer et al. (1973)
Parkinson-Syndrom bei Multisystemdegeneration			
Jacob-Creutzfeld-Erkrankung	35	48	Brun et al. (1971)
Progressive Supranukleäre Lähmung	20	27	Kish et al. (1985)
Hallervorden-Spatz-Syndrom	1,4	0,9	Jankovic et al. (1985)
Striato-nigrale Degeneration (MSA-P)	<0,4	<0,4	Sharpe et al. (1973)
Olivopontozerebelläre Atrophie (MSA-C)	0,3	0,01	Gerlach und Riederer, unveröffentlichte Ergebnisse
Parkinson-Syndrom bei AIDS	43	–	Sardar et al. (1996)
Chorea Huntington	86 (ns)	99 (ns)	Reynolds und Garrett (1986)
Morbus Alzheimer	61 (ns)	50 (ns)	Langlais et al. (1993)
Morbus Alzheimer/Lewy-Körperchen	16	5	

ns, nicht statistisch signifikante Unterschiede zu Normalwerten; –, nicht gemessen

der Dopamin-abbauenden Enzyme COMT und MAO-B, die vor allem extrazellulär beziehungsweise in der Glia vorkommen, unverändert oder geringfügig erhöht (Tabelle 2.5).

Das Gehirn ist in der Lage, lange Zeit funktionell das dopaminerge Defizit zu kompensieren

Klinisch-pathochemische Korrelationsanalysen zeigen interessanterweise einen Zusammenhang zwischen dem Ausmaß des Dopamin-Defizites im Nucleus caudatus (nach dem Motor-Loop-Konzept hätte man eine Korrelation im Putamen erwartet) und dem Akinese-Grad (Bernheimer et al., 1973).

Weiterhin weisen sie darauf hin, dass die charakteristische Parkinson-Symptomatik klinisch erst dann zum Vorschein kommt, wenn 50–70 Prozent der ursprünglich vorhandenen Dopamin-Konzentrationen nicht mehr vorhanden sind (Bernheimer et al., 1973; Riederer und Wuketich, 1976): Das bedeutet, dass das Gehirn längere Zeit in der Lage ist, die Defizite im nigro-striatalen dopaminergen System zu kompensieren (**Plastizität** des Gehirns) und bei Ausbruch der Erkrankung etwa zwei Drittel der dopaminergen Neuronen degeneriert sind.

Die Plastizität des nigro-striatalen dopaminergen Systems spiegelt sich auch in den Befunden zum Dopamin-Metabolismus wider. Diese zeigen, dass gewöhnlich bei Parkinson-

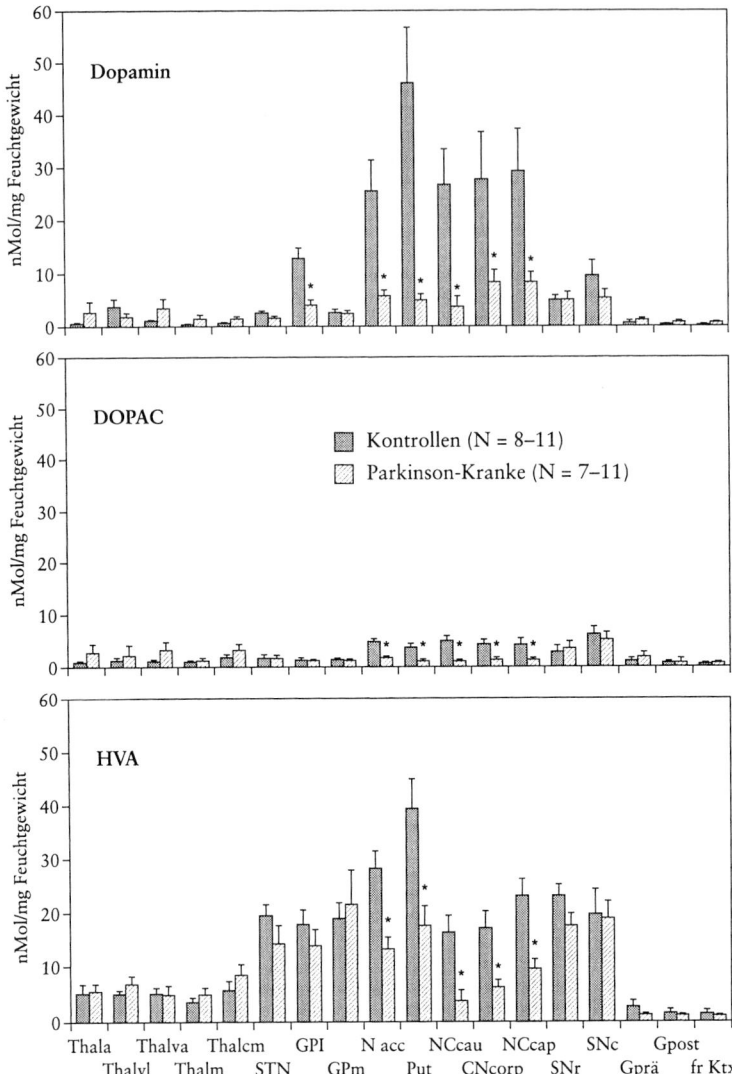

Abb. 2.9. Post-mortem-Konzentrationen von Dopamin und -Metaboliten bei neurologisch unauffälligen Individuen (Normalwerte) und Parkinson-Kranken (nach Gerlach et al., 1996b). Dargestellt sind die Mittelwerte ± S.E.M. fr Ktx, frontaler Kortex; GPl, Globus pallidus pars lateralis; GPm, Globus pallidus pars medialis; Gprä, Gyrus präcentralis; Gpost, Gyrus postcentralis; N acc, Nucleus accumbens; NCcau, Cauda Nucleus caudatus; NCcap, Caput Nucleus caudatus; CNcorp, Corpus Nucleus caudatus; Put, Putamen pars anterior; SNc, Substantia nigra pars compacta; SNr, Substantia nigra pars reticulata; STN, Nucleus subthalamicus; Thala, Nucleus anterior thalami; Thalcm, Nucleus centromedianus thalami; Thalm, Nucleus medialis thalami; Thalva, Nucleus ventralis anterior thalami; Thalvl, Nucleus ventralis lateralis thalami. *p < 0,01, im Vergleich zu Normalwerten, Multivarianz-ANOVA

Kranken mit leichter bis mittelschwerer Symptomatik die Defizite der DOPAC- und HVA-Konzentrationen sowie der TH-Aktivitäten geringfügiger sind als das Defizit der Dopamin-Konzentrationen (Tabelle 2.5). Dies wird als ein Hinweis dafür angesehen, dass die noch aktiven dopaminergen Neuronen vermehrt Dopamin produzieren und freisetzen, um so eine funktionstüchtige dopaminerge Neurotransmission aufrechtzuerhalten. Die Fähigkeit dopaminerger Neuronen, verstärkt Dopamin zu synthetisieren lässt sich auch aus Post-mortem-Ergebnissen zur TH-Aktivität ableiten: Diese ist unter Berücksichtigung des Proteingehaltes der TH (homospezifische Aktivität) in der SN unverändert und im Nucleus caudatus vierfach erhöht (Mogi et al., 1988); zusätzlich kann man diese mit Fe^{2+}, dem Cofaktor der TH, steigern (Rausch et al., 1988).

Striatale postsynaptische Dopamin-Rezeptoren sind intakt und funktionstüchtig

Es wurde eine Vielzahl von Rezeptor-Bindungsstudien mit spezifischen Liganden der Dopamin-Rezeptoren an Gehirngewebe verstorbener Parkinson-Kranken im Vergleich zu Individuen ohne neurologische und psychiatrische Vorerkrankungen (Kontrollen) durchgeführt (zur Übersicht: Gerlach und Riederer, 1993a; Seeman und Van Tol, 1993). Dabei zeigte es sich, dass generell die Bindungsdichte (B_{max}) der D1-Rezeptoren (die ausschließlich postsynaptisch im Striatum vorkommen) von Parkinson-Kranken erhöht ist (Seeman et al., 1987). Rezeptoren mit erhöhten B_{max}- und K_D-Werten werden als supersensitiv bezeichnet, ein Phänomen, das durch die insgesamt reduzierte präsynaptische Dopamin-Freisetzung infolge der Degeneration dopaminerger Neuronen erklärt wird.

Erhöhte B_{max}-Werte findet man auch für D2-Rezeptoren, aber nur bei unbehandelten Parkinson-Patienten; diese werden durch eine L-DOPA-Therapie wieder normalisiert (Guttman und Seeman, 1985). Diese Befunde und die gute Ansprechbarkeit von Parkinson-Patienten auf eine Therapie mit L-DOPA und Dopamin-Rezeptoragonisten zeigen, dass postsynaptische, im Striatum lokalisierte Dopamin-Rezeptoren intakt und funktionstüchtig sind (Abb. 2.3). PSP-Kranke haben dagegen erniedrigte Bindungsdichten für [^{3}H]-Spiperon (selektiver Dopamin-D2-Antagonist) im Striatum (42 und 48 Prozent der Normalwerte im Putamen beziehungsweise Nucleus caudatus, Agid et al., 1986): Dies erklärt, warum PSP-Patienten nur wenig auf eine L-DOPA-und Dopamin-Rezeptoragonisten-Therapie ansprechen.

Die pathochemischen Befunde werden durch bildgebende Verfahren bestätigt

Mithilfe bildgebender Verfahren kann man auch die Degeneration dopaminerger nigrostriataler Neuronen und die Unversehrtheit postsynaptischer Dopamin-Rezeptoren bei Parkinson-Patienten darstellen (Leenders, 1995; Morrish et al., 1996). Prinzipiell stehen zwei Verfahren zur Verfügung, die PET- und die SPECT-Technik. Die **PET-Technik** ist ein nuklearmedizinisches Verfahren, bei dem sehr kleine Dosen von mit kurzlebigen Radionukliden markierten Stoffwechselprodukten oder Wirkstoffen i. v. verabreicht werden. Durch den radioaktiven Zerfall entstehen Positronen, die beim weiteren Zerfall diametral Gammaquanten aussenden, die vom Detektorring des PET-Scanners, der mit einem leistungsfähigen Rechner gekoppelt ist, durch Koinzidenzmessung nachgewiesen werden. Aus diesen Informationen werden mithilfe verschiedener Annahmen (z. B. Kompartimenten-Modell) und komplizierten mathematischen Verfahren Schnittbilder rekonstruiert und die Stoffwechseländerungen qualitativ und quantitativ bestimmt. Für die Funktionsmessung des präsynaptischen dopaminergen Systems stehen [^{18}F]-L-DOPA und z. B. [^{11}C]Nomifensin, das den DAT markiert, zur

Verfügung; [^{11}C]-Raclopríd, ein Dopamin-D2-Rezeptorantagonist, wird beispielsweise zur Messung postsynaptischer Dopamin-Rezeptoren verwendet (Winogrodzka et al., 2005; Brooks and Piccini, 2006).

Die **SPECT-Technik** ist ebenfalls ein nuklearmedizinisches Verfahren, bei dem allerdings langlebigere Radionuklide wie z.B. [^{123}I]-Benzamid (ein D2-Dopamin-Rezeptorantagonist) oder [^{123}I]-βCIT (ein radioaktives Kokain-Derivat mit dem chemischen Namen 2-Carboxy-3(4-iodophenyl)tropan, das den präsynaptischen DAT hemmt) verwendet werden (Brücke et al., 1993; Brooks and Piccini, 2006). Im Gegensatz zu PET wird eine Einzel-Photonen-Kamera zur Messung der γ-Strahlung benutzt.

Die PET-Befunde zeigen, dass Parkinson-Patienten im Vergleich zu neurologisch unauffälligen Individuen und Patienten mit anderen Basalganglien-Erkrankungen im Putamen eine um durchschnittlich 40 Prozent verminderte Umsatzrate von [^{18}F]-L-DOPA aufweisen (Leenders, 1995). Analog zu den Postmortem-Ergebnissen werden im Nucleus caudatus geringere Defizite nachgewiesen (Reduktion der Umsatzrate 20–30 Prozent). Behandelte Parkinson-Patienten, denen [^{11}C]-Raclopríd i. v. injiziert wurde, zeigen überwiegend unveränderte Dopamin-D2-Rezeptorbindungsdichten im Striatum (Leenders, 1995; Antonini et al., 1997), während unbehandelte Patienten erhöhte Bindungsdichten haben, die sich nach chronischer Therapie mit Dopaminergika wieder normalisieren (Antonini et al., 1997). Diese Befunde stehen im Einklang mit den Post-mortem-Ergebnissen. Es wird diskutiert, dass die Herunterregulation der Dopamin-Rezeptorbindungsstellen zur Entwicklung der L-DOPA-induzierten motorischen Fluktuationen führt (Hwang et al., 2002).

Wie bereits oben beschrieben, ist das Gehirn in der Lage, lange Zeit funktionell das dopaminerge Defizit zu kompensieren. Erst wenn etwa zwei Drittel der dopaminergen Nervenzellen degeneriert sind, kommt es zum Auftreten des Vollbilds der klinischen Symptomatik. Mithilfe von PET- und SPECT-Längsschnittstudien und unter Zuhilfenahme theoretischer Konzepte zum zeitlichen Degenerationsverlauf hat man den durchschnittlichen Degenerationsgrad dopaminerger Neuronen und den subklinischen Zeitraum der Parkinson-Krankheit berechnet. Mittels PET wurde z.B. gezeigt, dass die Verluste der mittleren jährlichen Umsatzrate von [^{18}F]-L-DOPA im Putamen und Nucleus caudatus von Parkinson-Kranken zwischen acht und zehn beziehungsweise vier und sechs Prozent liegen (Morrish et al., 1998; Nurmi et al., 2001); die entsprechenden Werte für die Kontrollpopulation liegen dagegen bei 0,5 beziehungsweise 0,7 Prozent jährlich (Nurmi et al., 2001). Aufgrund dieser Daten wurde geschlossen, dass die präklinische Periode der Parkinson-Krankheit sehr unwahrscheinlich über sieben Jahren liegt (Morrish et al., 1998).

Bei der Parkinson-Krankheit liegt eine generelle Störung dopaminerger Systeme vor

Der Gehalt an Dopamin ist nicht nur im Striatum reduziert, sondern auch mit geringerer Ausprägung in Regionen des mesokortikalen-mesolimbischen Systems (Nucleus accumbens, Gyrus cinguli, Corpus amygdaloideum) (Abb. 2.9). Neuropathologische Untersuchungen berichten über Zellverluste in der VTA zwischen 45 und 60 Prozent (Javoy-Agid et al., 1984; Jellinger, 1991). Man nimmt an, dass Störungen der dopaminergen Neurotransmission im mesokortikalen-mesolimbischen System die Ursache für das Auftreten der kognitiven Symptome der Parkinson-Krankheit sind.

Bei Parkinson-Kranken scheint generell das dopaminerge System gestört zu sein. So findet man in der Retina (Harnois und Dipaolo, 1990) und im Nebennierenmarksgewebe im Vergleich zu Kontrollen verminderte Dopa-

Tabelle 2.7. Noradrenalin- und MHPG-Konzentrationen im Gehirn von verstorbenen Parkinson-Kranken ohne L-DOPA-Behandlung (Prozent der Normalwerte)

Gehirnregion	Noradrenalin	MHPG	Autoren
Basalganglien			
Substantia nigra	31	55	Riederer et al. (1977)
Nucleus caudatus	46	39	Riederer et al. (1977)
Putamen	56	20	Riederer et al. (1977)
Globus pallidus	79	100	Riederer et al. (1977)
Nucleus subthalamicus	88	–	Farley und Hornykiewicz (1976)
Andere Regionen			
Locus coeruleus	57	–	Farley und Hornykiewicz (1976)
Thalamus	70	122 (ns)	Riederer et al. (1977)
Hypothalamus	38	98 (ns)	Riederer et al. (1977)
Corpus mamillare	39	189 (ns)	Riederer et al. (1977)
Nucleus raphe	37	69	Riederer et al. (1977)
Gyrus cinguli	48	93 (ns)	Riederer et al. (1977)
Frontaler Kortex	22	–	Scatton et al. (1986)
Entorhinaler Kortex	58	–	Scatton et al. (1986)
Hippocampus	39	–	Scatton et al. (1986)
Corpus amygdaloideum	30	63 (ns)	Riederer et al. (1977)
Nucleus accumbens	62	35	Riederer et al. (1977)
Rückenmark	17–30	–	Scatton et al. (1986)

–, wurde nicht bestimmt; ns, nicht statistisch signifikant verschieden von Kontrollwerten.
MHPG, 3-Methoxy-4-hydroxyphenylglykol

min-Konzentrationen (Stoddard et al., 1989). Im Nebennierenmarksgewebe werden zudem geringere TH-Aktivitäten beschrieben (Riederer et al., 1978). Die reduzierte retinale dopaminerge Aktivität ist möglicherweise für die Störung der Farbwahrnehmung von Parkinson-Patienten verantwortlich, die bereits bei Patienten im Frühstadium beobachtet wird (Büttner et al., 1995a) und abhängig vom Erkrankungsgrad ist (Müller et al., 1997). Interessanterweise findet man bei Post-mortem-Untersuchungen im Bulbus olfactorius von Parkinson-Kranken im Vergleich zu Kontrollen eine um 100 Prozent erhöhte Anzahl an TH-immunpositiven dopaminergen Neuronen (Huisman et al., 2004). Da Dopamin in den olfaktorischen Glomeruli die olfaktorische Neurotransmission hemmt, nimmt man an, dass dies die Ursache für die bei Parkinson-Kranken auch präklinisch vorhandene Hyposmie (Sommer et al., 2004) ist.

Noradrenerge Neuronen degenerieren ebenfalls stark

Seit den ersten morphologischen Untersuchungen von Tretiakoff (1919) weiß man, dass auch der **Locus coeruleus** bei der Parkinson-Krankheit betroffen ist. Dieser sehr kleine Kern im Hirnstamm hat seinen Namen aufgrund seiner blauen Farbe (coeruleus ist griechisch-lateinischen Ursprungs und bedeutet blau), die durch Neuromelanin hervorgerufen wird, erhalten. Der Locus coeruleus ist der Zellkörper mit den meisten noradrenergen Neuronen im Gehirn und eine der bemerkenswertesten Strukturen im menschlichen Gehirn. Beim Menschen enthält er lediglich ca. 3 000 Neuronen – nicht viel, wenn man an die Milliarden von Nervenzellen in der Großhirnrinde denkt; dennoch gehen von diesen wenigen Neuronen Axone aus, die sich über enorm weite Entfernungen erstrecken und sich so stark verzweigen, dass sie mit einer Vielzahl von Gehirnregionen (z. B. wird das nigro-striatale System innerviert und exzitatorisch beeinflusst) in Kontakt stehen. Weitere noradrenerge Kerngebiete sind die Medulla oblongata und der Pons („Brücke", Teil des Hinterhirns).

Im Locus coeruleus von Parkinson-Kranken findet man Neuronenverluste zwischen 28 und 90 Prozent, wobei diese in Abhängigkeit vom Parkinson-Subtyp variieren (Jellinger, 1991): beim rigid-akinetischen Subtyp (75%) ist der Degenerationsgrad höher als beim tremor-dominanten Typ (44%); nichtdemente Parkinson-Kranken weisen nur geringe Zellverluste (28–30%) auf im Gegensatz zu dementen Parkinson-Kranken, die höhere und Alzheimer-ähnliche Zellverluste (48–94%) haben. Als Folge dieser Zellverluste findet man in fast allen untersuchten Gehirnregionen erniedrigte Konzentrationen von Noradrenalin und 3-Methoxy-4-hydroxyphenylglykol (MHPG, Tabelle 2.7), dem Hauptmetabolit von Noradrenalin. Darüber hinaus liegt eine reduzierte Aktivität des Noradrenalin-synthetisierenden Enzyms Dopamin-β-Hydroxylase vor (Nagatsu et al., 1981). Die Degeneration der Neuronen im Locus coeruleus wird als Ursache der demenziellen und depressiven Symptome der Parkinson-Krankheit angesehen, während der Zellverlust im sympathischen System und der Medulla oblongata für das Auftreten von vegetativen Symptomen wie hypotonen Kreislaufstörungen verantwortlich gemacht wird (zur Übersicht: Gerlach et al., 1994).

Serotoninerge Neuronenverluste sind weniger stark ausgeprägt

Nahezu alle serotoninergen Neuronen des Gehirns gehen von einer Gruppe von Kernen in der Mittellinie des Hirnstammes aus, den so genannten **Raphe-Kernen,** eine Bezeichnung, die sich vom griechischen Wort für Naht ableitet. Diese Neuronen projizieren in viele höhere Zentren des Gehirns und verzweigen sich von dort über das ganze Gehirn. Bei Parkinson-Kranken findet man in den Raphe-Kernen Neuronenverluste zwischen null und 42 Prozent, wobei depressive Parkinson-Patienten gewöhnlich eine höhere Schädigung aufweisen (Jellinger, 1991). Demzufolge findet man in nahezu allen Gehirnarealen verstorbener Parkinson-Patienten geringfügig reduzierte Konzentrationen von 5-HT (40–50%) und 5-Hydroxyindolessigsäure (5-HIAA), dem Hauptmetabolit von 5-HT (Bernheimer et al., 1973; Birkmayer et al., 1974). Darüber hinaus sind die serotoninergen Nervenendigungen der Raphe-Kerne geschädigt. Dies zeigen z. B. Post-mortem-Untersuchungen, die in den Basalganglien und kortikalen Regionen 45 beziehungsweise 30 Prozent geringere Bindungsdichten für [^{3}H]Citalopram (ein Hemmstoff der 5-HT-Wiederaufnahmestellen) nachwiesen (Chinaglia et al., 1993). Die Degeneration serotoninerger Neuronen wird als eine weitere Ursache der bei Parkinson-Kranken auftretenden Depressionen angesehen.

Cholinerge Neuronen scheinen häufig bei dementen Parkinson-Patienten zu degenerieren

Schädigungen des cholinergen Systems sind durch Neuronenverluste, reduzierte Bindungsdichten von Cholin-Wiederaufnahmestellen und verminderte Aktivitäten des ACh synthetisierenden Enzyms Cholinacetyl-Transferase (CAT) gekennzeichnet (zur Übersicht: Rodriguez-Puertas et al., 1994; Jellinger, 1999).

Der **Nucleus basalis Meynert,** nach Theodor Meynert (einem Wiener Neurologen) benannt, ist die größte magnozellulare Zellgruppe an der Basis des Vorderhirns, die ACh als Neurotransmitter verwendet. Sie unterhält reziproke Kontakte zum Corpus amygdaloideum und projiziert auf den gesamten Neokortex. Jellinger (1999) beschreibt in einer ausführlichen Übersichtsarbeit, dass Parkinson-Kranke durchschnittliche Zellverluste im Nucleus basalis Meynert zwischen 30 und 40 Prozent aufweisen; die Zellverluste korrelieren nicht mit dem Alter der Patienten und der Dauer der Erkrankung. Die Angaben zu den Zellverlusten bei dementen Parkinson-Patienten sind widersprüchlich: so werden in einigen Untersuchungen höhere Zellverluste bei dementen als bei nichtdementen Parkinson-Patienten gefunden, die denen von Alzheimer-Patienten (50–70 %) ähneln; andere dokumentieren dagegen höhere Neuronenuntergänge bei nichtdementen Parkinson-Kranken (etwa 50 %) und zeigen keine Korrelation zwischen dem Zellverlust und dem mentalen Status (ebd.). Die Degeneration dieser Neuronen erklärt die bei Parkinson-Kranken gefundenen verminderten CAT-Aktivitäten in der Großhirnrinde und im Hippocampus. Die gemessenen normalen Bindungsdichten des muscarinischen Rezeptors und erhöhten Bindungsdichten für [^{3}H]Hemicholinium-3, ein Marker der präsynaptischen, hochaffinen Cholin-Aufnahmestelle (160 % der Kontrollwerte im frontalen Kortex, 159 % im Nucleus caudatus und 245 % im Putamen; Rodriguez-Puertas et al., 1994) können auf kompensatorische Mechanismen infolge des Untergangs nigro-striataler dopaminerger Neuronen und cholinerger Nucleus-basalis-Meynert-Neuronen zurückgeführt werden. Auch das cholinerge System scheint eine Plastizität aufzuweisen: Man geht davon aus, dass mindestens 75 bis 80 Prozent der cholinergen Neurone des Nucleus basalis Meynert degeneriert sein müssen, bevor klinisch eine Demenz auftritt.

Der **Nucleus tegmenti pedunculopontinus** ist ein weiterer cholinerger Kern und ein wichtiges Glied des so genannten motorischen Regelkreises (motor loop, siehe nachfolgendes Kap. 2.3): Er projiziert in Kerngebiete des Thalamus, der SN, des Striatum, des GP, des Nucleus subthalamicus und basalen Vorderhirns, wird jedoch auch durch diese Kerne innerviert. Der Nucleus tegmenti pedunculopontinus wird deshalb als das extrapyramidale Zentrum angesehen, das das Gleichgewicht zwischen cholinergen und dopaminergen Funktionen der Basalganglien beeinflusst (Graybiel et al., 1990). Parkinson-Kranke weisen ebenso wie Patienten mit PSP in diesem Kerngebiet moderate Zellverluste auf (36–57 %; zur Übersicht: Jellinger, 1999). Die cholinergen Zellverluste korrelieren mit dem Zellverlust von dopaminergen Neuronen in der SNc, jedoch nicht mit dem Alter der Patienten, der Erkrankungsdauer und der Zahl von Lewy-Körperchen. Man vermutet, dass eine Schädigung des Nucleus tegmenti pedunculopontinus zur Pathophysiologie von Erkrankungen beiträgt, bei denen lokomotorische Aktivitäten gestört, Abnormalitäten des Ganges und der Haltung vorhanden oder die Koordination des Schlaf-Wach-Rhythmus beeinträchtigt sind. Diskutiert wird auch, dass der Ausfall dieses Kerngebietes kognitive Störungen mit verursacht, die bei der Parkinson-Krankheit und ähnlichen Erkrankungen auftreten können.

Der **Nucleus Westphal-Edinger,** der nach dem deutschen Anatomen Ludwig Edinger und dem deutschen Neurologen Karl F. O. Westphal benannt ist, ist ein weiteres cholinerges Kerngebiet, das bei Parkinson- und PSP-Kranken (54 beziehungsweise 69 bis 93 %-ige Zellverluste) degeneriert (zur Übersicht: Jellinger, 1999). Dieses Kerngebiet gehört zu den drei so genannten visceralen motorischen Kernen (beim visceralen oder vegetativen Nervensystem unterscheidet sich die Art der motorischen Innervation von der des somatischen Nervensystems; während beim letzten ein motorisches Neuron im Rückenmark oder im Hirnstamm die quergestreifte Muskulatur direkt versorgt, geschieht dies im ersten Fall indirekt durch eine Zwei-Neuronen-Bahn) und sitzt am rostralen Pol des Oculomotoriuskernes. Über das Ciliarganglion in der Augenhöhle innerviert er zwei glatte Muskeln im Auge: den Ciliarmuskel und den Musculus constrictor pupillae. Beeinträchtigungen in diesem Kerngebiet und anderen Hirnstamm-Kernen (wie Nucleus pontis oralis, Nucleus interstitialis von Cajal) werden als Ursache für die Entstehung von Augenfunktionsstörungen angesehen, die bei Parkinson und/oder PSP-Patienten vorkommen können.

GABAerge Neuronen scheinen nicht zu degenerieren

Die Frage, ob GABAerge Neuronensysteme bei Parkinson-Kranken degenerieren, kann nicht eindeutig beantwortet werden. Dies hängt vor allem damit zusammen, dass es keine guten histochemischen und neurochemischen Marker für den Untergang GABAerger Neuronen gibt. Es gibt zwar prinzipiell die Möglichkeit, die Funktion GABAerger Neuronen mittels immunhistochemischer (Antikörper gegen das GABA-synthetisierende Enzym Glutaminsäure-Decarboxylase) und biochemischer Verfahren (durch die Aktivitätsbestimmung der Glutaminsäure-Decarboxylase) zu untersuchen, doch können beide Verfahren nicht mit Autopsiegewebe durchgeführt werden, da die Glutaminsäure-Decarboxylase ein sauerstoffabhängiges Enzym ist und seine Aktivität nach dem Tod rasch abnimmt. Außerdem beeinflusst das agonale Stadium dessen Aktivität, sodass Untersuchungen an Autopsiegewebe von chronisch unter Hypoxie leidenden Kranken zu irreführenden Ergebnissen führen können. Die direkte Messung von GABA in Autopsiegewebe ist auch mit Problemen behaftet. So werden die Konzentrationen von GABA zwar nicht durch das agonale Stadium beeinflusst (Perry et al., 1982), jedoch nehmen sie kurz nach dem Tod (aufgrund der Freisetzung aus anderen GABA-Vorstufen wie Putrescin) zu (Perry et al., 1981) und sind danach aber stabil (Ellison et al., 1987). Da GABA auch im Proteinstoffwechsel gebildet wird, weiß man weiterhin nicht genau, welcher Anteil an den gemessenen GABA-Mengen dem Neurotransmitter-Pool zuzuordnen ist. Aufgrund von Läsionsstudien (z. B. Schädigung GABAerger Neurone durch intrathekale Gabe von Kainsäure) geht man davon aus, dass 70–80 Prozent der gemessenen GABA-Konzentration zum Neurotransmitter-Pool gehören (Korf und Venema, 1983), doch dürfte der Anteil tatsächlich geringer sein, da GABA auch in Gliazellen vorkommt.

In Untersuchungen, bei denen die Aktivität der Glutaminsäure-Decarboxylase gemessen wurde, findet man erniedrigte Aktivitäten in großen Teilen des Gehirns, insbesondere aber in den Basalganglien und im zerebralen Kortex von Parkinson-Kranken (zur Übersicht Gerlach und Riederer, 1993a). Dagegen werden kaum veränderte GABA-Konzentrationen beobachtet (zur Übersicht: Birkmayer und Riederer, 1985; Gerlach und Riederer, 1993a): Lediglich in der SN und in einigen Subregionen des Thalamus (Abb. 2.10) werden geringfügig erniedrigte Mengen gefunden während im Striatum leicht erhöhte Werte beobachtet werden. Nahezu unverändert scheinen auch die [^{3}H]GABA-und [^{3}H]Flunitrazepam-Bindungsdichten (markiert Benzodiazepin-Bindungsstelle am GABA$_A$-Rezeptor) zu sein. Lediglich in der SN und im Striatum wurde eine erniedrigte [^{3}H]GABA- (Rinne et al., 1978) beziehungsweise [3H]Flunitrazepam-Bindungsdichte (Griffiths et al., 1994) gefunden. Die erniedrigte Bindungsdichte in der SN ist auf die Degeneration dopaminerger nigro-striataler Neuronen zurückzuführen, da an den Zellkörpern dieser Neuronen GABA-Rezeptoren lokalisiert sind. Die reduzierte [^{3}H]Flunitrazepam-Bindungsdichte im Striatum kann durch Herabregulation des GABAergen Rezeptors infolge einer funktionell erhöhten striatalen GABAergen Neuronenaktivität interpretiert werden. Zusammenfassend lassen die neurochemischen Befunde vermuten, dass bei Parkinson-Kranken keine besonders auffälligen Schädigungen des GABAergen Systems vorliegen.

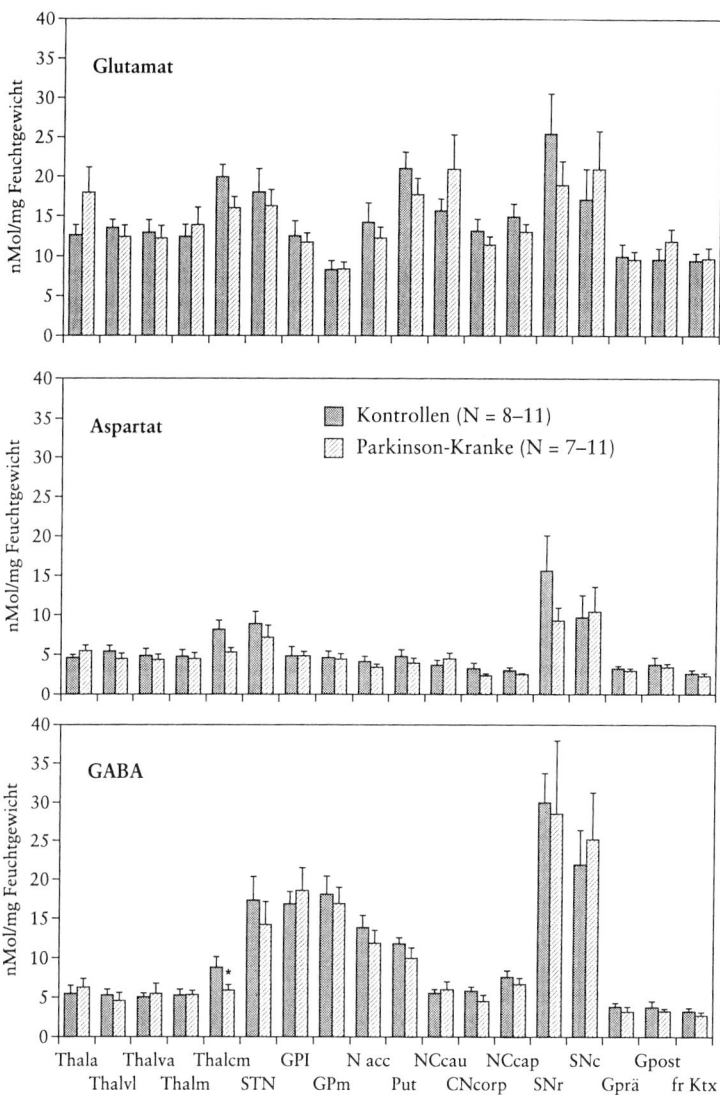

Abb. 2.10. Post-mortem-Konzentrationen der Aminosäure-Neurotransmitter Glutamat, Aspartat und GABA bei neurologisch-unauffälligen Individuen (Normalwerte) und Parkinson-Kranken (nach Gerlach et al., 1996b). Dargestellt sind die Mittelwerte ± S.E.M. fr Ktx, frontaler Kortex; GABA, γ-Aminobuttersäure; GPl, Globus pallidus pars lateralis; GPm, Globus pallidus pars medialis; Gprä, Gyrus präcentralis; Gpost, Gyrus postcentralis; N acc, Nucleus accumbens; NCcau, Cauda Nucleus caudatus; NCcap, Caput Nucleus caudatus; CNcorp, Corpus Nucleus caudatus; Put, Putamen pars anterior; SNc, Substantia nigra pars compacta; SNr, Substantia nigra pars reticulata; STN, Nucleus subthalamicus; Thala, Nucleus anterior thalami; Thalcm, Nucleus centromedianus thalami; Thalm, Nucleus medialis thalami; Thalva, Nucleus ventralis anterior thalami; Thalvl, Nucleus ventralis lateralis thalami. *$p < 0,01$, im Vergleich zu Normalwerten, Multivarianz-ANOVA

Exzitatorische Aminosäure-Neurotransmitter sind nahezu unverändert

Aspartat und Glutamat (werden deshalb so bezeichnet, weil die Aminosäuren Asparagin- und Glutaminsäure bei physiologischem pH-Wert als Salze vorliegen) sind die wichtigsten erregenden Neurotransmitter im Gehirn. Für beide gibt es keine spezifischen Neurotransmitter-metabolisierenden Enzyme (Tabelle 2.1). Es gibt deshalb keine zuverlässigen immunhistochemischen Verfahren, die Degeneration glutamaterger und aspartaterger Nervenzellen zu dokumentieren. Als neurochemischer Marker der Degeneration kann mit Einschränkung nur die vergleichende Messung der Konzentrationen von Aspartat und Glutamat im Gehirngewebe herangezogen werden, da nicht genau bekannt ist, welcher prozentuale Anteil dem Neurotransmitter-Pool zuzuordnen ist (bei Glutamat sind dies zwischen 10 und 40%; Fonnum, 1984). Solche Messungen zeigen bei Parkinson-Kranken in allen untersuchten Gehirnregionen keine Veränderungen (Abb. 2.10).

Aspartat und Glutamat üben ihre Wirkung im ZNS durch mindestens drei Rezeptorsubtypen aus: ionotrope, die entsprechend ihren selektiven Agonisten und Antagonisten in NMDA-Rezeptoren und Nicht-NMDA-Rezeptoren unterschieden werden, sowie metabotrope Rezeptoren. Der NMDA-Subtyp wird durch das Asparaginsäure-Derivat N-Methyl-D-aspartat aktiviert. Nicht-NMDA-Rezeptoren werden selektiv von AMPA (α-Amino-3-hydroxy-5-methyl-4-isoxazolpropion acid) und Kainat aktiviert. Für metabotrope Glutamat-Rezeptoren sind hingegen keine selektiven Agonisten und Antagonisten bekannt. Mithilfe von Bindungsdichten-Untersuchungen mit selektiven Radioliganden kann man Aussagen zur Funktion dieser Rezeptoren machen: Eine erniedrigte Rezeptorbindungsdichte wird auf eine Degeneration von Nervenzellen zurückgeführt, an denen diese Rezeptoren lokalisiert sind; erhöhte Bindungsdichten werden dagegen als Folge einer verminderten präsynaptischen Stimulation (supersensitive Rezeptoren) interpretiert.

Bindungsexperimente mit dem selektiven NMDA-Antagonisten [^{3}H]MK-801 zeigen bei Parkinson-Kranken nur geringfügig verminderte Dichten (etwa 40%) in Subregionen des Nucleus caudatus (Tabelle 2.11). Darüber hinaus werden erniedrigte NMDA-Bindungsdichten im Putamen nachgewiesen (Meoni et al., 1999), die auf mögliche degenerative Änderungen hinweisen können. Mithilfe autoradiographischer Verfahren findet man zusätzlich eine starke Reduktion (80%) der [^{3}H]Glutamat-Bindung in der SNc und SN pars reticulata (SNr; Weihmuller et al., 1992), die darauf zurückgeführt wird, dass diese Rezeptoren an dopaminergen nigro-striatalen Neuronen lokalisiert sind (Difazio et al., 1992).

Befunde zu Neuropeptiden sind wenig aussagekräftig

Neuropeptide, die in vielen Neuronen mit klassischen Neurotransmittern zusammen vorkommen (z. B. Cholecystokinin mit Dopamin, GABA mit Substanz P oder Enkephalin), können entweder in Gehirnschnitten immunhistochemisch semiquantitativ oder in Gehirnhomogenaten nach HPLC-Trennung und mittels Radioimmunassays quantitativ bestimmt werden. Da beide Verfahren mit systemimmanenten Problemen (keine direkten Bestimmungsmethoden, Verwendung unterschiedlicher Antikörper führt zu Ungenauigkeiten infolge unterschiedlicher Kreuz-Reaktionen) behaftet sind, kann man die publizierten Daten nur bedingt miteinander vergleichen. Hinzu kommt, dass es kaum Untersuchungen an Post-mortem-Gewebe von unbehandelten Parkinson-Kranken gibt. Es ist anzunehmen, dass viele der in diese Untersuchungen eingeschlossenen Fälle Patienten waren, die chronisch mit L-DOPA

2.2 Pathologische Befunde der Parkinson-Krankheit

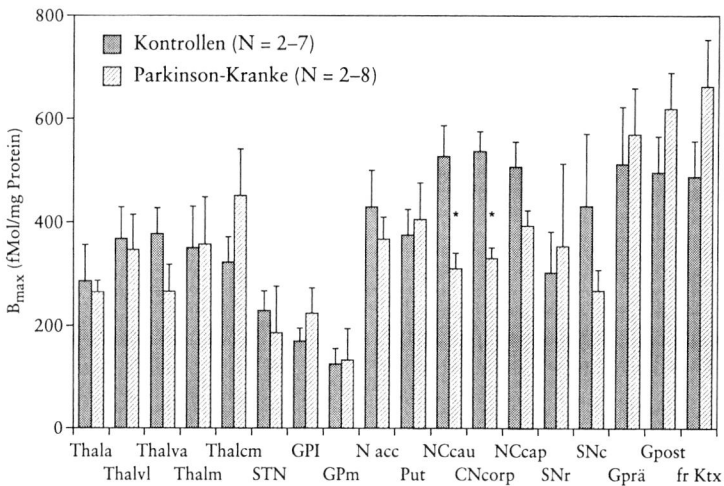

Abb. 2.11. Bindungsdichten von [^{3}H]-markiertem MK-801, einem selektiven Antagonisten des NMDA-Rezeptors, im Post-mortem-Gehirn von neurologisch-unauffälligen Individuen (Normalwerte) und Parkinson-Kranken (nach Gerlach et al., 1996b). Dargestellt sind die Mittelwerte ± S.E.M. fr Ktx, frontaler Kortex; GPl, Globus pallidus pars lateralis; GPm, Globus pallidus pars medialis; Gprä, Gyrus präcentralis; Gpost, Gyrus postcentralis; N acc, Nucleus accumbens; NCcau, Cauda Nucleus caudatus; NCcap, Caput Nucleus caudatus; CNcorp, Corpus Nucleus caudatus; Put, Putamen pars anterior; SNc, Substantia nigra pars compacta; SNr, Substantia nigra pars reticulata; STN, Nucleus subthalamicus; Thala, Nucleus anterior thalami; Thalcm, Nucleus centromedianus thalami; Thalm, Nucleus medialis thalami; Thalva, Nucleus ventralis anterior thalami; Thalvl, Nucleus ventralis lateralis thalami. *p < 0,01, im Vergleich zu Normalwerten, Multivarianz-ANOVA

behandelt wurden und Dyskinesien hatten, sodass die Ergebnisse kaum aussagekräftig sind. Entsprechend der Konzepte zu den Basalganglienfunktionen (siehe nachfolgendes Kapitel) sind nämlich bei Patienten mit Dyskinesien bestimmte funktionelle Veränderungen von Neuronensystemen, die mit bestimmten Neuropeptiden kolokalisiert sind, zu erwarten. Gerade deshalb wäre es interessant, Daten von unbehandelten Patienten und Patienten mit L-DOPA-induzierten Dyskinesien zu haben, um diese Konzepte zu verifizieren.

Die Gehirnmengen an Thyreotropin-Releasing-Hormon, Vasopressin, Neurotensin, Bombesin, Neuropeptid Y und vasoaktives Intestinal-Polypeptid sind bei Parkinson-Kranken unverändert (zur Übersicht: Gerlach und Riederer, 1993a; Fernandez et al., 1996). Cholecystokinin kommt nur in der SN von Parkinson-Kranken in geringfügig niedrigeren Mengen vor, während die Verluste an Leucin- und Methionin-Enkephalin (SN −70%, VTA −70%, Putamen −30%, GP −30%) sowie Substanz P (30–40% in der SN und GP) durchweg stärker ausgeprägt sind (zur Übersicht: Gerlach und Riederer, 1993a; Fernandez et al., 1996). Der Befund zu Cholecystokinin ist insofern überraschend als in dopaminergen Neuronen dieses Neuropeptid mit Dopamin kolokalisiert ist. Die erniedrigten Enkephalin-Werte im GP stehen im Widerspruch zum Konzept der Basalgangliendysfunktion bei Parkinson-Kranken (siehe nachfolgendes Kapitel); danach sollte man eine erhöhte Aktivität in diesem Kerngebiet bei Parkinson-Kranken erwarten. Passend zu diesem Konzept ist der Befund zur Substanz P. Somatostatin, das nur in Interneuronen des zerebralen Kortex vorhanden ist, kommt nur bei dementen Parkinson- und Alzheimer-Kranken im frontalen Kortex und Hippocampus in geringeren Mengen vor als im Normalhirn.

Bindungsdichte-Untersuchungen mit selektiven Liganden von Neuropeptid-Rezeptoren weisen daraufhin, dass nur einige dieser Rezeptoren (Substanz P, Enkephaline) an den Nervenendigungen nigro-striataler dopaminerger Neuronen vorkommen (Fernandez et al., 1994).

2.3 Konzepte zur Funktion und Dysfunktion der Basalganglien bei der Parkinson-Erkrankung

Aufgrund neuroanatomischer Kriterien hat man dem pyramidalen (willkürlichen) System mit seiner indirekten oder direkten Verbindung zu den Vollzugsorganen der spinalmotorischen Rückenmarksebene und der Übermittlung des motorischen Programmentwurfs aus den motorischen Feldern des Kortex das **extrapyramidale** (unwillkürliche) System gegenübergestellt. Das extrapyramidale **System** hat weder einen direkten Zugang zum Rückenmark noch erhält es direkte Verbindungen vom Rückenmark. Ihm gehören die **Basalganglien** (synonym Stammganglien) mit dem Striatum, der SN mit den funktionell völlig verschiedenen Anteilen SNc und SNr, dem GPI und internen Segment des GP (GPm) sowie dem Nucleus subthalamicus an (Abb. 2.12). Aufgrund der vielfältigen anatomischen und funktionellen Verbindungen zwischen diesen beiden Systemen der Motorik ist eine Gegenüberstellung im Sinn von „pyramidal" und „extrapyramidal" eigentlich nicht mehr gerechtfertigt. Da die ursprüngliche Einteilung in ein pyramidales und extrapyramidales System jedoch für den Kliniker sehr hilfreich ist, wird sie in diesem Buch auch beibehalten.

Die Parkinson-Krankheit ist der Prototyp hypokinetischer Syndrome

Erkrankungen der Basalganglien führen zu den so genannten extrapyramidalen Bewegungsstörungen, deren vielfältige Erscheinungsformen sich zwischen extremer Hypokinese einerseits und Hyperkinese andererseits bewegen. Die Parkinson-Krankheit als der Prototyp hypokinetischer Syndrome ist durch die Symptomtrias Akinese, Rigor und Tremor gekennzeichnet. Auf der anderen Seite des Spektrums steht der Morbus Huntington mit den typischen choreatischen Bewegungen. Andere Erkrankungen des extrapyramidalen Systems wie beispielsweise der Morbus Wilson, das Hallervorden-Spatz-Syndrom, die Torsionsdystonie und andere fokale Dystonien (Blepharospasmus, Torticollis spasmodicus, kraniale Dystonie), der Hemiballismus und die striato-nigrale Degeneration führen zu einer mehr oder weniger stark ausgeprägten Beeinflussung der motorischen Abläufe, wobei es je nach der Schädigung der Kerngebiete des extrapyramidalen Systems zur Ausprägung der Symptome **Akinese** (Verlust von Bewegung), **Hypokinese** (Verringerung von Bewegungen), **Bradykinese** (verlangsamte Bewegungen), **Rigor** (Muskelsteifheit), **Chorea** (schnelle, unwillkürliche Kontraktionen einzelner, wechselnder Muskeln oder Muskelgruppen), **Dystonie** (fehlerhafter Spannungszustand – Tonus – von Muskeln), **Athetose** (Störung des Bewegungsablaufs; langsame, bizarre, geschraubte, zum Teil überdehnte Bewegungsabnormitäten), **Tremor** (Zittern) und **Hyperkinese** (übermäßige Bewegungsaktivität) kommen kann. Bei allen extrapyramidalen Erkrankungen ist die Kontrolle des Muskeltonus gestört. Halten und Bewegen sind zwei Extreme der Motorik: Halten erfordert eine jeweils adäquate Muskelspannung für automatische und intendierte motorische Leistungen; Bewegen beruht auf angeborenen und erworbenen Aktivierungsmustern für Stütz- und Zielmotorik.

Die Basalganglien greifen in den Informationsfluss des Kortex, der die Initiierung und Ausführung von Bewegungen steuert, ein

Die Funktion der Basalganglien ist noch in vielen Aspekten unklar; in ihnen werden jedoch keine Kommandos für Muskelkontraktionen erzeugt, sondern deren Kombination, Richtung und Sequenz bestimmt. Die Basalganglien stellen keine undifferenzierte Einheit dar. Bestimmte Untersysteme greifen in den durchgeleiteten Informationsfluss aktiv ein, d. h., sie fügen eine eigene Informationsverarbeitung hinzu. Unter bestimmten Umständen kann kurzfristig eine hierarchische Ordnung festgestellt werden, die zweckgebunden in bestimmter Weise geschaltet ist (Sontag und Heim, 1994). Das System der Basalganglien wird deshalb als ein System angesehen, das Informationen sammelt und prozessiert, die nahezu vom gesamten Kortex stammen, um sie schließlich als adäquate Information nur für den Teil des Kortex zur Verfügung zu stellen, der für die Bewegungsvorbereitung und Ausführung zuständig ist. Unter normalen Umständen unterstützen also die Basalganglien automatisch ablaufende Bewegungsvorgänge, die von motorischen Kortexarealen generiert werden. Wenn jedoch neue Begebenheiten Reaktionen hervorrufen, adaptieren die Basalganglien routinemäßig ablaufende motorische Operationen an die neuen Erfordernisse (Sontag und Heim, 1994). Erinnerungen, Neuigkeiten, Emotionen sind solche Anreize, die in Regionen des Striatums Reaktionen hervorrufen können. Das gegenwärtig am meisten akzeptierte Konzept zur Basalganglienfunktion betrachtet diese als ein „Aktions-selektierendes" Netzwerk, das unter dopaminerger Kontrolle steht und die Hemmung der Initiierung gewollter kortikaler motorischer Programme aufhebt sowie andere konkurrierende, unpassende motorische Programme unterdrückt (Mink, 1996, siehe auch Leblois et al., 2006).

Die Basalganglien sind Teil rückgekoppelter neuronaler Regelkreise

Basierend auf den Befunden an experimentellen Modellen neurodegenerativer Erkrankungen und klinischen Beobachtungen an Patienten mit hypo- und hyperkinetischen Bewegungsstörungen wurde in den 80er-Jahren des vorigen Jahrhunderts das noch immer gebräuchliche Konzept zur Organisation der Basalganglien formuliert (Penney und Young, 1983; Alexander et al., 1986), obwohl es heute viele Hinweise dafür gibt, dass dieses Konzept so nicht stimmt oder sogar als obsolet betrachtet wird (Gerlach et al., 1991a; Parent und Cicchetti, 1998; Foley and Riederer, 2000; siehe auch nachfolgenden Abschnitt). Trotzdem ist es hilfreich bei der Erklärung der Pathophysiologie von Basalganglien-Erkrankungen und soll daher hier kurz beschrieben werden.

Nach Alexander und Crutcher (1990) gibt es wenigstens **fünf** funktionell und strukturell unterscheidbare **Regelkreise** (loops oder circuits), die rückgekoppelte Verbindungen zwischen den Basalganglien, dem Thalamus und Kortex unterhalten: der motorische Regelkreis, der auf Areale des präzentralen Kortexes gelenkt ist; der okulomotorische Regelkreis, der auf Zielgebiete frontaler und supplementärer Augenfelder gerichtet ist; zwei präfrontale Regelkreise, die auf Zielgebiete des dorsolateralen und lateralen orbitofrontalen Kortexes projizieren, sowie der limbische Regelkreis, der auf Zielgebiete des zingulären und medialen orbitofrontalen Kortexes gerichtet ist.

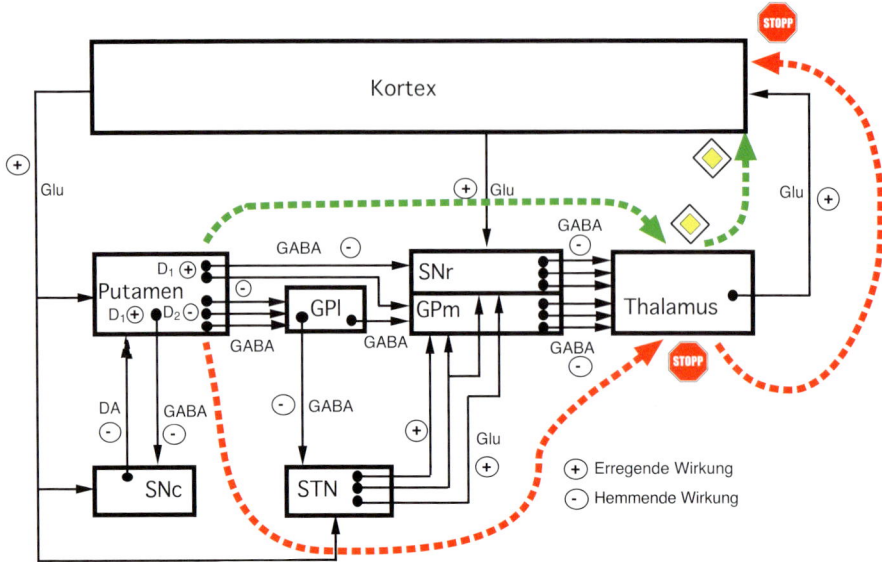

Abb. 2.12. Vereinfachte Darstellung der Neuroanatomie, Neurochemie und Funktion eines neuronalen Regelkreises: die so genannte motorische Schleife (Motor Loop, nach Alexander und Crutcher, 1990). DA, Dopamin; GABA, γ-Aminobuttersäure; Glu, Glutamat; GPl, Globus pallidus pars lateralis; GPm, Globus pallidus pars medialis; SNc, Substantia nigra pars compacta; SNr, Substantia nigra pars reticulata; STN, Nucleus subthalamicus

Abbildung 2.12 zeigt beispielhaft die sehr vereinfachte Darstellung der anatomischen und neurochemischen Grundstruktur des **motorischen Regelkreises**. Die Basalganglien sind danach der zentrale Teil eines kortiko-thalamo-kortikalen Rückkopplungsmechanismus. Dieser Regelkreis wird zusätzlich durch Neuronen, die aus der SNc (dopaminerg) und dem Nucleus tegmenti pedunculopontinus (cholinerg) projizieren, reguliert. Aus Übersichtsgründen ist die Projektion des letzteren Kerngebietes nicht eingezeichnet.

Spezifische kortikale Felder (hier der [prä]frontale Assoziationskortex als höchste Entscheidungsebene des ZNS) erregen wahrscheinlich durch exzitatorische Neurotransmitter wie Glutamat und Aspartat selektiv das Striatum (Putamen im motorischen Regelkreis, Nucleus caudatus im kognitiven Regelkreis) und das ventrale Striatum (im limbischen Regelkreis). Diese Strukturen werden als **Eingangsstationen** der Basalganglien angesehen. Die **Hauptausgangsstationen** der Basalganglien sind der GPm und die SNr. Diese Strukturen sind elektrophysiologisch durch hohe Entladungsraten, wahrscheinlich GABAerger Neuronen, gekennzeichnet, die die erregende Aktivität nachgeschalteter Thalamuskerne unterdrücken.

Innerhalb jedes Regelkreises wird die inhibierende Wirkung der Ausgangsstationen durch zwei entgegensteuernde, vom Striatum zu den Ausgangsstationen verlaufende Leitungsbahnen moduliert (Abb. 2.12). Bei der **„direkten" Leitungsbahn** erfolgt eine direkte Hemmung der Ausgangsstationen durch striatale GABAerge Neuronen, in denen zusätzlich die Neuropeptide Substanz P und Dynorphin vorkommen: Eine Aktivierung des Striatums führt zu einer Hemmung der hemmenden Wirkung (Disinhibition) von motorischen Kerngebieten des Thalamus

(Nucleus ventralis thalami). Durch das **„indirekte" System** wird eine gegenteilige Beeinflussung der Ausgangsstationen hervorgerufen (Abb. 2.12): Vom Striatum projizieren GABAerge Neuronen, die mit Enkephalin kolokalisiert sind, in den GPl. Dieser innerviert mittels GABAerger Neuronen den Nucleus subthalamicus und moduliert dadurch erregende, wahrscheinlich glutamaterge Neuronen, die zu den Ausgangsstationen der Basalganglien projizieren. Durch die hohen spontanen Entladungsraten der GPl-Neuronen wird ein tonischer inhibierender Einfluss auf den Nucleus subthalamicus ausgeübt. Dieser kann durch einen negativen Feedback seinen striatalen Eingang im GPl glutamaterg erregen, woraus auf ihn eine hemmende Wirkung stattfindet (diese Innervierung wurde aus Übersichtsgründen in der Zeichnung weggelassen). Damit wird die glutamaterge Erregung der Ausgangsstationen durch den Nucleus subthalamicus zeitlich begrenzt. Im Endergebnis führt eine Aktivierung der striatalen Eingangsstation der indirekten Leitungsbahn zu einer Blockierung der hemmenden Wirkung von GPl-Neuronen auf erregende Neuronen des Nucleus subthalamicus (Disinhibierung) mit der Konsequenz, dass die Ausgangsstationen stimuliert werden, wodurch eine Verstärkung der hemmenden Wirkung auf nachfolgende Kerngebiete des Thalamus erfolgt. Durch die direkte und indirekte Modulation der Ausgangsstationen der Basalganglien kann es also abhängig von der kortikalen Ansteuerung zu verschiedenen Äußerungen kommen, die im Nettoeffekt entweder zu einem **positiven** (direktes System) **oder negativen kortikalen Feedback** (indirekte Bahn) führen.

Dem direkten und indirekten Steuerungssystem der Ausgangsstationen ist noch eine kortikale-subthalamische exzitatorische Leitungsbahn an die Seite gestellt, die wie die direkte Leitungsbahn nur über zwei Synapsen die Ausgangsstationen des Striatums erreicht (Abb. 2.12). Im Unterschied zur direkten Bahn werden dadurch die Ausgangsstationen aktiviert, wodurch die hemmende Wirkung auf nachgeschaltete Thalamuskerne noch verstärkt wird.

Eine besondere Rolle spielt die Kontrolle der Basalganglienaktivität durch die nigrale dopaminerge Innervation des Striatums, die jedoch noch in vielen Aspekten sehr unklar ist. Entsprechend dem Paradigma der Basalganglienfunktion sind die Eingangsstationen der direkten und indirekten Leitungsbahn mit unterschiedlichen Dopamin-Rezeptorsubtypen ausgestattet (Abb. 2.12). Die Stimulation von **Dopamin-D1-Rezeptoren,** die an GABAergen Neuronen der direkten Leitungsbahn lokalisiert sind, verstärkt deren hemmende Wirkung auf die Ausgangsstationen noch. Dagegen führt die Stimulation von **Dopamin-D2-Rezeptoren,** die an GABAergen Neuronen der indirekten Leitungsbahn lokalisiert sind, zu einer Hemmung von deren hemmender Wirkung auf den GPl; dadurch werden die glutamatergen subthalamischen Neuronen gehemmt und es kommt im Endergebnis zu einer Abschwächung der hemmenden Aktivitäten der Ausgangsstationen. Man geht deshalb davon aus, dass durch die dopaminerge Kontrolle der Eingangsstationen die Aktivitäten der Ausgangsstationen unterschiedlich moduliert werden und die Informationsübertragung durch die direkte Leitungsbahn erleichtert wird (siehe Kopell et al., 2006).

Ein Ungleichgewicht zwischen der direkten und indirekten Leitungsbahn führt zu Basalganglien-Erkrankungen

Entsprechend dem oben beschriebenen Konzept zur neuroanatomischen, neurochemischen und funktionellen Organisation der Basalganglien nimmt man an, dass ein Ungleichgewicht zwischen der Aktivität der direkten und indirekten Leitungsbahn und die damit verbundenen Änderungen der Aktivität der

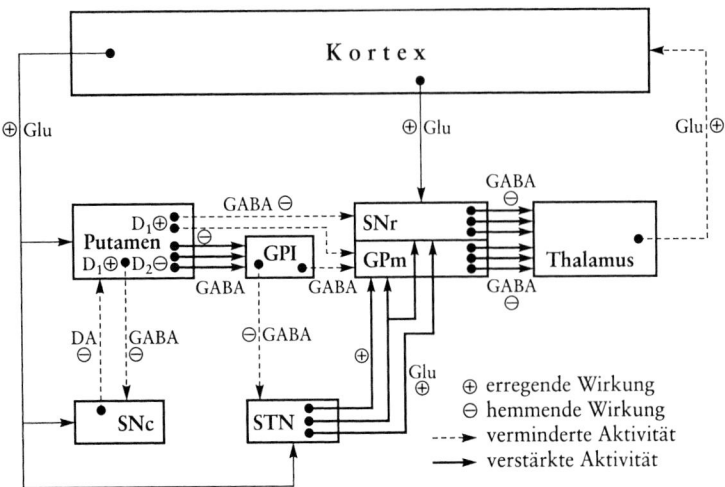

Abb. 2.13. Vereinfachte Darstellung der Neuroanatomie, Neurochemie und Pathofunktion der motorischen Schleife bei der Parkinson-Krankheit (nach DeLong, 1990). DA, Dopamin; GABA, γ-Aminobuttersäure; Glu, Glutamat; GPl, Globus pallidus pars lateralis; GPm, Globus pallidus pars medialis; SNc, Substantia nigra pars compacta; SNr, Substantia nigra pars reticulata; STN, Nucleus subthalamicus

Ausgangsstationen der Basalganglien für das Auftreten des hypo- und hyperkinetischen Erscheinungsbildes von Basalganglien-Erkrankungen verantwortlich sind.

Aufgrund von experimentellen und bildgebenden Befunden (zur Übersicht: Gerlach et al., 1991a; Chesselet und Delfs, 1996; Kopell et al., 2006) nimmt man an, dass es durch die Degeneration der dopaminergen nigrostriatalen Neuronen bei Parkinson-Kranken zu einem Übergewicht der indirekten gegenüber der direkten Leitungsbahn kommt. Es kommt zum Wegfall der hemmenden Wirkung auf die Eingangsstation der indirekten Leitungsbahn. Dadurch kommt es zu einer verstärkten Wirkung GABAerger Neuronen des Putamens auf den GPl, was glutamaterge Neurone des Nucleus subthalamicus von pallidaler Hemmung befreit und zu einer Verstärkung der hemmenden Wirkung der Ausgangsstationen führt (Abb. 2.13). Im Endergebnis kommt es zu einer Blockade kortikaler motorischer Strukturen, wodurch die Hypokinese erklärt wird. Es gibt jedoch auch experimentelle Befunde, die darauf hinweisen, dass die Hyperaktivität des Nucleus subthalamicus nicht nur durch die Projektion vom GPl herrührt und das indirekte System nur eine untergeordnete Rolle in der Pathophysiologie des Parkinson-Syndroms spielt (siehe Parent und Cicchetti, 1998).

Hyperkinetische Erkrankungen wie die **Chorea Huntington** oder **L-DOPA-induzierte Dyskinesien** sind nach dem Konzept der Basalgangliendysfunktion dagegen durch eine erniedrigte Aktivität des GPm infolge eines Ungleichgewichtes zwischen der direkten und indirekten Leitungsbahn gekennzeichnet (Abb. 2.14). Bei Chorea-Huntington-Patienten degenerieren vorwiegend striatale GABAerge Neuronen. Man nimmt an, dass es durch die Degeneration dieser Neuronen in der indirekten Leitungsbahn zu einer verstärkten Hemmung glutamaterger Nucleus-subthalamicus-Neuronen kommt, wodurch die hemmende Aktivität der Ausgangsstationen weniger stark moduliert werden kann (Abb. 2.14). Im Endergebnis kommt es

2.3 Konzepte zur Funktion und Dysfunktion der Basalganglien

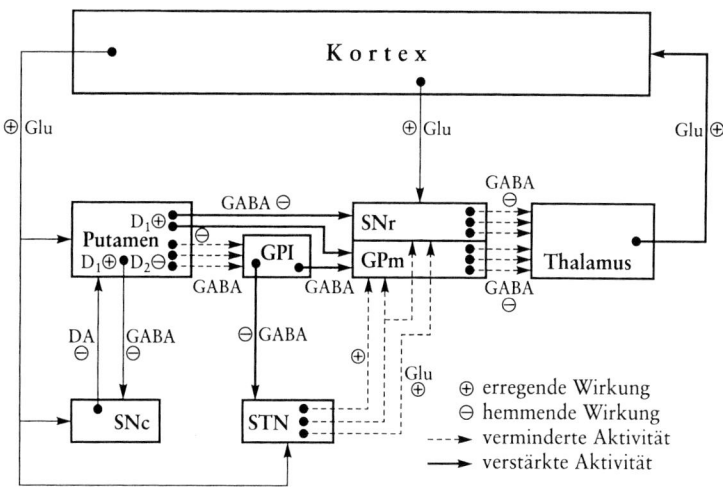

Abb. 2.14. Vereinfachte Darstellung der Neuroanatomie, Neurochemie und Pathofunktion der motorischen Schleife bei Chorea Huntington und L-DOPA-induzierten Dyskinesien (nach DeLong, 1990). DA, Dopamin; GABA, γ-Aminobuttersäure; Glu, Glutamat; GPl, Globus pallidus pars lateralis; GPm, Globus pallidus pars medialis; SNc, Substantia nigra pars compacta; SNr, Substantia nigra pars reticulata; STN, Nucleus subthalamicus

zu einer Abschwächung der hemmenden Wirkung auf motorische Kerngebiete des Thalamus und zu einer verstärkten Rückmeldung an motorische kortikale Zentren: Das heißt, unwillkürliche Bewegungen werden nicht mehr unterdrückt. In Übereinstimmung mit diesem Modell zeigen elektrophysiologische Untersuchungen an MPTP-läsionierten Affen und Parkinson-Patienten mit L-DOPA-induzierten Dyskinesien erniedrigte Entladungsraten des GPm und des anterioralen Anteils des ventro-lateralen Thalamus sowie erhöhte Raten im Nucleus subthalamicus und GPl (siehe Kopell et al., 2006).

Abnormale Plastizität als Ursache von L-DOPA-induzierten Dyskinesien

Der molekulare verursachende Mechanismus der L-DOPA-induzierten Dyskinesien ist noch immer nicht bekannt. Man vermutet, dass diese durch eine abnormale Form der Plastizität von striatalen Nervenzellen verursacht und durch eine Kombination von Faktoren ausgelöst werden, die im Zusammenhang mit der nigro-striatalen dopaminergen Degeneration und der L-DOPA-Gabe (zur nicht vorteilhaften Pharmakokinetik siehe Kap. 3; zur intrinsischen Funktion von L-DOPA siehe Kap. 1.2.1) stehen (Picconi et al., 2003; Pisani et al., 2005; Linazasoro, 2005). Diese abnormale Plastizität der striatalen Neuronen äußert sich auf zwei Wegen:

(1) Funktionelle Veränderungen in Form von erhöhten Neurotransmitter-Freisetzungen, einer gestörten Rezeptor-Regulation und abnormalen synaptischen Plastizität. Beispielsweise wurde an einem Dyskinesie-Modell der Ratte (siehe Kap. 4.2.1) mittels der Mikrodialyse- und der In-situ-Hybridisierungs-Technik gezeigt, dass im Striatum im Vergleich zu nichtdyskinetischen Tieren vermehrt Glutamat freigesetzt wird und eine erhöhte Expression des gliären Glutamat-Transporters, aber keine Veränderung der vesikulären Glutamat-Transporter vorhanden ist (Robelet

et al., 2004). Synaptische Plastizität äußert sich in Form von elektrophysiologisch messbarer Langzeitdepression, Langzeitpotenzierung und Depotenzierung.
(2) Anatomische Veränderungen in Form von axonaler Regeneration, Sprouting (Einwachsen von anderen Neuronen), Synaptogenese und Neurogenese.

Die striatalen Neuronen werden sowohl durch glutamaterge kortikale als auch durch dopaminerge nigrale Neuronen innerviert (Abb. 2.12). Durch die Degeneration der dopaminergen Neuronen kommt es zu einer Dysregulation vor allem des Dopamin-D1-Rezeptor-vermittelten Signaltransduktionsweges (Abb. 2.8) und zu Änderungen der Expression verschiedener Kinasen (z. B. MAP-Kinase), zur Phosphorylierung des Dopamin-Rezeptor-Phosphoprotein-32 kDa (DARPP-32), das mit einem Verlust an Langzeitpotenzierung assoziiert ist, und Änderungen in der Expression von so genannten immediate early genes (sind Gene, die schnell nach einem Reiz exprimiert werden und eine sofortige genetische Antwort auf den Reiz darstellen). Alle diese molekularen Veränderungen tragen zur Modifikation der synaptischen und anatomischen Plastizität bei und könnten die adaptiven Verhaltensänderungen (Dyskinesien) nach der chronischen Therapie mit L-DOPA erklären.

Es gibt experimentelle Befunde und theoretische Überlegungen, die das Konzept der Basalganglien-Organisation widerlegen

Systematische Untersuchungen an menschlichem Post-mortem-Gewebe erbrachten nur wenige Hinweise dafür, dass die oben beschriebenen Konzepte zum normalen und abnormalen motorischen Verhalten zutreffen (z. B. Gerlach et al., 1996b). Unterstützt werden diese Konzepte vor allem durch Resultate aus tierexperimentellen Untersuchungen, in denen man Symptome neurodegenerativer Erkrankungen durch gezielte Nervenläsionen imitierte, und Ergebnissen von funktionellen bildgebenden Verfahren an Individuen mit diversen Basalganglienerkrankungen sowie durch einzelne Befunde aus Post-mortem-Untersuchungen. Beispielsweise zeigen Rezeptorbindungs-Untersuchungen mit dem NMDA-Liganden [^{3}H]CGP 39653 im GPm eine erniedrigte Bindungsdichte auf (Lange et al., 1997), die durch eine erhöhte glutamaterge Stimulation durch Nucleus-subthalamicus-Neurone erklärbar wäre. Mithilfe von In-situ-Hybridisierungs-Untersuchungen findet man weiterhin im Autopsiegehirn von Parkinson-Kranken eine im Durchschnitt etwa um 50 Prozent erniedrigte Menge von Glutamat-Decarboxylase-mRNS im GPl, jedoch auch einen erhöhten Wert im GPm, der nicht mit diesem Konzept der Basalgangliendysfunktion vereinbar ist (Nisbet et al., 1996).

Parent und Cicchetti (1998) kamen in einem Übersichtsartikel zu dem Schluss, dass die oben vorgestellten Konzepte zur normalen und abnormalen Basalganglienfunktion obsolet seien, da wichtige neue Erkenntnisse nicht berücksichtigt wären und eine Reihe anatomischer, funktioneller und klinischer Probleme, die diese Modelle nicht erklären können, negiert würden. Ein anatomisches Hauptproblem dieser Konzepte ist beispielsweise die Sonderstellung der Ausgangsstationen der Basalganglien, die durch zwei verschiedene Leitungsbahnen moduliert werden. Einzelzellmarkierende Untersuchungen zeigen jedoch, dass striatale Neuronen einen hohen Kollateralisierungsgrad aufweisen, der es ihnen ermöglicht, Informationen in nahezu alle Strukturen der Basalganglien zu senden. Eine Vorstellung, die nicht in das duale Konzept der Basalganglienfunktion passt. Weiterhin stimmen einige Aspekte der anatomischen Verteilung der Neuropeptide nicht mit diesem Konzept überein, das postuliert, dass die GABAergen Neuronen der Ausgangsstation der direkten Leitungsbahn mit Enkephalin kolokalisiert sind, während die der indirekten Bahn mit Substanz P und Dynorphin kolokalisiert sind. Diese Verteilung trifft zwar für das Rattenhirn zu, beim Menschen und im nichtmenschlichen Primaten, werden aber sowohl Enkephalin- als auch Substanz-P-haltige Terminale in der SNr, einer Ausgangsstation, nachgewiesen (siehe Parent und Cicchetti, 1998), ein Befund, der ebenfalls von den Verfechtern dieser Konzepte verschwiegen wird. Neueste anatomische Untersuchungen an nichtmenschlichen Primaten zeigten schließlich, dass striatale, zum GPm projizierende Neurone nicht nur, wie es das klassische Konzept zur Basalganglienfunktion postuliert, Dopamin-D1-Rezeptoren enthalten, sondern auch Dopamin-D2-Rezeptoren; das Vorkommen beider Dopamin-Rezeptorsubtypen wurde auch an GABAergen Neuronen nachgewiesen, die zum GPl projizieren (Nadjar et al., 2006).

Die Entwicklung der Konzepte zur Funktion und Dysfunktion der Basalganglien führte zwar zum Wiederaufblühen neurochirurgischer Therapien der Parkinson-Krankheit am Anfang der 90-iger Jahre des vorigen Jahrhunderts, die nach der Einführung der L-DOPA-Therapie nahezu obsolet waren, doch können diese nicht die beschriebenen positiven Behandlungserfolge erklären (siehe Marsden und Obeso, 1994). Stereotaktische Operationen wurden ursprünglich angewandt, um den Rigor und Tremor von Parkinson-Patienten zu therapieren. Anfänglich erreichte man partielle Erfolge nach Ausschaltung des GPm, bessere Erfolge jedoch nach Ausschaltung bestimmter motorischer Zielgebiete im Thalamus (zur Übersicht: Marsden und Obeso, 1994). Durch ausgefeiltere stereotaktische Operationstechniken wurden später durch Ausschaltung des GPm sogar Erfolge bei der Aufhebung von Akinese und Bradykinese erzielt (zur Übersicht: Sian et al., 1999). Diese Erfolge sind mit dem klassischen Konzept zur Dysfunktion der Basalganglien bei Parkinson-Kranken nicht erklärbar. Danach wäre durch die komplette Zerstörung einer der Ausgangsstationen der Basalganglien oder motorischer Areale des Thalamus eine schwerwiegende Einschränkung der Bewegung zu erwarten, da dadurch die Informationsweiterleitung an den motorischen Kortex unterbrochen wird. Eine derartige Läsion sollte auch das negative kortikale Feedback unterdrücken, das durch die indirekte Leitungsbahn vermittelt wird, wodurch ungewollte motorische Aktivitäten wie z. B. L-DOPA-induzierte Dyskinesien verstärkt hervorgerufen würden.

Es gibt deshalb eine Reihe von Annahmen, die diese offensichtlichen Widersprüche erklären können. Marsden und Obeso (1994) nehmen beispielsweise an, dass motorische Schleifen existieren, die – wenn auch nicht immer perfekt – auch ohne striato-pallido-thalamo-kortikalen Feedback funktionieren. Andere Theorien gehen davon aus, dass für die Entstehung der Parkinson-Symptomatik nicht allein die Entladungsraten des GPl, GPm, Nucleus subthalamicus oder Thalamus von Bedeutung sind, sondern auch das Entladungsmuster (siehe Kopell et al., 2006). So konnte z. B. gezeigt werden, dass normalerweise Thalamus-Neuronen in Abhängigkeit ihres Membranpotenzials in einer charakteristischen Art und Weise entladen; verlieren diese Neuronen jedoch ihren hemmenden oder stimulierenden Einfluss, dann ändert sich die Entladung von einem tonischen hin zu einem oszillierenden, salvenartigen Muster.

3
Präklinische und klinische Pharmakologie und Wirkungsmechanismen von Anti-Parkinson-Medikamenten

Die Anfänge der medikamentösen Behandlung der Parkinson-Krankheit waren vom Empirismus geprägt. Nahezu jede bekannte botanische Zubereitung wurde bis 1900 von den Klinikern auf ihre therapeutische Eignung geprüft. 1890 listete Peterson in MA Starrs Buch „Familiar Forms of Nervous Disease" unter anderen Veratrum, Ergot, Strychnin, Opium, Coniin, Curare, Eserin, Gelsemium und viele andere mehr auf. Abschließend stellte er fest, dass nur Belladonna-Alkaloide von einem gewissen Nutzen waren, aber auch nur als Palliativum. **Belladonna-Alkaloide** ist die Sammelbezeichnung für die in Wurzeln, Blättern oder Samen verschiedener Nachtschattengewächse vorkommenden Tropan-Alkaloide, deren wichtigste Vertreter dieser z. B. in der Tollkirsche (Atropa belladonna), dem Schwarzen Bilsenkraut (Hyoscyamus niger) und dem Gemeinen Stechapfel (Datura stramonium) anzutreffenden Stoffgruppe das Atropin (Racemat von D- und L-Hyoscyamin) und das Scopolamin sind. Charcot hatte bereits 1880 beobachtet, dass man mit Hyoscyamin den Tremor hemmen, aber nicht die Krankheitserscheinungen mildern und die Ursache beseitigen konnte (siehe Brede, 1989). Als Bulgarische Kur wurde die Behandlung von Parkinsonismus mit täglichen hohen Dosen Atropin (bis zu 20 mg) oder mit Auszügen aus der bulgarischen Belladonna-Wurzel mit einem Gesamtalkaloidgehalt von ca. 3 mg bekannt. Diese Kur wurde zuerst von dem italienischen Kliniker Ponegrossi empfohlen (siehe Brede, 1989). Man nimmt an, dass die bei der Parkinson-Krankheit beobachtete günstige Wirkung von Atropin und Scopolamin, die heute als Antagonisten des muscarinischen ACh-Rezeptorsubtyps klassifiziert werden, auf der Blockade der überschießend aktivierten striatalen Muscarin-Rezeptoren beruht.

Im Folgenden möchten wir die Geschichte und den wissenschaftlichen Hintergrund zur Entwicklung der für die Parkinson-Therapie zugelassenen Arzneimittel chronologisch abhandeln sowie kurz deren wichtigste pharmakologische Eigenschaften und mögliche Wirkmechanismen diskutieren. Ausführlicher wird die Pharmakologie der einzelnen Wirkstoffe in Kap. 7 besprochen.

Anticholinergika waren die ersten in der Parkinson-Krankheit verwendeten Arzneimittel

Basierend auf strukturellen Ähnlichkeiten mit den in Belladonna-Extrakten vorkommenden Hauptkomponenten Atropin und Scopolamin wurden synthetische Anticholinergika entwickelt (Abb. 3.1) und 1946 erstmals klinisch untersucht. Ungeachtet der Tatsache, dass die zugesagte klinische Überlegenheit über die natürlich vorkommenden Alkaloide

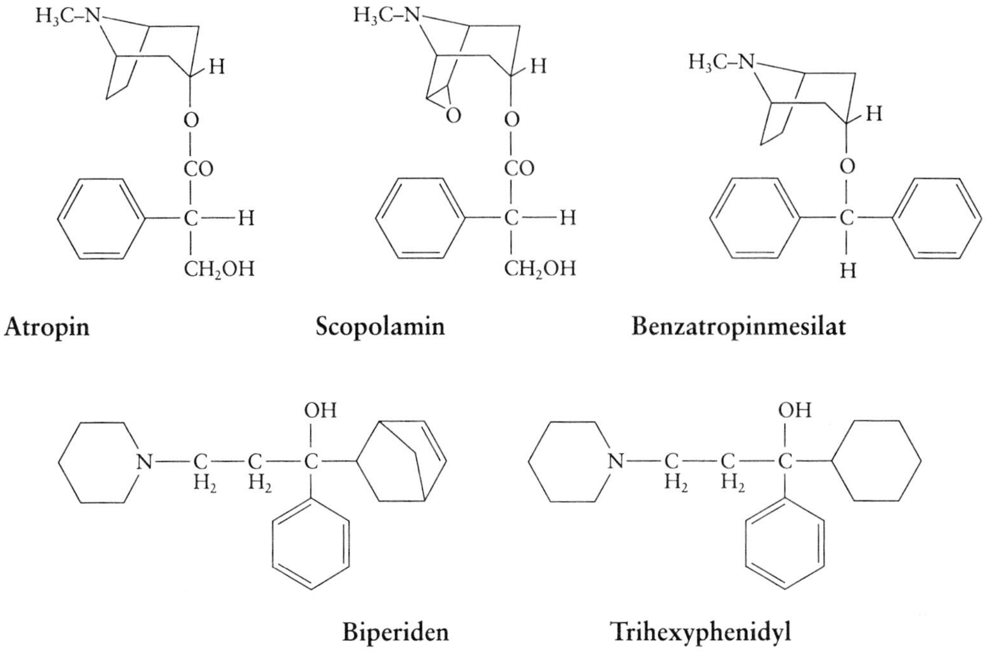

Abb. 3.1. Strukturformeln von Atropin, Scopolamin und daraus entwickelten synthetischen Anticholinergika

anfänglich nicht vorbehaltlos bestätigt werden konnte, setzte sich die Therapie mit synthetischen Anticholinergika doch zögernd durch, vor allem deshalb, weil diese weniger Nebenwirkungen verursachten.

Obwohl synthetische Anticholinergika seit über 60 Jahren in der Klinik zur Verfügung stehen, liegen nur wenige verlässliche, gemäß den „Gute klinische Praxis"-Standards durchgeführte Untersuchungen zur klinischen Wirksamkeit und kaum Langzeitbeobachtungen vor. Der maximale klinische Besserungseffekt unter der Monotherapie mit Anticholinergika liegt entsprechend Literaturangaben zwischen 20 und 30 Prozent, wobei die Wirkung auf den Tremor oft besser als bei anderen Wirkstoffklassen bezeichnet wird (Schneider, 1989). **Kontraindiziert** sind Anticholinergika jedoch bei älteren Parkinson-Patienten mit **dementiver Symptomatik.** Da bei diesen Patienten zusätzlich cholinerge Neurone im Nucleus basalis Meynert geschädigt sind (siehe Kap. 2), würden Anticholinergika die Demenz auslösen und/oder die bereits vorhandene dementive Symptomatik noch verstärken.

Das Wirkprinzip der zur Behandlung der Parkinson-Krankheit angewandten anticholinergen Arzneimittel ist nur zum Teil bekannt und auch nicht an heute verwendeten experimentellen Parkinson-Modellen untersucht. In Rezeptorbindungsstudien wurden einige der verwendeten Arzneistoffe wie beispielsweise das Biperidin als Antagonisten des muscarinischen ACh-Rezeptors klassifiziert (Haas, 1989). Im Tierexperiment zeigt Biperidin einen stark ausgeprägten antagonistischen Effekt gegenüber durch Nikotin beziehungsweise Tremorin ausgelösten Krampfreaktionen. Man nimmt an, dass Anticholinergika dem funktionellen Übergewicht cholinerger Interneurone im Striatum, das infolge der Degeneration dopaminerger nigro-striataler Neurone entsteht, entgegenwirken

Tabelle 3.1. Wirkungsmechanismen der in der Klinik verwendeten Anti-Parkinson-Medikamente

Wirkstoffklasse	Hauptprinzip der symptomatischen Wirkung
Anticholinergika	Reduzierung der cholinergen striatalen Überaktivität und funktionelle Steigerung der dopaminergen Aktivität
L-DOPA	Zentrale Dopamin-Substitution
L-DOPA/DOPA-Decarboxylase-Hemmer	Hemmung des peripheren L-DOPA-Abbaus zu Dopamin Erhöhung der zerebralen Bioverfügbarkeit von L-DOPA Zentrale Dopamin-Substitution
COMT-Hemmer	Hemmung des L-DOPA-Abbaus zu 3-O-Methyl-DOPA Erhöhung der zerebralen Bioverfügbarkeit von L-DOPA
MAO-B-Hemmer	Hemmung des zentralen Dopamin-Abbaus Erhöhung der synaptischen Dopamin-Konzentration
Dopamin-Rezeptoragonisten	Direkte Stimulation zentraler Dopamin-Rezeptoren
NMDA-Rezeptorantagonisten	Reduzierung der funktionell erhöhten glutamatergen Aktivität von Nucleus-subthalamicus-Neuronen und striataler Neuronen

COMT, Catechol-O-Methyl-Transferase; L-DOPA, L-3,4-Dihydroxyphenylalanin; MAO-B, Monoamin-Oxidase, Typ B; NMDA, N-Methyl-D-aspartat

(Tabelle 3.1). Die Annahme, dass bei Parkinson-Kranken ein cholinerges Übergewicht vorliegt wird durch klinische Beobachtungen von Duvoisin (1967) unterstützt. Diese zeigen, dass der zentral wirksame Cholinesterase-Hemmer Physostigmin die Parkinson-Symptomatik verschlechtert und anticholinerge Wirkstoffe diesen Effekt wieder aufheben. Da cholinerge Neuronen die Aktivität dopaminerger nigro-striataler Neuronen hemmen, führt eine Aufhebung der funktionellen cholinergen Überaktivität zu einer Steigerung der Aktivität noch intakter, dopaminerger nigro-striataler Neuronen: Ergo sollte die akinetische Symptomatik gebessert werden. Dies bedeutet aber, dass eine anticholinerge **Therapie nur im Frühstadium** der Parkinson-Krankheit (d. h., wenn noch genügend dopaminerge Neuronen vorhanden sind) **wirksam** sein kann. Welche pharmakologischen Eigenschaften der Anticholinergika für die positive Wirkung auf den Tremor verantwortlich sind, ist nicht bekannt, da man immer noch nicht gut die neurobiologischen Grundlagen der Tremor-Genese kennt.

Die L-DOPA-Therapie war die erste rational entwickelte Therapie einer neurologischen Erkrankung

Die L-DOPA-Therapie der Parkinson-Krankheit ist trotz der unter der Langzeittherapie auftretenden motorischen und psychiatrischen Komplikationen eine der größten Errungenschaften in der Neurologie des 20. Jahrhunderts, da sie die erste wirksame, rational begründete Therapie einer neurologischen Erkrankung war: Sie basierte auf dem Wissen des Zusammenhangs zwischen einem neuropathologischen fassbaren Substrat, einem neurochemischen Defizit und dem Auftreten der motorischen Symptomatik.

Die experimentelle Grundlage zur therapeutischen Anwendung der Blut-Hirn-Schranken-gängigen Dopamin-Vorstufe L-DOPA wurde von dem schwedischen Pharmakologen Arvid Carlsson geschaffen. Dieser fand nämlich, dass das zur Behandlung des Bluthochdrucks verwendete Reserpin bei Kaninchen zu einer Dopamin-Verarmung im Striatum führt und ein Parkinson-ähnliches Verhalten hervorruft: Durch Gabe von l-DOPA konnten diese Effekte wieder aufgehoben werden (Carlsson et al., 1957). Carlsson wurde 2000 für seine grundlegenden Arbeiten zu Dopamin der Nobelpreis für Medizin verliehen. Heute weiß man, dass Reserpin unter anderem Dopamin aus den synaptischen Vesikeln entleert und eine Wiederaufnahme verhindert (Abb. 2.3; Tabelle 2.3), wodurch bei chronischer Gabe ein funktionelles Dopamin-Defizit erzeugt wird. Ähnliche Beobachtungen wurden in Japan von dem Neuropharmakologen Isamu Sano bei Meerschweinchen gemacht. Diese führten dazu, dass schon Ende der 50er-Jahre in Japan Versuche mit einem Racemat aus d- und l-DOPA an Parkinson-Patienten durchgeführt wurden; Sano selbst glaubte jedoch wegen des geringen beobachteten Effektes nicht an dieses Therapie-Prinzip (siehe Foley et al., 2000).

Der Wiener Neurologe Walther Birkmayer untersuchte 1961 erstmals die Wirkung von i. v. verabreichtem l-DOPA (50 bis 150 mg) bei Parkinson-Kranken und berichtete von einem antiakinetischen Effekt dieser Therapie (Birkmayer und Hornykiewicz, 1961). Der Ausgangspunkt für diese Studie war die Arbeit von Herbert Ehringer und Oleh Hornykiewicz (1960), die ein Jahr vorher ein Dopamin-Defizit im Striatum von Parkinson-Kranken beschrieben (siehe auch Kap. 2.2). Die Arbeitsgruppe um Isamu Sano gehörte wahrscheinlich zu den Ersten, die Dopamin im menschlichen Gehirn bestimmten und von einem Dopamin-Mangel im Striatum und in der SN von Parkinson-Patienten berichteten (siehe Foley et al., 2000). Unabhängig von Birkmayer untersuchte zur gleichen Zeit der kanadische Neurologe Andre Barbeau die Wirkung von oral und rektal verabreichtem l-DOPA (200 mg) bei Parkinson-Kranken. Die Untersuchung erbrachte aber nur ein mäßiges Ergebnis (Barbeau et al., 1962). Anlass für Barbeau, die Wirkung von l-DOPA bei Parkinson-Kranken zu untersuchen, war der Befund, dass der Urin von Parkinson-Patienten im Vergleich zu Kontrollen geringere Konzentrationen an Dopamin enthielt (Barbeau et al., 1961).

Optimierung der l-DOPA-Therapie durch Kombination von l-DOPA mit DOPA-Decarboxylase-Hemmstoffen

Wichtig für den breiten therapeutischen Einsatz von l-DOPA waren die klinischen Beobachtungen, die in Amerika mit exorbitant hohen Dosen von 1,6 bis 12,6 g DOPA/Tag (Racemate aus d- und l-DOPA, da l-DOPA zu dieser Zeit noch extrem teuer war) gemacht wurden (Cotzias et al., 1967). Diese zeigten, dass alle Parkinson-Symptome in einem ganz erheblichen Ausmaß gebessert wurden. Allerdings war diese Therapie, auch nachdem nur noch reines l-DOPA verwendet wurde, mit starken Nebenwirkungen verbunden. Bei vielen Patienten kam es zu Übelkeit und Erbrechen, hypotonen Kreislaufregulationsstörungen und psychopathologischen Auffälligkeiten (vor allem Halluzinationen). Ursache hierfür war das Dopamin, das nicht nur im nigro-striatalen System durch Decarboxylierung von DOPA durch die DOPA-Decarboxylase gebildet wurde (Abb. 3.2), sondern auch im mesolimbischen-mesokortikalen System und im Blut und peripheren Organen. Die DOPA-Decarboxylase ist ein Pyridoxin-abhängiges Enzym, das nicht nur l-DOPA, sondern auch 5-Hydroxytryptophan und andere aromatische Aminosäuren decarboxyliert; es wird deshalb auch als aromatische Aminosäure-Decarboxylase bezeichnet. Die DOPA-Decarboxylase ist im Organismus weit verbreitet und kommt sowohl in dopaminergen und serotoninergen Neuronen als auch im nichtneuronalen Gewebe wie in der Darmwand, Leber, Herz und dem Endothel der Kapillaren des Gehirns vor.

Es lag zwar auf der Hand, zusätzlich zu l-DOPA DOPA-Decarboxylase-Hemmstoffe zu verwenden, um die periphere Dopamin-

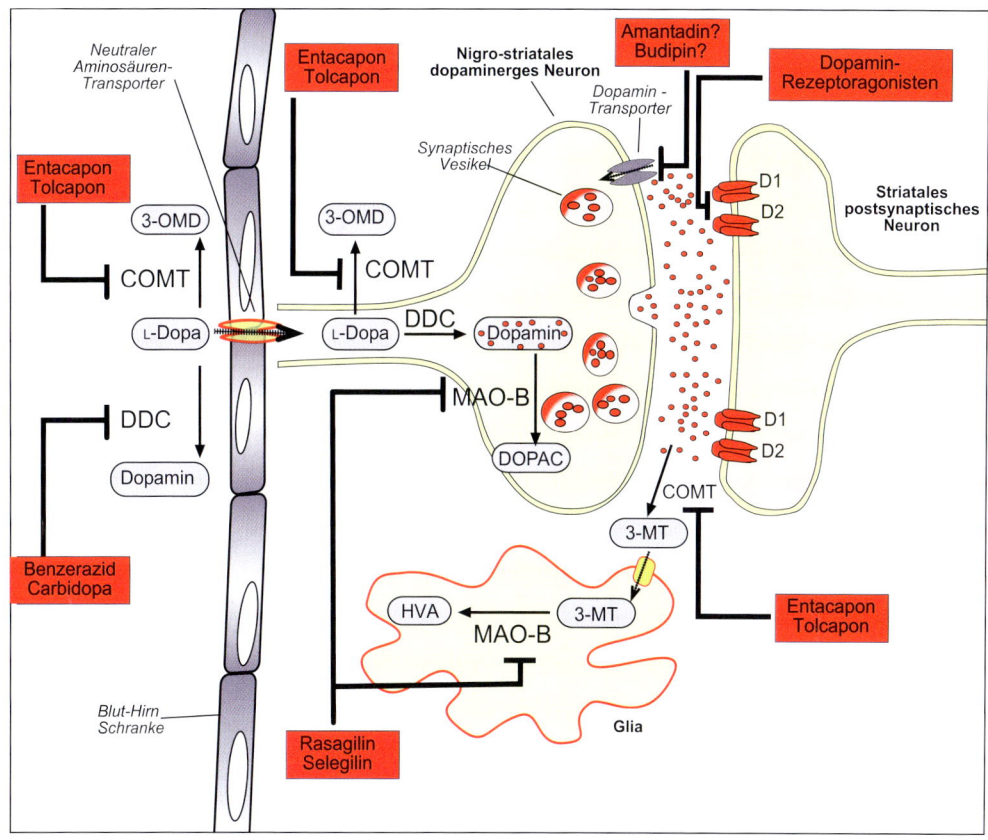

Abb. 3.2. Molekulare Angriffspunkte von in der Parkinson-Therapie verwendeten Dopaminergika. D1, D2; Dopamin-Rezeptoren DDC, DOPA-Decarboxylase; COMT, Catechol-O-Methyl-Transferase; L-DOPA, L-3,4-Dihydroxyphenylanalin; DOPAC, 3,4-Dihydroxyphenylessigsäure; HVA, Homovanillinsäure; MAO, Monoamin-Oxidase; 3-MT, 3-Methoxytyramin; 3-OMD, 3-O-Methyl-DOPA

Bildung zu unterdrücken (Abb. 3.2), doch gingen die diese Wirkstoffe entwickelnden Pharmakologen davon aus, dass diese auch zentral wirksam sind und somit auch zu einer Abschwächung der DOPA-Wirkung auf die Parkinson-Symptomatik führen sollten. Umso überraschender war dann der von Birkmayer und Mentasti (1967) beschriebene Befund, dass der DOPA-Decarboxylase-Hemmstoff Benserazid einen L-DOPA-potenzierenden Effekt hat. Im Nachhinein war es ein großes Glück für die weitere Entwicklung der L-DOPA-Therapie, dass Birkmayer die Pharmakologen von seinen klinischen Beobachtungen überzeugen konnte und damit weitere präklinische Untersuchungen an Ratten zur Aufklärung dieses Befundes anregte. Diese Untersuchungen zeigten dann unter anderem, dass nach Gabe von radioaktiv-markiertem L-DOPA und dem DOPA-Decarboxylase-Hemmer Benserazid nicht weniger, sondern mehr Dopamin im Gehirn synthetisiert wurde (Bartholini et al., 1967), womit der von Birkmayer und Mentasti (1967) beschriebene Effekt erklärbar war und indirekt nachgewiesen wurde, dass Benserazid nicht die Blut-Hirn-Schranke passiert (Abb. 3.2). Kurze Zeit später wurden ähnliche Effekte von Carbidopa (Abb 3.3), einem weiteren peripher wirkenden DOPA-Decarboxylase-Hemmstoff

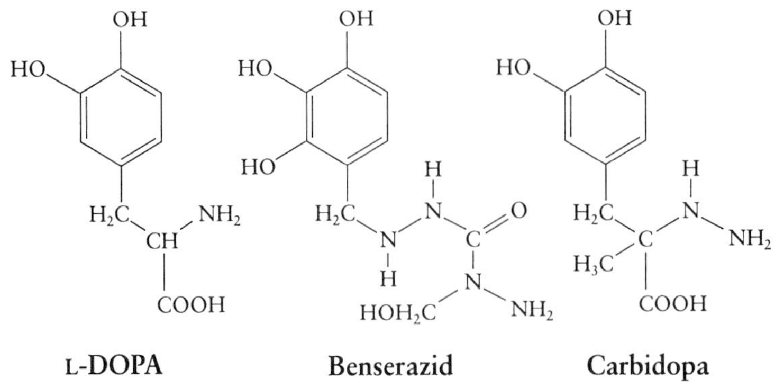

Abb. 3.3. Strukturformeln von L-DOPA und DOPA-Decarboxylase-Hemmstoffen

beschrieben (Cotzias et al., 1969); 75 Prozent der täglichen L-DOPA-Dosis konnten durch die gleichzeitige Gabe dieses Wirkstoffes eingespart werden, gleichzeitig wurden die peripheren Nebenwirkungen stark reduziert (Fazio et al., 1972).

Wenn man heute von der **L-DOPA-Therapie** spricht, dann ist stets die Therapie mit einer **Kombination** aus **L-DOPA** und einem **DOPA-Decarboxylase-Hemmstoff** gemeint, wobei das Mengenverhältnis von L-DOPA zu DOPA-Decarboxylase-Hemmstoff üblicherweise 4 : 1 (für Benserazid und Carbidopa) beziehungsweise 10 : 1 (Carbidopa) ist. Vergleichende Untersuchungen, die von Birkmayer und Riederer (1985) ausführlich beschrieben wurden, ergaben, dass keine wesentlichen Unterschiede der beiden DOPA-Decarboxylase-Hemmer bezüglich der L-DOPA-Plasmaspiegel und der klinischen Wirksamkeit bestehen.

Im Handel gibt es heute eine Vielzahl von L-DOPA-Präparaten mit verschiedenen galenischen Zubereitungen als Tabletten und Kapseln oder aber in Form von Pulver, aus dem L-DOPA schneller freigesetzt werden kann und eine bessere individuelle Dosierung möglich ist, bis hin zu einem Gel für die intestinale Anwendung. Auf die Retardpräparate wird ausführlich im folgenden Abschnitt eingegangen.

Versuch der Wirkungsverlängerung von L-DOPA durch Retardierung

L-DOPA wird nach peroraler Verabreichung im Duodenum und Jejunum resorbiert und gelangt normalerweise innerhalb einer halben bis einer Stunde in den Blutkreislauf; gleichzeitig wird dessen Konzentration im Körpergewebe wieder rasch durch Metabolisierung in 3-O-Methyl-DOPA (3-OMD) und Elimination mittels Biotransformationsreaktionen, die durch fremdstoffmetabolisierende Enzyme katalysiert werden, verringert. Dies führt zu den typischen Spitzen in den Plasmaspiegel-Kurven (Abb. 3.4). Man geht davon aus, dass es im Gehirn und an den dopaminergen Synapsen zu einem ähnlichen Verlauf der DOPA-Konzentrationen kommt. Die bei der Parkinson-Krankheit in verminderter Anzahl vorhandenen dopaminergen Neuronen können aber nur einen Bruchteil des exogen zugeführten L-DOPAs aufnehmen, sodass L-DOPA auch in serotoninergen Neuronen und wahrscheinlich auch Glia-Zellen aufgenommen wird und dadurch unphysiologisch Dopamin freigesetzt wird, wodurch dopaminerge Rezeptoren pulsatil stimuliert werden. Dieser Mechanismus wird als die wahrscheinlichste Ursache für die unter der chronischen L-DOPA-Therapie auftretenden motorischen Spätkomplikationen wie Peak-dose-Dyskine-

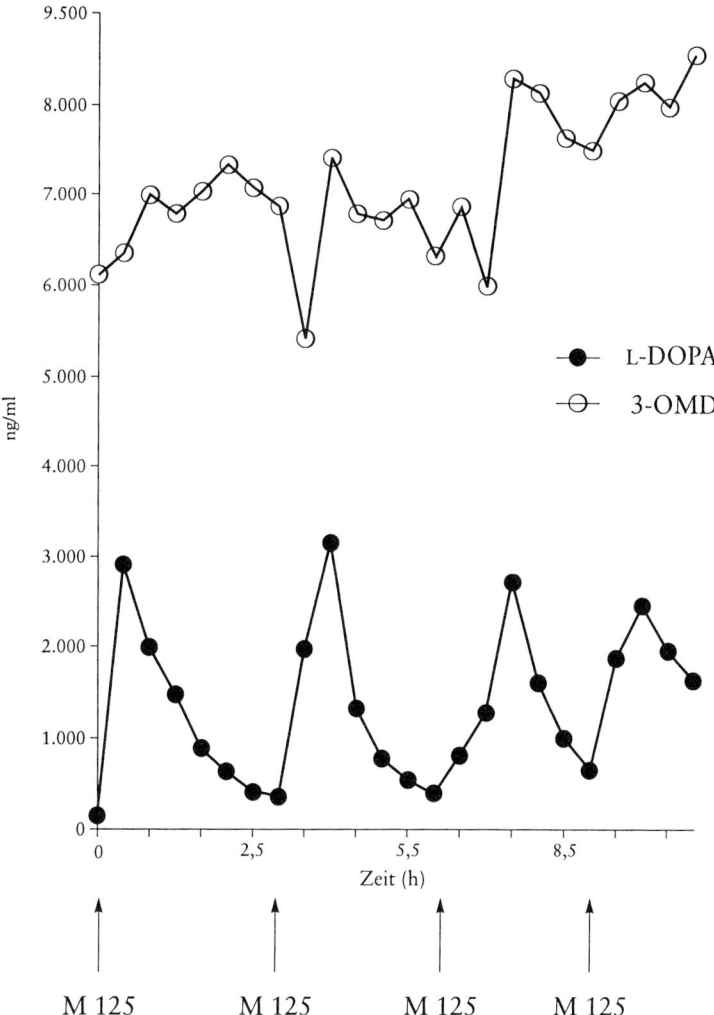

Abb. 3.4. Typischer Verlauf der L-DOPA-Plasmakonzentrationen bei einem Parkinson-Patienten nach peroraler Einnahme eines L-DOPA-Präparates. M 125, 125 mg Madopar®; 3-OMD, 3-O-Methyl-DOPA

sien und End-of-Dose-Akinesien angenommen; er könnte aber auch für das Auftreten von On-off-Phänomenen verantwortlich sein.

Um die Freisetzung von L-DOPA zu verlängern und über den Tag gleichmäßigere Plasma- und zerebrale Spiegel zu erreichen, wurden Retardpräparate entwickelt. Das diesen galenischen Formulierungen gemeinsame Prinzip (z. B. hydrodynamically balanced system, HBS, oder controlled release, CR) ist die Verlängerung der Verweildauer des L-DOPA-Präparates im Magen: Somit soll eine kontinuierliche Freisetzung von L-DOPA aus der Arzneiform und eine langfristige L-DOPA-Resorption im Gastrointestinaltrakt ermöglicht werden. Jedoch muss man davon ausgehen, dass die tatsächliche Verweildauer wesentlich geringer ist (zwei bis vier Stunden) als die theoretisch mögliche und durch Faktoren wie Alter, Nahrungsaufnahme, Magen-Darm-Motilität oder Krankheitsstadium beeinflusst wird (Gerlach et al., 1989). Da

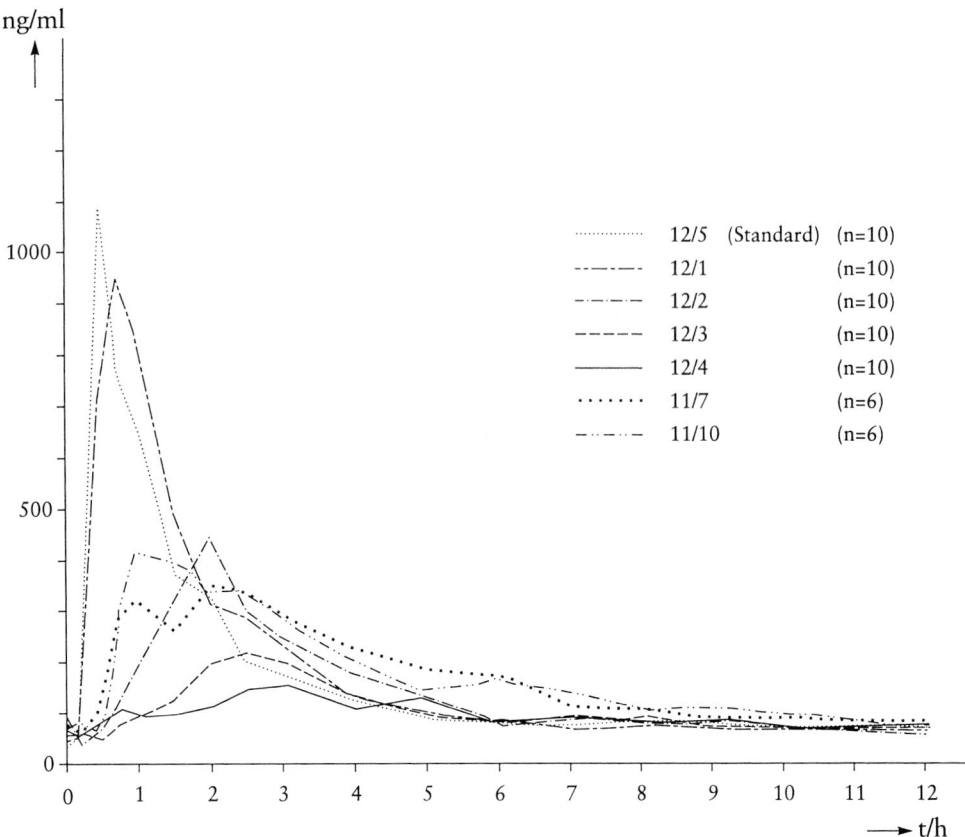

Abb. 3.5. Zeitliche Verläufe von L-DOPA-Plasmakonzentrationen bei gesunden Probanden nach peroraler Gabe eines Standardpräparates und verschiedener L-DOPA-Retardformulierungen (12/1–12/4, 11/7, 11/10) (aus Gerlach et al., 1989)

L-DOPA nur aus dem Duodenum und Jejunum durch den aktiven Transportmechanismus für neutrale aromatische Aminosäuren resorbiert wird, ist aufgrund der im Vergleich zu normal freisetzenden Präparaten geringeren L-DOPA-Freisetzungsrate auch die Invasionsgeschwindigkeit langsamer (bei gleicher Metabolisierungsrate) und damit auch die resorbierte Menge geringer: Demzufolge werden nach der Gabe von L-DOPA-Retardpräparaten (Abb. 3.5) generell niedrigere maximale Plasmakonzentrationen (c_{max}), kürzere Halbwertsdauer-Werte (gilt als Kriterium zur Beurteilung des Retardierungseffektes und ist als die Zeit definiert, in der der Plasmaspiegel $\geq c_{max}/2$ ist) und verminderte Bioverfügbarkeiten gefunden.

Für den effektiven Einsatz der L-DOPA-Retardpräparate in der Parkinson-Therapie sind die **Dosierungsintervalle** von entscheidender **Bedeutung.** Die von den Arzneimittelfirmen in den Beipackzetteln gemachten allgemeinen Empfehlungen sind jedoch wenig hilfreich für die individuelle Einstellung auf ein Retardpräparat. Die Dosierungsintervalle können interindividuell sehr unterschiedlich sein und sind von einer Reihe von Faktoren abhängig (siehe oben), die die Verweildauer der Arzneiform im Magen bestimmen, sodass sich die breite Anwendung dieser Präparate in der Parkinson-Therapie nicht durchsetzte. Da diese Verweildauer im klinischen Alltag nicht bestimmbar ist, ist die Ermitttlung der L-DOPA-Plasmaspiegel über den Tag nach Gabe der entsprechenden Retardformulierung die einzige Möglichkeit, um die Dosierungsintervalle herauszufinden.

Weitere Optimierung der L-DOPA-Therapie durch COMT-Hemmung

Trotz der peripheren DOPA-Decarboxylase-Hemmung kommen nur etwa fünf bis zehn Prozent des peroral verabreichten L-DOPAs ins Gehirn (dagegen nur ein bis drei Prozent ohne DOPA-Decarboxylase-Hemmstoff). Wie oben beschrieben liegt der Grund in der raschen Umwandlung von L-DOPA zu 3-OMD und der Elimination mittels Biotransformationsreaktionen, die durch fremdstoffmetabolisierende Enzyme katalysiert werden. Weiterhin wird diskutiert, dass L-DOPA durch nichtenzymatische Prozesse wie Autoxidation, Sulfatierung und unspezifische Biotransformation mittels Konjugation an Glucuronsäure, Aminosäuren und Essigsäure rasch verstoffwechselt wird (Nutt und Fellman, 1984).

Unter der chronischen L-DOPA-Therapie kommt es durch Hemmung der peripheren DOPA-Decarboxylase zu einer langsamen Akkumulation von 3-OMD im Blut von Parkinson-Patienten (Abb. 3.4), da L-DOPA vermehrt durch die COMT in peripheren Organen (vor allem Leber, Niere und Gastrointestinaltrakt) metabolisiert wird (Abb. 3.6). Da 3-OMD mit L-DOPA am Transport-System für große neutrale Aminosäuren, das an Endothelzellen der Blut-Hirn-Schranke lokalisiert ist, um die Aufnahme ins Gehirn konkurriert, führen hohe periphere 3-OMD-Konzentrationen zu einer Abnahme der zentralen Bioverfügbarkeit von L-DOPA. Diese Mechanismen werden als die Ursache für die unter der chronischen L-DOPA-Therapie auftretenden Spätkomplikationen wie nachlassende Wirkung, verkürzte Wirkungsdauer einer einzelnen Dosis im Sinne einer End-of-Dose-Akinese und Wirkungsfluktuationen angesehen (Nutt und Fellman, 1984; Gerlach et al., 1986; Baas und Fischer, 1988a; Harder et al., 1995). Deshalb wurden COMT-Hemmstoffe zur weiteren Optimierung der L-DOPA-Therapie entwickelt (Abb. 3.7).

Die ersten COMT-Hemmer wie Pyrogallol oder N-Butylgallat waren lebertoxisch und oral unwirksam und somit nicht für eine weitere klinische Entwicklung geeignet. Heute stehen in der Klinik zwei COMT-Hemmstoffe, Entacapon und **Tolcapon,** zur Verfügung. Nachdem bei mehreren Patienten schwere **Leberfunktionsstörungen** aufgetreten waren, wurde die Zulassung für Tolcapon in der EU Ende 1998 ausgesetzt. Als Ursache der Leberschäden nimmt man an, dass Tolcapon ähnlich wie der klassische Entkoppler der Atmungskette, 2,4-Dinitrophenol, wirkt (Nissinen et al., 1997). Atmungskettenentkoppler lassen den Sauerstoffverbrauch intakt, hemmen aber die Atmungskette, sodass kein ATP entsteht. Aufgrund der Auswertung der Sicherheitsdaten von 200 000 Patienten und einer Umstellungsstudie (Agid et al., 2005) hat die EMEA die Zulassungsaussetzung im März 2005 wieder aufgehoben, sodass Tolcapon jetzt auch wieder unter bestimmten Auflagen in Deutschland verfügbar ist.

Entacapon und **Tolcapon unterscheiden sich hinsichtlich** ihrer **Pharmakokinetik** und Pharmakodynamik. Tolcapon hat eine größere Bioverfügbarkeit als Entacapon (65 beziehungsweise 36 %) und eine etwa um 50 Prozent längere Halbwertszeit (zwei bis vier Stunden im Vergleich zu ein bis zwei Stunden; Spencer und Benfield, 1996; Davis, 1998; Baas, 1999). Da Entacapon ein ähnliches pharmakokinetisches Profil wie L-DOPA hat, wird es gleichzeitig wie das L-DOPA-Präparat verabreicht; dies war auch der Grund dafür, ein L-DOPA-Präparat auf den Markt zu bringen, in dem L-DOPA, Carbidopa und Enta-

Ohne DOPA-Decarboxylase-Hemmer

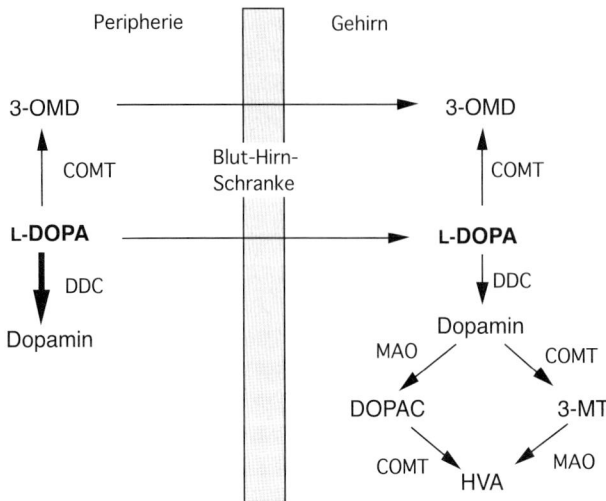

Mit DOPA-Decarboxylase-Hemmer

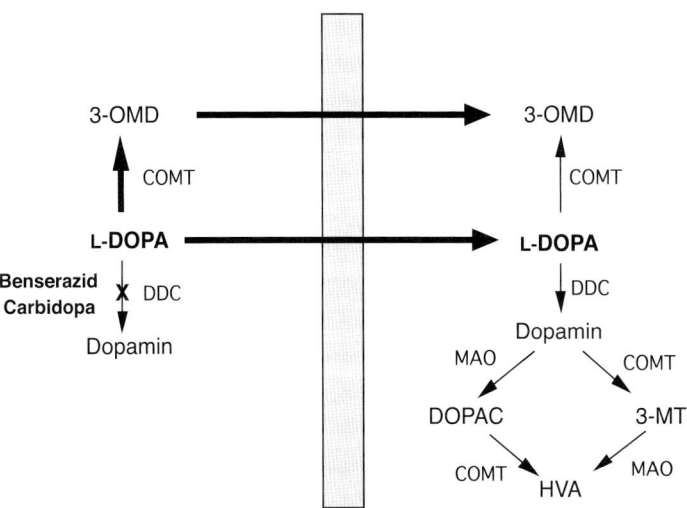

Abb. 3.6. Beeinflussung des L-DOPA-Metabolismus durch DOPA-Decarboxylase-Hemmer. DDC, DOPA-Decarboxylase; COMT, Catechol-O-Methyl-Transferase; L-DOPA, L-3,4-Dihydrophenylalanin; DOPAC, 3,4-Dihydroxyphenylessigsäure; HVA, Homovanillinsäure; MAO-B, Monoamin-Oxidase Typ B; 3-MT, 3-Methoxytyramin; 3-OMD, 3-O-Methyl-DOPA

capon enthalten ist. Tolcapon dagegen wird normalerweise nur dreimal täglich eingenommen. Im Gegensatz zu Entacapon ist Tolcapon in der Lage, die Blut-Hirn-Schranke zu passieren. Es hemmt dadurch nicht nur die periphere, sondern auch die zentrale COMT (Abb. 3.8; Männistö et al., 1992; Kaakkola und Wurtman, 1993).

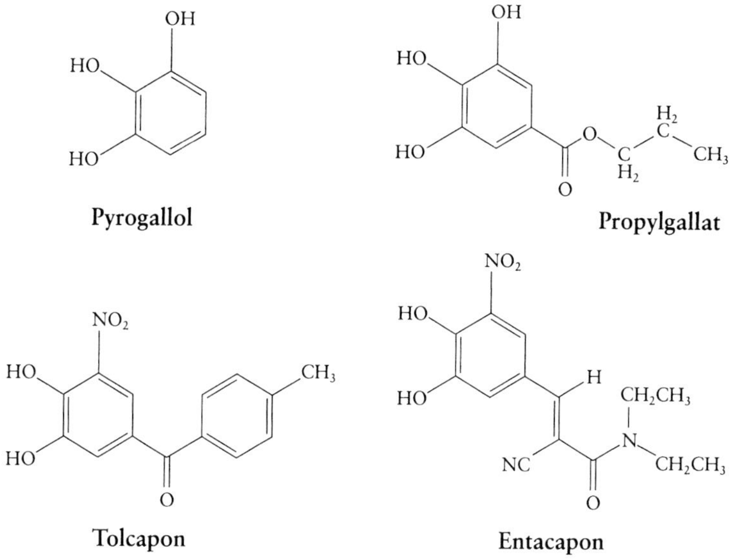

Abb. 3.7. Strukturformeln von COMT-Hemmstoffen

COMT-Hemmer allein haben keinen pharmakologischen Effekt auf den zentralen L-DOPA- und Dopamin-Stoffwechsel. Gibt man sie aber zusammen mit L-DOPA, dann wird die Bildung von 3-OMD reduziert sowie die zentrale Bioverfügbarkeit von L-DOPA verbessert und damit dessen Wirkdauer verlängert (Tabelle 3.1; Abb 3.8). Beispielsweise werden bei Parkinson-Patienten nach wiederholter oraler Gabe von 200 mg Entacapon die Konzentrationen von 3-OMD um 45 bis 64 Prozent reduziert, die AUC (Area Under the Curve)-Werte (Maß für die Bioverfügbarkeit) für L-DOPA um 20 bis 43 Prozent erhöht und die Eliminationshalbwertszeit für L-DOPA um 37 Prozent verlängert (McNeely und Davis, 1997). Wir (MG, PR) konnten in einer Studie an Ratten, die eine unilaterale Schädigung des dopaminergen nigro-striatalen Systems hatten, erstmals mithilfe eines voltammetrischen Messverfahrens, das indirekt die Bestimmung von Dopamin ermöglicht, nachweisen, dass durch die periphere Hemmung der COMT mit Entacapon die Dopamin-Freisetzung nach L-DOPA-Gabe im Striatum längerfristiger verläuft als ohne COMT-Hemmung (Gerlach et al., 2004b). Weiterhin zeigten die Verhaltensuntersuchungen, dass dies zu weniger Dyskinesien führt. Diese Effekte der COMT-Hemmer auf den Metabolismus von L-DOPA führen in der Klinik dazu, dass die On-Zeiten bis zu 25 Prozent erhöht werden (Davis, 1998) und eine Reduktion der L-DOPA-Dosis bis zu 30 Prozent möglich ist (Baas et al., 1997; Parkinson Study Group, 1997).

Die nachgesagte Eigenschaft, dass COMT-Hemmer nicht die c_{max} von L-DOPA nach Einnahme eines L-DOPA-Präparates erhöhen (siehe Spencer und Benfield, 1996, Baas, 1999), trifft jedoch unter Bedingungen des klinischen Alltags wahrscheinlich nicht zu. Müller und Kollegen (2000) berichteten, dass sich der c_{max}-Wert von L-DOPA bei Parkinson-Patienten erhöht, wenn Tolcapon eine halbe Stunde vor Einnahme des L-DOPA-Präparates eingenommen wurde. Die Diskrepanz zu den bisher publizierten Untersuchungen

Chronische L-DOPA-Therapie

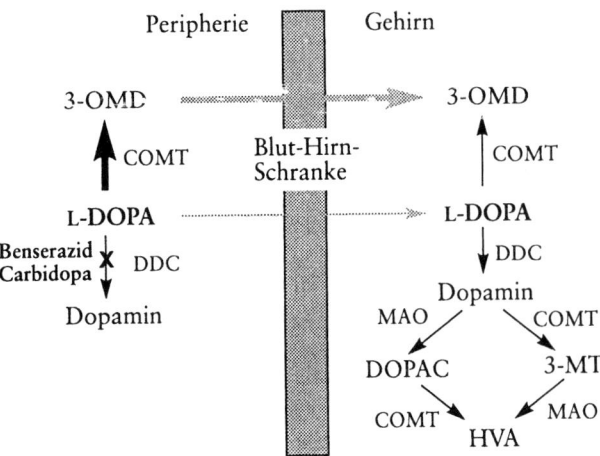

Mit DOPA-Decarboxylase- und COMT-Hemmer

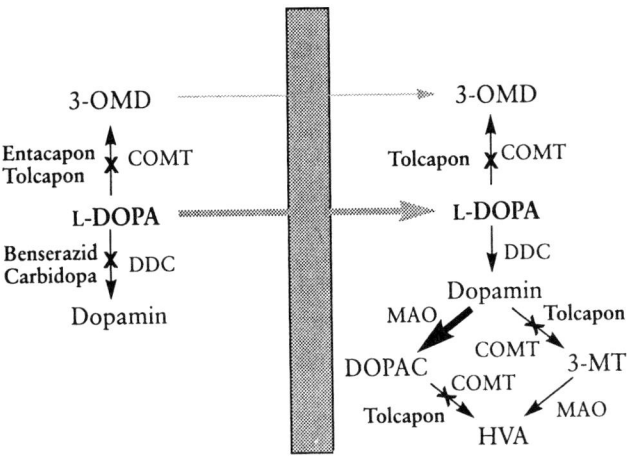

Abb. 3.8. Beeinflussung des L-DOPA-Metabolismus durch COMT-Hemmer. DDC, DOPA-Decarboxylase; COMT, Catechol-O-Methyl-Transferase; L-DOPA, L-3,4-Dihydroxyphenylalanin; DOPAC, 3,4-Dihydroxyphenylessigsäure; HVA, Homovanillinsäure; MAO, Monoamin-Oxidase; 3-MT, 3-Methoxytyramin; 3-OMD, 3-O-Methyl-DOPA

kommt dadurch zustande, dass in diesen immer das L-DOPA-Präparat und der COMT-Hemmer gleichzeitig verabreicht wurden: Da die COMT-Hemmer ähnlich rasch wie L-DOPA resorbiert werden, ist es nicht verwunderlich, dass kein Effekt der COMT-Hemmung auf den c_{max}-Wert von L-DOPA beobachtet wurde. Sobald jedoch bereits eine COMT-Hemmung vorhanden ist (z. B. nach wiederholter Gabe des COMT-Hemmers), muss es zu einer Erhöhung des c_{max}-Wertes von L-DOPA kommen. Diese Folgerung wird jedenfalls auch durch unsere präklinischen Untersuchungen bestätigt (Gerlach et al., 2004b).

Dopamin-Rezeptoragonisten stimulieren direkt Dopamin-Rezeptoren

Dopamin-Rezeptoragonisten können direkt dopaminerge Neuronen stimulieren (Abb. 3.2): Dopamin-Rezeptoragonisten sind also nicht auf die vesikuläre Speicherung und auf metabolische Enzyme, die in den nigro-striatalen dopaminergen Neuronen vorhanden sind und bei der Parkinson-Krankheit degenerieren, angewiesen (Gerlach et al., 2000b; 2003b). Theoretisch sollten demnach Dopamin-Rezeptoragonisten dem L-DOPA in der Spätphase der Parkinson-Krankheit überlegen sein. Bedauerlicherweise gibt es bis dato jedoch keine klinische Studie, die diese Fragestellung untersuchte.

Aufgrund von tierexperimentellen Befunden an Parkinson-Modellen (siehe auch Kap. 4), geht man davon aus, dass der Anti-Parkinson-Effekt vor allem durch die Stimulation von postsynaptischen D2-Rezeptoren hervorgerufen wird, während die Stimulation von D1-Rezeptoren synergistisch den antiakinetischen Effekt von D2-Dopamin-Rezeptoragonisten verstärkt (Vermeulen et al., 1999). Danach sollten D1/D2-Rezeptoragonisten wie Cabergolin und Pergolid in der Klinik wirksamer sein als reine D2-Rezeptoragonisten wie Pramipexol und Ropinirol (Tabelle 3.2). Klinische Studien scheinen allerdings diesen Schluss nicht zu belegen, so wurden keine wesentlichen Unterschiede zwischen der Wirkung von Bromocriptin, Pergolid und Pramipexol nachgewiesen (Guttman et al., 1997; Hanna et al., 2001). Allerdings muss man hier einwenden, dass in diesen Studien nicht das Problem der **Äquivalenzdosis** befriedigend berücksichtigt wurde, d. h., es könnte sein, dass die verglichenen Wirkstoffe nicht hinreichend hoch dosiert wurden.

Dopamin-Rezeptoragonisten stimulieren jedoch auch präsynaptisch lokalisierte Autorezeptoren, wodurch die Dopamin-Synthese und die tonische postsynaptische Dopamin-Rezeptorstimulierung vermindert werden. Theoretisch sollte dieser Mechanismus weniger „oxidativen Stress" (siehe Kap. 5) erzeugen und damit dopaminerge Neuronen vor dem Zelluntergang schützen (siehe Kap. 6), jedoch ist dieser Effekt nur in der Frühphase der Parkinson-Krankheit erzielbar, da man hier überaktive dopaminerge Neuronen annimmt und in der Spätphase der Erkrankung ein Großteil dieser Rezeptoren infolge der dopaminergen

Tabelle 3.2. Vergleich der Rezeptorbindungseigenschaften der in der Parkinson-Therapie oral verabreichten Dopamin-Rezeptoragonisten (nach Gerlach et al., 2000b)

	D_1	D_2	D_3	α_1	α_2	β	5-HT
Bromocriptin	–	++	+	+	+	?	+
Cabergolin	+	+++	++	+	+	?	+
α-Dihydroergocryptin	±	+++	?	+	+	0	+
Lisurid	±	+++	+++	±	±	?	±
Pergolid	+	+++	+++	±	++	+	+
Pramipexol	0	+++	+++	0	+	0	0
Ropinirol	0	+++	++	0	0	0	0

α_1, α_2, adrenerge Rezeptorsubtypen; β-adrenerge Rezeptoren; D_1, D_2, D_3, Dopamin-Rezeptorsubtypen; 5-HT, serotoninerge Rezeptoren. –, Antagonist; +, Agonist, niedrige Affinität; ++, Agonist, mittlere Affinität; +++, Agonist, hohe Affinität; ±, Partialagonist; 0, Agonist, sehr geringe Affinität; ?, keine Informationen verfügbar

Neurodegeneration nicht mehr vorhanden sind (siehe Kap. 2.2).

Apomorphin, ist eine seit mehr als hundert Jahren bekannte Substanz, die wie der Name andeutet von Morphium (englisch morphine) abgeleitet wurde. Es hat jedoch keine opiatähnlichen Eigenschaften, sondern stimuliert Dopamin-Rezeptoren (Andén et al., 1967). In den ersten klinischen Untersuchungen zeigte sich zwar, dass es ähnlich wirksam ist wie L-DOPA (Cotzias et al., 1970), doch wurde aufgrund zu starker toxischer Nebenwirkungen und einer ungünstigen Pharmakokinetik die Entwicklung zur peroralen Therapieanwendung nicht weiterverfolgt. Apomorphin war lange Zeit in Deutschland nur in Form einer Injektionslösung als Emetikum zugelassen, was auch bereits seine Problematik im Einsatz gegen die Parkinson-Krankheit zeigt. Seit kurzem sind in Deutschland auch zwei systemische Darreichungsformen zur Therapie in der Spätphase des IPS zugelassen: Als intermittierende s. c. Therapie mittels Pen oder als kontinuierliche Therapie mittels Infusionspumpe. Die s. c. Anwendung wird auch zur Absicherung der klinischen Diagnose der Parkinson-Krankheit (Apomorphin-Test) angewandt. Allerdings erfolgt diese zumindest anfänglich unter dem Schutz des peripher wirksamen D2-Rezeptorantagonisten Domperidon.

In der Abb. 3.9 sind weitere synthetische Dopamin-Rezeptoragonisten, die zur Anwendung in der Parkinson-Therapie entwickelt wurden, dargestellt. Bromocriptin, Cabergolin, α-Dihydroergocryptin (α-DHEC), Lisurid und Pergolid sind Abkömmlinge der Ergoline, die sich von den im Mutterkorn (Secale cornutum) enthaltenen Alkaloiden (**Ergotalkaloide**) ableiten. **Bromocriptin,** ein 2-Brom-substituiertes Derivat des natürlich vorkommenden Ergotalkaloids Ergocryptin war nach Apomorphin die zweite Substanz, für die im Tiermodell ein stimulierender Effekt auf dopaminerge Neuronen nachgewiesen wurde (Corrodi et al., 1973). Ursprünglich wurde es als prolaktinsenkender Wirkstoff entwickelt, später aufgrund der in höheren Dosierungen beobachteten antiakinetischen Wirkung als Parkinson-Mittel. Calne und Mitarbeiter berichteten 1974 erstmals von einer Anwendung bei Parkinson-Patienten, wobei es sich in Kurzzeitvergleichen als ebenso wirksam herausstellte wie L-DOPA.

Der zweite in der Klinik oral verwendete Dopamin-Rezeptoragonist war **Lisurid,** das ursprünglich in niedrigen Dosierungen zur Vermeidung von Migräneanfällen verwendet wurde. Ein Effekt, den man in Zusammenhang bringt mit seiner starken antagonistischen Wirkung am serotoninergen 5-HT$_{2B}$-Rezeptor (siehe Hofmann et al., 2006). Im Tierexperiment konnte gezeigt werden, dass Lisurid eine wesentlich stärkere und direkte, d. h., von endogenem Dopamin unabhängige, Dopamin-agonistische Wirkung besitzt als Bromocriptin (Horowski und Wachtel, 1976). Kurz nach der Einführung als orales Anti-Parkinson-Medikament wurden parenterale Darreichungsformen (s. c., Infusionspumpen) für Lisurid entwickelt, der Einsatz in Form einer transdermalen Applikation als Pflaster steht kurz vor der Zulassung (siehe Kap. 7.4.3)

Die später entwickelten synthetischen Dopamin-Rezeptoragonisten **Cabergolin** und **Pergolid** sind 8β-Ergolin-Derivate im Gegensatz zu Lisurid, das ein 8α-Ergolinderivat ist (Abb. 3.9). Da man Nebenwirkungen wie Schlaflosigkeit, Schwindel, Kopfschmerzen, Orthostase-Reaktion, Synkopen, pektanginöse Beschwerden und Vasospasmen auf die Ergotalkaloid-Struktur zurückführte, wurden synthetische Dopamin-Rezeptoragonisten entwickelt, die nicht strukturverwandt mit den Ergotalkaloiden sind (Abb. 3.10). Zu diesen gehören **Pramipexol** und **Ropinirol,** aber auch **Rotigotin.** Rotigotin wurde als N-0923 für eine transdermale Anwendung mittels Pflaster entwickelt (Verhagen-Metman et al., 2001) und ist seit kurzem in Deutschland zur Parkinson-Therapie zugelassen. Das auf Silikon-Basis hergestellte Matrixpflaster

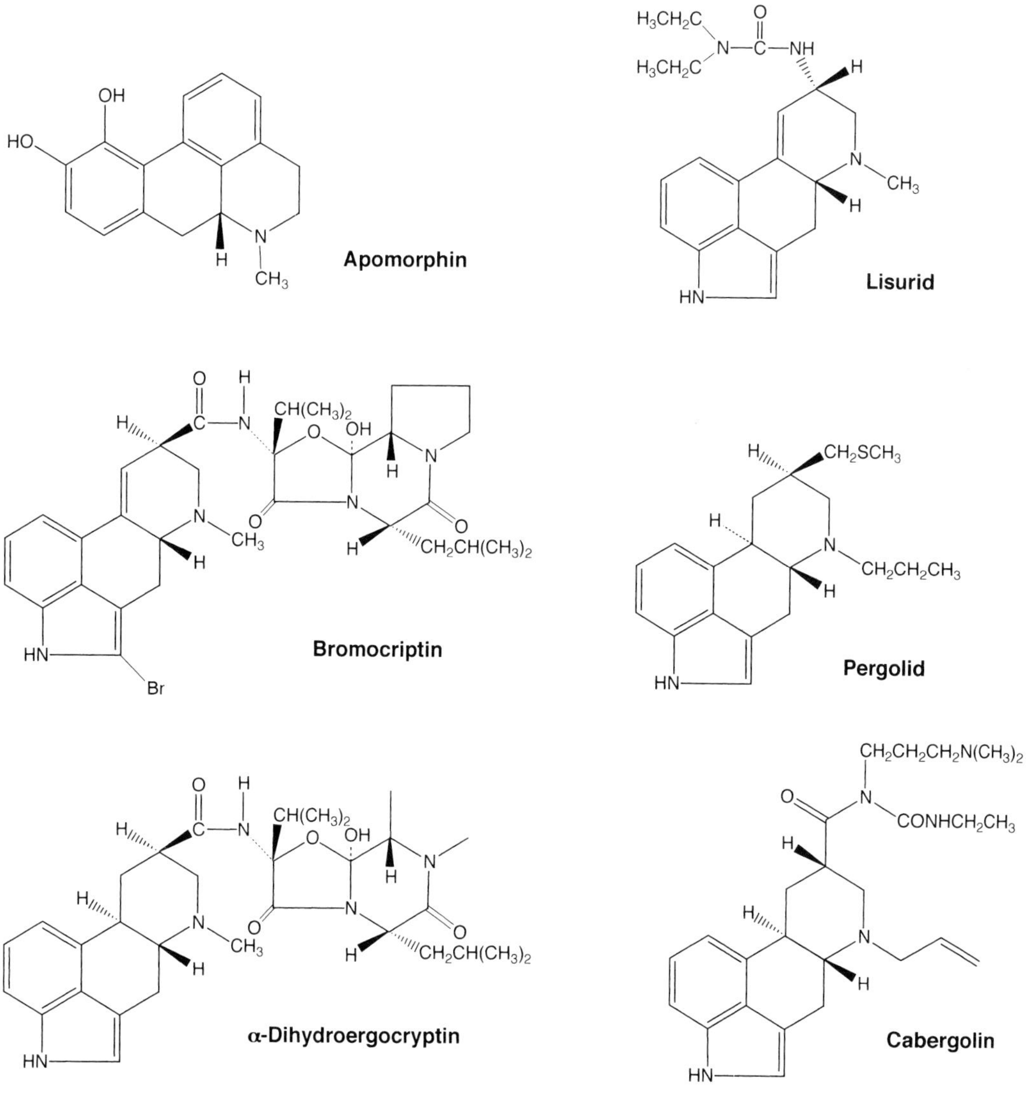

Abb. 3.9. Strukturformeln von synthetischen Dopamin-Rezeptoragonisten mit einer Ergotalkaloid-ähnlichen Struktur

ermöglicht eine kontinuierliche Wirkstoff-Freisetzung über 24 Stunden, wodurch eine kontinuierliche dopaminerge Stimulation ermöglicht wird und das Pflaster nur einmal täglich angewendet werden muss.

Ob die neuen, nicht mit Ergotalkaloiden strukturverwandten Dopamin-Rezeptoragonisten tatsächlich sich im **Nebenwirkungs-profil** von den klassischen Ergotalkaloiden unterscheiden, kann nicht definitiv beantwortet werden, da es zu wenig direkte Vergleichsuntersuchungen gibt und diese Fragestellung normalerweise nicht die Hauptzielgröße einer klinischen Studie ist. Allerdings wird diskutiert, dass Erstere fibrotische **Herzklappenveränderungen** hervorrufen und Letztere

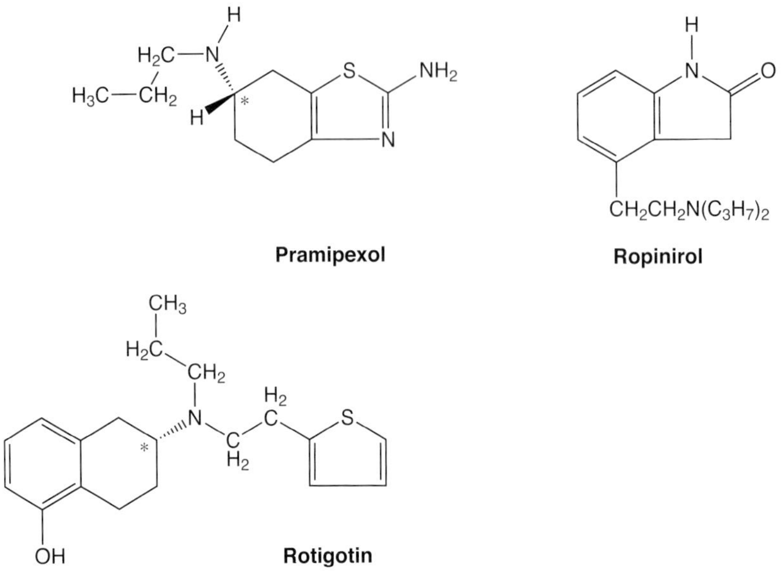

Abb. 3.10. Strukturformeln von synthetischen Dopamin-Rezeptoragonisten mit einer Nicht-Ergotalkaloid-ähnlichen Struktur

Schlafattacken oder plötzliches Einschlafen bei Alltagsaktivitäten auslösen würden.

Beispielsweise gab es vermehrt Berichte über mögliche Langzeit-Nebenwirkungen von ergolinen Dopamin-Rezeptoragonisten (vor allem Pergolid und Cabergolin) in Form von fibrotischen Herzklappenveränderungen (Agarval et al., 2004; Horvath et al., 2004; van Camp et al., 2004). Als Ursache hierfür wird eine hohe Bindungsaffinität dieser Wirkstoffe zum serotoninergen 5-HT$_{2B}$-Rezeptor diskutiert (Horvath et al., 2004; Rascol et al., 2004). Jedoch ist die Affinität der ergolinen Dopamin-Rezeptoragonisten zu diesem Rezeptor sehr unterschiedlich, wie eine aktuelle Arbeit von Jähnichen et al. (2005) an Lungenarterien des Schweines zeigt. Danach waren Pergolid und Cabergolin hochpotente volle Agonisten (pEC$_{50}$ 8,42 bzw. 8,72), Bromocriptin wirkte als partieller Agonist (pEC$_{50}$ 6,86), während Lisurid keinen relaxierenden Effekt zeigte und im Gegenteil noch die durch 5-HT hervorgerufene Relaxation antagonisierte (pK$_B$ 10,32). Diese experimentellen Befunde stehen im Einklang mit der sehr geringen Anzahl an Spontanberichten über Fibrosen, die im Zusammenhang mit einer Lisurid-Therapie beobachtet wurden (Hofmann et al., 2006).

Frucht und Kollegen berichteten 1999, dass Pramipexol und Ropinirol **Schlafattacken** oder plötzliches Einschlafen bei Alltagsaktivitäten auslösen würden. Ohne die ausführliche Diskussion zu diesem Thema im späteren Kap. 7.4.8 vorwegzunehmen, möchten wir hier bereits zusammenfassend feststellen, dass die bei Parkinson-Kranken vermehrte Neigung einzuschlafen mit der Grunderkrankung zusammenhängt, sie wird aber auch durch die dopaminerge Medikation begünstigt.

Dopamin-Rezeptoragonisten unterscheiden sich in ihrer Pharmakokinetik und Pharmakodynamik

Die in der Parkinson-Therapie verwendeten Dopamin-Rezeptoragonisten unterscheiden sich in ihren pharmakokinetischen (Tabelle 3.3) und pharmakodynamischen Eigenschaften (Tabelle 3.2). Für den Kliniker generell wichtige **pharmakokinetische Kriterien** sind die Bioverfügbarkeit, die Plasmahalbwertszeit (ist die Zeit, in der die Plasmakonzentration auf die Hälfte des ursprünglichen Wertes abfällt), die Elimination und die Dosis-Wirkungs-Beziehung. Bei der Auswahl eines Dopamin-Rezeptoragonisten sollten aber auch Faktoren berücksichtigt werden, die die Pharmakokinetik beeinflussen können, wie Alter des Patienten, Begleitmedikationen oder eine eingeschränkte Leber- und Nierenfunktion. Eine lange **Plasmahalbwertszeit** und eine hohe Bioverfügbarkeit werden aus pharmakologischen und klinischen Überlegungen generell als vorteilhaft angesehen: Ein Wirkstoff mit einer langen Plasmahalbwertszeit und großen Bioverfügbarkeit kann in kleineren Dosierungen und längeren Dosierungsintervallen appliziert werden als ein Wirkstoff mit kurzer Plasmahalbwertszeit und kleiner Bioverfügbarkeit. Jedoch darf man bei einem zentral wirksamen Arzneistoff nicht unbedingt aus einer kurzen Plasmahalbwertszeit auf eine kurze Wirkdauer und umgekehrt aus einer langen Plasmahalbwertszeit auf eine lange Wirkdauer schließen, da die am Wirkort (dopaminerge Rezeptoren) vorhandenen Konzentrationen nicht bekannt sind. Aufgrund der guten Lipid-Löslichkeit der in der Klinik eingesetzten Dopamin-Rezeptoragonisten kann man davon ausgehen, dass unabhängig von den Plasmahalbwertszeiten im Gehirngewebe nach einiger Zeit genügende Mengen an Wirkstoff angereichert werden, wodurch eine langfristige und kontinuierliche Rezeptorstimulation hervorgerufen wird. Diese Annahme wird durch eine klinische Studie von Stocchi et al. (2001) bestätigt. Sechs De-novo-Patienten erhielten über vier Wochen eine durchschnittliche Lisurid-Dosis von 2,1 mg am Tag. Danach wurden die Patienten nach doppelblindem Design auf Placebo umgesetzt. Unter der Lisurid-Therapie verbesserte sich der UPDRS-Score für die motorische Leistungsfähigkeit um durchschnittlich 66 Prozent. Nach dem Umsetzen auf Placebo dauerte es ungefähr neun Tage und genauso lang wie nach Ropinirol, dessen Plasmahalbwertszeit wesentlich länger ist, bis sich die Patienten wieder auf den Ausgangswert verschlechtert hatten. Einen ganz praktischen Hinweis darauf, dass die Längen der Plasmahalbwertszeiten nicht exakt der Wirkungsdauer entsprechen, findet man auch in den Fachinformationen: Bis auf Cabergolin sollen alle Dopamin-Rezeptoragonisten durchschnittlich dreimal täglich eingenommen werden, ungeachtet ihrer mehr oder weniger langen Halbwertszeit (Tabelle 3.3).

Wie aus der Tabelle 3.2 hervorgeht, unterscheiden sich die in der Klinik verwendeten Dopamin-Rezeptoragonisten auch in ihren **Bindungseigenschaften** bezüglich der verschiedenen Dopamin-Rezeptorsubtypen und anderen Neurotransmitter-Rezeptoren. Einschränkend möchten wir aber darauf hinweisen, dass solche Tabellen nur mit Vorsicht interpretiert werden dürfen, weil die Daten nach unterschiedlichen Methoden (wie Radioligandenbindungs-Assays an unterschiedlichem Gewebe; autoradiographische Bindungsstudien, funktionelle Assays an klonierten Zellen) erhoben wurden und deshalb eigentlich nicht miteinander vergleichbar sind.

Wir (MG, PR) haben erstmals an humanem Post-mortem-Gewebe die **Inhibitionskonstanten (K_i)** aller in der Parkinson-Therapie oral verwendeten Dopamin-Rezeptorantagonisten bestimmt. Mit solchen Untersuchungen werden zwar primär nur Bindungsstellen charakterisiert, die nicht automatisch mit Rezeptoren gleichgesetzt werden dürfen (siehe Kap. 2.1.2), jedoch sind die Werte, die an klonierten Neurotransmitter-Rezeptoren ermittelt wurden (Brecht, 1998) auch nur bedingt aussagekräftig, da die Bindungseigenschaften an nativen Rezeptoren ganz anders sein können. Weiterhin muss man bedenken, dass die funktionelle Konsequenz einer G-Protein-vermittelten Rezeptoraktivie-

Tabelle 3.3. Vergleich der Pharmakokinetik der in der Parkinson-Therapie oral verabreichten Dopamin-Rezeptoragonisten (nach Gerlach et al., 2000b)

	Bromocriptin	Cabergolin	α-DHEC	Lisurid	Pergolid	Pramipexol	Ropinirol
Bioverfügbarkeit (%)	3	<20	2,4	<20	gering	>90	50
t_{max} (h)	1,4	0,5–4	1,6	0,5–1	1–2	1–3	1,5
Plasmahalbwertszeit (h)	6	65	16	2–3	7–16	8–12	6–9
Metabolisierung	stark	stark	vollständig	vollständig	vollständig	sehr gering	stark
Elimination	Leber	Leber	Leber	Leber/Niere	Leber/Niere	Niere	Niere
Plasma-Eiweiß-Bindung (%)	95	40	55	70	90	<20	10–40
Lineare Kinetik	keine Daten	ja	ja, bis 20 mg untersucht	keine Daten	keine Daten	ja	nein
Verteilungsvolumen (L/kg)	keine Angaben	keine Angaben	keine Angaben	2,5	17–32	6	8

Bei der Interpretation der Zahlenangaben zur Plasmahalbwertszeit ist die angewandte Bestimmungsmethode zu beachten. Mithilfe des Radioimmunoassays (RIA) oder der Hochdruckflüssigkeitschromatographie (HPLC) kann die Plasmahalbwertszeit der pharmakologisch aktiven Substanz bestimmt werden (wie z. B. für Lisurid und Bromocriptin). Mittels radioaktiv markierter Dopamin-Agonisten (^{14}C oder ^{3}H) wird die Gesamtradioaktivität der Muttersubstanz und der Metabolite bestimmt. Die mit dieser Methode ermittelten Plasmahalbwertszeiten sind deutlich länger (siehe Wachtel, 1999): So findet man beispielsweise für Lisurid Plasmahalbwertszeiten für die pharmakologisch aktive Substanz zwischen 2 und 3 h; während die mittels der Gesamtradioaktivität ermittelte bei etwa 10 h liegt. Da für einige in der Klinik verwendeten Dopamin-Rezeptoragonisten (wie z. B. Pergolid) bisher keine Plasmahalbwertszeiten für die pharmakologisch aktive Substanz vorliegen, ist ein abschließender Vergleich der pharmakokinetischen Daten problematisch. α-DHEC, α-Dihydroergocryptin rung von Effektor- zu Effektorzelle unterschiedlich sein kann und sowohl von der Anzahl der exprimierten Rezeptoren als auch den sekundären Botenstoffen abhängt. Die Bestimmung der K_i-Werte erlaubt eine Abschätzung darüber, wie gut ein Rezeptoragonist einen selektiven Radioliganden für einen Rezeptorsubtyp verdrängt: Je kleiner ein solcher Wert ist, desto höher ist die **Affinität** eines Agonisten für einen Rezeptorsubtyp und desto wirksamer sollte er dann sein bei gleicher Dosierung.

Die Ergebnisse unserer Untersuchungen waren zum Teil auch für uns überraschend (Tabelle 3.4): Danach zeigen α-DHEC und Lisurid eine höhere Affinität zum D_1-Dopamin-Rezeptorsubtyp als Pergolid, das bisher immer als der typische D_1/D_2-Dopamin-Rezeptoragonist angesehen wurde. Interessanterweise zeigen Pramipexol und Ropinirol nur eine schwache Affinität zum D_2-Dopamin-Rezeptorsubtyp und eine wesentlich höhere für den D_3-Subtyp. Da beide Arzneistoffe ähnlich gut wie L-DOPA in der Frühphase der Parkinson-Krankheit wirksam sind (siehe Kap. 7), nehmen wir an, dass die Co-Stimulation des D_3-Dopamin-Rezeptorsubtyps (siehe auch Kap. 2.1.2) – der zur D2-Rezeptorfamilie gehört – wesentlich für die motorische Wirkung der Dopamin-Rezeptoragonisten verantwortlich ist. Anderseits wird auch diskutiert, dass die Stimulation dieses Subtyps für die Wirkung antidepressiver Pharmaka verantwortlich ist. Aufgrund unserer Ergebnisse sollten Cabergolin, Lisurid, Pergolid und Pramipexol eine gute antidepressive Wirksamkeit haben. Dies konnte tatsächlich in klinischen Studien nachgewiesen werden. So zeigte eine offene Studie mit depressiven Patienten, dass Lisurid eine dem Amitriptylin und Nortriptylin vergleichbare antidepressive Wirkung aufweist (Vinar et al., 1985). Bei Parkinson-Patienten wurde eine gute antidepressive und antianhedone Wirksamkeit von Pramipexol nachgewiesen (siehe Kap. 7.4.7.2).

Wie aus der Tabelle 3.2. hervorgeht, haben Dopamin-Rezeptoragonisten auch eine Wirkung auf andere Neurotransmitter-Rezeptoren. Wie diese zu den klinischen Effekten beiträgt, ist nicht bekannt, da es weder systematische präklinische Untersuchungen noch klinische Vergleichsstudien gibt. Beispielsweise diskutiert man, dass die agonistische Wirkung auf serotoninerge 5-HT$_{1A}$-Rezeptoren zur Anti-Parkinson-Wirkung beiträgt und mit einer antidyskinetischen Eigenschaft in Zusammenhang gebracht wird (z. B. Bibbiani et al., 2001). Anderseits führt man die unter der Lisurid-Therapie beobachtete Appetit- und Gewichtszunahme auf die zentralen antagonistischen Wirkungen am serotoninergen 5-HT$_{2A}$- oder 5-HT$_{2C}$-Rezeptor zurück (siehe Hofmann et al., 2006).

Tabelle 3.4. Inhibitionskonstanten (K_i-Werte) von Dopamin-Rezeptoragonisten und Dopamin für die D_{1-3}-Dopamin-Rezeptorsubtypen im menschlichen Putamen-Gewebe (nach Gerlach et al., 2003a)

	D_1 (nM) [³H]SCH23390	D_2 (nM) [³H]Racloprid	D_2 (nM) [³H]Spiperon	D_3 (nM) [³H]PD128907
Dopamin	2729	117 000	145,6	69,00
α-Dihydroergocryptin	35,4	7,25	4,67	26,28
Bromocriptin	119,6	2,9	4,87	30,45
Cabergolin	1462	0,61	1,63	1,27
Lisurid	56,7	0,95	1,24	1,08
Pergolid	447	10,3	36,6	0,86
Pramipexol	> 100 000	79 500	473,4	0,97
Ropinirol	> 100 000	98 700	3 277	34,89

MAO-B-Hemmer erhöhen die prä-synaptische Dopamin-Konzentration

Hemmstoffe der MAO (EC 1.4.2.4; Amin: Sauerstoff-Oxidoreduktase [desaminierend]) sind Wirkstoffe, die den metabolischen Abbau von monoaminergen Neurotransmittern wie Dopamin, 5-HT und Noradrenalin, Neuromodulatoren wie β-Phenethylamin, anderen endogenen und exogenen Monoaminen wie Tyramin, aber auch tertiären Aminen wie das dopaminerge Neurotoxin MPTP verhindern (Gerlach und Riederer, 1999). Aufgrund von pharmakologischen Befunden wurden ursprünglich zwei Isoformen, die MAO-A und -B, mit unterschiedlicher Substrat-Spezifität und Hemmstoff-Sensitivität klassifiziert. Später wurden dann zwei Isoformen des Enzyms, die sich in der Primärstruktur unterscheiden, durch molekularbiologische und immunzytochemische Untersuchungen identifiziert.

MAO-A-Hemmer werden in der Klinik als Antidepressiva angewendet, MAO-B-Hemmer werden dagegen vor allem zur Behandlung der Parkinson-Krankheit eingesetzt.

Durch Hemmung der MAO-B mit spezifischen Wirkstoffen wird im menschlichen Gehirn vor allem die synaptische Konzentration von β-Phenethylamin und Dopamin erhöht; selektive MAO-A-Hemmung führt dagegen zu einer Zunahme der Noradrenalin- und 5-HT-Konzentration. Entsprechend der Reversibilität der Hemmung unterscheidet man:

(1) kompetitive, reversible Hemmstoffe und
(2) irreversible Hemmstoffe.

Erstere haben eine enge Strukturverwandtschaft mit den Substraten des Enzyms; sie werden im Gegensatz zu diesen jedoch nicht metabolisiert. Letztere werden auch als so genannte „Suizid"-Inhibitoren bezeichnet, da sie nach der Bindung an das aktive Zentrum des Enzyms durch dieses oxidiert und dann an den Flavin-Kofaktor kovalent gebunden werden.

„Suizid"-Hemmstoffe wie Selegilin und Rasagilin (Abb. 3.11) bewirken im Vergleich zu kompetitiven, reversiblen Hemmstoffen eine **langfristige Hemmung** der MAO-B, da erst durch Neusynthese des Enzyms dessen Aktivität wieder hergestellt werden kann. Mithilfe von PET-Untersuchungen wurde bei gesunden Probanden und Parkinson-Patienten für die zerebrale MAO-B nach Hemmung mit Selegilin eine biologische Halbwertszeit von 40 Tagen ermittelt (Fowler et al., 1994): Das heißt, 40 Tage nach Absetzung von Selegilin sind erst 50 Prozent der Normalaktivität wieder vorhanden. Für den reversiblen MAO-B-Hemmer Lazabemid wurden dagegen bereits 36 Stunden nach Absetzung der Behandlung Normalwerte gemessen (Fowler et al., 1993).

Solche PET-Untersuchungen sind aber nur bedingt dazu geeignet, **die Halbwertszeit der MAO-Hemmung** zu bestimmen, da hier nur die Verteilung der radioaktiv markierten Hemmstoffe und von deren radioaktiven Metaboliten im Gehirn gemessen wird. Untersuchungen an gesunden Probanden, die im Urin den zeitlichen Verlauf der Konzentration von β-Phenethylamin (ist nach MAO-B-Hemmung erhöht) nach Absetzung von Selegilin ermittelten, zeigen, dass bereits nach zwei bis drei Tagen wieder normale Werte vorhanden sind (Clarke, 2001). Aufgrund dieser Ergebnisse und anderen biochemisch-pharmakologischen Untersuchungen (Riederer und Lachenmayer 2003) ist davon auszugehen, dass bereits nach zwei bis drei Tagen wieder ausreichend Enzym neu synthetisiert wurde und mindestens 20 Prozent der ursprünglichen MAO-B-Aktivität vorhanden ist. Aus grundlegenden tierexperimentellen Arbeiten weiß man nämlich, dass mindestens 80 Prozent der jeweiligen MAO-Isoform gehemmt sein müssen, um eine funktionelle Auswirkung auf den Neurotransmitter-Stoffwechsel zu beobachten (Green et al., 1977). Youdim und Tipton (2002) berichteten, dass bereits vier Tage nach der Behandlung mit Selegilin kein Effekt mehr auf das durch β-Phenethyl-

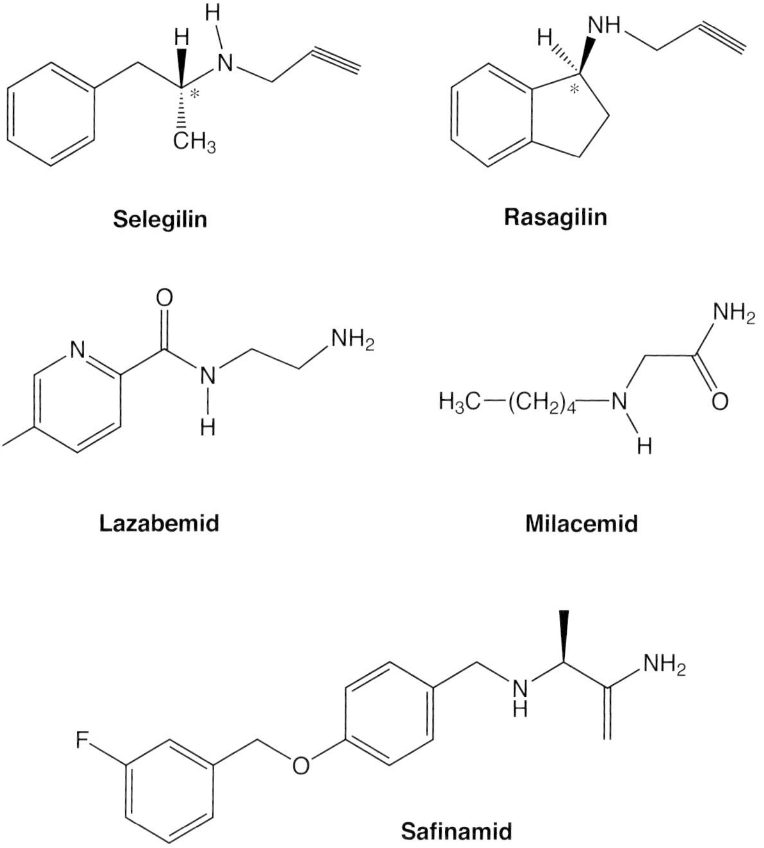

Abb. 3.11. Strukturformeln von Monoamin-Oxidase-Typ-B (MAO-B)-Hemmern

amin-induzierte stereotype Verhalten von Ratten feststellbar ist. Zu diesem Zeitpunkt wurden im Nucleus caudatus bereits wieder 20 Prozent MAO-B-Aktivität gemessen, unmittelbar nach der i. p. Gabe von Selegilin beziehungsweise Rasagilin war diese nicht mehr detektierbar (ebd.).

Aufgrund dieser Ergebnisse muss man annehmen, dass die Neu-Synthese der MAO-B bereits wenige Tage nach Absetzung der Selegilin-Therapie wieder beginnt und bereits innerhalb einer Woche die Nettoaktivität so weit hergestellt ist, dass kein Effekt mehr auf den Dopamin-Stoffwechsel zu erwarten ist. Deshalb war mit hoher Wahrscheinlichkeit die 30-tägige Auswaschphase in der **DATATOP** (Deprenyl And Tocopherol Antioxidative Therapy Of Parkinson's disease)-**Studie** ausreichend, um den symptomatischen Effekt von Selegilin auszuschließen. Ergo muss der Befund, dass eine frühe Selegilin-Monotherapie zu einer neunmonatigen Hinausschiebung der notwendigen L-DOPA-Therapie (siehe Kap. 6 und 7.5) führt, neu bewertet werden.

Selegilin und Rasagilin sind die einzigen MAO-B-Hemmer, die zur Behandlung der Parkinson-Krankheit weltweit zugelassen sind. Andere Wirkstoffe wie beispielsweise Lazabemid, Milacemid oder Safinamid (Abb. 3.11) sind in unterschiedlichen Stadien der Entwicklung oder deren Entwicklung wurde abgebrochen. **Rasagilin** wurde entwickelt, da man annahm, dass Amphetamin und Methamphetamin, die Hauptmetabolite von Selegilin, zu Herz-Kreislaufproblemen führen könnten. Da das L-Amphetamin eine etwa zehnfach niedrigere peripher sympathomimetische Wirkung hat als das D-Stereoisomer (Taylor und Snyder, 1974) wurde vorsorglich aber das L-Selegilin (früherer Name L-Deprenyl) zur Anwendung in der Parkinson-Therapie entwickelt, sodass die Sorge bezüglich von Herz-Kreislauf-Problemen sehr wahrscheinlich nicht berechtigt ist. Dies bestätigen auch die Sicherheitsdaten, die Selegilin als nebenwirkungsarmes Arzneimittel belegen (siehe Kap. 7.5).

Da peroral verabreichtes **Selegilin** rasch metabolisiert wird und sympathomimetische Nebenwirkungen durch die Bildung von Amphetamin und Methamphetamin befürchtet wurden, wurde auch eine sublinguale Darreichungsform von Selegilin entwickelt (Clarke et al., 2003). Bei dieser neuen galenischen Form von Selegilin wird der Wirkstoff in Form einer Schmelztablette eingenommen und nach sekundenschneller Freisetzung sublingual unter Umgehung des First-pass-Effektes resorbiert: Dies erlaubt eine Dosisreduzierung von 10 auf 1,25 mg Selegilin, wobei die Metabolite um mehr als 90 Prozent reduziert sind (ebd). Darüber hinaus ist die Bioverfügbarkeit im Plasma nach Einnahme dieser Darreichungsform homogener und reproduzierbarer als nach peroraler Einnahme von Selegilin. Die Bioverfügbarkeit schwankt nach oraler Verabreichung von Selegilin in einem sehr weiten Rahmen, sodass sich die Plasmakonzentrationen interindividuell um mehr als den Faktor 200 unterscheiden können (ebd.). Dies kann dazu führen, dass bei einer Vielzahl von Patienten keine ausreichende Wirkdosis erreicht wird. Andererseits kann es bei den Patienten, die Selegilin langsam metabolisieren, neben der Hemmung der MAO-B zu einer zusätzlichen Hemmung der MAO-A und damit zu Nebenwirkungen kommen.

Birkmayer war der Erste, der auf Anregung von mir (PR) in der Klinik Selegilin als Adjuvans zur L-DOPA-Therapie verwendete und dabei einen L-DOPA-potenzierenden Effekt beobachtete (Birkmayer et al., 1975). Selegilin wurde ursprünglich nur deshalb für eine Erprobung in der Parkinson-Therapie ausgewählt, weil es in verschiedenen pharmakologischen Modellen nur eine geringe Verstärkung der sympathikomimetischen Wirkung von Tyramin zeigte (zur Übersicht: Finberg und Tenne, 1982) und deshalb eine geringe Wahrscheinlichkeit für das Auftreten des „**Cheese Effektes**" zu erwarten war. Diese Nebenwirkung, die zum Auftreten von hypertensiven Krisen mit Symptomen wie stark pochender Herzschlag, Gesichtsrötung, Schwitzen, Übelkeit und Erbrechen führte, trat vor allem unter der Therapie mit unselektiven MAO-B-Hemmern und dem Verzehr Tyramin-reicher Nahrung wie Käse auf (Blackwell et al., 1967). Verursacht wird dieses Phänomen durch die Hemmung des Tyramin-Metabolismus, der überwiegend durch die MAO-A erfolgt. Dadurch gelangen große Mengen an Tyramin in den Kreislauf, die zu einer Potenzierung der peripheren adrenergen Stimulation führen und eine Gefäßkonstriktion und den Anstieg des Blutdrucks bewirken.

Ein weiterer Grund, Selegilin als Anti-Parkinson-Medikament zu entwickeln, war die Erkenntnis, dass Selegilin als selektiver MAO-B-Hemmstoff im menschlichen Gehirn vor allem den Dopamin-Metabolismus hemmt und nicht, wie ursprünglich aufgrund von Rattenexperimenten angenommen, den Noradrenalin- und 5-HT-Metabolismus. Im Rattengehirn überwiegt in vielen Regionen die A-Form, während in zahlreichen Regionen des menschlichen Gehirns beide Isoformen annähernd in gleichen Anteilen vorkommen und nur im Striatum die B-Form überwiegt (Riederer und Youdim, 1986). Immunhistochemische Befunde zeigen, dass in den Neuronen der SN, wo Dopamin synthetisiert wird, beide Isoformen nur spärlich vorhanden sind, in benachbarten Gliazellen aber gehäuft vorkommen (zur Übersicht: Gerlach und Riederer, 1999).

Selegilin und Rasagilin sind sowohl in der Monotherapie als auch in der Kombinationstherapie mit L-DOPA wirksam (siehe Kap. 7.5 und 7.6), wobei in der Kombinationstherapie erheblich L-DOPA eingespart werden kann (z. B. 30–40% der L-DOPA-Tagesdosis unter Selegilin; zur Übersicht: Szelenyi, 1993). Dies wird durch die selektive Hemmung der MAO-B, die zu einer Blockade des synaptischen Dopamin-Abbaus führt (Abb. 3.2), womit die tonische und phasische Dopamin-Stimulation verstärkt wird (Tabelle 3.1), erklärt. Zur symptomatischen Wirkung kann auch die Hemmung des Abbaus von β-Phenethylamin beitragen (Reynolds et al., 1978; Gerlach et al., 1992). β-Phenethylamin gehört zu den so genannten Spurenaminen, die unter anderem im Gehirn die Wirkung von Dopamin modulieren (Berry, 2004).

Amantadin und Budipin, zwei in der Parkinson-Therapie verwendete Arzneistoffe mit überwiegender NMDA-antagonistischer Wirkung

Obwohl das Adamantan-Derivat Amantadin (Abb. 3.12) schon lange zur Behandlung der Parkinson-Krankheit verwendet wird, war dessen Wirkungsmechanismus lange nicht bekannt. Ursprünglich nahm man an, dass es catecholaminerge Neuronen stimuliert und dadurch vermehrt Dopamin und 5-HT freisetzt (Wesemann et al., 1979; 1980) und/oder die Empfindlichkeit postsynaptischer Rezeptoren steigert (Gianutsos et al., 1984). Diskutiert wurde auch, dass Adamantane die Membran-Fluidität dopaminerger Neuronen beeinflussen und dadurch die Dopamin-Freisetzung aus nigro-striatalen Neuronen erleichtert sowie gleichzeitig die präsynaptische Wiederaufnahme gehemmt werden (Wesemann, 1984).

Erst die Ergebnisse der von Kornhuber und Kollegen (1989; 1991) durchgeführten Rezeptorbindungsuntersuchungen am humanen frontalen Kortex-Gewebe, die eine Affinität von Amantadin an den NMDA-Rezeptor (K_i 10,5 µM), nachwiesen, ergaben Hinweise dafür, dass Amantadin seine Wirkung über glutamaterge Rezeptoren entfalten könnte. In Patch-clamp-Untersuchungen an glutamatergen Neuronen wurde gezeigt, dass Amantadin die Wirkung von NMDA antagonisiert (K_i 18,6–71 µM, je nach untersuchter Gehirnregion; Bormann, 1989; Danysz et al., 1997). Aufgrund der Bestimmung von Amantadin im Serum (2,6-16,3 µM), CSF (73% der Serumkonzentrationen) und Gehirn (48,2–386 µM; Kornhuber et al., 1995b; Danysz et al., 1997) muss man annehmen, dass solche Konzentrationen nach therapeutischen Dosierungen im Gehirn erreicht werden. Heute geht man davon aus, dass die Anti-Parkinson-Wirkung von Amantadin durch Hemmung von überaktiven glutamatergen Nucleus-subthalamicus-Neuronen (Tabelle

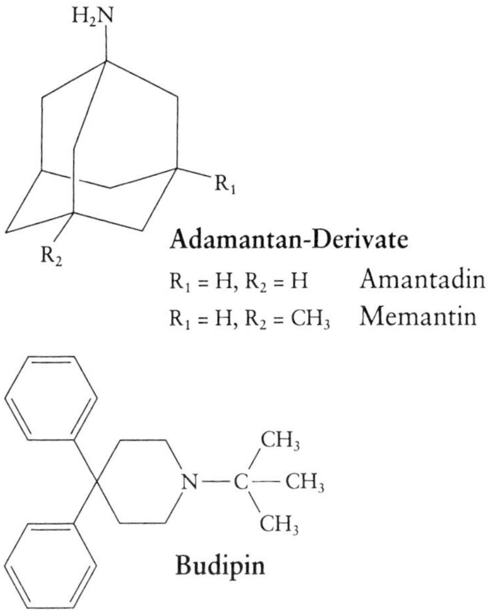

Adamantan-Derivate

R_1 = H, R_2 = H   Amantadin
R_1 = H, R_2 = CH_3 Memantin

Budipin

Abb. 3.12. Strukturformeln von NMDA-Rezeptorantagonisten

3.1; Abb. 2.13) hervorgerufen wird. Jedoch werden zusätzliche Mechanismen diskutiert wie unter anderen eine Interaktion mit nicotinischen Rezeptoren sowie eine Stimulation noradrenerger Rezeptoren (Danysz et al., 1997; Parsons et al., 1999).

Adamantan-Derivate wie das **Amantadin** (Abb. 3.12) wurden zunächst als Virustatika verwendet. In Form ihrer Salze (Hydrochlorid, Sulfat) sind sie bei viralen Infektionen, besonders aber gegen den Erreger der Hongkong-Grippe wirksam, wenn sie prophylaktisch gegeben werden. Die Wirksamkeit des Amantadins als Anti-Parkinson-Medikament wurde eher zufällig entdeckt, als bei einer Parkinson-Patientin, deren Grippe mit Amantadin-Hydrochlorid behandelt wurde, eine Besserung der Parkinson-Symptomatik auffiel. Nach Beendigung der Grippe-Prophylaxe verschlechterten sich die Parkinson-Symptome wieder. Schwab und Kollegen (1969) führten darauf systematische Untersuchungen bei 163 Parkinson-Patienten durch, bei denen sie in über der Hälfte der Fälle eine Besserung von Akinese und Rigor, weniger auch des Tremors, bei einer täglichen Dosis von 200 mg Amantadin-Hydrochlorid beobachten konnten. Außer Amantadin-Hydrochlorid wurde auch Amantadin-Sulfat in die Parkinson-Therapie eingeführt, das langsamer resorbiert und in höheren Dosen besser toleriert wird. Zur i. v. Therapie steht nur das Sulfat-Salz des Amantadins zur Verfügung. Es gilt als Mittel der Wahl bei akinetischen Krisen (Danielczyk, 1973). Amantadin wird jedoch vermehrt auch bei der Behandlung der L-DOPA-induzierten Dyskinesien verwendet (siehe Verhagen Metman et al., 1998; 2000). Durch Initialbehandlung mit einer Amantadin-Sulfat-Infusion bei Parkinson-Patienten mit L-DOPA-induzierten Dyskinesien wurden der Schweregrad der Dyskinesien gemindert und die On-Zeiten verlängert (Ruzicka et al., 1999). Die signifikante Verbesserung der motorischen Störungen konnte auch unter oraler Folgetherapie mit 300–600 mg Amantadin-Sulfat erhalten werden bei gleichzeitiger Einsparung von L-DOPA (Del Dotto et al., 1999).

Ein weiteres Anti-Parkinson-Medikament mit zumindest einer partiellen NMDA-Rezeptor-antagonistischen Wirkkomponente ist **Budipin** (Abb. 3.12), das nur in Deutschland zur Parkinson-Therapie zugelassen ist. In klinischen Prüfungen zeigte Budipin sowohl als Monotherapeutikum wie auch in Kombinationstherapie mit L-DOPA, Selegilin und Dopamin-Rezeptoragonisten gute Effekte bei Parkinson-Patienten vom Tremor-Dominanz-Typ (Przuntek und Müller, 1999). Darüber hinaus half es, L-DOPA sowohl in der Früh- als auch in der Spätphase der Erkrankung einzusparen.

Der Wirkungsmechanismus von Budipin ist nur zum Teil bekannt. Mithilfe von Verhaltens-, elektrophysiologischen und Rezeptor-Bindungsuntersuchungen konnte gezeigt werden, dass Budipin ein schwacher, nichtkompetitiver NMDA-Rezeptorantagonist mit einer hohen Affinität für die Phencyclidin-Bindungsstelle des NMDA-Ionenkanals ist (Klockgether et al., 1993). In Rezeptor-Bindungsuntersuchungen am humanen frontalen Kortex-Gewebe wurde ein K_i-Wert von 11,7 μM, der im Bereich von Amantadin liegt (10,5 μM), ermittelt (Kornhuber et al., 1995a). Zusätzlich wurde ein indirekter dopaminerger Effekt beschrieben (Biggs et al., 1998). Dieser wird unter anderem auf eine erleichterte Dopamin-Freisetzung aus präsynaptischen Vesikeln, auf eine selektive Hemmung der MAO-B und auf eine Blockade der Dopamin-Wiederaufnahme (Mihatsch et al., 1988) zurückgeführt (Eltze, 1999). Diese Mechanismen könnten die in der Klinik nachgewiesene antiakinetische Wirkung erklären, jedoch nicht dessen gute Tremor-bessernden Eigenschaften. Hierfür sind wahrscheinlich anticholinerge Wirkkomponenten verantwortlich.

4
Tiermodelle der Parkinson-Krankheit

Tiermodelle von menschlichen Erkrankungen sind wichtige Werkzeuge der experimentellen Medizin, um die Auswirkungen von Noxen oder Genmutationen mit dem komplexen Ablauf von primären und sekundären pathophysiologischen Prozessen zu untersuchen und damit zu verstehen, wie es von einer ursächlichen zellulären Dysfunktion zum kranken Phänotyp kommt. Weiterhin kann man an diesen Modellen Behandlungsstrategien erproben, die unabdingbar sind vor dem ersten Einsatz am Menschen.

Ein **ideales Tiermodell** sollte folgende Kriterien erfüllen:

(1) **Gültigkeit der Erscheinungsform** (face validity). Das heißt, es sollten wesentliche Symptome und die pathologischen sowie pathophysiologischen Merkmale der menschlichen Erkrankung vorhanden sein; diese Symptome sollten mit den am Menschen wirksamen Substanzen kupiert werden können.
(2) **Konstrukt-Gültigkeit** (construct validity). Das heißt, das Modell sollte auf einer theoretischen Rationale basieren. Das MPTP-Tiermodell und transgene Modelle der Parkinson-Krankheit haben eine hohe Konstruktgültigkeit, da MPTP ein Parkinson-Syndrom beim Menschen mit vielen Charakteristika der menschlichen Erkrankung hervorruft (siehe Kap. 4.2.3) beziehungsweise es Mutationen einer Reihe von Genen gibt, die familiäre Formen der Parkinson-Krankheit verursachen (siehe Kap. 1).
(3) **Vorhersage-Gültigkeit** (predictive validity). Das heißt, das Modell sollte im Sinne der Hypothese-Generierung neue Aspekte erzeugen können. Beispielsweise können am unilateralen Hydroxydopamin(6-OHDA)-Rattenmodell der Parkinson-Krankheit chronische L-DOPA-Effekte hervorgerufen werden (siehe Kap. 4.2.1), die denen unter der L-DOPA-Langzeittherapie gehäuft vorkommenden Dyskinesien ähneln. Dieses Tiermodell wird deshalb zur Erforschung der Pathophysiologie von L-DOPA-induzierten Dyskinesien und der Erprobung antidyskinetischer Strategien angewandt (siehe auch Pinna et al., 2006).

Ein Parkinson-Syndrom scheint beim Tier nicht spontan vorzukommen, obwohl es eine Maus-Mutante, die Weaver-Maus, gibt, bei der unter anderem auch selektiv dopaminerge Neuronen der SN degenerieren. Bei dieser spontan auftretenden Mutation führt die Änderung der Ionenpermeabilität der Neuronenmembran vor allem zu einer weit reichenden Degeneration der Körnerzellen des Cerebellums, weshalb dieses Modell für die Analyse neuronaler Entwicklung und Differenzierung im Kleinhirn verwendet wird.

An typischen Laboratoriumstieren kann man durch Verabreichung von Neurotoxinen wie 6-OHDA, MPTP oder Amphetamin-Derivaten (Abb. 4.1) zum Teil sehr selektiv dopaminerge Neuronen schädigen und pathologische Veränderungen sowie motorische Symptome, wie sie bei der menschlichen Er-

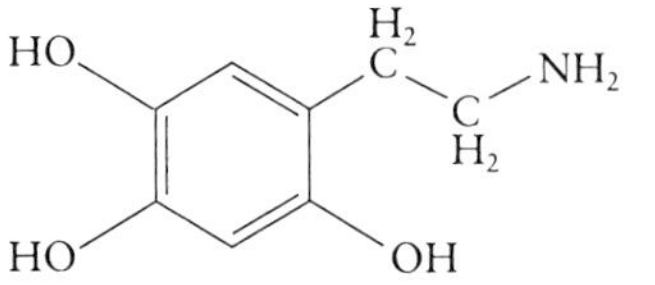

6-Hydroxydopamin (6-OHDA)

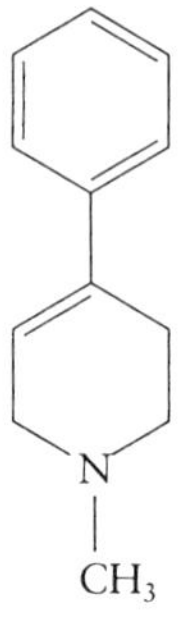

1-Methyl-4-phenyl-1,2,3,6-tetrahydro-pyridin (MPTP)

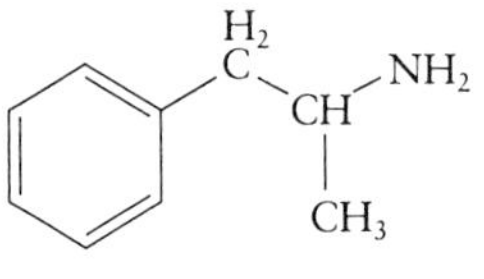

Amphetamin

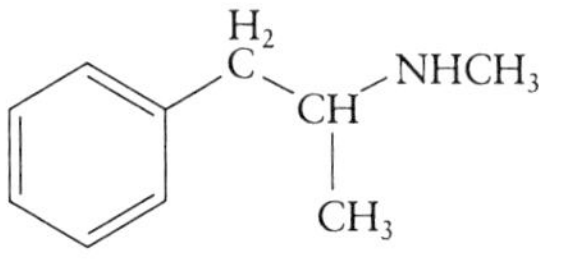

Methamphetamin

Abb. 4.1. Strukturformeln typischer dopaminerger Neurotoxine

krankung beschrieben wurden, hervorrufen (Gerlach et al., 1991 b; Gerlach und Riederer, 1996; Cenci et al., 2002). Ein Parkinson-Syndrom wurde jedoch auch bei einem Pferd beschrieben, das die gelbe Flockenblume Centaurea solstitialis L. gefressen hatte (Wang et al., 1991). Nach zwei bis drei Monaten entwickelten sich Symptome wie starre Gesichtsmuskulatur, sinnlose Kaubewegungen, Zungenzucken, später folgten Hypokinese und allgemeiner Verlust der Reaktionsfähigkeit, schließlich der Tod. Aufgrund der neuropathologischen Untersuchung des Gehirns, die beidseitige Nekrosen des GP und der SN nachwies, diagnostizierte man dieses Syndrom jedoch als nigro-pallidale Enzephalomalacie.

Transgene oder molekulare Tiermodelle der Parkinson-Krankheit basieren auf der klinischen Beobachtung, dass es eine Reihe von Genmutationen gibt, die familiäre Formen der Parkinson-Erkrankung hervorrufen (siehe Kap. 1). Mithilfe molekularbiologischer Techniken werden vor allem in der Maus bestimmte Gene, je nach dem humanen Befund, entweder ausgeschaltet oder überexprimiert, und dann der Phänotypus hinsichtlich Parkinson-relevanter Veränderungen untersucht.

4.1 Pharmakologisch-induzierte funktionelle Störungen der dopaminergen Neurotransmission

Wie bereits in Kap. 3 erwähnt, war der Ausgangspunkt für die Entwicklung von L-DOPA als Anti-Parkinson-Medikament die von Carlsson und Mitarbeitern (1957) beobachtete Auslösung eines akinetischen Zustandes bei Kaninchen durch systemische Gabe von Reserpin und dessen Aufhebung durch L-DOPA. Ähnliche Effekte kann man auch bei der Ratte zeigen, bei der Reserpin neben einer Reduktion der motorischen Aktivität

(Akinese, Hypokinese, Katalepsie) auch einen Tremor induziert, der allerdings nicht systematisch pharmakologisch untersucht wurde (Haefely, 1978).

Reserpin verhindert die vesikuläre Speicherung von Dopamin

In den 60er- und 70er-Jahren des vorigen Jahrhunderts war die durch Reserpin induzierte Akinese bei Nagetieren ein häufig angewandtes experimentelles Verfahren zur Erprobung symptomatischer Anti-Parkinson-Therapien. Um den Reserpin-Effekt noch zu verstärken, wurde zusätzlich der TH-Hemmstoff α-Methyl-para-tyrosin, der die Dopamin-Synthese verhindert, verabreicht. Neben L-DOPA erwiesen sich Amphetamin und -Derivate sowie Dopamin-Rezeptoragonisten als wirksam (Haefely, 1978). Das Reserpin-Modell wird heute jedoch kaum noch verwendet, da Reserpin unselektiv alle monoaminergen Neurotransmitter (Adrenalin, Noradrenalin, Dopamin, Histamin und 5-HT freisetzt und dieser Effekt nicht auf das ZNS beschränkt ist, sondern auch das periphere Nervensystem beeinflusst.

Der die Akinese verursachende Wirkmechanismus von Reserpin ist nur zum Teil bekannt; man geht davon aus, dass hohe Dosen die vesikuläre Speicherung von monoaminergen Neurotransmittern durch Mg^{2+}- und ATP-abhängige Mechanismen beeinflussen, wobei primär Dopamin, aber auch Adrenalin, Noradrenalin, Histamin und 5-HT aus den Vesikeln entleert werden und dann deren präsynaptische Wiederaufnahme kurzzeitig blockiert wird.

Neuroleptika-induzierte Reduktion motorischer Aktivität durch Blockade dopaminerger Rezeptoren

Klassische Neuroleptika wie Haloperidol rufen nach systemischer Gabe bei Nagetieren ähnliche Symptome hervor wie Reserpin. Im Gegensatz zu Reserpin, das die präsynaptische dopaminerge Neurotransmission hemmt, verhindert Haloperidol die Stimulation postsynaptischer Dopamin-Rezeptoren. Katalepsie wird bei Ratten durch hohe Dosen an Haloperidol (0,5 mg/kg i. p.) erzeugt, während niedrigere Dosierungen (0,15 beziehungsweise 0,3 mg/kg i. p.) in bestimmten Versuchsanordnungen Verhaltensformen hervorrufen, die den Parkinson-Symptomen Akinese und Bradykinese ähneln (siehe Schmidt et al., 1992). In einer Versuchsanordnung, bei der eine schnelle Initiierung lokomotorischer Aktivität als Antwort auf einen Stimulus gefordert wird, um Futter als Belohnung zu erhalten, wird **Akinese** als **verzögerte Initiierung von Bewegung** definiert und als Erhöhung der Reaktionszeit gemessen, während **Bradykinese** als **verlangsamte Ausführung der Bewegung** bezeichnet und als verlängerte Bewegungszeit sowie verminderte initiale Beschleunigung gemessen wird (Hauber, 1990).

Unter **Katalepsie** versteht man im engeren Sinne die verzögerte oder **fehlende Korrektur einer abnormalen Haltung der Extremitäten,** die dem Tier aufgezwungen wird (Sanberg et al., 1988). Eine der vielen Varianten des Katalepsie-Tests ist z. B. der Test der gekreuzten Extremitäten, der von Boissier und Simon (1963) beschrieben wurde: Dabei werden die homolateralen Extremitäten durch den Experimentator gekreuzt; als kataleptisch gilt ein Tier dann, wenn es innerhalb zehn Sekunden diese unnatürliche Stellung nicht korrigiert. Antikataleptisch wirksam sind in diesem Modell mit abnehmender Effizienz: Anticholinergika, Dopamin-freisetzende Substanzen, Dopamin-Rezeptoragonisten und L-DOPA (Haefely, 1978). Neuere pharmakologische Untersuchungen zeigen, dass auch NMDA-Rezeptorantagonisten wie MK-801 (Dizocilpin) und Memantin antikataleptisch wirksam sind (Schmidt et al., 1992).

Im weiteren Sinne ist **Katalepsie** jedoch ein **komplexer Verhaltenszustand,** der nur unzureichend durch die klassischen Verhaltenstests beschrieben werden kann (De Ryck et al., 1980). Man vermutet, dass dieser Verhaltenszustand durch eine experimentell erzeugte Störung der dopaminergen Neurotransmission im nigro-striatalen System ausgelöst wird und sich aus **Akinese, Rigor und Tremor der Extremitäten** zusammensetzt (Sanberg et al., 1988). In diesem Zustand sind diejenigen Neuronensysteme des Gehirns, die an der willentlichen Initiierung von motorischen Programmen beteiligt sind, nicht mehr funktionsfähig. Dagegen sind die Systeme des Gehirns, die an der reflexiven Kontrolle, der statischen Haltung und des Gleichgewichts involviert sind, funktionsfähig (Schallert und Teitelbaum, 1981). Obwohl die Auslösung von motorischen Programmen bei kataleptischen Tieren gestört ist, kommt es unter starken externen Stimuli wie Schweifzwicken, kaltes Wasser oder monotone Reize der angeborenen Auslösemechanismen zu einer Aktivierung des kataleptischen Tieres (siehe Schmidt et al., 1992).

4.2 Experimentell-induzierte Degeneration von nigro-striatalen dopaminergen Neuronen

Im Gegensatz zu Reserpin und Neuroleptika induzieren verschiedene Neurotoxine bei verschiedenen Tierarten mehr oder weniger selektiv eine dopaminerge nigro-striatale Neuronenschädigung mit dem für die menschliche Erkrankung charakteristischen striatalen Dopamin-Defizit und einem akinetischen/bradyphrenischen Phänotyp (Tabelle 4.1). Diese so genannten **Läsionsmodelle** der Parkinson-Krankheit sind nach wie vor ein wichtiges Hilfsmittel der experimentellen Parkinson-Forschung, um pathophysiologische Mechanismen von funktionellen Störungen der menschlichen Erkrankung (Symptome) zu untersuchen und entsprechende therapeutische Prinzipien zu deren Behandlung zu entwickeln. Darüber hinaus können mithilfe dieser Modelle neuronenschädigende Mechanismen erforscht und kausale Behandlungsstrategien, die den Untergang dopaminerger Neuronen verhindern, experimentell erprobt werden.

Im folgenden Abschnitt wollen wir in chronologischer Reihenfolge die einzelnen Neurotoxine besprechen und deren Bedeutung für die Parkinson-Krankheit diskutieren.

4.2.1 6-OHDA

Das Neurotoxin 6-OHDA wurde ursprünglich als experimentelles Werkzeug verwendet, um Nervenfasern in sympathisch innervierten Organen auszuschalten. Dort führt es zu einer mehrere Monate anhaltenden Noradrenalin-Verarmung (Porter et al., 1963), die durch die selektive Zerstörung adrenerger Nervenendigungen (Thoenen und Tranzer, 1968) und die verminderte Noradrenalin-Synthese infolge reduzierter Aktivitäten der TH (Mueller et al., 1969) und Dopamin-β-Hydroxylase (Molinoff und Axelrod, 1971) hervorgerufen wird.

Das katecholaminerge Neurotoxin 6-OHDA wirkt nur nach zentraler Verabreichung

Systemisch verabreichtes 6-OHDA kann nicht die Blut-Hirn-Schranke überwinden. Durch direkte Injektion in den lateralen Ventrikel, die SN, das Striatum oder das mediale Vorderhirnbündel werden jedoch selektiv katecholaminerge Neuronen im ZNS geschä-

Tabelle 4.1. Charakteristische Merkmale der etablierten pharmakologischen Tiermodelle der Parkinson-Krankheit

Modell	Neuropathologischer Effekt	Symptomatik	Progression der Neurodegeneration
Reserpin (Ratten, Kaninchen)	–	Akinese, Hypokinese, Katalepsie, Tremor	–
Neuroleptika (Ratten)	–	Akinese, Bradykinese, Katalepsie	–
6-OHDA, intrazerebrale Applikation (Ratten)	Selektive, konzentrationsabhängige massive Degeneration dopaminerger Neuronen in der Substantia nigra (Desipramin-Gabe!) Reduzierte Dopamin- und Metaboliten-Konzentrationen im Striatum Bisher keine Einschluss-Körperchen nachgewiesen	Akinese und Katalepsie bei bilateraler Läsion, gelegentlich Ruhetremor in der kontralateralen Seite, die durch Dopaminergika kupiert werden; allerdings funktionale Erholung nach einiger Zeit Charakteristische Drehungen bei unilateraler Läsion, die unter chronischer L-DOPA-Applikation in der Intensität zunehmen (Dyskinesie-Modell)	+ (bei striataler Applikation)
Methamphetamin, systemische Applikation (Mäuse, Ratten, Affen, Katzen, Meerschweinchen)	Gering bis mittelgradige Degeneration dopaminerger Neuronen in der Substantia nigra Selektivität? (es degenerieren auch serotoninerge Neuronen) Reduzierte Dopamin-Konzentrationen im Striatum Bisher keine Einschluss-Körperchen nachgewiesen	Keine motorischen Defizite vorhanden	–
MPTP, akute und chronisch intermittierende systemische Applikation (Affen, C57BL/6-Mäuse, Katzen, Fadenwürmer, Fruchtfliegen)	Selektive, zum Teil massive Degeneration dopaminerger Neuronen in der Substantia nigra und noradrenerger Neuronen im Locus coeruleus Reduzierte Dopamin- und -Metaboliten-Konzentrationen im Striatum Eosinophile Einschluss-Körperchen bei alten Affen, nicht aber bei anderen Tierarten Gliose	Akinese, Rigor, vereinzelt Ruhe-Tremor, L-DOPA-induzierte Dyskinesien (Affen) Verminderte lokomotorische Aktivität, Akinese, Katalepsie (Mäuse, Katzen), aber funktionelle Erholung Symptome können durch Gabe von Dopaminergika kupiert werden	?, eher +

Tabelle 4.1. Fortsetzung

Modell	Neuropathologischer Effekt	Symptomatik	Progression der Neurodegeneration
MPTP, kontinuierliche Applikation (C57BL/6-Mäuse)	Neuropathologische Veränderungen wie nach akuter oder chronisch intermittierender Applikation. Zusätzlich α-Synuclein- und Ubiquitin-immunreaktive Einschluss-Körperchen	Motorische Defizite, die durch Dopaminergika kupiert werden.	?, eher +
Eisen(III)-Salze Intranigrale Applikation (Ratten)	Degeneration dopaminerger Neuronen in der Substantia nigra. Reduzierte Dopamin- und –Metaboliten-Konzentrationen im Striatum. Gliose	Anderes Drehverhalten als nach 6-OHDA (ipsilaterale Drehungen bei unilateraler Läsion! Hinweis auf moderate dopaminerge Degeneration)	+

–, keine, nicht vorhanden bzw. nicht untersucht; ?, nicht sicher; +, nachgewiesen
MPTP, 1-Methyl-4-phenyl-1,2,3,6-tetrahydropyridin; 6-OHDA, 6-Hydroxydopamin

digt (Ungerstedt, 1968; Bloom et al., 1969; Uretsky und Iversen, 1970). Diese Schädigungen manifestieren sich durch eine histologisch nachweisbare Degeneration katecholaminerger Neuronen, verringerte Konzentrationen an Dopamin, Noradrenalin und Adrenalin in den jeweiligen Projektionsarealen, reduzierte Mengen der Katecholamin-Metabolite und Tetrahydrobiopterin (Kofaktor der TH), eine verminderte TH-Aktivität sowie eine verminderte Anzahl von Katecholamin-Wiederaufnahmestellen (zur Übersicht: Zigmond und Stricker, 1989). Neuronen, die mit ACh, 5-HT oder GABA als Transmitter arbeiten, werden nicht durch 6-OHDA zerstört. Obwohl viele der in der Literatur beschriebenen Befunde zu 6-OHDA an erwachsenen Ratten erhoben wurden, können dessen relevante neurotoxischen Effekte auch bei anderen Nagetieren (z. B. Mäusen) und Tierfamilien (wie Katzen, Hunden und Affen) hervorgerufen werden (Zigmond und Stricker, 1989).

6-OHDA schädigt selektiv dopaminerge Neuronen nach vorheriger Gabe von Desipramin

6-OHDA wird durch den so genannten Monoamin-Transporter, der vor allem Dopamin und Noradrenalin, in geringen Mengen auch 5-HT befördert, in präsynaptische monoaminerge Neuronen aufgenommen. Durch vorherige Applikation (normalerweise 30 min vor der 6-OHDA-Injektion) eines Hemmstoffes des hochaffinen Noradrenalin-Transporters (z. B. Desipramin) wird die Aufnahme von 6-OHDA in noradrenerge Neuronen verhindert; man erreicht dadurch, dass vorwiegend dopaminerge Neuronen zerstört werden (Breese und Traylor, 1970).

Da bei der Parkinson-Krankheit vornehmlich das nigro-striatale System betroffen ist, hat man im Tierexperiment prinzipiell die Möglichkeit, **6-OHDA stereotaktisch in** die

SN oder das **Striatum** zu injizieren. Alternativ kann man in das **mediale Vorderhirnbündel** injizieren, wobei in diesem Fall sowohl das nigro-striatale System (A9-Zellgruppe bei der Ratte) als auch das mesolimbische System (A10-Zellgruppe bei der Ratte) geschädigt werden (siehe z. B. Deumens et al., 2002).

Zusätzlich hat man die Möglichkeit, 6-OHDA **unilateral** (das heißt, nur in einer Gehirnhemisphäre) oder **bilateral** (das heißt, in beide Hemisphären) zu verabreichen und in Abhängigkeit von der gewählten Konzentration **verschiedene Degenerationsgrade** zu erzeugen. Der Vorteil des unilateralen Modells liegt sicherlich in der Tatsache begründet, dass die menschliche Erkrankung auch unilateral beginnt, jedoch gibt es bis dato keine Hinweise in der Literatur, dass es wie bei der menschlichen Erkrankung bei persistierender unilateraler Degeneration später auch zum Befall der Gegenseite kommt. Ein weiterer Vorteil des unilateralen Modells ist der Befund, dass diese Tiere nach Gabe von Amphetamin beziehungsweise Dopamin-Rezeptoragonisten ein charakteristisches Drehverhalten zeigen, das gut quantifiziert werden kann (siehe nachfolgende Abschnitte) und zur Erprobung symptomatischer Therapieeffekte verwendet werden kann. Schließlich wird gelegentlich in der kontralateralen nichtläsionierten Seite ein Ruhetremor beobachtet (Cenci et al., 2002). Ein Nachteil des unilateralen Modells ist allerdings die Tatsache, dass auch in der nichtbehandelten Seite, die als „Kontrolle" verwendet wird, Veränderungen hervorgerufen werden, da zum einen Querverbindungen der dopaminergen Nervenbahnen existieren und zum anderen dort Kompensationsmechanismen auftreten (siehe Schwarting und Huston, 1996). Diese Veränderungen haben sicherlich einen Einfluss auf die Daten, die man aus den Untersuchungen zum Rotationsverhalten (siehe nachfolgende Abschnitte) erhält.

Injektion von 6-OHDA in das Striatum induziert langsame retrograde Neurodegeneration

Die **unilaterale Injektion** von 6-OHDA in die SN führt bei der Ratte zu einem raschen Verlust von dopaminergen nigro-striatalen Nervenzellen (Jeon et al., 1995), wohingegen die Injektion in das Striatum (20 µg, berechnet als freie Base; im Folgenden beziehen sich alle Konzentrationsangaben auf die freie Base) zu einer verzögerten und progredienten retrograden Degeneration führt: die Degeneration beginnt ca. eine Woche nach der 6-OHDA-Verabreichung; zu diesem Zeitpunkt sind aber erst vier Prozent der TH-immunreaktiven Neuronen degeneriert; nach zwei Wochen sind es bereits 41 Prozent, nach vier Wochen 65 Prozent, nach acht Wochen 77 Prozent und nach 16 Wochen 84 Prozent (Sauer und Oertel, 1994). Es ist bisher jedoch nicht definitiv geklärt, ob die hervorgerufenen Schäden irreversibel sind (siehe unten). Weiterhin wurde bei geringeren 6-OHDA-Konzentrationen (8 µg) kein progredienter Effekt über einen Zeitraum von 18 Wochen nachgewiesen (Opacka-Juffry et al., 1996). Dieser Befund steht im Widerspruch zu der Studie von Przedborski et al. (1995), die mit dieser Konzentration eine Progredienz beschrieben.

Wie für alle anderen Neurotoxine auch, ist eine gewisse interindividuell unterschiedliche Schwellenkonzentration notwendig für das Auslösen eines dopaminergen Zellschadens. Die Arbeitsgruppe um Timothy Schallert wollte ein **chronisches Modell** der dopaminergen nigro-striatalen Degeneration in der Ratte generieren, in dem über mehrere Wochen hin, kleine Mengen an 6-OHDA (2 µg) in das Striatum injiziert wurden; jedoch konnten damit keine langfristigen stabilen Verhaltensänderungen erzielt werden (Fleming et al., 2005). Darauf hin wurde 6-OHDA eskalierend, beginnend mit kleinen Mengen (2 µg) in immer größeren Mengen (bis 13,0 µg) intermittierend in das Striatum injiziert (ebd.).

Dabei zeigte sich, dass die notwendige Gesamtmenge, um überhaupt eine Degeneration herbeizuführen, wesentlich höher lag als bei einer einmaligen Gabe einer hohen Konzentration. Zudem wurden bei dieser Vorgehensweise nur geringe Neuronenverluste beobachtet. Die Autoren fanden, dass die kumulative Konzentration an 6-OHDA, um ein stabiles, mindestens 14 Wochen anhaltendes Verhaltensdefizit (unter anderen asymmetrisches Benutzen der Vorderpfoten) bei 29,46 ± 4,56 μg lag; im Mittel wurden 3,85 ± 0,26 Injektionen an 6-OHDA über einen Zeitraum von 11,55 ± 0,79 Tagen appliziert. Dadurch wurde ein 35-prozentiger Verlust an TH-immunpositiven Nervenzellen hervorgerufen.

Interessant ist in diesem Zusammenhang der Befund, dass man durch Erzwingen des Benutzens der betroffenen kontralateralen vorderen Extremitäten innerhalb der ersten, jedoch nicht der zweiten Woche nach der 6-OHDA-Injektion, die üblicherweise hervorgerufenen Verhaltensänderungen vermeiden oder vermindern kann (Kleim et al., 2003). Allerdings ist dies nur bei geringer Ausprägung des Degenerationsgrades möglich. Die Autoren haben Hinweise dafür, dass motorisches Training zu einer Hochregulation der Synthese von neurotrophen Faktoren wie GDNF (glialcell line-derived neurotrophic factor), FGF-2 (fibroblast growth factor 2) oder BDNF (brain-derived neurotrophic factor) führt und dadurch die Gehirnplastizität und funktionelle Änderungen gefördert werden. Eine zelluläre Plastizität in Form einer erhöhten Expression von proliferierenden Neuronen mit dem Chondroitin-Sulfat-Proteoglycan NG2 und GFAP-positiven (für glial fibrillary acidic protein) Zellen wurde auch bei unilateral 6-OHDA-geschädigten Ratten nach motorischem Training (Rotarod) beschrieben (Steiner et al., 2006).

Das bilaterale 6-OHDA-Modell wird kaum verwendet

Die **bilaterale** intraventrikuläre Injektion von wesentlich höheren Konzentrationen 6-OHDA (75 μg je Seite) führt bei erwachsenen Ratten akut zu beträchtlichen Funktionsstörungen wie Aphagie, Adipsie und Akinese, die wahrscheinlich durch den massiven Verlust dopaminerger Neuronen in der SN (>95 Prozent) verursacht werden (Onn et al., 1986); langfristig wurde jedoch eine **funktionelle Erholung** beobachtet, die durch neurochemische Kompensationsmechanismen überlebender dopaminerger Neuronen (erhöhte Dopamin-Synthese) und Adaptationen postsynaptischer Dopamin-Rezeptoren erklärt wird (Zigmond und Stricker, 1989). Alternativ könnte hierfür auch die Hyperinnervierung des Striatums verantwortlich sein, die durch das Einwachsen von 5-HT-Neuronen (sprouting) verursacht wird (siehe Reader und Dewar, 1999).

Bei neugeborenen Tieren führte die intraventrikuläre Applikation solch hoher 6-OHDA-Konzentrationen zu einer irreversiblen Zerstörung dopaminerger Neuronen; 60 Tage nach der 6-OHDA-Gabe wurde jedenfalls ein unverändert hoher Verlust dopaminerger Neuronen nachgewiesen (> 99 Prozent; siehe Reader und Dewar, 1999). Irreversible Zelluntergänge können wahrscheinlich auch bei erwachsenen Tieren, die empfindlicher als junge Tiere auf 6-OHDA reagieren, mit kleineren Mengen an 6-OHDA (12,5 μg pro Seite) hervorgerufen werden. Jedenfalls wurden drei Monate nach der 6-OHDA-Gabe unverändert erniedrigte Dopamin-Konzentrationen gemessen (Lindner et al., 1999).

Bilaterale stereotaktische **Injektionen** von 6-OHDA (8 μg pro Seite) in das Striatum der Ratte verursachen ein massives Absterben von dopaminergen Nervenzellen der SN (> 90 Prozent) und eine drastische Reduktion der Dopamin-Konzentration im Striatum: Die Tiere werden akinetisch, unterlassen jegliche

Nahrungs- und Wasseraufnahme und sind nur schwer am Leben zu halten (Ungerstedt, 1971). Dies war der Hauptgrund dafür, dass das bilaterale 6-OHDA-Modell bisher nur wenig in der experimentellen Parkinson-Forschung angewendet wurde. Die mehrfache bilaterale Applikation kleinerer Mengen von 6-OHDA (z. B. viermal je 5 μg pro Seite) führt jedoch nicht zu dieser schwerwiegenden Beeinträchtigung des Allgemeinzustandes der Tiere und imitiert **ein Parkinson-Syndrom im frühen Stadium** der Erkrankung (Pedersen, 2001): Unter der Anwendung dieses Schemas wird nur eine mäßige Reduktion der dopaminergen Nervenzellen in der SNc (TH-immunreaktive Neuronen: 54 Prozent der Kontrollwerte; Nissl-gefärbte Neuronen: 58 Prozent der Kontrollwerte) und ein im Durchschnitt etwa 50-prozentiger Verlust der Dopamin-Konzentration im Striatum bewirkt. Diese Schädigungen rufen jedoch schon Parkinson-ähnliche Symptome wie Akinese und Rigidität im Katalepsie-Test hervor.

Die unilateral 6-OHDA-läsionierte Ratte zeigt charakteristisches Drehverhalten

Die unilaterale stereotaktische Injektion von 6-OHDA in das Striatum (Andén et al., 1966; Ungerstedt und Arbuthnott, 1970) beziehungsweise in die SN (During et al., 1992) der Ratte erzeugt ein massives Absterben dopaminerger Nervenzellen in der ipsilateralen SN, das mit einer Reduktion der Dopamin-Konzentration im Striatum verbunden ist. Die Ratte mit diesem Schädigungsmuster stellt ein interessantes und auch heute noch häufig verwendetes experimentelles Modell zur Erprobung symptomatisch wirkender Substanzen dar (Abb. 4.2). Die Tiere zeigen unmittelbar nach dem Eingriff für kurze Zeit eine Asymmetrie der Motorik, die sich dann normalisiert und nur noch bei extremem psychischem Stress zum Vorschein kommt. Nach i. p. Gabe von Dopamin-Rezeptoragonisten, L-DOPA und Dopamin-freisetzenden Wirkstoffen treten jedoch eine ausgeprägte Asymmetrie in der Längsachse des Körpers und ein charakteristisches Drehverhalten auf, das in automatisierten Rotationsboxen quantifiziert wird (Hefti et al., 1980; During et al., 1992). **L-DOPA** und **Dopamin-Rezeptoragonisten** wie beispielsweise Apomorphin und Bromocriptin führen zu einer **kontralateralen Rotation** (hin zur nichtläsionierten Seite); **Dopamin-freisetzende Wirkstoffe** wie D-Amphetamin und Amantadin induzieren dagegen eine **ipsilaterale Rotation** (in Richtung zur läsionierten Seite). Die Anzahl der Drehungen hängt vom Schädigungsgrad des dopaminergen nigro-striatalen Systems ab: Eine Ratte mit einem mehr als 90-prozentigen striatalen Dopamin-Verlust zeigt beispielsweise nach 1 mg/kg Apomorphin (i. p.) mehr als 20 kontralaterale Drehungen pro fünf Minuten (Hefti et al., 1980).

Das chararakteristische Drehverhalten der unilateral 6-OHDA-läsionierten Ratte wird folgendermaßen erklärt: Postsynaptische Dopamin-Rezeptoren in der läsionierten Seite werden infolge der fehlenden präsynaptischen Denervierung supersensitiv; d. h., die Rezeptoren in der ipsilateralen Seite reagieren empfindlicher auf Dopamin und -Rezeptoragonisten als die in der noch „intakten" kontralateralen Seite. Dies hat zur Konsequenz, dass nach systemischer Gabe von Dopamin-Rezeptoragonisten in der läsionierten Seite eine im Vergleich zur nichtläsionierten Seite stärkere motorische Aktivierung stattfindet; die läsionierte Seite „läuft" der intakten Seite quasi davon und es kommt zu einer Rotation gegen die nichtläsionierte (kontralaterale) Gehirnhälfte. Da auf der 6-OHDA-läsionierten Seite keine präsynaptischen dopaminergen Nervenendigungen mehr vorhanden sind, können Dopamin-freisetzende Wirkstoffe nur auf der noch intakten Seite Dopamin freisetzen und dort Dopamin-Rezeptoren stimulieren; damit „läuft" die intakte Gehirnhälfte der läsionierten davon und es resultiert ein Drehen gegen die läsionierte (ipsilaterale) Seite.

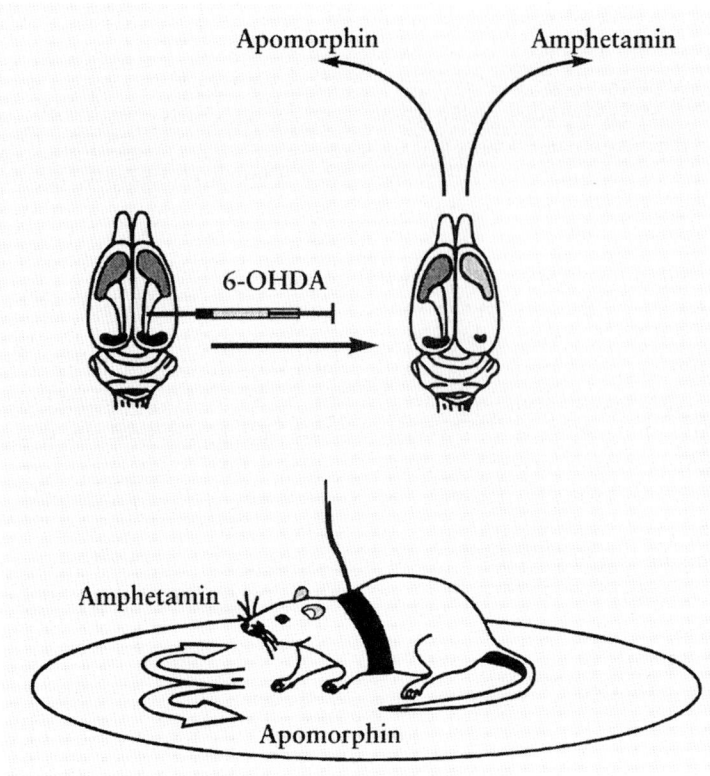

Abb. 4.2. Das unilaterale 6-OHDA-Rotationsmodell der Ratte (nach J. Sautter, Dissertation Universität München). 6-OHDA, 6-Hydroxydopamin

Durch Feststellen des Drehverhaltens in der unilateral 6-OHDA-läsionierten Ratte kann man Wirkstoffe, die Dopamin-Rezeptoren direkt stimulieren, von denen, die diese indirekt durch Freisetzung von Dopamin stimulieren, unterscheiden. Interessanterweise kann man in diesem Modell den Effekt von Apomorphin durch die systemische Gabe einer Kombination geringer Mengen L-DOPA, die selbst keinen Effekt zeigen, und Glutamat-Rezeptorantagonisten wie 6-Nitro-sulfamoyl-benzo-quinoxalin-dion (NBQX, ein Antagonist des AMPA-Rezeptors) oder 3-Carboxy-piperazin-propyl-phosphonylsäure (CPP, ein kompetitiver Antagonist des NMDA-Rezeptors) noch verstärken (Wachtel et al., 1992). Systemische Gabe des nichtkompetitiven NMDA-Rezeptorantagonisten MK-801 induziert dagegen ipsilaterale Rotationen (Goto et al., 1993). Dieses Drehverhalten kann man allerdings nicht plausibel erklären.

Die 6-OHDA-läsionierte Ratte als Tiermodell zur Entwicklung antidyskinetischer Wirkstoffe

An der unilateral 6-OHDA-läsionierten Ratte kann man auch den **chronischen Effekt von L-DOPA** untersuchen (Henry et al., 1998). Dabei wird eine über die Zeit zunehmende Verhaltensantwort (**Sensitivierung**) gemessen, d. h., die kontralateralen Drehungen nehmen abhängig von der L-DOPA-Dosis und der Anzahl der Gaben zu. Von Bedeutung ist, dass diese Sensitivierung durch Gabe der Dopamin-Rezeptoragonisten Bromocriptin und Lisurid, die in der Klinik das Auftreten von Dyskinesien hinauszögern (siehe nachfolgende Kap. 6 und 7), verhindert werden kann (Henry et al., 1998). Die Autoren folgerten daraus, dass dieses Modell einige Gemeinsamkeiten hat mit den durch die chronische L-DOPA-Therapie verursachten **Dyskinesien** beim Menschen und MPTP-läsionierten Affen.

Ein weiteres Verfahren, in der unilateral 6-OHDA-läsionierten Ratte L-DOPA-induzierte Dyskinesien zu bewerten, ist die Quantifizierung abnormaler unwillkürlicher Bewegungen (Abnormal Involuntary Movements, **AIMs**, Lundblad et al., 2004; 2005). Man erfasst dabei folgende vier Subtypen von Dyskinesien und erstellt anhand einer jeweils fünfstufigen Punktezahl (0–4; 0, nicht vorhanden; 4 schwer ausgeprägt) einen Gesamtwert:

(1) lokomotorische Dyskinesien, d. h. erhöhte Fortbewegung mit kontralateraler Seitenbevorzugung,
(2) axiale Dystonie, d. h. kontralateral verdrehte Haltung des Halses und des oberen Körpers,
(3) orolinguale Dyskinesien, d. h. stereotype Kieferbewegungen und Vorstehen der Zunge und
(4) Dyskinesien der Pfoten, d. h. wiederholte rhythmische ruckartige Bewegungen und/oder Greifbewegungen der kontralateralen Pfote.

Zurzeit gibt es jedoch einige Diskussion darüber, inwieweit das kontralaterale Drehverhalten an der unilateral 6-OHDA-läsionierten Ratte nach chronischer Gabe von L-DOPA Dyskinesien beim Menschen abbildet und ob beide Verfahren möglicherweise unterschiedliche Aspekte der Dyskinesien beim Menschen dokumentieren (Carta et al., 2006; Lane et al., 2006; Marin et al., 2006). Aufgrund der Bewertung der bisher vorliegenden Befunde kamen Carta und Kollegen (2006) zu dem Ergebnis, dass alle beim Menschen Dyskinesien hervorrufenden Wirkstoffe auch an der unilateral 6-OHDA-läsionierten Ratte eine Sensitivierung induzieren und nur Wirkstoffe (vor allem L-DOPA), die schwere, behindernde Dyskinesien bewirken, AIMs hervorrufen. Wichtig ist aber festzuhalten, dass das Hervorrufen dieser beiden Phänomene durch die Testumgebung beeinflusst wird (Pinna et al., 2006).

Nichtsdestominder ist die unilateral 6-OHDA-läsionierte Ratte ein kostengünstiges und gut charakterisiertes Modell zur Erprobung symptomatischer und antidyskinetischer Wirkstoffe. Wir (MG, PR) konnten an diesem Dyskinesie-Modell den antidyskinetischen Effekt von Sarizotan zeigen (Gerlach et al., 2006a) und nachweisen, dass an diesem Effekt die Stimulation des serotoninergen $5-HT_{1A}$-Rezeptors beteiligt ist (Gerlach et al., 2006c). Weiterhin fanden wir, dass kontinuierlich appliziertes Rotigotin weder zu einer L-DOPA-induzierten Sensitivierung noch zu einer Zunahme der AIMs führt (Schmidt et al., 2006). Schließlich konnten wir zeigen, dass durch Zugabe des peripheren COMT-Hemmers Entacapon zu L-DOPA/Benserazid die Menge an L-DOPA reduziert werden kann und damit weniger Dyskinesien hervorgerufen werden (Gerlach et al., 2004b).

6-OHDA hemmt die Atmungskette und generiert freie Radikale

6-OHDA wird wie oben schon erwähnt durch den Monoamin-Transporter überwiegend in präsynaptische dopaminerge und noradrenerge Neuronen aufgenommen. Gibt man das Psychostimulanz Methylphenidat, ein DAT- und Noradrenalin-Hemmstoff, gleichzeitig zu 6-OHDA, dann kann man vollkommen die Degeneration TH-immunpositiver Neuronen verhindern (Fleming et al., 2005). In katecholaminergen Neuronen hemmt 6-OHDA dann den Komplex I und IV der mitochondrialen Atmungskette (siehe Abb. 4.3; Glinka

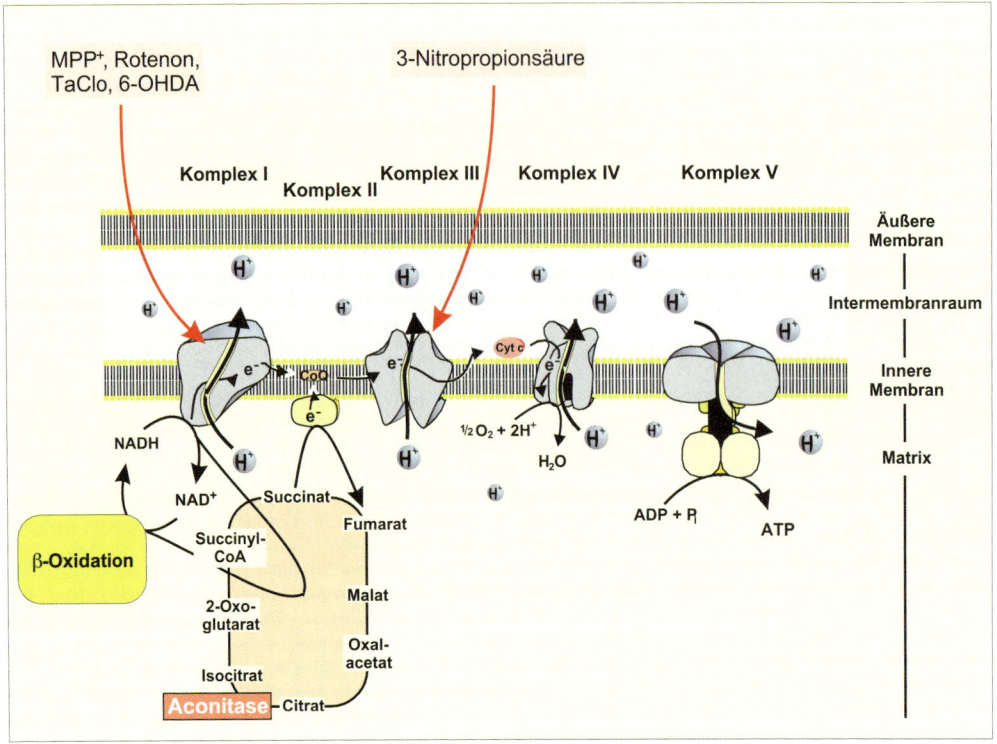

Abb. 4.3. Die mitochondriale Atmungskette und subzelluläre Angriffspunkte von dopaminergen Neurotoxinen. In der Atmungskette wird aus den organischen Verbindungen des Zellstoffwechsels in Form von Nicotinamidadenindinucleotid (NADH) anfallender Wasserstoff mit Sauerstoff zu Wasser oxidiert, wobei Energie in Form von Adenosintriphosphat (ATP) anfällt. Die aus zahlreichen Einzelschritten aufgebaute Kette von chemischen Redoxreaktionen wird durch an der inneren Mitochondrienmembran lokalisierte Multienzymkomplexe katalysiert, in deren Verlauf Elektronen als Reduktionsäquivalente weitergegeben werden. ADP, Adenosin-5''-diphosphat; CoQ, Coenzym Q; Cyt c, Cytochrom c; MPP$^+$, 1-Methyl-4-phenylpyridinium-Kation; TaClo, TaClo, 1-Trichlormethyl-1,2,3,4-tetrahydro-β-carbolin; 6-OHDA, 6-Hydroxdopamin. Die Abbildung wurde freundlicherweise von Dr. Bernd Janetzky, Neurologische Universitätsklinik Dresden, zur Verfügung gestellt.

und Youdim, 1995) und generiert unphysiologische Mengen an freien Radikalen, wodurch die antioxidativen Mechanismen in dopaminergen Neuronen überfordert sind und irreversible neuronale Zellschädigungen hervorgerufen werden, die zum Zelltod führen können (siehe Kap. 5). Die Hemmung der mitochondrialen Komplexe durch 6-OHDA ist irreversibel und kann nicht durch Radikalenfänger, aber durch den Eisen-Chelator Desferroxamin beeinflusst werden (Glinka et al., 1997). Die Autoren folgerten daraus, dass freie Radikale nicht an der Interaktion von 6-OHDA mit der mitochondrialen Atmungskette beteiligt sind und beide Mechanismen unabhängig voneinander ablaufen, jedoch eine synergistische Wirkung in vivo möglich ist. Auf die Freisetzung von freien Radikalen weisen unter anderen die Befunde hin, dass man im Gehirn von 6-OHDA-geschädigten Ratten reduzierte Mengen an Glutathion (GSH) nachweist und die durch 6-OHDA hervorgerufene Neuronenschädigungen zum Teil durch die Gabe von Vitamin E verhindern kann (siehe Glinka et al., 1997). An der Generierung freier Radikale ist redoxaktives Eisen (Fe^{2+}) beteiligt (siehe Kap. 5), das durch 6-OHDA aus dem Eisenspeicher-Protein Ferritin freigesetzt wird (Monteiro und Winterbourn, 1989; Double et al., 1998). Die Freisetzung dieses Eisens ist mit einer massiven Zunahme von Lipidperoxidation verbunden (Double et al., 1998). Möglicherweise kann dieses auch durch das Blut ins Gehirn gelangen, da 6-OHDA auch eine Störung der Blut-Hirn-Schranken-Permeabilität hervorruft (Oestreicher et al., 1994; Carvey et al., 2005).

4.2.2 Methamphetamin

Amphetamin und -Derivate wie Methamphetamin (Abb. 4.1) und 3,4-Methylendioxymethamphetamin (**MDMA, „Ecstasy"**) haben eine psychostimulierende Wirkung mit einem hohem Abhängigkeits-Potenzial. Man geht davon aus, dass dafür die Kinetik der Dopamin-Freisetzung im mesolimbischen System verantwortlich ist. In sehr hohen Konzentrationen führt jedoch die systemische Gabe (i. p., s. c., intramuskulär) dieser Amphetamine zur Degeneration nigro-striataler dopaminerger Neuronen bei einer Reihe von Tierfamilien (Affen, Ratten, Mäusen, Meerschweinchen, Katzen). Diese manifestiert sich in einem striatalen Dopamin-Defizit, in einer Verminderung der präsynaptischen Dopamin-Wiederaufnahme-Stellen im Striatum, in einer Verminderung der TH-immunpositiver Neuronen und in einer reaktiven Gliose (zur Übersicht: Boywer und Holson, 1995; Seiden et al., 2000).

Beim Menschen gab es noch keine eindeutigen Hinweise dafür, dass diese Amphetamine zu einer Schädigung des dopaminergen Systems führen. Lange Zeit ging man davon aus, dass MDMA im Gegensatz zu Methamphetamin nicht dopaminerge, sondern nur serotoninerge Neuronen schädigt. Umso mehr sorgte eine Publikation von Ricaurte et al. (2002) in „Science" für Aufsehen, in der die Autoren erstmals beschrieben, dass MDMA bei Eichhörnchen-Affen und Pavianen einen langfristigen (bis acht Wochen) 60-prozentigen Dopamin-Verlust im Putamen und eine verminderte Anzahl nigraler dopaminerger Nervenzellen, jedoch keine Parkinson-Symptomatik verursache. Die Autoren ahmten in dieser Studie ein Dosierungsregime (dreimal 3 mg/kg Körpergewicht in dreistündigen Intervallen) nach, das dem „Ecstasy"-Konsum von Partygängern während einer durchtanzten Nacht entsprach. Der einzige Unterschied bestand in der Verabreichung, die nicht peroral wie beim Menschen war, sondern s. c. bei den Eichhörnchen-Affen und intramuskulär bei den Pavianen. Kurze Zeit später mussten sich die Autoren berichtigen, da offensichtlich im Labor die Reaganzienflaschen vertauscht wurden, und in der Studie anstelle von MDMA Methamphetamin verwendet wurde (Ricaurte et al., 2003).

Obwohl in der Literatur immer allgemein davon gesprochen wird, dass Amphetamin und Methamphetamin neurotoxisch wirksam sein sollten, gibt es kaum Studien, die systematisch die schädigende Wirkung von Amphetamin auf dopaminerge Neuronen untersucht haben. Im Folgenden wird deshalb nur auf Methamphetamin eingegangen.

Methamphetamin induziert den Untergang nigro-striataler dopaminerger Neuronen, erzeugt aber keine Parkinson-Symptome

Seiden und Kollegen berichteten erstmals 1976, dass drei bis sechs Monate nach der systemischen Applikation von Methamphetamin (kumulative Menge 12,5–25 mg über 8 Injektionen am Tag verteilt) bei Rhesus-Affen im Nucleus caudatus eine 70-prozentige Reduktion der Dopamin-Konzentration vorhanden ist. Kurze Zeit später wurde bei Ratten die **Schädigung dopaminerger, aber auch serotoninerger Neuronen** nachgewiesen (siehe Seiden et al., 2000). Ähnliche Schädigungen wurden dann bei weiteren Tierfamilien (Mäusen, Katzen, Meerschweinchen, nichtmenschliche Primaten) beschrieben (ebd.). Jedoch scheint ähnlich wie für MPTP (siehe nachfolgende Abschnitte) die neurotoxische Wirkung von Methamphetamin von der Tierspezies (Affen reagieren empfindlicher auf Methamphetamin), von der applizierten Menge, der Verabreichungsart (s. c. oder i. p.) und dem -intervall abhängig zu sein.

Die systemische Applikation (i. p. oder s. c.) von Methamphetamin führt konzentrationsabhängig zu einer Schädigung dopaminerger Neuronen, die durch Zählung TH-immunreaktiver Neuronen, Messung der Dopamin- und -Metaboliten-Konzentrationen sowie Bestimmung der TH-Aktivität und DAT-Dichte dokumentiert wurde (Wagner et al., 1980; Ohmori et al., 1993; Sonsalla et al., 1996, Seiden et al., 2000). Interessanterweise wurde in den Untersuchungen zur Neurotoxizität von Amphetaminen fast immer nur der Nucleus caudatus und kaum das Putamen untersucht. Generell sind die durch Methamphetamin herbeigeführten **Läsionen** im dopaminergen nigro-striatalen System bei Nagetieren nur relativ **geringfügig ausgeprägt,** sodass man so gut wie **keine Änderungen im spontanen lokomotorischen Verhalten** beobachtete (siehe Seiden et al., 2000). Selbst sehr hohe Mengen an D-Methamphetamin (täglich je 100 mg/kg Körpergewicht s. c. über vier Tage) erzeugten bei der Ratte nur eine 54-prozentige Reduktion der Dopamin-Konzentration im Nucleus caudatus; dieser Verlust scheint irreversibel zu sein, da er bis 30 Tage nach der letzten Gabe Methamphetamin nachweisbar war (Wagner et al., 1980). Bei Rhesus-Affen wurden Dopamin-Verluste sogar bis zu drei Jahre nach der Methamphetamin-Exposition beobachtet (siehe Seiden et al., 2000). Eine etwa 50-prozentige Dopamin-Reduktion konnte auch durch kleinere Gesamtmengen Methamphetamin (30 mg/kg Körpergewicht, die in vier Dosen á 7,5 mg/kg in zweistündigen Intervallen verabreicht wurden) hervorgerufen werden (Ohmori et al., 1993).

Die durch Methamphetamin induzierte Neurotoxizität beschränkt sich vor allem auf dopaminerge Neuronen, noradrenerge Neuronen sind nicht betroffen (Wagner et al., 1980). Unter hohen Methamphetamin-Konzentrationen findet man jedoch auch eine Schädigung des serotoninergen Systems. Die Dopamin-Verluste beschränken sich nur auf das Striatum; in extrastriatalen Regionen wie frontaler Kortex, Nucleus accumbens, Nucleus amygdalae, Hippocampus oder Hypothalamus wurden unveränderte Dopamin-Konzentrationen nachgewiesen (siehe Gerlach und Riederer, 1996). Extrastriatale Regionen sind zwar ebenso wie das Striatum dopaminerg innerviert, jedoch könnte die Innervierungsdichte und damit die Menge des durch Methamphetamin freigesetzten Dopamins ausschlaggebend sein für den neurotoxischen Effekt. Diesen Schluss lassen jedenfalls Mikrodialyse-Untersuchungen an der lebenden Ratte zu, in denen die i. p. Injektion von Methamphetamin akut ausschließlich zu einer massiven Freisetzung von Dopamin im Striatum führte und die freigesetzte Menge an Dopamin mit dem histologisch nachgewiesenen Verlust TH-immunreaktiver Neuronen korrelierte (O'Dell et al., 1991).

Unphysiologisch hohe zytosolische Dopamin-Konzentrationen sind wahrscheinlich der Auslöser der Neurotoxizität von Methamphetamin

Die Wirkungsmechanismen, die zum dopaminergen Zelltod durch Methamphetamin führen, sind nur zum Teil bekannt. Viele der vorliegenden Befunde sprechen dafür, dass hohe unphysiologische, zytosolische Dopamin-Konzentrationen zu einer Kaskade von zellschädigenden Reaktionen führen, die letztendlich die dopaminerge und serotoninerge Degeneration auslösen; jedoch gibt es auch Hinweise dafür, dass Dopamin keine Rolle spielt und möglicherweise eine direkte Wirkung der Amphetamin-Derivate, z. B. auf die thermoregulierenden Prozesse, der Auslöser der Neurodegeneration ist (Yuan et al., 2001).

Für die Beteiligung von Dopamin sprechen eine Reihe von pharmakologischen Untersuchungen, die übereinstimmend darauf hinweisen, dass man durch eine Beeinflussung der prä- und postsynaptischen dopaminergen Neurotransmission die durch Methamphetamin herbeigeführte Neurodegeneration aufhalten kann (siehe Vito und Wagner, 1989; Gerlach und Riederer, 1996; Yuan et al., 2001). Es gibt eine Reihe von indirekten Hinweisen dafür, dass ROS durch Methamphetamin-Gabe produziert werden; diskutiert wird auch, dass 6-OHDA gebildet wird (ebd.). Weiterhin fand man bei Ratten, denen man Methamphetamin injiziert hatte, eine reversible Hemmung des Komplexes IV (Abb. 4.3) in verschiedenen Gehirnregionen (Striatum 23–29%, SN 31–43%; Nucleus accumbens 29–30%; Burrows et al., 2000), die auch durch zytosolisches Dopamin erklärt werden kann. Schließlich wurde gezeigt, dass bei heterozygoten VMAT-2-Knock-out-Mäusen, denen das Gen für das Protein des vesikulären Monoamin-Transporters fehlte, geringere Methamphetamin-Konzentrationen zur Auslösung der neurotoxischen Effekte nötig waren als bei den Wildtyp-Mäusen (Fumagalli et al., 1999). In anderen Untersuchungen wurde zusätzlich auch eine Erhöhung der extrazellulären Glutamat-Konzentrationen nachgewiesen (Nash und Yamamoto, 1992), die ebenfalls für die neurotoxischen Wirkungen des Methamphetamins verantwortlich sein könnte (siehe nachfolgendes Kap. 5).

4.2.3 MPTP

Wie im Kap. 1 bereits beschrieben, wird als weitere mögliche Ursache für die Entstehung eines IPS eine Exposition mit endogenen oder exogenen Toxinen diskutiert. Diese Vorstellung ergab sich aus den Erkenntnissen über die so genannten **„erstarrten Süchtigen"**. Im Jahre 1979 kamen in Kalifornien mehrere junge Heroinabhängige als Patienten, die plötzlich fast völlig bewegungsunfähig geworden waren, nachdem sie sich selbst hergestelltes synthetisches Heroin gespritzt hatten, in die Klinik (Davis et al., 1979). Es war, als hätte sich über Nacht eine schwere Parkinson-Krankheit entwickelt. Die Symptome konnten mit L-DOPA und dem damals zur Verfügung stehenden Dopamin-Rezeptoragonisten Bromocriptin behandelt werden. Bei der Analyse des „synthetischen Heroins" wurde neben dem eigentlichen Wirkstoff 1-Methyl-4-phenyl-4-propionoxypiperidin (Meperidin), der zu ca. 25 Prozent enthalten war, bis zu 2,9 Prozent MPTP (Abb. 4.1) nachgewiesen (Langston et al., 1983).

MPTP induziert ein Parkinson-Syndrom beim Menschen, bei nichtmenschlichen Primaten und zum Teil bei weiteren Tierfamilien

Die neuropathologische Untersuchung des Gehirns eines verstorbenen „Heroin"-Süchtigen, der an einem MPTP-induzierten Parkinson-Syndrom erkrankt war, zeigte eine selektive Zerstörung dopaminerger Neuronen der SNc (Davis et al., 1979). Eine ausführliche neuropathologische Untersuchung der Gehirne von drei Verstorbenen mit einem durch MPTP verursachten Parkinsonismus bestätigte diesen Befund (Langston et al., 1999). Der **Verlust an pigmentierten Neuronen** ging mit dem Auftreten von Gliose und Mikroglia einher. In einem Fall wurde extrazelluläres Neuromelanin in großen Mengen nachgewiesen. **Lewy-Körperchen** wurden jedoch **nicht beobachtet,** insofern unterscheidet sich dieses Neurotoxin-induzierte Parkinson-Syndrom von der typischen idiopathischen Form, die durch das Vorkommen von Lewy-Körperchen in der SN charakterisiert ist. Typische Lewy-Körperchen scheinen auch nicht im Gehirn MPTP-geschädigter Affen vorzukommen. Bei alten MPTP-behandelten Affen wurden zwar eosinophile Einschluss-Körperchen in Gehirnstrukturen beschrieben, in denen auch Lewy-Körperchen beim Menschen auftreten; da diese sich jedoch sowohl morphologisch als auch immunhistochemisch von Lewy-Körperchen unterscheiden (Forno et al., 1993), muss man davon ausgehen, dass diese nicht mit Lewy-Körperchen identisch sind.

Die Parkinson auslösende Wirkung von MPTP war lange Zeit nicht bekannt, da man MPTP anfänglich nur an Ratten, den typischen Laboratoriumstieren, untersuchte und bei diesen keine beziehungsweise nur sehr geringfügige neurotoxische Effekte fand (Tabelle 4.2). Erst nachdem man nichtmenschliche Primaten verwendete und ein Parkinson-Syndrom, das dem des Menschen ähnelte und mit einem Verlust nigro-striataler dopaminerger Neuronen einherging, nach systemischer MPTP-Gabe beobachten konnte, war die Ursache des Parkinsonismus bei den jungen Drogenabhängigen geklärt (Langston et al., 1983; Burns et al., 1983).

In späteren Untersuchungen wurde dann auch die dopaminerge neurotoxische Wirkung von MPTP bei bestimmten Mäusestämmen, Hunden, Katzen, Schafen und sogar Goldfischen und Fadenwürmern (Caenorhabditis elegans, C. elegans) nachgewiesen. Auffallend sind die markanten **Suszeptibilitäts-Unterschiede** gegenüber der neurotoxischen Wirkung von MPTP (zur Übersicht: Gerlach et al., 1991b; Gerlach und Riederer, 1996). Nagetiere reagieren generell wesentlich weniger empfindlich als Affen (Tabelle 4.2). Beispielsweise führt die systemische Injektion von relativ großen Mengen MPTP (kumulative Dosis 151 mg/kg Körpergewicht) nur zu einem im Durchschnitt etwa 20-prozentigen Dopamin-Verlust im Striatum der Ratte, ein Hundertstel dieser Dosis genügt dagegen, um beim Rhesus-Affen eine nahezu vollständige Reduktion der Dopamin-Konzentration hervorzurufen. Die Gründe für diese großen Sus-

Tabelle 4.2. Suszeptibilität unterschiedlicher Tierfamilien gegenüber der MPTP-Neurotoxizität (modifiziert nach Gerlach und Riederer, 1996)

Tierfamilie	**Kumulative Dosis** (mg/kg)	**Dopamin-Verlust** (Prozent)
Nagetiere		
Sprague-Dawley-Ratte	151	23 (Nucleus caudatus)
Meerschweinchen	105	50 (Striatum)
Maus		
C57BL/6	80	80 (Striatum)
CF/1	80	40 (Striatum)
Swiss-Webster	410	65 (Striatum)
Nichtmenschliche Primaten		
Common Marmoset	8	99 (Striatum)
Rhesus-Affe	1,5	97 (Striatum)
	2,1–6,5	99,6 (Nucleus caudatus)
		99,5 (Putamen)
Eichhörnchen-Affe	2	70 (Nucleus caudatus)
		85 (Putamen)

MPTP, 1-Methyl-4-phenyl-1,2,3,6-tetrahydropyridin. Die MPTP-Dosierungen sind auf die freie Base bezogen zeptibilitäts-Unterschiede sind nicht bekannt. Man nimmt an, dass vor allem die verschiedenen Geschwindigkeiten der MPTP-Metabolisierung verantwortlich sind. Weitere Erklärungsmöglichkeiten sind die Anwesenheit von Neuromelanin, das z. B. nur bei Primaten vorhanden ist und den neurotoxischen Hauptmetabolit von MPTP, MPP$^+$, bindet sowie die unterschiedliche Verteilung und Lokalisation der MAO-Subtypen im Gehirn und der ungleiche Gehalt des nigro-striatalen Systems an Antioxidanzien.

Beträchtliche Suszeptibilitäts-Unterschiede gegenüber der neurotoxischen Wirkung von MPTP treten jedoch auch innerhalb einzelner Tiere (insbesondere bei nichtmenschlichen Primaten) auf, wozu die verschiedene intraindividuelle genetische Ausstattung mit detoxifizierenden Enzymen und die ungleich ausgeprägten Kompensationsmechanismen beitragen könnten. Ältere Tiere reagieren allgemein empfindlicher auf MPTP als jüngere und sind weniger regenerationsfähig.

Die systemische Gabe von MPTP erzeugt auch bei Affen (wie Rhesus- und Eichhörnchen-Affen, Makaken, Pavianen, Common Marmosets) ein motorisches Syndrom, das dem des Menschen vergleichbar ist und mithilfe modifizierter Parkinson-Skalen quantifiziert werden kann. Im Vordergrund stehen **Akinese und Rigor**; **Ruhetremor** wird dagegen nur vereinzelt beobachtet. Die Symptome sind in Abhängigkeit von Spezies, Alter und MPTP-Konzentration unterschiedlich ausgeprägt und können mit L-DOPA und Dopamin-D2-Rezeptoragonisten symptomatisch behandelt werden (Burns et al., 1983; Close et al., 1990). Keinen Effekt zeigte der nichtkompetitive NMDA-Rezeptorantagonist MK-801 nach systemischer Applikation (Crossman et al., 1989), der kompetitive NMDA-Rezeptorantagonist CGP40.116 hingegen potenzierte die L-DOPA-Wirkung (Wüllner et al., 1992).

Interessanterweise kann man durch chronische Gabe von L-DOPA bei MPTP-geschädigten Affen, ähnlich wie beim Menschen, **Dyskinesien** hervorrufen (Blanchet et al., 1995; Pearce et al., 1995).

MPTP zeigt selektive neurotoxische Wirkung

Der toxische MPTP-Metabolit MPP$^+$ wird durch den Monoamin-Transporter, der vor allem Dopamin, aber auch Noradrenalin befördert, in die entsprechenden Neuronen aufgenommen (siehe nachfolgender Abschnitt), wodurch die selektive Schädigung von dopaminergen und noradrenergen Neuronen erklärt wird. Vorwiegend betroffen sind dopaminerge nigro-striatale, aber auch mesolimbische Neuronen und noradrenerge Nervenzellen im Locus coeruleus. Dies konnte man bei Affen, der C57BL/6-Maus, der Katze und C. elegans mithilfe histochemischer (Nissl-Färbung), immunhistochemischer (TH) und neurochemischer Verfahren nachweisen (Tabelle 4.3). Beispielsweise fand man bei Makaken in Abhängigkeit der MPTP-Konzentration (1,75 – 4,59 mg/kg Körpergewicht) Zellverluste in der SNc zwischen 46 und 93 Prozent und in der VTA zwischen 28 und 57 Prozent, die zu einer 99-prozentigen Erniedrigung der Dopamin-Konzentration im Striatum führten (German et al., 1988). Bei C57BL/6-Mäusen werden dagegen mit der fast 20-fachen Konzentration an MPTP (kumulative Konzentration 80 mg/kg Körpergewicht; viermal 20 mg/kg s. c. in Abständen von zwei Stunden) nur nigrale dopaminerge Neuronenverluste von 40 Prozent, VTA-Zellverluste von 17 Prozent und eine Reduktion der Dopamin-Konzentrationen von 85 Prozent gemessen (Date et al., 1990; Kupsch et al., 1995).

MPTP ist nicht das eigentliche neurotoxische Agens

Der **Wirkungsmechanismus von MPTP** ist größtenteils aufgeklärt (zur Übersicht: Gerlach et al., 1991b, Gerlach und Riederer,

Tabelle 4.3. Neurochemische Effekte von MPTP bei nichtmenschlichen Primaten (nach Gerlach und Riederer, 1996)

Neurochemischer Parameter	Gehirnregion (Prozent der Normalwerte)				
	Nucleus caudatus	Putamane	Globus pallidus	Nucleus accumbens	Area tegmentalis ventralis
Dopamin	19	4	50	28	41
3,4-Dihydroxyphenylessigsäure	26	9	46	23	23
Homovanillinsäure	20	7	14	26	38
Tyrosin-Hydroxylase-Aktivität	–	–	25	26	43
[3H]Mazindol-Bindungsdichte	16	15	–	65	–
Noradrenalin	100	43	150 (ns)	103 (ns)	128 (ns)
Serotonin	36	19	148 (ns)	165	94 (ns)
5-Hydroxyindolessigsäure	19	13	–	–	–

MPTP, 1-Methyl-4-phenyl-1,2,3,6-tetrahydropyridin; –, nicht bestimmt; ns, nicht signifikant verschieden von den Normalwerten

1996). Als lipophile Substanz gelangt es nach systemischer Injektion rasch in das ZNS, wo es in Gliazellen durch die MAO-B zum eigentlich toxischen MPP$^+$ oxidiert wird (Abb. 4.4 und 4.5). Ein weiteres toxisches Zwischenprodukt ist 1-Methyl-4-phenyl-1,6-dihydropyridin (MPDP, Abb. 4.4). Injiziert man diese Substanzen direkt in die SN oder das mediale Vorderhirnbündel der Ratte, so kann man auch eine Zerstörung dopaminerger nigro-striataler Neuronen hervorrufen (Mihatsch et al., 1988). Durch unselektive Hemmung der MAO-B mittels hoher Dosen Selegilin, Rasagilin und Pargylin kann man den neurotoxischen Effekt von MPTP vollständig verhindern (z. B. Kupsch et al., 2001). Ebenso wirken DAT-Hemmstoffe wie Nomifensin und Methylphenidat.

MPP$^+$ verlässt die Gliazellen mit einem noch nicht endgültig geklärten Mechanismus. Es gibt Hinweise dafür, dass der extraneuronale Monoamin-Transporter, für den es eine sehr hohe Affinität hat (Russ et al., 1996), beteiligt ist. MPP$^+$ wird anschließend über den DAT selektiv in dopaminergen Neuronen akkumuliert (Abb. 4.5). Dort blockiert MPP$^+$ die mitochondriale Atmungskette und löst damit eine Kaskade von zellschädigenden Prozessen wie Störung der Ca^{2+}-Homöostase, oxidativer Stress und Hemmung des Ubiquitin-Proteasom-Systems aus (siehe auch Kap. 5). Es kommt daraufhin zu einem ATP-Mangel, DNS-Schäden und -Mutationen, Lipid-Peroxidationen (Membranschäden), Proteinveränderungen und der Bildung von Einschluss-Körperchen, wodurch schließlich die dopaminergen Neuronen zugrunde gehen.

Modellierung der Parkinson-Krankheit mit MPTP bei Nagetieren und anderen höher entwickelten Tierarten

MPTP-geschädigte **Mäuse** zeigen nach den akuten Intoxikationserscheinungen wie Mydriasis, Piloerektion, Hypersalivation und klo-

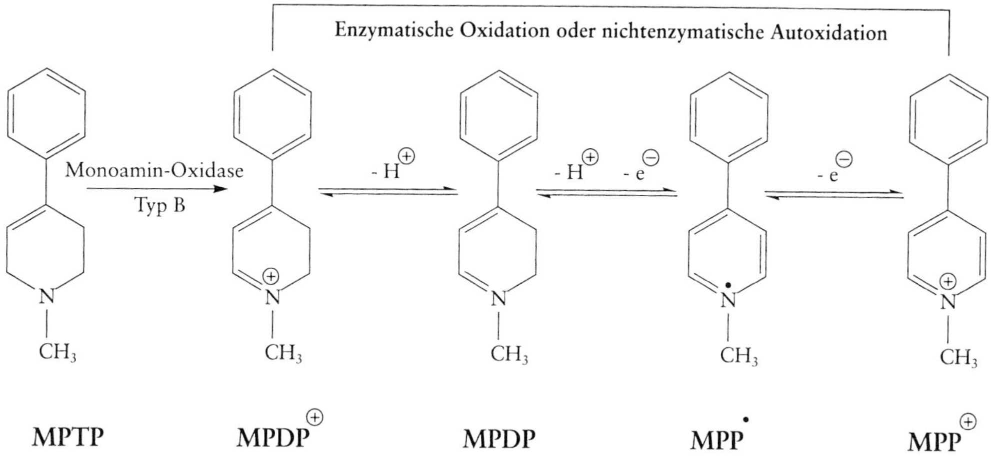

Abb. 4.4. Metabolismus von MPTP. MPDP, 1-Methyl-4-phenyl-1,6-dihydropyridin; MPP$^+$, 1-Methyl-4-phenylpyridinium-Kation; MPTP; 1-Methyl-4-phenyl-1,2,3,6-tetrahydropyridin

nischen Krämpfen relativ schnell wieder (15 –30 min) ein normales spontanes Verhalten; Hypokinese wurde kaum beobachtet, obwohl zumindest kurzfristig auch eine **verminderte lokomotorische Aktivität** beschrieben wurde (Sundström et al., 1990). Auffallend ist allerdings das motorische Verhalten von MPTP-geschädigten Mäusen, denen geringe Dosen Haloperidol (0,2 mg/kg Körpergewicht) i. p. injiziert wurden (Weihmuller et al., 1989). Diese Dosis Haloperidol rief bei nicht mit MPTP geschädigten Tieren keine motorischen Verhaltensänderungen hervor; dagegen wurde bei MPTP-läsionierten Tieren eine deutliche Verschlechterung der somatosensorischen Orientierung gemessen, die sich wieder – parallel mit dem striatalen Dopamin-Gehalt – innerhalb von drei bis fünf Monaten normalisierte. Bei MPTP-geschädigten Tieren wurden zudem **Akinese** und **Katalepsie** beschrieben, die noch nach fünf Monaten vorhanden waren. Zurückgeführt werden können diese Veränderungen im motorischen Verhalten auf die durch MPTP hervorgerufene Supersensitivierung dopaminerger Rezeptoren (Weihmuller et al., 1989). Bei MPTP-geschädigten Affen fand man eine verminderte Dopamin-Rezeptorendichte im Striatum ([^{3}H]Spiperon-Bindungsdichte): –40 Prozent im Putamen, –25 Prozent im Nucleus caudatus (Alexander et al., 1991).

Da die Parkinson-Krankheit chronisch progredient verläuft, wollten wir (MG, PR) zusammen mit Kieler Kollegen ein **chronisches MPTP-Modell** entwickeln (Liersch et al., 2001). Als Tierart wählten wir die **Katze,** da das periphere und zentrale Nervensystem der Katze sehr gut charakterisiert ist und ein akutes MPTP-Modell bereits beschrieben wurde. Untersuchungen an nichtmenschlichen Primaten sind sehr teuer und zeitaufwendig (siehe nachfolgende Abschnitte). Durch tägliche s. c. Injektion kleiner Mengen MPTP (0,5, 1,0 oder 2,0 mg/kg Körpergewicht) konnte eine moderate bis schwere Parkinson-Symptomatik, die durch Akinese, Rigor und einen Ruhe- beziehungsweise posturalen Tremor charakterisiert ist, hervorgerufen werden. Die Symptome entwickelten sich allmählich und waren abhängig von der MPTP-Menge am Ende der dritten Woche am stärksten ausgeprägt. Die neurochemischen Untersuchungen der Gehirne ergaben, dass nach dieser Behandlung ein Dopamin-

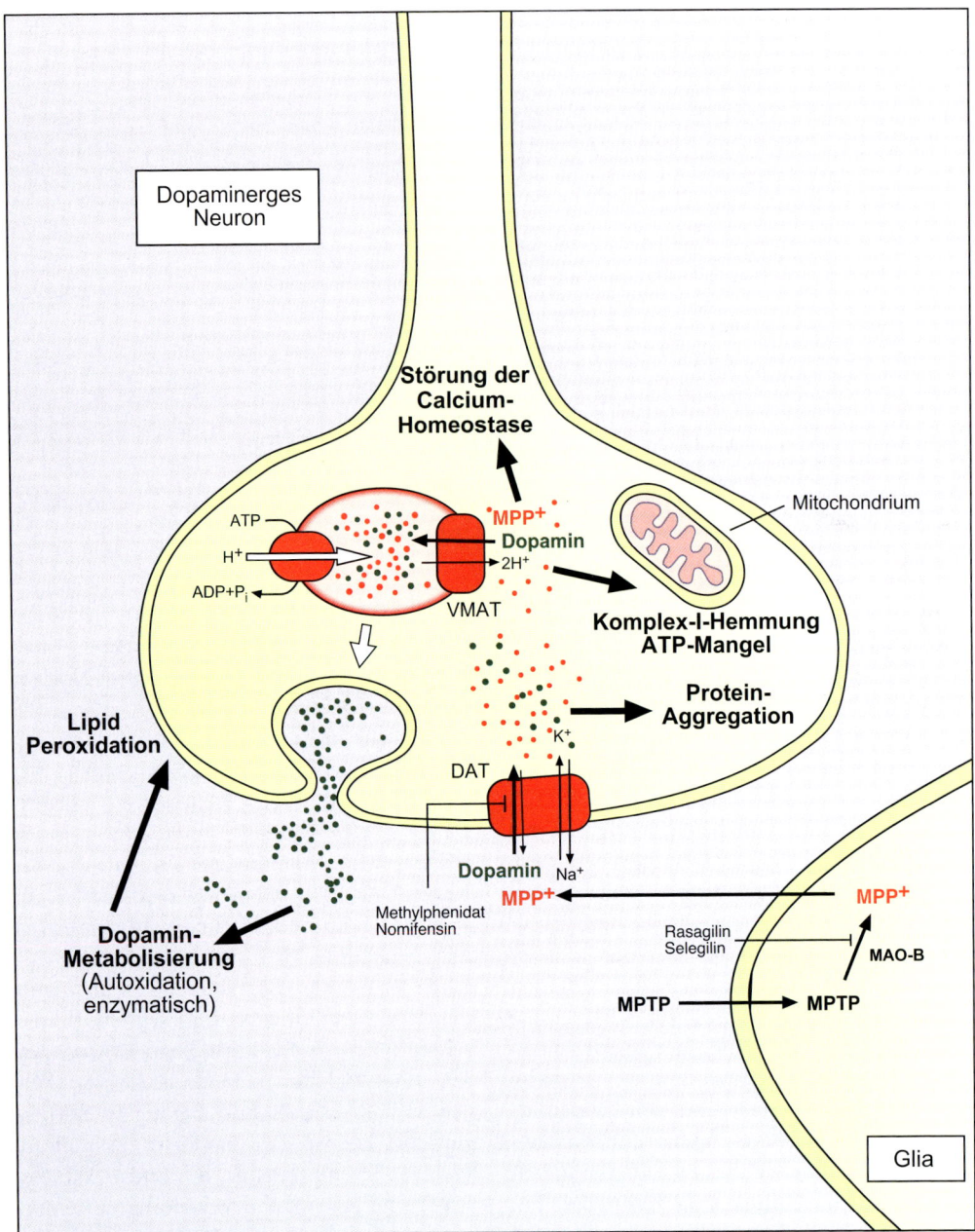

Abb. 4.5. Neurotoxischer Wirkmechanismus von MPTP. DAT, Dopamin-Transporter; MAO-B, Monoamin-Oxidase, Typ B; MPP+, 1-Methyl-4-phenylpyridinium-Kation; MPTP; 1-Methyl-4-phenyl-1,2,3,6-tetrahydropyridin; VMAT, vesikulärer Monoamin-Transporter

Verlust im Nucleus caudatus (das Putamen kann bei der Katze schlecht präpariert werden) bis zu 98 Prozent verursacht wird. Dieser korreliert mit dem Ausmaß der motorischen Verschlechterung. Interessanterweise wurde nach der dritten Behandlungswoche keine weitere Progression der Symptomatik festgestellt. Vielmehr verschwanden die Symptome wieder während der nächsten zwei Wochen, obwohl in den neurochemischen Untersuchungen weiterhin ein drastischer Dopamin-Verlust feststellbar war (ebd.).

Eine weitere Tierart, die wir (MG, PR) zusammen mit der Arbeitsgruppe von Prof. Baumeister hinsichtlich der Modellierung der Parkinson-Krankheit im Tier untersuchten, war **C. elegans,** ein ca. ein Millimeter langer Fadenwurm mit einer Generationsdauer von nur drei Tagen (Braungart et al., 2001; Braungart et al, 2004). Dieser Fadenwurm ist ein bedeutender Modellorganismus vor allem in der Genetik sowie der Neurobiologie und Biochemie. Viele der heute bekannten Gene des apoptosekontrollierenden Netzwerkes wurden z. B. an dieser Tierart erforscht und entdeckt. Ende 1998 lag das Genom von C. elegans als erstes Genom einer höher entwickelten Tierart komplett sequenziert vor. Erwachsene Würmer haben normalerweise exakt 959 somatische Zellen, von denen 302 zum Nervensystem gehören. Hiervon sind wiederum **acht dopaminerge Nervenzellen**. In Mutanten (cat-2::GFP), die das grün fluoreszierende Protein GFP (green fluorescent protein) unter der Kontrolle des TH-Promoters exprimieren, kann man dopaminerge Neuronen im lebenden Tier unter dem Fluoreszenzmikroskop sichtbar machen und quantifizieren. Diese Möglichkeit verbunden mit der kurzen Generationsdauer der Lebewesen (man kann in kurzen Zeiträumen Millionen von Tieren züchten) sowie der Chance, die komplette Lebenszeit zu untersuchen, den niedrigen Kosten der Tierhaltung und der Unproblematik hinsichtlich des Tierschutzgesetzes sind ideale Voraussetzungen für eine Anwendung in so genannten **High-throughput-Screening-Verfahren** (Hochleistungs-Screening). Diese biotechnologischen Verfahren werden heute in der Arzneimittelentwicklung zur Testung neuer Wirkstoffe verwendet, da sie kostengünstig sind und einen hohen Durchsatz und sehr kleine Mengen der zu prüfenden Substanzen erlauben.

In einer Reihe von Experimenten wurden zunächst der durch MPTP und MPP$^+$ induzierte Phänotypus und die Konzentrationen an MPTP und MPP$^+$ ermittelt, die nicht letal für die Würmer sind. Hierzu wurden je Assay 50 Wildtypen (N2) im larvalen Stadium I verwendet und in Flüssigkulturmedium, das z. B. 1,0, 1,4 beziehungsweise 2,1 mM MPTP enthielt, kultiviert. Nach drei Tagen wurde dann der **Phänotypus** bestimmt. Es stellte sich heraus, dass ca. 80 Prozent der Tiere eine Behandlung mit 1 mM MPTP überlebten, jedoch zeigten diese eine verlangsamte Entwicklung und eine geringere Anzahl an Nachkommen (Braungart et al., 2004). Auffallend war, dass die große Mehrzahl der überlebenden Tiere starke **Störungen der Motorik** wie langsame und unregelmäßige Bewegungen, die zum Teil mit einem zuckenden Einrollen (coiling), das in gewisser Weise dem „Zahnradphänomen" bei Parkinson-Kranken (siehe Kap. 1) ähnelt, aufwiesen. Durch Zugabe von L-DOPA und Dopamin-Rezeptoragonisten kann man die motorischen Defizite wieder größtenteils kupieren (ebd.). Untersuchungen an den cat-2::GFP-Mutanten zeigten, dass spezifisch dopaminerge Neuronen degenerieren; sensorische, serotoninerge, Motor- und Interneuronen sind nicht betroffen (ebd.). Die Degeneration dopaminerger Nervenzellen kann mit dem Dopamin-Rezeptoragonisten Lisurid verhindert werden. Alle bisher beschriebenen Effekte können auch durch den neurotoxischen MPTP-Metabolit, MPP$^+$, hervorgerufen werden. In Übereinstimmung mit dem, was man über den neurotoxischen Wirkmechanismus von MPTP weiß (siehe nachfolgende Abschnitte), kann man mit Nomifensin, einem DAT-Hemmstoff (Abb. 4.5), die neurotoxische Wirkung von MPTP und MPP⁺ verhindern.

MPTP erzeugt eine irreversible und wahrscheinlich auch eine chronisch-progrediente Degeneration

Da die Parkinson-Krankheit sich allmählich über einen langen Zeitraum bis zur vollständigen Ausprägung der typischen Symptomatik (5 bis 15 Jahre) entwickelt, war es aus theoretischen Überlegungen naheliegend, **chronische MPTP-Modelle** zu entwickeln, in denen subtoxische Mengen an MPTP über einen langen Zeitraum systemisch verabreicht wurden. Wie bereits weiter oben beschrieben, benötigt man aber eine gewisse Schwellenkonzentration, um überhaupt eine irreversible dopaminerge Schädigung hervorzurufen. Hinzu kommt, dass bei Nagetieren, aber auch Katzen und Common Marmosets (Callithrix jacchus), nichtmenschlichen Primaten mit einer niedrigen Entwicklungsstufe, das Phänomen auftritt, dass zwar langfristige, irreversible Neuronenschäden nachgewiesen werden können, es aber parallel zu einer funktionellen Erholung kommt: das heißt, der Parkinson-Phänotyp verschwindet. Beispielsweise zeigen Untersuchungen an Common Marmosets, dass nach langfristiger Gabe kleiner Mengen MPTP (1 mg/kg Körpergewicht i. p., zweimal wöchentlich über vier Monate) dauerhafte Schäden im nigro-striatalen dopaminergen System vorhanden sind; die so behandelten Tiere erholten sich jedoch wieder in ihrem motorischen Verhalten (Colosimo et al., 1992) aufgrund von kompensatorischen (Plastizität des Gehirns) und/oder regenerierenden Prozessen wie Wiedernachwachsen zerstörter Nervenendigungen oder Kollateralenbildung intakter Neuronen (Gaspar et al., 1993). Ähnliche Phänomene fand man auch bei der C57Bl/6-Maus und Katzen.

Langzeitstudien an höher entwickelten nichtmenschlichen Primaten, aber auch an Nagetieren, in denen MPTP intermittierend systemisch appliziert wird, erfordern einen enormen experimentellen Aufwand, da die MPTP-geschädigten Tiere aufgrund der massiven Beeinträchtigung in ihrem motorischen Verhalten intensiv gepflegt werden müssen. Weiterhin ist die chronische Injizierung von MPTP für die Tiere mit großem Stress verbunden. Schließlich sind aus ethischen Gründen nur Untersuchungen an einer kleinen Anzahl von nichtmenschlichen Primaten (maximal vier pro Gruppe) erlaubt. Erschwerend kommt hinzu, dass es eine große interindividuelle Suszeptibilität gibt: d. h., die Tiere sprechen auf die gleiche Dosis MPTP ganz unterschiedlich an und es kann vorkommen, dass einige Tiere sogar eine Resistenz gegenüber der neurotoxischen Wirkung von kleinen Mengen MPTP entwickeln. Es liegen deshalb nur wenige Langzeitstudien mit MPTP vor.

Diese **Langzeitversuche** mit höher entwickelten nichtmenschlichen Primaten (wie Pavianen oder Rhesus-Affen) zeigten ebenfalls, dass man bei einigen Tieren mit kleinen Mengen MPTP ein irreversibles Parkinson-Syndrom erzeugen kann. Beispielsweise entwickelten Paviane, denen man bis zu 20 Monate einmal wöchentlich 0,4–0,5 mg/kg Körpergewicht MPTP i. v. injizierte, eine stabile Parkinson-Symptomatik, die auch noch 16 Monate nach der letzten Injektion von MPTP vorhanden war (Hantraye et al., 1993). Nicht eindeutig geklärt ist die Frage, ob die durch MPTP hervorgerufenen dopaminergen Zelluntergänge chronisch progredient verlaufen: Das heißt, dass nach Beendigung der Neurotoxin-Applikation, der Neurodegenerationsgrad über die Zeit weiter fortschreitet. In einer Langzeitstudie an Makaken, denen einmalig 2,5–3,5 mg/kg Körpergewicht MPTP in die Carotiden infundiert wurde, konnte keine Progression beobachtet werden (Emborg-Knott und Domino, 1998): Die motorische Beeinträchtigung, die anhand einer modifizierten Parkinson-Skala vier Monate, ein Jahr und dann jährlich nach der MPTP-Gabe quantifiziert wurde, zeigte über einen Zeitraum von sechs bis acht Jahren keine wesentlichen Veränderungen. Im Gegensatz hierzu stehen die Ergebnisse einer ebenfalls an Makaken durchgeführten PET-Studie mit ^{11}C-CFT (^{11}C-markiertes 2-Carbomethoxy-3-[4-fluorophenyl]tropan, das den DAT markiert), die nach chronischer Gabe kleiner Mengen MPTP (0,6 mg/kg i. v. jede zweite Woche) eine Progression aufzeigte (Brownell et al., 1998). Jedoch möchten wir an dieser Stelle schon darauf hinweisen, dass der Zusammenhang zwischen dopaminerger Neurodegeneration und den Befunden aus PET- und SPECT-Studien nicht klar ist (siehe Kap. 6).

Einen erheblichen **Fortschritt bei der Entwicklung des** Idealtyps eines Neurotoxin-induzierten **Parkinson-Tiermodells** brachte die Anwendung von osmotischen **Minipumpen**, wodurch eine kontinuierliche Applikation von MPTP möglich wurde und viele charakteristische Merkmale der menschlichen Erkrankung an C57BL/6-Mäusen erzeugt wurden (Fornai et al., 2005). Ähnlich wie bei der intermittierenden Injektion von MPTP wurde auch durch kontinuierliche Infusion (5 oder 30 mg/kg Körpergewicht täglich über 28 Tage, nicht aber bei 1 mg/kg) eine konzentrationsabhängige irreversible Degeneration TH-immunpositiver Neuronen im nigro-striatalen System herbeigeführt, die mit einem Defizit an Dopamin- und –Metaboliten und Gliose in Form einer Astrozytenreaktion einherging: Am Tag 30 betrug der Neuronen-Verlust in der SN etwa 40 beziehungsweise 90 Prozent. Im Open field wiesen die meisten Tiere verminderte horizontale und vertikale Bewegungen auf, die vollständig durch die Gabe von Apomorphin kupiert werden konnten, was ebenfalls auf eine Beteiligung des dopaminergen nigro-striatalen Systems hinweist. Transgene Mäuse, denen das α-Synuclein-Gen fehlte, wiesen dagegen kaum dopaminerge Neuronenuntergänge und motorische Defizite nach Gabe der höchsten Konzentration MPTP auf (ebd.).

Ähnlich wie bei den sporadischen MPTP-Modellen, werden zusätzlich zu den dopaminergen Neuronenverlusten auch Untergänge noradrenerger Neuronen im Locus coeruleus beobachtet. GABAerge und serotoninerge Neuronen wurden dagegen nicht geschädigt. Bemerkenswert ist, dass in diesem MPTP-Mausmodell auch eine langfristige Aktivierung der Glukose-Aufnahme als Folge der Komplex-I-Hemmung und eine Hemmung des Ubiquitin-Proteasom-Systems sowie die vermehrte Bildung von nigralen Einschluss-Körperchen, die immunpositiv für α-Synuclein und Ubiquitin waren, nachgewiesen wurden (ebd.). α-Synuclein-Knock-out-Mäuse zeigten dagegen kaum eine Hemmung des Ubiquitin-Proteasom-Systems und weniger nigrale Einschlüsse. Die Autoren schlussfolgerten aus diesen Ergebnissen, dass sich neuronale Einschluss-Körperchen nur dann bilden können, wenn eine lang anhaltende und kontinuierliche Gabe von Komplex-I-Hemmern erfolgt, die eine langfristige Hemmung des Ubiquitin-Proteasom-Systems erzeugt, wodurch die Bildung α-Synuclein- und Ubiquitin-haltiger Einschluss-Körperchen erst ermöglicht wird. Dies belegen auch die Ergebnisse der Untersuchungen, in denen Rotenon (siehe nachfolgender Abschnitt) und MPP$^+$ auf die gleiche Weise verabreicht wurden (Yazdani et al., 2006).

Am MPTP-Tiermodell werden neuroprotektive Therapiestrategien erforscht

Da man mit MPTP beim Menschen ein Parkinson-ähnliches Syndrom mit einer Schädigung des dopaminergen nigro-striatalen Nervensystems erzeugen kann und die molekularen Ursachen dieser Degeneration größtenteils kennt, verwendet man das MPTP-geschädigte Tier als Modell, um **neuroprotektive Strategien** zur Behandlung der Parkinson-Krankheit zu entwickeln und zu erproben (Gerlach et al., 2000a). Von der Vielzahl der bisher an diesem Modell untersuchten Wirkstoffe sollen hier nur einige kurz erwähnt werden. Die neuroprotektiven Effekte von Dopamin-Rezeptoragonisten werden ausführlich im übernächsten Kapitel beschrieben.

Obwohl in einigen Untersuchungen an Nagetieren, die aber im Gegensatz zu Primaten selbst Vitamin C synthetisieren können, ein partieller neuroprotektiver Effekt von Vitamin C und E aufgezeigt wurde (siehe Gerlach et al., 1991b), ist die neuroprotektive Wirkung dieser Antioxidanzien nicht gesichert. In Untersuchungen an Common Marmosets, die chronisch mit hohen Dosen beider Vitamine (52 Tage täglich 100 mg/kg Körpergewicht Vitamin C und 2350 mg/kg α-Tocopherol) behandelt wurden, konnten wir (MG, PR) keinen protektiven Einfluss auf die MPTP-induzierte Reduktion der Dopamin-Konzentration im Striatum feststellen (Mihatsch et al., 1991). Weiterhin zeigen Befunde von Untersuchungen an transgenen Mäusen, die selbst kein Vitamin E mehr synthetisieren können, dass dieses lipophile Antioxidans (siehe Kap. 6) keinen Einfluss auf die MPTP-induzierten neurotoxischen Effekte hat (Ren et al., 2006). Salicylsäure und Aspirin® zeigten dagegen eine nahezu vollständige Neuroprotektion am MPTP-Modell der Maus, die nicht auf deren Cyclooxygenase-Hemmung, sondern auf deren antioxidative Wirkung zurückgeführt wird (Aubin et al., 1998). Die neurotoxischen Effekte von MPTP können auch durch vorherige Gabe von SH-haltigen Antioxidanzien wie Cysteamin und Dimercaprol (Oishi et al., 1993), Coenzym Q und Nicotinamid (Schulz et al., 1995), N-tert-Butyl-α-(2-sulpophenyl)-nitron (S-PBN; Schulz et al., 1995), einen Radikalfänger, und Cytisin, einen Eisen-Chelator (Ferger et al., 1998), partiell verhindert werden. Partiell wirksam sind auch Hemmstoffe der neuronalen Form der NOS (nNOS; Hantraye et al., 1996), selektive Ca^{2+}-Kanal-Blocker des L-Typs wie Nimodipin (Kupsch et al., 1995; 1996), Riluzol, das nicht an Glutamat-Rezeptoren bindet, jedoch die präsynaptische Freisetzung von Glutamat antagonisiert (Boireau et al., 1994), und der kompetitive NMDA-Rezeptorantagonist CPP (Lange et al., 1993). Nicht neuroprotektiv wirksam ist dagegen der NMDA-Rezeptorantagonist MK-801 (Kupsch et al., 1992).

Im Zusammenhang mit den epidemiologischen Befunden, dass Raucher ein geringeres Risiko haben, an Parkinson zu erkranken, als Nicht-Raucher, wurde an Eichhörnchen-Affen, die geringe, durch MPTP-induzierte dopaminerge Zellverluste aufwiesen und keine Parkinson-Symptome zeigten, die protektive Wirkung von im Trinkwasser verabreichtem Nikotin untersucht (Quik et al., 2006). In dieser Studie zeigte sich, dass chronisch appliziertes Nikotin keinen Effekt auf dopaminerge TH-immunreaktive nigrale Neuronen hat, jedoch auf postsynaptischer Ebene im Striatum, wo erhöhte Dopamin-Konzentrationen und Proteingehalte der TH, des DAT und von Nikotin-Rezeptoren im Vergleich zu nicht mit Nikotin behandelten Tieren nachgewiesen wurden. Diese Effekte waren unabhängig von der MAO-B-Aktivität.

4.2.4 MPTP-ähnliche Verbindungen

Die Entdeckung, dass eine synthetische organische Verbindung wie MPTP einen Parkinson-ähnlichen Phänotyp bei Mensch und Tier auslösen kann, führte zu der Annahme, dass endogene und exogene MPTP-ähnliche Neurotoxine ursächlich verantwortlich sein könnten für die Entstehung der Parkinson-Krankheit (Snyder und D'Amato, 1985; Gerlach und Riederer, 1996; Tanner, 1987; Gerlach et al., 1998). Den interessierten Leser möchten wir auf das Buch von Storch und Collins (2000) hinweisen, das eine immer noch aktuelle Zusammenfassung über die experimentellen Befunde dieser Neurotoxine und deren Bedeutung für die menschliche Erkrankung gibt.

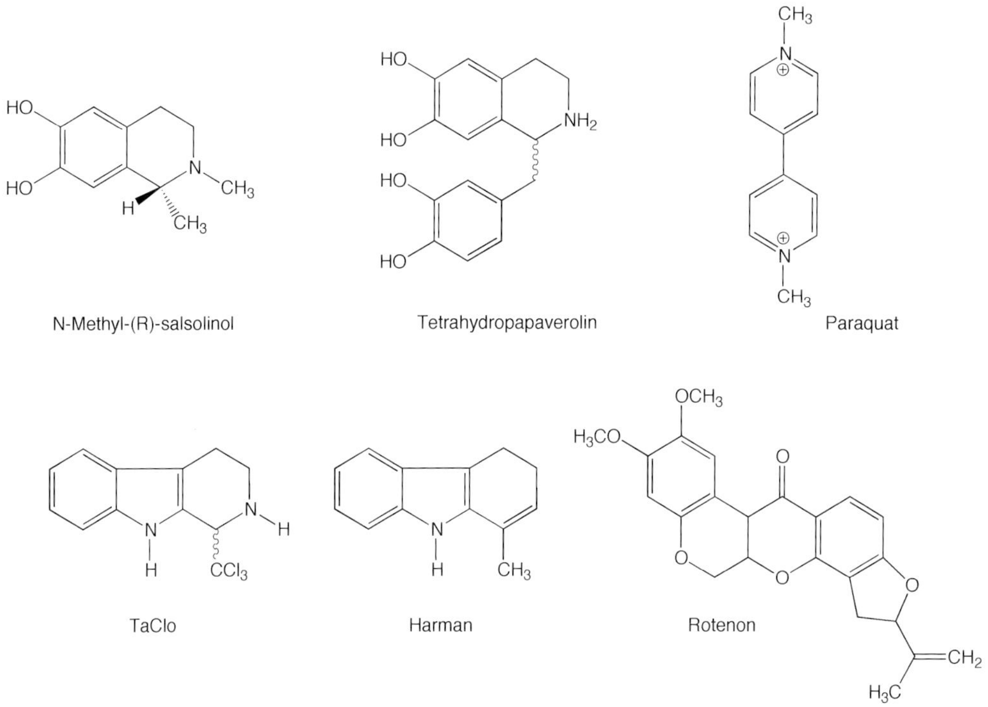

Abb. 4.6. Strukturformeln endogener und exogener MPTP-ähnlicher Verbindungen. MPTP, 1-Methyl-4-phenyl-1,2,3,6-tetrahydropyridin

MPTP ist das Modelltoxin zur Suche Parkinson-auslösender exogener und endogener Neurotoxine

MPTP war aus mehreren Gründen als Parkinson auslösendes Mustertoxin interessant:

(1) Hervorrufung der typischen Parkinson-Symptomatik mit den charakteristischen pathologischen Merkmalen nach systemischer Verabreichung bei Mensch und nichtmenschlichen Primaten.
(2) Es gab Hinweise, dass MPTP diese neurotoxische Wirkung auch durch perorale oder nasale Verabreichung auslösen kann.
(3) Der Wirkmechanismus von MPTP ist weitgehend aufgeklärt.

MPTP-ähnliche Verbindungen bedeutet nicht nur, dass die Kandidaten-Neurotoxine eine enge **Strukturverwandtschaft** mit dem MPTP haben, sondern vor allem auch, dass sie ihre **neurotoxische Wirkung ähnlich wie MPTP** entfalten. Mögliche **endogene Kandidaten** sind 1,2,3,4-Tetrahydroisoquinolin-Derivate wie 1-Methyl-6,7-dihydroxy-1,2,3,4-tetrahydro-isoquinolin (Salsolinol) oder β-Carboline (Norharmane) wie das 1,2,3,4-Tetrahydro-β-carbolin (THBC) und TaClo. 4-Phenylpyridin, das ein Bestandteil von bestimmten Gewürzen ist, Paraquat, das als Herbizid Verwendung findet, und Rotenon, das als Insektizid im Garten verwendet wird, werden als potenzielle **exogene Neurotoxine** diskutiert (Abb. 4.6). TaClo, Paraquat und Rotenon sind ebenso wie der neurotoxische MPTP-Metabolit MPP$^+$ potente Komplex-I-Hemmer (Abb. 4.3).

Salsolinol und Tetrahydropapaverolin, die aus Dopamin und Acetaldehyd beziehungsweise dem Dopamin-Metabolit DOPAC-Aldehyd gebildet werden, konnten im Gehirn und in verschiedenen Nahrungsmitteln (z. B. Gemüse) und Getränken (z. B. Rotwein) nachgewiesen werden. β-Carboline können im Organismus aus Tryptamin, -Metaboliten wie 5-HT, und Aldehyden synthetisiert werden. Es gibt eine Reihe von experimentellen Untersuchungen, die darauf hinweisen, dass diese Verbindungen und deren MPP^+-analoge quartären Ammoniumverbindungen bei zentraler Applikation dopaminerge Neuronen schädigen (siehe Storch und Collins, 2000; Lorenc-Koci et al., 2006), jedoch ist kaum erforscht, ob deren Wirkung selektiv für dopaminerge und noradrenerge Neuronen ist und der Wirkmechanismus dem des MPTP ähnelt. Fast alle Untersuchungen wurden an Ratten durchgeführt und es gibt kaum welche, die systematisch die Effekte auf das motorische Verhalten oder aber das Auftreten von Einschlusskörperchen erforschten.

Auf das **TaClo,** dessen Abkürzung sich aus Tryptamin und Chloral ableitet, ein weiteres MPTP-ähnliches Neurotoxin, haben wir bereits im Kap. 1 verwiesen. TaClo konnte im Organismus von Ratten nachgewiesen werden, denen man Chloral, das immer noch therapeutisch als Schlafmittel Verwendung findet, oder Trichlorethylen (Tri), das als Lösungsmittel in der Industrie verwendet wird, verabreichte (Bringmann et al., 1995). Aufgrund seiner hohen Lipidlöslichkeit kann TaClo sehr leicht ins Gehirn gelangen, wo es allerdings schnell metabolisiert wird. Durch die Hemmung des Komplexes I der Atmungskette (Janetzky et al., 1995) könnte es möglicherweise ein Parkinson-Syndrom auslösen. Über einen langen Zeitraum durchgeführte Verhaltensuntersuchungen an Ratten (Heim und Sontag, 1997) lassen vermuten, dass TaClo eine schädigende Wirkung auf das dopaminerge System hat. Allerdings zeigten tierexperimentelle Studien und Befunde aus Zellkulturexperimenten, dass TaClo nicht nur das dopaminerge System schädigt, sondern auch andere Neuronen (wie 5-HT) oder sogar Glia-Zellen (siehe Riederer et al., 2002). Interessant ist in diesem Zusammenhang die Arbeit von Guehl et al. (1999), in der von einer Frau berichtet wird, die nach beruflicher Exposition mit Trichlorethylen ein akutes Parkinson-Syndrom entwickelte.

Für **Paraquat** wurde die selektive Degeneration nigraler dopaminerger Neuronen nach wiederholter systemischer Gabe (einmal wöchentlich 10 mg/kg Körpergewicht i. p. über drei Wochen) bei C57BL/6-Mäusen nachgewiesen (McCormack et al., 2002). Der nachgewiesene Zellverlust war alters- und konzentrationsabhängig und am stärksten bei den 18 Monate alten Tieren ausgeprägt (33 Prozent nach 10 mg/kg Körpergewicht). Bemerkenswert ist, dass keine wesentlichen Änderungen der Dopamin-Konzentrationen im Striatum gefunden wurden. Die Autoren erklärten dies durch Kompensationsmechanismen, die beim MPTP nicht aktiv sein sollen. Bei Ratten wurde mit der gleichen Konzentration an Paraquat wiederum eine milde dopaminerge Neurodegeneration nachgewiesen, die progressiv verlief (nach 4 Wochen −17%, nach 24 Wochen 37%), jedoch im Gegensatz zur Maus wurden auch 25–30-prozentige Dopamin-Verluste beobachtet (Ossowska et al., 2005). Die neurotoxische Wirkung von Paraquat scheint selektiv zu sein, da keine Änderungen der 5-HT- und Noradrenalin-Konzentrationen beschrieben wurden.

Eine selektive Schädigung dopaminerger nigro-striataler Neuronen verbunden mit dem Auftreten von α-Synuclein- und Ubiquitin-immunreaktiven Einschluss-Körperchen wird auch von **Rotenon** beschrieben (Betarbet et al., 2000). Diese Schädigung, die nur bei etwa 50 Prozent der untersuchten Ratten auftrat, war abhängig von der Dauer der Behandlung und der Konzentration. Die stärksten Effekte wurden durch eine bis zu fünf Wochen andauernde i. v. Infusion von zwei bis drei mg/kg Körpergewicht Rotenon hervorgerufen. Die betroffenen Tiere hatten größtenteils motorische und posturale Defizite, die sich in Hypokinese, Rigor und Ruhetremor ähnelndem Schütteln der Pfoten äußerten. Die Arbeitsgruppe von Werner Schmidt applizierte Rotenon ebenfalls Ratten täglich in kleinen Konzentrationen (1,5 und 2,5 mg/kg) i. p. in Öl gelöst: nach 20 Tagen wurden Parkinson-Symptome in Form einer Katalepsie, die nach 60 Tagen voll ausgeprägt waren und mit dopaminergen Zellverlusten einhergingen, beobachtet; andere Neurotransmitter-Systeme schienen nicht beziehungsweise weniger betroffen zu sein (Schmidt und Alam, 2006).

Andere Arbeitsgruppen, die ebenfalls die neurotoxische Wirkung von **Rotenon** untersuchten, kamen jedoch zu dem Ergebnis, dass dieses Toxin **unselektiv** zentrale Neuronen (dopaminerge, cholinerge, GABAerge striatale Inter- und Projektionsneuronen, serotoninerge und noradrenerge Neuronen) schädigt (Höglinger et al., 2003; Lapointe et al., 2004) sowie zu einer zytoplasmatischen Akkumulation von Tau-Protein führt und deshalb eher als **atypisches Parkinson-Tiermodell** betrachtet wird (Höglinger et al., 2006). Hinzukommt, dass es schwerwiegende periphere toxische Wirkungen hat, die unter anderem zu erheblichen Gewichtsverlusten, Lebernekrose und Verlust der Muskelmasse führen (Lapointe et al., 2004); Befunde, die nicht im Einklang sind mit der Pathologie und Pathophysiologie der Parkinson-Krankheit.

Zusammenfassend möchten wir hier feststellen, dass es für einige der MPTP-ähnlichen Neurotoxine zwar gute Hinweise bei Ratten gibt, dass bei deren systemischer Applikation es zu einer Schädigung dopaminerger Neuronen kommt, jedoch gibt es zum Teil sehr widersprüchliche Befunde in Bezug auf die Selektivität und bisher keine Untersuchungen in nichtmenschlichen Primaten. Epidemiologische Untersuchungen geben jedenfalls keine Hinweise dafür, dass ein bestimmtes Neurotoxin Auslöser der klassischen Parkinson-Krankheit ist.

4.2.5 Eisen

Wie im nächsten Kapitel noch beschrieben wird, fand man selektiv in der SNc von verstorbenen Parkinson-Kranken erhöhte Eisen(III)-Konzentrationen. Weiterhin wurden erhöhte Eisen-Konzentrationen in Gehirnen MPTP- und 6-OHDA-geschädigter Tiere nachgewiesen (zur Übersicht: Gerlach und Riederer, 1996). Freies Eisen ist neurotoxisch, da es unphysiologischerweise aggressive Hydroxyl-Radikale aus Wasserstoffperoxid (Fenton-Reaktion), das z. B. beim Abbau von Dopamin durch die MAO-B gebildet wird, erzeugt. Dabei werden so große Mengen an diesen hoch reaktiven Radikalen gebildet, dass die antioxidativen Systeme im Gehirn überfordert werden und wichtige Bestandteile der dopaminergen Nervenzelle so verändert werden, dass die Nervenzelle ihre Funktion nicht mehr aufrechterhalten kann und es zu deren Untergang kommt (siehe Kap. 5).

Intrazerebral verabreichtes Eisen ist neurotoxisch für dopaminerge Neuronen

Ben-Shachar und Youdim zeigten erstmals 1991, dass eine **unilaterale** stereotaktische **Injektion** von 5 µl einer 50-µg-Eisen(III)-Chlorid-Lösung (61,65 mM) in die SN der Ratte zu einer Schädigung dopaminerger Neuronen führt. Ähnlich wie bei der unilateralen Applikation von 6-OHDA kommt es zu einem stark veränderten motorischen Verhalten, das noch drei Wochen nach der Eisen-Applikation durch eine Reduktion der spontanen lokomotorischen Aktivität in einer fremden Umgebung und spontanen ipsilateralen Rotationen, die durch Amphetamin verstärkt werden, gekennzeichnet ist. Dieses Verhalten geht einher mit einem massiven Verlust der Dopamin-Konzentration im ipsilateralen Striatum (durchschnittlich 95 Prozent) sowie geringfügigeren Defiziten der Dopamin-Metabolite DOPAC und HVA (82 beziehungsweise

45 Prozent). Andere Neuronen werden offensichtlich nicht geschädigt, da unveränderte Konzentrationen für GABA, Glutamat, Noradrenalin und 5-HT gemessen wurden.

In späteren Untersuchungen wurden geringere Konzentrationen an Eisen(III)-Salzen sowie Zitrat-gepufferte Lösungen verwendet, da durch die intranigrale Injektion höherer Konzentrationen von Eisen starke nekrotische Veränderungen im Bereich der Injektionsstelle in Form von großen Vakuolisierungen verursacht (vor allem durch den sauren pH-Wert der verwendeten Lösungen) wurden und deshalb keine histochemischen Untersuchungen möglich waren. Zusätzlich stellte sich heraus, dass dadurch auch extranigrale Läsionen hervorgerufen werden (Arendash et al., 1993). Sengstock et al. (1994) verwendeten deshalb isohydrische Eisen(III)-Lösungen (2,5 oder 4,2 mM). Die unilaterale Injektion in die SN der Ratte führte dabei zu einer über vier Monate **fortschreitenden Zunahme** der ipsilateralen Drehungen nach Apomorphin-Gabe; in den histologischen Untersuchungen wurden nur eine leichte Degeneration von Neuronen (maximal 25 Prozent) und eine maximal 24-prozentige Reduktion der striatalen Dopamin-Konzentration (nach zwei Monaten) auf der kontralateralen Seite nachgewiesen. Dies erklärt, warum man keine kontralateralen Drehungen nach Apomorphin wie üblich nach unilateralen 6-OHDA-Läsionen, durch die mehr als 90 Prozent der dopaminergen Neuronen degenerieren, beobachtet. Zusätzlich wurde eine reaktive Gliose festgestellt, die auf einen aktiven, nekrotischen Degenerationsprozess hinweist.

Etwas stärkere dopaminerge Neuronenverluste findet man auch, wenn man Eisen(III) an Neuromelanin bindet, das aus der menschlichen SN isoliert wurde, und dann dies in die SN von Ratten unilateral injiziert (Double et al., 1999; Double et al., 2003b). Wir (MG, PR) haben solche Untersuchungen durchgeführt, da Neuromelanin und nicht Ferritin in dopaminergen nigro-striatalen Neuronen das Eisen speichernde Molekül ist (Double et al., 2003a; Gerlach et al., 2006b). Dabei fanden wir, dass durch die Injektion von 2,5 mM Eisen(III) acht Wochen nachher 50 Prozent der TH-immunreaktiven Neuronen degeneriert sind. Aufgrund von In-vitro-Untersuchungen (Double et al., 1999) nehmen wir an, dass aus diesem Eisen-haltigen Neuromelanin Eisen wieder in die SN freigesetzt werden kann, wo es dann die oben beschriebenen neuronenschädigenden Prozesse in Gang setzt, die schließlich zum Nervenzelluntergang führen.

Die **chronisch-progrediente Schädigung** des nigro-striatalen dopaminergen Systems nach Eisen(III)-Gabe wurde erstmals überzeugend in vivo mittels der Pulsvoltammetrie-Technik nachgewiesen (Wesemann et al., 1994). Mithilfe der Pulsvoltammetrie wird indirekt präsynaptisch freigesetztes Dopamin durch elektrochemische Analyse von DOPAC gemessen: Eine Woche nach der Injektion von 4,2 mM Eisen(III)-Chlorid fand man im ipsilateralen Striatum eine im Vergleich zur kontralateralen Seite 79-prozentige Reduktion des DOPAC-Signals; drei beziehungsweise sechs Wochen danach bereits eine 86- beziehungsweise 97-prozentige Abnahme des Signals.

4.2.6 Weitere dopaminerge Neurotoxine

Basierend auf den Erkenntnissen zu pathophysiologischen Mechanismen der Parkinson-Krankheit (siehe Kap. 5), die man aufgrund von Post-mortem-Studien und tierexperimentellen Untersuchungen an Parkinson-Tiermodellen gewonnen hat, wurden weitere Neurotoxine in Bezug auf die Eignung als Parkinson-Tiermodelle erprobt, um damit neue Strategien zur kausalen Behandlung der Parkinson-Krankheit zu entwickeln.

Ein Beispiel sind die zurzeit heftig diskutierten **Proteasom-Hemmstoffe.** In 2004 publizierten McNaught und Kollegen eine Studie, in der beschrieben wird, dass durch die systemische Gabe von Proteasom-Hemmern bei Ratten ein neues Parkinson-Tiermodell geschaffen werden konnte und deshalb bestimmte in der Umwelt vorkommende Proteasom-Hemmstoffe potenzielle Kandidaten zur Auslösung eines Parkinson-Syndroms wären. Es gibt eine Reihe solcher Proteasom-Hemmstoffe wie beispielsweise Lactacytin und Epoxomicin, die aus Streptomycetes synthetisiert werden, und weit verbreitet im Boden und in Brunnen- und Quellwasser vorkommen. Die Autoren applizierten erwachsenen Tieren über einen Zeitraum von zwei Wochen (jeweils 6-mal s. c.) entweder den natürlich vorkommenden Hemmstoff Epoxomicin oder den synthetischen Hemmstoff PSI (Z-Ile-Glu(OtBu)-Ala-Leu-al, der strukturverwandt ist mit natürlich vorkommenden Peptid-Aldehyd-Inhibitoren des Proteasoms). Nach einer Latenzzeit von ein bis zwei Wochen entwickelten die Tiere eine progressive Parkinson-Symptomatik mit Bradykinese, Rigor und Tremor, und einer abnormalen Körperhaltung; alle diese Symptome wurden durch die Gabe von Apomorphin oder L-DOPA kupiert. Mittels Mini-PET und einem radioaktiven DAT-Liganden wurde eine erniedrigte striatale DAT-Aktivität nachgewiesen. Post-mortem-Analysen wiesen auf eine Degeneration des dopaminergen nigro-striatalen Systems, apoptotische Mechanismen und inflammatorische Wirkungen hin. Weiterhin wurden Zelluntergänge im Locus coeruleus, im dorsalen motorischen Vaguskern und im Nucleus basalis Meynert gefunden. Schließlich wurden elektronenmikropisch in den degenerierenden Neuronen intrazytoplasmatische eosinophile α-Synuclein/Ubiquitin-immunpositive Einschluss-Körperchen, die Lewy-Körperchen ähnelten, nachgewiesen.

Die Validität dieses auf den ersten Blick sehr viel versprechenden neuen Tiermodells der Parkinson-Krankheit wurde jedoch schon kurze Zeit später in Zweifel gezogen, da die beschriebenen Effekte von anderen Arbeitsgruppen nicht repliziert werden konnten. In 2006 wurde ein ganzes Heft der „Annals of Neurology" (Vol 60, No 2), in dem auch die Arbeit von McNaught und Kollegen 2004 erschien, diesem Thema gewidmet. Beal und Lang (2006) kamen zu dem Schluss, dass das **„Proteasom-Hemmstoff"-Tiermodell,** obwohl aus wissenschaftlichen Gründen hoch interessant, solange **kein Parkinson-Tiermodell** darstellt, bis die Gründe für die widersprüchlichen Resultate geklärt sind.

Wie eingangs zu diesem Abschnitt erwähnt, gibt es aufgrund theoretischer Überlegungen eine ganze Reihe weiterer Neurotoxine, die potenziell geeignet sind, im Tier ein Parkinson-Syndrom mit den typischen pathologischen Charakteristika hervorzurufen. Einige dieser wurden auch an Tieren erprobt. Jedoch gibt es im Vergleich zu den ausführlich besprochenen dopaminergen Neurotoxinen nur wenige systematische Untersuchungen zur Wirkung und Selektivität sowie dem neurotoxischen Wirkungsmechanismus. Wir wollen hier nur beispielhaft das Lipopolysaccharid (**LPS**) und NO-generierende Stoffe erwähnen. LPS wurde angewandt, da es eine Reihe von Hinweisen dafür gibt, dass entzündliche Reaktionen (siehe Kap. 1, 2, und 5) an der Pathogenese des IPS beteiligt sein könnten, und LPS ein potenter Auslöser entzündlicher Reaktionen ist. Tatsächlich konnte man durch stereotaktische Injektion in die SN von Ratten auch eine Schädigung dopaminerger Neuronen herbeiführen (Castano et al., 1998; De Pablos, 2006). **NO-generierende Stoffe** wurden angewandt, da in Post-mortem-Untersuchungen es zahlreiche indirekte Hinweise dafür gibt, dass oxidativer Stress (siehe Kap. 5) an der Pathogenese der Parkinson-Krankheit beteiligt ist, und Lewy-Körperchen 3-Nitrotyrosin-Addukte enthalten. Die direkte intranigrale Injektion von beispielsweise Peroxynitrit führte ebenfalls zu einer nigro-striatalen Neurodegeneration bei Ratten (Iravani et al., 2006).

4.3 Transgene Tiermodelle der Parkinson-Krankheit

Transgene Tiermodelle der Parkinson-Krankheit wurden aufgrund klinischer Befunde entwickelt, die eine Reihe von Genmutationen, die zu familiären Formen der Parkinson-Krankheit führen, aufzeigten (siehe Kap. 1). Mithilfe molekularbiologischer Techniken wurden genmanipulierte Tiere, vor allem Mäuse, aber auch die bereits erwähnten Fadenwürmer und Fruchtfliegen, erzeugt (Tabelle 4.4) und in Bezug auf Parkinson-relevante Veränderungen erforscht.

Es gibt zwei grundsätzlich unterschiedliche Möglichkeiten zur Einführung der Mutation in das Genom:

(1) Die so genannte **Knock-out-Strategie** (Gene-targeting-Strategie), bei der man Tiere mit einem klar definierten Gendefekt durch Entfernung eines bestimmten Gens aus dem Erbgut erzeugt. Dieser Ansatz wird vor allem zur Erzeugung von Nullmutationen verwendet.

(2) Die so genannte **konventionelle transgene Strategie**, bei der man die fremde DNS, das Transgen, im Gegensatz zur gerichteten Mutation des „Gene-targetings" ungerichtet an nicht voraussehbaren Stellen des Genoms einbaut, wodurch die Wirkungsweise endogener Genprodukte funktionell verstärkt oder abgeschwächt werden kann.

Der **Vorteil** dieser Methoden gegenüber traditionellen pharmakologischen Läsionsmodellen liegt darin, dass man die Merkmale der räumlichen und zeitlichen Entwicklung sowie die toxischen Eigenschaften mutierter Proteine untersuchen kann. Ein ganz entscheidender **Nachteil** dieser Strategien ist jedoch, dass die Aktivierung der Genexpression durch komplex regulierte Prozesse erfolgt und mehrere kompensatorisch wirkende Gene lebenswichtige Vorgänge beeinflussen (siehe z. B. Holmes et al., 2004; Waddington et al., 2005). Weiterhin wird das Expressionsmuster des eingeführten Transgens durch den Promoter und Integrationslocus bestimmt. Es kann deshalb zu einer breiten Expression der eingeführten genetischen Veränderungen kommen. Schließlich gibt es bisher wenig verstandene methodische Faktoren, die dazu beitragen, dass es in den verschiedenen Laboratorien widersprüchliche Phänotypen gibt.

Die Knock-out-Strategie kann häufig wenig zur Aufklärung der Funktion von Genprodukten beitragen, da sie eine „Entweder-oder"-Strategie ist. Das heißt, die derartig genmanipulierten Mäuse sind entweder nicht lebensfähig und man kann deshalb den Phänotypus überhaupt nicht untersuchen oder die Tiere haben keinen Phänotypus. Beispielsweise sind Nurr1-defiziente (Nurr1 gehört zu den so genannten nukleären Waisen-Rezeptoren, die in sich entwickelnden dopaminergen Neuronen exprimiert werden, noch bevor die phänotypischen Marker zum Vorschein kommen) Mäuse nicht lebensfähig (Zetterström et al., 1997). Mäuse, denen das Gen für die nNOS fehlt, sind zwar lebensfähig, doch hat dies offensichtlich keine funktionelle Konsequenz; man findet keine histopathologischen und Verhaltensauffälligkeiten (Huang et al., 1993).

Einen Überblick über einige der transgenen „Parkinson"-Tiermodelle gibt Tabelle 4.4. Zusammenfassend kann man an dieser Stelle schon festhalten, dass bisher keine der erzeugten genmanipulierten Mäuse einen Parkinson-typischen Phänotypus mit den charakteristischen neuropathologischen Veränderungen entwickelt hat. Interessierte Leser möchten wir auf aktuelle Übersichten verweisen (Fleming and Chesselet, 2006; Melrose et al., 2006).

Im besonderen Interesse stand natürlich

Tabelle 4.4. Beispiele von transgenen „Tiermodellen" der Parkinson-Krankheit

Genetische Manipulation	Neuropathologischer Effekt	Symptomatik	Progression
Störung der dopaminergen Neurotransmission			
Dopamin-D_2-Rezeptor-Knock-out-Maus (Baik et al., 1995)	Keine Dopamin-D_2-Rezeptorbindungsstellen vorhanden α-Synucleinopathie (−)	Akinese, Bradykinese, verminderte spontane Bewegungen Aber! Zum Teil widersprüchliche Befunde (siehe Holmes et al., 2004; Waddington et al., 2005)	−
α-Synuclein-Modelle			
Überexpression der A53T und A30P-Mutante von α-Synuclein in allen Nervenzellen der Drosophila melanogaster (Feany und Bender, 2000)	Degeneration von bestimmten dopaminergen Neuronen bei erwachsenen Tieren keine Degeneration von serotoninergen Neuronen α-Synuclein-immunpositive Filamente intrazelluläre Aggregate, die Lewy-Körperchen ähneln	Lokomotorische Defizite im Klettertest	?
Überexpression des Wildtyps von α-Synuclein in allen Nervenzellen der Maus (Masliah et al., 2000)	Keine Änderungen der Dichte der TH-immunreaktiven Neuronen in der SN, 55-prozentige Reduktion der TH-immunreaktiven Nervenendigungen-Dichte im Striatum reduzierte TH-Aktivität (19%) bei 12 Monate alten Tieren α-Synuclein-immunpositive Einschluss-Körperchen im Neokortex, Hippocampus und der SN	Motorische Defizite im Rotorod-Test	+
Überexpression der A53T-Mutante von α-Synuclein in allen Nervenzellen der Maus (Lee et al., 2002)	Keine Änderungen in der Dichte TH-immunreaktiver Neuronen oder des Dopamin-Transporters im Striatum kein Dopamin-Verlust im Striatum α-Synuclein- und Ubiquitin-immunpositive-Aggregate in neuronalen Zellkörpern und Neuriten, die auf das Mittelhirn, das Cerebellum und das Rückenmark beschränkt sind Astroglia-Reaktion in den betroffenen Regionen	Unnormale Körperhaltung, Bradykinese, reduzierte spontane lokomotorische Aktivität, milde Ataxie, Dystonie nach durchschnittlich 15,7 Monaten bei 50% der Tiere, 14–21 Tage nach Auftreten dieser Symptome sterben die Tiere	+

Tabelle 4.4. Beispiele von transgenen „Tiermodellen" der Parkinson-Krankheit

Genetische Manipulation	Neuropathologischer Effekt	Symptomatik	Progression
Weitere genmanipulierte Mausmodelle			
Parkin-Knock-out-Maus (Deletion an Exon 3) (Goldberg et al., 2003)	Keine morphologischen und neuroanatomischen Auffälligkeiten keine Degeneration von dopaminergen und noradrenergen Neuronen normale B_{max}- und K_D-Werte der dopaminergen D1- und D2-Rezeptoren	Motorische Defizite	
DJ-1-Null-Maus (Deletion der Exone 1-5) (Chen et al., 2005)	Keine Degeneration von dopaminergen und noradrenergen Neuronen nach 6 und 11 Monaten erhöhte stimulierte Dopamin-Freisetzung und schnellere Wiederaufnahme im Striatum keine α-Synuclein- und Ubiquitin-positiven Einschluss-Körperchen	Erniedrigte motorische Aktivität im Open field keine Defizite im Rotarod-Test	+ (Motorische Defizite)

SN, Substantia nigra; TH, Tyrosin-Hydroxylase; —, keine, nicht vorhanden bzw. nicht untersucht; ?, nicht sicher; +, nachgewiesen

das **α-Synuclein**, von dem zwei Mutationen (A53T, A39P) und sogar eine Genduplikation und -triplikation bekannt sind, die familiäre Formen der Parkinson-Krankheit verursachen. Eine **Überexpression** sowohl des Wildtyps als auch der beiden Mutanten von α-Synuclein unter dem zerebralen neuronenspezifischen Promotor Thy1 führte zwar in allen Fällen zu α-Synuclein- und Ubiquitin-immunreaktiven Aggregaten, die den Lewy-Körperchen ähnelten (siehe auch Kahle et al., 2001), doch nicht zu einem signifikanten Neuronenverlust dopaminerger nigro-striataler Neuronen, die die beobachteten motorischen Störungen erklären könnten. Bei der transgenen Maus mit einer Überexpression der A53T-Mutante des α-Synucleins unter dem Thy1-Promotor, konnte jedenfalls eindeutig gezeigt werden, dass die beobachteten motorischen Defizite durch die **Degeneration neuromuskulärer Kontaktstellen** verursacht werden (van der Putten et al., 2000). Des Weiteren fand man bei dieser transgenen Maus, dass die Motoneuronen des Rückenmarks am empfindlichsten auf die Überexpression des α-Synucleins reagieren. Interessant ist in diesem Zusammenhang auch der Befund von Lee et al. (2002), dass nur die Überexpression der A53T-, nicht aber der A39P-Mutante zu neurodegenerativen Veränderungen und Protein-Aggregaten führt.

Resümierend kann man zu diesem Kapitel feststellen, dass das Neurotoxin MPTP bei systemischer Applikation sowohl beim Menschen als auch bei einer Reihe von Tieren ein Parkinson-Syndrom mit den typischen neuropathologischen Charakteristika (Tabelle 4.1) hervorruft. Man kann deshalb festhalten, dass es zurzeit das wohl am besten untersuchte und geeignete Tiermodell der Parkinson-Krankheit ist. In keinem der bisher generierten transgenen „Parkinson"-Mausmodelle konnten die typischen neuropathologischen Merkmale der menschlichen Erkrankungen erzeugt werden, obwohl einige der Modelle einen Parkinson-Phänotyp und das Vorkommen von Protein-Aggregaten aufweisen.

5
Hypothesen zur molekularen und zellulären Pathogenese der Parkinson-Krankheit

Die Ätiologie des IPS ist noch immer nicht bekannt. Es gibt keine Befunde, die eine primär immunologische oder virale Ursache vermuten lassen. Wie bereits in den Kap. 1 und 4 dargelegt, weisen epidemiologische Untersuchungen auf eine Reihe von Risikofaktoren (Alter, Persönlichkeit, Schwermetall- und Pestizid-Exposition, genetische Prädisposition) hin. Es gibt Familien, in denen der Parkinsonismus autosomal-dominant oder auch rezessiv vererbt wird, jedoch tritt die große Mehrzahl der IPS-Fälle sporadisch auf (etwa 95%). Nach der momentan vorherrschenden Lehrmeinung geht man davon aus, dass die Parkinson-Krankheit polygenenetische Ursachen (siehe Riess et al., 2006) hat, die in Verbindung mit exogenen (Umweltbelastung mit Exotoxinen) und endogenen (individuell unterschiedliche Vulnerabilität der dopaminergen SN-Neuronen) Einflüssen (Chade et al., 2006; Mellick, 2006) die Parkinson-Krankheit hervorrufen.

Erkenntnisse, die man aus der Erforschung der Wirkmechanismen dopaminerger Neurotoxine (insbesondere MPTP; siehe Kap. 4.2.3) und den molekularen Untersuchungen mit mutierten Genen, die mit monogen vererbten Formen der Parkinson-Krankheit assoziiert sind, gewonnen hat, deuten jedoch auf mögliche Nervenzelluntergänge auslösende molekulare Prozesse hin. Diese bilden die Grundlage für die Postulation verschiedener Hypothesen zur molekularen und zellulären Pathogenese des IPS (Tabelle 5.1). Im Folgenden werden wir diese detailliert besprechen. Auf die neuroprotektiven Therapieansätze, die entsprechend den Hypothesen entwickelt wurden, werden wir ausführlich im nächsten Kapitel eingehen.

5.1 Oxidativer Stress

Der menschliche und tierische Organismus benötigt einerseits Sauerstoff um zu überleben, andererseits ist ein Überangebot an Sauerstoff toxisch für alle Arten von Zellen inklusive Neuronen. Man bezeichnet die **Schädigung biologischer Systeme durch Sauerstoff** und ROS als oxidativen Stress. Auf molekularer Ebene verursacht oxidativer Stress DNS-Schäden und -Mutationen, Lipid-Peroxidation (Membranschäden) und Proteinveränderungen, die eine irreversible Funktionseinbuße und den Untergang von Zellen verursachen. Derartige Schädigungen zeigen sich bei entzündlichen Reaktionen, Krebs, Alterungsprozessen, aber auch bei neurodegenerativen Erkankungen wie der

Tabelle 5.1. Molekulare und zelluläre Mechanismen der dopaminergen Neurodegeneration und daraus abgeleitete neuroprotektive Strategien

Molekularer Mechanismus	Möglicher auslösender Prozess	Neuroprotektive Strategie
Apoptose	Mangel an neurotrophen Substanzen Freisetzung von TNF-α (death cytokine) Störung der Ca^{2+}-Homöostase oxidativer Stress Exzitotoxizität: Aktivierung metabotroper Glutamat-Rezeptoren ATP-Mangel	Substitution von Neurotrophinen Blockierung der Apoptose mit Caspase-, Calpain- und Protease-Hemmstoffen Ca^{2+}-Kanal-Blocker
Entzündliche Reaktionen	Aktivierte Mikroglia Untergang dopaminerger Nervenzellen extrazelluläres Neuromelanin extrazelluläre α-Synuclein-Aggregationen	Nichtsteroidale entzündungshemmende Arzneistoffe (z. B. Aspirin®) Cyclooxygenase-2(COX-2)-Hemmer Antioxidanzien, Radikalfänger
Exzitotoxizität	Unphysiologische Glutamat-Freisetzung exogene Exzitotoxine wie Domoinsäure und β-N-Methyl-amino-L-alanin (BMAA)	Antiexzitatorische Wirkstoffe wie Glutamat-Rezeptorantagonisten Ca^{2+}-Kanal-Blocker
Gestörter Eisen-Metabolismus	Freisetzung von freiem redoxaktivem Eisen Störung der Eisen-Speicherung Störung der Blut-Hirn-Schranke	Blut-Hirnschranken-gängige Eisen-Chelatoren
Oxidativer Stress	Metabolismus von Dopamin und MPTP-ähnlichen Neurotoxinen genetische Prädisposition in Form einer verminderten Fähigkeit zur Detoxifizierung von reaktiven Sauerstoff-Verbindungen Dysfunktion der mitochondrialen Atmungskette gestörter Eisen-Metabolismus aktiviertes Immunsystem (aktivierte Mikroglia)	Antioxidanzien, MAO-B-Hemmstoffe, NOS-Hemmstoffe, Dopamin-Rezeptoragonisten, Blut-Hirnschranken-gängige Eisen-Chelatoren entzündungshemmende Wirkstoffe
Protein-Aggregation	Störung des Ubiquitin-Proteasom-Systems und/oder des Chaperon-vermittelten Autophagie-Stoffwechselwegs Bildung von fibrillärem α-Synuclein durch oxidativen Stress, Eisen- oder Pestizid-Exposition Bildung von Protofibrillen des α-Synucleins durch Dopamin-Addukte Bildung von Advanced Glycation Endproducts (AGEs)	Hemmstoffe der Protein-Aggregation Hemmstoffe der Bildung von fibrillären Proteinen Hemmstoffe von Protofibrillen Hemmstoffe der AGE-Bildung

Störung der Ca^{2+}-Homöostase	Schädigung der Nervenzellmembran durch oxidativen Stress Energiemangel infolge verminderter ATP-Synthese Exzitotoxizität	Ca^{2+}-Kanal-Blocker
Störung der mitochondrialen Funktion	Hemmung von mitochondrialen Atmungskettenenzymen durch MPTP-ähnliche Neurotoxine Mutation (PARK 7) Lipid-Peroxidation	Coenzym Q

MAO-B, Monoamin-Oxidase, Typ B; MPTP, 1-Methyl-4-phenyl-1,2,3,6-tetrahydropyridin; NOS, Stickoxid-Synthase; TNF-α, Tumor-Nekrosis-Faktor-α

Alzheimer- oder Parkinson-Krankheit, da Nervenzellen im allgemeinen und dopaminerge im besonderen sehr empfindlich auf ROS reagieren.

Ein Grund, warum das Gehirn besonders anfällig ist für oxidativen Stress, ist die Tatsache, dass im erwachsenen Organismus das Gehirn, obwohl es nur wenige Prozent des Körpergewichtes ausmacht, etwa 20 Prozent des basalen Sauerstoffbedarfs verbraucht. Dieser hohe Sauerstoffbedarf wird benötigt, um große Mengen an ATP mittels der mitochondrialen Atmungskette zu synthetisieren, das die Nervenzellen benötigen, um die intrazelluläre Ionen-Homöostase aufrecht zu erhalten, die Voraussetzung ist für die Erzeugung von Aktionspotenzialen und der Freisetzung von Neurotransmittern. Eine aktuelle Zusammenfassung zu oxidativem Stress als mögliche Ursache von verschiedenen Erkrankungen des ZNS findet sich in einem Übersichtsartikel von Halliwell (2006).

Unter der Bezeichnung ROS fasst man nicht nur vom Sauerstoff ableitbare Radikale wie das Superoxid-Radikal-Anion ($^\bullet O_2^-$), das Hydroxyl-Radikal ($^\bullet OH^-$) oder das NO, das per se ein Radikal ist, sondern auch nichtradikalische Verbindungen wie Wasserstoffperoxid und das Peroxynitrit-Anion ($ONOO^-$), die oxidierend wirken und leicht zu Radikalen umgewandelt werden, zusammen. Demnach sind alle Sauerstoff-Radikale ROS, aber nicht alle ROS sind Sauerstoff-Radikale. ROS werden aus molekularem Sauerstoff durch Einelektronenübertragungen in der Atmungskette und verschiedenen enzymatischen Reaktionen gebildet (Abb. 5.1).

Radikale haben ein oder mehrere ungepaarte Elektronen und sind deshalb sehr aggressive und reaktionsfreudige Verbindungen, die mit allen wichtigen organischen Bestandteilen von Zellen reagieren. Sie besitzen dadurch eine große pathophysiologische Bedeutung. Bei allen Aerobiern liegt ein Gleichgewicht zwischen der Produktion von verschiedenen ROS und antioxidativen Schutz-

Synthese von reaktiven Sauerstoff-Verbindungen

1. Atmungskette

$$O_2 \xrightarrow{+e^-} \cdot O_2^- \xrightarrow[+2H^+]{+e^-} H_2O_2 \xrightarrow{+e^-} \cdot OH + \cdot OH \xrightarrow[+2H^+]{+e^-} 2H_2O$$

2. Enzymatische Reaktionen

$$\text{Xanthin} + O_2 \xrightarrow{\text{Xanthin-Oxidase}} \text{Harnsäure} + \cdot O_2^- + H_2O_2$$

$$\text{L-Arginin} + O_2 \xrightarrow{\text{Stickoxid-Synthase}} \text{L-Citrullin} + NO\cdot$$

$$RCH_2NH_2 + O_2 + H_2O \xrightarrow{\text{Monoamin-Oxidase}} RCHO + NH_3 + H_2O_2$$

3. Nichtenzymatische Reaktionen

$$H_2O_2 + Fe^{2+} \longrightarrow \cdot OH + OH^- + Fe^{3+} \quad \text{(Fenton-Reaktion)}$$

$$NO + \cdot O_2^- \longrightarrow ONOOH^-$$

Inaktivierung von reaktiven Sauerstoff-Verbindungen

1. Enzymatische Reaktionen

Superoxid-Dismutase $\quad \cdot O_2^- + \cdot O_2^- + 2H^+ \longrightarrow H_2O_2 + O_2$

Glutathion-Peroxidase $\quad 2\,GSH + H_2O_2 \longrightarrow GSSG + 2\,H_2O$

Katalase $\quad H_2O_2 + H_2O_2 \longrightarrow O_2 + 2\,H_2O$

2. Nicht-enzymatische Reaktionen: Antioxidanzien

- zytosolische, wasserlösliche: Ascorbinsäure (Vitamin C), GSH, Cystein, Melatonin
- lipidlösliche, membranständige: Tocopherole (Vitamin E), Coenzym Q (Ubichinon), Carotinoide (z.B. β-Carotin)

Abb. 5.1. Bildung und Inaktivierung von reaktiven Sauerstoff-Verbindungen

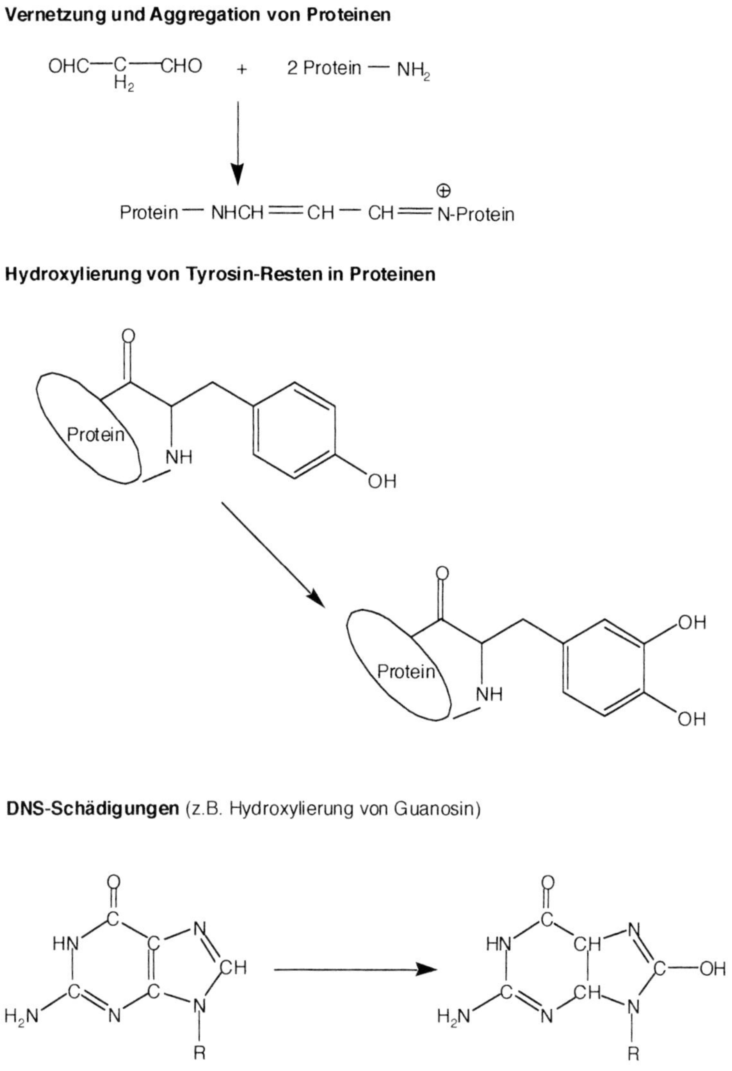

5.1 Oxidativer Stress

Vernetzung und Aggregation von Proteinen

$$OHC-CH_2-CHO + 2\ Protein-NH_2$$
$$\downarrow$$
$$Protein-NHCH=CH-CH=\overset{\oplus}{N}-Protein$$

Hydroxylierung von Tyrosin-Resten in Proteinen

DNS-Schädigungen (z.B. Hydroxylierung von Guanosin)

Abb. 5.2. Schädigungen von Proteinen und DNS durch freie Hydroxyl-Radikale

mechanismen vor (Abb. 5.1). Dazu gehören verschiedene Enzyme, aber auch nichtenzymatische, durch Antioxidanzien vermittelte Prozesse (Tabelle 5.2). Die Aufgabe von Enzymen wie der Superoxid-Dismutase (SOD), Katalase oder Glutathion-Peroxidase (Abb. 5.1) und metallbindenden Proteinen wie Lactoferrin, Transferrin oder Ferritin ist, die Bildung freier Radikale gering zu halten. Kommt es nämlich erst einmal zur Bildung von freien Radikalen, dann wird eine Radikal-Kettenreaktion gestartet, die nur durch Antioxidanzien (Tabelle 5.2) oder durch zwei zufällig aufeinander treffende Radikale unterbrochen werden kann.

Beispiele, wie ROS molekulare Bestandteile von Zellen schädigen können, sind in den Abb. 5.2. und 5.3 aufgezeigt. Die Schädigung

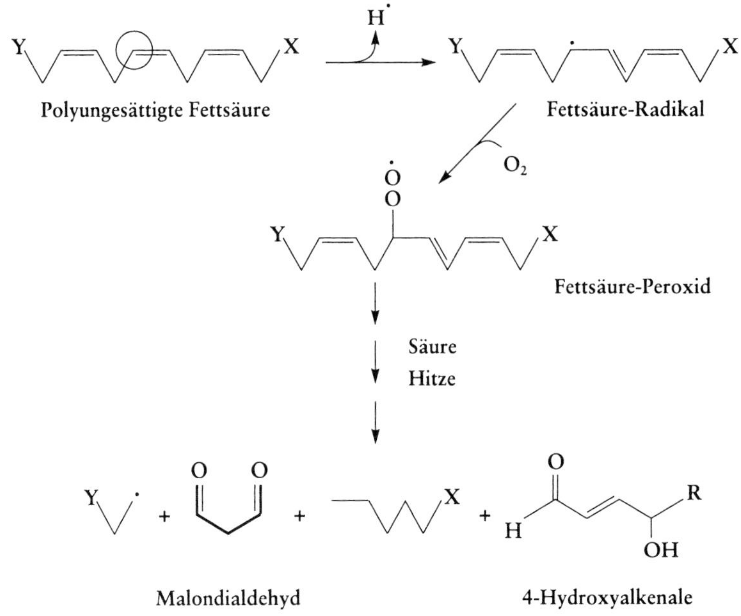

Abb. 5.3. Lipid-Peroxidation von Membranlipiden. Nachweis des in vitro freisetzbaren Malondialdehyds (Thiobarbitursäure-reaktive-Substanzen-Assay)

Tabelle 5.2. Antioxidanzien im ZNS

Zytosolische, wasserlösliche Antioxidanzien
- Ascorbinsäure (Vitamin C)
- Harnsäure
- reduziertes Glutathion (GSH)
- Melatonin

Lipidlösliche, membranständige Antioxidanzien
- Tocopherole (Vitamin E)
- Coenzym Q (Ubichinon)
- Carotinoide (z. B. β-Carotin)

von ungesättigten Fettsäuren durch Radikale, die Hauptbestandteile der Membranen von Nervenzellen sind, wird als Lipid-Peroxidation (Abb. 5.3) bezeichnet, wodurch die Membranfluidität der Nervenzellen herabgesetzt wird. Infolgedessen können Phospholipide leichter zwischen den beiden Membrandoppelschichten wechseln: das heißt, die Membran wird durchlässiger für Substanzen, die normalerweise diese nicht passieren können. Durch die Schädigung von Proteinen von Nervenzellen (Abb. 5.2) werden Neurorezeptoren, Neurotransmitter-metabolisierende Enzyme und Ionenkanäle inaktiviert, wodurch die Funktion der Nervenzelle verloren geht.

Dopaminerge Neurotoxine verursachen Nervenzelldegeneration durch oxidativen Stress

Dopaminerge Neurotoxine wie Methamphetamin, MPTP, 6-OHDA und Eisen(III) schädigen dopaminerge Neuronen durch oxidativen Stress (siehe Kap. 4.2). Wir (MG, PR) haben die vielen Ergebnisse, die dies belegen, in Übersichtsartikeln zusammengefasst (Gerlach et al., 1991b; Gerlach und Riederer, 1996; Gerlach et al., 1996d; Gerlach et al., 2000a; Götz und Gerlach, 2004; Götz et al., 2004) und möchten den interessierten Leser, der diese detailliert nachlesen möchte, darauf verweisen. Im Folgenden möchten wir nur einige Beispiele aufführen.

Mittels Elektronen-Spin-Resonanz-Spektroskopie hat man in vitro gezeigt, dass bei der Metabolisierung von MPTP freie Superoxid-Radikal-Anionen gebildet werden (Rossetti et al., 1988). An der lebenden Ratte wurde mithilfe von Mikrodialyse-Untersuchungen nachgewiesen, dass die MPTP-Metabolite $MPDP^+$ und MPP^+ akut unphysiologischerweise hohe Mengen Dopamin im Striatum freisetzen, wodurch freie Hydroxyl-Radikale gebildet werden (Obata und Chiueh, 1992). Methamphetamin verursacht ähnliche Effekte.

Der entscheidende Schritt der neurotoxischen Wirkung von 6-OHDA ist die Eisen(II)-katalysierte Umwandlung von Wasserstoffperoxid, das durch enzymatische und nichtenzymatische Metabolisierung von 6-OHDA gebildet wird, in hoch reaktive Hydroxyl-Radikale (Abb. 5.1). Bei 6-OHDA-läsionierten Ratten wies man mittels biochemischer Analytik (Oestreicher et al., 1994) und Magnet-Resonanz-Spektroskopie erhöhte Eisen-Konzentrationen in der SN nach (Hall et al., 1992). Diese werden wahrscheinlich durch eine 6-OHDA-induzierte Schädigung der Blut-Hirn-Schranke verursacht, die sich in einer erhöhten Proteinkonzentration manifestiert (Oestreicher et al., 1994). In In-vitro-Experimenten konnte man zeigen, dass 6-OHDA in der Lage ist, Eisen aus dem Eisen-speichernden Protein Ferritin freizusetzen (Double et al., 1998). Die entscheidende Rolle des Eisens bei der Bildung von Hydroxyl-Radikalen aus Wasserstoffperoxid kommt auch in der Tatsache zum Ausdruck, dass intranigrale Injektionen von Eisen(III)-Salzen ähnliche neurotoxische Effekte hervorrufen wie 6-OHDA (siehe auch Kap. 4.2.5). Als Folge des oxidativen Stresses findet man in Gehirnen 6-OHDA- und MPTP-geschädigter Tiere erhöhte Konzentrationen Thiobarbitursäure-reaktiver Substanzen sowie erniedrigte Mengen der Antioxidanzien Vitamin C, GSH und Harnsäure (zur Übersicht: Gerlach et al., 1991b; Gerlach und Riederer, 1996).

Es gibt indirekte Hinweise dafür, dass oxidativer Stress bei der Pathogenese der Parkinson-Krankheit eine Rolle spielt

Da freie Radikale als hoch reaktive Moleküle rasch mit nahezu allen wichtigen Bestandteilen der Nervenzelle reagieren, gibt es keine Methode, im lebenden Organismus das Auftreten dieser Verbindungen direkt nachzuweisen. Jedoch kann man die **geschädigten Biomoleküle** wie Lipid-Peroxidations-Produkte, aggregierte und hydroxylierte Proteine oder geschädigte DNS (Abb. 5.2 und 5.3) **nachweisen** und quantifizieren. Diese kommen normalerweise gar nicht oder nur in sehr geringen Mengen vor. Einen indirekten Hinweis für die Schädigung biologischer Systeme durch ROS erhält man auch, in dem man die Aktivitäten Radikale-metabolisierender Enzyme und die Mengen an Antioxidanzien bestimmt und mit Normalwerten vergleicht.

Post-mortem-Untersuchungen ergaben eine Reihe von Hinweisen dafür, dass oxidativer Stress an der Pathogenese der Parkinson-Krankheit beteiligt ist (Tabelle 5.3). So weisen die erniedrigten Konzentrationen des antioxidativen GSH in der SN, die bereits in frühen Stadien der Parkinson-Krankheit gemessen wurden (Dexter et al., 1994), entweder auf eine generell reduzierte Synthese oder aber auf einen erhöhten Verbrauch bei Parkinson-Kranken hin. Die erhöhte Aktivität der SOD, die nur in der SN nachgewiesen wurde, kann durch die vermehrte Bildung von Superoxid-Radikal-Anionen erklärt werden. Die Verschiebung des Fe(II)/Eisen(III)-Verhältnisses von etwa 2 : 1 im normalen Gehirn zu 1 : 2 im Gehirn von Parkinson-Kranken (Sofic et al., 1988) deutet darauf hin, dass vermehrt Hydroxyl-Radikale durch die Fenton-Reaktion

Tabelle 5.3. Indirekte Hinweise für das Auftreten reaktiver Sauerstoff-Verbindungen bei Parkinson-Kranken in Post-mortem-Untersuchungen (nach Gerlach und Riederer, 1996)

Gestörter Eisen-Stoffwechsel		
Ferritin-Konzentration	Substantia nigra	**129**
	Putamen	137
Gesamteisen-Konzentration	Substantia nigra	**177**
	Putamen	81
	Globus pallidus	120
	Kortex	100
Fe^{2+}/Fe^{3+}-Verhältnis	Substantia nigra pars compacta	**43**
	Putamen	77
	Globus pallidus	80
	Kortex	122
Inaktivierung von Wasserstoffperoxid-metabolisierenden Enzymen		
GSH-Konzentration	Substantia nigra	**53**
Glutathion-Peroxidase-Aktivität	Substantia nigra	**80**
Katalase-Aktivität	Substantia nigra	**64**
	Putamen	**67**
Hinweis auf vermehrte Aktivität Radikale entgiftender Systeme		
Superoxid-Dismutase	Substantia nigra	**133**
	Cerebellum	95
Indirekte Hinweise auf durch freie Radikale hervorgerufene Schäden		
Konzentration an polyungesättigten Fettsäuren	Substantia nigra	**85**
	Putamen	94
	Nucleus caudatus	95
	Globus pallidus	94
	Kortex	104
basale Konzentration an Thiobarbitursäure-reaktiven Substanzen	Substantia nigra	**135**
	Putamen	105
	Nucleus caudatus	111
	Globus pallidus	111
	Kortex	94
8-Hydroxy-2´-Deoxy-Guanosin-Konzentration	Substantia nigra	**238**
	Putamen	**250**
	Nucleus caudatus	**275**
	Globus pallidus	168
	Kortex	260
	Cerebellum	110
	Hippocampus	111

Angaben in Prozent der Normalwerte. Signifikante Ergebnisse sind fett hervorgehoben

(Abb. 5.1) gebildet wurden. Die Zunahme der 8-Hydroxy-deoxyguanosin-Konzentration und die Abnahme der Menge an ungesättigten Fettsäuren ist auf die Reaktion freier Radikale mit der DNS beziehungsweise Membranlipiden der Nervenzelle zurückzuführen. Als Folge der chronischen Schädigung von Membranen dopaminerger Neuronen findet man in der SN von Parkinson-Kranken erhöhte Aktivitäten von Enzymen, die an der Biosynthese von Phospholipiden beteiligt sind (Ross et al., 2001).

Auch am lebenden **Patienten** konnten wir (MG, PR) indirekte Hinweise dafür finden, dass oxidativer Stress an der Pathogenese der Parkinson-Krankheit beteiligt ist. Wir fanden nämlich bei De-novo-Parkinson-Patienten, d. h., diese Patienten wurden noch nie mit einem Anti-Parkinson-Medikament behandelt, im Vergleich zu neurologisch-psychiatrisch gesunden Kontrollindividuen reduzierte Mengen an Coenzym Q_{10} in Thrombozyten (Götz et al., 2000). Dieses Coenzym ist ein lipophiles Antioxidans, die wahrscheinlich wichtigste und bislang am besten erforschte Funktion von Coenzym Q ist aber seine Rolle als Elektronenüberträger und Protonentransporter in der inneren Mitochondrienmembran (Abb. 4.3), die der zellulären Energieversorgung in Form der ATP-Synthese dient. Unsere Untersuchungen lassen deshalb auch vermuten, dass Störungen in der Elektronen-Übertragung der Atmungskette bei Parkinson-Kranken vorliegen. Unsere Arbeitsgruppen waren weltweit auch die ersten, die gering reduzierte Komplex-I-Aktivitäten selektiv in der SN, aber auch in peripheren Blutzellen von Parkinson-Kranken nachwiesen (siehe Kap. 1). Aufgrund von experimentellen Befunden mit Komplex-I-Hemmstoffen wie MPP^+, TaClo, Paraquat und Rotenon (siehe Kap. 4) kann man annehmen, dass die bei den Parkinson-Kranken gefundene Störung der Atmungskette auch zur Generierung von oxidativem Stress beiträgt.

Molekulare Untersuchungen mit mutierten Genen, die mit monogen vererbten Formen der Parkinson-Krankheit assoziiert sind, wiesen ebenfalls darauf hin, dass oxidativer Stress an der Pathogenese des IPS beteiligt ist. Erwähnen wollen wir in diesem Zusammenhang nur das **DJ-1-Gen** (PARK 7), von dem Punktmutationen und -deletionen bei Patienten mit einem rezessiven Parkinson-Syndrom nachgewiesen wurden (siehe Kap. 1). Die Funktionen dieses Gens sind noch wenig bekannt, man hat aber einige Hinweise dafür, dass es eine antioxidative und redoxsensitive Chaperon-Funktion hat (Li et al., 2005). In Zellkulturen schützt eine Überexpression von DJ-1 vor oxidativem Stress, während das Fehlen die Sensitivität gegenüber oxidativem Stress erhöht; weiterhin zeigen die Zellen, die die Parkinson auslösenden Genmutationen exprimieren, keine antioxidative Aktivität (Takahashi-Niki et al., 2004).

Die Substantia nigra ist prädisponiert für oxidativen Stress

Wie oben erwähnt, ist oxidativer Stress ein Schädigungsmechanismus, der bei einer Reihe von Erkrankungen vorkommen kann. Die Frage, die man jetzt aber stellen muss, ist die, warum gerade bei der Parkinson-Krankheit, zumindest im Anfangsstadium, vorwiegend **dopaminerge Neuronen der SNc** in Folge von oxidativem Stress **degenerieren**. Hierfür gibt es verschiedene **Erklärungsmöglichkeiten**:

(1) Die SNc besteht überwiegend aus dopaminergen Nervenzellen (>80%): Das heißt, in den präsynaptischen Nervenendigungen findet ein **hoher Dopamin-Umsatz** statt, der zur Folge hat, dass Dopamin vermehrt enzymatisch durch COMT und MAO-B metabolisiert wird, wodurch Wasserstoffperoxid, aber auch andere potenziell toxische Verbindungen wie der Dopamin-Aldehyd und Ammoniak gebildet werden (Gleichung 5). Weitere potenziell neurotoxische Zwischenprodukte wie Dopamin-Chinon und Superoxid-Radikal-Anionen entstehen durch den nichtenzymatischen Dopamin-Abbau (Dopamin-Autoxidation). Gehirnregionen mit anderen Neurotransmittern werden weniger beziehungsweise kaum mit solchen neurotoxischen Metaboliten belastet. Nur im Locus coeruleus, dem Kerngebiet, das auch bei der Parkin-

son-Krankheit betroffen ist und in dem Noradrenalin der vorherrschende Neurotransmitter ist, können ähnliche Reaktionen stattfinden.

(2) In der SN sind **hohe Eisen-Konzentrationen** vorhanden, die die Fenton-Reaktion mit der Bildung von hoch reaktiven Hydroxyl-Radikalen (Abb. 5.1) begünstigen. Assoziationsstudien zwischen Gen-Polymorphismen, die mit dem Eisen-Metabolismus in Verbindung stehen, und der Parkinson-Krankheit weisen auf Störungen im Eisen-Stoffwechsel hin (Borie et al., 2002).

(3) In der SNc kommt **Neuromelanin** vor, das in dopaminergen Neuronen Schwermetalle wie Eisen, Kationen wie das MPP+ und Neuroleptika wie das Haloperidol bindet. Wir gehen davon aus, dass dieses Pigment und nicht Ferritin in der SN das **Eisen-speichernde Molekül** ist (Double et al., 2003a; Federow et al., 2005; Gerlach et al., 2006b). In In-vitro- und In-vivo-Untersuchungen konnten wir (MG, PR) zeigen, dass das an Neuromelanin gebundene Eisen(III) unter bestimmten Umständen wieder freisetzbar ist und neurotoxisch wirkt (Double et al., 1999; Double 2003b). Bei der Parkinson-Krankheit degenerieren vor allem Neuromelanin-haltige, dopaminerge Neuronen (Hirsch et al., 1988).

(4) In der SN von Parkinson-Kranken wurde eine leicht **erniedrigte Komplex-I-Aktivität** nachgewiesen (siehe Kap. 1.3.2). Dies kann langfristig dazu führen, dass vermehrt ROS gebildet werden (siehe oben). Weiterhin wurde kürzlich unabhängig von zwei Arbeitsgruppen gezeigt, dass mit zunehmendem Alter und insbesondere bei Parkinson-Kranken, spezifisch in nigro-striatalen dopaminergen Neuronen mtDNA-Deletionen vorhanden sind (siehe Manfredi, 2006).

$$HO\text{-}C_6H_3(OH)\text{-}CH_2\text{-}NH_2 \xrightarrow{\text{MAO-B}} HO\text{-}C_6H_3(OH)\text{-}CH_2\text{-}CHO + H_2O_2 + NH_3 \qquad (5)$$

5.2 Exzitotoxizität

Obwohl schon seit den frühen Untersuchungen von Lucas und Newhouse (1957) bekannt war, dass oral verabreichte hohe Konzentrationen an Glutamat bei frischgeborenen Mäusen zu einer Schädigung retinaler Neuronen führen, wurde dieses Phänomen lange Zeit ignoriert. Dies änderte sich erst, als Olney die Ergebnisse bestätigte und dieses Phänomen aufgrund systematischer histologischer Untersuchungen mit der Neurotoxizität von Glutamat und Glutamat-ähnlichen Verbindungen und einem exzitotoxischen Mechanismus (Exzitotoxizität) in Zusammenhang brachte (Olney, 1978). Er beobachtete nämlich, dass die systemische Gabe von Glutamat bei noch jungen Tieren charakteristische zytopathologische Veränderungen bestimmter Gehirnareale (wie Nucleus arcuatus im Hypothalamus) hervorruft, die nicht durch die Blut-Hirn-Schranke geschützt sind. Ähnliche Beobachtungen machte Olney auch nach intrazerebraler Gabe von anderen Wirkstoffen mit einer Glutamat-ähnlichen chemischen Struktur (Abb. 5.4). Auffallend war, dass immer post-

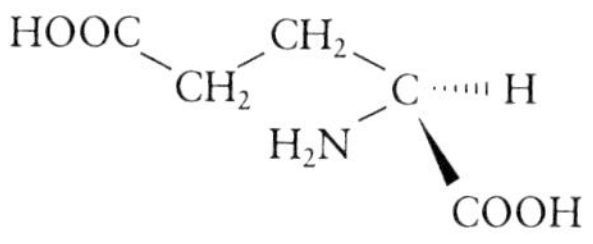

Glutaminsäure (Glutamat)

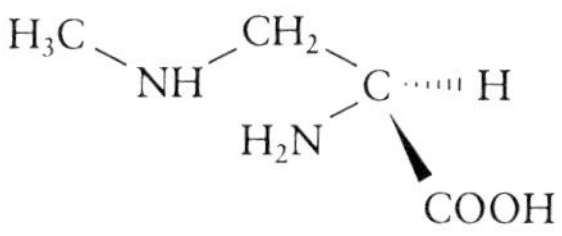

β-N-Methylamino-L-alanin (BMAA)

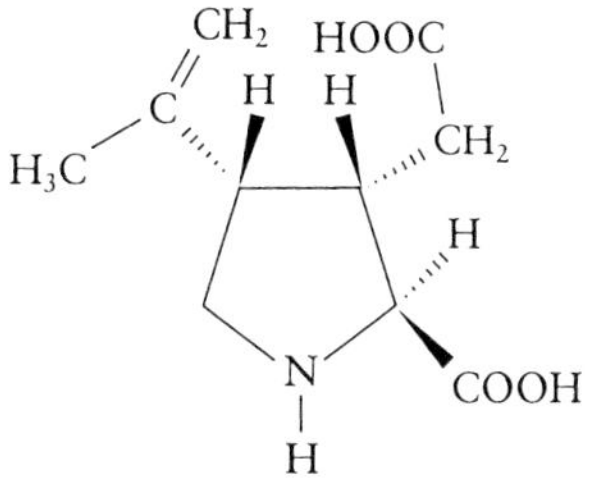

Kainsäure (Kainat)

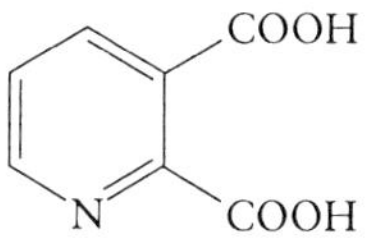

Quinolinsäure

Abb. 5.4. Strukturformeln von Exzitotoxinen

synaptische glutamaterge Zellstrukturen wie Dendriten und Zellkörper zerstört wurden, während präsynaptische Nervenendigungen und nichtneuronale Zellen intakt blieben. Der Begriff **Exzitotoxizität impliziert zwei paradoxe Wirkungsweisen des Glutamats:** eine physiologische, erregende (exzitatorische) und eine unphysiologische, neurotoxische Wirkung.

Glutamat ist wahrscheinlich neben dem Aspartat der am häufigsten verwendete exzitatorische Neurotransmitter im Säugetiergehirn. Viele Neuronen, die vom Kortex zum Striatum, Thalamus, Hirnstamm und Rückenmark projizieren, benutzen Glutamat ebenso als Neurotransmitter wie afferente, intrinsische und efferente Neuronen des Hippocampus. Man geht deshalb davon aus, dass Glutamat eine wesentliche Rolle bei kortikal und hippocampal gesteuerten kognitiven Funktionen und bei pyramidal und extrapyramidal gesteuerten motorischen Funktionen (siehe Abb. 2.12) spielt. Exzitatorische Neurotransmitter stimulieren spezifische, so genannte ionotrope Subtypen des Glutamat-Rezeptors (der deshalb auch als exzitatorischer Aminosäure-Rezeptor bezeichnet wird) und bewirken durch eine Öffnung von rezeptorgekoppelten Kationenkanälen die Erregung von Neuronen. Diese Wirkung ist für die normale Funktionsweise des ZNS essenziell. Die ionotropen Rezeptoren werden entsprechend ihren selektiven Agonisten und Antagonisten in NMDA-Rezeptoren und Nicht-NMDA-Rezeptoren unterschieden. Der NMDA-Subtyp wird durch das Asparaginsäure-Derivat NMDA aktiviert und von AP5 (D-Amino-5-phosphonopentanoat) gehemmt. Nicht-NMDA-Rezeptoren werden selektiv von α-Amino-3-hydroxy-5-methyl-4-isoxazolpropionsäure (AMPA) und Kainat aktiviert.

Unphysiologische Stimulation glutamaterger Rezeptoren bewirkt dagegen den Untergang der Nervenzelle. Aufgrund der Hemmbarkeit der neurotoxischen Wirkung von Exzitotoxinen durch selektive Antagonisten des Glutamat-Rezeptors weiß man, dass für die Entwicklung der neurotoxischen Wirkung vor allem die Aktivierung des NMDA- und möglicherweise auch des AMPA-Rezeptors verantwortlich sind.

Die Rolle exzitotoxischer Mechanismen in der Pathogenese der Parkinson-Krankheit ist unklar

Erhöhte Glutamat-Freisetzung, Schädigungen des NMDA-Rezeptors und Glutamat-Transporters sowie charakteristische zytopathologische Veränderungen wurden bei einer Reihe von akuten und chronischen neurodegenerativen Erkrankungen nachgewiesen (zur Übersicht: Meldrum und Garthwaite, 1990; Whetsell, 1996): Hierzu gehören der Schlaganfall und epileptische Anfälle, die akute Neuronenuntergänge hervorrufen; die Chorea Huntington, die Alzheimer-Krankheit und die Amyotrophe Lateralsklerose (ALS) sind dagegen Beispiele für eine chronische Neurodegeneration. Konsequenterweise wurden antiexzitatorische Therapieansätze entwickelt. Ein Beispiel sind die NMDA-Rezeptorantagonisten, die z. B. in experimentellen Modellen des Schlaganfalls den exzitotoxisch induzierten Nervenzelltod verhindern. Mögliche klinische Indikationen für solche Pharmaka sind nicht nur Schlaganfall, sondern auch ALS und Chorea Huntington.

Für die Parkinson-Krankheit liegen nur **wenige neuropathologische Befunde** vor, die auf das Vorhandensein exzitotoxischer Mechanismen schließen lassen. So wurden im Striatum von verstorbenen Parkinson-Kranken erniedrigte Dichten der [^{3}H]MK-801- (Gerlach et al., 1996b) und [^{3}H]Glutamat-Bindungsstellen (Meonie et al., 1999) gefunden. Da diese Bindungsstellen an dopaminergen Neuronen präsynaptisch lokalisiert sind, weisen sie auf die Degeneration nigro-striataler Nervenzellen hin.

Es gibt aber auch einige, jedoch nicht eindeutige, **tierexperimentelle Befunde**, die darauf hinweisen, dass die neuronenschädigende Wirkung dopaminerger Neurotoxine durch unphysiologische Glutamat-Freisetzung hervorgerufen wird (siehe Gerlach und Riederer, 1996). Beispielsweise findet man in Mikrodialyse-Untersuchungen nach zerebraler Infusion des MPTP-Metaboliten MPP$^+$ eine akute Freisetzung von Aspartat und Glutamat im Striatum der Ratte (Carboni et al., 1990); in anderen Untersuchungen wurden jedoch auch erhöhte extrazelluläre Dopamin- und Laktat-Konzentrationen nachgewiesen (Rollema et al., 1988). Nichtkompetitive und kompetitive Antagonisten des NMDA-Rezeptors wie MK-801 und CPP (3-((±)-2-Carboxypiperazin-4-yl)-propyl-1-phosphonylsäure) verhindern partiell den neurotoxischen Effekt von MPP$^+$ (Turski et al., 1991). MK-801 ist allerdings nicht in der Lage, bei Mäusen die neuronenschädigende Wirkung von MPTP zu verhindern, während CPP bei Affen eine partielle neuroprotektive Wirkung aufweist (zur Übersicht: Gerlach et al., 2000a).

Ein hypothetischer Zusammenhang wurde zwischen dem Auftreten des **Parkinson-Demenz-ALS-Komplexes** (Guam Disease) und dem Verzehr von Exzitotoxin-haltigen Nahrungsmitteln angenommen (Meldrum und Garthwaite, 1990). Auf der Pazifikinsel Guam lebende Chamorros zeigten eine auffallend hohe Inzidenzrate von ALS, die gehäuft in Kombination mit seniler Demenz und einem Parkinson-Syndrom auftrat. Die Neuropathologie ist ähnlich wie die der ALS, jedoch werden auffallend viele neurofibrilläre Bündel (neurofibrillary tangles), aber keine senilen Plaques gefunden. Als krankheitsauslösend wurde der Verzehr von Nahrungsmitteln angenommen, die aus dem Mehl der Samen der Palme Cycas circinalis zubereitet wurden. Dieses Mehl enthält größere Mengen des exogenen Exzitotoxins β-N-Methyl-amino-L-alanin. Diese Substanz ist nicht per se neurotoxisch, erst in Anwesenheit von Bicarbonat schädigt sie Neuronen.

5.3 Störung der Ca^{2+}-Homöostase

Ein weiterer allgemeiner molekularer Mechanismus der Neurodegeneration ist die Störung der Ca^{2+}-Homöostase. **Ca^{2+}** spielt eine wichtige Rolle bei der Exozytose und als so genannter **sekundärer Botenstoff** in der intrazellulären Signalübertragung (siehe Kap. 2.1.1). Jedes an der präsynaptischen Membran ankommende Aktionspotenzial bewirkt die Öffnung spannungsgesteuerter Ca^{2+}-Kanäle, wodurch eine Fusion der Membran der synaptischen Vesikel mit der präsynaptischen Plasmamembran (Exozytose) ausgelöst wird und die Neurotransmitter aus den Vesikeln in den synaptischen Spalt ausgeschüttet werden. Intrazelluläre Transduktionswege sind beispielsweise für die Regulation der elektrischen Erregbarkeit der Nervenzelle, den Transport von Nährstoffen innerhalb des Neurons und die Genexpression wichtig. Da die Konzentration von Ca^{2+} innerhalb der Nervenzelle mit ca. 100 nM etwa 10 000fach niedriger ist als extrazellulär, führt bereits der Einstrom von wenigen Ca^{2+}-Ionen zu erheblichen intrazellulären Konzentrationsänderungen, die durch

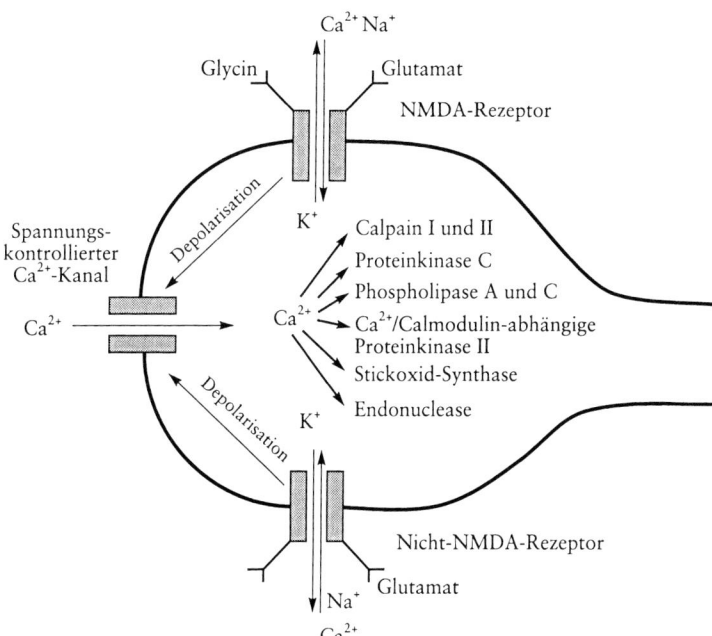

Abb. 5.5. Konsequenz der Störung der Ca^{2+}-Homöostase in dopaminergen Neuronen: unkontrollierte Aktivierung Ca^{2+}-abhängiger Enzyme. Die Aktivierung von Calpain I und II ruft eine Veränderung des Zytoskeletts hervor; die Aktivierung der Protein-Kinase-C und Stickoxid-Synthase erzeugt vermehrt Sauerstoff-Radikale; die Aktivierung der Phospholipase A$_2$ führt zum Abbau von Phospholipid-Membranen, die dabei freiwerdenden Fettsäuren (insbesonders die Arachidonsäure) gelangen dann in den extrazellulären Raum, wo sie in im Verlaufe ihres weiteren Abbauprozesses in Radikale umgewandelt werden: dies hält im Sinne eines Circulus vitiosus die Zellschädigungsprozesse aufrecht oder verstärkt sie sogar noch.

150   5 Hypothesen zur molekularen und zellulären Pathogenese der Parkinson-Krankheit

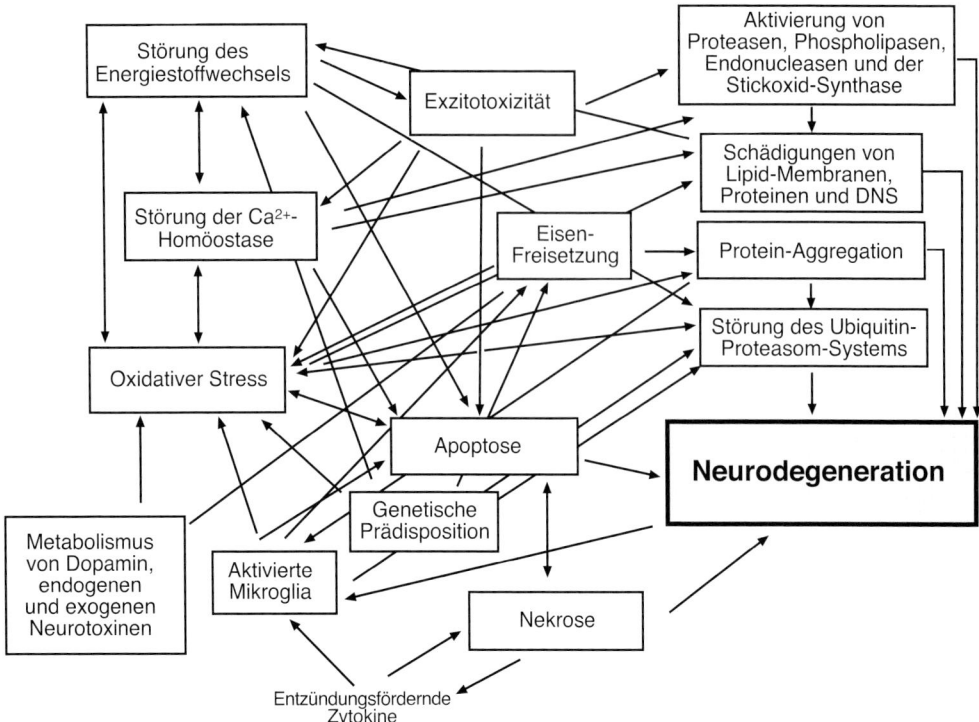

Abb. 5.6. Synergismus der molekularen und zellulären Mechanismen der dopaminergen Neurodegeneration

verschiedene komplex regulierte Mechanismen wieder ausgeglichen werden müssen. Überschüssiges intraneuronales Ca^{2+} wird unter anderem durch den aktiven Transport über die Neuronenmembran (ATP-abhängige Ca^{2+}-Pumpe, Na^+-Ca^{2+}-Austauschtransport) und durch den Transport in intrazelluläre Organellen wie dem endoplasmatischen Retikulum, synaptische Vesikel und/oder Mitochondrien entfernt. Zusätzlich helfen Ca^{2+}-bindende Proteine wie Calmodulin, Calpain, Parvalbumin oder Calbindin-D28K die intraneuronalen Ca^{2+}-Konzentrationen niedrig zu halten.

Eine Störung der Ca^{2+}-Homöostase wird durch einen **unregulierten Ca^{2+}-Einstrom** verursacht, der sowohl über spannungskontrollierte als auch NMDA-Rezeptor-gekoppelte Ionenkanäle hervorgerufen werden kann (Abb. 5.5). Aber auch Lipidmembran-Schäden, die infolge von oxidativem Stress entstanden sind (siehe Kap. 5.1), und/oder ein Energiemangel der Nervenzelle als Folge der Dysfunktion der mitochondrialen Atmungskette können zur Störung der Ca^{2+}-Homöostase führen (Abb. 5.6, Tabelle 5.1). Deshalb steht die Störung der Ca^{2+}-Homöostase im Zentrum vieler neuronenschädigender Prozesse. Der unkontrollierte Ca^{2+}-Einstrom verursacht die unphysiologische Aktivierung einer Reihe von Ca^{2+}-abhängigen Enzymen (Abb. 5.5), wodurch unreguliert Lipide und Proteine der Nervenzelle abgebaut, freie Radikale erzeugt, die Durchlässigkeit der mitochondrialen Membranpermeabilität erhöht und die Gentranskription verschlechtert werden. Zusätzlich verursacht die rezeptorvermittelte Depolarisation einen passiven Einstrom von Cl⁻-Ionen und Wasser, wodurch eine osmotische Belastung der Neuronen hervorgerufen wird. Alle diese Prozesse beeinträchtigen die Integrität der Nervenzelle und führen schließlich zu deren Untergang.

Es gibt indirekte Hinweise, die bei Parkinson-Kranken eine Störung der Ca^{2+}-Homöostase vermuten lassen

Der direkte Nachweis der Störung der Ca^{2+}-Homöostase als Parkinson-auslösende Ursache ist beim Menschen nicht zu erbringen, da es keine Methode gibt, die intraneuronale Ca^{2+}-Konzentration zu messen und es nicht möglich ist, intakte dopaminerge Nervenzellen aus der SN zu isolieren. Experimente mit so genannten **Cybrid-Zellen** (abgeleitet von cytoplasmic hybrid) weisen aber auf eine Störung der Ca^{2+}-Homöostase hin (Sheehan et al., 1987). Bei diesen Untersuchungen wurden menschliche Neuroblastoma-Zelllinien verwendet, die entweder mit Mitochondrien von Parkinson-Patienten oder gesunden Individuen transformiert waren. Die Zellen mit Mitochondrien von Parkinson-Patienten brauchten wesentlich länger, eine pharmakologisch herbeigeführte zytosolische Ca^{2+}-Erhöhung zu normalisieren als Zellen mit Mitochondrien von gesunden Individuen.

In **Post-mortem-Untersuchungen** fand man mithilfe immunhistochemischer Methoden, dass in der SNc von Parkinson-Kranken die dopaminergen Neuronen fast gar nicht degenerieren, die **Calbindin D-28K** enthalten, während Neuronen, die nicht mit Calbindin D-28K kolokalisiert sind, fast vollständig nicht mehr vorhanden sind (Yamada et al., 1990; German et al., 1992). Ein ähnlicher Befund wurde für ein weiteres Ca^{2+}-bindendes Protein, **Calretinin**, beschrieben (Mouatt-Prigent et al., 1994). Diese Ergebnisse lassen vermuten, dass Ca^{2+}-bindende Proteine dopaminerge Neuronen vor dem Zelluntergang schützen.

Post-mortem-Untersuchungen (Mouatt-Prigent et al., 1996), in denen mittels immunhistochemischer Methoden die Ca^{2+}-abhängige Protease Calpain II semiquantitativ bestimmt wurde, deuten auf einen unkontrollierten Ca^{2+}-Einstrom und eine gestörte Ca^{2+}-Homöostase hin (Abb. 5.5). Parkinson-Kranke hatten nämlich im Vergleich zu Kontrollen in der SN erhöhte Mengen des Calpain-II-Proteins nur in TH-immunreaktiven Neuronen, in denen Lewy-Körperchen vorkamen; bei anderen degenerativen Erkrankungen wurden keine Veränderungen gefunden.

Auf die Störung der Ca^{2+}-Homöostase als mögliche molekulare Ursache des IPS weisen auch Ergebnisse am **MPTP-Modell** hin. So schützt Nimodipin, ein Ca^{2+}-Kanal-Blocker, der selektiv spannungskontrollierte Ca^{2+}-Kanäle vom L-Typ hemmt, dopaminerge nigrostriatale Neuronen von C57BL/6-Mäusen und Common Marmosets vor der neurotoxischen Wirkung von MPTP (Kupsch et al., 1995; 1996).

5.4 Apoptose

Aufgrund morphologischer Kriterien wurden bereits in 1951 von Glücksmann verschiedene Formen des Zelltodes klassifiziert. Mehr als ein Jahrzehnt danach beschrieben Lockshin und Williams (1964) anhand von Untersuchungen zum Entwicklungsprozess von Seidenspinnern eine Regelmäßigkeit, in der bestimmte Zellen in einer wahrscheinlich vor-

Tabelle 5.4. Kriterien zur Unterscheidung von apoptotischen und nekrotischen Zellunterängen (nach Gerlach et al., 1996d)

	Apoptose	Nekrose
DNS	frühe internukleosomale Fragmentierung (leiterförmig)	späte, zufällige DNS-Verdauung
Zellkern	Chromatin-Kondensation frühe nukleäre Spaltung	frühe Zusammenballung der Zellkernmasse späte nukleäre Degeneration
Membran-Integrität	bleibt solange erhalten, bis sie als Ganzes von der phagozytierenden Zelle aufgenommen wird Abschnürung kleiner Vesikel (Blebbing)	wird sehr früh zerstört
Mitochondrien	sehen normal aus	sind angeschwollen, enthalten abnormale Ca^{2+}-Konzentrationen
Entzündliche Reaktionen	nein	ja
Abhängigkeit von Protein-Synthese	ja	nein

her bestimmten Abfolge sterben, und schlugen deshalb den Begriff **„programmierter"** **Zelltod** vor. Kerr und Kollegen verwendeten dann 1972 erstmals den Begriff Apoptose, um anhand morphologischer Kriterien den apoptotischen vom nekrotischen Zelltod zu unterscheiden (Tabelle 5.4). Dieser Ausdruck kommt aus dem Altgriechischen und steht für das Abfallen des Laubes vom Baum. Nach diesem Konzept werden Zellen, die auf Grund eines natürlichen Todes im Rahmen eines normalen biologischen Prozesses mittels eines aktiven Prozesses sterben (vom Organismus gewollt) und in einer sicheren, nichtentzündlichen Art und Weise entfernt werden (**Apoptose**), von denen unterschieden, die auf Grund bestimmter endogener oder exogener Einwirkungen (**Nekrose**), also vom Organismus ungewollt, absterben. Zellen, die sich im sich entwickelnden Organismus befinden, oder verletzte Zellen im erwachsenen Organismus sterben also einen programmierten oder apoptotischen Zelltod. Der Begriff programmierter Zelltod brachte später die Neurobiologen auf die Idee, dass der neuronale Zelltod durch die Auslösung der Expression von Genen, die für so genannte Todes- oder Suizid-Proteine kodieren, verursacht wird (Altman, 1992). Die biochemische Aktivierung der klassischen Apoptose erfolgt auf zwei Wegen. Zum einen durch einen extrinsischen Mechanismus, der durch die Aktivierung von auf der Zelloberfläche lokalisierten Todesrezeptoren wie Fas erfolgt und in der Synthese der Caspasen C-8 und -10 (sind Cystein-spezifische Aspartat-Proteasen) resultiert. Zum anderen durch einen intrinsischen Mechanismus, der durch die Freisetzung von Cytochrom c aus Mitochondrien ausgelöst wird und mit einer Aktivierung von Caspase-9 assoziiert ist.

Der programmierte Zelltod ist ein streng geregelter physiologischer Vorgang, der das Gleichgewicht zwischen Proliferation und Differenzierung vielzelliger Organismen sowohl während der Entwicklung als auch während der Optimierung der adulten Zelle und Gewebefunktionen reguliert. Für ausdifferenzierte, **postmitotische Neuronen** im erwachsenen Gehirn bedeutet dies, dass

(1) die Mechanismen, die die Zellteilung kontrollieren herunter reguliert sind, und
(2) diejenigen, die die Auslösung der Apoptose verhindern, stark hoch reguliert sind (Krantic et al., 2005).

Die Autoren dieses Übersichtsartikels zum programmierten Zelltod bei neurodegenerativen Erkrankungen postulieren, dass bei diesen Erkrankungen wieder eine Reinitiierung des Zellzyklus in Gang gesetzt wird. Unserer Meinung nach gibt es aber zumindest für die Parkinson-Krankheit keine eindeutigen Hinweise für eine Neurogenese in der SN. Weiterhin stellen wir uns die Frage, was die physiologische Bedeutung eines apoptotischen Zelltodmechanismus in einer adulten postmitotischen dopaminergen Nervenzelle ist. Eigentlich müsste es für diese besonders vulnerablen Neuronen eher zellschützende Mechanismen geben als Programme, die deren Zelltod herbeiführen.

Aufgrund der nukleären Morphologie unterscheidet man heute von der klassischen Apoptose einen Apoptose-ähnlichen programmierten Zelltod und einen Nekroseähnlichen programmierten Zelltod (Krantic et al., 2005). Nekrose-ähnlicher programmierter Zelltod wird nicht durch Mitochondrien, sondern durch andere Organellen wie Lysosomen, das endoplasmatische Reticulum und den Zellkern, und durch andere Proteasen als Caspasen (z. B. Cathepsine und Calpaine) ausgelöst. Im Gegensatz zur Apoptose sind die molekularen Mechanismen des Nekrose-ähnlichen programmierten Zelltodes kaum verstanden und es wird generell angenommen, dass dieser einen alternativen Zelltodweg darstellt, der insbesondere dann eintritt, wenn die Caspase-Freisetzung gehemmt ist (ebd.).

Apoptose spielt wahrscheinlich keine Rolle bei der Pathogenese der Parkinson-Krankheit

Unter Anwendung der morphologischen und biochemischen Kriterien zur Beurteilung der klassischen Zelltodmechanismen (Tabelle 5.4) gelang es jedoch nicht eindeutig, Apoptose als Pathomechanismus der Parkinson-Krankheit in **Post-mortem-Gewebe** nachzuweisen. Da der apoptotische Zelltod rasch verläuft und der die Parkinson-Krankheit auslösende Prozess schon Jahre vor der Sichtbarkeit der klinischen Symptome auftritt, ist die Wahrscheinlichkeit sehr gering, in Post-mortem-Gewebe histologisch und biochemisch einen apoptotischen Zelltod nachzuweisen. Insofern ist es sehr verwunderlich, dass man in einigen Untersuchungen die für die Apoptose charakteristischen morphologischen Veränderungen und z. B. erhöhte Caspase-Aktivitäten (Mogi et al., 2000) nachweisen konnte. Es gibt aber vermehrt Befunde, die dies nicht bestätigen und auf das Vorliegen falsch-positiver Resultate durch Artefakte (z. B. durch Agonie) hinweisen (Graeber et al., 1999; Wüllner et al., 1999; Jellinger, 2000).

Der Nachweis typischer morphologischer und biochemischer Apoptose-Veränderungen ist wahrscheinlich ein Epiphänomen der Parkinson-Pathologie, da bestimmte physiologische Stimuli (z. B. Entzug von NGF) und durch Zellschäden freigesetzte Signalmoleküle wie ROS, Glutamat oder proapoptotische Faktoren aus Mitochondrien infolge der Entkopplung der Atmungskette auch Apoptose auslösen können (Thompson, 1995; Krantic et al., 2005).

Nicht im Einklang mit den morphologischen und biochemischen Kriterien der Apoptose stehen die Resultate, die auf entzündliche Reaktionen im Gehirn von Parkinson-Kranken hindeuten (siehe nächstes Kapitel).

5.5 Entzündliche Reaktionen

Das Gehirn ist bis zu einem gewissen Grad vom Immunsystem abgeschirmt, man bezeichnet es deshalb auch als ein immunprivilegiertes Organ (Wekerle et al., 1986). Es ist umgeben von Knochen und vom Blut durch die Blut-Hirn-Schranke getrennt, wodurch das unkontrollierte Eindringen von zirkulierenden Immunzellen, Immunglobulinen und anderen löslichen Immunmediatoren in das ZNS verhindert wird. Im Gehirn werden normalerweise **MHC-Moleküle** (englisch für major histocompatibility complex) überhaupt nicht oder nur gering exprimiert. Dies wird als weiterer Hinweis für den besonderen Immunstatus des Gehirns angesehen. Die MHC-Moleküle wurden wegen ihres Einflusses auf die Akzeptanz oder Abstoßung von Gewebetransplantaten entdeckt und sind Oberflächenmoleküle auf Körperzellen, die antigene Peptide an T-Lymphozyten präsentieren. Die MHC-Moleküle des Menschen werden auch als humane Leukozyten-Antigene (HLA) bezeichnet. Man unterscheidet im wesentlichen zwei Klassen: Die MHC-I-Moleküle, die auf fast allen körpereigenen Zellen exprimiert werden, und die MHC-II-Moleküle, die nur auf Zellen exprimiert sind, die für die Induktion einer Immunantwort wichtig sind. Die zwei MHC-Klassen stimulieren unterschiedliche T-Lymphozyten-Populationen: Die MHC-I-Moleküle stimulieren CD8-T-Zellen mit zytolytischen T-Lymphozyten-Funktionen; die MHC-II-Moleküle stimulieren CD4-T-Lymphozyten, die T-Helfer-Zellfunktionen vermitteln, und in erster Linie lösliche Antigene oder Antigene, die von phagozytierten Mikroorganismen abstammen, erkennen.

Es gibt mittlerweile jedoch zunehmend Hinweise dafür, dass auch eine zwar minimale, aber konstante Einwanderung von Immunzellen in das Gehirn stattfindet (siehe Scheller et al., 2006). Insbesondere aktivierte T-Lymphozyten können im Gegensatz zu ruhenden die Blut-Hirn-Schranke passieren. Bei Erkrankungen wie bestimmten Gehirntumoren, Fieber, neuroimmunologischen Erkrankungen, neurodegenerativen Erkrankungen oder ischämischen und traumatischen Insulten findet eine erhöhte Einwanderung von Immunzellen in das Gehirn statt.

Die im Gehirn wandernden T-Lymphozyten können ihre Antigen-spezifische Wirkung jedoch nur dann entfalten, wenn das entsprechende Antigen von den MHC-Molekülen dargeboten wird. Um mit den Antigen-präsentierenden Zellen in Kontakt treten zu können, synthetisieren die aktivierten T-Lymphozyten **proinflammatorische Zytokine** wie IL-1 und -6 oder TNF-α (Tumor-Nekrose-Faktor-α), die in fast allen Zelltypen MHC-Moleküle induzieren und deren Expression erhöhen können. Im gesunden Gehirn wird durch die Anwesenheit von entzündungshemmenden Zytokinen wie vor allem IL-4 und -10 die Aktivierung von MHC-Molekülen durch die entzündungsfördernden Zytokine der vereinzelt eingewanderten T-Lymphozyten verhindert. Erst nach einer Schädigung des Nervengewebes lassen sich MHC-Moleküle auf verschiedenen im Gehirn vorkommenden Typen von Zellen nachweisen. Neben den T-Lymphozyten sind das Makrophagen und vor allem Mikroglia. Ruhende Mikroglia-Zellen stammen wahrscheinlich von zirkulierenden Monozyten ab und reagieren besonders empfindlich auf verschiedene Schädigungen des ZNS, wobei sie dann die morphologische Form von Makrophagen annehmen (Zipp and Aktas, 2006). Von dem geschädigten Nervengewebe werden weitere entzündungsfördernde und chemotaktische Mediatoren (z. B. ROS) freigesetzt, die die Infiltration von Immunzellen wie T-Lymphozyten und Monozyten aus der Blutzirkulation in das Nervengewebe fördern.

Die Bedeutung der Aktivierung des Immunsystems im Verlauf von neurodegenerativen Erkrankungen wie der Parkinson-Krankheit ist ein aktuelles Thema neuroimmunologischer Forschung (Zipp and Aktas, 2006) und steht auch im Fokus der Forschungen zur Pathogenese der Parkinson-Krankheit (siehe Sawada et al., 2006).

Hinweise für Entzündungsreaktionen im Gehirn von Parkinson-Kranken

Auf die mögliche Beteiligung entzündlicher Reaktionen an der Pathogenese der Parkinson-Krankheit deuten an **Post-mortem-Gehirnen** erhobene immunhistochemische und morphologische Befunde hin, die erstmals von der Arbeitsgruppe McGeer beschrieben wurden (McGeer et al., 1988b). Die Autoren wiesen eine vermehrte Anzahl von **aktivierten Mikroglia-Zellen** in der SN von Parkinson-Kranken nach, die immunpositiv gegen das zur MHC-Klasse II gehörende Histokompatibilitäts-Antigen HLA-DR waren. Jedoch wurde diese Mikroglia-Aktivierung auch im Hippocampus bei Demenz-Kranken gefunden: Parkinson-Kranke mit einer Demenz zeigten diese in der SN und im Hippocampus; Alzheimer-Kranke immer im Hippocampus und größtenteils auch in der SN. Diese Befunde lassen einen generellen Zusammenhang zwischen der Mikroglia-Aktivierung und dem Nervenzelluntergang bei neurodegenerativen Erkrankungen vermuten und weisen darauf hin, dass wahrscheinlich **entzündliche Reaktionen nicht die primäre Ursache** der Parkinson-Krankheit sind. Später wurde dann das Konzept einer **„sekundären Entzündung"** bei primär nichtentzündlichen neurodegenerativen Erkrankungen des ZNS entwickelt, das im Wesentlichen auf der Beobachtung basierte, dass man in tierexperimentellen Modellen, in denen nichtentzündliche Gehirnläsionen induziert wurden, eine Einwanderung von Leukozyten in abgestorbene Gehirnareale nachwies (siehe Zipp und Aktas, 2006). Demnach könnte eine Mikroglia-Aktivierung auch durch extrazelluläres Neuromelanin, Lewy-Körperchen und α-Synuclein-Aggregate (siehe nächstes Kapitel), die an der Pathogenese der Parkinson-Krankheit beteiligt sind (siehe Kap. 2.2.1), oder extrazelluläres Amyloid, das an der Pathogenese der Alzheimer-Demenz beteiligt ist, hervorgerufen werden und zur Phagozytose dieser Moleküle beitragen.

Aktivierte Mikroglia werden nicht nur in der SN von verstorbenen Patienten mit einem IPS gefunden, sondern auch bei familiären Formen der Parkinson-Krankheit (Orr et al., 2005). In allen untersuchten Parkinson-Fällen wurden in der SN vermehrt HLA-immunpositive aktivierte Mikroglia-Zellen nachgewiesen, jedoch nie bei Kontrollen oder im visuellen Kortex von Parkinson-Kranken (ebd.). Die Anzahl der HLA-immunpositiven aktivierten Mikroglia-Zellen war unabhängig von der Krankheitsdauer und dem Degenerationsgrad immer gleich, was auf eine **stetige entzündliche Reaktion** während des Erkrankungsverlaufes hindeutet. Weiterhin wurde bei beiden Formen der Parkinson-Krankheit in einigen pigmentierten dopaminergen Neuronen eine Immunglobulin-G-immunpositive, aber keine Immunglobulin-M-immunpositive Färbung nachgewiesen. Doppelmarkierte Immunfluoreszenz-Experimente zeigen, dass das Immunglobulin G in pigmentierten Neuronen mit α-Synuclein kolokalisiert ist. Mithilfe der konfokalen Mikroskopie fand man, dass das Immunglobulin G vor allem an der Membranoberfläche von dopaminergen Neuronen und Lewy-Körperchen vorkommt und die Anzahl Immunglobulin-G-immunpositiver Neuronen negativ mit dem Zellverlust von SN-Neuronen und positiv mit der Anzahl HLA-immunpositiver aktivierter Mikroglia-Zellen korreliert. Schließlich wurde nachgewiesen, dass der hoch affine Rezeptor

FcγRI (CD64) an nahe gelegenen aktivierten Mikroglia-Zellen vorkommt. Alle diese Befunde weisen auf eine Immunaktivierung der Mikroglia beim IPS und genetischen Formen der Erkrankung hin und legen eine kausale Relevanz entzündlicher Reaktionen bei der dopaminergen Degeneration nahe.

Die japanische Arbeitsgruppe von Nagatsu, die solche Untersuchungen auf Anregung von mir (PR) durchführte, aber auch die französische Arbeitsgruppe von Hirsch und unsere Arbeitsgruppe (MG, PR) konnten sowohl in der CSF als auch in Autopsiehirnen (vor allem im nigro-striatalen System) von Parkinson-Kranken erhöhte Konzentrationen der entzündungsfördernden Zytokine IL-1, IL-2, IL-6 und TNF-α nachweisen (Mogi et al., 1994a, b; Blum-Degen et al., 1996; Mogi et al., 1996; Hirsch et al., 1998; Hartmann et al., 2003). Weiterhin wurden erniedrigte Mengen an Neurotrophinen und Veränderungen im Metabolismus von Molekülen, die an der Induktion der Apoptose (z. B. CD95) beteiligt sind, nachgewiesen. Diese Ergebnisse weisen ebenfalls auf eine Mikroglia-Aktivierung hin, da diese den apoptotischen Zelltod von T-Lymphozyten induzieren kann.

Eine Mikroglia-Aktivierung und erhöhte Konzentrationen entzündungsfördernder Moleküle wurden auch am **MPTP-Tiermodell** gefunden (siehe Sawada et al., 2006). Wie bereits in Kap. 4.2.6 beschrieben, kann durch eine intranigrale Injektion von LPS, wodurch entzündliche Reaktionen ausgelöst werden, bei Ratten eine dopaminerge Degeneration verursacht werden.

Widersprüchlich sind die Ergebnisse von prospektiven **epidemiologischen Studien** zur Wirkung von nichtsteroidalen entzündungshemmenden Arzneistoffen auf den Krankheitsverlauf der Parkinson-Erkrankung. Einige dieser Studien wiesen auf einen geringen, krankheitsverzögernden Effekt hin (Bower et al., 2006; Gilgun-Sherki et al., 2006), in einer anderen wurde dagegen kein Effekt von Aspirin® gefunden (Ton et al., 2006).

5.6 Protein-Aggregation

Proteine unterliegen einem ständigen Abbau (Proteolyse) und einer fortwährenden Resynthese, um z. B. falsch gefaltete oder geschädigte Proteine zu entsorgen und wieder zu erneuern. Ein wichtiger Stoffwechselweg für den Abbau von Proteinen ist das **Ubiquitin-Proteasom-System,** fassartig geformte Multiprotein-Komplexe, in dem Ubiquitin, ein kleines Protein mit einer Molekülmasse von 8,5 kD eine wichtige Rolle spielt, indem es Proteine markiert, die zerstört werden sollen (Abb. 5.7). Die ursprünglichen Befunde, dass α-Synuclein durch das Proteasom abgebaut und mutiertes α-Synuclein anders verstoffwechselt wird (z. B. Bennet et al., 1999), führten zu der Annahme, dass eine der molekularen Ursachen der Parkinson-Krankheit ein abnormaler Abbau von α-Synuclein durch das Ubiquitin-Proteasom-System ist. Einige nachfolgende Untersuchungen konnten aber keine Veränderungen der α-Synuclein-Mengen nach Hemmung des Proteasom-Systems finden (siehe Cuervo et al., 2004). Dies legte den Schluss nahe, dass es alternative Abbauwege gibt. Cuervo und Kollegen (2004) zeigten dann tatsächlich, dass der Wildtyp von α-Synuclein zielgerichtet in das Lumen von Lysosomen transportiert wird, wo es dann durch einen **Chaperon-vermittelten Autophagie-Stoffwechselweg** abgebaut wird. Man nimmt heute an, dass Proteine mit einer kurzen Halbwertzeit vor allem durch das Ubiquitin-Proteasom-System abgebaut werden, die meisten zytosolischen Proteine mit einer langen Halbwertszeit (>10 h) aber durch den Chaperon-vermittelten Autophagie-Stoffwechselweg in Lysosomen (Cuervo et al., 2004; Nixon, 2006). Durch Letzteren werden bemerkenswerterweise eine Reihe von neuropathologisch wichtigen Proteinen wie z. B. das α-Synuclein und das Amyloid-Vorläufer-Protein (APP) katabolisiert.

Ein weiterer Abbauweg für Proteine ist der **Makroautophagie-Stoffwechselweg**, der auch als Autophagie-Stoffwechselweg bezeichnet wird und Proteinkomplexe und Organellen abbaut (Rubinsztein, 2006). Daran sind Doppelmembranstrukturen, die als Autophagosome bezeichnet werden, beteiligt. Diese fusionieren mit Lysosomen und verdauen dann den Inhalt durch lysosomale Hydrolasen. Es gibt Hinweise dafür, dass dieser Protein-Abbauweg bei Proteinen überwiegt, die zur Aggregation neigen und schlechte Substrate des Ubiquitin-Proteasom-Systems sind (ebd.).

Neurodegenerative Erkrankungen sind durch Protein-Aggregationen gekennzeichnet

Wie bereits in Kap. 1.3.2 beschrieben, ist ein gemeinsames Charakteristikum vieler neurodegenerativer Erkrankungen die Ablagerung von intra- und extrazellulären Protein-Aggregationen (Tabelle 1.5). Man nimmt an, dass diese durch die gestörte Proteolyse von mutierten oder geschädigten Proteinen verursacht werden (siehe z. B. auch Chung et al., 2001; Taylor et al., 2002).

In diesem Zusammenhang erwähnenswert sind die so genannten Advanced-Glycation-Endproducts (**AGEs**). Sie entstehen durch die Reaktion der Aminogruppen von Proteinen mit Zuckern, im Falle des Gehirnes praktisch ausschließlich mit Glukose, und nachfolgenden Umlagerungs-, Oxidations- und Dehydrierungs-Reaktionen. Dabei kommt es zu einer Änderung der Protein-Konformation durch ein irreversibles Cross-linking, wodurch eine Protein-Aggregation ausgelöst wird, die letztendlich zu einem Verlust der Funktion des Proteins führt (Münch et al., 1998). Dies konnte z. B. auch für α-Synuclein nachgewiesen werden (Münch et al., 2000). So veränderte Proteine können nicht oder nur noch bedingt durch das Ubiquitin-Proteasom-System und/oder den Chaperon-vermittelten Autophagie-Stoffwechselweg in Lysosomen abgebaut werden. In Zellkulturexperimenten konnte gezeigt werden, dass die AGEs neurotoxisch sind und unter anderem oxidativen Stress und eine Störung der mitochondrialen ATP-Synthese verursachen (Münch et al., 1998).

Es gibt jedoch bis dato keine zweifelsfreien Erklärungen dafür, dass Protein-Aggregationen zum Teil selektiv nur in bestimmten Zelltypen (bestimmten Neuronen oder Glia) und Gehirnregionen vorkommen. Weiterhin ist unklar, ob diese die Ursache der Nervenzell-Untergänge sind oder aber nur die Folge (**Epiphänomen**) von anderen Nervenzelltod-Mechanismen.

Hinweise für eine Störung des Ubiquitin-Proteasom-Systems beim IPS

Wie bereits oben beschrieben, führte das Ergebnis, dass mutiertes α-Synuclein nur etwa halb so schnell durch das Ubiquitin-Proteasom-System abgebaut wird wie der Wildtyp (Bennet et al., 1999), zu der Hypothese, dass familiäre und sporadische Formen der Parkinson-Krankheit durch eine Störung dieses Protein-Abbauweges verursacht werden. Einschränkend soll aber noch einmal betont werden, dass α-Synuclein wahrscheinlich nicht durch diesen Stoffwechselweg, sondern in Lysosomen durch den Chaperon-vermittelten Autophagie-Stoffwechselweg abgebaut wird.

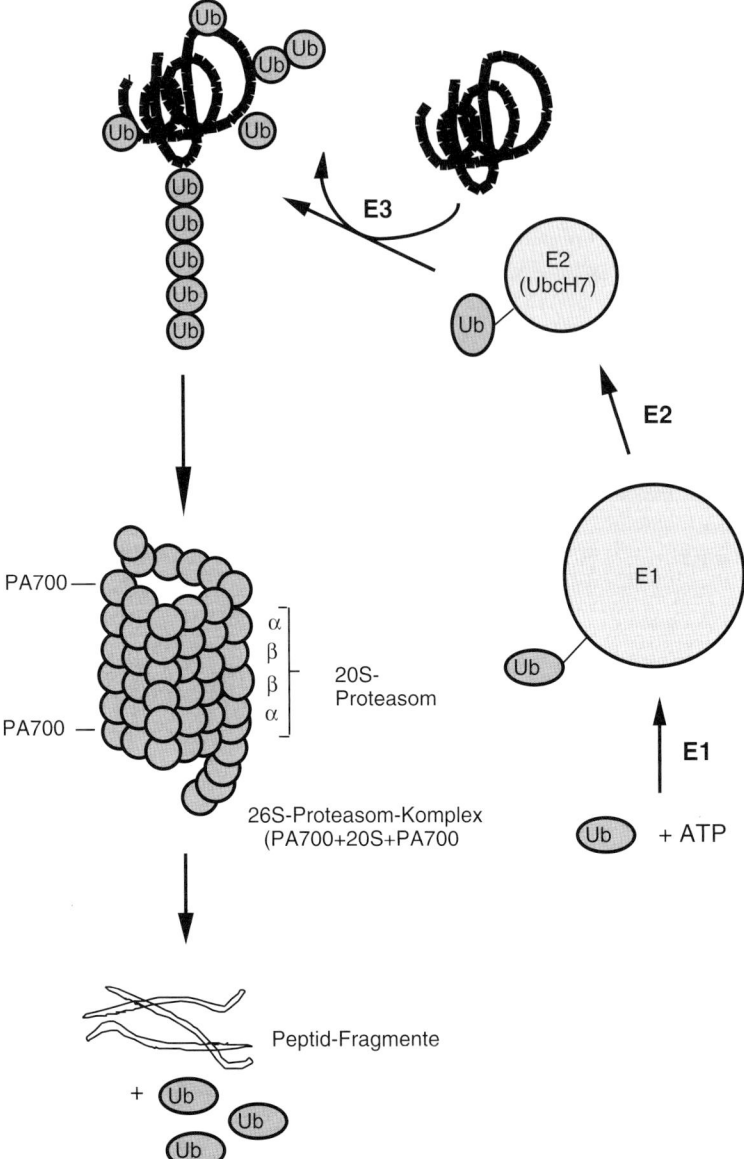

Abb. 5.7. Der Ubiquitin-Proteasom-Weg. Ubiquitin (Ub) markiert Proteine, die zum Abbau bestimmt sind, damit sie von Ub-abhängigen Proteasen zu Peptiden abgebaut werden. Drei Enzyme (E1, E2 und E3) sind an der Konjugation des Ub mit Proteinen beteiligt. Zuerst wird die terminale Carboxylgruppe des Ub über eine Thioesterbindung an eine SH-Gruppe des E1 in einer ATP-abhängigen Reaktion gebunden. Das aktivierte Ub wird dann auf die SH-Gruppe des E2 übertragen. Schließlich katalysiert E3 den Transfer des Ub vom E2 zum Zielprotein. Ein Protein, das für die Zerstörung markiert werden soll, erhält gewöhnlich mehrere Ub-Moleküle. Sobald das Protein an Ub gekoppelt ist, wird es rasch in einem ATP-abhängigen Prozess durch das 26S-Proteasom abgebaut. Dieses Proteasom ist ein großer, aus vielen Untereinheiten bestehender Komplex mit einem zentralen katalytischen Teil (Äquivalent zum 20S-Proteasom) und zwei endständigen regulatorischen Subkomplexen, die als PA700- oder 19S-Proteasom bezeichnet werden.

Als weiterer Beleg für ein gestörtes Ubiquitin-Proteasom-System wird der Befund einer **Missense-Mutation** im **UCH-L1-Gen** (Abb. 5.7) angesehen, die zu einer Reduktion des Ubiquitin-abhängigen Proteinabbaus führt (Wintermeyer et al., 2000). Es gibt einige Hinweise dafür, dass der Ubiquitin-Proteasom-Weg auch bei der sporadischen Form gestört ist. McNaught und Jenner (2001) wiesen eine 33- bis 42-prozentige **Reduktion** der **proteolytischen Aktivitäten des 26S-Proteasom-Komplexes** (diese werden bezogen auf die Substrate als Chymotrypsin-, Trypsin- und „Postacidic"-Aktivität bezeichnet) in der SN von verstorbenen Parkinson-Kranken nach. Diese moderate Abnahme der Proteolyse-Aktivitäten scheint nicht durch die L-DOPA-Therapie verursacht zu werden, kommt jedoch auch in kortikalen Regionen bei Alzheimer-Kranken vor (ebd.). Weitere Post-mortem-Untersuchungen von McNaught und Kollegen (2002a) zur strukturellen Integrität des 26S-Proteasom-Komplexes zeigten eine spezifische Einbuße der α-Untereinheit des 20S-Proteasoms in dopaminergen Neuronen der SNc bei Parkinson-Kranken, nicht jedoch in anderen Gehirnregionen. Diese könnte die gefundenen verminderten proteolytischen Aktivitäten erklären. Zu diesen Befunden konträr waren jedoch die Ergebnisse von Nakamura et al. (2006). Diese Autoren fanden mithilfe von immunhistochemischen Untersuchungen die α6-Untereinheit des 20S-Proteasoms nur im Nucleus von striatalen und nigralen Neuronen von Parkinson-Patienten, jedoch nicht bei Kontrollen.

Wir (MG, PR) konnten mit unseren japanischen Kooperationspartnern an menschlichen dopaminergen SH-SY5Y-Zellen zeigen, dass Neuromelanin, das von der humanen SN neuropathologisch-unauffälliger Individuen isoliert wurde, konzentrationsabhängig den Abbau von ubiquitiniertem Lysozym durch das 26S-Proteasoms hemmt (Shamato-Nagai et al., 2004). Neuromelanin hat jedoch keinen Effekt auf die Aktivität des 20S-Proteasoms.

Wir nehmen an, dass dies durch eine direkte Hemmung des Ubiquitin-26S-Proteasom-Systems durch lösliches Neuromelanin oder -Bestandteile erfolgt. Weiterhin konnten wir zeigen, dass Neuromelanin den Proteingehalt des PA700-Komplexes, der das Ubiquitin-Proteasom-System aktiviert, indem es an das 20S-Proteasom bindet (Abb. 5.7), reduziert (ebd.).

In neuronalen primären Zellkulturen, die aus dem Mesenzephalon von Rattenembryonen gezüchtet wurden, fand man, dass die Hemmung der Funktion der UCH-L1 durch Lactacystin oder Ubiquitin-Aldehyd konzentrationsabhängig zu einer vorwiegenden Degeneration dopaminerger Nervenzellen führt (McNaught et al., 2002b). Diese geht mit einer Akkumulation von α-Synuclein- und Ubiquitin-immunpositiver Einschluss-Körperchen einher. Wie bereits aber schon im Kap. 4.2.6 ausführlich diskutiert, gibt es an der Ratte sehr widersprüchliche Ergebnisse nach der systemischen Applikation von Proteasom-Hemmstoffen und man geht nach dem momentanen Kenntnisstand nicht davon aus, dass die Gabe dieser Hemmstoffe zu einem Parkinson-Syndrom bei Tieren führt.

Für eine mögliche Beteiligung des Ubiquitin-Proteasom-Systems an der Parkinson-Pathogenese spricht auch die Tatsache, dass es Familien mit **Parkin-Mutationen** gibt, in denen die Parkinson-Krankheit autosomal-rezessiv vererbt wird (siehe Kap. 1). Parkin ist eine Ubiquitin-E3-Ligase (Tanaka et al., 2001), die die aggregierte, glykosylierte Form von α-Synuclein (α-Sp22) ubiquitinniert und somit proteolytisch verdaut (Abb. 5.8). Das mutierte Parkin verliert diese Eigenschaft. Deshalb kommt es zu einer Anhäufung dieser aggregierten Form in den Gehirnen verstorbener Patienten mit einem IPS und Parkin-Mutationen.

Die Tatsache, dass man immunhistochemisch in Lewy-Körperchen beim Menschen und in eosinophilen Einschluss-Körperchen bei Tieren mit einem degenerierten dopami-

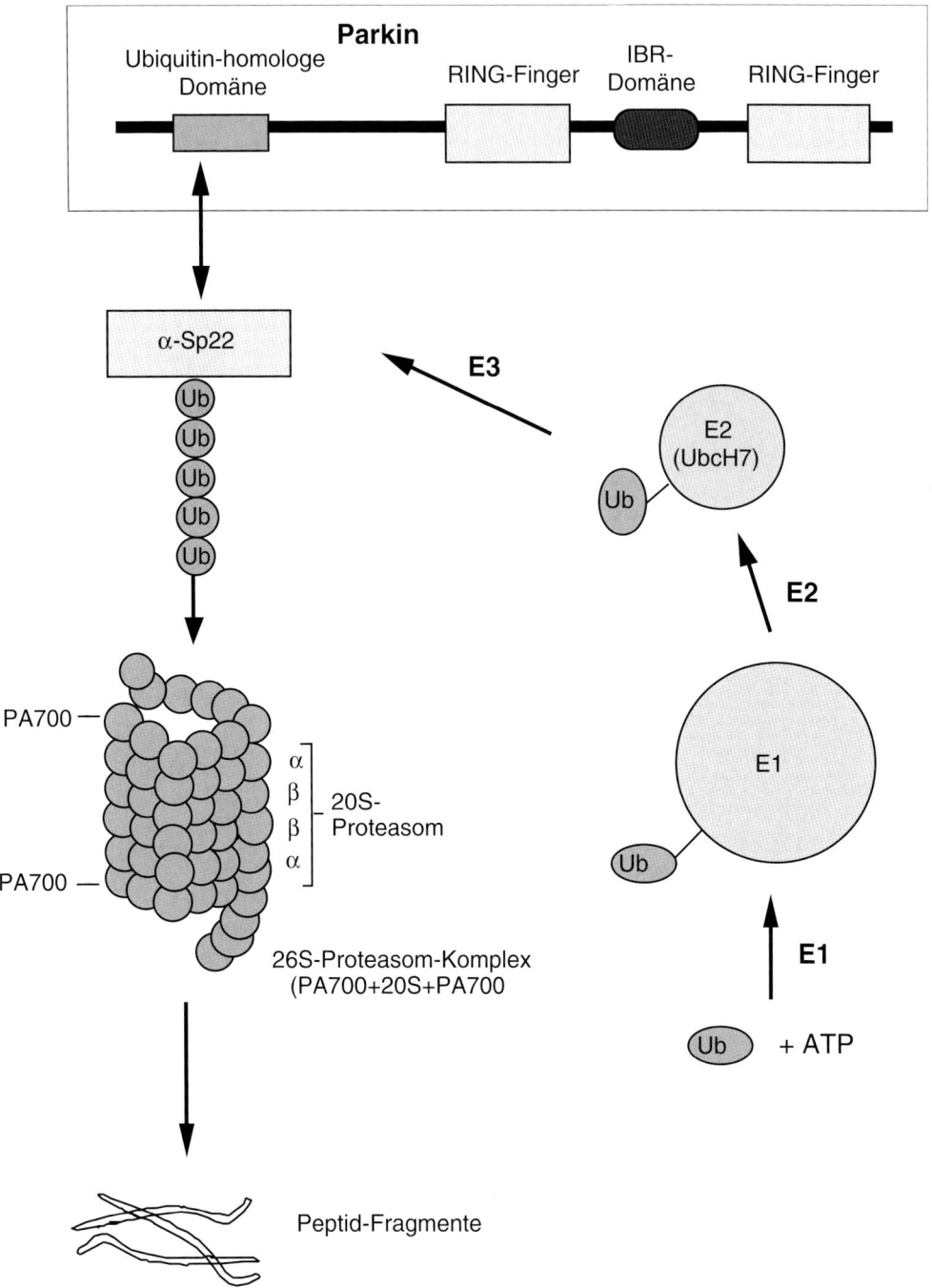

Abb. 5.8. Interaktion zwischen Parkin und α-Synuclein (nach Burke, 2001). Siehe Text für weitere Erklärungen sowie Legende für Abb. 5.7

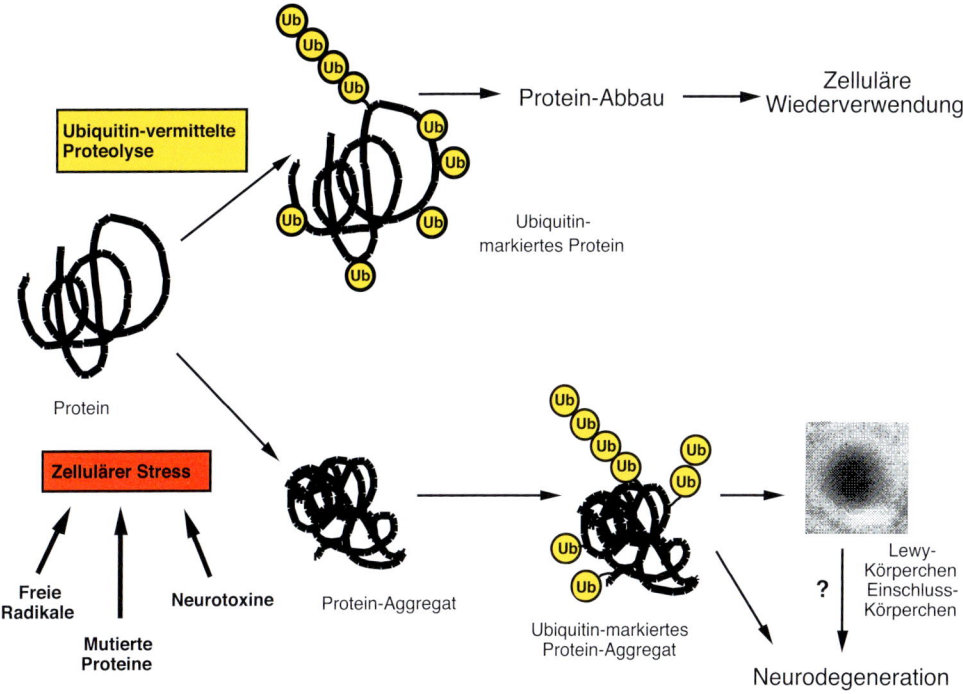

Abb. 5.9. Proteolyse von Proteinen, die zerstört werden sollen, und Störung dieses Ubiquitin(Ub)-Proteasom-Weges durch zellulären Stress als eine mögliche Ursache der Neurodegeneration. Zur weiteren Erklärung siehe Text

nergen System (siehe Kap. 4) vor allem Ubiquitin und α-Synuclein nachweisen kann, wurde auch als Beleg eines gestörten Ubiquitin-Proteasom-Systems angesehen. Die Anhäufung dieser Moleküle in zytoplasmatischen Einschlüssen wurde darauf zurückgeführt, dass durch das vermehrte Vorkommen falsch gefalteter, zur Aggregation neigender oder geschädigter Proteine das Ubiquitin-Proteasom-System überfordert wird, und Lewy-Körperchen oder ähnliche Einschluss-Körperchen gebildet werden, die den Neuronenuntergang verursachen (Abb. 5.9). Man diskutiert, dass Lewy-Körperchen den axonalen Transport beeinträchtigen, für die Neuronen wichtige Proteine einfangen und das Ubiquitin-Proteasom-System stören.

Sind Lewy-Körperchen für die Pathogenese der Parkinson-Krankheit relevant?

Wie in Kap. 2.2.1 beschrieben, gehen einige Wissenschaftler davon aus, dass das Auftreten von Lewy-Körperchen in einem ursächlichen Zusammenhang mit der Pathogenese des IPS steht. Im Widerspruch hierzu steht die Tatsache, dass Lewy-Körperchen im Zytoplasma noch intakter dopaminerger Nervenzellen vorkommen und nicht in allen Regionen, in denen diese auftreten, neurodegenerative Veränderungen nachgewiesen wurden. Weiterhin wurden bisher in neuropathologischen Untersuchungen niemals extrazelluläre Lewy-Körperchen beschrieben, die durch das Absterben von Neuronen freigesetzt werden müssten.

Das **Dogma,** dass **Lewy-Körperchen** ein **neuropathologisches Korrelat** des IPS und anderer Formen der Parkinson-Krankheit ist und für die Degeneration dopaminerger Nervenzellen verantwortlich ist, wird jedoch zunehmend **in Frage gestellt** (z. B. Calne und Mizuno, 2004). Erwähnen möchten wir an dieser Stelle nur, dass im Gehirn von Patienten mit Parkin-Mutationen keine Lewy-Körperchen nachgewiesen werden. Weiterhin gibt es auch einen Bericht über einen solchen Befund von einem Patienten mit einem IPS. Ishihara et al. (2002) beschrieben einen Fall eines verstorbenen Parkinson-Patienten, der die typische Parkinson-Symptomatik hatte und mit L-DOPA therapierbar war. Die neuropathologische Untersuchung des Gehirns zeigte eine Depigmentierung des Mittelhirns und den massiven Verlust dopaminerger Neuronen in der SN, jedoch keine Lewy-Körperchen.

Es gibt mittlerweile viele Ergebnisse, die darauf schließen lassen, dass **fibrilläres α-Synuclein,** das eine Amyloid-β-Faltblattstruktur hat und Bestandteil von Lewy-Körperchen ist, das eigentliche neurotoxische Molekül ist und die **Lewy-Körperchen-Bildung** eher ein **verzweifelter Versuch** der Nervenzelle ist, sich vor diesem schädigenden Ereignis zu schützen (siehe Kahle et al., 2002).

Die Parkinson-verursachenden Mutationen im α-Synuclein-Gen beschleunigen die Bildung von Fibrillen, jedoch bewirken dies auch oxidativer Stress, Eisen und Pestizide (ebd.).

Ein anderes Konzept geht davon aus, dass vielmehr so genannte **Protofibrillen** des α-Synucleins und weniger das fibrilläre α-Synuclein neurotoxisch wirksam sind (Conway et al., 2001). Im zellfreien System wiesen diese Autoren nach, dass **Dopamin** und strukturverwandte Katecholamine die Bildung von Fibrillen verhindern, in dem sie kinetisch stabile und wasserlösliche oligomere α-Synuclein-Aggregate (Protofibrillen) bilden (ebd.). Diese Protofibrillen, nicht aber kovalente Dopamin-Addukte mit α-Synuclein und fibrilläres α-Synuclein durchdringen synaptische Vesikel und wirken dadurch neurotoxisch (Volles et al., 2001). Untersuchungen an Zellsystemen, in denen der zytosolische Gehalt an Dopamin durch molekularbiologische Manipulation der TH-Expression verändert wurde, zeigen, dass intraneuronales Dopamin ein wesentlicher Regulator der α-Synuclein-Aggregation und Bildung von Einschluss-Körperchen ist (Hasegawa et al., 2006; Mazzulli et al., 2006). Aufgrund dieser Ergebnisse hat man jetzt auch eine Erklärungsmöglichkeit dafür erhalten, warum selektiv dopaminerge Neuronen der SN durch oligomere und polymere α-Synuclein-Aggregationen geschädigt werden.

5.7 Interagierende molekulare und zelluläre Pathomechanismen

Wie schon weiter oben des Öfteren geschrieben, stellt sich die Frage nach dem was Ursache und was die Wirkung der diskutierten Zelltodmechanismen ist. Trotz der Tatsache, dass Gene bekannt sind, deren Mutationen familiäre Formen der Parkinson-Krankheit verursachen, ist unklar, ob deren Genprodukte primär verantwortlich sind für die nigro-striatalen dopaminergen Zelluntergänge, die die typischen Symptome des IPS hervorrufen. Jedoch haben die Erforschung der molekularen Ursachen der familiären Formen der Parkinson-Krankheit zu einem sprunghaften Erkenntnisgewinn zur molekularen Pathogenese des IPS geführt. Die Befunde aus Post-mortem-Untersuchungen,

Tierversuchen, in denen das dopaminerge System durch Neurotoxine geschädigt wurde, und molekularbiologischen Untersuchungen an zellulären Modellen weisen darauf hin, dass viele der oben besprochenen molekularen und zellulären Zelltodmechanismen sich gegenseitig bedingen (Abb. 5.6, Tabelle 5.1). Weiterhin deuten diese darauf hin, dass es eine Kaskade von molekularen und zellulären Prozessen gibt, die zum Untergang der dopaminergen Nervenzelle führen und in deren Zentrum der oxidative Stress steht, der auch die Ursache genetisch bedingter Formen der Parkinson-Krankheit sein kann (z. B. DJ-1).

Wie eingangs im Kap. 5.1. bereits ausführlich dargelegt, ist das zelluläre Milieu in der SN nicht vorteilhaft für das Überleben von dopaminergen Nervenzellen und es begünstigt das Auftreten von oxidativem Stress. Wesentliche Faktoren, die zum Auftreten des oxidativen Stresses beitragen sind eine Störung des nigralen Eisen-Stoffwechsels und mitochondrialen Energie-Stoffwechsels. Es gibt sowohl Hinweise für genetische (z. B. PARK 6) als auch endogene Ursachen (z. B. verminderte Komplex-I-Aktivität). Weiterhin könnte eine Durchlässigkeit der Blut-Hirn-Schranke im Bereich der SN zur Störung der Eisen-Homöostase beitragen (Oestreicher et al., 1994; Kortekaas et al., 2005). Schließlich zeigen elektrophysiologische Untersuchungen an dopaminergen Neuronen der Maus, dass sich die besonders vulnerablen SN-Neuronen von den VTA-Neuronen durch eine unterschiedliche Aktivierbarkeit der ATP-sensitiven K^+-Kanäle unterscheiden (Liss et al., 2005). Die Öffnung dieser Kanäle ist abhängig vom Energiestatus und wird durch oxidativen Stress moduliert.

Es gibt Hinweise, aufgrund derer man zu dem Schluss kommen muss, dass die gestörte Ca^{2+}-Homöostase, die zur Aktivierung von Caspasen führen und eine Apoptose auslösen kann, entzündliche Reaktionen und Protein-Aggregation eher ein Epiphänomen sind als die primäre Ursache. Beispielsweise wird die gehemmte Aktivität des Ubiquitin-Proteasom-Systems durch oxidativen Stress verursacht, der durch eine Eisen-Freisetzung aus Neuromelanin (Shamato-Nagai et al., 2006) und einer mitochondrialen Dysfunktion (Maruyama et al., 2006) hervorgerufen wird. Durch die Störung des Ubiquitin-Proteasom-Systems infolge oxidativen Stresses (Hyun et al., 2004) und einer gestörten mitochondrialen Homöostase (Sullivan et al., 2004) werden jedoch auch wieder oxidative Schädigungen hervorgerufen.

6
Präklinische und klinische Befunde zur Neuroprotektion

Primäres Ziel einer neuroprotektiven Strategie ist es, präventiv Neurone vor neurotoxischen Prozessen zu schützen und die Integrität vulnerabler Neuronen sicherzustellen. Eine pharmakologische Intervention ist dabei umso gezielter möglich, je besser die ursächlichen molekularen und zellulären Pathomechanismen oder die auslösenden Faktoren bekannt sind. Bei Morbus Wilson, einem seltenen rezessiven Erbleiden, bei dem es durch eine Kupfer-Stoffwechselanomalie zu degenerativen Prozessen im extrapyramidalen System und zum Auftreten von Parkinson-Symptomen kommt, ist durch Eliminierung und Neutralisierung des in verschiedenen Organen pathologisch angereicherten Kupfers mittels Chelatbildnern (wie z. B. D-Penicillamin) eine wirkungsvolle neuroprotektive Therapie sowohl bei bereits Erkrankten als auch bei präsymptomatischen Homozygoten möglich. Wie in den Kap. 1 und 5 beschrieben, ist (sind) die Ursache(n) der sporadischen und häufigsten Form des IPS nicht bekannt. Aufgrund der Erkenntnisse, die man aus der Erforschung zur Wirkungsweise selektiver Neurotoxine und molekularbiologischen Untersuchungen mit mutierten Genen, die mit monogen vererbten Formen der Parkinson-Krankheit assoziiert sind, gewonnen hat, hat man jedoch Vorstellungen entwickelt, wie dopaminerge Neuronen irreversibel geschädigt werden (siehe Kap. 5) und theoretisch geschützt werden können (Tabelle 5.1). Viele dieser neuroprotektiven Therapieansätze wurden in präklinischen Modellen der Parkinson-Krankheit erprobt (Tabelle 6.1).

Wir werden im Folgenden zunächst definieren, was man unter Neuroprotektion versteht, und dann einige wichtige Ergebnisse präklinischer neuroprotektiver Untersuchungen vorstellen sowie die Problematik der angewandten Strategien diskutieren, um dann klinische Studien kritisch zu besprechen, die neuroprotektive Strategien in der Therapie der Parkinson-Krankheit anwendeten. Schließlich wollen wir erklären, warum es bisher noch nicht eindeutig gelungen ist, in der Klinik einen neuroprotektiven Effekt eines Arzneistoffes nachzuweisen, um dann Vorschläge zu unterbreiten, wie zukünftige neuroprotektive Studien durchgeführt werden sollen.

Definitionen

Aufgrund unterschiedlicher Wirkungsweisen an experimentellen Modellen der Parkinson-Krankheit unterscheidet man **neuroprotektive Wirkstoffe,** die nur prophylaktisch wirksam sind, von **neuronenheilenden** (neurorestorative) und **-rettenden** (neurorescuing) **Wirkstoffen,** die auch kurativ wirksam sind. Wir möchten diese Begriffe am Beispiel der Wirkungen des Selegilins am MPTP-Modell erklären.

Selegilin schützt durch die Hemmung der MAO-B im Tierexperiment dopaminerge Nervenzellen vor der neurotoxischen Wir-

166   6 Präklinische und klinische Befunde zur Neuroprotektion

Tabelle 6.1. Wirkstoffe, die in tierexperimentellen Modellen der Parkinson-Krankheit neuroprotektiv wirksam sind

Stoffgruppe	Wirkstoff	wirksam gegen neurotoxische Effekte von			
		MPTP	6-OHDA	Methamphetamin	anderen
Antiapoptotische Wirkstoffe	Selegilin bzw. Desmethylselegilin, Rasagilin	+	+	?	Glutamat, Entzug neurotropher Faktoren
	GDNF	+	+	?	
Antioxidanzien	Cysteamin	+	?	?	
	Dimercaprol	+	?	?	
	Ginkgo biloba	+	?	?	
	Coenzym Q_{10}/Nicotinamid	+	?	?	
	OPC-14117	+	?	?	
	Salizylsäure, Aspirin®	+	?	?	
	S-PBN	?	?	?	
	Vitamin C	+/−	?	?	
	Vitamin E	+/−	+	?	
Calcium-Kanal-Blocker	Nimodipin	+	−	?	NMDA
Dopamin-Rezeptoragonisten	α-Dihydroergocryptin	+	?	?	
	Apomorphin	+	+	?	L-DOPA, NO
	Bromocriptin	?	?	?	
	Cabergolin	+	+	?	
	Lisurid	−	+	?	
	Pergolid	+	+	?	L-DOPA, MPP+, Eisen
	Pramipexol	?	?	+	MPP+, NO
	Ropinirol	+	+	?	L-DOPA, MPP+
Eisen-Chelatoren	Cytisin	+	+	?	
	Desferrioxamin	?	+	?	Hydroxyl-Radikale
	Scavestrogene	?	?	?	
Exzitatorische Aminosäuren-Rezeptorantagonisten	Budipin	?	?	?	MPP+
	CPP	+	+	?	MPP+
	Memantin	?	?	?	Glutamat, NMDA
	MK-801	−	?	+	MPP+

6 Präklinische und klinische Befunde zur Neuroprotektion

Kategorie	Substanz			
Glutamat-Freisetzungs-Hemmer	Lamotrigin	+	–	
	Riluzol	+	–	
Immunsuppressiva Immunophiline	Cyclosporin A	–	?	
	FK-506	+	?	
	GPI-1046	+	?	
MAO-B-Hemmstoffe	Safinamid	+	? ? ? ?	
	Lazabemid	+	? ? ? ?	
	Rasagilin	+	? ? ? ?	Kainat, Ca^{2+}
	Selegilin	+	+ ? ? ?	DSP-4
NOS-Hemmstoffe	7-Nitroindazol	+	+	

+, neuroprotektiv wirksam; –, nicht neuroprotektiv wirksam; ?, nicht untersucht, CPP, 3–((±)-2-Carboxypiperazin-4-yl)-propyl-1-phosphonylsäure; DSP-4, N-(2-chlorethyl)-N-ethyl-2-brombenzylamin; FK-506, Tacrolimus; GDNF, glial cell line-derived nerve growth factor; GPI-1046, 3-(3-Pyridyl)-1-propyl-(2S)-1-(3,3-dimethyl-1,2 dioxopentyl)-2-pyrrolidincarboxylat; MAO-B, Monoamin-Oxidase, Typ B; MK-801, Dizocilpin; MPP$^+$, 1-Methyl-4-phenylpyridinium-Kation; NMDA, N-Methyl-D-aspartat; NO, Stickoxid; NOS, NO-Synthase; OPC-14117, 7-Hydroxy-1-[4-(3-methoxyphenyl)-1-piperazinyl]acetylamino-2,2,4,6-tetramethylindan; S-PBN, N-tert-Butyl-(2-sulfophenyl)-nitron

kung von MPTP, in dem es die Umwandlung von MPTP in den neurotoxischen Metaboliten MPP$^+$ verhindert (Abb. 4.4 und 4.5). Dies ist aber nur möglich, wenn man es prophylaktisch, also vor der MPTP-Gabe verabreicht. In diesem Fall spricht man von einer neuroprotektiven Wirkung.

Selegilin zeigte aber auch noch eine schützende Wirkung im Sinn der partiellen Verhinderung des dopaminergen Nervenzelltodes, wenn es drei Tage nach der MPTP-Injektion, d. h., zu einem Zeitpunkt, zu dem bereits MPTP in MPP$^+$ metabolisiert war, in einer Dosierung verabreicht wurde, die nicht die MAO-B-Aktivität hemmte (Tatton und Greenwood, 1991). Dieser Befund wurde von den Autoren auf die neuronenrettende Wirkung von Selegilin zurückgeführt, da dadurch bereits geschädigte dopaminerge Neuronen vor dem Untergang bewahrt wurden.

In primären neuronalen Zellkulturen, die aus dem Mesenzephalon von Rattenembryonen kultiviert wurden, zeigte Selegilin darüber hinaus noch einen neuronenheilenden Effekt: Die MPP$^+$-geschädigten Neuronen wuchsen wieder und überlebten besser, nachdem man einen Tag nach der MPP$^+$-Exposition das Nährmedium wechselte und Selegilin dazugab (Koutsilieri et al., 1996). Neuronenheilende Wirkstoffe sollten per definitionem ein Wiederauswachsen neuronaler Fortsätze mit einer Wiederherstellung der ursprünglichen neuronalen Verbindungen (**Neuroregeneration**) herbeiführen. Ein Ersatz verlorener Nervenzellen durch Zellteilung, wie in den meisten peripheren Organen und einigen Gehirnregionen möglich, ist aber im Bereich des nigro-striatalen Systems, das bei der Parkinson-Krankheit hauptsächlich betroffen ist, wahrscheinlich nicht erreichbar, da in dieser Region keine neuralen Stammzellen vorhanden sind (Frielingsdorf et al., 2004). Die funktionelle Erholung nach neurodegenerativen Prozessen ist deshalb sehr eingeschränkt und kann nur bedingt durch Vorgänge im Rahmen der neuronalen Plastizität (interne Umorganisation des neuronalen Netzwerkes, Kompensationsmechanismen) erfolgen.

Da neuronenrettende Arzneistoffe letztlich auch Neuronen vor dem Zelluntergang schützen, sprechen wir im Folgenden von **Neuroprotektion,** wenn von einem Wirkstoff eine typische neuroprotektive Wirkung (prophylaktische Gabe), eine neuronenrettende Wirkung oder beides gezeigt wurde.

Klinisch versteht man unter Neuroprotektion eine Intervention, die den Krankheitsprozess einer neurodegenerativen Erkrankung verlangsamt oder sogar ganz aufhält und einen langfristigen Nutzen für den Patienten hat (Ravina et al., 2003). Eine neuroprotektive Therapie ist also im besten Fall in der Lage, eine neurodegenerative Erkrankung ursächlich zu behandeln und zu heilen.

6.1 Präklinische Untersuchungen

Antioxidanzien, Eisen-Chelatoren und NOS-Hemmstoffe sind neuroprotektiv wirksam

Entsprechend der „Oxidativen Stress"-Hypothese des dopaminergen Nervenzelltodes sollten Antioxidanzien, die die Kettenreaktion der Radikalen-Bildung unterbrechen, neuroprotektiv wirksam sein. Effektiv sein sollten auch Eisen-Chelatoren, die die Bildung der besonders aggressiven Hydroxyl-Radikale durch Vermeidung der Fenton-Reaktion verhindern (Abb. 5.1). Dies konnte tatsächlich für eine Reihe solcher Wirkstoffe in Tiermodellen der Parkinson-Krankheit nachgewiesen werden (Tabelle 6.1). Beispielsweise drehten sich unilateral 6-OHDA-läsionierte Ratten, die prophylaktisch mit Vitamin E oder Desferrioxamin (Desferal, ein Eisen-Chelator) behandelt waren, weniger spontan um ihre eigene Körperachse als Tiere, die nicht mit diesen Wirkstoffen behandelt waren, und hatten zusätzlich geringfügigere Dopamin-Verluste im Striatum als unbehandelte Tiere (Ben-Shachar et al., 1991). Diese Befunde legen nahe, dass Vitamin E und Desferal dopaminerge nigro-striatale Neurone vor der neurotoxischen Wirkung von 6-OHDA schützen. Viele der derzeit zur Verfügung stehenden Eisen-Chelatoren wie unter anderem auch Desferal haben jedoch den Nachteil, dass sie wenig Blut-Hirn-Schranken-gängig sind. Dies gilt nicht für die so genannten Scavestrogene (der Name leitet sich von scavenger und estrogene ab), die Eisen-chelatierende und antioxidative Eigenschaften aufweisen und in Zellkulturmodellen der Neurodegeneration neuroprotektiv wirksam sind (Blum-Degen et al., 1998). Ein generelles Problem aller Eisen-Chelatoren ist aber, dass bisher keine Langzeitdaten vorliegen über mögliche Auswirkungen auf den peripheren Eisen-Stoffwechsel und das Auslösen einer Eisen-Mangelerkrankung.

Hemmstoffe der nNOS verhindern die Synthese von NO in Neuronen. Sie tragen damit auch zu einem antioxidativen Schutz der Nervenzelle bei. Es gibt einige Hinweise dafür, dass diese Hemmstoffe partiell wirksam sind im Methampethamin- und MPTP-Tiermodell (Tabelle 6.1, siehe auch Kap. 4.2.2 und 4.2.3).

Die neuroprotektive Wirksamkeit von Vitamin C und E ist fraglich

Die neuroprotektive Wirksamkeit der typischen Antioxidanzien Vitamin C und E wurde nicht in allen Untersuchungen belegt (siehe zur Übersicht: Gerlach und Riederer, 1996; Gerlach et al., 2000a), andere wie z. B. das

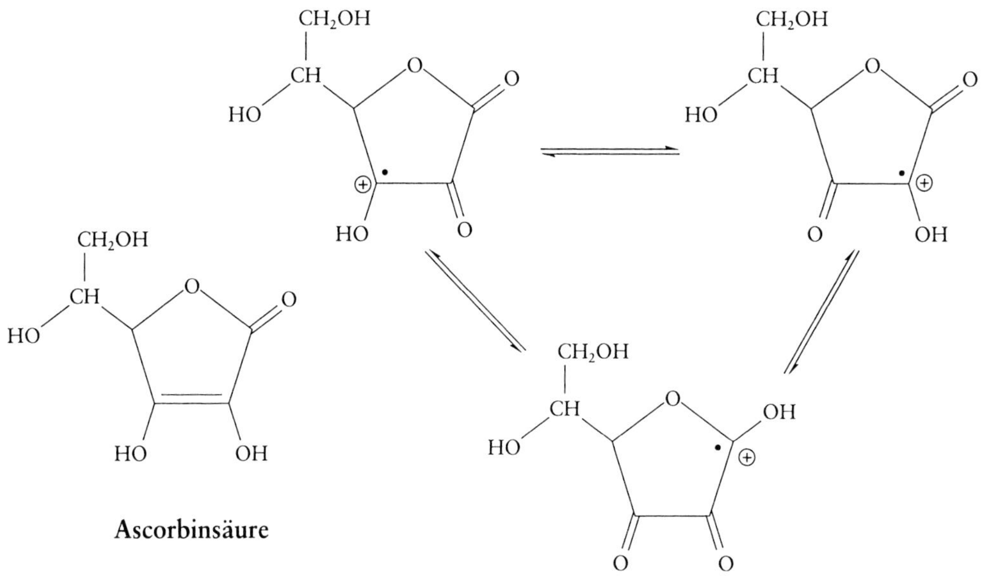

Ascorbinsäure

Semidehydroascorbinsäure-Radikal

Abb. 6.1. Strukturformeln der Ascorbinsäure (Vitamin C) und der reduzierten Form, das Semidehydroascorbinsäure-Radikal, das durch die Delokalisation des freien Elektrons wenig reaktiv ist

Coenzym Q wurden bisher nicht an nichtmenschlichen Primaten erforscht, bei denen aber auch eine neuroprotektive Wirkung von Vitamin C und E nicht belegt ist. Wir (MG, PR) konnten in Untersuchungen an Common Marmosets nachweisen, dass sehr hohe Dosen an Vitamin C (100 mg/kg Körpergewicht täglich) und E (2350 mg/kg Körpergewicht täglich) über einen Zeitraum von 52 Tagen peroral verabreicht, nicht in der Lage waren, den durch MPTP herbeigeführten Dopamin-Verlust zu verhindern (Mihatsch et al., 1991).

Vitamin C (Synonym: Ascorbinsäure) ist eines der wichtigsten wasserlöslichen, zytosolischen Antioxidanzien. Es ist im menschlichen Gehirn in relativ hohen Konzentrationen vorhanden (281–331 µg/g Feuchtgewicht), wobei keine wesentlichen Unterschiede in der regionalen Verteilung vorkommen; nur im frontalen Kortex wurden geringfügig niedrigere Mengen gefunden (166 µ/g Feuchtgewicht). Vitamin C kommt sowohl in Neuronen als auch der Glia vor. Im Rattenhirn wurde es darüber hinaus auch extrazellulär nachgewiesen. Die Ascorbinsäure ist ein starkes Reduktionsmittel, das in Gegenwart von Radikalen rasch in das weniger reaktive Semidehydroascorbinsäure-Radikal (bedingt durch die Delokalisation des ungepaarten Elektrons) übergeht (Abb. 6.1). Prinzipiell gibt es zwar Enzymsysteme (NADH-Semidehydroascorbat-Reduktasen und Dehydroascorbat-Reduktasen), die dieses Radikal durch Verbrauch von NADH oder GSH wieder in Ascorbinsäure zurück reduzieren können, jedoch sind diese überwiegend intrazellulär lokalisiert, sodass unter Bedingungen des „oxidativen Stresses" die antioxidative Wirkung der Ascorbinsäure rasch erschöpft ist. Nagetiere wie Mäuse und Ratten können nun die Ascorbinsäure ausgehend von D-Glucuronsäure immer wieder neu synthetisieren. Primaten und Meerschweinchen sind dazu aber nicht in der Lage, da sie im Laufe der

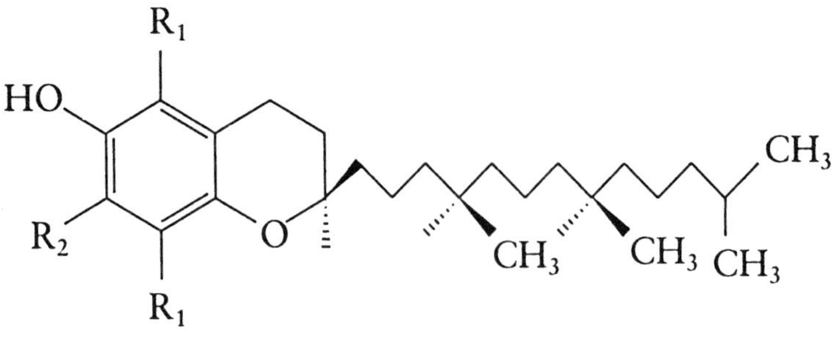

α- Tocopherol $R_1 = R_2 = R_3 = CH_3$
β- Tocopherol $R_1 = R_2 = CH_3, R_2 = H$
γ- Tocopherol $R_1 = R_2 = CH_3, R_3 = H$
δ- Tocopherol $R_1 = CH_3, R_2 = R_3 = H$

Abb. 6.2. Strukturformeln der Tocopherole

Evolution die Fähigkeit verloren haben, diese selbst zu synthetisieren – es fehlt nämlich das letzte Enzym in der Ascorbinsäure-Synthese, die Gulonolacton-Oxidase; sie müssen deshalb dieses Vitamin immer wieder durch die Nahrungsaufnahme ersetzen. Allerdings sind Zellmembranen nur wenig durchlässig für die Ascorbinsäure und nach systemischer Injektion wird sie nur sehr langsam ins Gehirn durch einen aktiven Transport-Mechanismus aufgenommen. Dies könnte der Hauptgrund dafür sein, dass man bei nichtmenschlichen Primaten keine neuroprotektive Wirksamkeit gegenüber der durch MPTP hervorgerufenen Neurotoxizität gefunden hat. Ähnliche Argumente gelten auch für Vitamin E.

Vitamin E gehört zu den wichtigsten lipophilen Antioxidanzien; es kann ebenso wie das Vitamin C nicht im menschlichen Organismus synthetisiert werden. Vitamin E ist der Überbegriff für acht natürlich vorkommende, fettlösliche, essenzielle Verbindungen. Vier Vertreter enthalten eine gesättigte Phytyl-Seitenkette (α, β, γ, δ-Tocopherol), im Gegensatz zu den dreifach ungesättigten Tocotrienolen. Durch den Methylierungsgrad des Chromanolringes lassen sich alle Vertreter unterscheiden (Abb. 6.2). Gegen Oxidationsreaktionen sind Tocopherole weitgehend geschützt, wenn die phenolische Hydroxyl-Gruppe als Ester der Essig-, Succin- oder Nikotinsäure vorliegt. Diese Ester sind bioaktiv und kommen relativ selten vor. Im Körper werden sie im Gastrointestinaltrakt durch Esterasen gespalten. Von den acht möglichen Stereoisomeren ist lediglich das R,R,R-Isomer (D-α-Tocopherol) weit verbreitet und wird bevorzugt in das Gehirn aufgenommen.

Die Resorption von Vitamin E aus dem Gastrointestinaltrakt in den Blutkreislauf erfolgt passiv und diffusionskontrolliert durch sogenannte Chylomikronen. Chylomikronen sind kleine Eiweiß- und Phosphatid-haltige Fetttröpfchen mit einem Triglycerid-Gehalt von etwa 90 Prozent. Sie sind die Transportform des größten Teiles der Nahrungsfette in Lymphe und Blut. Von dort kommt Vitamin E durch einen noch unbekannten Transportmechanismus ins Gehirn. Hier liegt es hauptsächlich in Membranfraktionen der Mitochondrien, Mikrosomen und Synaptosomen vor, wobei die Phytyl-Seitenkette zur Verankerung in den Membranen dient. Als physiologische Hauptwirkung von Vitamin E wird die Verhinderung radikalischer Oxidationen mehrfach ungesättigter Fettsäuren und SHgruppenreicher Membranproteine angesehen. Dies bestätigten Versuche an Vitamin-E-defizienten Tieren, deren neurologische Krankheitssymptome, die mit neuronaler Degeneration und Astroglia-Infiltration einhergingen, durch Gabe anderer Antioxidanzien größtenteils wieder kompensiert werden konnten, während die Verfütterung mehrfach ungesättigter Fettsäuren (Substrate der Lipid-Peroxidation) die Manifestation der Vitamin-E-Mangelerscheinungen verschlimmerte (Nelson, 1987). Vitamin E kann besonders effektiv Radikal-Kettenreaktionen unterbrechen, da es z. B. mit zwei Peroxy-Radikalen reagieren kann. Es geht dabei in das unreaktive α-Tocopheryl-Radikal über: Sowohl GSH als auch Vitamin C sind in der Lage, α-Tocopherol wieder aus dem α-Tocopheryl-Radikal zu regenerieren.

Coenzym Q ist ein weiteres endogenes lipophiles Antioxidanz, das durch freie Radikale leicht reduziert werden kann (Abb. 6.3). Im Gegensatz zu GSH findet man nahezu gleiche Mengen an oxidierter und reduzierter Form des Coenzym Q. Dies weist auf einen vom GSH abweichenden Redoxzustand des Coenzym Q und eine unterschiedliche physiologische Funktion hin (Götz, 1994). Coenzym Q ist ein Chinon-Derivat mit einer langen Isoprenoid-Kette, das man wegen seines ubiquitären Vorkommens in biologischen Systemen auch als Ubichinon (Q) bezeichnet. Die Anzahl der Isopren-Einheiten ist speziesabhängig. Die in Säugern häufigste Form enthält zehn Isopren-Einheiten (Q_{10}, Abb. 6.3). Coenzym Q wird endogen hauptsächlich in Lebermikrosomen aus 4-Hydroxybenzoat und Solanesylpyrophosphat, welches aus Mevalonat gebildet wird, synthetisiert. Es wird in zelluläre Membranen eingebaut, aber auch im Blut an Lipoproteine gebunden und in die Galle sezerniert. Die wahrscheinlich wichtigste und bislang am besten erforschte Funktion von Coenzym Q ist seine Rolle als Elektronenüberträger und Protonentransporter in der inneren Mitochondrienmembran, die der zel-

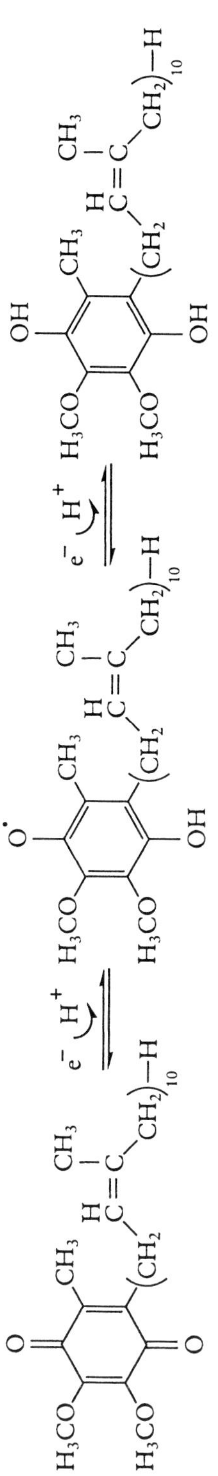

oxidiertes Coenzym Q (Ubichinon)

Semichinon-Radikal

reduziertes Coenzym Q (Ubichinol)

Abb. 6.3. Strukturformel von Ubichinon, das über ein intermediär auftretendes Semichinon-Radikal zu Ubichinol sowohl enzymatisch (z. B. durch NADH- und NADPH-abhängige Reduktasen in Mitochondrien und Mikrosomen oder Cytochrom-c-, NADH- und Succinat-Dehydrogenasen der inneren Mitochondrienmembran) als auch chemisch reduziert werden kann lulären Energieversorgung in Form der ATP-Synthese dient (Abb. 4.3). Diese Eigenschaft ist wahrscheinlich für die beobachtete neuroprotektive Wirksamkeit am MPTP-Modell (Schulz et al., 1995) verantwortlich, da MPTP die Funktion der Atmungskette beeinflusst und zu einer geringen Reduktion der Ubichinon-Konzentration in den betroffenen Gehirnregionen führt (Gerlach et al., 1996a).

Für die neuroprotektive und neuronenheilende Wirkung der MAO-B-Hemmer sind noch andere Mechanismen als die Hemmung des Enzyms verantwortlich

Die MAO-B-Hemmer Rasagilin und Selegilin verhindern bei prophylaktischer Gabe hoher Dosierungen die Umwandlung von MPTP in den eigentlich neurotoxischen Metaboliten MPP$^+$, wodurch die Degeneration dopaminerger Nervenzellen nicht stattfinden kann (Gerlach et al., 1991b; Gerlach et al., 1992; Gerlach et al., 2000a, Kupsch et al., 2001). Rasagilin und Selegilin sind aber auch noch neuroprotektiv und neuronenheilend wirksam, wenn sie in einer Dosierung, die keinen Effekt auf die MAO-B hat, und/oder nach dem Hervorrufen des Nervenzelltodes verabreicht werden. Wie bereits oben erwähnt, ist Selegilin auch noch drei Tage nach der MPTP-Gabe in einer Dosis neuroprotektiv wirksam, die keine MAO-B-Hemmung verursacht (Tatton und Greenwood, 1991). Weiterhin zeigen beide Substanzen in experimentellen Modellen des Nervenzelltodes neuroprotektive Effekte, bei denen die MAO-B gar keine Rolle spielt. Rasagilin ist beispielsweise am 6-OHDA-Parkinson-Tiermodell der Ratte wirksam (Blandini et al., 2004), schützt partiell gegen eine zerebrale fokale Ischämie und postnatale Anoxie in Ratten und bewahrt den Nervus facialis vor einer durch Axotomie verursachten Degeneration in unreifen postnatalen Ratten (zur Übersicht Youdim et al., 2001). In Zellkulturmodellen schützen beispielsweise Selegilin dopaminerge mesenzephale Neuronen (Mytilineou et al., 1996) und Rasagilin zerebelläre Granula-Zellen (Bonneh-Barkay et al., 2005) vor dem exzitotoxisch durch Glutamat und NMDA-Agonisten ausgelösten Nervenzelluntergang.

Aufgrund von Ergebnissen, die man vor allem aus Zellkulturexperimenten gewonnen hat, weiß man, dass Selegilin und das strukturverwandte Rasagilin (Abb. 3.11) die **Expression von Genen** auf der Transkriptionsebene regulieren, die an Schutz- und Reparaturmechanismen von Neuronen beteiligt sind (z. B. Tatton und Chalmers-Redman, 1996; Tatton et al., 1997). Die erhöhte Expression der Gene für SOD, Katalase und Glutathion-Peroxidase deutet auf die Aktivierung antioxidativer Mechanismen hin. Eine erhöhte Expression der SOD wird auch in Zusammenhang mit der bei Mäusen und Ratten beobachteten verlängerten Lebensspanne nach chronischer Selegilin-Gabe gebracht (Freisleben et al., 1994). Es gibt eine Reihe von Befunden aus der Literatur, die einen Zusammenhang zwischen der erhöhten SOD-Aktivität und der Langlebigkeit verschiedener Tierarten und Rassen derselben Tierart aufzeigen (z. B. Tolmasoff et al., 1980; Sohal et al., 1987). SOD-transgene Mäuse, die eine erhöhte SOD-Aktivität aufweisen, sind auch resistenter gegenüber den neurotoxischen MPTP-Effekten (Przedborsky et al., 1992).

Die **erhöhte Expression** der Gene **für** beispielsweise **CNTF** (ciliary neurotrophic factor) und **Transkriptionsfaktoren** wie c-fos und c-jun weist auf die Induktion von neuronenrettenden und neuronenheilenden Mechanismen hin. CNTF gehört zu den neurotrophen Faktoren, die für das Überleben, die Differenzierung und das Axon-Wachstum von bestimmten Nervenzellen wichtig sind. Das ZNS besitzt von allen Geweben die größte Anzahl an Transkriptionsfaktoren. c-fos, der im ZNS am besten untersuchte Transkriptionsfaktor, wirkt erst in Verbindung mit der Expression von c-jun als solcher, und gehört zu den so genannten immediate early genes. Das sind Gene, die schnell nach einem Reiz exprimiert werden und eine sofortige genetische Antwort auf den Reiz darstellen. Untersuchungen an kultivierten dopaminergen SH-SY5Y-Zellen zeigen, dass Selegilin die Expression antioxidativer Proteine induziert, die durch die Phosphatidylinositol-3-Kinase und die Aktivierung des Transkriptionsfaktors Nrf2 kontrolliert wird (Nakaso et al., 2006).

In Zellkulturexperimenten, in denen auf verschiedene Art und Weise Apoptose ausgelöst wurde (Entzug von Serum und neurotrophen Faktoren wie NGF, Glutamat-Zugabe, Generierung von oxidativem Stress), konnte auch eine **antiapoptotische Wirkung** von Rasagilin und Selegilin gezeigt werden (Gerlach et al., 1992; Gerlach et al., 1996d; Youdim et al., 2001; Bar-Am et al., 2005). Es wurden verschiedene molekulare Mechanismen nachgewiesen, die diese Wirkung erklären können. So wurde gezeigt, dass Rasagilin und Selegilin das Öffnen eines Porenkomplexes (permeability transition pore complex) der Mitochondrienmembran verhindern und zu einer erniedrigten Expression von apoptotischen (Bax, Bad, Bim, cJUN) sowie einer erhöhten Expression von antiapoptotischen Signalmolekülen (Bcl-2, SOD, BDNF, GDNF) führen (ebd.). Dadurch wird die Aufrechterhaltung des mitochondrialen Membranpotenzials gewährleistet, eine reduzierte Caspase-3-Aktivierung herbeigeführt und die Translokation der Glyceraldehyd-3-phosphat-Dehydrogenase (GAPDH) vom Zytoplasma in den Zellkern verhindert. Die Verhinderung der GADPH-Translokation geschieht durch Bindung der Propargylgruppe, die sowohl Rasagilin als auch Selegilin enthalten (siehe Abb. 3.11), an GADPH, wodurch Dimere von GADPH stabilisiert werden, folglich die nukleäre Translokation und schließlich die Auslösung der Apoptose verhindert wird (Carlile et al., 2000). Dies erklärt auch die antiapoptotische und neuroprotektive Wirksamkeit von Propargylamin und des Selegilin-Metaboliten N-Desmethyl-Selegilin, die alle diese Gruppe enthalten; der Rasagilin-Metabolit Aminoindan, der diese Gruppe nicht enthält, ist dagegen unwirksam (Gerlach et al., 1992; Gerlach et al., 1996d; Maruyama et al., 2001a, b; Youdim et al., 2001; Bar-Am et al., 2005).

Dopamin-Rezeptoragonisten sind antioxidativ und neuroprotektiv wirksam

Dopamin-Rezeptoragonisten reduzieren die tonische Aktivität dopaminerger Neuronen durch Stimulation präsynaptischer Dopamin-D2-Autorezeptoren; dies wurde in elektrophysiologischen Experimenten für Pramipexol, Pergolid und Lisurid an Ratten gezeigt (Piercey et al., 1996). Die Verminderung der tonischen Aktivität sollte aufgrund von theoretischen Überlegungen zu einer Herabsetzung von oxidativen Stress bedingten dopaminergen Nervenzellschäden infolge eines geringeren Dopamin-Umsatzes führen. Dieser Wirkmechanismus von Dopamin-Rezeptoragonisten ist in der Frühphase der Parkinson-Krankheit von entscheidender Bedeutung, da es Hinweise dafür gibt, dass in diesem Stadium die noch vorhandenen dopaminergen Nervenzellen überaktiv sind (siehe Kap. 2.2.2).

Dopamin-Rezeptoragonisten haben aber auch noch eine zusätzliche antioxidative und neuroprotektive Wirkkomponente, die nicht im Zusammenhang mit der Stimulation von Dopamin-Rezeptoren steht (zur Übersicht: Gerlach et al., 2000a; Foley et al., 2004). Pramipexol hat beispielsweise ein Redoxpotential von etwa – 320 mV (Baczynskyj et al., 1996). Dies lässt vermuten, dass es unter physiologischen Bedingungen antioxidativ wirksam ist. Bromocriptin ist in vitro unter Verwendung pharmakologischer Konzentrationen ein effektiver Hydroxyl- und Superoxid-Radikalfänger und verhindert in vivo die Bildung von Hydroxyl-Radikalen und Lipid-Peroxidation. Für Pergolid wurde gezeigt, dass es rasch mit

NO reagiert und die Aktivität der SOD in den Basalganglien steigert.

Die **Hydroxylradikal-fangende Wirkung** konnte für eine Reihe von Dopamin-Rezeptoragonisten mithilfe von Mikrodialyse-Untersuchungen nachgewiesen werden. Mikrodialyse-Untersuchungen erlauben es am lebenden Tier, die Neurotransmitter-Freisetzung zu messen und die Erzeugung von Hydroxyl-Radikalen indirekt nachzuweisen. Dabei wird bevorzugt Ratten unter Narkose eine Mikrosonde mit einer semipermeablen Membran implantiert und danach diese mit einer künstlichen Liquorlösung perfundiert. Man kann dann entweder direkt online extrazelluläre Konzentrationen von Neurotransmittern und Reaktionsprodukten der Hydroxyl-Radikale messen oder indirekt, indem man die Fraktionen sammelt und anschließend analysiert. Unter Anwendung dieses Verfahrens konnte man zeigen, dass MPP$^+$ und 6-OHDA unphysiologischerweise große Dopamin-Mengen freisetzen, wodurch zeitverzögert Hydroxyl-Radikale erzeugt werden. Pramipexol (Cassarino et al., 1998) und Pergolid (Opacka-Juffry et al., 1998) verhindern das Auftreten freier Hydroxyl-Radikale nach MPP$^+$- und 6-OHDA-Gabe.

α-DHEC, Bromocriptin und Pramipexol **schützen** einen Teil der **nigro-striatalen dopaminergen Neuronen von Mäusen** vor der neurotoxischen Wirkung von MPTP, wie man aus den gemessenen Dopamin-Konzentrationen im Striatum schließen kann (Tabelle 6.1). Chronische Gabe der Dopamin-Rezeptoragonisten Cabergolin und Lisurid bewahrt einige der dopaminergen Neuronen vor der neurotoxischen Wirkung von 6-OHDA (Gerlach et al., 1999b; Pedersen, 2001). Ein ähnlicher Effekt wurde auch für Ropinirol beschrieben (siehe Gerlach et al., 2000a; Foley et al., 2004). Für Pergolid wurde außerdem gefunden, dass es nach chronischer Beigabe in die Nahrung die altersbedingte Degeneration dopaminerger Neuronen in der SN der Ratte hinauszögert (Felten et al., 1992).

Dopamin-Rezeptoragonisten bewahren auch **kultivierte dopaminerge Neuronen** vor der neuronenschädigenden Wirkung verschiedener Neurotoxine. Diese Wirkung ist wahrscheinlich nicht substanzspezifisch, sondern auf die allen Dopamin-Rezeptoragonisten gemeinsame aromatische Grundstruktur (Abb. 3.9 und 3.10) zurückzuführen. Hierfür spricht auch der Befund, dass beide Stereoisomere von Apomorphin (R- und S-Enantiomer) potente Radikalfänger sind und im PC12-Zellkulturmodell, in dem ein „Oxidativer-Stress"-bedingter Nervenzelltod durch Wasserstoffperoxid bzw. 6-OHDA ausgelöst wurde, keine Dosisunterschiede hinsichtlich der neuroprotektiven Wirksamkeit vorhanden sind (Gassen et al., 1998).

In meiner Arbeitsgruppe (HR) wurde die neuroprotektive Potenz von Lisurid in dopaminergen Primärzellkulturen, die aus dem Mesenzephalon von C57BL/6-Mäusen am 14. Gestationstag gewonnen wurden, untersucht (Gille et al., 2002). Lisurid wurde in Konzentrationen von 0,001 bis 10 µM in das Nährmedium dieser dopaminergen Neuronenkulturen gegeben. Dann wurde durch Zugabe von MPP$^+$ und L-DOPA oxidativer Stress induziert. Lisurid führte dabei zu einer 20–40 Prozent erhöhten Überlebensrate der dopaminergen Neuronen. Bei gleichzeitiger Gabe von MPP$^+$ und Lisurid wurde die Abnahme der Zahl dopaminerger Neuronen auf die Hälfte reduziert. Dieser Befund ist bemerkenswert, da im Allgemeinen Dopamin-Rezeptoragonisten nicht in der Lage sind, kultivierte Zellen vor der durch MPP$^+$ hervorgerufenen Neurodegeneration zu schützen. Bei Gabe von L-DOPA zu den dopaminergen Primärzellkulturen kam es zu einer Verminderung der Dopamin-Aufnahme auf 64 Prozent der unbehandelten Kontrolle. Der Zusatz von Lisurid zeigte eine Abnahme von lediglich 0–15 Prozent. Diese Daten sprechen somit für einen neuroprotektiven Effekt von Lisurid auf dopaminerge Nervenzellen, die oxidativem Stress ausgesetzt werden.

**Immunsuppressiva wirken
indirekt antioxidativ**

Wie im Kap. 5.5 erörtert, wurden in der SN verstorbener Parkinson-Kranker reaktive Mikroglia und im CSF von Parkinson-Patienten entzündungsfördernde Zytokine nachgewiesen. Beide Prozesse tragen zur Produktion von freien Radikalen und damit zur Erzeugung von oxidativem Stress bei (Abb. 5.6). Demnach sollten theoretisch sowohl antioxidative als auch entzündungshemmende Arzneistoffe neuroprotektiv wirksam sein. Dieses Therapieprinzip wurde jedoch kaum experimentell erforscht. Ein theoretisch ideales Neuroprotektivum ist **Aspirin**®, das zu der Gruppe von nichtsteroidalen entzündungshemmenden Arzneistoffen gehört und zudem antioxidative Wirkkomponenten aufweist (Kuhn et al., 1995, 1996). Aspirin® ist ein indirekt wirkendes Antioxidans, da es durch Hemmung der Cyclooxygenase die Bildung von Superoxid-Radikalen aus dem Arachidonsäure-Metabolismus unterdrückt. Zusätzlich ist sein Hauptmetabolit **Salicylsäure** ein potenter Hydroxyl-Radikalfänger. Am MPTP-Parkinson-Modell der Maus waren sowohl Salicylsäure als auch Aspirin hochwirksam, die Wirksamkeit von Aspirin® wurde jedoch nicht auf seine Cyclooxygenase-Hemmung, sondern auf seine antioxidative Wirkung zurückgeführt (Aubin et al., 1998).

Die wenigen vorliegenden Daten für **Immunsuppressiva** sind widersprüchlich (siehe Gerlach et al., 2000a). Cyclosporin A verstärkte sogar den neurotoxischen Effekt von MPTP. Dagegen zeigten die neu entwickelten Immunsuppressiva Tacrolimus (FK-506), FKBP-12 und GPI-1046 (3-(3-Pyridyl)-1-propyl-(2S)-1-(3,3-dimethyl-1,2-dioxopentyl)-2-pyrrolidincarboxylat) den gewünschten Effekt. Letztgenannte Wirkstoffe sind Liganden so genannter Immunophiline. Immunophiline sind häufig im Gehirn vorkommende Rezeptorproteine, deren Aktivierung zu einer Unterdrückung der Immunantwort durch Hemmung des Calcineurins, einer Ca^{2+}-aktivierten Phosphatase, führt. FK-506 verhindert zumindest partiell die durch MPTP verursachte Reduzierung des striatalen Dopamin-Gehaltes in der C57BL/6-Maus. Peroral verabreichtes GPI-1046 scheint potenter zu sein in Bezug auf das Überleben dopaminerger Neuronen nach MPP^+- oder 6-OHDA-Exposition als trophische Faktoren.

Exzitatorische Aminosäure-Rezeptorantagonisten sind nur bedingt neuroprotektiv wirksam

Obwohl man in Zellkulturexperimenten die exzitotoxische Wirkung von Glutamat und anderen Glutamat-ähnlichen Verbindungen sehr gut durch gleichzeitige Gabe von NMDA-Rezeptorantagonisten (wie beispielsweise Memantin) verhindern kann, gibt es kaum Untersuchungen an Tiermodellen der Parkinson-Krankheit. In der Ratte konnte zwar gezeigt werden, dass die NMDA-Rezeptorantagonisten Budipin, CPP und MK-801 in der Lage sind, den Großteil der dopaminergen Neuronen der SN vor dem durch die intranigrale Applikation von MPP^+ hervorgerufenen Nervenzelltod zu bewahren (Turski et al., 1991), am MPTP-Tiermodell waren die Ergebnisse jedoch nicht eindeutig. So zeigte MK-801 an Mäusen keine neuroprotektive Wirkung, für CPP konnte bei Affen, nicht aber bei Mäusen eine partiell neuroprotektive Wirkung gezeigt werden (zur Übersicht: Gerlach et al., 2000a). Eine neuroprotektive Wirksamkeit gegenüber der neurotoxischen Wirkung von MPTP wurde auch für Riluzol (2-Amino-6-trifluormethoxybenzothiazol) berichtet (Boireau et al., 1994). Dieser Wirkstoff bindet aber im Gegensatz zu MK-801 nicht an einen der bekannten Glutamat-Rezeptoren; wahrscheinlich beeinflusst er die glutamaterge Neurotransmission durch die Stabilisierung des inaktivierten Zustandes spannungsabhängiger Na^+-Kanäle und Hemmung der Glutamat-Freisetzung.

**Strategien zur Aufrechterhaltung der
Ca^{2+}-Homeostase sollten besonders
neuroprotektiv wirksam sein**

Sollte die Störung der Ca^{2+}-Homeostase, wie im Kap. 5.3 erläutert, ein zentraler molekularer Mechanismus der Neurodegeneration sein, dann müssten Wirkstoffe, die in der Lage sind, die Ca^{2+}-Homeostase sicherzustellen oder wieder herzustellen, besonders gut neuroprotektiv wirksam sein. Dies lassen jedenfalls Ergebnisse an verschiedenen experimentellen Modellen der Neurodegeneration vermuten. Beispielsweise wird die durch Glutamat herbeigeführte Degeneration von aus dem Hippocampus gewonnenen Neuronenkulturen durch die Beigabe des Ca^{2+}-Kanal-Blockers KB-2796 in das Nährmedium verhindert (Hara et al., 1993). Ebenso konnte gezeigt werden, dass (S)-Emopamil, ein neuartiger Ca^{2+}-Kanal-Blocker vom Phenylalkylamin-Typ, die postischämische Mangeldurchblutung und den reduzierten Metabolismus bessert und gegen die Ischämie-bedingte Schädigung von Nervenzellen schützt (Szabo und Hofmann, 1989). Bedauerlicherweise gibt es nur wenige Untersuchungen an Parkinson-Tiermodellen, da nur bedingt geeignete Wirkstoffe für die systemische Anwendung an Tieren zur Verfügung stehen.

Nimodipin, ein Ca^{2+}-Kanal-Blocker mit selektiver Wirkung auf spannungskontrollierte Ca^{2+}-Kanäle vom L-Typ, verhindert partiell den durch MPTP verursachten Untergang dopaminerger Neuronen in der SN, hat jedoch keinen Einfluss auf den Dopamin-Gehalt im Striatum, wie unsere (MG, PR) Untersuchungen an C57BL/6-Mäusen und Common Marmosets zeigen (Kupsch et al., 1995; 1996). In der 6-OHDA-läsionierten Ratte wurde dagegen nicht der erwartete neuroprotektive Effekt von Nimodipin gefunden (Sautter et al., 1997). Nimodipin hemmt nur spannungskontrollierte Ca^{2+}-Kanäle vom L-Typ, jedoch nicht den NMDA-Rezeptor-vermittelten Ca^{2+}-Einstrom. Dies erklärt die relativ geringe neuroprotektive Wirkung von Nimodipin in experimentellen Parkinson-Modellen. Eine Kombination mit NMDA-Rezeptorantagonisten sollte deshalb wesentlich effektiver sein.

**Antiapoptotische Ansätze
sind kaum erforscht**

Sollte das IPS durch eine erhöhte Apoptose-Rate verursacht werden, dann wäre eine Abschwächung der Apoptose-Aktivität ein geeigneter therapeutischer Ansatz. Es gibt theoretisch eine Vielzahl von Möglichkeiten, in die Kaskade von Mechanismen hemmend einzugreifen, die die zum Zelltod führende Apoptose aktivieren. So zum Beispiel durch eine Substitution von neurotrophen Faktoren, durch die Hemmung von bestimmten Caspasen und anderen proapoptotischen Signalmolekülen und die Stimulation antiapoptischer Proteine.

Nach einem allgemeinen Prinzip der Vertebratenentwicklung werden in der frühen Embryonalzeit Neuronen im Überschuss gebildet. Sobald ihre Axone jedoch das Zielgebiet erreicht haben, sterben, je nach Größe, 40 bis 60 Prozent wieder durch einen apoptotischen Mechanismus ab. Welches Neuron überlebt und welches nicht, entscheiden **neurotrophe Faktoren** wie NGF. Es gibt nun auch Hinweise dafür, dass für die Integrität einiger adulter ausdifferenzierter Neuronenpopulationen Neurotrophine wichtig sind. Für GDNF wurde berichtet, dass er das Überleben primärer dopaminerger Zellkulturen fördert und dopaminerge nigro-striatale Neuronen vor neurotoxischen Einwirkungen schützt. Durch intraventrikuläre Injektion von BDNF, FGF und GDNF konnte man bei Nagetieren und Affen teilweise die neurotoxische Wirkung von MPTP und 6-OHDA verhindern (Otto und Unsicker, 1990; Tsukahara et al., 1995; Lapchak et al., 1997). Allerdings ist der genaue Wirkmechanismus rätselhaft. Es scheint, dass Neurotrophine generell den Phänotyp von Neuronen, jedoch nicht das Überleben beeinflussen. Weiterhin ist nach wie vor das Problem nicht hinreichend gelöst, die Neurotrophine bei systemischer Verabreichung in ausreichenden Mengen in das Gehirn bzw. relevante Gehirnregionen zu bekommen.

Die Strategie, in die **Regulation der Apoptose-aktivierenden** (z. B. Ca^{2+}-Ionen, Bac oder cJUN) und **-hemmenden Signalmoleküle** (Bcl-2) an Parkinson-Modellen einzugreifen, ist wenig erforscht. Es gibt morphologische Hinweise dafür, dass am MPTP-induzierten dopaminergen Nervenzelltod, apoptotische Mechanismen beteiligt sind (Tatton and Kish, 1997). Weiterhin hat man gezeigt, dass der MPTP-Metabolit MPP$^+$ die Ca^{2+}-Homeostase stört (Chen et al., 1995), und man durch prophylaktische Gabe des Ca^{2+}-Kanal-Blockers Nimodipin die durch MPTP-Exposition hervorgerufene dopaminerge Neurodegeneration verhindern kann (Kupsch et al., 1995; 1996). Nimodipin verhindert auch in Zellkulturen die β-Amyloid-induzierte apoptotische Neurodegeneration (Leist und Nicotera, 1998). Aus diesen Befunden kann man indirekt schließen, dass man durch Hemmung des Ca^{2+}-Einstroms die Auslösung des apoptotischen Zelltodes beeinflussen kann. Das Bcl-2-Protein (für B-cell-lymphoma) ist überwiegend an der äußeren Mitochondrienmembran lokalisiert und für die Freisetzung mitochondrialer Apoptose-auslösender Signalmoleküle wie Cytochrom c verantwortlich (Kinloch et al., 1999). In Zellkulturen schützt Bcl-2 vor dem apoptotischen Zelltod. **Rasagilin** und **Selegilin,** die eine neuroprotektive und antiapoptotische Wirkung in verschiedenen experimentellen Modellen des neuronalen Zelltodes aufweisen, führen unter anderem auch zu einer erhöhten Genexpression von Bcl-2 und cJUN (Tatton et al., 1997), sind aber auch in der Lage, an anderen Stellen der die Apoptose auslösenden Signalmolekülkaskade einzugreifen (Gerlach et al., 1992; Gerlach et al., 1996d; Maruyama et al., 2001a, b; Youdim et al., 2001; Bar-Am et al., 2005).

Ein weiterer potenzieller Arzneistoff, der in die Regulation des apoptotischen Zelltodes eingreifen kann, ist **Minocyclin,** ein Tetracyclin-Derivat, das die mitochondriale Freisetzung von Cytochrom c hemmt. Es kann peroral verabreicht werden und ist Blut-Hirn-Schranken-gängig. In Maus-Modellen von ALS, Chorea Huntington und der Parkinson-Krankheit wurde ein neuroprotektiver Effekt gezeigt (Du et al., 2001). Am MPTP-Mausmodell wurde weiterhin nachgewiesen, dass es die Expression der Caspase-1 und der induzierbaren NOS (iNOS) hemmt (ebd.).

Wie in Kap. 5.5. beschrieben, ist die Apoptose ein genereller und lebenswichtiger Mechanismus für die Entwicklung und Aufrechterhaltung eines multizellulären Organismus, der durch eine komplexe und vielschichtige Signalmolekülkaskade reguliert wird. Bei Störung des Gleichgewichtes zwischen Wachstum und Apoptose treten Krankheitszustände (typisches Beispiel Krebs) auf. Deshalb ist bei der Anwendung von Wirkstoffen, die in Apoptose-regulierende Mechanismen bei Parkinson-Kranken eingreifen sollen, von entscheidender Bedeutung, dass dies gewebespezifisch erfolgt. Dies ist aber für die oben aufgeführten Arzneistoffe nicht untersucht. Zu bedenken ist auch, dass es sowohl unter einer systemischen als auch einer zerebralen Apoptose-Hemmung zu einer Verschiebung des komplexen Gleichgewichtes zwischen Immunzellen und Neuronen mit der Auslösung entzündlicher Reaktionen kommen kann (Scheller et al., 2006). So konnte in T-Lymphozyten gezeigt werden, dass es durch Hemmung der durch den Todesrezeptor ausgelösten Apoptose mittels des Caspase-Inhibitors ZVAD (Benzyloxycarbonyl-Val-Ala-DL-Asp-Fluoromethylketon) zu einem Wechsel von einem apoptotischen zu einem entzündungsfördernden, nekrotischen Zelltod-Mechanismus kommt (ebd.).

Die Erforschung der Strategie zur Vermeidung von Protein-Aggregationen ist eine große Herausforderung

Wie bereits in den Kap. 1, 2 und 5 besprochen, ist ein gemeinsames Charakteristikum vieler neurodegenerativer Erkrankungen die Ablagerung von intra- und extrazellulären Protein-Aggregationen (Tabelle 1.5). Man nimmt an, dass diese durch die gestörte Proteolyse von mutierten oder geschädigten Proteinen verursacht werden. Es ist jedoch unklar, ob Protein-Aggregationen die Ursache der Nervenzell-Untergänge sind oder aber nur die Folge (Epiphänomen) von anderen Nervenzelltod-Mechanismen.

Es gibt prinzipiell folgende **therapeutische Strategien**, um Protein-Aggregationen beim IPS vorzubeugen (Rubinsztein, 2006):

(1) Reduktion der Expression von mutiertem α-Synuclein und -Oligomeren und -Polymeren.
(2) Beschleunigung von Prozessen, die Protein-Aggregationen abbauen.

Ein **molekularer Ansatz,** die Expression mutierter Genprodukte zu unterbinden, besteht in der Anwendung der so genannten **RNA-Interferenz-Technologie** Diese Technologie basiert auf der intrazellulären Wirkung kleiner doppelsträngiger RNA-Moleküle, die mittels verschiedener Strategien an ihren Wirkort gebracht werden. Die US-amerikanischen Biologen Andrew Fire und Craig Mello, die dieses neue biologische Prinzip erstmals 1998 am C. elegans beschrieben, erhielten dafür 2006 den Nobelpreis für Medizin. Obwohl diese Technologie theoretisch sehr interessant ist, gibt es eine Reihe von praktischen Problemen zu lösen, bevor sie am Menschen sicher angewendet werden kann. So stellt es nach wie vor eine große Herausforderung der Gentherapie dar, eine durch Viren oder andere möglichen Vektoren vermittelte Langzeit-Genexpression im Gehirn zu gewährleisten. Weiterhin ist nicht geklärt, ob die chronische RNA-Interferenz auch die Expression anderer Genprodukte als die des mutierten Gens verhindert.

Ein **pharmakologischer Ansatz** zur Verhinderung der α-Synuclein-Aggregation ist die Entwicklung von entsprechenden Hemmstoffen. α-Synuclein gehört zu der Klasse von Proteinen, die im natürlichen Zustand ungefaltet sind, und unter physiologischen Bedingungen keine oder nur eine gering geordnete Struktur aufweisen. Diese Eigenschaft macht es schwierig, Verbindungen zu entwickeln, die das native, nicht-toxische α-Synuclein stabilisieren können (Amer et al., 2006). Dennoch gelang es, eine Reihe von Peptiden und niedermolekularen Verbindungen zu identifizieren, die in der Lage sind, die Oligomerisation von α-Synuclein zu verhindern; jedoch stehen diese noch nicht für die Anwendung an tierexperimentellen Modellen der Parkinson-Krankheit zur Verfügung, da diese nicht systemisch verabreicht werden können (bedingt durch raschen Metabolismus mittels endogenen Peptidasen) und nicht bzw. kaum in der Lage sind, die Blut-Hirn-Schranke und andere Zellmembranen zu überwinden (ebd.).

Prinzipiell gäbe es mehrere therapeutische Strategien, um Prozesse zu beschleunigen, durch die Protein-Aggregationen abgebaut werden können (Rubinsztein, 2006). Jedoch ist die **Hochregulation des Ubiquitin-Proteasom-Systems** aus mehreren Gründen **nicht vorteilhaft**. Beispielsweise werden durch dieses System eine Reihe von kurzlebigen intrazellulären Signalmolekülen wie z. B. das p53, ein Faktor, der den Zellzyklus hemmt, abgebaut. Die Konzentration dieses Moleküls im stationären Gleichgewicht ist abhängig von der Abbaurate, die selektiv durch externe Signale und posttranslationale Modifikationen moduliert wird, die den Grad der Ubiquitinierung beeinflussen. Durch die Beschleunigung des Ubiquitin-Proteasom-Systems kann es dann zu fatalen Nebenwirkungen (z. B. Krebs im Fall von p53) kommen.

Als mögliche Alternative wird aber die Behandlung mit chemischen oder molekulaten Chaperonen diskutiert, da man dadurch den Chaperon-vermittelten Autophagie-Stoffwechselweg in Lysosomen beschleunigen könnte. Als ein weiterer Ansatz wird die Beeinflussung des Makroautophagie-Stoffwechselweges angesehen, weil dadurch vor allem langlebigere Proteine metabolisiert werden und deshalb weniger toxische Konsequenzen erwartet werden (ebd.). Für diese Strategie gibt es schon eine Substanz, das **Rapamycin,** das in molekularen Zellkultur- und Fliegenmodellen die Protein-Aggregation (inklusive die von α-Synuclein) verhinderte. Jedoch ist unklar, ob es nur lösliche Spezies und Oligomere, oder aber auch größere polymere Protein-Aggregationen entsorgen kann (ebd.).

Es wurden gut geeignete neuroprotektive Kandidaten für eine Anwendung in der Klinik empfohlen

In den USA wurde ein multinationales Komitee aus Klinikern und Wissenschaftlern gegründet (Committee to Identify Neuroprotectice Agents in Parkinson's, CINAPS), das es sich zur Aufgabe gestellt hatte, anhand verschiedener Kriterien gut geeignete neuroprotektive Wirkstoffe für eine klinische Erprobung in der Parkinson-Therapie zu identifizieren (Ravina et al., 2003). Wir haben diese 12 Kandidaten in der Tabelle 6.2 zusammengestellt. Die Kriterien zur Auswahl waren wie folgt:

(1) Wissenschaftliche Grundlage wie Konsistenz der präklinischen Daten; falls Wirkmechanismus bekannt, sollte eine Relevanz für die Parkinson-Pathogenese vorhanden sein.
(2) Experimentelle Hinweise für Blut-Hirn-Schranken-Gängigkeit.
(3) Vorliegen ausreichender Sicherheitsdaten (präklinische und/oder humane).
(4) Wirksamkeit an Tiermodellen der Parkinson-Krankheit oder Hinweis für möglichen Nutzen aus klinischen oder epidemiologischen Studien.

6.2 Klinische Studien, die mit dem Ziel durchgeführt wurden, Neuroprotektion nachzuweisen

Fünf der in Tabelle 6.2 erwähnten Wirkstoffe (Coenzym Q_{10}, Pramipexol, Rasagilin, Ropinirol und Selegilin) wurden bereits in prospektiven klinischen Studien auf ihre neuroprotektive Wirksamkeit untersucht (Tabelle 6.3). Für Creatin und Minocyclin liegt eine randomisierte, doppelblinde, placebokontrollierte Studie bei Parkinson-Patienten im Frühstadium vor, die nach dem Nichtigkeits-Design (futility, siehe nachfolgendes Kapitel) ausgewertet wurde, deren Ergebnisse bisher aber nur in Abstractform publiziert wurden und auf einen neuroprotektiven Effekt hinweisen (Tilley, 2006).

Da es in der Klinik bislang keine geeigneten Verfahren gibt, um die Effekte neuroprotektiver, neuronenheilender und/oder neuronenrettender Wirkstoffe auf zellulärer Ebene nachzuweisen, wurden in diesen klinischen Studien **putative Surrogatmarker** der nigralen dopaminergen Neurodegeneration verwendet. So wurden vor allem der zeitliche Verlauf der Symptomatik anhand klinischer Skalen oder der Zeitpunkt der Notwendigkeit

Tabelle 6.2. Neuroprotektive Kandidaten für eine klinische Erprobung in der Parkinson-Therapie (nach Ravina et al., 2003)

Wirkstoff	Primärer Wirkungsmechanismus
Caffein	Adenosin-Antagonist
Creatin	Mitochondrien-Stabilisator
Estrogen (17-β-Estradiol)	nicht bekannt, multifaktoriell
GM-1-Gangliosid	trophischer Faktor
GPI 1485 (Neuroimmunophilin-Ligand)	trophischer Faktor
Coenzym Q_{10}	Antioxidans/Mitochondrien-Stabilisator
Minocyclin	entzündungshemmend/antiapoptotisch
Nikotin	nicht bekannt
Pramipexol	Antioxidans/Vesikelwanderung?
Rasagilin	Antioxidans/antiapoptotisch
Ropinirol	Antioxidans
Selegilin	Antioxidans/antiapoptotisch

einer symptomatischen Therapie mit L-DOPA bewertet. Weiterhin wurde die nigro-striatale Funktion mittels striataler β-CIT-Aufnahmen durch SPECT oder [^{18}F]-DOPA-Aufnahmen mittels PET beurteilt.

Die neuroprotektive Wirksamkeit von Selegilin ist weder bewiesen noch widerlegt

Selegilin war das erste Pharmakon, mit dem eine prospektive kontrollierte klinische Studie mit dem Ziel des Nachweises einer neuroprotektiven Wirkung durchgeführt wurde (Tabelle 6.3). Zwei Gründe waren hierfür ausschlaggebend:

(1) Der Befund aus einer retrospektiven Studie von Birkmayer et al. (1985), wonach Parkinson-Patienten, die zusätzlich zu L-DOPA Selegilin einnahmen, länger lebten.
(2) Die Verhinderung der neurotoxischen Wirkung von MPTP. Da theoretisch MPTP-ähnliche Neurotoxine (siehe Kap. 4.2.4) die Parkinson-Krankheit verursachen könnten, sollte ein MAO-B-Hemmer, der die Umwandlung von MPTP in das eigentlich neurotoxische MPP$^+$ verhindert, neuroprotektiv wirksam sein.

Tetrud und Langston (1989) untersuchten die neuroprotektive Wirkung von Selegilin im Vergleich zu einer Placebo-Gruppe bei 45 bisher unbehandelten De-novo-Parkinson-Patienten über einen Zeitraum von drei Jahren; dabei wurde unter der Selegilin-Therapie eine signifikante Verzögerung des Zeitpunktes einer notwendigen symptomatischen Therapie nachgewiesen. Dies war der erste Hinweis, dass Selegilin möglicherweise einen Einfluss auf den Verlauf der Erkrankung hat. Der die L-DOPA-Therapie hinauszögernde Effekt wurde dann auch in der 1987 initiierten multizentrischen **DATATOP-Studie** bestätigt, in die 800 De-novo-Parkinson-Patienten eingeschlossen wurden. Die Patienten erhielten randomisiert entweder 10 mg Selegilin, 10 mg Selegilin plus 2000 Einheiten α-Tocopherol (Vitamin E), α-Tocopherol allein oder Placebo (Tabelle 6.3). Die Studie wird ausführlich in Kap. 7.5.2 vorgestellt, sodass wir uns hier nur auf die in diesem Zusammenhang wichtigsten Ergebnisse konzentrieren. Die Abschlussanalyse ergab, dass α-Tocopherol unwirksam und keine Interaktion zwischen der Behandlung mit α-Tocopherol und Selegilin vorhanden war; die Monotherapie mit Selegilin verlangsamte jedoch die Progression der Symptomatik, gemessen an der UPDRS-

Punktzahl und verlängerte die Dauer bis zur Notwendigkeit der L-DOPA-Therapie um durchschnittlich neun Monate (The Parkinson Study Group, 1989).

Um abzuklären, ob dieser Selegilin-Effekt durch eine neuroprotektive oder symptomatische Wirkung verursacht worden war, wurde nach einer 30-tägigen „Auswasch"-Phase nochmals die Symptomatik der Patienten mittels der UDPRS-Punktzahl bewertet (The Parkinson Study Group, 1993): Das Ergebnis war, dass sich die Symptomatik der mit Selegilin behandelten Patienten leicht verschlechterte; man schloss damals aufgrund der vorliegenden PET-Untersuchung, in der eine biologische Halbwertszeit der MAO-B von 40 Tagen berechnet wurde, dass die symptomatische Wirkung von Selegilin zur Hinausschiebung der L-DOPA-Therapie beitrug. Aufgrund von neuen biochemischen Ergebnissen (siehe Kap. 3) ist jedoch davon auszugehen, dass bereits nach zwei bis drei Tagen mindestens 20 Prozent der ursprünglich vorhandenen MAO-B-Aktivität durch Neusynthese wiederhergestellt wurde. Das heißt, die **30-tägige „Auswasch"-Phase** war **lang genug**, **um** eine **symptomatische Wirkung** von Selegilin **auszuschließen**; der gemessene Effekt in der DATATOP-Studie muss also durch etwas anderes hervorgerufen (Neuroprotektion?) worden sein.

Der durch die Selegilin-Monotherapie bewirkte Effekt, nämlich die Hinauszögerung der Notwendigkeit der L-DOPA-Therapie um neun Monate, scheint aber nur von vorübergehender Natur zu sein, denn eine Nachuntersuchung aller Patienten, die den Endpunkt der Studie erreichten – also nicht L-DOPA-pflichtig wurden – ergab, dass der Effekt nicht mehr nach der zweimonatigen „Auswasch"-Phase – d. h., nach Absetzung der Prüfsubstanzen – vorhanden war: Die Wahrscheinlichkeit des Auftretens des Zeitpunktes, zu dem Patienten mit L-DOPA behandelt werden mussten, war nach 12,3 ± 5,1 Monaten (Mittelwert + SD) in der Gruppe der Patienten, die ursprünglich mit Selegilin behandelt worden waren, und in der Placebo-Gruppe gleich hoch (Parkinson Study Group, 1996a). Vor diesem Hintergrund waren die von Shoulson et al. (2002) publizierten Daten der **erweiterten DATATOP-Studie** umso überraschender. In diese Studie wurden fünf Jahre nach Beginn der Selegilin-Behandlung 368 der ursprünglich 800 Patienten der DATATOP-Studie eingeschlossen, die L-DOPA-pflichtig wurden und damit einverstanden waren, weiterhin mit Selegilin behandelt zu werden. Die Patienten wurden nach der Randomisierung doppelblind entweder mit L-DOPA/Selegilin oder L-DOPA/Placebo über zwei Jahre behandelt. Primäre Endpunkte waren das Auftreten von Wearing-off, Dyskinesien oder On-off-Fluktuationen. Das Ergebnis war einerseits, dass bei 34 Prozent der mit Selegilin behandelten Patienten Dyskinesien auftraten, dagegen nur bei 19 Prozent der mit L-DOPA behandelten Patienten. Andererseits entwickelten nur 16 Prozent der zusätzlich mit Selegilin therapierten Patienten Freezing, während dies 29 Prozent im L-DOPA-Arm waren. Die zusätzliche Auswertung der UPDRS und ADL ergab, dass Patienten, die bis zu sieben Jahren zusätzlich mit Selegilin behandelt waren, einen langsameren Krankheitsverlauf hatten als Patienten, die nur bis zu fünf Jahren therapiert waren und zwei Jahre lang nur L-DOPA verabreicht bekamen (Shoulson et al., 2002).

Die Veröffentlichung der ersten DATATOP-Ergebnisse waren der Anreiz für eine Reihe weiterer Studien mit Selegilin, um dessen neuroprotektive Wirkung zu beweisen. Beispielsweise wurden in der **SINDEPAR-Studie** (sinemet-deprenyl-parlodel) 82 De-novo-Parkinson-Patienten zwölf Monate lang mit L-DOPA/Carbidopa (Sinemet®) bzw. mit dem Dopamin-Rezeptoragonisten Bromocriptin (Parlodel®) sowie zusätzlich jeweils mit Selegilin oder Placebo behandelt (Olanow et al., 1995). Nach zwölf Monaten wurden zunächst Selegilin und Placebo abgesetzt, nach

Tabelle 6.3. Auswahl prospektiver klinischer Studien zum Nachweis von Neuroprotektion bei der Parkinson-Krankheit

Studie	Eingeschlossene Patienten	Studien-Design	Geprüfte neuroprotektive Wirkstoffe (tägliche Dosis)	Effekt auf primäre Zielgrößen
Bewertung mittels klinischer Parameter				
DATATOP (Deprenyl And Tocopherol Antioxidative Therapy of Parkinson's disease)	880 De-novo-Patienten	Prospektive, multizentrische, randomisierte, doppelblinde, placebo-kontrollierte Studie	Selegilin (10 mg) Vitamin E (2000 Einheiten)	Hinausschiebung der L-DOPA-Therapie bis zu 9 Monate Kein Effekt, keine Interaktion mit Selegilin
SELEDO (SELEgiline plus levoDOpa)	116 Patienten mit stabiler L-DOPA-Dosierung	Prospektive, multizentrische, randomisierte, doppelblinde, placebo-kontrollierte 5-Jahres-Studie	Selegilin (10 mg)	Zeitpunkt zur Änderung der L-DOPA-Dosiserhöhung um 50% wird um 2,3 Jahre hinausgeschoben
TEMPO (TVP-1012, rasagiline mesylate, in Early Monotherapy for Parkinson's disease Outpatients)	404 Patienten im Frühstadium, die keine symptomatische Behandlung während der Studie benötigten	Prospektive, multizentrische, randomisierte, doppelblinde, beginnverzögerte Parallellgruppen-Studie	Rasagilin (1 oder 2 mg)	Geringfügigere Verschlechterung in der UPDRS-Gesamtpunktzahl nach 1 Jahr unter 2 mg/Tag Rasagilin (−2,29) im Vergleich zu Patienten, die 6 Monate mit Placebo behandelt waren und dann 6 Monate mit 2 mg/Tag Rasagilin behandelt wurden
Shults et al. (2002)	80 Patienten im Frühstadium, die keine symptomatische Behandlung während der Studie benötigten	Prospektive, multizentrische, randomisierte, doppelblinde, placebo-kontrollierte, 16-monatige Parallelgruppen-Dosis-Findungs-Studie	Coenzym Q10 (300, 600 oder 1200 mg)	Dosisabhängige, geringfügigere Verschlechterung in der UPDRS-Gesamtpunktzahl (Placebo: + 11,99; 300 mg: 8,81; 600 mg: 10,82; 1200 mg: 6,69). Größter Effekt im Teil II (Aktivitäten des täglichen Lebens)

Bewertung mittels bildgebender Verfahren

Studie	Patienten	Design	Medikation	Ergebnis
CALM-PD (Comparison of the Agonist Pramipexol versus Levodopa on Motor complications in Parkinson's Disease)	82 De-novo-Patienten	Prospektive, multizentrische, randomisierte, doppelblinde, 46-monatige Parallelgruppen-Studie	Pramipexol (3 × 0,5 mg)	Im Vergleich zur L-DOPA-Therapie verlangsamte Abnahme der itteren striatalen [^{123}I]-β-CIT-Aufnahme nach 22 (13,5 vs. 7,1%), 36 (19,6 vs. 10,9%) und 48 Monaten (25,5 vs. 16,0%)
PELMOPET (Pergolide L-dopa Monotherapy-Positron Emission Tomography)	88 L-DOPA- bzw. Dopamin-Rezeptor-agonisten-naïve Patienten	Prospektive, multizentrische, randomisierte, doppelblinde, 3-jährige Parallelgruppen-Studie	Pergolid (bis max. 5 mg/Tag)	Kein Unterschied in der [^{18}F]-L-DOPA-Aufnahme im Putamen und Nucleus caudatus nach 3 Jahren zwischen der L-DOPA- und der Pergolid-Gruppe
REAL-PET	186 De-novo-Patienten	Prospektive, multizentrische, randomisierte, doppelblinde, 2-jährige Parallelgruppen-Studie	Ropinirol (3 × 3 mg; max 24 mg), zusätzlich bei Bedarf offen L-DOPA möglich	Im Vergleich zur L-DOPA-Therapie verlangsamte Abnahme der mittleren [^{18}F]-L-DOPA-Aufnahme im Putamen (20,3 vs. 13,4%)

weiteren sieben Wochen auch L-DOPA/Carbidopa und Bromocriptin (Abb. 6.4). Die Auswertung nach insgesamt 14 Monaten ergab, dass der Zustand der Patienten, die nur mit L-DOPA/Carbidopa oder Bromocriptin behandelt worden waren, sich im Vergleich zum Zeitpunkt vor Therapiebeginn verschlechtert hatte und zwar um 5,8 Punkte in der UPDRS-Bewertung. Dieser Wert betrug nur 0,4 bei den Patienten, die zusätzlich Selegilin erhielten, ein hochsignifikanter Unterschied, der auf eine **protektive Wirkung** von Selegilin hinweisen könnte. Zu ähnlichen Schlüssen gelangte man auch in anderen Studien (Palhagen et al., 1998; Larsen et al., 1999; Przuntek et al., 1999). Im Gegensatz dazu war das Ergebnis anderer, zum Teil jedoch offener Studien, dass die Selegilin-Therapie keinen Einfluss auf den Verlauf der Parkinson-Krankheit oder den Verlauf von durch die chronische L-DOPA-Therapie hervorgerufenen Dyskinesien hat (Brannan und Yahr, 1995; Parkinson Study Group, 1996b).

Ein die L-DOPA-Therapie hinauszögernder Effekt wurde auch in einer der DATATOP-Studie vergleichbaren Untersuchung (The Parkinson Study Group, 1996) für den reversiblen MAO-B-Hemmer Lazabemid nachgewiesen. Wir möchten hier darauf hinweisen, dass ein solcher Effekt auch für die Dopamin-Rezeptoragonisten Lisurid (Runge und Horowski, 1991) und Ropinirol (Sethi et al., 1998) propagiert wurde.

Was ist von Neuroprotektion klinisch zu erwarten?

Obwohl nach der Veröffentlichung der ersten Ergebnisse der DATATOP-Studie eine große Euphorie spürbar war und viele glaubten, dass man nun ein Medikament zur Verfügung hat, mit dem man die Erkrankungsprogression beeinflussen könne, änderte sich dies bald und die Euphorie ging in eine Enttäuschung über, da die Erwartungen nicht in Erfüllung gingen. Dies lag vor allem daran, dass sich in Nach-

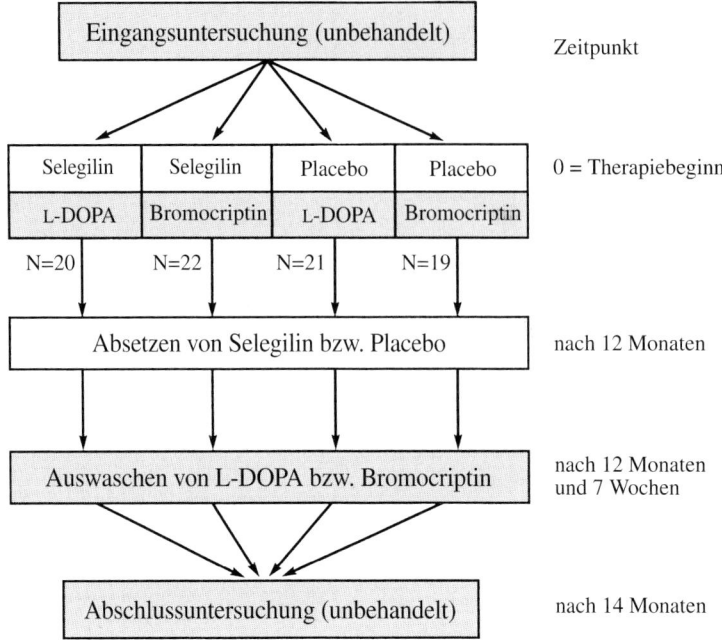

Abb. 6.4. Design der SINDEPAR-Studie. SINDEPAR, <u>sin</u>emet-<u>de</u>prenyl-<u>par</u>lodel.

folgeuntersuchungen (die aber zum Teil offen durchgeführt wurden und nicht den üblichen Standards klinischer Studien entsprachen) herausstellte, dass der ursprünglich nachgewiesene Effekt von Selegilin sich nicht auf den Langzeitverlauf der Erkrankung auswirkte.

Hinzu kam das damals ungelöste Problem, dass nicht eindeutig unterscheidbar war, ob der gemessene Wirkeffekt durch die symptomatische oder die neuroprotektive Wirkung von Selegilin hervorgerufen wurde. Heute wissen wir (siehe Kap. 3), dass die zweimonatige „Auswasch"-Phase ausreichend genug war, um die MAO-B zu regenerieren; deshalb war die symptomatische Wirkung von Selegilin vernachlässigbar.

Ein Problem, das zur Enttäuschung vieler Kliniker beitrug, sind die **falschen Hoffnungen,** die man in die Möglichkeiten einer Neuroprotektionstherapie setzte. Nach allem, was wir heute wissen (siehe Kap. 1, Abb. 6.5), sind bei der erstmaligen klinischen Diagnosestellung der Parkinson-Krankheit bereits 60 Prozent und mehr dopaminerge Neuronen unwiederbringlich verloren. Das heißt aber, dass man selbst mit einem hochpotenten neuroprotektiven Wirkstoff **maximal** einen **Stillstand der Krankheit** erwarten kann und **keine Heilung**. Wir werden auf dieses Problem noch am Ende des Kapitels ausführlicher eingehen und die Konsequenzen für zukünftige Studien besprechen.

PET- und SPECT-Befunde ließen aufhorchen und erweckten Hoffnungen

Bildgebende Verfahren wie PET oder SPECT stehen im Ruf für die Krankheit relevante Parameter (wie striatale [^{18}F]-L-DOPA-und [^{123}I]-β-CIT-Aufnahme) objektiv quantifizieren und anhand dieser die Krankheitsprogression messen zu können (Morrish et al., 1998; Marek et al., 2001). Aus diesem Grunde wurde eine Reihe von klinischen Studien mit den neu auf den Markt gekommenen Dop-

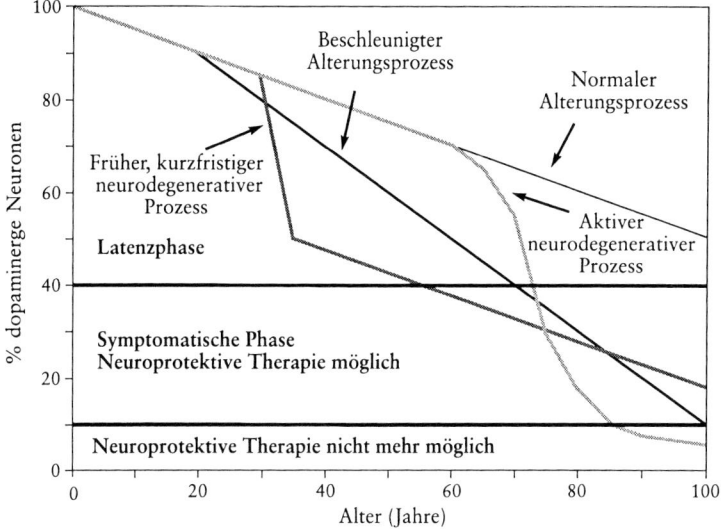

Abb. 6.5. Vorstellungen über zeitliche Verläufe der Degeneration dopaminerger Neuronen der Substantia nigra (nach McGeer et al., 1988a) und Konsequenzen für die neuroprotektive Therapie

amin-Rezeptoragonisten initiiert, um mithilfe dieser Verfahren eine neuroprotektive Wirkung nachzuweisen (Tabelle 6.3). Wir werden die Studien ausführlich im Kap. 7 vorstellen und hier nur kurz auf die Ergebnisse eingehen. Um es vorwegzunehmen, für Pergolid konnte kein neuroprotektiver Effekt nachgewiesen werden, für α-DHEC sprechen die vorläufigen Ergebnisse der bildgebenden Daten für einen Trend in Richtung Verzögerung des Krankheitsverlaufes und für Pramipexol und Ropinirol wurden eindeutige bildgebende, aber keine klinischen Befunde erhoben, die daraufhin deuten könnten, dass ein Effekt auf den Krankheitsverlauf im Sinne einer Verzögerung vorliegt.

Die **Pilotstudie mit α-DHEC** war ein Gemeinschaftsprojekt der neurologischen Universitätskliniken Ulm, München und Prag (Schwarz, 2001). Eingeschlossen wurden 26 Parkinson-Patienten im Stadium Hoehn und Yahr I und II, die entweder gar nicht oder nur kurzzeitig (bis maximal zwei Monate vor Studienbeginn) mit Dopaminergika vorbehandelt waren. Nach der initialen SPECT-Untersuchung mit ^{123}I-IPT wurden sie randomisiert entweder auf eine Monotherapie mit α-DHEC oder L-DOPA eingestellt. Bei jeweils acht Patienten in beiden Behandlungsarmen konnte nach zwölf Monaten eine weitere SPECT-Analyse durchgeführt werden. Innerhalb des einjährigen Behandlungszeitraumes hatte die ^{123}I-IPT-Aufnahme ins Putamen in der α-DHEC-Gruppe, zwar nicht statistisch signifikant, im Mittel aber um etwa ein Drittel weniger abgenommen als in der L-DOPA-Gruppe (10 versus 16 Prozent).

In der **PELMOPET-Studie** (pergolide L-dopa monotherapy-positron emission tomography) wurden die Wirkungen von Pergolid und L-DOPA als Monotherapien auf die Inzidenz und den Schweregrad von motorischen Komplikationen, die Erkrankungsprogression, die symptomatische Wirksamkeit und das Nebenwirkungsprofil bei 294 L-DOPA- oder Dopamin-Rezeptoragonisten-naiven Patienten verglichen (Oertel et al., 2006). Um die Erkrankungsprogression in den beiden Therapiearmen zu vergleichen, wurden insgesamt 88 Patienten in der PELMOPET-Studie

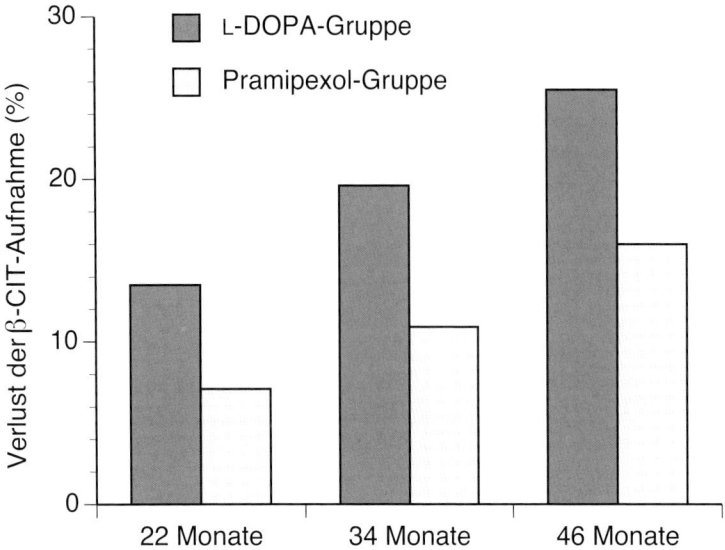

Abb. 6.6. Zeitlicher Verlauf der Abnahme der striatalen [^{123}I]-β-CIT-Aufnahme bei De-novo-Parkinson-Patienten nach L-DOPA-Monotherapie und früher Pramipexol-Therapie (nach Marek et al., 2002)

in eine zusätzliche PET-Studie einbezogen, in der die ^{18}F-DOPA-Aufnahme in das Putamen und den Nucleus caudatus während der dreijährigen Therapieperiode untersucht wurde (Oertel, 2000). Nach drei Jahren war jedoch kein Unterschied zwischen den beiden Gruppen feststellbar. Das heißt, Pergolid scheint keine neuroprotektive Wirkung zu haben. Dies ist zunächst überraschend, da für alle anderen bisher untersuchten Dopamin-Rezeptoragonisten positive Resultate vorliegen und aufgrund der präklinischen Daten davon auszugehen ist, dass deren neuroprotektive Wirkung in Tiermodellen der Parkinson-Krankheit nichts mit dem Rezeptorprofil zu tun hat. Ein offensichtliches **Problem,** von dem man immer wieder hörte (KL Leenders, persönliche Mitteilung), war, dass während der Studie die Scanner gewechselt wurden. Dies kann natürlich einen großen Effekt auf die Ergebnisse haben, da die einzelnen Scanner ein unterschiedliches Auflösevermögen haben und damit die Messgenauigkeit beeinflussen. Ein Problem der PET-und SPECT-Studien ist auch die Auswertung, die möglichst zentral und mittels einer vom Prüfarzt unabhängigen Methode vorgenommen werden muss. Letztere Problematik wurde jedoch schon in den noch zu besprechenden Studien berücksichtigt.

Die Pramipexol-Untersuchung wurde im Rahmen der multizentrischen, randomisierten, kontrollierten **CALM-PD-Studie** (comparison of the agonist pramipexol versus levodopa on motor complications in Parkinson's disease) an 82 der 301 De-novo-Patienten durchgeführt (Parkinson Study Group, 2000). Die Patienten wurden in 17 Zentren rekrutiert, die ausschließlich in Kanada und den USA lagen, da alle Patienten von Ken Marek in New Haven nuklearmedizinisch untersucht wurden. 42 der Patienten erhielten eine L-DOPA- und 40 Patienten eine Pramipexol-Monotherapie (plus L-DOPA, wenn notwendig). Nach Aufdosierung der Medikamente über zehn Wochen blieb die Dosierung dann für einen Zweijahreszeitraum konstant. Die Auswertung der striatalen [^{123}I]-β-CIT-Auf-

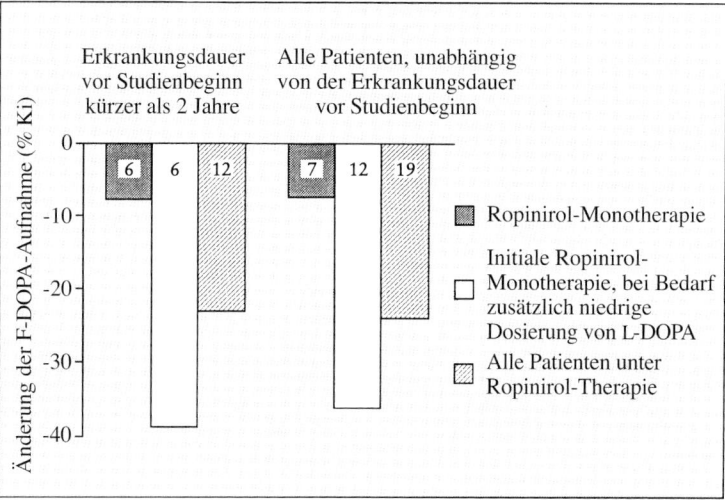

Abb. 6.7. Änderungen der ^{18}F-DOPA-Aufnahme im Putamen von De-novo-Parkinson-Patienten nach fünfjähriger Ropinirol- bzw. L-DOPA-Therapie in Abhängigkeit von der Erkrankungsdauer (zwei Jahre versus fünf Jahre) vor Studienbeginn (nach Rakshi et al., 1998). Wichtig scheint, dass nur Patienten, die früh therapiert werden, eine verlangsamte Abnahme unter Ropinirol aufweisen

nahmen ergab nach 23,5 Monaten keine signifikanten Unterschiede zwischen den beiden Gruppen, obwohl schon ein Trend in Richtung neuroprotektiver Wirkung von Pramipexol erkennbar war (mittlere Abnahme der striatalen [^{123}I]-β-CIT-Aufnahme für Pramipexol und L-DOPA 20 bzw. 24,8 Prozent; Parkinson Study Group, 2000). Dies war der Anlass, die Studie um zwei Jahre zu verlängern und nochmals die Daten mittels einer neuen Auswertemethode zu berechnen (Marek et al., 2002). Diesmal war bereits der Unterschied zwischen beiden Gruppen nach 22 Monaten hoch signifikant (p = 0,004) und blieb dies auch für den restlichen Beobachtungszeitraum (Abb. 6.6; p = 0,009 und 0,01 nach 34 bzw. 46 Monaten). Dieses Ergebnis spricht dafür, dass Pramipexol möglicherweise das Absterben dopaminerger Neuronen abbremst. Es ist bedauerlich, dass von den 39 Pramipexol-Patienten nach vier Jahren nur 19 Patienten eine Pramipexol-Monotherapie hatten, die anderen 21 Patienten benötigten zusätzlich offen verabreichtes L-DOPA. Von den Autoren der Studie wird daher geprüft, ob die nur mit Pramipexol therapierten Patienten einen noch geringeren Verlust der dopaminergen Neuronen aufwiesen als diejenigen, die zusätzlich L-DOPA benötigten.

Ausgangspunkt für die Durchführung der **REAL-PET-Studie** waren die positiven Ergebnisse einer Pilotstudie (056-Studie). In diese wurden 28 Patienten mit einer Ropinirol- und neun Patienten mit einer L-DOPA-Monotherapie eingeschlossen. Zu Beginn der Therapie und genau zwei Jahre später wurden PET-Analysen durchgeführt (Rakshi et al., 1998). Es wurde die [^{18}F]-L-DOPA-Aufnahme jeweils für die schwerer und leichter betroffene Seite im Putamen und Nucleus caudatus ermittelt. Das Ergebnis war, dass bei mit Ropinirol behandelten Patienten, deren Erkrankungsdauer kleiner als zwei Jahre war, eine im Vergleich zu L-DOPA-therapierten Patienten verlangsamte Abnahme der [^{18}F]-L-DOPA-Aufnahme im Putamen festgestellt wurde (Abb. 6.7). In die REAL-PET-Studie wurden 186 Patienten eingeschlossen, die

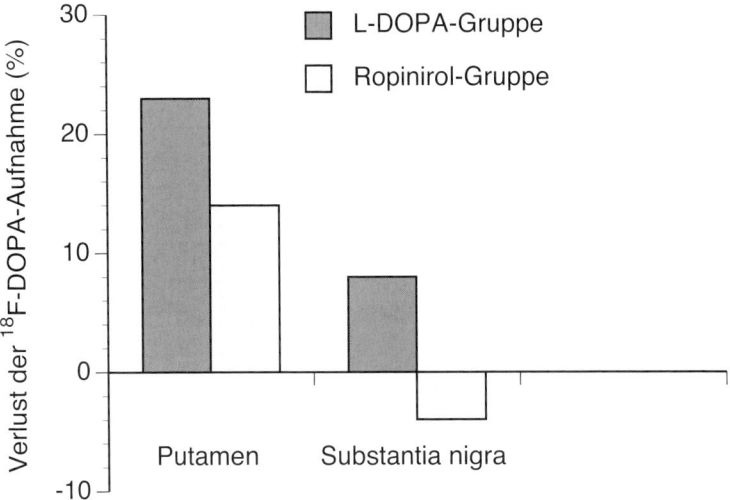

Abb. 6.8. Abnahme der ^{18}F-DOPA-Aufnahme im Putamen und der Substantia nigra von De-novo-Parkinson-Patienten nach zweijähriger L-DOPA-Monotherapie bzw. Ropinirol-Therapie (nach Whone et al., 2002)

zum Teil aber schon in der Pilotstudie teilnahmen (Whone et al., 2002). Erfreulicherweise waren auch deutsche Zentren wie das in Dresden (HR) beteiligt. Die Patienten erhielten randomisiert entweder L-DOPA oder Ropinirol; zusätzlich konnte bei Bedarf offen L-DOPA eingenommen werden, um eine ausreichende Symptomkupierung zu erreichen. 14 Prozent der Patienten, die die Studie beendeten, nahmen zusätzlich zum Dopamin-Rezeptoragonisten L-DOPA ein. Primärer Endpunkt war die Messung der ^{18}F-DOPA-Aufnahme ins Striatum nach zwei Jahren. Die wissenschaftliche Leitung lag bei David Brooks, London, der sämtliche PET-Analysen, die in unterschiedlichen Zentren durchgeführt worden waren, adjustierte und blind auswertete. Die Ergebnisse zeigten eindeutig, dass bei Patienten unter der Ropinirol-Therapie die Abnahme der [^{18}F]-L-DOPA-Aufnahme im Putamen geringer war als bei den Patienten unter der L-DOPA-Therapie (Abb. 6.8). Interessanterweise wurde dies erstmals auch für die SN gezeigt. Die Autoren folgerten aus ihren Befunden, dass die initiale Therapie mit Ropinirol im Vergleich zu der mit L-DOPA zu einer 30 Prozent verlangsamten Degeneration nigro-striataler dopaminerger Neuronen führt (Whone et al., 2002).

Was bedeuten die PET- und SPECT-Befunde für die Klinik?

Da die geprüften Dopamin-Rezeptoragonisten immer gegen die L-DOPA-Therapie verglichen wurden, kann man zunächst nicht sagen, dass damit das Fortschreiten der Parkinson-Krankheit verlangsamt wird, es könnte ja sein, dass tatsächlich **L-DOPA neurotoxisch** (siehe auch Kap. 9) ist und einen negativen Einfluss auf die Messgrößen hatte. Placebokontrollierte Studien sind aus ethischen Gründen nicht möglich, deshalb bleibt nur der Vergleich mit publizierten Daten zur Krankheitsprogression. Es ist erstaunlich, dass es in der Literatur Daten von SPECT-Längsschnittuntersuchungen von unbehandelten Parkinson-Patienten gibt. Die Autoren der CALM-PD-Studie (Marek et al., 2002) zitieren jedenfalls einen Artikel von Jennings et al. (2000), in dem bei nichtbehandelten Parkinson-Patienten ein Zellverlust von 6,8 Pro-

Tabelle 6.4. Mögliche Gründe, warum die L-DOPA-Monotherapie in den klinischen Studien anhand der UPDRS-Bewertung besser war als die Dopamin-Rezeptoragonisten-Therapie

- L-DOPA ist potenter als Dopamin-Rezeptoragonisten (?)
- Die UPDRS-Skala ist nicht in der Lage, einige mögliche Vorteile der Dopamin-Rezeptoragonisten zu zeigen, wie z. B. eine antidepressive Wirkung
- Es ist möglich, dass die Dosierungen in den Dopamin-Rezeptoragonisten-Gruppen niedriger waren als in den L-DOPA-Armen (Problem der Äquivalenz-Dosis)

---

zent/Jahr beschrieben wurde, was mit den Daten der L-DOPA-behandelten Gruppe der CALM-PD Studie gut übereinstimmt. Deshalb folgern sie weiter, dass L-DOPA nicht neurotoxisch ist und Pramipexol die Erkrankungsprogression verzögert.

Nehmen wir nun einmal an, dass die frühe Dopamin-Rezeptoragonisten-Therapie die Erkrankungsprogression verlangsamt, dann stellt sich die nächste Frage, warum sind dann die beiden **Patienten-Gruppen am Ende** der Beobachtungszeit etwa **gleich gut bezüglich** ihrer **Parkinson-Symptomatik.** In der Pramipexol-Studie war nach 46 Monaten kein Unterschied in der Veränderung der UPDRS-Punktezahl festzustellen (motor score: +1,0 in der Pramipexol-Gruppe versus +2,1 in der L-DOPA-Gruppe), obwohl die prozentuale Abnahme der striatalen $[^{123}I]$-β-CIT-Aufnahme vom Ausgangswert mit der Veränderung der UPDRS-Punktezahl vom Ausgangswert korrelierte (Marek et al., 2002). In der REAL-PET-Studie war die L-DOPA-Gruppe sogar nach zwei Jahren um sechs Punkte besser als die Ropinirol-Gruppe (Whone et al., 2002). Eine Schlussfolgerung könnte sein, dass die beobachteten bildgebenden Effekte pharmakologisch bedingt sind, eine andere, dass es keinen Zusammenhang gibt zwischen der nigro-striatalen dopaminergen Neurodegeneration und den verwendeten Messgrößen oder aber die verwendete Subskala der UPDRS nicht den neuroprotektiven Effekt erfasst. Andere Erklärungsmöglichkeiten sind in Tabelle 6.4 zusammengefasst. Vielleicht muss man aus diesen Studien lernen, dass auch eine **Dopamin-Rezeptoragonisten-do-minante Kombinationstherapie** eine interessante **Option** wäre.

Sowohl die striatale ^{18}F-DOPA- als auch die $[^{123}I]$-β-CIT-Aufnahme werden als **Marker der präsynaptischen Aktivität** noch lebender dopaminerger Nervenzellen angesehen. Die Annahme, dass es einen Zusammenhang zwischen diesen Messgrößen und der dopaminergen Neurodegeneration gibt, beruht vor allem auf tierexperimentellen Untersuchungen am Affen-MPTP-Modell (z. B. Elsworth et al., 1994). Entsprechende Untersuchungen am Menschen gibt es nicht. Es gibt lediglich eine Studie, in der bei einem Parkinson-Patienten zu Lebzeiten ein striatales ^{18}F-DOPA-PET aufgenommen wurde und nach dem Tod des Patienten eine Post-mortem-Analyse vorgenommen wurde (Snow et al., 1993).

Man nimmt an, dass die berechnete striatale ^{18}**F-DOPA-Aufnahme** ein **Maß für** die **Aktivität nigro-striataler dopaminerger Neuronen** ist und die DOPA-Decarboxylase-Aktivität widerspiegelt (z. B. Brooks, 2000; Stoessl, 2001). Wir möchten hier aber nochmals feststellen, dass die DOPA-Decarboxylase nicht das geschwindigkeitsbestimmende Enzym der Dopamin-Synthese ist, sondern die TH. Weiterhin möchten wir darauf hinweisen, dass man mit diesem Verfahren die Summe der Positronen misst, die aus dem Zerfall des ins Striatum aufgenommenen ^{18}F-DOPA und daraus gebildeten Metaboliten wie ^{18}F-Dopamin, ^{18}F-DOPAC und anderen resultiert. Die striatale „^{18}F-DOPA-Aufnahme" hängt nicht nur von der Anzahl der dopaminergen Neuronen und der in diesen vorkommenden Vesikeln ab, sondern auch von der Aktivität der DOPA-Decarboxylase und der MAO-B. Beide Enzyme sind bei Parkinson-Kranken unterschiedlich betroffen. Die geringfügig erniedrigte DOPA-Decarboxylase-Aktivität dürfte aus theoretischen Überlegungen keinen Einfluss auf die gemessenen Werte haben, jedoch die geringfügig erhöhte MAO-Aktivität. Untersuchungen am MPTP-Affen-Modell zeigen, dass eine **nichtlineare Beziehung** zwischen dem nigro-striatalen dopaminergen Neuronenverlust und der Reduktion von dopaminergen Nervenendigungen im Striatum vorhanden ist (Yee et al., 2000). Weiterhin lassen sie den Schluss zu, dass bei einem geringen dopaminergen Neurodegenerations-Grad kompensatorische Mechanismen vorhanden sind, die niedrigere „^{18}F-DOPA-Aufnahme"-Werte bewirken als durch den Neuronenverlust zu erwarten sind (Lee et al., 2000).

Die striatale **[^{123}I]-β-CIT-Aufnahme gibt** dagegen die **Aktivität des DAT wider,** der für die Wiederaufnahme des Dopamins vom synaptischen Spalt in das präsynaptische Neuron verantwortlich ist. Dieser Messwert stellt aber auch kein absolutes Maß für die DAT-Dichte und damit für die Degeneration dieser Nervenzellen dar. Es gibt eine Reihe von Hinweisen, die darauf hindeuten, dass der DAT pharmakologisch reguliert wird (z. B. wird nach Amphetamin-Gabe, wodurch vermehrt Dopamin ausgeschüttet und dessen Wiederaufnahme gehemmt wird, eine Herunterregulation beobachtet) und damit die gemessene Aktivität ebenfalls den präsynaptischen Verlust an dopaminergen Nervenendigungen unterbewertet (Lee et al., 2000; Frey et al., 2000; Stoessl, 2001).

Zusammenfassend kann man abschließend sagen, dass die bisher vorliegenden Befunde aus PET- und SPECT-Untersuchungen zwar eindrucksvoll Effekte der Dopamin-Rezeptoragonisten Pramipexol und Ropinirol auf die gemessenen Parameter aufzeigen, die Schlussfolgerung, dass diese durch eine rein neuroprotektive Wirkung verursacht werden, ist jedoch nicht eindeutig bewiesen, da pharmakologische Effekte, z. B. über präsynaptische Rezeptoren nicht ausgeschlossen werden können und der Zusammenhang zwischen den gemessenen Parametern und der dopaminergen Neurodegeneration unklar ist.

Weitere Hinweise, dass es möglicherweise doch eine klinische Neuroprotektion gibt

Bei den chronisch mit L-DOPA behandelten Parkinson-Patienten treten innerhalb von fünf Jahren zunehmend Komplikationen wie die besonders gefürchteten Dyskinesien, Wirkungsschwankungen im Sinne von End-of-Dose-Wirkungsverlust, On-off-Phasen und Freezing sowie Verwirrtheitszustände und Psychosen auf. Während die beiden letzten Nebenwirkungen der L-DOPA-Langzeittherapie häufig auch als pharmakotoxische Psychosen bezeichnet werden, werden Dyskinesien niemals mit dem Begriff neurotoxisch in Verbindung gebracht. Wir werden dieses Thema nochmals ausführlicher im Kap. 9 behandeln. Der molekulare verursachende Mechanismus der L-DOPA-induzierten Dyskinesien ist noch immer nicht bekannt. Man vermutet, dass diese durch eine abnormale Form der Plastizität von striatalen Nervenzellen verursacht und durch eine Kombination von Faktoren ausgelöst werden, die im Zusammenhang mit der nigro-striatalen dopaminergen Degeneration und der L-DOPA-Gabe (nicht vorteilhafte Pharmakokinetik, mögliche intrinsische Funktion) stehen (siehe Kap. 2.3).

Verschiedene Studien an De-novo-Parkinson-Patienten zeigten übereinstimmend, dass die Wahrscheinlichkeit des Auftretens von **Dyskinesien** deutlich herabgesetzt wird, wenn man die Parkinson-Therapie mit Dopamin-Rezeptoragonisten anstelle von L-DOPA beginnt (z. B. Schrag et al., 1998; Oertel et al., 2006; Parkinson Study Group, 2000; Whone et al., 2002) oder L-DOPA einspart (Rinne, 1999; Rascol et al., 2000). Langzeitversuche an Parkinson-Patienten im fortgeschrittenen Stadium ergaben, dass eine Kombinationstherapie aus L-DOPA und dem NMDA-Rezeptorantagonist Amantadin (Verhagen-Metman et al., 1999) oder den Dopamin-Rezeptoragonisten α-DHEC (Battistin et al., 1999), Bromocriptin (Przuntek et al., 1996), Cabergolin (Rinne et al., 1998 a), Lisurid (Rinne, 1999), Pergolid (Sharma und Ross, 1999) und Ropinirol (Lieberman et al., 1998) die Entwicklung motorischer Fluktuationen verringert und verzögert. Schließlich lässt sich mit der Kombinationstherapie aus L-DOPA und Dopamin-Rezeptoragonisten oder dem MAO-B-Hemmstoff Selegilin (z. B. Lees, 1995; Przuntek et al., 1999) kontinuierlich und langfristig **L-DOPA einsparen.** So war in der von Przuntek initiierten doppelblinden, randomisierten und über fünf Jahre dauernden SELEDO-Studie (SELEgiline plus LevoDOpa) das primäre Studienziel, die Zeit bis zur Erhöhung der ursprünglichen L-DOPA-Dosis um 50 Prozent der initial titrierten Dosis (Przuntek et al., 1999). Bei Studienbeginn betrug die L-DOPA-Dosis in der Selegilin-Gruppe im Durchschnitt 288 (N = 61) und in der Placebo-Gruppe 304 mg/Tag (N = 55). Die Steigerung der L-DOPA-Dosis war in der Gruppe der mit Selegilin therapierten Patienten signifikant geringer als die in Gruppe, die nicht mit Selegilin behandelt wurden. Die mittlere L-DOPA-Dosissteigerung betrug nach einem Jahr im Schnitt bei Patienten mit Selegilin ca. 10 und ohne Selegilin ca. 15 mg/Tag, während es nach fünf Jahren ca. 50 bzw. ca. 220 mg/Tag waren. Somit war im Laufe der Jahre die notwendige L-DOPA-Dosisanpassung unter der Selegilin-Therapie signifikant niedriger als ohne. Der primäre Endpunkt wurde unter Selegilin erst nach 4,9 Jahren und ohne Selegilin schon nach 2,6 Jahren erreicht. Ähnliche und noch eindrucksvollere Ergebnisse wurden auch von Lees (1995) beschrieben: In dieser Langzeitstudie mit Parkinson-Patienten im Anfangsstadium war der Median-Wert für die L-DOPA-Dosis in der Gruppe von Patienten, die zusätzlich mit 10 mg/Tag Selegilin behandelt wurden, **über vier Jahre unverändert** (375 mg/Tag), während die nur mit L-DOPA therapierten Patienten nach dieser Zeit fast die doppelte Dosis benötigten als am Anfang der Studie (625 mg/Tag).

Das Delayed-start-Design ermöglicht die Trennung eines neuroprotektiven von einem symptomatischen Effekt

Obwohl zum Teil positive Ergebnisse im Sinne einer Verzögerung oder Aufhaltung des Krankheitsverlaufes gezeigt werden konnten, kam es aufgrund methodischer Unzulänglichkeiten zu eingehenden Diskussionen über die Interpretation der Ergebnisse. Ein wesentlicher Kritikpunkt war, dass viele der geprüften Wirkstoffe (Pramipexol, Rasagilin, Ropinirol, Selegilin) einen symptomatischen Effekt haben, der es erschwert, den unterstellten neuroprotektiven von dem symptomatischen Effekt zu trennen. Ein Verfahren, um diese Effekte auseinander zu halten, bestand darin, nach so genannten Auswaschphasen, in denen die Patienten keine Medikamente bekamen, den klinischen Effekt nochmals zu bestimmen: Verschlechterten sich die Patienten in den angewandten klinischen Skalen, dann ging man davon aus, dass kein neuroprotektiver Effekt vorlag.

Ein modernes Verfahren, das diese beiden Effekte trennen kann, ist das so genannte **Delayed-start-Design,** das erstmals für **Rasagilin** angewendet wurde (The Parkinson Study Group, 2004b). Das heißt, man behandelt zunächst eine durch Randomisierung zugeteilte Gruppe von Patienten mit Placebo und die andere mit einem Wirkstoffpräparat; zu einem späteren Zeitpunkt wird dann die Placebogruppe ebenfalls mit dem Wirkstoff behandelt und der Verlauf der klinischen Symptomatik beider Gruppen verglichen (Abb. 6.9). Dieses Design geht davon aus, dass man mit den der-

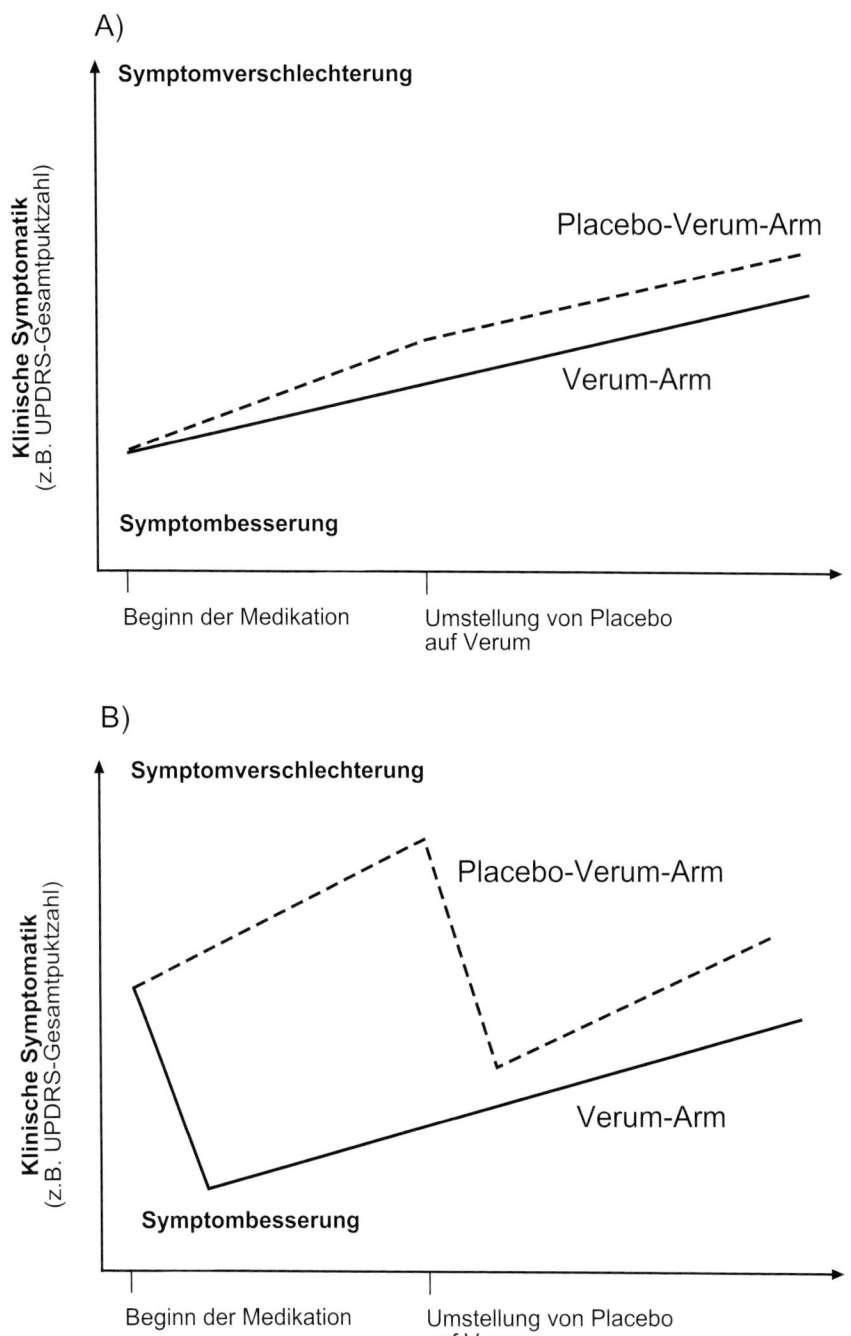

Abb. 6.9. Schematische Darstellung des „Delayed-start"-Design: (A) Theoretischer Verlauf der klinischen Symptomatik für einen neuroprotektiv wirksamen Arzneistoff ohne symptomatische Wirkung. (B) Verlauf der klinischen Symptomatik für einen symptomatisch und neuroprotektiv wirksamen Arzneistoff

zeit zur Verfügung stehenden Medikamenten nicht den Krankheitsverlauf aufhalten kann; das heißt, die anhand der klinischen Skalen erhobenen Punktezahlen werden über die Zeit stetig schlechter. Dieser Effekt ist besonders stark im Placeboarm. Da es ethisch nicht vertretbar ist, den Patienten längere Zeit ein wirksames Präparat vorzuenthalten, muss man möglichst bald auch mit einem Verum behandeln. Aufgrund theoretischer und ethischer Überlegungen wurde dieser Zeitraum auf sechs Monate festgelegt. Nachdem die Patienten der ursprünglichen Placebogruppe nun auch mit Verum behandelt wurden, ergibt sich auch eine zeitliche Verbesserung der klinischen Symptomatik anhand der gemessenen Punktezahlen. Es sind nun theoretisch zwei Kurvenverläufe denkbar.

(1) Die ursprüngliche Placebogruppe verläuft parallel zum Verlauf der Gruppe, die von Anfang an mit dem Verum behandelt wurde. In diesem Fall geht man von einer rein neuroprotektiven Wirkung des geprüften Arzneistoffes aus (Abb. 6.9A).
(2) Die ursprüngliche Placebogruppe verbessert sich auch in den gemessenen klinischen Skalen, die Kurve erreicht aber nicht die der von Anfang an mit Verum behandelten Gruppe; in diesem Fall geht man von einer neuroprotektiven und symptomatischen Wirkung des geprüften Arzneistoffes aus (Abb. 6.9B).

Anhand dieses Delayed-start-Designs wurde eine krankheitsmodifizierende Wirkung von Rasagilin nachgewiesen, die wahrscheinlich auf dessen neuroprotektive Eigenschaften zurückgeführt werden kann.

Es gibt eine weitere Möglichkeit, um in klinischen Studien einen neuroprotektiven von einem symptomatischen Effekt zu trennen, das so genannte **Nichtigkeits(futility)-Design**. Die Behandlung erfolgt genauso wie bei dem Delayed-start-Design, jedoch unterscheiden sich beide Verfahren in der Auswerte-Methode. Das Delayed-start-Design bewertet die Wirksamkeit (efficacy) einer Prüfsubstanz unter der Annahme, dass die aktive und die Placebo-Behandlung gleich gut sind (Uitti und Wszolek, 2006), das Nichtigkeits-Design prüft dagegen, ob die Behandlung mit einem Verum besser ist als ein Placebo. Das Nichtigkeits-Design hat den Vorteil, dass bei der Erwartung von großen Unterschieden zwischen Verum- und Placebo-Behandlung kleinere Gruppengrößen und eine kürzere Dauer der Prüfphase möglich sind; es ist daher besonders gut als Screeningverfahren zur Herausfindung von möglichen neuroprotektiven Wirkstoffen geeignet (ebd.)

Problematik des klinischen Nachweises der Neuroprotektion

Es gibt im Wesentlichen zwei Gründe dafür, dass es bislang nicht eindeutig gelungen ist, in klinischen Studien Neuroprotektion nachzuweisen:

(1) die nicht richtige Auswahl der neuroprotektiven Kandidaten aufgrund präklinischer konzeptioneller Fehler und
(2) methodische Unzulänglichkeiten der klinischen Studien.

Die **Ursache der Parkinson-Krankheit** ist wie schon mehrfach beschrieben, nicht bekannt und es gibt nur Annahmen über mögliche pathogenetische Mechanismen aufgrund experimenteller und genetischer Befunde (siehe Kap. 5). Es könnte deshalb möglich sein, dass der ausgewählte Wirkstoff gar nicht oder nur unzureichend klinisch neuroprotektiv wirksam sein konnte, da der angenommene Wirkmechanismus keine Relevanz für die Pathogenese der Parkinson-Krankheit hatte bzw. nur Teilprozesse des neurodegenerativen Pathomechanismus (Abb. 5.6) beeinflussen konnte.

Ein weiteres **konzeptionelles Problem** ist, dass die bisher klinisch erprobten Wirkstoffe zur Neuroprotektion nur an Akutmodellen der Parkinson-Krankheit erprobt wurden, die jedoch nicht alle wichtigen Aspekte der menschlichen Erkrankung (wie Progression der Neurodegeneration und Auftreten von Lewy-Körperchen oder α-Synuclein-positiven Einschluss-Körperchen) abbilden (siehe Kap. 4).

Neben diesen Fehlern, die bei der Auswahl der neuroprotektiven Wirkstoffe für die klinischen Studien gemacht wurden, gibt es **methodische Probleme in der Durchführung der klinischen Studien**. Auf das Problem der Surrogatmarker wurde bereits oben hingewiesen. Ein weiteres Problem ist, dass in den bisherigen Studien hinsichtlich des klinischen Krankheitsverlaufs sehr **heterogene Patientenpopulationen** eingeschlossen wurden, wodurch die Wahrscheinlichkeit des eindeutigen klinischen Nachweises einer Neuroprotektion vermindert wurde. Es ist schon lange bekannt, dass Parkinson-Patienten vom Rigor-Akinese-Typ eine stärkere Progredienz im Krankheitsverlauf aufweisen als Patienten vom Tremor-Dominanz-Typ und dieser Typ neuropathologisch durch eine stärkere Neurodegeneration gekennzeichnet ist (Paulus und Jellinger, 1991). Von den genetisch bedingten Formen der Parkinson-Krankheit weiß man, dass einige Formen früher als die sporadische Form beginnen und eine schnellere Progression aufweisen (Gwinn-Hardy, 2002).

Aufgrund theoretischer Überlegungen sollte eine klinische Neuroprotektion im Frühstadium der Erkrankung, bei der noch viele dopaminergen Neuronen vor dem Zelltod bewahrt werden könnten, am wirksamsten sein. In späten Stadien der Erkrankung ist kein Effekt zu erwarten (Abb. 6.5). Geht man von einer durchschnittlichen SNc-Neuronenzahl von 450 000 zur Geburt aus (McGeer et al., 1977), dann hat ein Parkinson-Patient am Beginn der Erkrankung noch maximal 180 000 dopaminerge Neuronen. Nimmt man ferner an, dass die Parkinson-Krankheit durch einen aktiven Degenerationsprozess verursacht wird, bei dem pro Jahr etwa 23000 Neuronen zugrunde gehen (McGeer et al., 1988a), dann wird bereits nach sieben Jahren der Zeitpunkt erreicht (weniger als zehn Prozent der ursprünglich vorhandenen Neuronen sind noch vorhanden), bei dem keine neuroprotektiven Therapieerfolge mehr möglich sind (Abb. 6.5). Dieser Zeitpunkt wird bei Patienten mit einer höheren Progressionsrate noch viel früher erreicht. Da bisher Patienten mit unterschiedlichen Progressionsverläufen in die Studien eingeschlossen wurden, war die statistische Power nicht mehr ausreichend, um einen möglichen neuroprotektiven Effekt sicher nachzuweisen.

Trotz vieler Bemühungen, objektive biochemische und apparative Untersuchungsmethoden zur Frühdiagnose der Parkinson-Krankheit zu entwickeln, steht bislang noch kein Verfahren zur Verfügung, das es erlaubt, die Erkrankung sicher vor der Manifestation der motorischen Symptomatik zu diagnostizieren (Gerlach und Riederer, 1993b; siehe auch Kap. 1). Folglich stehen auch weiterhin für die klinische Erprobung neuroprotektiver Strategien nur in frühen Stadien diagnostizierte Parkinson-Patienten zur Verfügung. Hierbei gilt es aber zu berücksichtigen, dass man in diesem Stadium mit einer solchen Therapie bestenfalls einen Stillstand der Erkrankung erreichen kann.

Ist Neuroprotektion möglich?

Die schlechte Nachricht lautet: „bis jetzt nicht". Diese Aussage beinhaltet aber auch die gute Mitteilung, dass klinische Neuroprotektion eines Tages doch möglich sein könnte oder sein wird. Was verleitet zu solch einer optimistischen Aussage?

Neuroprotektive Effekte wurden für eine Reihe von Wirkstoffen in experimentellen Modellen der Parkinson-Krankheit auf verschiedenen Ebenen (Verhaltens-, neurochemischer- und zellulärer Ebene) nachgewiesen, jedoch gelang es bisher nicht eindeutig, diese Effekte klinisch zu bestätigen. Ein wesentlicher Grund ist, dass man in der Klinik keine Möglichkeit hat, die Effekte auf zellulärer Ebene zu messen und deshalb Surrogatmarker verwendet, deren Aussagekraft aber unklar ist. Ein weiterer Grund könnte sein, dass man den falschen Wirkstoff aufgrund präklinischer konzeptioneller Fehler ausgewählt hat. Eine bessere Auswahl der neuroprotektiven Kandidaten durch tierexperimentelle Erprobung der Wirkstoffe in einem klinisch-relevanten Design ist ein erster Ansatz für erfolgreichere klinische Studien. Man sollte zukünftig berücksichtigen, dass die Wahrscheinlichkeit, eine neuroprotektive Wirkung nachzuweisen höher ist, wenn man eine Kombination aus Wirkstoffen mit verschiedenen Wirkmechanismen oder eine Substanz mit vielfältigen Wirkmechanismen verwendet. Darüber hinaus sollte man in zukünftigen Studien homogenere Patientenpopulationen aufgrund enger gefasster klinischer und molekulargenetischer Kriterien einschließen. Geeignete Kandidaten sind unserer Ansicht nach Parkinson-Patienten vom Rigor-Akinese-Typ. Da diese Patienten zudem eine stärkere klinische Progredienz aufweisen als Patienten vom Tremor-Dominanz-Typ (Poewe und Gerstenbrand, 1985), sollte in diesem Fall der Nachweis des Effektes in einem kürzeren Untersuchungszeitraum erbracht werden können. Vorstellbar wäre auch, dass man Patienten einschließt, die anhand von genetischen Veränderungen identifiziert wurden. Dies hätte auch den Vorteil, dass man möglicherweise dadurch Patienten untersuchen kann, die noch nicht die typischen klinischen Symptome der Parkinson-Krankheit aufweisen. Eine Behandlung zu diesem Zeitpunkt könnte die Krankheit möglicherweise nicht symptomatisch werden lassen, wenn ein Medikament mit hohem neuroprotektivem Potential zur Verfügung steht. Anstrengungen sollten auch in der Richtung unternommen werden, bessere klinische Skalen zu entwickeln, die nicht nur die motorischen Symptome, sondern auch die kognitiven und autonomen Störungen berücksichtigen.

7
Die Therapie des idiopathischen Parkinson-Syndroms

Vorbemerkung:
Nachdem wir in Kap. 3 die Geschichte und den wissenschaftlichen Hintergrund zur Entwicklung sowie kurz die Pharmakologie und möglichen Wirkungsmechanismen der Anti-Parkinson-Medikamente beschrieben haben, möchten wir hier zunächst allgemein die einzelnen Wirkstoffe vorstellen und die Befunde der vorliegenden Studien diskutieren, um dann im nächsten Kapitel unsere Therapiestrategie bei verschiedenen Formen und Stadien der Parkinson-Krankheit zu erörtern. Wir erwähnen hier nur die Arzneimittel, die in Deutschland oder in den deutschsprachigen Ländern für die Parkinson-Therapie zugelassen sind. Wirkstoffe, die sich in klinischer Prüfung befinden, werden wir im Kap. 17 kurz vorstellen.

7.1 Anticholinergika

7.1.1 Einleitung und experimentelle Pharmakologie

Geht man in die Historie, so sind die Anticholinergika als erste der uns heute bekannten und bewährten Anti-Parkinson-Medikamente von Ordenstein 1867 als Mittel gegen die Salivation bei Parkinson-Patienten eingesetzt worden. Ordenstein stellte auch bereits die antitremoröse Wirkung der Belladonna-Alkaloide fest. Die heute zur Anwendung kommenden synthetischen Anticholinergika wurden in der Hoffnung entwickelt, weniger kognitive Störungen als mit Belladonna zu verursachen, was aber wohl bis heute nicht gelungen ist. Die ersten Vertreter waren Biperiden und Bornaprin, die schon in den 40er- und 50er-Jahren des letzten Jahrhunderts entwickelt wurden. Die antitremoröse Wirkung von Bornaprin war im Tiermodell viermal so stark wie unter Biperiden (Kreiskott und Kretzschmar, 1986), dagegen war Biperiden gegen Rigor und Hypokinese besser wirksam. Leider gibt es aber weder für Bornaprin noch für Biperiden Studien, die den heutigen Anforderungen standhalten.

Das Wirkprinzip der zur Behandlung der Parkinson-Krankheit angewandten anticholinergen Medikamente ist nicht in allen Details bekannt und auch nicht an heute verwendeten experimentellen Parkinson-Modellen untersucht. Man nimmt an, dass Anticholinergika dem funktionellen Übergewicht cholinerger Interneuronen im Striatum, das infolge der Degeneration dopaminerger nigro-striataler Neuronen entsteht, entgegenwirken.

Die Anticholinergika, die bei der Parkinson-Therapie in erster Linie verwendet werden, sind Biperiden (Akineton®, Akineton Retard®), Trihexyphenidyl (Artane®), Metixen (Tremarit®) und Bornaprin (Sormodren®). Sie haben allesamt insbesondere eine antimuscarinerge Wirkung und sind reversible ACh-Antagonisten.

7.1.2 Indikationen und klinische Pharmakologie

Obwohl Anticholinergika nun schon über ein Jahrhundert die medikamentöse Parkinson-Therapie bestimmt haben und seit über 50 Jahren verschiedene synthetische Anticholinergika zur Verfügung stehen, liegen nur wenige verlässliche, gemäß den „Gute klinische Praxis"-Standards durchgeführten Untersuchungen über die Wirksamkeit der einzelnen Präparate auf die einzelnen Parkinson-Symptome und vor allem kaum Langzeitbeobachtungen vor. Versucht man sich aus den vielen kleinen Fallbeobachtungsstudien ein Bild zu machen, wird man zu dem Schluss kommen, dass Biperiden und Trihexyphenidyl gegen Rigor und Hypokinese (wofür es aber bessere Alternativen gibt) und Bornaprin und eventuell Metixen gegen Tremor, Hypersalivation und Hyperhydrosis wirksam sind. Letztere Wirkung kann durchaus im Einzelfall genutzt werden. Ich (HR) möchte an dieser Stelle betonen, dass wir in meiner Klinik aufgrund der nicht zu seltenen kognitiven Störungen bei Parkinson-Patienten mit dem Einsatz von Anticholinergika im Vergleich zu anderen Kollegen eher zurückhaltend sind. Weltweit sind die Anticholinergika aber nach wie vor die meist verwandten Anti-Parkinson-Mittel. In meiner Klinik werden Anticholinergika (unter enger klinischer Kontrolle der kognitiven Funktionen) nur beim anders nicht zu beherrschenden Tremor (was nach Einführung von Budipin und Pramipexol und aufgrund der operativen Methoden ein immer selteneres Indikationsfeld geworden ist) und bei nicht zu beherrschenden Fluktuationen eingesetzt.

7.1.3 Nebenwirkungen und Kontraindikationen

Die wichtigsten antimuscarinergen Nebenwirkungen sind Mundtrockenheit, Verschwommensehen, Obstipation, Harnverhalt, Übelkeit und Tachykardie. Kontraindikationen stellen Prostatahypertrophie und Engwinkelglaukom dar. Es ist aufgrund von Studien davon auszugehen, dass Anticholinergika bei längerer Anwendung die Entwicklung von L-DOPA-induzierten Dyskinesien begünstigen. Wichtig ist zu betonen, dass zumindest bei Biperiden und Trihexyphenidyl davon auszugehen ist, dass aufgrund ihrer Affinität zu muscarinischen ACh-Rezeptorsubtypen keine erheblichen kardiogenen Risiken zu erwarten sind.

Kontraindiziert sind Anticholinergika auch **bei älteren Parkinson-Patienten mit dementiver Symptomatik**. Da bei diesen Patienten zusätzlich cholinerge Neuronen im Nucleus basalis Meynert geschädigt sind (siehe Kap. 2.2), würden Anticholinergika die Demenz auslösen und/oder die bereits vorhandene dementive Symptomatik noch verstärken.

Anticholinergika sollen nur langsam abgesetzt werden, da sonst mit einer Verschlimmerung der Parkinson-Symptome und mit Entzugseffekten zu rechnen ist.

7.2 L-DOPA

7.2.1 Einleitung und experimentelle Pharmakologie

Die experimentelle Basis zur klinischen Anwendung von L-DOPA, der Blut-Hirn-Schranke-gängigen Vorstufe von Dopamin, war, dass bei der Parkinson-Krankheit ein Dopamin-Mangel im Striatum vorliegt (siehe Kap. 2.2, Kap. 3). Die L-DOPA-Therapie der Parkinson-Krankheit ist trotz der unter der Langzeittherapie auftretenden motorischen und psychiatrischen Komplikationen eine der größten Errungenschaften in der Neurologie des 20. Jahrhunderts, da sie die erste wirksame, rational begründete Therapie einer neurologischen Erkrankung war: Sie basierte auf dem Wissen des Zusammenhangs zwischen einem neuropathologischen fassbaren Substrat, einem neurochemischen Defizit und dem Auftreten der motorischen Symptomatik.

Schon 1961 beschrieben die beiden Wiener Professoren Birkmayer (Neurologe) und Hornykiewicz (Grundlagen-Wissenschaftler) die i. v. Applikation von 20 bis 50 mg L-DOPA und die deutliche Besserung der Parkinson-Symptomatik unter dieser Therapie. Etwa zur gleichen Zeit setzte Barbeau 100 bis 200 mg L-DOPA peroral mit gutem Erfolg ein. Danach folgten aber einige, zum Teil schon doppelblinde Studien, die keinen sichtbaren Erfolg zeigten. Man darf an dieser Stelle somit festhalten, dass nach heutigen Kriterien der evidenzbasierten Medizin das heute immer noch meist genutzte und von vielen als „Goldstandard" bezeichnete Medikament, L-DOPA, aufgrund der doppelblinden, placebokontrollierten Studien nie zum Einsatz gekommen wäre. Ein Grund für den Misserfolg der erwähnten Studien lag sicherlich darin, dass noch kein DOPA-Decarboxylase-Hemmer zur Verfügung stand. Man hatte auch häufig Pyridoxalphosphat mit verabreicht, das ein Kofaktor der DOPA-Decarboxylase ist und den L-DOPA-Abbau beschleunigte.

Eine Verbesserung war die Einführung von peripher wirksamen DOPA-Decarboxylase-Hemmern (Benserazid, Carbidopa), die zu einer deutlich besseren Verträglichkeit des L-DOPA führten (siehe Kap. 3). Der **Durchbruch der L-DOPA-Therapie** gelang dann durch den Amerikaner Cotzias, der 1969 mit peroralen Dosen von 4 bis 16 Gramm/Tag eine erfolgreiche Therapie betrieb.

Die bei uns gebräuchlichen L-DOPA-Präparate enthalten durchweg L-DOPA und DOPA-Decarboxylase-Hemmer in einem Verhältnis von 4:1. In ganz seltenen Fällen kommen allerdings auch noch L-DOPA sowie DOPA-Decarboxylase-Hemmer als Reinsubstanz zusätzlich zur normalen Formulierung zum Einsatz. Die komplette Hemmung der peripheren DOPA-Decarboxylase erfordert 75 mg der gebräuchlichen Hemmstoffe, sodass diese Menge initial oder bei sehr niedriger L-DOPA-Dosierung (bei manchen Patienten sind das <200mg L-DOPA) nicht erreicht wird und es daher zu Übelkeit, Erbrechen und Hypotonie kommen kann. Hier wäre dann der zusätzliche Einsatz eines DOPA-Decarboxylase-Hemmers (z. B. Carbidopa = LODOSYN® von DuPont/USA; von Hoffmann La Roche kann Benserazid erworben werden) nützlich. Es wurden Patienten beschrieben, die bis zu 300 mg Carbidopa (USA) benötigten; in solchen Fällen würde man in Deutschland dann aber doch eher zusätzlich Domperidon (Motilium®) einsetzen. Patienten, die trotz Hemmung der peripheren DOPA-Decarboxylase und Gabe von Domperidon L-DOPA nicht tolerieren, sind äußerst selten. Bemerkenswert ist in diesem Zusammenhang die Tatsache, dass Patienten die verschiedenen L-DOPA-Präparate unterschiedlich gut tolerieren.

7.2.2 Indikationen und klinische Pharmakologie

7.2.2.1 Normal und schnell freisetzende L-DOPA-Präparate

Die L-DOPA-Therapie wird von den meisten Parkinson-Experten immer noch als „Goldstandard" der Parkinson-Therapie bezeichnet. Damit soll ausgedrückt werden, dass L-DOPA die höchste Ansprechrate und die beste initiale Verträglichkeit aufweist. Dies stimmt aber eigentlich nicht mehr ganz, wie Studien mit Dopamin-Rezeptoragonisten wie beispielsweise dem Ropinirol gezeigt haben (siehe nachfolgende Abschnitte). Es gibt jedoch auch nichtdopaminerge Parkinson-assoziierte Probleme, die auf L-DOPA nicht ansprechen, z. B. Freezing, vermehrtes Fallen, autonome

Störungen und Demenz. Unstrittig ist auch, dass seit der Einführung von L-DOPA die Parkinson-Patienten unter den heutigen modernen Therapiemöglichkeiten eine nahezu normale Lebenserwartung erreicht haben, was vor dieser Ära ganz anders war.

Auf die Darstellung von Studien, die die Wirksamkeit von L-DOPA unterstreichen, muss hier nicht weiter eingegangen werden. Niemand wird an der Wirksamkeit von L-DOPA zweifeln. Dagegen sollen die neuen Formulierungen in Form von löslichem oder retardiertem L-DOPA diskutiert werden. Während die Standardformulierung einen Wirkeintritt von L-DOPA innerhalb von 45 bis 90 Minuten erwarten lässt, erhöht sich der Zeitpunkt bis zum Erreichen der c_{max} (t_{max}) bei der Retard-Formulierung auf 60 bis 150 Minuten und kann dagegen bei der löslichen Form (Madopar® LT, Isicom®) schon nach 15–30 Minuten erzielt werden.

Es ist zwar richtig, dass auch die anderen L-DOPA-Präparate in Wasser löslich und somit für viele Patienten besser einzunehmen sind, man muss aber darauf hinweisen, dass durch eine **besondere Galenik bei** den **neuentwickelten löslichen Formen** ein noch rascheres Anfluten von L-DOPA im Blut-Kreislauf (t_{max} 15–30 Minuten) erreicht wird. Dies wurde bei Madopar® LT durch die Anwendung mikrokristalliner Zellulose erreicht. Insbesondere Patienten mit morgendlicher Akinese schätzen es, die Madopar®-LT-Tablette noch im Bett liegend aufzulösen und dann nach Einnahme dort auf den Wirkeintritt zu warten. Madopar® LT eignet sich auch hervorragend, um täglich wiederkehrende Wearing-off-Episoden oder Off-Fluktuationen aufzufangen. Eigene (HR) Beobachtungen an Patienten, die komplett auf das LT-Präparat umgestellt wurden, unterstreichen eine hohe Verträglichkeit und überzeugende Verbesserung der klinischen Symptomatik: Es kommt unter diesem Präparat nicht nur zu einer schnelleren Anflutung von L-DOPA ins Blut und folglich am Dopamin-Rezeptor, sondern auch zu einer gleich langen Wirkdauer, ohne dass es zu höheren c_{max}-Werten (der minimal effektive Plasmaspiegel liegt um 1000 ng/ml) kommt. Die schnelle Anflutung bei gleich langer Wirkdauer konnte auch in einer offenen Studie von Csoti et al. (1999) für gelöstes Isicom® festgestellt werden.

Ähnliche Erfahrungen wie wir in meiner Klinik machten Ziegler und Kollegen (1994), die bei 13 Patienten in einer offenen Studie nach Umstellung des Madopar®-Standardpräparates auf die LT-Formulierung (1:1) bei zehn Patienten eine Verkürzung der Off-Perioden nachweisen konnten. Diese Autoren empfehlen insbesondere nachmittags bei Patienten mit Off-Symptomatik die LT-Formulierung einzusetzen. Die Verbesserung der On-Latenz und die gute klinische Wirksamkeit konnten in einigen Studien gezeigt werden. Besonders profitieren auch Patienten mit Schluckstörungen und Patienten mit Wearing-off, wenn sie die häufig gesehenen nachmittäglichen End-of-dose-Hypokinesien aufweisen.

Die **löslichen L-DOPA-Präparate können** somit **morgens neben** der **Standard-Formulierung oder**, noch wichtiger, **neben der Retard-Formulierung zum Einsatz kommen**, um den notwendigen morgendlichen „Kick" zu erzielen. Letzteres konnten z. B. Stocchi und Kollegen 1994 zeigen, die bei Kombination von Madopar® HBS und Madopar® LT die besten klinischen Ergebnisse in der Behandlung des Wearing-off-Phänomens erzielen konnten. Die Patienten zeigten eine bessere motorische Antwort als auf Madopar® HBS allein. Nicht ganz so gut war die Kombination von Madopar®-Standard und Madopar® HBS.

Ein weiterer Grund, warum wir in meiner Klinik (HR) lösliche L-DOPA-Präparate schätzen, ist die Tatsache, dass diese in der Parkinson-Sprechstunde, wo Patienten mit fraglichem Parkinson-Syndrom diagnostiziert und beraten werden müssen, zur Diagnosefindung eines IPS eingesetzt werden können. Es werden dem Patienten in der Regel zwei in Wasser gelöste LT-oder andere lösliche L-DOPA-Tabletten appliziert, danach muss der Patient noch einmal für 30 Minuten im Wartezimmer Platz nehmen. Dann wird erneut untersucht, um nach dem subjektiven Eindruck des Patienten zu fragen, ob er sich lockerer und beweglicher fühle, was sich dann meist auch vonseiten des klinischen Untersuchungsbefundes verifizieren lässt. Auch auf Station hat der **„Test mit löslichem L-DOPA"** den früher meist verwandten Apomorphin-Test abgelöst.

Ein wichtiger **praktischer Tipp** ist, dass der Patient die lösliche **L-DOPA-Tablette nicht schon am Vorabend auflösen** sollte, um sie griffbereit neben seinem Bett zu haben, da dann nicht mehr mit der vollen Wirkung zu rechnen ist, weil L-DOPA oxidiert und eine schwarze Lösung entsteht. Man muss dem Patienten somit sagen, dass er die Tablette immer erst morgens vor deren Einsatz auflösen darf. Man kann aber auch eine **„Stammlösung" aus L-DOPA/Carbidopa** herstellen, indem man die gesamte täglich einzunehmende L-DOPA-Dosis in einem Liter Trinkwasser unter der Zugabe von zwei Gramm Ascorbinsäure löst und im Kühlschrank aufbewahrt (J Schwarz, persönliche Mitteilung). Der Patient kann dann besonders genau austarieren, wie viel Medikament er zu seinen einzelnen Einnahmezeiten zu sich nehmen will. In meiner Klinik haben wir uns dieses Verfahren bisher allerdings noch nicht zu Eigen gemacht.

Pappert et al. (1996) konnten nachweisen, dass eine solche Applikationsform sowohl die Motorik verbessert als auch die Fluktuationen und die On-off-Phasen reduziert, was man mit dem Modell der tonischen Dopamin-Rezeptorstimulation erklären kann (Papa und Chase, 1996). Um eine tonische Dopamin-Rezeptorstimulation zu erreichen, müssen die Patienten allerdings etwa alle 30 bis 60 Minuten die Lösung einnehmen. Man geht nach Studien der Arbeitsgruppe um Chase davon aus, dass zur Vermeidung von Fluktuationen die **kontinuierliche Dopamin-Rezeptorstimulation günstig** ist (tonische Stimulation) und dass demgegenüber durch die übliche L-DOPA-Gabe eine phasische Stimulation hervorgerufen wird. Beim Gesunden sollen drei Moleküle Dopamin pro Sekunde die Dopamin-Rezeptoren stimulieren.

7.2.2.2 L-DOPA-Retardpräparate

Die beiden Marktführer der L-DOPA-Therapie haben mittlerweile auch die Möglichkeit eröffnet, **Retard-Präparate** anzuwenden, was unter Berücksichtigung des gerade beschriebenen Konzeptes der tonischen Stimulation auf den ersten Blick eine viel versprechende Erweiterung der Therapie-Optionen bedeutet: Neben dem bereits erwähnten Madopar® HBS (jetzt Madopar® Depot) stehen CR-Sinemet® (jetzt Nacom® Retard) zur Verfügung. Obwohl die unter den jeweiligen Retard-Formulierungen zu erwartenden wirksamen Plasmaspiegel eine Wirkzeit von bis ca. sechs Stunden pro 100- bis 200-mg-Tablette garantieren sollten, ist dies aufgrund der komplizierten Pharmakokinetik von L-DOPA nur in seltenen Fällen zu erreichen (siehe Kap. 3).

Klinische Erfahrungen mit Retard-Präparaten liegen auf Studienebene mit Beobachtungszeiträumen von bis zu fünf Jahren vor. Rinne hat 1990 eine Studie publiziert, in der er 40 De-novo-Patienten mit Madopar®-Standard bzw. -HBS behandelte und zwei Jahre lang beobachtete. Er wählte dabei eine um 15 Prozent höhere Retard-Dosierung im Vergleich zur Standardformulierung. Aufgrund meiner eigenen (HR) Erfahrung spricht sogar einiges für eine noch höhere Dosierung des retardierten L-DOPA, wenn man davon ausgeht, dass die Retardformulierung beider Anbieter ca. 60 Prozent der Wirkstärke der entsprechenden Standardformulierung ausmacht. Wichtigste Erkenntnis der Studie von Rinne war die Tatsache, dass bei gleicher Wirksamkeit unter HBS weniger Fluktuationen und Dyskinesien auftraten. Kinnunen und Kollegen (1997) konnten in einer offenen Studie mit De-novo-Patienten, die drei Jahre lang beobachtet wurden, bestätigen, dass die Fluktuationen unter HBS geringer waren, während die Dyskinesien in beiden Gruppen ähnlich waren.

In einer großen, multizentrischen, (36 Zentren) amerikanischen Studie verglichen Koller und Kollegen (1999) die Wirkung von einem Standard-L-DOPA-Präparat gegen ein Retardpräparat (CR-Sinemet®) über fünf Jahre. Diese Untersuchung wurde unter dem Gesichtspunkt durchgeführt, dass die CR-Formulierung zu weniger Langzeitkomplikationen führen würde. Es wurden nur Patienten in die Studie aufgenommen, die nie Dopamin-Rezeptoragonisten oder L-DOPA eingenommen hatten. Selegilin, Anticholinergika und Amantadin waren als Vor- oder Komedikation erlaubt, durften aber während der Studie nicht bezüglich ihrer Dosis verändert werden. Die Patienten gehörten den Hoehn-und-Yahr-Stadien I bis III an, waren zwischen 30 und 75 Jahre alt und durften noch kein schweres klinisches Bild bieten, da die UPDRS-Werte für Bradykinese, Tremor und Rigor jeweils nicht mehr als drei sein durften. Psychiatrische Erkrankungen, Melanome, Neuroleptika und schwere Organerkrankungen waren die wichtigsten Ausschlusskriterien. 618 Patienten wurden weltweit rekrutiert, wovon 306 in den Standard-L-DOPA-Arm und 312 in den CR-Arm randomisiert wurden. Fünf Jahre lang wurden die Patienten alle drei Monate bezüglich der Effektivität und der Nebenwirkungen befragt und untersucht. Motorische Fluktuationen und Dyskinesien wurden aufgrund von Patiententagebüchern und einem neu entwickelten „Motor Fluctuation Questionnaire" beurteilt. Die Qualitäten des täglichen Lebens wurden entsprechend des „Nottingham Health Profile" (NHP) bewertet. Etwa 60 Prozent der Patienten blieben in der Fünfjahres-Studie, 187 Patienten mit Standard-Formulierung und 193 Patienten mit CR-Formulierung. Am Ende der fünf Jahre nahmen die Patienten im Standard-Formulierungs-Arm 426 mg/Tag L-DOPA/Carbidopa ein, während die im CR-Formulierungs-Arm 736 mg/Tag einnahmen, was einer Bioverfügbarkeit von 510 mg/Tag (laut Koller et al., 1999) entspricht. Motorische Fluktuationen waren nach fünf Jahren bei 20,6 Prozent der Patienten im Standard-Formulierung-Arm und bei 21,8 Prozent im CR-Arm festzustellen. Laut Fragebogen hatten jeweils 16 Prozent der Patienten motorische Komplikationen. Der primäre Endpunkt der Studie war die Entwicklung von Fluktuationen. Die untersuchten Scores für krankheitsbedingte Behinderungen und der Motorscore der UPDRS verbesserten sich zunächst, um dann nach fünf Jahren wieder den Ausgangswert zu erreichen. Die CR-Gruppe war bezüglich der ADL (Tabelle 7.1) und kognitiven und sozialen Kompetenz besser, wobei das daran liegen könnte, dass sie insgesamt etwas mehr L-DOPA erhalten hatte.

Diese **Studie zeigt** somit, dass **beide Formulierungen fünf Jahre** trotz Krankheitsprogression **wirksam** sind und relativ **wenig Fluktuationen** oder **Dyskinesien** verursachten. Überraschenderweise (aufgrund der längeren und kontinuierlichen L-DOPA-Anflutung hätte man einen Vorteil der Retardformulierung erwarten können) gab es diesbezüglich zwischen den beiden Gruppen keinen Unterschied. Verantwortlich für die niedrige Dyskinesie-Rate um 20 Prozent (aus anderen Studien hätte man in etwa 50 % erwarten müssen; Fahn, 1992) ist am ehesten die relativ niedrige applizierte L-DOPA-Dosis. Unerwartet war in dieser Studie, dass Patienten die ersten fünf Jahre ihrer Erkrankung auf einer niedrigen L-DOPA-Dosis gehalten werden konnten und erst nach fünf Jahren wieder ihr motorisches Ausgangsniveau erreichten.

Erwähnt werden muss, dass CR-Sinemet® in dieser Studie nur zwei- bis dreimal pro Tag gegeben wurde, sodass eher eine pulsatile und keine tonische Stimulation der Dopamin-Rezeptoren resultierte. Eine weitere bemerkenswerte Beobachtung ist die relativ niedrige

Tabelle 7.1. „Aktivitäten des täglichen Lebens" (Activities of Daily Living, Teil der Unified Parkinson's Disease Rating Scale). Deutsche Übersetzung (HR)

Sprache
0 normal
1 leicht beeinträchtigt, keine Schwierigkeit verstanden zu werden
2 mittelgradig beeinträchtigt, manchmal wird um Aussagewiederholung gebeten
3 schwer beeinträchtigt, manchmal wird um Aussagewiederholung gebeten
4 die meiste Zeit unverständlich

Speichelfluss
0 normal
1 wenig, aber sicher zuviel Speichel im Mund, möglicherweise feuchtes Kopfkissen
2 etwas zuviel Speichel, leichtes Speicheltröpfeln
3 deutlich zuviel Speichel mit Speichelfluss
4 deutlich vermehrter Speichelfluss, der den Einsatz von einem Taschentuch bedingt

Schlucken
0 normal
1 seltenes Würgen
2 gelegentliches Würgen
3 benötigt weiches Essen
4 benötigt Nasensonde oder PEG (Percutane endoskopische Gastrostomie)

Handschrift
0 normal
1 etwas verlangsamt und Mikrographie
2 mittelgradig verlangsamt und Mikrographie
3 schwer beeinträchtigt, nicht alle Worte sind lesbar
4 die Mehrzahl der Worte kann nicht gelesen werden

Speisen schneiden und Umgang mit Utensilien
0 normal
1 etwas langsam und schwerfällig, noch keine Hilfe notwendig
2 kann die meisten Speisen schneiden, obwohl ungeschickt und langsam, etwas Hilfe notwendig
3 Speisen müssen vorgeschnitten werden, kann aber noch langsam essen
4 muss gefüttert werden

Ankleiden
0 normal
1 etwas langsam aber ohne fremde Hilfe
2 manchmal wird Hilfe beim Knöpfen gebraucht oder beim in einen Ärmel Schlupfen
3 benötigt viel Hilfe, kann einige Dinge noch selbst machen
4 hilflos

Hygiene
0 normal
1 etwas langsam, keine Hilfe notwendig
2 benötigt Hilfe beim Duschen oder Baden oder sehr langsam beim Säubern
3 benötigt Hilfe beim Waschen, Zähneputzen, Haarekämmen und Toilettengang
4 Katheter oder andere mechanische Hilfen

Tabelle 7.1. (Fortsetzung)

Im Bett drehen und Schlafzeug ordnen
0 normal
1 etwas langsam und ungeschickt, aber keine Hilfe benötigt
2 kann sich selbstständig wenden oder die Betttücher ordnen, allerdings mit großer Mühe
3 kann sich in Ansätzen drehen, benötigt aber Hilfe beim Drehen und Betttücherordnen
4 hilflos

Fallen (nicht im Zusammenhang mit Freezing)
0 normal
1 seltenes Fallen
2 fällt gelegentlich, seltener als einmal am Tag
3 fällt durchschnittlich einmal am Tag
4 fällt häufiger als einmal am Tag

Freezing beim Gehen
0 nicht vorhanden
1 seltenes Freezing beim Gehen, kann Startschwierigkeiten haben
2 gelegentliches Freezing beim Gehen
3 häufiges Freezing, gelegentliches Hinfallen nach Freezing
4 häufiges Fallen wegen Freezing

Gehen
0 normal
1 leichte Schwierigkeiten, schwingt evtl. die Arme nicht oder schleppt das Bein nach
2 mittelgradige Schwierigkeiten, benötigt aber wenig oder keine Hilfe
3 schwere Beeinträchtigung beim Gehen, benötigt Hilfe
4 kann nicht gehen, auch nicht mit Hilfe

Tremor
0 fehlt
1 leicht und nur teilweise vorhanden
2 mittelschwer, aber lästig für Patienten
3 schwergradig, behindert viele Aktivitäten
4 schwergradig, behindert die meisten Aktivitäten

Sensible mit Parkinsonismus verknüpfte Beschwerden
0 keine
1 hat manchmal Taubheitsgefühl, Kribbeln oder leichte Schmerzen
2 häufiges Taubheitsgefühl, Kribbeln oder Schmerzen, aber nicht qualvoll
3 häufige schmerzhafte Sensationen
4 peinigende Schmerzen

L-DOPA-Dosis nach fünf Jahren. Zwanzig Prozent der Patienten hatten nach fünf Jahren sogar noch ihre Ausgangsdosis (Koller et al., 1999). Es scheint damit belegt, dass die **L-DOPA-Dosis** bei Patienten mit IPS **möglichst niedrig** gehalten werden muss, **um Dyskinesien zu vermeiden**.

Nebenwirkungen traten in beiden Gruppen selten auf und nur jeweils neun Prozent der Patienten verließen deswegen die Studie (ebd.). Übelkeit war die zahlenmäßig häufigste Nebenwirkung, die teilweise bei 30 Prozent der Patienten vorlag. Schwindel trat bei zehn Prozent, neuropsychiatrische Komplikationen bei vier Prozent der Patienten auf, was erneut die gute Tolerabilität von L-DOPA unterstreicht. Man darf also davon ausgehen, dass beide Formulierungen bei De-novo-Patienten wirksam sind.

Eine weitere **Domäne der Retard-Präparate** sind ihr Einsatz **bei Patienten, die nachts schlecht beweglich sind** oder die **morgens besonders hypokinetisch sind** oder eine „early morning dystonia" im Sinne einer Fußdystonie aufweisen. Bei Letzteren kann man, wie später noch ausgeführt werden wird, natürlich auch ein lösliches L-DOPA-Präparat anwenden. Sowohl in einer deutschen (Baas und Fischer, 1988b) als auch in einer englischen Studie (Lees, 1990) konnte gezeigt werden, dass Patienten mit nächtlichen Fluktuationen nach Umstellung auf ein Retard-Präparat am späten Abend eine deutlich bessere Schlafqualität hatten, da sie sich nachts wenden konnten, weniger schmerzhafte Krämpfe hatten und weniger Schlafmittel einnahmen. Die morgendliche Fußdystonie hatte sich aber kaum gebessert, was unseres Erachtens mit der doch verhältnismäßig kurzen Wirkdauer von Retard-Präparaten zu erklären ist. Lees hatte demgegenüber unter der Applikation von durchschnittlich 250 mg Madopar® HBS zur Nacht auch eine günstige Beeinflussung der frühmorgendlichen Hypokinesien gesehen.

Man muss bei der spätabendlichen Gabe von hohen Dosierungen an Retard-Präparaten allerdings beobachten, ob die Patienten nicht zwei Stunden nach Einnahme Peak-dose-Dyskinesien oder Verwirrtheitszustände (finden Toilette nicht mehr) oder sogar Halluzinationen entwickeln. Es gibt auch Hinweise dafür, dass Patienten auf die erste Standard-Formulierung am nächsten Morgen nicht mehr wie gewohnt ansprechen.

Von der **Pharmakokinetik ausgehend** sollten die **Retard-Präparate ideal für Patienten mit Fluktuationen**, insbesondere Wearing-off, sein. Man führte aus diesem Grunde mehrere „Switch-Studien" durch, in denen die Standard- durch eine Retard-Formulierung ersetzt wurde. Während man anfangs 1 : 1 umsetzte und dabei eine Verschlechterung der Parkinson-Symptomatik beobachtete, konnte man bei vergleichsweise höherer Dosierung der Retard-Präparate insbesondere bei Patienten mit Fluktuationen eine Stabilisierung der Motorik erzielen. Diese Studien dienten auch dazu zu zeigen, dass bei Gabe von Retard-Präparaten morgens eine Standard-Formulierung hinzugefügt werden muss, da sonst der Patient eine zu lange morgendliche Anlaufzeit aufweist. Ob nun die Gabe von Retard- oder von Standard-Formulierungen günstiger ist, ist noch nicht abzusehen. Wir haben allerdings den Eindruck, dass die Retard-Formulierungen nicht das halten, was man von der Galenik erwarten konnte (siehe Kap. 3).

Ein zweiter wichtiger Punkt ist die verminderte und **nicht vorhersagbare Bioverfügbarkeit.** Meine (HR) Patienten fühlten sich trotz einer adäquaten Umrechnung entsprechend den Angaben des Herstellers eher unterdosiert, das heißt schlechter beweglich. Die Steuerbarkeit ist unter reiner Retard-Gabe schwieriger, um nicht zu sagen schlechter. In meiner Klinik verwenden wir somit die Retard-Formulierung bevorzugt am späten Abend, um dem Patienten über die Nacht zu helfen, und dosieren eher zurückhaltend, um die nächtlichen Komplikationen zu vermeiden.

7.2.2.3 Systemische Applikation von L-DOPA

Ein Extrem der kontinuierlichen L-DOPA-Zufuhr stellt die so genannte **Duodopa®-Pumpe** dar. Diese Applikationsform ist für Patienten in fortgeschrittenen Stadien der Parkinson-Krankheit bei noch bestehender L-DOPA-Ansprechbarkeit zugelassen, wenn schwere motorische Fluktuationen und Hyper-/Dyskinesien vorliegen und wenn verfügbare Kombinationen von Anti-Parkinson-Mitteln keine zufrieden stellenden Ergebnisse gezeigt haben.

Da l-DOPA eine Plasmahalbwertszeit von 1,5–2 Stunden aufweist und die Vermeidung von Dyskinesien und Off-Zeiten nur gelingt, wenn die l-DOPA- und damit die Dopamin-Konzentration in einem sehr engen Therapiefenster einjustiert werden, ist die kontinuierliche Applikation von l-DOPA ins Duodenum eine viel versprechende Option. Zunächst wird Duodopa®, das eine stabile wässrige Gel-Suspension aus l-DOPA/Carbidopa (20/5 mg/ml) ist, über eine Nasensonde und bei gutem Wirkerfolg über eine perkutane endoskopische Gastrostomie (PEG) zum Duodenum geführt und über eine Pumpe kontinuierlich appliziert. Die PEG wird in Lokalanästhesie vorgenommen und das Duodopa® kann sofort gestartet werden. Meist hat der Patient nicht mehr als zwei Tage an der Bauchwunde Schmerzen. Das Duodopa® wird in einer Kassette geliefert, die normalerweise für einen Tag, d. h., 16 Stunden Pumpenlaufzeit, gedacht ist. Dadurch lassen sich Resorptionsprobleme aufgrund unterschiedlicher Leerungsfrequenzen des Magens, Beeinträchtigung der Darmmotilität, kompetitive Absorption anderer Aminosäuren und rascher Metabolismus vor Ort reduzieren. Für jeden Patienten und für spezielle Situationen lassen sich individuelle Dosierungen finden und anwenden. Fühlt der Patient eine Off-Phase nahen, kann er die Pumpe höher stellen. Die orale „Rescue"-Einnahme sollte demgegenüber vermieden werden, um das Fließgleichgewicht nicht zu gefährden. Die Laufgeschwindigkeit wird in 0,1 ml/h (= 2 mg l-DOPA/h) adjustiert. Es werden die morgendliche Bolusinjektion, die kontinuierliche Erhaltungsdosis sowie die Extra-Bolusdosis eingestellt. Die Morgendosis beträgt in der Regel 200 mg und sollte insgesamt 300 mg nicht überschreiten. Die gewöhnliche Erhaltungsdosis liegt zwischen 40 und 120 mg l-DOPA. Die Extra-Bolusinjektion, die der Patient selbstständig vorprogrammieren kann, beträgt meist 10 oder 20 mg.

Zu Duodopa® gibt es mehrere Publikationen aus der schwedischen Arbeitsgruppe um Aquilonius. Nyholm et al. (2002) belegten, dass auch häufige orale Einnahmen an kleinen l-DOPA-Dosen zu keinen stabilen Plasmaspiegeln führen. Weiterhin wurden inter- und intraindividuelle Unterschiede der Plasma-l-DOPA-Konzentrationen gefunden. Die Daten beim Einsatz der Duodopa®-Pumpe weisen dagegen einen weitaus stabileren Plasmaspiegel auf. Mittels Videorating wurde nachgewiesen, dass die **Patienten mit Duodopa® länger** eine **normale Beweglichkeit** zeigten, **weniger Zeit im Off** verbrachten und **weniger Hyperkinesien** hatten.

Es gab in der Studie keine Nebenwirkungen, die auf die Pumpenapplikation zurückzuführen waren (Nyholm et al., 2002). Die Erfahrungen an meiner Klinik (HR) sind nicht ganz so positiv, da doch ab und zu das Schlauchsystem durch das Gel verstopft war und daher ist es zu begrüßen, dass der Hersteller, Orphan, ein Doppelschlauchsystem installiert hat.

In einer weiteren Studie wurde die **Duodopa®-Monotherapie bei Patienten** in **fortgeschrittenen Stadien** mit beliebiger Kombinationstherapie verglichen (Nyholm et al., 2005). Es wurde im Cross-over-Design untersucht und die Studiendauer betrug acht Monate. Um eine Verblindung zu ermöglichen, wurden Videoaufnahmen ausgewertet. Bei 18 Patienten zeigte sich eine signifikant bessere Motorik, Dyskinesie-Rate und PDQ (Parkinson's disease quality of life)-39-Punktzahl als bei den konventionell oral behandelten Patienten. Diese interessante Studie legt somit nahe, dass Patienten, die eine Duodopa®-Pumpe erhalten durchaus bezüglich der anderen Medikamente abdosiert werden können und eventuell sogar sollen.

Eine weitere Studie evaluierte die Langzeiterfolge bei den Patienten, die seit 1/1991 auf die Pumpe eingestellt worden sind (www.orphan-europe.de, Daten on file). Insgesamt konnten bei 65 Patienten 216 Patientenjahre ausgewertet werden. In dieser Kohorte wurde die Pumpentherapie wegen damit nicht in Zusammenhang stehendem Tod (N = 7), Verschlechterung der Parkinson-Symptomatik (N = 6), sowie mit der Pumpe in Zusammenhang stehenden Problemen wie verstopfter Schlauch/Pumpendefekt (N = 4) abgebrochen. Die meisten Patienten waren mit der Pumpe zufriedener und auch objektiv besser eingestellt als mit der oralen Therapie. Die entsprechenden Ergebnisse von 28 besonders lang mit Duodopa®-behandelten Patienten berichteten Nilsson et al. bereits 2001.

Die Duodopa®-Pumpe sollte nicht angewendet werden bei Überempfindlichkeit gegen L-DOPA, Carbidopa, Engwinkel-Glaukom, schwerer Leber- oder Niereninsuffizienz, schwerer Herzinsuffizienz, schweren Herzrhythmusstörungen und akutem Schlaganfall.

Tabelle 7.2. Das L-DOPA-Spätsyndrom

1. Wirkungsfluktuationen
- vorhersehbare Fluktuationen
- End-of-dose-Akinese
- Wearing-off
- Peak-dose-Überbeweglichkeit
- nächtliche, frühmorgendliche Akinese
- unverhoffte Fluktuationen
- On-off- oder Yo-Yoing-Phänomen

2. Dyskinesien
- Peak-dose-Dyskinesie
  z. B. im Sinne choreatischer, zum Teil ballistischer oder dystoner Bewegungen, zum Teil Verstärkung des Tremors
- biphasische Dyskinesie
  in der An- und Abflutphase von L-DOPA auftretende Dyskinesien
- Off-period-Dystonie
  meist am frühen Morgen bei 20–30 Prozent der chronisch therapierten Patienten mit IPS
- On-Chorea oder Dystonie

3. Psychiatrische Nebenwirkungen
- visuelle Halluzinationen
- Verwirrtheitszustände
- Medikamenten-Delir

7.2.3 Nebenwirkungen und Kontraindikationen

Die bisher dargestellten Befunde sind die stark komprimierten Ergebnisse von Studien, die an einer Vielzahl von Patienten durchgeführt wurden und die immer wieder bestätigten, dass **L-DOPA** ein **gut verträgliches** und **hoch potentes Therapeutikum** ist. Übelkeit ist die zahlenmäßig häufigste Nebenwirkung, die teilweise bei 30 Prozent der Patienten auftrat. Schwindel, neuropsychiatrische Komplikationen wie Halluzinationen sind weitere Nebenwirkungen, die aber nur bei einer kleinen Prozentzahl der Patienten beobachtet wurden. Kontraindikationen sind Überempfindlichkeit, Schwangerschaft, Stillzeit und ein Alter unter 25 Jahren.

Trotzdem beinhaltet der frühe, ausschließliche und hoch dosierte Einsatz von L-DOPA einige Probleme. Während man bislang nicht sicher war, ob die schon nach fünf Jahren auftretenden Komplikationen wie Fluktuationen und Hyperkinesien Ausdruck der Grundkrankheit sind oder dem Medikament L-DOPA zuzuschreiben sind, ist man heute davon überzeugt, dass es **therapiebedingte Probleme** sind, die daher auch als **L-DOPA-Spätsyndrom** zusammengefasst werden. Man versteht darunter zunehmende Dyskinesien (Dystonie, Hyperkinesien), Wirkungsschwankungen im Sinne von End-of-dose-Wirkungsverlust, On-off-Phasen und Freezing sowie auftretende Verwirrtheitszustände und Psychosen (Tabelle 7.2).

In einer Studie von Cedarbaum und Mitarbeitern (1991) konnte gezeigt werden, dass innerhalb der ersten fünf Jahre 45 Prozent der Parkinson-Patienten Dyskinesien entwickelten, dass es innerhalb der ersten zehn Jahre

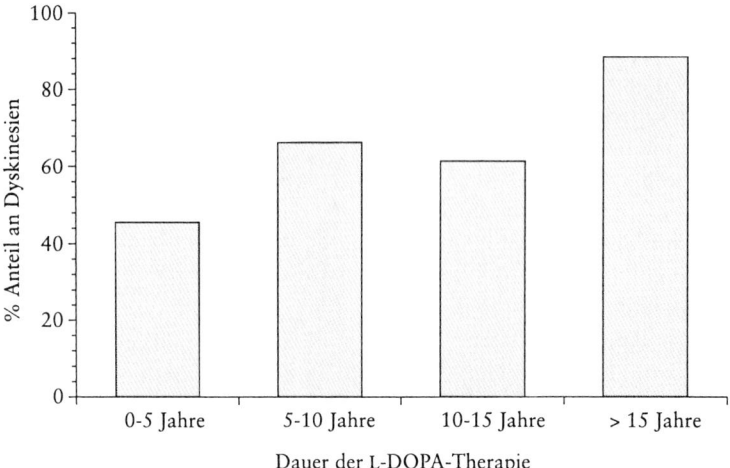

Abb. 7.1. Entwicklung von L-DOPA-induzierten Hyper- und Dyskinesien im Laufe der Jahre nach L-DOPA-Monotherapie (nach Cedarbaum et al., 1991). Der prozentuale Anteil an Dyskinesien nimmt über die Jahre zu und erreicht nach einer L-DOPA-Therapie von mehr als 15 Jahren den Wert von 88 Prozent, wobei junge Patienten wesentlich schneller Dyskinesien entwickeln als alte. Die Beobachtung, dass zwischen fünf und zehn sowie zehn und 15 Jahren der Prozentsatz nicht zunimmt, ist durch die Therapiemaßnahmen zu erklären, die darauf abzielten, die Dyskinesie-Rate zu reduzieren. Eine konsequente Dopamin-Rezeptoragonisten-Therapie wurde hier allerdings noch nicht durchgeführt.

schon bei 66 Prozent und nach einer L-DOPA-Therapie von mehr als 15 Jahren bei 88 Prozent zum Auftreten von Dyskinesien kommt (Abb. 7.1). Geht man davon aus, dass ein Patient von unter 40 Jahren erkrankt, wird dieser im 55. Lebensjahr bei L-DOPA-Monotherapie mit 90 Prozent Wahrscheinlichkeit Dyskinesien aufweisen. Leider sind es insbesondere die jungen Patienten, die sehr rasch motorische Komplikationen unter L-DOPA entwickeln (Kostic et al., 1991).

Fachkollegen vertreten die Meinung, dass es auch einen **Priming-Effekt für L-DOPA** bei Patienten gibt, der jedenfalls im Tierexperiment eindeutig vorhanden ist. Damit will man zum Ausdruck bringen, dass es Beobachtungen gibt, wonach meist junge Parkinson-Patienten, die L-DOPA kurzzeitig z. B. auch nur bis zur ausreichenden Wirksamkeit anderer Anti-Parkinson-Medikamente einnahmen, darunter Hyperkinesien entwickelten und dann bei zeitversetztem Wiederansetzen von L-DOPA sofort mit Hyperkinesien und Dyskinesien reagierten. Man hat aus diesen Gründen und natürlich auch wegen des L-DOPA-Spätsyndroms, das auch unabhängig vom Priming-Effekt auftreten würde, die Regel etabliert, dass **L-DOPA so spät wie möglich, so niedrig wie möglich und so hoch wie nötig** einzusetzen ist. Diese Empfehlung ist auch ohne allzu große therapeutische Nachteile einzuhalten, da heute im Gegensatz zu früher viel mehr überzeugende Alternativen und Ergänzungen zum L-DOPA zur Verfügung stehen. Das ausschlaggebende Argument, dass L-DOPA die genannten Spätkomplikationen verursacht, beruht auf der Beobachtung, dass Patienten mit erheblichen Hyperkinesien unter der kontinuierlichen Applikation von Dopamin-Rezeptoragonisten (z. B. i. v. Gabe von Apomorphin oder Lisurid) eine deutliche Besserung der Symptomatik aufweisen, was bei krankheitsbedingten Störungen nicht zu erwarten wäre.

Etwas polarisierend wird derzeit auch eine Diskussion über eine **mögliche toxische Wir-**

kung von L-DOPA auf dopaminerge Neuronen geführt. Der interessierte Leser sei in diesem Zusammenhang auf eine sehr schöne Übersichtsarbeit von Fahn (1996) verwiesen. Wir behandeln dieses Problem ausführlich in Kap. 9.

Verständlicherweise führten die präklinischen Befunde zu der Frage, ob L-DOPA für Parkinson-Patienten neurotoxisch werden kann. Wichtigstes Gegenargument ist dabei, dass es nach Ansicht vieler Parkinson-Kliniker weiterhin kein Medikament gibt, das so erfolgreich für die Parkinson-Patienten eingesetzt werden kann wie L-DOPA. Positiv zu werten ist unseres Erachtens aber doch, dass man mit dem Medikament L-DOPA besser umzugehen gelernt hat (später Einsatz, möglichst niedrig, aber ausreichend dosiert: **„start low, go slow"**). Weiter ist als Argument gegen die mögliche toxische Wirkung von L-DOPA zu sagen, dass viele der Experimente im Zellkulturmilieu durchgeführt wurden, wo naturgemäß die natürliche Umgebung einer Nervenzelle aufgehoben ist. Der entscheidende Schwachpunkt solcher Studien ist die Tatsache, dass diesen Modellen die Glia fehlt, die beim Parkinson-Patienten zwar noch nicht ausreichend untersucht ist, von deren Funktionsfähigkeit aber auszugehen ist. Gliazellen können sehr wohl entstehende Radikale detoxifizieren. Hirsch und Mitarbeiter (1998) haben die entgiftende Wirkung der Gliazellen und deren Potenz, aus zugeführtem L-DOPA Dopamin zu synthetisieren, nachgewiesen. Es wäre sonst nicht verständlich, warum L-DOPA auch in Spätstadien der Krankheit, wo die präsynaptischen Neuronen zum größten Teil untergegangen sind und somit L-DOPA nicht mehr in Dopamin umwandeln können, wirksam ist.

Diese Überlegungen zur möglichen Neurotoxizität von L-DOPA wurden beim Menschen bisher bei den Vergleichsstudien insbesondere mit den Dopamin-Rezeptoragonisten Ropinirol und Pramipexol geprüft, in denen die mit L-DOPA therapierten Patienten nuklearmedizinisch eine größere Reduktion des dopaminergen Stoffwechsels im dopaminergen Neuron bzw. eine stärkere Reduktion des DAT aufwiesen als die Patienten, die einen Dopamin-Rezeptoragonisten erhielten (vgl. Kap. 7.4.7 und 7.4.8). Nachdem bei diesen Studien kein Placebo-Arm vorhanden war, konnte auch die Frage nicht beantwortet werden, ob die Dopamin-Rezeptoragonisten möglicherweise neuroprotektiv oder L-DOPA neurotoxisch sind.

Fahn und Kollegen legten daher die ELL-DOPA-Studie (Earlier versus Later Levodopa Therapy in Parkinson Disease) auf, die mit De-novo-Patienten den Effekt und die Sicherheit von L-DOPA prüfen sollte (The Parkinson Study Group, 2004a). In dieser multizentrischen, randomisierten und doppelblinden Studie wurden 29 Patienten mit Placebo, 33 mit 150, 37 Patienten mit 300 und 36 Patienten mit 600 mg L-DOPA täglich behandelt. Inklusive Eindosierung betrug die Studienzeit 40 Wochen, gefolgt von einer zweiwöchigen Auswaschphase. In Letzterer sollte die mögliche Neuroprotektion oder -toxizität von L-DOPA nachgewiesen werden. Im ersten Teil der Studie kam es unter dem Verum dosisabhängig zu einer deutlichen Verbesserung der UPDRS, wobei mit Ausnahme der mit 600 mg L-DOPA therapierten Patienten alle vor Ablauf der 40 Wochen wieder den Ausgangswert erreichten, nachdem sie sich zuvor verbessert hatten. Die maximale Verbesserung der UPDRS (total score) betrug unter der 600-mg-Dosierung sechs Punkte. Nach Absetzung des L-DOPA kam es zu einer Verschlechterung der UPDRS, die aber nicht so weit absank, dass sie gleich schlecht war, als die von den mit Placebo therapierten Patienten. Somit könnte man diesen Teil der Studie als Hinweis auf einen krankheitsmodifizierenden Prozess oder Neuroprotektion unter L-DOPA verwenden. Parallel dazu wurde die DAT-Dichte mit β-CIT-SPECT untersucht und man musste feststellen, dass der Aktivitätsverlust unter L-DOPA mit bis zu sieben Prozent im Vergleich zu Placebo (−1.4%) deutlich höher ausfiel und somit als Hinweis auf Neurotoxizität gewertet werden könnte. Diese Studie zeigt somit, dass auch der so genannte Goldstandard kein Wundermittel bezüglich der Parkinson-Symptomatik ist und dass es weiterhin beim Menschen unklar bleibt, ob L-DOPA protektiv oder doch eher toxisch auf die dopaminergen Neurone wirkt.

7.3 COMT-Hemmer

7.3.1 *Entacapon*

7.3.1.1 Einleitung und experimentelle Pharmakologie

Um die Akkumulation des L-DOPA-Metaboliten 3-OMD unter der chronischen L-DOPA-Therapie zu vermeiden und die Effektivität des oral applizierten L-DOPA zu erhöhen, wurden COMT-Hemmer wie Entacapon und Tolcapon entwickelt. Im Gegensatz zu Tolcapon hemmt Entacapon dosisabhängig und reversibel nur die periphere COMT (Männistö et al., 1992; Kaakkola und Wurtman, 1993). Die Zulassung von Entacapon erfolgte in Deutschland im Herbst 1998 unter dem Markennamen Comtess®.

Entacapon wird rasch resorbiert (t_{max} 45 min). Zwei Stunden nach einer 200-mg-Gabe sind 40–60 Prozent der COMT in Erythrozyten gehemmt. Höhere Entacapon-Konzentrationen führen zu einer stärkeren Hemmung der COMT (Keränen et al., 1994). Man entschied sich aufgrund dieser Studien für eine Darreichungsform von 200 mg. Da Entacapon eine kurze Halbwertszeit von ca. 3,4 Stunden bei einer Bioverfügbarkeit von ca. 30 Prozent besitzt, muss es mit jeder L-DOPA-Dosis gegeben werden. Dies war auch der Grund dafür, ein L-DOPA-Präparat auf den Markt zu bringen, in dem L-DOPA, Carbidopa und Entacapon (Stalevo®) enthalten sind. Entacapon wird in der Leber im Rahmen des First-pass-Effektes glucuronisiert. Eine Hepatotoxizität besteht nicht, so dass im Gegensatz zu Tolcapon auch keine Blutuntersuchungen notwendig sind. Wichtig ist darauf hinzuweisen, dass Entacapon sämtlichen L-DOPA-Formulierungen hinzugefügt werden kann.

In einer Studie an Ratten, die eine unilaterale Schädigung des dopaminergen nigro-striatalen Systems hatten, konnten wir (MG, PR) zeigen, dass durch die periphere Hemmung der COMT mit Entacapon die Dopamin-Freisetzung nach L-DOPA-Gabe im Striatum längerfristiger verläuft als ohne COMT-Hemmung (Gerlach et al., 2004). Weiterhin zeigten die Verhaltensuntersuchungen, dass dies zu weniger Dyskinesien führt.

Bei Parkinson-Patienten werden nach wiederholter oraler Gabe von 200 mg Entacapon die Konzentrationen von 3-OMD um 45 bis 64 Prozent reduziert, die AUC-Werte (Maß für die Bioverfügbarkeit) für L-DOPA um 20 bis 43 Prozent erhöht und die Eliminationshalbwertszeit für L-DOPA um 37 Prozent verlängert (McNeely und Davis, 1997). Dieses Verhalten ist unter pharmakokinetischen Gesichtspunkten höchst vielversprechend, da weniger Peak-dose-Dyskinesien zu erwarten sind und eine kontinuierlichere Rezeptorstimulation erreicht werden müsste.

7.3.1.2 Indikationen und klinische Pharmakologie

7.3.1.2.1 *Entacapon in Kombination mit L-DOPA-Formulierungen*

Während die Hemmung der peripheren Decarboxylase mittlerweile so selbstverständlich geworden ist, dass Benserazid oder Carbidopa jeder L-DOPA-Formulierung beigegeben werden, stellt die Hemmung der COMT ein neueres Therapieprinzip dar, das neue Erwartungen weckt.

Zu Entacapon gibt es vier große klinische doppelblinde, placebokontrollierte und randomisierte Studien, die zu übereinstimmenden Ergebnissen führten. Eine dieser Studien wurde in den USA durchgeführt, während die drei anderen in Europa stattfanden.

Die unter finnischer Leitung durchgeführte **NOMECOMT-Studie** schloss 85 Patienten mit Entacapon und 86 Patienten mit Placebo ein (Rinne et al., 1998b). Bei gleicher Geschlechtsverteilung und einer durchschnittlichen Dauer der Parkinson-Krankheit von ca. zehn Jahren war auch die Altersverteilung mit einem Median von 62,2 Jahren identisch. Die durchschnittliche L-DOPA-Therapiedauer betrug acht bis neun Jahre und die Patienten litten im Schnitt seit ca. vier bis fünf Jahren an Fluktuationen. Die durchschnittliche tägliche L-DOPA-Dosierung lag bei 700 ± 300 mg/Tag. Nach einer zwei- bis vierwöchigen Screening-Phase erhielten die Patienten jeweils 200 mg Entacapon für 24 Wochen. Unter Entacapon kam es zu einer signifikanten Verbesserung der Off-Zeiten, die von initial 5,5 auf 4,2 Stunden pro Tag reduziert werden konnten. Nach einer zweiwöchigen Absetzung von Entacapon war die initiale Off-Zeit wieder erreicht, was eindeutig gegen einen Placeboeffekt spricht. Konsequenterweise kam es unter Entacapon zu einer Verbesserung der On-Zeit von 9,3 Stunden auf nahezu elf Stunden pro Tag. Auch hier hielt die Verbesserung nach Absetzung der Medikation nicht an. Signifikante Verbesserungen für die Teile II und III der UPDRS konnten gezeigt werden. Teil I der UPDRS wies nach 24 Wochen Entacapon keine Änderung auf.

Eine Fortsetzung dieser Studie wurde von Larsen und Kollegen (2001) als Poster publiziert (**Nomesafe-Studie**). Nach einer Auswaschphase wurde offen weitere 36 Monate Placebo oder Entacapon appliziert und darunter keine Zunahme der Off-Zeit festgestellt und interessanterweise auch keine Zunahme des L-DOPA-Bedarfs gesehen. Diese Studie unterstreicht somit den Langzeiteffekt von Entacapon. Die amerikanische **SEESAW**-Studie kam zu ähnlichen Ergebnissen, sodass auf eine detaillierte Darstellung an dieser Stelle verzichtet werden kann. Die Wirkung von Entacapon bei fluktuierendem Verlauf wurde in einer großen amerikanischen Studie nachgewiesen (Parkinson Study Group, 1997).

2002 publizierten Poewe et al. die Daten einer multizentrischen, deutsch-österreichischen Studie. Es handelt sich um eine doppelblinde Studie zur Sicherheit und Effektivität von Entacapon bei Parkinson-Patienten, die unter dem Namen **CELOMEN-Studie** lief. Es nahmen vier österreichische und 26 deutsche Zentren an dieser Studie teil. Insgesamt wurden 301 Patienten rekrutiert. Das Studiendesign sah vor, dass randomisiert Patienten entweder für 24 Wochen 200 mg/Tag Entacapon (N = 197) oder Placebo (N = 104) erhielten. Eingeschlossen wurden Patienten, die gut auf eine L-DOPA-Therapie ansprachen und die eine Erhöhung der L-DOPA-Dosis benötigten, zwischen 30 und 80 Jahre alt waren, zwei bis zehn Dosen L-DOPA pro Tag einnahmen und im letzten Monat vor Studienbeginn eine konstante L-DOPA-Dosierung erhalten hatten. Nicht eingeschlossen wurden unter anderem Patientinnen in gebärfähigem Alter, Patienten mit psychiatrischen Erkrankungen oder Patienten, die mit Dopamin-Rezeptorantagonisten, MAO-A- und MAO-B-Inhibitoren und/oder Medikamenten mit Catechol-Struktur behandelt wurden. Bezüglich der demographischen Daten und der Krankheitsgeschichte waren die beiden Gruppen nahezu identisch. Von den 301 Patienten wurde eine Subgruppe mit Fluktuationen (N = 260) zusätzlich gesondert ausgewertet. Besonderes Augenmerk legte man in dieser Studie auf die Tatsache, dass beide Gruppen auch bezüglich ihrer Komedikation vergleichbar waren. Insgesamt wurden die Patienten neben der Aufnahme- und der Poststudien-Untersuchung fünfmal vom Prüfarzt gesehen. Geprüft wurden dabei die UPDRS, die On-off-Zeiten, die l-DOPA-Dosis und die Zahl der l-DOPA-Gaben. Bezüglich der Sicherheit von Entacapon wurden unerwünschte Ereignisse, Blutdruck, EKG und Herzfrequenz sowie Laborparameter bestimmt. Die Wirksamkeit von Entacapon zeigte sich darin, dass es zu einer signifikanten Verbesserung der UPDRS bei Patienten ohne motorische Fluktuationen kam, wobei es sich dabei nicht um einen Placeboeffekt handeln konnte, da dieser Effekt nach Absetzung von Entacapon wieder verschwand. Auch Patienten mit Fluktuationen erreichten eine signifikante Verbesserung der UPDRS-Skala-III (motor scores). Die On-Zeit nahm unter Entacapon um ca. zehn Prozent, das heißt, ca. zwei Stunden im Schnitt, zu. Dementsprechend verringerte sich die Off-Zeit. Weder die Dauer an Dyskinesien noch deren Schmerzhaftigkeit veränderte sich unter Entacapon im Vergleich zur Placebogruppe. Sowohl Patienten mit Standard als auch mit Depot-Formulierung des l-DOPAs profitierten in gleichem Maße von der Entacapon-Gabe. Zusammenfassend zeigt diese Studie, dass Entacapon die Parkinson-Symptomatik signifikant bessert (UPDRS), die On-Zeit signifikant verlängert und dass die Sicherheit von Entacapon als hoch einzustufen ist und die Verträglichkeit von Entacapon gut ist.

Die **Sicherheit von Entacapon** sollte insbesondere noch unter dem Eindruck der Tolcapon-induzierten Leberfunktionsschäden (siehe Kap. 7.3.2) in einer finnischen Studie durch Myllylä und Kollegen (2001) geprüft werden. Zu diesem Zweck wurde in dieser als **FILOMEN-Studie** bezeichneten Untersuchung bei 326 Patienten mit IPS zwölf Monate doppelblind Entacapon in einer Kombination mit l-DOPA/Decarboxylase-Hemmer gegeben. Die Patienten wurden ambulant geführt und hatten sämtliche Varianten der Krankheit und deren medikamentöse Therapieoptionen. Ein Drittel der Patienten erhielt Placebo, während die beiden anderen Drittel zu ihren täglichen zwei bis zehn l-DOPA-Dosen jeweils 200 mg Entacapon erhielten. Neben Laborwerten wurden EKG und die Lungenfunktion erfasst. Es fand sich kein signifikanter Unterschied zwischen dem Placebo- und Verum-Arm, was die gute Toleranz gegenüber Entacapon erneut unterstrich. Die gute Verträglichkeit konnte über den beobachteten Zeitraum von zwölf Monaten bestätigt werden, die ADL war ebenfalls unter Entacapon verbessert. Die Abbruchrate lag dementsprechend bei mit Entacapon therapierten Patienten bei 14 Prozent und bei den mit Placebo behandelten Patienten bei elf Prozent. Wie auch in anderen Studien kam es unter Entacapon häufiger zu Dyskinesien als ohne Entacapon (29 Prozent im Vergleich zu elf Prozent), was durch die erhöhte zentrale Bioverfügbarkeit von l-DOPA erklärbar ist. Entsprechend der Effektivität von Entacapon konnten bei den Patienten mit Fluktuationen ca. 100 mg l-DOPA täglich eingespart werden. Wie bekannt, weisen Parkinson-Patienten einen starken Placeboeffekt auf, sodass auch diese 39 mg l-DOPA einsparen konnten, was aber signifikant weniger als bei den Verum-Patienten war. Erstmalig konnte auch gezeigt werden, dass bei Zufügung von Entacapon zur ersten morgendlichen l-DOPA-Medikation die zweite Einnahme erst deutlich später nötig wurde, was gut mit der Erhöhung der Bioverfügbarkeit (Zunahme der AUC um 17 Prozent) übereinstimmt. Wie in der SEESAW- und NOMECOMT-Studie schon beschrieben, wurde auch hier ein Auslassversuch von zwei Wochen unternommen, der eine deutliche Verschlechterung der Parkinson-Symptome verursachte. Diese Studie hat ihren besonderen Wert im Nachweis der Sicherheit von Entacapon, das sicherlich das Parkinson-Medikament mit den wenigsten Nebenwirkungen ist. Teure Laborkontrollen sind nicht notwendig, EKG-Veränderungen sind nicht zu erwarten (siehe 7.3.1.3).

Unter offenen Bedingungen wurde Entacapon von Durif und Kollegen (2001) bei Patienten mit End-of-dose-Veschlechterung geprüft. An dieser Studie nahmen 489 Patienten teil, die bis zu zehnmal täglich zur L-DOPA-Dosis Entacapon erhielten. Die „quality of life" war dabei signifikant gebessert, wobei der aussagekräftige PDQ-39-Fragebogen verwendet wurde. 35,8 Prozent der Patienten konnten ihre L-DOPA-Dosis um durchschnittlich 209 mg/Tag reduzieren. Obwohl die Patienten vor dieser Reduktion Dyskinesien hatten, nahmen diese insgesamt nach L-DOPA-Adjustierung ab. Keiner der Patienten hatte Leberenzym-Erhöhungen.

Den schwierigen Vergleich von zwischen 1996 und 1999 publizierten Doppelblind-Studien bezüglich der Effektivität und Tolerabilität von Pramipexol, Ropinirol, Pergolid, Tolcapon (300 bzw. 600 mg) und Entacapon wagten Inzelberg et al. (2000). Es ist in unseren Augen erstaunlich, dass solche Vergleiche publiziert wurden, da ja doch sehr unterschiedliche Patientenkollektive verglichen wurden und es im Studien-Management zwischen 1996 und 1999 doch erhebliche Unterschiede gab, sodass Aussagen wie die, dass Entacapon und Pramipexol besonders effektiv und nebenwirkungsarm waren, interessant sind, aber doch auch kritisch hinterfragt werden müssen.

Die Qualitäten des täglichen Lebens wurden in einer großen Studie (Reichmann et al., 2005b) untersucht, wobei L-DOPA zusammen mit Entacapon eine gute Effektivität bezüglich der ADL-Skala, der Motorik und Gesamtfunktion aufwiesen. Allerdings zeigte diese Dreimonatsstudie keinen Vorteil der Kombinationstherapie aus Entacapon und L-DOPA gegenüber der L-DOPA-Monotherapie unter Verwendung der Lebensqualitätsscores wie PDQ-39, SF-36 und EQ-5D.

7.3.1.2.2 Kombinationspräparat aus L-DOPA/Carbidopa/Entacapon

Nachdem die Entacapon-Tabletten recht groß sind und Stalevo® deutlich kleiner ist, haben die Patienten weniger Probleme beim Schlucken und den Vorteil statt jeweils zwei Arzneimittel (L-DOPA/Decarboxylase-Hemmer und Entacapon) nur noch jeweils eine Tablette einnehmen zu müssen. Durch die Reduktion der Tablettenzahl kann auf eine verbesserte Compliance gehofft werden. Stalevo® gibt es in drei Dosierungen, nämlich als 50, 100 und 200 mg L-DOPA, wozu jeweils 200 mg Entacapon und die dem L-DOPA entsprechenden Dosierungen an Carbidopa kommen.

Die **Hauptindikation** für den Einsatz von Stalevo® ist Wearing-off. Kommt es unter dem Einsatz von Stalevo® zu Hyper- und Dyskinesien, sollte die L-DOPA-Dosis um ca. 30 Prozent reduziert werden. Aufgrund der unter der COMT-Hemmung vorteilhaften L-DOPA-Pharmakokinetik sollten weniger Dyskinesien unter dieser Therapie zu erwarten sein. Dies konnte an MPTP-geschädigten Affen von der Arbeitsgruppe Jenner nachgewiesen werden (Smith et al., 2005). Derzeit läuft die zweijährige „STalevo Reduction in Dyskinesia Evaluation"(**STRIDE-PD**)-**Studie,** in die 740 Patienten aufgenommen werden sollen, um nachzuweisen, dass der frühe Einsatz von Stalevo® auch beim Menschen Dyskinesien vermeidet oder doch im Gegensatz zur normalen L-DOPA-Therapie deutlich reduziert.

Die bisherigen Studien dieser Dreierkombination waren meist offen, wobei in der so genannten **SIMCOM-Studie** geprüft wurde, ob Patienten, die bereits L-DOPA/Carbidopa und Entacapon einnahmen, folgenlos auf Stalevo® umgestellt werden können (Myllylä et al., 2003). Die Ergebnisse unterstreichen auch meinen (HR) klinischen Eindruck, dass dies zumindest bei niedrigen Dosierungen über Nacht und ohne große Probleme gemacht werden kann. Zwei weitere Studien prüften den initialen Einsatz von Stalevo®, wobei in der **SELECT-TC-Studie** in den USA offen 169 Patienten von L-DOPA/Carbidopa auf die Dreierkombination umgestellt wurden (Koller et al., 2005). In Europa wurde mit gleicher Intention die **TC-INIT-Studie** durchgeführt, bei der Stalevo® randomisiert, doppelblind mit dem üblichen Regime der getrennten Zugabe von Entacapon verglichen wurde (Brooks et al., 2005). In beiden Studien lag die Abbruchquote unter fünf Prozent, was unterstreicht, dass Stalevo® hervorragend toleriert wird. Typische Nebenwirkungen sind Diarrhö und Rotfärbung des Urins. Wie oben schon angedeutet, zeigte die SELECT-Studie in 8,5 Prozent der Patienten ein Auftreten von Dyskinesien und bei den Patienten, die schon dyskinetisch waren in 43,8 Prozent eine Verstärkung, sodass auch für die Dreierkombination gilt, dass mitunter nach unten dosiert werden muss. Nutt et al. (1994) hatten schon nachweisen können, dass Entacapon zu einer Verlängerung der L-DOPA-AUC von bis zu 40 Prozent bei einer Verlängerung der Eliminationshalbwertzeit von 1,3 auf 2,4 Stunden führt und somit mithilft, dem Ideal der kontinuierlichen Rezeptorstimulation nahe zu kommen.

Ich selbst (HR) verwende meist Stalevo® statt Entacapon in Kombination mit einem L-DOPA-Präparat. Mehr als 2000 mg Entacapon sollten auch beim Einsatz von Stalevo® nicht verwendet werden. Gefährlich ist, wenn Patienten statt 100 mg Stalevo® zweimal 50 mg Stalevo® einsetzen, da bei Letzterem die Entacapon-Dosis ja verdoppelt wäre. Abschließend kann aber schon an dieser Stelle festgehalten werden, dass die COMT-Hemmung ein wichtiges Wirkprinzip zur guten medikamentösen Einstellung von Patienten mit einer Parkinson-Krankheit ist (Reichmann, 2005).

7.3.1.3 Nebenwirkungen und Kontraindikationen

Die mit Entacapon durchgeführten Studien haben eine gute Verträglichkeit gezeigt. In der CELOMEN-Studie führten die **Nebenwirkungen** Übelkeit und Halluzinationen zur Absetzung von Entacapon bei einem geringen Prozentsatz (4 bzw. 2% der Studienteilnehmer). Neben diesen Nebenwirkungen, die auf die erhöhte Bioverfügbarkeit von L-DOPA zurückzuführen sind, gibt es für Entacapon typische Nebenwirkungen, auf die man aber die Patienten unbedingt hinweisen sollte. Wir möchten aber betonen, dass diese doch verhältnismäßig selten auftreten. Die Prozentwerte für die Verum- im Vergleich zur Placebo-Gruppe waren beispielsweise für die FILOMEN-Studie wie folgt: Mundtrockenheit (6 gegenüber 0%), Diarrhö (9,2 gegenüber 1,9%) und Urin-Verfärbung (6,9 gegenüber 0%).

Beim Auftreten von Diarrhö haben wir in meiner Klinik (HR) häufig mit folgendem Vorgehen Erfolg gehabt: Zunächst wurde Entacapon bei Patienten mit Diarrhö bis zwei Wochen nach deren Sistieren abgesetzt, um es dann noch einmal langsam (alle zwei Tage eine Tablette) aufzudosieren. Erfreulicherweise wiesen dann ca. 60 Prozent der Patienten keine schwere erneute Diarrhö auf.

Betont werden muss, dass bei keinem der Patienten pathologische Veränderungen der Leberenzyme auftraten, weswegen in meiner Klinik bei Patienten auch nur initial eine Leberenzym-Bestimmung durchgeführt wird (was wohl sogar entbehrlich wäre), da keine toxischen Effekte gesehen wurden, das EKG unverändert normal blieb und auch keine Hinweise auf eine Rhabdomyolyse wie bei Tolcapon beschrieben festgestellt wurden.

Um eine phasische Überflutung der Dopamin-Rezeptoren zu verhindern und damit nicht die Entstehung von Fluktuationen auszulösen, muss bei Patienten, die **Entacapon** erhalten, die **L-DOPA-Dosis gesenkt werden**, falls sie zuvor ausreichend hoch dosiert war.

7.3.2 Tolcapon

7.3.2.1 Einleitung und experimentelle Pharmakologie

Tolcapon hat eine größere Bioverfügbarkeit als Entacapon (65 bzw. 36%) und eine etwa um 50 Prozent längere Halbwertszeit (zwei bis vier Stunden im Vergleich zu ein bis zwei Stunden; Spencer und Benfield, 1996; Davis, 1998; Baas, 1999). Es wird deshalb normalerweise nur dreimal täglich eingenommen. Im Gegensatz zu Entacapon ist Tolcapon in der Lage, die Blut-Hirn-Schranke zu passieren, es hemmt dadurch nicht nur die periphere, sondern auch die zentrale COMT (Abb. 3.8; Männistö et al., 1992; Kaakkola und Wurtman, 1993).

Die COMT-Hemmung ist sicherlich dann besonders sinnvoll, wenn sie peripher erfolgt. Obwohl man davon ausgeht, dass dopaminerge Neuronen wenig oder keine COMT-Aktivität aufweisen, wäre zu befürchten, dass ein zentral wirksamer COMT-Hemmer potentiell zu Problemen führt, insbesondere dann, wenn gleichzeitig ein MAO-B-Hemmer gegeben wird, da dann die beiden wichtigsten Abbauwege des Dopamins geblockt sind und man davon ausgehen müsste, dass die Autoxidation zunimmt und die Produktion von ROS induziert wird. Dass dies nicht unbegründet ist, lassen von uns (MG, PR) durchgeführte Mikrodialyse-Untersuchungen an der lebenden Ratte vermuten (Gerlach et al., 2001). Tolcapon, aber nicht Entacapon verursachte erhöhte striatale Dopamin-Konzentrationen und vermehrte Bildung freier Hydroxyl-Radikale nach Carbidopa/L-DOPA-Gabe. Andererseits konnte jüngst in gesunden Common Marmosets gezeigt werden, dass weder L-DOPA/Carbidopa noch L-DOPA/Carbidopa mit Entacapon zu einer Schädigung der nigrostriatalen dopaminergen Neuronen führen (Lyras et al., 2002). Zu bedenken ist schließlich auch noch, dass die Koapplikation von Tolcapon mit anderen zentral wirksamen Substanzen noch unbekannte Wechselwirkungen bedingen könnte. Hier müsste also noch Erfahrung gesammelt werden.

Seit März 2005 steht auch in Deutschland der zweite COMT-Hemmer, Tolcapon (Tasmar®), wieder zur Verfügung. Tasmar® war bereits 1997 auf dem deutschen Markt verfügbar. 1998 wurde es wegen des Auftretens von letalem Leberversagen bei drei Patienten in Deutschland und den meisten europäischen Ländern verboten. Nach dieser Zeit wurden aber in anderen Ländern über 200 000 neue Patienten auf Tolcapon eingestellt und bei diesen erfolgten engmaschige Laboruntersuchungen. Nachdem sich in diesen Studien ein Risiko für eine schwere Leberschädigung von 1:2700 bzw. von 1:13300 zeigte, ließ die EMEA Tolcapon für den europäischen Raum wieder zu. Tolcapon ist für den Einsatz zusammen mit L-DOPA/Carbidopa bzw. L-DOPA/Benserazid bei **Patienten mit motorischen Fluktuationen zugelassen**. Die empfohlene Dosierung von Tasmar® beträgt 3 × 100 mg oder 3 × 1 Tablette pro Tag, da Tolcapon eine wesentlich längere Halbwertszeit als Entacapon aufweist. Wenn innerhalb von drei Wochen kein klinisch nachweisbarer Nutzen unter Tolcapon nachgewiesen werden kann, soll es abgesetzt werden. Tasmar® soll immer erst als **Second-line-Medikament**, d. h., nach Entacapon zum Einsatz kommen.

Vor Beginn einer Behandlung mit Tasmar®, dann alle zwei Wochen während des ersten Behandlungsjahres, dann alle vier Wochen während der folgenden sechs Monate und danach alle acht Wochen muss die **Leberfunktion** überprüft werden. Die Behandlung mit Tolcapon soll abgebrochen werden, wenn die Werte der Alaninaminotransferase (ALAT) oder Aspartataminotransferase (ASAT) den oberen erlaubten Referenzwert überschreiten. Häufig kommt es initial zu einer Zunahme von Dyskinesien oder dopaminergen Nebenwirkungen, so dass eine durchschnittliche Reduktion der bestehenden L-DOPA Dosis um 30 Prozent empfohlen wird.

7.3.2.2 Indikationen und klinische Pharmakologie

Tolcapon soll bei Patienten mit motorischen Fluktuationen als Second-line-Medikament (nach Entacapon) eingesetzt werden. In drei doppelblinden, placebokontrollierten Studien (Baas et al., 1997; Rajput et al., 1997a; Adler et al., 1998) konnte beim Einsatz von 3 × 100 bis zu 3 × 200 mg die **On-Zeit** um 1,7 – 2,9 Stunden pro 16-stündiger Wachzeit **verlängert** werden. Entsprechend dazu wurde die Off-Zeit um 1,6 bis 3,2 Stunden pro 16-stündiger Wachzeit verkürzt. Die Studie von Adler et al. (1998) schloss 215 Patienten ein, die sechs Wochen lang beobachtet wurden. Bei Rajput et al. (1997a) waren es 202 Patienten, die drei Monate lang verfolgt wurden und Baas und Kollegen (1997) untersuchten 177 Patienten über drei Monate. In allen drei Studien wurde der Effekt von 100-mg-Tabletten mit dem von 200 mg verglichen und lediglich Rajput und Kollegen berichteten über eine Überlegenheit der 200-mg-Formulierung, wobei in dieser Arbeit der Placebo-Effekt auf die On-Zeit beträchtlich war. Letztlich zeigten aber alle drei Studien eine **signifikante Verbesserung der On-Zeit** im Vergleich zu Placebo. In allen drei Studien wurde entsprechend eine **Reduktion der Off-Zeit** beschrieben, die in den Studien von Adler et al. (1998) und Baas et al. (1997) keinen Unterschied zwischen 100-mg- und 200-mg-Formulierung zeigte. Rajput et al. (1997a) untersuchten doppelblind 67 Patienten mit 3 × 200 mg und 69 Patienten mit 3 × 100 mg Tolcapon, die sie mit 66 Patienten verglichen,

die Placebo erhielten. Bei 95 Prozent der Patienten kam es unter 3 × 200 mg Tolcapon zu einer **Reduktion des Wearing-off** und bei 79 Prozent zu einer Verringerung der Ausprägung der Parkinson-Symptome. Unter 3 × 100 mg Tolcapon waren die entsprechenden Prozentsätze 68 und 60 Prozent. In der Arbeit von Adler et al. (1998) wurde gezeigt, dass der Einsatz von Tolcapon eine **Reduktion der Tagesdosis von L-DOPA** um bis zu 29 Prozent erlaubt, wobei kein signifikanter Unterschied zwischen der 200-mg- und der 100-mg-Formulierung bestand. Diese drei Studien unterstreichen somit, dass Tolcapon die Bioverfügbarkeit von L-DOPA maßgeblich verbessert und insbesondere bei Wearing-off durch die Verlängerung der Halbwertszeit des L-DOPA indiziert ist.

In der so genannten **Switch-Studie** wurde die Umstellung von Entacapon auf Tolcapon untersucht (Agid et al., 2005). Es handelt sich dabei um eine doppelblinde, randomisierte, aktiv kontrollierte Multicenterstudie, die in den USA und Europa durchgeführt wurde. Alle Patienten wurden initial auf die für sie günstigste Dosis an L-DOPA/Decarboxylase-Hemmer und Entacapon eingestellt. Danach wurden die Patienten in zwei Gruppen randomisiert und erhielten entweder die bisherige Entacapon-Dosis oder 3 × 100 mg Tolcapon. Bei den 62 Patienten der Tolcapon-Gruppe kam es zu einer Verlängerung der On-Zeit um 1,6 Stunden und bei den 60 Patienten der Entacapon-Gruppe um 0,8 Stunden. Es scheint somit so zu sein, als sei Tolcapon etwas potenter als Entacapon.

In ähnlicher Weise sind die Befunde von Factor et al. (2001) zu werten, die die Langzeitverträglichkeit von Tolcapon und Entacapon bei Patienten mit fluktuierender Motorik untersuchten. Die Untersuchung ging über 36 Monate, wobei 11 Patienten mit Entacapon und 14 Patienten mit Tolcapon behandelt wurden. Die Patienten in der Tolcapon-Gruppe waren schwerer betroffen, benötigten mehr L-DOPA und waren länger im Off. Beim Vergleich der beiden COMT-Hemmer schnitt Tolcapon besser ab. Es führte zu einer stärkeren Minderung der UPDRS, Verkürzung der Off-Symptomatik und der L-DOPA-Dosis.

Onofrj et al. (2001) untersuchten 40 Patienten, die für drei bis sieben Monate Tolcapon erhalten hatten. Nachdem Tolcapon vom Markt genommen wurde, wurden die Patienten auf Entacapon umgestellt. Zwei Patienten hatten Diarrhö und zwei hatten eine Leberenzymerhöhung. Zusammengefasst konnte diese Studie zeigen, dass Entacapon für Patienten, die unter Tolcapon eine Leberenzymerhöhung oder Diarrhö aufwiesen, eine sichere Alternative ist, dass aber die Wirksamkeit bezüglich Off-Zeit und L-DOPA-Dosis für Tolcapon höher ist.

Bemerkenswert ist bei der Anwendung der COMT-Hemmer, dass man im Gegensatz zu L-DOPA und Dopamin-Rezeptoragonisten nicht eindosieren muss und bereits ca. ein bis zwei Tage nach Beginn der Therapie deren Effektivität beurteilen kann. Tasmar® kann mit oder ohne Nahrung eingenommen werden.

7.3.2.3 Nebenwirkungen und Kontraindikationen

Typische Nebenwirkungen sind Diarrhöen. Es hat sich hierbei bewährt, das Präparat abzusetzen und drei Wochen später noch einmal einen Therapieversuch zu machen. Beim Auftreten von Leberenzymerhöhungen muss Tolcapon abgesetzt werden. **Hinweise auf** eine **beginnende Leberschädigung** sind anhaltende Übelkeit, Lethargie, Gelbsucht, Pruritus, Müdigkeit, Appetitverlust, dunkler Urin, Druckschmerzhaftigkeit im oberen rechten Quadranten. Patienten mit einer schweren Einschränkung der Nierenfunktion sollten mit Vorsicht behandelt werden. **Bei** bekannter **Rhabdomyolyse** oder **malignem neuroleptischem Syndrom** ist der **Einsatz von Tolcapon verboten**.

Wie oben schon ausgeführt, sollte der Einsatz von nichtselektiven MAO-Hemmern vermieden werden und der Einsatz von MAO-B-Hemmern stets in der vom Hersteller empfohlenen Dosis erfolgen. Bei schweren Dyskinesien ist der Einsatz von Tolcapon nicht ratsam, es sei denn, die L-DOPA-Dosis wird deutlich reduziert.

7.4 Dopamin-Rezeptoragonisten

Da die derzeit verfügbaren Dopamin-Rezeptoragonisten eine ganze Reihe von Wirkstoffen umfassen, wollen wir zunächst ganz allgemein auf diese Gruppe von Anti-Parkinson-Medikamenten eingehen, um dann entsprechend der bisher verwendeten Gliederung detailliert die einzelnen Wirkstoffe zu besprechen.

Die Dopamin-Rezeptoren wurden ursprünglich aufgrund ihrer unterschiedlichen Wirkung gegenüber der Adenylat-Cyclase in D1- (aktivieren die cAMP-Bildung) und D2-Subtypen (inhibieren die cAMP-Bildung) eingeteilt (Kap. 2.1.2). Obwohl man aufgrund molekularbiologischer Unterscheidungsmerkmale mindestens fünf Subtypen von Dopamin-Rezeptoren kennt (siehe Kap. 2.1.2), ist die Bedeutung der D_{3-5}-Subtypen an den durch Dopamin vermittelten Wirkungen im ZNS nur unzulänglich bekannt. Dies liegt vor allem darin begründet, dass für diese Subtypen keine selektiven Agonisten und Antagonisten zur Verfügung stehen, um entsprechende verhaltenspharmakologische Experimente durchzuführen, und Untersuchungen an genmanipulierten Mäusen keinen eindeutigen Phänotyp zeigen. Man teilt deshalb die Subtypen pharmakologisch in D1- (D_1, D_5) und D2-Familien (D_2, D_3, D_4) ein. Im Folgenden verwenden wir konsequenterweise bei der Bezeichnung der Dopamin-Rezeptorsubtypen immer nur dann dann tiefgestellte Zahlen, wenn eindeutig durch molekularbiologische Methoden oder die Verwendung selektiver Agonisten und Antagonisten der Rezeptorsubtyp klassifiziert wurde, und sonst hochgestellte Zahlen, um die Zuordnung zu der pharmakologisch definierten D1- oder D2-Familie auszudrücken.

Dopamin-Rezeptoragonisten haben sich in den letzten Jahren zunehmend als **wichtige Säule in** der **Therapie der Frühphase** des IPS durchgesetzt. Dies liegt zum einen daran, dass man den Einsatz von L-DOPA mit mehr Vorsicht und Zurückhaltung vornimmt, und zum anderen daran, dass man durch den frühen Einsatz der Dopamin-Rezeptoragonisten die gefürchteten L-DOPA-Spätkomplikationen wie vor allem Dyskinesien im Idealfall (bei Monotherapie) vermeiden oder doch zumindest hinausschieben kann und dass fortwährend neue Dopamin-Rezeptoragonisten mit möglicherweise vorteilhaften Eigenschaften entwickelt wurden. Aber auch durch die frühe Kombinationstherapie von L-DOPA mit Dopamin-Rezeptoragonisten werden motorische Komplikationen weitaus seltener und später beobachtet. Montastruc et al. (1994) konnten zeigen, dass Patienten mit einer L-DOPA-Monotherapie nach 2,7 Jahren zu 90 Prozent motorische Komplikationen und Patienten mit Bromocriptin und L-DOPA nach fünf Jahren nur zu 56 Prozent diese ernst zu nehmende Nebenwirkung zeigten. Durch die Kombinationstherapie können End-of-dose-Symptome kupiert werden, die somit später auftreten; die Inzidenz von Dyskinesien ist signifikant reduziert, da wohl die natürlichen Verhältnisse (tonische Stimulation) am Dopamin-Rezeptor besser verwirklicht werden. Chase geht davon aus, dass Dopamin-Rezeptoragonisten besser als L-DOPA die tonische Stimulation von D1- und D2-Rezeptoren erreichen können (Papa und Chase, 1996), wodurch auch erklärt werden kann, warum sie signifikant seltener Hyperkinesien und Fluktuationen auslösen. Der Hauptgrund für diese Annahme ist die im Vergleich zu L-DOPA, das in der Standardformulierung eine Halbwertszeit von 60–90 Minuten hat, deutlich längere Halbwertszeit der meisten Dopamin-Rezeptoragonisten (siehe aber auch einschränkende Bemerkungen in Kap. 3).

Es gibt mittlerweile Langzeitstudien für Bromocriptin, Cabergolin, Lisurid, Pergolid, Pramipexol und Ropinirol, die alle die **Vorteile bezüglich des Vermeidens von L-DOPA-induzierten Nebenwirkungen** und auch die Sicherheit dieser Pharmaka über viele Jahre unterstreichen. Es ist aus heutiger Sicht somit ratsam, insbesondere bei Patienten mit Neuerkrankung und bei denen, die eine lange Krankenkarriere zu erwarten haben, bevorzugt Dopamin-Rezeptoragonisten einzusetzen (Reichmann, 2000; Hubble, 2002, Reichmann et al., 2002a).

Dopamin-Rezeptoragonisten haben gegenüber dem L-DOPA den großen Vorteil, dass sie kein intaktes präsynaptisches dopaminerges Neuron benötigen, um am postsynaptischen Rezeptor im Striatum aktiv zu sein. Sie sind somit unabhängig vom Neuronenuntergang in der SN anwendbar, da sie nicht erst im präsynaptischen Neuron in ein wirksames Molekül umgewandelt werden müssen. Weiterhin reduzieren Dopamin-Rezeptoragonisten die tonische Aktivität dopaminerger Neuronen durch Stimulation präsynaptischer Dopamin-D2-Autorezeptoren. Dadurch kommt es theoretisch zu weniger oxidativem Stress infolge eines geringeren Dopamin-Metabolismus. Dies ist wichtig vor dem Hintergrund, dass im Frühstadium der Parkinson-Krankheit die noch lebenden dopaminergen Nervenzellen überaktiv sind. Zusätzlich sind Dopamin-Rezeptoragonisten in präklinischen Untersuchungen **antioxidativ und neuroprotektiv wirksam**. Aufgrund dieser

Eigenschaften wurde mittlerweile die neuroprotektive Wirkung von vier Dopamin-Rezeptoragonisten (α-DHEC, Pergolid, Pramipexol und Ropinirol) in klinischen Studien mithilfe bildgebender Verfahren geprüft. Unsere eigene Arbeitsgruppe (HR) prüft gerade die möglichen neuroprotektiven Eigenschaften von Cabergolin gegen L-DOPA in einer 12-wöchigen PET-Studie, in die jeweils 40 De-novo-Patienten aufgenommen werden.

Wir haben diese Studien bereits kurz schon im vorhergehenden Kap. 6.2 besprochen, werden dies aber nochmals ausführlich in den folgenden jeweiligen Kapiteln tun. Zusammenfassend kann man hier jedoch bereits nochmals feststellen, dass unter der frühen Pramipexol- und Ropinirol-Therapie im Vergleich zur L-DOPA-Therapie eine Verlangsamung des Erkrankungsprozesses festgestellt werden konnte; ob dies mit Neuroprotektion gleichzusetzen ist, müssen zukünftige Untersuchungen zeigen. Die Unsicherheit dazu stammt von der Tatsache, dass Patienten, die klinisch sicher Parkinson-krank sind, zum Teil, im [^{18}F]-DOPA-PET einen Normalbefund zeigten (Marek et al., 2002). Weiterhin ist bis heute nicht der Zusammenhang zwischen den SPECT- und PET-Befunden und der Degeneration dopaminerger Nervenzellen geklärt.

Einige Dopamin-Rezeptoragonisten wurden in der so genannten **Hochdosis-Therapie** eingesetzt. Sorgfältig ausgewählte Patienten, die keine kardiologischen Besonderheiten, keine kognitiven Defizite, Halluzinationen oder Albträume haben dürfen und möglichst einen normalen Blutdruck haben sollen, werden mit sehr hohen Dosen von Dopamin-Rezeptoragonisten therapiert (Facca et al., 1996; Müngersdorf et al., 1999, 2001; Oehlwein et al., 2000; Storch et al., 2005b), um z. B. schwere L-DOPA-Nebenwirkungen zu korrigieren. Mit hohen Dosen von Pergolid (bis 13 mg) konnten so **Einsparungen an L-DOPA von 90 Prozent**, manchmal von deutschen Autoren sogar von 100 Prozent (z. B. Oehlwein et al., 2000) mit konsekutiver Verbesserung der motorischen Komplikationen erzielt werden. Man muss die Patienten über diese Vorgehensweise jedoch sorgfältig aufklären, da doch erhebliche Nebenwirkungen wie Hypersexualität, Spielsucht oder auch Übelkeit, Schwindel und Orthostaseprobleme induziert werden können. In meiner Klinik (HR) konnten wir in einer Studie mit 34 Patienten eine signifikante Verbesserung von Dyskinesien von 4.3 ± 2.6 auf 2.5 ± 1.9 Stunden/Tag erreichen (Müngersdorf et al., 2001).

Wechseln und Kombinieren von Dopamin-Rezeptoragonisten

In den letzten Jahren wurden in meiner Klinik (HR) zahlreiche Erfahrungen mit dem Kombinieren von Dopamin-Rezeptoragonisten gesammelt, wobei schon längere Zeit, basierend auf der folgenden Umrechnungstabelle 7.3 Dopamin-Rezeptoragonisten gegeneinander ausgetauscht wurden. Gründe für den Wechsel dieser Wirkstoffe bestehen in der fehlenden Wirksamkeit des ursprünglichen Präparates oder beim Patienten entwickelt sich eine internistische Erkrankung (Herz, Leber, Niere), die die Fortsetzung der bisherigen Medikation als wenig ratsam erscheinen lässt. Eine Nierenerkrankung behindert z. B. die Ausscheidung von Pramipexol oder Ropinirol (Tabelle 3.3), bei einer Lebererkrankung sollten einige der Ergotalkaloid-Abkömmlinge nicht verwendet werden, weil sie in der Leber dann nicht verstoffwechselt werden, und bei einer koronaren Herzerkrankung ist schon zu prüfen, ob nicht auf Pramipexol, Ropinirol oder Rotigotin umgestellt werden sollte. Ein weiterer Grund, der einen Wechsel nahelegt, ist selbstverständlich die Tatsache, dass der Patient das Präparat wegen Nebenwirkungen wie z. B. Hypersexualität nicht weiter einnehmen möchte oder die Möglichkeit, dass sich die Erkrankung wandelt und Tremor oder Orthostase-Probleme in den Vordergrund treten. Letztlich zwingt eine

Tabelle 7.3. Äquivalenz-Dosen für die klinisch verwendeten Dopamin-Rezeptoragonisten in Milligramm. Diese beruhen auf der subjektiven Erfahrung eines der Autoren (HR) bei der Umstellung und Kombination von Dopamin-Rezeptoragonisten

Pergolid	0,5	1	1,5	2	2,5	3	3,5	4	4,5	5
α-DHEC	30	60	90	120						
Lisurid	0,5	1,0	1,5	2						
Cabergolin	0,8	1,5	2,23	3	3,75	4,5	5,25	6		
Pramipexol	0,5	1	1,5	2	2,5	3	3,5	4	4,5	
Ropinirol	2	4	6	8	10	12	14	16	18	20
Bromocriptin	5	10	15	20	25	30				

Die Tabelle ist so zu verwenden, dass man z. B. in der ersten senkrechten Spalte alle Äquivalenzdosen z. B. zu 0,5 mg Pergolid oder 0,8 mg Cabergolin findet. α-DHEC, α-Dihydroergocryptin

Nebenwirkung wie die Entwicklung von Psychosen zur Umstellung.

Eine weitere wichtige Frage ist, wie man den Wechsel von einem zu einem anderen Dopamin-Rezeptoragonisten vornehmen soll. Goetz et al. (1999) empfehlen einen Wechsel innerhalb eines Tages, wobei wir auf Grund der in meiner Klinik (HR) gemachten Erfahrung eher dazu tendieren, sich hierfür eher eine Woche im ambulanten Setting Zeit zu nehmen. Auf Station im Krankenhaus führen aber auch wir den Wechsel innerhalb eines Tages durch, indem wir **Umrechnungstabellen** verwenden (Tabelle 7.3). Bei solchen Umstellungen haben wir festgestellt, dass es den Patienten häufig gerade initial unter der Kombination von zwei Agonisten besonders gut ging, weil entweder eine besonders günstige Rezeptorstimulation gelang oder eine besonders hohe Konzentration an den Dopamin-Rezeptoren in der kurzen Kombinationstherapie aufgebaut wurde.

Eine wichtige Anmerkung möchte ich aus meiner Praxis in diesem Zusammenhang machen. Man sollte **nie ohne Not und guten Grund** Dopamin-Rezeptoragonisten austauschen (auch nicht Pergolid), da ich immer wieder gesehen habe, dass es darunter zu einer überraschenden Verschlechterung für den Patienten kommen kann und er auch, wenn man zur ursprünglichen Medikation zurückgeht, nicht mehr auf sein früheres Niveau zurückfindet. Die Frage, zu welchem Dopamin-Rezeptoragonisten man übergehen sollte, beantwortet sich aus der konkreten Situation des einzelnen Patienten. Meist wird man sich überlegen, ob man zwischen den Präparaten vom Ergotalkaloid- oder Nicht-Ergotalkaloid-Typ wählt. Man wird prüfen müssen, ob man von einem Dopamin-Rezeptoragonisten mit kurzer auf einen mit langer Plasmahalbwertszeit wechselt, ob man von einem Wirkstoff mit vorwiegender Stimulation der D2-Rezeptoren oder einem, der zusätzlich D1-Rezeptoren stimuliert, den meisten Nutzen erwartet oder ob man immer das neueste Präparat einsetzen muss (siehe Reichmann et al., 2003).

Eine andere noch aktuellere Frage ist die, ob sich die **Kombination verschiedener Dopamin-Rezeptoragonisten** bei manchen Patienten anbietet. Man ist es ja z. B. von der Behandlung von Patienten mit komplizierten Formen der Epilepsie durchaus gewohnt, Kombinationen einzusetzen, so wie es ja auch meist mit L-DOPA und Dopamin-Rezeptoragonisten getan wird. Alle der zur Verfügung stehenden Wirkstoffe stimulieren die D2-Rezeptorfamilie. Manche haben darüber hinaus aber auch eine D1-stimulierende Wirkung, sodass durchaus über die Sinnhaftigkeit einer Kombination von zwei Präparaten mit unterschiedlichem Rezeptorprofil nachgedacht werden kann. Es wäre auch durchaus interessant zu prüfen, ob eine durchgehende Basisstimulation mit Cabergolin zusammen mit einem rasch und kürzer wirksamen Wirkstoff wie z. B. Lisurid für den Patienten individuell angepasst werden könnte. Manche Patienten sind mit ihrem ersten Dopamin-Rezeptoragonisten sehr erfolgreich behandelt worden, tolerieren jetzt aber eine weitere Dosisanpassung nicht mehr oder die Erhöhung hat keinen klinischen Effekt. Hier wäre ebenfalls der Einsatz von zwei Dopamin-Rezeptoragonisten vom Prinzip nicht abwegig. Wenn man sich somit für die Kombination entscheidet, könnte man folgende **Vorschläge zur Kombination** (Reichmann et al., 2003) anbieten:

– Ergotalkaloid- mit Nicht-Ergotalkaloid-Abkömmling,
– Wirkstoff mit langer und kurzer Plasmahalbwertszeit,
– zwei Dopamin-Rezeptoragonisten mit unterschiedlichem Rezeptorprofil,
– zwei Präparate mit unterschiedlichem Nebenwirkungsprofil.

Eine neue Ära in der Behandlung mit Dopamin-Rezeptoragonisten beginnt durch die Einführung des Rotigotin- und später wohl auch des Lisurid-Pflasters. Es ist davon auszugehen, dass beide Pflaster nicht nur für die Initialtherapie, sondern auch für die Therapie von Patienten in fortgeschrittenen Stadien zur Verfügung stehen werden. Gerade bei diesen Patienten wird dann neben dem initial bereits angewandten oralen Dopamin-Rezeptoragonisten noch zusätzlich das Pflaster mit dem zweiten Dopamin-Rezeptoragonisten eingesetzt werden.

7.4.1 α-Dihydroergocryptin

7.4.1.1 Einleitung und experimentelle Pharmakologie

α-DHEC gehört zu den Ergotalkaloid-Abkömmlingen. Es stimuliert Rezeptoren der D1- und D2-Familie; zusätzlich werden aber auch andere nichtdopaminerge Rezeptoren wie bestimmte Subtypen des 5-HT-Rezeptors beeinflusst (Tabelle 3.2 und 3.4). Die Plasmahalbwertszeit beträgt 16 Stunden (Tabelle 3.3). α-DHEC hat eine für Ergotalkaloid-Abkömmlinge typische geringe Bioverfügbarkeit (Tabelle 3.3); es wird hepatisch metabolisiert und über die Galle ausgeschieden.

7.4.1.2 Indikationen und klinische Pharmakologie

α-DHEC ist in Deutschland unter den Handelsnamen Almirid® bzw. Cripar® für die **Kombinationstherapie** mit L-DOPA **zugelassen**. Seit 1999 ist Almirid® auch für die **Monotherapie** in Deutschland freigegeben.

Die klinische Wirksamkeit von α-DHEC wurde in mehreren kontrollierten Doppelblindstudien sowohl gegen Placebo als auch im Vergleich zu Bromocriptin und Lisurid belegt. Battistin et al. (1999) führten eine kontrollierte Vergleichsstudie „α-DHEC versus Lisurid," durch. Bei ansonsten vergleichbarer Wirksamkeit zeigte α-DHEC einen signifikant günstigeren Effekt auf die Fluktuationen der Beweglichkeit sowie eine insgesamt bessere Verträglichkeit. So waren die Anzahl und der Schweregrad der Nebenwirkungen in der α-DHEC-Gruppe signifikant niedriger.

Aufgrund der Erfahrungen in meiner Klinik (HR) ist α-DHEC ein besonders gut verträglicher Dopamin-Rezeptoragonist. Deshalb wird er nach der Nutzen-Risiko-Abwägung neben den Nicht-Ergotalkaloid-Derivaten **bevorzugt bei kardiovaskulären Erkrankungen eingesetzt.** Zu einem ähnlichen Ergebnis kam Jörg, der eine Anwendungsbeobachtung mit 564 Patienten durchführte (Jörg, 1998). Dabei wurde neben einer deutlichen Verbesserung des Webster-Scores auch eine sehr niedrige Nebenwirkungsrate beobachtet. Jörg hob besonders die niedrige Inzidenz von schweren psychiatrischen Nebenwirkungen (3,2 Prozent) hervor, die aber auch mit der relativ niedrigen Dosierung erklärt werden könnte. Eine neuere Studie von Bergamasco et al. (2000) mit 123 De-novo-Patienten unterstreicht den erfolgreichen Einsatz von α-DHEC auch als Monotherapeutikum.

Vieregge initiierte eine europäische Studie mit 44 Patienten, die motorische Fluktuationen aufwiesen (Vieregge und Althaus, 2001). Es wurde entweder Pergolid oder α-DHEC „offen" als Add-on zu L-DOPA eingesetzt, wobei der zentrale Bewerter geblindet war und die UPDRS anhand von Videos auswertete. Im Mittel erhielten die Patienten 85 mg α-DHEC bzw. 3 mg Pergolid. Insgesamt wurden die Patienten 16 Wochen beobachtet. Beide Dopamin-Rezeptoragonisten führten zu einer ca. zwölfprozentigen Verringerung der Off-Zeit. α-DHEC erschien hinsichtlich gastrointestinaler Nebenwirkungen besser tolerabel. Diese bisher nur in Posterform publizierten Daten sprechen dafür, dass α-DHEC in ausreichender Dosierung auch in fortgeschrittenen Stadien der Parkinson-Krankheit eine mit anderen Dopamin-Rezeptoragonisten vergleichbare Wirkung entfaltet.

Meine Arbeitsgruppe (HR), aber auch andere (Glass, 2001) betreuen mehrere Patienten, die mehr als die in der Fachinformation als Obergrenze angegebenen 120 mg/Tag einnehmen. Von den Patienten, die die hohen Dosen vertrugen, wurde die Therapie in 81 Prozent als gut bzw. sehr gut wirksam und in 76 Prozent als gut bzw. sehr gut verträglich bezeichnet. Diese ersten Patienten unterstreichen unsere Meinung, dass α-DHEC bisher häufig unterdosiert und seine hohe therapeutische Potenz nicht ausgeschöpft wurde.

Wie im Kap. 6 erörtert, wurden mit α-DHEC, aber auch mit Pergolid, Pramipexol und Ropinirol multizentrische Studien durchgeführt, bei denen bildgebende Verfahren wie PET und SPECT zum Nachweis der klinischen Neuroprotektion eingesetzt wurden. Die kürzlich abgeschlossene **Pilotstudie** mit **α-DHEC** ist ein Gemeinschaftsprojekt der neurologischen Universitätskliniken Ulm, München und Prag (Schwarz, 2001). Eingeschlossen wurden 26 Parkinson-Patienten im Stadium Hoehn und Yahr I und II, die entweder gar nicht oder nur kurzzeitig (bis maximal zwei Monate vor Studienbeginn) mit Dopaminergika vorbehandelt worden waren. Nach der initialen SPECT-Untersuchung mit ^{123}I-IPT wurden sie randomisiert entweder auf eine Monotherapie mit α-DHEC oder L-DOPA eingestellt. Bei jeweils acht Patienten in beiden Behandlungs-Armen konnte nach zwölf Monaten eine weitere SPECT-Analyse durchgeführt werden. Innerhalb des einjährigen Behandlungszeitraumes hatte die ^{123}I-IPT-Aufnahme ins Putamen in der α-DHEC-Gruppe zwar nicht statistisch signifikant, aber im Mittel um etwa ein Drittel weniger abgenommen als in der L-DOPA-Gruppe (10 versus 16%). Dies deutet auf eine Verzögerung der Krankheitsprogression durch den Dopamin-Rezeptoragonisten hin (siehe Kap. 6, in dem die Ergebnisse kritisch diskutiert werden). Dies bestätigt sehr schön neue Ergebnisse aus meinem Labor (Gille et al., 2006), wonach α-DHEC besonders in Kombination mit L-DOPA in der dopaminergen Zellkultur neuroprotektiv war.

7.4.1.3 Nebenwirkungen und Kontraindikationen

Typische Nebenwirkungen beim Einsatz von α-DHEC sind Übelkeit und Erbrechen, Schlaflosigkeit, Dyskinesien, Schwindel, Orthostase-Probleme, Halluzinationen, Kopfschmerzen und Mundtrockenheit. Die langsame Aufdosierung sollte um wöchentlich 10 mg/Tag erfolgen. Dies ist schneller als vom Hersteller empfohlen, da ich (HR) der Meinung bin, dass die besonders gute Verträglichkeit des Wirkstoffes auf einer etwas zögerlichen Aufdosierung und dem Einsatz von meistens nur 60 mg/Tag beruht. Wir möchten daher durchaus dazu auffordern, die als maximale Tagesdosis von den Herstellern genannten 120 mg/Tag öfter auszuschöpfen. Im Vergleich zu den anderen Dopamin-Rezeptoragonisten ist die angegebene Aufdosierung auf 60 mg/Tag nämlich mit elf Wochen im Vergleich zu Pramipexol, bei dem die angestrebte Dosis von 1,5 mg/Tag schon nach drei Wochen, oder im Vergleich zu Cabergolin, wo die angestrebte Dosis von 3 mg/Tag schon nach spätestens fünf Wochen erreicht wird, aus unserer Sicht zu lang. Diese Ansicht wird durch die oben beschriebenen Hochdosis-Studien mehr als unterstützt. Bei Patienten mit Leberschaden sollte dessen ungeachtet aber, wie vom Hersteller geraten, langsam aufdosiert werden (Althaus et al., 2001).

Vonseiten der Hersteller wird Hypotonie und Therapie mit Antihypertensiva als relative Gegenanzeige genannt. Wie für alle Ergotalkaloid-Abkömmlinge gilt für α-DHEC auch, dass bei Vorliegen einer diesbezüglichen Überempfindlichkeit bei sonst sehr guter Verträglichkeit der Einsatz von α-DHEC kontraindiziert ist. Ähnliches gilt, wie bei allen Dopamin-Rezeptoragonisten, für schwere kardiovaskuläre Erkrankungen und für Psychosen.

7.4.2 Apomorphin

7.4.2.1 Einleitung und experimentelle Pharmakologie

Apomorphin ist ein nichtergoliner Dopamin-Rezeptoragonist, der früher aus Morphin durch Erhitzen gewonnen wurde. Heute wird es als ein Hydrochlorid-Salz aus anderen Vorläufersubstanzen hergestellt. Apomorphin war der erste Wirkstoff, für den eine Stimulation von Dopamin-Rezeptoren gezeigt wurde (Andén et al., 1967). Obwohl sich dieser auch in der Klinik ähnlich wirksam erwies wie L-DOPA (Cotzias et al., 1970), wurde aufgrund zu starker toxischer Nebenwirkungen (insbesondere Emesis) bzw. ungünstiger Kinetik (Plasmahalbwertszeit 20 Minuten) die Entwicklung zur peroralen Therapieanwendung nicht weiterverfolgt. Schwab und Kollegen hatten in 1951 erstmals gezeigt, dass es unter Apomorphin zu einer kurzen, aber signifikanten Verbesserung der Parkinson-Symptome kommt.

Apomorphin hat eine Affinität zu D_1-, D_2- und D_3-Rezeptoren (LeWitt, 2004). In elektrophysiologischen Untersuchungen im Rahmen der tiefen Hirnstimulation konnte man zeigen, dass Apomorphin durch die Stimulation von prä- und postsynaptischen Dopamin-Rezeptoren zu Änderungen im GP und Nucleus subthalamicus führt (Kolls und Stacy, 2005).

Apomorphin wird nach s.c. Applikation nicht nur rasch in die Blutbahn aufgenommen, sondern kann auch aufgrund seiner Lipophilie rasch die Blut-Hirnschranke durchdringen: 10 bis 20 Minuten nach Injektion waren in der CSF c_{max}-Werte nachzuweisen (Hofstee et al., 1994; LeWitt, 2004). Apomorphin wird durch Glucuronierung verstoffwechselt und die Metabolite werden renal ausgeschieden.

7.4.2.2 Indikationen und klinische Pharmakologie

Trotz der gerade erwähnten Einschränkungen gibt es auch für Apomorphin wichtige Indikationen beim IPS. Intermittierende Apomorphin-Injektionen sind hilfreich bei Patienten mit plötzlichen Off-Phasen, oder auch bei Patienten im fortgeschrittenen Stadium, um zu prüfen, ob eine Erhöhung der dopaminergen Therapie eine Besserung bringt (challenge test). Ferner profitieren Patienten mit Dysphagie und Störungen der Magen-Darmpassage. Aus Grundlagenexperimenten kann man auch für diesen Dopamin-Rezeptoragonisten auf einen neuroprotektiven Einfluss hoffen. In den USA wurde Apomorphin zur s.c. Injektion 2004 zugelassen und auch in Deutschland ist ein Pen (**Apo-go® Pen** 10 mg/ml) **zur Behandlung von Patienten mit behindernden motorischen Schwankungen** (On-Off-Phänomene), die trotz einer differenzierten Behandlung mit L-DOPA oder Dopamin-Rezeptoragonisten weiter bestehen, **zugelassen**. Dazu kommt die Möglichkeit, Apomorphin mittels Pumpe kontinuierlich einzusetzen. In Deutschland wird die Substanz von der Firma Cephalon betreut und vertrieben.

Apomorphin sollte nur Patienten an die Hand gegeben werden, die Off-Phasen klar erkennen und in der Lage sind, sich das Apomorphin selbstständig s. c. zu applizieren. Die Einstellung sollte erst erfolgen, nachdem mindestens zwei Tage lang mit dem peripheren Dopamin-Rezeptorantagonisten Domperidon wegen der emetischen Wirkung des Apomorphins vorbehandelt wurde. Die Ersteinstellung sollte in einer Spezialklinik oder von einem besonders erfahrenen Parkinson-Therapeuten erfolgen. Apomorphin wird schrittweise eindosiert, das heißt, man beginnt mit der Injektion von 1 mg s. c. während einer Off-Phase. Die Menge kann dann auf 2–6 mg Apomorphin pro Injektion gesteigert werden. Es wird empfohlen, dass eine individuelle Dosis von 10 mg und eine Gesamtdosis von 100 mg pro Tag nicht überschritten werden. Sobald die Behandlung etabliert ist, kann bei vielen Patienten die Domperidon-Dosis reduziert und selten sogar ganz abgesetzt werden. Die Wirkung wird dann innerhalb von ca. 20 bis 30 Minuten eintreten und für etwa zwei Stunden anhalten. Diese gute Wirksamkeit konnte bei nasaler, sublingualer und rektaler Applikation nicht erzielt werden. Der **i. v. Zugang** wurde nach kardialen Zwischenfällen wie Auskristallisation und Thrombusbildung durch Apomorphin als **obsolet** bezeichnet.

Indikation für die Behandlung mit Apomorphin sind, wie schon gesagt, rasch einsetzende Off-Phasen, falls die Applikation von löslichen L-DOPA-Tabletten nicht möglich ist oder nicht gewünscht wird. Apomorphin führt aber nicht nur zu einer Besserung der Hypokinese, sondern auch zu einer Besserung der beiden anderen Kardinalsymptome Rigor und Tremor. Dies konnte in etwa **20 Studien** nachgewiesen werden, wobei die einzelnen Studien jeweils nur fünf bis 30 Patienten aufwiesen (siehe Kolls und Stacy, 2005). Die höchste Ansprechrate zeigte sich in einer Studie von Verhagen-Metman und Kollegen (1997), die mittels der Columbia Rating Scale eine Verbesserung von 78 Prozent beschrieben. Wichtig ist, dass zumindest in der Anfangszeit die Applikation von Apomorphin nur unter dem Schutz des peripheren Dopamin-Rezeptorantagonisten Domperidon (drei mal 20 mg Motilium®) erfolgt, wobei die erste Gabe von Motilium® schon zumindest am Vortag vorzunehmen ist. Problematisch ist die Apomorphin-Injektion bei Patienten mit Hyperkinesien, welche durch die Bolusgabe verstärkt werden. Dies kann aber, wie z. B. in einer Studie der Arbeitsgruppe von Lees gezeigt wurde, durch die kontinuierliche Applikation mittels Pumpe unterdrückt werden (Colzi et al., 1998). Diese Autoren konnten bei 19 Patienten mit L-DOPA-induzierten Dyskinesien gute Erfolge unter der kontinuierlichen Infusion von Apomorphin während der Wachzeit der Patienten nachweisen. Neben dem guten Ansprechen der Dyskinesien kam es unter Apomorphin auch zu einer Reduktion der Off-Zeiten von 35 auf zehn Prozent. Katzenschlager und Kollegen (2005) berichteten bei 12 Patienten, die eine Pumpentherapie erhielten, von einer 50-prozentigen Reduktion von L-DOPA, wobei eine Verbesserung von stark beeinträchtigenden Dyskinesien um 40 Prozent erreicht wurde. Besonders günstig ist diese Applikationsform bei Patienten mit anders nicht beherrschbaren On-off-Fluktuationen.

Neben Amantadin-Sulfat und Rotigotin stellt der s. c. Einsatz von Apomorphin auch eine Möglichkeit zur **Therapie der akinetischen Krise** sowie **der perioperativen Phase** bei IPS dar. Oben wurde bereits der **Apo-**

morphin-Test erwähnt, der nicht standardisiert ist und von den meisten Arbeitsgruppen trotz des Vorliegens von Empfehlungen individuell durchgeführt wird. In meiner Klinik (HR) bereiten wir unsere Patienten, bei denen die spätere Ansprechbarkeit auf L-DOPA geprüft werden soll, am Tag vor diesem Test mit Motilium®, zum Teil zusätzlich mit Ondansetron, auf den Test vor, um die gefürchtete Emesis zu verhindern. Am Testtag erhält der Patient 4 mg Apomorphin s. c., bei fehlendem Ansprechen ca. eine Stunde später noch einmal dieselbe Dosis. Laut Literaturangaben ist dieser Test in ca. 70–90 Prozent der Fälle prädiktiv korrekt (Gasser et al., 1992). Hughes (1999) berichtet, dass als Mittelwert aus acht Studien der prädiktive Wert des Apomorphin-Tests 97 und der negative prädiktive Wert lediglich 63 Prozent war. Somit ist zu betonen, dass ein negativer Apomorphin-Test weder die klinisch gestellte Diagnose eines IPS noch den Wert einer zusätzlichen dopaminergen Therapie ausschließt.

Bezüglich der vermuteten **Neuroprotektion** gibt es beim Menschen noch keine Daten. Jüngere Studien bei Tieren zeigen mehrere Mechanismen wie antioxidative Effekte, Stimulation von Nervenwachstumsfaktoren und eine Reduktion des Dopamin-Umsatzes (Kyriazis, 2003). Insbesondere durch Radikalenfang und Neurotrophin-Freisetzung könnte auch beim Menschen eine positive Wirkung auf das Überleben von dopaminergen Zellen bestehen.

7.4.2.3 Nebenwirkungen und Kontraindikationen

Wie oben erwähnt, müssen die Patienten, die mit Apomorphin behandelt werden, mit dem peripheren Dopamin-Rezeptorantagonisten Domperidon vorbehandelt werden, um der gefürchteten Emesis vorzubeugen. Sicherheitshalber sollte man bei diesen Patienten regelmäßige **EKG-Kontrollen** durchführen, da es selten zu Herzrhythmusstörungen kommen kann. Neben Übelkeit sind Somnolenz, Gähnen und Hypotension wichtige Nebenwirkungen. Hinzuweisen ist in diesem Zusammenhang auch auf die Tatsache, dass bei manchen Patienten neben lokalen eitrigen Infektionen bei unsauberer Applikationstechnik auch s. c. granulomatöse Knötchen entstehen, die zum Teil die Absetzung des Präparates erzwangen, da sich bisher trotz aller Versuche kein überzeugendes Gegenmittel fand.

Eine Zusatzmedikation mit 5-HT-Antagonisten verbietet sich, da bei einigen Patienten eine starke Hypotension entsteht. Auch der zusätzliche Einsatz von Blutdrucksenkern sollte gut überwacht werden, um eine zu starke Blutdrucksenkung nicht zu übersehen. Meist kommt es allerdings zu einer Toleranzentwicklung nach ein bis zwei Wochen Apomorphin-Einnahme. Auch bei diesen Patienten sollte man auf die Möglichkeit eines starken Schlafbedürfnisses und somit Beeinflussung der Fahrtüchtigkeit hinweisen. Selten kommt es zu Hypersexualität, Verwirrtheit und Halluzinationen.

7.4.3 Bromocriptin

7.4.3.1 Einleitung und experimentelle Pharmakologie

Bromocriptin gehört zu den Ergotalkaloid-Abkömmlingen. Es stimuliert Rezeptoren der D2-Familie und hat einen schwach D1-antagonisierenden Effekt (Tabelle 3.2). Die Plasmahalbwertszeit beträgt sechs Stunden (Tabelle 3.3). Corrodi et al. (1973) waren die ersten, die an der Ratte einen stimulierenden Effekt auf dopaminerge Neuronen nachwiesen. Bedard und Kollegen (1986) bestätigten dies auch an Affen, deren dopaminerges nigrostriatales System durch MPTP geschädigt war. L-DOPA und Bromocriptin hatten dieselbe Wirkung bezüglich der motorischen Symptome, jedoch wurden alle zehn mit L-DOPA behandelten Tiere dyskinetisch, was dagegen nur in einem von 14 mit Bromocriptin behandelten Affen der Fall war. Somit hatte man schon vor über zwanzig Jahren Hinweise auf neue Therapiestrategien, die man aber erst in den letzten Jahren ernsthaft diskutierte und letztendlich nun auch einsetzt.

Bromocriptin könnte man als das **„Standard-Vergleichspräparat"** unter den Dopamin-Rezeptoragonisten bezeichnen, da es schon lange eingesetzt wird und alle modernen Dopamin-Rezeptoragonisten bezüglich ihrer Verträglichkeit und Effizienz mit Bromocriptin verglichen werden. Bromocriptin ist aber eventuell auch für die Zurückhaltung einiger Fachkollegen gegenüber Dopamin-Rezeptoragonisten mitverantwortlich, da man sehr langsam eindosieren muss, mit Nebenwirkungen wie Übelkeit, Erbrechen, Schwindel, Hypotonie zu tun bekommt und auf die Wirkung lange warten muss.

7.4.3.2 Indikationen und klinische Pharmakologie

Bromocriptin ist für den Einsatz **in der Früh- und Spätphase** des IPS **zugelassen**. Calne und Mitarbeiter berichteten 1974 erstmals von einer Anwendung bei Parkinson-Patienten, wobei es sich in Kurzzeitvergleichen als ebenso wirksam herausstellte wie L-DOPA. Wegen seiner schwach D1-antagonistischen Wirkung sollte Bromocriptin bevorzugt nur zusammen mit L-DOPA verabreicht werden. Trotz dieser Empfehlung gibt es aber eine englische Studie von Lees und Stern (1981), in der Bromocriptin in der **Monotherapie** geprüft wurde und ein ausreichender Effekt gezeigt werden konnte. Nach einem Jahr hatten noch 60 Prozent der Patienten eine Bromocriptin-Monotherapie, nach drei Jahren waren es noch 40 Prozent, wohingegen nach fünf Jahren schon 90 Prozent der Patienten die Monotherapie verlassen und zusätzlich L-DOPA benötigt hatten. Vorteilhaft war die Erkenntnis, dass im Vergleich zur L-DOPA-Monotherapie oder zur Kombinationstherapie von L-DOPA mit Selegilin der Prozentsatz von motorischen Komplikationen deutlich mittels Bromocriptin gesenkt werden konnte. So gingen Dyskinesien von 27 Prozent unter L-DOPA bzw. von 34 Prozent unter L-DOPA mit Selegilin auf zwei Prozent unter Bromocriptin-Monotherapie zurück. Bezüglich Oszillationen (rasches Schwanken zwischen On- und Off-Phasen) betrugen die entsprechenden Prozentzahlen 33, 35 und lediglich fünf unter Bromocriptin. Wie oben schon angedeutet, war nicht nur der fehlende symptomatische Wirkeffekt für das Ausscheiden aus dem Bromocriptin-Monotherapie-Arm verantwortlich, sondern es waren insbesondere die Nebenwirkungen wie Übelkeit und Hypotension, die den Therapieabbruch verursachten.

Es gibt mittlerweile aber eine ganze Reihe von Studien (z. B. Montastruc et al., 1994), die die Wirksamkeit von Bromocriptin sowohl als Monotherapeutikum als auch als **Komedikation** bestätigen. Besonderen Bekanntheitsgrad hat die **PRADO-Studie** (Pravidel® und L-DOPA) erzielt, in der insgesamt 674 Patienten prospektiv placebokontrolliert in zwei Therapie-Arme randomisiert wurden, wovon die eine Gruppe nur L-DOPA, die andere Gruppe L-DOPA sowie Bromocriptin (Pravidel®) erhielt (Przuntek et al., 1996). Ähnlich wie in der englischen Studie fanden sich deutlich weniger motorische Komplikationen unter der Kombination beider Präparate. Przuntek und Kollegen (1996) konnten auch nachweisen, dass je mehr Bromocriptin gegeben werden konnte, desto weniger motorische Komplikationen auftraten. Um dieses Ziel zu erreichen, müssen laut diesen Autoren mindestens 30 Prozent des L-DOPA durch Bromocriptin ersetzt werden. Betont werden muss, dass die Studie abgebrochen wurde, weil die Studienleiter unter der Kombinationstherapie eine signifikant **erniedrigte**

Mortalitätsrate feststellen (Przuntek et al., 1992).

Neben der Therapie von Frühstadien des IPS hat sich Bromocriptin auch in der Kombinationstherapie in späteren Phasen der Erkrankung bewährt. In Studien konnte nachgewiesen werden, dass die Krankheitsprogression vermindert wird, die motorischen Symptome verbessert werden, weniger motorische Komplikationen auftreten und dass Bromocriptin beim späten Hinzufügen die bereits bestehenden L-DOPA-induzierten Hyperkinesen bessert (Ramaker et al., 2000).

7.4.3.3 Nebenwirkungen und Kontraindikationen

Häufig berichtete Nebenwirkungen sind Übelkeit, Erbrechen, Schwindel, Hypotonie, die jedoch typisch sind für alle Ergotalkaloid-Abkömmlinge und möglicherweise auch für die neuen nicht strukturverwandten Dopamin-Rezeptoragonisten. Um diese zu vermeiden, muss man deshalb sehr langsam eindosieren (Domperidon!). Wie bei allen Ergot-Derivaten kommen selten Fibrosen und das Raynaud-Phänomen vor.

Kontraindikationen sind Überempfindlichkeit gegen Mutterkorn, unkontrollierter Bluthochdruck, Schwangerschaft und Stillzeit, koronare Herzkrankheit und schwere Herz-Kreislauf-Erkrankungen sowie psychische Störungen.

7.4.4 Cabergolin

7.4.4.1 Einleitung und experimentelle Pharmakologie

Cabergolin gehört ebenfalls zu den Ergotalkaloid-Abkömmlingen. Es ist damit eigentlich kein neuer Dopamin-Rezeptoragonist, so wie es von den Marketing-Leuten suggeriert wird. Es stimuliert vorwiegend Rezeptoren der D2-Familie (Tabelle 3.2 und 3.4). Die Plasmahalbwertszeit beträgt 65 Stunden (Tabelle 3.3) und erlaubt in vielen Fällen eine Einmalgabe pro Tag (Ahlskog et al., 1994, 1996). Der zunächst befürchtete kumulative Effekt bei täglicher Einnahme von 1–4 mg hat sich zumindest klinisch nicht gezeigt. Cabergolin hat eine Ergotalkaloid-typische geringe Bioverfügbarkeit, es wird nicht hepatisch metabolisiert und wird zu 80 Prozent biliär ausgeschieden.

7.4.4.2 Indikationen und klinische Pharmakologie

Cabergolin (Cabaseril®) hat seit der Zulassung im Mai 1997 in Deutschland eine sehr gute Akzeptanz erfahren, was wohl am ehesten auf seine besonders lange Plasmahalbwertszeit von etwa 65 Stunden und die relativ einfache und rasche Aufdosierung zurückgeführt werden kann. Das Präparat ist für die Behandlung als **Monotherapie** in **der Frühphase** der Erkrankung und als **Kombinationstherapie** zugelassen. Cabergolin kann mit den anderen Anti-Parkinson-Medikamenten gut kombiniert werden. Durch die lange Wirkdauer von ca. 30 Stunden ist die Einmalgabe in vielen Fällen möglich und erlaubt eine gute Kontrolle der Motorik zur Nacht, die Patienten werden nicht in den frühen Morgenstunden in ein Tief fallen.

Für ein noch relativ neu auf dem Markt befindlichen Dopamin-Rezeptoragonist liegen selbstverständlich ebenfalls Studien zur Effizienz in der initialen Mono- sowie frühen und späten Kombinationstherapie vor. Rinne und Mitarbeiter (1997) publizierten die ersten Zwischenergebnisse einer auf fünf Jahre angelegten **Monotherapie-Studie,** in die 419 Patienten eingeschlossen wurden. Im Vergleich zur mit L-DOPA behandelten Gruppe wies die Cabergolin-Gruppe nach einem Jahr bezüglich Wirksamkeit und Verträglichkeit ähnliche Werte auf. Inzwischen liegt die Studie als

Veröffentlichung vor und es ist nicht nur eine gute Wirksamkeit erkennbar (Bracco et al., 2004), sondern besonders bemerkenswert erscheint uns, dass die Patienten, die nur Cabergolin einnahmen, in der langen Behandlungszeit **keine Dyskinesien** entwickelten und dass auch die Patienten, die eine Kombination aus Cabergolin und l-DOPA einnahmen, signifikant weniger Dyskinesien als die aufwiesen, die eine l-DOPA-Monotherapie erhielten. Wie andere Dopamin-Rezeptoragonisten auch, konnte Cabergolin seine Wirksamkeit bezüglich Verlängerung der On-Zeit, Verkürzung der Off-Zeit, Minderung der notwendigen l-DOPA-Dosis und Reduktion der Dyskinesierate (z. B. Lieberman et al., 1993; Bracco et al., 2004) nachweisen.

In einer offenen, von Ulm und Mitarbeitern präsentierten Studie (Ulm et al., 1999) schien Cabergolin dem Pergolid überlegen zu sein, wobei die „Auswasch"-Phasen beim gewählten Cross-over-Design unseres Erachtens nach zu kurz waren und wir die Kernaussage der Studie erst noch einmal in einer größeren Studie bestätigt sehen wollen.

Baas und Schueler (2001) publizierten gleich drei Anwendungsbeobachtungen, in denen sie bei 255 Patienten, die motorisch nicht mehr ausreichend eingestellt waren, die Effektivität von Cabergolin während neun Monaten als Add-on-Therapie prüften: UPDRS und ADL wurden gebessert. In einer zweiten Anwendungsbeobachtung wurde bei 721 Patienten Cabergolin ebenfalls als Add-on-Therapie gegeben und Akinese, Dyskinesien und nächtliche Bewegungsarmut erfasst. Alle diese Parameter besserten sich und hielten nahezu unvermindert über zwei Jahre an. Eine dritte Anwendungsbeobachtung sollte nach dem Wechsel eines vorbestehenden Dopamin-Rezeptoragonisten zu Cabergolin einen Vergleich zwischen der Potenz der einzelnen Agonisten erlauben. Ohne in Details gehen zu wollen, ist natürlich auch hier strittig, ob jeweils die „richtigen" Äquivalenz-Dosen gewählt wurden.

Die Aufdosierung von Cabergolin auf bis zu 4 mg/Tag (höhere Dosen sind in ausgesuchten Fällen aber durchaus möglich) erfolgt innerhalb von vier Wochen, also relativ rasch, wobei wöchentlich um 1 mg gesteigert wird. Initial kommt es dabei zur Kumulation, bevor dann vier Wochen nach Erreichen der gewünschten Dosis ein Fließgleichgewicht erreicht wird. Aus den Studien kann man die Empfehlung ableiten, dass in der frühen Monotherapie etwa 3 mg/Tag ausreichend sind, während bei fortgeschrittenen Stadien eher 4 mg/Tag zum Einsatz kamen.

Es gibt erste Berichte, wonach bei ausgesuchten Patienten **bis zu 20 mg als Einmalgabe** täglich gegeben wurden (vgl. Ausführungen zur Hochdosis-Therapie bei Pergolid und Ropinirol, Storch et al., 2005). Will man von einem anderen Dopamin-Rezeptoragonisten auf Cabergolin umstellen, sollte das bisherige Präparat zunächst beibehalten werden, bis Cabergolin wirksame Spiegel erreicht werden, und erst dann reduziert werden. Im Krankenhaus hat sich der rasche Austausch von Dopamin-Rezeptoragonisten über Nacht gut bewährt.

Eine interessante und pharmakokinetisch nicht nachvollziehbare Erfahrung ist die Tatsache, dass **manche Patienten** das Präparat bevorzugt **in zwei täglichen Dosen** und nicht in einer einzigen am Morgen einnehmen. Dieses Phänomen wurde von mehreren Arbeitsgruppen in Deutschland studiert, ohne dass eine verbindliche Empfehlung aufgrund der dabei gewonnenen Daten ausgesprochen werden könnte. Unsere (HR) eigene Strategie ist dabei, zwei Drittel der Dosis morgens und ein Drittel nachmittags zu geben, wobei wir diese Unterteilung erst ab 5–6 mg/Tag beginnen.

Aufgrund seiner besonders langen Plasmahalbwertszeit ist Cabergolin prädestiniert eine gute Beweglichkeit auch über Nacht zu erlauben, wodurch die Patienten auch weniger „early morning akinesia" aufweisen (Marco et al., 2002).

7.4.4.3 Nebenwirkungen und Kontraindikationen

Da auch Cabergolin ein Ergotderivat ist, besteht die Sorge, dass es vermehrt zu **Herzklappen-Fibrosen** führen könnte. In zwei in Europa unabhängig voneinander durchgeführten Untersuchungen wurde ein erhöhtes Risiko für eine Herzklappeninsuffizienz unter Cabergolin und Pergolid nachgewiesen (Schade et al., 2007; Zanettini et al., 2007). Unsere (HR) eigene Studie (Junghanns et al., 2007) zeigte bei ca. 25 Prozent der Cabergolin-Patienten leichte Motilitätsverluste der Herzklappen, ohne dass unser verblindeter Kardiologe empfohlen hätte, die Einnahme abzusetzen und lediglich schriftlich empfohlen hat, die Echokardiographie in zwei Jahren zu wiederholen. Meine persönliche Meinung ist, dass man Patienten mit Cabergolin gefahrlos einstellen kann, sie aber doch sicherheitshalber einmal pro Jahr zur Herzechokardiografie senden sollte. Sowohl Verträglichkeit als auch das beobachtete Nebenwirkungsprofil entsprechen ansonsten den bisher besprochenen Dopamin-Rezeptoragonisten.

Nachteilig wirkt sich die lange Halbwertszeit allenfalls auf induzierte Halluzinationen aus, so dass Patienten unter Cabergolin besonders sorgfältig bezüglich Albträumen und beginnender Verkennungen befragt werden müssen und ihr Umfeld auf diese Problematik hingewiesen werden sollte.

7.4.5 Lisurid

7.4.5.1 Einleitung und experimentelle Pharmakologie

Lisurid gehört zu den Ergotalkaloid-Abkömmlingen. Es stimuliert D1-Rezeptoren und Rezeptoren der D2-Familie; zusätzlich werden aber auch andere nichtdopaminerge Rezeptoren wie bestimmte Subtypen des 5-HT-Rezeptors beeinflusst (Tabelle 3.2 und 3.4). Trotz der kurzen Plasmahalbwertszeit von zwei bis drei Stunden (Tabelle 3.3) reicht eine drei- bis viermalige Gabe Lisurid pro Tag aus. Wir möchten an dieser Stelle noch einmal betonen, dass die kurze Halbwertszeit nicht gleichbedeutend ist mit der klinischen Wirkdauer und verweisen den interessierten Leser auf das Kap. 3, in dem wir dies ausführlich erörtern.

7.4.5.2 Indikationen und klinische Pharmakologie

In Deutschland ist Lisurid zur **Kombinations-Behandlung mit L-DOPA** beim IPS unter dem Markennamen Dopergin® **zugelassen**. Die i. v. Darreichungsform von Lisurid ist leider nicht eingeführt worden, sodass derzeit allein Apomorphin als i. v. applizierbarer Dopamin-Rezeptoragonist zur Verfügung steht.

Ähnlich wie für die anderen Dopamin-Rezeptoragonisten liegen auch für Lisurid Studien vor, die dessen Wirkung in der Früh- und Spätphase der Erkrankung und seine Wirkung in der Mono- und Kombinationstherapie nachgewiesen haben.

In der **Monotherapie** konnte bis zu zwei Jahre lang der Einsatz von L-DOPA verzögert werden. Die erforderliche Tagesdosis dafür liegt zwischen 0,8–1,6 mg/Tag. Bezüglich der Wirksamkeit bei **Kombinationstherapie** oder auch Monotherapie gibt es eine Zehnjahresstudie (Rinne, 1999). Teilnehmer dieser Studie waren 90 De-novo-Parkinson-Patienten. Die Monotherapie wurde über die Zeit von zunehmend weniger Patienten toleriert. Die Patienten, die mit der Monotherapie nicht ausreichend eingestellt werden konnten, erhielten zusätzlich L-DOPA. Lisurid führte dabei im Vergleich zu Patienten, die eine Monotherapie mit L-**DOPA** erhielten, zu einem eindeutigen **Spareffekt**: So nahm die Gruppe mit ausschließlich L-DOPA nach zehn Jahren 777 ± 80 mg L-DOPA/Tag ein.

Die Gruppe, die zunächst nur Lisurid und erst später L-DOPA erhielt, benötigte nach zehn Jahren nur 577 ± 68 mg L-DOPA pro Tag und die Patienten, die gleich eine Kombinationstherapie erhalten hatten, benötigten 653 ± 55 mg L-DOPA pro Tag. Die verspätete Gabe von L-DOPA war bezüglich der Verzögerung des Auftretens von motorischen Fluktuationen, End-of-dose-Akinesien und Dyskinesien von Vorteil. Somit war der Langzeitverlauf unter Kombinationstherapie günstiger als unter Monotherapie mit L-DOPA.

Auch in der späten Kombinationstherapie war Lisurid wirksam und konnte bereits bestehende motorische Fluktuationen bessern. Selbst in späten Phasen des Parkinson-Syndroms konnte die L-DOPA-Dosis um 50 Prozent reduziert werden, ohne einen Wirkverlust bezüglich der Motorik zu riskieren. Die Nebenwirkungen waren bei Patienten, die eine Kombinationstherapie erhielten, allerdings höher als bei denen, die nur L-DOPA einnahmen. Die **empfohlene Dosis** beträgt 0,6 bis 2 mg Lisurid pro Tag, d. h., wesentlich mehr als die meisten Neurologen einsetzen. Überhaupt muss an dieser Stelle nochmals betont werden, dass die Dopamin-Rezeptoragonisten häufig unterdosiert werden. Bei guter Toleranz gibt es keinen Grund, nicht deutlich über 0,6 mg/Tag zu gehen. Im Übrigen gilt, dass eine Applikation von weniger als 0,6 mg/Tag wirkungslos ist.

Noch sehr wenige Untersuchungen gibt es zur antidepressiven Wirksamkeit von Lisurid, obwohl diese aufgrund des dopaminergen Rezeptorprofils zu erwarten ist (Tabelle 3.4). Es liegt bisher nur eine vorläufige Studie von Vinar und Kollegen (1985) vor, in der die antidepressive Wirksamkeit von Lisurid mit Amitriptylin und Nortriptylin bei 52 Patienten verglichen wurde. Lisurid wurde in einer mittleren Dosis von 1,5 mg/Tag, die beiden anderen Wirkstoffe in einer Dosis von 230 mg/Tag appliziert. Interessanterweise war der Wirkungseffekt bei allen drei Wirkstoffen gleich, wobei er unter Lisurid sogar noch eine Nuance besser war. Leider wurden diese frühen Beobachtungen nicht aufgegriffen und leider kann auch der antiserotoninerge Effekt von Lisurid i. v. in der Migräne-Attacke oder beim Cluster-Kopfschmerz nicht mehr therapeutisch genutzt werden (Off-label-use), da keine i. v. Formulierung mehr erhältlich ist.

Besonders vielversprechend dürfte die **neue Applikationsform in Form des Lisurid-Pflasters** werden. In einer doppelblinden, placebokontrollierten Studie wurden Parkinson-Patienten in fortgeschrittenem Stadium entweder mit Placebo-Pflaster (N = 163) oder mit Lisurid-Pflaster (N = 166) behandelt, wobei unter Lisurid die tägliche Off-Zeit um 1,5 Stunden und unter Placebo um 0,2 Stunden reduziert werden konnte. Ausgangswerte waren ca. 5,8 Stunden Off-Zeit. Entsprechend der Reduktion der täglichen Off-Zeit kam es zu einer korrespondierenden Zunahme der On-Zeit von bis zu 1,5 Stunden pro Tag. Besonders beeindruckend war die Verbesserung der ADL und der motorischen Skalen der UPDRS, wo eine Verbesserung von im Mittel bis zu 10 Punkten erreicht werden konnte, was auch von oral applizierten Dopamin-Rezeptoragonisten nicht übertroffen wird. Der motorische Score verbesserte sich um sechs Punkte (R Horowski, persönliche Mitteilung). Diese Ergebnisse sind bemerkenswert, da sie für Patienten im fortgeschrittenen Parkinson-Stadium eine einfache und leicht applizierbare neue Option eröffnen. **Vorteile einer Pflastertherapie** sind die einmal tägliche Anwendung, die Umgehung des First-pass-Effektes in der Leber, die einfache Anwendung, die Tatsache, dass man die Einnahme wohl nicht so leicht vergessen kann, wie das bei Tabletten der Fall ist, die man mehrfach täglich einnehmen muss und die Chance, bei Auftreten von Nebenwirkungen, durch Abnahme des Pflasters, diese rasch zu minimieren. **Nachteilig** könnte sich lediglich eine empfindliche Haut bemerkbar machen. Beim bereits zugelassenen Rotigotin-Pflaster (siehe nachfolgendes Kapitel) ist das ein vernachlässigbares Moment, was auch in der Lisurid-Studie so festgestellt werden konnte.

7.4.5.3 Nebenwirkungen und Kontraindikationen

Vonseiten des Nebenwirkungsprofils ist wie immer vor einer zu raschen Aufdosierung zu warnen. Wichtige Nebenwirkungen sind Übelkeit, Erbrechen (Domperidon!), Hypotonie, Schwindelgefühl, Kopfschmerzen und Müdigkeit. Bei zu hoher Dosierung bzw. bei zu rascher Aufdosierung kann es zu Verwirrtheitszuständen, Albträumen und Halluzinationen kommen. Wie bei allen Ergotalkaloid-Derivaten kommen selten Fibrosen und das Raynaud-Phänomen vor. Darüber hinaus wurden Ödeme und selten Exantheme beobachtet.

Im Gegensatz zu anderen Ergotderivaten ist Lisurid ein Antagonist des serotoninergen HT-$_{2B}$-Rezeptorsubtyps und damit besteht wohl keine erhöhte Gefährdung für die Entstehung von Herzklappenfibrosen (Hofmann et al., 2006). Dies bestätigten auch die neuesten Untersuchungen (Schade et al., 2007; Zanettini et al., 2007).

7.4.6 Pergolid

7.4.6.1 Einleitung und experimentelle Pharmakologie

Pergolid gehört ebenfalls zu den Ergotalkaloid-Abkömmlingen. Es stimuliert Rezeptoren der D1- und D2-Familie und zusätzlich werden aber auch andere nichtdopaminerge Rezeptoren wie bestimmte Subtypen des 5-HT- oder adrenergen Rezeptors beeinflusst (Tabelle 3.2 und 3.4). Pergolid war der erste Dopamin-Rezeptoragonist, für den die zusätzliche Stimulation des D1-Rezeptors besonders hervorgehoben wurde. Dies trifft aber auch für andere in der Parkinson-Therapie angewendeten Dopamin-Rezeptoragonisten zu (Tabelle 3.4). Die Plasmahalbwertszeit beträgt, je nach der Bestimmungsmethode, sieben bis 16 Stunden (Tabelle 3.3). Pergolid hat eine für Ergotalkaloide typische geringe Bioverfügbarkeit (Tabelle 3.3). Der Abbau von Pergolid erfolgt in der Leber und die Elimination zu etwa gleichen Teilen durch die Nieren und in den Fäzes. Fünf Prozent werden über die Lunge ausgeschieden.

7.4.6.2 Indikationen und klinische Pharmakologie

Pergolid ist in Deutschland unter dem Handelsnamen Parkotil® als **Add-on-Medikament** zur L-DOPA-Therapie und seit 1999 auch für die **Monotherapie zugelassen**. Pergolid kann gut mit sämtlichen Anti-Parkinson-Medikamenten kombiniert werden, da es keine Interaktionen aufweist. Gleiches gilt auch für Antidepressiva. Wegen Beobachtungen von van Camp und Kollegen (2003), dass Pergolid zu vermehrten Herzklappen-Fibrosen führt, hat der Hersteller in einem „Rote Hand Brief" darauf hingewiesen, dass Pergolid nur noch als **Ersatz-Dopamin-Rezeptoragonist** verwendet werden soll (second line). Es ist somit nahezu obsolet, mit diesem Agonisten zu therapieren, da bei Auftreten einer Herzklappen-Fibrose die Haftung beim behandelnden Neurologen läge. Patienten, die auf Pergolid eingestellt sind und einen guten Wirkerfolg zeigen, sollten allerdings nicht umgestellt werden.

Es gibt eine Reihe von Studien zur Effizienz von Pergolid als Add-on-Therapeutikum, jedoch wurde auch eine Monotherapie-Studie von Oertel und Kollegen (2006) initiiert (**PELMO-PET**), die einen möglichen neuroprotektiven Effekt von Pergolid auf die Krankheitsprogression untersuchte. Diese Studie verglich die Wirkungen von Pergolid (N = 148) und L-DOPA (N = 146) als Monotherapien in De-novo-Patienten auf die Inzidenz und den Schweregrad von motorischen

Komplikationen, die Erkrankungsprogression, die symptomatische Wirksamkeit und das Nebenwirkungsprofil. Im Gegensatz zu vergleichbaren Studien mit anderen Dopamin-Rezeptoragonisten war eine zusätzliche Therapie mit L-DOPA nicht erlaubt. Die mittlere Tagesdosis von Pergolid betrug nach drei Jahren 3,23 ± 1,36 mg; für L-DOPA betrug sie 504 ± 213 mg (Oertel, 2000; Oertel et al., 2006). Die Drei-Jahres-Ergebnisse zur Zeitdauer bis zum Auftreten erster positiver Befunde für den UPDRS, Teil IVa, der nur Dyskinesien erfasst, zeigte, dass Pergolid statistisch signifikant besser war als L-DOPA. Weitere Daten zeigten, dass der Schweregrad motorischer Komplikationen unter Pergolid geringer war als unter L-DOPA. Allerdings traten in beiden Behandlungsarmen gleich früh motorische Komplikationen auf. Die motorische Besserung war unter L-DOPA stärker als unter Pergolid, wie anhand von Teil III der UPDRS und anderen Skalen (CGI, PGI) ermittelt wurde. Die Nebenwirkungsraten, die zum Abbrechen der Studie führten, betrugen bei Pergolid 17,6 und bei L-DOPA 9,6 Prozent.

Um die Erkrankungsprogression in den beiden Therapie-Armen zu vergleichen, wurden insgesamt 88 Patienten in der PELMO-PET-Studie in eine zusätzliche PET-Studie einbezogen, in der die ^{18}F-DOPA-Aufnahme in das Putamen und den Nucleus caudatus während der dreijährigen Therapieperiode untersucht wurde. Nach drei Jahren war jedoch kein Unterschied zwischen den beiden Gruppen feststellbar (ebd.).

In einer großen, nach modernen Kriterien bei 376 Patienten durchgeführten Studie konnten Olanow und Kollegen (1994) zeigen, dass Pergolid im Vergleich zu Placebo als **Add-on-Medikament** zu L-DOPA bei Patienten mit Fluktuationen und nicht zufriedenstellender Motorik deutliche Verbesserungen erreichte. Die L-DOPA-Dosis konnte um 25 Prozent gesenkt werden, die Off-Zeit war um 33 Prozent geringer und die Einstufung entsprechend der Hoehn-und-Yahr-Skala verbesserte sich um 0,36 Punkte.

Im Vergleich zu Bromocriptin zeigte Pergolid in einigen Studien entweder gleich gute oder meist sogar bessere Wirkung. Obwohl Pergolid schon über zehn Jahre auf dem Markt ist, gibt es leider keine international publizierte Vergleichsstudie zwischen Pergolid und einem der neuen Dopamin-Rezeptoragonisten wie Cabergolin, Ropinirol, Pramipexol und Rotigotin. Die besonders gute Wirksamkeit von Pergolid rechtfertigte stets auch einen Wechsel von einem anderen Dopamin-Rezeptoragonisten, mit dessen Wirkung Patient und Therapeut nicht zufrieden sind. Für mich (HR) war die Wirkpotenz von Pergolid deshalb besonders überzeugend, weil es mit Pergolid gelang, Patienten mit Lisurid-Pumpen auf perorale Gabe von Pergolid umzustellen. Dies hat sich aber, wie oben schon ausgeführt durch das Herzklappen-Problem grundlegend geändert; wir werden künftig nur noch in Ausnahmefällen auf diesen potenten Dopamin-Rezeptoragonisten zurückgreifen können.

Wie oben erwähnt, ist Pergolid nun auch für die **Monotherapie** in Deutschland zugelassen. Dies beruht auf einer Arbeit von Barone et al. (1999), in der gezeigt werden konnte, dass Pergolid in der Monotherapie effektiv ist. In einer Multicenter-Studie (19 europäische Zentren) wurden doppelblind randomisiert in Parallelgruppen in einem Dreimonatszeitraum im Vergleich zu Placebo die Verträglichkeit und Effektivität von Pergolid getestet. Es wurden Patienten in die Studie aufgenommen, die Hoehn-und-Yahr-Stadium I bis III und in der „Motor-score"-Subskala der UPDRS (Teil III) zu Beginn der Untersuchung eine Punktzahl von mehr als 14 hatten. Insgesamt wurden 53 Patienten mit Pergolid und 52 Patienten mit Placebo behandelt. Die Patienten durften nicht länger als drei Jahre an Parkinson erkrankt sein, sie durften keinerlei andere Anti-Parkinson-Medikamente einnehmen und falls sie das vor der Studie getan hatten, wurden die Präparate konsequent abgesetzt. Die demographischen Charakteristiken waren für beide Gruppen gleich. Auch war der Schweregrad in beiden Gruppen bei Aufnahme in die Studie gleich. Die mit Pergolid therapierten Patienten zeigten eine signifikant höhere Ansprech-Rate mit 57 gegenüber 17 Prozent in der Placebo-Gruppe. Als Responder wurden die Patienten definiert, die eine über 30-prozentige Verbesserung der UPDRS-Teil-III-Skala erzielten. Darüber hinaus waren die mit Pergolid behandelten Patienten auch bezüglich der UPDRS- (Teil II und III), Schwab-und-England- und „Clinical Global Impression"-Skala signifikant besser als die Placebo-Gruppe. Diese Verbesserungen wurden unter einer mittleren Pergolid-Dosis von 2,06 mg/Tag bei Studienende erreicht. Die Studie hatte eine Höchstdosis von 3 mg Pergolid/Tag vorgesehen. Die Enddosis hatte zu Studienende zwei Wochen konstant zu sein, bevor die Endauswertung erfolgte. Alle Patienten hatten aus „Blindungsgründen" Domperidon erhalten. Sechs Patienten aus dem Pergolid-Arm und zwei Patienten aus dem Placebo-Arm beendeten die Studie wegen Nebenwirkungen. Diese Studie ist somit Grundlage zur Annahme, dass Pergolid als Monotherapie beim IPS in den Frühstadien sicher, gut verträglich und hoch wirksam ist.

Eine **detaillierte Übersicht über** den **Einsatz** von Pergolid **bei De-novo-Erkrankten und Patienten mit** einem **fortgeschrittenen Stadium** geben Bonuccelli et al. (2002), in der die Autoren insbesondere die oben zitierten doppelblinden randomisierten Studien auswerten, wobei sie darauf hinweisen, dass Pergolid in der **Initialphase** der Krankheit so **effektiv wie** l-DOPA ist und effektiver als Bromocriptin.

Erste Erfahrungen mit der **Hochdosis-Therapie** mit Pergolid sammelten Facca und Kollegen (1996), als sie bei 13 Patienten mit einem Durchschnittsalter von 70 Jahren und einer mittleren Krankheitsdauer von 13 Jahren Pergolid auf $6,5 \pm 2,1$ mg hoch dosierten. Dabei wurde die Off-Zeit von 27 auf 16 Prozent reduziert, die Dyskinesien, die im Schnitt seit ca. sechs Jahren bestanden, von 71 auf 13 Prozent des Tages reduziert. Die l-DOPA-Dosis konnte von durchschnittlich 825 auf 98 mg/Tag reduziert werden. In Deutschland waren Schwarz und Kollegen die Ersten, die mit Pergolid eine Hochdosis-Therapie systematisch bei Patienten mit schweren l-DOPA-induzierten Dyskinesien durchführten (Schwarz et al., 1997; Oehlwein et al., 2000). Ihre Patienten erhielten bis zu einer Dosis von 3 mg alle ein bis drei Tage 0,25–0,5 mg mehr Pergolid, danach wurde alle ein bis drei Tage um 1 mg gesteigert. Sobald die Dyskinesien zunahmen, wurde l-DOPA um 100–200 mg pro Tag reduziert. In Off-Phasen wurde mit Apomorphin s. c. therapiert. Neunzehn von 23 Patienten, die in die Studie initial eingeschlossen worden waren, tolerierten die Hochdosis-Therapie. Vier Patienten mussten wegen gravierender Nebenwirkungen (eine Patientin entwickelte eine starke Nausea und drei eine Psychose) die Studie abbrechen. Die mittlere l-DOPA-Dosis konnte bei den 19 Patienten von 561 ± 309 auf 239 ± 295 mg/Tag reduziert werden. Pergolid wurde entsprechend von $0,77 \pm 0,57$ auf $9,1 \pm 4,0$ mg/Tag gesteigert, wobei drei Patienten bis zu 14 mg Pergolid am Tag tolerierten. Eine Verbesserung der Dyskinesien konnte bei 42 Prozent der Patienten, eine Verschlechterung dagegen bei 10,5 Prozent gesehen werden.

Zusammenfassend kamen Schwarz und Mitarbeiter (1997) zum Schluss, dass die hoch dosierte Therapie mit Dopamin-Rezeptoragonisten bei der Mehrzahl der Patienten zu einer deutlichen Reduktion der Off-Zeit führt, dass l-DOPA im Mittel um ca. zwei Drittel reduziert und bei ein Drittel der Patienten sogar ganz abgesetzt werden kann und es zu einer Reduktion der Dyskinesien kommt. Oft ist die Umstellung bei Patienten mit fortgeschrittenem Krankheitsbild schwierig, da es in der Umstellungsphase häufig auch zur Verschlechterung der Symptomatik mit Zunahme der

Dyskinesien oder der Off-Zeiten kommt. Somit empfehlen die Autoren dieser Studie (ebd.) die Umstellung stationär vorzunehmen. Injektionen von Apomorphin und eine Begleittherapie mit niedrigaffinen NMDA-Rezeptorantagonisten (Amantadin-Sulfat) können notwendig werden.

7.4.6.3 Nebenwirkungen und Kontraindikationen

Pergolid wird insgesamt gut vertragen und hat gleiche Nebenwirkungen wie die übrigen Dopamin-Rezeptoragonisten. Die häufigsten Nebenwirkungen umfassen Übelkeit, Schwindel, Halluzinationen, Schlaflosigkeit, Somnolenz/Müdigkeit und orthostatische Hypotonie. Die Aufdosierung von Pergolid ist so anspruchsvoll, dass dies vom Hersteller erkannt wurde und glücklicherweise durch die Einführung einer **„Start-Packung"** erleichtert wurde. Ohne diese „Start-Packung" war in der Eindosierungs-Phase eine sehr enge Zusammenarbeit zwischen Patient und Therapeut notwendig.

Die Firma Lilly empfiehlt heute Pergolid nur noch als Ersatzpräparat einzusetzen, da es Hinweise darauf gibt (van Camp et al., 2004; Schade et al., 2007; Zanettini et al., 2007), dass dieser ergoline Dopaminrezeptor-Agonist besonders häufig zu Herzklappenfibrosen führt.

7.4.7 Pramipexol

7.4.7.1 Einleitung und experimentelle Pharmakologie

Pramipexol gehört wie Ropinirol zu den noch relativ neuentwickelten Dopamin-Rezeptoragonisten, die nicht strukturverwandt sind mit Ergotalkaloid-Abkömmlingen (Abb. 3.10). Pramipexol stimuliert vorwiegend Rezeptoren der Dopamin-D2-Rezeptorfamilie, andere nichtdopaminerge Rezeptoren werden nicht beeinflusst (Tabelle 3.2 und 3.4). Aufgrund des Rezeptorbindungsprofils sollte es antidepressiv wirksam sein, was tatsächlich auch in klinischen Studien gezeigt werden konnte (siehe nachfolgender Abschnitt). Die Plasmahalbwertszeit beträgt je nach Bestimmungsmethode acht bis zwölf Stunden (Tabelle 3.3), was eigentlich auch für eine einmalige Dosierung pro Tag reichen sollte. Im klinischen Alltag wird es aber im Allgemeinen dreimal pro Tag gegeben. Im Gegensatz zu den Ergotalkaloid-Abkömmlingen hat es eine sehr hohe Bioverfügbarkeit von größer 90 Prozent (Tabelle 3.3). Durch die niedrige Plasma-Eiweiß-Bindung (< 20 Prozent) ist keine Interaktion mit anderen Medikamenten zu erwarten.

7.4.7.2 Indikationen und klinische Pharmakologie

Pramipexol wurde 1998 in Deutschland unter dem Markennamen Sifrol® **für die Kombinationstherapie zugelassen**. Wie in den nordamerikanischen Ländern hat Pramipexol in Deutschland mittlerweile auch die **Zulassung für** die **Monotherapie.**

Bislang liegen **mehrere große moderne Studien** vor, die die Wirksamkeit von Pramipexol als Monotherapeutikum in der Frühphase der Parkinson-Krankheit (Shannon et al., 1997) bzw. als Add-on-Therapeutikum in der Spätphase (Lieberman et al., 1997) unterstreichen. In einer doppelblinden, placebokontrollierten Studie mit 335 De-novo-Patienten besserte Pramipexol (maximale Dosis 4,5 mg/Tag) die Parkinson-Symptomatik, die mittels ADL und UPDRS (motor examination) gemessen wurde (Shannon et al., 1997), und in der offenen Nachbeobachtungszeit konnten 73 Prozent der Patienten auf den Einsatz von L-DOPA verzichten (Parkinson Study Group, 2000). Ein von anderen Dopamin-Rezeptoragonisten abweichendes Ergebnis brachte die Dosis-Findungsstudie (Shannon et al., 1997), die zwischen der Applikation von 1,3, 3, 4,5 und 6 mg pro Tag keinen Unterschied fand. Meine eigene (HR) klinische Erfahrung spricht aber doch dafür, dass eine **Dosis-Wirkungsbeziehung** besteht. Die daraus ableitbare Empfehlung wäre der Einsatz von dreimal 1,5 mg pro Tag. Wir sind der Meinung, dass Pramipexol zu den potentesten und bestführbaren Anti-Parkinson-Medikamenten gehört und insbesondere auch beim Tremor eine sehr gute Wirkung ermöglicht.

Eine besonders sorgfältig konzipierte Studie ist die **CALM-PD-Studie** (Comparison of the Agonist pramipexol versus Levodopa on Motor complications in Parkinson's Disease), deren Zwei-Jahresergebnisse 2000 und die Vierjahresergebnisse 2002 publiziert wurden (Parkinson Study Group, 2000, 2002). In dieser Studie sollte ein Vergleich der frühen Monotherapie mit Pramipexol versus L-DOPA bei 301 Patienten mit einem IPS erfolgen. Es handelte sich dabei um eine multizentrische, doppelblinde, randomisierte und kontrollierte Parallelgruppen-Studie. Die Verteilung erfolgte gleich in beide Arme, die Patienten waren im Schnitt 61 Jahre alt, seit ca. 1,5 Jahren krank und hatten eine UPDRS-Punktzahl (motor score) von 22 zu Beginn der Studie. Es wurde auf 1,5, 3 bzw. 4,5 mg/ Tag Pramipexol und auf 300, 450 und 600 mg/Tag L-DOPA aufdosiert, wobei die Patienten offen L-DOPA dazu einnehmen durften. Nach zwei Jahren wiesen 50 Prozent der mit L-DOPA- und nur 26 Prozent der mit Pramipexol behandelten Patienten motorische Komplikationen auf. Die Verbesserung des Gesamt-UPDRS-Punktzahl war nach zwei Jahren 4,5 für Pramipexol und 9,2 für L-DOPA; nach vier Jahren waren es minus ein Punkt für Pramipexol und 3,6 Punkte für L-DOPA, sodass jeweils L-DOPA (statistisch signifikant) motorisch besser abschnitt, obwohl die Patienten in beiden Armen ja L-DOPA dazu einnehmen durften. Man kann an dieser Stelle nur spekulieren, dass die mit Pramipexol behandelten Patienten so zufrieden waren (eventuell wegen der antianhedonen Wirkung), dass sie nicht mehr zusätzlich L-DOPA einnehmen wollten. Motorische Komplikationen traten demgegenüber auch nach vier Jahren bei 74 Prozent der mit L-DOPA behandelten Patienten auf, während es bei den mit Pramipexol behandelten nur 51 Prozent waren. Noch deutlicher war der Unterschied bezüglich der **Dyskinesien,** da hier unter Pramipexol nur 25 Prozent und unter L-DOPA dagegen 54 Prozent der behandelten Patienten diese Komplikation aufwiesen.

Zweiundachtzig der 301 Patienten, die an der CALM-PD-Studie teilnahmen, wurden zusätzlich in eine **SPECT-Studie** einbezogen, um die Erkrankungsprogression in den beiden Therapie-Armen zu vergleichen (Parkinson Study Group, 2002). Die Patienten wurden in 17 Zentren rekrutiert, die ausschließlich in Kanada und den USA lagen, da alle Patienten von Ken Marek in New Haven nuklearmedizinisch untersucht wurden. Es wurden SPECT-Messungen des Striatums mit **β-CIT**, das mit ^{123}Iod markiert war, durchgeführt. In dieser randomisierten, doppelblinden Studie erhielten 42 Patienten L-DOPA und 40 Patienten Pramipexol und zwar in einer Dosierung von 1,5, 3 oder 4,5 mg/Tag. Diese Dosierung wurde innerhalb von zehn Wochen erreicht. Die Studien-Medikation wurde so für 24 Monate belassen, worüber 2000 (Parkinson Study Group) schon einmal berichtet worden war und von einem nichtsignifikanten Trend zugunsten der mit Pramipexol therapierten Patienten bezüglich der Überlebensrate ihrer dopaminergen Neuronen ausgegangen wurde. Daraufhin wurde die Studie für weitere zwei Jahre fortgeführt und weitere SPECT-Untersuchungen im 34. und 46. Monat durchgeführt (Marek et al., 2002). Zusätzlich wurden klinische Daten mittels UPDRS zwölf Stunden nach Absetzung der jeweiligen Anti-Parkinson-Medikation erhoben. Die Patienten konnten entsprechend ihren Bedürfnissen weiter aufdosiert werden. Die Patienten im L-DOPA-Arm erhielten entsprechend 300, 450 oder 600 mg/Tag. Alle Patienten, die motorische Symptome oder zunehmende Beeinträchtigungen der ADL hatten, durften offen L-DOPA/Carbidopa einnehmen.

Eine erneute Auswertung der Daten erbrachte diesmal signifikante Ergebnisse (Abb. 6.6): Die Progressionsrate, gemessen an der β-CIT-Aufnahme im Striatum, verlangsamte sich unter der Pramipexol, verglichen mit der L-DOPA-Therapie (Marek et al., 2002). Dieses Ergebnis spricht dafür, dass Pramipexol möglicherweise das Absterben dopaminerger Neurone abbremst, jedoch ist nicht auszuschließen, dass dieses Ergebnis durch einen pharmakologischen Effekt des Pramipexols hervorgerufen wurde (siehe Kap. 6.2). Es ist bedauerlich, dass von den 39 Pramipexol-Patienten nach vier Jahren nur 19 Patienten nur Pramipexol und kein „offenes" L-DOPA einnahmen. Von den Autoren der Studie wird daher derzeit geprüft, ob diese Patienten einen noch geringeren Verlust der dopaminergen Neuronen aufwiesen. Kritisch diskutiert wird die Tatsache, dass trotz dieses positiven neuroprotektiven Effektes beide Patienten-Gruppen nach 34 und 46 Monaten klinisch gleich gut bezüglich der Parkinson-Symptomatik waren. Ein zweites Problem ist, dass verständlicherweise aus ethischen Gründen kein reiner Placebo-Arm geführt werden konnte und somit rein theoretisch Pramipexol neuroprotektiv oder L-DOPA neurotoxisch war. Die Autoren favorisieren die erste Ansicht auf Grund der jährlichen Progressionsraten, die sie anhand alter SPECT-Untersuchungen von nichtbehandelten Parkinson-Patienten ermittelten und auf Grund der Vergleichbarkeit mit den Daten, die in der Literatur publiziert wurden. Jennings et al. (2000) beschrieben den Zellverlust bei nichtbehandelten Parkinson-Patienten von 6,8 Prozent/Jahr.

Die Wirksamkeit in den Spätphasen konnte durch eine Abnahme der Off-Phasen um 1,5 Stunden pro Tag gezeigt werden und die Dosis an L-DOPA konnte um 25 Prozent reduziert werden. Auch für Pramipexol liegt eine **Vergleichsstudie zu Bromocriptin** vor, die ein besseres Ansprechen für Pramipexol bezüglich den ADL (Tabelle 7.1) und der Zeit der Off-Phasen zeigte (Guttman et al., 1997).

Aus meiner (HR) Sicht unumstritten ist die gute **Wirkung** von Pramipexol **gegen Tremor,** was wir selbst in einer Anwendungsbeobachtung zeigen konnten und im Tremorlabor meiner Klinik mittels quantitativer Messungen gezeigt werden konnte (Reichmann et al., 2002a; A. Müller, persönliche Mitteilung). Aufgrund der QTc-Problematik des Budipins wurden einige Patienten, die nicht weiter Budipin einnehmen wollten, aber auch Patienten, denen Budipin nicht bezüglich des Tremors geholfen hatte, auf Pramipexol eingestellt; dabei konnte eine Besserung des Tremors festgestellt werden. Wichtig dabei ist, dass Arzt und Patient wissen, dass Pramipexol zuerst den Rigor lockert und dann erst antitremorös wirkt, wenn weiter aufdosiert wird. Es wird somit in der Aufdosierungsphase vom Patienten immer wieder besorgt von einer Tremor-Zunahme berichtet, was ja ganz diametral entgegengesetzt zu dem ist, was ihm vom behandelnden Arzt versprochen wurde. Seitdem wir in meiner Klinik die Patienten auf diese Übergangszeit hinweisen, gibt es bezüglich der Compliance keine Probleme mehr. Pogarell und Kollegen (2002) führten eine randomisierte, doppelblinde, placebokontrollierte Multicenterstudie durch, in der 84 Parkinson-Patienten mit ausgeprägtem, therapieresistentem Tremor Pramipexol oder Placebo als Add-on-Therapie über zwölf Wochen erhielten. Ausgewertet wurden die Patienten unter Zuhilfenahme der Tremor-Punktezahl der UPDRS, des Langzeit-EMG sowie des Patientenurteils. In den UPDRS-Tremor-Punkten zeigte sich eine signifikante Verbesserung unter Pramipexol im Vergleich zu Placebo (39% für den Ruhetremor, −36% für den Haltetremor). Im Langzeit-EMG konnte ebenfalls ein signifikanter Unterschied mit einer Reduktion der Tremor-Häufigkeit um 45 Prozent festgestellt werden und 56 Prozent der Patienten gaben eine erhebliche Besserung an.

Unter meiner Federführung (HR) wurden in einer 657 Patienten umfassenden Gruppe die Wirksamkeit und Verträglichkeit von Pramipexol unter Praxisbedingungen im Rahmen einer vom Gesetzgeber vorgeschriebenen **Anwendungsbeobachtung bezüglich Tremor** und **Depression** (Anhedonie) untersucht (Reichmann et al., 2002a). Das Ergebnis war, dass für den Halte- und Ruhetremor eine signifikante Verbesserung unter Pramipexol zu beobachten war, zusätzlich konnte eine deutliche Besserung der Depression festgestellt werden. Besonders eindrücklich war die Minderung der Anhedonie unter Pramipexol, die auf der SHAPS (Snaith-Hamilton-Pleasure-Scale)-Skala (Lemke et al., 1999) von 6,2 signifikant auf 3,1 Punkte sank. Mittlerweile konnten einige weitere Arbeitsgruppen wie Rektorova et al. (2003) oder Barone et al. (2006) eine gute antidepressive Wirksamkeit von Pramipexol bei Parkinson-Patienten nachweisen. Corrigan et al. (2000) und Goldberg et al. (2004) konnte sogar zeigen, dass Pramipexol bei Patienten mit endogener („major") Depression einen den SSRIs vergleichbaren Effekt aufweist. Diese gute antidepressive und antianhedone Wirksamkeit von Pramipexol wird auf seine D3-Rezeptoraffinität zurückgeführt.

7.4.7.3 Nebenwirkungen und Kontraindikationen

Pramipexol ist insgesamt gesehen ein gut verträglicher Wirkstoff. Die auftretenden unerwünschten Nebenwirkungen entsprechen denen, die schon erwähnt wurden und typisch für Dopamin-Rezeptoragonisten, aber auch L-DOPA sind (Übelkeit, Erbrechen, Müdigkeit, selten Hypotension sowie Halluzinationen). Gelegentlich wurde das Auftreten von Ödemen berichtet.

Hinzuweisen ist noch auf das **Auftreten von retinaler Degeneration** bei Albino-Ratten, die Pramipexol erhalten hatten. Daraufhin wurden an der Universitätsklinik für Augenheilkunde in Tübingen eine Vielzahl von mit Pramipexol behandelten Patienten untersucht, ohne dass diese Veränderung bei einem einzigen Patienten gesehen wurde. Trotzdem ist es ratsam, Patienten unter Pramipexol bis auf weiteres einmal pro Jahr augenärztlich kontrollieren zu lassen.

In letzter Zeit gibt es sehr kontrovers geführte Diskussionen darüber, ob Pramipexol und andere Dopamin-Rezeptoragonisten zu **„sudden sleep attacks"** führen. In einem wenig detaillierten Artikel hatten Frucht und Mitarbeiter (1999) darauf hingewiesen, dass sie acht Patienten gesehen haben, die am Steuer ihres Wagens plötzlich eingeschlafen seien und insgesamt neun Unfälle verursacht hätten. Nach Absetzung von Pramipexol sei das nicht mehr passiert. Bei der Umstellung von Pramipexol auf Ropinirol sei ein Patient auch kurz nach der Umstellung noch eingeschlafen.

Die Firma Boehringer Ingelheim reagierte daraufhin und empfahl allen Patienten mit Pramipexol vom Lenken eines Fahrzeuges abzusehen. Ähnliches legte die Firma SmithKline Beecham (jetzt GlaxoSmithKline) in einem „Rote-Hand-Brief" dar, in dem sie ebenfalls dazu aufforderte, dass Patienten unter Ropinirol nicht Auto fahren sollen. Zu diesem Schritt kam es, weil bei 17 Ropinirol-Patienten hauptsächlich in den USA und Kanada **„plötzliches Einschlafen"** beschrieben wurde. Zum Teil sei dieses Ereignis beim Autofahren aufgetreten. Angeblich hätten sich nur einige Patienten schon vor dem Einschlafen schläfrig gefühlt, andere hätten zuvor keine Warnzeichen im Sinne ausgeprägter Müdigkeit verspürt. In den Fällen, von denen die Firma ausreichendes Datenmaterial besitzt, sei es nach Absetzung des Präparates oder nach Dosisreduktion zur vollständigen Genesung gekommen. Problematisch ist die Tatsache, dass dieses Einschlafen nicht an Dosierungen, Länge der Behandlung, Schwere der Erkrankung und andere Bedingungen gebunden ist. Festzuhalten ist aber, dass wohl alle Patienten zu den Dopamin-Rezeptoragonisten zusätzlich andere potenziell sedierende Medikamente erhielten. Wichtig erscheint auch, auf die Relation von 17 berichteten Einschlafattacken im Vergleich zu 68 200 Patientenjahre Behandlungszeit mit Ropinirol hinzuweisen.

Die Firma Boehringer Ingelheim bat führende amerikanische Schlafforscher um **Stellungnahmen.** Diese bemängelten, dass eine eindeutige Relation zwischen Pramipexol-Einnahme und Einschlafen aufgrund der Komedikation nicht vorliege, dass die Daten aus der Arbeit von Frucht und Mitarbeiter (1999) nicht eindeutig belegten, dass alle Patienten hinter dem Steuer einschliefen und falls ja, warum. Ferner sei nicht ersichtlich, ob es einen Zusammenhang zwischen der Dauer und Höhe der Pramipexol-Gabe und den Schlafattacken gäbe.

Widersprüchlich sind die Meinungen zunächst einmal zum Phänomen des plötzlichen Einschlafens, das bisher im Diagnosen-Katalog der Schlafkrankheiten nicht existierte. Führende amerikanische Schlafforscher haben darauf hingewiesen, dass doch eher anzunehmen sei, dass ähnlich wie bei der Narkolepsie, vor dem Einschlafen eine auch subjektiv festzustellende Müdigkeit aufträte, die bei monotonen Tätigkeiten wie Autofahren auf amerikanischen Highways zum Einschlafen führt. Poewe und Kollegen gingen in einer gutachterlichen Stellungnahme noch weiter und lehnten den Terminus Schlafattacke ab und schlugen eher vor, von **vermehrter Einschlafneigung** (increased sleep propensity) zu sprechen. Sie halten es für unphysiologisch, dass jemand aus vollständiger Wachheit in Tiefschlaf gerät. Auch wir schließen uns dieser Meinung an.

Einschlafen am Steuer ist ein großes Problem und führt in Europa und Nordamerika zu ca. 20 Prozent der Verkehrsunfälle. In einer Publikation von Factor und Kollegen (1990) konnte gezeigt werden, dass bis zu 50 Prozent der Parkinson-Patienten in Situationen, die monoton sind und wenig Interesse wecken, zum Einschlafen neigen. Diese vermehrte Neigung einzuschlafen hängt vor allem mit der Grundkrankheit zusammen, wird aber doch wohl auch durch die umfangreiche Medikation mitverursacht. Unseres Erachtens nach neigen Parkinson-Patienten noch mehr als ihre Altersgenossen zum Schlafapnoe-Syndrom, womit sie vonseiten der Alertheit weiter eingeschränkt werden.

Eine **pragmatische Vorgehensweise** bestand bisher darin, allen Patienten, die neu auf Pramipexol und Ropinirol eingestellt werden, das Autofahren für drei Monate zu untersagen, und bei allen Patienten, die schon länger die beiden Dopamin-Rezeptoragonisten einnehmen auf die Gefahr des plötzlichen Einschlafens hinzuweisen und eine sehr sorgfältige Schlaf-Anamnese zu erheben. Die relativ geringe Gefahr plötzlich einzuschlafen ist geringer anzusetzen als die Probleme beim Umsetzen weg von einer effektiven Dopamin-Rezeptoragonisten-Therapie. Eine ausführliche Würdigung dieses Problems wurde anlässlich eines Workshops einer deutsch-österreichischen Expertengruppe erarbeitet (Lachenmayer, 2000). In einer Post-hoc-Analyse werteten Etminan et al. (2001) Ropinirol- und Pramipexol-Studien bezüglich auftretender Müdigkeit aus. In vier Studien wurde ein Vergleich zwischen dem jeweiligen Wirkstoff und Placebo gemacht und dabei für die Patienten, die den Dopamin-Rezeptoragonisten einnahmen, ein fünffach höheres Risiko, vermehrt müde zu werden, festgestellt. Sieben Studien konnten ausgewertet werden, bei denen die Einnahme von L-DOPA gegen die Kombination aus L-DOPA und einem der beiden Agonisten verglichen wurde. Unter L-DOPA allein war der Prozentsatz von Patienten, die über vermehrte Müdigkeit klagten, nur halb so groß wie in der Kombinationsgruppe. Wichtig sind auch Studien von der Arbeitsgruppe um Wüllner (Paus et al.,

2003), die bei fast 3000 Patienten über die deutsche Parkinson Vereinigung Fragebogen versandten und dabei eindeutig zeigen konnten, dass es sich bei der vermehrten Müdigkeit um eine **dopaminerge Nebenwirkung** handelt und die Ergotalkaloid-Derivate nur marginal häufiger zu vermehrter Müdigkeit führen.

Diese dopaminerge Nebenwirkung konnte auch in einer offenen Studie mit Ropinirol bei der Behandlung von Kindern mit einem ADHS (Aufmerksamkeits-Defizit-Hyperaktivitäts-Syndrom) beobachtet werden (Gerlach et al., 2004a). Bei sechs von acht Kindern wurde unter Ropinirol eine Tagesmüdigkeit gesehen; interessanterweise scheint das Auftreten dosisabhängig zu sein: alle drei Kinder, die mit 2 mg/Tag Ropinirol behandelt wurden, hatten diese Tagesmüdigkeit, dagegen wurde diese Nebenwirkung unter 1 mg/Tag nur bei drei von fünf Kindern beobachtet.

Mittlerweile hat die EMEA die Beschränkungen für Ropinirol und Pramipexol gelockert (Aufhebung des Fahrverbotes) und für die anderen dopaminergen Substanzen verschärft. Unsere (HR) eigene Erfahrung zeigt, dass ein plötzliches Einschlafen sehr selten auftritt, dass es aber ratsam ist, in der Aufdosierungsphase die Patienten zu bitten, nicht oder nur wenig und kurz Auto zu fahren. Langsames Eindosieren scheint im Übrigen der beste Schutz zu sein, „sudden sleep attacks" zu vermeiden.

7.4.8 Ropinirol

7.4.8.1 Einleitung und experimentelle Pharmakologie

Ropinirol gehört zu den neu entwickelten Dopamin-Rezeptoragonisten, die nicht strukturverwandt sind mit Ergotalkaloid-Abkömmlingen (Abb. 3.10), weshalb man große Hoffnungen in ein günstigeres Nebenwirkungsprofil setzte. Der Erfahrungszeitraum mit den neuen Dopamin-Rezeptoragonisten ist jedoch noch zu kurz, um endgültig beurteilen zu können, ob diese tatsächlich ein günstigeres Nebenwirkungsprofil aufweisen als die Ergotalkaloid-Abkömmlinge. Ropinirol stimuliert vorwiegend Rezeptoren der D2-Familie, andere nichtdopaminerge Rezeptoren werden nicht beeinflusst (Tabelle 3.2 und 3.4). Aufgrund des Rezeptorbindungsprofils sollte es antidepressiv wirksam sein. Leider wurde in den bisher durchgeführten Studien versäumt, nach diesem Effekt zu schauen. Es gibt lediglich anekdotische Hinweise auf eine anti-anhedone Wirkung (Perugi et al., 2001).

Die Plasmahalbwertszeit beträgt, je nach Bestimmungsmethode, sechs bis neun Stunden (Tabelle 3.3). Ropinirol wird im Allgemeinen dreimal pro Tag gegeben. Im Gegensatz zu den Ergotalkaloid-Abkömmlingen hat es eine höhere Bioverfügbarkeit. Durch die niedrige Plasma-Eiweiß-Bindung (10–40 Prozent) ist keine Interaktion mit anderen Medikamenten zu erwarten. Man muss lediglich erwähnen, dass Ropinirol von Hemmern des Isoenzyms 1A2 des Cytochrom-Komplexes P450 (CYP), das auch für den Abbau von Ropinirol verantwortlich ist, dahingehend beeinflusst wird, dass Fluvoxamin und Ciprofloxacin zu einem Anstieg des Ropinirol-Plasmaspiegels führen könnten. Ropinirol wird in der Leber metabolisiert und nur fünf Prozent der verabreichten Dosis werden über die Niere ausgeschieden.

7.4.8.2 Indikationen und klinische Pharmakologie

Ropinirol ist unter dem Markennamen Re-Quip® zur **Monotherapie der Frühphase** des IPS und zur **Kombinationstherapie mit L-DOPA zugelassen**. Ropinirol gehört nach den Standards der „evidenzbasierten" Medizin zu den bestuntersuchten Dopamin-Rezeptoragonisten mit bisher acht Phase-II- und Phase-III-Studien sowie zwei sehr interessanten neuen Studien. Ropinirol wurde sowohl in der Früh- als auch in der Spätphase, sowohl in der Mono- als auch in der Kombinationstherapie mit Erfolg eingesetzt.

Zur Monotherapie gibt es **vier Studien**, wobei gegen Placebo, gegen Bromocriptin und gegen L-DOPA getestet wurde. In den Studien gegen Placebo wurde die Wirksamkeit und Sicherheit des Medikamentes nachgewiesen. Die **Bromocriptin-kontrollierte Studie** war auf drei Jahre angelegt. Eine Zwischenauswertung nach sechs Monaten erbrachte für Ropinirol ein besseres Ansprechen bezüglich der UPDRS-„Motor scores" (Korczyn et al., 1998). Bei Zugabe von Selegilin zu Ropinirol bzw. Bromocriptin war die Ansprechrate aber gleich. In 1999 wurden die Daten der Dreijahresstudie veröffentlicht (Korczyn et al., 1999). In dieser prospektiven Doppelblind-Studie wurden 335 Patienten auf Ropinirol oder Bromocriptin randomisiert. Initial wurden entweder 0,75 mg/Tag Ropinirol oder 1,25 mg/Tag Bromocriptin gegeben. Maximal hätten 24 mg Ropinirol bzw. 40 mg Bromocriptin verabreicht werden können. Patienten, die trotz dieser Höchstdosis keine zufriedenstellende Symptom-Kupierung erreichten, durften zusätzlich offen L-DOPA erhalten, aber bezüglich des Dopamin-Rezeptoragonisten geblindet bleiben. Etwa je ein Drittel der Patienten schied in beiden Gruppen vorzeitig aus, da sie Nebenwirkungen entwickelt hatten. Trotzdem schlossen 60 Prozent in der Ropinirol- und 53 Prozent in der Bromocriptin-Gruppe die Studie ab. Nach drei Jahren nahmen die Ropinirol-Patienten im Mittel 12 mg und die mit Bromocriptin behandelten Patienten 24 mg ihres Medikamentes ein.

Die Rate an **Nebenwirkungen** war in beiden Gruppen **gleich,** sodass die Nicht-Ergotalkaloid-Struktur des Ropinirols wider Erwarten diesbezüglich keinen Vorteil bedeutete. Dyskinesien entwickelten jeweils sieben Prozent der Patienten in beiden Gruppen, wobei in mehr als der Hälfte der Fälle Dyskinesien erst nach Zugabe von L-DOPA auftraten. Patienten mit Ropinirol waren in den UPDRS-Subskalen II und III nach drei Jahren um 31 Prozent besser, während Bromocriptin nur eine 22-prozentige Besserung herbeiführte. Einen signifikanten Vorteil hatte die Ropinirol-Gruppe bezüglich der ADL-Skala (Tabelle 7.1). Somit unterstreicht diese Studie, dass ein nicht unerheblicher Teil an Patienten drei Jahre lang unter Monotherapie mit Dopamin-Rezeptoragonisten bei guter Effektivität verbleiben kann; funktionell war dabei Ropinirol dem Bromocriptin leicht überlegen.

Eine zweite Studie zum Vergleich zwischen Bromocriptin und Ropinirol wurde 2002 publiziert (Brunt et al., 2002), wobei die Nebenwirkungsrate und Effektivität beider Wirkstoffe in einem doppelblinden Add-on-Design über sechs Monate verglichen wurde. Dazu wurden drei Behandlungsgruppen mit insgesamt 555 Patienten definiert, die 2 : 1 zu Gunsten des Ropinirol eingestellt wurden. Höchstdosen waren 24 mg/Tag Ropinirol bzw. 40 mg/Tag Bromocriptin. Gruppe A enthielt Patienten mit relativ niedriger L-DOPA-Dosis, die eine bessere Einstellung benötigten. Hier sollte die Verbesserung der Motorik geprüft werden. Gruppe B bestand aus Patienten, die eine schon relativ hohe Dosis an L-DOPA einnahmen. Diese Patienten hatten motorische Fluktuationen oder Dyskinesien. Hier sollte die Minderung dieser L-DOPA-induzierten Nebenwirkungen studiert werden. Gruppe C waren Patienten, die ebenfalls nicht gut eingestellt waren, aber schon einen Dopamin-Rezeptoragonisten erhielten. Hier wollten die Autoren prüfen, ob Bromocriptin oder Ropinirol zu einer Besserung der Symptome führten. Bei Patienten, die zuvor keinen Dopamin-Rezeptoragonisten eingenommen hatten, waren die Nebenwirkungen bei beiden Wirkstoffen vergleichbar. Patienten, die schon einen Dopamin-Rezeptoragonisten eingenommen hatten, wiesen zu 90 Prozent unter Ropinirol und zu 79 Prozent unter Bromocriptin Nebenwirkungen auf. Insgesamt waren aber die motorischen Effekte unter Ropinirol jeweils besser und bei der Gruppe mit Dyskinesien war das Ropinirol bezüglich deren Besserung signifikant besser. Somit zeigte diese Studie insbesondere, dass der neue Dopamin-Rezeptoragonist zumindest bezüglich der Besserung von L-DOPA-induzierten motorischen Komplikationen potenter ist als der alte Wirkstoff Bromocriptin.

In einer weiteren Studie von Giménez-Roldán und Kollegen (2001) wurden im offenen Design Erfahrungen bezüglich der **Umstellung von Patienten** mit Bromocriptin auf Ropinirol gesammelt. Bei 23 Patienten, die im Durchschnitt 18,9 ± 6,5 mg/Tag Bromocriptin eingenommen hatten, wurde im Verhältnis 5:1, 3:1 und 2:1 umgestellt. Beim Gruppenvergleich verbesserten sich bezüglich der „motor scores" der UPDRS nur die Patienten, die die Umstellung in einem Verhältnis von 2:1 erfuhren. Es handelte sich dabei um eine 23-prozentige Verbesserung in der On-Zeit bei Patienten mit fortgeschrittenem Parkinson-Syndrom. Allerdings waren auch in dieser Gruppe vier Patienten unter Ropinirol schlechter geworden, als sie zuvor unter Bromocriptin gewesen waren. Die Verbesserungen der Off-Zeit um 57 Prozent und Dyskinesien um 54 Prozent unter Ropinirol waren statistisch nicht signifikant und bei 5:1 und 3:1 kam es zum Teil zu Nebenwirkungen und Verschlechterungen der Motorik. Diese Studie zeigt somit zweifelsfrei, dass eine ausreichend hohe Ropinirol-Dosis die Voraussetzung darstellt, um eine Symptomverbesserung für die Patienten zu erreichen. Für uns ist diese Studie nicht sehr überzeugend, da eine mittlere Dosis von 10,1 ± 2,5 mg/Tag Ropinirol in fortgeschrittenen Fällen nur fraglich ansprechen kann, selbst wenn diese im Schnitt mit zusätzlich 700 mg/Tag L-DOPA gegeben wurden (siehe Äquivalenzdosen in Tabelle 7.3).

In 2000 wurden die **Endergebnisse der Fünfjahres-Studie** (056-Studie) publiziert (Rascol et al., 2000). Diese Studie hatte zum Ziel, **Ropinirol mit** dem bisherigen „Goldstandard" L-**DOPA in** der **Langzeittherapie** zu **vergleichen**. Es wurden 268 De-novo-Patienten im Verhältnis 2:1 für fünf Jahre mit Ropinirol bzw. L-DOPA behandelt. Bei ungenügendem Ansprechen war eine L-DOPA-Add-on-Therapie erlaubt. Die klinische Wirkung wurde mit den beiden UPDRS-Subskalen II und III geprüft. Besonderes Augenmerk wurde auf die Entwicklung von Dyskinesien und dopaminergen Nebenwirkungen gerichtet. Von den ursprünglich rekrutierten Patienten beendeten 47 Prozent der Ropinirol- und 51 Prozent der L-DOPA-Patienten die Studie. Es gelang, 34 Prozent der Patienten auf Dopamin-Rezeptoragonisten-Monotherapie zu halten. 64 Prozent erhielten zusätzlich L-DOPA. Patienten mit Ropinirol und L-DOPA nahmen im Schnitt 16,5 bzw. 427 mg/Tag der beiden Wirkstoffe ein, während die Patienten mit L-DOPA-Monotherapie im Mittel 753 mg/Tag einnahmen, was unterstreicht, dass **Ropinirol geeignet** ist, L-**DOPA zu sparen**. Durch die Kombination von Ropinirol und L-DOPA konnte somit die L-DOPA-Dosis um 43 Prozent reduziert werden.

In der **Ropinirol-Gruppe** traten **nur bei fünf Prozent** der Patienten **Dyskinesien** auf, während in der L-DOPA-Monotherapie-Gruppe 36 Prozent der Patienten nach fünf Jahren Dyskinesien hatten. Diese Differenz fiel hoch signifikant zu Gunsten von Ropinirol aus ($p < 0,001$). In der Kombinations-Gruppe lag der Anteil von Patienten mit Dyskinesien bei 20 Prozent, somit konnte auch hier Ropinirol zu einer überzeugenden Reduktion der Dyskinesien führen. Das Risiko Dyskinesien zu entwickeln ist unter Ropinirol-Monotherapie 15-fach niedriger als unter L-DOPA. Am Ende betrug die Ropinirol-Dosis 15 und 16,5 mg/Tag in der Monotherapie- bzw. Kombinationstherapie-Gruppe.

Die Werte für die ADL waren in beiden Gruppen gleich, sodass die Patienten, die Ropinirol als Monotherapie tolerierten, eine gleich gute Symptomkupierung erreichten, umso mehr als sich auch in den beiden UPDRS-Subskalen keine Unterschiede zeigten.

Studien-Abbrüche wegen Nebenwirkungen traten im Ropinirol- bei 27 Prozent und im L-DOPA-Arm bei 29 Prozent auf. Halluzinationen und wesentliche dopaminerge Nebenwirkungen waren in beiden Monotherapie-Armen vergleichbar häufig.

In einer Nachuntersuchung konnten Korczyn et al. (2005) bei 42 Patienten, die in der 056-Studie initial mit Ropinirol und bei 27 Patienten, die initial mit L-DOPA behandelt worden waren, nach weiteren fünf Jahren Zwischenanalysen vornehmen. Nach Beendigung der 056-Studie hatten die Patienten offen die notwendigen Medikamente erhalten, die ihnen und den behandelnden Ärzten als richtig erschienen. Trotzdessen zeigte die Gruppe, die initial mit Ropinirol behandelt worden waren, nach zehn Jahren bei 58 Prozent Dyskinesien und bei 31 Prozent behindernde Dyskinesien, wohingegen die L-DOPA-therapierten Patienten in 78 bzw. 48 Prozent Dyskinesien oder behindernde Dyskinesien aufwiesen. Wichtig ist darauf hinzuweisen, dass nach zehn Jahren bei allen Patienten die UPDRS (motorischer Teil) gleich ausfiel, unabhängig von der ursprünglichen Initialtherapie. Diese kleine (!) Studie erscheint aber doch geeignet, endlich die Mär zu widerlegen, wonach Patienten, die initial mit einem Dopamin-Rezeptoragonisten behandelt werden, motorisch schlechter gestellt sind als die, die gleich L-DOPA erhalten.

Unterstützt wird diese Aussage durch die gerade publizierte Fünfjahres-Verlängerungsstudie der REAL-PET-Studie, wobei Watts et al. (2005a) ebenfalls einen fortbestehenden Vorteil bezüglich Dyskinesien für die Patienten, die initial mit Ropinirol behandelt wurden, beschreiben und keinen Nachteil der Motorik im Vergleich zu denen, die initial mit L-DOPA behandelt wurden. Wichtig ist auch darauf hinzuweisen, dass Korczyn und Kollegen (2002) in einer Post-hoc-Analyse zeigen konnten, dass erst bei der Einnahme von 9 mg Ropinirol pro Tag 80 und bei 15 mg/Tag mehr als 90 Prozent der Patienten einen positiven Effekt beobachteten, wohingegen bei Dosen von weniger als 6 mg/Tag kaum Patienten einen objektivierbaren Effekt aufwiesen.

Wie in Kap. 6 schon erwähnt, sind Dopamin-Rezeptoragonisten in der Lage, dopaminerge Neuronen vor dem experimentell verursachten Zelluntergang zu schützen. Deshalb war es naheliegend, auch die **Wirkung von Ropinirol im Vergleich zu L-DOPA auf die Krankheitsprogression** zu prüfen. Dies wurde zunächst bei 45 De-novo-Patienten mithilfe serieller PET-Messungen untersucht (Rakshi et al., 1998). Dazu wurden innerhalb eines Jahres nach Randomisierung und nochmals genau zwei Jahre später im Putamen und Nucleus caudatus die $[^{18}F]$-L-DOPA-Einstrom-Konstanten als Marker für das Nachlassen der präsynaptischen dopaminergen Funktion bestimmt und getrennt für die jeweils schwerer und leichter betroffene Seite ausgewertet. Für die stärker betroffene Seite ergab sich im Ropinirol-Arm im Vergleich zur L-DOPA-Gruppe eine relative Erhaltung der dopaminergen Funktion. So nahm die Funktion im Putamen unter Ropinirol nur um 3,6 und unter L-DOPA dagegen um 13,2 Prozent ab. Die entsprechenden Werte lagen im Nucleus caudatus bei 2,6 bzw. acht Prozent. Besonders signifikant waren die Unterschiede bei Patienten, die weniger als zwei Jahre an IPS erkrankt waren, wohingegen bei Patienten, die schon länger erkrankt waren, die Unterschiede nicht signifikant waren (Abb. 6.7). Dieses Ergebnis, das auf eine Verzögerung des Erkrankungsprozesses durch die Monotherapie mit Ropinirol hinweist, war der Anlass dafür, eine zweite Studie mit noch mehr Patienten durchzuführen.

Diese hat den Namen **REAL-PET-Studie** (Whone et al., 2002). In diese multizentrische, doppelblinde, randomisierte Studie, an der auch deutsche Zentren, wie das in Dresden (HR) teilnahmen, wurden insgesamt 186 Parkinson-Patienten im frühen Stadium (Hoehn-und-Yahr-Stadium I–II,5) eingeschlossen, die noch nie mit L-DOPA oder Dopamin-Rezeptoragonisten behandelt worden waren. Erneut war es den Patienten erlaubt, neben der Studien-Medikation (Ropinirol oder L-DOPA) noch L-DOPA zusätzlich einzunehmen, falls dies für die optimale Symptomkupierung erforderlich war. Primärer Endpunkt war die Messung der [^{18}F]-L-DOPA-Aufnahme ins Striatum. Die wissenschaftliche Leitung lag bei David Brooks, London, der sämtliche PET-Analysen, die in unterschiedlichen Zentren durchgeführt worden waren, adjustierte und blind auswertete. Sekundäre Endpunkte waren die motorischen Scores der UPDRS und die Bewertung der Dyskinesien. Nach zwei Jahren betrugen die mittlere Ropinirol-Dosis 12,2 und die mittlere L-DOPA-Dosis 558 mg/Tag. Vierzehn Prozent der Ropinirol-Patienten benötigten zusätzlich L-DOPA. Das **wichtigste Ergebnis** dieser Studie war, dass die [^{18}F]-L-DOPA-Aufnahme im Putamen und in der SN in der L-DOPA-Gruppe über zwei Jahre schneller abnahm als in der Ropinirol-Gruppe (Abb. 6.8) oder anders gesagt, die **Progression der Parkinson-Krankheit**, ermittelt anhand der [^{18}F]-L-DOPA-Aufnahme, war nach zwei Jahren um 30 Prozent **langsamer** in der Gruppe von Patienten, die von Beginn an mit Ropinirol behandelt wurden, als bei denjenigen, die nur mit L-DOPA therapiert wurden (siehe auch Kap. 6). Leider gab es aus ethischen Gründen wieder keine Placebo-Gruppe bzw. wurden die Patienten nicht naiv mittels [^{18}F]-L-DOPA-PET untersucht, sodass nicht geklärt werden konnte, ob dieser Effekt durch eine neurotoxische Wirkung von L-DOPA verursacht wurde oder aber durch die neuroprotektive Wirkung von Ropinirol. Wie schon in der 056-Studie von Rascol et al. (2000) wiesen erneut nur drei Prozent der mit Ropinirol behandelten Patienten Dyskinesien auf, während nach zwei Jahren schon 27 Prozent der mit L-DOPA therapierten Patienten unter Dyskinesien litten. Die „Clinical global impression"-Bewertung war für beide Gruppen gleich. Die Symptomatik bewertet anhand der UPDRS war um sechs Punkte besser als in der L-DOPA-Gruppe.

Auch für die **Kombinations-Therapie** liegen bereits **vier große Studien** vor. Untersucht wurde hier die Wirksamkeit von Ropinirol als Adjuvans zu L-DOPA in fortgeschrittenen Stadien der Parkinson-Krankheit. In allen Stadien kam es zu einer Reduktion der Off-Zeiten unter Ropinirol (Brooks et al., 1995; Kreider et al., 1996) von 1,5 bis drei Stunden. Zwischen Ropinirol und Bromocriptin als Add-on-Therapeutikum zu L-DOPA waren geringe Unterschiede zu Gunsten von Ropinirol zu erkennen. In einer Subgruppe von Patienten konnten insbesondere die motorischen Fluktuationen unter Ropinirol im Vergleich zu Bromocriptin deutlich besser reduziert werden. Die Verbesserung der On-Zeit unter Add-on-Therapie mit Ropinirol betrug in diesen kontrollierten Studien zwischen 1,5 und drei Stunden.

Ähnlich wie andere Autoren eine Dopamin-Rezeptoragonisten-Hochdosistherapie mit Pergolid oder Lisurid durchführten (s. o.), haben wir in meiner Klinik (HR) eine **Hochdosis-Therapie** mit Ropinirol vorgenommen (Müngersdorf et al., 1999, 2001). Im Gegensatz zu den anderen Studien handelte es sich bei uns um eine prospektive Studie, die ausschließlich ambulant und nicht stationär vorgenommen wurde. Ziel der Studie war, unter dem Einsatz von mehr als 20 mg/Tag Ropinirol bei Patienten mit einer fluktuierenden Parkinson-Symptomatik die mögliche Reduktion von L-DOPA, die Verbesserung der Motorik und die Reduktion von Dyskinesien zu prüfen. Dazu wurden die UPDRS, ein Patiententagebuch und die Dokumentation der täglichen L-DOPA-Mengen verwendet. In einer weiteren offenen Studie wurden ambulante Patienten mit schweren Fluktuationen durch Hinzufügen von Ropinirol bis zu 40 mg täglich behandelt. Neben den klinischen Therapie-Kontrollen wurden Blutuntersuchungen, EKG sowie Prüfungen der kardiovaskulären Funktionen durchgeführt. 22 Patienten wurden in meiner Klinik in diese Studie aufgenommen, die von 21 Patienten abgeschlossen wurde. Der eine Patient verließ die Studie aus damit nicht zusammenhängenden Gründen. Die Patienten waren im Durchschnitt 61 Jahre alt, seit 13,4 Jahren an Parkinson erkrankt und lagen im Hoehn-und-Yahr-Stadium III und -IV. Die mittlere tägliche Ropinirol-Dosis betrug 26,2 mg, was über den zugelassenen 24 mg/Tag lag. Die Spannbreite der Ropinirol-Dosis reichte von 20 bis 36 mg täglich. 77 Prozent der Patienten hatten leichte bis starke Dyskinesien. Nach ca. 18 Wochen hatten die Patienten im Schnitt die optimale Ropinirol-Dosis erreicht. Entsprechend des Studiendesigns wurde lediglich L-DOPA reduziert, wohingegen die übrige Medikation nicht verändert wurde. Die UPDRS III (motor score) verbesserte sich im Schnitt um sieben Punkte, L-DOPA konnte von 559,3 ± 285,2 mg/Tag auf durchschnittlich 409,3 ± 278,1 mg/Tag reduziert werden, was einer Abnahme von 32 Prozent entsprach und hoch signifikant war (p = 0,007). Dyskinesien konnten tagsüber von zuvor 4,3 ± 4,1 auf 1,7 ± 1,9 Stunden/Tag reduziert werden. Auch dieses Ergebnis war signifikant (p < 0,05).

Vonseiten der Nebenwirkungen kam es lediglich zu leichter Übelkeit (mittels Domperidon beherrschbar), Ödemen und leichter Müdigkeit. Plötzliches Einschlafen trat bei keinem unserer Patienten auf. Zusammenfassend war festzustellen, dass meine Patienten die Hochdosis-Therapie mit Ropinirol gut tolerierten und insbesondere ab einer Dosis von 20 mg/Tag ein deutliches Abnehmen der Dyskinesie-Rate zu verzeichnen war.

Interessanterweise blieben 16 von 21 Patienten in dieser Hochdosis-Gruppe aufgrund der guten Verträglichkeit und Effektivität von Ropinirol. Nur vier Patienten wünschten eine Therapie-Umstellung, wobei es bei zwei Patienten der fortbestehende Tremor, bei einem die nicht ausreichende Besserung motorischer Fluktuationen und bei einem die starke Müdigkeit („excessive daytime sleepiness") war (Müngersdorf et al., 2001).

Interessant ist die Frage, ob neben Pramipexol (siehe obiges Kapitel) auch andere Dopamin-Rezeptoragonisten eine **Anti-Tremor-Wirkung** aufweisen. Diesbezüglich prüften Schrag et al. (2002) retrospektiv drei Ropinirol-Studien bezüglich der UPDRS-Subskalen 20 und 21, die für die Evaluation des Ruhetremors und des posturalen Aktionstremors stehen. Die Untersuchung belegte eine bessere Anti-Tremor-Wirkung (Ruhetremor) für Ropinirol als für Placebo, wobei die Wirkung ähnlich der von Bromocriptin und L-DOPA war. Da der Aktionstremor in diesen De-novo-Patienten noch sehr gering ausgeprägt war, fanden die Autoren keine signifikanten Unterschiede. Diese Daten wiesen somit auf eine Anti-Tremor-Wirksamkeit von Ropinirol hin. Kritisch muss allerdings vermerkt werden, dass es sich um eine Post-hoc-Studie handelt, die für diese Frage nicht ausgerichtet war, dass nur zwei Punkte der UPDRS herangezogen werden konnten und dass natürlich dadurch zur Tremor-Amplitude und -frequenz keine Angaben gemacht werden konnten.

Es wäre somit dienlich, direkte Vergleiche zwischen unterschiedlichen Dopamin-Rezeptoragonisten und deren Anti-Tremor-Wirkung im doppelblinden Design durchzuführen. Wir selbst (HR) konnten in einer offenen Anwendungsbeobachtung einen Anti-Tremor-Effekt von Ropinirol eindeutig nachweisen (Reichmann et al., 2005a). Wir verwendeten dazu die UPDRS-Punkte 16, 20 und 21, die Tremor abbilden und konnten eine ca. 30-prozentige Reduktion des Tremors beim Äquivalenz-Typ und Tremor-Dominanz-Typ nachweisen, die hochsignifikant (p < 0,0001) war. Somit konnten wir und andere belegen, dass Ropinirol auch einen positiven Effekt auf den Parkinson-Tremor ausübt.

Eine neue Ära der Ropinirol-Therapie bahnt sich mit der Entwicklung der **retardierten Formulierung Ropinirol CR** (Modutab®) an. In einer randomisierten doppelblinden Studie (#169), deren Ergebnisse bisher jedoch nur in Abstractform vorliegen, wurde über sechs Monate Ropinirol CR mit Placebo bei Patienten mit unzureichender Wirkung von L-DOPA verglichen und dabei eine signifikante Verbesserung für die UPDRS, die On- und Off-Zeit sowie die Dyskinesie-Rate festgestellt. Pharmakologische Untersuchungen bewiesen zudem, dass eine noch kontinuierlichere Dopamin-Rezeptorstimulation ermöglicht wurde als dies unter normal freisetzendem Ropinirol IR (immediate release) der Fall war. Es ist davon auszugehen, dass Modutab® in 2007 zugelassen werden wird.

Vorteile des Ropinirols CR werden seine einfache Handhabe (einmal täglich), seine kontinuierlichere Stimulation der Dopamin-Rezeptoren, die eine geringe Dyskinesie-Rate vermuten lässt, und seine gute Kombinierbarkeit mit anderen Anti-Parkinson-Medikamenten sein. Es ist zudem gezeigt worden, dass diese Formulierung eine gute Beweglichkeit während der Nacht und eine Reduktion bestehender morgendlicher Akinesie bewirkt.

Dem Ideal der kontinuierlichen Dopamin-Rezeptorstimulation kann man somit künftig vonseiten der Dopamin-Rezeptoragonisten nicht nur mit der Einnahme der verschiedenen Substanzen dreimal täglich, sondern auch durch die Anwendung des langwirksamen Cabergolins, durch die Anwendung der beiden Pflaster (Lisurid, Rotigotin) als auch durch die Verwendung von Ropinirol CR begegnen. Es wird zu einem großen Teil die Entscheidung des Patienten sein, mit welchem Wirkprinzip er beginnen wird. Alle vier Substanzen lassen sich sehr gut mit anderen Dopaminergika kombinieren, sodass eine gute dopaminerge Rezeptorstimulation und damit eine gute Motorik für die Patienten gewährleistet werden kann.

7.4.8.3 Nebenwirkungen und Kontraindikationen

Ropinirol ist insgesamt gesehen ein gut verträglicher Wirkstoff, der selbst in der Hochdosis-Therapie gut toleriert wird. Die auftretenden unerwünschten Nebenwirkungen entsprechen denen, die schon erwähnt wurden und typisch für Dopamin-Rezeptoragonisten, aber auch L-DOPA sind. „Plötzliches Einschlafen" trat bei keinem meiner (HR) Patienten auf. Ausführlich wurde dieses Thema im vorhergehenden Kapitel behandelt, da die unerwünschte Nebenwirkung „plötzliches Einschlafen" zunächst nur für Pramipexol berichtet wurde.

Wichtig ist die Tatsache, dass unerwünschte Nebenwirkungen, wie sie unter der Therapie mit Ergotalkaloid-Derivaten vorkommen, nämlich Erythromelalgie, Morbus Raynaud, Lungenfibrose und retroperitoneale Fibrosen, unter Ropinirol bisher nicht beobachtet wurden. Unter Studien-Bedingungen, bei der jede kleine, einmal auftretende Nebenwirkung genannt werden muss, war Ropinirol im Vergleich zu Bromocriptin nur bezüglich der orthostatischen Hypotonie besser, ansonsten waren die beiden Wirkstoffe bezüglich ihrer Nebenwirkungen gleich.

Es muss noch darauf hingewiesen werden, dass unter Ropinirol kaum eine Herzklappenfibrose zu erwarten ist, da es aufgrund seines Rezeptorprofils (siehe Tabelle 3.2) serotoninerge 5-HT$_{2B}$-Rezeptoren nicht stimuliert. In unserer eigenen Studie hatte kein einziger Patient auffällige Herzklappen (Junghanns et al., 2006).

7.4.9 Rotigotin

7.4.9.1 Einleitung und experimentelle Pharmakologie

Dem Gedanken, durch eine kontinuierlichere Rezeptorstimulation Dyskinesien zu vermeiden, kommen in besonders interessanter Weise neue Darreichungsformen von Dopamin-Rezeptoragonisten als Pflaster oder in retardierter Zubereitung nach. Gerade Pflaster eröffnen interessante Vorteile durch ihre kontinuierliche Wirkstoffabgabe, durch eine Umgehung des First-pass-Effektes, der Möglichkeit endlich perioperativ die Patienten weiter medikamentös zu versorgen und durch die geringen zu erwartenden Nebenwirkungen, vorausgesetzt es besteht keine Pflasterallergie.

Rotigotin ist ein Nichtergotalkaloid-Derivat, das allein in einer Pflasterform in Deutschland zur Behandlung aller Stadien der Parkinson-Krankheit unter dem Handelsnamen Neupro® zugelassen ist.

Rotigotin stimuliert neben dopaminergen D_2-, auch D_1- und besonders stark D_3-Rezeptoren (Belluzzi et al., 1994). Dazu werden adrenerge-α_2- und $5HT_{1A}$-Rezeptoren, dagegen nicht $5HT_{2B}$-Rezeptoren, die mit der Entstehung von Herzklappenfibrosen in Zusammenhang gebracht werden, beeinflusst. Rotigotin verbessert die Motorik bei 6-OHDA-läsionierten Ratten (ebd.). Weiterhin fanden wir (MG, PR), dass kontinuierlich appliziertes Rotigotin in der unilateral 6-OHDA-läsionierten Ratte (siehe Kap. 4) weder zu einer L-DOPA-induzierten Sensitivierung noch zu einem Zunahme der AIMs führt (Schmidt et al., 2006), was auf ein antidyskinetisches Potenzial dieser Applikationsform hinweist.

Rotigotin ist in einer auf Silikon basierenden Matrix eingebunden und wird durch die besondere Galenik des Pflasters kontinuierlich über die Haut resorbiert. Die terminale Eliminationshalbwertszeit beträgt 6,8 Stunden. Rotigotin wird mit Hilfe des CYP-Systems in der Leber metabolisiert.

7.4.9.2 Applikation des Pflasters

Am besten klebt man das Pflaster morgens und wechselt täglich die Applikationsstelle. Untersuchungen haben gezeigt, dass die Resorption an allen Hautstellen des Körpers so gut ist, dass ausreichend Medikation aufgenommen wird. Es ist akzeptabel, wenn nicht das gesamte Pflaster der Haut eng anliegt. Um eine möglichst gute Haftung zu erzielen, sollte das Pflaster eine Minute mit der warmen Hand gegen die Haut gedrückt werden. Pflaster sollten **nicht mit der Schere halbiert werden** und auch **nicht länger als 24 Stunden appliziert bleiben**, wobei jedes Pflaster eine Reserve von mindestens drei Stunden hat.

Beim Schwimmen bleibt das Pflaster meist haften, könnte aber danach sicherheitshalber doch durch ein neues ersetzt werden. **Saunagänge** sind mit dem Pflaster **nicht zu empfehlen**, da es durch das starke Schwitzen die Haftung verliert. Somit sollte nach dem Saunagang ein neues Pflaster aufgetragen werden.

7.4.9.3 Indikationen und klinische Pharmakologie

Für Rotigotin liegen Daten aus Doppelblind-Studien vor, die eine gute Wirksamkeit bei geringen Nebenwirkungen zeigen (Verhagen et al., 2001; The Parkinson Study Group, 2003; Watts et al., 2005b). Viele neue Daten, die wir hier schon schildern werden, liegen bisher nur in Abstractform vor.

Die Effektivität in der Frühphase wurde 2003 von der amerikanischen Parkinson Study Group hochrangig publiziert. Insgesamt nahmen 242 Patienten an dieser Studie teil. Es wurde langsam aufdosiert und dann kontinuierlich über 14 Wochen mit 2, 4, 6, 8 mg/24 h oder Placebo behandelt (da in den im Folgenden zu besprechenden Studien sehr unterschiedliche Dosisangaben gemacht werden, findet sich in der Tabelle 7.4 eine Umrechnungstabelle). Während die Placebo-Gruppe initial eine Verbesserung der UPDRS, Teil II und III, von zunächst zwei Punkten und dann nach 11 Wochen von null Punkten aufwiesen, war dies bei den Patienten insbesondere mit

Tabelle 7.4. Vergleichende Darstellung der Neupro®-Pflaster-Bezeichnungen, der Fläche des Pflasters und des Inhaltes des gesamten Pflasters.

Neupro® mg/24h	Pflastergröße (cm²)	Gesamtinhalt eines Pflasters (mg)
2	10	4,5
4	20	9,0
6	30	13,5
8	40	18

6 und 8 mg/24 h Rotigotin signifikant anders. Diese Patientenkohorten wiesen eine signifikante Verbesserung nach vier Wochen im Rahmen der Aufdosierungsphase um vier bis fünf Punkte auf, die dann stabil bis zur 11. Woche war. An Nebenwirkungen traten bei den Patienten mit Verum häufiger als bei den mit Placebo therapierten Patienten Übelkeit, Hautreaktionen am Applikationsort, Schwindelgefühl, Schlaflosigkeit, Somnolenz, Erbrechen und Müdigkeit auf.

Watts und Kollegen (2005b) applizierten doppelblind Rotigotin bzw. Placebo langsam aufsteigend bis 6 mg/24 h Rotigotin. In diese Studie wurden 277 Patienten in den USA und Kanada eingeschlossen und 24 Wochen behandelt und dann die Medikation über vier Wochen wieder ausgeschlichen. Die Patienten konnten bis zur optimalen Wirkung aufdosiert werden, höchstens aber bis zu 6 mg/24 h. Über 90 Prozent der Patienten erreichten eine Dosis von 6 mg/24 h (entsprechend 13,5 mg im 30 cm² Pflaster). Auch in dieser Studie kam es zu einem signifikant besseren Abschneiden der Verum-Patienten, die sich auf der UPDRS-Skala, Teil II und -III, um bis zu sechs Punkte verbesserten; durchschnittlich erzielten die Patienten vier Punkte Verbesserung.

Nebenwirkungen waren vereinbar mit dopaminergen zentralen oder peripheren Nebenwirkungen oder bestanden aus lokalen Hautreaktionen. Im Großen und Ganzen waren sie von mildem bis mittelschweren Charakter.

Die positive Antwort auf 6 mg/24 h Rotigotin (entsprechend 13,5 mg Pflaster) zeigte sich über sechs Monate stabil. Die langsame Auftitration wurde als günstig beschrieben und die obengenannten Nebenwirkungen als in ihrer Intensität mild bis mittelschwer angegeben. Diese beiden großen Studien zeigen somit, dass Rotigotin in einer Dosierung von 2 bis 8 mg/24 h sicher und effektiv ist. Wie erhofft, konnte auch beim Menschen ein Fließgleichgewicht im Sinne einer kontinuierlichen Dopamin-Rezeptorstimulation nachgewiesen werden (Braun et al., 2005), so dass auch eine besonders effektive antidyskinetische Potenz dieses Wirkstoffes zu erwarten ist.

In einer Verlängerungsstudie wurden die von Watts und Kollegen in 2005 publizierten Patienten nach sechswöchiger doppelblinder Behandlung noch weitere sechs Monate offen behandelt und dabei nachgewiesen, dass der positive Effekt von Rotigotin anhielt (Watts et al., 2006).

In Abstractform sind die Ergebnisse einer weiteren doppelblinden Studie publiziert (Giladi et al., 2006), in der das Rotigotin bis auf 8 mg/24 h über bis zu 13 Wochen im Vergleich zu Placebo bei Patienten im Frühstadium der Erkrankung aufdosiert und dann über sechs Monate beibehalten wurde. Als Studienziel wurde der Einfluss auf die UPDRS gewählt und dabei eine Verbesserung der UPDRS-Skalen-II und -III um durchschnittlich bis zu zehn Punkte erzielt. In einem dritten Studienarm wurden Patienten auf bis zu 24 mg Ropinirol hoch dosiert. Im Vergleich zu Ropinirol schnitt das Rotigotin etwas schlechter ab, wobei es sich dabei auch um eine Dosisfrage drehen dürfte, da 24 mg Ropinirol in der Tat effektiver zu sein scheinen als 8 mg/24 h Rotigotin.

Auch für die **fortgeschrittenen Stadien der Parkinson-Krankheit** liegen Daten vor. Verhagen-Metman und Kollegen publizierten 2001 hierzu eine Studie an zehn Patienten, von denen letzten Endes sieben ausgewertet werden konnten. Die Patienten wurden über zwei Wochen aufdosiert und dann noch zwei Wochen stationär beobachtet. Die tägliche L-DOPA-Dosis konnte im Median von 1400 mg/Tag auf 400 mg/Tag reduziert werden. Dabei kam es zu keiner Verschlechterung der motorischen Scores der UPDRS. Statistisch ließ sich eine Abnahme der Off-Zeiten belegen. Es wurden des Weiteren **pharmakokinetische Daten** durch Blutabnahmen gewonnen, die dafür sprechen, dass es eine **lineare Relation zwischen der Menge an transdermal angebotenem Rotigotin und der Plasmakonzentration** gibt. An Nebenwirkungen traten typische dopaminerge Nebenwirkungen und leichte Hautreaktionen auf. Diese Pilotstudie unterstreicht somit, dass Rotigotin auch in fortgeschrittenen Stadien nennenswerte klinische Effekte aufweist.

In einer internationalen vierarmigen placebokontrollierten Studie wurden 2, 4, 6 und 8 mg/24 h täglich bei Patienten mit einem fortgeschrittenen Stadium als Add-on-Medikation appliziert (Quinn et al., 2001). Die Patienten wurden in Südafrika und Europa rekrutiert, hatten im Mittel eine tägliche Off-Zeit von sechs Stunden und waren seit sieben bis acht Jahren an Parkinson erkrankt. Insgesamt wurden 383 Patienten in die Studie eingeschlossen. Nach einer Run-in-Phase während der die L-DOPA-Dosis stabilisiert wurde, erfolgte dann über vier Wochen eine Dosiseskalation, gefolgt von einer Beobachtungsphase von sieben Wochen. Dosis-abhängig kam es zu einer Verbesserung der UPDRS-Skala-II und -III um bis zu sieben Punkte.

In einer ebenfalls noch nicht als Vollmanuskript publizierten Studie (Poewe et al., 2006) wurde doppelblind bei Patienten in fortgeschrittenen Parkinson-Stadien der Einsatz von Rotigotin mit Placebo oder Pramipexol verglichen. Diese Patienten konnten bis zu 16 mg/24 h Rotigotin oder bis zu 4,5 mg Pramipexol erhalten. Hier wurde bis zu sieben Wochen eintitriert und dann 16 Wochen die Dosis beibehalten und dann noch bis zu sechs Tage deeskaliert. Als primärer Untersuchungsparameter wurde die Reduktion der täglichen Off-Zeit gewählt. Es kam dabei in der Rotigotin-Gruppe (N = 202 Patienten) zu einer Abnahme um 2,44 Stunden, in der Pramipexol-Gruppe (N = 200) um 2,82 Stunden und in der Placebo-Gruppe (N = 101) um 0,88 Stunden. Für alle Dopamin-Rezeptoragonisten wurde eine leichte Zunahme der Punktezahl der „Epworth Sleepiness Scale" festgestellt, die aber nur leicht über der der Placebo-Gruppe lag. Nebenwirkungen waren erneut für Dopaminergika typisch und betrafen die Haut. Aufgrund der neuen Galenik ist eben wichtig zu prüfen, ob die Umstellung von oralen Dopamin-Rezeptoragonisten zum Pflaster sicher ist.

In einem Abstract berichteten Patton et al. (2006), dass die Umstellung von Ropinirol, Pramipexol oder Cabergolin zu Rotigotin über Nacht gelang. Die Autoren beobachteten die Patienten zunächst für vier Wochen mit dem ursprünglichen Agonisten und nach der Umstellung noch einmal für vier Wochen mit Rotigotin. Insgesamt wurden 116 Patienten untersucht. Es wurden dabei so günstige Äquivalenzdosierungen verwendet, dass 80 Prozent aller Patienten keine Dosisanpassung mit Rotigotin benötigten und in den Teilen II und III der UPDRS gleich gut blieben oder sich sogar verbesserten. Somit zeigte diese Studie, dass Rotigotin in ausreichender Dosis gewährleistet, dass die Parkinson-Patienten keine Verschlechterung erfahren.

Wie oben schon gesagt, bietet ein Pflaster die Möglichkeit, bei Patienten, die eine gastrointestinale Störung haben oder auch bei Patienten, die operiert werden müssen, eine kontinuierliche dopaminerge Versorgung zu gewährleisten. Dementsprechend haben wir (HR) sehr gute Erfahrungen beim Einsatz von Rotigotin im perioperativen Umfeld gemacht (Wüllner et al., 2006).

7.4.9.4 Nebenwirkungen und Kontraindikationen

Rotigotin weist die üblichen Nebenwirkungen von Dopaminergika auf. Es kann insbesondere zu Übelkeit, Erbrechen, Schläfrigkeit, Schlaflosigkeit, Benommenheit und Kopfschmerzen kommen. Bis zu 40 Prozent der Patienten berichten über eine leichte, nicht störende Rötung der Haut. Diese Erscheinungen waren meist nur vorübergehend und mild. Nur ca. fünf Prozent haben in den Studien wegen Hautproblemen abgebrochen. Bei meinen (HR) eigenen Patienten gibt es bis heute keinen, der unangenehme Hautsensationen beklagt.

Wie oben schon ausgeführt, ist davon auszugehen, dass Rotigotin häufig in Kombination mit oralen Dopamin-Rezeptoragonisten eingesetzt werden wird. Die Erfahrungen an meiner Klinik an einer bereits nennenswerten Zahl an Patienten sprechen dafür, dass das sehr gut toleriert wird.

7.5 MAO-B-Hemmer

7.5.1 Selegilin

7.5.1.1 Einleitung und experimentelle Pharmakologie

Selegilin (früherer Name L-Deprenyl) war lange Zeit der einzige irrversible selektive MAO-B-Hemmer (siehe Kap. 3), der zur Behandlung der Parkinson-Krankheit weltweit zugelassen war. In Deutschland wurde es anfänglich unter dem Handelsnamen Movergan® und Deprenyl® vertrieben. Nach dem Auslaufen des Patentschutzes gibt es eine Reihe von Generika (z. B. Amindan®, Antiparkin®, Selegam®, Selegilin®, Selemerck®, Selepark®, Seletop® Selgimed®).

Selegilin wird im Gegensatz zu Rasagilin zu Amphetamin verstoffwechselt. Da man annahm, dass Amphetamin und Methamphetamin, die Hauptmetabolite von Selegilin, zu Herz-Kreislaufproblemen führen könnten und L-Amphetamin eine etwa um zehnfach niedrigere peripher sympathomimetische Wirkung hat als das D-Stereoisomer (Taylor und Snyder, 1974) wurde vorsorglich das L-Selegilin zur Anwendung in der Parkinson-Therapie entwickelt, sodass die Sorge bezüglich Herz-Kreislauf-Problemen sehr wahrscheinlich nicht berechtigt ist. Dies bestätigen auch die Sicherheitsdaten, die Selegilin als nebenwirkungsarmes Arzneimittel belegen (siehe nachfolgender Abschnitt).

Durch die Hemmung der MAO-B mit Selegilin wird im menschlichen Gehirn vor allem der Abbau von β-Phenethylamin und Dopamin verhindert. Folglich kommt es zu einer verlängerten Verfügbarkeit im synaptischen Spalt und höheren β-Phenethylamin-Konzentrationen im Striatum, wodurch verstärkt dopaminerge Rezeptoren durch endogen freigesetztes Dopamin stimuliert werden (Gerlach und Riederer, 1999). Dies erklärt den schwachen symptomatischen Effekt von Selegilin bei Parkinson-Patienten. Zusätzlich hat Selegilin neuroprotektive Eigenschaften, die jedoch nicht durch die MAO-B-hemmende Wirkung verursacht werden (siehe Kap. 6).

Selegilin wird rasch aus dem Gastrointestinaltrakt resorbiert und in die Körpergewebe verteilt (Gerlach und Riederer, 1999). Nach

Verabreichung therapeutischer Dosen sind 94 Prozent des Selegilins an Plasmaproteinen gebunden. Aufgrund des hohen First-pass-Effektes werden nur geringe Konzentrationen im Serum oder Urin gefunden. Als lipophiles Molekül kann Selegilin auch rasch über die Blut-Hirn-Schranke ins Gehirn gelangen. Bereits fünf Minuten nach i. v. Injektion von [11C]Selegilin wurden maximale Konzentrationen im Striatum gemessen (Fowler et al., 1987).

7.5.1.2 Indikationen und klinische Pharmakologie

Selegilin ist in Deutschland für die späte **Kombinations-Therapie** mit L-DOPA zugelassen. Selegilin wurde insbesondere in der DATATOP-Studie und deren Folgestudien diskutiert. Nach den Kriterien der evidenzbasierten Medizin gehört Selegilin zu den mit am besten untersuchten Arzneistoffen in der Behandlung der Parkinson-Krankheit.

Wie bereits mehrfach erwähnt, war Selegilin der erste Wirkstoff, der in einer großen klinischen Studie auf seine neuroprotektive Wirksamkeit geprüft wurde. Wie im Folgenden dargelegt, ist die Frage, ob die bisher gefundenen Ergebnisse tatsächlich im Sinne einer Neuroprotektion zu werten sind, nicht endgültig entschieden (z. B. Olanow, 1996). Wir sind jedoch der Meinung, dass Selegilin diesbezüglich ein sehr gut untersuchtes Medikament ist und die vorliegenden Daten für solch einen Effekt sprechen (siehe auch Kap. 6).

Als unumstrittene Ergebnisse der bisher vorliegenden Studien können gelten, dass Selegilin den Einsatz von L-DOPA um sechs bis neun Monate hinauszögert (The Parkinson Study Group, 1993) und dass in allen Studien die Patienten mit Selegilin signifikant weniger L-DOPA einnehmen mussten als die, die kein Selegilin eingenommen hatten. Als Beispiel sei die Studie von Myllylä et al. aus dem Jahre 1997 angeführt, in der nach zwei Jahren Patienten mit Selegilin initial im Durchschnitt 272 mg/Tag L-DOPA und nach zwei Jahren 358 mg/Tag einnehmen mussten, wohingegen ohne Selegilin die Patienten im Schnitt 543 mg/Tag L-DOPA benötigten. Lees (1995) konnte in einer Fünfjahresstudie ohne Selegilin einen Anstieg der benötigten L-DOPA-Dosis (Median) von 375 auf 625 mg/Tag und mit Selegilin ein Beibehalten von 375 mg/Tag nachweisen. Dieser **langfristige L-DOPA-Spareffekt** (siehe auch SELEDO-Studie) ist nicht nur durch die intra- und extraneuronale Abbauhemmung von Dopamin erklärbar.

Eine besonders interessante Studie wurde 1995 von Olanow vorgestellt (**SINDEPAR-Studie**), in der Patienten 14 Monate lang beobachtet wurden (Olanow et al., 1995). Diese vierarmige Studie wurde an De-novo-Patienten durchgeführt und umfasste Patienten mit Selegilin/L-DOPA, Selegilin/Bromocriptin, Placebo/L-DOPA und Placebo/Bromocriptin (Abb. 6.4). Nach zwölf Monaten wurde Selegilin bei allen Patienten abgesetzt. Sieben Tage vor der Abschlussuntersuchung wurde dann noch L-DOPA abgesetzt und die Verschlechterung der Patienten nach der UPDRS gemessen. Alle Patienten, die Selegilin erhalten hatten, wiesen eine signifikant geringere Verschlechterung im Vergleich zur Placebo-Gruppe auf. Nachdem Selegilin aber schon zwei Monate vor Studienende abgesetzt worden war, weist das möglicherweise auf einen **neuroprotektiven Effekt** zumindest bei De-novo-Patienten und für das erste Jahr der Behandlung hin, da eine symptomatische Wirkung ja zwei Monate nach Absetzung des Medikamentes nicht mehr anzunehmen ist. Im Durchschnitt verschlechterten sich die Patienten ohne Selegilin um 5,8 und die mit Selegilin nur um 0,4 Punkte entsprechend der UPDRS.

Myllylä und Kollegen publizierten 1997 eine **Fünfjahresstudie,** die 44 Patienten einschloss und den **Langzeit-L-DOPA-Spareffekt** unter Selegilin zeigen sollte. In einer

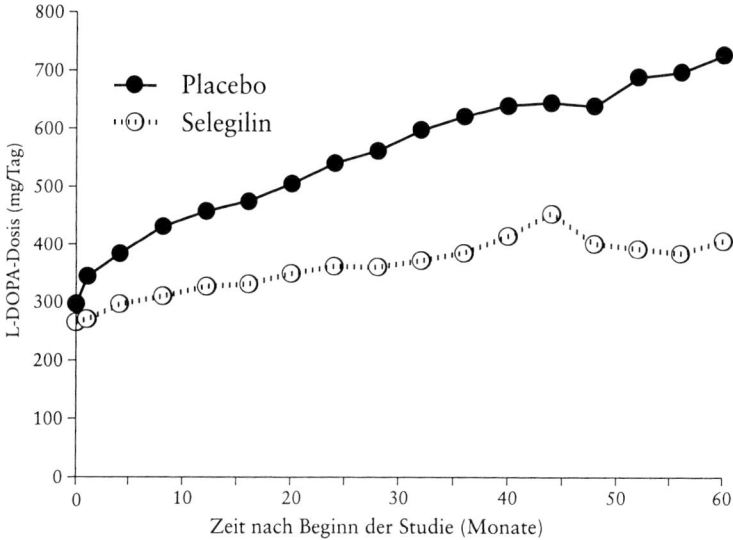

Abb. 7.2. Darstellung der Fünfjahresstudie zum Nachweis des L-DOPA-Spareffektes durch Selegilin (nach Myllylä et al., 1997), die bei gleich guter Einstellung der beiden Patienten-Arme deutlich macht, dass zumindest in den ersten fünf Jahren unter Selegilin signifikant weniger L-DOPA gegeben werden muss.

doppelblinden Studie erhielten Patienten initial Placebo oder Selegilin und bei Bedarf zusätzlich L-DOPA. Dass diese Anpassung von L-DOPA gut gelang, zeigte nach Entblindung die „Columbia University Rating Scale" (CURS), die bei beiden Gruppen nahezu deckungsgleich über die fünf Jahre blieb. In der Selegilin-Gruppe befanden sich initial 27, in der Placebo-Gruppe 25 Patienten. Im Durchschnitt waren die 44 Patienten, die die Studie komplett absolvierten, 61 Jahre alt. Nach fünf Jahren benötigten Patienten ohne Selegilin 725 mg/Tag L-DOPA und Patienten mit Selegilin nur 405 mg/Tag. Wie aus Abb. 7.2 zu ersehen ist, klaffte der Unterschied in der notwendigen L-DOPA-Dosis über die Jahre immer weiter auseinander, das heißt, Selegilin blieb über den gesamten Zeitraum wirksam und verlor seinen Effekt nicht, sondern verstärkte ihn noch eher über die Jahre. Auch dieses Ergebnis könnte man als einen **Hinweis für** eine **mögliche neuroprotektive Wirkung** von Selegilin werten.

Von besonderer Bedeutung ist die **DATA-TOP-Studie**, in der die neuroprotektive Wirkung von Selegilin und Tocopherol (Vitamin E) geprüft wurde. Diese Studie wurde in Nordamerika 1987 begonnen, es wurden 800 Patienten eingeschlossen. Patienten wurden doppelblind in folgende Therapiearme randomisiert: Placebo, Tocopherol, Selegilin sowie Selegilin und Tocopherol. Der primäre Endpunkt der Studie war der Zeitpunkt, zu dem L-DOPA als Add-on-Medikation gegeben werden musste. Ergebnisse dieser Studie wurden 1989 und 1993 veröffentlicht (The Parkinson Study Group, 1989; 1993). In der ersten Zwischenanalyse (1989) hatte Selegilin einen positiven Effekt gezeigt. In der Endauswertung 1993 wurde kein positiver Effekt der Tocopherol-Gabe beschrieben. Interaktionen zwischen Tocopherol und Selegilin wurden nicht gesehen. Der Effekt von Selegilin war insbesondere in den ersten zwölf Monaten stark, blieb aber auch später noch bestehen. Als wichtigstes Ergebnis konnte in der DATA-

TOP-Studie gezeigt werden, dass Selegilin in einer Dosierung von 10 mg/Tag im Gegensatz zu Tocopherol den Einsatz von L-DOPA bei De-novo-Patienten verzögert und auch die Motorik der Patienten zumindest in den ersten drei Monaten signifikant verbesserte. Patienten, die Selegilin nicht weiter einnahmen, erfuhren eine Verschlechterung ihrer Motorik. In der Kaplan-Meier-Auswertung konnte gezeigt werden, dass Selegilin die L-DOPA-Pflichtigkeit um neun Monate verzögerte. Da die L-DOPA-Pflichtigkeit von Patienten ohne initiale symptomatische Besserung in gleicher Weise verzögert werden konnte wie bei Patienten mit initialer symptomatischer Besserung, wurde diskutiert, ob dies die erhoffte Neuroprotektion widerspiegeln könnte. Eine klare Aussage dazu wurde aber nicht gegeben. Aufgrund neuer Ergebnisse, die zeigten, dass die Neu-Synthese der MAO-B bereits wenige Tage nach Absetzung der Selegilin-Therapie wieder beginnt und bereits innerhalb einer Woche die Nettoaktivität so weit hergestellt ist, dass kein Effekt mehr auf den Dopamin-Stoffwechsel zu erwarten ist (siehe Kap. 3), muss man annehmen, dass nach drei Monaten kein symptomatischer Effekt mehr von Selegilin vorhanden ist.

In einer Nachuntersuchung der Patienten wurden dann eher enttäuschende Ergebnisse berichtet (Parkinson Study Group, 1996a), wenn man die Daten der finnischen Langzeitstudie dagegen hält. 310 von 800 Patienten benötigten während der ersten 21 ± 4 Monate kein L-DOPA. Die Patienten blieben weiterhin blind bezüglich Selegilin und Tocopherol und erhielten offen 10 mg Selegilin pro Tag. Die 189 Patienten, die schon Selegilin erhalten hatten, benötigten eher als die 121 Patienten, die initial kein Selegilin erhalten hatten, L-DOPA, sodass diskutiert wurde, ob Selegilin über die Zeit seine Wirkung einbüße. Es liegt somit hier ein klarer Widerspruch zu den überzeugenden Aussagen der finnischen Langzeitstudie vor, wobei die DATATOP-Studie natürlich vonseiten der Patientenzahl einen deutlich höheren Stellenwert hat. Man sollte hier aber kritisch anmerken, dass die Patienten, die initial mit Selegilin behandelt worden waren, nach Entblindung als die schwerer Erkrankten (bereits bei Einschluss) ausgewiesen wurden. Patienten, die in der Studie L-DOPA erhalten hatten, zeigten bezüglich der L-DOPA-assoziierten Nebenwirkungen keinen signifikanten Unterschied zwischen initial und später mit Selegilin behandelten Patienten. In jeder Gruppe fanden sich 50 Prozent mit Wearing-off, 30 Prozent mit Dyskinesien und 25 Prozent mit dem Freezing-Phänomen. Nach Ende der Untersuchung nahmen alle Gruppen gleich viel L-DOPA ein und waren gleich behindert. Junge Patienten hatten eher Wearing-off, Frauen eher Dyskinesien und alte Patienten rascher Freezing. Somit konnte **keine antidyskinetische Wirkung von Selegilin** gezeigt werden.

Eine dritte Auswertung mit Verlängerung auf nunmehr sieben Jahre wurde von Shoulson und Kollegen 2002 publiziert. In dieser Studie befanden sich Patienten, die sieben Jahre lang zu L-DOPA Selegilin eingenommen hatten und solche, die nach drei bzw. fünf Jahren Selegilin-Behandlung ein Placebo erhielten. Selegilin-behandelte Patienten hatten weniger On-off-Fluktuationen und Freezing und waren in der motorischen Subskala der UPDRS besser als die mit Placebo. Dagegen wiesen Letztere weniger Dyskinesien auf. Die höhere Dyskinesie-Rate unter Selegilin könnte in der erhöhten Bereitstellung von Dopamin an den nigro-striatalen Synapsen liegen. Interessant wäre zu untersuchen, ob Selegilin in der Lage ist, bestehendes Freezing zu bessern.

In einer von Przuntek initiierten Studie (**SELEDO-Studie**) wurde doppelblind randomisiert der Einsatz von Selegilin nicht in der späten (wie in Deutschland zugelassen), sondern in der frühen Kombination mit L-DOPA getestet (Przuntek et al., 1999). Es handelte sich um eine prospektive Studie, in die 116 Patienten eingeschlossen wurden. Es wurden nur De-novo-Patienten in die Studie aufgenommen, die noch kein oder maximal zwölf Wochen lang L-DOPA eingenommen hatten. Diese Patienten wurden zunächst auf ihre individuell notwendige L-DOPA-Dosis auftitriert, wonach zwei Arme gebildet wurden, die L-DOPA entweder mit oder ohne 10 mg/Tag Selegilin erhielten. Das primäre Studienziel war die Zeit bis zur Erhöhung der ursprünglichen L-DOPA-Dosis um 50 Prozent der initial titrierten Dosis. Bei Studienbeginn betrug die L-DOPA-Dosis in der Selegilin-Gruppe im Durchschnitt 288 (N = 61) und in der Placebo-Gruppe 304 mg/Tag (N = 55). Auch diese Studie war als Langzeitstudie angelegt und schloss einen Beobachtungszeitraum von fünf Jahren ein. Die Steigerung der L-DOPA-Dosis war in der Selegilin-Gruppe, ähnlich wie dies von Myllylä et al. (1997) gezeigt wurde, signifikant geringer als ohne Selegilin. Die mittlere L-DOPA-Dosissteigerung betrug nach einem Jahr im Schnitt bei Patienten mit Selegilin ca. 10 und ohne Selegilin ca. 15 mg/Tag, während es nach fünf Jahren mit Selegilin ca. 50 mg/Tag und ohne Selegilin immerhin ca. 220 mg/Tag L-DOPA zusätzlich waren. Somit war im Laufe der Jahre die notwendige **L-DOPA-Dosisanpassung unter Selegilin-Therapie signifikant niedriger als ohne**. Der primäre Endpunkt wurde unter Selegilin nach 4,9 Jahren und ohne Selegilin schon nach 2,6 Jahren erreicht.

Nicht nur der L-DOPA-Spareffekt war bemerkenswert, sondern auch die Tatsache, dass in der CURS ein signifikanter Unterschied zugunsten der Selegilin-Komedikation gesehen wurde, was sich auch im Gesamturteil der behandelnden Ärzte zum Therapieeffekt zeigte und erneut ein signifikanter Gruppenunterschied zugunsten von Selegilin gesehen wurde (Przuntek et al., 1999). Im Gegensatz zur DATATOP-Studie waren die mit L-DOPA assoziierten Nebenwirkungen unter Selegilin-Therapie deutlich geringer als unter L-DOPA mit Placebo (ebd.). So war z. B. das Freezing-Phänomen unter Selegilin bei 6,9 Prozent der Patienten und unter Placebo bei immerhin 17 Prozent gesehen worden. Die unter Studienbedingungen gefundenen Nebenwirkungen, bei denen ein möglicher Zusammenhang mit der Studienmedikation nicht ausgeschlossen werden konnte, betrugen unter Selegilin 31,3 und unter Placebo 30 Prozent. Diese Studie unterstreicht, dass im Hinblick auf die klinische Wirksamkeit (UPDRS) eine Kombinationstherapie von Selegilin und L-DOPA günstiger ist als eine L-DOPA-Monotherapie. Die Notwendigkeit der L-DOPA-Dosissteigerung ist unter Selegilin deutlich geringer, was sich schon im zweiten Behandlungsjahr zeigte. Die maximal benötigte L-DOPA-Dosis ist in der Selegilin-Gruppe deutlich niedriger. Eine besonders ausgeprägte Dosiseinsparung konnte bei Patienten in frühen Krankheitsstadien (Hoehn-und-Yahr-Stadium I) und bei De-novo-Patienten gezeigt werden. Die Verträglichkeit von Selegilin ist ausgezeichnet. L-DOPA-assoziierte Fluktuationen sind unter Selegilin deutlich seltener (insbesondere Freezing). Ab dem vierten Behandlungsjahr benötigten signifikant mehr Patienten der Selegilin-freien Gruppe zusätzlich einen Dopamin-Rezeptoragonisten.

Auch Larsen et al. (1999) untersuchten den Effekt von Selegilin auf die **Krankheitsprogression von De-novo-Parkinson-Patienten** in einer doppelblinden Fünfjahresstudie, in der Patienten neben L-DOPA entweder Selegilin oder Placebo erhielten. Insgesamt wurden 163 Patienten in diese Studie eingeschlossen. Wesentliche Ergebnisse dieser Studie waren die Beobachtungen, dass Patienten mit Selegilin einen milderen Krankheitsverlauf aufwiesen und weniger L-DOPA benötigten. Auch nach einer Wash-out-Phase von einem Monat verschlechterten sich die Patienten, die Selegilin erhalten hatten, nicht, was wiederum nicht durch einen alleinigen symptomatischen Effekt von Selegilin erklärt werden kann.

Zur **idealen täglichen Dosis von Selegilin** gibt es eine Untersuchung von der Arbeitsgruppe Montastruc, die dafür spricht, mindestens fünf mg Selegilin täglich, besser aber, wie bisher empfohlen, weiter dem Patienten 1 mg Selegilin/10 kg Körpergewicht zu verschreiben, sodass im Normalfall 7,5 bis 10 mg/Tag appliziert werden sollten (Andreu et al., 1997). Die Gabe kann sowohl als Einmalgabe morgens als auch als Zweimalgabe morgens und nachmittags erfolgen.

Einen **Fortschritt in der Selegilin-Therapie** erhofft man sich durch die Entwicklung von Xilopar™ (Clarke, 2001; Clarke et al., 2003). Bei dieser neuen galenischen Form von Selegilin wird der Wirkstoff in Form einer **Schmelztablette** eingenommen und nach sekundenschneller Freisetzung sublingual unter Umgehung des First-pass-Effektes resorbiert: Dies erlaubt eine Dosisreduzierung von 10 auf 1,25 mg Selegilin, wobei die Metabolite um mehr als 90 Prozent reduziert sind (ebd.). Darüber hinaus ist die Bioverfügbarkeit im Plasma nach Einnahme von Xilopar™ homogener und reproduzierbarer als nach Einnahme von konventionellem Selegilin. Diese schwankt nach oraler Verabreichung in einem sehr weiten Rahmen, sodass sich die Plasmakonzentrationen interindividuell um mehr als den Faktor 200 unterscheiden können (Clarke, 2001). Dies kann dazu führen, dass bei einer Vielzahl von Patienten keine ausreichende Wirkdosis erreicht wird, andererseits kann es bei den Patienten, die Selegilin langsam metabolisieren, neben der Hemmung der MAO-B zu einer zusätzlichen Hemmung der MAO-A und damit zu Nebenwirkungen kommen.

In einer großen klinischen doppelblinden Studie konnte der positive Effekt der Schmelztablette auf die UPDRS nachgewiesen werden (Waters et al., 2004). Es wurden in dieser Studie Patienten mit motorischen Fluktuationen untersucht und mittels 1,25 und 2,54 mg sublingual löslichem Selegilin für 12 Wochen täglich behandelt. Es kam zu einer signifikanten Reduktion der Off-Zeit von 2,2 Stunden und zu einer Verlängerung der Dyskinesiefreien Zeit von 1,8 Stunden. Die Verträglichkeit war hervorragend und nicht schlechter als unter Placebo.

7.5.1.3 Nebenwirkungen und Kontraindikationen

Selegilin ist ein insgesamt sehr **gut verträglicher Wirkstoff**. In der DATATOP-Studie war kein Unterschied in der Nebenwirkungsrate zwischen der Verum- und der Placebo-Gruppe vorhanden, was die gute Verträglichkeit von Selegilin unterstreicht. Häufig genannte Nebenwirkungen (Prozentsatz in Klammern) sind Schlaflosigkeit (5,1), weswegen das Medikament morgens eingenommen werden sollte, Übelkeit/Erbrechen (4,9), was aber unter Motilium® sistiert und auch über die Dauer der Behandlung immer seltener wird, Schwindel (3,9), der ebenfalls, wenn der Patient die Therapie lang genug tolerieren kann, immer seltener wird, Mundtrockenheit (4,2), orthostatische Reaktionen (3,7), Müdigkeit (2,9), Dyskinesien (2,2), Hyperkinesien (2,1), wobei hier wohl eine L-DOPA-Dosisreduktion zur Symptomkupierung ausreicht, psychotische Erscheinungen/ Halluzinationen (2). Die übrigen Nebenwirkungen bewegen sich unter der Zweiprozentgrenze und sind Kopfschmerzen, Herzklopfen, Dyspnoe, Ödeme, Verwirrtheit, Miktionsstörungen, Appetitlosigkeit, Hauterscheinungen und Angst (Reichmann et al., 2002b).

Eine Kombination mit MAO-A-Hemmern, wie z. B. Moclobemid, sollte vermieden werden. Kombinationen mit einem der neuen SSRIs, die zur antidepressiven Therapie verabreicht werden, müssen ebenfalls sehr kritisch abgewogen werden.

In einer aufsehenerregenden Studie unter Federführung von A Lees, London, wurde in statistisch unsauberer Art behauptet, dass Patienten unter Selegilin eine **höhere Mortalität** als andere Parkinson-Patienten aufweisen (Lees, 1995). Die Fehler dieser Studie wurden vielfach dargestellt (z. B. Gerlach et al.,

1996c), sie kann als widerlegt gelten. Auf dem internationalen Parkinson-Kongress 1997 in London errechnete Heinonen aus sechs klinischen Langzeitstudien mit Selegilin bei einem durchschnittlichen Auswertungszeitraum von 3,8 Jahren, dass bei Parkinson-Patienten, die die Kombination Selegilin/L-DOPA erhalten hatten, 4,9 und bei den Patienten mit der L-DOPA-Monotherapie sieben Prozent verstorben waren. Es käme daraufhin ja hoffentlich auch niemand auf den Gedanken, zu behaupten, dass L-DOPA für Parkinson-Patienten gefährlich sei. Gleiches gilt aber auch für Selegilin. In der oben schon zitierten finnischen Langzeitstudie waren Patienten in der Selegilin-Gruppe aufgrund folgender Ursachen verstorben (in Klammer die Anzahl der Patienten, die aus gleicher Ursache verstarben, aber Placebo erhalten hatten): Pneumonie 4 (1), Myokardinfarkt 1 (2), Schlaganfall 1 (1), Brustkrebs 0 (1), Sepsis 0 (1), zerebrale Kontusion 1 (0). Es kamen somit im Beobachtungszeitraum sieben Patienten unter Selegilin und sechs ohne Selegilin zu Tode.

7.5.2 Rasagilin

7.5.2.1 Einleitung und experimentelle Pharmakologie

Als MAO-B Hemmer der zweiten Generation darf man Rasagilin bezeichnen, das seit Februar 2005 unter dem Handelsnamen Azilect® zugelassen und seit Juli 2005 in Deutschland erhältlich ist. Wie Selegilin, das in Form der Schmelztablette verabreicht wird, wird auch Rasagilin nicht zu Amphetamin-Metaboliten abgebaut und muss ebenfalls in einer Dosis von 1 mg einmal morgens eingenommen werden. Rasagilin wird zu Aminoindan metabolisiert, das möglicherweise für die neuroprotektiven Eigenschaften des Rasagilins verantwortlich ist. In der Zellkultur wurde z. B. nachgewiesen, dass es neuroprotektiv ist.

Rasagilin wird durch das CYP-System in der Leber verstoffwechselt. Es ist ein potenter, irreversibler selektiver MAO-B-Hemmer. Dadurch wird der enzymatische Abbau von endogen freigesetztem und exogen in Form von L-DOPA zugeführtem Dopamin blockiert und damit mehr Dopamin am Rezeptor zur Verfügung gestellt. Wegen seiner irreversiblen Enzymhemmung reicht eine einmal tägliche Applikation, da ja der Wirkverlust nur durch die Neu-Synthese der MAO entstehen könnte. Dies wurde schon oben gesagt.

7.5.2.2 Indikationen und klinische Pharmakologie

Rasagilin ist zur **Monotherapie** (ohne L-DOPA) und als **Zusatztherapie** (mit L-DOPA) bei Parkinson-Patienten mit End-of-dose-Fluktuationen **zugelassen**.

Der Einsatz von Rasagilin wurde bei **De-novo-Patienten in** der **TEMPO-Studie** (TVP-1012 in Early Monotherapy for Parkinson's Disease Outpatients; The Parkinson Study Group, 2002) geprüft. Da sowohl die Herstellerfirma als auch die die Studie durchführende Parkinson Study Group Interesse daran hatten, in einer Studie an De-novo-Parkinson-Patienten den möglichen neuroprotektiven Effekt von Rasagilin am Menschen nachzuweisen, wurde große Mühe auf das Studiendesign gelegt. In vielen Studien hatte Rasagilin in der Zellkultur und im Tiermodell eine sehr gute neuroprotektive Wirkung gezeigt (siehe Kap. 6). Nachdem die PET- und SPECT-Studien der Dopamin-Rezeptoragonisten zum Teil bezüglich ihrer Aussagekraft über eine mögliche Neuroprotektion kritisiert wurden, wurde in Zusammenarbeit mit der Food and Drug Administration in den USA das so genannte Delayed-start-Design entwickelt (Abb. 6.9). Hierbei erhält eine Studienkohorte das Verum erst mit einer sechsmonatigen Verzögerung. In diese große Studie wurden randomisiert 404 Patienten in drei

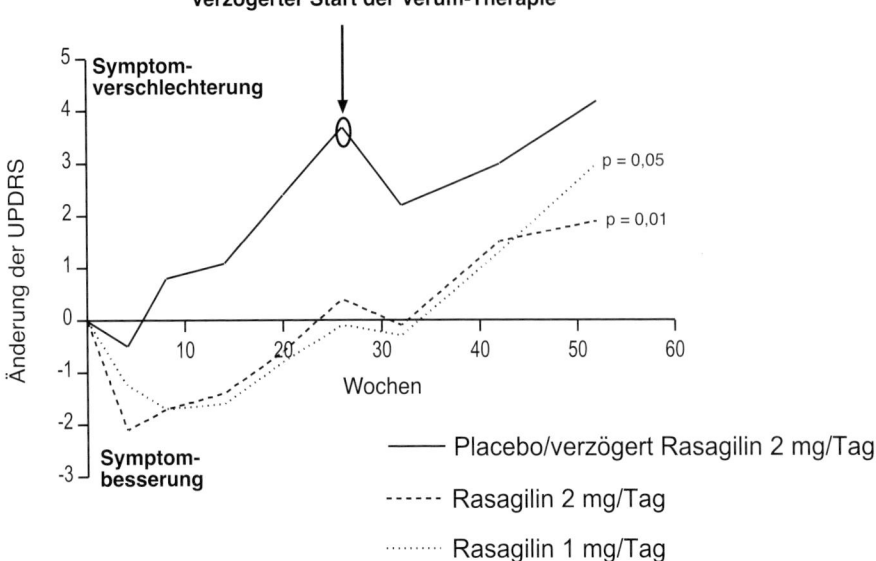

Abb. 7.3. Zeitlicher Verlauf der Mittelwerte der „Unified Parkinson's Disease Rating Scale" (UPDRS) aller 371 in die TEMPO-Studie eingeschlossenen Patienten (nach The Parkinson Study Group, 2004b)

Armen eingeschlossen, wobei in den ersten sechs Monaten eine Gruppe Rasagilin in einer Dosierung von 1 mg morgens, die zweite Gruppe in einer Dosierung von 2 mg morgens und die dritte Gruppe lediglich Placebo erhielten. Nach sechs Monaten Placebo-Therapie erhielten diese Patienten doppelblind 2 mg Rasagilin für sechs Monate. Die anderen beiden Kohorten setzten doppelblind ihre Therapie mit Rasagilin 1 bzw. 2 mg ebenfalls für weitere sechs Monate fort. Die **Hauptzielgröße** dieser Studie war die **Beeinflussung der UPDRS** verglichen zum Ausgangspunkt. Sekundäre Zielparameter waren die Unterskalen der UPDRS, Hoehn und Yahr, Schwab und England und viele mehr. Die Patienten unter 1 und 2 mg Rasagilin verbesserten sich in der UPDRS um zwei Punkte, während sich die mit Placebo therapierten Patienten verschlechterten (Abb. 7.3). Die verspätet therapierten Patienten erreichten das motorische Niveau der bereits initial mit Rasagilin therapierten Patienten nicht, womit die Diskussion eröffnet ist, ob dies für Rasagilin der Nachweis für eine klinische Neuroprotektion ist, und ob das Delayed-start-Design endlich der immer geforderte Weg zum Nachweis für die neuroprotektive Wirkung eines Anti-Parkinson-Medikamentes ist.

Es kann davon ausgegangen werden, dass die Patienten, die sechs Monate später als die Verum-Gruppe mit Rasagilin behandelt wurden, in diesen sechs Monaten durch den Krankheitsprogress dopaminerge Zellen verloren und somit weniger endogenes Dopamin für den MAO-B-Hemmer zur Verfügung stand. Bei den anderen Gruppen führte Rasagilin zu einer Minderung des Zelltodes, damit stand mehr Dopamin zur Abbauhemmung durch den MAO-B-Hemmer zur Verfügung und die Patienten waren klinisch besser. Diese Studie weist somit zumindest eine **krankheitsmodifizierende Wirkung** auf.

Neben dem Einsatz in der Monotherapie sollte in zwei internationalen Studien geprüft werden, ob Rasagilin auch als **Zusatztherapie** (mit L-DOPA) bei Patienten mit End-of-dose-Fluktuationen effektiv ist. Die **PRESTO-Studie** (Parkinson's Rasagiline Efficacy and Safety in the Treatment of Off) wurde von der Parkinson Study Group durchgeführt und 2005 publiziert. Diese Studie war dreiarmig und schloss 472 Patienten mit einem durchschnittlichen Alter von ca. 63 Jahre ein. Die Patienten hatten durchschnittlich schon acht Jahre lang L-DOPA eingenommen und 70 Prozent erhielten zusätzlich noch einen Dopamin-Rezeptoragonisten. Alle Patienten wiesen Wirkungsfluktuationen auf. Es wurden 0,5 und 1 mg Rasagilin einmal täglich gegen Placebo über 26 Wochen geprüft. Das primäre Studienziel war die Prüfung einer möglichen Verbesserung der täglichen Off-Zeit, die durch Selbstbewertung in Tagebüchern erfasst wurde. Die Patienten mussten ihre Beweglichkeit alle 30 Minuten über 24 Stunden einer der folgenden Kategorien zuordnen: „On" mit störenden Dyskinesien, „On" ohne störende Dyskinesien, „Off" im wachen Zustand oder Schlaf-Zustand. An drei aufeinander folgenden Tagen wurden die Tagebucheintragungen zu Beginn der Studie sowie nach 6, 14 und 26 Wochen vorgenommen.

Die mittlere Off-Zeit konnte nach sechs Wochen bei Einnahme von 0,5 mg Rasagilin um 1,4 Stunden und unter 1 mg Rasagilin um 1,85 Stunden verkürzt werden (The Parkinson Study Group, 2005). Im Vergleich zu Placebo betrug der Unterschied nach 26 Wochen −0,49 Stunden bei der Einnahme von 0,5 mg und −0,94 Stunden bei der Einnahme von 1 mg Rasagilin, was jeweils hoch signifikant war. Korrespondierend dazu nahm die On-Zeit signifikant zu. Die ADL verbesserten sich in den Verum-Armen und verschlechterten sich im Placebo-Arm. Signifikante Verbesserungen gelangen bezüglich des Tremors und der posturalen Instabilität. Besonders hervorzuheben ist der positive Effekt bezüglich der Asthenie sowie die Abnahme depressiver Symptome unter Rasagilin. Interessanterweise traten dopaminerge Nebenwirkungen wie Schwindel, Somnolenz und Übelkeit unter Verum nicht signifikant häufiger als unter Placebo auf.

Die zweite Add-on-Studie ist die ebenfalls 2005 publizierte **LARGO-Studie** (Lasting effect in Adjunct therapy with Rasagiline Given Once daily; Rascol et al., 2005). Auch diese Studie war dreiarmig und verglich den Effekt von 1 mg Rasagilin mit 200 mg Entacapon pro L-DOPA-Dosis und Placebo bei 687 Patienten über eine Studienzeit von 18 Wochen. Es handelte sich somit um eine placebo- und aktivkontrollierte Studie. Die Auswahl von Entacapon sollte einen Vergleich zu einem anderen Hemmer des Dopamin-Abbaus ermöglichen. Im Rahmen der LARGO-Studie wurden noch zusätzlich zwei Substudien durchgeführt, nämlich die Untersuchung des „freezing of gait" sowie des morgendlichen „Off" (N = 131). Das Hauptstudienziel war die Bestimmung der Off-Zeit nach 18 Wochen im Vergleich zur Ausgangslage. Auch diese Studie basiert auf Tagebucheintragungen über drei Tage zu den Wochen 0, 6, 10, 14 und 18. In einer Run-in-Phase von zwei bis vier Wochen konnte bei Auftreten von dopaminergen Nebenwirkungen das L-DOPA reduziert werden. Die Drop-out-Rate war äußerst gering. Die tägliche Off-Zeit konnte sowohl unter Entacapon als auch unter Rasagilin um etwa 1,2 Stunden reduziert werden. Auch das morgendliche Off und das „freezing of gait" konnte unter Rasagilin signifikant stärker als unter Entacapon verbessert werden.

Man kann aus der LARGO-Studie somit zusammenfassend festhalten, dass Rasagilin und Entacapon den Tremor, Rigor und Bradykinese in etwa gleichem Maße verbessern, dass aber das Rasagilin bezüglich der posturalen Stabilität, Freezing und motorischem „Off" am Morgen besser als Entacapon abschnitt. Im Vergleich zum Placeboarm wiesen weder Entacapon noch Rasagilin nennenswerte Nebenwirkungen auf. Es schieden 15,3 Prozent unter Placebo, 13,2 Prozent unter Entacapon und lediglich 10 Prozent unter Rasagilin aus der Studie aus.

Zusammenfassend scheint somit Rasagilin neuroprotektive Optionen zu bieten, was gerade in einer Folgestudie der so genannten **Adagio-Studie** (Attenuation of Disease progression with Azilect Given Once-daily) geprüft werden soll. Es ist bei De-novo-Patienten und solchen in fortgeschrittenen Parkinson-Stadien wirksam. Beeindruckend sind die Hinweise darauf, dass Rasagilin ähnlich potent wie Entacapon ist und somit wohl deutlich effektiver als Selegilin sein dürfte. Durch seine lange Wirksamkeit war Rasagilin bezüglich der morgendliche Akinese signifikant effektiver als Entacapon, das eine kurze Halbwertszeit aufweist. Aufgrund seiner sehr geringen Nebenwirkungsrate ist Rasagilin eine vielversprechende neue Option in der Behandlung der Parkinson-Krankheit.

7.5.2.3 Nebenwirkungen und Kontraindikationen

In der TEMPO-Studie waren die häufigsten Nebenwirkungen nach 12 Monaten Infektion, Kopfschmerz, Unfälle und Schwindel (The Parkinson Study Group, 2002). Es kam bei keinem Patienten zu Halluzinationen, Somnolenz, Ödemen, Diarrhö, Verwirrtheit oder kardiovaskulären Zwischenfällen.

In der PRESTO-Studie (The Parkinson Study Group, 2005) bestanden die Nebenwirkungen in einem leicht höheren Prozentsatz für Gewichtsverlust und Erbrechen sowie einer Zunahme an Dyskinesien (18% der Patienten unter Rasagilin und 10% unter Placebo).

In der LARGO-Studie lagen die Nebenwirkungen für das Verum nicht höher als für die Placebo-Gruppe (Rascol et al., 2005).

Kontraindiziert sind eine gleichzeitige **Behandlung mit** einem **anderen MAO-Hemmer**, mit **Pethidin** oder bei bestehender schwerer **Leberinsuffizienz**. Die gleichzeitige Anwendung von Rasagilin mit Fluoxetin oder Fluvoxamin sollte vermieden werden. Besondere Vorsicht sollte bei der gleichzeitigen Einnahme mit Dextromethorphan oder Sympathomimetika, z. B. in schleimhautabschwellenden Tropfen, walten. Vorsicht gilt auch bei der gleichzeitigen Einnahme von Antidepressiva. Eine Gefahr beim Verzehr an Tyraminreicher Nahrung (Parmaschinken, Rotwein, Käse) konnte ausgeschlossen werden.

7.6 NMDA-Rezeptorantagonisten

7.6.1 Amantadin

7.6.1.1 Einleitung und experimentelle Pharmakologie

Amantadin-Salze haben eine **Renaissance in der Parkinson-Therapie** erlebt, da ihr Wirkmechanismus nunmehr geklärt ist und zunehmend Studien zu besonderen Indikationen wie z. B. zur Behandlung von motorischen Fluktuationen vorliegen. Die Anti-Parkinson-Wirkung von Amantadin wurde zufällig entdeckt. Man kannte ihre antivirale Wirkung und beobachtete bei einer Patientin mit einem Parkinson-Tremor, die einen grippalen Infekt hatte, dass unter Amantadin der Tremor sistierte und nach Abklingen der Grippe und Absetzung des Amantadins der Tremor wieder auftrat. Amantadin wurde 1969 erstmals von Schwab bei Patienten mit IPS eingesetzt.

Näheres zum Wirkmechanismus von Amantadin wurde im Kap. 3 beschrieben. Die wichtigste Entdeckung war, dass Amantadin ein niedrigaffiner NMDA-Rezeptorantagonist mit schneller Rezeptorkinetik ist (Kornhuber et al., 1989; 1991).

Man nimmt heute an, dass die Anti-Parkinson-Wirkung von Amantadin durch Hemmung von überaktiven glutamatergen Nucleus-subthalamicus-Neuronen verursacht wird (Tabelle 3.1; Abb. 2.13). Die NMDA-antagonistische Wirkkomponente lässt neuroprotektive Effekte erwarten, die bisher nur vor allem in Zellkulturexperimenten und weniger in Tiermodellen neurodegenerativer Erkrankungen nachgewiesen wurden (Tabelle 6.1). Basierend auf den Arbeiten von Chase geht man davon aus, dass im Striatum aufgrund der geringeren dopaminergen Stimulation ein Überwiegen der glutamatergen Neurotransmission entsteht, was unter anderem für die Entstehung von Dyskinesien verantwortlich gemacht wird. Somit wäre sowohl aus Gründen der Neuroprotektion als auch aufgrund der Verhinderung von Dyskinesien der Einsatz von Amantadin-Salzen zu empfehlen (vgl. Therapie-Empfehlungen, Kap. 11–13).

7.6.1.2 Indikationen und klinische Pharmakologie

Beobachtungen von Danielczyk (1995) und von Uitti et al. (1996) weisen darauf hin, dass Patienten, die mit Amantadin behandelt wurden, eine höhere Wahrscheinlichkeit aufweisen, die ersten 15 Beobachtungsjahre zu überleben. Obwohl die Studie von Uitti und Kollegen retrospektiv und nicht prospektiv durchgeführt wurde, kommt ihr doch hohe Bedeutung zu, da sie für viele Experten den Einsatz von Amantadin nahelegt. In der Frühphase des IPS reichen meist zweimal 100 mg/Tag Amantadin-Sulfat peroral aus, während bei mäßig bis schwerem IPS bis zu dreimal 200 mg bzw. viermal 150 mg eingesetzt werden.

Unbestritten ist die **hohe therapeutische Potenz** von Amantadin-Sulfat i. v. **bei der akinetischen Krise.** Hier werden 200 mg Amantadin-Sulfat (PK-Merz®) in 500 ml NaCl-Lösung innerhalb von drei bis vier Stunden infundiert. Maximal können bis zu sechs solcher Infusionen pro Tag zum Einsatz kommen. Da man in der heutigen Zeit kaum mehr wirklich schwere akinetische Krisen erlebt, genügt es meist, je eine solche Infusion über drei bis fünf Tage zu applizieren. Man sollte die Infusions-Geschwindigkeit nicht zu hoch wählen, um als mögliche Nebenwirkung Halluzinationen zu vermeiden. Bei Nierenfunktionsstörung ist eine Dosisanpassung notwendig.

Ein relativ neues wichtiges Anwendungsgebiet für Amantadine ist ihr **Einsatz bei L-DOPA-induzierten Fluktuationen.** Sowohl im Tiermodell als auch in klinischen Studien konnte ihr Effekt nachgewiesen werden. Während bisher nur Fallstudien vorlagen, gibt es jetzt von Rajput et al. (1997) und von Chase's Arbeitsgruppe (Verhagen-Metman et al., 1998) kontrollierte Studien, die die Wirkung von 200 mg Amantadin-Sulfat bei Patienten mit L-DOPA-induzierten Dyskinesien zeigten. Die Studie von Rajput und Kollegen (1997) schloss prospektiv 19 Patienten (sechs Männer und 13 Frauen) mit hyperkinetischen Symptomen ein, wovon 13 choreatische Peak-dose-Hyperkinesien aufwiesen. Vierzehn von 19 Patienten mit Dyskinesien zeigten innerhalb von zwei Wochen eine Besserung (sieben eine deutliche, fünf eine moderate und zwei eine leichte Besserung). Sieben wiesen darüber hinaus eine Verbesserung der Parkinson-Symptomatik auf.

Verhagen-Metman et al. (1998) weisen unter peroraler Amantadin-Therapie eine Reduktion der Peak-dose-Hyperkinesen um 60 Prozent nach; in der nachfolgenden einjährigen Kontrolluntersuchung wurde die anhaltende Wirkung von Amantadin bestätigt; durch die Amantadin-Behandlung war die

Dyskinesie-Rate um 56 Prozent reduziert und die On-Zeiten deutlich verlängert (Verhagen-Metman et al., 1999). Eigene (HR) Erfahrungen sprechen eher für den Einsatz von Amantadin-Sulfat (z. B. PK-Merz®) und nicht für Amantadin-Hydrochlorid (unter anderen Adekin®, Amanta®, Amantadin®, Amixx®, Stadam®), da die Verträglichkeit und auch das klinische Ansprechen auf Amantadin-Sulfat mir besser erscheinen.

Somit kann zusammengefasst werden, dass Amantadin beim IPS symptomatisch, insbesondere bezüglich der Hypokinese und des Rigors wirkt und keine motorischen Fluktuationen induziert. Es konnte gezeigt werden, dass Amantadin das glutamaterge-dopaminerge Ungleichgewicht ausgleicht und daher schon zu Beginn der Therapie gegeben werden sollte, um bei L-DOPA-Pflichtigkeit Fluktuationen zu reduzieren. Der frühe Einsatz von Amantadin verzögert und reduziert den Einsatz von L-DOPA. L-DOPA-induzierte Fluktuationen können mit Amantadin therapiert werden. Durch die antiglutamaterge Wirkung könnte Amantadin neuroprotektiv wirken und scheint entsprechend der oben zitierten Studien eventuell sogar lebensverlängernd zu wirken.

7.6.1.3 Nebenwirkungen und Kontraindikationen

Nebenwirkungen von Amantadin-Präparaten bestehen in Schlafstörungen, Nervosität und allgemeiner Unruhe, Übelkeit und abdominellen Beschwerden mit Appetitstörungen, Livedo reticularis, Knöchelödeme, delirante Symptome (meist optische Halluzinationen), selten epileptische Anfälle (bei zerebraler Vorschädigung) und supraventrikuläre Tachykardien.

Sollten Amantadine abgesetzt werden müssen, muss das langsam durch Ausschleichen erfolgen. Amantadine können mit den üblichen Anti-Parkinson-Medikamenten gut kombiniert werden. Lediglich der zeitgleiche Einsatz von Anticholinergika kann Psychosen potenzieren.

7.6.2 Budipin

7.6.2.1 Einleitung und experimentelle Pharmakologie

Es wurde schon mehrfach betont, dass es falsch wäre, das IPS als ein reines Dopamin-Mangel-Syndrom anzusehen. Ganz im Gegenteil sind das glutamaterge und cholinerge System überaktiv und es bestehen auch Veränderungen im serotoninergen und noradrenergen Neurotransmitter-System (siehe Kap. 2). Im Gegensatz zu den anderen Anti-Parkinson-Medikamenten, die eine einzelne Neurotransmitter-Störung korrigieren, scheint Budipin wohl in der Lage zu sein, multiple Neurotransmitter-Störungen günstig zu beeinflussen. Obwohl es somit eine so genannte Dirty drug ist, bietet es gerade deshalb einen neuartigen Therapieansatz, da es die komplexen Neurotransmitter-Störungen beim IPS auszugleichen scheint.

Wie im Kap. 3 erwähnt, hat Budipin anticholinerge Eigenschaften (allerdings nicht so stark ausgeprägt wie bei den reinen Anticholinergika), es kann Dopamin aus präsynaptischen Vesikeln ausschütten, hemmt die MAO B reversibel und die Wiederaufnahme von Dopamin in das präsynaptische Neuron, wodurch Dopamin länger am Rezeptor aktiv sein kann. Darüber hinaus werden das serotoninerge und noradrenerge System günstig beeinflusst. Pharmakologische Untersuchungen stellen jetzt die **antiglutamatergen** Eigenschaften von Budipin, das ein niedrigaffiner NMDA-Rezeptorantagonist ist (Klockgether et al., 1993), in den Vordergrund und es besteht die Hoffnung, dass durch diese Eigenschaft Budipin sogar neuroprotektiv sein könnte, da es exzitotoxisch herbeigeführte Zelluntergänge verhindern könnte. Leider existieren zu dieser Fragestellung noch keine PET-Untersuchungen.

Budipin durchdringt die Blut-Hirn-Schranke, wird durch Hydroxylierung metabolisiert und zu gleichen Teilen renal und in den Fäzes innerhalb von 24 Stunden ausgeschieden.

7.6.2.2 Indikationen und klinische Pharmakologie

Budipin ist seit 1997 in Deutschland unter dem Markennamen Parkinsan® **zur Kombinationstherapie** des IPS **bei Patienten ohne Fluktuationen zugelassen**.

Nachdem Budipin in Tierversuchen den Tremor dämpfte und man seine anticholinergen Eigenschaften kannte, fokussierte sich das Interesse an diesem Wirkstoff zunächst auf die Therapie des **Tremor-dominanten IPS.** Bislang existieren zwei Doppelblind-Untersuchungen und eine offene Studie, an denen meine Klinik (HR) jeweils beteiligt war, sodass mir die Substanz schon zehn Jahre vor der Zulassung (1997) bekannt war. Die erste Studie (FK 004) sollte die Sicherheit und Effizienz von Budipin nachweisen (Przuntek et al., 2002). Budipin wurde in einer Dosierung von 40–60 mg/Tag bei 99 Patienten im frühen Stadium des IPS, die entweder L-DOPA oder Bromocriptin eingenommen hatten, zugegeben und nach 16 Wochen Therapie die CURS verwendet, um die Wirkung von Budipin zu prüfen. Interessanterweise wurden nicht nur der Tremor, sondern signifikant auch die beiden anderen Kardinalsymptome Rigor und Hypokinese bei den Patienten verbessert. Budipin wirkte unabhängig von der eingesetzten L-DOPA-Dosis oder vom Lebensalter der Patienten. Diese Ergebnisse zeigen, dass der Zusatz von Budipin zu anscheinend optimal mit Dopaminergika eingestellten Patienten einen zusätzlichen Nutzen bringt, was wohl am ehesten auf seine antiglutamaterge Wirkung zurückzuführen ist. Sollte Budipin aufgrund seiner antiglutamatergen Eigenschaften neuroprotektiv sein (was noch nachgewiesen werden muss), gehört sein Einsatz schon in die Frühphase der Erkrankung.

Aufgrund der Ergebnisse der obigen Studie war es folgerichtig, dass eine zweite doppelblinde, placebokontrollierte Studie den Einsatz von Budipin in der **Monotherapie der Frühphase** (Studie 290191) prüfte (Przuntek und Müller, 1999, Reichmann, 2006). Es wurden erneut zwischen 40 und 60 mg Budipin/Tag eingesetzt. Primärer Zielpunkt war der notwendige Einsatz von L-DOPA. Nach sechs Monaten mussten 55,4 Prozent der Patienten unter Placebo, dagegen nur 24,6 Prozent der Budipin-Patienten auf L-DOPA eingestellt werden. Eine insgesamt 2234 Patienten einschließende offene Studie mit Budipin zeigte dessen klinische Effizienz gegen alle Kardinalsymptome des IPS und seine gute Verträglichkeit (J. Sgonina, persönliche Mitteilung).

7.6.2.3 Nebenwirkungen und Kontraindikationen

Budipin hat eine gute Verträglichkeit. Wichtig ist, dass die **Aufdosierung nicht zu schnell** erfolgt. Steigert man wöchentlich um 10 mg, ist man auf der sicheren Seite. Man sollte 60 mg nur in Ausnahmefällen überschreiten. Budipin benötigt bei manchen Patienten eine Vorlaufzeit von bis zu acht Wochen, bevor es positive Effekte zeigt, und häufig wird die optimale Wirkung erst nach 16 Wochen erreicht. Viele andere Patienten bemerken aber bereits in der Eindosierungsphase eine erste Verbesserung ihrer Parkinson-Symptomatik.

Das langsame Aufdosieren ist auch deshalb wichtig, weil die einschneidendste Nebenwirkung von Budipin Halluzinationen und Verwirrtheitszustände sind, die ich selbst (HR) bei zu raschem Aufdosieren oder später ambulant im Hochdosisbereich von 80 mg und mehr erlebt habe und die mit Reduktion des Budipins wieder zu beheben waren.

Im Jahre 1999 wurden **in Einzelfällen** unter Budipin eine **Verlängerung der QT-Zeit** und Kammertachykardien vom Typ „Torsades de pointes" beobachtet. Meist sind diese Rhythmusstörungen ohne Risiko, da sie aber auch zu lebensgefährlichen Arrhythmien führen können, sollte vor dem Einsatz von Budipin ein EKG abgeleitet werden und möglichst auch während der Therapie mit Budipin, wie dies auch für Dopamin-Rezeptoragonisten gilt, EKG-Kontrollen erfolgen.

Beim Auftreten von Palpitationen, Schwindel oder Synkopen sollte die Budipin-Einnahme unterbrochen werden, bis ein innerhalb von 24 Stunden abzuleitendes EKG ein Wiederansetzen aufgrund einer normalen QT-Zeit und fehlender Rhythmusstörungen erlaubt. Der Hersteller hat diese Nebenwirkung so ernst genommen, dass man sich als interessierter Arzt **schriftlich zu Beachtung der EKG-Untersuchungen** und dem Vermeiden bestimmter Komedikation **verpflichten** muss. Ärzte, von denen diese Unterschrift beim Hersteller Lundbeck nicht vorliegt, dürfen das Präparat nicht verschreiben. Der Apotheker ist verpflichtet per Anruf bei Lundbeck zu prüfen, ob ein vorgelegtes Rezept von einem registrierten Arzt stammt.

8
Stereotaktische operative Verfahren

Mit der Einführung der stereotaktischen Verfahren (zunächst Thermokoagulation und später Neurostimulation) wurde eine Therapieoption für schwerstbetroffene Patienten, die unter medikamentöser Therapie nicht zufriedenstellend einstellbar sind, geschaffen. Die meisten Erfahrungen bestehen in der Behandlung des IPS (hier vor allem beim L-DOPA-Spätsyndrom mit Fluktuationen und Dyskinesien und beim pharmakoresistenten Tremor) und des essenziellen Tremors. Darüber hinaus gibt es erste Berichte über den Einsatz stereotaktischer Chirurgie bei zerebellärem Tremor und generalisierten Dystonien. Seit kurzem ist die tiefe Hirnstimulation beim IPS auch in Deutschland zugelassen.

8.1 Thermokoagulation

Bereits in den 40er-Jahren, also noch vor der Etablierung von L-DOPA zur Parkinson-Therapie, waren operative destruktive Verfahren, insbesondere die **Pallidotomie**, im Einsatz. Als Cooper 1956 bei einem Patienten versehentlich die Arteria choroidea anterior unterband und so einen Thalamusinfarkt verursachte, wobei der Patient seinen Parkinson-Tremor verlor, wurde auch die **Thalamotomie** ein wichtiges Verfahren, das z. B. in der Neurochirurgischen Universitätsklinik Freiburg mit großem Erfolg eingesetzt wurde.

Aufgrund der medikamentösen Therapiefortschritte (insbesondere der Einführung der dopaminergen Therapie) ging die Bedeutung der operativen Verfahren in den letzten Jahrzehnten stetig zurück. Erst in den 80er-Jahren, als die Nebenwirkungen der langjährigen L-DOPA-Medikation, insbesondere bei juvenilen Parkinson-Patienten, zunehmend Bedeutung erlangten und zu einer erheblichen Reduktion der Lebensqualität führten, erlebten die stereotaktischen Verfahren eine Renaissance. Diese stützte sich auch auf neue Erkenntnisse in der Pathophysiologie des IPS. Mittlerweile wusste man nämlich durch die Konzepte zur Funktion und Dysfunktion der Basalganglien um die neuronale Überaktivität des GPm und des Nucleus subthalamicus (Abb. 2.13). Ein weiterer grundsätzlicher Unterschied zur Vor-L-DOPA-Chirurgie-Ära ist die differenzialdiagnostische Abgrenzung des IPS von atypischen oder symptomatischen Parkinson-Syndromen durch Bestimmung der Ansprechbarkeit auf die L-DOPA-Therapie. Eine gute Ansprechbarkeit auf die dopaminerge Therapie sagt eine gutes Ansprechen auf die chirurgische Therapie – Pallidotomie oder Nucleus-subthalamicus-Stimulation – voraus Pinter et al., 1999). Somit erhielt der **L-DOPA-Test** eine **zentrale Bedeutung bei** der **Indikationsstellung** zur Parkinson-Chirurgie sowie bei der **Abschätzung des erreichbaren postoperativen Erfolges**. Durch die Einführung der **Hochfrequenzstimulation** 1991 durch die Arbeitsgruppe um Benabid in Grenoble wurden die läsionellen Verfahren zunehmend in den Hintergrund gedrängt.

Die posteroventrale Pallidotomie wird wegen der Gefahr der postoperativen Dysarthrie, Dysphagie und kognitiver Defizite von den meisten Arbeitsgruppen nur einseitig durchgeführt. Seit 1992, dem Jahr als Laitinen et al. erstmals dieses Verfahren beschrieben, sind ca. 20 Arbeiten veröffentlicht worden, die eine Verbesserung der Dyskinesien (kontralateral > ipsilateral) zeigen. Auch die Reduktion der Kardinalsymptome Rigor, Tremor und Hypokinese erfolgt hauptsächlich kontralateral; ipsilaterale oder axiale Symptome zeigen kaum Besserung.

Bei der Behandlung des beeinträchtigenden Tremors hat sich die Thalamotomie der Thalamusstimulation als unterlegen erwiesen (Benabid und Pollak, 1996).

8.2 Neurostimulation

Im Wissen um die Bedenken gegen destruktive Verfahren wie die Irreversibilität oder die begrenzte Anwendbarkeit (z. B. einseitige Pallidotomie) versuchten viele Arbeitsgruppen durch Stimulation derselben Kerngebiete nicht destruktiv zu arbeiten und dabei zumindest gleich gute Ergebnisse zu erzielen. Es ist aber allein der Arbeitsgruppe um Benabid in Grenoble zu verdanken, dass dies letztendlich auch gelang (Benabid et al., 1991). Diese Arbeitsgruppe hatte nicht nur die besten Elektroden entwickelt, sondern insbesondere die besten **Stimulationsparameter** erarbeitet. Hamani und Kollegen berichten in 2006, dass mittlerweile ca. 30 000 Parkinson-Patienten eine tiefe Hirnstimulation erfahren haben. Durch Hochfrequenzstimulation gelingt es, neurophysiologisch eine Depolarisation und somit Inhibierung eines Kerngebiets zu erreichen. Durch die Hochfrequenzstimulation können somit läsionelle Verfahren imitiert werden.

Die **Vorteile** der tiefen Hirnstimulation im Vergleich zur Thermokoagulation sind:

– die Möglichkeit der bilateralen Platzierung der Elektroden,
– die leichtere Korrigierbarkeit des Stimulationsortes,
– die Variabilität der Stimulationsparameter und
– die Reversibilität und dabei insbesondere das Vermeiden definitiver struktureller Läsionen des Gehirnes.

8.2.1 Durchführung der tiefen Hirnstimulation

Die erfolgreiche Durchführung der tiefen Hirnstimulation stellt **hohe Anforderungen** an ein operierendes Zentrum. Zum einen wird eine hochmoderne technische Ausrüstung (Bildgebung, computergestützte Zielpunktplanung, eventuell neurophysiologische Ausstattung zur intraoperativen Mikroelektrodenableitung) vorausgesetzt, zum anderen braucht man ein harmonierendes Team aus einem stereotaktisch versierten Neurochirurgen und einem Neurologen mit Erfahrung auf dem Gebiet der Bewegungsstörungen.

Die **Patientenselektion** stellt eine der wichtigsten und schwierigsten Aufgaben dar. Nach wie vor gilt als Grundsatz, dass die chirurgische Therapie erst dann zum Einsatz kommen sollte, wenn die konventionellen medikamentösen Verfahren zu keiner ausreichenden Besserung der Symptome führen und daraus eine für den Patienten wesentliche Einschränkung der Lebensqualität resultiert. Beispiele für **motorische Beeinträchtigungen, die** eine **Operation rechtfertigen,** sind:

– ein hoch amplitudiger Tremor, der zu einer funktionellen Beeinträchtigung führt
– eine Akinese von mindestens drei Viertel in den repetitiven Bewegungen der UPDRS; Unfähigkeit, aufzustehen oder sich im Bett zu drehen
– ein kleinschrittiges Gangbild, l-DOPA-sensibles Freezing (mit Stürzen), Unfähigkeit, ohne Hilfe zu gehen oder
– Dyskinesien mit schwerer funktioneller Beeinträchtigung oder schmerzhafte Off-Phasen-Dystonien.

Das motorische Off-Phasen-Ergebnis in der UPDRS sollte mehr als 30 Punkte betragen, der Patient sollte Hilfestellung bei den ADL benötigen.

Wie oben bereits erwähnt, stellt das nächste **wichtige Entscheidungskriterium** der **positive l-DOPA-Test** dar. Zum einen gelingt hiermit der Ausschluss eines Nicht-IPS und zum anderen lässt sich anhand des Ergebnisses bereits präoperativ das bestenfalls mögliche postoperative Ergebnis abschätzen. Eine **Verbesserung** um **weniger als 30 Prozent** gilt als **Kontraindikation** zur Parkinson-Chirurgie. Auf l-DOPA nicht ansprechende Symptome wie Dysarthrophonie, posturale Instabilität oder Freezing während der On-Phase werden durch eine Operation nicht gebessert.

Im folgenden sind die **Kontraindikationen für eine operative Therapie** beim IPS zusammengefasst:

(1) Allgemein
– Alter > 75 Jahre
– MRT: schwere Hirnatrophie
– schwere zerebrale Makroangiopathie
– schwere internistische Begleiterkrankungen
– Antikoagulanzientherapie
– Immunsuppression
– Pseudobulbärparalyse.

(2) Neuropsychologisch und psychiatrisch
– Demenz (MMS ≤ 24, Mattis-Demenz-Skala ≤ 130)
– schwere frontale exekutive Störung
– paranoide oder halluzinatorische Psychose
– fehlende Kooperationsfähigkeit
– schwere manische oder depressive Störung.

Für jeden Patienten wird letzten Endes unter Kenntnis der sozialen, familiären und beruflichen Situation und unter Miteinbeziehung des neurologischen Befundes eine individuelle Nutzen-Risiko-Analyse aufgestellt. Wichtig ist es, den Patienten ausdrücklich darauf hinzuweisen, dass **durch** den **stereotaktischen Eingriff keine Heilung möglich** ist, sondern dass die Erkrankung weiterhin progredient verläuft. Auch besteht manchmal der Irrglaube, dass nach einer Operation keinerlei Medikamenteneinnahme mehr notwendig wäre. Dies kann nur in Ausnahmefällen gelingen. Kommt ein Patient für eine Operation in Frage, erfolgen meist im Rahmen eines stationären Aufenthaltes weitere vorbereitende Untersuchungen und letztendlich stellt der Neurochirurg nach Ausschluss chirurgischer Kontraindikationen die Indikation zu dem Eingriff.

Technisch wird die Neurostimulation so durchgeführt, dass der Patient in einer **ersten Sitzung** bei erhaltenem Bewusstsein und im Beisein eines Parkinson-Spezialisten und eventuell neurophysiologisch ausgewiesenen Neurologen die Elektrode(n) implantiert bekommt. In einer umfangreichen intraoperativen klinischen Testung, während der Rigor und Tremor als Hauptzielkriterien herangezogen werden, wird die Lage der Elektroden überprüft und gegebenenfalls auch korrigiert. Bei der Lagekontrolle werden auch die Nebenwirkungen, die durch Stimulation der umliegenden Faser- oder Kerngebiete (z. B. Capsula interna, Okulomotorius) hervorgerufen werden, miteinbezogen. Bei gegebenen technischen Voraussetzungen wird die Lokalisation zusätzlich durch Mikroelektrodenableitung überprüft, die das Kerngebiet des Nucleus subthalamicus am Aktivitätsmuster der dort lokalisierten Neuronen zu erkennen hilft. Diese erste Operation kann für den Patienten je nach gewähltem Zielpunkt und uni- bzw. bilateralem Eingriff drei bis zwölf Stunden dauern.

Je nach Zentrum erfolgt dann entweder noch in der gleichen Sitzung oder ein bis zwei Tage später in Intubationsnarkose die **Impulsgeberimplantation** (meist infraklavikulär). Die spätere Programmierung des Impulsgebers erfolgt über ein externes Stimulationsgerät. Ein Auswechseln der Batterie des Stimulationsgenerators ist je nach angewandter Stimulationsenergie in der Regel nach ca. vier bis sechs Jahren erforderlich.

Zur Neurostimulation beim IPS stehen als **Zielpunkte** der Thalamus ventrointermedius, der Nucleus subthalamicus oder der GPl zur Verfügung, wobei die Bedeutung des erstgenannten Areals immer mehr in den Hintergrund rückt. Dies liegt daran, dass durch Stimulation des Thalamus ventrointermedius die Kardinalsymptome Rigor und Hypokinese unbeeinflusst bleiben. Die meisten operierenden Zentren favorisieren derzeit die bilaterale Implantation der Elektroden im **Nucleus subthalamicus**, da dadurch alle wichtigen Parkinson-Symptome kontrolliert werden und zudem durch die Möglichkeit der signifikanten Reduktion der Medikation auch die Dyskinesien abnehmen.

Die bislang durchgeführten Studien zum Vergleich der Stimulation des GPl mit der des Nucleus subthalamicus (Burchiel et al., 1999) zeigen einen Trend zugunsten des letzteren Kerngebietes. Argumente hierfür sind das bessere Ansprechen des Tremors sowie die postoperativ mögliche 30–50-prozentige Reduktion der dopaminergen Therapie.

Mittlerweile überblickt man einen postoperativen Nachbeobachtungszeitraum von bis zu ca. 15 Jahren. Die Berichte verschiedener Arbeitsgruppen beschreiben einen anhaltend guten Erfolg der Neurostimulation. Limousin et al. (1998) beschrieben einen Dreijahreszeitraum und Krack et al. (2003) beschrieben ein Follow-up über fünf Jahre. In diesen Studien wurde belegt, dass auch **nach fünf Jahren Kardinalsymptome** wie Tremor, Rigor und Bradykinesie um ca. **50–60 Prozent verbessert** bleiben. Im Gegensatz dazu waren die Sprache und Schrift nicht wirklich deutlich verbessert. Im Rahmen der Stimulation war das Auftreten von **Dyskinesien** nach fünf Jahren **um 75 Prozent niedriger** als bei nur mit L-DOPA therapierten Patienten. Ein kognitives Defizit tritt nicht auf (Jahanshahi et al., 2000). Postoperativ entwickeln viele Patienten eine Depression (20%), wobei durch die langsamere Zurücknahme von L-DOPA eine durch L-DOPA-Entzug induzierte Depression besser verhindert werden kann. Noch unklar ist allerdings, ob die Stimulation eventuell auch neuroprotektive Eigenschaften besitzt.

Die tiefe Hirnstimulation ist eine relativ sichere operative Maßnahme, trotzdem kann es zu **Komplikationen** kommen. Dazu gehören intrazerebrale Blutung oder lokale Infektion der Haut an der Einstichstelle. Nach Benabid et al. (2005) kommt es bei 1,2 Prozent der Patienten zu einer symptomatischen Blutung. Initial kann es nach der Operation nicht nur zur depressiven Verstimmung, sondern auch zu Verwirrtheit und Bradyphrenie kommen, was nach spätestens drei Wochen meist sistiert. Manche Patienten reagieren mit Dyskinesien und Lidöffnungsapraxie und Dysarthrie bei starker Stimulation. Selten gibt es eine Diskonnektion oder andere Defekte am Stimulationsgerät und den Kabeln.

8.2.2 Nachsorge bei Patienten mit tiefer Hirnstimulation

Wie soll sich der Arzt bei einem Notfall bei einem Patienten mit implantiertem Elektrodensystem verhalten?

Ähnlich wie Patienten mit einem Herzschrittmacher erhalten Patienten mit Stimulationselektroden einen **Ausweis**, in dem alle wichtigen technischen Daten erfasst sind. Diesen sollten sie stets bei sich tragen, dies dient z. B. auch in Notsituationen der raschen Information von Helfern und Ärzten. Bei Patienten mit Schädel-Hirn- oder Thorax-Traumata sollte der Not- oder später Klinikarzt an die Möglichkeit einer Dislokation der Sonde oder an einen extrakraniellen Kabelschaden denken, was entweder zu Nebenwirkungen (Stimulation an falscher Stelle) oder zu akinetischen Zuständen (Stimulationsstopp) führen kann, die eine Erhöhung der oralen Anti-Parkinson-Medikation erfordern.

Bei Verdacht auf eine Störung im Stimulationssystem sollte baldmöglichst eine ambulante Vorstellung oder eine Verlegung in ein erfahrenes Zentrum erfolgen.

Die Operations- und damit vor allem Narkosefähigkeit des Patienten wird durch die implantierten Elektroden beziehungsweise den Impulsgenerator nicht beeinflusst.

Welche diagnostischen oder therapeutischen Maßnahmen sind bei Patienten mit implantiertem Elektrodensystem erlaubt?

Diagnostische Röntgenaufnahmen sind problemlos durchführbar, bei Mammographien ist wegen des in der Regel subklavikulär implantierten Impulsgenerators eventuell eine spezielle Einstellung des Röntgengerätes erforderlich. Unmittelbar über der Implantationsstelle sollte eine Ultraschallanwendung wenn möglich vermieden werden, diagnostischer Ultraschall (z. B. Abdomensonographie) ist möglich. Die Anwendung von **Diathermie** ist generell **kontraindiziert**. Kernspintomographische Untersuchungen sollten nur bei dringlicher Indikation durchgeführt werden, da das starke Magnetfeld den Impulsgenerator beeinflussen kann. Der Stimulatorhersteller warnt davor, ohne vitale Indikation eine kranielle oder spinale MRT-Untersuchung durchführen zu lassen. In unserer (HR) Klinik hatten wir das bis vor einem Jahr nicht ganz so strikt gehalten, vermeiden jetzt aber generell MRT-Untersuchungen bei unseren operierten Patienten. Sollte doch eine MRT-Untersuchung unvermeidbar sein, muss der Impulsgeber vor der Messung ausgeschaltet werden, die Parameter sollten auf Null programmiert werden.

Was sollte der Arzt bezüglich der Parkinson-Medikation wissen?

Unmittelbar präoperativ (ca. zwei Tage vorher) werden die Patienten auf eine reine L-DOPA-Medikation umgestellt, Dopamin-Rezeptoragonisten oder COMT-Hemmer werden nach einer Umrechnungstabelle durch Äquivalenzdosen von L-DOPA ersetzt (Tabelle 7.3). Der Dopamin-Rezeptoragonist **Lisurid** sollte aufgrund seiner thrombozytenaggregationshemmenden Nebenwirkung bereits zehn Tage **präoperativ abgesetzt werden**. Am Vorabend vor der Operation erhält der Patient seine letzte Medikation, unmittelbar postoperativ wird die L-DOPA-Gabe fortgesetzt. Während der ersten Woche werden die Stimulationsparameter langsam – je nach klinischem Effekt – erhöht und parallel hierzu erfolgt eine Reduktion der L-DOPA-Dosis. Eine Wiedereinführung von Dopamin-Rezeptoragonisten wird nach ca. drei Monaten angestrebt.

Wie häufig soll der Patient zur Nachsorge kommen?

In den ersten zwei bis drei Wochen nach der Operation ist in der Regel eine tägliche Untersuchung des Patienten mit Modifizierung der

Medikation sowie der Stimulationsparameter erforderlich, die stationär erfolgen sollte. Ist eine stabile Einstellung erreicht, ist eine ambulante Weiterbetreuung möglich. Die Häufigkeit der Arztbesuche variiert hierbei je nach klinischem Effekt und Vertrautheit des Patienten mit dem Gerät, initial sollte jedoch ein wöchentlicher Kontakt stattfinden (gegebenenfalls auch telefonisch).

Drei, sechs, zwölf, 18 und 24 Monate postoperativ wird der Patient erneut stationär zur Durchführung eines ausführlichen klinischen und apparativen Untersuchungsprogramms (entsprechend den Empfehlungen des Arbeitskreises „tiefe Hirnstimulation" im Rahmen des Kompetenznetzwerks Parkinson) aufgenommen. Im weiteren Verlauf erfolgen dann viertel- bis halbjährliche ambulante Kontrolluntersuchungen.

Was muss der Patient im Umgang mit technischen Geräten wissen?

Im täglichen Umgang mit gängigen elektronischen Geräten wie z. B. Mikrowelle, Hi-Fi-Geräten, Küchenmaschinen, Fönen, Rasierapparaten, Waschmaschinen, Staubsauger, PC, Kopierer, Faxgeräten oder Festnetztelefonen bestehen keine Einschränkungen für Patienten nach tiefer Hirnstimulation.

Der **Gebrauch** oder die Nähe **der folgenden Geräte** sollte jedoch wegen möglicher Störung des Impulsgenerators **eingeschränkt oder gemieden werden**: Mobilnetztelefone, Bohrmaschinen, elektrische Bogenschweißgeräte, große Lautsprecherboxen mit Magneten, elektrische Hochöfen, Hochspannungsleitungen, Umspannwerke, Stromgeneratoren, Diebstahldetektoren z. B. in Kaufhäusern. Bei Sicherheitsprüfungssystemen wie z. B. Flughafenkontrollen sollte der Patient seinen Ausweis vorzeigen und die Geräte möglichst umgehen, um Störungen zu vermeiden.

Ist der gleichzeitige Einsatz eines Herzschrittmachers möglich?

Ein Herzschrittmacher stellt keine absolute Kontraindikation zur tiefen Hirnstimulation dar. Allerdings sind hierbei bipolare Schrittmacher erforderlich, sodass gegebenenfalls ein Geräteaustausch erfolgen muss.

Gibt es psychische Probleme für den Patienten?

Es wundert viele Therapeuten, dass auch Parkinson-Patienten, die nach Jahren mit Dyskinesien und schwersten motorischen Fluktuationen durch die tiefe Hirnstimulation aus Sicht des behandelnden Neurologen bezüglich der Motorik wieder ein lebenswertes Leben führen können, doch erstaunliche psychische Probleme bewältigen müssen. Dazu gehören nicht so sehr die oben schon diskutierte Depression, sondern einige psychische Alterationen (Agid et al., 2006). Typisch ist die Äußerung eines Patienten von mir (HR), der sich Jahre gegen die Operation sperrte, weil er Angst hatte, dass ihn die Maschine bezüglich seiner Persönlichkeit verändern könnte. Viele Patienten haben lange auf das Ziel, operiert zu werden, hingearbeitet und sind nach erfolgter Operation leer und ohne Ziel.

In der Publikation von Agid et al. (2006) wird von einem Patient berichtet, der sich mit einem Soldaten verglich, der nach dem Krieg den Kampf vermisst. Kaum zu erwarten war auch, dass einige Patienten, die groteske Bewegungsanomalien vor der Operation aufwiesen, jetzt, wo sie sich normal bewegen, den Eindruck haben, sie hätten sich in Fremde verwandelt. Auch müssen viele Patienten erkennen, dass sie zu spät ins Leben zurückgekehrt sind, da sie in den Jahren der Krankheit die Freunde und den Beruf verloren hatten, was sich jetzt nicht mehr wenden lässt. Manche sind auch mit ihrer Stimmungslage im Unreinen und vermissen die notwendige Freude am Leben und fragen uns oft, ob wir die Stimulation nicht etwas verändern könnten. Die Patienten können sich wieder gut bewegen, ihr Geist hat das aber nicht verarbeitet, so dass sie misstrauisch gegenüber ihren motorischen Fähigkeiten bleiben (der Körper ist gesund, der Geist ist krank geblieben).

Auch im partnerschaftlichen Leben kommt es zu Krisen, da ein Abhängiger sich plötzlich wieder alleine behelfen kann und die Fürsorge des anderen nicht mehr benötigt und auch nicht mehr will. Häufig erwarten die Angehörigen auch, dass nach der Operation alles wie bei einem komplett Gesunden gelingt, so dass das zu beiderseitigen Enttäuschungen und Konfrontationen führt. Der einzige Ausweg ist, dass die Vorauswahl der Patienten und ihre Aufklärung ausführlich und detailliert erfolgen.

9
Reflexionen zu möglichen neurotoxischen Nebenwirkungen von L-DOPA

Die Initialtherapie der Parkinson-Krankheit mit L-DOPA wird heute zunehmend kritisch gesehen. Dies liegt vor allem daran, dass unter der Langzeittherapie eine nachlassende Wirkung, Wirkungsschwankungen im Sinne eines End-of-dose-Effektes, motorische Komplikationen wie die besonders gefürchteten Dyskinesien, pharmakotoxische Psychosen und Verwirrtheitszustände auftreten. Das Risiko Dyskinesien zu entwickeln ist bei einer frühen Monotherapie mit Dopamin-Rezeptoragonisten deutlich reduziert, aber auch in der frühen Kombinationstherapie von L-DOPA mit Dopamin-Rezeptoragonisten, NMDA-Rezeptorantagonisten oder MAO-B-Hemmern treten motorische Komplikationen weitaus seltener und später auf. Wenn auch momentan nicht mehr so im Zentrum des Interesses, gibt es weiterhin die etwas polarisierend geführte Diskussion über eine mögliche neurotoxische unerwünschte Wirkung von L-DOPA. Der interessierte Leser sei an dieser Stelle auf die sehr ausführliche Übersichtsarbeit von Fahn (1997) verwiesen, die in vielen Punkten auch heute noch aktuell ist.

Man wird zunächst überrascht sein, dass eine im Organismus vorkommende Aminosäure für eine dopaminerge Nervenzelle schädlich sein soll. Jedoch gibt es für den Aminosäure-Neurotransmitter Glutamat – ähnlich wie für L-DOPA-Befunde – aus Zellkulturexperimenten, die auf eine neurotoxische Wirkung hinweisen (im Fall von Glutamat spricht man von einer Exzitotoxizität; siehe Kap. 5.2).

Die experimentellen Befunde genügten hier, um in den USA die FDA (Food and Drug Administration) auf den Plan zu rufen, da das Mononatriumglutamat als Geschmacksverstärker in Fertiggerichten Verwendung findet. Obwohl diese nicht dazu ausreichten, die Verwendung dieser Substanz als Nahrungsmittelzusatzstoff zu verbieten, verzichteten die Nahrungsmittelhersteller freiwillig darauf, diese in Baby- und Kindernahrungsmitteln zu verwenden. Aufgrund möglicher neurotoxischer Wirkungen ist in Deutschland auch der Vertrieb stark Taurin- (das ebenfalls exzitotoxisch wirken kann) und Glutamat-haltiger Erfrischungsgetränke nicht erlaubt.

Im Fall von L-DOPA muss man sich vergegenwärtigen, dass diese Aminosäure im Organismus zu Dopamin verstoffwechselt wird und unphysiologisch hohe Mengen an Dopamin in der SN, der Gehirnregion, die bei der Parkinson-Krankheit betroffen ist, freigesetzt werden, wodurch oxidativer Stress hervorgerufen werden kann (Abb. 9.1). Wie im Kap. 5.1 ausführlich erörtert wurde, ist oxidativer Stress ein wesentlicher molekularer Pathomechanismus, der unter bestimmten zellulären Voraussetzungen den dopaminergen Nervenzelluntergang verursachen oder verstärken kann.

Was ist eine toxische Wirkung?

Entsprechend dem Lehrbuch für „Allgemeine und spezielle Pharmakologie und Toxikologie" (Dekant et al., 2001) beschäftigt sich die Toxikologie mit Schadwirkungen chemischer Stoffe auf Lebewesen. Danach sind **Schadwirkungen** (Synonym: toxische Effekte) **gesundheitsschädliche Folgen biologischer Wechselwirkungen** von chemischen Stoffen mit körpereigenen Strukturen. Die Schadwirkungen sind nicht nur von dem chemischen Stoff an sich, sondern auch von der Dosis (bzw. Konzentration), der Einwirkungsart (Kontaktort bzw. Aufnahmeweg), der Einwirkungshäufigkeit und der Einwirkungs(gesamt)zeit abhängig. Toxische Wirkungen lassen sich nach:

- der Wirkdauer in akut, subakut und chronisch
- dem Wirkort in lokal, systemisch oder organspezifisch
- der Art der Wechselwirkung zwischen Substanz und Organismus in reversible und irreversibel einteilen (ebd.).

Ein Teilgebiet der Toxikologie ist die **Arzneimitteltoxikologie**, die sich mit der präklinischen Prüfung neuer Arzneimittel auf Verträglichkeit im Tierversuch, schädliche Nebenwirkungen bei bestimmungsgemäßem Gebrauch und den Folgen von Überdosierung (akute Vergiftung) beschäftigt (ebd.). Die vom Gesetzgeber geforderte tierexperimentelle Prüfung, die vor allem auf Organschädigungen prüft, soll mögliche toxische Nebenwirkungen (schädliche Nebenwirkungen bei bestimmungsgemäßem Gebrauch) voraussagen helfen.

Akute toxische Wirkungen treten meist innerhalb einer kurzen Zeitspanne nach Kontakt mit einem Arzneistoff auf. Ziel der Untersuchungen zur akuten Toxizität ist die Ermittlung der Giftwirkung einer Substanz bei einmaliger Applikation relativ hoher Konzentrationen. Dabei wird oft die Menge geschätzt, bei der 50 Prozent der Tiere sterben (LD_{50}, letale Dosis für 50% der Tiere). Dagegen ist das Versuchsziel der **subakuten und chronischen Toxizität** bei wiederholter Gabe relativ niedriger Mengen eines Arzneistoffes, Nebenwirkungen auf verschiedene Merkmale wie Körpermasse, hämatologische und klinisch-chemische Parameter, Organmassen sowie die Histologie verschiedener Gewebe zu erheben (ebd.). Für eine subakute Exposition wird die Substanz wiederholt (oft an 5 Tagen/Woche) über einen Zeitraum von etwa einen Monat verabreicht, bei chronischer Gabe über die ganze Lebenserwartung eines Versuchstiers (bei Nagern 18–24 Monate).

Bei den meisten systemisch wirksamen Substanzen ist die Toxizität auf verschiedene Organe unterschiedlich, meist werden nur bestimmte Organe oder Gewebe (bei Nervenzellen = **Neurotoxizität**) geschädigt. Ein typischer Vertreter ist das bereits mehrfach genannte MPTP, das nach systemischer Verabreichung noch in ausreichenden Mengen ins Gehirn gelangt, wo es durch die MAO-B zu dem eigentlich neurotoxischen Metabolit MPP^+ verstoffwechselt wird. MPP^+ wird dann selektiv mittels des DAT in dopaminerge Neuronen aufgenommen, wo es eine selektive dopaminerge Neurodegeneration verursacht (siehe Kap. 4.2.3).

Neben Tierversuchen kommt bei der **Abschätzung des toxischen Risikos** von Arzneimitteln auch Beobachtungen am Menschen eine besondere Bedeutung zu (ebd.). Für die meisten Arzneistoffe ist nicht die Beziehung zwischen Dosis und Letalität wichtig, sondern die Beziehung zwischen der Dosis und dem Auftreten von erheblichen unerwünschten Wirkungen. Schon im frühen Stadium der Pharmaka-Entwicklung (Phase-I- und -II-Studien) ist die Prüfung auf klinische (therapeutische) Wirksamkeit stets mit der Suche nach Nebenwirkungen verbunden. Häufig werden toxische Effekte jedoch erst später bei der Anwendung der Arzneimittel im größeren Maßstab bzw. unter der Langzeittherapie entdeckt. Jeder Arzt sollte deshalb bei der Anwendung von neuen, aber auch „alten" Pharmaka auf unerwünschte Wirkungen achten

9 Reflexionen zu möglichen neurotoxischen Nebenwirkungen von L-DOPA

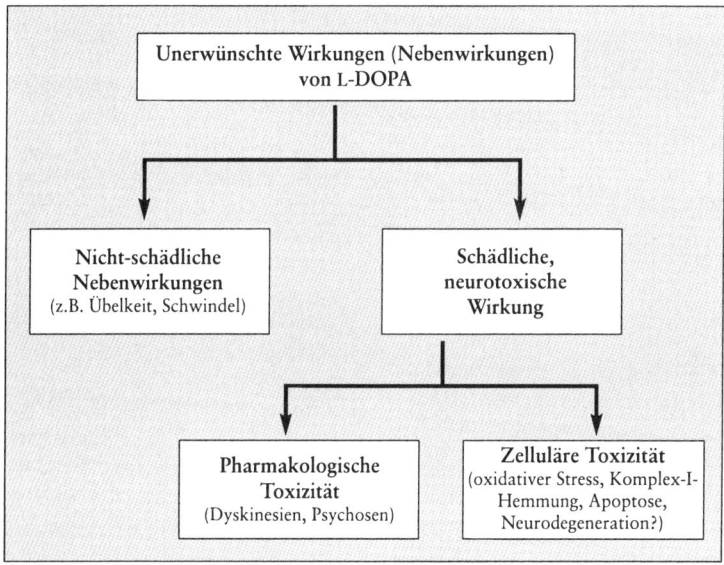

Abb. 9.1. Unerwünschte Wirkungen der L-DOPA-Therapie (modifiziert nach Shulman, 2000)

und diese an bestehende zentrale Registrierstellen (z. B. Bundesinstitut für Arzneimittel und Medizinprodukte) melden. Beobachtete toxische Wirkungen am Menschen können erneute präklinische Untersuchungen zur Klärung des ursächlichen Zusammenhangs und der Wirkmechanismen veranlassen.

Was verstehen wir unter einer neurotoxischen L-DOPA-Nebenwirkung?

Überträgt man die obige Definition von Toxizität auf das ZNS, dann versteht man unter der **L-DOPA-Neurotoxizität** im weitesten Sinne **eine gesundheitsschädliche, unerwünschte Wirkung** (Abb. 9.1) durch biologische Wechselwirkungen von L-DOPA mit dopaminergen und anderen Nervenzellen.

Alle wirksamen Arzneimittel können, abhängig von der Dosis, seltener oder häufig unerwünschte Wirkungen entfalten. Sie werden vielfach in Kauf genommen, wenn der therapeutische Nutzen überwiegt: Die **medikamentöse Therapie** ist also ein kalkuliertes Risiko aufgrund einer **Nutzen-Schaden-Abwägung**. Bei der Abschätzung des Nutzen-Schaden-Verhältnisses der L-DOPA-Therapie ist für die Befürworter des frühen Einsatzes das wichtigste Argument, dass es kein Medikament gibt, das so erfolgreich für den Parkinson-Patienten eingesetzt werden kann wie L-DOPA: Insofern könne man das geringe Schadensrisiko vernachlässigen. Da es aber heute bereits Alternativen gibt, mit denen man auch die durch L-DOPA bedingten Spätkomplikationen vermeiden oder zumindest hinausschieben kann, muss die **Nutzen-Schaden-Abwägung neu bewertet** werden und die Bezeichnung der L-DOPA-Therapie als „Goldstandard" überdacht werden. Beispielsweise wurde in verschiedenen prospektiven, randomisierten und kontrollierten Studien gezeigt, dass eine Monotherapie mit Dopamin-Rezeptoragonisten in der Frühphase der Parkinson-Krankheit ähnlich gut wirksam ist wie die mit L-DOPA und das Risiko, Dyskinesien zu entwickeln, deutlich reduziert wird (siehe Kap. 6 und 7).

Bei den chronisch mit L-DOPA behandelten Parkinson-Patienten treten innerhalb von fünf Jahren zunehmend Komplikationen wie die besonders gefürchteten Dyskinesien, Wirkungsschwankungen im Sinne von End-of-Dose-Wirkungsverlust, On-off-Phasen und Freezing sowie Verwirrtheitszustände und Psychosen auf (Abb. 9.1). Interessant ist in diesem Zusammenhang die unterschiedliche Begriffsverwendung für die psychiatrischen und neurologischen (motorischen) L-DOPA-Spätkomplikationen. Während man Erstere, ohne dass man den toxischen Mechanismus genau kennt, häufig auch als **pharmakotoxische Psychosen** bezeichnet, werden Dyskinesien niemals mit dem Begriff neurotoxisch in Verbindung gebracht; einige Kliniker bezeichnen dieses Phänomen sogar als reversibel, da das Auftreten und die Intensität von Dyskinesien nach der Absetzung bzw. nach der Reduktion der L-DOPA-Dosis vermieden oder zumindest vermindert werden. Der Begriff ist jedoch in diesem Zusammenhang irreführend, denn sobald man wieder L-DOPA oder höhere Dosen davon verabreicht, treten Dyskinesien erneut auf: Das heißt, der durch die L-DOPA-Langzeittherapie hervorgerufene **funktionelle Schaden** ist nach wie vor vorhanden.

Die Pathogenese der Dyskinesien ist noch nicht endgültig geklärt. Es gibt jedoch zunehmend Hinweise dafür, dass Dyskinesien durch eine abnormale Form der synaptischen und anatomischen Plastizität von striatalen Nervenzellen verursacht und durch eine Kombination von Faktoren ausgelöst werden, die im Zusammenhang mit der nigro-striatalen dopaminergen Degeneration und der L-DOPA-Gabe (nicht vorteilhafte Pharmakokinetik, mögliche intrinsische Funktion) stehen (siehe Kap. 2.3). L-DOPA verursacht nur dann Dyskinesien, wenn das Striatum denerviert ist, das heißt, wenn die nigrale dopaminerge Stimulation des Striatums kaum noch vorhanden ist (Verhagen-Metman et al., 2000). Bei Individuen mit einem intakten nigro-striatalen System wurden niemals Dyskinesien unter L-DOPA beobachtet (z. B. Hagenah et al., 1999). In tierexperimentellen Untersuchungen wurde ein Zusammenhang zwischen dem dopaminergen Nervenzellverlust und der Häufigkeit des Auftretens von Dyskinesien gefunden (Andersson et al., 1999). Die langfristige **Änderung der Genexpression** durch L-DOPA (Westin et al., 2001) könnte auch den Priming-Effekt von L-DOPA erklären.

Experimentelle Hinweise zur akuten L-DOPA-Neurotoxizität

Es gibt mittlerweile eine Fülle von Hinweisen für eine akute neurotoxische Wirkung von L-DOPA in Zellkulturexperimenten und Ganztieruntersuchungen. In den Tabellen 9.1 und 9.2 sind die wichtigsten Befunde zusammengefasst.

Einen ausführlichen Überblick zu dieser Thematik und der Relevanz dieser Befunde für die Parkinson-Therapie findet man in dem bereits erwähnten Übersichtsartikel von Fahn (1997), so dass wir an dieser Stelle nur auf einige, aus unserer Sicht wichtige Aspekte näher eingehen möchten.

Obwohl es vor allem **in Zellkulturexperimenten eindeutige Befunde** gibt (Tabelle 9.1), die eine neurotoxische Wirkung des L-DOPA im Sinne eines Zelluntergangs belegen oder aber zeigen, dass dopaminerge Zellkulturen in Anwesenheit von L-DOPA schlechter wachsen, kann man dagegen einwenden, dass diese keine klinische Relevanz haben, da Zellkulturexperimente niemals die natürliche Umgebung einer Nervenzelle widerspiegeln. Bei der Kultivierung von Nervenzellen aus fetalem Gewebe des Mittelhirns wird üblicherweise durch die Auswahl der Zusammensetzung des Nährmediums das Wachsen von Gliazellen verhindert, so dass nur reine Neuronenkulturen gedeihen. In diesen Experimenten wurde gezeigt, dass L-DOPA akut neurotoxisch ist (Tabelle 9.1). Sind jedoch auch Gliazellen vorhanden, die Dopamin mithilfe der MAO-B metabolisieren und neurotrophe Faktoren synthetisieren können,

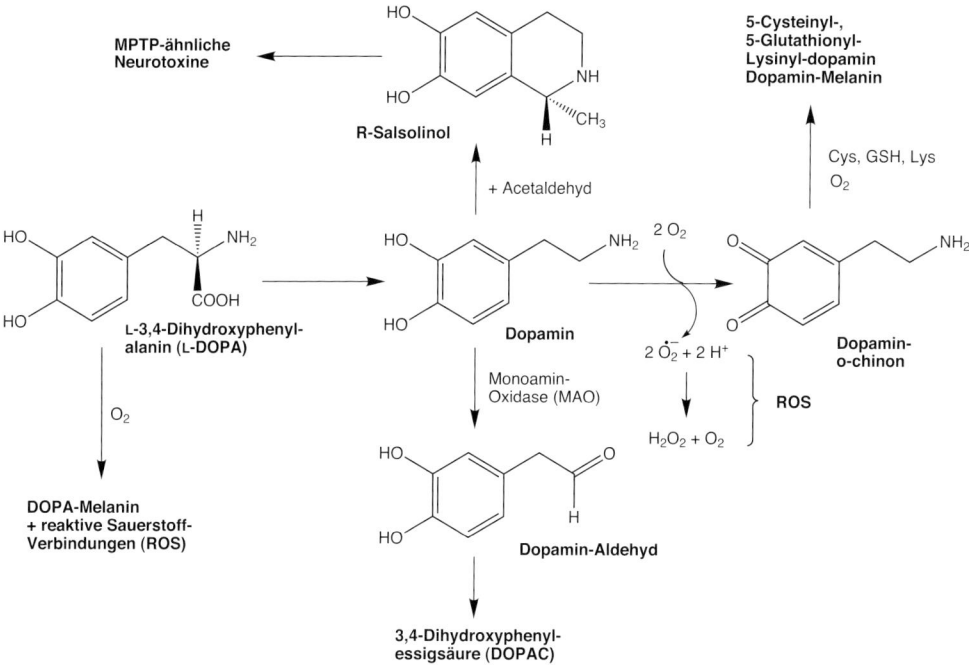

Abb. 9.2. Wirkmechanismen von L-DOPA und Dopamin, die zur Neurotoxizität beitragen könnten

dann wird nur ein abgeschwächter neurotoxischer L-DOPA-Effekt nachgewiesen (Gille et al., 2002).

Es wurde sogar die Ansicht vertreten, dass die in Zellkulturexperimenten beobachtete akute Zytotoxizität von Dopamin auf einen **Artefakt der Zellkulturen** zurückzuführen sei, da man durch die verwendeten Zellkulturmedien Dopamin und L-DOPA oxidieren konnte und dabei toxische ROS und Dopamin-Chinone (Abb. 9.2) generiert wurden (Clement et al., 2002).

Ein weiteres Problem, aber nicht nur der Zellkulturexperimente ist, dass man bisher nicht weiß, ob L-DOPA selbst oder aber der unmittelbare Metabolit Dopamin bzw. noch andere Stoffwechselprodukte neurotoxisch sind (Abb. 9.2). In einigen Untersuchungen wurden ähnliche neurotoxische Effekte für Dopamin und L-DOPA beschrieben (Tabelle 9.1); andere Untersuchungen wiesen jedoch unterschiedliche schädigende Wirkungen nach (z. B. Cheng et al., 1996). Prinzipiell können bei der enzymatischen und nichtenzymatischen Verstoffwechselung (Autoxidation) beider Wirkstoffe hoch reaktive Verbindungen wie Chinon-Derivate und ROS gebildet werden, die einen neurotoxischen Effekt hervorrufen können (Abb. 9.2). Diskutiert wird auch, dass dabei das dopaminerge Neurotoxin 6-OHDA gebildet wird. 6-OHDA wurde im Urin von mit L-DOPA behandelten Parkinson-Patienten nachgewiesen (Andrew et al., 1993) und wird in vitro aus Dopamin unter Oxidativen-Stress-Bedingungen gebildet (Napolitano et al., 1999). Andererseits gibt es neue Befunde, die auf nichtoxidative Mechanismen der Dopamin-Zytotoxizität wie Aktivierung von **NFκB** (nukleärer Faktor, der an den Promoter leichter κ-Ketten von B-Lymphozyten bindet) hinweisen (Weingarten et al., 2001). NFκB ist ein Transkriptionsfaktor, der im Zytoplasma nach Abspaltung des Inhibitors IκB in den Zellkern gelangt und die

Tabelle 9.1. Repräsentative Beispiele von In-vitro-Befunden zur L-DOPA- und Dopamin-Toxizität

L-DOPA-Effekt	Autoren
Hinweise für Nervenzelluntergänge	
L-DOPA bewirkt Zelltod TH-immunreaktiver Neuronen, die aus dem Mesencephalon von Rattenfeten kultiviert wurden	Mena et al. (1993; 1996)
– Gliazellen verhindern den Nervenzelltod	Mena et al. (1996)
– Ascorbinsäure wirkt neuroprotektiv	Pardo et al. (1995a)
– COMT-Hemmung schwächt die L-DOPA-Zytotoxizität ab	Mena et al. (1996) Storch et al. (2000a)
Autoxidation von L-DOPA führt zum Zelltod von PC12-Zellen	Basma et al. (1995)
L-DOPA bewirkt apoptotischen Zelltod von sympathischen Neuronen des Kükens	Ziv et al. (1997)
L-DOPA, nicht aber Dopamin, führt zum apoptotischen Zelltod von PC12-Zellen	Walkinshaw und Waters (1995)
Dopamin bewirkt apoptotischen Zelltod von PC12-Zellen	Offen et al. (1996)
L-DOPA setzt vesikuläres Glutamat in aus dem Striatum von Ratten gewonnenen dopaminergen Primärzellkulturen frei und führt dadurch zum Zelltod	Maeda et al. (1997)
Hinweise für neuronenschädigende Mechanismen	
L-DOPA führt zur Erhöhung der GSSG-Konzentration auf Kosten von GSH in striatalen Synaptosomen	Spina und Cohen (1989)
Dopamin und L-DOPA induzieren oxidative DNS-Schäden in Anwesenheit von Cu^{2+} und Wasserstoffperoxid	Spencer et al. (1994)
L-DOPA wird unter physiologischen Bedingungen in Anwesenheit von Fe^{2+} und Wasserstoffperoxid zum Exzitotoxin 2,4,5-Trihydroxyphenylalanin (TOPA) abgebaut	Newcomer et al. (1995)
L-DOPA hemmt den Komplex IV der Atmungskette in Neuroblastoma-Zellen	Pardo et al. (1995b)
L-DOPA und Dopamin hemmen Komplex I in isolierten Mitochondrien	Przedborski et al. (1993); Ben-Shachar et al. (1995)
Chinon-Derivate von L-DOPA und Dopamin hemmen irreversibel die TH	Kuhn et al. (1999)
Chinon-Derivate von L-DOPA und Dopamin hemmen irreversibel die Tryptophan-Hydroxylase, das geschwindigkeitsbestimmende Enzym der Serotonin-Synthese	Kuhn und Arthur (1999)
Dopamin bildet kovalente Addukte mit α-Synuclein, wodurch toxische Protofibrillen stabilisiert werden	Conway et al. (2001)
Dopamin beeinflusst den GSH-Metabolismus in Astrozyten, in dem es mit GSH chemisch reagiert und Wasserstoffperoxid produziert	Hirrlinger et al. (2002)

TH, Tyrosin-Hydroxylase

Transkription zahlreicher Gene von Molekülen induziert, die an der Kaskade von neurodegenerativen Mechanismen beteiligt sind (wie z. B. IL-1, IL-2, IL-4, IL-6, TNF-α, iNOS).

Die bisher vorliegenden Ganztieruntersuchungen zeigen, dass eine **chronische Gabe hoher Dosen von L-DOPA** (200 mg pro Tag über 18 Monate) im naiven Tier **keine Schäden** im dopaminergen System hervorruft

Tabelle 9.2. Repräsentative Beispiele von In-vivo-Befunden zur L-DOPA- und Dopamin-Toxizität

L-DOPA-Effekt	Autoren
Hinweise für bzw. gegen Nervenzelluntergänge	
Chronische perorale Behandlung mit L-DOPA (200 mg über 18 Monate) führt zu keinen Änderungen biochemischer Parameter (TH- und DOPA-Decarboxylase-Aktivität, DOPAC-Konzentration) und der Integrität des nigro-striatalen dopaminergen Systems bei Mäusen	Hefti et al. (1981)
Chronische Behandlung mit maximal verträglichen Mengen L-DOPA/Carbidopa im Trinkwasser (0,88–0,99 g/kg L-DOPA über 120 Tage) führt zu keinen Änderungen biochemischer Parameter (TH-Aktivität, Dopamin- und DOPAC-Konzentration) der Integrität und des nigro-striatalen dopaminergen Systems bei Ratten	Perry et al. (1984)
In das Ratten-Striatum transplantierte Zellen, die aus dem Mesencephalon von Rattenfeten kultiviert wurden, überleben nach L-DOPA-Behandlung schlechter und zeigen weniger Verzweigungen	Steece-Collier et al. (1990) Yurek et al. (1991)
Chronische L-DOPA-Behandlung führt bei 6-OHDA-läsionierten Ratten zu einer zusätzlichen Verminderung TH-immunreaktiver Nervenzellen im VTA, nicht aber in der SN	Blunt et al. (1993)
Chronische L-DOPA/Carbidopa/Entacapon-Behandlung schädigt nicht das nigro-striatale System von gesunden Makaken	Lyras et al. (2002)
Hinweise für neuronenschädigende Mechanismen	
Chronische L-DOPA-Behandlung in therapierelevanten Dosierungen führt in der SN und im Striatum der Ratte zu einer reversiblen spezifischen Hemmung des Komplexes I ex vivo	Przedborski et al. (1993)
Hydroxyl-Radikalbildung im Striatum der Ratte nach L-DOPA-Gabe	Smith et al. (1994)
Geringe Mengen Dopamin sind letal für Ratten, deren MAO unselektiv mit Pargylin gehemmt wurde (LD_{50} = 90 µg)	Ben-Shachar et al. (1995)
L-DOPA-Vorbehandlung potenziert die neurotoxische Wirkung von 6-OHDA	Naudin et al. (1995)
Durch Ischämie freigesetztes L-DOPA verursacht striatale Glutamat-Freisetzung und Neurodegeneration bei Ratten	Furukawa et al. (2001)
L-DOPA/Carbidopa-Behandlung produziert toxische Hydroxyl-Radikale im Striatum der gesunden Ratte – Potenzierung durch die zentrale COMT-Hemmung mit Tolcapon	Gerlach et al. (2001)

COMT, Katechol-O-Methyl-Transferase; DOPAC, 3,4-Dihydroxyphenylessigsäure; LD_{50}, letale Dosis, bei der 50 Prozent der Tiere sterben; MAO, Monoamin-Oxidase; 6-OHDA, 6-Hydroxydopamin; SN, Substantia nigra; TH, Tyrosin-Hydroxylase; VTA, ventral tegmental area, Area tegmentalis ventralis

(Hefti et al., 1981; Perry et al., 1984). Jedoch lassen neurochemische Veränderungen wie z. B. die chronische Hemmung des Komplex I der Atmungskette, der Verbrauch an GSH oder die Bildung freier Hydroxyl-Radikale (Tabelle 9.1 und 9.2) auf **irreversible funktionelle Schäden** des dopaminergen nigro-striatalen Systems schließen, die den Krankheitsverlauf der Parkinson-Krankheit beschleunigen könnten. Im Gegensatz zu naiven Tieren wurden bei Tieren, deren nigro-striatales System durch die Läsion mit 6-OHDA bereits vorgeschädigt war, dopaminerge Zellverluste infolge chronischer L-DOPA-Gabe nachgewiesen (Tabelle 9.2), doch wird dies nicht in allen Untersuchungen gefunden (z. B. Dziewczakapolski et al., 1997). Interessanterweise wurde in einer Nachfolgearbeit der argentisch-französischen Arbeitsgruppe sogar ein neuronenheilender Effekt von L-DOPA beschrieben (Murer et al., 1998). Dies ist jedoch bis dato nicht eindeutig bewiesen: Zum einen wurde dieses Resultat lediglich von einer Gruppe bestätigt (Datla et al., 2001); zum anderen weist diese Arbeit erhebliche methodische Probleme auf. So wurden die Befunde, auf die diese Aussage gestützt wird, nur aufgrund semiquantitativer, jedoch nicht quantitativer Verfahren erhoben; weiterhin wurde bei der Berechnung der statistischen Signifanz der Ergebnisse keine entsprechende Bonferroni-Korrektur vorgenommen, die aber aufgrund der multivariaten Berechnungen erforderlich gewesen wäre. Schließlich fällt auf, dass erhebliche Unterschiede in den absoluten Zahlen der Messgrößen zwischen den beiden Untersuchungen (Dziewczakapolski et al., 1997; Murer et al., 1998) vorhanden sind.

Wenn auch die tierexperimentellen Befunde bezüglich einer neuronenheilenden Wirkung von L-DOPA nicht eindeutig sind, so weisen klinische Befunde von Widhalm (1986) bei jugendlichen Patienten mit einer hypokinetischen Symptomatik auf solch eine Wirkung hin, da diese Symptome durch eine L-DOPA-Behandlung kupiert werden konnten und nach dreijähriger Behandlung ganz verschwanden.

All die oben beschriebenen Befunde sind jedoch wenig hilfreich bei der Abschätzung des Schadensrisikos beim Menschen, da bisher **nur wenige Untersuchungen an nichtmenschlichen Primaten** durchgeführt wurden, die im Vergleich zu Nagetieren wesentlich empfindlicher auf die neurotoxische Wirkung von dopaminergen Neurotoxinen reagieren (siehe Kap. 4.2.). Es gibt lediglich eine subakute Studie an Makaken, die eine Kombination aus hohen Dosen an L-DOPA, Carbidopa und Entacapon (je 80, 20 bzw. 80 mg/kg Körpergewicht täglich) 13 Wochen lang peroral verabreicht bekamen (Lyras et al., 2002). Unter dieser Behandlung waren keine Schäden im nigro-striatalen System feststellbar. Es wurden allerdings nur semiquantitative Messungen des TH-Gens und der [^{3}H]Mazindol-Bindungsdichte (Maß für die Dichte des DAT) mittels Autoradiographie durchgeführt, jedoch keine immunhistochemischen Untersuchungen.

Die Beeinflussung des natürlichen Verlaufs der Parkinson-Krankheit durch die L-DOPA-Therapie ist derzeit weder bewiesen noch widerlegt

Verständlicherweise führten all die oben aufgeführten Befunde zu der Frage, ob die Gabe von L-DOPA für Parkinson-Patienten zum Untergang dopaminerger Nervenzellen beiträgt und den natürlichen Verlauf der Erkrankung beschleunigt. Da es bisher keine gesicherten klinischen Daten aus der Vor-L-DOPA-Ära gibt, die einen Vergleich mit dem Krankheitsverlauf nach der Einführung von L-DOPA erlauben, ist dies bis jetzt weder bewiesen noch widerlegt.

Das von den Befürwortern der frühen L-DOPA-Therapie verwendete Argument, dass seit Einführung von L-DOPA die Parkinson-Patienten wieder eine nahezu **normale Lebenserwartung** erreicht haben, kann jedenfalls nicht als Beweis dafür verwendet werden, dass L-DOPA den natürlichen Krankheitsverlauf aufhält. Vielmehr ist dieser Effekt auf die Besserung der Parkinson-Symptomatik infolge der L-DOPA-Therapie zurückzuführen. Epidemiologische Studien weisen darauf hin, dass die Mortalitätsrate in der Vor-L-DOPA-Ära bei Parkinson-Kranken dreimal so hoch war wie in der Normalbevölkerung (Hoehn und Yahr, 1967), während sie nach Einführung von L-DOPA nur noch eineinhalbfach so hoch war (Yahr, 1978). Es gibt außerdem Hinweise dafür, dass die Mortalitätsrate gesenkt werden kann, wenn mit der L-DOPA-Therapie früh begonnen wird (z. B. Hoehn, 1983; Diamond et al., 1987). Dieser günstige Effekt von L-DOPA bei frühem Therapiebeginn geht aber bei der Langzeitbehandlung wieder verloren, wie die Auswertung aller Mortalitätsdaten bis 1995 durch Clarke (1995) ergab. Eine in den USA durchgeführte Untersuchung zur Mortalität bei über 65-Jährigen ergab, dass das Sterblichkeitsrisiko von Parkinson-Kranken zweifach höher liegt als bei Nichtkranken und mit dem Vorhandensein von Gangstörungen verknüpft ist (Bennett et al., 1996).

Da eine Therapie mit Dopamin-Rezeptoragonisten und/oder MAO-B-Hemmern und/oder NMDA-Rezeptorantagonisten ebenfalls die Parkinson-Symptomatik bessert, sollte auch diese Therapie zu einer verlängerten Lebenserwartung der Parkinson-Patienten führen. Obwohl für die Monotherapie mit diesen Präparaten bisher keine entsprechenden Resultate vorliegen, kann man diesen Schluss aus Ergebnissen retrospektiver und prospektiver klinischer Untersuchungen zur Kombinationstherapie ziehen: Denn eine Kombinationstherapie mit L-DOPA und Selegilin oder Amantadin führt im Vergleich zur L-DOPA-Monotherapie zu einer **zusätzlichen Lebensverlängerung** (Birkmayer et al., 1985; Uitti et al., 1996). Ein wesentliches Ergebnis der PRADO-Studie (siehe Kap. 7.4.3) war, dass die Sterberate unter der L-DOPA-Monotherapie signifikant höher lag als unter der Kombinationstherapie mit L-DOPA und dem Dopamin-Rezeptoragonist Bromocriptin (Przuntek et al., 1992). Dieses Resultat war der Anlass, die Studie aus ethischen Gründen vorzeitig abzubrechen.

Die experimentellen Befunde zur Neurotoxizität von L-DOPA sowie das klinische Problem des L-DOPA-Langzeitsyndroms waren der Anlass, diese Fragestellung in einer prospektiven, kontrollierten und randomisierten Studie (**ELLDOPA-Studie,** Earlier versus Later Levodopa Therapy in Parkinson Disease) in den USA klinisch zu prüfen (The Parkinson Study Group, 2004a). 29 Patienten wurden mit Placebo, 33 Patienten mit 150, 37 mit 300 und 36 mit 600 mg L-DOPA täglich behandelt. Inklusive Eindosierung betrug die Studienzeit 40 Wochen, gefolgt von einer zweiwöchigen Auswaschphase. In dieser sollte die mögliche Neurotoxizität von L-DOPA nachgewiesen werden. Im ersten Teil der Studie kam es unter dem Verum dosisabhängig zu einer deutlichen Verbesserung der UPDRS, wobei mit Ausnahme der mit 600 mg L-DOPA therapierten Patienten alle vor Ablauf der 40 Wochen wieder den Ausgangswert erreichten, nachdem sie sich zuvor verbessert hatten. Die maximale Verbesserung der UPDRS (Gesamtwert) betrug unter der 600-mg-Dosierung sechs Punkte. Nach Absetzung des L-DOPA kam es zu einer Verschlechterung der UPDRS, die aber nicht so weit absank, dass sie gleich schlecht war, als die von den mit Placebo therapierten Patienten. Somit könnte man diesen Teil der Studie als Hinweis auf einen krankheitsmodifizierenden Prozess oder Neuroprotektion unter L-DOPA verwenden. Parallel dazu wurde die DAT-Dichte mit β-CIT-SPECT untersucht und man musste feststellen, dass der Verlust an DAT-Dichte unter L-DOPA mit bis zu sieben Prozent im Vergleich zu Placebo (−1.4%) deutlich höher ausfiel und somit als Hinweis auf eine Neurotoxizität gewertet werden könnte. Diese Studie zeigt somit, dass auch der so genannte Goldstandard kein Wundermittel bezüglich der Parkinson-Symptomatik ist und dass es weiterhin beim Menschen unklar bleibt, ob L-DOPA protektiv oder doch eher toxisch auf die dopaminergen Neurone wirkt.

Die Entscheidung mit der L-DOPA-Therapie so spät wie möglich zu beginnen und so niedrig wie möglich zu verwenden ist im Sinne der evidenzbasierten Medizin

Die Ergebnisse aus subakuten und chronischen Tierversuchen lassen zumindest folgende Schlussfolgerungen zu:

(1) L-DOPA ist im nicht geschädigten dopaminergen Nervensystem nicht neurotoxisch.
(2) Im bereits geschädigten dopaminergen Neuronensystem scheint L-DOPA in niedrigen Dosierungen eher neuroprotektiv wirksam zu sein, während es in hohen Mengen verabreicht wahrscheinlich neurotoxisch ist.

Dies bedeutet für die Klinik unter Anwendung der Handlungsweise der evidenzbasierten Medizin, dass man L-DOPA so spät und so niedrig wie möglich verwenden soll, da unter dieser Therapie zunehmend Spätkomplikationen auftreten und schädliche Wirkungen im Sinne einer Beeinflussung der Grunderkrankung noch nicht einwandfrei auszuschließen sind. Die im angelsächsischen Sprachraum mit „evidence based medicine" bezeichnete Denk- und Arbeitsrichtung erhebt den **Anspruch,** in der Patientenversorgung bewusst und ausdrücklich die jeweils **beste wissenschaftliche Evidenz** unter Integration klinischer Kenntnisse in die Entscheidung über die jeweilige Behandlung mit einzubeziehen (Sackett et al., 1996). Evidenzbasierte Medizin ist jedoch nicht nur auf randomisierte, kontrollierte Studien und Metaanalysen begrenzt, sondern schließt auch die in präklinischen experimentellen Ansätzen gewonnenen Erkenntnisse ein. Dies gilt umso mehr dann, wenn keine kontrollierte Studie für die besondere Situation des zu behandelnden Patienten durchgeführt wurde.

10
Wann sollte mit der Parkinson-Therapie begonnen werden?

Die Frage, wann mit einer Parkinson-Therapie begonnen werden soll, wird von Experten sehr kontrovers diskutiert. Alle sind sich selbstverständlich einig, dass die Therapie dann begonnen werden sollte, wenn der Patient **unter** den **Parkinson-Symptomen leidet** beziehungsweise bei einer **funktionellen Behinderung**. Dies kann wiederum sehr unterschiedlich sein. So werden schon ein leichter Tremor und eine leichte Hypokinese mit Rigor einer Hand für einen Uhrmacher, Zahnarzt oder Organisten ein ernst zu nehmendes Problem sein, ein Gärtner oder Lkw-Fahrer dagegen würde dies möglicherweise als nicht gravierend betrachten. Ein im öffentlichen Leben stehender Mensch oder ein Patient, dessen Arbeitsplatz bei Versagen oder Minderung der Leistungsfähigkeit zur Disposition steht, wird ebenfalls andere Anforderungen an die Schnelligkeit der Wirksamkeit und die Höhe der Symptom-Kupierung stellen als ein berenteter älterer Patient, der auf den Wirkeintritt auch Wochen geduldig warten kann. Es kommt auch sehr darauf an, ob die Krankheit die Gebrauchshand oder zuerst die Gegenhand befallen hat.

Wenn man sich als Arzt und vielleicht auch als Patient nicht festlegen kann, ob die vorhandenen Symptome bereits funktionell behindernd sind, eignet sich die **Evaluation mittels** des Teiles der UPDRS, der die **ADL** (Tabelle 7.1) prüft, sehr gut, um diese Entscheidung zu objektivieren. In Englisch kann die UPDRS unter www.wemove.org aus dem Internet abgerufen werden. Es ist somit keine Plattitüde, wenn man sagt, dass die **Parkinson-Therapie höchst individuell** für jeden einzelnen Patienten zu gestalten ist.

Wer nicht daran glaubt, dass bereits Medikamente mit neuroprotektiven Eigenschaften zur Verfügung stehen, wird recht behalten, wenn er sagt, es sei für den Patienten, der unter seinen Symptomen nicht leidet, kein Fehler, wenn man mit dem Beginn der Therapie abwartet, um die motorischen Fluktuationen und die motorischen Spätkomplikationen der L-DOPA-Therapie zu verzögern. Kollegen, die eine mögliche neurotoxische Wirkung von L-DOPA nicht ganz ausschließen wollen, werden mit dem Einsatz von L-DOPA möglichst lange warten und beim notwendigen Einsatz von L-DOPA nach dem Prinzip **„so spät wie möglich, so gering dosiert wie möglich, aber so hoch wie nötig"** verfahren.

Andere Ärzte und Wissenschaftler, zu denen wir uns zählen, werden den Patienten in verständlicher Art von den Daten bezüglich **Neuroprotektion** und von den Nebenwirkungen der Medikamente berichten, denen neuroprotektive Eigenschaften zugeschrieben werden. Aus dem, was wir oben diskutiert haben, geht hervor, dass man überlegen muss, ob man dem Patienten Selegilin, Rasagilin, NMDA-Rezeptorantagonisten und insbesondere Dopamin-Rezeptoragonisten anbieten muss/sollte. Es sollte bei dieser Diskussion **nicht die Kostenfrage im Vordergrund** stehen, da man als Arzt aufgerufen ist, im Sinne der Gesunderhaltung beziehungsweise Verbesserung oder Wiederherstellung der Gesundheit zu agieren. Wir werden daher bei den folgenden Therapieempfehlungen in erster Linie die **Prinzipien der evidenzbasierten Medizin** beachten; finanzielle Aspekte sind dem nachgeordnet, weil eine erfolgreiche Neuroprotektion in der Frühphase sogar im späteren Verlauf Kosten sparen kann.

Ich (HR) möchte meine Überlegungen an einem konkreten **Beispiel** darstellen. Ein 47-jähriger Uhrmachermeister stellt sich mit einem leichten Tremor und Rigor im rechten Handgelenk vor. Er ist Rechtshänder. Die meisten klinischen Kollegen würden diesen Patienten medikamentös behandeln, weil ihn diese Therapie berufsfähig halten kann. Ich würde ihn bevorzugt mit Dopamin-Rezeptoragonisten behandeln, um Spätkomplikationen wie Dyskinesien möglichst zu verhindern. Dazu würde der Patient noch Rasagilin/Selegilin erhalten.

Wenn nach diesem Patienten ein 47-jähriger Maurer in die Sprechstunde käme, der auch ein leichtes Zittern seiner Gebrauchshand hat, der angibt, dass er nur auf Veranlassung seiner Frau komme und sich gar nicht behindert fühle und zudem „Chemie" nicht leiden könne, würden die meisten klinischen Kollegen den Patienten nicht therapieren und ihm dringlich anraten, sich wieder vorzustellen, sobald er sich dann doch behindert fühle. Jeder von uns wird sich unter Berücksichtigung der neuen PET-/SPECT-Studien (siehe Kap. 6, 7.4.7 und 7.4.8) fragen müssen, ob man nicht auch dem Maurer, der gar nicht therapiert werden möchte, ein ernsthaftes Therapieangebot machen muss.

Neue Diskussionsargumente für die Frage nach dem besten Zeitpunkt für die Therapie des IPS hat die TEMPO-Studie gebracht (siehe Kap. 7.5.2), da deren Ergebnisse ja implizieren, dass ein verspäteter Beginn mit Rasagilin zum Nachteil der Patienten gereichte (The Parkinson Study Group, 2005). Neueste Daten von Hauser und Kollegen (2005) belegen, dass der Vorteil, den die früh mit Rasagilin therapierten Patienten haben, auch Jahre (Beobachtungszeit bis zu sechs Jahre) danach noch anhält, obwohl die Patienten nach Beendigung der doppelblind durchgeführten TEMPO-Studie mit jedem beliebigen Medikament behandelt werden konnten. Es erscheint ja auch nur logisch, die Parkinson-Therapie mit möglichst neuroprotektiv wirksamen Medikamenten zu einem Zeitpunkt zu starten, zu dem noch möglichst viele dopaminerge Neurone intakt sind. Eine diesbezügliche Möglichkeit könnte der in meiner (HR) Klinik favorisierte Weg der genauen Untersuchung von Patienten mit Riechstörung sein, die bei zusätzlich pathologischer Parenchym-Sonografie der SN oder/und pathologischem DAT-Scan die Chance hätten, früh therapiert zu werden. Leider haben Hochrechnungen von H. W. Behrendse aus Amsterdam (persönliche Mitteilung) gezeigt, dass zur Lösung dieser Frage mehrere Tausend Patienten früh untersucht werden müssten.

Zusammenfassend gehen wir davon aus, dass es **keinen Grund** gibt, **mit der Therapie abzuwarten** und dass eine niedrig dosierte Therapie mit Dopamin-Rezeptoragonisten und/oder Rasagilin/Selegilin zum Nutzen des Patienten ist und einen besseren Verlauf erwarten lässt.

11
Therapie der Frühphase der Parkinson-Krankheit

Die Therapie der Frühphase sollte zwei Ziele verfolgen. Zum einen muss sie den meist konsternierten und verzweifelten Patienten durch gute Wirkung davon überzeugen, dass er eine therapierbare Krankheit hat, und sie sollte nicht den schnellen Wirkerfolg zum Wert aller Dinge erheben, sondern immer im Auge behalten, dass der Patient am Anfang einer langen Krankenkarriere steht. Aus heutiger Sicht wird man auch akzeptieren, dass es noch keinen endgültigen Beweis der Neuroprotektion für die einzelnen Medikamente gibt, dass man aber doch bei einigen gute Hinweise dafür hat und daher deren Anwendung zumindest in der Frühphase der Erkrankung vorsehen sollte. Weiterhin ist wichtig zu unterscheiden, ob man es mit einem jungen oder älteren Patienten zu tun hat und ob es sich um einen Patienten mit einem Tremor-dominanten oder einem anderen Parkinson-Syndrom handelt.

Im Folgenden wollen wir eine arbiträre Unterscheidung zwischen dem therapeutischen Vorgehen bei Patienten unter beziehungsweise über 70 Jahren anbieten, wohl wissend, dass nicht das chronologische, sondern das biologische Alter des Patienten ausschlaggebend sein muss.

11.1 Therapiestrategien bei Patienten unter 70 Jahren

In meiner Klinik (HR) raten wir unseren Patienten mit einem IPS vom Rigor-akinetischen beziehungsweise vom Äquivalenz-Typ zur primären **Einnahme der MAO-B-Hemmer Rasagilin oder Selegilin**, da beide den Zeitpunkt bis zur L-DOPA-Therapie verzögern, symptomatisch wirksam sind und eventuell eine neuroprotektive Wirkung, nachgewiesener Maßen zumindest aber einen positiven krankheitsverzögernden Effekt aufweisen. Selbst wenn dann L-DOPA notwendig wird, reduzieren sie dessen einzusetzende Dosis. Für Rasagilin spricht, dass es, wie oben (Kap. 7.5.2) beschrieben, wohl symptomatisch wirksamer als Selegilin ist. Weiterhin sollte es aufgrund der Überlegung, dass sein Metabolit Aminoindan neuroprotektiv und die Selegilin-Metabolite Amphetamin und Methamphetamin eher schädlich sein könnten, neuroprotektiv wirksamer sein.

Aufgrund der von uns akzeptierten und angenommenen glutamatergen Überstimulation des Striatums und auch aufgrund der Hinweise auf eine günstige Wirkung bezüglich der Lebenserwartung setzen wir in meiner Klinik häufig zusätzlich in der Frühphase der Erkrankung einen **NMDA-Rezeptorantagonisten** (Amantadin-Sulfat) ein (Tabelle 11.1). Mit dieser Maßnahme kann man den Einsatz von L-DOPA und Dopamin-Rezeptoragonisten

Tabelle 11.1. Therapie der Frühphase des idiopathischen Parkinson-Syndroms bei Patienten unter 70 Jahren

Akinese-Rigor-Typ	Tremor-dominanter Typ
1. Wahl: Dopamin-Rezeptoragonist Rasagilin oder Selegilin Amantadin 2. Wahl: L-DOPA	1. Wahl: Dopamin-Rezeptoragonist wie Pramipexol und Ropinirol 2. Wahl: Dopamin-Rezeptoragonist (s. o.) mit Rasagilin oder Selegilin 3. Wahl: Budipin 4. Wahl bei zusätzlich bestehendem Haltetremor β-Blocker 5. Wahl: Clozapin 6. Wahl tiefe Hirnstimulation

noch weiter hinauszögern. Bisher warteten wir in meiner Klinik häufig mit dem Einsatz von Dopamin-Rezeptoragonisten, bis der Patient eine symptomatische Behandlung erbat, was wir jetzt aufgrund der Neuroprotektions-Daten nicht mehr tun. Die PET- und SPECT-Studien könnten ja auf eine Verlangsamung der Absterberate dopaminerger Neuronen unter α-DHEC, Pramipexol und Ropinirol hinweisen, sodass wir schon initial unseren Patienten die Einnahme eines Dopamin-Rezeptoragonisten empfehlen. Somit behandeln wir die Patienten in der Frühphase ihrer Erkrankung mit täglich 1 mg **Rasagilin** oder zehn mg **Selegilin**, ca. 200 mg **Amantadin**-Sulfat oder 30 mg Budipin sowie einem **Dopamin-Rezeptoragonisten** mit guter Wirksamkeit.

L-DOPA setzen wir in meiner Klinik nur bei Patienten ein, die eine **sofortige Beherrschung** ihrer **Symptome** verlangen, oder bei Patienten, die die oben genannten Wirkstoffe nicht tolerieren. Häufig versuchen wir danach mit Erfolg, L-DOPA zu reduzieren, indem wir einen Dopamin-Rezeptoragonisten (noch einmal) einschleichen.

Auch aus heutiger Sicht ist es schwierig eine verbindliche Empfehlung zu geben, ob man ausschließlich auf Nicht-Ergotalkaloid-Dopamin-Rezeptoragonisten zurückgreifen sollte, um insbesondere Herzklappenfibrosen zu vermeiden. Es gibt ja, wie oben diskutiert (Kap. 3), z. B. Dopaminrezeptor-Agonisten wie Cabergolin (Dhawan et al., 2005) und Lisurid (Hofmann et al., 2006), die gegen eine nennenswerte Erhöhung des Herzklappenrisikos sprechen (Dhawan et al. 2005).

Da wir annehmen, dass sich die Gefahr der Herzklappenfibrosen für die Ergotderivate (mit Ausnahme des Pergolids) relativieren wird, wie wir das ja andererseits für die zunächst den Nicht-Ergotalkaloid-Derivaten zugeschobenen „sudden sleep attacks" bereits feststellen können, würden wir nicht so weit gehen und ausschließlich den Einsatz von Nicht-Ergotalkaloid-Derivaten propagieren. Genauso wenig ist es aus heutiger Sicht möglich und ratsam, eine Wertung zwischen Pflaster- und oraler Therapie vorzunehmen. Dem Ideal der kontinuierlichen Rezeptorstimulation kommen die Dopamin-Rezeptoragonisten schon nahe; und die Entwicklung der Pflaster und der CR-Agonisten (Ropinirol und eventuell weitere) wird den Patienten die einmal tägliche Einnahme genauso wie beim

Tabelle 11.2. Therapie der Frühphase des idiopathischen Parkinson-Syndroms bei Patienten über 70 Jahren

Akinese-Rigor-Typ	Tremor-Typ
1. Wahl: L-DOPA	1. Wahl: L-DOPA
2. Wahl: L-DOPA mit Dopamin-Rezeptoragonist eventuell zusätzlich Rasagilin oder Selegilin und Amantadin	2. Wahl: L-DOPA mit Dopamin-Rezeptoragonist eventuell zusätzlich Rasagilin oder Selegilin bei zusätzlichem Haltetremor β-Blocker

Cabergolin erlauben. Dazu käme dann noch bevorzugt das Rasagilin, das ja wohl doch potenter als Selegilin ist, so dass zumindest in den Anfangsstadien die Patienten mit einem Pflaster und einer Rasagilin-Tablette oder mit zwei Tabletten (Dopamin-Rezeptoragonist, Rasagilin) diese hochkomplexe Krankheit behandeln könnten.

Ob der frühe und häufige Einsatz von L-DOPA mit einem COMT-Hemmer ebenfalls eine ausreichende kontinuierliche Rezeptorstimulation ermöglicht, wird noch klinisch untersucht und kann aufgrund der bisher bestehenden Datenlage nur mit Zurückhaltung empfohlen werden.

Leidet der Patient an einem **Tremor-dominanten Parkinson-Syndrom** oder sehen wir einen Patienten mit einem monosymptomatischen Parkinson-Tremor, wählen wir in meiner (HR) Klinik zuerst den **Dopamin-Rezeptoragonisten Pramipexol**, der in klinischen Studien und aufgrund unserer Erfahrungen eine gute tremorlytische Wirksamkeit zeigte. Eigene Analysen zeigten auch, dass der Dopamin-Rezeptoragonist Ropinirol eine gute tremorlytische Potenz aufweist (Reichmann et al., 2005a). Bei Patienten mit Haltetremor verwenden wir häufig auch einen β-Blocker wie Metoprolol. **Budipin,** das eine hohe tremorlytische Potenz aufweist, setzen wir nach dem Dopamin-Rezeptoragonisten ein, wobei wir die Vorsorgemaßnahmen mittels EKG und kardiologischer Kontroll-Untersuchungen strikt einhalten (siehe Kap. 7.6.2).

Anticholinergika werden aufgrund ihrer möglichen Störungen der kognitiven Funktionen nur bei jüngeren Patienten als Mittel der dritten Wahl eingesetzt und bei älteren Patienten vermieden. Eine weitere Option wäre der Einsatz von Clozapin (Leponex®), das ebenfalls gut tremorlytisch wirkt, aufgrund seiner gefürchteten Nebenwirkung (Agranulozytose) aber engmaschige Blutbildkontrollen verlangt, „Off-label" verordnet werden muss und somit im Einsatz aufwendig ist. Es ist aber auch sicherlich möglich, mit L-DOPA oder mit einem ausreichend dosierten Dopamin-Rezeptoragonisten den Parkinson-Tremor deutlich zu bessern. Sollten diese Maßnahmen versagen, wären operative Methoden indiziert.

Patienten, die **unter 40 Jahren** bei Diagnosestellung sind, versuchen wir in meiner Klinik dahingehend zu beraten, dass sie **kein L-DOPA** einnehmen, da gerade diese Patienten damit rechnen müssen, früher und zu einem höheren Prozentsatz, als dies für ältere Patienten gilt, motorische Fluktuationen und Hyperkinesien zu entwickeln.

11.2 Therapiestrategien bei Patienten über 70 Jahren

Bei diesen Patienten steht die Möglichkeit des Auftretens von Komplikationen in den nächsten Dekaden nicht ganz so im Vordergrund wie bei den Patienten mit Ausbruch der Krankheit in „jungen" Jahren. Trotzdem wird man natürlich auch bei diesen Patienten Wert darauf legen müssen, durch eine gute Einstellung nicht nur **symptomatisch**, sondern auch **neuroprotektiv** zu **arbeiten**, um die schweren und teuren Stadien der Krankheit möglichst weit hinauszuschieben (Tabelle 11.2). Da viele dieser Patienten kardial oder pulmonal krank sind oder Blutdruckprobleme haben, wird man hier eher mit einer Kombinationstherapie aus L-DOPA und Entacapon (z. B. Stalevo® beziehungsweise als zweite Wahl-Therapie Tolcapon und/oder bevorzugt Dopamin-Rezeptoragonisten mit einer Nicht-Alkaloid-Struktur (Pramipexol, Ropinirol, Rotigotin) beginnen. Damit wird man die motorischen Voraussetzungen zur Bewältigung des Alltags am ehesten erhalten können.

Meist beginnen wir in meiner Klinik (HR) mit L-DOPA in einer Dosierung von **150–300 mg/Tag** und schleichen dann zusätzlich einen **Dopamin-Rezeptoragonisten** ein, um daraufhin L-DOPA möglicherweise wieder zu reduzieren. Dopamin-Rezeptoragonisten müssen langsam eindosiert werden.

Auch bei diesen Patienten können Amantadin-Sulfat und Rasagilin oder Selegilin als **L-DOPA-sparende Medikamente** benutzt werden. Amantadin-Sulfat zeigte dabei auch in der Kombinationstherapie mit L-DOPA eine gute bis sehr gute Verträglichkeit. Durch seinen Glutamat-antagonistischen Wirkmechanismus am NMDA-Rezeptor hat es eventuell auch neuroprotektive Effekte. Wir versuchen möglichst lange durch die beschriebene Kombinationstherapie die **Dosis von L-DOPA nicht über 600 mg/Tag** steigen zu lassen. Prinzipiell sollte eine L-DOPA-Einsparung von etwa 30 Prozent auch durch eine Behandlung mit den COMT-Hemmern Entacapon und Tolcapon möglich sein. COMT-Hemmer haben den Vorteil, dass man deren Potenz sehr rasch beurteilen kann und dass sie, falls sich die Daten von Jenner et al. (2002) und unseren eigenen Studien (MG, PR, siehe Kap. 3) in klinischen Studien bestätigen, auch die Entstehung von Dyskinesien vermeiden helfen; dies aber sicherlich nur dann, wenn eine hohe Einnahmefrequenz von L-DOPA/Entacapon beziehungsweise Tolcapon gegeben ist.

Bei Patienten mit Tremor-dominantem Parkinson-Syndrom empfehlen wir in meiner Klinik ebenfalls den Einsatz von Pramipexol und L-DOPA. Nur in Ausnahmefällen wird man bei guter Herzfunktion Budipin verwenden. Anticholinergika vermeiden wir, wegen der darunter drohenden kognitiven Störungen. Im Regelfall ist die dopaminerge Therapie aber meist ausreichend, den Tremor ausreichend zu bessern.

12
Therapie der Spätphase der Parkinson-Krankheit

In der Spätphase der Erkrankung wird man versuchen, beim Rigor-akinetischen und beim Äquivalenz-Typ eine **Kombinationstherapie** aus L-DOPA und Dopamin-Rezeptoragonisten einzusetzen (Tabelle 12.1). Entsprechend der Komorbidität und der Toleranz gegenüber Dopamin-Rezeptoragonisten wird die individuelle Menge an Dopamin-Rezeptoragonisten sehr variieren. Auch in der Spätphase sollte man natürlich eine **optimale Einstellung** des Patienten im Auge haben, aber auch weiterhin daran denken, dass L-DOPA-assoziierte Komplikationen für den Patienten, dessen Angehörigen und den Arzt eine schwer zu bestehende Herausforderung werden können. Man sollte somit versuchen, die Schwankungen der Dopamin-Rezeptorstimulation niedrig zu halten. Denkbar wäre hier ein Einsatz von **L-DOPA-Retard-Präparaten,** den man trotz der berichteten schlechten Steuerbarkeit dieser Präparate versuchen sollte (Block et al., 1997; Koller et al., 1999). Dabei sollte man aber den Einsatz der Standardformulierung am Morgen und frühen Nachmittag als kleinen „Kick" nicht vergessen. Beim Umrechnen von L-DOPA-Standard in -Retard sollte davon ausgegangen werden, dass die Retard-Formulierung nur etwa 50–60 Prozent der Bioverfügbarkeit und somit klinischen Potenz der Standard-Formulierung besitzt.

In meiner Klinik (HR) haben wir mit den Depot-Präparaten zur Nacht sehr gute Erfahrungen gemacht, wohingegen wir den Einsatz tagsüber, wegen der durch die Nahrungsaufnahme behinderten Resorption, als eher problematisch ansehen. In dieser Phase, insbesondere bei leichten Fluktuationen oder bei Wearing-off, kann man auch den **COMT-Hemmer** Entacapon aufgrund der guten Wirksamkeit und Verträglichkeit erfolgreich anwenden. Es ist innerhalb von nur wenigen Tagen klar, ob der COMT-Hemmer die klinische Situation verbessert oder nicht. Tut er es, sollte man versuchen, die bislang applizierte L-DOPA-Dosis um ca. 20 Prozent zu reduzieren. Ist die Wirkung von Entacapon nicht zufrieden stellend, sollte Tolcapon unter den oben diskutierten Kautelen angewandt werden. Sollte auch dies nach drei Wochen zu keiner Symptomverbesserung führen, muss Tolcapon abgesetzt werden.

Vonseiten der **Dopamin-Rezeptoragonisten** wären in dieser Phase die modernen nichtergolinen Agonisten, wegen ihrer wohl doch

Tabelle 12.1. Therapie der Spätphase des idiopathischen Parkinson-Syndroms

1. Wahl:	L-DOPA mit einem Dopamin-Rezeptoragonisten oder zusätzliche Gabe des COMT-Hemmers Entacapon
2. Wahl:	Amantadin, eher kein Selegilin
3. Wahl:	tiefe Hirnstimulation
4. Wahl:	Apomorphin- oder Duodopa®-Pumpe

geringeren Nebenwirkungen bei häufig bestehender Komorbidität (Herz-Kreislauf-Erkrankungen, Nieren- und Lebererkrankungen) zu favorisieren.

Eigene Erfahrungen (HR) mit dem Rotigotin-Pflaster sind so gut, dass wir neben den oralen Agonisten auch dessen Anwendung empfehlen können. Häufig wird es bei Patienten in fortgeschrittenen Stadien auch hilfreich sein, eine Kombination aus Pflaster und oralem Dopamin-Rezeptoragonisten anzuwenden. Sobald das Ropinirol CR vorliegen wird, wird sich unsere Palette noch weiter vergrößern.

Bei **Fluktuationen** kann auch mit 200–300 mg **Amantadin-Sulfat** eine Verbesserung der Symptomatik erzielt werden. Darüber hinaus ist Amantadin-Sulfat in der Mono- sowie in der Kombinationstherapie sehr gut verträglich, vermindert deutlich motorische Spätkomplikationen, ermöglicht eine L-DOPA-Einsparung und hat möglicherweise neuroprotektive Effekte.

Ob in den Spätstadien der Erkrankung der Einsatz von Rasagilin und Selegilin noch nützlich ist, ist schwer zu entscheiden. Man wird wohl eher auf den Einsatz verzichten, da ja immer weniger dopaminerge Nervenzellen vorhanden sind, die vor dem Untergang geschützt werden könnten, und die symptomatische Wirkung der MAO-B-Hemmer in den Spätstadien nicht mehr ausreichen wird.

Neben der Therapie von Komplikationen (siehe Kap. 13) wird man in dieser Phase auch kritisch den Einsatz von **operativen Verfahren** prüfen müssen. Welche Patienten von stereotaktischen Eingriffen am meisten profitieren, ist noch unklar. Man wird aber sicherlich bevorzugt solche Patienten auswählen, die biologisch jung genug sind, um die Vorteile der neurochirurgischen Therapien nutzen zu können, und die kooperativ sind, wenn man z. B. an die notwendige Einstellung von Stimulationsparametern denkt. Zusätzlich sollten diese Patienten auch noch auf eine L-DOPA-Therapie ansprechen. Die jüngste Studie von Deuschl et al. (2006) spricht eindeutig für einen frühen Einsatz dieser Methode.

Patienten, die nicht für die tiefe Hirnstimulation geeignet sind oder sich nicht einem operativen Verfahren unterziehen wollen, können mit Hilfe der Apomorphin- oder Duodopa®-Pumpe häufig erfolgreich therapiert werden.

Anticholinergika werden in meiner Klinik in dieser Phase der Erkrankung nur mit großer Zurückhaltung verwendet, da zunehmend auch mit kognitiven Schäden gerechnet werden muss.

Es ist uns auch ein Anliegen darauf hinzuweisen, dass die von den Patienten ersehnte Stammzelltherapie noch nicht so weit ist, dass man auf deren Einsatz in nächster Zukunft hoffen könnte. Spheramine könnten sehr rasch verfügbar werden, wenn die derzeit in den USA sich dem Ende nähernde Studie positiv ausfällt.

13
Therapie von L-DOPA-assoziierten motorischen Komplikationen der Parkinson-Krankheit

Nach einigen Jahren der Therapie kommt es nicht nur durch das Fortschreiten der Erkrankung zu motorischen Komplikationen, sondern auch durch die L-DOPA-Therapie zu:

- On-off-Phasen
- Dyskinesien
- Dystonien
- Hyperkinesien
- Schlafstörungen
- zunehmenden kognitiven Verlusten (Angst, Depression, Halluzinationen, Demenz) und
- Störungen des autonomen Nervensystems.

Anhand von Zusammenhängen, die man aus der Messung von L-DOPA-Plasmaspiegeln und der klinischen Wirksamkeit gewonnen hat, unterteilt man die motorischen Komplikationen unter der L-DOPA-Therapie in verschiedene zeitliche Phasen (Abb. 13.1). Danach wird zunächst die Wirksamkeit des L-DOPA-Präparates unter der bisherigen Dosierung nachlassen, man wird höher dosieren müssen und/oder ein weiteres Medikament hinzufügen (Abb. 13.1). Danach wird man feststellen, dass die Wirkung der Medikation vor dem jeweils nächsten Einnahmezeitpunkt abfallen wird (Wearing-off, End-of-dose), später wird es zu Dyskinesien beim Anfluten und Abfluten des L-DOPA-Spiegels kommen (biphasische Dyskinesien). Zu dieser Zeit wird auch erstmals **Freezing** festzustellen sein, das heißt, der Patient bleibt plötzlich wie angewachsen stehen und kann nur mit Tricks zum Weitergehen gebracht werden. Danach kommt die Phase der unverhofften pharmakokinetisch nicht mehr nachvollziehbaren **On-off-Fluktuationen** (Yo-Yoing, rapid oscillations), die man durch Hypersensitivität der Dopamin-Rezeptoren vielsagend nichtssagend erklärt.

Um diese motorischen Komplikationen möglichst spät zu erfahren, sollte, wie schon

Tabelle 13.1. Dyskinesien auslösende Medikamente

Antiparkinson-Medikamente
- L-DOPA
- Dopamin-Rezeptoragonisten
- Anticholinergika

Dopamin-Rezeptorantagonisten
- Butyrophenone
- Phenothiazine
- Tetrabenazine

Antikonvulsiva
- Carbamazepin
- Phenytoin

Weitere Medikamente
- Flunarizin
- Cimetidin
- Trizyklische Antidepressiva
- Selektive Serotonin-Wiederaufnahme-Hemmer
- Lithium
- Antihistaminika
- Benzodiazepine (Diazepam, Lorazepam)
- Buspiron
- Metoclopramid
- Digoxin
- Methadon

mehrfach betont, immer dem Grundsatz der **L-DOPA-Sparpolitik**, solange sie nicht zum Nachteil des Patienten gereicht, als **vorbeugende Maßnahme** gefolgt werden. Allgemeine Lösungsstrategien könnten der möglichst lange Einsatz von Dopamin-Rezeptoragonisten mit NMDA-Rezeptorantagonisten und Rasagilin oder Selegilin, zumindest eine Kombinationstherapie von Dopamin-Rezeptoragonisten und L-DOPA oder aber auch der frühe Einsatz der COMT-Hemmer Entacapon oder Tolcapon sein, wenn man sich zum

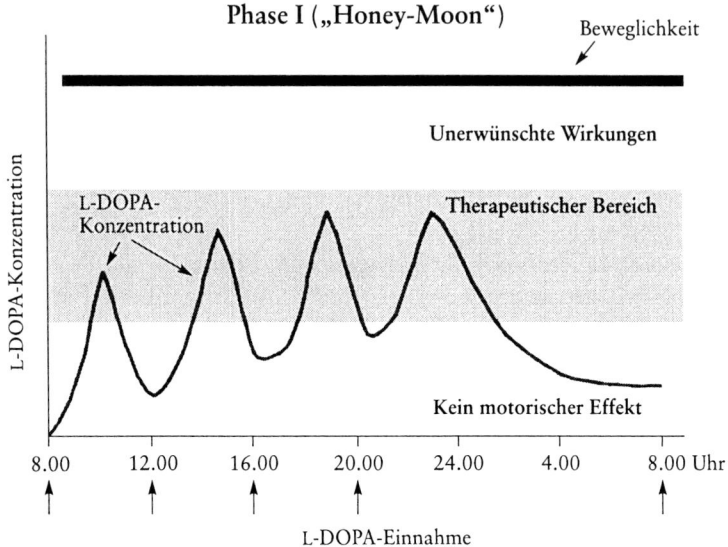

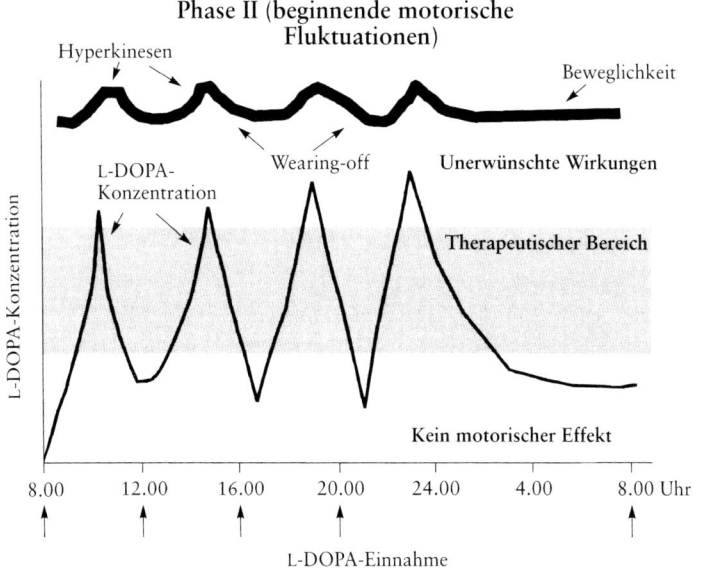

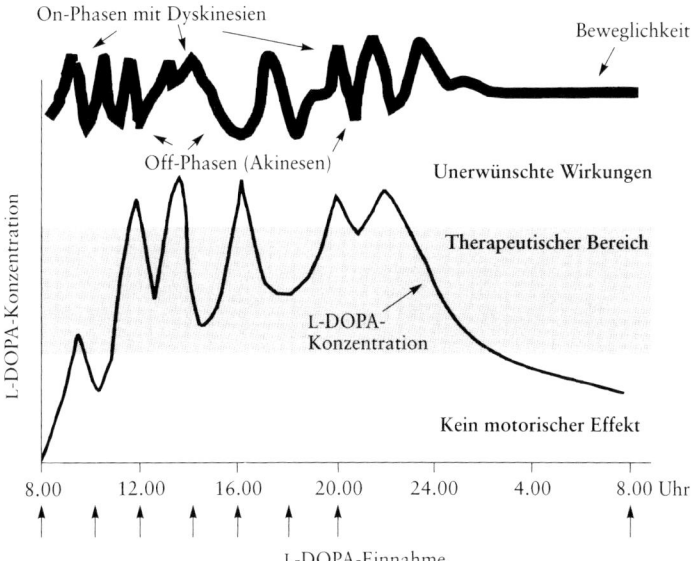

Abb. 13.1. Schematische Darstellung des Wirkverlustes von L-DOPA über die Dauer der Behandlung. In der ersten Phase ist die klinische Wirkung von L-DOPA bei ausreichend hohen zentralen Dopamin-Konzentrationen gut. In der zweiten Phase kommt es gegen Ende der Dosis langsam zum Wirkverlust. In der dritten Phase spricht der Patient insgesamt nicht mehr so gut auf die bisherige L-DOPA-Therapie an, man muss die Gabe von L-DOPA adaptieren; es kommt schließlich zu vollkommen unvorhersehbaren Wirkungsschwankungen (On-off-Fluktuationen) und dem Auftreten motorischer Komplikationen.

Einsatz von L-DOPA entschließen muss. Alternativ oder zusätzlich käme auch der Einsatz von L-DOPA-Retard-Präparaten infrage. Wichtig ist nie zu vergessen, die gesamte Medikamentenliste des Patienten auf Präparate zu prüfen, die eventuell Dyskinesien auslösen können (Tabelle 13.1).

13.1 Suboptimale Peak-Response von L-DOPA

Unter Peak-Response versteht man eine ausreichend positive Wirkung von L-DOPA unter der Annahme des Vorliegens der c_{max}. Wenn die Wirkung der einzelnen L-DOPA-Dosen nicht mehr den gewünschten klinischen Effekt hat, das heißt, weniger stark ist, verspätet und ohne Wirkgipfel auftritt, kann man die L-DOPA-Dosis erhöhen. Man sollte dabei Einzeldosen von 250 mg L-DOPA-Standard oder 400 mg L-DOPA-Retard nicht überschreiten. Durch diese hohen Dosierungen kommt man aber in die Gefahr, L-DOPA-induzierte Fluktuationen hervorzurufen, sodass es spätestens jetzt richtig wäre, einen Dopamin-Rezeptoragonisten hinzufügen oder diesen zu erhöhen. Auch das Hinzufügen von Rasagilin/Selegilin oder Entacapon/Tolcapon würde das klinische Ansprechen verbessern, wobei man sich darüber klar sein muss, dass diese Maßnahmen indirekte L-DOPA-Dosiserhöhungen bedeuten. Des Weiteren sollte man die Patienten dazu anhalten, ihre L-DOPA-Einnahme nicht mit eiweißreichem Essen zu kombinieren, da sonst die Resorption von L-DOPA nicht kalkulierbar ist.

13.2 Optimale Peak-Response von L-DOPA, aber unvorhergesehenes Off

Dies könnte durch die Interaktion von L-DOPA und Aminosäuren am gemeinsamen Transportsystem im Dünndarm und an der Blut-Hirn-Schranke bedingt sein. Man sollte deshalb die Patienten dazu anhalten, ihre L-DOPA-Einnahme nicht mit eiweißreichem Essen zu kombinieren, da sonst die Resorption von L-DOPA nicht kalkulierbar ist. Daneben wäre der Einsatz von löslichen L-DOPA-Präparaten, in schweren Fällen von Apomorphin s. c. eine sicherlich erfolgreiche therapeutische Option, um die Off-Symptomatik abzufangen. Vonseiten des anzustrebenden positiven Langzeiteffektes wären aber sicherlich die Add-on-Therapie mit einem Dopamin-Rezeptoragonisten oder der Einsatz von COMT-Hemmern günstig.

13.3 Optimale Peak-Response unter L-DOPA mit Wearing-off

In dieser Situation sinkt die L-DOPA-Konzentration (Dopamin-Konzentration) zu früh vor der nächsten Medikation im Gehirn (am Rezeptor) unter die kritische Grenze, sodass die Patienten immer vor der nächsten Einnahme deutlich mehr Tremor aufweisen und/oder unbeweglicher sind. Folgerichtig ist es am einfachsten, die **Einnahmefrequenz von L-DOPA zu erhöhen** und vielleicht sogar die Einzelgaben im Gegenzug etwas zu senken. Damit wird man eine kontinuierlichere Stimulation der Dopamin-Rezeptoren erreichen. Man sollte meines (HR) Erachtens allerdings vermeiden, zu häufige Medikamenten-Zeitpunkte für den Patienten festzulegen. Wenn ein Patient nach Einnahme seines Präparates sich schon wieder darauf konzentrieren muss, den nächsten bereits anstehenden Einnahmezeitpunkt nicht zu verpassen, wird er neurotisiert und dies trägt sicherlich nicht zur Stabilisierung bei. Es gibt im Übrigen auch Hinweise darauf, dass ein solches Medikamentenregime bei bis zu fünf Prozent der Patienten eine L-DOPA-Sucht auslösen kann.

Die heutigen modernen Medikamente rechtfertigen aus meiner Sicht in der Regel nicht, wenn ein Patient mehr als acht Einnahme-Zeitpunkte hat. Da weitere Einnahme-Zeitpunkte nicht günstig sind, ist das Wearing-off aus meiner Sicht die ideale Indi-

Tabelle 13.2. Maßnahmen bei Wearing-off

– häufigere L-DOPA-Gaben
– verwende zunächst den COMT-Hemmer Entacapon (mindestens −20 Prozent der L-DOPA-Dosis!) und falls dieser nicht wirksam ist gegebenenfalls Tolcapon
– füge einen Dopamin-Rezeptoragonisten hinzu
– füge L-DOPA-Retardpräparat hinzu (+ 30−50 Prozent)
– verwende lösliche L-DOPA-Präparate

kation für den **Einsatz eines COMT-Hemmers.** Man sollte dabei nicht verpassen, die L-DOPA-Dosis um mindestens 20 Prozent zu reduzieren. Sollten Gründe gegen den Einsatz von Entacapon oder Tolcapon bestehen (wie z. B. Unverträglichkeit im Sinne von Diarrhö, Leberfunktionsstörung oder anderen), wäre auch die Umstellung auf L-DOPA-Retard-Präparate (plus 30–50 Prozent der bisherigen L-DOPA-Dosis) eine Möglichkeit. Auch in dieser Situation könnte unter Senkung der L-DOPA-Dosis ein Dopamin-Rezeptoragonist eindosiert werden (Tabelle 13.2), bevorzugt einer mit langer Halbwertszeit (Cabergolin, Rotigotin, Ropinirol CR).

13.4 Die L-DOPA-Antwort bleibt aus

Hier ist in erster Linie **daran zu denken**, dass der **Patient kein IPS hat**, sondern z. B. eher eine PSP oder eine MSA aufweist. Es wäre in dieser Situation sinnvoll, ein IBZM-SPECT oder Glukose-PET zu veranlassen, um die Dopamin-Rezeptoren-Dichte bezüglich der Funktion des dopaminergen nigro-striatalen Neuronensystems zu prüfen (siehe Abb. 1.8). Bevor man zu dieser technischen Untersuchung greift, sollte man allerdings neben der nochmaligen genauen neurologischen Untersuchung des Patienten (Okulomotorik, zerebelläre Zeichen, Pyramidenbahn-Zeichen, im Vordergrund stehende autonome Störungen) einen L-DOPA- und bei Nichtansprechen einen Apomorphin-Test durchführen.

Sprechen sowohl diese Tests als auch das SPECT für ein IPS, wäre die Gabe von **L-DOPA in hoher Dosierung** für einige Wochen auf jeweils nüchternem Magen ein Weg, um doch eine L-DOPA-Wirksamkeit zu erzielen. Nur ganz wenige Patienten mit IPS sprechen nicht auf L-DOPA an. Bei diesen Patienten könnte auch versucht werden, eine zusätzliche Gabe von Carbidopa oder Benserazid (muss beim Hersteller angefordert werden) zum L-DOPA beizugeben. Alternativ könnte es sich natürlich um einen Patienten handeln, der nicht mehr genügend dopaminerge und serotoninerge Neuronen oder Glia hat, um L-DOPA in Dopamin umzuwandeln. Hier würde dann ein Dopamin-Rezeptoragonist wirken müssen oder der Einsatz von Amantadin-Sulfat weiter helfen. Wichtig ist darauf hinzuweisen, dass solche Patienten keine geeigneten Kandidaten für eine tiefe Hirnstimulation sind.

13.5 Peak-dose-Dys-/Hyperkinesien

Um die verschiedenen Formen der Hyperkinesien richtig zu erkennen, benötigt man einen kooperativen Patienten oder muss sich auf eine gute Fremdanamnese stützen. Hierbei hat sich auch ein Patienten-Tagebuch mit Angaben zur Medikamenten-Einnahme, On- und Off-Perioden, Auftreten von Hyperkinesien in einem 24-Stunden-Profil sehr bewährt. Die meisten Patienten sind zusammen mit ihren Angehörigen sehr gut in der Lage, nach einem gewissen Training, solche Tagebücher zu führen. Ist dies nicht möglich, wäre dies ein Grund, den Patienten zur Beobachtung und sich daran anschließende Neueinstellung stationär aufzunehmen.

Wird eine Peak-dose-Dyskinesie (klinisch ca. eine Stunde nach L-DOPA-Gabe auftretend oder noch besser mittels der Plasmaspiegelkurve diagnostizierbar) festgestellt, muss die individuelle **L-DOPA-Dosis** unabhängig von der möglicherweise dann resultierenden Verschlechterung der Motorik **reduziert werden**. Man wird diesbezüglich mit den den Patienten betreuenden Personen kein Problem haben, da diese im Gegensatz zum Patienten sehr unter diesen Hyperkinesien leiden.

Viele Angehörige berichten, dass nicht so sehr die Parkinson-typische Hypokinese, sondern eher Hyperkinesien zu gesellschaftlicher Diskriminierung und Ausschluss führen. Jeder behandelnde Arzt wird immer wieder feststellen müssen, dass meist nicht nur der Patient, sondern in fortgeschrittenen Fällen eine ganze Familie unter Morbus Parkinson leidet. Man wird von dem Patienten erstaunlich häufig hören, dass er Hyperkinesien gerne auf sich nähme, wenn er die Akinese vermeiden könnte. Es ist in dieser Situation daher sehr wichtig, dass man das Vertrauen des Patienten nicht verliert und ihm glaubwürdig auseinanderlegt, dass man nach einer Phase der motorischen Verschlechterung wieder eine Verbesserung durch den Einsatz von anderen Präparaten erzielen wird. Möchte der Patient bei L-DOPA bleiben, kann mit **Retard-Präparaten** gearbeitet werden, die keine so hohe Peak-Response wie die Standard-Präparate erzielen.

Den Einsatz des COMT-Hemmers würde ich (HR) in dieser Situation nicht vorschlagen, da dieser zwar zu einer höheren Bioverfügbarkeit von L-DOPA führt, das heißt, die Wirksamkeit von Dopamin am Rezeptor verlängert, aber kaum die c_{max} reduziert. Eine Option wäre allerdings die Frequenz der L-DOPA-Gaben zu erhöhen, die Einzeldosen zu reduzieren und zusätzlich doch den COMT-Hemmer hinzuzufügen. Probatestes Mittel in dieser Situation ist nach meiner Erfahrung die **Eindosierung eines Dopamin-Rezeptoragonisten**. Man muss durch Aufklärung von Patient und Angehörigen erreichen, dass die initiale Verschlechterung unter der L-DOPA-Reduktion nicht dem Dopamin-Rezeptoragonisten und dessen scheinbar fehlenden Wirkung angelastet wird. Nur wenn man das berücksichtigt, wird der Patient nicht wieder heimlich L-DOPA „naschen" und den Dopamin-Rezeptoragonisten absetzen.

13.6. Dystone Dyskinesie

Dystonien treten bei Patienten mit IPS sehr häufig morgens im Sinne einer äußerst schmerzhaften Fußdystonie auf. Probates Mittel dagegen ist die **rasche Gabe von löslichen L-DOPA-Präparaten oder** die **s. c. Applikation von Apomorphin** (Tabelle 13.3).

Man kann auch versuchen, durch spät abends verabreichte L-DOPA-Retardformulierungen die Fußdystonie erfolgreich zu behandeln. Auch diese Patienten profitieren aber vom Einsatz von Dopamin-Rezeptoragonisten. Rasagilin ist ebenfalls eine Option, da es die früh-

Tabelle 13.3. Behandlung von Dystonien beim idiopathischen Parkinson-Syndrom

	Morgendliche Fußdystonie	Peak-dose-Dystonie	End-of-dose-Dystonie
1. Wahl	lösliches L-DOPA-Präparat	weniger L-DOPA	COMT-Hemmer
2. Wahl	am Vorabend L-DOPA-Retard-Präparat		Dopamin-Rezeptoragonist
3. Wahl	Dopamin-Rezeptoragonist		häufigere L-DOPA-Gaben
4. Wahl	s. c. Apomorphin		lösliches L-DOPA-Präparat

morgendliche Akinesie wirksam bessert und wohl auch bezüglich der Fußdystonie erfolgreich ist.

Bei Peak-dose-Dystonien ist die Vorgehensweise wie oben beschrieben. Man wird am schnellsten zum Ziel kommen, wenn man weniger L-DOPA gibt und eventuell häufigere Einnahme-Zeitpunkte mit dem Patienten vereinbart. Bei End-of-dose-Dystonien könnten neben Dopamin-Rezeptoragonisten und dem COMT-Hemmer Entacapon beziehungsweise Tolcapon auch lösliche L-DOPA-Präparate zum Einsatz kommen. Auch häufigere L-DOPA-Einnahmen müssten zum Ziel führen.

13.7 Biphasische Dyskinesien

Die **Therapie** biphasischer Dyskinesien **gestaltet sich** häufig **recht schwer**. Sind sie nur mild ausgeprägt, wird man durch häufigere L-DOPA-Gaben oder durch den Einsatz von Retard-Präparaten eine klinische Symptom-Kupierung erzielen können. Auch COMT-Hemmer wären hier indiziert, da diese die An- und Abflutphasen im Gehirn wahrscheinlich erheblich glätten.

Sollte der Patient bereits viel L-DOPA einnehmen, wäre die Eindosierung eines Dopamin-Rezeptoragonisten ein erfolgversprechendes Mittel (Tabelle 13.4).

Sind die Dyskinesien schwer ausgeprägt, sollte am ehesten eine Dopamin-Rezeptoragonisten-Monotherapie (Tabelle 13.4) angestrebt werden, um L-DOPA zu vermeiden. Gelingt dies mit Dopamin-Rezeptoragonisten nicht (man sollte in dieser Situation Cabergolin und einen Agonisten der zweiten Generation testen), bleibt nur die Option, doch viele kleine Dosen an L-DOPA einzusetzen. Ob in dieser Situation die COMT-Hemmer Entacapon oder Tolcapon das klinische Bild bessern können, ist noch nicht ausreichend untersucht; aufgrund bestehender Daten aber nur dann wahrscheinlich, wenn gleichzeitig L-DOPA reduziert wird. Es gibt auch Erfahrungen, dass in einer solchen Situation Biperiden-Retard eine Therapie-Option darstellt. Letzten Endes könnte auch Amantadin-Sulfat eine erfolgversprechende Option sein.

Tabelle 13.4. Management von biphasischen Dyskinesien

- häufigere L-DOPA-Dosen
- eventuell Dopamin-Rezeptoragonisten-Monotherapie (vorwiegend mit langer Plasmahalbwertszeit und/oder hoher Rezeptoraffinität)
- COMT-Hemmer
- eventuell schnell lösliches L-DOPA-Präparat

13.8 Freezing

Freezing ist ebenfalls **nur sehr schwer medikamentös zu therapieren**. Vielleicht wird es unter Apomorphin oder löslichen L-DOPA-Präparaten gelingen, solche Phasen zu verhindern. Treten sie aber auf, kann man mit keinem Medikament eine sofortige Beweglichkeit garantieren. Patienten, die ihr Freezing mit der Peak-dose erfahren, sollten auf einen **Dopamin-Rezeptoragonisten** umgestellt werden. Kommt es in Off-Phasen zum Freezing, müssen L-DOPA und/oder der Dopamin-Rezeptoragonist höher dosiert werden. Das in Japan erhältliche L-DOPS (eine Vorstufe des Noradrenalins) hat bei meinen Patienten (HR) nicht überzeugend angesprochen. Einfache Tricks im Freezing sind rhythmisches Zählen (1, 2, 3; 1, 2, 3; …), rhythmisches Wippen in der Hüfte, das Umdrehen eines Spazierstockes, um darüber zu steigen, oder das Vorhalten eines Laser-Strahls vor die Füße des Patienten. Hierzu ist krankengymnastisches Training wichtig, da der Patient lernen muss, sich nicht mit dem Oberkörper zu weit nach vorne zu beugen (Fallgefahr), und mittels Willkürmotorik (Pyramidenbahn) lernen muss, den nächsten Schritt zu tun. Nicht immer wird dies allerdings zur Beherrschung des Freezings führen. Jüngste Untersuchungen mit **Rasagilin** weisen darauf hin (N. Giladi, persönliche Mitteilung), dass dieses eine günstige Option sein könnte und wir mit diesem Medikament das erste überhaupt haben, von dem eine gewisse Anti-Freezing-Wirkung erhofft werden darf.

14
Therapie von autonomen Störungen

14.1 Blasenentleerungsstörungen

Parkinson-Patienten leiden insbesondere unter Nykturie, Pollakisurie, imperativem Harndrang und Störungen beim Wasserlassen. Urogenitale Funktionsstörungen werden bei bis zu 93 Prozent der untersuchten Patienten berichtet, wobei die Probleme in vielen Fällen von den Patienten gar nicht wahrgenommen werden (Aminoff und Wilcox, 1971; Hess et al., 1987). Für diese Störungen sind Beeinträchtigungen des zentralen Blasenzentrums, eine Detrusorhyperreflexie und eine Beeinträchtigung der zeitgerechten Erschlaffung des Blasenbodens verantwortlich. Für eine normale Blasenfunktion sind nämlich das Zusammenspiel von Detrusor- und Sphinkterfunktion Voraussetzung. Dieses Zusammenspiel ist durch das IPS oder Begleiterkrankungen wie Prostatahyperplasie oder die verwendeten Medikamente häufig gestört. Die meisten Patienten weisen in der Urodynamik eine Hyperaktivität des Detrusormuskels auf, womit der **imperative Harndrang** und die **Dranginkontinenz** erklärt werden können. Bezüglich der Nykturie ist die einfachste Maßnahme den Patienten zu raten, nach dem Abendessen nicht mehr zu trinken. Man darf in diesem Zusammenhang aber nicht vergessen darauf hinzuwirken, dass der Patient ansonsten, um kognitiven Störungen vorzubeugen, ausreichend trinken muss.

Die **Detrusorhyperreflexie** kann man mit peripher wirkenden Anticholinergika, so z. B. mit Oxybutinin (Dridase®) 10 bis 15 mg/Tag oder Tolteridon (Detrusitol®) therapieren. Spastik-reduzierende Medikamente wie z. B. Baclofen sind eine weitere Therapiemöglichkeit. Besteht die Blasenentleerungsstörung aus einer **Detrusorhyporeflexie**, kann man mit α-Sympatholytika wie z. B. Dibenzyran® erfolgreich behandeln. **Sphinkterstörungen** im Sinne einer fehlenden Relaxation des Sphinkter vesicae externus können durch Sphinktererweiterungen mit dem modernen Tamsulosin (Alna®) oder anderen α-Blockern in einer Dosierung von 0,4 mg/Tag deutlich verbessert werden.

Für die genauere Analyse von Blasenentleerungsstörungen ist oft der Rat eines Urologen notwendig, da dieser mittels Urometrie zur richtigen Diagnose kommt. Besonders wichtig ist es mir (HR) darauf hinzuweisen, dass bei operativer Beseitigung einer subvesikalen Obstruktion (wie z. B. die Operation einer Prostatahyperplasie) besondere Vorsicht angewandt werden muss, weil man nicht eine Detrusorhyperreflexie übersehen darf, die sich dann bei Beseitigung der Abflussbehinderung noch negativer auswirken würde. Schon Lewy hatte die Harninkontinenz als typisches mit dem IPS vergesellschaftetes Symptom beschrieben (Lewy, 1913). Jost (1999) konnte als Folge der oben genannten Detrusorhyperreflexie die Drang-Inkontinenz beschreiben.

14.2 Sexuelle Probleme

Sexuelle Dysfunktionen haben insbesondere bei jüngeren Parkinson-Patienten einen erheblichen Einfluss auf deren Lebensqualität. Über die sexuellen Veränderungen der Frau, die auf die Parkinson-Krankheit zurückgeführt werden können, gibt es kaum Literatur. Wermuth und Stenager (1995) beschrieben bei Frauen ein verändertes Sexualverhalten und insbesondere eine reduzierte Libido bei 70 Prozent der Frauen und bei 40 Prozent der Männer, wobei diese zum Teil auch eine vermehrte Libido aufwiesen (Lambert und Waters, 1998). Welsh et al. (1997) berichten von 40–80 Prozent der Frauen, die in ihrer Sexualität durch die Krankheit eingeschränkt sind. Gründe dafür bestehen in Depression, Angst, Hemmung, Unzufriedenheit mit ihrer Physis und Vaginismus und unwillkürlichem Harnabgang.

Es ist nicht verwunderlich, dass Parkinson-Patienten sexuelle Dysfunktionen aufweisen, da Dopamin einer der entscheidenden Neurotransmitter für Libido und Zuneigung ist. Interessant ist die Frage, inwiefern die Therpeutika die Sexualität beeinflussen. Es gibt verschiedene Studien, die eine vermehrte Libido unter L-DOPA beschreiben (z. B. Quinn et al., 1983).

Neben Sildenafil und ähnlich wirkenden Wirkstoffen (siehe unten) sind ein Dopamin-Rezeptoragonist, Apomorphin, ein probates Therapeutikum gegen erektile Dysfunktion. O'Sullivan und Hughes (1998) berichteten, dass unterschiedliche Dosen an Apomorphin innerhalb von ein bis zehn Minuten zu 5–60 Minuten anhaltenden Erektionen führten. Auch für den neuen Dopamin-Rezeptoragonisten Ropinirol gibt es Berichte, dass Erektionen induziert werden. Die Erklärung für den Erfolg von L-DOPA, Apomorphin, Ropinirol und anderen Dopaminergika besteht darin, dass sie zentrale Dopamin-D2-Rezeptoren stimulieren, die wiederum die Freisetzung von Oxytocin aus dem paraventrikulären Nucleus des Hypothalamus induzieren, was zur Stimulation einer Erektion führt, wobei parasympathische Nerven aus dem Sakralmark mit von Belang sind. Interessanterweise scheint der Dopamin-Mangel auch zu einem Mangel an Oxytocin-reagiblen Neuronen zu führen, was wiederum die Impotenz bei den männlichen Parkinson-Patienten erklärt (Purba et al., 1994).

Häufig findet sich bei Männern mit einem IPS eine erektile Dysfunktion, die aber bei der MSA noch häufiger anzutreffen ist. Bei den Männern besteht häufig das Problem darin, dass manche Dopamin-Rezeptoragonisten sowie meiner (HR) Erfahrung nach auch COMT-Hemmer zu einer Anregung der Libido führen und dabei aber eine **Impotentia coeundi** besteht. Jacobs et al. (2000) untersuchten Sexualität in jungen Parkinson-Patienten und stellten bei 121 Patienten im Rahmen einer Multiple-choice-Befragung fest, dass diese keine Einbuße der Sexualfunktion beklagten, dass aber ihre Perzeption der sexuellen Leistungsfähigkeit durch Depression und auch Arbeitslosigkeit stark beeinflusst war. Ausführlich beschäftigten sich Lüders et al. (1999) mit Partnerschaft und Sexualität bei Parkinson-Krankheit.

Die **Therapie der Impotenz** sollte damit beginnen, dass man das Medikamentenregime des Patienten sehr genau nach Medikamenten (Propanolol bei Tremor, Antihypertensiva etc.) durchgeht, die eventuell zur Impotenz beitragen und die vielleicht durch andere ersetzt werden können. Depression, Stress und Versagensangst sind weitere Gründe für die Entwicklung einer Impotenz. Ähnlich wie bei Nicht-Parkinson-Patienten stehen zur Therapie Yohimbin, intracavernöse Injektionen und Sildenafil (Viagra®) und ähnlich wirkende Potenzmittel wie z. B. Cialis® zur Verfügung (Marks et al., 1999). Eine der aktuellen Studien zeigt bei zwölf IPS-Patienten unter Sildenafil eine signifikante Verbesserung der Erektion und des Sexuallebens (Hussain et al., 2001).

14.3 Störungen der Verdauung

Da die Hypersalivation meist auf einer **Dysphagie** beruht, macht es Sinn die Dysphagie zu therapieren. Wichtig ist auch hierbei eine Verbesserung der Parkinson-Therapie anzustreben, um eventuell die Darmmotorik anzuregen, oder der Einsatz von Schluck-Training. Eady und Tyrer hatten schon 1965 zeigen können, dass die so genannte Hypersalivation auf einer Schluckstörung beruht. Sollte die Hypersalivation große Probleme bereiten, wäre der Einsatz eines peripher wirksamen Anticholinergikums zu prüfen.

In meiner Klinik (HR) haben wir sehr gute Erfahrungen mit dem niedrig dosierten Einsatz von Pirenzepin (Gastrozepin®, 2 mal 50 mg/Tag) gemacht. Sollte der Patient zusätzlich an einer Depression leiden, wäre der Einsatz von trizyklischen Antidepressiva aufgrund deren hier gewünschten Nebenwirkung, Mundtrockenheit, häufig ausreichend.

Die Dysphagie kann weiter durch den Einsatz von DopaminRezeptoragonisten und/oder L-DOPA gut beherrscht werden. Anticholinergika sollten wegen möglicher kognitiver Nebenwirkungen unseres Erachtens nach nicht eingesetzt werden.

Gelingt es mit der Anti-Parkinson-Medikation nicht, die Dysphagie zu beherrschen, können Domperidon (3 mal 10–20 mg/Tag) oder früher **Cisaprid** (Alimix®, Propulsin®; **Cave:** Cisaprid wurde leider wegen bei einigen Patienten auftretender QT-Zeit-Verlängerung in Deutschland und einigen anderen Ländern vom Markt genommen) zum Einsatz kommen. In besonders schwierigen Fällen kommt man allerdings an Bougierung oder dem Anlegen einer PEG (perkutane endoskopische Gastrostomie) nicht vorbei.

Störungen der Magenentleerung können mit 10–50 mg Domperidon/Tag therapiert werden. Aufgrund einer degenerativen Schädigung im Vaguskerngebiet kann bei Parkinson-Patienten zum Teil eine verminderte Magensekretion neben der reduzierten Magenmotilität für klinische Zeichen wie Druckgefühl, Sättigungsgefühl sowie Fluktuationen der extrapyramidalen Funktion (On-off-Phasen) verantwortlich sein. Metoclopramid (z. B. Paspertin®) wird in meiner Klinik (HR) nicht eingesetzt, weil es zentralnervöse Effekte mit einer Induktion von Früh- und Spätdyskinesien hat (Indo und Ando, 1982).

Obstipation ist das **häufigste autonome Symptom** beim IPS (Martignoni et al., 1995). Als Ursache der Obstipation gelten neben den degenerativen Veränderungen in den gastrointestinalen Plaques, Medikamente wie Anticholinergika, zu geringe körperliche Motilität, der reduzierte Tonus von Bauchmuskulatur und Diaphragma sowie eine reduzierte Ballaststoff- und Wasserzufuhr. Daraus leitet sich ab, dass man die Obstipation häufig durch Veränderungen der Diät und des Trinkverhaltens regulieren kann. Bei Parkinson-Patienten muss man bemüht sein, einen geregelten Stuhlgang aufrechtzuerhalten, um eine gleichmäßige Medikamenten-Resorption zu gewährleisten. Man sollte den Patienten anhalten, möglichst zwei Liter Flüssigkeit täglich zu sich zu nehmen, was insbesondere im Sommer wichtig ist.

Ich (HR) empfehle meinen Patienten, diese Trinkmenge schon morgens bereitzustellen, um zu garantieren, dass sich die Patienten an die Empfehlung auch halten. Des Weiteren muss man die Einnahme einer faserreichen

Kost propagieren. Diese Maßnahmen werden meist ausreichen, um für lange Zeit die Obstipation zu beherrschen. Natürlich sollte man auch nicht verpassen, Anticholinergika abzusetzen. Als nächster Schritt wäre die Verabreichung von Laktulose in einer Dosierung von 10–20 g pro Tag anzuraten. Domperidon ist gegen Obstipation nicht wirksam. Das Präparat Movicol® (ein Gemisch von Na^+-/ K^+-Salzen und Macrogol, das Flüssigkeit im Darm bindet und so zu einer Verflüssigung des Stuhls führt) hat sich bei vielen meiner Parkinson-Patienten, bei denen es bisher eingesetzt wurde, gut bewährt.

14.4 Orthostatische Hypotension

Sollte eine orthostatische Hypotension schon in einer frühen Phase der Erkrankung im Vordergrund stehen, muss differenzialdiagnostisch an eine MSA oder PSP gedacht werden.

Die Störungen der Blutdruck-Regulation beruhen beim Patienten mit IPS auf Störungen des zentralen und peripheren autonomen Nervensystems. Sowohl im Hypothalamus, den autonomen Zentren im Hirnstamm als auch im Plexus myentericus und im sympathischen Gangliensystem des Herzens wurden Lewy-Körperchen gefunden. Die Hypotension beruht auf Volumenminderung (zu wenig getrunken), Anämie und insbesondere auf der fehlenden Vasokonstriktion nach Aufrichten aus dem Liegen oder Sitzen. Orthostase-Probleme weisen die Patienten häufig ca. eine halbe bis eine Stunde nach der Nahrungsaufnahme auf.

Einfache Regeln der Lebensführung, die ich (HR) auch bei anderen Patienten mit idiopathischer Hypotension empfehle, sollten am Anfang der therapeutischen Bemühungen stehen. Die Patienten sollten genügend trinken (zwei Liter am Tag, besonders an heißen Tagen), schwere Mahlzeiten sollten vermieden werden, da sonst zuviel Blut im Magen-Darm-Trakt zur Resorption verloren geht. Alkohol, der zur Vasodilatation führt, muss restriktiv gehalten werden, Kaffee zum Frühstück ist anzuraten am besten in Kombination mit Wasser, zu heiße Bäder (Vasodilatation) müssen vermieden werden, anstrengende Arbeit, selbst Singen und das Spielen eines Instrumentes, sollten bevorzugt im Sitzen erfolgen. Reichen diese Maßnahmen nicht aus und ist der Patient symptomatisch, kann in der kalten Jahreszeit z. B. mit Stützstrümpfen erfolgreich therapiert werden. Therapeutisch sollte neben der ausreichenden Flüssigkeitszufuhr an die eventuell notwendige Absetzung von Dopamin-Rezeptoragonisten und Selegilin gedacht werden oder das Symptom wie folgt therapiert werden:

Medikamentös setzen wir in meiner Klinik (HR) primär meist den selektiven adrenergen α_1-Rezeptoragonisten Midodrin (Gutron®) ein. Dieser Agonist kann die Blut-Hirn-Schranke nicht passieren und wird daher nicht zu zentralen Nebenwirkungen führen. Die Wirkung tritt rasch ein, sodass Midodrin meist vor dem Frühstück, Mittagessen und nachmittags in einer Dosierung von 2,5 bis höchsten 10 mg dreimal am Tag eingesetzt wird. Nur bei Patienten, die darunter keinen Wirkerfolg zeigen, verwenden wir das Fludrocortison Astonin H®. Dieses Cortison-Präparat führt zur Salzretention und damit zum Volumengewinn beim Patienten. Begonnen wird mit 0,1 mg/Tag und es wird auf nicht mehr als 0,5 mg/Tag gesteigert. Man muss die Elektrolyte in regelmäßigen Abständen kontrollieren und wissen, dass der Patient ca. 2–3 kg an Gewicht zunehmen wird. Wichtig ist auch darauf hinzuweisen, dass die Wirkung von Astonin H® meist erst nach einer Woche eintritt. Angloamerikanische Autoren empfehlen beim Vorliegen einer Anämie den Einsatz von Erythropoetin s. c., worüber wir in meiner Klinik keine Erfahrungen haben. In Erprobung ist der MAO-A-Hemmer Moclobemid. Das aus Japan stammende L-DOPS wurde zwar unter anderen auch in meiner Klinik in Deutschland getestet, erfüllte aber nicht die Erwartungen der Firma Sumitomo, sodass eine Markteinführung nicht geplant ist.

14.5 Schmerzen und Paraesthesien

Bei vielen meiner (HR) Patienten haben wir große Mühe, beklagte diffuse Schmerzen zuzuordnen und zu behandeln. Wie diese diffusen Schmerzen entstehen, ist unklar, die Experten sehen aber einen Zusammenhang mit der Parkinson-Krankheit. Einfach ist es, wenn die Schmerzen in der Off-Phase oder im Rahmen einer Fußdystonie auftreten. Diese Situationen wird man durch ein geeignetes Anpassen der Parkinson-Medikation gut therapieren können. Ich kenne aber auch Patienten, die Schmerzen beschreiben, die an Arthritis erinnern und bei denen trotz umfangreicher Abklärung auch mithilfe von Rheumatologen keine befriedigende Erklärung zur Entstehung der Schmerzen erzielt werden konnte. Mitunter gelang eine Schmerzlinderung unter Flupirtin (Katadolon®).

Parästhesien im Sinne von Kribbeln der Hände, aber auch schmerzhafte Dysästhesien wurden bei Parkinson-Patienten bereits von Charcot beschrieben. Meist sind sie auf der Seite stärker, auf der auch die Parkinson-Krankheit dominiert. Hier haben wir in meiner Klinik in einer Einzelbeobachtung mit Citalopram (20 mg/Tag) gute Erfahrungen gemacht. Bei einem weiteren Patienten führte der Einsatz von Gabapentin (Neurontin®) in einer Dosierung von 300 mg zu einem kompletten Sistieren der diffusen Schmerzen.

14.6 Seborrhö

In den Gesprächen Betroffener ist immer wieder der Begriff „Salbengesicht" zu hören. Die Patienten beschreiben damit die glänzend-fettige Gesichtshaut, die als Folge verstärkter Talgabsonderung auftritt. Diese Problematik ist gerade in der heutigen Zeit, in der die „Haut ein wichtiges Kommunikations-Organ ist" (Fischer et al., 2001), für viele Patienten mehr als nur eine kosmetische Frage. Ärztlicherseits fanden die Hautfunktion und ihre Veränderungen beim IPS bis in die jüngste Vergangenheit nur begrenztes Interesse. Dies scheint sich jedoch zu ändern, möglicherweise im Zusammenhang mit der Entwicklung eines Pflasters für die transdermale Applikation eines Dopamin-Rezeptoragonisten (Kap. 7.4.9).

Einen wichtigen Beitrag zur Schließung der Informationslücken bezüglich der Hautfunktionen beim IPS leisteten Fischer et al. (ebd.). Versuchspersonen waren 70 IPS-Patienten (30 Frauen und 40 Männer mit einem Durchschnittsalter von 66,3 ± 9,8 Jahren); 69 waren auf eine Kombinationstherapie mit L-DOPA und mindestens einem weiteren Parkinson-Medikament eingestellt. Von den verschiedenen Parametern, die die Autoren untersuchten – Talgbildung, Hautfeuchte, pH-Wert – werden wegen ihrer Bedeutung für die Entstehung einer Seborrhö die Ergebnisse zur Talgproduktion tabellarisch zusammengefasst (Tabelle 14.1). Die hier berichteten Zahlen für das Auftreten einer Seborrhö liegen deutlich unter den bisher in der Literatur ange-

Tabelle 14.1. Talgbildung bei Parkinson-Patienten (nach Fischer et al., 2001)

	Seborrhö	Normal	Sebostase
N (%)	13 (18,6)	36 (51,4)	21 (30,0)
Talgbildung (µg/cm^2)	>220	100–200	<100
Krankheitsdauer (Monate)	135 ± 61	132 ± 71	110 ± 51

gebenen ca. 50 Prozent. Die Ursachen für die Ausbildung einer Seborrhö beim IPS sind noch unklar. Die Autoren betonen, dass angesichts der positiven Auswirkungen genereller Hautpflege auf die Talgproduktion umfassende Beratung der Patienten notwendig erscheint!

Für therapeutische Interventionen haben sich in meiner Klinik (HR) in der Vergangenheit Kohleteer-Shampoos (2 mal die Woche) oder Selenid-haltige Kopfwaschmittel bewährt. Die Gesichtshaut kann mit Hydrocortison-Cremes eingerieben werden.

An weiteren Dermatosen, die mit einer Häufigkeit >20 Prozent gefunden wurden, werden neben der Sebostase atopische Allergien (28,6%) und Flush-Symptome (31,4%) genannt (ebd.).

14.7 Vermehrtes Schwitzen

Man geht davon aus, dass vermehrtes Schwitzen durch Parkinson-bedingte Schäden im Hypothalamus (Lewy-Körperchen nachgewiesen) und in den cholinergen parasympathischen Nervenfasern erklärt werden kann. Viele Patienten leiden insbesondere im Sommer unter heftigstem Schwitzen im Kopf- und Nackenbereich. Mitunter reicht hierfür zur Therapie die Einstellung mit Dopaminergika aus.

Ein episodenhaftes starkes Schwitzen kommt ohne Auslöser bei bis zur Hälfte der Patienten mit IPS vor, betrifft vorwiegend das Gesicht und den Oberkörper und tritt meist nachts auf (Goetz et al., 1986). Zwei Drittel der Patienten haben diese Schwitzanfälle in Assoziation mit schweren Akinesen. In meiner Klinik (HR) verwenden wir bei diesen Patienten besonders gerne Pirenzepin in einer Dosierung von zweimal 50 mg/Tag oder Salbeiextrakt (Salvisat Bürger) 3–4 mal 100 mg/Tag.

Manche Patienten haben vermehrtes Schwitzen in den Off-Phasen, hier kann ebenfalls der Einsatz von L-DOPA oder Dopamin-Rezeptoragonisten hilfreich sein. Bei Patienten, die vermehrtes Schwitzen in der On-Phase haben, kann die dopaminerge Therapie reduziert werden, was aber wohl meistens eine Verschlechterung der Motorik bedeuten würde, oder es können β-Blocker eingesetzt werden. Selbstverständlich sollte man nicht versäumen, auch an nicht mit Parkinson assoziierte Krankheitsbilder zu denken, die für vermehrtes Schwitzen verantwortlich sein könnten.

15
Therapie von Schlafstörungen

Schlafstörungen treten bei 75 Prozent der Parkinson-Patienten auf und sind ein häufiges Thema in der ambulanten Betreuung von Parkinson-Patienten. Man sollte bei der Anamnese-Erhebung darauf bedacht sein, den Schlafpartner mit zu befragen, um sich ein möglichst klares Bild machen zu können. Im Übrigen beschrieb James Parkinson selbst in seiner Erstbeschreibung, dass Schlafstörungen zu der nach ihm benannten Krankheit gehören. Trotzdem ist es nicht immer klar, ob die Schlafstörung krankheitsbedingt oder auf eine Depression, Medikamente, nächtliche Schmerzen oder eine Normvariante der typischerweise im Alter nachlassenden Schlafqualität zurückzuführen ist.

Die Ursache der Schlafstörungen kann mannigfaltig sein. Durch den dopaminergen Verlust im Striatum kommt es zu Hypokinese mit schlechtem nächtlichem Drehen im Bett, Nykturie und eventuell medikamentös bedingten Albträumen. Das gestörte serotoninerge und noradrenerge System werden zur Depression und Schädigung des Schlafzyklus führen. Ähnlich wie beim Restless-legs-Syndrom (RLS), das Parkinson-Patienten manchmal zusätzlich haben, konnten Störungen im REM-Schlaf-Verhalten bei polysomnographischen Ableitungen festgestellt werden. Solche REM-Schlaf-Verhaltensstörungen äußern sich dadurch, dass die Patienten im Schlaf während eines Traumes nicht atonisch sind, sondern ihre Träume durch starke motorische Entäußerungen „ausleben". Stiasny-Kolster und Kollegen (2005) haben darauf hingewiesen, dass das Auftreten einer REM-Schlaf-Verhaltensstörung ein erstes Symptom einer beginnenden Parkinson-Erkrankung sein kann.

Das häufigste Problem sind **Ein- und Durchschlafstörungen**. Man sollte zunächst die Möglichkeit prüfen, Parkinson-immanente Probleme zu beseitigen, das heißt, nach Beweglichkeit im Bett und nach Nykturie fragen. Dies sollte mit einer Anpassung der Parkinson-Medikation beherrscht werden (Retard-L-DOPA-Präparat, Dopamin-Rezeptoragonist).

Des Weiteren sind Empfehlungen nützlich, wie man sie allen Patienten mit Schlafstörungen gibt, nämlich das genaue Einhalten von Zubettgeh- und Aufstehzeiten. Das Bett sollte nicht zum Ausruhen, Fernsehen oder Lesen benutzt werden. Stimulierende Getränke oder Rauchen sollten ab dem späten Nachmittag vermieden werden. Der kurzfristige Einsatz von Sedativa (eventuell auch hoch dosierte Baldrianformulierungen) mit kurzer Halbwertszeit kann akzeptiert werden. Treten nachts Unruhe, Herumwandern, Aggression auf, könnte es sich um ein **REM-Schlaf-assoziiertes Phänomen** handeln, das polysomnographisch gesichert werden sollte und mit niedrigen Dosen von Clonazepam (0,25–1mg/Tag) behandelt werden kann. Parkinson-Medikamente, die zur Insomnie führen, sind insbesondere Selegilin/Rasagilin und NMDA-Rezeptorantagonisten. Depressions-assoziierte Schlafstörungen werden am besten mit Amitriptylin, Trimipramin oder Nortriptylin behandelt.

Viele Patienten beklagen nicht nur Schlafstörungen, sondern auch **vermehrte Tages-**

müdigkeit, die häufig auf die Anti-Parkinson-Medikamente zurückzuführen ist und mit der Zeit nach Ansetzung eines neuen Präparates in der Regel wieder nachlässt. Das Problem der „sudden sleep attacks" wurde im Kap. 7.4.7.3 bereits ausführlich gewürdigt.

Bei Patienten mit Schlafstörungen, wozu in Ergänzung zum oben Gesagten auch das Schlafapnoe-Syndrom zu rechnen ist, müssen diese therapiert werden, um die Tagesmüdigkeit zu reduzieren. Eine Hypothyreose sollte ausgeschlossen werden und nach Symptomen einer Depression gesucht werden. Patienten mit Demenz sollte in den Heimen und in der Familie ein strukturierter Tagesablauf geboten werden. **Albträume** treten häufig bei Medikamenten-Umstellungen oder bei verminderter Flüssigkeitszufuhr bei Patienten mit IPS auf. Sie sind häufig auch als Warnzeichen für bevorstehende Halluzinationen zu werten. Zum Teil wird man die abendlichen Medikamente reduzieren und trizyklische Antidepressiva absetzen müssen. Ist dies wegen fehlender Kontrolle der Motorik nicht möglich, kann Clozapin oder Quetiapin in niedrigen Dosierungen eingesetzt werden.

16
Therapie neuropsychiatrischer Symptome

Zu den neuropsychiatrischen Problemen von Patienten mit IPS gehören Einschränkungen der kognitiven Leistungen wie:

- Merkfähigkeitsschwäche
- Konzentrationsschwäche
- zunehmende Vergesslichkeit
- Delir
- Angst
- Albträume
- Halluzinationen im Rahmen von Psychosen
- Suizidalität
- Depression und
- Demenz.

Nahezu jeder Parkinson-Patient wird im Rahmen seiner Grunderkrankung eines dieser Symptome entwickeln. Schwere psychiatrische Syndrome werden bei 30–40 Prozent der Patienten beobachtet.

Kognitive Störungen mit späterer Demenz sind die Hauptgründe für die Unterbringung von Parkinson-Patienten in Alten- und Pflegeheimen. Bei Verdacht auf **Demenz** sollte eine neuropsychologische Absicherung erfolgen. Es ist wichtig darauf hinzuweisen, dass eine Demenz-Diagnostik ohne Behandlung depressiver Symptome sehr schwierig ist. Die Zahlen über die Häufigkeit einer Demenz bei Patienten mit IPS reichen von 16–30 Prozent. Kognitive Einbußen wird jeder fünfte Parkinson-Patient aufweisen. Erst der Neuropathologe könnte im Übrigen später entscheiden, ob die beobachtete Demenz auf die Parkinson-Krankheit zurückzuführen war oder ob sie nicht vielmehr Ausdruck einer zusätzlich bestehenden Alzheimer-Krankheit, einer frontotemporalen Demenz oder einer LBD war. Bei diesen Patienten müssen Anticholinergika vermieden werden, da es sonst sehr leicht zu einem Delir oder einer Demenz-Induktion kommen kann.

Diese Aussage muss allerdings unter Vorbehalt gemacht werden, da wir nur zwei Studien zu diesem Thema fanden, wovon nur eine auf eine größere Patientenzahl zurückgreifen kann. Dubois und Kollegen (1990) untersuchten retrospektiv je 20 Patienten, die **Anticholinergika** erhalten bzw. nicht erhalten hatten. Selbstverständlich waren die Patienten bezüglich Krankheitsdauer, Alter, Bildungsniveau, Hoehn-und-Yahr-Stadium und motorischer Funktion gleich verteilt. Sie hatten seit ca. sieben bis neun Jahre lang L-DOPA erhalten, was im Mittel ca. 480 mg/Tag ausmachte. Es wurden umfangreiche neuropsychologische Studien durchgeführt, wobei einige Tests wie der Digit-span-Test, bei dem Patienten immer längere Ziffernkolonnen nachsagen müssen, oder der bekannte Wisconsin-Card-Sorting-Test zu Ungunsten der Patienten ausfielen, die mit Anticholinergika behandelt worden waren.

Mit der Einführung der zentral wirksamen **ACh-Esterase-Hemmer** eröffnete sich für Demenz-Patienten eine neue Therapie-Option. Es war in diesem Zusammenhang wichtig zu wissen, dass vonseiten der Neuropathologen bei Patienten mit IPS und Demenz im Nucleus basalis Meynert ein cholinerges Defizit beschrieben wurde (siehe Kap. 2.2.2).

Somit lag es nahe zu hoffen, dass diese Präparate auch die Demenz-Symptomatik bei IPS bessern könnten. Problematisch erschien initial, ob aufgrund der Erkenntnisse, dass IPS-Patienten bezüglich ihrer motorischen Funktionsstörungen gut auf Anticholinergika ansprechen, es durch den Einsatz der ACh-Esterase-Hemmer zu einer Verschlechterung der Parkinson-Symptomatik kommen könnte. Als Erste untersuchten Hutchinson und Fazzini (1996) die Wirkung von viermal 10 bis dreimal 20 mg täglich Tacrin bei sieben Patienten mit IPS, die seit einem viertel bis zu einem Jahr ein demenzielles Syndrom aufwiesen. Erstaunlicherweise war nicht nur eine signifikante Verbesserung des Mini-mental-Status-Test (MMSE) zu verzeichnen, sondern auch die UPDRS verbesserte sich, womit weitere Untersuchungen gerechtfertigt erschienen. Henneberg berichtete in 1999 von 29 weiblichen und 55 männlichen Patienten, die bei bestehendem Parkinson-Syndrom eine Demenz entwickelten. Den Patienten wurde zwischen 2,5 und 10 mg Donepezil pro Tag appliziert, bei 7,5 mg/Tag wurde der beste Effekt auf die ADL und UPDRS II festgestellt.

In meiner Klinik (HR) wurde die **DONPAD-Studie** (**Don**epezil bei **Pa**rkinson und **D**emenz) initiiert, bei der mit 5 bis 10 mg täglich Patienten mit IPS und Demenz behandelt werden. Wir konnten dabei eine Verbesserung der Kognition nachweisen, ohne dass die Parkinson-Symptome zunahmen (Müller et al., 2006). Die Auswertung einer Anwendungsbeobachtung mit 2 092 Patienten mit einem mittleren Alter von 73 Jahren, Alzheimer-Demenz und einem MMSE von durchschnittlich 17,8 erlaubte uns, darunter 73 Patienten zu finden, die zusätzlich ein IPS hatten (Berger et al., 2000). Interessanterweise waren diese Patienten bezüglich der „Nurses' Observation Scale for Geriatric Patients" (NOSGER) und anderen Skalen sowie der Effektivität und Tolerabilität von Donepezil gleich gut bis besser als die Patienten mit Alzheimer-Erkrankung.

Die **Therapie der kognitiven Funktionsstörungen** und des Delirs sollte neben dem Ausschluss von zu geringer Flüssigkeitseinfuhr, Infektionen (Lunge, Blase), Elektrolytstörungen und Diabetes mellitus darin bestehen, alle potenziell ungünstigen Medikamente wie Anticholinergika, Sedativa und Anxiolytika abzusetzen.

Sollte es zu einem Delir oder zu **Halluzinationen** kommen, muss die **Regel** gelten: **„last in, first out",** das heißt, das Medikament, das der Patient vor dem Auftreten dieser Symptome erhielt, muss als erstes wieder abgesetzt werden. Bei den Anti-Parkinson-Medikamenten setzen wir in meiner Klinik (HR) in folgender Reihenfolge ab: Anticholinergika, MAO-B-Hemmer, NMDA-Rezeptorantagonisten, COMT-Hemmer, Dopamin-Rezeptoragonisten. L-DOPA kann allenfalls reduziert, aber nicht abgesetzt werden. Nachdem man den Patienten nicht in eine akinetische Krise geraten lassen kann, muss häufig neuroleptisch gegengesteuert werden. Man muss die Anti-Parkinson-Medikamente graduell absetzen, da sonst das Auftreten eines malignen neuroleptischen Syndroms nicht auszuschließen ist. Daraus ergibt sich, dass solche Patienten stationär eingewiesen werden sollten und zwar in eine Umgebung, in der ausgeschlossen ist, dass sich die Patienten selbst oder andere gefährden. Dies wird auf der neurologischen Allgemeinstation meist nicht gegeben sein. Auf die drohende Entwicklung schwerer Halluzinationen wird man dann aufmerksam, wenn man vom Patienten Albträume oder lebhafte Träume berichtet bekommt. Später wird er davon erzählen, dass er nachts bekannte oder unbekannte Personen und Lebewesen gesehen hat.

Werden die **Halluzinationen bedrohlich** und treten sie auch bei Tage auf, muss nach erfolgloser Reduktion der Psychose-auslösenden Medikamente **neuroleptisch therapiert** werden. Die gebräuchlichen Antipsychotika wie Haloperidol kommen dafür eher nicht in Frage, da sie ja die Dopamin-D2-Rezeptoren blockieren. In Deutschland wird in dieser Situation bevorzugt **Clozapin** (Leponex®) eingesetzt. Nachdem die Wirkung von Clozapin nicht sofort einsetzt, gilt auch beim Auftreten von Psychosen und Halluzinosen, dass der Patient nicht in einer offenen neurologischen Allgemeinstation betreut werden kann. In einem solchen Fall muss man sich der Hilfe der psychiatrischen Kollegen versichern, die den Patienten zu dessen Schutz auf einer geschlossenen Station mit unserer konsiliarischen Hilfe behandeln können. Bemerkenswerterweise benötigen Patienten mit IPS viel geringere Dosen an Clozapin als schizophrene Patienten. Üblicherweise beginnt man abends mit 12,5 mg Clozapin, das der Patient im Liegen einnehmen sollte, da Clozapin zu einer Hypotension führen kann, die den Patienten im Stehen so treffen kann, dass er stürzt. Zum Zweiten werden viele Patienten unter Clozapin zu Beginn der Therapie müde und benommen. Man wird Clozapin meist in einer Dosierung von 25–50 mg/Tag halten können, Dosen von über 100 mg sind nur dann notwendig, wenn der Patient eine Parkinson-unabhängige psychiatrische Krankheit hat. Besonders günstig ist auch, dass Clozapin den Parkinson-Tremor und -Rigor positiv beeinflusst. Es ist unabdingbar, dass unter Clozapin regelmäßige wöchentliche **Blutbildkontrollen** gemacht werden, da ca. jeder hundertste Patient eine Agranulozytose entwickelt, die unabhängig von Dosis und Behandlungszeit auftreten kann.

Olanzapin (Zyprexa®) ist ebenfalls ein atypisches Neuroleptikum, das von vielen deutschen Psychiatern sehr geschätzt wird. Überzeugende Studien zu seinem Einsatz bei Parkinson-Patienten liegen nur spärlich vor. In einer offenen, nur 15 Patienten mit IPS einschließenden Studie (Wolters et al., 1996) wurden allerdings ermutigende Ergebnisse erzielt. Die empfohlene Dosis liegt zwischen 1 und 15 mg/Tag. Olanzapin wird in einer Einzeldosis zur Nacht appliziert, da es sehr müde macht. Mittlerweile wurden auch unter Olanzapin, allerdings ganz vereinzelt, Agranulozytosen beobachtet.

Aufgrund einer israelischen Studie (Zoldan et al., 1993) setzten wir in meiner Klinik (HR) unter stationären Bedingungen **Ondansetron** mehrfach mit gutem Erfolg ein. Auch hier dauerte es aber einige Tage, bis der erhoffte Erfolg eintrat. **Risperidon** hat nicht überzeugt, da es eindeutig antidopaminerg ist und somit für diese Indikation nicht empfohlen werden kann. Meist unternehmen wir in meiner Klinik, wenn es klinisch noch tolerabel ist, einen ersten Versuch mit einem schwachen Neuroleptikum wie z. B. **Melperon** (Eunerpan®).

Noch relativ neu ist das Medikament **Quetiapin** (Seroquel®), das ebenfalls zu den atypischen Neuroleptika zu rechnen ist und sich in meiner Klinik schon bei früh erkannten Halluzinationen und Psychosen bewährt hat. Wir beginnen in der Regel mit 25 mg zur Nacht und erhöhen jeden Tag um 25 bis auf 150 mg. Fernandez et al. (2002) berichteten über den Einsatz von Quetiapin bei 87 Patienten mit IPS und elf Patienten mit einer LBD, wobei 80 Prozent der Patienten mit IPS und sogar 90 Prozent der Patienten mit LBD mit einem Sistieren oder einer deutlichen Abschwächung der Psychose oder Halluzinationen antworteten. Im Rahmen der Behandlung kam es bei 32 Prozent der Parkinson- und bei 27 Prozent der LBD-Patienten zu einer Verschlechterung der motorischen Leistung. Leider wurde mittlerweile bereits von einem Fall berichtet, wo es unter Quetiapin-Therapie zu einer Agranulozytose kam.

Fasst man diese Befunde zusammen, ist nach wie vor das Clozapin als am besten wirksam bei nahezu fehlenden Veränderungen der motorischen Leistungsfähigkeit zu nennen. Trotzdem wählen wir in meiner Klinik (HR) häufiger das Quetiapin für diejenigen unserer Patienten, von denen wir annehmen, dass aufgrund ihres Alters und der Notwendigkeit einer möglicherweise halluzinogenen Therapie eine Langzeittherapie notwendig wird. Sind Patienten nur kurz zu behandeln und/oder weisen sie einen Tremor-dominanten Typ auf, wählen wir Clozapin.

Ein weiteres wichtiges neuropsychiatrisches Problem ist die Tatsache, dass ca. 40 Prozent der Patienten mit IPS zumindest einmal im Verlauf ihrer Krankheit eine leichte und zum Teil auch schwere **Depression** erfahren werden. Dabei sind die mit dem Off-Phänomen verknüpfte depressive Verstimmung und die reaktive depressive Verstimmung nicht gemeint, die beide auf eine adäquate Anti-Parkinson-Medikation gut ansprechen. Grund für die Parkinson-assoziierte endogene Depression ist das zentrale Defizit an Monoaminen. Die richtige Diagnose einer Depression beim Patienten mit IPS kann schwierig sein. Nachdem die Hypomimie, die verlangsamten Bewegungen, der geringere Appetit und die fehlende Libido zur Parkinson-Krankheit gehören, können diese Symptome leicht als depressive Symptome fehlgedeutet werden, andererseits wird man aufgrund dieser äußeren Hülle echte Depressionen leicht übersehen. Natürlich werden sich neu erkrankte Patienten mit ihrer Krankheit auseinandersetzen und viele werden eine schwere reaktive depressive Verstimmung erfahren. Für einige Patienten ist es belastend im Wartezimmer oder in einer Parkinson-Spezialklinik mit schwersterkrankten Patienten zusammenzutreffen. Hier werden ein Gespräch und das gute Ansprechen auf die Anti-Parkinson-Medikamente in der Regel ausreichen, den Patienten aus seiner depressiven Verstimmung zu lösen.

Es sollte zur **Regel** gemacht werden, **vor dem Einsatz von Antidepressiva** die **Parkinson-spezifische Therapie** zu **prüfen** und gegebenenfalls anzugleichen. Als Antidepressiva können die trizyklischen Antidepressiva mit ihren anticholinergen Nebenwirkungen sowie die SSRIs Citalopram (Cipramil®), Fluoxetin (Fluctin®), Fluvoxamin (Fevarin®), Paroxetin (Seroxat®, Tagonis®) und Sertralin (Gladem®, Zoloft®), die keine anticholinergen Nebenwirkungen aufweisen, eingesetzt werden.

Obwohl **trizyklische Antidepressiva** seit Jahrzehnten zur Verfügung stehen, gibt es kaum Studien zum Einsatz dieser Arzneistoffe beim IPS mit Depression. Unsere Literaturrecherche erbrachte lediglich fünf doppelblinde, placebokontrollierte Studien mit Imipramin, Desipramin, Nortriptylin, Bupropion und S-Adenosyl-Methionin. In diesen Studien fand sich eine Ansprechrate von ca. 40–60 Prozent, interessanterweise zum Teil mit Verbesserung von motorischen Funktionen (sekundäre Wirkung durch antidepressiven Effekt des Wirkstoffes?). In meiner Klinik (HR) bevorzugen wir unter den trizyklischen Antidepressiva das Nortriptylin, das kaum Nebenwirkungen aufweist, insbesondere nicht auf die Parkinson-Symptomatik.

Naturgemäß hat man noch keine sehr große Erfahrung bezüglich des Einsatzes von **SSRIs** beim IPS, die vorliegenden Studien und Fallbeobachtungen sprechen aber für ihren Einsatz und zwar in den Dosen, wie sie bei nicht mit dem IPS assoziierten Depressionen auch verwendet werden (Citalopram 20–40 mg/Tag, Fluoxetin und Paroxetin 20–40 mg/Tag; Sertralin 50–150 mg/Tag). Obwohl es Arbeiten gibt, die unter Fluoxetin extrapyramidale Nebenwirkungen beschrieben (Jansen Steur, 1993), ist dies aufgrund zahlreicher anderer Publikationen (z. B. PaDell'-Agnello et al., 2001) genauso wenig die Sorge, wie dass der kombinierte Einsatz von SSRIs und MAO-Hemmern zu einem serotoninergen Syndrom führen könnte. Aus den USA liegt eine Untersuchung vor, die in einer offenen Studie eine gute Toleranz für Sertralin bei Parkinson-Patienten beschreibt (Hauser und Zesiewicz, 1997). Wichtig ist darauf hinzuweisen, dass beim Einsatz von SSRIs die MAO-B-Hemmer Rasagilin und Selegilin abgesetzt werden sollten (**5-HT-Syndrom**).

Besonders interessant ist aus unserer Sicht eine Untersuchung von Rampello et al. (2002) über den Effekt von Citalopram bei depressiven und nicht depressiven Parkinson-Patienten. Insgesamt wurden 46 Patienten untersucht und neben L-DOPA mit 20 mg Citalopram therapiert. Motorik und Depression wurden zu Beginn und nach vier Monaten evaluiert. Es zeigt sich, dass Citalopram nicht nur die depressiven Symptome verbesserte, sondern auch die Parkinson-Symptomatik bezüglich Bradykinesie und Fingertapping. Aufgrund ihrer nicht allzu starken anticholinergen Nebenwirkungen, ihrer eher aktivierenden Wirkung und dem relativ raschen Wirkbeginn sollten bevorzugt Nortriptylin und Desipramin in einer Dosierung von 20–40 bzw. 25–50 mg/Tag appliziert werden. In einer amerikanischen Umfrage wurde festgestellt, dass in 51 Prozent SSRIs und in 41 Prozent trizyklische Antidepressiva bei Depression eingesetzt werden (Hegeman-Richard et al., 1997). Zu den SSRIs haben wir in meiner Klinik (HR) eigene Erfahrungen gemacht, die durchwegs positiv waren, das heißt, wir sahen einen guten antidepressiven Erfolg und keine Verschlechterung der Parkinson-Symptomatik. Eine doppelblinde, placebokontrollierte Untersuchung existiert bisher nicht.

Auch die Gabe des MAO-A-Hemmers **Moclobemid** wurde bei Parkinson-Patienten getestet und eine zufrieden stellende Wirksamkeit gegen die depressiven Symptome, aber auch gegen die Parkinson-Symptome berichtet (Sieradzan et al., 1995). Es gibt auch Hinweise dafür, dass Elektrokrampf-Therapie bei Parkinson-Patienten mit tiefer, sonst therapierefraktärer Depression eingesetzt werden kann. Erfahrungen über den Einsatz des neuen Noradrenalin-Wiederaufnahme-Hemmers Reboxetin (Edronax®), der keine Beeinflussung der dopaminergen Rezeptoren zeigt, liegen noch nicht vor. Aufgrund der guten Wirkung und geringer Nebenwirkungen bei akzeptablem Preis könnte dieser Arzneistoff auch für Parkinson-Patienten interessant werden.

Dopamin-Rezeptoragonisten mit einer Affinität zum Dopamin-D_3-Rezeptor (Cabergolin, Lisurid, Pergolid und Pramipexol, siehe Kap. 3) sollten ebenfalls hoch potente Antidepressiva sein, da eine Fehlfunktion dieses Rezeptorsubtyps mit dem Auftreten von Depressionen in Zusammenhang gebracht wird. In meiner (HR) Klinik durchgeführte Untersuchungen mit **Pramipexol** an mehreren Hundert Parkinson-Patienten mit einer Depression haben neben einer guten antianhedonen auch eine gute antidepressive Wirkung gezeigt (Reichmann et al., 2002a) Wie im Abschnitt 7.4.7.2 schon diskutiert, ist Pramipexol auch bei endogener Depression gleich wirksam wie die SSRI, so dass man durchaus propagieren kann, dass man initial **Dopamin-Rezeptoragonisten mit** einer **D_3-Affinität** einsetzen kann. Erfahrungen zu Ropinirol beschränken sich in der Literatur auf Einzelfallberichte, zu Cabergolin und Lisurid gibt es ebenfalls noch keine größeren Studien.

In Abb. 16.1 sind weitere Alternativen zur Depressions-Behandlung von Parkinson-Patienten aufgezeigt. Problematisch ist allerdings, dass noch nicht geklärt ist, welche Depressionsskala der Situation des Parkinson-Patienten am ehesten entgegen kommt, da ja viele Depressionsskalen motorische Fähigkeiten abfragen. Wir halten die Hamilton- und Beck-Skala für ausreichend geeignet.

Häufig sind **Angststörungen** bei Parkinson-Patienten zu beobachten. Einer meiner (HR) Patienten erhielt aufgrund einer symptomatischen Carotis-interna-Stenose einen Stent und entwickelte am zweiten postoperativen Tag Symptome wie bei Herzinfarkt. Mittels Zusatzdiagnostik konnten sehr rasch ein Herzinfarkt und eine Lungenembolie ausgeschlossen werden. Wir gehen davon aus, dass der Patient nach dem ganzen Stress um den Eingriff eine Panik-Attacke entwickelt hatte. Daran sollte man unter anderem differenzialdiagnostisch denken, wenn kardiovaskulär gesunde Patienten mit IPS über Atemlosigkeit, Luftnot und/oder Herzstechen klagen. Klarer sind die Verhältnisse, wenn sich eine plötzliche Angst zu sterben, verrückt zu

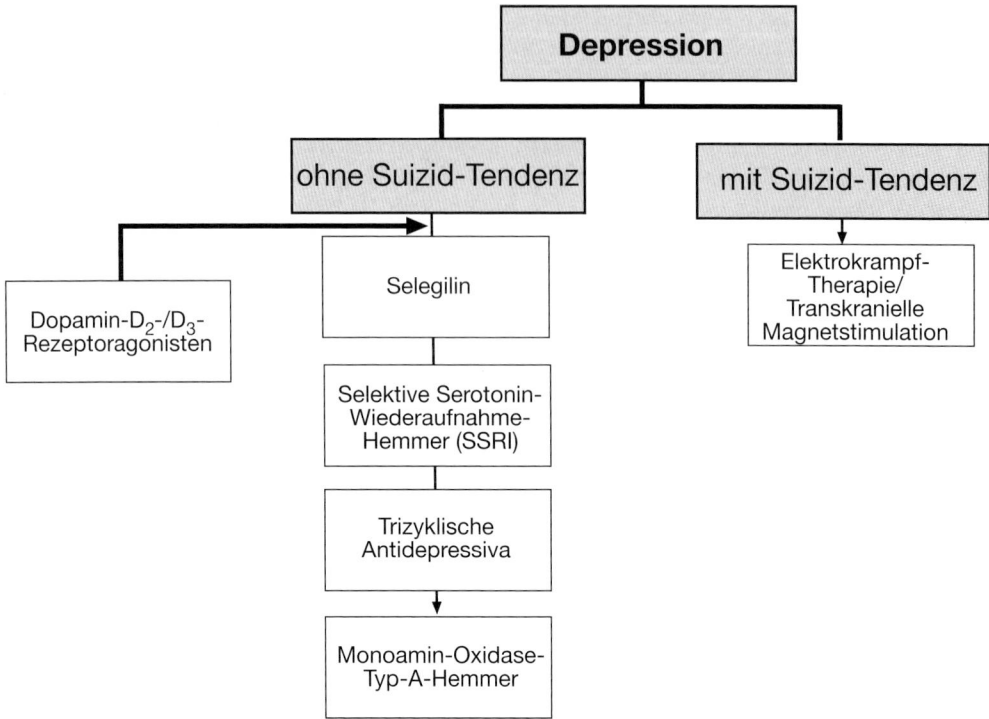

Abb. 16.1. Strategien zur Behandlung von Depression bei Parkinson-Patienten

werden oder ins Altenheim zu müssen, entwickelt. Man sollte bei der Anamnese-Erhebung versuchen herauszubekommen, ob diese Angstzustände in den Off-Phasen oder unabhängig vom motorischen Zustandsbild auftreten. Bei Auftreten allein in Off-Phasen ist eine Adaptation der Anti-Parkinson-Medikation meist ausreichend. Bei unabhängigen Angstzuständen können Benzodiazepine mit kurzer Halbwertszeit wie Albrazolam und Lorazepam angewendet werden (**Cave**: können bei Personen mit kognitiven Störungen ein Delir auslösen, daher niedrig dosieren) oder Buspiron, SSRIs und trizyklische Antidepressiva eingesetzt werden.

Nicht verschwiegen werden darf, dass Parkinson-Patienten auch **suizidale Tendenzen** aufweisen. Es gibt eine Studie aus Dänemark, die dem allerdings zu widersprechen scheint (Stenager et al., 1994), da hierin 458 Patienten mit IPS zwischen null und 17 Jahren in einer Follow-up-Studie gesehen wurden und mit der Normalbevölkerung bezüglich der Suizidhäufigkeit verglichen wurden, ohne dass ein signifikanter Unterschied festgestellt werden konnte.

17
Zukünftige und nicht zugelassene Therapien der Parkinson-Krankheit

(unter Mitarbeit von Alexander Storch,
Klinik und Poliklinik für Neurologie, Technische Universität Dresden)

Wie in den vorhergehenden Kapiteln ausführlich erörtert, ist ein Hauptproblem der gegenwärtigen Therapie der Parkinson-Krankheit, dass nur die klassische motorische Symptomatik (Akinese, Rigor, Tremor) behandelt wird, jedoch nicht komplexere motorische Formen wie Freezing, Haltungsinstabilität und Sturzneigungen sowie nichtmotorische Symptome wie kognitive, Stimmungs-, Schlaf- und autonome Störungen. Weiterhin treten unter der L-DOPA-Therapie mit zunehmender Behandlungsdauer ein Wirkverlust und gehäuft die durch L-DOPA induzierten Dyskinesien auf. Schließlich gibt es bis dato keine kausale Therapie, obwohl es schon Hinweise dafür gibt, dass verschiedene Dopamin-Rezeptoragonisten wie Pramipexol und Ropinirol und MAO-B-Hemmer wie Rasagilin und Selegilin in der Lage sind, den klinischen Verlauf der Parkinson-Krankheit zu beeinflussen (siehe Kap. 6.2).

Deshalb fokussieren sich die derzeitigen Forschungs- und Entwicklungstätigkeiten zur Verbesserung der Parkinson-Therapie im Wesentlichen auf die folgenden drei Bereiche:

(1) Optimierung der symptomatischen Therapie,
(2) antidyskinetische Therapie,
(3) neuroprotektive und neuroregenerative Therapien.

In diesem Kapitel wollen wir zunächst kurz die wichtigsten Entwicklungen zur Verbesserung der Parkinson-Therapie vorstellen. Abschließend möchten wir auch noch einige nicht zugelassene Therapieverfahren der Parkinson-Krankheit besprechen und deren Wirksamkeit kritisch beleuchten. Den Leser, der sich für weitergehende Informationen über neue therapeutische Entwicklungen interessiert, möchten wir auf kürzlich erschienene Übersichtsartikel verweisen (Storch et al., 2004; Hermann et al., 2004; Bonuccelli and Del Dotto, 2006; Fox et al., 2006; Johnston und Brotchie, 2006; Müller und Russ, 2006). Einschränkend muss man hier aber feststellen, dass aus kommerziellen Gründen viele Informationen zum Entwicklungsstand neuer Medikamente jedoch nicht in öffentlich zugänglichen Quellen verfügbar sind und vor allem auf verschiedenen Pressemitteilungen der pharmazeutischen Unternehmen basieren. Einige der hier in diesem Kapitel besprochenen Entwicklungen beruhen auf persönlichen Informationen aufgrund der engen Zusammenarbeit mit der forschenden pharmazeutischen Industrie.

17.1 Therapeutische Entwicklungen für die Parkinson-Krankheit

Bevor wir die einzelnen Forschungs- und Entwicklungstätigkeiten besprechen, möchten wir zunächst auf zwei generelle **Probleme bei der Entwicklung neuer therapeutischer Strategien** hinweisen. Zum einen sind viel versprechende prä- und klinische Daten keine Gewähr dafür, dass ein Wirkstoff oder eine Behandlungsmethode auch zur Anwendung am Menschen zugelassen wird und damit am Patienten angewendet werden kann. So kommt **von ca. 8 000–10 000 Substanzen** nach etwa 12 Jahren Forschungs- und Entwicklungstätigkeit **nur ein Medikament auf den Markt.** Die Entwicklung aller anderen muss im Laufe der gesetzlich vorgeschriebenen Entwicklung (Abb. 17.1) wegen unzureichender Wirkung, eines ungünstigen pharmakologischen Profils oder toxischer Effekte und Nebenwirkungen abgebrochen werden. Dabei entstehen den forschenden Arzneimittelherstellern einschließlich der Fehlschläge für ein neues Medikament durchschnittlich Kosten

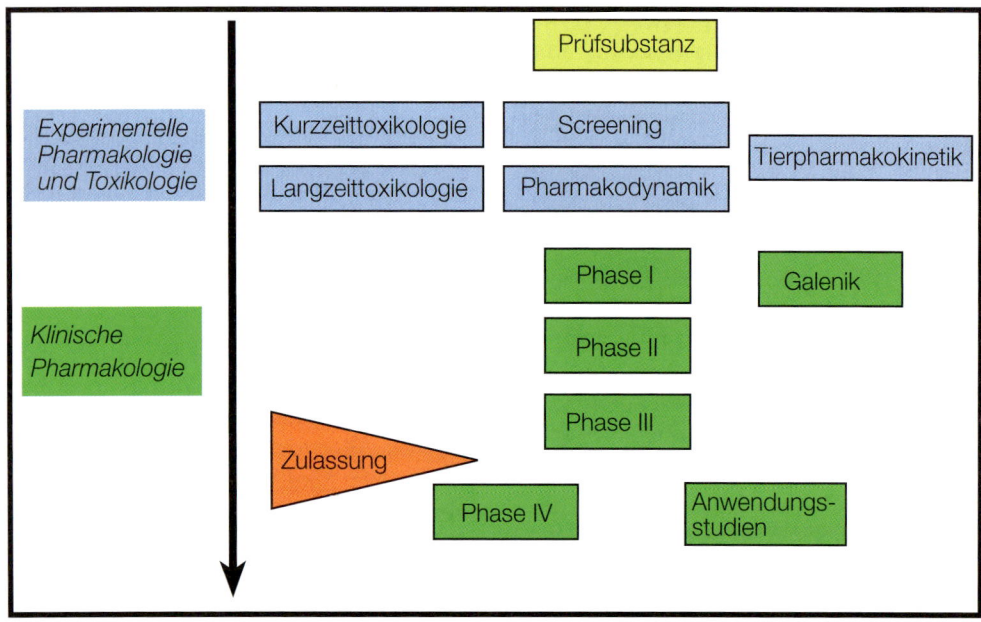

Abb. 17.1. Arzneimittelentwicklung in schematischer Darstellung (nach Mutschler et al., 2001). Unter Phase I versteht man die erste Anwendung eines Wirkstoffes am Menschen, die in der Regel an jungen gesunden Erwachsenen erfolgt. In der Phase II werden erste kurze Prüfungen zur Wirksamkeit und relativen Unbedenklichkeit an einer begrenzten Zahl von stationären Patienten durchgeführt, die an der Krankheit leiden, für deren Therapie das Prüfpräparat vorgesehen ist. In der Phase III wird der biometrisch abgesicherte Nachweis der Wirksamkeit und Unbedenklichkeit des neuen Wirkstoffes geführt. Die dazu notwendigen konfirmatorischen Studien erfordern Versuche an einer großen Zahl von Patienten. Nach Fertigstellung der Studien der Phase III werden die Ergebnisse der präklinischen und klinischen Prüfungen den Gesundheitsbehörden vorgelegt, die nach eingehender Überprüfung die Zulassung und damit die Befugnis, das neue Arzneimittel in den Verkehr zu bringen, erteilen (oder versagen).

von mehr als 450 Millionen Euro. Neue Zahlen sprechen gar von 800 Millionen Euro (Fischer und Breitenbach, 2003). Zum anderen muss der **Schutz vor Nachahmern** gewährleistet sein. Dies schließt z. B. die Entwicklung und arzneimittelrechtliche Zulassung der in präklinischen Versuchen neuroprotektiv wirksamen Vitamine C und E oder Coenzym Q_{10} aus, da deren Patentschutz bereits abgelaufen ist beziehungsweise diese als Nahrungsergänzungsmittel gelten und nicht patentfähig sind. Ein weiterer kommerzieller, aber auch zulassungsrelevanter Aspekt ist, dass man in bestimmten Ländern (wie z. B. Deutschland) für die arzneimittelrechtliche Zulassung und die Erstattungsfähigkeit durch gesetzliche Krankenkassen die **Überlegenheit des neuen Medikamentes** gegenüber einem alten, bereits zugelassenen Konkurrenzpräparat nachweisen muss. Dies führte z. B. zum Abbruch der Entwicklung des D2-selektiven Dopamin-Rezeptoragonisten Sumanirol, der aufgrund präklinischer Untersuchungen ein geringes Potenzial zur Entwicklung von Dyskinesien und Psychosen zeigte.

17.1.1 Entwicklungen zur Verbesserung der symptomatischen Therapie

Es gibt eine Reihe von Strategien, um die symptomatische Therapie der Parkinson-Krankheit zu optimieren (Tabelle 17.1). Eine Möglichkeit, die erfolgreich angewendet wird, ist die Entwicklung neuer galenischer Zubereitungsformen bereits zugelassener Wirkstoffe zur Parkinson-Therapie. Diese Strategie hat den Vorteil, dass das Risiko eines Scheiterns der Entwicklung wesentlich geringer ist als bei einer völligen Neuentwicklung eines Wirkstoffes, da man die biologische Wirkung des Arzneistoffes am Menschen bereits kennt und dadurch auch die Entwicklungszeit verkürzt ist.

Neue orale und transdermale Applikationsformen zur Verbesserung der Freisetzung dopaminerger Wirkstoffe

Aufgrund der Störanfälligkeit der Resorption von L-DOPA im Gastrointestinaltrakt nach oraler Applikation versucht man alternative galenische Formen dieses Wirkstoffes zu entwickeln. Ein Beispiel ist das **Melevodopa,** ein gut in Wasser löslicher Methylester des L-DOPA, der sehr rasch im Magendarmtrakt resorbiert und im Organismus zu L-DOPA metabolisiert wird.

Eine andere, vor allem bei **Dopamin-Rezeptoragonisten** mit einer hohen Metabolisierungsrate und kurzer Plasmahalbwertszeit verfolgten Strategie ist, **neuartige orale und transdermale Applikationssysteme** zu entwickeln. Dies soll ermöglichen, dass der Wirkstoff über einen längeren Zeitraum freigesetzt wird, wodurch gleichmäßigere und längerfristige Plasmaspiegel erzielt werden sollen und damit eine kontinuierlichere Dopamin-Rezeptorstimulation erreicht werden soll. Es wird damit auch eine Reduktion der Medikamenteneinnahmen angestrebt. Ein Vorteil speziell der transdermalen Applikation ist die Umgehung des First-pass-Effektes, wodurch höhere absolute Bioverfügbarkeiten erreicht werden. Weiterhin kann diese Verabreichungsform bei Patienten mit Schluckstörungen oder bei Patienten, die aus verschiedensten Gründen keine orale Medikation zu sich nehmen können (vor/nach OP, Bewusstlosigkeit etc.) von Vorteil sein.

Neue dopaminerge Wirkstoffe

In unterschiedlichen Stadien der Entwicklung sind eine Reihe von neuen Wirkstoffen, die theoretisch das dopaminerge striatale Defizit ausgleichen könnten (Tabelle 17.1). Die **Hemmung der Wiederaufnahme von Dopamin** und anderen Katecholaminen ist ein schon lange verfolgtes Prinzip. Prinzipiell sollten solche Wirkstoffe auch neuroprotektiv

Tabelle 17.1. Entwicklungen zur Verbesserung der symptomatischen Therapie der Parkinson-Krankheit

Wirkstoff bzw. Strategie	Wirkstoffklasse bzw. Wirkprinzip; zusätzliche Eigenschaften	Entwicklungsphase
Verbesserung der Galenik bereits zugelassener Wirkstoffe		
Apomorphin-Pflaster	Dopamin-Rezeptoragonist	Phase II–III
inhalierbares L-DOPA	Dopamin-Substitution	präklinische Entwicklung
Lisurid-Pflaster	Dopamin-Rezeptoragonist	Phase III
Melevodopa	L-DOPA-Methylester, der zu L-DOPA metabolisiert wird; Dopamin-Substitution	Phase II–III
Pramipexol-Pflaster	Dopamin-Rezeptoragonist	Phase II–III
Ropinirol CR (controlled release)	Dopamin-Rezeptoragonist	Phase III
Rotigotin-Nasenspray	Dopamin-Rezeptoragonist	Phase I
Neue dopaminerge Wirkstoffe		
BIA 3202	COMT-Hemmer, der Metabolisierung von L-DOPA verhindert; neuroprotektiv	Phase I
Bifeprunox	Dopamin-D2-Rezeptorpartialagonist; Serotonin-5HT$_{1A}$-Rezeptoragonist	Phase III
Dinapolin (DAR-201)	selektiver D1-Rezeptoragonist	präklinische Entwicklung
NS 2330	Dopamin-Wiederaufnahme-Hemmer, verstärkt dopaminerge Neurotransmission	Phase II
Safinamid	MAO-B-Hemmer, neuroprotektiv	Phase III
SLV-308	Dopamin-D2-Rezeptorpartialagonist; Noradrenalin- und Serotonin-5HT$_{1A}$-Rezeptoragonist	Phase III
SEP-226330	Dopamin- und Noradrenalin-Wiederaufnahme-Hemmer, verstärkt dopaminerge und noradrenerge Neurotransmission	präklinische Entwicklung
Uridin	Dopamin-Rezeptoragonist	Phase II–III
Neue nichtdopaminerge Wirkstoffe		
Istradefyllin (KW-6002)	Adenosin-A$_{2A}$-Rezeptorantagonist; neuroprotektiv	Phase III
V-2006	Adenosin-A$_{2A}$-Rezeptorantagonist; neuroprotektiv	präklinische Entwicklung
Dopaminerge Zellersatz-Therapie		
Transplantation von mesenzephalem Gewebe von humanen Feten bzw. daraus kultivierten dopaminergen Nervenzellen in das Striatum	Ersatz dopaminerger Neuronen	Phase II, III

wirksam sein, da diese die Aufnahme von MPTP-ähnlichen Neurotoxinen in dopaminerge Nervenzellen verhindern. Die Entwicklung von Brasofensin, SPD-473 und SPD-451 wurde aus verschiedenen Gründen abgebrochen, insofern ist der Ausgang der klinischen Studien mit NS-2330 und SEP-226330 von besonderem Interesse.

Von den in Entwicklung befindlichen neuen **MAO-B-Hemmer**n ist der selektive und reversible Wirkstoff **Safinamid** ein bemerkenswerter Kandidat, da er nicht nur den Dopamin-Metabolismus beeinflusst und die Umwandlung MPTP-ähnlicher Substanzen in neurotoxische Metabolite verhindert, sondern auch ein hohes neuroprotektives Potenzial aufgrund seiner Natrium-Kanal-blockierenden und Glutamat-Freisetzung-hemmenden Eigenschaften besitzt (Caccia et al., 2006).

Selektive **Dopamin-D1-Rezeptoragonisten** verursachen in präklinischen Studien weniger Dyskinesien als D2-Agonisten. Allerdings wurde die Entwicklung von Dihydrexedin und ABT-431 wegen Nebenwirkungen (schwere posturale Hypotonie), niedriger oraler Bioverfügbarkeit und geringfügiger antidyskinetischer Wirkung abgebrochen. Dinapolin (Tabelle 17.1) hat eine gute orale Bioverfügbarkeit und war in tierexperimentellen Modellen der Parkinson-Krankheit antidyskinetisch wirksam. Andere Dopamin-Rezeptoragonisten wie Bifeprunox oder SLV-308 sind in Entwicklung (Tabelle 17.1), weil man sich aufgrund deren pharmakologischen Eigenschaften zusätzlich zu den Effekten auf die motorischen Kardinalsymptome eine anxiolytische und antidepressive Wirkung erhofft.

Neue nichtdopaminerge Wirkstoffe

Die Konzepte zur Funktion und Dysfunktion der Basalganglien (siehe Kap. 2.3) und der Nachweis, dass an Projektionsneuronen des Striatums, das die Eingangsstation des motorischen Regelkreises ist, auch andere nichtdopaminerge Rezeptoren lokalisiert sind, wa-

---

Transplantation von aus embryonalen, fetalen oder adulten Stammzellen kultivierten dopaminergen Nervenzellen in das Striatum	Ersatz dopaminerger Neuronen	präklinische Entwicklung
Transplantation von Spheraminen	Ersatz dopaminerger Neuronen durch kultivierte Pigmentepithelzellen der menschlichen Retina, die Dopamin produzieren	Phase II
Gentherapie		
Transplantation von mit Dopamin-Synthese-Genen transfizierten Zellen in das Striatum	Substitution von Dopamin im Striatum	Phase II
Transplantation von GAD-transfizierten Zellen in den Nucleus subthalamicus	Substitution von GABA im Nucleus subthalamicus; Hemmung der überschießenden Aktivität von glutamatergen Projektionsneuronen	Phase II

COMT, Catechol-O-Methyl-Transferase; GABA, γ-Aminobuttersäure; GAD, Glutamat-Decarboxylase; L-DOPA, L-3,4-Dihydroxyphenylalanin, Levodopa; MAO-B, Monoamin-Oxidase, Typ B

ren die Basis zur Entwicklung von Strategien, andere Neurotransmitter- und Neuromodulatorsysteme (glutamaterges, noradrenerges oder serotoninerges System, Adenosin-, Cannabinoid- und Opioid-System) pharmakologisch zu beeinflussen und damit eine symptomatische Behandlung der Kardinalsymptome der Parkinson-Krankheit zu erreichen.

Am weitesten fortgeschritten ist die Entwicklung der **Adenosin-A_{2A}-Rezeptor-Antagonisten.** Der Adenosin-A_{2A}-Rezeptor ist sowohl am Zellkörper als auch an den Nervenendigungen GABAerger Neuronen der direkten Leitungsbahn lokalisiert, die zum GPm projizieren (Abb. 2.12). Es gibt Hinweise dafür, dass dieser mit dem Dopamin-D2-Rezeptor kolokalisiert ist und mit diesem funktionell interagiert. Studien an MPTP-geschädigten Affen zeigen, dass der selektive Adenosin-A_{2A}-Rezeptor-Antagonist **Istradefyllin** (Tabelle 17.1) in einer Dosierung von 10 mg/kg/Tag eine Anti-Parkinson-Wirkung hat und keine Dyskinesien hervorruft (Mally und Stone, 1998; Kanda et al., 2000). Gibt man dieselbe Dosis zu einer suboptimalen Dosis L-DOPA (2,5 mg/kg), dann wird die L-DOPA-Wirkung verstärkt, ohne dass L-DOPA-induzierte Dyskinesien beobachtet werden (ebd.). In klinischen Studien wurde gezeigt, dass Istradefyllin sogar in der Lage ist, noch den Effekt einer optimalen L-DOPA-Dosis im Sinne einer Verlängerung der On-Zeit zu verstärken, allerdings auf Kosten der Auslösung von Dyskinesien (siehe Fox et al., 2006). Bedauerlicherweise geht die Entwicklung dieses Arzneistoffes nur schleppend voran, und es gilt abzuwarten, wie die Ergebnisse derzeit laufender Phase-III-Studien ausfallen.

Vorläufige klinische Untersuchungen mit nichtselektiven Adenosin-Rezeptorantagonisten legen den Schluss nahe, dass durch diese Therapie auch andere Symptome der Parkinson-Krankheit wie die Hypokinese und der Tremor gebessert werden können (Mally und Stone, 1998).

Eine placebokontrollierte klinische Studie zeigte, dass mit einer chronischen Monotherapie der α_2-Adrenozeptor-Antagonisten Idazoxan und Efaroxan die motorische Symptomatik, insbesondere Rigidität und Akinese, gebessert wird und mit einer Akuttherapie das Auftreten L-DOPA-induzierter Peak-dose-Dyskinesien vermindert werden kann (Brefel-Courbon et al., 1998). Vor dem Hintergrund, dass L-DOPA-resistente Parkinson-Symptome wie Freezing, kognitive Störungen, Depression und Dysautonomie durch Störungen im noradrenergen System verursacht werden (siehe Kap. 2.2), wäre es interessant, die Wirksamkeit dieser Wirkstoffe im Hinblick auf diese Symptome klinisch zu prüfen. Allerdings könnte es auch sein, dass dieses Therapieprinzip aufgrund des Auftretens von massiven kardiovaskulären und psychiatrischen Nebenwirkungen, die aufgrund des pharmakologischen Profils wahrscheinlich sind, nicht weiter verfolgt wird

Dopaminerge Zellersatz-Therapien

Obwohl doppelblind durchgeführte klinische Studien belegen, dass eine dopaminerge Zellersatz-Strategie mit primärem fetalem dopaminergem Gewebe beziehungsweise daraus isolierten dopaminergen Zellen bei der Parkinson-Erkrankung prinzipiell funktioniert (Freed et al., 2001; Olanow et al., 2003), muss man hier aber schon einschränkend feststellen, dass diese Studien auch zahlreiche wissenschaftliche und ethische Beschränkungen dieser Therapiestrategie aufzeigen und unterstreichen, dass dieses Verfahren **derzeit nicht zum generellen Einsatz geeignet** ist. Weiterhin gilt es folgendes zu bedenken:

– Die dopaminerge-Zellersatz-Therapie heilt die Parkinson-Krankheit nicht. Wie in den vorherigen Kapiteln wiederholt diskutiert, weiß man trotz intensiver Forschungsanstrengungen bisher nicht, warum dopaminerge und andere Nervenzellen zu

Grunde gehen. Es handelt sich bei Transplantationsstrategien lediglich um restaurative Behandlungsansätze, nicht um eine kausale Therapie der Erkrankung.
– Eine Transplantation ist ein chirurgischer Eingriff, der naturgemäß mit Komplikationen verbunden ist (z. B. intrazerebrale Blutungen, Infektionen).

Grundlegende Arbeiten zur **Transplantation von** aus menschlichen Feten gewonnenen **mesenzephalen dopaminergen Neuronen** in das Striatum wurden an der Universität in Lund von den Arbeitsgruppen um Björklund und Lindvall durchgeführt, wo diese Strategie zunächst an MPTP- oder 6-OHDA-läsionierten Tieren geprüft wurde (z. B. Dunnett und Bjorklund, 1999; Lindvall und Hagell, 2002). Nachdem diese Voruntersuchungen erfolgversprechend waren, wurden auch Transplantationen von fetalem mesenzephalem Gewebe in das Striatum von anders nicht mehr therapierbaren Parkinson-Patienten (unter anderem auch von MPTP-geschädigten Patienten) durchgeführt. Durch diese Therapiemaßnahme konnten bei einigen Patienten bereits ca. vier bis sieben Monate nach Transplantation in etwa sechs Arealen des Striatums klinische Verbesserungen im Sinne einer Verkürzung der Off-Zeiten, einer Verlängerung der On-Zeiten sowie einer Verbesserung der Bradykinese und des Rigors kontralateral zur operierten Seite nachgewiesen werden. Die Off-Phasen waren nicht mehr so schwer und die Medikamenten-Verträglichkeit wurde besser, da auch mit der L-DOPA-Reduktion die Dyskinesien und Dystonien weniger wurden. Bei manchen Patienten konnte L-DOPA sogar komplett abgesetzt werden (Lindvall, 1997; Olanow et al., 1997). Auf den Ruhetremor hatte die Transplantation allerdings keinen therapeutischen Einfluss. Bemerkenswerterweise konnte in PET-Längsschnittuntersuchungen eine langfristige Zunahme der striatalen Aufnahme von ^{18}F-DOPA gezeigt werden (Lindvall, 1997).

Die Wirkung der Transplantation von fetalen mesenzephalen Neuronen in das Striatum wurde in den USA in einem Doppelblind-Design an 40 Patienten über einen Einjahres-Zeitraum geprüft (Freed et al., 2001). Das wichtigste Ergebnis dieser Studie war, dass nur Patienten, die vor dem 60. Lebensjahr transplantiert wurden, eine klinische Verbesserung aufwiesen, obwohl aufgrund der ^{18}F-DOPA-Befunde bei 17 von 20 transplantierten Patienten ein Auswachsen von dopaminergen Neuronen vorhanden war. Ältere Patienten zeigten demgegenüber keine signifikante Befundverbesserung ihrer Parkinson-Symptome. Weiterhin wies man nach, dass zwar anfänglich eine Besserung hinsichtlich des Auftretens von Dystonien und Dyskinesien stattfand, diese aber bei 15 Prozent der Patienten nach einem Jahr wieder auftraten und trotz Absetzung von L-DOPA oder Reduktion der Dosis weiterbestanden. Da eine 66-jährige Patientin bei einem Autounfall sieben Monate nach der Transplantation verstarb, konnte ihr Gehirn neuropathologisch untersucht werden. In ihrer SN wurden die für die Parkinson-Krankheit typischen Lewy-Körperchen und in ihren Putamina eine große Zahl dopaminerger Neuronen mit einem Axon-Wachstum von bis zu drei Millimeter vom Zellkörper aus nachgewiesen. Ein 68-jähriger Mann verstarb drei Jahre nach Transplantation an einem akuten Herzinfarkt. Auch bei ihm zeigte der neuropathologische Befund ein Anwachsen und eine Aussprossung dopaminerger Neuronen. Im Gegensatz zu der 66-jährigen Patientin enthielten die transplantierten und ausgewachsenen TH-immunreaktiven Neuronen Neuromelanin-Granula. Die Autoren beschreiben, dass die transplantierten Neuronen das ganze Putamen durchzogen, sodass sie davon ausgehen, dass drei Jahre ausreichen, eine gute Reinnervation des Putamens zu gewährleisten (ebd.). Aufgrund persönlicher Mitteilungen von Fahn ist aber auch zu betonen, dass zumindest bei zwei Patienten relativ zu viele dopaminerge Neuronen transplantiert

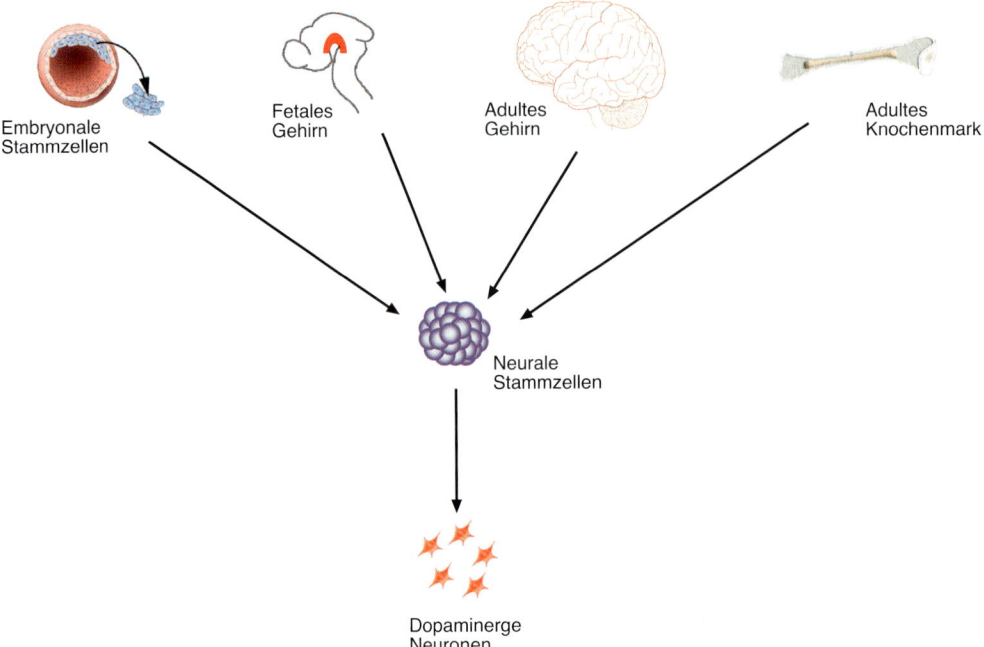

Abb. 17.2. Potenzielle Quellen von neuralen Stammzellen als Lieferanten von dopaminergen Neuronen für eine Zellersatz-Therapie (nach Storch et al., 2005a)

wurden, was sich klinisch in einer erheblichen Bewegungsunruhe der Patienten äußerte und mittlerweile eine Pallidotomie notwendig machte. In **Deutschland** ist diese **Therapie aus ethischen Gründen nicht möglich**, da für eine Transplantation sechs bis acht Frauen gleichzeitig ihre Schwangerschaft unterbrechen müssen.

Die ethischen und logistischen Probleme bei der Verwendung von fetalem Gewebe beziehungsweise von daraus gezüchteten dopaminergen Nervenzellen führte zur **Entwicklung alternativer Quellen** von dopaminergen Nervenzellen für die striatale Transplantation (Abb. 17.2). Im Vordergrund dieser Bemühungen steht die Gewinnung von geeigneten dopaminergen Nervenzellen aus embryonalen Stammzellen (ESZ) oder fetalen beziehungsweise adulten gewebsspezifischen neuralen Stammzellen (NSZ; Gerlach et al., 2002; Hermann et al., 2004; Storch et al., 2005a).

Der biologische Begriff Stammzelle bezeichnet jede noch nicht vollständig ausdifferenzierte Zelle, die das Potenzial zur weiteren Teilung und Differenzierung besitzt (Oduncu, 2004). Solche Zellen kommen im Embryo, Fetus und erwachsenen Organismus von Säugetieren vor. Eine **Eigenschaft aller Stammzellen** ist, dass sie **pluripotent** sind, das heißt, sie können unter bestimmten Zellkulturbedingungen in alle Zell- und Gewebetypen des Körpers ausreifen, aber keinen intakten Embryo beziehungsweise kein vollständiges Individuum mehr ausbilden (ebd.). Grundsätzlich lassen sich Stammzellen in adulte Stammzellen und ESZ unterteilen.

ESZ stammen aus Embryonen, die nach einer künstlichen Befruchtung überzählig sind und werden aus der so genannten inneren Zellmasse solcher etwa 3,5 Tage alten, jenseits des Acht-Zell-Stadiums befindlichen Embryonen gewonnen. Diese sind nach heutigem

Kenntnisstand nicht mehr totipotent, sondern pluripotent. In **Deutschland** ist die **Gewinnung von menschlichen ESZ verboten.** Die Einfuhr solcher Zellen wurde aber vom Deutschen Bundestag genehmigt. Bei der Anwendung von ESZ ist neben den ethischen Problemen aber insbesondere das **Problem der Abstoßungsreaktionen** gegeben, da das transplantierte embryonale Gewebe vom Immunsystem des Empfängerorganismus als „fremd" erkannt und möglicherweise bekämpft wird. Zudem gibt es das **Risiko der Krebsentstehung** (wie Teratome) aus dem transplantierten Gewebe, falls sich die verwendeten Zellen unkontrolliert teilen sollten. Ethisch weniger problematisch erscheint die Verwendung von Nabelschnurblut, aus dem Stammzellen gewonnen werden können und das theoretisch ein unerschöpflicher Pool für hämatopoetische, mesenchymale und neurale Zellen wäre.

Zu den wesentlichen Eigenschaften von ESZ gehören ihre hohe Proliferationsaktivität und die bereits genannte Pluripotenz. So konnte an ESZ der Maus gezeigt werden, dass sie auch in der Lage sind, in NSZ und nachfolgend in funktionelle dopaminerge Neuronen zu differenzieren (Lee et al., 2000; Kawasaki et al., 2000). Nach Transplantation in das Striatum von MPTP- und 6-OHDA-geschädigten Tieren integrieren sich die Zellen in das Striatum und führen zu einer funktionellen und histologischen Rekonstitution (Inden et al., 2005; Kim et al., 2002). Neue Protokolle zur Kultivierung von dopaminergen Neuronen aus ESZ zeigen, dass auch humane ESZ in der Lage sind, in funktionelle dopaminerge Neurone zu differenzieren (Zeng et al., 2004; Park et al., 2005). Bisherige Transplantationsstudien mit humanen ESZ beziehungsweise daraus kultivierten dopaminergen Neuronen an Parkinson-Tiermodellen zeigen, dass diese Therapiestrategie prinzipiell funktioniert, allerdings zeigt sich bisher ein Verlust des dopaminergen Phänotyps einige Zeit nach Implantation der Zellen (ebd.).

Ein theoretischer Vorteil von ESZ gegenüber anderen Zellsystemen ist die Möglichkeit des somatischen Kerntransfers und damit der Generierung von ESZ mit genetisch identischem Hintergrund zum Empfänger (Patienten). Dieses Verfahren wird auch „**therapeutische Klonierung**" genannt. Dadurch kann man ein Transplantat herstellen, das zum Empfängerorganismus genetisch identisch ist. Damit können wesentliche Probleme der Zellersatz-Strategie, insbesondere die immunologische Reaktion, vermieden werden. Bisher ist dieses Verfahren jedoch für humane Oozyten beziehungsweise ESZ nicht gelungen.

Ein wesentlicher Nachteil bei der Verwendung von ESZ ist die Bildung von Teratomen an der Implantationsstelle (Erdo et al., 2003). In Studien mit humanen oder nichthumanen Primaten-ESZ wurde bisher über keine solche Tumorentstehung berichtet. Insgesamt sind die bisherigen Laborergebnisse mit ESZ für die Zelltherapie des IPS sehr vielversprechend, jedoch besteht ein erhebliches Problem in der Kontrolle des Zellwachstums und der Differenzierung und damit der Tumorentstehung. Bisher sind **keine klinischen Untersuchungen** zur Transplantation von ESZ an Patienten mit der Parkinson-Erkrankung durchgeführt worden, so dass deren klinische Effektivität (Symptomkontrolle, Nebenwirkungen) derzeit nicht beurteilt werden kann.

Im Gegensatz zu ESZ zeigen embryonale und fetale gewebsspezifische **NSZ** ein stärker eingeschränktes Potential zur Selbsterneuerung und Differenzierung. Dabei differenzieren NSZ im Wesentlichen in Zelltypen des ZNS, also Neuronen, Oligodendrozyten und Astrozyten (Gage, 2000). Aufgrund einer frühen rostro-kaudalen und dorso-ventralen Differenzierung des Säugetiergehirns zeigen NSZ und andere determinierte ZNS-Vorläuferzellen bereits sehr früh eine erhebliche Regionalisierung. Dementsprechend konnten bisher nur NSZ aus dem Mittelhirn in funktionelle dopaminerge Neuronen differenziert werden (Storch et al., 2004). Diese fetalen NSZ sind mit einfachen Techniken ohne Verlust des Proliferations- und Differenzierungspotentials kryokonservierbar (Milosevic et al., 2005), eine wesentliche Voraussetzung für die weitere Entwicklung dieser Zellen zur klinischen Anwendung.

Eine Vielzahl von Studien an Tiermodellen der Parkinson-Krankheit demonstrierte, dass die Implantation von dopaminergen Neuronen, die aus mesenzephalen NSZ der Ratte und Maus gewonnen wurden, zu einer histologischen, biochemischen und funktionellen Rekonstitution führt (Storch et al., 2004). Kürzlich konnte die erfolgreiche Transplantation von aus humanen NSZ gewonnenen dopaminergen Neuronen, die aus dem Mesenzephalon von Feten kultiviert wurden, im 6-OHDA-Parkinson-Tiermodell der Ratte demonstriert werden; dabei wurde keine Verbesserung der Überlebensrate und Funktion des Transplantats nach einer immunsuppressiven Therapie beobachtet (Schwarz et al., 2006).

Bisher wurde in keiner Transplantationsstudie von Tumorwachstum oder immunologischen Abstoßungsreaktionen der gewebsspezifischen NSZ berichtet. Wesentliche **offene Fragen** bei der Verwendung der NSZ bestehen im Langzeitüberleben der dopaminergen Nervenzellen im Wirt-Striatum, der funktionellen Integration der transplantierten Zellen im Langzeitverlauf, der immunologischen Reaktion auf das Überleben und die Funktion der Zellen und die Entstehung von Dyskinesien nach der Transplantation.

Ein **grundsätzliches Problem der** dopaminergen **Zellersatz-Strategie** beim IPS ist durch die ektope Transplantation der Zellen in das Striatum bedingt. Damit sind die Rekonstruktion des nigro-striatalen dopaminergen Systems und die Integration in die Basalganglien-Schaltkreise unmöglich. Dies wird als ein Grund für die eingeschränkten klinischen Effekte und die Nebenwirkungen der Neurotransplantation bei Parkinson-Kranken angesehen.

Eine gegenwärtig klinisch geprüfte **alternative Zellersatz-Strategie** ist die Transplantation von so genannten **Spheraminen**. Dabei handelt es sich um **Pigmentepithelzellen**, die aus der Netzhaut menschlicher Embryonen gewonnen werden und auf Gelatine-Microcarriern (denaturierte Gelatine vom Schwein mit einer Partikelgröße von ca. 100 μm) kultiviert werden. Es ist anzunehmen, dass dadurch die räumliche Voraussetzung für den Zellkontakt, ein Stimulans für die Sekretion trophischer Faktoren durch Astrozyten des Wirtes und die „immunoprotektive Barriere" gegen Mikroglia geschaffen werden. Im Gegensatz zur Transplantation von mesenzephalen Hirnzellen darf man bei den retinalen Epithelzellen davon ausgehen, dass ein nicht lebensfähiges Kind genügend Pigmentzellen für etwa 180 Parkinson-Patienten bieten wird, sodass weitaus weniger Embryonen für diese Form der Implantation herangezogen werden müssen als bei der Transplantation von mesenzphalem Gewebe.

Nachdem in Tierversuchen ausgeschlossen wurde, dass es zu Abstoßungsreaktionen kommt oder dass ein unkontrolliertes Wachstum stattfindet, und nachgewiesen wurde, dass es bei MPTP-läsionierten Makaken zu einer Verbesserung der UPDRS von 54–80 Prozent und der ^{18}F-DOPA-Aufnahme im Striatum mittels PET-Scan kommt (Watts et al., 2003), wurde dieses Prinzip in einer offenen Studie an sechs Patienten von Neurochirurgen des Universitätsklinikums Atlanta geprüft (Bakay et al., 2004). Es wurden dabei nur in die stärker betroffene Hemisphäre 325 000 Zellen ins Putamen implantiert. Drei Monate nach dieser Implantation hatten sich die Patienten um 15 bis 46 Prozent bezüglich der UPDRS verbessert (ebd.). Die Off-Phasen hatten bei allen Patienten signifikant abgenommen. Noch besser fielen die Ergebnisse nach 18 Monaten aus; hier lag die Verbesserung der UPDRS zwischen 40 und 60 Prozent. Die Verbesserung anhand dieser Skala wurde sowohl im On- als auch im Off-Zustand nachgewiesen.

Dieser Ansatz erschien der FDA als so vielversprechend, dass sie eine **doppelblinde, placebokontrollierte Studie** (den Patienten in der Placebogruppe wird nur ein Bohrloch gesetzt) zur Wirksamkeit und Unbedenklichkeit von Spheraminen bei 68 Patienten mit fortgeschrittener Parkinson-Krankheit genehmigte. Das primäre Studienziel ist die Beobachtung der Änderung der UPDRS Teil III (Motorik) im Off-Zustand. Sekundäre Studienziele sind die Veränderung der UPDRS im On-Zustand, die relativen On- und Off-Zeiten, die L-DOPA-Reduktion, Motortest, ADL, Gesamt-UPDRS, Schwab-und-England- sowie Lebensqualitäts-Skalen wie der PDQ-39 und andere. Alle Patienten bleiben ein Jahr „geblindet", um dann im zweiten Jahr offen weiter beobachtet zu werden. Derzeit sind ca. 45 Patienten in die Studie eingeschlossen worden. Es werden noch mindestens 15 Patienten notwendig sein, um zu zeigen, dass diese Methode zu einer Besserung bezüglich Motorik und insbesondere Minderung von Fluktuationen führt. Es wird zu klären sein, ob die Implantation von gleich viel Zellen in die unterschiedlich stark betroffenen Hirnseiten Probleme aufwerfen wird, ob und wie lange die Spheramine genügend Dopamin produzieren, was mittels PET-Methoden überprüft werden muss, und ob es zu einer Reduktion der Medikamenten-Dosis kommen kann.

Gentherapeutische Ansätze zur Behandlung des dopaminergen Defizites

Unter der Gentherapie versteht man das gezielte Einbringen eines funktionsfähigen Gens in Körperzellen mit therapeutischer Zielsetzung (Isenmann et al., 1996). Eine bei der Parkinson-Krankheit angewandte Strategie zur symptomatischen Behandlung ist die **Transplantation von transfizierten Zellen, die Dopamin** oder andere Neurotransmitter **synthetisieren** (Tabelle 17.1). Für den sicheren Transfer des therapeutischen Gens (Transgen) wurden rekombinante virale Vektoren entwickelt, die aus dem Adeno-, Adeno-assoziierten-(AAV), Herpes-simplex- oder Lenti-Virus gewonnen wurden (Latchman und Coffin, 2000; Monville, 2002). Als transfizierte Zellen werden nichtneuronale primäre Zellen wie Myoblasten und Fibroblasten und polymerverkapselte PC12-Zellen angewendet (ebd.).

Das Prinzip der Gentherapie zur Behandlung der Parkinson-Krankheit wurde in den späten 80iger-Jahren des vorigen Jahrhunderts durch die Transplantation von transfizierten Fibroblasten in das Striatum unilateral 6-OHDA-läsionierter Ratten verwirklicht (Wolff et al., 1989). Das verwendete Transgen war das Gen für das geschwindigkeitsbestimmende Enzym der Dopamin-Synthese, TH, das mittels eines Retrovirus transferiert wurde. Es gelang damit aber nur eine teilweise und über einen kurzen Zeitraum anhaltende Verbesserung der Parkinson-Symptomatik, die anhand des Rotationsverhaltens gemessen wurde. Nachfolgende experimentelle Studien konnten durch die Koexpression mehrerer Gene des Dopamin-Stoffwechsels (GTP-Cyclohydrolase, AADC und TH) deutlich stärkere Effekte erzielen (Shen et al., 2000; Kirik et al., 2002). Jedoch war die Expression des Transgens auch nur für kurze Zeit im Gehirn nachzuweisen, was den nur temporären funktionellen Effekt erklärt und unterstreicht, dass eine Langzeit-Expression der transferierten Gene ein entscheidender Faktor bei der Gentherapie der Parkinson-Erkrankung ist.

Ein anderer Ansatz ist die **Transplantation von** mit **GAD-transfizierten Zellen** in den Nucleus subthalamicus, um dort den hemmenden Neurotransmitter GABA zu synthetisieren (During et al., 2001; Lee et al., 2005). Wie im Kap. 2.3. ausführlich beschrieben, geht man davon aus, dass es durch die Degeneration der dopaminergen nigro-striatalen Neuronen bei Parkinson-Kranken zu einem Übergewicht der indirekten gegenüber der direkten Leitungsbahn kommt, wodurch unter anderem die hemmende Wirkung GABAerger

Neuronen auf den Nucleus subthalamicus abgeschwächt wird (Abb. 2.13). Durch die Transplantation der mit GAD-transfizierten Zellen in den Nucleus subtalamicus unilateral 6-OHDA-läsionierter Ratten konnte die Parkinson-Symptomatik gebessert werden (ebd.).

Nachdem die ersten viralen Vektoren lediglich eine zeitlich sehr begrenzte Expression der transferierten Gene zuließen, konnte die rasante Entwicklung von rekombinanten viralen Vektoren (insbesondere adenovirale und Herpes simplex-virale Vektoren) sowohl den Expressionsgrad als auch die Expressionsdauer deutlich verbessern (Do Thi et al., 2004).

Für die **humane Anwendung** war jedoch die **Entwicklung sicherer Vektoren** von entscheidender Bedeutung. Diese Problematik wurde schlagartig in das Blickfeld der Öffentlichkeit gerückt, als 1999 ein Todesfall in den USA durch Gentherapie bekannt wurde. Den interessierten Leser möchten wir auf den Artikel von Monville (2002) verweisen, in dem auch die entsprechenden Literaturstellen aufgeführt sind. In diesem Fall wurde allerdings ein genübertragendes Virus eingesetzt, von dem man aus früheren Studien bereits wusste, dass es Probleme geben kann. Seitdem wurde kein klinischer Versuch mehr erlaubt, in dem ein viraler Vektor verwendet wurde. Anstelle dessen werden rekombinante virale Vektoren verwendet, die vom AAV und von lentiviralen Viren gewonnen werden (Davidson et al., 2000). Bisher sind jedoch lediglich klinische Studien mit AAV-Vektoren von den Zulassungsbehörden genehmigt worden.

Die dargestellten experimentellen Daten zur Gentherapie der Parkinson-Erkrankung haben in den letzten Jahren zum **Start von zwei klinischen Studien** geführt, in denen die Transplantation von AAV-GAD-transfizierten Zellen in den Nucleus subthalamicus und von AAV-AADC-Zellen in das Striatum geprüft werden. Bisher sind keine Nebenwirkungen oder Komplikationen berichtet worden, allerdings liegen auch noch keine Daten zur Effektivität der genannten Gentherapien vor. Zusammenfassend sind die Daten zur Gentherapie bei der Parkinson-Erkrankung vielversprechend, allerdings stehen wichtige Daten zur Sicherheit und Effektivität beim Menschen aus.

17.1.2 Antidyskinetische Therapieentwicklungen

Bereits erwähnt wurde der Ansatz, durch eine kontinuierlichere Verabreichung von L-DOPA und Dopamin-Rezeptoragonisten das Auftreten von Wirkungsschwankungen und Dyskinesien zu vermeiden oder zumindest hinauszuzögern (Kap. 7, Kap. 17.1). Im Abschnitt 17.1. haben wir bereits die Entwicklung von Adenosin-A_{2A}-Rezeptorantagonisten besprochen, die in präklinischen Studien eine antidyskinetische Wirksamkeit gezeigt haben. Von diesen ist die Entwicklung von **Istradefyllin** am weitesten fortgeschritten und man wartet gespannt auf die Ergebnisse der groß angelegten Phase-III-Studien.

Weitere Entwicklungen zu einer antidyskinetischen Therapie sind beispielhaft in der Tabelle 17.2 zusammengefasst. Diese basieren auf der Erkenntnis, dass an striatalen Neuronen neben Dopamin-Rezeptoren eine Reihe weiterer Rezeptoren (Adenosin-, Cannabinoid-, glutamaterge, noradrenerge, Opioid- und serotoninerge Rezeptoren) lokalisiert sind, die zum Teil funktionell interagieren. Nach dem gegenwärtigen Kenntnisstand geht man davon aus, dass die durch L-DOPA hervorgerufenen Dyskinesien auf einer abnormalen Form der Plastizität von striatalen Neuronen der Eingangsstation des motorischen Regelkreises zurückzuführen sind, die eine Änderung der Feuerungsrate und des Entladungsmusters von Neuronen der Ausgangsstationen dieses Regelkreises herbeiführen (siehe Kap. 2.3).

Von den in der Tabelle 17.2 aufgeführten Wirkstoffen war die Entwicklung von **Sarizotan,** ein 5-HT_{1A}-Rezeptoragonist, am vielversprechendsten und am weitestgehend fortge-

Tabelle 17.2. Beispiele von Entwicklungen antidyskinetischer Arzneistoffe

Wirkstoff	Wirkstoffklasse bzw. Wirkprinzip; zusätzliche Eigenschaften	Entwicklungsphase
ACP-103	Inverser Serotonin-HT_{2A}-Rezeptorantagonist; antipsychotisch	Phase II
Besonprodil	NMDA-Rezeptorantagonist	Phase I
BP-897 (ST-280)	Dopamin-D_3-Rezeptorpartialagonist	Phase II
E-2007	nichtkompetitiver AMPA-Rezeptorantagonist; neuroprotektiv	Phase II
Fipamezol (JP-1730)	α_2-Andrenozeptor-Antagonist; verlängert On-Zeit	Phase II
Quetiapin	Dopamin-D2-Rezeptorantagonist; Serotonin-$HT_{2A/C}$-Rezeptorantagonist; antipsychotisch	Phase II, als Neuroleptikum zugelassen
Ro-25-6981	Affinität zur NR2B-Einheit des NMDA-Rezeptors	präklinische Phase
Sarizotan (EMD-128130)	Serotonin-HT_{1A}-Rezeptoragonist, hohe Affinität für Dopamin-D_3- und D_4-Rezeptoren; verlängert On-Zeit	Phase III, Entwicklung abgebrochen
Seletracetam (UCB-44212)	bindet an synaptisches Vesikelprotein SVA2; beeinflusst GABA-gesteuerte Cl-Kanäle, antikonvulsiv	Phase II
SR141716A (Rimonabant)	CB1-Cannabinoid-Rezeptor-Antagonist	Phase II
Talampanel (Kinampa/LY-300164)	nichtkompetitiver AMPA-Rezeptorantagonist; neuroprotektiv	Phase II

AMPA, α-Amino-3-hydroxy-5-methyl-4-isoxazolpropionsäure; NMDA, N-Methyl-D-aspartat schritten. Leider beabsichtigt die Firma Merck KGaA nicht die Entwicklung von Sarizotan in dieser Indikation weiter zu verfolgen (Pressemitteilung vom 23. Juni 2006). Der Grund ist, dass in zwei placebokontrollierten, doppelblinden Studien der Phase III (PADDY-1 und -2) mit über 1000 Patienten mit fortgeschrittener Parkinson-Erkrankung die Ergebnisse aus Phase -II- beziehungsweise von präklinischen Studien nicht bestätigt werden konnten und kein Unterschied im Vergleich zu Placebo nachgewiesen wurde. Wir finden dies sehr bedauerlich, da Sarizotan in allen präklinischen Studien an unterschiedlichen Parkinson-Modellen und Tierarten einen antidyskinetischen Effekt zeigte (Bibbiani et al., 2001; Gerlach et al., 2006a, c). Möglicherweise war die geprüfte Dosierung von zweimal täglich 1 mg zu niedrig gewählt und die antidyskinetische Wirkung mit der verwendeten primären Zielvariablen (Verbesserung der Schwere und Dauer der Dyskinesien anhand der UPDRS um 25%) nicht zu beweisen.

17.1.3 Entwicklungen zur kausalen Therapie der Parkinson-Krankheit

Eine kausale Intervention bei einer neurodegenerativen Erkrankung ist umso gezielter möglich, je besser deren ursächliche molekulare und zelluläre Pathomechanismen oder deren auslösende Faktoren bekannt sind. Die Ursache(n) der sporadischen und häufigsten Form des IPS ist/sind aber nicht bekannt. Aufgrund der Erkenntnisse, die man aus der Erforschung zur Wirkungsweise selektiver Neurotoxine und molekularbiologischen Untersuchungen mit mutierten Genen, die mit monogen vererbten Formen der Parkinson-Krankheit assoziiert sind, gewonnen hat, wurden aber Hypothesen entwickelt, die erklären können, wie dopaminerge Neuronen irreversibel geschädigt werden (siehe Kap. 5) und theoretisch geschützt werden können (Tabelle 5.1). Viele dieser neuroprotektiven Therapieansätze wurden in präklinischen Modellen der Parkinson-Krankheit erprobt (Tabelle 6.1). In Tabelle 17.3 sind Wirkstoffe zusammengestellt, die primär zur kausalen Therapie der Parkinson-Krankheit entwickelt und zugelassen werden sollen. Diese stellen aber nur einen Bruchteil der vielen Substanzen dar, die neuroprotektive Eigenschaften aufweisen und für eine klinische Entwicklung in Betracht kämen.

Erfolgsrate bei der Entwicklung kausaler medikamentöser Strategien ist sehr gering

An dieser Stelle möchten wir aber nochmals daraufhin hinweisen, dass die Erfolgsrate bei der Arzneimittelentwicklung sehr niedrig ist (nur 1 von ursprünglich 8000–10000 Substanzen wird zur Anwendung am Patienten zugelassen) und insbesondere bei neuroprotektiven Wirkstoffen aufgrund systemimmanenter Probleme noch geringer ist. Weiterhin wird eine Zulassung für viele Wirkstoffe primär aufgrund kommerzieller Gründe nicht für die Indikation Parkinson-Krankheit, sondern für andere, häufiger vorkommende neurodegenerative Erkrankungen wie Alzheimer-Demenz oder Schlaganfall angestrebt.

Es wurde bereits die klinische **Entwicklung** einer Reihe von sehr hoffnungsvollen Wirkstoffen aus verschiedenen Gründen **abgebrochen**. Als Beispiele möchten wir **Riluzol** (das nicht an einen der bekannten Glutamat-Rezeptoren bindet; wahrscheinlich jedoch die glutamaterge Neurotransmission durch Stabilisierung des inaktivierten Zustandes spannungsabhängiger Na^+-Kanäle und Hemmung der Glutamat-Freisetzung beeinflusst) und **Liatermine** (GDNF, ein neurotropher Faktor), **CEP-1347** (ein Hemmstoff der „mixed lineage" Kinase und Verbesserer der Neurotrophin-Synthese) oder **TCH-346** (Omigapil, CGP-3466, ein GAPDH-Hemmer) nennen.

Die beiden letztgenannten Wirkstoffe greifen an wichtigen Stellen von die Apoptose

17.1 Therapeutische Entwicklungen der Parkinson-Krankheit

Tabelle 17.3. Beispiele von Entwicklungen neuroprotektiver Strategien der Parkinson-Therapie

Wirkstoff bzw. Strategie	Wirkstoffklasse bzw. Wirkprinzip, zusätzliche Eigenschaften	Entwicklungsphase
Medikamentöse Entwicklungen		
AX 201	NGF-Agonist	präklinische Entwicklung
BN 82451	MAO-B-Hemmer, Lipid-Peroxidase-Hemmer	präklinische Entwicklung
Ceract (ONO-2506/arundic acid)	Astrozyten-Modulator	Phase II
CERE-120	GDNF- Analogon	Phase I
Creatin	Hemmer des mitochondrialen Porenkomplexes	Phase III
GPI-1485	Neuroimmunophilin-Ligand	Phase II
GYKI-47261	AMPA-Rezeptorantagonist, antidyskinetisch	präklinische Entwicklung
M 30, M 32	MAO-Hemmer; Hemmung der durch Eisen induzierten Lipidperoxidation, neuroprotektiv	präklinische Entwicklung
Mitoquinon	Verbesserung der mitochondrialen Funktion, Antioxidans	präklinische Entwicklung
MX-4509 (MITO-4509)	Östrogen-Analogon	Phase I/II
PAN-408, PAN-527	α-Synuclein-Aggregations-Hemmer	präklinische Entwicklung
PYM-50028 (P-63)	unbekannt	Phase II
Sonic-Hedgehog-Proteine	Sonic-Hedgehog-Protein-Agonisten, neuroregenerativ	präklinische Entwicklung
SR-57667	nichtpeptiderges Neurotrophin	Phase II
VK-28	Blut-Hirn-Schranken-gängiger Eisen-Chelator	präklinische Entwicklung
VP 025	entzündungshemmender Immunmodulator	präklinische Entwicklung
VX 799	Caspase-Hemmstoff	präklinische Entwicklung
Gentherapie		
Transplantation von AAV-Neurturin-transfizierten Zellen in das Striatum	Freisetzung des neurotrophischen Faktors Neurturin zur Neuroregeneration von dopaminergen Neuronen	Phase II

AAV, Adeno-assoziierten Virus; AMPA, α-Amino-3-hydroxy-5-methyl-4-isoxazolpropionsäure; GDNF, glial cell line-derived neurotrophic factor; MAO, Monoamin-Oxidase; MAO-B, Monoamin-Oxidase, Typ B; NGF, nerve growth factor regulierenden Signalwegen ein: CEP-1347 hemmt die Aktivität der c-Jun-amino-terminalen Kinase und verstärkt dadurch die Expression proapoptotischer Bcl-2-Proteine; TCH-346 verhindert durch die Hemmung der GADPH-Translokation die Auslösung von Apoptose. Obwohl für beide Substanzen sowohl in In-vitro- als auch In-vivo-Modellen des neuronalen Zelltodes eine robuste antiapoptotische und neuroprotektive Wirksamkeit gezeigt wurde, konnte diese nicht in klinischen Studien an Parkinson-Patienten bestätigt werden (Waldmeier et al., 2006).

Waldmeier und Kollegen (ebd.) forderten in einem Kommentar einen **Paradigmenwechsel bei der Suche nach Wirkstoffen** zur Behandlung neurodegenerativer Erkrankungen und hinterfragten insbesondere die Relevanz der Apoptose für die Pathogenese dieser Erkrankungen. Unabhängig von der Tatsache, dass sehr wahrscheinlich apoptotische Zelltodmechanismen keine Rolle bei neurodegenerativen Erkrankungen spielen, sind mögliche toxische Langzeitwirkungen antiapoptotischer Therapiestrategien nicht hinreichend untersucht worden. Wie in Kap. 5.5. beschrieben, ist die Apoptose ein genereller und lebenswichtiger Mechanismus für die Entwicklung und Aufrechterhaltung eines multizellulären Organismus, der durch eine komplexe und vielschichtige Signalmolekülkaskade reguliert wird. Bei Störung des Gleichgewichtes zwischen Wachstum und Apoptose treten Krankheitszustände (typisches Beispiel Krebs) auf. Deshalb ist bei der Anwendung von Wirkstoffen, die in Apoptose-regulierende Mechanismen bei Parkinson-Kranken eingreifen sollen, von entscheidender Bedeutung, dass dies gewebespezifisch erfolgt. Dies ist aber nach unserem Wissensstand für die bisher zur Verfügung stehenden Wirkstoffe bisher nicht untersucht. Zu bedenken ist auch, dass es sowohl unter einer systemischen als auch einer zerebralen Apoptose-Hemmung zu einer Verschiebung des komplexen Gleichgewichtes zwischen Immunzellen und Neuronen mit der Auslösung entzündlicher Reaktionen kommen kann (Scheller et al., 2006).

Zu den wesentlichen systemimmanenten Problemen bei der klinischen Entwicklung neuroprotektiver Therapien der Parkinson-Krankheit gehört, dass man nicht weiß, welcher der angenommenen molekularen Pathomechanismen ursächlich und welcher Folge eines anderen Mechanismus ist. Da man bislang in den präklinischen Untersuchungen keine Überlegenheit eines Wirkprinzips demonstrieren konnte, muss man davon ausgehen, dass die bisher klinisch geprüften Wirkstoffe eher sekundäre neurodegenerative Prozesse beeinflussen. Dies würde auch die Unwirksamkeit beziehungsweise geringe Wirksamkeit in klinischen Studien erklären. Wie in Kap. 5 bereits ausführlich besprochen, wäre es aus theoretischen Überlegungen jedoch vielversprechender, Kombinationen aus Arzneistoffen mit unterschiedlichen Wirkprinzipien zu entwickeln. Dies ist aufgrund verschiedener Gründe (patentrechtliche, gesetzliche Auflagen bei der Zulassung) allerdings sehr unwahrscheinlich. Ein erster Ansatz in dieser Richtung ist die Entwicklung von M 30 und M 32 (Tabelle 17.3), multifunktionale Eisen-Chelatoren mit MAO-hemmenden Eigenschaften und der neuroprotektiven Propargylamin-Struktur von Selegilin und Rasagilin (Gal et al., 2005; Zheng et al., 2005).

Ein weiteres, bisher nicht hinreichend gelöstes Problem bei der Arzneimittelentwicklung von neuroprotektiven Wirkstoffen, ist die Logistik der Durchführung von klinischen Studien (Verwendung von Surrogat-Markern, Studiendesign, primäre Zielgröße, Patientenrekrutierung) zum eindeutigen Nachweis von Neuroprotektion (siehe auch Kap. 6.2).

Viele der potenziellen Kandidaten scheitern auch, weil eine falsche Auswahl für die klinische Erprobung getroffen wurde. Es ist zum Beispiel sehr bedeutsam, dass der ausgewählte Wirkstoff einen neuroprotektiven Effekt an verschiedenen experimentellen Modellen der

Neurodegeneration und Tierspezies gezeigt hat (siehe Kap. 4–6). Weiterhin muss darauf hingewiesen werden, dass die ausgewählten Wirkstoffe bisher kaum an chronischen Parkinson-Tiermodellen und in einem klinisch orientierten Design erprobt wurden (Meissner et al., 2004). Schließlich wurden und werden viele der potenziellen neuroprotektiven Arzneistoffe aufgrund pharmakokinetischer Faktoren und Unbedenklichkeitsaspekten klinisch nicht weiter entwickelt. Ein Beispiel ist der neurotrophe Faktor Liatermine (GDNF), ein neurotropher Faktor, der zwar in präklinischen Versuchen die axonale Regeneration dopaminerger Neuronen induzieren und eine funktionale Regeneration herbeiführen konnte (Lapchak et al., 1997), in klinischen Studien jedoch scheiterte. Ein Grund war, dass es nicht gelang, diesen in ausreichenden Konzentrationen am Wirkort zu dosieren; eine systemische Applikation war von vornherein ausgeschlossen, da Neurotrophine rasch durch endogene Proteasen metabolisiert werden.

Ist eine aktive Immunisierung mit Proteinen, die zur Aggregation neigen, eine Therapieoption?

Wie in Kap. 6.1 beschrieben und auch in früheren Kapiteln (1, 2 und 5) besprochen, ist ein gemeinsames Charakteristikum vieler neurodegenerativer Erkrankungen die Ablagerung von intra- und extrazellulären Protein-Aggregationen (Tabelle 1.5). Deshalb wird als eine hoffnungsträchtige Therapieoption der Parkinson-Krankheit auch die Entwicklung der Strategie zur Reduktion von Protein-Aggregationen angesehen. Wie bereits erwähnt, ist jedoch völlig unklar, ob diese Proteinablagerungen die Ursache der Nervenzell-Untergänge sind oder aber nur die Folge (Epiphänomen) von anderen Nervenzelltod-Mechanismen.

Ein Ansatz, der in präklinischen Untersuchungen schon erfolgreich erprobt wurde, ist die aktive Immunisierung mit Proteinen, die zur Aggregation neigen (Janus, 2003; Masliah et al., 2005). Beispielsweise konnte an transgenen Mäusen gezeigt werden, dass nach Immunisierung mit humanem α-Synuclein hohe Antikörpertiter und im Vergleich zu unbehandelten Kontrolltieren weniger α-Synuclein-immunpositive Protein-Einschlusskörperchen sowie Hinweise für geringere Nervenzellverluste vorliegen (Masliah et al., 2005). Eine klinische Studie soll in Planung sein. Jedoch ist fraglich, ob diese tatsächlich auch durchgeführt wird. Entsprechende klinische Studien bei Alzheimer-Patienten wurden nämlich abgebrochen, da in etwa sechs Prozent aller mit dem synthetischen $A\beta_{42}$-Peptid (AN-1792) vakzinierten Patienten sich eine Meningoenzephalitis mit entsprechenden neurologischen Symptomen und Todesfolge entwickelte (Janus, 2003).

Fernziel: Pharmakologische Beeinflussung der In-vivo-Differenzierung von Stammzellen in dopaminerge Neuronen

Es gilt mittlerweile als gesichert, dass das adulte Gehirn NSZ enthält, die besonders zahlreich im Riechhirn, im Temporallappen und im Nucleus dentatus sowie periventrikulär vorhanden sind. Sogar in der SN scheinen NSZ vorzukommen, die unter bestimmten Bedingungen in Neurone differenzieren können (Lie et al., 2002). Der berühmte Satz des spanischen Neuropathologen Santiago Ramon y Cajal: „Im Gehirn kann alles nur sterben und nichts regenerieren", ist somit überholt. Beispielsweise wurde bei erwachsenen Mäusen nach experimentell herbeigeführten Schlaganfällen in der Nähe der Penumbra beobachtet, dass ruhende Stammzellen zu Neuronen ausdifferenzieren und zum Teil sogar wieder Kontakt zu überlebenden Zellen im Ischämiegebiet herstellen (siehe Kempermann und Gage, 1999). Weiterhin konnte man bei adulten Ratten zeigen, dass nach der Injektion von EGF und FGF (Neurotrophine, die die

Neurogenese beeinflussen) in die seitlichen Ventrikel des Hirnstamms die Teilungsrate umliegender Stammzellen wieder außergewöhnlich stark ansteigt (ebd.). Kürzlich konnten erste Studien Hinweise auf NSZ oder Progenitorzellen in der adulten SN beziehungsweise im Mittelhirn einschließlich funktioneller dopaminerger Neurogenese zeigen (Lie et al., 2002; Zhao et al., 2003; Hermann et al., 2006), sodass die zielgerichtete Rekrutierung dieser Zellen für eine In-vivo-Regeneration bei Parkinson-Kranken möglich erscheint.

Eine theoretisch mögliche, aber noch sehr weit von der Klinik befindliche neuroregenerative Strategie ist die gezielte pharmakologische Beeinflussung der In-vivo-Differenzierung von nigralen NSZ in dopaminerge Neuronen. Es ist gegenwärtig ein besonders ehrgeiziges Ziel der neurobiologischen Grundlagenforschung zu verstehen, wie ruhende adulte NSZ dazu veranlasst werden können, wieder zu proliferieren und in bestimmte Neuronen, zum Beispiel dopaminerge, zu differenzieren. Wenn man diese Mechanismen versteht, dann hat man pharmakologische Angriffspunkte (so genannte Drug targets), um neue medikamentöse Ansätze zu entwickeln. Bis zur klinischen Einsatzreife solcher Konzepte könnten allerdings noch Jahrzehnte vergehen.

Gentherapeutische Ansätze zur neuroprotektiven Therapie

Das Prinzip der Gentherapie bei der Parkinson-Krankheit wurde bereits in Kap. 17.1 vorgestellt. Ein experimentell erprobter Ansatz zur regenerativen Parkinson-Therapie ist die Transplantation von transfizierten Zellen in das Striatum, die Transgene für neurotrophe Faktoren (z. B. BDNF, GDNF, Neurturin) exprimieren (Tabelle 17.3).

Durch die lange Krankheitsdauer beziehungsweise die langsame Progression der Parkinson-Erkrankung ist jedoch eine lang anhaltende transgene Genexpression unerlässlich, um eine nachhaltige klinische neuroprotektive beziehungsweise neuroregenerative Wirkung nach einer einzigen chirurgischen Intervention zu erreichen. Zurzeit läuft eine klinische Studie bei Parkinson-Kranken, in der der Effekt der Transplantation von AAV-Neurturin-Zellen in das Striatum geprüft wird. Bisher sind keine Nebenwirkungen oder Komplikationen berichtet worden, allerdings liegen auch noch keine Daten zur Effektivität vor.

17.2 Nicht zugelassene Therapien der Parkinson-Krankheit

Es gibt eine Reihe von Therapie-Ansätzen, die aus verschiedenen Gründen nicht zur Zulassung gelangten und deren klinische Wirksamkeit wir im Folgenden kritisch beleuchten möchten.

Alternative Formen der Dopamin-Substitution

Der geschwindigkeitsbestimmende Schritt der Biosynthese von Dopamin ist die Umwandlung der Aminosäure Tyrosin in L-DOPA durch das Enzym TH. Da man annahm, dass die in Post-mortem-Untersuchungen nachgewiesene verminderte katalytische TH-Aktivität (Riederer et al., 1978) durch die erniedrigte Konzentration des Co-Faktors von TH, Tetrahydrobiopterin (BH_4), verursacht wird, war der erste konsequente Ansatz die **Substitution mit BH_4**. Behandlungsversuche mit BH_4 zur Stimulierung der endogenen Dopamin-Synthese waren jedoch aufgrund der relativ geringen Permeabilität durch die Blut-Hirn-Schranke wenig erfolgreich (Yamaguchi et al., 1983; Birkmayer und Riederer, 1985).

Der nächste nahe liegende Schritt war die Verwendung von Nicotinamidadenindinucleotid (**NADH**), ein Co-Faktor des BH_4-synthetisierenden Enzyms Dihydropteridin-Reduktase. Walther Birkmayer applizierte NADH bei über 500 Parkinson-Patienten sowohl peroral, intramuskulär als auch i. v. Basierend auf einer retrospektiven Datenanalyse wurden klinische Besserungen der motorischen Symptomatik um 19,8 Prozent (peroral) beziehungsweise 20,6 Prozent (i. v.) beschrieben (siehe Kuhn und Müller, 1997). Die Ergebnisse dieser Studien sind aufgrund fehlender detaillierter Angaben zu Patientenpopulation, Zusatzmedikation sowie uneinheitlicher Therapiedauer sehr umstritten. Insbesondere war die Stabilität der in den ersten Studien verwendeten, selbst hergestellten Zubereitungen nicht gesichert. Die Überprüfung der Wirksamkeit von NADH in klinischen Studien, die den heutigen Standards entsprachen, ergab widersprüchliche Ergebnisse, sodass eine endgültige Beurteilung der klinischen Relevanz von NADH nicht möglich ist (Kuhn und Müller, 1997). Aufgrund der heutigen neurochemischen Kenntnisse muss man jedoch eine gute Wirksamkeit hinsichtlich der Linderung motorischer Symptome anzweifeln, da die verminderte TH-Aktivität und der reduzierte Gehalt an BH_4 durch die Degeneration nigro-striataler Neuronen verursacht werden und die TH ein zytosolisches Enzym ist, das nach Freisetzung in den extrazellulären Raum rasch inaktiviert wird.

Eine weitere theoretische Möglichkeit, die endogene Dopamin-Synthese zu stimulieren, ist die i. v. Gabe von **Oxyferriscorbon** (Birkmayer und Birkmayer, 1988). Ausgangspunkt für die Verwendung von Oxyferriscorbon, ein Eisen-haltiges Präparat, war der experimentelle Hinweis, dass man die TH-Aktivität in Post-mortem-Gewebe von Parkinson-Kranken mit Fe^{2+}, ein Co-Faktor der TH, stimulieren kann (Rausch et al., 1988). Die klinische Wirksamkeit von Oxyferriscorbon ist jedoch nicht bewiesen und es ist nach dem heutigen Kenntnisstand auch wenig sinnvoll, den zentralen Eisen-Spiegel durch periphere Eisen-Gabe zu erhöhen, da in der SN von Parkinson-Kranken bereits erhöhte Eisen-Konzentrationen vorliegen und diese für den dopaminergen Nervenzelluntergang mit verantwortlich gemacht werden (siehe Kap. 5.1). Nur Walther Birkmayer berichtete, ohne dass er die Patientenpopulation genauer beschrieb oder auf die Zusatzmedikation und Beurteilungskriterien einging, dass die i. v. Gabe von Oxyferriscorbon zu einer Verbesserung der Akinese geführt habe (Birkmayer und Birkmayer, 1988). Jedoch sind diese klinischen Beobachtungen aufgrund der sehr geringen Blut-Hirn-Schranken-Gängigkeit des verwendeten Präparates pharmakologisch nicht erklärbar.

Apaydin et al. (2000) berichteten über die Wirkung von **„dicken Bohnen",** die auch „Saubohnen" genannt werden. Interessanterweise enthalten diese Hülsenfrüchte L-DOPA und werden insbesondere im Mittelmeerraum als Delikatesse betrachtet. In einer offenen Studie, in der acht Parkinson-Patienten teilnahmen, wurde der Effekt des Essens von dreimal täglich je 250 g gekochter Bohnen geprüft (Apaydin et al., 2000). Die Autoren beschreiben, dass viele ihrer Parkinson-Patienten über eine Besserung von Fluktuationen beim Verzehr von Saubohnen berichteten: Dabei verlängerte sich die On-Zeit bei einem Patienten sensationell von 3,5 auf zwölf Stunden und die Off-Zeit reduzierte sich von 14,5 auf 3,5 Stunden. Diese Daten verlangen jetzt eine kontrollierte Studie.

Neuroprotektive Nahrungsmittel oder Nahrungsergänzungsstoffe

Grüner Tee ist derzeit als Radikalfänger, als Garant gegen Krebs oder für ewige Jugend im Blickfeld des Interesses. Es gibt aber auch im Zusammenhang mit dem IPS interessante

Beobachtungen, die einen positiven Effekt des grünen Tees im Sinne eines krankheitsverzögernden Prozesses vermuten lassen. Im MPTP-Mausmodell konnte gezeigt werden, dass der Hauptinhaltsstoff des grünen Tees, das polyphenolische Flavonoid (-)-Epigallocatechin-3-gallat, in einem schmalen Dosisbereich neuroprotektiv wirksam ist (Levites et al., 2001). Der neuroprotektive Wirkmechanismus scheint nicht auf einer MAO-Hemmung zu beruhen, sondern eher auf den antioxidativen und Eisen-bindenden Eigenschaften der Inhaltsstoffe des grünen Tees (ebd.). Dieselbe Arbeitsgruppe konnte mittlerweile auch einen positiven neuroprotektiven Einfluss von Inhaltsstoffen des grünen Tees auf neuronale Zellkulturen und einen Schutz gegenüber der neurotoxischen Wirkung von 6-OHDA in der Ratte nachweisen (Levites et al., 2002). In einem weiteren Modell, in dem PC12-Zellen mit 6-OHDA geschädigt wurden, war (-)-Epigallocatechin-3-gallat, der Hauptinhaltsstoff des grünen Tees, aufgrund eines antiapoptotischen Wirkmechanismus ebenfalls neuroprotektiv wirksam (Nie et al., 2002). Größere klinische Studien mit Inhaltsstoffen des grünen Tees gibt es unseres Wissens nach noch nicht. Jedoch müsste man zuvor erst den Dosisbereich herausfinden, in dem neuroprotektive Effekte am Menschen zu erwarten sind. Die präklinischen Untersuchungen zeigten nämlich, dass Extrakte und der Hauptinhaltsstoff des grünen Tees in höheren Dosierungen keine beziehungsweise schädliche Effekte zeigen (Levites et al., 2001).

Coenzym Q_{10} ist ein Nahrungsergänzungsmittel, das in präklinischen Modellen der Parkinson-Krankheit neuroprotektiv wirksam ist (siehe Kap. 4 und 6). Wie in den vorhergehenden Kapiteln erörtert (Kap. 1, 2, 5), liegen Hinweise vor, dass bei Parkinson-Kranken in der SN, aber auch in Thrombozyten die Mitochondrienfunktion geschädigt ist. Insofern wäre ein Einsatz von Coenzym Q_{10}, das das Bindeglied zwischen dem Komplex I und II einerseits und dem Komplex III andererseits ist (Abb. 4.3), bei Parkinson-Kranken gerechtfertigt. Hinzu kommt, dass in den Thrombozyten von Parkinson-Patienten der Quotient aus reduziertem und oxidiertem Coenzym Q_{10} im Vergleich zur gesunden Normalpopulation vermindert ist (Götz et al., 2000). Dieser Befund weist auf eine Schädigung antioxidativer mitochondrialer Mechanismen hin.

Die US-amerikanische Parkinson-Study-Group (Shults et al., 2002) führte eine placebokontrollierte, **randomisierte und doppelblinde Studie an 80 Parkinson-Patienten** im Frühstadium mit drei Dosierungen von Coenzym Q_{10} (300, 600 oder 1200 mg/Tag) durch, um den Einfluss auf den Verlauf der Erkrankung zu untersuchen. Der klinische Verlauf wurde durch die UPDRS am Beginn der Studie und einen Monat sowie, vier, acht, 12 und 16 Monate nach dem Beginn der Behandlung bewertet. Die primäre Zielgröße war der Unterschied in der Gesamt-UPDRS zwischen dem Ausgangswert und dem letzten Zeitpunkt der Untersuchung. Dabei wurde eine signifikante Besserung zwischen der mit Placebo und der mit der sehr hohen Dosis Coenzym Q_{10} (1200 mg/Tag) behandelten Gruppe festgestellt (ebd.). Ohne einen symptomatischen Effekt von Coenzym Q_{10} ausschließen zu können, wurde von den Autoren voreilig gefolgert, dass Coenzym Q_{10} den Verlauf der Parkinson-Krankheit aufhält (siehe Kap. 6.2 bezüglich Problematik beim klinischen Nachweis von Neuroprotektion).

Unter Federführung meiner Klinik (HR) wurde in Deutschland eine randomisierte, multizentrische, über fünf Monate dauernde Studie an 131 Parkinson-Patienten im mittleren Krankheitsstadium mit 300 mg/Tag Nanoquinon (Sanomit®) zur symptomatischen Wirkung durchgeführt, in der jedoch anhand der UPDRS nach drei Monaten kein signifikanter Effekt zugunsten der Verumgabe zu finden war (Storch et al., 2007). Nanoquinon ist eine galenische Arzneiform von Coenzym

Q_{10}, in der der Wirkstoff als Nanopartikel zubereitet ist, um eine besonders gute Resorption zu gewährleisten.

Nachdem in der deutschen Studie die Ergebnisse der US-amerikanischen Untersuchung nicht bestätigt werden konnten, ist dies ein Grund mehr für die Durchführung der zurzeit in den USA laufenden klinischen Studie, die den krankheitsverzögernden, neuroprotektiven Effekt von Coenzym Q_{10} prüfen soll.

Coenzym Q_{10} wird **von den Krankenkassen nicht erstattet,** da es zu den Nahrungsergänzungsmitteln gehört. Somit ist meine Empfehlung (HR), dass die derzeitige Datenlage noch nicht ausreicht, eine generelle Verwendung und Zulassung von Coenzym Q_{10} einzufordern, aber den Patienten, die auch eigene Mittel einbringen können, zu Beginn der Erkrankung die Einnahme dieses Radikalfängers und den Energiestoffwechsel vermutlich stärkenden Präparates durchaus zu empfehlen.

Appendix A
Der Patient und sein Umfeld

W. Götz

A.1 Von den ersten Symptomen bis zur Diagnose

A.1.1 Die ersten Symptome

Das IPS beginnt meist sehr diskret. Depressive Verstimmungen, anhaltende und therapieresistente Rückenschmerzen sowie Veränderungen des Schriftbildes sind oft die ersten Symptome. Dagegen tritt das in der öffentlichen Meinung immer noch mit dem Begriff „Parkinson'sche Krankheit" verbundene Zittern bei rund der Hälfte der Patienten überhaupt nicht, und bei den anderen meist erst im späteren Verlauf der Erkrankung auf.

Auf das Thema **Schmerzen** wird hier aus zwei Gründen besonders eingegangen. Zum einen hat Professor P. A. Fischer, früher Direktor der Neurologischen Klinik der Johann-Wolfgang-Goethe Universität, Frankfurt, schon in den 80er-Jahren des letzten Jahrhunderts auf die Bedeutung dieser Schmerzsyndrome, insbesondere der Rücken- und Schulterschmerzen, für die Früherkennung des IPS hingewiesen. Trotzdem wird in der Praxis auch heute noch und immer wieder den Betroffenen entgegen gehalten, „die Parkinson-Krankheit schmerzt nicht" (Götz, 2002). Dabei können die Schmerzsyndrome Jahre vor den ersten klinischen Zeichen eines IPS auftreten. Sie werden **häufig von jüngeren Patienten** berichtet, die außerdem über **Depressionen** und **Schlafstörungen** klagen. Ausschluss oder Bestätigung der Depression ist bei diesen Patienten besonders wichtig, da die diffusen Schmerzen nicht auf analgetische oder antientzündlich wirkende Medikamente ansprechen. Der gewünschte therapeutische Effekt kann aber gegebenenfalls zum Beispiel durch trizyklische Antidepressiva erreicht werden (Herting und Reichmann, 2003).

Die **Abnahme der körperlichen** und **der psychischen Belastbarkeit** ist auf Dauer unübersehbar. Dem müssen auch die Betroffenen schlussendlich Rechnung tragen, die versuchen, die ersten Krankheitszeichen möglichst lange zu ignorieren oder sie zumindest herunter zu spielen. Entweder aus eigenem Entschluss oder dem mehr oder weniger sanften Druck der Umgebung nachgebend wird irgendwann doch der Hausarzt aufgesucht, der heute ja die erste Anlaufstelle sein soll. Leider führt dieser erste Arztkontakt noch zu oft nicht zur wahren Diagnose, sondern markiert vielmehr den Beginn einer oft mehrere Jahre dauernden Odyssee.

Dies passiert besonders häufig jüngeren Patienten. Obwohl die Zahl derer, die um das 40. Lebensjahr erkranken, kontinuierlich zunimmt (siehe dazu bei „U 40", Seite 354), wird diese Entwicklung in der medizinischen Öffentlichkeit bisher kaum berücksichtigt. Das ist für diese Patientengruppe deshalb besonders fatal, weil sie eine Lebenserwartung von bis zu 30 und mehr Jahren vor sich hat und heute gerade für die ersten Krankheitsjahre therapeutische Optionen vorhanden sind, an die vor wenigen Jahren noch nicht zu denken war (siehe dazu Kap. 7, 11).

> Früherkennung Parkinson
> **Hinsehen – Handeln – Helfen**
>
> ## CHECK ZUR FRÜHERKENNUNG
>
> 1.) Kommt es vor, dass Ihre Hand zittert, obwohl sie entspannt aufliegt? ■ ja ☐ nein
> 2.) Ist ein Arm angewinkelt und schlenkert beim Gehen nicht mit? ■ ja ☐ nein
> 3.) Haben Sie eine vornübergebeugte Körperhaltung? ■ ja ☐ nein
> 4.) Haben Sie einen leicht schlurfenden Gang oder ziehen Sie ein Bein nach? ■ ja ☐ nein
> 5.) Haben Sie einen kleinschrittigen Gang und kommt es vor, dass Sie stolpern oder stürzen? ■ ja ☐ nein
> 6.) Leiden Sie an Antriebs- und Initiativemangel? ■ ja ☐ nein
> 7.) Haben Sie häufig Schmerzen im Nacken-Schultergürtel-Bereich? ■ ja ☐ nein
> 8.) Haben Sie bemerkt, dass Sie sich von Ihren Freunden und Angehörigen zurückziehen, dass Sie Kontakte meiden und zu nichts Lust haben? ■ ja ☐ nein
> 9.) Haben Sie Veränderungen in Ihrer Stimme bemerkt? Ist sie monotoner und leiser als früher oder hört sie sich heiser an? ■ ja ☐ nein
> 10.) Haben Sie eine Verkleinerung Ihrer Schrift bemerkt? ■ ja ☐ nein
> 11.) Leiden Sie an „innerem Zittern" oder „innerer Unruhe"? ■ ja ☐ nein
> 12.) Haben Sie Schlafstörungen? ■ ja ☐ nein
>
>
>
> ## Morbus Parkinson –
> ## eine Erkrankung, die Jeden treffen kann!
>
> Die Anzahl der Patienten liegt in Deutschland bei rund 250.000. Darüber hinaus gibt es eine geschätzte Dunkelziffer von 30% solcher Patienten, deren Erkrankung bis heute nicht erkannt wurde und deshalb nicht richtig behandelt wird.
>
> Diese Checkliste soll helfen, die Krankheit früher zu identifizieren. **Wenn Sie mehr als vier Fragen mit ja beantwortet haben, kann das ein Hinweis auf erste Symptome von Parkinson sein.** Sie sollten einen Arzt kontaktieren. Je früher der Patient behandelt wird, desto größer ist die Chance, seine Lebensqualität trotz der Erkrankung zu erhalten.

Abb. A.1. Die zwölf Fragen sind gut eingängig und damit auch schneller umzusetzen respektive zu verändern, wenn notwendig

A.1.1.1 Bedeutung von Aktionen zur Früherkennung

Angesichts der geschilderten Schwierigkeiten, aus den ersten diskreten Symptomen gleich die richtigen Schlüsse für die Diagnostik eines IPS zu ziehen, ist es notwendig, auf möglichst vielen Ebenen und an möglichst vielen Stellen für Sensibilität dafür zu sorgen, dass bei entsprechenden Anzeichen immer auch die Möglichkeit in Betracht gezogen wird, dass eventuell ein IPS die Ursache sein könnte. Vor diesem Hintergrund sind die Aktionen zu sehen, die die „deutsche Parkinson-Vereinigung" (dPV; zur Entwicklung der Organisation siehe auch Seite 349) seit 1999 durchführt, um zur Verbesserung der Früherkennung beizutragen.

Die ersten großen und erfolgreichen Anstrengungen der dPV sind verbunden mit dem Motto **„Hinsehen – Handeln – Helfen"**! Bei diesen Kampagnen, die 1999 und 2001 die Aufmerksamkeit von Millionen Bürgern – wenn auch bei den meisten nur vorübergehend – auf das Thema „Parkinson-Krankheit" lenkten, wurde eine spezielle Liste mit zwölf Fragen eingesetzt, die eigens dafür entwickelt worden war. Der Fragenkatalog (Abb. A.1) bewährte sich so gut, dass er noch heute verwendet wird. Der spezifische Wert liegt darin, dass die Fragen es auch dem Umfeld einer/eines möglicherweise Betroffenen erlauben, die Person aktiv und doch diskret auf das heikle Thema anzusprechen. Häufig fallen ja körperliche Veränderungen z. B. im Gangbild – wenn der Arm auf der betroffenen Seite nicht mehr mit schwingt – der Umgebung früher auf als dem Betroffenen selbst.

Ein weiterer Grund dafür, solche Früherkennungsaktionen immer wieder durchzuführen, ist, dass es europaweit eine erhebliche **Dunkelziffer** an IPS-Patienten gibt. Seitdem die Zahlen der europäischen Studiengruppe vorliegen (de Rijk et al., 1997) kann für **Deutschland** damit gerechnet werden, dass zu den ca. **250–300 000** bekannten **Patienten** noch mindestens ca. 30 000 hinzukommen, die von ihrem Betroffensein nichts wissen und damit natürlich auch nicht behandelt werden.

Dass es sich hier um ein weltweites Problem handelt, zeigt die Zahl von bis zu sechs Millionen Patienten, mit denen die WHO global rechnet. Davon entfallen ca. 1,5 Millionen auf die **USA,** wobei hier zu den ca. 500 000 in Behandlung befindlichen Patienten noch die Schätzzahlen für die bekannten, aber nicht behandelten und die für die bisher unerkannten Betroffenen hinzugerechnet werden (Beckerman, 1999).

A.1.1.2 Wege und Irrwege bei der Odyssee vor der Diagnose

Diese Zwischen-Phase ist für viele Betroffene und ihr Umfeld eine für Nicht-Betroffene kaum vorstellbare Belastung. Als literarische Zeugnisse für diese Feststellung folgen zwei autobiographische Texte, deren Verfasser für ganz unterschiedliche Annäherungen an das sperrige Thema stehen:

„… differenzierenden Diagnosen zwangen zu weiteren Konsultationen und waren Auslöser einer verzweifelten Seelenlage. Es dürfte nicht einfach für den ‚Nicht-betroffenen' sein, meiner seinerzeit zunehmend depressiven Verstimmung zu folgen. Durch die fortschreitende Beeinträchtigung fühlte ich mich in meiner Existenz bedroht. Keinem meiner Arbeitskollegen traute ich mich von meinem Handikap zu berichten, da ich ja selbst nicht wußte, wie es sich entwickeln würde und welche Perspektiven mir blieben […] Die zunehmende Orientierungslosigkeit führte meine Grundstimmung auf einen dramatischen Tiefpunkt. Ich fühlte mich verraten und verkauft, verlassen und unverstanden, wußte keine Lösung mehr, klammerte mich an jeden Strohhalm […] Ich verrate kein Geheimnis, wenn ich gestehe, dass ich in diesen Tagen die Grenze meiner psychischen Kraft erreichte" (Weitenhagen, 1999).

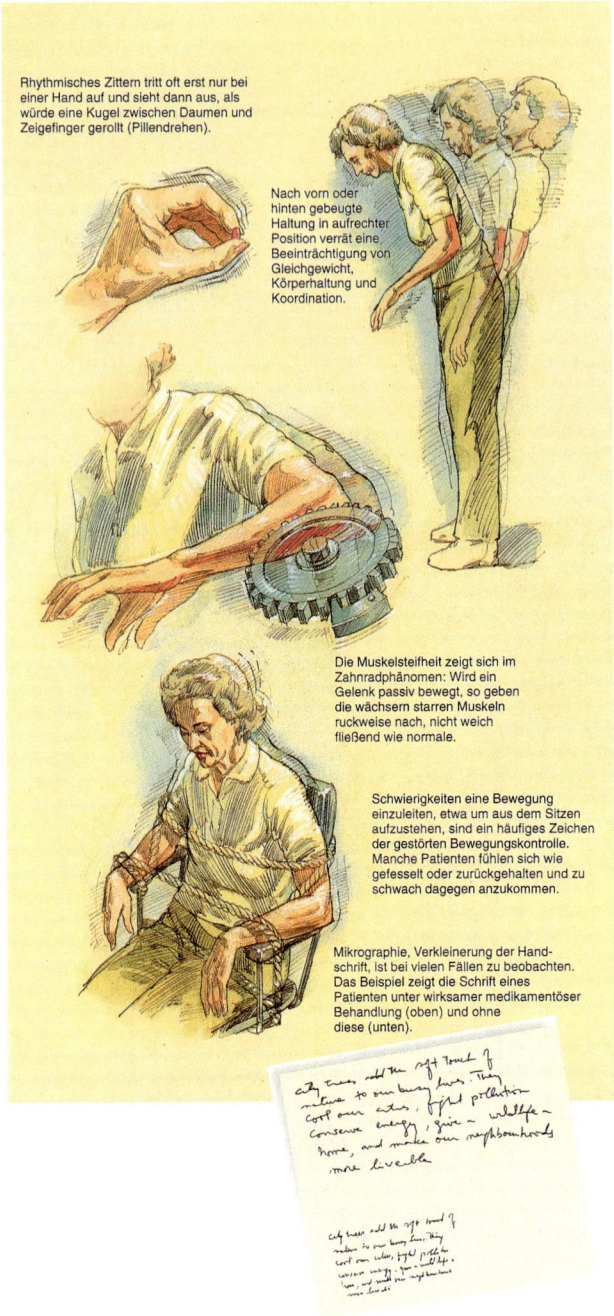

Abb. A.2. Häufige Symptome der Parkinson-Krankheit sind Zittern (Tremor), Muskelsteifheit (Rigor) und Bradykinese, d. h., Willkürbewegungen laufen verzögert ab und spontane Bewegungen wie bei der Mimik gehen verloren. Störungen des Gleichgewichts und Veränderungen der Handschrift können ebenfalls auftreten (aus Youdim und Riederer, 1997; mit freundlicher Genehmigung des Spektrum-Verlages)

Bei einem anderen, bei Krankheitsbeginn ebenfalls noch jüngeren Patienten, liest sich die Verlaufsbeschreibung dieser schwierigen Zeit so: „Ich war und bin Hochschullehrer und hatte seinerzeit einen großen Kreis von Bekannten, Kollegen, Freunden ... Gerade die alltäglichen Pflichten, Verrichtungen und Aktivitäten des täglichen Lebens wie Autofahren, besonders das Chauffieren von Kindern, Unterricht vor Studenten und erst recht das Halten von Vorträgen, wurden zum Anlass qualvoller Angstattacken. Dabei hat es einige Jahre gedauert, bis ich die verschiedenen physische Zeichen wie Magenschmerzen, Zittern der Knie, Durchfallneigung und Herzrasen überhaupt als Zeichen von Angst und Panik zu deuten wusste. All diese Zustände, eine nahezu permanente Müdigkeit und diffuse Gliederschmerzen, machten mir klar, dass mit mir etwas fundamental nicht in Ordnung war" (Dubiel, 2006).

Diese Texte, denen sich leicht weitere anfügen ließen, sollten für zwei Aspekte als Dokumentation ausreichend sein. Der erste ist die

Tabelle A.1. Psychologisch kritische Phasen im Leben des Parkinson-Betroffenen (nach: Annecke, 1999) Die erste psychologisch wirklich heikle Zeit ist die um die Mitteilung der Diagnose herum. Viele Patienten „schaffen" es aber hier noch einmal, sich in irgendwelche „Schein-Erklärungen" zu flüchten. Wenn Symptome sichtbar werden, werden die Ausflüchte schwieriger und die Gelegenheiten dazu seltener. Viele Patienten ergeben sich deshalb hier, und outen sich in einem günstigen Moment: Das Umfeld sollte nicht versuchen, den Prozess zu beschleunigen.

Phase I. Wenn die Diagnose gestellt wird

Gefühle und Verhaltensweisen	Mögliche Interventionen	Personen und Institutionen	Partner(-hilfen) und Familie
Ist-Zustand			
Schock, Angst, Panik, Passivität, sozialer Rückzug			
Soll-Zustand			
Verminderung von Angst, Leben mit Zukunftsangst	Ausführliche Informationen mit entlastenden Gesprächen	Arzt und/oder Psychologe	Akzeptanz von Veränderungen
	– Aufklärung über alle krankheitsspezifischen Faktoren (Symptome, biochemisches Geschehen, Medikation, Progredienz)		
bewusster leben, gesunde Lebensführung	– über nicht-medikamentöse Einflussfaktoren		
bewusste Aktivitäten (u. a. Vermeidung von Stress)	– Bedingungsmodell von Denken – Fühlen – Handeln – Körperreaktion	Gesprächskreise in Selbsthilfegruppen Sozialeinrichtungen, Kirche, Seniorenkreis und ähnliche	Denkumstellung mit erweiterter Partnerrolle
Erhalt und Genuss von Lebensqualität			

nach wie vor viel zu lange Zeit, die für den einzelnen Betroffenen zwischen dem Erkennbarwerden der ersten Symptome und der Feststellung der Diagnose vergeht. Nicht nur die Ärzte und die anderen, im Gesundheitsbereich tätigen Personen, sondern Jeder, wirklich Jeder sollte sensibilisiert werden dafür, dass es ein unhaltbarer Zustand ist, dass heute noch ca. 24 Monate vergehen müssen, ehe „das Kind" einen – den zutreffenden – „Namen" bekommt.

Der zweite Aspekt betrifft den Umgang „aller" mit den Patienten, die jetzt neu erfasst/diagnostiziert werden. Sie leben in der Regel schon mindestens zwei Jahre mit den mehr oder weniger deutlichen „Kardinalsymptomen" (Abb. A.2) – Unbeweglichkeit (Akinese), Muskelsteife (Rigor) und dem Zittern (Tremor). Sie haben eine Odyssee durch allgemein-medizinische, internistische und orthopädische Praxen hinter sich, wenn ihnen – meist ist es ja ein Neurologe – der Arzt die Eröffnung macht „Sie haben ein idiopathisches Parkinson-Syndrom". Diese Mitteilung sollte eigentlich immer von einem ausführlichen Gespräch begleitet werden, denn trotz aller Vorerfahrungen trifft sie die Patienten immer noch unvorbereitet. Die Realität ist auch heute noch anders, obwohl **die Dokumentationen dafür vorliegen, wie wichtig für die Langzeitprognose gerade diese erste Phase des Umgangs mit der Krankheit ist** (Tabelle A.1).

A.1.2 Die Diagnose

Es ist für jeden Betroffenen ein schicksalhafter Moment, denn „danach", das heißt, wenn die Mitteilung „Sie haben die Parkinsonsche Krankheit" – in welcher Formulierung auch immer – erst einmal erfolgt ist, ist nichts mehr wie es war. Selbst wenn Sie sich am Ende Ihrer persönlichen Odyssee mental auf diesen Moment glauben eingestellt zu haben, wenn Sie endlich Klarheit haben wollen – aus eigenem Erleben kann ich sagen, dass ich auch nach fast 18 Jahren noch schlucken muss, wenn ich an den 6. Dezember 1988 denke. Es war ein grauer Wintertag und auf den Wiesen um die Gebäude der Neurologischen Universitätsklinik in Frankfurt-Niederrad lagen noch ein paar gefärbte Blätter. Die Unterredung mit Professor Fischer war freundlich, klar und knapp gewesen. Ja, ich hatte Morbus Parkinson – wenn auch noch in einer frühen Phase – und spätestens Anfang Februar 1989 sollte ich mich zur medikamentösen Einstellung stationär aufnehmen lassen. Damit war das Gespräch beendet – und ich stand wieder auf dem Plattenweg zwischen den Wiesen mit den verfärbten Blättern, unterwegs Richtung Straßenbahn zum Hauptbahnhof. Aber es war alles anders, alles grau und schwer ... und es sollte knapp zwei Jahre dauern, bis ich zu einer anderen, positiven Einstellung zu „meinem Parkinson" fand (siehe Seite 352).

A.2 Mit dem Morbus Parkinson/IPS leben

A.2.1 Diagnose und Akzeptanz

Ein Begriff wird in dieser ersten Phase der Auseinandersetzung mit dem IPS ganz besonders wichtig – und er wird es bleiben – die **Kommunikation!** Ergänzend zu den Angaben in der Tabelle A.1. finden Sie im folgenden Hinweise, die aus zwei, auf den ersten Blick recht unterschiedlichen Quellen stammen:

– „Parkinson – was nun? Erstinformationen gegen den Schock" – Einführungsbroschüre von Betroffenen für Betroffene.
– „Leben mit Parkinson" (Harrington, 1999).

Noch unter dem Eindruck der bestätigten, aber natürlich erst einmal „unverdauten" Diagnose beginnen die Überlegungen zu der Frage, **wer informiert werden muss** und bei wem der Zeitpunkt nicht so kritisch ist. Am wichtigsten ist sicher die **Information der Personen, die das soziale Netz bilden**; in der Regel gehören dazu Familienmitglieder, echte Freunde, häufig auch Arbeitskollegen und Mitglieder in Vereinen, die gemeinsame Interessen zusammenführen.

Entscheidend für die Offenheit nach außen ist, dass der Betroffene sich der Erkrankung *nicht schämt!* „Jeder kann sie bekommen. Als Parkinson-Patient hat man gute und schlechte Tage; das gilt aber für die Gesunden auch. Warum sollten Sie also nicht zu sich selber stehen und aussprechen, wie es um Sie steht? Ihre Umgebung, die sich durch Ihren Rückzug vor den Kopf gestoßen fühlte, wird erleichtert sein, wenn Sie sich mitteilen. Nun *können die anderen verstehen, was in Ihnen vorgeht und Ihnen dabei helfen, mit Ihrer Situation besser fertig zu werden*".

Vor diesem Hintergrund ist sowohl **das Verhältnis zu Ihrem Arzt als auch der Kontakt zu Selbsthilfegruppen** zu sehen. Hier zunächst „Tipps im Umgang mit Ärzten"! Die meisten Betroffenen haben die engste Verbindung zu **„ihrem Neurologen"**. Nicht selten entstehen Partnerschaften auf lange Zeit, in denen gegenseitiges Vertrauen von Nöten ist, um alle wichtigen Probleme zu besprechen. **Das A und O ist eine offene Kommunikation in der auch der Betroffene ausreichend zu Wort kommt!**

Um nicht weitschweifig zu werden, hier nur noch eine „Auswahl" der wichtigsten **Umgangsregeln**:

– Bei der Vereinbarung eines Termins versuchen Sie, diesen *vor oder nach* der üblichen Sprechstundenzeit zu bekommen.
– Schreiben Sie alle Fragen auf und kontrollieren Sie am Ende des Gesprächs, ob Sie alle Themen besprochen haben.
– Fragen Sie solange nach, bis Sie alle Begriffe verstanden haben, die im Gespräch gebraucht wurden.
– Wechseln Sie gegebenenfalls den Arzt, wenn Sie den Eindruck gewinnen, dass er nicht ausreichend auf Ihr Krankheitsbild spezialisiert ist oder Sie nicht als kritischen Partner ernst nimmt.
– Manchmal ist es einfach auch gut nur einen Vergleich zu bekommen, um mit dem bisherigen Arzt dann doch wieder ganz zufrieden zu sein. Nobody is perfect.

Nur als Hinweis darauf, welche Unterschiede es bei Fragen zum Verhältnis Arzt/Patient heute bereits zwischen verschiedenen Regionen Europas gibt, sei eine Studie aus Norwegen genannt, in der untersucht wurde, wie sich die Ängstlichkeit der Patienten auf Inhalt und Stil der Mitteilungen der Ärzte auswirkte. Den weniger ängstlichen Personen gaben die Ärzte von sich aus mehr fachlich-/sachliche medizinische Informationen (Graugaard et al., 2003)!

A.2.2 Das Verhältnis zwischen Betroffenen und ihrem Umfeld

Auf die Bedeutung der Offenheit in der Kommunikation wurde weiter oben schon einmal hingewiesen. Verschiedene Einzelfaktoren, die zusätzlich Gewicht haben, sind in der Abb. A.3 dargestellt.

A.2.2.1 Die Bedeutung psychischer Probleme für die Beziehung zwischen Betroffenen und Bezugspersonen

Aus vielen Gesprächen mit Betroffenen und in Angehörigen-Gesprächsgruppen sowie beim Studium der Literatur entstand bei mir der Eindruck, dass in Deutschland diese Probleme immer noch hauptsächlich bei den Patienten gesehen werden, während in Skandinavien und USA die dort als „Caregiver" bezeich-

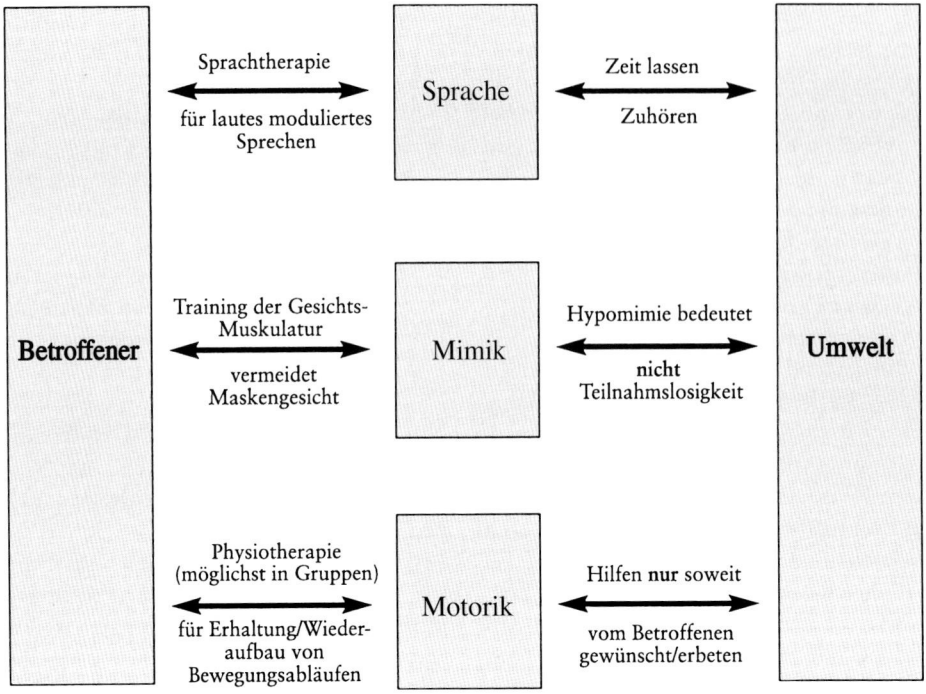

Abb. A.3. Für die Kommunikation zwischen Umwelt und Betroffenen wichtige Einzelfaktoren

neten pflegenden Personen als mindestens gleich belastet gelten dürften. Diesen Sachverhalt – gerade weil die relevante Literatur fast ausschließlich in Englisch vorliegt – hierzulande sichtbarer zu machen, ist das Ziel des folgenden Abschnitts.

Auf das von vielen Lesern/Leserinnen hier gesuchte Thema „Sexualität" wird weiter unten getrennt eingegangen.

A.2.2.1.1 Die Situation der pflegenden Bezugspersonen

In seinem bereits genannten Text „Leben mit Parkinson" hat der selbst betroffene Kanadier Bill Harrington 1999 als Forderung an die Patienten formuliert: „Stellen Sie sicher, dass die Person, die sich hauptsächlich um Ihre Pflege kümmert auch genügend Freizeit bekommt, um der Gefahr des Ausbrennens vorzubeugen."

– Ehen sind dann auf dem Prüfstand, wenn einer der Ehepartner chronisch krank wird. Gelegentlich ist die Last unglaublich, die der pflegende Angehörige trägt.
– Ermutigen Sie Ihren Partner gemeinsam mit Ihnen eine Beratungsstelle aufzusuchen, die bei normalem Ärger und Anzeichen von Depressionen hilft".

Diese Forderung und Feststellungen werden unterstrichen durch die Ergebnisse zweier jüngerer Studien aus Norwegen, bei denen 58 weibliche pflegende Angehörige unter verschiedenen Gesichtspunkten teilnahmen (Aarsland et al., 1999; Thommessen et al., 2002). Das Durchschnittsalter der Frauen – meist Ehefrauen – lag bei 72 Jahren. Die für das Befinden der Pflegepersonen wichtigsten Symptome der Patienten waren Depressionen, Beeinträchtigungen der Wahrnehmung und mentale Störungen, vor allem Psychosen. Die

Tabelle A.2. Psychische Belastungen bei Angehörigen von Parkinson-Patienten (nach Macht und Ellring, 2003)

Belastungen aufgrund der körperlichen Symptome	
Einschränkung der Aktivitäten wegen Erkrankung des Partners	86%
Übernahme von Pflichten und Entscheidungen	72%
Emotionale Belastungen	
Angst, selbst zu erkranken	94%
Angst vor dem Fortschreiten der Erkrankung des Partners	90%
Probleme in der Partnerschaft	
Empfindlichkeit des Partners	90%
Ungeduld im Umgang mit dem erkrankten Partner	83%
Ängstlichkeit des Partners	82%
schwieriger Umgang mit der Unselbständigkeit des erkrankten Partners	80%
weniger gemeinsame Aktivitäten	76%

Frauen reagierten darauf ihrerseits mit Depressionen und empfanden psychologischen Stress. Mit den motorischen Problemen konnten die Pflegenden deutlich besser umgehen. Für die Autoren der Studien belegen ihre Ergebnisse die Notwendigkeit, den Pflegepersonen deutlich mehr – auch ärztliche – Aufmerksamkeit zu schenken, als das bisher üblich war.

In der *deutschen Parkinson-Literatur* ist die systematische Beschäftigung mit den psychischen Problemen der pflegenden Angehörigen erst anfangs der 90er-Jahre des letzten Jahrhunderts festzustellen (Macht und Ellring, 2003). Dies ist umso erstaunlicher als an der gleichen Stelle berichtet wird, dass etwa 85 Prozent der pflegebedürftigen älteren Menschen zu Hause leben und von ihren Angehörigen versorgt werden. Deren psychische Belastungen werden nachstehend tabellarisch zusammengefasst (Tabelle A.2).

Mit zunehmender Behinderung der Patienten vollzieht sich oft ein Rollenwechsel in der Partnerschaft, da der Partner Aufgaben übernimmt/übernehmen muss, die vorher der Patient erledigte. Die Möglichkeiten für gemeinsame Unternehmungen werden weniger. Mit diesem Strukturwandel verändert sich häufig auch die Qualität der Partnerbeziehung.

Zwischen dieser Qualität und der emotionalen Belastung besteht eine Wechselbeziehung: Patienten, die in einer stabilen Partnerschaft leben, erfahren depressive Verstimmungen in geringerem Ausmaß als Alleinstehende; die höchsten Depressionswerte zeigen sich jedoch bei schlechter Qualität der Partnerschaft. Dies unterstreicht *die Notwendigkeit, bei psychologischen Interventionen nicht nur den individuellen Patienten, sondern auch „sein soziales System" zu berücksichtigen* (Macht und Ellring, 2003, S. 105 f.).

A.2.2.1.2 Sexualität und Partnerschaft

Die Sexualität und der Umgang damit gehörten lange zu den gesellschaftlichen Tabuthemen in Deutschland. Das galt zum einen ganz allgemein, hatte aber besonderes Gewicht für bestimmte Gruppierungen, zu denen mit an erster Stelle alte und kranke Menschen gehör[t]en. Bei Letzteren ist noch einmal zu differenzieren in die Patienten mit chronischen Erkrankungen und dabei – um den Platz der Parkinson-Patienten möglichst von Anfang an klar anzusprechen – noch zwischen Jung und Alt (siehe dazu bei „U 40", Seite 354).

Diese lange Vorrede hat natürlich ihren Grund, genau genommen sogar mehrere Gründe, die hier nicht mehr vorab thematisiert werden. Es sei aber vermerkt, dass der in Kap. 14.2 zu Recht beklagte Mangel an fundierter sachlicher Information sowohl zu übergreifenden Fragen zum Thema als auch zu krankheitsspezifischen Punkten erst schrittweise angegangen werden konnte als der jeweilige sachliche Bezug sich bei der Besprechung der verschiedenen Einzelaspekte ergab. Die Bedeutung **sexueller Dysfunktionen** für die **Lebensqualität** weiblicher und männlicher Parkinson-Betroffener aller Altersstufen wurde aus den genannten Gründen lange deutlich unterschätzt (Lüders et al., 1999; Jacobs et al., 2000). Das Ver-Schweigen, die Tabuisierung waren – und sind es teilweise noch – massive Hindernisse bei der Sammlung **epidemiologischer Daten.** Dieser Mangel wurde umso deutlicher je mehr – vor allem wieder durch die U 40er – Fragen gestellt wurden, zu deren Beantwortung der dPV die Basis fehlte. Als Konsequenz unterstützte die dPV zunächst eine Reihe von Studien, die den Aufbau von Datenbanken zum Ziel hatten.

Daten zu Sexualität und Partnerschaft bei Parkinson-Patienten

Die erste größere Erhebung beschäftigte sich mit „relativ jungen" Patienten (Jacobs et al., 2000). 121 Patienten (mittleres Lebensalter 45 Jahre) und 126 nach Alter und Geschlecht vergleichbare Kontrollpersonen, alle aus dem Großraum Lübeck, nahmen an der Studie teil. Alle Teilnehmer gaben an, zum Zeitpunkt der Befragung in einer heterosexuellen Partnerschaft zu leben. Signifikant mehr Patienten als Kontrollpersonen waren arbeitslos und litten unter Depressionen. Die Autoren fassten ihre Erkenntnisse folgendermaßen zusammen: Die Studie bestätigt, dass eine Depression bei Patienten mit somatischen Krankheiten wichtiger für das subjektive Gefühl der Unzufriedenheit mit der Sexualität ist als die physiologische Fehlfunktion und dass eine depressive Verstimmung bei Parkinson-Patienten bei Fragen zur Sexualität einen signifikanten Einfluss auf die Struktur der Antworten hat. Arbeitslosigkeit weist als zusätzlicher Faktor bei jüngeren Patienten auf die komplexen Wechselwirkungen hin, die die psychosozialen Faktoren auf die Sexualität haben. Bei jüngeren Patienten mit einem IPS, die mit ihrem Sexualleben unzufrieden sind, sollten die Ärzte eher an psychologische Interventionen denken als an somatische Behandlungen.

Die umfangreichste Befragung wurde zwischen Juli 1998 und März 1999 gemeinsam von der dPV mit dem Institut für Sexualwissenschaft und Sexualmedizin an der Berliner Charité unter der Leitung von Prof. K. M. Beier durchgeführt (Beier, 2000). Mit Fragebögen (jeweils für den Betroffenen und für den Partner/die Partnerin), die speziell für diese Aktion entwickelt worden waren, wurden alle – damals waren es ca. 12 000 – Mitglieder der dPV angeschrieben. Abgefragt wurden Informationen für zwei Zeitpunkte: vor der Diagnose des IPS und danach. Mit 62 Fragen für die Betroffenen und 39 für deren Partner wurden folgende Bereiche erfasst:

– allgemeine Angaben/soziales Umfeld,
– Erkrankung (Symptome/Medikamente),
– Partnerschaft und Sexualität,
– medizinische/psychologische Betreuung.

Es antworteten 2 099 Betroffene! Von diesen lebten 330 Frauen und 1 008 Männer in einer Partnerschaft und bei fast allen lagen auch ausgefüllte Fragebogen der Partner/innen zur Auswertung vor. Das Durchschnittsalter der Betroffenen lag bei ca. 65 Jahren und die Partnerschaften bestanden im Schnitt etwa 37 Jahre lang. Das IPS bestand im Schnitt ca. 10 Jahre. Die Teilnehmer repräsentierten danach eine Stichprobe von überwiegend Paaren, die mehr als die Hälfte ihres Lebens gemeinsam verbracht hatten und gemeinsam an der Befragung teilnahmen, um ihre Erfahrungen anderen Betroffenen zugänglich zu machen.

Bevor auf die wichtigsten Einzelergebnisse eingegangen wird, folgt auszugsweise ein persönlicher Bericht einer 54-jährigen IPS-Patientin, der den Druck veranschaulicht, dem sich Patienten durch den Einfluss von Parkinson-Medikamenten auf ihr Sexualleben ausgesetzt fühlen:

„Ich bekam das Medikament Pravidel®, [Anmerkung: Dopamin-Rezeptoragonist der 1. Generation]. Bei einem Gespräch mit jungen männlichen Parkinson-Patienten, die über ihre veränderte Potenz unter der Einnahme von Pravidel sprachen, wurde ich gefragt, wie das denn bei Frauen sei. Ich sagte, dass bisher keine Frau mit mir darüber gesprochen habe. Da ich an mir keine Veränderung verspüre, gehe ich davon aus, dass dies auch bei anderen Frauen so sei. Darauf schaltete sich mein Mann in das Gespräch ein. Er sagte, dass aus seiner Sicht sehr wohl eine Veränderung in Richtung verstärkter sexueller Aktivität zu verzeichnen sei. Danach stellte ich das auch selbst fest. Als das Medikament abgesetzt wurde, beobachtete ich einen deutlichen Rückgang der sexuellen Bedürfnisse ... wurde ich auf Parkotil®, (ein weiterer Dopamin-Rezeptoragonist) umgestellt. Erst normalisierte sich das Ganze. Nach einigen Wochen stellte sich der erhöhte Bedarf an sexueller Aktivität erneut ein. Zeitweise waren die Wunschvorstellungen so stark ausgeprägt, dass sie schon einem Suchtverhalten nahe kamen. Trotz ausgefüllter sexueller Aktivität war dieses Bedürfnis kaum zu befriedigen. Im Kopf ging es zu wie auf einem Karussell. Ich hatte große Mühe, mich auf andere Dinge zu konzentrieren ... Unter äußerster Selbstdisziplin gelang es mir, meinen Alltag zu bewältigen" (Lüders et al., 1999, S. 27).

Abschließend zu diesem Kapitel werden in Tabelle A.3 noch die wichtigsten Einzelergebnisse der großen Befragung zusammengefasst.

Tabelle A.3. Parkinson-Symptome und ihr Einfluss auf die Sexualität bei Männern und Frauen (nach Beier, 2000)

Parkinson-Symptome	Bedeutung (%) bei Männern	Frauen
Hypokinese/Akinese	53	55
reduzierte Feinmotorik	47	36[!]
Rigor	42	49[!]
Tremor	33	25[!]
Angst	25	28
Depression	19	30[!]
Hyperkinese	13	14

Bemerkenswert ist die Entwicklung bei den sexuellen *Funktionsstörungen*. Diese nahmen sowohl bei den betroffenen Männern und Frauen als auch bei den Partnern und Partnerinnen signifikant zu. Dem entspricht die *Abnahme der sexuellen Zufriedenheit:* vor der Diagnose waren ca. 90 Prozent der Befragten damit zufrieden; nach der Diagnosestellung sank der Wert auf unter 60 Prozent. Einen *Zusammenhang zwischen den eingenommenen Medikamenten* und den Veränderungen ihrer Sexualität gaben ca. 30 Prozent der Frauen und 64 Prozent der Männer an. Die Differenzierung dieser Angaben *für verschiedene Arzneimittel-Gruppen* ergab folgendes Bild:

– Bei der Einnahme von **L-DOPA** erlebte mehr als die Hälfte der Männer eine Abnahme z. B. der Erregungsfähigkeit; bei den Frauen betraf dies nur etwa ein Drittel. Dazu passt, dass nur 10–20 Prozent der Männer eine Zunahme der sexuellen Aktivität erlebten, während dies von ca. 40 Prozent der Frauen berichtet wurde.
– Bei den **Dopamin-Rezeptoragonisten** erfuhren beide Geschlechter eher eine Abnahme der sexuellen Erregung (Männer 53, Frauen 42 Prozent) als eine Zunahme (Männer 23, Frauen 29 Prozent). Der oben abgedruckte Fall-Bericht stellt damit wohl eher die Ausnahme dar, die die Regel bestätigt.

- Von den **Amantadin-Präparaten** wurde nur das PK-Merz®, in die Betrachtung einbezogen. Es gab keine Unterschiede zwischen den Geschlechtern und die meisten Betroffenen berichteten eine Abnahme der sexuellen Aktivitäten.

„Hinsichtlich der partnerschaftlichen Situation wird sowohl von den Männern als auch von den Frauen angegeben, dass der Austausch von Zärtlichkeiten, die Mitteilung von Empfindungen, überhaupt kommunikative Aspekte seit der Diagnosestellung *signifikant abgenommen* haben" (Beier, 2000, S. 37). Für die therapeutischen Möglichkeiten der *Sexualmedizin* wird auf die Broschüre verwiesen, speziell für die medikamentöse Behandlung der *erektilen Dysfunktion* auf die Angaben in diesem Buch Seite 298.

A.2.3 Ergänzende Therapien

„Physiotherapie, Ergotherapie, Logopädie und andere adjuvante Behandlungsverfahren haben in der Bundesrepublik einen hohen Stellenwert in der Therapie der Parkinson-Erkrankung" (Ebersbach, 2005). Der Platz dieser Anwendungen im Verlauf der Parkinson-Erkrankung wird deutlich in Tabelle A.4.

Tabelle A.4. Psychologisch kritische Phasen im Leben des Parkinson-Betroffenen (nach Annecke, 1999)

Phase II. Wenn Symptome sichtbar werden			
Gefühle und Verhaltensweisen	Mögliche Interventionen	Personen und Institutionen	Partner(-hilfen) und Familie
Ist-Zustand			
Bestätigung von Angstvorstellungen Krankheit wird „öffentlich"	Depressionstherapie Psychotherapie	qualifizierte Therapeuten	Paartherapie
depressive Reaktionen auf Ansteigen des Krankheitserlebens durch • Veränderung von Lebenskräften • Veränderung von Kontrollmöglichkeiten • Veränderung von Leistungsmöglichkeiten • Grenzen der medizinischen Therapien	Einsatz von Therapien, Anleitung zur Selbsthilfe zur physischen und psychischen Stabilisierung • Krankengymnastik • Ergotherapie • Logopädie • Entspannung • Stressbewältigung	in psychologischer/ sozialer Parkinson-Ambulanz und in Selbsthilfeorganisationen (Erfahrungsaustausch, Motivation, Vorbilder, Anregungen)	Anleitung zum konstruktiven Co-Therapeuten
Soll-Zustand			
positive Selbstbeeinflussung Aufbau neuer Lebensziele und eines angepassten Lebensstils Erhalt von Lebensqualität in Kernbereichen	Beratung zur konkreten Lebensplanung aktiver Umgang mit Krankheitssymptomen		

Für eine Übersicht wird auf die Literatur verwiesen, z. B. „Adjuvante nicht-medikamentöse Therapieansätze bei Morbus Parkinson" (Przuntek und Müller, 2000). Nachfolgend werden aus diesem Spektrum die Musiktherapie sowie verschiedene Entspannungstechniken eingehender besprochen.

A.2.3.1 Musiktherapie

Bevor auf die *instrumentengestützte* Musiktherapie näher eingegangen wird, werden unter den Stichworten „Singen" und „Bewegung" zwei andere, sachlich verbundene Ansätze kurz angesprochen.

Wenige Bücher sind in den Parkinson-Fachkliniken ebenso wie in den dPV-Regionalgruppen in solcher Vielfalt und Anzahl vorhanden wie Liederbücher. Das gemeinsame *Singen* gehört zu den beliebtesten Aktivitäten bei den Gruppentreffen, bei Seminaren und Ausflügen. Sehr beliebt ist dabei inzwischen das von Günter Zeilmann zur Musik von Beethovens „Ode an die Freude" geschriebene „Parkinson-Lied":

„Ist das immer eine Freude,
wenn wir froh zusammen sind.
Denn Geselligkeit schafft Freunde
das weiß doch schon jedes Kind.
Trübe Stunden sind vergessen,
wenn man fest zusammen hält.
Einer gibt dem andern Stärke.
Freundschaft ist, was wirklich zählt.
Was nützt schon der größte Reichtum,
wenn man doch alleine ist.
Wo ist denn der Sinn des Lebens,
wenn den Nächsten man vergißt.
Steht einander fest zur Seite,
was auch immer kommen mag,
Freundschaft macht erst schön das Leben,
heute und an jedem Tag".

Eine besondere Verbindung von Lauten und Bewegungen stellt die *Heileurhythmie* dar, die mit Parkinson-Patienten als Einzeltherapie durchgeführt wird. Der Bewegungsansatz wird von der Sprachbewegung her abgeleitet. Wie der ausatmende Luftstrom beim Sprechen von Kehlkopf, Lippen, Zähnen und Gaumen geformt wird, wird dies als große Bewegung mit den Armen, Beinen, ja oft mit dem ganzen Rumpf ausgeführt. Mit anderen Worten gesagt, es werden die den einzelnen Lauten zugrunde liegenden „Bewegungsgebärden" auf die gesamte „Bewegungsgestalt" des Menschen übertragen.

Praktische Erfahrungen mit der Heileurhythmie bei Parkinson-Patienten liegen in der Paracelsus Elena Klinik in Kassel vor (Reinnardy, 2000).

Die **Musiktherapie** (nachfolgend abgekürzt als MTh) hat ihre Wurzeln in den 30er-Jahren des 20. Jahrhunderts. Unterschieden werden heute *rezeptive* und *schöpferische* MTh. Bei ersterer werden die musikalischen Reize über Kopfhörer „gesetzt" (z. B. Thaut et al., 1996), während bei der „schöpferischen MTh" „alle am musikalischen Geschehen Beteiligten die Musik nach ihren Möglichkeiten, das heißt aus dem Augenblick heraus [gestalten]. Es wird miteinander musiziert, musikalisch kommuniziert" (Grün et al., 1997).

Die positiven Wirkungen der schöpferischen MTh wurden an der Parkinson-Fachklinik Ambrock in Hagen vor kurzem in einer Studie wissenschaftlich belegt (Dill-Schmölders, 2005). Untersucht wurden 33 IPS-PatientInnen; Altersdurchschnitt 67 Jahre, vergleichbare Begleitmedikation. Zu Beginn und am Ende des Klinikaufenthaltes wurden quantitative Daten erhoben, darunter die UPDRS und die Functional Independence Measure (FIM). Eine nach dem Zufallsprinzip ausgewählte Untergruppe von 18 PatientInnen erhielt zusätzlich 2-mal wöchentlich eine 45-minütige musiktherapeutische Einzeltherapie (Bewertung nach der Music Interaction Rating Scale [MIR]). Als Ergebnis ließ sich bei der Untergruppe mit MTh eine signifikante Verbesserung im Bereich der seelischen Befindlichkeit feststellen. Bei der körperlichen

Befindlichkeit verbesserten sich die Aktiv-häufiger als die Passiv-Patienten. Bei der Untergruppe ohne MTh war weder die seelische noch die körperliche Verbesserung als signifikant nachzuweisen. – „Musiktherapie mit besonderer Berücksichtigung des Elementes Rhythmus bietet sich als sinnvoller Bestandteil einer zeitgemäßen Rehabilitationsbehandlung bei Parkinson-PatientInnen an".

A.2.3.2 Physiotherapie

Die heute unter dem Begriff „Physiotherapie" zusammengefassten – früher als „Krankengymnastik" bezeichneten – Verfahren verfolgen bei IPS-Patienten folgende Zielstellungen (nach Hendrich und Hölig, 2000; Götz, 2006):

– Vermeidung von Schmerzen und Kontrakturen als Folgen der im Krankheitsverlauf zunehmenden Unbeweglichkeit,
– Beeinflussung von Rigor und pathologischer Körperhaltung,
– Erhaltung beziehungsweise Rückgewinnung der Bewegungsharmonie, verbunden mit der Verbesserung von Kraft, Geschwindigkeit und Reaktionszeiten,
– Verbesserung sozialer Interaktionen durch Gruppengymnastik, aber auch bei *Nordic Walking* (siehe unten) und gemeinsamem Schwimmen,
– im Zusammenwirken mit der *Ergotherapie* Verbesserung der Feinmotorik.

Aus sportphysiologischer Sicht kommen noch die Optimierung des Muskelstoffwechsels und die Verbesserung und Ökonomisierung der Ausdauerleistung als Zielstellungen hinzu. Zur Stärkung der Herz-Kreislauf-Funktion wird aerobes Ausdauertraining empfohlen. Eine Überforderung des aeroben Systems führt zur Lactatacidose. Die Abschätzung der aeroben Ausdauerfähigkeit ist für IPS-Patienten von besonderer Bedeutung, da eine unter unphysiologischen Trainingsbelastungen vermehrt bestehende anaerobe Stoffwechsellage unter Umständen metabolische Nachteile hinsichtlich der zellulären Energiebereitstellung bedeuten kann.

Dies ist heute besonders zu berücksichtigen, da die verminderte Bildung des Komplex I in der Atmungskette der Mitochondrien mit der Konsequenz der reduzierten Energiebereitstellung als ATP und des vermehrten Anfalls reaktiver Sauerstoff-Verbindungen, so genannter toxischer Radikale, als ein Schädigungsfaktor gilt, der zum Untergang der dopaminergen Neurone beim IPS beiträgt (siehe Kap. 5.1).

A.2.3.2.1 Nordic Walking

Im Sommer und Herbst 2005 führte das Sömmering-Institut für Bewegungsstörungen und Verhaltensneurologie in Bad Nauheim eine Studie mit Parkinson-Patienten durch, um heraus zu finden, ob Nordic Walking die motorischen Fähigkeiten und die Herz-Kreislauf-Ausdauer verbessern kann. Teilnehmer waren 17 Frauen und 21 Männer mit einem Durchschnittsalter von 63 Jahren (Bereich 42–79 Jahre); Krankheitsstadium nach Hoehn und Yahr 2,5 bis 3. Zu Beginn der Studie, die drei Monate dauerte, betrieben 80 Prozent der Teilnehmer durchschnittlich zwei bis fünf Stunden in der Woche Sport. Eine erste Auswertung der Ergebnisse ermöglicht folgende Aussagen (Schwed, 2006): In Bezug auf die körperliche Belastung bewerteten die Teilnehmer das Training als „gut zu schaffen"; eine Änderung in der Einstufung nach Hoehn und Yahr ergab sich erwartungsgemäß nicht. Dagegen zeigten die UPDRS-Scores für die ADL, zur Definition siehe Tabelle 7.1, Seite 203) Verbesserungen; z. B. konnten Teilnehmer ihren Haushalt wieder alleine bewältigen und das Einkaufen/Tragen der Einkaufstasche fiel leichter. Die Überprüfung der Motorik zeigte signifikante Verbesserungen z. B. im Webster-Gang-Test für das freie Gehen auf gerader Strecke mit und ohne Drehung. Signifikant verbesserten sich auch Schrittlänge und -frequenz bei einem Tempo von 3 km/h. Der Blutdruck-Anstieg während des Trainings nahm im Verlauf der Studie ab. Bei Studienende lag die Abnahme bei 20–30 mm Hg systolisch und 10–15 mm Hg diastolisch. Ein noch deutlicherer Herz-Kreislauf-Effekt dürfte erreichbar sein, wenn das Walking nach Erlernen der Technik intensiviert wird. Bei der Selbst- und Fremdbeurteilung der Ausdauerleistungsfähigkeit und der Technik gab es überraschende und für zukünftige Studien wichtige Ergebnisse. Die meisten Teilnehmer schätzten ihre Ausdauerfähigkeit recht realistisch und übereinstimmend mit den Trainern ein. Bei *der Beurteilung der Technik hatten die Teilnehmer* **durchweg Schwierigkeiten** *ihre Technikfehler, vor allem auf der betroffenen Seite, zu bemerken.* Ihre Eigenbeurteilung war wesentlich besser als die durch die Trainer!

Fazit: Nordic Walking ist als Sportart geeignet um die Ausdauerleistungsfähigkeit und die Ganggeschwindigkeit bei Parkinson-Patienten zu verbessern. Das Training führt zu Verbesserungen der ADL und zu einer gesteigerten Lebensqualität. Die *Begleitung durch einen Trainer,* der über die Parkinson-Krankheit informiert ist, *ist unerlässlich, da die Betroffenen sich technisch nicht optimal einschätzen.* Die Trainingsempfehlung liegt bei leichtem bis mittlerem Schweregrad des IPS bei 3-mal 60 Minuten in der Woche. **Wichtig ist für die Durchführung, dass die Patienten immer eine Notfalldosis ihrer Medikamente mit sich führen und für eine ausreichende Flüssigkeitszufuhr sorgen.**

A.2.3.3 Entspannungstechniken

Für das Befinden, für die Befindlichkeit von Parkinson-Patienten sind *Ängste* wesentliche Faktoren. Sie sind mit der allmählichen Verschlechterung des Zustandes des/der Kranken verbunden. Das IPS hält die Betroffenen in ständiger Anspannung und bewirkt dadurch eine zunehmende Stressanfälligkeit. Ein Patient brachte sein Befinden auf den Punkt: „Ich lebe auf den Zehenspitzen"; verbunden ist damit der Wunsch nach Ruhe und Entspannung.

Bei der Auswahl der hier näher beschriebenen Methoden waren zwei Kriterien ausschlaggebend:

– sie werden bereits von Parkinson-Patienten mit Erfolg angewandt,
– sie schlagen einen Bogen vom mehr körperbezogenen Vorgehen über Anwendungen aus der Energiemedizin bis zur Meditation.

A.2.3.3.1 Entspannungstraining nach Jacobson

Edmund Jacobson (1885–1976) beobachtete Anfang des 20. Jahrhunderts, dass Muskelanspannung mit Unruhe, Ängstlichkeit bis hin zur Angst und psychischer Spannung verknüpft ist. Auf diese Wechselwirkungen baute er sein Entspannungstraining auf. Besonders wichtig war ihm dabei, dass die Übenden den Kontrast zwischen Anspannung und Entspannung der Muskeln wahrnahmen.

Das Training soll Veränderungen auf drei Ebenen bewirken:

– auf der körperlichen sollen durch Reduzierung der Aktivität des sympathischen Nervensystems z. B. Muskeltonus, Herz- und Atemfrequenz sowie der Blutdruck sinken während die Haut der Extremitäten stärker durchblutet wird;
– auf der emotionalen sind Ausgeglichenheit und Ruhe das Ziel;
– auf der kognitiven gibt es Berichte von Harmonie-, Konzentrations- und Erholungs-Erlebnissen.

Zur praktischen Durchführung werden nacheinander einzelne Muskelgruppen für einige Sekunden willentlich angespannt, danach deutlich länger entspannt. Anfangs braucht der Übende ca. 30 min, später kann eine Schnellentspannung eingeübt werden.

A.2.3.3.2 Atemtherapie

Die hier anzusprechenden Atemtechniken haben eine lange, bis zu Buddha zurück reichende Geschichte. In Deutschland spielt wohl die aus der Erfahrung entwickelte Lehre von Ilse Middendorf „Der erfahrbare Atem" die größte Rolle. Angestrebt wird, die Atmung beziehungsweise die Atembewegung auf willkürlichem und unwillkürlichem Weg so zu beeinflussen, dass die Einzelnen ihre normalerweise unbewusste Atemform bewusst wahrnehmen. Dadurch soll ein Gleichgewicht des Gesamtorganismus erreicht werden, das mit einem ruhigen Atmen verbunden ist. Ähnlichkeit besteht zum Autogenen Training nach H. J. Schultz.

Die Atemtherapie hat ein breites Anwendungsgebiet, das von Beschwerden im Bereich der Atemwege über Kreislaufprobleme, Schmerzen verschiedenster Art und seelische Schwierigkeiten bis zu Schlafstörungen reicht. Angewandt wird sie als Einzelbehandlung, kann aber auch in einer Gruppe durchgeführt werden. Am Ende steht immer ein – gegebenenfalls gemeinsames – Gespräch.

Nebenwirkungen sind kaum zu erwarten. Allerdings sollte bei schweren Erkrankungen, z. B. einer Lungenentzündung, das Abklingen der akuten Symptome abgewartet werden. Wegen des Einflusses auf die Sauerstoffversorgung des Gehirns ist bei Menschen mit einer Psychose Vorsicht geboten.

A.2.3.3.3 Reiki, Johrei und QiGong

Hier sind zu Beginn zwei Klarstellungen notwendig:

- Meditation ist mehr als ein Entspannungsverfahren
- Energiearbeit ist mehr als ein spirituelles Fitnesstraining.

Reiki und Johrei sind Formen von Energiearbeit. Reiki wurde in der zweiten Hälfte des 19. Jahrhunderts von dem Japaner Mikao Usui [wieder-] entdeckt. Der Begründer von Johrei – Mokiti Okada – lebte zwischen 1882 und 1955. Beide Verfahren beruhen auf der in Asien üblichen Vorstellung, dass es *eine umfassende Energie* gibt, zu der jeder Zugang beziehungsweise Zugriff hat. Die Silben „Rei" und „ki" werden zusammen als „universelle Lebensenergie" übersetzt.

Für die Definition von „gesund" beziehungsweise „krank" bedeutet das, dass alle Lebewesen (Menschen, Tiere und Pflanzen) gesund sind, wenn sie genügend Energie haben und diese frei im Organismus zirkulieren kann. Dementsprechend gilt für Krankheit, dass entweder Energie fehlt oder/und deren freie Zirkulation beeinträchtigt ist. Das Ziel bei Reiki-Behandlungen ist es, Energie-Defizite auszugleichen beziehungsweise Blockaden zu lösen.

Für die Anwendung bei Parkinson-Patienten liegen die größten Erfahrungen mit Reiki vor. Die ersten Behandlungen wurden zwischen 1985 und 1990 in der Paracelsus Nordsee-Klinik auf Helgoland durchgeführt. Inzwischen haben nicht nur viele einzelne Patienten Reiki-Behandlungen bekommen, es gibt auch eine wachsende Gruppe von Betroffenen, die sich in den Umgang mit der Energie soweit haben einweisen lassen, dass sie sich und andere behandeln können. Besonders positiv erleben die Patienten, dass die Entspannung ihnen in der Regel zu erholsamem Schlaf verhilft. Die ausgeprägte meditative Komponente bei Reiki ist eine große Hilfe bei der psychischen Bewältigung von Verschlechterungsschüben (Götz, 1999).

Anders als Reiki ist *Qigong* eine Methode, bei der der Mensch selbst aktiv sein muss.

Die Ausführung der harmonischen, langen Bewegungen ist jedoch für viele Parkinson-Patienten problematisch. Deshalb ist es von großem Interesse, dass in der Neurologischen Universitätsklinik in Bonn im Herbst 2003 eine randomisierte, kontrollierte Studie zur Anwendung von Qigong bei 56 Parkinson-Patienten begonnen wurde (Schmitz-Hübsch et al., 2006).

A.3 Hilfe zur Selbsthilfe bei Parkinson-Patienten in Deutschland

A.3.1 *Die „deutsche Parkinson Vereinigung" (dPV)*

Die dPV konnte im Herbst 2006 ihr 25-jähriges Gründungsjubiläum feiern. Auf eine zu diesem Anlass veröffentlichte Chronologie (Johner, 2006) stützen sich die nachfolgenden Texte; die Bilder hierzu wurden ebenfalls zur Verfügung gestellt, wofür der Autor dankt. Die Titelseite der Sonderausgabe der „dPV Nachrichten", die im September 2006 dazu erschien, zeigt Abb. A.4.

Die am 21. Oktober 1981 erfolgte Gründung der dPV ist untrennbar mit drei Personen verbunden (Abb. A.5). Den Anstoß hatte Frau Dr. Ulm, damals Chefärztin der Paracelsus Elena Klinik in Kassel, im Dezember 1980 beim Entlassungs-Gespräch mit Herrn Tauber gegeben, der zum zweiten Mal als Patient in der Klinik gewesen war. Die Elena-Klinik war zu diesem Zeitpunkt die einzige Parkinson-Fachklinik in Deutschland!

Im März 1982 konstituierte sich ein Ärztlicher Beirat mit den Mitgliedern Frau Dr. Ulm, Prof. Jörg, Prof. Nittner und Prof. Schneider. Dieser – später personell erweiterte – Beirat steht seither dem Bundesvorstand der dPV in allen ärztlichen und medizinischen Fragen zur Seite. Im Oktober 1982, bei der ersten Jahreshauptversammlung, umfasste die Organisation bereits 16 Regionalgruppen und 22 Kontaktstellen. – In der medizinischen Öffentlichkeit wurde die dPV erstmals weiteren Kreisen durch eine Pressekonferenz bekannt, die die junge Organisation anlässlich der „medica" – einer damals schnell an Ausstrahlung gewinnenden Fachmesse – im Herbst 1983 veranstaltete.

1985 erfüllte sich ein Wunsch, den viele dPV-Mitglieder geäußert hatten: der Verband gewann mit Frau Ina Jenninger, der Frau des damaligen Bundestagspräsidenten, eine aktive und öffentlichkeitswirksame Schirmherrin. Die schnell ansteigende Zahl der dPV-Mitglieder – im Herbst 1986 waren es schon 4300 – zeigte, dass die Gründung der Selbsthilfeorganisation keinen Moment zu früh erfolgt war. Hans Tauber erhielt für seine Verdienste um diese Initiative den Verdienstorden des Landes Nordrhein-Westfalen.

Das Jahresende 1989 und das Frühjahr 1990 – für ganz Deutschland politisch und menschlich bewegte Zeiten – ließen auch die dPV keineswegs in Ruhe. Zu vermelden waren

– die Gründung des **dPV-Bundesverbandes** und die Abhaltung der ersten **Delegierten-Versammlung;**
– die Einbeziehung der ehemaligen DDR in das Tätigkeitsgebiet der dPV, nach außen dokumentiert mit der Errichtung eines **ersten Landesverbandes** in **Sachsen-Anhalt;**
– als dicker Wermutstropfen der Rückzug von Frau Jenninger nachdem ihr Mann als Bundestagspräsident zurückgetreten war. Neue Schirmherrin wurde 1992 die Bundesgesundheitsministerin a. D. Frau Prof. Dr. Ursula **Lehr**.

1993 war das Jahr des Generationswechsels an der Spitze der dPV. Auf der Jahresversammlung wählten die Delegierten Klaus Bock aus Darmstadt zum neuen 1.Vorsitzenden (Abb. A.6) und – begleitet von minutenlangen „standing ovations" – Hans Tauber zum Ehrenvorsitzenden der dPV.

1994 entstand in Bernburg mit der heutigen Waldklinik die erste private Parkinson-Fachklinik auf ehemaligem DDR-Gebiet, geleitet damals wie heute von Frau Dr. Gemende.

Abb. A.4. Titelblatt der Jubiläums-Sonderausgabe der dPV-Nachrichten

Abb. A.5. Hans Tauber, einige Monate nach Gründung der dPV.
Rechts Frau Dr. Gudrun Ulm, links Frau Mimi Tauber, die ihren Mann tatkräftig beim Aufbau der dPV unterstützte

Hans Tauber (1981–1993)   Klaus Bock (1993–1997)   Dr. Wolfgang Götz (1997–2005)   Magdalena Kaminski (seit 2005)

Abb. A.6. Die bisherigen und die gegenwärtige Bundesvorsitzende(n) der dPV

Das nächste Jahr mit wichtigen Neuerungen für die dPV und ihre Mitglieder war 1997. Ulrich Wickert, inzwischen im Ruhestand befindlicher „Mr. Tagesthemen", übernahm die Schirmherrschaft von Frau Prof. Lehr, nachdem er mit seiner Popularität wesentlich zum Erfolg der auch von namhaften Pharmafirmen unterstützten dPV-Kampagne „Hinsehen-Handeln-Helfen" beigetragen hatte. Der Erfolg des seinerzeit speziell dafür entwickelten Fragenkatalogs (s. Abb. A.1) war so, dass er auch heute – rund 10 Jahre später – noch immer an der Basis zur Aufklärung interessierter Bürger eingesetzt wird.

Die Delegiertenversammlung, die im Herbst 1997 in Nürnberg tagte, wählte mit Dr. Wolfgang Götz erneut einen Betroffenen zum ersten Vorsitzenden, dem dritten seit Gründung der Vereinigung. In der gleichen Versammlung beschlossen die Delegierten per Satzungsänderung ein ausgeklügeltes System, mit dem sie ihre Zahl für die künftigen Tagungen auf einer Höhe begrenzten, die die Kosten für die Durchführung in vertretbaren Grenzen fixierte.

Von großer Bedeutung für das Alltagsleben der Patienten war die im Frühjahr 1998 in Bochum abgehaltene Konsensuskonferenz zu Fragen der medikamentösen Therapie des IPS.

Besonders brennend war die Frage, wieviel L-DOPA denn pro Tag für den einzelnen Betroffenen die richtige Menge sei? Bis in die so genannten „gelben Blätter" hatte sich die Diskussion über die Nebenwirkungen der L-DOPA-Therapie ausgebreitet und zu einer – zum Teil so massiven –Verunsicherung der Patienten und ihrer Umgebung geführt, dass einzelne aus Angst und Sorge die Einnahme der verordneten L-DOPA-Präparate infrage stellten. In der ganztägigen Marathon-Sitzung, an der die Parkinson-Experten aus Klinik, Forschung und Industrie teilnahmen, wurde nicht nur das Thema „L-DOPA-Einnahme: Mengen und Wirkungen/Nebenwirkungen" mit einem einvernehmlichen Ergebnis behandelt; es wurde vor allem auch der Platz der Dopamin-Rezeptoragonisten, die die größte Gruppe der neuen Therapeutika darstellten, in der Routine-Therapie des IPS „konsentiert". Die Veröffentlichung der Ergebnisse dieser Beratungen führte erfreulich schnell dazu, dass die „Aufgeregtheiten" in den Diskussionen sich wieder legten, was auch dem so wichtigen Seelenfrieden der Betroffenen zugute kam.

Auch die Jahre 1999/2000 standen im Zeichen wichtiger Entwicklungen für die Zukunft der Therapie des IPS. Zunächst wurden in einer für Europa einmaligen Anstrengung die 12 000 Betroffenen Mitglieder der dPV in einer *Querschnittsstudie zum Einfluss von Krankheit und Medikamenten auf das* **Sexualverhalten** befragt (siehe dazu auch Seite 342). Der aus der Beteiligung von ca. 3000 Betroffenen und „Angehörigen" an der Befragung entstandene Daten-Pool ist auch heute noch nicht vollständig ausgewertet.

War die – wirklich aktive – Beteiligung der in der dPV zusammengeschlossenen Patienten und ihres sozialen Umfeldes schon mitursächlich für das positive Ergebnis der Sexualitäts-Studie, so war die Unterstützung, die die „organisierten Parkis" durch den dPV-Bundesvorstand in den Projekt-Antrag „MEDNET Parkinson-Syndrom", der 1997/98 durch eine Arbeitsgruppe unter der Federführung von Prof. Oertel, Marburg, erarbeitet wurde, einbrachten, mit-entscheidend für den Erfolg des Antrags. Am 14. Januar 1999 – in der spannenden Endausscheidung, zu der die Repräsentanten von 14 im Rennen gebliebenen Projektgruppen nach Bonn eingeladen worden waren – war der Stand des **„Projekts Morbus Parkinson"** besetzt mit – Ladies first – Frau Dr. G. Ulm, den Herren Professoren Oertel, Deuschl und Riederer und Dr. Götz als Vertreter der dPV. Die gemeinsame Freude über den Erfolg war groß als bekannt gegeben wurde, dass der Antrag der Arbeitsgruppe Oertel nicht nur unter den neun Gewinnern der Förderung war, sondern auch noch den Sonderpreis für „die am besten verständliche Präsentation der Forschungs- und Versorgungsaufgaben im geplanten medizinischen Kompetenznetzwerk" zugesprochen bekommen hatte. In der Begründung der international besetzten Jury für die Auswahl des Parkinson-Projekts wurde ausdrücklich auf die Unterstützung des Antrags durch die Patientenorganisation als einen der Erfolgsfaktoren Bezug genommen.

Der Aufbruch ins neue Jahrtausend war für die dPV noch mit einem weiteren positiven Signal für die Forschung verbunden. Ende September 2000 konnte mit einem Startkapital von – damals noch D-Mark – 400 000, die durch Erbschaften zusammen gekommen waren, die schon 1998 beschlossene Gründung der **„Hans Tauber-Stiftung"** realisiert werden. Ziel der Stiftung ist die Förderung der Parkinson-Forschung.

2001 konnte die dPV ihr 20-jähriges Gründungsjubiläum feiern; im Dezember 2002 nahm Frau Dr. Ulm (Abb. A.7) ihren Abschied als Chefärztin der Kasseler Paracelsus Elena-Klinik. Ihre Nachfolge trat Frau Professor Trenkwalder an.

Abb. A.8. Die neue Schirmherrin der dPV Frau Heide Keller

Abb. A.7. Frau Dr. G. Ulm bleibt den Lesern der dPV-Nachrichten erhalten!

Einen erneuten Wechsel sah 2003 in der Schirmherrschaft. Ulrich Wickert gab das Ehrenamt aus Arbeits- und Termingründen ab; an seine Stelle trat die Schauspielerin Heide Keller (Abb. A.8.), vielen bekannt aus der Fernseh-Serie „Traumschiff" als die Chef-Stewardess.

Im Januar 2004 verständigten sich die in der Deutschen Gesellschaft für Neurologie (DGN) zusammengeschlossenen Wissenschaftler und Neurologen erstmals auf klare Leitlinien für die Diagnostik und Therapie des IPS. Im Herbst des gleichen Jahres erfuhr die Arbeit der dPV-ler im thüringischen Bad Heiligenstadt eine seltene politische Anerkennung. Anlässlich eines Besuches des Bundesvorsitzenden kam auch der thüringische Ministerpräsident Dieter Althaus vorbei und würdigte in einer bemerkenswerten Rede sowohl die lokal geleistete als auch die überregionale Arbeit.

Die Delegiertenversammlung des Jahres 2005 bescherte der dPV mit Magdalene Kaminski (Abb. A.6) zum ersten Mal nicht nur eine Frau an der Spitze, sondern auch eine Nicht-Betroffene. Sie war seit 2003 2. Vorsitzende und damit die Stellvertreterin von Dr. Götz gewesen, der aus Krankheitsgründen nicht für eine dritte Amtszeit kandidierte. Neue „Zweite" wurde die ehemalige Bundestagsabgeordnete Frau Dr. h.c. Margot von Renesse. Mit dieser neuen weiblichen Doppel-Spitze bestritt die dPV das Jahr 2006 und damit auch das 25-jährige Jubiläum. Für die nähere Zukunft ist die Organisation mit rund 23 000 Mitgliedern in ca. 450 Regionalgruppen und Kontaktstellen „gut aufgestellt".

A.3.2 Der „Club U 40"

Der nachfolgende Text stützt sich auf eine Übersicht in der Jubiläumsausgabe der dPV-Nachrichten (Faßhauer, 2006): 1987/88 hatten zwei jüngere Parkinson-Patienten die Unterschiede, die sie zwischen ihrer und der Situation der älteren Betroffenen sahen, so auf den Punkt gebracht: Die älteren Patienten sind meist eingebunden in Familien, haben das Berufsleben hinter sich und sind in der Regel durch eine Altersrente abgesichert; die jüngeren Patienten sind dagegen zum Zeitpunkt der Diagnose gerade erst dabei, sich beruflich wie familiär zu orientieren. An Rentenansprüche ist oft noch gar nicht zu denken.

Bei Eva Schmoeger, der Mutter eines der jungen Patienten, traf sich schließlich die Gruppe mit Frau Dr. Ulm, die aus Kassel anreiste und den medizinischen Part der Versammlung übernahm. Mit dem erfolgreichen Verlauf dieses ersten Treffens und der Bereitschaft von Frau Schmoeger, die nächsten zu organisieren, war der Club U 40 geboren. Die monatlichen Treffen der Gruppe führten zu einem ersten mehrtägigen Seminar in Königsfeld im Schwarzwald, wieder unter der Obhut von Frau Schmoeger. Arztvorträge, Gesprächsrunden – oft mit Beteiligung von Vertretern der dPV, Gymnastik und Ausflüge ließen die Zeit immer schnell vergehen. Frau Schmoeger wuchs über die Organisation und Leitung dieser „Königsfelder Seminare"

in die Rolle der „Mutter der U 40er" hinein, ein Full-time-Job, den sie bis 2005 ausfüllte.

Durch die Gründung weiterer regionaler Clubs und intensive Öffentlichkeitsarbeit wurde die Arbeit des Club U 40 bundes- und schließlich europaweit bekannt. Die Club-Mitglieder entdeckten das Internet als Plattform zum Informationsaustausch und als Diskussionsforum. Außerdem können Betroffene, Angehörige und Interessierte über Kontakttelefone Auskünfte einholen und ihre altersspezifischen Fragen zur Parkinson-Krankheit besprechen.

Die Arbeit von Frau Schmoeger wurde im Sommer 2005 auf ein Team aus jüngeren Patienten übertragen, die für die verschiedenen Funktionen aus der Mitte der U 40er gewählt wurden. Diese Entwicklung ist für den Gesamt-Verband von erheblicher Bedeutung, denn satzungsmäßig gehören diese jungen Patienten zur dPV, deren Zukunft unter anderem davon abhängt, wie gut die Integration des Nachwuchses gelingt.

A.3.3 TIP, MSA, PSP

Die drei Abkürzungen stehen hier als Ausdruck dafür, dass es „im großen Haus dPV spezielle Räume" für bestimmte Patientengruppen gibt, deren spezifischen Fragen auf diese Weise so gut als möglich Rechnung getragen werden soll. Den Anfang machten 1999 die **Tiefenhirn-stimulierten „TIP"-Patienten;** hinzugekommen sind die Patienten mit den Diagnosen **Multisystematrophie (MSA)** und **Progressiver supranukleärer [Blick-] Parese (PSP)**.

Aus den Zeilen zu den U 40-Patienten geht hervor, dass deren Hauptproblem zu Beginn war, dass die einzelnen Betroffenen sich isoliert fühlten, da sie kaum Möglichkeiten zum direkten Kontakt und damit zum Austausch mit anderen Betroffenen fanden, die gleiche Sorgen und Fragen hatten. Den gleichen Schwierigkeiten sahen sich viele

TIP-Patienten gegenüber; ihnen bietet die dPV heute schon verbesserte Möglichkeiten zum Austausch an, da zwei überregional aktive Ansprechpartner benannt sind. Bei den MSA- und PSP-PantientInnen besteht noch die Problematik der bisher relativ kleinen Zahlen, die die direkte Vernetzung schwierig machen.

Allen vier Gruppierungen bietet die dPV seit Sommer 2005 als gedruckte Plattform für den überregionalen Austausch das „dPV-Club-Journal" an, das halbjährlich erscheint. Neben allgemein interessierenden medizinischen Informationen bietet jede Ausgabe auch Rubriken mit Fragen und Antworten.

Für die PSP-Patienten – zur Zeit wird ihre Zahl für Deutschland auf ca. 2500 geschätzt – gibt es seit Juni 2004 die *Deutsche PSP-Gesellschaft e.V."*, die viermal im Jahr die „PSP-Rundschau" herausgibt. Im Internet sind die deutsche und die europäische Gesellschaft zu finden unter

– www.psp-gesellschaft.de [für Deutschland]
– www.pspeur.org.

Da es bisher keine spezifische Medikation für diese den Parkinson-plus-Syndromen zugeordnete Erkrankung gibt, sind alle Hinweise wichtig, die den Betroffenen Erleichterung bringen können. Aus USA liegen seit mehr als fünf Jahren Berichte vor (Swedlow et al., 2000), wonach die Komplex I-Aktivität in den Mitochondrien von PSP-Patienten erniedrigt ist. Die Anwendung von Coenzym Q_{10} wird deshalb dort wie inzwischen auch in Deutschland – hier in der flüssigen Form als Sanomit®, – geprüft. Es wird sicher einige Zeit dauern, bis gesicherte Studienergebnisse vorliegen. Umso ermutigender ist es, dass einzelne PatientInnen in persönlichen Mitteilungen bereits von deutlichen Verbesserungen in der Allgemeinbefindlichkeit berichten (zu Coenzym Q_{10} siehe auch Seite 330).

A.4 Fachkliniken, Pflege und Begleitkrankheiten

Nachdem bisher Themen aus Patientensicht und der vorwiegend auf ehrenamtlichem Engagement von Betroffenen und Partnern beruhenden Selbsthilfe angesprochen wurden, sollen zum Abschluss noch Brücken zum eher klinischen Bereich geschlagen werden. Der große Komplex **„Pflege"** kann dabei nur als Merkposten genannt werden. Die Parkinson-Spezialkliniken sind in Tabelle A.5 zsammengestellt. Das Thema „Begleiterkrankungen" wird am Beispiel „Osteoporose" thematisiert.

Die *Kriterien für Parkinson-Fachkliniken* wurden erstmals 1998/99 im Dialog zwischen der DPG und der dPV erarbeitet. Das Ergebnis führte zur Zertifizierung von 12 Krankenhäusern als Parkinson-Fachkliniken. Nach den praktischen Erfahrungen mit diesen Standards kam ein Abstimmungsprozess in Gang, der auf dem Input der Chefärzte der vorhandenen Häuser und der dPV als Patientenvertretung aufbauen konnte. Die Notwendigkeit einer solchen Aktualisierung ergab sich schon aus dem Wissenszuwachs, der nicht nur beim IPS, sondern auch bei den atypischen oder „Plus"-Varianten der Parkinson-Erkrankung zu verzeichnen war. Der neue „Katalog", über den in der 2. Hälfte 2006 von den Beteiligten Einigkeit erzielt wurde, ist Basis für die nächste Zertifizierungs-Runde, die wohl ab Anfang 2007 durchgeführt wird.

A.4.1 *Pflege*

Dieses Gebiet hat in den letzten Jahren eine so stürmische Entwicklung erfahren, dass hier wenigstens auf eine Gruppe von Veröffentlichungen hingewiesen werden soll, die auf-

Tabelle A.4. Die Parkinson-Spezialkliniken, alphabetisch nach den Standorten (Stand: Ende 2006)

ASKLEPIOS Fachklinik Stadtroda GmbH, Abtlg. Neurologie m. FB f. Parkinsonkranke
Bahnhofstr. 1a, Postfach 152, 07641 Stadtroda
Tel.: 03 64 28 / 5 63 77; E-Mail: u.polzer@asklepios.com
Chefarzt Dr. U. Polzer
40 Betten

Fachklinik Feldberg GmbH, Zentrum für Neurologie, Kardiologie, Psychosomatik und Orthopädie
Buchenallee 1, 17258 Feldberger Seenlandschaft
Tel.: 03 98 31 / 5 20; Fax: 03 98 31 / 54 04; Internet: www.klinik-am-haussee.de
Ärztlicher Direktor Prof. Dr. H. Przuntek, Chefarzt Neurologie Dr. Christoph Bucka
60 Betten

Fachklinik Ichenhausen, Neurologische Abteilung mit Fachbereich Morbus Parkinson
Krumbacherstr. 45, 89335 Ichenhausen
Tel.: 0 82 23 / 99 10 34; Fax: 08223/991043
Ärztliche Leitung Dr. med. J. Durner
120 Betten

Gertrudis-Privatklinik Biskirchen
Karl-Ferdinand-Broll-Str. 2–4, 35638 Leun-Biskirchen (bei Wetzlar)
Tel.: 0 64 73 / 30 50; Fax: 0 64 73 / 3 05-57; E-Mail: parkinson-center@t-online.de;
Internet: http://www.parkinsonweb.de
Ärztlicher Direktor Dr. med. F. Fornadi, Chefärztin Dr. med. I. Csoti
20 Betten

Klinik Ambrock, Kooperierende Klinik der Universität Witten/Herdecke, Klinik für Neurologie
Ambrocker Weg 60, 58091 Hagen
Tel.: 0 23 31 / 97 43 01; Fax: 0 23 31 / 97 43 11
Ärztliche Leitung Prof. Dr. med. W. Greulich
250 Betten

Klinikum Beelitz GmbH, Neurologisches Fachkrankenhaus für Bewegungsstörungen/Parkinson
Paracelsusring 6a, 14547 Beelitz-Heilstätten
Tel.: 03 32 04 / 2 27 81; Fax: 03 32 04 / 2 27 82; E-Mail: ebersbach@parkinson-beelitz.de
Chefarzt PD Dr. G. Ebersbach
45 Betten

Medical Park Bad Rodach, Fachklinik für Neurologie
Kurring 16, 96476 Bad Rodach
Tel.: 0 95 64 / 93 15-10; Fax: 0 95 64 / 93 15-11
Chefarzt Dr. G. Kroczek

Paracelsus Elena Klinik
Klinikstr. 16, 34128 Kassel
Tel.: 05 61 / 6 00 90; Fax: 05 61 / 60 09-1 26
Ärztliche Leitung Frau Prof. Dr. med. Cl. Trenkwalder
120 Betten

Paracelsus Nordseeklinik Helgoland
Invasorenpfad, 27498 Helgoland
Tel.: 0 47 25 / 8 03-1 35; Fax: 0 47 25 / 8 03-1 34; E-Mail: helgoland@paracelsus-kliniken.de
Ärztliche Leitung Frau Dr. A. Bilsing
32 Betten

Tabelle A.4. (Fortsetzung)

Parkinson-Klinik, Behandlungszentrum für Bewegungsstörungen,
Akutkrankenhaus und Klinik für neurologische Rehabilitation
Franz-Groedel-Str. 6, 61231 Bad Nauheim
Tel.: 0 60 32 / 7 81-0; Fax: 0 60 32 / 7 81-1 00
Ärztl. Direktor u. Chefarzt der Akutabteilung Dr. med. M. Oechsner
Chefarzt der Reha-Abteilung Dr. med. A. Korchounow
160 Betten

Parkinson-Klinik Wolfach, Neurologisches Krankenhaus
Kreuzbergstr. 12 – 24, 77709 Wolfach/Schwarzwald
Tel.: 0 78 34 / 97 10; Fax: 0 78 34 / 49 30; E-Mail: info@parkinson-klinik.de
Ärztliche Leitung Dr. G. Fuchs
60 Betten

Waldklinik Bernburg GmbH, Neurologische Klinik Behandlungszentrum für Parkinsonkranke
Keßlerstr 8, 06406 Bernburg
Tel.: 0 34 71 / 36 50; Fax: 0 34 71 / 36 52 00; E-Mail: waldklinik-bernburg@t-online
Leitende Ärztin Frau Dr. med. I. Gemende
80 Betten

---

grund der Themen und Praxisbezogenheit der Darstellung für Parkinson-Betroffene und deren Umfeld von größter Bedeutung ist. Die Rede ist von den *„Expertenstandards"*, von denen – gefördert vom Bundesministerium für Gesundheit – in der jüngsten Vergangenheit durch das *„Deutsche Netzwerk für Qualitätsentwicklung in der Pflege"* (DNQP) in Kooperation mit der Fachhochschule Osnabrück fünf Ausgaben erschienen. Von den behandelnden Themen werden hier nur die für Parkinson-Betroffene direkt relevanten genannt:

– Sturzprophylaxe,
– Förderung der Harnkontinenz,
– Dekubitusprophylaxe.

A.4.2 Begleiterkrankungen, hier Osteoporose

Das Thema „Begleiterkrankungen" wird in Deutschland nach wie vor stiefmütterlich behandelt, obwohl schon vor zehn Jahren in der einzigen Übersichtsarbeit, die dazu seither in der deutschsprachigen Literatur gefunden werden konnte (Gehlen et al., 1997), die Volkskrankheit *Diabetes mellitus mit ca. 33 Prozent* an der Spitze lag. In der gleichen Veröffentlichung findet sich das nachfolgende Zitat: „Bei chronischen Erkrankungen im höheren Lebensalter sind Begleiterkrankungen von besonderer Bedeutung, insbesondere bei Parkinson-Patienten [...] beispielhaft [sei] eine durch körperliche Inaktivität ausgeprägtere Osteoporose zu nennen, die dann bei Stürzen gehäuft zu Frakturen führen kann, die ihrerseits dann wieder zu länger andauernder Immobilität mit allen ihren negativen Auswirkungen auf ein Parkinson-Syndrom führen [können]".

Angesichts dieser Feststellung dürfte es interessant sein, dass bei einer breit angelegten Literaturrecherche eine Veröffentlichung gefunden wurde, in der 1985 [!] in dem renommierten *British Medical Journal* die Frage gestellt wurde: "Why should levodopa be carefully administered in patients with osteoporosis?" Die Antwort ist so verblüffend simpel, dass sie hier wörtlich übersetzt wiedergegeben wird: „Die durch die wirksame Behandlung [des IPS mit L-DOPA] gesteigerte Beweglichkeit könnte bei Patienten mit

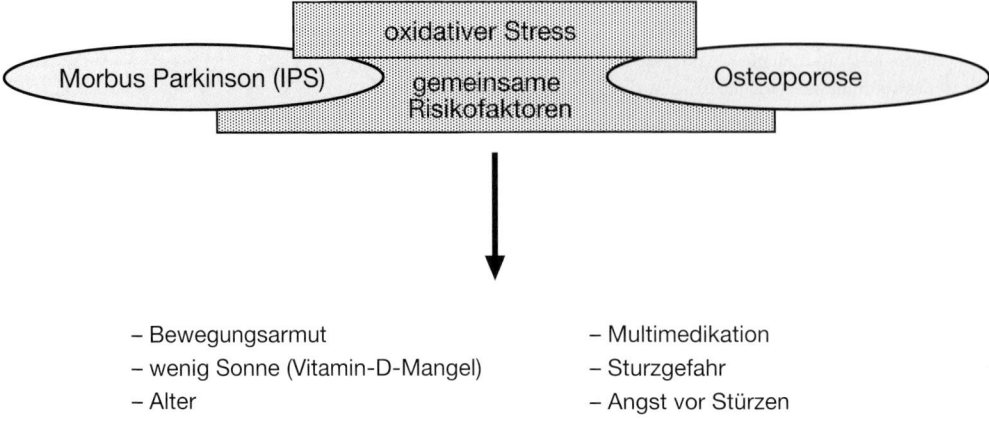

- Bewegungsarmut
- wenig Sonne (Vitamin-D-Mangel)
- Alter
- Multimedikation
- Sturzgefahr
- Angst vor Stürzen

Abb. A.9. Faktoren für das idiopatische Parkinson-Syndrom (IPS) und Osteoporose

Osteoporose das Risiko für Stürze und damit für Frakturen erhöhen" (Beeley, 1985).

In der Folgezeit erschienen ganz vereinzelt und geographisch weit verteilt – z. B. in Japan, USA und auf Taiwan – immer wieder einmal Arbeiten, in denen fast schüchtern auf das überzufällig häufige gemeinsame Auftreten von Parkinson und Osteoporose hingewiesen wurde. Auch in Europa und damit in Deutschland hielten sich bis in die jüngste Vergangenheit hartnäckig zwei Vorurteile (Götz, 2001): Osteoporose ist reine Frauensache, eine Krankheit der vorwiegend älteren Frau nach der Menopause, mit „Witwenbuckel"; Osteoporose bei Männern, noch dazu bei jüngeren ist eine Rarität – so selten, dass es noch 1996 keine Literaturstellen dazu gab, wieviel Calcium gesunde beziehungsweise erkrankte Männer im 24-h-Urin ausscheiden?!

Nimmt man den „therapeutischen Nihilismus" dazu, der die Einstellung vieler Ärzte in Bezug auf die Osteoporose-Behandlung bei älteren, vor allem aber bei jüngeren Männern prägt, dann kann es nicht verwundern, dass sich – auch ärztlicherseits – kaum Widerstand regte, als die Spitzenverbände der Krankenkassen und die Kassenärztliche Bundesvereinigung im Dezember 1999 beschlossen, dass ab dem 1. April 2000 „die Osteodensitometrie nur noch für die Patienten als Kassenleistung abgerechnet werden darf, die eine Fraktur ohne adäquates Trauma erlitten haben und bei denen gleichzeitig ein begründeter Verdacht auf das Vorliegen einer Osteoporose besteht" (Heinen, 2001).

Damit ist genau das Problem angesprochen, das als der kleinste gemeinsame Nenner zwischen den Krankheitsbildern Osteoporose und IPS angesehen werden kann: **das Sturzrisiko** (siehe Abb. A.9), das von vielen Älteren als Damoklesschwert empfunden wird. „Die Furcht vor einer Schenkelhalsfraktur verfolgt ältere Menschen mehr als fast jedes andere Gefahrenmoment. Im Alter führt dieses Ereignis doch so häufig zu einem Verlust der körperlichen Mobilität und persönlichen Unabhängigkeit – und diese Furcht ist begründet" (Ford, 1989).

Sowohl in der Früherkennung als auch in der Therapie haben bei beiden Krankheitsbildern in den letzten Jahren Entwicklungen stattgefunden, die einen für die Betroffenen positiveren Verlauf ermöglichen; für die Situation der Parkinson-Patienten wird hierfür auf die Seite 197 ff. verwiesen. Auf die medikamentösen Möglichkeiten bei der Osteoporose kann hier nicht im Einzelnen eingegangen werden. Angesprochen werden soll aber die Calcium-Zufuhr durch Mineralwässer beziehungsweise die Ernährung. Letztere ist gerade bei den „Doppel-Patienten" wichtig und schwierig. Generell sollte sie sich an der bekannten „Nahrungspyramide" orientieren. Ein Problem kann dabei für die „Doppel-Patienten" darin liegen, dass der für die Osteoporose wünschenswerte Konsum von Milch und Milchprodukten den IPS-Patienten Schwierigkeiten bei der L-DOPA-Resorption bereiten kann, wenn die notwendigen zeitlichen Abstände zwischen der L-DOPA-Einnahme und dem Eiweiß-Konsum nicht beachtet werden. Bei der Auswahl der Mineralwässer ist darauf zu achten, dass nur solche mit > 300 mg Ca^{2+}/l wirklich sinnvoll sind. Wird das beachtet, können die Betroffenen „zwei Fliegen mit einem Streich" erledigen: sie decken das häufig vorhandene Flüssigkeitsdefizit und den erhöhten Calcium-Bedarf auf einmal.

Wegen der enormen praktischen Bedeutung sind abschließend „umgebungsgebundene Risikofaktoren für Stürze und damit für Schenkelhalsfrakturen" zusammengestellt:

– Stolperfallen im Haushalt, z. B. lose Teppiche, Bettvorleger, Kabel, Spielzeug,
– hohe, gefährliche Stufen,
– glatte Böden, besonders im Bad,
– schlechte Licht- und Sichtverhältnisse (Stärke der Brille?!),
– fehlende Handläufe, Geländer an Treppen,
– Bordsteinkanten,
– Dunkelheit und Glätte.

Appendix B
Übersichtstabellen

O. Dietmaier und G. Laux

In diesen Tabellen sind die in Deutschland (D), Österreich (A) und der Schweiz (CH) im Handel erhältlichen Parkinsonmittel und etablierten Antidementiva (Nootropika) sowie die bei bestehender Co-Morbidität in Frage kommenden Antidepressiva und Antipsychotika alphabetisch nach ihren gebräuchlichen Kurzbezeichnungen aufgeführt. Es wurden die in der Roten Liste 2007 verwandten internationalen Freinamen (INN), INNv (vorgeschlagene Freinamen) oder sonstige Kurzbezeichnungen gewählt. Bezugsquelle für die Präparateauswahl ist die ABDA-Datenbank (deutsche und internationale Taxe, Stand 1.1.2007).

Mit ® gekennzeichnet sind die Handelsnamen der registrierten Präparate. Zusätze zu Präparatenamen wie „forte", „retard" u. ä. sind nicht mitaufgeführt. Generika, die im Namen die gebräuchliche Kurzbezeichnung (z. B. INN) enthalten, sind nicht aufgelistet.

Als Eliminationshalbwertszeit ist die mittlere terminale Halbwertszeit oder ein Halbwertszeit-Bereich eines nierengesunden Erwachsenen angegeben. Bei Leber- oder Niereninsuffizienz, bei Kindern oder im Alter können klinisch bedeutsame Abweichungen auftreten.

362 Appendix B: Übersichtstabellen

Internat. Freiname (INN, generic name) Chemische Formel	Stoffgruppe	Handelsname (A, CH, D)	Substanzcharakteristik, besondere Hinweise	Eliminationshalbwertszeit (in Stunden)	Dosierungsbereich (mg/Tag)	Übersichtsliteratur
Amantadin	Parkinsonmittel	PK-Merz® (A, CH, D) Adekin® (D) Amanta® (D) Amixx® (D) tregor® (D) Hofcomant® (A) Virucid® (A) Symmetrel® (A, CH) Amant® (A) Noctal® (A)	Glutamat (NMDA)-Antagonist, neuroprotektive Wirkung, nur geringe anticholinerge Wirkung. Bei leichter bis mittelschwerer Symptomatik als Monotherapie, sonst als Zusatzmedikation zu Levodopa. Bei neuroleptikabedingten extrapyramidalen Symptomen. Für akinetische Krisen in Infusionsform verfügbar. Weitere Einsatzgebiete: Therapie und Prophylaxe der Virusgrippe, Vigilanzminderung bei postkomatösen Zuständen	10–30	200–600 Die letzte Tagesdosis sollte am Nachmittag eingenommen werden. Erhaltungsdosis bei niereninsuffizienten Patienten reduzieren	Jörg und Pröfrock (1995) Danielczyk (1995) Crosby et al. (2003)
Amitriptylin	Trizyklisches Antidepressivum	Saroten® (A, CH, D) Tryptizol® (A, CH) Amineurin® (D) Novoprotect® (D) Syneudon® (D)	Standard-Antidepressivum mit angstlösend-dämpfender und schlafanstoßender Wirkung. Hemmt Wiederaufnahme von Noradrenalin und Serotonin, stark anticholinerg → delirogen, Hypotonie	10–20	Initial 25 mg, Aufdosierung bis 150 mg	Chung et al. (2003)

Internat. Freiname (INN, generic name) Chemische Formel	Stoffgruppe	Handelsname (A, CH, D)	Substanzcharakteristik, besondere Hinweise	Eliminationshalbwertszeit (in Stunden)	Dosierungsbereich (mg/Tag)	Übersichtsliteratur
Apomorphin	Parkinsonmittel	Apomorphin-Amp. (D) Apo-Go® (A, D)	Dopaminagonist. Zur Behandlung von on-off-Phänomenen, die trotz Therapie mit Levodopa und/oder Dopaminagonisten weiterbestehen. Vorsichtige Einstellung des Patienten unter stationären Bedingungen. Subkutane, sublinguale und intranasale Applikation. Blockade der emetischen Wirkung durch Vorbehandlung mit peripheren Dopaminantagonisten z. B. Domperidon (Motilium®). Weitere Einsatzgebiete: Emetikum, erektile Dysfunktion (sublingual) Cave Blutdruckabfall!	0,5 (parenteral) 3 (sublingual)	3–30	Dressler (2005)

Internat. Freiname (INN, generic name) Chemische Formel	Stoffgruppe	Handelsname (A, CH, D)	Substanzcharakteristik, besondere Hinweise	Eliminationshalbwertszeit (in Stunden)	Dosierungsbereich (mg/Tag)	Übersichtsliteratur
Benserazid + Levodopa	Parkinsonmittel, Dopadecarboxylasehemmer	Madopar® (A, CH, D) PK-Levo® (D) Levopar® (D) Restex® (A, D) Dopamed® (A) Levobens® (A)	Peripherer Hemmstoff der Dopadecarboxylase. In Kombination mit Levodopa sind deutlich niedrigere Levodopa-Dosierungen als bei Monotherapie erforderlich. Gleichzeitig resultieren daraus höhere zentrale Dopaminspiegel. Weitere Einsatzgebiete: Restless Legs Syndrom	ca. 1	200–600 (bezogen auf Levodopa)	Battistin et al. (1978) Dingemanse et al. (1997) Ghika et al. (1997)
Biperiden	Parkinsonmittel	Akineton® (A, CH, D)	Anticholinergikum mit vorwiegend zentraler Wirkung. Beeinflusst primär Rigor, Tremor und vegetative Symptome (z. B. Hyperhidrosis, Hypersalivation), in geringerem Umfang auch Akinese. Mittel der Wahl bei medikamentös bedingten extrapyramidalmotorischen Störungen mit Ausnahme von Spätdyskinesien	18–24	2–12	Barnes und McPhillips (1996) Schara (1998)

Appendix B: Übersichtstabellen

Internat. Freiname (INN, generic name) Chemische Formel	Stoffgruppe	Handelsname (A, CH, D)	Substanzcharakteristik, besondere Hinweise	Eliminationshalbwertszeit (in Stunden)	Dosierungsbereich (mg/Tag)	Übersichtsliteratur
Bornaprin	Parkinsonmittel	Sormodren® (D)	Anticholinergikum mit vorwiegend zentraler Wirkung. Anwendung bei tremordominanten Parkinsonsyndromen und neuroleptikabedingten EPMS. Weitere Einsatzgebiete: Hyperhidrosis	5,2	4–12	Barnes und McPhillips (1996) Schara (1998)
Bromocriptin	Parkinsonmittel, Ergolinderivat (Mutterkornalkaloidderivat)	Pravidel® (D) kirim® (D) Bromed® (A) Umprel® (A) Parlodel® (A, CH) Cehapark® (A)	Dopaminagonist, Prolaktin-Hemmstoff. Bei M. Parkinson zur Monotherapie- oder als Zusatzmedikation zur Levodopa-Behandlung. Weitere endokrinologische Einsatzgebiete wie u. a. Abstillen	39	5–30 einschleichende Dosierung	Ramaker und Hilten (2000)

Internat. Freiname (INN, generic name) Chemische Formel	Stoffgruppe	Handelsname (A, CH, D)	Substanz- charakteristik, besondere Hinweise	Eliminations- halbwertszeit (in Stunden)	Dosierungs- bereich (mg/Tag)	Übersichts- literatur
Budipin	Parkinsonmittel	Parkinsan® (D)	Zur Kombinationsthe- rapie des M. Parkinson bei Patienten ohne Fluktuationen. Präferentielle Wirkung auf Tremor postuliert. Verordnung nur möglich, wenn eine unterschrie- bene Verpflichtungs- erklärung des verord- nenden Arztes beim Hersteller vorliegt. Spezielle Auflagen zu EKG-Kontrollen. Cave QT-Zeit-Verlängerungen	31 (Met: 59)	20–60	Pzruntek und Müller (1999)
Cabergolin	Parkinsonmittel, Ergolinderivat (Mutterkorn- alkaloidderivat)	Cabaseril® (A, D) Dostinex (A, CH, D) Cabaser® (CH, D)	Dopaminagonist mit langer Wirkdauer, Prolaktinhemmstoff. Zur Monotherapie oder Kombinations- therapie mit Levodopa bei M. Parkinson	63–68	2–6 einschlei- chende Dosierung, einmal tägliche Gabe	Curran und Perry (2004)

Appendix B: Übersichtstabellen 367

Internat. Freiname (INN, generic name) Chemische Formel	Stoffgruppe	Handelsname (A, CH, D)	Substanzcharakteristik, besondere Hinweise	Eliminationshalbwertszeit (in Stunden)	Dosierungsbereich (mg/Tag)	Übersichtsliteratur
Carbidopa + Levodopa	Parkinsonmittel, Dopadecarboxylasehemmer	Nacom® (D) isicom® (D) Striaton® (D) Sinemet (A, CH) Levocarb® (D) Dopadura® (D) Duodopa® (A, D) Levobeta® (D) Levoc® (D) Levocar® (A) Levocomp® (D) Ledopsan® (A)	Peripherer Hemmstoff der Dopadecarboxylase. In Kombination mit Levodopa sind deutlich niedrigere Levodopa-Dosierungen als bei Monotherapie erforderlich. Gleichzeitig resultieren daraus höhere zentrale Dopaminspiegel. Auch als 3-fach-Kombination mit Entacapon im Handel [Stalevo® (A, CH, D)]	ca. 2	200–600 (bezogen auf Levodopa)	Wajsbort et al. (1978) Pahwa et al. (1997) Block et al. (1997) Müller und Sieb (2004)
Citalopram	Antidepressivum Selektiver Serotonin-Wiederaufnahmehemmer (SSRI)	Cipramil® (D) Citalon® (A, D) Citadura® (D) CitaLich® (D) Citalo® (D) Futuril® (D) Serital® (D) Alutan® (CH) Citarcana® (A) CitaHexal® (A) Claropram® (CH) Pram® (A) Rudopram® (CH) Seralgan® (A) Seropram® (CH) Zyloram® (A)	Potenter selektiver Hemmer Serotonintransporter; typische Nebenwirkung Übelkeit	33	20–40	Leentjens et al. (2003)

Internat. Freiname (INN, generic name) Chemische Formel	Stoffgruppe	Handelsname (A, CH, D)	Substanzcharakteristik, besondere Hinweise	Eliminationshalbwertszeit (in Stunden)	Dosierungsbereich (mg/Tag)	Übersichtsliteratur
Clozapin	Antipsychotikum/ atyp. Neuroleptikum Dibenzodiazepinderivat	Leponex® (A, CH, D) Elcrit® (D) Clopin® (CH) Froidir® (A) Sanolept® (A)	Prototyp der atypischen Neuroleptika/Antipsychotika, fast keine extrapyramidal-motorischen Nebenwirkungen, potenziell blutbildschädigend (Verordnung unter Auflagen), delirogen, iktogen	16	Initial 6,25 mg, Aufdosierung bis 50 mg. Max. Dosis 100 mg	Brandstädter et al. (2002)
Co-dergocrin	s. Dihydroergotoxin					
Desipramin	Trizyklisches Antidepressivum	Pertofran® (A, CH) Petylyl® (D)	Aktivierendes Antidepressivum. Hemmt Wiederaufnahme von Noradrenalin und Serotonin, stark anticholinerg → delirogen, Hypotonie	15–18	Initial 25 mg, Aufdosierung bis 150 mg	Lattinen (1969)

Appendix B: Übersichtstabellen

Internat. Freiname (INN, generic name) Chemische Formel	Stoffgruppe	Handelsname (A, CH, D)	Substanzcharakteristik, besondere Hinweise	Eliminationshalbwertszeit (in Stunden)	Dosierungsbereich (mg/Tag)	Übersichtsliteratur
Dihydro-α-ergocryptin	Parkinsonmittel, Ergolinderivat (Mutterkornalkaloidderivat)	Almirid® (D) Cripar® (D)	Dopaminagonist, Prolaktinhemmstoff. Zur Monotherapie bzw. Kombinationstherapie mit Levodopa bei M. Parkinson	ca. 16	10–120 einschleichende Dosierung; durchschnittliche Erhaltungsdosis ca. 60	Mailland et al. (2004)
Dihydroergotoxin	Nootropikum, Antidementivum, Ergolinderivat (Mutterkornalkaloidderivat)	Hydergin® (A, CH, D) DCCK® (D) Ergodesit® (D) ergotox® (D) Hydro-Cebral® (D) Orphol® (D) Aramexe® (A) Co-Dergolim® (A) Dorehydrin® (D) Ergomed® (A) Ergoplex® (A) Ergohydrin® (CH) Progeril® (CH) Vasergot® (CH)	Gemisch aus verschiedenen Mutterkornalkaloiden. Komplexe neurobiochemische Wirkungen, v. a. antagonistische Effekte an zentralen und peripheren Alpha-Adrenorezeptoren sowie gefäßerweiternde Effekte. Milde antihypertensive Wirkung. Bei Hirnleistungsstörungen im Alter sowie bei Hypertonie bei älteren Patienten	11–20	4–6	Weil (1989) Saletu et al. (1994)

Dihydroergocornin — $-CH\diagdown\begin{smallmatrix}CH_3\\CH_3\end{smallmatrix}$

Dihydroergocristin — $-CH_2-$⌬

Dihydro-α-ergocryptin — $-CH_2-CH\diagdown\begin{smallmatrix}CH_3\\CH_3\end{smallmatrix}$

Dihydro-β-ergocryptin — $-CH-CH_2-CH_3$ | CH_3

Appendix B: Übersichtstabellen

Internat. Freiname (INN, generic name) Chemische Formel	Stoffgruppe	Handelsname (A, CH, D)	Substanzcharakteristik, besondere Hinweise	Eliminationshalbwertszeit (in Stunden)	Dosierungsbereich (mg/Tag)	Übersichtsliteratur
Donepezil	Antidementivum	Aricept® (A, CH, D)	Reversibler und selektiver Acetylcholinesterase-Hemmer. Zur symptomatischen Therapie der leichten bis mittelschweren Alzheimer-Demenz	70	5–10 einmal tägliche Gabe (abends) langsame Dosissteigerung	Seltzner (2005) Takeda et al. (2006)
Entacapon	Parkinsonmittel	Comtess® (D) Comtan® (A, CH)	Selektiver Hemmstoff der peripheren Catechol-O-Methyl-Transferase. Als Zusatztherapie zu einer bestehenden Levodopa-Behandlung. Auch als 3-fach-Kombination im Handel [Stalevo (A, CH, D)]	ca. 0,5	200–1200	Holm und Spencer (1999)
Galantamin	Antidementivum	Reminyl® (A, CH, D)	Reversibler und selektiver Acetylcholinesterase-Hemmer zur symptomatischen Therapie der leichten bis mittelschweren Alzheimer-Demenz	7–8	8 (= Anfangsdosis). Dosissteigerung bei Bedarf in 4-wöchigem Abstand auf 16 bzw. 24 mg	Scott und Goa (2000) Lorey-Bloom (2003)

Appendix B: Übersichtstabellen

Internat. Freiname (INN, generic name) Chemische Formel	Stoffgruppe	Handelsname (A, CH, D)	Substanz-charakteristik, besondere Hinweise	Eliminations-halbwertszeit (in Stunden)	Dosierungs-bereich (mg/Tag)	Übersichts-literatur
Ginkgo* biloba Extr. Ginkgolid B	Nootropikum, Antidementivum, Phytothera-peutikum	Tebonin® (A, D) Duogink® (D) Gingiloba® (D) Gingium® (D) Gingobeta® (D) Gingopret® (D) Ginkobil® (D) Ginkodilat® (D) Ginkopur® (D) Isoginkgo® (D) Kaveri® (D) Rökan® (D) Gingosol® (CH) Symfona® (CH) Tanakene® (CH) Tebofortin® (CH) Ceremin® (A) Tebofortan® (A) Craton® (D) Oxivel® (CH) Cerebokarp® (A) Ginkgohexal® (A) Gincosan® (CH) Tebokan® (CH)	Trockenextrakt aus den Blättern von Gingko biloba, standardisiert auf Ginkgoflavonglykoside und/oder Terpenlactone (Ginkgolide). Multi-faktorielles Wirkprofil, u. a. Durchblutungs-förderung im Bereich der Mikrozirkulation, Verbesserung der Fließ-eigenschaften des Blutes, Radikalfänger, PAF-Antagonist. Zur symptomatischen Behandlung hirn-organisch bedingter Leistungsstörungen bei dementiellen Syndromen. Weitere Einsatzgebiete: Periphere arterielle Verschluss-krankheit, Vertigo u. Tinnitus	3–7	abhängig vom Extrakt, z. B. Egb 761 (Tebonin®): 120–240	Kurz und van Baelen (2004) Ponto und Schultz (2003)

* Der 300 Millionen Jahre alte Baum heißt eigentlich *ginkyo* (chin.: Silberaprikose) und wurde infolge eines Setzfehlers zu *ginkgo*

Internat. Freiname (INN, generic name) Chemische Formel	Stoffgruppe	Handelsname (A, CH, D)	Substanzcharakteristik, besondere Hinweise	Eliminationshalbwertszeit (in Stunden)	Dosierungsbereich (mg/Tag)	Übersichtsliteratur
Levodopa (L-DOPA)	Parkinsonmittel, Dopaminderivat	Dopaflex® (D) Brocadopa® (A) Ceredopa® (A)	Aminosäure; direkte Vorstufe des Dopamins. Hohe Dosierung erforderlich, da wegen peripherer Decarboxylierung nur geringe Mengen unveränderter Substanz die Blut-Hirn-Schranke überwinden. Üblicherweise Verabreichung in Kombination mit einem Decarboxylasehemmstoff (Carbidopa, Benserazid) bzw. zusätzlich mit Entacapon als 3-fach-Kombination [Stalevo® (A, CH, D)]	<1	500–4000	Riederer und Umek (1986)
Levodopa/Carbidopa		Duodopa® (A, D)	Kontinuierl. intraduodenale Infusion via Pumpe. Bei Levodopa Respondern mit motor. Fluktuationen. Nach nasoduodenalem Test	1–2	morgens 5–10 ml (= 100 –200 mg) kontinuierlich 1–10 ml/h meist 2–6 ml/h Extrabolus bei Hypokinesie 0,5–2 ml	Nyholm et al. (2005) Odin et al. (2005)

Appendix B: Übersichtstabellen

Internat. Freiname (INN, generic name) Chemische Formel	Stoffgruppe	Handelsname (A, CH, D)	Substanzcharakteristik, besondere Hinweise	Eliminationshalbwertszeit (in Stunden)	Dosierungsbereich (mg/Tag)	Übersichtsliteratur
Lisurid	Parkinsonmittel, Ergolinderivat (Mutterkornalkaloidderivat)	Dopergin® (A, CH, D) Prolacam® (A)	Dopaminagonist, Prolaktinhemmstoff. Zur Kombinationstherapie bei M. Parkinson mit Levodopa. In niedrigerer Dosierung auch als Abstillmittel und weiteren endokrinologischen Indikationen	2–3 (Metabolite: 10–24)	0,1–2 einschleichende Dosierung	Schwarz (2001) Horowski und Engfer (1998)
Memantin	Antidementivum	Axura® (A, CH, D) Ebixa® (A, CH, D)	NMDA-Rezeptorantagonist. Zur Therapie moderater bis schwerer Alzheimer Demenz	60–100	5–20 einschleichende Dosierung	Robinson und Keating (2006) Kirby et al. (2006)
Metixen	Parkinsonmittel, Thioxanthenderivat	Tremarit® (D) Tremaril® (CH)	Anticholinergikum mit vorwiegend zentraler Wirkung. Einsatz überwiegend bei tremordominanten Parkinsonsyndromen; auch bei medikamentös bedingten extrapyramidalmotorischen Störungen mit Ausnahme von Spätdyskinesien	ca. 14	20–30 einschleichende Dosierung	Volles und Friedrich (1983)

374 Appendix B: Übersichtstabellen

Internat. Freiname (INN, generic name) Chemische Formel	Stoffgruppe	Handelsname (A, CH, D)	Substanz-charakteristik, besondere Hinweise	Eliminations-halbwertszeit (in Stunden)	Dosierungs-bereich (mg/Tag)	Übersichts-literatur
Mirtazapin	Noradrenerges und spezifisch serotonerges tetra-zyklisches Anti-depressivum (NaSSA)	Remergil® (D) Remeron® (A, CH) MirtaLid® (D) MirtaTAD® (D) Mirtazelon® (D) Mirtazza® (D) Lanazapin® (A) Mirtabene® (A) Mirtaron® (A) Mirtel® (A)	Erhöht über die Bindung an präsynaptischen Autorezeptoren die Freisetzung von Noradrenalin und Serotonin. Wegen antihistaminerger Effekte deutlich sedierend	20–40	15–45 vorzugsweise abends	Holm und Markham (1999)
Nicergolin	Nootropikum, Antidementivum, Ergolinderivat	Sermion® (A, CH, D) ergobel® (D) Nicerium® (D) Nicergobeta® (D) Ergotop® (A) Nicergin® (A)	Halbsynthetisches Mutterkornalkaloid. Alpha-Sympatholyti-kum, Vasodilatator. Zur symptomatischen Behandlung chroni-scher, hirnorganisch bedingter Leistungs-störungen bei demen-tiellen Syndromen	ca. 7	30–60	Winblad et al. (2000) Fioravanti und Flicker (2001)
Nimodipin	Calciumantagonist, Nootropikum, Antidementivum	Nimotop® (A, CH, D)	ZNS-gängiger Calcium-antagonist. Zur Behand-lung von Hirnleistungs-störungen im Alter. Zulassung auch für die Therapie der Subarach-noidalblutung	ca. 1–2	90	Eckert (2005) Lopez-Arrieta (2002)

Appendix B: Übersichtstabellen

Internat. Freiname (INN, generic name) Chemische Formel	Stoffgruppe	Handelsname (A, CH, D)	Substanzcharakteristik, besondere Hinweise	Eliminationshalbwertszeit (in Stunden)	Dosierungsbereich (mg/Tag)	Übersichtsliteratur
Nortriptylin $CH_2-CH_2-NH-CH_3$	Trizyklisches Antidepressivum	Norrtrilen® (A, CH D)	Leicht antriebssteigernd mit überwiegend noradrenerger Wirkung, geringe anticholinerge und kardiovaskuläre Nebenwirkungen; Therapeutischer Plasmaspiegel 50–150 ng/ml	30	Initial 25 mg, Aufdosierung bis 150 mg	Andersen et al. (1980)
Paroxetin	Antidepressivum Selektiver Serotonin-Wiederaufnahmehemmer (SSRI)	Seroxat® (A, D) Aroxetin® (D) Euplix® (D) ParoLich® (D) Paroxalon® (D) Paroxat® (A, D) Tagonis® (D) Allenopar® (A) Aparo® (A) Deroxat® (CH) Ennos® (A) Glaxopar® (A) Saluxetil® (A) Paraxat® (CH) Parocetan® (A) Paroglax® (A) Paronex® (CH) Paroxetop® (CH)	Selektiver Hemmer Serotonintransporter; typische Nebenwirkung Übelkeit, Interaktionen über Hemmung von Cytochrom P450-2D6	20	20–50	Tesei et al. (2000)

Internat. Freiname (INN, generic name) Chemische Formel	Stoffgruppe	Handelsname (A, CH, D)	Substanzcharakteristik, besondere Hinweise	Eliminationshalbwertszeit (in Stunden)	Dosierungsbereich (mg/Tag)	Übersichtsliteratur
Pergolid	Parkinsonmittel, Ergolinderivat (Mutterkornalkaloidderivat)	Parkotil® (D) Permax® (A, CH)	Dopaminagonist, Prolaktinhemmstoff. Zur Mono- und Kombinationstherapie mit Levodopa	7–16	0,05–5 einschleichende Dosierung, durchschnittliche Erhaltungsdosis bei Kombinationstherapie ca. 3, bei Monotherapie ca. 2	Bonucelli et al. (2002)
Piracetam	Nootropikum, Antidementivum	Nootrop® (D) Nootropil® (A, CH) Normabrain® (D) Cerepar N® (D) Encetrop® (D) Piracebral® (D) Sinapsan® (D) Cerebryl® (A) Pirabene® (A) Piracetrop® (D) Novocephal® (A) Pirax® (CH)	Komplexe Wirkungen insbesondere auf den Neurotransmitterumsatz und den zerebralen Energiestoffwechsel. Zur symptomatischen Behandlung von chronischen hirnorganisch bedingten Leistungsstörungen	ca. 5	2400–4800, nicht abends	Winblad (2005)

Internat. Freiname (INN, generic name) Chemische Formel	Stoffgruppe	Handelsname (A, CH, D)	Substanz-charakteristik, besondere Hinweise	Eliminations-halbwertszeit (in Stunden)	Dosierungs-bereich (mg/Tag)	Übersichts-literatur
Pramipexol	Parkinsonmittel, Non-Ergolin-Derivat	Sifrol® (A, CH, D) Daquiran® (A) Mirapexin® (A)	Dopaminagonist. Zur Monotherapie und Kombinations-Therapie mit Levo-dopa bei M. Parkinson. Weitere Einsatzgebiete: Symptomatische Be-handlung des mittel-schweren bis schweren Restless Legs Syndroms. Antianhedone und antidepressive Wirkung in neueren Studien belegt	8–12	0,264–3,3 bezogen auf Base. Einschlei-chende Dosierung	Dooley und Markham (1998) Möller und Oertel (2005) Lemke et al. (2005) Barone et al. (2006)
Procyclidin	Parkinsonmittel	Osnervan® (D) Kemadrin® (CH)	Anticholinergikum mit vorwiegend zentraler Wirkung. Einsatz beim Parkinson-Tremor. Auch bei medikamen-tös bedingten EPMS mit Ausnahme von Spätdyskinesien	12	7,5–30	Chouinard et al. (1987)

Internat. Freiname (INN, generic name) Chemische Formel	Stoffgruppe	Handelsname (A, CH, D)	Substanzcharakteristik, besondere Hinweise	Eliminationshalbwertszeit (in Stunden)	Dosierungsbereich (mg/Tag)	Übersichtsliteratur
Pyritinol	Nootropikum, Antidementivum	Encephabol® (A, CH, D)	Komplexe Wirkungen insbesondere auf den zerebralen Energiestoffwechsel. Zur symptomatischen Behandlung von chronisch hirnorganisch bedingten Leistungsstörungen bei dementiellen Syndromen	2,5	600 Die letzte Tagesdosis sollte nicht am Spätnachmittag oder Abend verabreicht werden	Fischhof et al. (1992) Spilich et al. (1996)
Quetiapin	Antipsychotikum/ atyp. Neuroleptikum Dibenzothiazepinderivat	Seroquel® (A, CH, D)	Atypisches Neuroleptikum/Antipsychotikum mit rel. geringen extrapyramidal-motorischen Nebenwirkungen, sedierend	7	Initial 25 mg, Aufdosierung bis 200 mg	Brandstädter et al. (2005) Fernandez et al. (2003)
Rasagilin	Parkinsonmittel MAO-B-Hemmer	Azilect® (A, CH, D)	De novo Pat. (Frühphase) Add-on (Spätphase) Evtl. neuroprotektive Wirkung	1–2	1 mg/d (einmal morgens)	Reichmann (2005) Lachenmayer und Riederer (2005) Chen und Ly (2006)

Appendix B: Übersichtstabellen

Internat. Freiname (INN, generic name) Chemische Formel	Stoffgruppe	Handelsname (A, CH, D)	Substanzcharakteristik, besondere Hinweise	Eliminationshalbwertszeit (in Stunden)	Dosierungsbereich (mg/Tag)	Übersichtsliteratur
Reboxetin	Antidepressivum Selektiver Noradrenalin-Wiederaufnahmehemmer (SNRI)	Edronax® (A, CH, D) Solvex® (D)	Deutlich aktivierend, Nebenwirkungen: Schlafstörung, Obstipation, Schwitzen, Miktionsstörungen	13	Initial 2 mg, Aufdosierung bis 8 mg	Lemke (2002)
Rivastigmin	Antidementivum	Exelon® (A, CH, D) Prometax® (A)	Acetylcholinesterase-Hemmer. Trotz kurzer Halbwertzeit lange Wirkdauer (langandauernde Cholinesterasehemmung). Zur symptomatischen Behandlung der leichten bis mittelschweren Alzheimer-Demenz und Demenz bei idiopathischem Parkinson-Syndrom	ca. 1	3–12 langsame Aufdosierung (alle 2 Wochen)	Desai und Grossberg (2001) Williams et al. (2003) Emre et al. (2004)

Internat. Freiname (INN, generic name) Chemische Formel	Stoffgruppe	Handelsname (A, CH, D)	Substanzcharakteristik, besondere Hinweise	Eliminationshalbwertszeit (in Stunden)	Dosierungsbereich (mg/Tag)	Übersichtsliteratur
Ropinirol	Parkinsonmittel	Requip® (A, CH, D) Adarrel® (A, CH, D)	Dopaminagonist. Als Monotherapie zur Initialbehandlung des M. Parkinson und als Kombinationstherapie mit Levodopa während des gesamten Verlaufs der Krankheit. Zur symptomatischen Behandlung des mittelschweren bis schweren idiopathischen Restless Legs Syndroms	6	0,75–24 langsame Aufdosierung mit wöchentlichen Dosissteigerungen	Matheson und Spencer (2000)
Rotigotin	Non-Ergot Dopaminagonist	Neupro® (A, CH, D)	Transdermal ("patch") Zur Früh-Therapie (Mono) Add-on zu L-DOPA (Antrag auf Zulassung)	ca. 7	1 Pfl/d, initial 2 mg/d, wöchentliche Steigerung bis 8 mg/d	Reynolds et al. (2005) Wüllner (2005)

Appendix B: Übersichtstabellen

Internat. Freiname (INN, generic name) Chemische Formel	Stoffgruppe	Handelsname (A, CH, D)	Substanz- charakteristik, besondere Hinweise	Eliminations- halbwertszeit (in Stunden)	Dosierungs- bereich (mg/Tag)	Übersichts- literatur
Selegilin $\text{C}_6\text{H}_5-\text{CH}_2-\overset{\text{H}}{\underset{\text{CH}_3}{\text{C}}}-\text{N}\begin{smallmatrix}\text{CH}_2-\text{C}\equiv\text{CH}\\\text{CH}_3\end{smallmatrix}$	Parkinsonmittel	Movergan® (D) Antiparkin® (D) Selepark® (D) Amboneural® (A) Cognitiv® (A) Regepar® (A, CH) Jumex® (A) Jumexal® (CH) Maotil® (D) Selgimed® (D) Intagilin® (D) Xilopar® (A, D) Alpar® (A) Otrasel® (A) Selovan® (A)	Selektiver MAO-B-Hemmer zur Monotherapie und Kombinationstherapie mit Levodopa. Keine spezielle Diät erforderlich. Kombination mit Antidepressiva vom Typ der selektiven Serotonin-Wiederaufnahmehemmer kontraindiziert	ca. 2	5–10 keine abendliche Gabe	Wiseman und McTavish (1995) Magyar und Haberle (1999)

Internat. Freiname (INN, generic name) Chemische Formel	Stoffgruppe	Handelsname (A, CH, D)	Substanzcharakteristik, besondere Hinweise	Eliminationshalbwertszeit (in Stunden)	Dosierungsbereich (mg/Tag)	Übersichtsliteratur
Sertralin	Antidepressivum Selektiver Serotonin-Wiederaufnahmehemmer (SSRI)	Zoloft® (A, CH, D) Adjuvin® (A) Gerotralin® (A) Gladem® (A, CH, D) Seralin® (CH) Serarcana® (A) Sertra-med® (CH) Sertragen® (CH) Sertral Spirig® (CH) Sertralon® (D) Sertrex® (A) Tresleen® (A)	Selektiver Hemmer Serotonintransporter; zusätzliche dopaminerge Wirkung. Typische Nebenwirkung Übelkeit	26	50–150	Meara und Hobson (1998) Leentjens et al. (2003)

Appendix B: Übersichtstabellen

Internat. Freiname (INN, generic name) Chemische Formel	Stoffgruppe	Handelsname (A, CH, D)	Substanz-charakteristik, besondere Hinweise	Eliminations-halbwertszeit (in Stunden)	Dosierungs-bereich (mg/Tag)	Übersichts-literatur
Tolcapon	Parkinsonmittel	Tasmar® (A, CH, D)	Selektiver Hemmstoff der peripheren Catechol-O-Methyl-Transferase (COMT). Als Zusatztherapie bei M. Parkinson zu einer bestehenden Levodopa-Behandlung, wenn Fluktuationen auftreten, die auf andere COMT-Inhibitoren nicht ansprechen bzw. wenn diese nicht vertragen werden. Cave Hepatotoxizität; regelmäßige Überwachung der Leberwerte in vorgeschriebenen Abständen	2	300–600	Keating und Lyseng-Williamson (2005) Leegwater-Kim und Waters (2006)

Internat. Freiname (INN, generic name) Chemische Formel	Stoffgruppe	Handelsname (A, CH, D)	Substanz- charakteristik, besondere Hinweise	Eliminations- halbwertszeit (in Stunden)	Dosierungs- bereich (mg/Tag)	Übersichts- literatur
Trihexyphenidyl	Parkinsonmittel	Artane® (A, CH, D) Parkopan® (D)	Anticholinergikum mit vorwiegend zen- traler Wirkung. Be- einflusst primär Rigor, Tremor und vegetative Symptome (z. B. Hyperhidrosis, Hyper- salivation) in geringe- rem Unfang auch Akinese. Einsatz auch bei medikamentös be- dingten extrapyramidal- motorischen Störungen mit Ausnahme von Spätdyskinesien	13	6–16	Jabbari et al. (1989) Schelosky et al. (1991)

Literatur

Aarsland D, Tandberg E, Larsen JP, Cummings JL (1996) Frequency of dementia in Parkinson's disease. Arch Neurol 53: 538–542

Aarsland D, Larsen JP, Karlsen K, Lim NG, Tandberg E (1999) Mental symptoms in Parkinson's disease are important contributors to caregiver distress. Int J Geriat Psychiatry 14: 866–874

Aarsland D, Andersen K, Larsen JP, Loik A, Kragh-Sorensen P (2003) Prevalence and characteristics of dementia in Parkinson's disease: an 8-year prospective study. Arch Neurol 60: 387–392

Abbas N, Lücking CB, Ricard S, Durr A, Bonifati V, De Michele G, Bouley S, Vaughan JR, Gasser T, Marconi R, Broussolle E, Brefel-Courbon C, Harhangi BS, Oostra BA, Fabrizio E, Böhme GA, Pradier L, Wood NW, Filla A, Meco NW, Denefle P, Agid Y, Brice A (1999) A wide variety of mutations in the parkin gene are responsible for autosomal recessive parkinsonism in Europe. French Parkinson's Disease Genetics Study Group and the European Consortium on Genetic Susceptibility in Parkinson's disease. Hum Mol Genet 8: 567–74

Ackermann H, Ziegler W, Oertel WH (1989) Palilalia as a symptom of levodopa-induced hyperkinesian Parkinson's disease. J Neurol Neurosurg Psychiatry 52: 805–807

Adler CH, Singer C, O'Brien C, et al. (1998) Randomized, placebo-controlled study of tolcapone in patients with fluctuating Parkinson disease treated with levodopa-carbidopa. Arch Neurol 55: 1089–1095

Agarwal P, Fahn S, Frucht SJ (2004) Diagnosis and management of pergolide-induced fibrosis. Mov Disord 19: 699–704

Agid Y, Javoy-Agid F, Ruberg M, Pillon B, Dubois B, Duyckaerts C, Hauw J-J, Baron J-C, Scatton B (1986) Progressive supranuclear palsy: Anatomoclinical and biochemical considerations. Adv Neurol 45: 191–206

Agid Y, Oertel W, Factor S (2005) Entacapone to tolcapone switch study: Multicenter double-blind, randomized, active-controlled trial in advanced Parkinson's disease. Mov Disord 20 [Suppl] 10: S94, P314

Agid Y, Schüpbach M, Gargiulo M, Mallet L, Houeto JL, Behar C, Maltète D, Mesnage V, Welter ML (2006) Neurosurgery in Parkinson's disease: the doctor is happy, the patient less so? J Neurol Transm [Suppl 70]: 409–414

Ahlskog JE, Muenter MD, Maragonore DM, Matsumato JY, Lieberman A, Wright KF, Wheeler K (1994) Fluctuating Parkinson's disease. Treatment with the long acting dopamine agonist cabergoline. Arch Neurol 51: 1236–1241

Ahlskog JE, Wright KF, Muenter MD, Adler CH (1996) Adjunctive cabergoline therapy of Parkinson's disease: comparison with placebo and assessment of dose response and duration of effect. Clin Neuropharmacol 19: 202–212

Albert ML, Feldman RG, Willis AL (1974) The 'subcortical dementia' of progressive supranuclear palsy. J Neurol Neurosurg Psychiatry 37: 121–130

Alexander GE, Crutcher MD (1990) Functional architecture of basal ganglia circuits: Neural substrates of parallel processing. Trends Neurosci 13: 266–271

Alexander GE, DeLong MR, Strick PL (1986) Parallel organization of functionally segregated circuits linking basal ganglia and cortex. Annu Rev Neurobiol 9: 357–381

Alexander GM, Brainard DL, Gordon SW, Hichens M, Grothusen JR, Schwartzman RJ (1991) Dopamine receptor changes in untreated and (+)-PHNO-treated MPTP Parkinsonian primates. Brain Res 547: 181–189

Althaus M, de Mey C, Ezan E, Ciecko-Michalska I, Kostka-Trabka E, Goszcz A, Retzow A (2001) Plasma and urine pharmacokinetics of the dopamine agonist α-dihydroergocryptine in patients with hepatic dysfunction. Int J Clin Pharmacol Therapeut 39: 67–74

Altman J (1992) Programmed cell death: The paths to suicide. Trends Pharmcol Sci 15: 278–280

Amer DAM, Irvine GB, El-Agnaf OMA (2006) Inhibitors of alpha-synuclein oligomerization and toxicity: a future therapeutic strategy for Parkinson's disease and related disorders. Exp Brain Res 173: 223–233

Aminoff MJ, Wilcox CS (1971) Assessment of autonomic function in patients with a Parkinsonian syndrome. Br Med J 4: 80–84

Andén N-E, Dahlström A, Fuxe K, Larsson K (1966) Functional role of the nigro-neostriatal dopamine neurons. Acta Pharmacol Toxicol 24: 263–274

Andén NE, Rubenson H, Fuxe K (1967) Evidence for dopamine receptor stimulation by apomorphine. J Pharm Pharmacol 19: 627–629

Andersen J, Aabro E, Gulmann N, Hjelmsted A, Pedersen HE (1980) Anti-depressive treatment in Parkinson's disease. A controlled trial of the effect of nortriptyline in patients with Parkinson's disease treated with L-DOPA. Acta Neurol Scand 62: 210–219

Andersson M, Hilbertson A, Cenci MA (1999) Striatal fosB expression is causally linked with L-DOPA-induced abnormal involuntary movements and the associated upregulation of striatal prodynorphin mRNA in a rat model of Parkinson's disease. Neurobiol Dis 6: 461–474

Andreu N, Damase-Michel C, Senard JM, Rascol O, Montastruc JL (1997) A dose-ranging study of selegiline in patients with Parkinson's disease: Effect of platelet monoamine oxidase activity. Mov Disord 12: 293–296

Andrew R, Watson DG, Best SA, Midgley JM, Wenlong H, Petty RKH (1993) The determination of hydroxydopamines and other trace amines in the urine of parkinsonian patients and normal controls. Neurochem Res 18: 1175–1177

Annecke R (1999) Parkinsontherapie als Zusammenspiel von medizinischen, physiotherapeutischen, psychologischen und sozialen Interventionen. In: Przuntek H, Müller Th (Hrsg) Nichtmedikamentöse, adjuvante Therapie bei der Behandlung des Morbus Parkinson. Stuttgart New York: Georg Thieme 42–50

Antonini A, Schwarz J, Oertel WH, Pogarell O, Leenders KL (1997) Long-term changes of striatal dopamine D-2 receptors in patients with Parkinson's disease: A study with positron emission tomography and [C-11]Raclopride. Mov Disord 12: 33–38

Apaydin H, Ertan S, Özekmekci S (2000) Broad bean (vicia faba) – a natural source of L-Dopa-prolongs 'on' periods in patients with Parkinson's disease who have 'on-off' fluctuations. Mov Disord 15: 164–166

Arendash GW, Olanow CW, Sengstock GJ (1993) Intranigral iron infusion in rats: a progressive model for excess nigral iron levels in Parkinson's disease? In: Riederer P, Youdim MBH (Eds) Key topics in brain research, iron in central nervous system disorders. Wien New York: Springer, 87–101

Aubin N, Curet O, Deffois A, Carter C (1998) Aspirin and salicylate protect against MPTP-induced dopamine depletion in mice. J Neurochem 71: 1635–1642

Baas H (1999) Entacapon. Klinische Pharmakologie und therapeutische Anwendung. Arzneimitteltherapie 17: 209–212

Baas H, Fischer PA (1988a) Probleme der Bewertung von L-DOPA-Plasmaspiegel-Wirkungsbeziehungen. In: Fischer PA (Hrsg) Modifizierende Faktoren bei der Parkinson-Therapie. Basel: Editiones <Roche>, 47–69

Baas H, Fischer PA (1988b) L-Dopa-retard-Präparate (Madopar HBS) in der Behandlung nächtlicher Akinesien. In: Fischer PA (Hrsg) Modifizierende Faktoren bei der Parkinson-Therapie. Basel: Editiones <Roche>, 349–352

Baas HKJ, Schueler P (2001) Efficacy of cabergoline in long-term use: Results of three observational studies in 1500 patients with Parkinson's disease. Eur Neurol 46: 18–23

Baas H, Beiske AG, Ghika J, Jackson M, Oertel W, Poewe W, Ransmeyer G, Auff E, Volc D, Dupont E, Mikkelsen B, Wermuth L, Wompetersen J, Beneke R, Eichhorn T, Kolbe H, Oertel W, Schimrigk K, Olsson JE, Palhagen S, Burgunder JM, Ghika A, Regli F, Steck A, Medcalf P (1997) Catechol-O-methyltransferase inhibition with tolcapone reduces the 'wearing off' phenomenon and levodopa requirements in fluctuating parkinsonian patients. J Neurol Neurosurg Psychiatry 63: 421–428

Baczynskyj L, Althaus JS, Von Voigtlander PF (1996) Electrochemical oxidation of pramipexole. 44th ASMA Conf on Mass Spectrometry and Allied Topics

Baik J-H, Picetti R, Saiardi A, Thiriet G, Dierich A, Depaulis A, Le Meur M, Borrelli E (1995) Parkinsonian-like locomotor impairment in mice lacking dopamine D2 receptors. Nature 377: 424–428

Bakay RA, Raiser CD, Stover NP, Subramanian T, Cornfeldt ML, Schweikert AW, Allen RC, Watts R (2004) Implantation of spheramine in advanced Parkinson's disease (PD). Front Biosci 9: 592–602

Bar-Am O, Weinreb O, Amit T, Youdim MBH (2005) Regulation of Bcl-2 family proteins, neurotrophic factors, and APP processing in the neurorescue activity of propargylamine. FASEB J 19: U579–U604

Barbeau A, Murphy GF, Sourkes TL (1961) Excretion of dopamine in diseases of basal ganglia. Science 133: 1706–1707

Barbeau A, Sourkes TL, Murphy GF (1962) Les catecholamines dans la maladie de Parkinson. In: de Ajuriaguerra (Hrsg) Monoamines et systeme nerveux central. Paris: Masson & Cie, 247–262

Barnes TRE, McPhillips MA (1996) Antipsychotic-induced extrapyramidal symptoms. Role of anticholinergic drugs in treatment. CNS Drugs 6: 315–330

Barone P, Bravi D, Bermejo-Pareja F, Marconi R, Kulisevski J, Malagu S, Weiser R, Rost N (1999) Pergolide monotherapy in the treatment of early PD: A randomized, controlled study. Pergolide monotherapy study group. Neurology 53: 573–579

Barone P, Scarzella L, Marconi R, Antonini A, Morgante L, Bracco F, Zappia M, Musch B, Depression/Parkinson Italian Study Group (2006) Pramipexole versus sertraline in the treatment of depression in Parkinson's disease: a national multicenter parallel-group randomized study. J Neurol 253: 601–607

Barone P, Scarzella L, Marconi R, Antonini A, Morgante L, Bracco F, Zappia M, Musch B, Depression/Parkinson Italian Study (2006) Pramipexole versus sertraline in the treatment of depression in Parkinson's disease: a national multicenter parallel-group randomized study. J Neurol 253: 601–607

Bartholini G, Burkhard WP, Pletscher A, Bates HM (1967) Increase of cerebral catecholamines caused by 3,4-dihydroxyphenylalanine after inhibition of peripheral decarboxylase. Nature 215: 852–853

Barz S, Hummel T, Pauli E, Majer M, Lang CJ, Kobal G (1997) Chemosensory event-related potentials in response to trigeminal and olfactory stimulation in idiopathic Parkinson's disease. Neurology 49: 1424–1431

Basma AN, Morris EJ, Nicklas WJ, Geller HM (1995) L-DOPA cytotoxicity to PC12 cells in culture is via its autoxidation. J Neurochem 64: 825–832

Battistin L, Meneghetti G, Rigotti S, Saia A (1978) Long-term treatment of Parkinson's disease with L-Dopa and dopa-decarboxylase inhibitor: therapeutic results and side effects. Acta Neurol Scand 57: 186–192

Battistin L, Bardin PG, Ferro-Milone F, Ravenna C, Toso V, Reboldi G (1999) Alpha-dihydroergocryptine in Parkinson's disease: a multicentre randomized double blind parallel group study. Acta Neurol Scand 99: 36–42

Bayer AJ, Bokonjik R, Booya NH, Demarin V et al. (1996) European pentoxyfylline multi-infarct dementia study. Eur Neurol 36: 315–321

Beal F, Lang A (2006) The proteasomal inhibition model of Parkinson's disease: Boon or bust? Ann Neurol 60: 158–161

Beckerman J (1999) Parkinson's disease. A guide for the non-professional. Pacific Parkinson's Research Institute, Vancouver, 3–13

Bedard PJ, Di Paolo T, Falardeau P, Boucher R (1986) Chronic treatment with L-DOPA, but not bromocriptine induces dyskinesia in MPTP-parkinsonian monkeys. Correlation with (^{3}H)spiperone binding. Brain Res 379: 294–299

Beeley L (1985) Why should levodopa be carefully administered in patients with osteoporosis? Br Med J 290: 307

Beier KM (2000) Sexualität und Partnerschaft bei Morbus Parkinson. Potsdam: Verlag pairdata

Belluzzi JD, Domino EF, May JM, Bankiewicz KS, McAfee DA (1994) N-0923, a novel soluble dopamine D2 receptor agonist, is efficacious in rat and monkey models of Parkinson's disease. Mov Disord 9: 147–154

Benabid AL, Pollak P (1996) Thalamic stimulation is better than thalamotomy. Mov Disord [Suppl] 1: 11–18

Benabid AL, Pollak P, Gervason C (1991) Long-term suppression of tremor by chronic stimulation of the ventral intermediate thalamic nucleus. Lancet 337: 403–406

Benabid AL, Chabardes S, Seigneuret E (2005) Deep-brain stimulation in Parkinson's disease: long-term efficacy and safety – what happened this year? Curr Opin Neurol 18: 623–630

Benecke R, Strümper P, Weiss H (1993) Electron transfer complexes I and IV of platelets are abnormal in Parkinson's disease but normal in Parkinson-plus syndromes. Brain 116: 1451–1463

Bennett DA, Beckett LA, Murray AM Shannon KM, Goetz CG, Pilgrim DM, Evans DA (1996) Prevalence of parkinsonian signs and associated mortality in a community population of older people. N Engl J Med 71: 71–76

Bennett MC, Bishop JF, Leng Y, Chock PB, Chase TN, Mouradian MM (1999) Degradation of alpha-synuclein by proteasome. J Biol Chem 274: 33855–33858

Ben-Shachar D, Youdim MBH (1991) Intranigral iron injection induces behavioral and biochemical 'Parkinsonism' in rats. J Neurochem 57: 2133–2135

Ben-Shachar D, Eshel G, Finberg JPM, Youdim MBH (1991) The iron chelator desferrioxamine (desferal) retards 6-hydroxydopamine-induced degeneration of nigro-striatal dopamine neurons. J Neurochem 56: 1441–1444

Ben-Shachar D, Zuk R, Glinka Y (1995) Dopamine neurotoxicity: inhibition of mitochondrial respiration. J Neurochem 64: 718–723

Berg D (2006) In vivo detection of iron and neuromelanin by transcranial sonography – a new approach for early detection of substantia nigra damage. J Neural Transm 113: 775–780

Berg D, Becker G, Zeiler B, Tucha O, Hofmann E, Preier M, Benz P, Jost W, Reiners K, Lange KW (1999a) Vulnerability of the nigrostriatal system as detected by transcranial ultrasound. Neurology 53: 1026–1031

Berg D, Grote C, Rausch WD, Mäurer M, Wesemann W, Riederer P, Becker G (1999b) Iron accumulation in the substantia nigra in rats visualized by ultrasound. Ultrasound Med Biol 25: 901–904

Berg D, Siefker C, Becker G (2001a) Echogenicity of the substantia nigra in Parkinson's disease and its relation to clinical findings. J Neurol 248: 684–689

Berg D, Jabs B, Merschdorf U, Beckmann H, Becker G (2001b) Echogenicity of substantia nigra dertemined by transcranial ultrasound correlates with severity of parkinsonian symptoms induced by neuroleptic therapy. Biol Psych 50: 463–467

Berg D, Siefker C, Ruprecht-Dörfler P, Becker G (2001c) Relationship of substantia nigra echogenicity and motor function in elderly subjects. Neurology 56: 13–17

Berg D, Roggendorf W, Schröder U, Klein R, Tatschner T, Benz P, Tucha O, Preier M, Lange KW, Reiners K, Gerlach M, Becker G (2002) Echogenicity of the substantia nigra – association with increased iron content and marker for susceptibility to nigrostriatal injury. Arch Neurol 59: 999–1005

Bergamasco B, Frattola L, Muratorio A, Piccoli F, Mailland F, Parnetti L (2000) Alpha-dihydroergocriptine in the treatment of de novo parkinsonian patients: results of a multicenter, randomized, double-blind, placebo-controlled study. Acta Neurol Scand 101: 372–380

Berger F, Sramko C, Baas H, Fuchs G, Reichmann H (2000) Donepezil in the treatment of patients with concomitant Alzheimer's disease and Parkinson's disease: Results from a post-marketing surveillance study. 6th Int. Congress of Parkinson's disease and movement disorders, 11–15, June, Barcelona, Spain, P663 (Mov Disord [Suppl] 3): 15–129

Bernheimer H, Birkmayer W, Hornykiewicz O, Jellinger K, Seitelberger F (1973) Brain dopamine and the syndromes of Parkinson and Huntington: Clinical, morphological and neurochemical correlations. J Neurol Sci 20: 415–455

Berry MD (2004) Mammalian central nervous system trace amines. Pharmacologic amphetamines, physiologic neuromodulators. J Neurochem 90: 257–271

Betarbet R, Sherer TB, MacKenzi G, Garcia-Osuna M, Panov AL, Greenamyre JT (2000) Chronic systemic pesticide exposure reproduces features of Parkinson's disease. Nat Neurosci 3: 1301–1306

Bibbiani F, Oh JD, Chase TN (2001) Serotonin 5-HT1A agonist improves motor complications in rodent and primate parkinsonian models. Neurology 57: 1829–1834

Biggs CS, Fisher A, Starr MS (1998) The antiparkinsonian drug budipine stimulates the activity of aromatic L-amino acid decarboxylase and enhances L-DOPA-induced dopamine release in rat substantia nigra. Synapse 30: 309–317

Biggins CA, Boyd JL, Harrop FM, Madeley P, Mindham RH, Randall JI, Spokes EG (1992) A controlled, longitudinal study of dementia in Parkinson's disease. J Neurol Neurosurg Psychiatry 55: 566–571

Birkmayer W, Birkmayer JD (1988) Stimulierung der Tyrosinhydroxylase durch Eisen, ein neues therapeutisches Prinzip. In: Fischer PA (Hrsg) Modifizierende Faktoren bei der Parkinson-Therapie. Basel: Editiones <Roche>, 87–94

Birkmayer W, Hornykiewicz O (1961) Der l-Dioxyphenylalanineffekt bei der Parkinson-Akinese. Wien Klin Wschr 73: 787–788

Birkmayer W, Mentasti M (1967) Weitere experimentelle Untersuchungen über den Katecholaminstoffwechsel bei extrapyramidalen Erkrankungen (Parkinson- und Choreasyndrom). Arch Psych Z Ges Neurol 210: 29–35

Birkmayer W, Riederer P (1975) Responsibility of extrastriatal areas for the appearance of psychotic symptoms. J Neural Transm 37: 175–181

Birkmayer W, Riederer P (1985) Die Parkinson-

Krankheit. Biochemie, Klinik, Therapie. Zweite, neu bearb. Aufl. Wien New York: Springer

Birkmayer W, Danielczyk W, Neumayer E, Riederer P (1974) Nucleus ruber and L-DOPA psychosis. Biochemical post-mortem findings. J Neural Transm 35: 93–116

Birkmayer W, Riederer P, Youdim MBH, Linauer W (1975) The potentiation of the antiakinetic effect after L-dopa treatment by an inhibitor of MAO-B, deprenyl. J Neural Transm 36: 303–326

Birkmayer W, Knoll J, Riederer P, Youdim MBH, Hars V, Marton J (1985) Increased life expectancy resulting from addition of L-deprenyl to Madopar® treatment in Parkinson's disease: A long-term study. J Neural Transm 64: 113–127

Blackwell B, Marley E, Price J, Taylor D (1967) Hypertensive interactions between monoamine inhibitors and foodstuffs. Br J Psychiatry 113: 349–365

Blanchet PJ, Gomez-Mancilla B, Bedard PJ (1995) DOPA-induced 'peak dose' dyskinesia: Clues implicating D2 receptor-mediated mechanisms using dopaminergic agonists in MPTP monkeys. J Neural Transm [Suppl] 45: 103–112

Blandini F, Armentero MT, Fancellu R, Blaugrund E, Nappi G (2004) Neuroprotective effect of rasagiline in a rodent model of Parkinson's disease. Exp Neurol 187: 455–459

Block G, Liss C, Reines S, Irv J, Nibbelink D (1997) Comparison of immediate-release and controlled release Carbidopa/Levodopa in Parkinson's disease. A multicenter 5-year study. Eur Neurol 37: 23–27

Bloom FE, Algeria S, Groppetti A, Revuelta A, Costa E (1969) Lesions of central norepinephrine terminals with 6-OH-dopamine: Biochemistry and fine structure. Science 166: 1284–1286

Blum-Degen D, Müller T, Kuhn W, Gerlach M, Przuntek H, Riederer P (1996) Interleukin-1 and interleukin-6 are elevated in the cerebrospinal fluid of Alzheimer's and de novo Parkinson's disease patients. Neurosci Lett 202: 17–20

Blum-Degen D, Haas M, Pohli S Harth R, Römer W, Oettel M, Riederer P, Götz ME (1998) Scavestrogens protect IMR 32 cells from oxidative stress-induced cell death. Toxicol Appl Pharmacol 152: 49–55

Blunt SB, Jenner P, Marsden CD (1993) Suppressive effect of L-Dopa on dopamine cells remaining in the ventral tegmental area of rats previously exposed to the neurotoxin 6-hydroxydopamine. Mov Disord 8: 129–133

Boireau A, Dubedat P, Bordier F, Peny C, Miquet J-M, Durand G, Meunier M, Doble A (1994) Riluzole and experimental parkinsonism: Antagonism of MPTP-induced decrease in central dopamine levels in mice. NeuroReport 5: 2657–2660

Boissier JR, Simon P (1963) Un test simple pour l'étude quantitative de la catatonie pro voquée chez le rat par les neuroleptiques. Application á l'étude des anticatatoniques. Thérapie 18: 1257–1277

Bonifati V, Rizzu P, van Baren MJ, Schaap O, Breedveld GJ, Krieger E, Dekker MCJ, Squitieri F, Ibanez P, Joosse M, van Dongen JW, Vanacore N, van Swieten J, Brice A, Meco G, van Duijn CM, Oostra BA, Heutink P (2003) Mutations in the DJ-1 gene associated with autosomal recessive early-onset parkinsonism. Science 299: 256–259

Bonneh-Barkay D, Ziv N, Finberg JPM (2005) Characterization of the neuroprotective activity of rasagiline in cerebellar granule cells. Neuropharmacol 48: 406–416

Bonuccelli U, Del Dotto P (2006) New pharmacologic horizons in the treatment of Parkinson's disease. Neurology 67: S30–S38

Bonuccelli U, Colzi A, Del Dotto P (2002) Pergolide in the treatment of patients with early and advanced Parkinson's disease. Clin Neuropharmacol 25: 1–10

Borie C, Gasparini F, Verpillat P, Bonnet AM, Agid Y, Hetet G, Brice A, Durr A, Grandchamp B, and French Parkinson's Dis Genetic Study (2002) Association study between iron-related genes polymorphisms and Parkinson's disease. J Neurol 249: 801–804

Bormann J (1989) Memantine is a potent blocker of N-methyl-D-aspartate (NMDA) receptor channels. Eur J Pharmacol 166: 591–592

Bower JH, Maraganore DM, Peterson BJ, Ahlskog JE, Rocca WA (2006) Immunologic diseases, antiinflammatory drugs, and Parkinson's disease: A case-control study. Neurology 67: 494–496

Boywer JF, Holson RR (1995) Methamphetamine and amphetamine neurotoxicity. In: Chang LW, Dyer RS (Eds) Handbook of neurotoxicology. New York: Dekker, 845–870

Braak H, Braak E, Yilmazer D, Schultz C, de Vos RAI, Jansen ENH (1995) Nigral and extranigral pathology in Parkinson's disease. J Neural Transm [Suppl] 46: 15–31

Braak H, Del Tredici K, Bratzke H, Hamm-Clement J, Sandmann-Keil D, Rüb U (2002) Staging of the intracerebral inclusion body pathology associated with idiopathic Parkinson's disease (Preclinical and clinical stages). J Neurol [Suppl 3] 249: III/1–III/5

Bracco F, Battaglia A, Chouza C, Dupont E, Gershanik O, Marti Masso JF, Montastruc JL, PKDS009 Study Group (2004) The long-acting dopamine receptor agonist cabergoline in early Parkinson's disease: final results of a 5-year, double-blind, levodopa-controlled study. CNS Drugs 18: 733–746

Brandstädter D, Lotze J, Spieker S, Ulm G, Oertel WH (2002) Treatment of drug-induced psychosis with quetiapine and clozapine in Parkinson's disease. Neurology 58: 160–161

Brandstädter D, Möller JC, Oertel H (2005) Quetiapin beim Parkinson-Syndrom. In: Möller HJ (Hrsg) Das Quetiapin-Dossier. Pharmakologie, Indikationen, therapeutische Erfahrungen. Stuttgart: Schattauer, 159–167

Brannan T, Yahr MD (1995) Comparative study of selegiline plus L-dopa-carbidopa versus L-dopa-carbidopa alone in the treatment of Parkinson's disease. Ann Neurol 37: 95–98

Braun M, Cawello W, Horstmann R (2005) Lack of pharmacokinetic interaction between the dopamine agonist rotigotine and levodopa/carbidopa (Abstract 4775). 16th Int. Congress on PD and Related Disorders, Berlin.

Braune S, Reinhardt M, Schnitzer R, Riedel A, Lücking CH (1999) Cardiac uptake of [123]MIBG separates Parkinson's disease from multiple system atrophy. Neurology 53: 1020–1025

Braungart E, Rudolph C, Link W, Gerlach M, Riederer P, Tovar K, Höner M (2001) Development of a MPTP-based C. elegans test system for Parkinson's disease. 2. Deutscher Parkinson-Kongreß, 7.–10. März, Bochum (J Neural Transm 108: II)

Braungart E, Gerlach M, Riederer P, Baumeister R, Hoener MC (2004) Caenorhabditis elegans MPP+ model of Parkinson's disease for high-throughput drug screening. Neurodegen Dis 1: 175–183

Brecht HM (1998) Dopaminagonisten im Vergleich. Akt Neurol [Suppl 4] 25: S 310–316

Brede HD (1989) Die Geschichte des Parkinsonismus. TW Neurologie Psychiatrie [Sonderheft] 3: 6–11

Breese GR, Traylor TD (1970) Effect of 6-hydroxydopamine on brain norepinephrine and dopamine: evidence for selective degeneration of catecholamine neurons. J Pharmacol Exp Ther 174: 413–420

Brefel-Courbon C, Thalamas C, Saint-Paul HP, Senard JM, Montastruc JL, Rascol O (1998) Alpha(2)-adrenoceptor antagonists: A new approach to Parkinson's disease? CNS Drugs 10: 189–207

Bringmann G, God R, Feineis D, Wesemann W, Riederer P, Rausch W-D, Reichmann H, Sontag K-H (1995) The TaClo concept: 1-trichloromethyl-1,2,3,4-tetrahydro-β-carboline (TaClo), a new toxin for dopaminergic neurons. J Neural Transm [Suppl] 46: 235–244

Brooks DJ (2000) Morphological and functional imaging studies on the diagnosis and progression of Parkinson's disease. J Neurol 247 [Suppl] 2: II11–II18

Brooks DJ, Piccini P (2006) Imaging in Parkinson's disease: The role of monoamines in behavior. Biol Psychiatry 59: 908–918

Brooks DJ, Torjanski N, Burn DJ (1995) Ropinirole in the symptomatic treatment of Parkinson's disease. J Neural Transm [Suppl] 45: 231–238

Brooks DJ, Agid Y, Eggert K, Widner H, Ostergaard K, Holopainen A, TC-INIT Study Group (2005) Treatment of end-of-dose wearing-off in parkinson's disease: stalevo (levodopa/carbidopa/entacapone) and levodopa/DDCI given in combination with Comtess/Comtan (entacapone) provide equivalent improvements in symptom control superior to that of traditional levodopa/DDCI treatment. Eur Neurol 53: 197–202

Brownell AL, Jenkins BG, Elmaleh DR, Deacon TW, Spealman RD, Isacson O (1998) Combined PET/MRS brain studies show dynamic and long-term physiological changes in a primate model of Parkinson's disease. Nat Med 4: 1308–1312

Brücke T, Kornhuber J, Angelberger P, Asenbaum S, Frassine H, Podreka I (1993) SPECT imaging of dopamine and serotonin transporters with ^{123}I-CIT. Binding kinetics in the human brain. J Neural Transm [GenSect] 94: 137–146

Brun S, Gottfries CG, Roos BE (1971) Studies of the monoamine metabolism in the central nervous system in Jacob-Creutzfeld disease. Acta Neurol Scand 47: 642–645

Brunt ER, Brooks DJ, Korczyn AD, Montastruc JL, Stocchi F (2002) A six-months multicentre, double-blind bromocriptine-controlled study of the safety and efficacy of ropinirole in the treatment of patients with Parkinson's disease not optimally controlled by L-dopa. J Neural Transm 109: 489–502

Büttner T, Kuhn W, Müller T, Patzold T, Heidbrink K, Przuntek H (1995a) Distorted color discrimination in 'de novo' parkinsonian patients. Neurology 45: 386–387

Büttner T, Kuhn W, Przuntek H (1995b) Alterations in chromatic contour perception in 'de novo' parkinsonian patients. Eur Neurol 35: 226–229

Büttner T, Kuhn W, Müller T, Heinze T, Puhl C, Przuntek H (1996) Chromatic and achromatic visual evoked potentials in Parkinson's disease. Electroencephalogr Clin Neurophysiol 100: 443–447

Burchiel KJ, Anderson VC, Favre J, Hammerstad JP (1999) Comparison of pallidal and subthalamic nucleus deep brain stimulation for advanced Parkinson's disease: Results of a randomised, blinded pilot study. Neurosurg 45: 1375–1382

Burke RE (2001) alpha-Synuclein and parkin: coming together of pieces in puzzle of Parkinson's disease. Lancet 358: 1567–1568

Burns RS, Chiueh CC, Markey SP, Ebert MH, Jacobowitz DM, Kopin IJ (1983) A primate model of Parkinsonism: selective destruction of dopaminergic neurons in the pars compacta of the substantia nigra by N-methyl-4-phenyl-1,2,3,6-tetrahydropyridine. Proc Natl Acad Sci USA 80: 4546–4550

Burrows KB, Gudelsky G, Yamamoto BK (2000) Rapid and transient inhibition of mitochondrial function following methamphetamine or 3,4-methylenedioxymethamphetamine administration. Eur J Pharmacol 398: 11–18

Caccia C, Maj R, Calabresi M, Maestroni S, Faravelli L, Curatolo L, Salvati P, Fariello RG (2006) Safinamide – from molecular targets to a new anti-Parkinson drug. Neurology 67: S18–S23

Calne DB, Mizuno Y (2004) The neuromythology of Parkinson's disease. Parkinsonism Relat Disord 10: 319–322

Calne DB, Teychenne PF, Claveria LE, Eastment R, Greenacre JK, Petrie A (1974) Bromocriptine in Parkinsonism. Br Med J 2: 442–444

Carboni S, Melis F, Pani L, Hadjiconstantinou M, Rossetti Z (1990) The non-competitive NMDA-receptor antagonist MK-801 prevents the massive release of glutamate and aspartate from rat striatum induced by 1-methyl-4-phenyl-1,2,3,6-tetrahydropyridinium (MPP+). Neurosci Lett 117: 129–133

Carlile GW, Chalmers-Redman RM, Tatton NA, Pong A, Borden KE, Tatton WG (2000) Reduced apoptosis after nerve growth factor and serum withdrawal: conversion of tetrameric glyceraldehyde-3-phosphatase dehydrogenase to a dimer. Mol Pharmacol 57: 2–12

Carlsson A, Lundqvist M, Magnusson T (1957) 3,4-Dihydroxyphenylalanine and 5-hydroxytryptophan as reserpine antagonists. Nature 180: 1200

Carta AR, Pinna A, Morelli M (2006) How reliable is the behavioural evaluation of dyskinesia in animal models of Parkinson's disease. Behav Pharmacol 17: 393–402

Carvey PM, Zhao CH, Hendey B, Lum H, Trachtenberg J, Desai BS, Snyder J, Zhu YG, Ling ZD (2005) 6-Hydroxydopamine-induced alterations in blood-brain barrier permeability. Eur J Neurosci 22: 1158–1168

Cassarino DS, Fall CP, Smith TS, Bennett JP (1998) Pramipexole reduces reactive oxygen species production in vivo and in vitro and inhibits the mitochondrial permeability transition produced by the parkinsonian neurotoxin methylpyridinium ion. J Neurochem 71: 295–301

Castano A, Herrera AJ, Cano J, Machado A (1998) Lipopolysaccharide intranigral injection induces inflammatory reaction and damage in nigrostriatal dopaminergic system. J Neurochem 70: 1584–1592

Cedarbaum JM, Gandy SE, McDowell FH (1991) "Early" initiation of levodopa treatment does not promote the development of motor response fluctuations, dyskinesias, or dementia in Parkinson's disease. Neurology 41: 622–629

Cenci MA, Whishaw IQ, Schallert T (2002) Animal models of neurological deficits: how relevant is the rat? Nat Rev Neurosci 3: 574–579

Chade AR, Kasten M, Tanner CM (2006) Non-genetic causes of Parkinson's disease. J Neural Transm [Suppl] 70: 147–151

Chen JJ, Ly AV (2006) Rasagiline: A second-generation monoamine oxidase type-B inhibitor for the treatment of Parkinson's disease. Am J Health Syst Pharm 63: 915–928

Chen T-S, Koutsilieri E, Rausch W-D (1995) MPP+ selectively affects calcium homeostasis in mesencephalic cell cultures from embryonal C57/BL mice. J Neural Transm [P-D-Sect] 100: 153–163

Chen L, Cagniard B, Mathews T, Jones S, Koh HC, Ding Y, Carvey PM, Ling Z, Kang UJ, Zhuang X (2005) Age-dependent motor deficits and dopaminergic dysfunction in DJ-1 null mice. J Biol Chem 280: 21418–21426

Cheng NN, Maeda T, Kume T, Kaneko S, Kochiyama H, Akaike A, Goshima Y, Misu Y (1996) Differential neurotoxicity induced by L-DOPA and dopamine in cultured striatal neurons. Brain Res 743: 278–283

Chesselet MF, Delfs JM (1996) Basal ganglia and movement disorders: an update. Trends Neurosci 19: 417–422

Chinaglia G, Landwehrmeyer B, Probst A, Palacios JM (1993) Serotoninergic terminal transporters are differentially affected in Parkinson's disease and progressive supranuclear palsy: an autoradiographic study with [3H]citalopram. Neuroscience 54: 691–699

Choi IS (2002) Parkinsonism after carbon monoxide poisoning. Eur Neurol 48: 30–33

Chouinard G, Annable L, Mercier P, Turnier L (1987) Long-term effects of L-dopa and proclidine on neuroleptic-induced extrapyramidal and schizophrenic symptoms. Psychopharmacol Bull 23: 221–226

Chung KKK, Dawson VL, Dawson TM (2001) The role of the ubiquitin-proteasomal pathway in Parkinson's disease and other neurodegenerative disorders. Trends Neurosci 24: 7–14

Clarke CE (1995) Does levodopa therapy delay death in Parkinson's disease? A review of evidence. Mov Disord 10: 250–256

Clarke A (2001) Xilopar – The evolution of selegiline. Satellitensymposium 'Neuroprotektion beim Parkinson-Syndrom – Back to the future?'. Kongress der Deutschen Gesellschaft für Neurologie, 22. September, Aachen (Nervenheilkunde 10/2001)

Clarke A, Brewer F, Johson ES, Mallard N, Hartig S, Corn TH (2003) A new formulation of selegiline: Improved bioavailability and selectivity for MAO-B inhibition. J Neural Transm 110: 1241–1255

Clement MW, Long LH, Ramalingam J, Halliwell B (2002) The cytotoxicity of dopamine may be an artefact of cell culture. J Neurochem 81: 414–421

Close SP, Elliot PJ, Hayes AG, Marriott AS (1990) Effects of classical and novel agents in a MPTP-induced reversible model of Parkinson's disease. Psychopharmacol 102: 295–300

Colosimo C, Granata R, Del Zompo M, Piccardi MP, Perretta G, Albanese A (1992) Chronic administration of MPTP to monkeys: Behavioral morphological and biochemical correlates. Neurochem Int [Suppl] 20: 279S–285S

Colzi A, Turner K, Lees AJ (1998) Continious subcutaneous waking day apomorphine in the long term treatment of levodopa induced interdose dyskinesias in Parkinson's disease. J Neurol Neurosurg Psychiatry 64: 573–576

Conway KA, Rochet JC, Bieganski RM, Lansbury PT (2001) Kinetic stabilization of the alphasynuclein protofibril by a dopamine-alpha-synuclein adduct. Science 294: 1346–1349

Cooper IS (1956) Ligation of the anterior choroidal artery for involuntary movements of parkinsonism. Arch Neurol 75: 36–48

Corey-Bloom J (2003) Galantamine: a review of its use in Alzheimer's disease and vascular dementia. Int J Clin Practice 57: 219–223

Corrigan MH, Denahan AQ, Wright CE, Ragual RJ, Evans DL (2000) Comparison of pramipexole, fluoxetine, and placebo in patients with major depression. Depress Anxiety 11: 58–65

Corrodi H, Fuxe K, Hökfelt T, Lidbrink P, Ungerstedt V (1973) Effects of ergot drugs on central catecholamine neurons: evidence for a stimulation of central dopamine neurons. J Pharm Pharmacol 25: 409–412

Cotzias G, van Woert MH, Schiffer LM (1967) Aromatic amino acids and modification of parkinsonism. New Engl J Med 276: 374–380

Cotzias GC, Papavasiliou PS, Gellene R (1969) Modifcation of parkinsonism: chronic treeatment with L-DOPA. New Engl J Med 280: 337–345

Cotzias G, Papavasiliou PS, Fehling C (1970) Similarities between neurologic effects of L-dopa and of apomorphine. New Engl J Med 283: 31–33

Crosby N, Deane KHO, Clarke CE (2003) Amantadine in Parkinson's disease. Cochrane Database of Systematic Reviews 2006, Issue 4, p. CD003468/ 2003

Crossman AR, Peggs D, Boyce S, Luquin MR, Sambrook MA (1989) Effect of the NMDA antagonist MK-801 on MPTP-induced parkinsonism in the monkey. Neuropharmacology 28: 1271–1273

Csoti I, Werner M, Fornadi F (1999) L-Dopa-Präparate in gelöster Form. Wirkung auf die frühmorgendliche Akinese. 5. Hamburger Parkinson-Gespräch, 3. Dezember, Hamburg

Cuervo AM, Stefanis L, Fredenburg R, Lansbury PT, Sulzer D (2004) Impaired degradation of mutant alpha-synuclein by chaperone-mediated autophagy. Science 305: 1292–1295

Curran MP, Perry CM (2004) Cabergoline: a review of its use in the treatment of Parkinson's disease. Drugs 64: 2125–2141

Danielczyk W (1973) Die Behandlung von akinetischen Krisen. Med Welt 24: 1278–1282

Danielczyk W (1995) Twenty-five years of amantadine therapy in Parkinson's disease. J Neural Transm [Suppl] 46: 399–405

Danysz W, Parsons CG, Kornhuber J, Schmidt WJ, Quack G (1997) Aminoadamantanes as NMDA receptor antagonists and antiparkinsonian agents – preclinical studies. Neurosci Biobehav Rev 21: 455–468

Date I, Felten DL, Felten SY (1990) Long-term effect of MPTP in the mouse brain in relation to ageing: neurochemical and immunocytochemical analysis. Brain Res 519: 266–276

Datla KP, Blunt SB, Dexter DT (2001) Chronic L-DOPA administration is not toxic to the remaining dopaminergic nigrostriatal neurons, but instead may promote their functional recovery, in rats with partial 6-OHDA or FeCl3 nigrostriatal lesions. Mov Disord 16: 424–434

Davidson BL, Stein CS, Heth JA, Martins I, Kotin RM, Derksen TA, Zabner J, Ghodsi A, Chiorini JA (2000) Recombinant adeno-associated virus type 2, 4, and 5 vectors: transduction of variant cell types and regions in the mammalian central nervous system. Proc Natl Acad Sci USA 97: 3428–3432

Davis TL (1998) Catechol-O-methyltransferase inhibitors in Parkinson's disease. Guidelines for effective use. CNS Drugs 10: 239–246

Davis GC, Williams AC, Markey SP, Ebert MH, Caine ED, Reichert CM, Kopin IJ (1979) Chronic parkinsonism secondary to intravenous injection of meperidine analogues. J Psychiatr Res 1: 249–254

Degen HJ, Lesch KP, Riederer P (1996) Ratio of expression of dopamine transporter (DAT) and vesicular monoamine transporter (VMAT) is shifted towards VMAT in the nigrostriatal system of Parkinson's disease (PD) patients. 3rd Congress of the European Society for Clinical Neuropharmacology, 28.–30. Oktober, Universität „La Sapienza", Rom, Italien (J Neural Transm 103: XXVIII)

Dekant W, Vamvakas S, Henschler D (2001) Wichtige Gifte und Vergiftungen. In: Forth W, Henschler D, Rummel W, Förstermann U, Starke K (Hrsg) Allgemeine und spezielle Pharmakologie und Toxikologie. 8. vollst. überarb. Auflage. München Jena: Urban & Fischer, 985–1149

Dekker MC, Galjaard RJ, Snijders PJ, Heutink P, Oostra BA, van Duijn CM (2004) Brachydactyly and short stature in a kindred with early-onset parkinsonism. Am J Med Genet A 130: 102–104

Del Dotto G, Gambaccini G, Brotini S, Bonuccelli U (1999) Intravenous amantadine in extrapyramidal disorders. Parkinsonism Relat Disord 5: S73, P-TU-090

DeLong MR (1990) Primate models of movement disorders of basal ganglia origin. Trends Neurosci 13: 281–285

Del Tredici K, Rüb U, de Vos RAI, Bohl JRE, Braak H (2002) Where does Parkinson's disease pathology begin in the brain? J Neuropathol Exp Neurol 61: 413–426

De Pablos RM, Herrera AJ, Villaran RF, Cano J, Machado A (2004) Dopamine-dependent neurotoxicity of lipopolysaccharide in substantia nigra. FASEB 18: U579–U600

De Rijk MC, Tzourio C, Breteler MMB, Dartigues JF, Amaducci L, Lopez-Pousa S, Manubens-Bertran JM, Alperovitch A, Rocca W A (1997) Prevalence of parkinsonism and Parkinson's disease in Europe. The EUROPARKINSON collaborative study. J Neurol Neurosurg Psychiatry 63: 10–15

De Ryck M, Schallert T, Teitelbaum P (1980) Morphine versus haloperidol catalepsy in the rat: a behavioral analysis of postural support mechanisms. Brain Res 201: 143–172

Desai A, Grossberg G (2001) Review of rivastigmine and its clinical applications in Alzheimer's disease and related disorders. Exp Op Pharmacotherapy 2: 653–666

Deumens R, Blokland A, Prickaerts J (2002) Modeling Parkinson's disease in rats: An evaluation of 6-OHDA lesions of the nigrostriatal pathway. Exp Neurol 175: 303–317

Deuschl G, Schade-Brittinger C, Krack P, Volkmann J, Schäfer H, Bötzel K, Daniels Ch, Deutschländer A, Dillmann U, Eisner W, Gruber D, Hamel W, Herzog J, Hilker R, Klebe S, Kloß M, Koy J, Krause M, Kupsch A, Lorenz D, Lorenzl S, Mehdorn HM, Moringlane JR, Oertel W, Pinsker M, Reichmann H, Reuß A, Schneider GH, Schnitzlere A, Steude U, Sturm V, Timmermann L, Tronnier V, Trottenbereg T, Wojtecki L, Wolf E, Poewe W, Voges J, The German Parkinson Study Group, Neurostimulation Section (2006) A randomized trial of deep-brain stimulation for Parkinson's disease. New Engl J Med 355: 896–908.

De Vito MJ, Wagner GC (1989) Methamphetamine-induced neuronal damage: a possible role for free radicals. Neuropharmacology 28: 1145–1150

Dexter DT, Sian J, Rose S, Hindmarsh JG, Mann VM, Cooper JM, Wells FR, Daniel SE, Lees AJ, Schapira AHV, Jenner P, Marsden CD (1994)

Indices of oxidative stress and mitochondrial function in individuals with incidental Lewy body disease. Ann Neurol 35: 38–44

Dhawan V, Medcalf P, Stegie F,. Jackson G, Basu S, Luce P, Odin P, Chaudhuri KR (2005) Retrospective evaluation of cardio-pulmonary fibrosis side effects in symptomatic patients from a group of 234 Parkinson's disease patients treated with cabergoline. J Neural Transm 112: 661–668

Diamond SG, Markham CH, Hoehn MM, McDowell FH, Muenter MD (1987) Multi-center study of Parkinson's mortality with early versus later dopa treatment. Ann Neurol 22: 8–12

Difazio MC, Hollingsworth Z, Young AB, Penney J (1992) Glutamate receptors in the substantia nigra of Parkinson's disease brains. Neurology 42: 402–406

Dill-Schmölders C (2005) Rhythmus als spezifischer Wirkfaktor in der Behandlung von Parkinson-PatientInnen. In: Jochims S (Hrsg) Musiktherapie in der Neurorehabilitation. München: Hippocampus Verlag, 162–180

Dingemanse J, Kleinbloesem CH, Zurcher G, Wood ND, Crevoisier C (1997) Pharmacodynamics of benserazide assessed by its effects on endogenous and exogenous levodopa pharmaco-kinetics. Br J Clin Pharmacol 44: 41–48

Dooley M, Markham A (1998) Pramipexole. A review of its use in the management of early and advanced Parkinson's disease. Drugs & Aging 12: 495–514

Dooneief G, Mirabello E, Bell K, Marder K, Stern Y, Mayeux R (1992) An estimate of the incidence of depression in idiopathic Parkinson's disease. Arch Neurol 49: 305–307

Dose M, Lange HW (2000) The benzamide tiapride: treatment of extrapyramidal motor and other clinical syndromes. Pharmacopsychiatry 33: 19–27

Do Thi NA, Saillour P, Ferrero L, Dedieu JF, Mallet J, Paunio T (2004) Delivery of GDNF by an E1,E3/E4 deleted adenoviral vector and driven by a GFAP promoter prevents dopaminergic neuron degeneration in a rat model of Parkinson's disease. Gene Ther 11: 746–756

Doty RL (1991) Olfactory capacities in aging and Alzheimer's disease. Psychophysical and anatomic considerations. Ann NY Acad Sci 640: 20–27

Doty RL, Deems DA, Stellar S (1988) Olfactory dysfunction in parkinsonism: a general deficit unrelated to neurologic signs, disease stage, or disease duration. Neurology 38: 1237–1244

Double KL, Maywald M, Schmittel M, Riederer P, Gerlach M (1998) In vitro studies of ferritin iron release and neurotoxicity. J Neurochem 70: 2492–2499

Double KL, Riederer P, Gerlach M (1999) The significance of neuromelanin for neurodegeneration in Parkinson's disease. Drug News Perspect 12: 333–340

Double K, Rowe D, Halliday G and the DEDCeL Research Group, Riederer P, Gerlach M (2002) A biochemical marker for Parkinson's disease. 7th Int. Congress of Parkinson's disease and movement disorders, 10.–14. November, Miami, Florida, USA (Mov Discord [Suppl 5] 17: 67, P176

Double KL, Gerlach M, Schunemann V, Trautwein AX, Zecca L, Gallorini M, Youdim MBH, Riederer P, Ben-Shachar D (2003a) Iron-binding characteristics of neuromelanin of the human substantia nigra. Biochem Pharmacol 66: 489–494

Double KL, Halliday GM, Henderson J, Griffiths FM, Heinemann T, Riederer P, Gerlach M (2003b) The dopamine receptor agonist lisuride attenuates iron-mediated dopaminergic neurodegeneration. Exp Neurol 184: 530–535

Double KL, Rowe DB, Griffiths F, Hayes M, Chan DKY, Blackie J, Corbett A, Joffe R, Fung VS, Morris J, Gerlach M, Riederer P, Halliday GM (2006) A blood test for central dopamine cell death. Neurology (zur Publikation eingereicht)

Dressler D (2005) Apomorphin bei der Behandlung des Morbus Parkinson. Nervenarzt 76: 681–689

Du YS, Ma ZZ, Lin SZ, Dodel RC, Gao F, Bales KR, Triarhou LC, Chernet E, Perry KW, Nelson DLG, Luecke S, Phebus LA, Bymaster FP, Paul SM (2001) Minocycline prevents nigrostriatal dopaminergic neurodegeneration in the MPTP model of Parkinson's disease. Proc Natl Acad Sci USA 98: 14669–14674

Dubiel H (2006) Tief im Hirn. München: Verlag Antje Kunstmann

Dubois B, Pillon B, Lhermitte F, Agid Y (1990) Cholinergic deficiency and frontal dysfunction in Parkinson's disease. Ann Neurol 28: 117–121

Duda JE, Giasson BI, Mahon ME, Miller DC, Golbe LI, Lee VMY, Trojanowski JQ (2002) Concurrence of alphasynuclein and tau brain pathology in the Contursi kindred. Acta Neuropathol 104: 7–11

Dunnett SB, Bjorklund A (1999) Prospects for new restorative and neuroprotective treatments in Parkinson's disease. Nature [Suppl] 399: A32–A39

Durif F, Devaux I, Pere JJ, Delumeau JC, Bourdeix I (2001) Efficacy and tolerability of entacapone as adjunctive therapy to levodopa in patients with Parkinson's disease and end-off-dose deterioration in daily medical practice: an open, multicenter study. Eur Neurol 45: 111–118

During MJ, Freese A, Deutch AY, Kibat PG, Sabel B, Langer R, Roth RH (1992) Biochemical and behavioral recovery in a rodent model of Parkinson's disease following stereotactic implantation of dopamine-containing liposomes. Exp Neurol 115: 193–199

During MJ, Kaplitt MG, Stern MB, Eidelberg D. Subthalamic (2001) GAD gene transfer in Parkinson disease patients who are candidates for deep brain stimulation. Hum Gene Ther 12: 1589–1591

Duvoisin R (1967) Cholinergic-anticholinergic antagonism in parkinsonism (1967) Arch Neurol 17: 124–136

Dziewczakapolski G, Murer G, Agid Y, Gershanik OS, Raisman-Vozari R (1997) Absence of neurotoxicity of chronic L-DOPA in 6-hydroxydopamine-lesioned rats. NeuroReport 8: 975–979

Eady MJ, Tyrer JH (1965) Alimentary disorder on parkinsonism. Austral Ann Med 14: 13–22

Ebersbach G (2005) Wünschenswerte klinische Studienprojekte. In: Oertel WH (Hrsg) Die Parkinson-Krankheit und atypische Parkinson-Syndrome. Von der Grundlagenforschung zur vernetzten Therapieforschung. Basel/Grenzach-Wyhlen: Editiones <Roche, 159–160

Eckert A (2005) Stellenwert von Nimodipin in der Demenztherapie. Pharmazie in unserer Zeit 34: 392–398

Ehringer H, Hornykiewicz O (1960) Verteilung von Noradrenalin und Dopamin (3-Hydroxytyramin) im Gehirn des Menschen und ihr Verhalten bei Erkrankungen des extrapyramidalen Systems. Wien Klin Wochenschr 38: 1236–1239

Ellison DW, Beal MF, Martin JB (1987) Amino acid neurotransmitters in postmortem human brain analyzed by high performance liquid chromatography with electrochemical detection. J Neurosci Meth 19: 305–315

Elsworth J, Al-Tikriti M, Sladek Jr J, Taylor JR, Jnnis RB, Redmond Jr DE, Roth RH (1994) Novel radioligands for the dopamine transporter demonstrate the presence of intrastriatal nigral crafts in the MPTP-treated monkey: Correlation with improved behavioral function. Exp Neurol 126: 300–304

Eltze M (1999) Multiple mechanisms of action: the pharmacological profile of budipine. J Neural Transm [Suppl] 56: 83–105

Emborg-Knott ME, Domino EF (1998) MPTP-Induced hemiparkinsonism in nonhuman primates 6–8 years after a single unilateral intracarotid dose. Exp Neurol 152: 214–220

Emre M, Aarsland D, Albanese A, Byrne EJ, Deuschl G, DeDeyn PP, Durif F, Kulisevsky J, van Laar T, Lees A, Poewe W, Robillard A, Rosa MM, Wolters E, Quarg P, Tekin S, Lane R (2004) Rivastigmine for dementia associated with Parkinson's disease. N Engl J Med 24: 2509–2518

Erdo F, Buhrle C, Blunk J, Hoehn M, Xia Y, Fleischmann B, Focking M, Kustermann E, Kolossov E, Hescheler T, Hossmann KA, Trapp T (2003) Host-dependent tumorigenesis of embryonic stem cell transplantation in experimental stroke. J Cereb Blood Flow Metab 23: 780–785

Etminan M, Samii A, Takkouche B, Rochon PA (2001) Increased risk of somnolence with the new dopamine agonists in patients with Parkinson's disease. Drug Safety 24: 863–868

Facca A, Sanchez-Ramos J (1996) High-dose pergolide monotherapy in the treatment of severe levo-dopa-induced dyskinesias. Mov Disord 11: 327–329

Factor SA, McAlarney T, Sanchez-Ramos JR, Weiner WJ (1990) Sleep disorders and sleep effect in Parkinson's disease. Mov Disord 5: 280–285

Factor SA, Friedman JH, Lannon MC, Oakes D, Bourgeois K, Parkinson Study Group (2001) Clozapine for the treatment of drug-induced psychosis in Parkinson's disease: results of the 12 week open label extension in the PSYCLOPS trial. Mov Disord 16: 135–139

Factor SA, Molho ES, Feustel PJ, Brown DL, Evans SM (2001) Long-term comparative experience with tolcapone and entacapone in advanced Parkinson's disease. Clin Neuropharmacol 24: 295–299

Fahn S (1992) Adverse effects of levodopa. In: Olanow CW, Lieberman AN (Eds) The scientific basis for the treatment of Parkinson's disease. Carnforth, UK: Parthenon, 89–112

Fahn S (1996) Is levodopa toxic? Neurology [Suppl 3] 47: S184–S195

Fahn S (1997) Levodopa-induced neurotoxicity. Does it represent a problem for the treatment of Parkinson's disease? CNS Drugs 8: 376–393

Fahn S (1999) Parkinson disease, the effect of levodopa, and the ELLDOPA trial. Arch Neurol 56: 529–535

Fahn S (2006) A new look at levodopa based on the ELLDOPA study. J Neural Transm [Suppl] 70: 419–426

Farley IJ, Hornykiewicz O (1976) Noradrenaline in subcortical brain regions of patients with Parkinson's disease and control subjects. In: Birkmayer W, Hornykiewicz O (Hrsg) Advances in Parkinsonism. Basel: Editiones <Roche>, 178–185

Faßhauer G (2006) U 40. Jubiläums-Ausgabe dPV-Nachrichten Sept: 9–10

Fazio C, Casacchia M, Agnoli A, Reitano M, Ruggieri S, Volante F, Barba C (1972) Treatment of parkinsonism with L-DOPA plus a DOPA decarboxylase inhibitor. ZS Neurol 202: 347–355

Feany MB, Bender WW (2000) A Drosophila model of Parkinson's disease. Nature 404: 394–398

Fearnley JM, Lees AJ (1991) Ageing and Parkinson's disease: Substantia nigra regional selectivity. Brain 114: 2283–2301

Federow H, Tribl F, Halliday G, Gerlach M, Riederer P, Double K (2005) Neuromelanin in human dopamine neurons: Comparison with pheripheral melanins and relevance to Parkinson's disease. Progr Neurobiol 75: 109–124

Felten DL, Felten SY, Fuller RW, Romano TD, Smalstig EB, Wong DT, Clemens JA (1992) Chronic dietary pergolide preserves nigrostriatal integrity in aged Fischer-344 rats. Neurobiol Aging 13: 339–351

Fénelon G, Mahieux F, Huon R, Ziegler M (2000) Hallucinations in Parkinson's disease – prevalence, phenomenology and risk factors. Brain 123: 733–745

Ferger B, Spratt C, Teismann P, Seitz G, Kuschinsky K (1998) Effects of cytisine on hydroxyl radicals in vitro and MPTP-induced dopamine depletion in vivo. Eur J Pharmacol 360: 155–163

Fernandez A, de Ceballos ML, Jenner P, Marsden CD (1994) Neurotensin, substance P, delta and µ opioid receptors are decreased in basal ganglia of Parkinson's disease patients. Neuroscience 61: 73–79

Fernandez A, de Ceballos ML, Rose S, Jenner P, Marsden CD (1996) Alterations in peptide levels in Parkinson's disease and incidental Lewy body disease. Brain 119: 823–830

Fernandez HH, Trieschmann ME, Burke MA, Friedman JH (2002) Quetiapine for psychosis in Parkinson's disease versus dementia with Lewy bodies. J Clin Psych 63: 513–515

Finberg JPM, Tenne M (1982) Relationship between tyramine potentiation and selective inhibition of monoamine oxidase type A and B in the rat vas deferens. Br J Pharmacol 77: 13–21

Finberg JPM, Takeshima T, Johnston JM, Commissiong JW (1998) Increased survival of dopaminergic neurons by rasagiline, a monoamine oxidase B inhibitor. NeuroReport 9: 703–707

Fioravanti M, Flicker L (2001) Nicergoline for dementia and other age associated forms of cognitive impairmant. Cochrane Database of Systematic Reviews 2006, Issue 4, p. CD003159/2001

Fischer D, Breitenbach J (2003) Die Pharmaindustrie. Einblick Durchblick Perspektiven. Heidelberg Berlin: Spektrum Akadamischer Verlag, 2003, 16

Fischer PA, Przuntez H, Majer M, Welzel D (1984) Kombinationsbehandlung früher Stadien des Parkinson-Syndroms mit Bromocriptin und Levodopa. Dtsch Med Wochenschr 109: 1279–1283

Fischer M, Gemende I, Marsch WC, Fischer PA (2001) Skin function and skin disorders in Parkinson's disease. J Neural Transm 108: 205–213

Fischhof PK, Saletu B, Rüther E, Litschauer G et al. (1992) Therapeutic efficacy of pyritinol in patients with senile dementia of the Alzheimer type (SDAT) and multi-infarct dementia (MID). Neuropsychobiology 26: 65–70

Fleming SM, Delville Y, Schallert T (2005) An intermittent, controlled-rate, slow progressive degeneration model of Parkinson's disease: antiparkinson effects of Sinemet and protective effects of methylphenidate. Behav Brain Res 156: 201–213

Fleming SM, Chesselet M-F (2006) Behavioral phenotypes and pharmacology in genetic models of parkinsonism. Behav Pharmacol 17: 493–498

Foley P, Riederer P (2000) The motor circuit of the human basal ganglia reconsidered. J Neural Transm [Suppl] 58: 97–110

Foley P, Mizuno Y, Nagatsu T, Sano T, Youdim MBH, McGeer P, McGeer E, Riederer P (2000) Editorial. The L-DOPA story – an early Japanese contribution. Parkinsonism Relat Disord 6: 1

Foley P, Gerlach M, Double KL, Riederer P (2004) Dopamine receptor agonists in the therapy of Parkinson's disease. J Neural Transm 111: 1375–1446

Fonnum F (1984) Glutamate: a neurotransmitter in mammalian brain. J Neurochem: 42: 1–11

Ford A (1989) Editorial. Am J Public Health 79: 269–270

Fornai F, Schlueter OM, Lenzi P, Gesi M, Ruffoli R, Ferrucci M, Lazzeri G, Busceti CL, Pontarelli F, Battaglia G, Pellegrini A, Nicoletti F, Ruggieri S, Paparelli A, Suedhof TC (2005) Parkinson-like syndrome induced by continuous MPTP infusion: Convergent roles of the ubiquitin-proteasome system and -synuclein. Proc Natl Acad Sci USA 102: 3413–3418

Forno LS (1996) Neuropathology of Parkinson's disease. J Neuropathol Exp Neurol 55: 259–272

Forno LS, DeLanney LE, Irwin I, Langston JW (1993) Similarities and differences between MPTP-induced parkinsonism and Parkinson's disease. Adv Neurol 60: 600–608

Fowler JS, MacGregor RR, Wolf AP, Arnett CD, Dewey SL, Schlyer D, Christman D, Logan J, Smith M, Sachs H, Aquilonius SM, Bjurling P, Halldin C, Hartwig P, Leenders KL, Lundquist H, Oreland L, Stalnacke C-G, Langstrom B (1987) Mapping human brain monoamine oxidase A and B with 11C-labeled suicide inactivators and PET. Science 235: 481–485

Fowler JS, Volkow ND, Logan J, Schlyer DJ, Mac-Gregor RR, Wang G-J, Wolf AP, Pappas N, Alexoff D, Shea C, Dorflinger E, Yoo K, Morawsky L, Fazzini E (1993) Monoamine oxidase B (MAO-B) inhibitor therapy in Parkinson's disease: The degree and reversibility of human brain MAO-B inhibition by Ro 196327. Neurology 43: 1984–1992

Fowler JS, Volkow ND, Logan J, Wang GJ, Mac-Gregor RR, Schlyer D, Wolf AP, Pappas N, Alexoff D, Shea C, Dorflinger E, Kruchowy L, Yoo K, Fazzini E, Patlak C (1994) Slow recovery of human brain MAO after l-deprenyl (selegiline) withdrawal. Synapse 18: 86–93

Fox SH, Lang AE, Brotchie JM (2006) Translation of nondopaminergic treatments for levodopa-induced dyskinesia from MPTP-lesioned nonhuman primates to phase IIa clinical studies: Keys to success and roads to failure. Mov Disord 21: 1578–1594

Freed CR, Greene PE, Breeze RE, Tsai WY, DuMouchel W, Kao R, Dillon S, Winfield H, Culver S, Trojanowski JQ, Eidelberg D, Fahn S (2001) Transplantation of embryonic dopamine neurons for severe Parkinson's disease. N Engl J Med 344: 710–719

Freisleben HJ, Lehr F, Fuchs J (1994). Lifespan of immunosuppressed NMRI-mice is increased by deprenyl. J Neural Transm [Suppl] 41: 231–236

Frey KA, Koeppe RA, Kilbourn MR (2001) Imaging the vesicular monoamine transporter. Adv Neurol 86: 237–247

Frielingsdorf H, Schwarz K, Brundin P, Mohapel P (2004) No evidence for new dopaminergic neurons in the adult mammalian substantia nigra. Proc Natl Acad Sci USA 101: 10177–10182

Frucht S, Rogers JD, Greeene PE, Gordon MF, Fahn S (1999) Falling asleep at the wheel: motor vehicle mishaps in persons taking pramipexole and ropinirole. Neurology 52: 1908–1910

Fumagalli F, Gainetdinov RR, Wang YM, Valenano KJ, Miller GW, Caron MG (1999) Increased methamphetamine neurotoxicity in heterozygous vesicular monoamine transporter 2 knock-out mice. J Neurosci 19: 2424–2431

Furukawa N, Arai N, Goshima Y, Miyamae T, Ohshima E, Suzuki F, Fujita K, Misu Y (2001) Endogenously released DOPA is a causal factor for glutamate release and resultant delayed neuronal cell death by transient ischemia in rat striata. J Neurochem 76: 815–824

Gage FH (2000) Mammalian neural stem cells. Science 287: 1433–1438

Gal S, Zheng H, Fridkin M, Youdim MBH (2005) Novel multifunctional neuroprotective iron chelator-monoamine oxidase inhibitor drugs for neurodegenerative diseases. In vivo selective brain monoamine oxidase inhibition and prevention of MPTP-induced striatal dopamine depletion. J Neurochem 95: 79–88

Ganzini L, Casey DE, Hoffman WF, McCall AL (1993) The prevalence of metoclopramide-induced tardive dyskinesia and acute extrapyramidal movement disorders. Arch Intern Med 153: 1469–1475

Gaspar P, Febvret A, Colombo J (1993) Serotonergic sprouting in primate MPTP-induced hemiparkinsonism. Exp Brain Res 96: 100–106

Gassen M, Gross A, Youdim MBH (1998) Apomorphine enantiomers protect cultured pheochromocytoma (PC12) cells from oxidative stress induced by H_2O_2 and 6-hydroxydopamine. Mov Disord 13: 242–248

Gasser T, Schwarz J, Arnold G, Trenkwalder C, Oertel WH (1992) Apomorphine test for dopaminergic responsiveness in patients with previously untreated Parkinson's disease. Arch Neurol 49: 1131–1134

Gasser T, Müller-Myhsok B, Wszolek ZK, Dürr A, Vaughan JR, Bonifati V, Meco G, Bereznnai B, Oehlmann R, Agid Y, Brice A, Wood N (1997) Genetic complexity and Parkinson's disease. Science 277: 388–389

Gasser T, Müller-Myhsok B, Wszolek ZK, Oehlmann R, Calne DB, Bonifati V, Bereznai B, Fabrizio E, Vieregge P, Horstmann RD (1998) A susceptibility locus for Parkinson's disease maps to chromosome 2p13. Nat Genet 18: 262–265

Gehlen W, Greulich W, Kutta B, Gilles J (1997) Probleme der Langzeittherapie des Parkinson-

Syndroms durch Begleiterkrankungen. In: Fischer P-A (Hrsg) Parkinson-Krankheit. Entwicklungen in Diagnostik und Therapie. Basel/Grenzach-Wyhlen: Editiones <Roche>, 165–174

Gerlach M, Riederer P (1993a) The pathophysiological basis of Parkinson's disease. In: Szelenyi I (Ed) Inhibitors of Monoamine Oxidase B. Basel Boston Berlin: Birkhäuser, 25–50

Gerlach M, Riederer P (1993b) Gibt es biochemische Marker der Parkinson-Krankheit? In: Fischer P-A (Hrsg) Parkinson-Krankheit. Verlaufsbezogene Diagnostik und Therapie. Basel/Grenzach-Wyhlen: Editiones <Roche>, 3–17

Gerlach M, Riederer P (1996) Animal models of Parkinson's disease: An empirical comparison with the phenomenology of the disease in man. J Neural Transm 103: 987–1041

Gerlach M, Riederer P (1999) MAO-B-Hemmer: Einleitung, Allgemeine Pharmakologie, Neurobiochemie und Wirkmechanismus von Selegilin. In: Riederer P, Laux G, Pöldinger W (Hrsg) Neuro-Psychopharmaka, Bd 5: Parkinson-Mittel und Antidementiva. 2. neu bearb. Aufl. Wien New York: Springer, 169–188

Gerlach M, Gebhardt B, Kuhn W, Przuntek H (1986) Die Abhängigkeit der Resorption des L-Dopa von Galenik und veränderter Magensaftsekretion des Parkinson-Patienten. In: Fischer PA (Hrsg) Spätsyndrome der Parkinson-Krankheit. Basel: Editiones <Roche>, 271–279

Gerlach, Kuhn W, Przuntek H (1989) Pharmacokinetic investigations of various levodopa formulations. In: Przuntek H, Riederer P (Eds) Key topics in brain research. Early diagnosis and preventive therapy in Parkinson's disease. Wien New York: Springer, 314–322

Gerlach M, Gsell W, Riederer P (1991a) Anatomische, biochemische und funktionelle Strukturen physiologischer Neurotransmitter-Regelkreise. In: Beckmann H, Osterheider M (Hrsg) Neurotransmitter und psychische Erkrankungen. Berlin Heidelberg New York: Springer, 1–18

Gerlach M, Riederer P, Przuntek H, Youdim MBH (1991b) MPTP mechanisms of neurotoxicity and their implications for Parkinson's disease. Eur J Pharmacol [Mol Pharmacol Sect] 208: 273–286

Gerlach M, Riederer P, Youdim MBH (1992) The molecular pharmacology of l-deprenyl. Eur J Pharmacol [Molec Pharmacol] 226: 97–108

Gerlach M, Jellinger K, Riederer P (1994) The possible role of noradrenergic deficits in selected signs of Parkinson's disease. In: Briley M, Marien M (Eds) Noradrenergic mechanisms in Parkinson's disease. Boca Raton Ann Arbor London Tokyo: CRC Press, 59–71

Gerlach M, Riederer P, Youdim MBH (1995) Neuroprotective therapeutic strategies: comparison of experimental and clinical results. Biochem Pharmacol 50: 1–16

Gerlach M, Götz M, Dirr A, Kupsch A, Janetzky B, Oertel W, Sautter J, Schwarz J, Reichmann H, Riederer P (1996a) Acute MPTP treatment produces no changes in mitochondrial complex activities and indices of oxidative damage in the common marmoset ex vivo one week after exposure to the toxin. Neurochem Int 28: 41–49

Gerlach M, Gsell W, Kornhuber J, Jellinger K, Krieger V, Pantucek F, Vock R, Riederer P (1996b) A post mortem study on neurochemical markers of dopaminergic, GABA-ergic and glutamatergic neurons in basal ganglia-thalamocortical circuits in Parkinson's syndrome. Brain Res 741: 142–152

Gerlach M, Riederer P, Vogt H (1996c) 'On treatment' rather than 'intention to treat analysis' should have been used. Br Med J 312: 704

Gerlach M, Riederer P, Youdim, MBH (1996d) Molecular mechanisms for neurodegeneration: Synergism between reactive oxygen species, calcium and excitotoxic amino acids. Adv Neurol 69: 177–194

Gerlach M, Koutsilieri E, Riederer P (1998) N-Methyl-(R)-salsolinol and its relevance to Parkinson's disease. Lancet 351: 850–851

Gerlach M, Pedersen V, Double K, Riederer P (1999) Effects of cabergoline and lisuride on motor behaviour and dopamine receptor binding in 6-OHDA-lesioned rats. 13th Int Congress on Parkinson's Disease, 24–28 July, Vancouver, Canada (Parkinsonism Relat Disord [Suppl] 5: 114)

Gerlach M, Double KL, Youdim MBH, Riederer P (2000a) Strategies for the protection of dopaminergic neurons against neurotoxicity. Neurotox Res 2: 99–114

Gerlach M, Riederer P, Reichmann H (2000b) Präklinische und klinische Aspekte von Dopamin-Agonisten. Was ist gesichert? Nervenheilkunde 2: 53/1–59/7

Gerlach M, Xiao A-Y, Kuhn W, Lehnfeld R, Waldmeier P, Sontag K-H, Riederer P (2001) The central catechol-O-methyltransferase inhibitor tolcapone increases striatal hydroxyl radical production in L-DOPA/carbidopa treated rats. J Neural Transm 108: 189–204

Gerlach M, Braak H, Hartmann A, Jost W, Odin P, Prille J, Schwarz J (2002) Current state of stem cell research for the treatment of Parkinson's disease. J Neurol [Suppl 3] 249: III35–III37

Gerlach M, Double K, Arzberger T, Leblhuber F, Tatschner T, Riederer P (2003a) Dopamine receptor agonists in current clinical use: comparative dopamine receptor binding profiles defined in the human striatum. J Neural Transm 110: 1119–1127

Gerlach M, Double K, Reichmann H, Riederer P (2003b) Arguments for the use of dopamine receptor agonists in clinical and preclinical Parkinson's disease. J Neural Transm [Suppl] 65: 167–183

Gerlach M, Claus A, Walitza S, Scheuerpflug P, Wewetzer Ch, Warnke A (2004a) Daytime somnolence in ADHD patients treated with the dopamine receptor agonist ropinirole. 8th Int. Congress of Parkinson's Disease and Movement Disorders, 13.–17. Juni, Rom, Italien (Mov Disord [Suppl 9] 19: S416, P1220)

Gerlach M, van den Buuse M, Blaha C, Bremen D, Riederer P (2004b) Entacapone increases and prolongs the central effects of L-DOPA in the 6-hydroxydopamine-lesioned rat. Naunyn-Schmiedebergs Arch Pharmacol 370: 388–394

Gerlach M, Bartoszyk D, van den Buuse M, Schwarz J, Riederer P (2006a) Antidyskinetic efficacy of sarizotan. First World Parkinson Congress, 22.–26 Februar, Washington, DC, USA (Mov Disord 21 [Suppl 13] S71, P67)

Gerlach M, Double KL, Youdim MBH, Riederer P (2006b). Potential sources of increased iron in the substantia nigra of parkinsonian patients. J Neural Transm [Suppl] 70: 133–142

Gerlach M, van den Buuse M, Bartoszyk G, Riederer P (2006c) Mechanism of the antidyskinetic efficacy of sarizotan in hemiparkinsonian rats. XXV CINP Congress, 9–13 July, Chicago, USA (Int J Neuropsychopharmacol 9 [Suppl 1]: S121–122, P01.079)

German DC, Dubach M, Askaria S, Speciale G, Bowden DM (1988) 1-Methyl-4-phenyl-1,2,3,6-tetrahydropyridine-induced Parkinsonian syndrome in macaca fascicularis: which midbrain dopaminergic neurons are lost? Neuroscience 24: 161–174

German DC, Manaye KF, Sonsalla PK, Brooks BA (1992) Midbrain dopaminergic cell loss in parkinson's disease and MPTP-induced Parkinsonism: Sparing of calbindin-D28k-containing cells. Ann N Y Acad Sci 648: 42–62

Ghika J, Gachoud JP, Gasser U, Beck-Fohn M et al. (1997) Clinical efficacy and tolerability of a new levodopa/benserazide dual-release formulation in parkinsonian patients. Clin Neuropharmacol 20: 130–139

Gianutsos G, Chute S, Dunn JP (1984) Pharmacological changes in dopaminergic systems induced by long-term administration of amantadine. Eur J Pharmacol 110: 357–361

Gibb WRG (1986) Idiopathic Parkinson's disease and the Lewy body disorders. Neuropathol Appl Neurobiol 12: 223–234

Gibb WRG, Lees AJ (1988) The significance of the Lewy body in the diagnosis of idiopathic Parkinson's disease. Neuropathol Appl Neurobiol 15: 27–44

Giladi N, Tolosa E, Boothman B, Grosset D, Poewe W, Boroojerdi B, Sommerville KW (2006) Rotigotine transdermal system in patients with idiopathic Parkinson's disease: Results of two placebo- and comparator-controlled trials. Abstract, WPC, Washington D.C.

Gilgun-Sherki Y, Melamed E, Offen D (2006) Anti-inflammatory drugs in the treatment of neurodegenerative diseases: Current state. Curr Pharmaceut Design 12: 3509–3519

Gille G, Rausch, WD, Hung S-T, Moldzio R, Ngyuen A, Janetzky B, Engfer A, Reichmann H (2002) Protection of dopaminergic neurons in primary culture by lisuride. J Neural Transm 109: 157–169

Gille G, Radad K, Reichmann H, Rausch WD (2006) Synergistic effect of alpha-dihydroergocriptine and L-dopa or dopamine on dopaminergic neurons in primary culture. J Neural Transm 113: 1107–1118

Giménez-Roldán S, Esteban EM, Mateo D (2001) Switching from bromocriptine to ropinirole in patients with advanced Parkinson's disease: Open label pilot responses to three different dose-ratios. Clin Neuropharmacol 24: 346–351

Girault JA, Greengard P (2004) The neurobiology of dopamine signaling. Arch Neurol 61: 641–644

Glass J (2001) α-Dihydroergocryptin im oberen Dosisbereich – Eine Praxisstudie. 7. Hamburger Parkinsongespräch unter der Schirmherrschaft der Deutschen Parkinson Gesellschaft (DGP). 7. Dezember, Hamburg

Glinka Y, Youdim MBH (1995) Inhibition of mitochondrial complexes I and IV by 6-hydroxydopamine. Eur J Pharmacol [Environm Toxicol Pharmacol Sect] 292: 329–332

Glinka Y, Gassen M, Youdim MBH (1997). Mechanism of 6-hydroxydopamine neurotoxicity. J Neural Transm [Suppl] 50: 55–66

Glücksmann A (1951) Cell deaths in normal vertebrate ontogeny. Biol Res 26: 59–86

Goedert M, Spillantini MG (1998) Guest editorial. Lewy body diseases and multiple system atrophy as α-synucleinopathies. Mol Psych 3: 462–465

Goetz CG, Lutge W, Tanner CM (1986) Autonomic dysfunction in Parkinson's disease. Neurology 36: 73–75

Goetz C, Blasucci L, Stebbins GT (1999) Switching dopamine agonists in advanced Parkinson's disease: Is rapid titration preferable to slow? Neurology 52: 1227–1229

Götz ME (1994) Biochemische Untersuchungen zum oxidativen Stress als pathogener Faktor des Morbus Parkinson. Inauguraldissertation, Universität Würzburg

Götz W (1999) Reiki – eine sanfte Energie mit großer Wirkung. In: Przuntek H, Müller Th (Hrsg) Nichtmedikamentöse, adjuvante Therapie bei der Behandlung des Morbus Parkinson. Stuttgart – New York: Georg Thieme Verlag, 34–36

Götz W (2001) Morbus Parkinson und Osteoporose – kein Grund zur Resignation. Rheuma aktuell 3: 6–11

Götz W (2002) Schmerzen bei Parkinson. ZNS & Schmerz 3: 27–29

Götz W (2006) Geschichte der Therapie des Morbus Parkinson. Pharmazie unserer Zeit 35: 190–196

Götz ME, Gerlach M (2004) Formation of radicals. In: T Herdegen, J Delgado-García (eds) Brain Damage and Repair. From Molecular Research to Clinical Therapy. Dordrecht Boston London: Kluwer Academic Publishers, 135–164

Götz ME, Gerstner A, Harth R, Dirr A, Kuhn W, Riederer P, Gerlach M (2000) Altered redox state of platelet coenzyme Q10 in Parkinson's disease. J Neural Transm 107: 41–48

Götz ME, Double K, Gerlach M, Youdim MBH, Riederer P (2004) The relevance of iron in the pathogenesis of Parkinson's disease. Ann NY Acad Sci 1012: 193–208

Golbe LI, Iorio G, Bonavita V, Miller DC, Duvoisin RC (1990) A large kindred with autosomal dominant Parkinson's disease. Ann Neurol 27: 276–282

Goldberg MS, Fleming SM, Palacino JJ, Cepeda C, Lam HA, Bhatnagar A, Meloni EG, Wu NP, Ackerson LC, Klapstein GJ, Gajendiran M, Roth BL, Chesselet MF, Maidment NT, Levine MS, Shen J (2003) Parkin-deficient mice exhibit nigrostriatal deficits but not loss of dopaminergic neurons. J Biol Chem 278: 43628–43635

Goldberg JF, Burdick KE, Endick CJ (2004) Preliminary randomized, double-blind, placebo-controlled trial of pramipexole added to mood stabilizers for treatment-resistant bipolar depression. Am J Psychiatry 161: 564–566

Goto S, Korematsu K, Inoue N Yamada K, Oyama T, Nagahiro S, Ushio Y (1993) N-Methyl-D-aspartate receptor antagonist MK-801 induced circling behavior in rats with unilateral striatal ischemic lesions or nigral 6-hydroxydopamine lesions. Acta Neuropathol 86: 480–483

Graeber MB, Grasbon-Frodl E, Abell-Aleff P, Kösel S (1999) Nigral neurons are likely to die of a mechanism other than classical apoptosis in Parkinson's disease. Parkinsonism Relat Disord 5: 187–192

Graugaard PK, Eide H, Finset A (2003) Interaction analysis of physician-patient communication: the influence of trait anxiety on communication and outcome. Patient Educ Couns 49: 149–156

Graybiel AM, Hirsch EC, Agid Y (1990) The nigrostriatal system in Parkinson's disease. Adv Neurol 53: 17–29

Green AR, Mitchell B, Tordorff A, Youdim MBH (1977) Evidence that dopamine deamination by both type A and type B monoamine oxidase in rat brain in vivo and for the degree of enzyme inhibition necessary to increase functional activity of dopamine and 5-hydroxytryptamine. Br J Pharmacol 160: 343–349

Griffiths PD, Perry RH, Crossman AR (1994) A detailed anatomical analysis of neurotransmitter receptors in the putamen and caudate in Parkinson's disease and Alzheimer's disease. Neurosci Lett 169: 68–72

Grün M, Dill-Schmölders C, Greulich W (1997) Morbus Parkinson. Schöpferische Musiktherapie. TW Neurologie Psychiatrie 11: 347–349

Guehl D, Bezard E, Dovero S, Boraud T, Bioulac B, Gross C (1999) Trichloroethylene and parkinsonism: A human and experimental observation. Eur J Neurol 6: 609–611

Gurevich EV, Joyce JN (1998) Distribution of dopamine D3 receptor expressing neurons in the human forebrain: comparison with D2 receptor expressing neurons. Neuropsychopharmacol 20: 60–80

Guttman M and the International Pramipexole Bromocriptine Study Group (1997) Double-blind comparison of pramipexole and bromocriptine treatment with placebo in advanced Parkinson's disease. Neurology 49: 1060–1065

Guttman M, Seeman P (1985) L-dopa reverses the elevated density of D2 dopamine receptors in Parkinson's diseased striatum. J Neural Transm 64: 93–103

Gwinn-Hardy K (2002) Genetics of parkinsonism. Mov Disord 17: 645–656

Haas H (1989) Die Geschichte des Biperiden. TW Neurologie Psychiatrie [Sonderheft] 3: 49–51

Haefely W (1978) Pharmakologische Modelle zur Wirkung von Antiparkinsonmitteln. In: Fischer PA (Hrsg) Langzeitbehandlung des Parkinson-Syndroms. Stuttgart New York: Schattauer, 53–64

Hagenah J, Klein C, Sieberer M, Vieregge P (1999) Exogenous levodopa is not toxic to elderly subjects with non-parkinsonian movement disorders: Further clinical evidence. J. Neural Transm 106: 301–307

Hall S, Rulledge JH, Schallert T (1992) MRI brain iron and 6-hydroxydopamine experimental Parkinson's disease. J Neurol Sci 113: 198–208

Halliwell B (2006) Oxidative stress and neurodegeneration: where are we now? J Neurochem 97: 1634–1658

Hamani C, Neimat J, Lozano AM (2006) Deep brain stimulation for the treatment of Parkinson's disease. J Neural Transm [Suppl] 70: 303–399

Hampshire DJ, Roberts E, Crow Y, Bond J, Mubaidin A, Ariekat AL, Al-Din A, Woods CG (2001) Kufor-Rakeb syndrome, pallido-pyramidal degeneration with supranuclear upgaze paresis and dementia, maps to 1p36. J Med Genet 38: 690–692

Hanna PA, Ratkos L, Ondo WG, Jankovic J (2001) Switching from pergolide to pramipexole in patients with Parkinson's disease. J Neural Transm 108: 63–70

Hantraye P, Varastet M, Peschanski M, Riche D, Cesaro P, Willer JC, Maziere M (1993) Stable Parkinsonian syndrome and uneven loss of striatal dopamine fibres following chronic MPTP administration in baboons. Neuroscience 53: 169–178

Hantraye P, Brouillet E, Ferrante R, Palfi S, Dolan R, Matthews RT, Beal MF (1996) Inhibition of neuronal nitric oxide synthase prevents MPTP-induced Parkinsonism in baboons. Nat Med 2: 1017–1021

Hara H, Yokota K, Shimazawa M, Sukamoto T (1993) Effect of KB-2796, a new diphenylpiperazine Ca^{2+} antagonist, on glutamate-induced neurotoxicity in rat hippocampal primary cell cultures. Jap J Pharmacol 61: 361–365

Harder S, Baas H, Rietbrock S (1995) Concentration/effect relationship of levodopa in patients with Parkinson's disease. Clin Pharmacokinet 29: 243–256

Hardy J, Cai H, Cookson MR, Gwinn-Hardy K, Singelton A (2006) Genetics of Parkinson's disease and parkinsonism. Ann Neurol 60: 389–398

Harnois C, Dipaolo T (1990) Decreased dopamine in the retinas of patients with Parkinson's disease. Invest Ophthalmol Vis Science 31: 2473–2475

Harrington B (1999) The voice of experience. Glenview, IL: APDA. Young Parkinson's Newsletter 5

Harrington KA, Augood SJ, Kingsbury AE, Foster OJF, Emson PC (1996) Dopamine transporter (DAT) and synaptic vesicle amine transporter (VMAT2) gene expression in the substantia nigra of control and Parkinson's disease. Mol Brain Res 36: 157–162

Hartmann A, Hunot S, Hirsch EC (2003) Inflammation and dopaminergic neuronal loss in Parkinson's disease: a complex matter. Exp Neurol 184: 561–564

Hasegawa T, Matsuzaki-Kobayashi M, Takeda A, Sugeno N, Kikuchi A, Furukawa K, Perry G, Smith MA, Itoyama Y (2006) α-Synuclein facilitates the toxicity of oxidized catechol metabolites: Implications for selective neurodegeneration in Parkinson's disease. FEBS Lett 580: 2147–2152

Hauber W (1990) A novel reaction time task for investigating force and time parameters in rats. Experientia 46: 1984–1988

Hauser RA, Zesiewicz TA (1997) Sertraline for the treatment of depression in Parkinson's disease. Mov Disord 12: 756–759

Hauser R, Lew M, Hurtig H, Onod W, Wojcieszek J (2005) Early treatment with rasagiline is more beneficial than delayed treatment start in the long-term management of Parkinson's disease. Mov Disord [Suppl 10] 20: S75

Hefner R, Fischer PA (1989) Zunahme der Parkinson-Symptomatik unter Kalzium-Antagonisten. Nervenarzt 60: 187–188

Hefti F, Melamed E, Sahakian BJ, Wurtman RJ (1980) Circling behavior in rats with partial, unilateral nigrostriatal lesions: effects of amphetamine, apomorphine and DOPA. Pharmacol Biochem Behav 12: 185–188

Hefti F, Melamed E, Bhawan J, Wurtman RJ (1981) Long-term administration of L-DOPA does not damage dopaminergic neurons in the mouse. Neurology 31: 1194–1195

Hegeman-Richard I, Kurlan R, Parkinson Study Group (1997) A survey of antidepressant drug use in Parkinson's disease. Neurology 49: 1168–1170

Heim C, Sontag KH (1997) The halogenated tetrahydro-beta-carboline "TaClo": A progressively-acting neurotoxin. J Neural Transm [Suppl] 50: 107–111

Heinen E (2001) Osteoporosediagnostik und -therapie aus der Sicht eines Kassenarztes. rheuma aktuell [Sonderheft] März: 18–20

Heinonen E (1997) Long-term efficacy and safety of selegiline in the treatment of Parkinson's disease review. 12th Int. Symposium on Parkinson's Disease, 23.–26. March, London

Hendrich A, Hölig G (2000) Sport und Morbus Parkinson – Grenzen und Möglichkeiten. In: Przuntek H, Müller Th (Hrsg) Adjuvante nichtmedikamentöse Therapieansätze bei Morbus Parkinson. Darmstadt: Steinkopff Verlag, 57–64

Henneberg A (1999) Cognitive dysfunction in Parkinson's disease – (Parkinsonplus dementia) – successful treatment by donezepil. 'Mental dysfunction in Parkinson's disease', Amsterdam

Henry B, Crossman AR, Brotchie JM (1998) Characterization of a rodent model in which to investigate the molecular and cellular mechanisms underlying the pathophysiology of L-dopa-induced dyskinesia. Adv Neurol 78: 53–61

Hernan MA, Takkouche B, Caamano-Isorna F, Gestal-Otero JJ (2002) A meta-analysis of coffee drinking, cigarette smoking, and the risks of Parkinson's disease. Ann Neurol 52: 276–284

Hermann A, Gerlach M, Schwarz J, Storch A (2004) Neurorestoration in Parkinson's disease by cell replacement and endogenous regeneration. Exp Opin Biol Ther 4: 131–143

Hermann A, Maisel M, Wegner F, Liebau S, Kim D-W, Gerlach M, Schwarz J, Kim K-S, Storch A (2006) Multipotent neural stem cells from the adult tegmentum with dopaminergic potential develop essential properties of functional neurons. Stem Cells 24: 949–964

Herting B, Reichmann H (2003) Primäre Schmerzsyndrome bei Morbus Parkinson. ZNS & Schmerz 1: 6–10

Hess CW, Enderli JB, Fröhlich-Egli F, Ludin HP (1987) Neurogene Blasenfunktionsstörungen bei Morbus Parkinson. Nervenarzt 58: 55–60

Hicks AA, Petursson H, Honsson T, Stefansson H, Johannsdottir HS, Sasinz J, Frigge ML, Kong A, Gulcher JR, Stefansson K, Sveinbjornsdottir S (2002) A susceptibility gene for late-onset idiopathic Parkinson's disease. Ann Neurol 52: 549–555

Hirrlinger J, Schulz JB, Dringen R (2002) Effects of dopamine on the glutathione metabolism of cultured astroglial cells: implications for Parkinson's disease. J Neurochem 82: 458–467

Hirsch E, Graybiel A, Agid Y (1988) Melanized dopamine neurons are differentially susceptible to degeneration in Parkinson's disease. Nature 334: 345–348

Hirsch E, Hunot S, Damier P, Faucheux B (1998) Glial cells and inflammation in Parkinson's disease: a role in neurodegeneration? Ann Neurol [Suppl 1] 44: S115–S120

Hoehn MMM (1983) Parkinsonism treated with levodopa: progression and mortality. J Neural Transm [Suppl] 19: 253–264

Hoehn MM, Yahr MD (1967) Parkinsonism. Onset, progression and mortality. Neurology 17: 427–442

Hofmann C, Penner U, Dorow R, Pertz HH, Jähnichen S, Horowski R, Latte KP, Palla D, Schurad B (2006) Lisurde, a dopamine receptor agonist with 5-HT$_{2B}$ receptor antagonist properties: absence of cardiac valvulopathy adverse drug reaction reports supports the concept of a crucial role of 5-HT$_{2B}$ receptor agonism in cardiac valvular fibrosis. Clin Neuropharmacol 29: 80–86

Hofstee DJ, Neef C, van Laar T, Jansen EN (1994) Pharmacokinetics of apomorphine in Parkinson's disease: plasma and cerebrospinal fluid levels in relation to motor responses. Clin Neuropharmacol 17: 45–1752

Höglinger GU, Feger J, Prigent A, Michel PP, Parain K, Champy P, Ruberg M, Oertel WH, Hirsch EC (2003) Chronic systemic complex I inhibition induces a hypokinetic multisystem degeneration in rats. J Neurochem 84: 491–502

Höglinger GU, Oertel WH, Hirsch EC (2006) The rotenone model of Parkinsonism – the five years inspection. J Neural Transm [Suppl] 70: 269–272

Holm KJ, Markham A (1999) Mirtazapine: a review of its use in major depression. Drugs 57: 607–631

Holm KJ, Spencer CM (1999) Entacapone. A review of its use in Parkinson's disease. Drugs 58: 159–177

Holmes A, Lachowicz JE, Sibley DR(2004) Phenotypic analysis of dopamine receptor knockout mice; recent insights into the functional specificity of dopamine receptor subtypes. Neuropharmacology 47: 1117–1134

Holthoff VA, Vieregge P, Kessler J, Pietrzyk U, Herholz K, Bonner J, Wagner R, Wienhard K, Pawlik G, Heiss WD (1994) Discordant twins with Parkinson's disease: Positron emission tomography and early signs of impaired cognitive circuits. Ann Neurol 36: 176–182

Horowski R, Wachtel H (1978) Direct dopaminergic action of lisuride hydrogen maleate, an ergot derivative, in mice. Eur J Pharmacol 36: 373–383

Horowski R, Engfer A (1998) Lisurid in der Therapie des Morbus Parkinson. Aktuelle Neurologie 25 (Suppl): 290–292

Horowski R, Horowski L, Calne SM, Calne DB (2000) From Wilhelm von Humboldt to Hitler – are prominent people more prone to have Parkinson's disease? Parkinsonism Relat Disord 6: 205–214

Horvath J, Fross RD, Kleiner-Fisman G, Lerch R, Stalder H, Liaudat S, Raskoff WJ, Flachsbart KD, Rakowski H, Pache JC, Burkhard PR, Lang AE (2004) Severe multivalvular heart disaese: a new complication of the ergot derivative dopamine agonists. Mov Disord 19: 656–662

Huang PL, Dawson TD, Bredt DS, Snyder SH, Fishman MC (1993) Targetal disruption of the neuronal nitric oxide synthase gene. Cell 75: 1273–1286

Hubble JP (2002) Long-term studies of dopamine agonists. Neurology 58: 42–50

Hughes AJ (1999) Apomorphine test in the assessment of parkinsonian patients: a metaanalysis. Adv Neurol 80: 363–368

Huisman E, Uylings HBM, Hoogland PV (2004) A 100% increase of dopaminergic cells in the olfactory bulb may explain hyposmia in Parkinson's disease. Mov Disord 19: 687–692

Hussain IF, Brady CM, Swinn MJ, Mathias CJ, Fowler CJ (2001) Treatment of erectile dysfunction with sildenafil (viagra) in parkinsonism due to Parkinson's disease or multiple system atrophy with observations on orthostatic hypertension. J Neurol Neurosurg Psychiatry 71: 371–374

Hutchinson M, Fazzini E (1996) Cholinesterase inhibition in Parkinson's disease. J Neurol Neurosurg Psychiatry 61: 324–325

Hwang WJ, Yao WJ, Wey SP, Shen LH, Ting G (2002) Downregulation of striatal dopamine D2 receptors in advanced Parkinson's disease contributes to the development of motor fluctuation. Eur Neurol 47: 113–117

Hyun DH, Gray DA, Halliwell B, Jenner P (2004) Interference with ubiquitination causes oxidative damage and increased protein nitration: implications for neurodegenerative diseases. J Neurochem 90: 422–430

Inden M, Kim DH, Qi M, Kitamura Y, Yanagisawa D, Nishimura K, Tsuchiya D, Takata K, Hayashi K, Taniguchi T, Yoshimoto K, Shimohama S, Sumi S, Inoue K (2005) Transplantation of mouse embryonic stem cell-derived neurons into the striatum, subthalamic nucleus and substantia nigra, and behavioral recovery in hemiparkinsonian rats. Neurosci Lett 387: 151–156

Indo T, Ando K (1982) Metolopramide-induced parkinsonism. Arch Neurol 39: 494–496

Inzelberg R, Carasso RL, Schechtman E, Nisipeano P (2000) A comparison of dopamine agonists and catechol-O-methyltransferase inhibitors in Parkinson's disease. Clin Neuropharmacol 23: 262–266

Iravani MM, Haddon CO, Rose, S Jenner P (2006) 3-Nitrotyrosine-dependent dopaminergic neurotoxicity following direct nigral administration of a peroxynitrite but not a nitric oxide donor. Brain Res 1067: 256–262

Isenmann S, Bähr M, Dichgans J (1996) Gentherapie neurologischer Erkrankungen. Experimentelle Ansätze und klinische Perspektiven. Nervenarzt 67: 91–108

Ishihara K, Nonaka A, Fukui T, Kawamura M, Shiota, Nakano I (2002) Lewy body-free nigral degeneration – a case report. J Neurol Sci 198: 97–100

Itil TM, Eralp E, Tsambis E, Itil KZ et al. (1996) Central nervous system effects of Ginkgo biloba, a plant extract. Am J Ther 3: 63–73

Jabbari B, Scherokman B, Gunderson CH, Rosenberg ML et al. (1989) Treatment of movement disorders with trihexyphenidyl. Mov Disord 4: 202–212

Jaber M, Robinson SW, Missale C, Caron MG (1996) Dopamine receptors and brain function. Neuropharmacol 35: 1503–1519

Jacobs H, Vieregge A, Vieregge P (2000) Sexuality in young patients with Parkinson's disease: a population based comparison with healthy controls. J Neurol Neurosurg Psychiatry 69: 550–552

Jagust WJ, Reed BR, Martin EM, Eberling JL, Nelson-Abbott RA (1992) Cognitive function and regional cerebral blood flow in Parkinsons's disease. Brain 115: 521–537

Jahanshashi M, Ardouin CM, Brown RG, Rothwell JC, Obeso J, Albanese A, Rodriguez-Oroz MC, Moro E, Benabild AL, Pollac P, Limousin-Dowsey P (2000) The impact of deep brain stimulation on executive function in Parkinson's disease. Brain 123: 1142–1154

Jähnichen S, Horowski R, Pertz HH (2005) Agonism at 5-HT$_{2B}$ receptors is not a class effect of ergolines. Eur J Pharmacol 513: 225–228

Janetzky B, Hauck S, Youdim MB, Riederer P, Jellinger K, Pantucek F, Zöchling R, Boissl KW, Reichmann H (1994) Unaltered aconitase activity, but decreased complex I activity in substantia nigra pars compacta of patients with Parkinson's disease. Neurosci Lett 169: 126–128

Janetzky B, God R, Bringmann G, Reichmann H (1995) 1-Trichloromethyl-1,2,3,4-tetrahydro-β-carboline, a new inhibitor of complex I. J Neural Transm [Suppl] 46: 265–273

Jankovic J, Kirkpatrick JB, Blomquist KA, Langlais PJ, Bird ED (1985) Late-onset Hallervorden-Spatz disease pesentin g as familial parkinsonism. Neurology 35: 227–234

Jankovic J, McDermott M, Carter J, Gauthier S, Goetz C, Golbe L, Huber S, Koller W, Olanow C, Shoulson I (1990) Variable expression of Parkinson's disease. A baseline expression of the DATATOP study cohort. Neurology 40: 1529–1534

Jansen Steur ENH (1993) Increase of Parkinson disability after fluoxetine medication. Neurology 43: 211–213

Janus C (2003) Vaccines for Alzheimer's disease – How close are we? CNS Drugs 17: 457–474

Javoy-Agid F, Ruberg M, Taquet H, Bokobza B, Agid Y (1984) Biochemical neuropathology of Parkinson's disease. Adv Neurol 40: 189–197

Jellinger K (1989) Pathology of Parkinson's syndrome. In: Calne DB (Ed) Handbook of experimental pharmacology, vol. 88. Berlin Heidelberg: Springer, 47–112

Jellinger KA (1991) Pathology of Parkinson's disease. Changes other than the nigrostriatal pathway. Mol Chem Neuropathol 14: 153–197

Jellinger KA (1999) Post mortem studies in Parkinson's disease – is it possible to detect brain areas for specific symptoms? J Neural Transm [Suppl] 56: 1–29

Jellinger KA (2000) Cell death mechanisms in Parkinson's disease. J Neural Transm 107: 1–29

Jellinger K, Paulus W (1991) Bedeutung der Nigraveränderungen bei Parkinson-Syndromen. In: Fischer P (Hrsg) Parkinson-Krankheit und Nigraprozess. Basel/Grenzach-Whylen: Editiones <Roche>, 3–28

Jenner P (2001) Parkinson's disease, pesticides and mitochondrial dysfunction. Trends Neurosci 24: 245–246

Jenner P, Al-Barghouthy G, Smith L, Kuoppamaki M, Jackson M, Rose S (2002) Initiation of entacapone with L-Dopa further improves antiparkinsonian activity and avoids dyskinesia in the MPTP primate model of Parkinson's disease. Neurology [Suppl 3] 58: 374–375

Jennings D, Innis R, Seibyl J, Marek K (2000) [^{123}I]-CIT and SPECT assessment of progression in early and late Parkinson's disease. Neurology [Suppl 3] 56: A 74

Jeon BS, Jackson-Lewis V, Burke RE (1995) 6-Hydroxydopamine lesion of the rat substantia nigra: time course and morphology of cell death. Neurodegeneration 4: 131–137

Johner L (2006) 25 Jahre dPV. Jubiläums-Ausgabe dPV-Nachrichten Sept: 3–9

Johnston TH Brotchie JM (2006) Drugs in development for Parkinson's disease: An update. Curr Opin Investig Drugs 7: 25–32

Jolkkonen J, Jenner P, Marsden CD (1995) L-DOPA reverses altered gene expression of substance P but not enkephalin in the caudate-putamen of common marmosets treated with MPTP. Mol Brain Res 32: 297–307

Jörg J (1998) Therapie des Morbus Parkinson mit α-Dihydroergocryptin in der neurologischen Praxis. Act Neurol 25: 198–201

Jörg J, Pröfrock A (1995) Wirksamkeit und Verträglichkeit der Parkinson-Behandlung mit Amantadinsulfat. Nervenheilkunde 14: 76–82

Jost WH (1999) Autonome Regulationsstörungen beim Parkinson-Syndrom. Aachen: Shaker-Verlag

Junghanns S, Fuhrmann J, Simonis G, Oehlwein C, Koch R, Strasser RH, Reichmann H, Storch A (2007) Valvular heart disease in Parkinson's disease patients treated with dopamine agonists: A reader-blinded monocenter echocardiographic study. Mov Disord (in Druck)

Kaakkola S, Wurtman R J (1993) Effects of catechol-O-methyltransferase inhibitors and l-3,4-dihydroxyphenylalanine with or without carbidopa on extracellular dopamine in rat striatum. J Neurochem 60: 137–144

Kahle PJ, Neumann M, Ozmen L, Müller V, Odoy S, Okamoto N, Jacobsen H, Iwatsubo T, Trojanowski JQ, Takahashi H, Wakabayashi K, Bogdanovic N, Riederer P, Kretzschmar HA, Haass C

(2001) Selective insolubility of alpha-Synuclein in human Lewy body diseases is recapitulated in a transgenic mouse model. Am J Pathol 159: 2215–2225

Kahle PJ, Haass C, Kretzschmar HA, Neumann, M (2002) Structure/function of alpha-synuclein in health and disease: Rational development of animal models for Parkinson's and related diseases. J Neurochem 82: 449–457

Kanda T, Jackson MJ, Smith LA, Pearce RK, Nakamura J, Kase H, Kuwana Y, Jenner P (2000) Combined use of the adenosine A(2A) antagonist KW6002 with L-DOPA or with selective D1 or D2 dopamine agonists increases antiparkinsonian activity but not dyskinesia in MPTP-treated monkeys. Exp Neurol 162: 321–327

Kandel ER, Schwartz JH, Jessel TM (1996a) Neurotransmitter. Neurowissenschaften: Eine Einführung. Heidelberg Berlin Oxford: Spektrum Akademischer Verlag, 299–312

Kandel ER, Schwartz JH, Jessel TM (1996b) Modulation der synaptischen Übertragung: Second-Messenger-Systeme. Neurowissenschaften: Eine Einführung. Heidelberg Berlin Oxford: Spektrum Akademischer Verlag, 249–273

Katzenschlager R, Hughes A, Evans A, Manson AJ, Hoffman M, Swinn L, Watt H, Bhatia K, Quinn N, Lees AJ (2005) Continuous subcutaneous apomorphine therapy improves dyskinesias in Parkinson's disease: a prospective study using single-dose challenges. Mov Disord 20: 151–157

Kawasaki H, Mizuseki K, Nishikawa S, Kaneko S, Kuwana Y, Nakanishi S, Nishikawa S, Sasai Y (2000) Induction of midbrain dopaminergic neurons from ES cells by stromal cell-derived inducing activity. Neuron 28: 31–40

Keating GM, Lyseng-Williamson KA (2005) Tolcapone: a review of its use in the management of Parkinson's disease. CNS Drugs 19: 165–184

Kenakin T (2004) Principles: Receptor theory in pharmacology. Trends Pharmacol Sci 25: 186–192

Kempermann G, Gage FH (1999) Neue Nervenzellen im erwachsenen Gehirn. Spektrum der Wissenschaft, Juli, 32–38

Keränen T, Gordin A, Karlsson M, Korpela K, Pentikainen PJ, Rita H, Schultz E, Seppala L, Wikberg T (1994) Inhibition of soluble catechol-O-methyltransferase and single dose pharmakokinetics after oral and intravenous administration of entacapone. Eur J Clin Pharmacol 46: 151–157

Kerr JFR, Wyllie AH, Currie AR (1972) Apoptosis: a basic biological phenomenon with wide-ranging implications in tissue kinetics. Br J Cancer 265: 239–245

Kim JH, Auerbach JM, Rodriguez-Gomez JA, Velasco I, Gavin D, Lumelsky N, Lee SH, Nguyen J, Sanchez-Pernaute R, Bankiewicz K, McKay R (2002) Dopamine neurons derived from embryonic stem cells function in an animal model of Parkinson's disease. Nature 418: 50–56

Kinloch RA, Treherne JM, Furness LM, Hajimohamadreza I (1999) The pharmacology of apoptosis. Trends Pharmacol Sci 20: 35–42

Kinnunen E, Asikainen I, Jolma T, Murros K, Pammo O, Salmi K, Soikkeli R, Taalas J, Valpas J (1997) Three-year open comparison of standard and sustained-release levodopa/beserazide preparations in newly diagnosed parkinsonian patients. Focus on Parkinson's Disease 9: 32–36

Kirby J, Green C, Loveman E, Clegg A, Picot J, Takeda A, Payne E (2006) A systematic review of the clinical and cost-effectiveness on memantine in patients with moderately severe to severe Alzheimer's disease. Drugs & Aging 23: 227–240

Kirik D, Georgievska B, Burger C, Winkler C, Muzyczka N, Mandel RJ, Bjorklund A (2002) Reversal of motor impairments in parkinsonian rats by continuous intrastriatal delivery of L-dopa using rAAV-mediated gene transfer. Proc Natl Acad Sci USA 99: 4708–4013

Kish SJ, Chang LJ, Mirchandani L, Shannak K, Hornykiewicz O (1985) Progressive supranuclear palsy: relationship between extrapyramidal disturbances, dementia, and brain neurotransmitter markers. Ann Neurol 18: 530–536

Kish SJ, Shannak K, Hornykiewicz O (1988) Uneven pattern of dopamine loss in the striatum of patients with idiopathic Parkinson's disease. New Engl J Med 318: 876–880

Kitada T, Asakawa S, Hattori N, Matsumine H, Yamamura Y, Yokochi M, Mizuno Y, Shimizu N (1998) Mutations in the parkin gene cause autosomal recessive juvenile parkinsonism. Nature 392: 605–608

Kleim JA, Jones TA, Schallert T (2003) Motor enrichment and the induction of plasticity before and after brain injury. Neurochem Res 28: 1757–1769

Klockgether T, Jacobsen P, Löschmann PA, Turski L (1993) The antiparkinsonian agent budipine is an N-methyl-D-aspartate antagonist. J Neural Transm [P-D-Sect] 5: 101–106

Koller W, Vetere-Overfield B, Gray C, Alexander C, Chin T, Dolezal J, Hassanein R, Tanner C (1990) Environmental risk factors in Parkinson's disease. Neurology 40: 1218–1221

Koller WC, Hutton JT, Tolosa E, Capilldeo R (1999) Immediate-release and controlled-release carbidopa/levodopa in PD: a 5-year randomized multicenter study. Carbidopa/Levodopa Study Group. Neurology 53: 1012–1019

Koller W, Guarnieri M, Hubble J, Rabinowicz AL, Silver D (2005) An open-label evaluation of the tolerability and safety of Stalevo (carbidopa/levodopa and entacapone) in Parkinson's disease patients experiencing wearing-off. J Neural Transm 112: 221–230

Kolls B, Stacy M (2005) Apomorphine: an overview of clinical use. Aging Health 1: 193–202

Kompoliti K, Goetz CG, Boeve BF, Maraganore DM, Ahlskog JE, Marsden CD, Bhatia KP, Greene PE, Przedborski S, Seal EC, Burns RS, Hauser RA, Gauger LL, Factor SA, Molho ES, Riley DE (1998) Clinical presentation and pharmacological therapy in corticobasal degeneration. Arch Neurol 55: 957–961

Kopell, BH, Rezai AR, Chang JW, Vitek JL (2006) Anatomy and physiology of the basal ganglia: Implications for deep brain stimulation for Parkinson's disease. Mov Disord [Suppl 14]: 21 S238–S246

Korczyn AD, Brooks DJ, Brunt ER, Poewe WH, Rascol O, Stocchi F (1998) Ropinirole versus bromocriptine in the treatment of early Parkinson's disease: a 6-month interim report of a 3-year study. 053 Study Group. Mov Disord 13: 46–51

Korczyn AD, Brunt ER, Larsen JP, Nagy Z, Poewe WH, Ruggieri S (1999) A 3-year randomized trial of ropinirol and bromocriptine in early Parkinson's disease. The 053 Study Group. Neurology 53: 364–370

Korczyn AD, Thalamas C, Adler CH (2002) Dosing with ropinirole in a clinical setting. Acta Neurol Scand 106: 200–204

Korczyn A, Dedeyn P, Rascol O, Lang A (2005) Incidence of dyskinesia in a 10yr follow-up of patients with early Parkinson's disease (PD) initially receiving ropinirole compared with L-dopa. Neurology 64 [Suppl. 1] A396

Korf J, Venema K (1983) Amino acids in the substantia nigra of rats with striatal lesions produced by kainate acid. J Neurochem 40: 1171–1173

Kornhuber J, Bormann J, Retz W, Hübers M, Riederer P (1989) Memantine displaces [^{3}H]MK-801 at therapeutic concentrations in postmortem human frontal cortex. Eur J Pharmacol 166: 589–590

Kornhuber J, Bormann J, Hübers M, Rusche K, Riederer P (1991) Effects of the 1-amino-adamantanes at the MK-801-binding site of the NMDA-receptor-gated ion channel: a human postmortem study. Eur J Pharmacol [Mol Pharmacol Sect] 206: 297–300

Kornhuber J, Herr B, Thome J, Riederer P (1995 a) The antiparkinsonian drug budipine binds to NMDA and sigma receptors in postmortem human brain tissue. J Neural Transm [Suppl] 46: 131–137

Kornhuber J, Quack G, Danysz W, Jellinger K, Danielczyk W, Gsell W, Riederer P (1995b) Therapeutic brain concentration of the NMDA receptor antagonist amantadine. Neuropharmacology 34: 713–721

Kortekaas R, Leenders KL, van Oostrom JCH, Vaalburg W, Bart J, Willemsen ATM, Hendrikse NH (2005) Blood-brain barrier dysfunction in parkinsonian midbrain in vivo. Ann Neurol 57: 176–179

Kostic V, Przedborski S, Flaster E, Sternic N (1991) Early development of levodopa-induced dyskinesias and response fluctuations in young-onset Parkinson's disease. Neurology 41: 202–205

Koutsilieri E, Chen T-S, Rausch W-D, Riederer P (1996) Selegiline is neuroprotective in primary brain cultures treated with 1-methyl-4-phenylpyridinium. Eur J Pharmacol 306: 181–186

Krack P, Batir A, van Blercom N, Chabardes S, Fraix V, Ardouin C, Koudsie A, Limousin PD, Benazzouz A, LeBas JF, Benabid AL, Pollak P (2003) Five-year follow-up of bilateral stimulation of the subthalamic nucleus in advanced Parkinson's disease. N Engl J Med 349: 1925–1934

Krantic S, Mechawar N, Reix S, Quirion R (2005) Molecular basis of programmed cell death involved in neurodegeneration. Trends Neurosci 28: 670–676

Kreider MM, Knox S, Gardiner D, Wheadon D (1996) A multicenter double-blind study of ropinirole as an adjunct to levodopa in Parkinson's disease. Neurology [Suppl] 46: A 475

Kreiskott H, Kretzschmar R (1986) Neuere pharmakologische Aspekte zu den zentralen Anticholinergika Biperiden und Bornaprin. In: Schnaberth G, Auff E (Hrsg) Das Parkinson-Syndrom. Wien: Editiones <Roche>, 277–287

Krüger R, Kuhn W, Müller T, Woitalla D, Graeber M, Kosel S, Przuntek H, Epplen JT, Schöls L,

Riess O (1998) Ala30Pro mutation in the gene encoding alpha-synuclein in Parkinson's disease. Nat Genet 18: 106–108

Kugler J, Denes G, Groll S, Upmeyer HJ (1990) Behandlung des organischen Psychosyndroms mit Pentifyllin – eine multizentrische, randomisierte, doppelblinde, placebokontrollierte Studie. Med Welt 41: 1134–1139

Kuhn W, Müller T (1997) Therapie des Morbus Parkinson. Teil 2: Neue Therapiekonzepte für die Behandlung motorischer Symptome. Fortschr Neurol Psychiatr 65: 375–385

Kuhn DM, Arthur RE (1999) L-DOPA-quinone inactivates tryptophan hydroxylase and converts the enzyme to a redox-cycling quinoprotein. Molec Brain Res 73: 78–84

Kuhn W, Müller T, Büttner T, Gerlach M (1995) Aspirin as a free radical scavenger: Consequences for therapy of cerebrovascular ischemia. Stroke 26: 1959–1960

Kuhn W, Müller T, Büttner T, Gerlach M (1996) Antioxidative properties of aspirin: dose dependence and clinical implications. Eur J Neurol 3: 275–277

Kuhn W, Winkel R, Woitalla D, Meves S, Przuntek H, Muller T (1998) High prevalence of parkinsonism after occupational exposure to lead-sulfate batteries. Neurology 50: 1885–1886

Kuhn DM, Arthur RE, Thomas DM, Elferink LA (1999) Tyrosine hydroxylase is inactivated by catechol-quinones and converted to a redox-cycling quinoprotein: Possible relevance to Parkinson's disease. J Neurochem 73: 1309–1317

Kupsch A, Loeschmann P, Sauer H, Arnold G, Renner P, Pufal D, Burg M, Wachtel H, ten Bruggencate G, Oertel WH (1992) Do NMDA receptor antagonists protect against MPTP-toxicity? Biochemical and immunocytochemical analyses in black mice. Brain Res 592: 74–83

Kupsch A, Gerlach M, Pupeter SC, Sautter J, Dirr A, Arnold G, Opitz W, Przuntek H, Riederer P, Oertel WH (1995) The calcium channel blocker nimodipine prevents MPTP-induced neurotoxicity at the nigral, but not at the striatal level in mice. NeuroReport 6: 621–625

Kupsch A, Sautter J, Schwarz J, Riederer P, Gerlach M, Oertel WH (1996) 1-Methyl-4-phenyl-1,2,3,6-tetrahydropyridine-induced neurotoxicity in non-human primates is antagonized by pertreatment with nimodipine at the nigral, but not at the striatal level. Brain Res 741: 185–196

Kupsch A, Sautter J, Götz ME, Breithaupt W, Schwarz J, Youdim MBH, Riederer P, Gerlach M, Oertel WH (2001) Monoamine oxidase-inhibition and MPTP-induced neurotoxicity in the non-human primate: comparison of rasagiline (TVP 1012) with selegiline. J Neural Transm 108: 985–1009

Kurz A, Van Baelen B (2004) Ginkgo biloba compared with cholinesterase inhibitors in the treatment of dementia: a review based on meta-analyses by the cochrane collaboration. Dementia and Cognitive Disorders 18: 217–226

Kyriazis M (2003) Neuroprotective, anti-apoptotic effects of apomorphine. J Antiaging Med 6: 21–28

Lachenmayer L (2000) Parkinson's disease and the ability to drive. J Neurol [Suppl 4] 247: 27–29

Lachenmayer L, Riederer P (2005) Rasagilin. Psychopharmakotherapie 12: 210–214

Laitinen LV, Bergenheim AT, Hariz MI (1992) Leksell's posteroventral pallidotomy in the treatment of Parkinson's disease. J Neurosurg 76: 53–61

Lambert D, Waters CH (1998) Sexual dysfunction in Parkinson's disease. Clin Neurosci 5: 73–77

Lane EL, Cheetham SC, Jenner P (2006) Does contraversive circling in the 6-OHDA-lesioned rat indicate an ability to induce motor complications as well as therapeutic effects in Parkinson's disease? Exp Neurol 197: 284–290

Lang C, (1989) Medikamentöse Therapie des Parkinson-Syndroms. Nervenheilkunde 8: 314–317

Lange KW, Löschmann PA, Sofic E, Burg M, Horowski R, Kalveram KT, Wachtel H, Riederer P (1993) The competitive NMDA antagonist CPP protects substantia nigra neurons from MPTP-induced degeneration in primates. Naunyn-Schmideberg's Arch Pharmacol 34: 586–592

Lange KW, Kornhuber J, Riederer P (1997) Dopamine/glutamate interactions in Parkinson's disease. Neurosci Behav Rev 21: 393–400

Langlais PJ, Thal L, Hansen L, Galasko D, Alford M, Masliah E (1993) Neurotransmitters in basal ganglia and cortex of Alzheimer's disease with and without Lewy bodies. Neurology 43: 1927–1934

Langston JW, Ballard P, Tetrud JW, Irwin I (1983) Chronic Parkinsonism in humans due to a product of meperidine-analog synthesis. Science 219: 979–980

Langston JW, Forno LS, Tetrud J, Reeves AG, Kaplan JA, Karluk D (1999) Evidence of active nerve cell degeneration in the substantia nigra of humans years after 1-methyl-4-phenyl-1,2,3,6-tetrahydropyridine exposure. Ann Neurol 46: 598–605

Lapchak PA, Gash DM, Collins F, Hilt D, Miller PJ, Araujo DM (1997) Pharmacological activities of glial cell line-derived neurotrophic factor (GDNF): Preclinical development and application to the treatment of Parkinson's disease. Exp Neurol 145: 309–321

Lapointe N, St-Hilaire M, Martinoli MG, Blanchet J, Gould P, Rouillard C, Cicchetti F (2004) Rotenone induces non-specific central nervous system and systemic toxicity. FASEB J 18: U629–U650

Larsen JP, Boas J, Erdal JE, Norwegian-Danish Study Group (1999) Does selegiline modify the progression of early Parkinson's disease? Results from a five-year study. Eur J Neurol 6: 539–547

Larsen JP, Siden A, Worm-Petersen J, Gordin A, Reinikainen K, Kultalahti E-R (2001) Long.-term efficacy and safety of entacapone in parkinsonian patients with motor fluctuations: an open study of 3 years duration. Parkinsonism Relat Disord [Suppl] 7: S61, P-TU-203

Latchman DS, Coffin RS (2000) Viral vectors in the treatment of Parkinson's disease. Mov Disord 15: 9–17

Lattinen L (1969) Desipramine in treatment of Parkinson's disease. A placebo-controlled study. Acta Neurol Scand 45:109–113

Leblois A, Meissner W, Bezard E, Bioulac B, Gross CE, Boraud T (2006) Temporal and spatial alterations in GPi neuronal encoding might contribute to slow down movement in Parkinsonian monkeys. Eur J Neurosci 24: 1201–1208

Lee SH, Lumelsky N, Studer L, Auerbach JM, McKay RD (2000a) Efficient generation of midbrain and hindbrain neurons from mouse embryonic stem cells. Nat Biotechnol 18: 675–679

Lee CS, Samii A, Sossi I, Ruth TJ, Schulzer M, Holden JE, Wudel J, Pal PK, De la Fuente-Fernandez R, Calne DB, Stoessl AJ (2000b) In vivo positron emission tomographic evidence for compensatory changes in presynaptic dopaminergic nerve terminals in Parkinson's disease. Ann Neurol 47: 493–503

Lee MK, Stirling W, Xu YQ, Xu XY, Qui D, Mandir AS, Dawson TM, Copeland NG, Jenkins NA, Price DL (2002) Human alpha-synuclein-harboring familial Parkinson's disease-linked Ala-53 -> Thr mutation causes neurodegenerative disease with alpha-synuclein aggregation in transgenic mice. Proc Natl Acad Sci USA 99: 8968–8973

Lee B, Lee H, Nam YR, Oh JH, Cho YH, Chang JW (2005) Enhanced expression of glutamate decarboxylase 65 improves symptoms of rat parkinsonian models. Gene Ther 12: 1215–1222

Lee HG, Zhu XW, Takeda A, Perry G, Smith MA (2006) Emerging evidence for the neuroprotective role of alpha-synuclein. Exp Neurol 1: 1–7

Leegwater-Kim J, Waters C (2006) Tolcapone in the management of Parkinson's disease. Exp Op Pharmacotherapy 7: 2263–2270

Leenders KL (1995) PET-Untersuchungen bei der Parkinson-Krankheit. In: Fischer P-A (Hrsg) Parkinson-Krankheit. Bedeutung nichtdopaminerger Funktionsstörungen. Basel/Grenzach-Whylen: Editiones <Roche>, 31–47

Leentjens AF, Vreeling FW, Luijckx GJ, Verhey FR (2003) SSRIs in the treatment of depression in Parkinson's disease. Int J Geriatr Psychiatry 18: 552–554

Lees AJ (1990) Madopar® HBS in the treatment of Parkinson's disease. Adv Neurol 53: 475–482

Lees AJ, for the PDRG-UK (1995) Comparison of therapeutic effects and mortality data of levodopa and levodopa combined with selegiline in patients with early, mild Parkinson's disease. Br Med J 311: 1602–1607

Lees AJ, Stern GM (1981) Sustained bromocriptine therapy in previously untreated patients with Parkinson's disease. J Neurol Neurosurg Psychiatry 44: 1020–1023

Lehmann E, Crone L, Grobe-Einsler R, Linden M (1993) Drug monitoring phase (phase IV) of xantinolnicotinate (Complamin registered) in general practice. Pharmacopsychiatry 26: 42–48

Leist M, Nicotera P (1998) Calcium and neuronal death. Rev Physiol Biochem Pharmacol 132: 79–125

Lemke MR, Brecht HM, Koester J, Kraus PH, Reichmann H (2005) Anhedonia, depression, and motor functioning in Parkinson's disease during treatment with pramipexole. J Neuropsychiatry Clin Neurosci 17: 214–220

Lemke MR, Reiff J (2001) Therapie der Depression bei Parkinson-Patienten. Psychopharmakotherapie 4: 145–148

Lemke MR, Puhl P, Koethe N, Winkler (1999) Psychomotor retardation and anhedonia in depression. Acta Psychiatr Scand 99: 252–256

Lemke MR (2002) Effect of reboxetine on depression in Parkinson's disease patients. J Clin Psychiatry 63: 300–304

Leroy E, Boyer R, Auburger G, Leube B, Ulm G, Mezey E, Harta G, Brownstein MJ, Jonnalagada S, Chernova T, Dehejia A, Lavedan C, Gasser T, Steinbach PJ, Wilkinson KD, Polymeropoulos

MH (1998) The ubiquitin pathway in Parkinson's disease. Nature 395: 451–452

Lestienne P, Nelson I, Riederer P, Jellinger K, Reichmann H (1990) Normal mitochondrial genome in brain from patients with Parkinson's disease and complex I defect. J Neurochem 55: 1810–1812

Lestienne P, Nelson I, Riederer P, Reichmann H, Jellinger K (1991) Mitochondrial DNA in postmortem brain from patients with Parkinson's disease. J Neurochem 56: 1819

Levites Y, Weinreb O, Maor G, Youdim MB, Mandel S (2001) Green tea polyphenol (-)-epi-gallocatechin-3-gallate prevents N-methyl-4-phenyl-1,2,3,6-tetrahydropyridine-induced dopaminergic neurodegeneration. J Neurochem 78: 1073–1082

Levites Y, Weinreb O, Maor G, Youdim MBH, Mandel S (2002) Green tea polyphenol (-)-epi-gallocatechin-3-gallate prevents N-methyl-4-phenyl-1,2,3,6-tetrahydropyridine-induced dopaminergic neurodegeneration. J Neurochem 78: 1073–1082

LeWitt PA (2004) Subcutaneously administered apomorphine: pharmacokinetics and metabolism. Neurology [Suppl 4] 62: S8–S11

Lewy FH (1913) Zur pathologischen Anatomie der Paralysis agitans. Dtsch Z Nervenheilk 50: 50–55

Li NM, Niki T, Taira T, Iguchi-Ariga SMM, Ariga H (2005) Association of DJ-1 with chaperones and enhanced association and colocalization with mitochondrial Hsp70 by oxidative stress. Free Rad Res 39: 1091–1099

Lichter DG, Corbett AJ, Fitzgibbon GM (1988) Motor, cognitive and CT correlates in Parkinson's disease. Arch Neurol 45: 854–960

Lie DC, Dziewczapolski G, Willhoite AR, Kaspar BK, Shults CW, Gage FH (2002) The adult substantia nigra contains progenitor cells with neurogenic potential. J Neurosci 22: 6639–6649

Lieberman A, Imke S, Muenter M, Wheeler K, Ahlskog JE, Matsumoto JY, Maraganore DM, Wright KF, Schoenfelder F (1993) Multicenter study of cabergoline in Parkinson's disease patients with fluctuating responses to levodopa/carbidopa. Neurology 43: 1981–1984

Lieberman A, Ranhosky A, Korts D (1997) Clinical evaluation of pramipexole in advanced Parkinson's disease: Results of a double-blind, placebo-controlled, parallel-group study. Neurology 49: 162–168

Lieberman A, Olanow CW, Sethi K, Swanson P, Waters CH, Fahn S, Hurtig H, Yahr MA (1998) A multicenter trial of ropinirole as adjunct treatment for Parkinson's disease. Neurology 51: 1057–1062

Liersch A, Kümmel H, Gerlach M, Steigerwald F, Deuschl G, Illert M (2001) A chronic MPTP-model for Parkinson's disease: Motor symptoms and dopamine depletion. 2. Deutscher Parkinson-Kongreß, 7.–10. März, Bochum (J Neural Transm 108: III)

Limousin P, Krack P, Pollak P, Benazzouz A, Ardouin C, Hoffmann D, Benabid AL (1998) Electrical stimulation of the subthalamic nucleus in advanced Parkinson's disease. N Engl J Med 339: 1105–1111

Linazasoro G (2005) New ideas on the origin of L-dopa-induced dyskinesias: age, genes and neural plasticity. Trends Pharmacol Sci 26: 391–397

Lincolon SJ, Maraganore DM, Lesnick TG, Bounds R, Andrade MD, Bower JH, Hardy JA, Farrer MJ (2003) Parkin variants in North American Parkinson's disease: cases and controls. Mov Disord 18: 1306–1311

Lindner MD, Cain CK, Plone MA, Frydel MA, Blaney TJ, Emerich DF, Hoane MR (1999) Incomplete nigrostriatal dopaminergic cell loss and partial reductions in striatal dopamine produce akinesia, rigidity, tremor and cognitive deficits in middle-aged rats. Behav Brain Res 102: 1–16

Lindvall O (1997) Neural transplantation: a hope for patients with Parkinson's disease? NeuroReport 8: iii–x

Lindvall O, Hagell P (2002) Cell replacement therapy in human neurodegenerative disorders. Clin Neurosci Res 2: 86–92

Liss B, Haeckel O, Wildmann J, Miki M, Seino S, Roeper J (2005) K-ATP channels promote the differential degeneration of dopaminergic midbrain neurons. Nat Neurosci 8: 1742–1751

Litvan I, Agid Y, Calne D, Campbell G, Dubois B, Duvoisin RC, Goetz CG, Golbe LI, Grafman J, Growdon JH, Hallett M, Jankovic J, Quinn NP, Tolosa E, Zee DS, Chase TN, FitzGibbon EJ, Hall Z, Juncos J, Nelson KB, Oliver E, Pramstaller P, Reich SG, Verny M (1996) Clinical research criteria for the diagnosis of progressive supranuclear palsy (Steele-Richardson-Olszewski syndrome): Report of the NINDS-SPSP International Workshop. Neurology 47: 1–9

Lloyd KG, Hornykiewicz O (1970) Parkinson's disease: activity of L-Dopa decarboxylase in discrete brain regions. Science 170: 1212–1213

Lloyd KG, Davidson L, Hornykiewicz O (1975) The neurochemistry of Parkinson's disease: effect of L-Dopa therapy. J Pharmacol Exp Ther 195: 453–464

Lockshin RA, Williams CM (1964) Programmed cell death. II. Endocrine potentiation of the breakdown of the intersegmental muscles of silkmoths. J Insect Physiol 10: 643–649

Lopez-Arrieta Birks J (2002) Nimodipine for primary degenerative, mixed and vascular dementia. Cochrane Database of Systematic Reviews 2006, Issue 4, p. CD000147/2002

Lorenc-Koci E, Rommelspacher H, Schulze G, Wernicke C, Kuter K, Smialowska M, Wieronska J, Zieba B, Ossowska K (2006) Parkinson's disease-like syndrome in rats induced by 2,9-dimethyl-β-carbolinium ion, a β-carboline occurring in the human brain. Behav Pharmacol 17: 463–473

Lucas DR, Newhouse JP (1957) The toxic effects of sodium-l-glutamate on the inner layers of the retina. Arch Pothal 58: 193–201

Lüders M, Boxdorfer S, Beier KM (1999) Partnerschaft und Sexualität bei M. Parkinson. Sexuologie 6: 18–29

Lundblad M, Picconi B, Lindgren H, Cenci MA (2004) A model of L-DOPA-induced dyskinesia in 6-hydroxydopamine lesioned mice: relation to motor and cellular parameters of nigrostriatal function. Neurobiol Dis 16: 110–123

Lundblad N, Usiello A, Carta M, Hakansson K, Fisone G, Cenci MA (2005) Pharmacological validation of a mouse model of L-DOPA-induced dyskinesia. Exp Neurol 194: 66–75

Lyras L, Zeng BY, McKenzie G, Pearce RKB, Halliwell B, Jenner P (2002) Chronic high dose L-DOPA alone or in combination with the COMT inhibitor entacapone does not increase oxidative damage or impair the function of the nigro-striatal pathway in normal cynomologus monkeys. J Neural Transm 109: 53–67

Macht M, Ellgring H (2003) Psychologische Interventionen bei der Parkinson-Erkrankung. Stuttgart: Kohlhammer

Maeda T, Cheng NN, Kume T, Kaneko S, Kouchiyama H, Akaike A, Ueda M, Satoh M, Goshima Y, Misu Y (1997) L-DOPA neurotoxicity is mediated by glutamate release in cultured rat striatal neurons. Brain Res 771: 159–162

Magyar K, Haberle D (1999) Neuroprotective and neuronal rescue effects of selegiline: review. Neurobiology 7: 175–190

Mailland E, Magnani P, Ottlllinger B (2004) Alpha-dihydroergocryptine in the long-term therapy of Parkinson's disease. Arzneimittel-Forschung 54: 647–654

Mally J, Stone TW (1998) Potential of adenosine A_{2A} receptor antagonists in the treatment of movement disorders. CNS Drugs 10: 311–320

Manfredi G (2006) mtDNA clock runs out for dopaminergic neurons. Nat Genet 38: 507–508

Männistö PT, Ulmanen I, Lundström K, Taskinen J, Tenhunen J, Tilgmann C, Kaakkola S (1992) Characteristics of catechol O-methyltransferase (COMT) and properties of selective COMT inhibitors. In: Junker E (Ed) Progress in Drug Research. Basel: Birkhäuser, 291–350

Marco AD, Appiah-Kubi LS, Chaudhuri KR (2002) Use of the dopamine agonist cabergoline in the treatment of movement disorders. Expert Opin Pharmacother 3: 1481–1487

Marek K, Innis R, van Dyck C, Fussell B. Early M, Eberly S. Oakes D, Seibyl J (2001) [I-123]beta-CIT SPECT imaging assessment of the rate of Parkinson's disease progression. Neurology 57: 2089–2094

Marek K, Seibyl J, Shoulson I, Holloway R, Kieburtz K, McDermott M., Kamp C, Shinaman A, Fahn S, Lang A, Weiner W, Welsh M, and the Parkinson Study Group (2002) Dopamine transporter brain imaging to assess the effects of pramipexole vs levodopa on Parkinson's disease progression. JAMA 287: 1653–1661

Marin C, Rodriguez-Oroz MC, Obeso JA (2006) Motor complications in Parkinson's disease and the clinical significance of rotational behavior in the rat: Have we wasted our time? Exp Neurol 197: 269–274

Marks LS, Duda C, Dorey FJ, Macairan ML, Santos PB (1999) Treatment of erectile dysfunction with sildenafil. Urology 53: 19–24

Marsden CD, Obeso JA (1994) The functions of the basal ganglia and the paradox of stereotaxic surgery in Parkinson's disease. Brain 117: 877–897

Martignoni E, Pacchetti C, Godi L, Micieli G, Nappi G (1995) Autonomic disorders in Parkinson's syndrome. J Neural Transm 45: 11–19

Martin WE, Loewenson RB, Resch A, Baker AB (1973) Parkinson's disease: clinical analysis of 100 patients. Neurology 23: 783–790

Maruyama W, Akao Y, Youdim MB, Davis BA, Naoi M (2001a) Transfection-enforced Bcl-2 overexpression and an anti-Parkinson drug, rasagiline, prevent nuclear accumulation of glyceraldehyde-

3-phosphate dehydrogenase induced by an endogenous dopaminergic neurotoxin, N-methyl(R) salsolinol. J Neurochem 78: 727–735

Maruyama W, Youdim MB, Naoi M (2001b) Anti-apoptotic properties of rasagiline, N-propargylamine-1(R)-aminoindan, and its optical (S)-isomer, TV1022. Ann NY Acad Sci 939: 320–329

Maruyama W, Shamoto-Nagai M, Akao Y, Riederer P, Naoi M (2006) The effect of neuromelanin on the proteasome activity in human dopaminergic SH-SY5Y cells. J Neural Transm [Suppl] 70: 125–132

Masliah E, Rockenstein E, Veinbergs I, Mallory M, Hashimoto M, Takeda A, Sagar Y, Sisk A, Muck L (2000). Dopaminergic loss and inclusion body formation in alpha-synuclein mice: Implications for neurodegenerative disorders. Science 287: 1265–1269

Masliah E, Rockenstein E, Adame A, Alford M, Crews L, Hashimoto M, Seubert P, Lee M, Goldstein J, Chilcote T, Games D, Schenk D (2005) Effects of α-synuclein immunization in a mouse model of Parkinson's disease. Neuron 46: 857–868

Matheson AJ, Spencer CM (2000) Ropinirole: a review of its use in the management of Parkinson's disease. Drugs 60: 115–137

Mazzulli JR, Mishizen AJ, Giasson BI, Lynch DR, Thomas SA, Nakashima A, Nagatsu T, Ota A, Ischiropoulos H (2006) Cytosolic catechols inhibit alpha-synuclein aggregation and facilitate the formation of intracellular soluble oligomeric intermediates. J Neurosci 26: 10068–10078

McCormack AL, Thiruchelvam M, Manning-Bog AB, Thiffault C, Langston JW, Cory-Slechta DA, Di Monte DA (2002) Environmental risk factors and Parkinson's disease: Selective degeneration of nigral dopaminergic neurons caused by the herbicide paraquat. Neurobiol Dis 10: 119–127

McGeer PL, McGeer EG, Suzuki JS (1977) Aging and extrapyramidal function. Arch Neurol 34: 33–35

McGeer PL, Itagaki S, Akiyama H, McGeer EG (1988a) Rate of cell death in parkinsonism indicates active neuropathological process. Ann Neurol 24: 574–576

McGeer PL, Itagaki S, Boyes BE, McGeer EG (1988b) Reactive microglia are positive for HLA-DR in the substantia nigra of Parkinson's and Alzheimer's disease brains. Neurology 38: 1285–1291

McGowan D (2006) Neurodegenerative disorders – a neuroprotective role for alpha-synuclein. Nature Rev Neurosci 7: 5

McKeith IG, Galsko D, Kosaka K, Perry EK, Dikkson DW, Hansen LA, Salmon DP, Lowe J, Mirra SS, Byrne EJ, Lennox G, Quinn NP, Edwardson JP, Ince PG, Bergeron A, Burns A, Miller BL, Lovestone S, Collerton D, Jansen EN, Ballard C, de Vos, RA Wilcock CG, Jellinger KA, Perry RH (1996) Consensus guidelines for the clinical and pathologic diagnosis of dementia with Lewy bodies (DLB). Report of the Consortium on DLB International Workshop. Neurology 47: 1113–1124

McNaught KSP, Jenner P (2001) Proteasomal function is impaired in substantia nigra in Parkinson's disease. Neurosci Lett 297: 191–194

McNaught KSP, Belizaire R, Jenner P, Olanow CW, Isacson O (2002a) Selective loss of 20S proteasome alpha-subunits in the substantia nigra pars compacta in Parkinson's disease. Neurosci Lett 326: 155–158

McNaught KS, Mytilineou C, Baptiste JNO, Yabut R, Shashidharan J, Jenner P, Olanow CW (2002b) Impairment of the ubiquitin-proteasome system causes dopaminergic cell death and inclusion body formation in ventral mesencephalic cultures. J Neurochem 8: 301–306

McNaught KSP, Perl DP, Brownell AL, Olanow CW(2004) Systemic exposure to proteasome inhibitors causes a progressive model of Parkinson's disease. Ann Neurol 56: 149–162

McNeely W, Davis R (1997) Entacapone. CNS Drugs 8: 79–88

Meara J, Hobson P (1998) Sertraline for the treatment of depression in Parkinson's disease. Mov Disord 13: 622

Meissner W, Hill MP, Tison F, Gross CE, Bezard E (2004) Neuroprotective strategies for Parkinson's disease: conceptual limits of animal models and clinical trials. Trends Pharmacol Sci 25: 249–253

Meldrum B, Garthwaite J (1990) Excitatory amino acid neurotoxicity and neurodegenerative disease. Trends Pharmacol Sci: A TiPS Special Report: 54–62

Mellick CD (2006) CYPP450, genetics and Parkinson's disease: gene x environment inter-actions hold the key. J Neural Transm [Suppl] 70: 159–165

Melrose HL, Lincoln SJ, Tyndall GM, Farrer MJ (2006) Parkinson's disease: a rethink of rodent models. Exp Brain Res 173: 196–204

Mena MA, Pardo B, Piano CL, de Yebenes JG (1993) Levodopa toxicity in foetal rat midbrain neurones in culture – modulation by ascorbic acid. Neuro-Report 4: 438–440

Mena M, Casarejos MJ, Carazo A, Paino CL, de Yebenes JG (1996) Glia conditioned medium protects fetal rat midbrain neurones in culture from L-DOPA toxicity. NeuroReport 7: 441–445

Meoni P, Bunnemann BH, Kingsbury AE, Trsit DG, Bowery NG (1999) NMDA NR1 subunit mRNA and glutamate NMDA-sensitive binding are differentially affected in the striatum and pre-frontal cortex of Parkinson's disease patients. Neuropharmacology 38: 625–633

Micheli FE, Pardal MM, Giannaula R (1989) Movement disorders and depression due to flunarizine and cinnarizine. Mov Disord 4: 139–146

Mihatsch W, Russ H, Przuntek H (1988) Intracerebroventricular administration of 1-methyl-4-phenylpyridinium ion in mice: effects of simultaneously administered nomifensine, deprenyl, and 1-t-butyl-4,4-diphenylpiperidine. J Neural Transm 71: 177–188

Mihatsch W, Russ H, Gerlach M, Riederer P, Przuntek H (1991) Treatment with antioxidants does not prevent loss of dopamine in the striatum of MPTP-treated common marmosets: preliminary observations. J Neural Transm [P-DSect] 3: 73–78

Milosevic J, Storch A, Schwarz J (2005) Cryopreservation does not affect proliferation and pluripotency of murine neural stem cells. Stem Cells 223: 681–688

Mink JW (1996) The basal ganglia: focused selection and inhibition of competing motor programs. Prog Neurobiol 50: 381–425

Misu Y, Goshima Y (2006) Neurobiology of DOPA as a Neurotransmitter. Boca Raton: CRC Press

Misu Y, Goshima Y, Miyamae T (2002) Is DOPA a neurotransmitter? Trends Pharmcol Sci 23: 262–268

Mizukawa K, McGeer EG, McGeer PL (1993) Autoradiographic study on dopamine uptake sites and their correlation with dopamine levels and their striata from patients with Parkinson's disease, Alzheimer's disease, and neurologically normal controls. Mol Chem Neuropathol 18: 133–144

Mogi M, Harada M, Kiuchi K, Kojima K, Kondo T, Narabayashi H, Rausch D, Riederer P, Jellinger K, Nagatsu T (1988) Homospecific activity (activity per enzyme protein) of tyrosine hydroxylase increases in Parkinson's disease. J Neural Transm 72: 77–81

Mogi M, Harada M, Kondo T, Riederer P, Inagaki H, Minami M, Nagatsu T (1994a) Interleukin-1 beta, interleukin-6, epidermal growth factor and transforming growth factor-alpha are elevated in the brain from parkinsonian patients. Neurosci Lett 180: 147–150

Mogi M, Harada M, Riederer P, Narabayashi H, Fujita K, Nagatsu T (1994b). Tumor necrosis factor-α(TNF-α) increases both in the brain and the cerebrospinal fluid from Parkinsonian patients. Neurosci Lett 165: 208–210

Mogi M, Harada M, Narabayashi H, Inagaki H, Minami M, Nagatsu T (1996) Interleukin (IL-1β, IL-2, IL-4, IL-6 and transforming growth factor-α levels are elvated in ventricular cerebrospinal fluid in juvenile parkinsonism and Parkinson's disease. Neurosci Lett 211: 13–16

Mogi M, Togari A, Kondo T, Mizuno Y, Komure O, Kuno S, Ichinose H, Nagatsu T (2000) Caspase activities and tumor necrosis factor receptor R1 (p55) level are elevated in the substantia nigra from Parkinsonian brain. J Neural Transm 107: 335–341

Molinoff PB, Axelrod J (1971) Biochemistry of catecholamines. Annu Rev Biochem 40: 465–500

Möller JC, Oertel WH (2005) Pramipexole in the treatment of Parkinson's disease: new developments. Exp Rev Neurotherapeutics 5: 581–586

Montastruc JL, Rascol O, Senard JM, Rascol A (1994) A randomised controlled study comparing bromocriptine to which levodopa was later added, with levodopa alone in previously untreated patients with Parkinson's disease: A five year follow up. J Neurol Neurosurg Psychiatry 57: 1034–1038

Monteiro HP, Winterbourn CC (1989) 6-Hydroxydopamine releases iron from ferritin and promotes ferritin-dependent lipid peroxidation. Biochem Pharmacol 38: 4177–4182

Monville C (2002) Gene therapy in Parkinson's disease: Dream or reality? NeuroReport 13: 743–743

Moore DJ, West AB, Dawson VL, Dawson TM (2005) Molecular pathophysiology of Parkinson's disease. Annu Rev Neurosci 28: 57–87

Morrish PK, Sawle GV, Brooks DJ (1996) An [F-18]dopa-PET and clinical study of the rate of progression in Parkinson's disease. Brain 119: 585–91

Morrish PK, Rakshi JS, Bailey DL, Sawle GV, Brooks DJ (1998) Measuring the rate of progression and estimating the preclinical period of Parkinson's disease with [^{18}F] dopa PET. J Neurol Neurosurg Psychiatry 64: 314–319

Mouatt-Prigent A, Agid Y, Hirsch EC (1994) Does the calcium binding protein protect dopaminergic neurons against degeneration in Parkinson's disease? Brain Res 668: 62–70

Mouatt-Prigent A, Karlsson JO, Agid Y, Hirsch EC (1996) Increased M-calpain expression in the mesencephalon of patients with Parkinson's disease but not in other neurodegenerative disorders involving the mesencephalon: A role in nerve cell death? Neuroscience 73: 979–987

Mueller RA, Thoenen H, Axelrod J (1969) Adrenal tyrosine hydroxylase: Compensatory increase in activity after chemical sympathectomy. Science 163: 468–469

Muenter MD, Forno LS, Hornykiewicz O, Kish SJ, Maraganore DM, Caselli RJ, Okazaki H, Howard FM Jr, Snow BJ, Calne DB (1998) Hereditary form of parkinsonism-dementia. Ann Neurol 43: 768–781

Müller T, Sieb JP (2004) Die fixe Kombination von Levodopa/Carbidopa mit Entacapon in der Parkinson-Therapie. Nervenheilkunde 23: 174–180

Müller T, Russ H (2006) Levodopa, motor fluctuations and dyskinesia in Parkinson's disease. Exp Opin Pharmacother 7: 1715–1730

Müller T, Kuhn W, Pöhlau D, Przuntek H (1995) Parkinsonism unmasked by lovastatin. Ann Neurol 37: 685–686

Müller T, Kuhn W, Büttner T, Przuntek H (1997) Distorted colour discrimination in Parkinson's disease is related to severity of the disease. Acta Neurol Scand 96: 293–296

Müller T, Woitalla D, Schulz D, Peters S, Kuhn W, Przuntek H (2000) Tolcapone increases maximum concentrations of levodopa. J Neural Transm 107: 113–119

Müller A, Reichmann H, Livermore A, Hummel T (2002) Olfactory function in idiopathic Parkinson's disease (IPD): results from cross-sectional studies in IPD patients and long-term follow-up of de novo IPD patients. J Neural Transm 109: 805–811

Müller T, Welnic J, Fuchs G, Baas H, Ebersbach G, Reichmann H (2006) The DONPAD-study: Treatment of dementia in patients with Parkinson's disease with donepezil. J Neural Transm [Suppl] 71: 27–30

Münch G, Gerlach M, Sian J, Wong A, Riederer P (1998) Advanced glycation endproducts in neurodegeneration – more than early markers of oxidative stress? Ann Neurol [Suppl 1] 44: S85–S88

Münch G, Lüth HJ, Wong A, Arendt, T, Hirsch E, Ravid R, Riederer P (2000). Crosslinking of α-synuclein by advanced glycation endproducts – early pathophysiological step in Lewy body formation? J Chem Neuroanat 20: 253–257

Müngersdorf M, Sommer U, Reichmann H (1999) Therapy with high-dose ropinirole in patients with fluctuating Parkinson's disease. Eur J Neurol [Suppl 3] 6: p 132

Müngersdorf M, Sommer U, Sommer M, Reichmann H (2001) High-dose therapy with ropinirole in patients with Parkinson's disease. J Neural Transm 108: 1309–1317

Murer MG, Dziewczapolski G, Menalled LB, García, MC, Agid Y, Gershanik O, Raisman-Vozari R (1998) Chronic levodopa is not toxic for remaining dopamine neurons, but instead promotes their recovery, in rats with moderate nigtostriatal lesions. Ann Neurol 43: 561–575

Mutch WJ, Strudwick A, Roy SK, Downie AW (1986) Parkinson's disease: disability, review, and management. Br Med J 293: 675–677

Mutschler E, Geisslinger G, Kroemer HK, Schäfer-Korting M (2001) Mutschler Arzneimittelwirkungen: Lehrbuch der Pharmakologie und Toxikologie. Stuttgart: Wissenschaftliche Verlagsgesellschaft

Myllylä VV, Sotaniemi KA, Hakulinen P, Maki-Ikola O, Heinonen EH (1997) Selegiline as the primary treatment of Parkinson's disease – a long-term double-blind study. Acta Neurol Scand 95: 211–218

Myllylä VV, Kultalhti E-R, Haapaniemi H, Leinonen M, the FILOMEN Study Group (2001) Long-term safety of entacapone in patients with Parkinson's disease. Eur J Neurol 8: 53–60

Myllylä V, Kaakkola S, Miettinen TE, Heikkinen H, Reinikainen K (2003) New triple combination of levodopa/carbidopa/entacapone is a preferred treatment in patients with Parkinson's disease. Neurology [Suppl 1] 60: A289

Mytilineou C, Radcliffe P, Leonardi EK, Werner P, Olanow CW (1997) L-deprenyl protects mesencephalic dopamine neurons from glutamate receptor-mediated toxicity in vitro. J Neurochem 68: 33–39

Nadjar A, Brotchie JM, Guigoni C, Li Q, Zhou SB, Wang GJ, Ravenscroft P, Georges F, Crossman A, Bezard E (2006) Phenotype of striatofugal medium spiny neurons in parkinsonian and dyskinetic nonhuman primates: A call for a reappraisal of the functional organization of the basal ganglia. J Neurosci 26: 8653–8661

Nagatsu T, Oka K, Yamamoto T, Matsui H, Kato T, Yamamoto C, Iizuka R, Narabayashi H (1981) Catecholaminergic enzymes in Parkinson's disease and related extrapyramdial diseases. In: Riederer P, Usdin E (Eds) Transmitter biochemistry of human brain tissue. London: Macmillan, 291–302

Nakamura S, Yue JL, Goshima Y, Miyamae T, Ueda H, Misu Y (1994) Noneffective dose of exogenously applied L-DOPA itself stereoselectively potentiates postsynaptic D2-receptor-mediated locomotor activities of conscious rats. Neurosci Lett 170: 22–26

Nakamura A, Kitami T, Mori H, Mizuno Y, Hattori N (2006) Nuclear localization of the 20 proteasome subunit in Parkinson's disease. Neurosci Lett 406: 43–48

Nakano I, Hirano A (1984) Parkinson's disease: Neuron loss in the nucleus basalis without concomitant Alzheimer's disease. Ann Neurol 15: 415–418

Nakaso K, Nakamura C, Sato H, Imamura K, Takeshima T, Nakashima K (2006) Novel cytoprotective mechanism of anti-parkinsonian drug deprenyl: P13K and Nrf2-derived induction of antioxidative proteins. Biochem Biophys Res Commun 339: 915–922

Napolitano A, Pezzella A, Prota G (1999) New reaction pathways of dopamine under oxidative stress conditions: Nonenzymatic iron-assisted conversion to norepinephrine and the neurotoxins 6-hydroxydopamine and 6,7-dihydroxytetrahydroisoquinoline. Chem Res Toxicol 12: 1090–1097

Nash JF, Yamamoto BK (1992) Methamphetamine neurotoxicity and striatal glutamate release – Comparison to 3,4-methylenedioxymethamphetamine. Brain Res 581: 237–243

Naudin B, Bonnet JJ, Costentin J (1995) Acute L-DOPA pretreatment potentiates 6-hydroxydopamine-induced toxic effects on nigro-striatal dopamine neurons in mice. Brain Res 701: 151–157

Nelson JS (1987) Effects of free radical scavengers on the neuropathology of mammalian vitamin E deficiency. In: Hayaishi O, Mino M (Eds) Clinical and nutritional aspects of vitamin E. Amsterdam: Elsevier, 157–159

Newcomer TA, Rosenberg PA, Aizenman E (1995) Iron-mediated oxidation of 3,4-dihydroxyphenylalanine to an excitotoxin. J Neurochem 64: 1742–1748

Nie G, Cao Y, Zhao B (2002) Protective effects of green tea polyphenols and their major component, (-)-epigallocatechin-3-gallate (EGCG), on 6-hydroxydopamine-induced apoptosis in PC12 cells. Redox Rep 7: 171–177

Nisbet AP, Eve DJ, Kingsbury AE, Daniel SE, Marsden CD, Lees AJ, Foster OJF (1996) Glutamate decarboxylase-67 messenger RNA expression in normal human basal ganglia and in Parkinson's disease. Neuroscience 75: 389–406

Nissinen E, Kaheinen P, Penttilä KE, Kaivola J, Linden I-B (1997) Entacapone, a novel catechol-O-methyltransferase inhibitor for Parkinson's disease, does not impair mitochondrial energy production. Eur J Pharmacol 340: 287–294

Nixon RA (2006) Autophagy in neurodegenerative disease: friend, foe or turncoat? Trends Neurosci 29: 528–535

Nukada H, Kowa H, Saito T, Tasaki Y, Miura S (1978) A big family of paralysis agitans. Rinshoshinkeigaku 18: 627–634

Nurmi E, Ruottinen HM, Bergman J, Haaparanta M, Solin O, Sonninen P, Rinne JO (2001) Rate of progression in Parkinson's disease: A 6-[F-18]fluoro-L-dopa PET study. Mov Disord 16: 608–615

Nutt JG, Fellman JH (1984) Pharmacokinetics of levodopa. Clin Neuropharmacol 7: 35–49

Nutt JG, Woodward WR, Beckner RM, Stone CK, Berggren K, Carter JH, Gancher ST, Hammerstad JP, Gordin A (1994) Effect of peripheral catechol-O-methyltransferase inhibition on the pharmacokinetics and pharmacodynamics of levodopa in parkinsonian patients. Neurology 44: 913–919

Nyholm D, Lennernäs H, Gomes-Trolin C, Aquilonius S-M (2002) Levodopa pharmacokinetics and motor performance during activities of daily living in patients with Parkinson's disease on individual drug combination. Clin Neuropharmacol 25: 89–96

Nyholm D, Nilsson Remahl AIM, Dizdar N, Constantinescu R, Holmberg B, Jansson R, Aquilonius S-M, Askmark H (2005) Duodenal levodopa infusion monotherapy vs oral polypharmacy in advanced Parkinson disease. Neurology 64: 216–223

Obata T, Chiueh CC (1992) In vivo trapping of hydroxyl free radicals in the striatum utilizing intracranial microdialysis perfusion of salicylate:

effects of MPTP, MPDP+, and MPP+. J Neural Transm [GenSect] 89: 139–145

O'Dell SJ, Weihmuller FB, Marshall JF (1991) Multiple methamphetamine injections induce marked inreases in extracellular striatal dopamine which correlate with subsequent neurotoxicity. Brain Res 564: 256–260

Odin P, Rüssmann A, Aquilonius SM (2005) Pumpengesteuerte, kontinuierliche duodenale Levodopa-Gabe. Psychopharmakotherapie 12: 223–228

Oduncu F (2004) Stammzellen – therapeutisches Klonieren. Biologische Grundlage und Rechtslage in Deutschland. In: Reuter P (Hrsg) Springer Lexikon Medizin. Berlin Heidelberg New York: Springer, 2021–2027

Oehlwein C, Trenkwalder C, Hundemer HP, Storch A, Winkelmann J, Wieczorek V, Polzer U, Schwarz J (2000) Hochdosistherapie mit Pergolid bei Morbus Parkinson mit L-Dopa-induzierten motorischen Komplikationen. ZNS J

Oertel WH (2000) Pergolide vs L-dopa (PELMOPET) 6th Int Congress of Parkinson's Disease and Movement Disorders, 11.–15. Juni, Barcelona, Spain (Mov Disord 15/Suppl 3, M86)

Oertel WH, Wolters E, Sampaio C, Giminez-Roldan S, Bergamasco B, Dujardin M, Grosset DG, Arnold G, Leenders KL, Hundemer H-P, Lledó A, Wood A, Frewer P, Schwarz J (2006) Pergolide versus levodopa monotherapy in early Parkinson's disease patients: the PELMOPET study. Mov Disord 21: 343–353

Oestreicher E, Sengstock GJ, Riederer P, Olanow CW, Dunn AJ, Arendash GW (1994) Degeneration of nigrostriatal dopaminergic neurons increases iron within the substantia nigra: a histochemical and neurochemical study. Brain Res 660: 8–18

Offen D, Ziv I, Sternin H, Melamed E, Hochman A (1996) Prevention of dopamine-induced cell death by thiol antioxidants: Possible implications for treatment of Parkinson's disease. Exp Neurol 141: 32–39

Ohmori T, Koyama T, Muraki A, Yamashita I (1993) Competitive and noncompetitive N-methyl-D-aspartate antagonists protect dopaminergic and serotonergic neurotoxicity produced by methamphetamine in various brain regions. J Neural Transm [Gen-Sect] 92: 97–106

Oishi T, Hasegawa E, Murai Y (1991) Sulfhydryl drugs reduce neurotoxicity of 1-methyl-4-phenyl-1,2,3,6-tetrahydropyridine (MPTP) in the mouse. J Neural Transm [P-Dsect] 6: 45–52

Olanow CW (1996) Selegiline: current perspectives on issues related to neuroprotection and mortality. Neurology [Suppl 3] 47: S 210–216

Olanow CW, Fahn S, Muenter M, Klawans H, Hurtig H, Stern M, Shoulson I, Kurlan R, Grimes JD, Jankovic J (1994) A multi-center, doubleblind, placebo-controlled trial of pergolide as an adjunct to Sinemet in Parkinson's disease. Mov Disord 9: 40–47

Olanow CW, Hauser RA, Gauger L, Malapira T, Koller W, Hubble J, Bushenbark K, Lilienfeld D, Esterlitz J (1995) The effect of deprenyl and levodopa on the progression of Parkinson's disease. Ann Neurol 38: 771–777

Olanow CW, Freeman TB, Kordower JH (1997) Neural transplantation as a therapy for Parkinson's disease. Adv Neurol 74: 249–269

Olanow CW, Goetz CG, Kordower JH, Stoessl AJ, Sossi V, Brin MF, Shannon KM, Nauert GM, Perl DP, Godbold J, Freeman TB (2003) A double-blind controlled trial of bilateral fetal nigral transplantation in Parkinson's disease. Ann Neurol 54: 403–414

Olney JW (1978) Neurotoxicity of excitatory amino acids. In: McGeer EG, Olney JW (Eds) Kainic acid as a tool in neurobiology. New York: Raven Press, 95–121

Onn SP, Berger TW, Stricker EM, Zigmond MJ (1986) Effects of intraventricular 6-hydroxydopamine on dopamine innervation of striatum: Histochemical and neurochemical analysis. Brain Res 376: 8–19

Onofrj M, Thomas A, Iacono D, Di Iorio A, Bonanni L (2001) Switch-over from tolcapone to entacapone in severe Parkinson's disease patients. Eur Neurol 46: 11–16

Opacka-Juffry J, Ashworth S, Sullivan AM, Banati RB, Blunt SB (1996) Lack of permanent dopamine deficit following 6-hydroxydopamine injection into rat striatum. J Neural Transm 103: 1429–1434

Opacka-Juffry J, Wilson AW, Blunt SB (1998) Effects of pergolide on in vivo hydroxyl free radical formation during infusion of 6-hydroxydopamine in rat striatum. Brain Res 810: 27–33

Orr CF, Rowe DB, Mizuno Y, Mori H, Halliday GM (2005) A possible role for humoral immunity in the pathogenesis of Parkinson's disease. Brain 128: 2665–2674

Ossowska K, Wardas J, Smialowska M, Kuter K, Lenda T, Wieronska JM, Zieba B, Nowak P, Dabrowska J, Bortel A, Kwiecinski A, Wolfarth S (2005) A slowly developing dysfunction of dopaminergic nigrostriatal neurons induced by long-term paraquat administration in rats: an animal model of preclinical stages of Parkinson's disease? Eur J Neurosci 22: 1294–1304

O'Sullivan JD, Hughes AJ (1998) Apomorphine-induced penile erections in Parkinson's disease. Mov Disord 13: 536–539

Ott BR, Lannon MC (1992) Exacerbation of parkinsonism by Tacrine. Clin Neuropharmacol 15: 322–325

Otto D, Unsicker K (1990) Basic FGF reserves chemical and morphological deficits in the nigrostriatal system of MPTP-treated mice. J Neurosci 10: 1912–1921

PaDell'Agnello G, Ceravolo R, Nuti A, Bellini G, Piccinni A, D'Avino C, Dell'Osso L, Bonuccelli U (2001) SSRIs do not worsen Parkinson's disease: evidence from an open-label, prospective study. Clin Neuropharmacol 24: 221–227

Pahwa R, Lyons K, McGuire D, Silverstein P et al. (1997) Comparison of standard carbidopa-levodopa and sustained-release carbidopa-levodopa in Parkinson's disease: pharmaco-kinetic and quality-of-life measures. Mov Disord 12: 677–681

Palhagen S, Heinonen EH, Hägglund J, Kaugesaar T, Kontants H, MakiIkola O, Palm R, Turunen J (1998) Selegiline delays the onset of disability in de novo parkinsonian patients. Neurology 51: 520–525

Pankratz N, Nichols WC, Uniacke SK, Halter C, Rudolph A, Shults C, Conneally PM, Foroud T, Parkinson Study Group (2003) Significant linkage of Parkinson disease to chromosome 2q36–37. Am J Hum Genet 72: 1053–1057

Papa SM, Chase TN (1996) Levodopa-induced dyskinesias improved by a glutamate antagonist in Parkinsonian monkeys. Ann Neurol 39: 574–578

Pappert EJ, Goetz GC, Niederman F, Ling ZD, Stebbins GT, Carvey PM (1996) Liquid levodopa/carbidopa produces significant improvement in motor function without dyskinesia exacerbation. Neurology 47: 1493–1495

Pardo B, Mena MA, Casarejos MJ, Paino CL, De Yebenes JG (1995 a) Toxic effects of L-DOPA on mesencephalic cell cultures. Protection with antioxidants. Brain Res 682: 133–143

Pardo B, Mena MA, De Yebenes JG (1995b) L-DOPA inhibits complex IV of the electron transport chain in catecholamine-rich human neuroblastoma NB69 cells. J Neurochem 64: 576–582

Parent A, Cicchetti F (1998) The current model of basal ganglia organization under scrutiny. Mov Disord 13: 199–202

Park CH, Minn YK, Lee JY, Choi DH, Chang MY, Shim JW, Ko JY, Koh HC, Kang MJ, Kang JS, Rhie DJ, Lee YS, Son H, Moon SY, Kim KS, Lee SH (2005) In vitro and in vivo analyses of human embryonic stem cell-derived dopamine neurons. J Neurochem 92: 1265–1276

Parkinson J (1817) An essay on the shaking palsy. London: Whittingham and Rowland for Sherwood, Neely and Jones

Parkinson Study Group (1996a) Impact of deprenyl and tocopherol treatment on Parkinson's disease in DATATOP subjects not requiring levodopa. Ann Neurol 39: 29–36

Parkinson Study Group (1996b) Impact of deprenyl and tocopherol treatment on Parkinson's disease in DATATOP patients requiring levodopa. Ann Neurol 39: 37–45

Parkinson Study Group (1997) Entacapone improves motor fluctuations in levodopa-treated Parkinson's disease patients. Ann Neurol 42: 747–755

Parkinson Study Group (2000) Pramipexole vs levodopa as initial treatment for Parkinson's disease. A randomized controlled trial. JAMA 284: 1931–1938

Parkinson Study Group (2002) Dopamine transporter brain imaging to assess the effects of pramipexole vs levodopa on Parkinson's disease progression. JAMA 287: 1653–1661

Parsons CG, Danysz W, Quack G (1999) Memantine is a clinically well tolerated NMDA receptor antagonist – a review of preclinical data. Neuropharmacology 38: 735–767

Patton J, Neilson S, Boroojerdi (2006) Tolerability of switching from an oral dopamine agonist to transdermal rotigotine in Parkinson's disease. Abstract, WPC, Washington D.C.

Paulus W, Jellinger K (1991) The neuropathologic basis of different clinical subgroups of Parkinson's disease. J Neuropathol Exp Neurol 50: 743–755

Paus S, Brecht HM, Köster J, Seeger G, Klockgether T, Wüllner U (2003) Sleep attacks, daytime sleepiness, and dopamine agonists in Parkinson's disease. Mov Disord 18: 659–667

Peabody FW (1927) Criteria for efficient patient care. JAMA 88: 877–882

Pearce RKB, Jackson M, Smith L, Jenner P, Marsden CD (1995) Chronic L-DOPA administration induces dyskinesias in the 1-methyl-4-phenyl-1,2,3,6-tetrahydropyridine-treated common marmoset (*Callithrix Jacchus*). Mov Disord 10: 731–740

Pedersen V (2001) Verhaltenspharmakologische und histologische Charakterisierung der Funktion von Dopamin und Glutamat bei der „nigralen" und „extranigralen" Pathologie in einem Tiermodell der Parkinson-Krankheit. Dissertation der Biologischen Fakultät der Universität Tübingen

Pek G, Fülöp T, Zs-Nagy I (1989) Gerontopsychological studies using NAI („Nürnberger-Alters-Inventar") on patients with organic psychosyndrome (DSM III, category 1) treated with centrophenoxine in a double blind, comparative randomized clinical trial. Arch Gerontol Geriatr 9: 17–30

Penny JB, Young AB (1983) Speculation on the functional anatomy of basal ganglia disorders. Annu Rev Neurosci 6: 73–94

Perry TL, Hansen S, Gandham SS (1981) Postmortem changes of amino compounds in human and rat brain. J Neurochem 36: 406–412

Perry EK, Perry RH, Tomlinson BE (1982) The influence of agonal states on some neurochemical activities of post-mortem human brain tissue. Neurosci Lett 29: 303–307

Perry TL, Yong VW, Ito M, Foulks JG, Wall RA, Godin DV, Calvier RM (1984) Nigrostriatal dopaminergic neurons remain undamaged in rats given high doses of L-DOPA and carbidopa chronically. J Neurochem 43: 990–993

Perry EK, McKeith P, Thompson P, Marshall E, Kerwin J, Jabeen S, Edwardson JA, Ince P, Blessed G, Irving D, Perry RH (1991) Topography, extent, and clinical relevance of neurochemical deficits in dementia of Lewy body type, Parkinson's disease and Alzheimer's disease. Ann NY Acad Sci 640: 197–202

Perugi G, Toni C, Ruffolo G, Frare F, Aksikal H (2001) Adjunctive dopamine agonists in treatment-resistant bipolar II depression: an open case series. Pharmacopsych 34: 137–141

Picconi B, Centonze D, Hakansson K, Bernardi G, Greengard P, Fisone G, Cenci MA, Calabresi P (2003) Loss of bidirectional striatal synaptic plasticity in L-DOPA-induced dyskinesia. Nat Neurosci 6: 501–506

Piercey MF, Hoffmann WE, Smith MW, Hyslop DK (1996) Inhibition of dopamine neuron firing by pramipexole, a dopamine D3 receptor-preferring agonist: comparison to other dopamine receptor agonists. Eur J Pharmacol 312: 35–44

Pinna A, Pontis S, Morelli M (2006) Expression of dyskinetic movements and turning behaviour in subchronic L-DOPA 6-hydroxydopamine-treated rats is influenced by the testing environment. Behav Brain Res 171: 175–178

Pinter MM, Alesch F, Murg M, Helscher RJ, Binder H (1999) Apomorphine test: A predictor for motor responsiveness to deep brain stimulation of the subthalamic nucleus. J Neurol 246: 907–913

Pisani A, Centonze D, Bernardi G, Calabresi P (2005) Striatal synaptic plasticity: Implications for motor learning and Parkinson's disease. Mov Disord 20: 395–402

Poewe WH (1993) Die Neuropsychologie der Parkinson-Krankheit. In: Stern GM, Madeja UD, Poewe WH (Hrsg) Trends in Diagnostik und Therapie des Morbus Parkinson. Berlin: de Gruyter, 43–49

Poewe W, Gerstenbrand F (1985) Klinische Klassifikation des Parkinson-Syndroms – Subtypen und Übergänge zu Multisystem-Atrophien. In: Schnaberth G, Auff E (Hrsg) Das Parkinson-Syndrom. Klinik, Neuropathophysiologie, Therapie – Klinische Schwerpunkte. Basel/Grenzach-Wyhlen: Wissenschaftlicher Dienst <Roche>, 39–46

Poewe W, Schelosky L (1994) Die Neurophysiologie der Parkinson-Erkrankung. In: Huffmann G, Braune HJ, Henn KH (Hrsg) Extrapyramidalmotorische Erkrankungen. Reinbek: Einhorn-Presse, 242–246

Poewe WH, Deuschl G, Gordin A, Kultalahti ER, Leinonen M (2002) Efficacy and safety of entacapone in Parkinson's disease patients with suboptimal levodopa respone: a 6-month randomized placebo-controlled double-blind study in Germany and Austria (Celomen study). Acta Neurol Scand 105: 245–255

Poewe W, Giladi N, Boothman B, Maguire D, Boroojerdi B (2006) Rotigotine transdermal system in patients with advanced-stage Parkinson's disease as adjunctive therapy to levodopa: Results of a placebo- and pramipexole-controlled trial. Abstract, WPC, Washington D.C.

Pogarell O, Gasser T, van Hilten JJ, Spieker S, Pollentier S, Meier D, Oertel WH (2002) Pramipexole in patients with Parkinson's disease and marked drug resistant tremor: a randomised, double-blind, placebo controlled multicentre study. J Neurol Neurosurg Psychiatry 72: 713–720

Pollanen MS, Dickson DW, Bergeron C (1993) Pathology and biology of the Lewy body. J Neuropathol Exp Neurol 52 (1993): 183–191

Polymeropoulos MH, Lavedan C, Leroy E (1997) Mutation in the α-synuclein gene identified in families with Parkinson's disease. Science 276: 2045–2047

Ponto LL, Schultz SK (2003) Ginkgo biloba extract: review of CNS effects. Ann Clin Psychiatry 15: 109–119

Porter CC, Totara J, Stone CA (1963) Effect of 6-hydroxydopamine and some other compounds on the concentration of norepinephrine in the hearts of mice. J Pharmacol Exp Ther 140: 308–316

Pramstaller PP, Salerno A, Bhatia KP, Prugger M, Marsden CD (1999) Primary central nervous system lymphoma presenting with a parkinsonian syndrome of pure akinesia. J Neurol 246: 934–938

Priyadarshi A, Khuder SA, Schaub EA, Shrivastava S (2000) A meta-analysis of Parkinson's disease and exposure to pesticides. Neurotoxicol 21: 435–440

Przedborski S, Kostic V, Jackson-Lewis V, Naini AB, Simonetti S, Fahn S, Carlson E, Epstein CJ, Cadet JL (1992) Transgenic mice with increased Cu/Zn-superoxide dismutase activity are resistant to N-methyl-4-phenyl-1,2,3,6-tetrahydropyri-dine-induced neurotoxicity. J Neurosci 12: 1658–1667

Przedborski S, Jackson-Lewis V, Muthane U, Jiang H, Ferreira M, Naini AB, Fahn S (1993) Chronic levodopa administration alters cerebral mitochondrial respiratory chain activity. Ann Neurol 34: 715–723

Przedborski S, Levivier M, Jiang H, Ferreira M, Jackson-Lewis V, Donaldson D, Togasaki DM (1995) Dose-dependent lesions of the dopaminergic nigrostriatal pathway induced by intrastriatal injection of 6-hydroxydopamine. Neuroscience 67: 631–647

Przuntek H, Müller T (1999) Clinical efficacy of budipine in Parkinson's disease. J Neur Transm [Suppl] 56: 75–82

Przuntek H, Müller Th (2000) Adjuvante nicht-medikamentöse Therapieansätze bei Morbus Parkinson. Darmstadt: Steinkopff Verlag

Przuntek H, Welzel D, Blümner E, Danielczyk W, Letzel H, Kaiser H-J, Kraus PH, Riederer P, Schwarzmann D, Wolf H, Überla K (1992) Bromocriptine lessens the incidence of mortality in L-DOPA-treated parkinsonian patients: prado-study discontinued. Eur J Clin Pharmacol 43: 357–363

Przuntek H, Welzel D, Gerlach M, Blümner E, Danielczyk W, Kaiser HJ, Kraus PH, Letzel H, Riederer P, Überla K (1996) Early institution of bromocriptine in Parkinson's disease inhibits the emergence of levodopa-associated motor side effects. Long-term results of the PRADO study. J Neural Transm 103: 699–715

Przuntek T, Conrad B, Dichgans J, Kraus PH, Krauseneck P, Pergande G, Rinne U, Schimrigk K, Schnitker J, Vogel H (1999) SELEDO: a 5-year long-term trial on the effect of selegiline in early parkinsonian patients treated with levodopa. Eur J Neurol 6: 141–150

Przuntek H, Bittkau S, Bliesath H, Büttner U, Fuchs G, Glass J, Haller H, Klockgether T, Kraus P, Lachenmayer L, Müller D, Müller T, Rathay B, Sgonina J, Steinijans V, Teshmar E, Ulm G, Volc D (2002) Budipine provides additional benefit in patients with Parkinson disease receiving a stable optimum dopaminergic drug regimen. Arch Neurol 59: 803–806.

Przuntek H, Müller T, Riederer P (2004) Diagnostic staging of Parkinson's disease: conceptual aspects. J Neural Transm 111: 201–216

Purba JS, Hofman MA, Swaab DF (1994) Decreased number of oxytocin-immunoreactive neurons in the paraventricular nucleus of the hypothalamus in Parkinson's disease. Neurology 152: 2125–2128

Quik M, Parameswaran N, McCallum SE, Borida T, Bao S, McCormack A, Kim A, Tyndale RF, Langston JW, DiMonte DA (2006) Chronic oral nicotine treatment protects against striatal degeneration in MPTP-treated primates. J Neurochem 98: 1866–1875

Quinn NP, Toone B, Lang AE, Marsden CD, Parks JD (1983) Dopa dose-dependent sexual deviation. Br J Psychiatry 142: 296–298

Quinn N for the SP 511 Investigators (2001) Rotigotine transdermal delivery system (TDS) (SPM 962) – a multicenter, double-blind, randomized, placebo-controlled trial to assess the safety and efficacy of rotigotine TDS in patients with advanced Parkinson's disease (abstract P-TU-223). Parkinsonism Relat Disord [Suppl 1] 7: S66

Rajput AH, Rozdilsky B, Ang L (1991) Occurence of resting tremor in Parkinson's disease. Neurology 41: 1298–1299

Rajput AH, Martin W, Saint-Hillaire MH, Dorflinger E, Pedder S (1997a) Tolcapone improves motor function in parkinsonian patients with the «wearing-off» phenomenon; a double-blind, placebo-controlled, multicenter trial. Neurology 49: 1066–1071

Rajput A, Wallkait M, Rajput AH (1997b) 18 month prospective study of amantadine (Amd)

for Dopa (LD) induced dysinesias (DK) in idiopathic Parkinson's disease. Can Neurol Sci 24: S23

Rakshi JS, Bailey DL, Takeshi U, Morrish PK, Ito K, Brooks DJ (1998) Is ropinirole a selective D2 receptor agonist neuroprotective in early Parkinson's disease. An (18F)dopa PET study. Neurology 50: A330

Ramaker C, Hilten JJ Van (2000) Bromocriptine versus levodopa in early Parkinson's disease. Cochrane Database of Systematic Reviews 2006, Issue 4, p. CD002258/2000

Ramaker C, van de Beek WJ, Finken MJ, van Hilten BJ (2000) The efficacy and safety of adjunct bromocriptine therapy for levodopa-induced motor complications: a systematic review. Mov Disord 15: 56–64

Rampello L, Chiechio S, Raffaele R, Vecchio I, Nicoletti F (2002) The SSRI citalopram improves bradykinesia in patients with Parkinson's disease treated with L-Dopa. Clin Neuropharmacol 25: 21–24

Rascol O, Brooks D, Korczyn AD, De Deyn PP, Clarke CE, Lang AE, for the o56 Study Group (2000) A five-year study of the incidence of dyskinesia in patients with early Parkinson's disease who were treated with ropinirole or levodopa. N Engl J Med 342: 1484–1491

Rascol O, Pathak A, Bagheri H, Montastruc J-L (2004) New concerns about old drugs: valvular heart disease on ergot derivative dopamine agonist as an exemplary situation of pharmacovigilance. Mov Disord 19: 611–613

Rascol O, Brooks DJ, Melamed E, Oertel W, Poewe W, Stocchi F, Tolosa E (2005) Rasagiline as an adjunct to levodopa in patients with Parkinson's disease and motor fluctuations (LARGO, Lasting effect in Adjunct therapy with Rasagiline Given Once daily): a randomised, double-blind, parallel-group trial. Lancet 365: 914–916

Rausch WD, Hirata Y, Nagatsu T, Riederer P, Jellinger K (1988) Human brain tyrosine hydroxylase: in vitro effects of iron and phosphorylating agents in the CNS of controls, Parkinson's disease and schizophrenia. J Neurochem 50: 202–228

Ravina BM, Fagan SC, Hart RG, Hovinga CA, Murphy DD, Dawson TM, Marler JR (2003) Neuroprotective agents for clinical trials in Parkinson's disease – a systematic assessment. Neurology 60: 1234–1240

Reader TA, Dewar KM (1999) Review article. Effects of denervation and hyperinnervation on dopamine and serotonin in the rat neostriatum: Implications for human Parkinson's disease. Neurochem Int 34: 1–21

Reichmann H (2000) Long-term treatment with dopamine agonists in idiopathic Parkinson's disease. J Neurol 247: 17–19

Reichmann H (2005) Der Monoaminooxidase-B-Hemmer der zweiten Generation, Rasagilin Mesylat (Azilect®). Akt Neurol 32: 1–5

Reichmann H (2005) Die COMT-Hemmung: ein wichtiges Wirkprinzig zur Behandlung des idiopathischen Parkinson-Syndroms. Akt Neurol 32 [Suppl. 5]: S297–S298

Reichmann H (2006) Budipine in Parkinson's tremor. J Neurol Sci (electronic publication)

Reichmann H, Riederer P (1989) Biochemical analyses of respiratory chain enzymes in different brain regions of patients with Parkinson's disease. BMFT Symposium „Morbus Parkinson und andere Basalganglienerkrankungen", Bad Kissingen (Abstracts S 44)

Reichmann H, Brecht HM, Kraus PH, Lemke (2002a) Pramipexol bei der Parkinson-Krankheit. Nervenarzt 73: 745–750

Reichmann H, Sommer U, Engfer A (2002b) Nebenwirkungsprofil von Parkinson-Medikamenten. Stuttgart: Thieme-Verlag

Reichmann H, Herting B, Müller A, Sommer U (2003) Switching and combining dopamine agonists. J Neural Transm 110: 1393–1400

Reichmann H, Angersbach D, Buchwald B. Praktische Erfahrungen zur Verbesserung der Alltagskompetenz bei Parkinson-Patienten unter Therapie mit Ropinirol (2005a) Nervenarzt 76: 1239–1245

Reichmann H, Boas J, MacMahon D, Myllyla V, Hakala A, Reinikainen K, ComQol Study Group (2005b) Efficacy of combining levodopa with entacapone on quality of life and activities of daily living in patients experiencing wearing-off tpye fluctuations. Acta Neurol Scand 111: 21–28

Reinnardy L (2000) Heileurhythmie bei Morbus Parkinson. In: Przuntek H, Müller Th (Hrsg) Adjuvante nicht-medikamentöse Therapieansätze bei Morbus Parkinson. Darmstadt: Verlag Steinkopf, 112–115

Rektorova I, Rektor I, Bares M, Dostal V, Ehler E, Fanfrdlova Z, Fiedler J, Klajblova H, Kulistak P, Ressner P, Svatova J, Urbanek K, Veliskova J (2003) Pramipexole and pergolide in the treatment of depression in Parkinson's disease: a national multicentre prospective randomized study. Eur J Neurol 10: 399–406

Ren Y-R, Nishida Y, Yoshimi K, Yasuda T, Jishage K, Uchihara T, Yokota T, Mizuno Y, Mochizuki H (2006) Genetic vitamin E deficiency does not affect MPTP susceptibility in the mouse brain. J Neurochem 98: 1810–1816

Reynolds GP, Garrett NJ (1986) Striatal dopamine and homovanillic acid in Huntington's disease. J Neural Transm 65: 151–155

Reynolds GP, Riederer P, Sandler M, Jellinger K, Seemann D (1978) Amphetamine and phenylethylamine in post-mortem Parkinson's brain after (-)deprenyl administration. J Neural Transm 43: 271–277

Reynolds NA, Wellington K, Easthope SE (2005) Rotigotine. In: Parkinson's disease. CNS Drugs 19: 973–981

Ricaurte GA, Yuan J, Hatzidimitriou G, Cord BJ, McCann DU (2002) Severe dopaminergic neurotoxicity in primates after a common recreational dose regimen of MDMA ("Ecstasy"). Science 297: 2260–2263

Ricaurte GA, Yuan J, Hatzidimitriou G, Cord BJ, McCann UD (2003) MDMA („Ecstasy") and neurotoxicity – Response. Science 300: 1504–1505

Riederer P, Wuketich S (1976) Time course of nigrostriatal degeneration in Parkinson's disease. A detailed study of influential factors in human brain amine analysis. J Neural Transm 38: 277–301

Riederer P, Umek H (Hrsg) (1986) L-Dopa-Substitution der Parkinson-Krankheit. New York: Springer, Wien

Riederer P, Youdim MBH (1986) Monoamine oxidase activity and monoamine metabolism in brains of parkinsonian patients treated with L-deprenyl. J Neurochem 46: 1359–1365

Riederer P, Lachenmayer L (2003) Selegiline's neuroprotective capacity revisited. J Neural Transm 110: 1273–1278

Riederer P, Birkmayer W, Seemann D, Wuketich S (1977) Brain noradrenaline and 3-methoxy-4-hydroxyphenylglycol in Parkinson's syndrome. J Neural Transm 41: 241–251

Riederer P, Rausch WD, Birkmayer W, Jellinger K, Seemann D (1978) CNS modulation of adrenal tyrosine hydroxylase in Parkinson's disease and metabolic encephalopathies. J Neural Transm [Suppl] 14: 121–132

Riederer P, Sofic E, Konradi C (1986) Neurobiochemische Aspekte zur Progression der Parkinson-Krankheit: Post-mortem-Befunde und MPTP-Modell. In: Fischer PA (Hrsg) Spätsyndrome der Parkinson-Krankheit. Basel: Editiones <Roche>, 37–49

Riederer P, Sofic E, Rausch WD, Hebenstreit G, Bruinvels J (1989) Pathobiochemistry of the extrapyramidal system: A "short note" review. In: Przuntek H, Riederer P (Ed) Key topics in brain research. Early diagnosis and preventive therapy in Parkinson's disease. Wien New York: Springer, 139–149

Riederer P, Foley P, Bringmann G, Feineis D, Brückner R, Gerlach M (2002) Biochemical and pharmacological characterization of 1-trichloromethyl-1,2,3,4-tetrahydro-β-carboline: a biologically relevant neurotoxin? Eur J Pharmacol 442: 1–16

Riess O, Kruger R, Hochstrasser H, Soehn AS, Nuber S, Franck T, Berg D (2006) Genetic causes of Parkinson's disease: extending the pathway. J Neural Transm [Suppl] 70: 181–189

Rinne UK (1990) Controlled-release levodopa superior to standard levodopa in the treatment of early Parkinson's disease. Mov Disord [Suppl] 5: 52

Rinne UK (1999) Kombinationstherapie mit Lisurid und L-Dopa in den Frühstadien der Parkinson-Krankheit verringert und verzögert die Entwicklung motorischer Fluktuationen. Der Nervenarzt [Suppl] 1: S19–S25

Rinne UK, Koskinenen V, Laaksonen H, Lönnberg P, Sonninen V (1978) GABA receptor binding in the parkinsonian brain. Life Sci 22: 2225–2228

Rinne UK, Bracco F, Chouza C, Dupont E, Gershanik O, Marti Masso JF, Montastruc JL, Marsden CD, Dubini A, Orlando N, Grimaldi R (1997) Cabergoline in the treatment of early Parkinson's disease. Results of the first year of treatment in a double blind comparison between cabergoline and levodopa. Neurology 48: 363–368

Rinne UK, Bracco F, Chouza C Dupont E, Gershanik O, Marti Masso JF, Montastruc JL, Marsden CD, Dubini A (1998a) Early treatment of Parkinson's disease with cabergoline delays the onset of motor complications. Results of a double-blind levodopa controlled trial. Drugs [Suppl 1] 55: 23–30

Rinne UK, Larsen JP, Siden A, Worm-petersen (1998b) Entacapone enhances the response to levodopa in parkinsonian patients with motor fluctuations. Nomecomt Study Group. Neurology, 51: 1309–1314

Robelet S, Melon C, Guillet B, Salin P, Kerkerian-Le Goff L (2004) Chronic L-DOPA treatment increases extracellular glutamate levels and GLT1 expression in the basal ganglia in a rat model of Parkinson's disease. Eur J Neurosci 20: 1255–1266

Robinson DM, Keating GM (2006) Memantine: a review of its use in Alzheimer's disease. Drugs 66: 1515–1534

Rodriguez-Puertas R, Pazos A, Pascual J (1994) Cholinergic markers in degenerative parkinsonism: autoradiographic demonstration of high-affinity choline uptake carrier hyperactivity. Brain Res 636: 327–332

Rollema K, Kuhr WG, Kranenborg G, DeVries J, Van den Berg C (1988) MPP+ induced efflux of dopamine and lactate from rat striatum have similar time courses as shown by in vivo brain dialysis. J Pharmacol Exp Ther 245: 858–866

Ross BM, Mamalias N, Moszczynska A, Rajput AH, Kish SJ (2001) Elevated activity of phospholipid biosynthetic enzymes in substantia nigra of patients with Parkinson's disease. Neuroscience 102: 899–904

Rossetti Zl, Sotgiu A, Sharp DE, Hadjiconstantinou M, Neff NN (1988) 1-Methyl-4-phenyl-1,2,3,6-tetrahydropyridine (MPTP) and free radicals *in vitro*. Biochem Pharmacol 37, 4573–4574

Rother M, Kittner B, Rudolphi K, Rossner M et al. (1996) HWA 285 (propentofylline) – a new compound for the treatment of both vascular dementia and dementia of the Alzheimer type. Ann NY Acad Sci 777: 404–409

Rubinsztein DC (2006) The roles of intracellular protein-degradation pathways in neurodegeneration. Nature 443: 780–786

Runge I, Horowski R (1991) Can we differentiate symptomatic and neuroprotective effects in Parkinsonism? J Neural Transm [P-DSect] 4: 273–283

Russ H, Staudt K, Martel F, Gliese M, Schömig E (1996) The extraneuronal transporter for monoamine transmitter exists in cells derived from human central nervous system. Eur J Neurosci 8: 1256–1264

Ruzicka E, Streitova H, Jech R, Rektorova I, Mecir P, Hortova H, Hejdukova B, Rektor I (1999) Amantadine-sulfate infusion in treatment of motor fluctuations and dyskinesias in Parkinson's disease. Neurology 52 [Suppl 2] P.03.062

Sackett DL, HaynesL, Guyatt BR, Tugwell P (1996) Editorial. Was ist Evidenz-basierte Medizin und was nicht? Münch Med Wochenschr 139: 28/644–645/29

Saletu B, Grünberger J, Anderer P, Linzmayer L et al. (1994) Effect on brain protection of two codergocrine-mesylate preparations (Aramexe retard registered and Hydergine registered) by EEG mapping and psychometry under hypoxia. Arch Gerontol Geriatr 18: 81–99

Sanberg PR, Bunsey MD, Giordano M, Norman AB (1988) The catalepsy test: its ups and downs. Behav Neurosci 102: 748–759

Sanchez-Ramos JR, Övervik E, Ames BN (1994) A marker of oxyradical-mediated DNA damage (8-Hydroxy-2-Deoxyguanosin) is increased in nigro-striatum of Parkinson's disease brain. Neurodegeneration 3: 197–204

Sardar AM, Czudek C, Reynolds GP (1996) Dopamine deficits in the brain: The neurochemical basis of parkinsonian symptoms in AIDS. NeuroReport 7: 910–912

Sauer H, Oertel WH (1994) Progressive degeneration of nigrostriatal dopamine neurons following intrastriatal terminal lesions with 6-hydroxydopamine: a combined retrograde tracing and immunocytochemical study in rat. Neuroscience 59: 401–415

Sautter J, Kupsch A, Earl CD, Oertel WH (1997) Degeneration of pre-labelled nigral neurons induced by intrastriatal 6-hydroxydopamine in the rat: Behavioural and biochemical changes and pretreatment with the calcium-entry blocker nimodipine. Exp Brain Res 117: 111–119

Sawada M, Imamura K, Nagatsu T (2006) Role of cytokines in inflammatory process in Parkinson's disease. J Neural Transm [Suppl] 70: 373–381

Scatton B, Dennis T, L'Heureux R, Montfort JC, Duyckaersts C, Javoy-Agid F (1986) Degeneration of noradrenergic and serotonergic but dopaminergic neurons in the lumbar spinal cord of parkinsonian patients. Brain Res 380: 181–185

Schade R, Andersohn F, Suissa S, Haverkamp W, Garbe E (2007) Dopamine agonists and the risk of cardiac-valve regurgitation. N Engl J Med 356: 29–38

Schallert T, Teitelbaum P (1981) Haloperidol, catalepsy, and equilibrating functions in the rat: an antagonistic interaction of clinging and labyrinthine righting reactions. Physiol Behav 27: 1077–1083

Schapira AH, Cooper JM, Dexter D, Clark JB, Jenner P, Marsden CD (1990) Mitochondrial complex I deficiency in Parkinson's disease. J Neurochem 54: 823–827

Schara R (1998) Biperiden und Bornaprin in der Therapie des Morbus Parkinson. Aktuelle Neurologie 25 (Suppl): 254–257

Scheller C, Riederer P, Gerlach M, Koutsilieri E (2006) Apoptosis inhibition in T cells triggers the expression of proinflammatory cytokines – implications for the CNS. J Neural Transm [Suppl] 71: 45–51

Schelosky L, Benke T, Poewe WH (1991) Effects of treatment with trihexyphenidyl on cognitive function in early Parkinson's disease. J Neural Transm [Suppl] 33: 125–132

Schmidt WJ, Alam M (2006) Controversies on new animal models of Parkinson's disease. Pro and Con: the rotenone model of Parkinson's disease (PD). J Neural Transm [Suppl] 70: 273–276

Schmidt WJ, Bubser M, Hauber W (1992) Behavioural pharmacology of glutamate in the basal ganglia. J Neural Transm [Suppl] 38: 65–89

Schmidt WJ, Lebsanft H, Heindl M, Riederer P, Grünblatt E, Gerlach M, Scheller DKA (2006) Continuous administration of rotigotine neither induces sensititzation nor abnormal movements in 6-hydroxydopamine-lesioned rats. Exp Neurol, zur Publikation eingereicht

Schmitz-Hübsch T, Pyter D, Kielwein K, Fimmers R, Klockgether T, Wüllner U (2006) Quigong exercise for the symptoms of Parkinson's disease: a randomized, controlled pilot study. Mov Disord 21: 543–548

Schneider (1989) Parkinson-Syndrom. Heutiger Stand der medikamentösen Therapie. TW Neurologie Psychiatrie [Sonderheft] 3: 12–26

Schrag AE, Brooks DJ, Brunt E, Fuell D, Korczyn A, Poewe W, Quinn NP, Rascol O, Stocchi F (1998) The safety of ropinirole, a selective nonergoline dopamine agonist, in patients with Parkinson's disease. Clin Neuropharmacol 21: 169–175

Schrag AE, Keens J, Warner J (2002) Ropinirole for the treatment of tremor in early Parkinson's disease. Eur J Neurol 9: 253–257

Schulz JB, Henshaw DR, Matthews RT, Beal MF (1995) Coenzyme Q(10) and nicotinamide and a free radical spin trap protect against MPTP neurotoxicity. Exp Neurol 132: 279–283

Schwab RS, Amoador LV, Lettvin JY (1951) Apomorphine in Parkinson's disease. Trans Am Neurol Assoc 56: 251–253

Schwab RS, England AC, Poskranzer DC, Young RR (1969) Amantadine in the treatment of Parkinson's disease. JAMA 208: 1168–1170

Schwarting RKW, Huston JP (1996) Unilateral 6hydroxydopamine lesions of mesostriatal dopamine neurons and their physiological sequelae. Progr Neurobiol 49: 215–266

Schwartz B (2001) Die Therapie mit Lisurid bei alten Patienten mit Parkinson-Syndrom. Nervenheilkunde 20: 86–87

Schwarz J (2001) SPECT-Studie mit α-Dihydroergocryptin. 7. Hamburger Parkinsongespräch unter der Schirmherrschaft der Deutschen Parkinson Gesellschaft (DGP). 7. Dezember, Hamburg (Beilage in: Der Nervenarzt 73(3), 2002)

Schwarz J, Scheidtmann K, Trenkwalder C (1997) Improvement of motor fluctuations in patients with Parkinson's disease following treatment with high doses of pergolide and cessation of levodopa. Eur Neurol 37: 236–238

Schwarz SC, Wittlinger J, Schober R, Storch A, Schwarz J (2006) Transplantation of human neural precursor cells in the 6-OHDA lesioned rats: Effect of immunosuppression with cyclosporine A. Parkinsonism Relat Disord 12: 302–308

Schwed M (2006): Nordic Walking verbessert die Herzkreislaufausdauer und die Lebensqualität bei Morbus Parkinson. www.nordic-walking-parkinson.de

Scott LJ, Goa KL (2000) Galantamine: a review of its use in Alzheimer's disease. Drugs 60: 1095–1122

Seeman P, Van Tol HH (1993) Dopamine receptor pharmacology. Curr Opin Neurol Neurosurg 6: 602–608

Seeman P, Bzowej NH, Guan HC, Bergeron C, Reynolds GP, Bird ED, Riederer P, Jellinger K, Tourtellotte WW (1987) Human brain D1 and D2 dopamine receptors in schizophrenia, Alzheimer's, Parkinson's, and Huntington's diseases. Neuropsychopharmacology 1: 15

Seamans JK, Yang CR (2004) The principal features and mechanisms of dopamine modulation in the prefrontal cortex. Progr Neurobiol 74: 1–57

Seiden LS, Fischman MW, Schuster CR (1976) Long-term methamphetamine induced changes in brain catecholamines in tolerant rhesus monkeys. Drug Alcohol Depend 1: 215–219

Seiden LS, Lew R, Malberg JE (2000) Neurotoxicity of methamphetamine and methylenedioxymethamphetamine. In: Palomo T, Beninger RJ, Archer T (Eds) Neurodegenerative Brain Disorders. Madrid: Fundación Cerebrro y Mente, 401–416

Seltzer B (2005) Donepezil: a review. Expert Opinion on Drug Metabolism & Toxicology 1: 527–536

Sengstock GJ, Olanow CW, Dunn AJ, Barone S, Jr, Arendash GW (1994) Progressive changes in striatal dopaminergic markers, nigral volume, and rotational behavior following iron in-fusion into rat substantia nigra. Exp Neurol 130: 82–94

Sethi KD, Obrien CF, Hammerstad JP, Adler CH, Davis TL, Taylor RL, Sanchez-Ramos J, Bertoni JM, Hauser RA (1998) Ropinirole for the treatment of early Parkinson disease: a 12-month experience. Arch Neurology 55: 1211–1216

Shamoto-Nagai M, Maruyama W, Akao Y, Osawa T, Tribl F, Gerlach M, Zucca FA, Zecca L, Riederer P, Naoi M (2004) Neuromelanin inhibits enzymatic activity of 26 proteasome in human dopaminergic SH-SY5Y cells. J Neural Transm 111: 1253–1265

Shamoto-Nagai M, Maruyama W, Yi H, Akao Y, Tribl F, Gerlach M, Riederer P, Naoi M (2006) Neuromelanin induces oxidative stress in mitochondria through release of iron: mechanism behind the inhibition of 26S proteasome. J Neural Transm 113: 633–644

Shannon KM, Bennett Jr. JP, Friedman JH (1997) Efficacy of pramipexole, a novel dopamine agonist, as monotherapy in mild to moderate Parkinson's disease. Neurology 49: 724–728

Sharma JC, Ross IN (1999) Long term role of pergolide as an adjunct therapy in Parkinson's disease: influence on disability, blood pressure, weight and levodopa syndrome. Parkinsonism Relat Disord 5: 111–114

Sharpe JA, Rewcastle NB, Lloyd KG, Hornykiewicz O, Hill M, Tasker RR (1973) Striatonigral degeneration. Response to levodopa therapy with pathological and neurochemical correlation. J Neurol Sci 19: 275–286

Sheehan JP, Swerdlow RH, Parker WD, Miller SW, Davis RE, Tuttle JB (1997) Altered calcium homeostasis in cells transformed by mitochondria from individuals with Parkinson's disease. J Neurochem 68: 1221–1233

Shen Y, Muramatsu SI, Ikeguchi K, Fujimoto KI, Fan DS, Ogawa M, Mizukami H, Urabe M, Kume A, Nagatsu I, Urano F, Suzuki T, Ichinose H, Nagatsu T, Monahan J, Nakano I, Ozawa K (2000) Triple transduction with adeno-associated virus vectors expressing tyrosine hydroxylase, aromatic-L-amino-acid decarboxylase, and GTP cyclohydrolase I for gene therapy of Parkinson's disease. Hum Gene Ther 11: 1509–1519

Shiba M, Bower JH, Maraganore DM, McDonnell SK, Peterson BJ, Ahlskog JE, Schaid DJ, Rocca WA (2000) Anxiety disorders and depressive disorders preceding Parkinson's disease: a case-control study. Mov Disord 15: 669–677

Shimura H, Hattori N, Kubo S, Mizuno Y, Asakawa S, Minoshima S, Shimizu N, Iwai K, Chiba T, Tanaky K, Suzuki T (2000) Familial Parkinson's disease gene product, Parkin, is a ubiquitin-protein ligase. Nat Genet 25: 302–305

Shoulson I, Oakes D, Fahn S, Lang A, Langston JW, LeWitt P, Olanow CW, Penney JB, Tanner C, Kieburtz K, Rudolph A, and the Parkinson Study Group (2002) Impact of sustained deprenyl (selegiline) in levodopa-treated Parkinson's disease: a randomized placebo-controlled extension of the deprenyl and tocopherol antioxidative therapy in parkinsonism trial. Ann Neurol 51: 604–612

Shulman LM (2000) Levodopa toxicity in Parkinson's disease: Reality or myth? Arch Neurol 57: 406–407

Shults CW, Oakes D, Kieburtz K, Beal MF, Haas R, Plumb S, Juncos JL, Nutt J, Shoulson I, Carter J, Kompoliti K, Perlmutter JS, Reich S, Stern M, Watts RL, Kurlan R, Molho E, Harrison M, Lew M, Parkinson Study Group (2002) Effects of coenzyme Q10 in early Parkinson disease: evidence of slowing of the functional decline. Arch Neurol 59: 1541–1550

Sian J, Gerlach M, Youdim MBH, Riederer P (1999) Parkinson's disease: a major hypokinetic basal ganglia disorder. J Neural Transm 106: 443–476

Sieradzan K, Channon S, Ramponi C, Stern GM, Lees AJ, Youdim MB (1995) The therapeutic potential of moclobemide, a reversible monoamino oxidase A inhibitor in Parkinson's disease. J Clin Pharmacol [Suppl 2] 15: 51S–59S

Sies H (1991) Oxidative stress: from basic research to clinical application. Am J Med 91: 31S–38S

Singleton AB, Farrer M, Johnston J, Singleton A, Hague S, Kachergus J, Hulihan M, Peuralinna T, Dutra A, Nussbaum R, Lincoln S, Crawley A, Hanson M, Maraganore D, Adler C, Cookson MR, Muenter M, Baptista M, Miller C, Balncato J, Hardy J, Gwinn-Hardy (2003) Alpha-synuclein locus triplication causes Parkinson's disease. Science 302: 841

Smith TS, Parker WD, Bennett JP (1994) L-DOPA increases nigral production of hydroxyl radicals in vivo: potential L-DOPA toxicity? NeuroReport 5: 1009–1011

Smith LA, Jackson MJ, Al-Barghouthy G, Rose S, Kuoppamaki M, Olanow W, Jenner P (2005) Multiple small doses of levodopa plus entacapone produce continuous dopaminergic stimulation and reduce dyskinesia induction in MPTP-treated drug-naïve primates. Mov Disord 20: 306–314

Snow BJ, Tooyama I, McGeer EG, Yamada T, Calne DB, Takahashi H, Kimura H (1993) Human positron emission tomographic [18F]fluorodopa studies correlate with dopamine cell counts and levels. Ann Neurol 34: 324–330

Snyder SH, D'Amato RJ (1985) Predicting Parkinson's disease. Nature 317: 198–199

Sofic E, Riederer P, Heinsen H, Beckmann H, Reynolds GP, Hebenstreit G, Youdim MB (1988) Increased iron (III) and total iron content in post mortem substantia nigra of parkinsonian brain. J Neural Transm 74: 199–205

Sohal RS, Farmer KJ, Allen RG (1987) Correlates of longevity in two strains of the housefly, Musca domestica. Mech Ageing Dev 40: 171–179

Sommer U, Gahn G, Becker G, Reichmann H (2001) Transcranial sonography of the substantia nigra (SN) in patients with idiopathic Parkinson's syndrome (IPS). J Neural Transm 108: IV

Sommer U, Hummel T, Cormann K, Mueller A, Frasnelli J, Kropp J, Reichmann H (2004) Detection of presymptomatic Parkinson's disease: Combining smell tests, transcranial sonography, and SPECT. Mov Disord 19: 1196–1202

Sonsalla PK, Jochnowitz ND, Zeevalk GD, Oostveen JA, Hall ED (1996) Treatment of mice with methamphetamine produces cell loss in the substantia nigra. Brain Res 738: 172–175

Sontag K-H, Heim C (1994) Motorik und Funktion der Basalganglien – Physiologische Aspekte. In: Huffmann G, Braune H-J, Henn K-H (Hrsg) Extrapyramidal-motorische Erkrankungen. Reinbek: Einhorn-Presse, 26–34

Spellman GG (1962) Report of familial cases of parkinsonism: evidence of a dominant trait in a patient's family. JAMA 179: 372–374

Spencer CM, Benfield P (1996) Tolcapone. CNS Drugs 5: 475–481

Spencer JPE, Jenner A, Aruoma OI, Evans PJ, Kaur H, Dexter DT, Jenner P, Lees AJ, Marsden DC, Halliwell B (1994) Intense oxidative DNA damage promoted by L-DOPA and its metabolites: implications for neurodegenerative diseases. FEBS Lett 353: 246–250

Spilich GJ, Wannenmacher W, Duarte A, Buendia R et al. (1996) Efficacy of pyritinol versus hydergine upon cognitive performance in patients with senile dementia of the Alzheimer's type: a double-blind multi-center trial. Alzheimer's Res 2: 79–84

Spina MB, Cohen G (1989) Exposure of striatal synaptosomes to L-dopa increases levels of oxidized glutathione. J Pharmacol Exp Ther 1988 247: 502–507

Steece-Collier K, Collier TJ, Sladek CD, Sladek JR (1990) Chronic levodopa impairs morphological development of grafted embryonic dopamine neurons. Exp Neurol 110: 201–208

Steiger MJ, Quinn NP, Marsden CD (1992) The clinical use of apomorphine in Parkinson's disease. J Neurol 239: 389–393

Steiner B, Winter C, Hosman K, Siebert E, Kempermann G, Petrus DS, Kupsch A (2006) Enriched environment induces cellular plasticity in the adult substantia nigra and improves motor behavior function in the 6-OHDA rat model of Parkinson's disease. Exp Neurol 199: 291–300

Stenager EN, Wermuth L, Stenager E, Boldsen J (1994) Suicide in patients with Parkinson's disease. An epidemiological study. Acta Psychiatr Scand 90: 70–72

Stiasny-Kolster K, Doerr Y, Möller JC, Hoffken H, Behr TM, Oertel WH, Mayer G (2005) Combination of idiopathic REM sleep behaviour disorder and olfactory dysfunction as possible indicator for alpha-synucleinopathy demonstrated by dopamine transporter FP-CIT-SPECT. Brain 128: 126–137.

Stocchi F, Quinn NP, Barbato L, Patsalos PN, O'Connel MT, Ruggieri S, Marsden CD (1994) Comparison between a fast and a slow release preparation of levodopa and a combination of the two: a clinical and pharmacokinetic study. Clin Neuropharmacol 17: 38–44

Stocchi F, Vacca L, Berardelli A, De Pandis F, Ruggieri S (2001) Long-duration effect and the postsynaptic compartment: Study using a dopamine agonist with a short half-life. Mov Disord 16: 301–305

Stoddard SL, Ahlskog JE, Kelly PJ, Tyce GM, van Heerden JA, Zinsmeister AR, Carmichael SW (1989) Decreased adrenal medullary catecholamines in adrenal transplanted Parkinsonian patients compared to nephrectomy patients. Exp Neurol 104: 218–222

Stoessl AJ (2001) Neurochemical and neuroreceptor imaging with PET in Parkinson's disease. Adv Neurol 86: 215–223

Storch A, Collins MA (2000) Neurotoxic factors in Parkinson's disease and related disorders. New York: Kluver Academic/Plenum Publishers

Storch A, Blessing H, Bareiss M, Jankowski S, Ling ZD, Carvey P, Schwarz J (2000) Catechol-O-methyltransferase inhibition attenuates levodopa toxicity in mesencephalic dopamine neurons. Mol Pharmacol 57: 589–594

Storch A, Sabolek M, Milosevic J, Schwarz SC,

Schwarz J (2004) Midbrain-derived neural stem cells: from basic science to therapeutic approaches. Cell Tissue Res 318: 15–22

Storch A, Hermann A, Schwarz J (2005a) Stammzellbasierte regenerative Therapie des Morbus Parkinson. In: Oertel W (Hrsg) Die Parkinson-Krankheit und atypische Parkinson-Syndrome. Von der Grundlagenforschung zur vernetzten Therapieforschung. Basel/Grenzach-Wyhlen: Editiones <Roche>

Storch A, Trenkwalder C, Oehlwein C, Winkelmann J, Polzer U, Hundemer HP, Schwarz J (2005b) High-dose treatment with pergolide in Parkinson's disease patients with motor fluctuations and dyskinesia. Parkinsonism Relat Disord 11: 393–398

Storch A, Jost W, Vieregge P, Spiegel J, Greulich W, Durner J, Müller Th, Kupsch A, Henningsen H, Oertel WH, Fuchs G, Kuhn W, Niklowitz P, Koch R, Herting B, Reichmann H, for the German Coenzym Q10 Study Group (2007) A randomized, double-blind, placebo-controlled trial on symptomatic effects of coenzyme Q10 in Parkinson's disease. Arch Neurol (im Druck)

Sullivan PG, Dragicevic NB, Deng JH, Bai YD, Dimayuga E, Ding QX, Chen QH, Bruce-Keller AJ, Keller JN (2004) Proteasome inhibition alters neural mitochondrial homeostasis and mitochondria turnover. J Biol Chem 279: 20699–20707

Sundstöm E, Fredriksson A, Archer T (1990) Chronic neurochemical and behavioral changes in MPTP-lesioned C57BL/6 mice: a model for Parkinson's disease. Brain Res 528: 181–188

Swedlow RH, Golbe LI, Parks JK, Cassarino DS, Binder DR, Grawey AE, Litvan I, Bernett Jr JP, Wooten GF, Parker WD (2000) Mitochondrial dysfunction in cybrid lines expressing mitochondrial genes from patients with progressive supranuclear palsy. J Neurochem 75: 1681–1684

Szabo L, Hofmann HP (1989) (S)-Emopamil, a novel calcium and serotonin antagonist for the treatment of cerebrovascular disorders. 3rd communication: Effect on postischemic cerebral blood flow and metabolism, and ischemic neuronal cell death. Arzneim-Forsch/Drug Res 39: 314–319

Szelenyi I (1993) Inhibitors of monoamine oxidase B. Pharmacology and clinical use in neurodegenerative disorders. Basel Boston Berlin: Birkhäuser

Taira T, Saito Y, Niki T, Iguchi-Ariga SM, Takahashi K, Ariga H (2004) DJ-1 has a role in antioxidative stress to prevent cell death. EMBO Rep 5: 213–218

Takahashi-Niki K, Niki T, Taira T, Iguchi-Ariga SMM, Ariga H (2004) Reduced anti-oxidative activities of DJ-1 mutants found in Parkinson's disease. Biochem Biophys Res Comm 320: 389–397

Takeda A, Loveman E, Clegg A et al (2006) A systematic review of the clinical effectiveness of donepezil, rivastigmine and galantamine on cognition, quality of life and adverse events in Alzheimer's disease. Int J Geriatric Psych 21: 17–28

Tanaka K, Suzuki T, Chiba T, Shimura H, Hattori N, Mizuno Y (2001) Parkin is linked to the ubiquitin pathway. J Molec Med 79: 482–494

Tanner CM (1987) The role of environmental toxins in the etiology of Parkinson's disease. Trends Neurosci 12: 49–54

Tatton WG, Greenwood CE (1991) Rescue of dying neurons: a new action for deprenyl in MPTP parkinsonism. J Neurosci Res 30: 666–672

Tatton WG, Chalmers-Redman RME (1996) Modulation of gene expression rather than monoamine oxidase inhibition: (-)-deprenyl-related compounds in controlling neurodegeneration. Neurology [Suppl 3] 47: S171–S183

Tatton NA, Kish SJ (1997) In situ detection of apoptotic nuclei in the substantia nigra compacta of 1-methyl-4-phenyl-1,2,3,6-tetrahydropyridine-treated mice using terminal deoxynucleotidyl transferase labelling and acridine orange staining. Neuroscience 77: 1037–1048

Tatton WG, Chalmers-Redman RME, Ju WYH, Wadia J, Tatton NA (1997) Apoptosis in neurodegenerative disorders: Potential for therapy by modifying gene transcription. J Neural Transm [Suppl] 49: 245–268

Taylor A, Saint-Cyr JA (1985) Dementia prevalence in Parkinson's disease. Lancet 1: 1037

Taylor KM, Snyder SH (1974) Amphetamine: differentiation by D and L isomers of behaviour involving brain norepinephrine or dopamine. Science 168: 1487–1489

Taylor JP, Hardy J, Fischbeck KH (2002) Biomedicine – toxic proteins in neurodegenerative disease. Science 296: 1991–1995

Tesei S, Antonini A, Canesi M et al. (2000) Tolerability of paroxetine in Parkinson's disease: a prospective study. Mov Disord 15: 986–989

Tetrud J, Langston W (1989) The effect of deprenyl (Selegiline) on the natural history of Parkinson's disease. Science 245: 519–522

Thaut MH, McIntosh GC, Rice RR, Miller RA, Rathbun J, Brault JM (1996) Rhythmic auditory stimulation in gait training for Parkinson's disease patients. Mov Disord 11: 193–200

The Parkinson Study Group (1989) Effect of deprenyl on the progression of disability in early Parkinson's disease. N Engl J Med 321: 1364–1371

The Parkinson Study Group (1993) Effects of Tocopherol and deprenyl on the progression of disability in early Parkinson's disease. N Engl Med 328: 176–184

The Parkinson Study Group (1996) Effect of lazabemide on the progression of disability in early Parkinson's disease. Ann Neurol 40: 99–107

The Parkinson Study Group (2002) A controlled trial of rasagiline in early Parkinson's disease: the TEMPO study. Arch Neurol 59: 1937–1943

The Parkinson Study Group (2003) A controlled trial of rotigotine monotherapy in early Parkinson's disease. Arch Neurol 60: 1721–1728

The Parkinson Study Group (2004a) Levodopa and the progression of Parkinson's disease. New Engl J Med 351 2498–2508

The Parkinson Study Group (2004b) A controlled, randomised, delayed-start study of rasagiline in early Parkinson's disease. Arch Neurol 61: 561–566

The Parkinson Study Group (2005) A randomized placebo-controlled trial of rasagiline in levodopa-treated patients with Parkinson's disease and motor fluctuations. The PRESTO study. Arch Neurol 62: 241–248

Thoenen H, Tranzer JP (1968) Chemical sympathectomy by selective destruction of adrenergic nerve endings with 6-hydroxydopamine. Naunyn-Schmiedeberg's Arch Pharmacol 261: 271–288

Thommessen B, Aarsland D, Braekhus A, Oksengaard AP, Engedal K, Laake K (2002) The psychosocial burden on spouses of the elderly with stroke, dementia and Parkinson's disease. Int J Geriatr Psychiatry 17: 78–84

Thompson CB (1995) Apoptosis in the pathogenesis and treatment of disease. Science 267: 1456–1462

Tilley BC, NET-PD Investigators, The NINDS (2006) A randomized, double-blind, futility trial of creatine and minocycline in early Parkinson's disease. 10th Int. Congress of Parkinson's Disease and Movement Disorders, 30. Oktober–2. November, Kyoto, Japan (Mov Disord [Suppl 15] 21: S613, P1032)

Tison F, Mons N, Rouet-Karama S, Geffard M, Henry P (1989) Endogenous L-DOPA in the rat dorsal vagal complex: an immunocytochemical study by light and electron microscopy. Brain Res 497: 260–270

Tolmasoff JM, Ono T, Cutler RG (1980) Superoxide dismutase: correlation with lifespan and specific metabolite rate in primate species. Proc Natl Acad Sci USA 77: 2777–2781

Ton TG, Heckbert SR, Longstreth WT, Rossing MA, Kukull WA, Franklin GM, Swanson PD, Smith-Weller T, Checkoway H (2006) Nonsteriodal anti-inflammatory drugs and risk of Parkinson's disease. Mov Disord 21: 964–969

Tretiakoff MC (1919) Contribution à l'étude de l'anatomie pathologique du locus niger de Soemmering. Thése, Université de Paris

Tribl F, Riederer P, Double KL, Gerlach M (2006) Neuromelanin, ein Pigment mit unbekannter Funktion. Neuroforum 2/06: 190–196

Trojanowski JQ, Schmidt ML, Shin RQ, Bramblett GT, Rao D, Lee VM-Y (1993) Altered tau and neurofilament proteins in neurodegenerative diseases: Diagnostic implications for Alzheimer's and Lewy body dementias. Brain Pathol 3: 45–54

Tsukahara T, Takeda M, Shimohama S, Ohara O, Hashimoto N (1995) Effects of brain-derived neurotrophic factor on 1-methyl-4-phenyl-1,2,3,6-tetrahydropyridine-induced parkinsonism in monkeys. Neurosurgery 37: 733–739

Turjanski N, Brooks DJ (1997) PET and the investigation of dementia in the parkinsonian patient. J Neural Transm 51: 37–48

Turski L, Bressler K, Rettig K-J, Löschmann P-A, Wachtel H (1991) Protection of substantia nigra from MPP^+ neurotoxicity by N-methyl-d-aspartate antagonists. Nature 349: 414–418

Ueda H, Sato K, Okumura F, Misu (1995) L-DOPA inhibits spontaneous acetylcholine-release from striatum of experimental parkinsonims model rats. Brain Res 698: 213–216

Uhl GR, Walther D, Mash D, Faucheux B, Javoy-Agid F (1994) Dopamine transporter messenger RNA in Parkinson's disease and control substantia nigra neurons. Ann Neurol 35: 494–498

Uitti RJ, Wszolek ZK (2006) Concerning neuroprotective therapy for Parkinson's disease. J Neural Transm [Suppl] 70: 433–437

Uitti RJ, Rajput AH, Ahlskog JE, Offord KP, Schroeder DR, Ho MM, Prasad M, Rajput A, Basran P (1996) Amantadine treatment is an independent predictor of improved survival in Parkinson's disease. Neurology 46: 1551–1556

Ulm G, Schüler P, MODAC-Studiengruppe (1999) Cabergolin versus Pergolid. Eine videoverblindete, randomisierte, multizentrische cross-over Studie. Akt Neurol 25: 360–363

Ungerstedt U (1968) 6-Hydroxydopamine-induced degeneration of central monoamine neurons. Eur J Pharmacol 5: 107–110

Ungerstedt U (1971) Adipsia and aphagia after 6-hydroxydopamine induced degeneration of the nigro-striatal dopamine system. Acta Physiol Scand [Suppl] 367: 95–122

Ungerstedt U, Arbuthnott G (1970) Quantitative recording of rotational behavior in rats after 6-hydroxydopamine lesions of the nigrostriatal dopamine system. Brain Res 24: 485–493

Uretsky NJ, Iversen LL (1970) Effects of 6-hydroxydopamine on catecholamine containing neurons in the rat brain. J Neurochem 17: 269–278

Valente EM, Bentivolglio AR, Dixon PH, Ferraris A, Ialongo T, Frontali M, Albanese A, Wood NW (2001) Localization of a novel locus for autosomal recessive early-onset parkinsonism; PARK6, on human chromosome 1p35-36. Am J Hum Genet 68: 895–900

Valente EM, Abou-Sleiman PM, Caputo V, Muqit MM, Harvey K, Gispert S, Ali Z, Del Turco D, Bentivolglio AR, Healy DG, Albanese A, Nussbaum R, Gonzalez-Maldonado R, Deller T, Salvi S, Cortelli P, Gilks WP, Latchman DS, Harvey RJ, Dallapiccola B, Auburger G, Wood NW (2004) Hereditary early-onset Parkinson's disease caused by mutations in PINK 1. Science 304: 1158–1160

Van Camp G, Flamez A, Cosyns B, Weytjens C, Muydermans L, Van Zandijcke M, DeSutteer J, Santens P, Decoodt P, Moerman C, Schoors D (2004) Treatment of Parkinson's disease with pergolide and relation to restrictive valvular heart disease. Lancet 363: 1179–1183

van der Putten H, Wiederhold KH, Probst A, Barbieri S, Mistl C, Danner S, Kauffmann S, Hofele K, Spooren W, Ruegg MA, Lin S, Caroni P, Sommer B, Tolnay M, Bilbe G (2000) Neuropathology in mice expressing human alpha-synuclein. J Neurosci 20: 6021–6029

Verhagen-Metman L, Locarelli ER, Bravi D, Mouradian MM, Chase TN (1997) Apomorphine responses in Parkinson's disease and the pathogenesis of motor complications. Neurology 48: 369–372

Verhagen-Metman L, Del Dotto P, van-den Munckhof P, Fang J, Mouradian MM, Chase TN (1998) Amantadine as treatment for dyskinesias and motor fluctuations in Parkinson's disease. Neurology 50: 1323–1326

Verhagen-Metman L, Del Dotto P, LePoole K, Konitsiotis S, Fang J, Chase TN (1999) Amantadine for levodopa-induced dyskinesias – A 1-year follow-up study. Arch Neurol 56: 1383–1386

Verhagen-Metman L, Konitsiotis S, Chase TN (2000) Pathophysiology of motor response complications in Parkinson's disease: Hypotheses on the why, where, and what. Mov Disord 15: 3–8

Verhagen-Metman L, Gillespie M, Farmer C, Bibbiani F, Konitsiotis S, Morris M, Shill H, Bara-Jimenez W, Mouradian MM, Chase TN (2001) Continuous transdermal dopaminergic stimulation in advanced Parkinson's disease. Clin Neuropharmacol 24: 163–169

Vermeulen RJ, Drukarch B, Wolters EC, Stoof JC (1999) Dopamine D_1 receptor agonists. CNS Drugs 11: 83–91

Vieregge P, Hagenah J, Heberlein I, Klein C, Ludin HP (1999) Parkinson's disease in twins: A followup study. Neurology 53: 566–572

Vieregge P, Althaus M for the European DHEC Study Group (2001) Alpha-dihydroergocryptine (DHEC) compared with pergolide as an adjunct to levodopa in patients with Parkinson's disease and motor fluctuations: an international, rater-blinded pilot study. 14th Int. Congress on Parkinson's Disease, 27. Juli–1. August, Helsinki, Finnland (Parkinson Rel Disord [Suppl] 7 S73)

Vinar O, Zapletalek M, Kazdova E, Nahunek K, Molcan J (1985) Antidepressant effects of lisuride are not different from effects of amitryptiline and nortriptyline. Activ Nerv Sup (Praha) 27: 250–251

Volles E, Friedrich H (1983) Zur Behandlung des Parkinsontremors und isolierter extrapyramidaler Tremorformen mit Metixen. Med Welt 34: 707–709

Volles MJ, Lee SJ, Rochet J-C, Shtilerman MD, Ding TT, Kessler JC, Lansbury Jr. PT (2001) Vesicle permeabilization by protofibrillar α-snuclein: Implications for the pathogenesis and treatment of Parkinson's disease. Biochemistry 40: 7812–7819

Wachtel H (1999) Dopamin-Rezeptor-Agonisten: Apomorphin, Bromocriptin, Lisurid, Pergolid. In: Riederer P, Laux G, Pöldinger (Hrsg) Neuropsychopharmaka. Ein Therapie-Handbuch, Bd 5: Parkinsonmittel und Antidementiva, 2. Aufl. Wien New York: Springer, 201–225

Wachtel H, Kunow M, Löschmann P-A (1992) NBQX (6-nitro-sulfamoyl-benzo-quinoxaline-dione) and CPP (3-carboxy-piperazin-propyl phosphonic acid) potentiate dopamine agonist induced rotations in substantia nigra lesioned rats. Neurosci Lett 142: 179–182

Waddington JL, O'Tuathaigh C, O'Sullivan G, Tomiyama K, Koshikawa N, Croke DT (2005) Phenotypic studies on dopamine receptor subtype and associated signal transduction mutants: insights and challenges from 10 years at the psychopharmacology-molecular biology interface. Psychopharmacol 181: 611–638

Wagner GC, Ricaurte GA, Seiden LS, Schuster CR, Miller RJ, Westley J (1980) Long-lasting depletions of striatal dopamine and loss of dopamine uptake sites following repeated administration of methamphetamine. Brain Res 181: 151–160

Wajsbort J, Dorner A, Wajsbort E (1978) A comparative clinical investigation of the therapeutic effect of levodopa alone and in combination with a decarboxylase inhibitor (carbidopa) in cases of Parkinson's disease. Curr Med Res Opin 5: 695–708

Waldmeier P, Bozyczko-Coyne D, Williams M, Vaught JL (2006) Commentary. Recent clinical failures in Parkinson's disease with apoptosis inhibitors underline the need for a paradigm shift in drug discovery for neurodegenerative diseases. Biochem Pharmacol 72: 1197–1206

Walkinshaw G, Waters CM (1995) Induction of apoptosis in catecholaminergic PC12 cells by L-DOPA – Implications for the treatment of Parkinson's disease. J Clin Invest 95: 2458–2464

Walter U, Wittstock M, Beneke R, Dressler D (2002) Substantia nigra echogenicity is normal in non-extrapyramidal cerebral disorders but increased in Parkinson's disease. J Neural Transm 109: 191–196

Wang Y, Hamburger M, Cheng CHK, Costall B, Naylor NJ, Jenner P, Hostettmann K (1991) Neurotoxic sesquiterpenoids from the yellow star thistle Centaurea solstitialis L. (Asteraceae). Helv Chim Acta 74: 117–123

Waters CH, Sethi KD, Hauser RA, Molho E, Bertonie JM, Zydis Selegiline Group (2004) Zydis selegiline reduces off time in Parkinson's disease patients with motor fluctuations: a 3-month, randomized, placebo-controlled study. Mov Disord 19: 426–432

Watts RL, Raiser CD, Stover NP, Cornfeldt ML, Schweikert AW, Allen RC, Subramanian T, Doudet D, Honey CR, Bakay RA (2003) Stereotaxic intrastriatal implantation of human retinal pigment epithelial (hRPE) cells attached to gelatin microcarriers: a potential new cell therapy for Parkinson's disease. J Neural Transm [Suppl] 65: 215–227

Watts RL, Lang A, Rascol O, Poewe W, Stoessl AJ, Hauser R (2005a) 5-year follow-up REAL-PET study in patients with early Parkinson's disease (PD) initially receiving ropinirole or L-dopa. 9th Int. Congress of Parkinson's Disease and Movement Disorders, 5–8 March, New Orleans, USA (Mov Disord [Suppl 10] 20: S93, P453)

Watts RL, LeWitt PA, Sommerville KW, Boroojerdi B (2005b) Rotigotine transdermal patch (Neupro®) is efficacious and safe in patients with early-stage, idiopathic Parkinson's disease, regardless of gender, age, duration and severity of disease. Results of a multicenter, randomized, double-blind, placebo-controlled trial. 9th Int. Congress of Parkinson's Disease and Movement Disorders, 5–8 March, New Orleans, USA (Mov Disord [Suppl10] 20: S93, P311)

Watts RL, Le Witt PA, Giladi N, Sommerville K, Boroojerdi B (2006) Treatment with rotigotine transdermal system may attenuate progression of disability in patients with early-stage Parkinson's disease. Abstract, WPC, Washington D.C.

Weihmuller FB, Hadjiconstantinou M, Bruno JP (1989) Dissociation between biochemical and behavioral recovery in MPTP-treated mice. Pharmacol Biochem Behav 34: 113–117

Weihmuller FB, Ulas J, Nguyen L, Cotman CW, Marshall JF (1992) Elevated NMDA receptors in Parkinsonian striatum. NeuroReport 3: 977–980

Weingarten P, Bermak J, Zhou QY (2001) Evidence for non-oxidative dopamine cytotoxicity: potent activation of NF-kappa B and lack of protection by anti-oxidants. J Neurochem 76: 1794–1804

Weitenhagen P (1999) Lieber Schneid als Mitleid. Eine Auseinandersetzung mit dem Morbus Parkinson. SCALA, Velbert

Wekerle H, Linnington C, Lassmann H, Meyermann R (1986) Cellular immune reactivity within the CNS. Trends Neurosci 9: 271–277

Welsh M, Hung L, Waters CH (1997) Sexuality in women with Parkinson's disease. Mov Disord 12: 923–927

Wenning GK, Ben Shlomo Y, Magalhaes M, Daniel SE, Quinn NP (1994) Clinical features and natural history of multiple system atrophy. An analysis of 100 cases. Brain 117: 835–845

Wenning GK, Ben Shlomo Y, Magalhaes M, Daniel

SE, Quinn NP (1995) Clinicopathological study of 35 cases of multiple system atrophy. J Neurol Neurosurg Psychiatry 58: 160–166

Wermuth L, Stenager E (1995) Sexual problems in young patients with Parkinson's disease. Acta Neurol Scand 91: 453–455

Wesemann W (1984) Aspekte zum Wirkungsmechanismus von Amandatinen. In: Danielczyk W, Wesemann W (Hrsg) Amantadin-Workshop. Edition Materia Medica. Gräfelding: Socio Medico, 15–23

Wesemann W, Dette-Widenhahn G, Fellehner H (1979) In vitro studies on the possible effects of 1-aminoadamantanes on the serotonergic systems in Morbus Parkinson. J Neural Transm 44: 263–285

Wesemann W, Sturm G, Fünfgeld EW (1980) Distribution of metabolism of the potential anti-parkinson drug memantine in the human. J Neural Transm [Suppl] 16: 143–148

Wesemann W, Blaschke S, Solbach M, Grote C, Clement H-W, Riederer P (1994) Intranigral injected iron progressively reduces striatal dopamine metabolism. J Neural Transm [P-D Sect] 8: 209–214

Westin JE, Andersson M, Lundblad M, Cenci MA (2001) Persistent changes in striatal gene expression induced by long-term L-DOPA treatment in a rat model of Parkinson's disease. Eur J Neurosci 14: 1171–1176 Whetsell WO (1996) Current concept of excitotoxicity. J Neuropathol Exp Neurol 55: 1–13

Whetsell WO (1996) Current concept of excitotoxicity. J Neuropathol Exp Neurol 55: 1–13

Whone AL, Watts RL, Stoessl AJ, Davis M, Reske S, Nahmias C, Lang AE, Rascol O, Ribeiro MJ, Remy P, Poewe WH, Brooks DJ, for the REAL-PET Study Group (2002) Slower progression of Parkinson's disease with ropinirole versus levodopa: The REAL-PET study. Ann Neurol 54: 93–101

Widhalm S (1985) Gegenwärtiger Stand der konservativen Therapie „extrapyramidaler Bewegungsstörungen im Kindes- und Jugendalter. Wien Med Woschenschr 135: [Suppl 88] 1–23

Williams BR, Nazarians A, Gill MA (2003) A review of rivastigmine: a reversible cholinesterase inhibitor. Clin Therapeutics 25: 1634–1653

Williams DR, de Silva R, Paviour DC, Pittman A, Watt HC, Kilford L, Holton JL, Revesz T, Lees AJ (2005) Characteristics of two distinct clinical phenotypes in pathologically proven progressive supranuclear palsy: Richardson's syndrome and PSP-parkinsonism. Brain 128: 1247–1258

Wilson JM, Levey AI, Rajput A, Ang L, Guttman M, Shannak K, Niznik HB, Hornykiewicz O, Pifl C, Kish SJ (1996) Differential changes in neurochemical markers of striatal dopamine nerve terminals in idiopathic Parkinson's disease. Neurology 47: 718–726

Wilson SAK (1912) Progressive lenticular degeneration: A familial nervous disease associated with cirrhosis of the liver. Brain 34: 295–509

Winblad B (2005) Piracetam: a review of pharmacological properties and clinical uses. CNS Drug Rev 11: 169–182

Winblad B, Carfagna N, Bonura L et al (2000) Nicergoline in dementia: a review of its pharmacological properties and therapeutic potential. CNS Drugs 14: 267–287

Winogrodzka A, Booij J, Wolters EC (2005) Disease-related and drug-induced changes in dopamine transporter expression might undermine the reliability of imaging studies of disease progression in Parkinson's disease. Parkinsonism Relat Disord 11: 475–484

Wintermeyer P, Kruger R, Kuhn W, Müller T, Woitalla D, Berg D, Becker G, Leroy E, Polymeropoulos M, Berger K, Przuntek H, Schöls L, Epplen JT, Riess O (2000) Mutation analysis and association studies of the UCHL1 gene in German Parkinson's disease patients. NeuroReport 11: 2079–2082

Wiseman LR, McTavish D (1995) Selegiline: a review of its clinical efficacy in Parkinson's disease and its clinical potential in Alzheimer's disease. CNS Drugs 4: 230–246

Wolff JA, Fisher LJ, Xu L, Jinnah HA, Langlais PJ, Iuvone PM, Omally KL, Rosenberg MB, Shimohama S, Friedmann T, Gage FH (1989) Grafting fibroblasts genetically modified to produce L-dopa in a rat model of Parkinson disease. Proc Natl Acad Sci USA 86: 9011–9014

Wolters EC, Jansen ENH, Tuynman-Qua HG, Bergmans PLM (1996) Olanzapine in the treatment of dopaminomimetic psychosis in patients with Parkinson's disease. Neurology 47: 1085–1087

Wüllner U (2005) Rotigotin. Psychopharmakotherapie 12: 219–222

Wüllner U, Kupsch A, Arnold G, Renner P, Scheid C, Scheid R, Oertel W, Klockgether T (1992) The competitive NMDA antagonist CGP40.116 enhances L-DOPA response in MPTP-treated marmosets. Neuropharmacology 31: 713–715

Wüllner U, Kornhuber J, Weller M, Schulz JB, Löschmann P-A, Riederer P, Klockgether T (1999) Cell death and apoptosis regulating proteins in Parkinson's disease – a cautionary note. Acta Neuropathol 97: 408–412

Wüllner U, Reichmann H, Boroojerdi B, Häck H-J (2006) Rotigotine transdermal system for perioperative administration. Abstract, Deutscher Anaesthesistenkongress

Yahr MD (1978) Overview on present-day treatment of Parkinson's disease. J Neural Transm 43: 227–238

Yamada T, McGeer PL, Baimbridge KG, McGeer EG (1990) Relative sparing in Parkinson's disease of substantia nigra dopamine neurons containing calbindine-D28k. Brain Res 526: 303–307

Yamaguchi T, Nagatsu T, Sugimoto T, Matsuura S, Kondo T, Iizuka R, Narabayashi H (1983) Effects of tyrosine administration on serum biopterin in normal controls and patients with Parkinson's disease. Science 219: 75–77

Yamamura Y, Sobue I, Ando K, Iida M, Yanagi T, Kono C (1973) Paralysis agitans of early onset with marked diurnal fluctuation of symptoms. Neurology 23: 239–244

Yazdani U, German DC, Liang CL, Manzino L, Sonsalla PK, Zeevalk GD (2006) Rat model of Parkinson's disease: Chronic central delivery of 1-methyl-4-phenylpyridinium (MPP+). Exp Neurol 200: 172–183

Yee RE, Huang SC, Stout DB, Irwin I, Shoghi-Jadid K, Togaski DM, DeLanney LE, Langston JW, Satyamurthy N, Farahani KF, Phelps ME, Barrio JR (2000) Nigrostriatal reduction of aromatic l-amino acid decarboxylase activity in MPTP-treated squirrel monkeys: In vivo and in vitro investigations. J Neurochem 74: 1147–1157

Youdim MBH, Riederer P (1997) Freie Radikale und die Parkinson-Krankheit. Spektrum der Wissenschaft, März, 52–60

Youdim MBH, Tipton KF (2002) Rat striatal monoamine oxidase-B inhibition by l-deprenyl and rasagiline: its relationship to 2-phenylethylamine-induced stereotypy and Parkinson's disease. Parkinsonism Relat Disord 8: 247–253

Youdim MBH, Wadia A, Tatton W, Weinstock M (2001) The anti-Parkinson drug rasagiline and its cholinesterase inhibitor derivatives exert neuroprotection unrelated to MAO inhibition in cell culture and in vivo. Ann NY Acad Sci 939: 450–458

Yuan J, Callahan BT, McCann UD, Ricaurte GA (2001) Evidence against an essential role of endogenous brain dopamine in methamphetamine-induced dopaminergic neurotoxicity. J Neurochem 77: 1338–1347

Yurek DM, Steece-Collier K, Collier TJ Sladek CD (1991) Chronic levodopa impairs the recovery of dopamine agonist-induced rotational behavior following neural grafting. Exp Brain Res 86: 97–107

Zanettini R, Antonini A, Gatto G, Gentile R, Tesei S, Pezzoli G (2007) Valvular heart disease and the use of dopamine agonists for Parkinson's disease. N Engl J Med 356: 39–46

Zecca L, Berg D, Arzberger T, Ruprecht P, Rausch WD, Musicco M, Tampellini D, Riederer P, Gerlach M, Becker G (2005) In vivo detection of iron and neuromelanin by transcranial sonography – a new approach for early detection of substantia nigra damage. Mov Disord 20: 1278–1285

Zeng X, Cai J, Chen J, Luo Y, You ZB, Fotter E, Wang Y, Harvey B, Miura T, Backman C, Chen GJ, Rao MS, Freed WJ (2004) Dopaminergic differentiation of human embryonic stem cells. Stem Cells 22: 925–940

Zetterström RH, Solomin L, Jansso, L, Hoffer BJ, Olson L, Perlmann T (1997) Dopamine neuron agenesis in nurr1-deficient mice. Science 276: 248–249

Zhao M, Momma S, Delfani K, Carlen M, Cassidy RM, Johansson CB, Brismar H, Shupliakov O, Frisen J, Janson AM (2003) Evidence for neurogenesis in the adult mammalian substantia nigra. Proc Natl Acad Sci USA 100: 7925–7930

Zheng H, Gal S, Weiner LM, Bar-Am O, Warshawsky A, Fridkin M, Youdim MBH (2005) Novel multifunctional neuroprotective iron chelator-monoamine oxidase inhibitor drugs for neurodegenerative diseases: in vitro studies on antioxidant activity, prevention of lipid peroxide formation and monoamine oxidase inhibition. J Neurochem 95: 68–78

Ziegler M, Ranoux D, de Recondo (1994) Clinical efficacy of a liquid formulation of levodopa (Madopar Dispersible) in reversing afternoon "off" periods in Parkinson's disease. Clin Neuropharmacol [Suppl 3] 17: S21–S25

Zigmond MJ, Stricker EM (1989) Animal models of Parkinsonism using selective neurotoxins: clinical and basic implications. In: Smythies JR, Bradley RJ (Eds) International Review of Neurobiology, Vol 31. San Diego New York Berkely Boston London Sydney Tokyo Toronto: Academic Press, 10–79

Zimprich A, Biskup S, Leitner P, Farrer M, Lincoln S, Kachergus J, Hulihan M, Uitti RJ, Calne DB, Stoessl AJ, Pfeiffer RF, Patenge N, Carbajal IC, Vieregge P, Asmus S, Müller-Myhsok B, Dickson DW, Meitinger T, Strom TM, Wszolek ZK, Gasser T (2004) Mutations in LRRK2 cause autosomal-dominant parkinsonism with pleomorphic pathology. Neuron 44: 601–607

Zipp F, Aktas O (2006) The brain as a target of inflammation: common pathways link inflammatory and neurodegenerative diseases. Trends Neurosci 19: 518–527

Ziv I, Zilkha-Falb R, Offen D, Shirvan A, Barzilai A, Melamed E (1997) Levodopa induces apoptosis in cultured neuronal cells – a possible accelerator of nigrostriatal degeneration in Parkinson's disease? Mov Disord 12: 17–23

Zoldan J, Friedberg G, Goldberg-Stern H, Melamed E (1993) Ondansetron for hallucinosis in advanced Parkinson's disease. Lancet 341: 562–563

Verwendete Abkürzungen

AADC	aromatische Aminosäuren-Decarboxylase	GABA	γ-Aminobuttersäure
AAV	Adeno-assoziierten Virus	GAPDH	Glyceraldehyd-3-phosphat-Dehydrogenase
ACh	Acetylcholin		
α-DHEC	α-Dihydroergocryptin	GDNF	glial cell line-derived neurotrophic factor
ADL	activities of daily living, Aktivitäten des täglichen Lebens	GFAP	glial fibrillary acidic protein, saures fibrilläres Gliaprotein
AIMs	abnormal involuntary movements	GFP	green fluorescent protein, grün fluoreszierendes Protein
ALS	Amyotrophe Lateralsklerose		
AMPA	α-Amino-3-hydroxy-5-methyl-4-isoxazolpropionsäure	GP	Globus pallidus,
		GPl	GP pars lateralis, externes Segment des GP
AP5	D-Amino-5-phosphonopentanoat		
ATP	Adenosintriphosphat	GPm	GP pars medialis, internes Segment des GP
AUC	Area under the curve, Fläche unter der Konzentrations-Zeit- Kurve, Maß für Bioverfügbarkeit		
		G-Proteine	Guanosin-Triphosphat-bindende Proteine
BDNF	brain-derived neurotrophic factor	GSH	Glutathion, γ-Glutamylcysteinylglycin
BH_4	Tetrahydrobiopterin	HBS	hydrodynamically balanced system
cAMP	zyklisches Adenosin-3′,5′-monophosphat	HLA	humane Leukozyten-Antigene
		HVA	Homovanillinsäure
CAT	Cholinacetyl-Transferase	IL	Interleukin
CBD	kortikobasale Degeneration	iNOS	induzierbare NOS
C_{max}	maximale Plasmakonzentration	i.p.	intraperitoneal
CNTF	ciliary neurotrophic factor	IP_3	Inositol-1,4,5-triphosphat
CPP	3-((±)-2-Carboxypiperazin-4-yl)-propyl-1-phosphonylsäure	IPS	idiopathisches Parkinson-Syndrom
		i.v.	intravenös
COMT	Katechol-O-Methyl-Transferase	KD	Dissoziationskonstante des Rezeptor-Liganden-Komplexes
CR	controlled release		
CSF	cerebrospinal fluid, Zerebrospinalflüssigkeit	Ki	Inhibitionskonstante
		LBD	Lewy body dementia, Lewy-Körperchen-Demenz
CT	Computertomographie		
CURS	Columbia University Rating Scale	L-DOPA	L-Dihydroxyphenylalanin, synonym Levodopa
CYP	Cytochrom-Komplex P450		
DAT	Dopamin-Transporter	LPS	Lipopolysaccharid
DOPAC	3,4-Dihydroxyphenylessigsäure	LRRK	leucine-rich repeat Kinase 2
DPG	Deutsche Parkinson-Gesellschaft	MAO	Monoamin-Oxidase
dPV	Deutsche Parkinson-Vereinigung	MAO-A	Monoamin-Oxidase, Typ A
EC_{50}	effector concentration 50 percent, halbmaximale Wirkung	MAO-B	Monoamin-Oxidase, Typ B
		MDMA	3,4-Methylendioxy-methamphetamin, „Ecstasy"
ELISA	enzyme-linked immunosorbant assay		
EMG	Elektromyogramm	mtDNS	mitochondriale DNS
ESZ	embryonale Stammzellen	NFκB	nukleärer Faktor, der an den Promoter leichter κ-Ketten von B-Lymphozyten bindet
FGF-2	fibroblast growth factor 2, Fibroblastenwachstumsfaktor 2		

MHC	major histocompatibility complex, Haupthistokompatibilitätskomplex	s.c.	subkutan
		SEP	somatosensibel-evozierte Potenziale
MHPG	3-Methoxy-4-hydroxyphenylglykol	SHAPS	Snaith-Hamilton-Pleasure-Scale
MK-801	Dizocilpin	SN	Substantia nigra
MMS	mini-mental status score	SNc	Substantia nigra pars compacta
MMSE	mini-mental status examination, Mini-mental-Status-Test	SN	Substantia nigra pars reticulata
		SOD	Superoxid-Dismutase
MPP+	1-Methyl-4-phenylpyridinium-Ion	SPECT	Single-Photonen-Emissions-Computer-Tomographie
MPTP	1-Methyl-4-phenyl-1,2,3,6-tetrahydropyridin		
		SSRIs	selective serotonine reuptake inhibitors, selektive Serotonin-Wiederaufnahme-Hemmer
MRT	Magnet-Resonanz-Tomogramm		
MSA	Multisystematrophie		
MTh	Musiktherapie	TaClo	1-Trichlormethyl-1,2,3,4-tetrahydro-β-carbolin
NADH	Nicotinamidadenindinucleotid		
NGF	nerve growth factor, Nervenwachstumsfaktor	TH	Tyrosin-Hydroxylase
		t_{max}	Zeit bis zum Erreichen von c_{max}
NMDA	N-Methyl-D-aspartat	TNF-α	Tumor-Nekrose-Faktor-α
NO	Stickstoffmonoxid, Stickoxid	UCH-L1	Ubiquitin-Carboxy-terminale Hydrolase
NOS	Stickoxid-Synthase	UPDRS	Unified Parkinson's Disesae Rating Scale
nNOS	neuronale NOS	VTA	ventral tegmental area, Area tegmentalis ventralis
NSZ	neurale Stammzellen		
PDQ	Parkinson's disease quality of life	ZNS	Zentralnervensystem
PEG	perkutane endoskopische Gastrostomie	3-OMD	3-O-Methyl-DOPA
PET	Positronemissons-Tomographie	5-HIAA	5-Hydroxyindolessigsäure
PSP	progressive supranukleäre Lähmung	5-HT	5-Hydroxy-tryptamin, Serotonin
RLS	Restless-legs-Syndrom	6-OHDA	6-Hydroxydopamin
ROS	reactive oxygen species, reaktive Sauerstoffverbindungen		

Sachverzeichnis

α-DHEC 174, 221–222
 –, Indikationen 221
 –, kardiovaskuläre Erkrankungen 221
 –, klinische Pharmakologie 221
 –, Kontraindikationen 222
 –, Nebenwirkungen 222
 –, Pilotstudie 222
α-Dihydroergocryptin 94, 221
 –, experimentelle Pharmakologie 221
α-Methyl-DOPA 3, 87, 90, 92
α-Methyl-para-tyrosin 107
 –, TH-Hemmstoff 107
α-Synuclein 5, 19, 157, 162, 327
 –, fibrilläres 162
α-Synuclein-Aggregation 162
α-Synuclein-Modelle 135
 –, neuropathologischer Effekt 135
 –, Symptomatik 135
α-Synucleinopathien 20, 23, 36
α-Tocopherol 128, 142, 170, 251, 252
α₂-Adrenozeptor-Antagonisten 316
Abnormal Involuntary Movements 115
Absterberate 11
 –, der nigro-striatalen Neuronen 11
ABT-431 315
Acetyl-CoA 3
Acetylcholin 4, 43
 –, Antagonisten 197
ACh-Esterase-Hemmer 4, 305
Adamantan-Derivate 103
Adenosin-A$_{2A}$-Rezeptor-Antagonisten 316
Adenylat-Cyclase 55, 56
ADL 202, 212–213, 228, 230, 234, 236, 240–241, 257
Adrenalin 107
Advanced-Glycation-Endproducts s. AGEs
Affen (s. a. Tierexperimente) 18, 77, 115, 117, 118, 176
AGEs 138, 157
Agonisten 48
Akinese 72, 107
Akinese-Grad 61
AIDS 61

Akkumulatoren 18
 –, bleihaltige 18
Aktionspotenzial 41
Aktivitäten des täglichen Lebens 203
Albträume 304
alien-hand 36
alien-limb 36
Alkaloide s. Belladonna, Ergot-Alkaloide etc.
Altern 2
ALS 24, 148, 177
Alterungsprozesse 16
Alzheimer-Krankheit 24, 30
Amantadin 103–104, 202, 258–260, 344, 362
 –, akinetische Krisen 104
 –, Anti-Parkinson-Medikament 104
 –, antivirale Wirkung 258
 –, Dyskinesien 259
 –, experimentelle Pharmakologie 258
 –, Hongkong-Grippe 104
 –, Indikationen 259
 –, klinische Pharmakologie 259
 –, Kontraindikationen 260
 –, L-DOPA-induzierte Fluktuationen 259
 –, Membran-Fluidität 103
 –, Nebenwirkungen 260
 –, Neuroprotektion 259
 –, sexuelle Aktivitäten 344
Amantadin-Hydrochlorid 104, 260
Amantadin-Sulfat 104, 224, 259–260, 284, 288
 –, akinetische Krise 259
 –, Therapie der akinetischen Krise 224
Amantadin-Sulfat-Infusion (s. a. L-DOPA-induzierte Dyskinesien) 104
Aminoindan 173
Aminosäure-Neurotransmitter 42, 69, 70
 –, exzitatorische 70
 –, Post-mortem-Konzentrationen 69
 –, regionale Verteilung 42
Aminosäuren 43
Amitriptylin 99, 362
Amphetamin 106, 249
Amphetamin-Derivate 105
Amyloid 155, 157

Amyotrophe Lateralsklerose 24
Analysen 15
–, epidemiologische 15
Angst 29–30
Angststörungen 309
Antagonisten 49
Antiapoptotische Wirkstoffe 166
Anticholinergika 4, 81, 197–198, 288, 305
    –, Indikationen 198
    –, klinische Pharmakologie 198
    –, kognitive Störungen 198
    –, Kontraindikationen 198
    –, Nebenwirkungen 198
    –, Tremor 198
Antidepressiva 308
Antidepressiva, trizyklische 289
antidyskinetische Arzneistoffe 323
antidyskinetische Therapieentwicklungen 322
Antihistaminika 289
Antihypertensiva 223
Antikonvulsiva 289
Antioxidanzien 141, 166, 168
Antipsychotika 306
Apomorphin 94, 223–225, 363
    –, Dyskinesien 224, 234
    –, Domperidon 224
    –, EKG-Kontrollen 225
    –, experimentelle Pharmakologie 223
    –, i.v. Zugang 224
    –, Indikationen 223
    –, klinische Pharmakologie 223
    –, Kontraindikationen 225
    –, Nebenwirkungen 225
    –, Off-Phasen 224
    –, s.c. Applikation 223
    –, Therapie der akinetischen Krise 224
    –, toxische Nebenwirkungen 223
    –, ungünstige Kinetik 223
Apomorphin-Injektion 224
    –, Hyperkinesien 223, 224
Apomorphin-Test 32, 94, 201, 224
apoptotische und nekrotische Zellübergänge 152
Apoptose 23, 138, 151–153, 156, 173
    –, auslösender Prozess 138
    –, Kriterien 152
    –, neuroprotektive Strategie 138
Äquivalenz-Typ 8
Äquivalenzdosis 93
Arachidonsäure 55, 149
Arzneimittel 272
    –, toxisches Risiko 272
Arzneimittelentwicklung 312

Arzneistoffe 156
    – Nebenwirkungsprofil 95
Ascorbinsäure 169
    –, Strukturformeln 169
Aspirin 156
Aspartat 69, 70, 74, 147
Astrozyten 7, 127, 319
Ataxin 7
Atemtherapie 348
Athetose 72
Ätiologie 8, 137
Atmungskette 15, 145
    –, Komplex I 15
    –, mitochondriale 16, 116, 122, 139, 150
ATP 17, 89, 122, 124, 138, 139, 145, 158
ATP-Produktion 17
Atropin 81–82
Augen 67
    – -bewegungen, sakkadische 7, 34
    –, Lidschluss 25, 34
autonome Störungen 297
    –, Therapie 297
Autophagie-Stoffwechselweg 157
Autopsie s. Post-mortem Untersuchungen
Autorezeptoren 41, 50
Axone s. Zellfortsätze

Babinski-Zeichen 31, 35
Basalganglien 72–73
    –, Funktion und Dysfunktion 72
Basalganglien-Erkrankungen 73
    –, Pathophysiologie 73
Basalganglien-Organisation 78
Basalganglienaktivität 75
Basalganglienfunktionen 71
BDNF 173
Befunde 57
    –, pathologische 57
Begleiterkrankungen 357
Begleitkrankheiten 355
Belladonna-Alkaloide 81, 197
Belastungstests s. Apomorphin-Test, L-DOPA-Test etc.
Belohnungssystem 15, 29
    –, mesolimbisches 15
Benserazid 85–86
    –, Strukturformel 86
Benserazid + Levodopa 364
Benzatropinmesilat 82
Benzodiazepine 289
Beweglichkeit 25–26, 52, 72–73, 346
Bewegungen 73
    –, Initiierung und Ausführung 73

Bindungstechniken 53
Biogene Amine 43
Bioverfügbarkeit 83, 88, 89, 91, 98, 102, 202, 231, 234, 239, 313
Biperiden 82, 364
Biphasische Dyskinesien 295
 –, Management 295
Blasenentleerungsstörungen 297
Blau-Grün-Schwäche (s. a. Farben) 12, 28
Blepharospasmus 28
Blut-Hirn-Schranke 154
Blutbildkontrollen 307
Blutdruck-Regulation 300
Bornaprin 365
Borreliose 4
Botenstoffe 56
 –, sekundäre 56
 –, tertiäre 56
Boxer 5
Bradykinese 24, 72, 107, 336
Bradyphrenie 30
brain-derived neurotrophic factor 112
Bromocriptin 93–94, 119, 174, 225–227, 365
 – bei Affen 225–226
 –, erstarrte Süchtige 119
 –, experimentelle Pharmakologie 225
 –, klinische Pharmakologie 226
 –, Kombinationstherapie 227
 –, Kontraindikationen 227
 –, Monotherapie 226
 –, Mortalitätsrate 227
 –, Nebenwirkungen 227
Bromocriptin und Ropinirol 240
 –, Vergleich 240
Budipin 103–104, 260–262, 366
 –, antiglutamaterge Eigenschaften 260
 –, EKG-Untersuchungen 262
 –, experimentelle Pharmakologie 260
 –, Hemmung der MAO-B 104
 –, Indikationen 261
 –, klinische Pharmakologie 261
 –, Kontraindikationen 261
 –, Monotherapie der Frühphase 261
 –, Nebenwirkungen 261
 –, NMDA-Rezeptorantagonist 104
 –, Tremor 261
 –, Tremor-bessernde Eigenschaften 104
 –, Verlängerung der QT-Zeit 262
 –, Wirkungsmechanismus 104
Bulbus olfactorius 59, 65
Bulgarische Kur 81
Bunina-Körperchen 24
Buspiron 289

C. elegans 125
 –, Störungen der Motorik 125
Ca^{2+} 149–152
 ––Antagonismus 3
 ––Kanalblocker 138–139, 176
Ca^{2+}-bindende Proteine 151
Ca^{2+}-Homöostase 149, 150–151, 163
 –, Störung 149
Cabergolin 93, 99, 174, 227–229, 366
 –, Aufdosierung 228
 –, Einmalgabe 228
 –, experimentelle Pharmakologie 227
 –, Halluzinationen 229
 –, Herzechokardiografie 229
 –, Indikationen 227
 –, klinische Pharmakologie 227
 –, Kombinationstherapie 227
 –, Kontraindikationen 229
 –, Monotherapie 227
 –, Motilitätsverluste der Herzklappen 229
 –, Nebenwirkungen 229
 –, Plasmahalbwertszeit 228
Calcium-Kanal-Blocker 166
CALM-PD-Studie 235
Carbidopa 86
 –, Strukturformeln 86
Carbidopa + Levodopa 367
Caspase-Aktivität 153
Caspasen 152
CAT 66–67
Catechol-O-Methyl-Transferase s. COMT
CBD 32, 36–37
CELOMEN-Studie 211
Chaperon 156–157
Chelatoren s. Eisen-Chelatoren
Chloral 130
Chloralhydrat 18
Cholesterol-Biosynthese 3
Cholinacetyl-Transferase 66
Cholinesterase-Hemmer 83
Chorea 72
Chorea Huntington 37, 61, 76–77
 –, motorische Schleife 77
Chromatin-Kondensation 23
Ciliarmuskel 67
ciliary neurotrophic factor 172
Cimetidin 289
Cinnarizin 3
Citalopram 367
Clozapin 3, 307, 368
CO 4, 44
 ––Vergiftung 4
Co-dergocrin s. Dihydroergotoxin 368

Coenzym Q 171, 330
 –, präklinische und klinische Befunde 170
Coenzym Q_{10} 145, 330
Coeruloplasmin 32
Compliance 213
Computertomographie s. CT
 –, Single-Photonen-Emissions- s. SPECT
COMT 48, 89, 145
COMT-Hemmer 89, 91, 210, 287, 290, 293, 298
 –, Strukturformeln 91
COMT-Hemmung (s. a. L-DOPA-Therapie) 89
Contursi-Familie 20, 32
CR-Formulierung 202
Creatin 179
CT 30, 32–33, 36

D1- und D2-Familien 49
D1-Rezeptoren 50, 63, 93
D2-Rezeptoren 50, 93
Dale'sches Prinzip 40
Darmmotilität 206
DAT-Hemmstoffe 122
DAT-Scan 33
DATATOP 101
 –, Studie 101, 250–251
Degeneration 28, 72
 –, kortikobasale 28, 37
 –, striato-nigrale 72
Dekubitus 2, 357
Delirium 2, 207
Demenz 5, 28–29, 34, 305
 –, Alzheimer 29, 30, 36
 –, fronto-temporale 7
 –, kognitive Störungen wie 28
 –, Lewy-Körperchen s. LBD
 –, Parkinson 30, 67, 72, 155, 198
 –, subkortikale 30, 35, 36
Dendriten s. Zellfortsätze
Deprenyl® s. Selegilin
Depression 28, 308–309
Depression bei Parkinson-Patienten 310
 –, Behandlung 310
Depressionen 66, 333, 340
Depressions-assoziierte Schlafstörungen 303
Desferal 168
Desferrioxamin 166, 168
Desipramin 368
Detrusorhyperreflexie 297
Detrusorhyporeflexie 297
Deutschland 4, 9, 94, 104, 199, 228, 233, 250, 335, 349
 –, Parkinsongesellschaft 355
 –, Parkinsonvereinigung 349–354

deutsche Parkinson Vereinigung 335, 349
Diagnose 11, 335, 338
 –, frühzeitige 11
Diagnose und Akzeptanz 338
Diarrhö 214
Differenzialdiagnose 32, 34
Diffuse Lewy-Körperchen-Erkrankung 36
 –, klinische Diagnose 36
Digoxin 289
Dihydro-α-ergocryptin 369
Dihydroergotoxin 369
Dihydroxyphenylalanin s. L-DOPA
direkte Leitungsbahn 74
DJ-1 22
DJ-1-Null-Maus 136
 –, neuropathologischer Effekt 136
 –, Symptomatik 136
DNS-Schäden 17
 –, mitochondriale 17, 21
Domperidon 199, 224
 –, Apomorphin 224
Donepezil 370
DOPAC 59, 60, 62, 63, 85, 90, 92, 131, 132
DONPAD-Studie 306
DOPA-Decarboxylase 84
DOPA-Decarboxylase-Hemmer 84, 90, 199
Dopamin 48, 51, 275
 –, Abbau s. Stoffwechsel
 –, Metabolismus 48
 –, Regionale Verteilung 51
 –, Rezeptor(en) 3, 13, 32, 33, 35, 45, 46, 49–51, 53, 55, 71, 74, 76, 77, 90, 91, 99, 103, 138, 143
 –, Wirkmechanismen 275
 –, Zytotoxizität 275
Dopamin und -Metaboliten 60, 62
 –, Post-mortem-Konzentrationen 62
Dopamin-Autoxidation 145
Dopamin-Chinone 145, 275
Dopamin-D1-Rezeptoragonist 315
Dopamin-D1-Rezeptoren 75, 79
Dopamin-D2-Rezeptor-Knock-out-Maus 135
 –, neuropathologischer Effekt 135
 –, Symptomatik 135
Dopamin-D2-Rezeptoren 75
Dopamin-D2-Rezeptorfamilie 3
Dopamin-Defizit 84
Dopamin-Freisetzung nach L-DOPA-Gabe 91
Dopamin-Konzentrationen 61
 –, striatale 61
Dopamin-Mangel 59
Dopamin-Mangel-Krankheit 10
Dopamin-metabolisierende Enzyme 60

Dopamin-Metabolite 59
Dopamin-Rezeptoragonisten 93, 95–99, 166, 173, 202, 217–221, 248, 281, 284, 286–287, 294, 295, 343
 –, antioxidativ und neuroprotektiv 173, 218
 –, Äquivalenz-Dosen 220
 – -Austausch 219
 –, Bindungseigenschaften 97
 – - Halbwertszeiten 220
 –, Herzklappenveränderungen 95
 –, Hochdosis-Therapie 219, 243
 –, Inhibitionskonstanten 99
 –, Kombination 220
 –, L-DOPA-Spätkomplikationen 218
 –, Langzeitstudien 218
 –, Nebenwirkungen 94
 – - Pflaster 221
 –, Pharmakodynamik 96
 –, pharmakokinetische Kriterien 97
 –, Plasmahalbwertszeit 97
 –, Schlafattacken 96
 –, Strukturformeln 95
 –, Therapie der Frühphase 218
 –, Umrechnungstabellen 220
 –, Umstellung 248
 –, Vergleich der Pharmakokinetik 98
 –, Vorschläge zur Kombination 221
 –, Wechseln und Kombinieren 219
Dopamin-Rezeptorantagonisten 3, 97, 289
 –, Affinität 99
 –, Wirkungsmechanismen 97
Dopamin-Rezeptoren 49–50, 63
 –, Familien 49
 –, molekularbiologische Einteilung 50
 –, pharmakologische Einteilung 50
Dopamin-Rezeptorstimulation 201
 –, kontinuierliche 201
Dopamin-Rezeptorsubtypen 49
Dopamin-Speicherentleerer 3
Dopamin-Substitution 328
 –, alternative Formen 328
Dopamin-Toxizität 276
 –, In-vitro-Befunde 276
 –, In-vivo-Befunde 277
Dopamin-Wiederaufnahmestellen 60
Dopamin-β-Hydroxylase 66
dopaminerge Neurodegeneration 138, 150
  –, molekulare und zelluläre Mechanismen 138
  –, Synergismus der molekularen und zellulären Mechanismen 150
dopaminerge Neuronensysteme 52
  –, wichtigste 52

dopaminerge Neurotoxine 106, 116
 –, mitochondriale Atmungskette 116
 –, Strukturformeln 106
dopaminerge Neurotransmission 106
 –, pharmakologisch-induzierte funktionelle Störung 106
dopaminerge Synapsen-Übertragung 49
 –, pharmakologische Beeinflussung 49
dopaminerge Wirkstoffe 313–314
 –, neue 313–314
dopaminerge Zellersatz-Therapien 314, 316
Dopaminergika 85
 –, molekulare Angriffspunkte 85
Dranginkontinenz 297
3-Methoxy-4-hydroxyphenylglykol s. MHPG
3,4-Dihydroxyphenylessigsäure s. DOPAC
3,4-Methylendioxy-methamphetamin 117
3-O-Methyl-DOPA (3-OMD) 86, 89
3,4-Methylendioxymethamphetamin s. MDMA
Drehverhalten s. Tierexperimente, Drehverhalten
Durchblutungsstörungen s. Ischämien
Duodopa® 206
Duodopa®-Pumpe 205, 288
Dysarthrie 36, 264
Dysbasie s. Gangbild
Dys-/Hyperkinesie 8
 –, L-DOPA-induzierte 8
Dysaesthesien 28
Dysfunktion der Basalganglien 79
Dysfunktion, erektile 344
Dyskinesie 115
 –, Subtypen 115
Dyskinesie-Modell 77
Dyskinesien 71, 76–77, 78, 121, 241–242, 274
 –, L-DOPA-induzierte 71, 76–77, 79
 –, Pathogenese 274
 –, Ropinirol 241–242
Dyskinesien auslösende Medikamente 289
Dysphagie 34, 223, 264, 299
Dystasie s. Fallneigung
Dystone Dyskinesie 294
Dystonie 72
 –, Fuß- 5, 20, 205, 294
 –, Nackenmuskeln 34, 35
 –, off-Phasen- 265
Dystonien 72, 294
 –, Behandlung 294
 –, fokale 72

Echogenität der SN 12
Ecstasy 117
Ein- und Durchschlafstörungen 303

Einschlüsse 58, 127, 130, 194
 –, argyrophile 34, 35
 –, Tau-positive 36
Einschluss-Körperchen 58, 159
1-Methyl-4-phenyl-1,2,3-6-tetrahydropyridin s. MPTP
1-Trichlormethyl-1,2,3,4-tetrahydro-β-carbolin s. TaClo
Eisen 132, 143
 –, chronisch-progrediente Schädigung 132
Eisen(III)-Salze 110
Eisen-Chelatoren 166, 168
Eisen-Konzentration 14, 146
Eisen-speicherndes Molekül 146
 –, Neuromelanin 146
Eisen-Stoffwechsel 144, 163
Eisenspeicher 57
Eiweiß-Konsum 359
Eiweiß (s. a. Protein)
 –, -bindung 93
Elimination s. Ausscheidung
ELISA-Methode 14
ELLDOPA-Studie 209, 279
embryonale Stammzellen 318
EMG 236
 –, Sphinkter- 35
emotionale Belastungen 341
Encephalitis
 –, lethargica 4
 –, von-Economo 4
End-of-Dose-Akinesien 87
Energie-Stoffwechsel 163
Entacapon 89, 91, 115, 210, 212, 214–216, 257, 286, 290, 370
 –, experimentelle Pharmakologie 210
 –, Indikationen 210
 –, klinische Pharmakologie 210
 –, Kombination mit L-DOPA-Formulierungen 210
 –, Kontraindikationen 214
 –, Langzeitverträglichkeit 216
 –, Leberfunktion 215
 –, Nebenwirkungen 214
 –, Pharmakokinetik 89
 –, Sicherheit 212
Entacapon auf Tolcapon 216
 –, Umstellung 216
Entspannungstechniken 347
Entspannungstraining 347
entzündliche Reaktionen 138, 154
 –, auslösender Prozess 138
 –, neuroprotektive Strategie 138

Entzündung 155
 –, sekundäre 155
Entzündungsreaktionen 155
Enzephalopathie
 –, subkortikale arteriosklerotische 5, 32
Enzyme 53, 55, 56
 –, Biosynthese-Enzyme 43, 57
Epidemiologie 15
 –, Einflussfaktoren 15
epidemiologische Daten 342
erektile Dysfunktion 298
Ergocryptin 94
Ergotalkaloide 94
Ergotherapie 344
Erkrankungen 24
 –, neurodegenerative 24
Erkrankungsalter 20, 21
Exotoxine 14, 16, 137
Exozytose 46
Exzitotoxizität 138, 146–148
Exzitatorische Aminosäuren-Rezeptorantagonisten 166
Exzitotoxine 147
 –, Strukturformeln 147
Exzitotoxizität 138, 146, 271
 –, auslösender Prozess 138
 –, neuroprotektive Strategie 138

Fachkliniken 355
Fahrverbot 239
Faktoren 19
 –, genetische 19
Fallneigung 1, 25
Farben
 –, s. a. Blau-Grün-Schwäche
 –, Unterscheidungsfähigkeit 12, 26, 28, 65
^{18}F-Deoxyglukose-PET 30
Farbdiskriminierung 12
^{18}F-DOPA-Aufnahme 13
^{18}F-DOPA-PET 19
Farbkontrasterkennen 26
[^{18}F]-L-DOPA 64
 –, PET-Befunde 64
Ferritin 132
L-Ferritin 14, 117, 132, 141, 144
Festination 25, 27, 28
FGF-2 112
fibroblast growth factor 2 112
Fibrosen 96, 227
FILOMEN-Studie 212
Fluktuationen 64, 181, 191, 198, 200, 201, 211, 218, 222, 230, 240, 329
 –, L-DOPA-induziert 259

Flockenblume 106
Flunarizin 3, 289
Form 8
 –, genetisch determinierte 8
Freezing 26, 289, 295
freie Radikale 143
Freisetzung 41
frontale Enthemmung 32
Frühdyskinesien 3
Früherkennung 334
 –, Check 334
Frühsymptome 11
5-HIAA 66
5-HT-Syndrom 308
5-HT$_{1A}$-Rezeptoragonist 322
5-HT$_{1A}$-Rezeptoren 99
5-HT$_{2B}$-Rezeptor 94, 96
5-Hydroxyindolessigsäure s. 5-HIAA
Fußdystonie 205

G-Proteine 54
GABA 68
 – in Autopsiegewebe 68
GABA-Rezeptoren 68
GAD-transfizierte Zellen 321
Galantamin 370
Galenik bereits zugelassener Wirkstoffe 314
 –, Verbesserung 314
Gang 347
 –, -bild 1, 5, 25, 265, 335
 –, Veränderung 1, 25, 31, 67, 279
 –, -unsicherheit 22, 32, 34
Gastrin 44
Gastrointestinaltrakt 59
GDNF 112
Gedächtnis (s. a. Hirnfunktionen) 40, 52
Gehirn 61
 –, Plastizität des 61
Gemeiner Stechapfel 81
Gen-Expression 16
Genetik s. Vererbung
genetische Prädisposition 137
genmanipulierte Mausmodelle 136
 –, neuropathologischer Effekt 136
 –, Symptomatik 136
Genom 17
 –, mitochondriales 17
gentherapeutische Ansätze 321, 328
Gentherapie 315, 325
Geschicklichkeit 26
Gespräche mit Betroffenen 339
gestörter Eisen-Metabolismus 138
 –, auslösender Prozess 138
 –, neuroprotektive Strategie 138

Ginkgo* biloba Extr. 371
Glabellareflex 28
glial-derived neurotrophic factor 112
Gliazellen 48, 68, 85, 103, 116, 122, 209, 276
Globus pallidus 76, 77, 122, 144
Glukose-PET 33
Glutamat 147
 –, Wirkungsweise 147
Glutamat-Rezeptor 147
Glutamat-Freisetzung 148
Glutamat-Freisetzungs-Hemmer 167
Glutamat-Rezeptorantagonist 114
Glutamat-Rezeptoren 70
 –, metabotrope 70
Glutamat-Transporter 77
glutamaterge Stimulation 78
Glutathion-Peroxidase 141, 172
G-Protein s. Proteine
Grippe-Pandemie 4
Grippevirus 4
Grüner Tee 329
Guam Disease 148

Hallervorden-Spatz-Syndrom 72
Hämatome 5
Halbwertszeiten 89, 91, 97, 98, 100
Halluzinationen 31, 37, 207, 231, 306
Haloperidol 107
Harman 129
Harndrang 297
Harninkontinenz 297
Haut 347
 –, -veränderungen 29
Hemiballismus 72
Hemmung der MAO-B 122
Heroin 18
Herz-Kreislauf-Funktion 346
Herzerkrankung 219
Herzfrequenzvarianz-Variabilität 35
Herzfrequenzvarianzanalysen 35
Herzklappen-Problem 232
Herzklappenfibrosen 284
Hilfe zur Selbsthilfe 349
Hippocampus 50, 58, 65, 67, 72, 118, 147, 155
Hirn (s. a. Post-mortem-Material) 39, 42, 48, 50, 52, 54, 57–59, 61, 65, 70, 78, 90, 102, 155
 –, -atrophie 30, 34
 –, -funktionen 40, 51, 52
 –, -stamm 13, 35, 57, 58, 65–67, 147
 –, -Vorderer 59, 66, 67
Hirnstimulation, tiefe 288
Hirntumor s. Tumor
Hydroxymethylglutaryl-CoA-Reduktase 3

Hydroxyl-Radikale 141
–, Schädigungen von Proteinen und DNS 141
Hydrozephalus
–, Normaldruck 5, 32
Hyoscyamin 81
Hyperkinese 72
Hyperkinesien 224
–, Apomorphin-Injektion 224
Hyperkinetische Erkrankungen 76
Hypersalivation 25, 28, 299
Hypersexualität 219
Hypokinese 72
Hypomimie 25
Hypophyse 52, 53, 58
Hypothalamus 50, 52, 58, 65, 118, 146
Hypothyreose 304
Hypotonie 223
Hypoxie 4

IBZM-SPECT 33
Immunaktivierung der Mikroglia 156
Immunisierung mit Proteinen 327
Immunmediatoren 154
Immunophiline 167
Impotenz 298
Inaktivierung 41
indirektes System 75
induzierte Degeneration 131
–, Eisen 131
Inhibitionskonstanten 97, 99
Inkontinenz
–, Harn- 5, 35
–, Stuhl- 35
Intentions-Tremor 27
Ionenkanal 45–46
–, direkte Steuerung 45
–, indirekte Steuerung 46
Ischämien 5
Istradefyllin 316, 322

Jacob-Creutzfeld-Erkrankung 61
Japan 20, 22, 84
Johrei 348

Kaffeetrinker 15
Kainat 70
Kainsäure 147
Kardinalsymptome 2, 24
Katalase 141
Katalepsie 107
Kayser-Fleischer-Ring 7, 32
Kipptisch 35

Knock-out-Strategie 134
Kognitive Leistungen 305
Kognitive Störungen 28, 305
–, wie Demenz 28
Kohlendisulfid 5
Kohlenmonoxid-Vergiftung 4
Kombinationstherapie 287
Kommunikation 338
Kommunikation zwischen Umwelt und Betroffenen 340
Komplex I der Atmungskette 35, 277
Komplex-I-Aktivität 16, 145, 146
Komplex-I-Defekt 17
Kontaktzone s. Synapse
Krankheitsprogression 222
Kreislaufstörungen 66
–, hypotone 66
Kriterien für ein IPS 31
Kufor-Rakeb-Syndrom s. PARK 9
Kupfer-Stoffwechselstörung 32
Kupfer 32, 165
–, Konzentration in der SN 14
–, -stoffwechsel
–, -Störung s. M. Wilson

Lazabemid 100, 101
LBD 21, 29, 30, 36, 58, 305
L-DOPA 4, 44, 48, 64, 86–87, 91, 119, 121, 198, 201, 205–209, 271, 273–276, 278, 279, 281, 284, 286, 291, 292
– -induzierte motorische Fluktuationen 64
–, 6-OHDA 275
–, Änderung der Genexpression 274
–, biologische Wechselwirkungen 273
–, chronische Gabe 276
–, Dyskinesien 207, 274
–, Einnahmefrequenz 292
–, Eliminationshalbwertszeit 91
–, erstarrte Süchtige 119
–, experimentelle Pharmakologie 198
–, Kombinationstherapie 279
–, Kontraindikationen 207
–, Metabolismus 48
–, Nebenwirkungen 207, 271
–, neuronenheilender Effekt 278
–, Neurotoxizität 279
–, Neurotransmitter-Kandidaten 44
–, normale Lebenserwartung 278
–, optimale Peak-Response 292
–, pharmakotoxische Psychosen 274
–, Plasmahalbwertszeit 206
–, Priming-Effekt 208, 274

Sachverzeichnis

–, psychiatrische Nebenwirkungen 207
–, Retardpräparate 87
–, so gering dosiert wie möglich 281
–, so hoch wie nötig 281
–, so spät wie möglich 281
–, start low, go slow 209
–, Strukturformeln 86
–, Suboptimale Peak-Response 291
–, systemische Applikation 205
–, Test 201
–, toxische Wirkung 208
–, unvorhergesehenes Off 292
–, Wirkmechanismen 275
–, Wirkungsverlängerung 86
–, Wirkverlust 291
–, zusätzliche Lebensverlängerung 279
L-DOPA in hoher Dosierung 293
L-DOPA-induzierte Dyskinesien 311
L-DOPA mit Wearing-off 292
–, optimale Peak-Response 292
L-DOPA-Antwort bleibt aus 293
L-DOPA-Decarboxylase 44, 60, 83, 84, 89, 90, 189
– -Hemmer 199
L-DOPA-Dosis 204
L-DOPA-Effekt 276–277
 –, Autoxidation 276
 –, Hinweise für bzw. gegen Nervenzellunter-
  gänge 277
 –, Hinweise für Nervenzelluntergänge 276
 –, neuronenschädigende Mechanismen 276, 277
L-DOPA-Einnahme 352
L-DOPA-Einsparung 288
L-DOPA-Freisetzungsrate 88
L-DOPA-induzierte Hyper- und Dyskinesien 208
L-DOPA-Langzeitsyndrom 29
L-DOPA-Metabolismus 90, 92
 –, durch COMT-Hemmer 92
L-DOPA-Nebenwirkung 273
L-DOPA-Neurotoxizität 274
 –, Zellkulturexperimente 274
L-DOPA-Plasmakonzentrationen 87–88
 –, zeitliche Verläufe 88
L-DOPA-Präparate 199–200
 –, Indikationen 199
 –, klinische Pharmakologie 199
 –, lösliche 200
L-DOPA-Resorption 87, 359
L-DOPA-Retardpräparate 88, 201, 287, 291
 –, Dosierungsintervalle 88
 –, Halbwertsdauer 88
 –, klinische Erfahrungen 201
L-DOPA-sparende Medikamente 286
L-DOPA-Sparpolitik 290

L-DOPA-Spätkomplikationen 274
L-DOPA-Spätsyndrom 207
L-DOPA-Test 32
L-DOPA-Therapie 83, 92, 273, 278–279
 –, mit DOPA-Decarboxylase- und COMT-
  Hemmer 92
 –, Mortalitätsrate 278
 –, natürlicher Verlauf der Parkinson-Krankheit
  278
 –, so niedrig wie möglich 279
 –, so spät wie möglich 279
 –, unerwünschte Wirkungen 273
L-DOPA-Therapie (s. a. COMT-Hemmung) 89
L-DOPA-Toxizität 276
 –, In-vitro-Befunde 276
 –, In-vivo-Befunde 277
L-DOPA/Carbidopa 201
 –, Stammlösung 201
L-DOPA/Carbidopa/Entacapon 213
 –, Kombinationspräparat 213
L-DOPS 35, 295
L-Selegilin (siehe Selegilin) 102
 –, nebenwirkungsarmes Arzneimittel 102
Lähmung 10
 –, progressive supranukleäre 10
LARGO-Studie 257
Läsionsmodelle der Parkinson-Krankheit 108
Lazabemid 100–101
LBD 30, 36, 307
Lebenserwartung 9
Lebensqualität 342
Lernfunktion s. Hirnfunktionen
Levodopa (L-DOPA) 372
Lewy-Körperchen 10, 19, 57–58, 120, 133, 151, 155, 161
 –, oxidativer Stress 133
 –, Pathogenese 161
Lewy-Körperchen-Bildung 162
Lewy-Körperchen-Demenz 20
Liatermine 324, 327
Libido 298
Lidschlusshäufigkeit s. Augen
Ligandenbindungsstudien 54
Lipid-Peroxidation von Membranlipiden 142
Lipid-Peroxidations-Produkte 143
Lipopolysaccharid s. LPS
Lisurid 94, 99, 174, 229–231, 373
 –, Dosis 230
 –, experimentelle Pharmakologie 229
 –, Indikationen 229
 –, klinische Pharmakologie 229
 –, Kombinationstherapie 229
 –, Kontraindikationen 231

–, Monotherapie 229
–, Nebenwirkungen 231
–, s.c., Infusionspumpen 94
–, transdermale Applikation 94
Lisurid-Pflaster 221, 230
Lisurid-Therapie 97, 99
Lithium 289
Locus coeruleus 65
Lokomotion 45, 67, 115, 123, 131
Lovastatin 3
Lower-body Parkinsonism 31
LPS 133, 156
LRRK/dardarin 22
Lymphom 3
Lymphozyten 154, 156, 177

Magen-Darm-Motilität 87
Magenentleerung 299
   –, Störungen 299
Magnet-Resonanz-Tomogramm 33
Makroautophagie-Stoffwechsel 157
Makrophagen 23, 154
Mangan-Gruben 5
MAO-A-Hemmer 100, 254, 309
MAO-B 145, 165
MAO-B-Aktivität 128
MAO-B-Hemmer 100, 102, 167, 215, 249, 256, 279, 308, 311, 315
   –, Cheese Effekt 102
   –, Herz-Kreislauf-Probleme 102
   –, L-DOPA-potenzierenden Effekt 102
MAO-Hemmung 100
   –, Halbwertszeit 100
Mathamphetamin 106
McKeith-Kriterien s. LBD
MDMA 117
Medikamente (s. a. Arzneistoffe)
   –, Entwicklung 312, 313
Meditation 348
Medulla oblongata 59, 66
Melevodopa 313
Melperon 307
Memantin 107, 373
Membranfluidität 142
Membranpotenziale
   –, erregende, hemmende 39
mesenzephale dopaminerge Neuronen 317
mesokortikales-mesolimbisches System 64
mesolimbisches und mesokortikales System 52
metabolische Störungen 4
metallbindende Proteine 141
Methadon 289

Methamphetamin 109, 117–118, 249
   –, Dopamin-Konzentrationen 118
   –, experimentell-induzierte Degeneration von Neuronen 117
Methylphenidat 122
Metixen 373
Metoclopramid 3, 289
MHC-Moleküle 154
MHPG-Konzentrationen 65
Mickey-Mouse-Sign 34
Migräne-Prophylaxe 3
Mikroglia 155
   –, aktivierte 155
Mikroglia-Zellen 154
Mikrografie 25, 26
Mikroskopie
   –, Elektronen- 20, 43
   –, Licht- 10
Milacemid 101
Mimik 25
Mimikry 41, 44
Mineralwässer 359
Minocyclin 177, 179
Mirtazapin 374
mitochondriale Atmungskette 115, 150
   –, Komplex I und IV 115
mitochondriale Dysfunktion 163
Mitochondrien 17, 151
Mitochondriopathien 37
Moclobemid 254, 309
Mona-Lisa-Syndrom 34
Monoamin-Oxidase 48
Monoamin-Oxidase-Typ-B (MAO-B)-Hemmer 101
   –, Strukturformeln 101
Morbus Alzheimer 61
Mortalität 254
   –, Selegilin 254
Motor-Loop-Konzept 61
MPP$^+$ 122, 125
   –, C. elegans 125
MPTP 4, 16, 105, 106, 109, 118–128
   –, Akinese 123
   –, akute Applikation 109
   –, C. elegans 125
   –, erstarrte Süchtige 106, 119
   –, Katalepsie 123
   –, kontinuierliche Applikation 110
   –, Kriterien 105
   –, Langzeitstudien 126
   –, MAO-B 122
   –, Metabolismus 123

–, Minipumpen 127
–, neurochemische Effekte 122
–, Neurodegenerationsgrad 126
–, neurotoxischer Wirkmechanismus 124
–, Progression 127
–, selektive neurotoxische Wirkung 121
–, Suszeptibilitäts-Unterschiede 120
–, Verlust an pigmentierten Neuronen 119
–, verminderte lokomotorische Aktivität 123
–, Wirkungsmechanismus 121
MPTP bei Nagetieren 122
MPTP-ähnlich 18
MPTP-ähnliche Verbindungen 128, 129
–, Strukturformeln 129
MPTP-geschädigte Mäuse 122
MPTP-läsionierten Affen 77
MPTP-Mausmodell 127
 –, Glukose-Aufnahme 127
 –, Komplex-I-Hemmung 127
 –, Ubiquitin-Proteasom-System 127
MPTP-Metabolit 143
 –, oxidativer Stress 143
MPTP-Modell 123, 126, 165
 –, chronisches 123, 126
MPTP-Neurotoxizität 120
 –, Dopamin-Verlust 120
 –, kumulative Dosis 120
 –, Suszeptibilität unterschiedlicher Tierfamilien 120
MPTP-Tiermodell 127
 –, neuroprotektive Therapiestrategien 127
MSA 32–34, 354
 –, Charakteristika 37
 –, mit vordergründiger typischer Parkinson-Symptomatik 37
 –, mit vordergründiger zerebellärer Symptomatik 37
MSA-C 35, 37
MSA-P 35, 37
Müdigkeit 239
 –, dopaminerge Nebenwirkung 239
Multisystematrophie s. MSA
Multisystemdegeneration 61
Muscarin-Rezeptoren 81
Musiktherapie 345
Muskel
 – -abbau 8
 – -entspannung 347
 – -krämpfe 28
 – -steifheit 336
 – -zellen 39
Mutation der mtDNS 21

N-Desmethyl-Selegilin 173
N-Methyl-(R)-salsolinol 129
NADH 329
Nahrungsergänzungsstoffe 329
Nekrose 152
 –, Kriterien 152
nekrose-ähnlich programmierter Zelltod 153
Nervenendigungen 66
 –, serotoninerge 66
Nervensystem 28
 –, autonomes 28
Nervenzellen s. Neuronen
Nervenzellverlust 59
Neuentwicklung eines Wirkstoffes 313
neurale Stammzellen als Lieferanten dopaminerger Neuronen 318
Neuroakanthozytose 37
neuroaktive Peptide 44
Neurobiologie 39
Neurodegeneration s. Degeneration
neuroimmunologische Forschung 155
Neuroleptika 3, 13, 37, 107, 109
 –, Blockade dopaminerger Rezeptoren 107
neuroleptika-induzierte Reduktion motorischer Aktivität 107
Neuromelanin 14, 132, 159
 –, eisenhaltig 132
 –, Immunantwort gegen 14
Neuromelanine 57
Neuron 39
Neuronen 11, 64–66, 68, 74, 79
 –, cholinerge 66
 –, Degeneration dopaminerger 11
 –, Degenerationsgrad dopaminerger 64
 –, GABAerge 68, 74, 79
 –, noradrenerge 65
Neuronensysteme 51
 –, dopaminerge 51
Neuronenverluste 66
 –, serotoninerge 66
Neuropathien 7
Neuropathologie 57
Neuropeptide 43, 70
neuroprotektive Wirkstoffe 165
Neuroprotektion 165, 168, 219, 225, 281
 –, präklinische und klinische Befunde 165
neuroprotektive Nahrungsmittel 329
neuroprotektive Strategie 138
neuroprotektive Strategien der Parkinson-Therapie 325
 –, Entwicklung 325
neuroprotektive Therapien 137, 326
 –, Probleme 326

neuropsychiatrische Symptome 305
–, Therapie 305
Neuroregeneration 167
Neurorezeptoren 53
Neurostimulation 264
Neurotoxin 105, 129
–, endogen 129
–, exogen 129
Neurotoxine 4
Neurotoxizität 118
–, Methamphetamin 118
Neurotransmission 47, 65
–, dopaminerge 47
–, olfaktorische 65
Neurotransmitter 40–41, 43
–, Biosyntheseenzyme 43
–, Definition 40
–, Kriterien 41
–, niedermolekulare 41
Neurotransmitter im ZNS 44
–, putative 44
Neurotransmitter-Rezeptor-Wechselwirkung 53
Nicergolin 374
Nicht-NMDA-Rezeptor 147
nichtdopaminerge Wirkstoffe 314–315
–, neue 314–315
Nierenerkankung 219
Nifedipin 3
nigro-striatale dopaminerge Neuronen 108
–, experimentell-induzierte Degeneration 108
nigro-striatales System 51
Nikotin 128
Nikotin-Rezeptoren 128
Nimodipin 374
NMDA-Antagonisten 70
NMDA-Rezeptor 71, 147
–, Bindungsdichten 71
NMDA-Rezeptorantagonist 107, 114, 128, 148
NMDA-Rezeptorantagonisten 103, 258, 279, 281, 290
–, Strukturformeln 103
NOMECOMT-Studie 211
Nomesafe-Studie 211
Nomifensin 122
Noradrenalin 66
noradrenerges System 29
Nordic Walking 346, 347
Normaldruckhydrozephalus 5
Nortriptylin 99, 375
NOS-Hemmstoffe 167–168
Nucleus
–, accumbens 50–52, 62, 63, 65, 69, 71, 118, 122

–, basalis Meynert 30, 58, 66, 67, 82, 133, 198
–, caudatus 33, 42, 51, 52, 59–63, 65, 67, 69, 71, 74, 101, 118, 186, 187, 232, 242
–, Onuf (Rückenmark) 35
–, subthalamicus 5, 42, 51, 62, 65, 67, 69, 71, 72, 74–9, 103, 123, 223, 259, 266, 321
Nucleus tegmenti pedunculopontinus 67
Nucleus Westphal-Edinger 67
Nucleus-subthalamicus-Neuronen 76
Nutzen-Schaden-Abwägung 273

Obstipation 299
Ödeme 231
Off-Fluktuationen 200
Okulogyre Krisen 32
Olanzapin 3, 307
olfaktorisches System 59
olivo-ponto-zerebelläre Atrophie 34
On-off-Fluktuationen 289
operatives Verfahren 288
Oregano 12
Orthostase 66, 96
–, bei MSA 35
–, als Nebenwirkung 219
–, bei Physiotherapie 346
Orthostase-Symptome 35
orthostatische Hypotension 300
Osteoporose 357–359
oxidativer Stress 137–138, 142, 145, 150, 163
–, auslösender Prozess 138
–, dopaminerge Neurotoxine 142
–, neuroprotektive Strategie 138
–, Substantia nigra 145
Oxyferriscorbon 329
Oxytocin 44

Pallidotomie 263, 264, 318
Panik-Attacke 22
Paraesthesien 301
Paraquat 18, 129–130
Parathyreoidea 4
PARK 1 20
PARK 2 20
PARK 3 21
PARK 4 21
PARK 5 21
PARK 6 22
PARK 7 22
PARK 8 22
PARK 9 22
PARK 10 22
PARK 11 22
Parkin 20, 159

Parkin und α-Synuclein 160
–, Interaktion 160
Parkin-Mutationen 162
Parkinson-Demenz 30
Parkinson-Demenz-ALS-Komplex 148
Parkinson-Krankheit 39, 59, 79, 105
  –, motorische Schleife 76
  –, Neurobiologie 39
  –, Post-mortem-Befunde 60
  –, Tiermodelle 105
Parkinson-Literatur 341
Parkinson-Medikamente 83
  –, Wirkungsmechanismen 83
Parkinsonismus (s. a. Pseudoparkinsonismus) 4, 5, 31, 36, 37
  –, medikamenteninduzierter 2, 3
Parkinson-Plus-Syndrome 3, 37
Parkinson-Spezialkliniken 356
Parkinson-Syndrom 61, 119, 197
  –, bei AIDS 61
  –, MPTP-induziert 119
  –, postenzephalitisches 61
  –, Therapie 197
Parkinson-Syndrom(e)(s) 2
  –, Ätiologie des idiopathischen 8
  –, Diagnose 31
  –, Differenzialdiagnose 31
  –, Genese sekundärer 2
  –, idiopathisches 2, 37
  –, Klassifikation 2–3
  –, mögliche Ursachen für die Entstehung des idiopathischen 16
  –, Pathogenese des idiopathischen 15
  –, Prävalenz des idiopathischen 9
  –, sekundäre 3, 14
  –, Subtypen 2
  –, symptomatische 3
  –, traumatisches 5
Parkinson-Therapie 281
  –, Beginn 281
Parlodel® s. Bromocriptin
Paroxetin 375
Partnerschaft 341
Pathogenese der Parkinson-Krankheit 137
Patient und Umfeld 333
Peak-dose-Dys-/Hyperkinesien 293
Peak-dose-Dyskinesien 86
Peak-Response 291
PELMO-PET 231
Pergolid 93, 99, 228, 231–234, 376
  –, Add-on-Medikament 232
  –, experimentelle Pharmakologie 231

–, Herzklappen-Fibrosen 231
–, Hochdosis-Therapie 233
–, Indikationen 231
–, klinische Pharmakologie 231
–, Kontraindikationen 234
–, Monotherapie 232
–, Nebenwirkungen 234
–, Start-Packung 234
Perikaryon s. Zellkörper
Pestizide 15
PET-Analysen 32
PET-Untersuchungen 33
Pflege 355
pflegende Bezugspersonen 340
Phagozytose 23
Pharmakologie 81
  –, -dynamik 97
  –, -kinetik 97–98
Phenothiazine (s. a. Neuroleptika) 3
Phospholipase 149
Phospholipide 144, 149
Phosphorylierung 22, 56
Physiotherapie 346
Physostigmin 83
Pigmentepithelzellen 320
Pigmentierung 57
PINK 22
Piracetam 376
Pizza-Test 12
Plaques s. Proteine
Plastizität 40, 78, 126
Polyglutamin-Erkrankungen 24
präsynaptisch s. Synapse
Prävalenz s. u. IPS etc.
Positronen-Emissions-Tomographie s. PET
Post-mortem-Material 10, 14, 23, 51, 70, 78, 329
  –, Untersuchungen 11, 17, 41, 60, 63–65, 70, 78, 132, 143, 151, 162, 189, 328
postsynaptisch s. Synapse
posturale Instabilität 24, 27
Potenziale 12
  –, olfaktorisch evozierte 12
  –, visuell evozierte 12
PRADO-Studie 226, 279
präklinische Untersuchungen 168
Pramipexol 93, 96, 99, 174, 209, 219, 234–238, 309, 377
  –, antianhedone Wirksamkeit 99
  –, Depression 237
  –, Dosis-Wirkungsbeziehung 235
  –, Dyskinesien 235
  –, experimentelle Pharmakologie 234

–, Indikationen 234
–, klinische Pharmakologie 234
–, Kontraindikationen 237
–, Nebenwirkungen 237
–, plötzliches Einschlafen 237
–, retinale Degeneration 237
–, Schlafattacken 96, 238
–, Tremor 236
–, Vergleichsstudie zu Bromocriptin 236
–, vermehrte Einschlafneigung 238
präsynaptisch s. Synapse
Prävalenz s. u. IPS etc.
Presenilin 24
PRESTO-Studie 257
Priming-Effekt 32
Prionen-Erkrankungen 24
Prognose 8, 27
–, bei PSP 34
Procyclidin 377
programmierter Zelltod 152
progressive supranukleäre Blicklähmung 37
progressive supranukleäre Parese 354
Propulsion beim Gehen 27
Propylgallat 91
Proteasom-Hemmstoffe 132, 159
Proteasom-Hemmstoff-Tiermodell 133
   –, kein Parkinson-Tiermodell 133
Protein-Aggregate 58
Protein(e) 22, 53
   –, Aggregation 21, 23, 58, 138, 141, 157–162, 177, 178
   –, fibrilläre 138
   – -kinasen 46, 55, 56, 149
   –, Konglomerate 10, 16
   –, toxische 24
Proteasom-System 122
Protein-Aggregation 23, 138, 156
   –, auslösender Prozess 138
   –, neuroprotektive Strategie 138
Protein-Aggregationen 157
Proteolyse von Proteinen 161
Protofibrillen 162
Pseudo-Parkinsonismus 3
PSP 32, 34, 36–37, 63
Psychiatrie 4
   –, Patienten 13
   –, Unterbringung Erkrankter 1
psychische Belastbarkeit 333
psychologisch heikle Zeit 337
psychologisch kritische Phasen 344
psychologische Interventionen 341
Psychosen 52
   –, pharmakotoxische 52

Putamen 7, 33, 35, 42, 52, 57, 59–63, 65, 67, 69, 71, 74, 76, 99, 117, 123, 185, 187, 222, 232, 242, 317
Pyridoxalphosphat 199
Pyritinol 378
Pyrogallol 89, 91

QiGong 348
Quetiapin 307, 378

Radikale entgiftende Systeme 144
Rapamycin 179
Raphe-Kerne 66
Rasagilin 100–101, 172–173, 255, 257–258, 284, 303, 308, 311, 378
   –, antiapoptotische Wirkung 173
   –, Antidepressiva 258
   –, depressive Symptome 257
   –, experimentelle Pharmakologie 255
   –, Indikationen 255
   –, klinische Pharmakologie 255
   –, Kontraindikationen 258
   –, Nebenwirkungen 258
   –, neuroprotektive Wirkung 255
   –, Off-Zeit 257
   –, Sympathomimetika 258
Raucher 15, 128
Raumforderung (s. a. bei Parkinson-Syndrome) 3
Raynaud-Phänomen 227, 231
reactive oxygen species s. ROS
REAL-PET-Studie 242
Reboxetin 379
Redox-Gleichgewicht 16
Redoxzustand 171
Regelkreis 73–74
   –, motorischer 74
   –, neuronaler 73, 74
regenerierende Prozesse 126
Reiki 348
REM-Schlaf-assoziiertes Phänomen 303
REM-Schlaf-Verhalten 303
REM-Schlafverhaltensstörungen 31
Reserpin 83, 107, 109
Reserpin-Effekt 107
Retard-Präparate 201
Retardformulierung 89
Retina 12, 65
Retrocollis 34
Rezeptor-Theorien 53
Rezeptor-Tyrosinkinase 46
Rezeptorbindungseigenschaften 93
   –, Vergleich von Dopamin-Rezeptoragonisten 93

Rezeptoren 45, 48, 55, 70, 103
 –, AMPA 70
 –, G-Protein-gekoppelte 46, 55
 –, glutamaterge 103
 –, ionotrope 45
 –, metabotrope 45–46
 –, α-Amino-3-hydroxy-5-methyl-4-isoxazolpropion acid 70
Rezeptorpharmakologie 40
Rezeptorstimulation 97
 –, kontinuierliche 97
Rho-zero-Zelltechnik 17
Ribosomen 43
Riechstörungen 12, 27–28
Rigor 24, 26, 72, 336
Rigor-Akinese-Typ 8
Riluzol 128, 324
Risikofaktor 137
Rivastigmin 379
Rollstuhl 8
Ropinirol 93, 96, 99, 174, 209, 219, 237, 239, 240–245, 309, 380
 –, Anti-Tremor-Wirkung 244
 –, Bromocriptin-kontrollierte Studie 240
 –, Dyskinesien 241, 242
 –, experimentelle Pharmakologie 239
 –, Herzklappenfibrose 245
 –, Hochdosis-Therapie 243
 –, Indikationen 239
 –, klinische Pharmakologie 239
 –, Kombinations-Therapie 243
 –, Kontraindikationen 245
 –, Monotherapie 240
 –, Nebenwirkungen 245
 –, Plasmahalbwertszeit 239
 –, plötzliches Einschlafen 237
 –, retardierte Formulierung 245
 –, Schlafattacken 96
 –, Umstellung von Patienten 241
Ropinirol CR 245
ROS 137, 139, 143
Rotenon 129–131
 –, unselektiv 131
Rotigotin 96, 224, 245–249, 380
 –, Applikation des Pflasters 246
 –, experimentelle Pharmakologie 245
 –, Gesamtinhalt eines Pflasters 247
 –, Indikationen 246
 –, klinische Pharmakologie 246
 –, Kontraindikationen 249
 –, Nebenwirkungen 249
 –, Pflastergröße 247

 –, pharmakokinetische Daten 248
 –, Therapie der akinetischen Krise 224
Rückkopplungsmechanismus 74
Ruhetremor 26

Safinamid 101, 315
Salbengesicht 301
Sarizotan 322–324
Sauerstoff ableitbare Radikale 139
Sauerstoff-Radikale 139
Sauerstoff-Verbindungen 140
 –, Bildung und Inaktivierung von reaktiven 140
Schellong-Test 35
Schlaf-Anamnese 238
Schlafapnoe-Syndrom 304
Schlafattacken 96, 237
Schlafqualität 205
Schlafstörungen 30, 333
 –, Therapie 303
Schlaganfall 5
Schleifen, motorische 5, 79
Schlucken 25
Schluckstörungen 8, 25, 28, 35, 200, 203, 313
Schlüsselbefund 9
 –, neuropathologischer 9
Schmerz 26
Schmerzen 28, 301, 333
Schwarzes Bilsenkraut 81
Schweiß
 –, -bildung 28
Schwellenangst 26
Schwitzen 302
Scopolamin 81–82
Seborrhö 25, 301
6-Hydroxydopamin s. 6-OHDA
6-OHDA 105–106, 108–109, 111–115, 117, 143, 277
 –, Atmungskette 115
 –, bilaterale Injektion 112
 –, chronischer Effekt von L-DOPA 114
 –, chronisches Modell 111
 –, Drehverhalten 113
 –, freie Radikale 115
 –, funktionelle Erholung 112
 –, oxidativer Stress 143
 –, Störung der Blut-Hirn-Schranken-Permeabilität 117
 –, unilaterale Injektion 111
6-OHDA-Rotationsmodell der Ratte 114
26S-Proteasom-Komplex 159
Second-Messenger-Wege 55
SEESAW-Studie 212

Sehbahn 28
Seitenbetonung 1, 27, 32
Selbsthilfegruppen 339
SELECT-TC-Studie 214
SELEDO-Studie 250, 252
Selegilin 100–102, 165, 167, 172–173, 249–251, 253–254, 284, 303, 308, 311, 381
 –, antiapoptotische Wirkung 173
 –, experimentelle Pharmakologie 249
 –, Fünfjahresstudie 250
 –, Hauptmetabolite 249
 –, Indikationen 250
 –, klinische Pharmakologie 250
 –, Kontraindikationen 254
 –, L-DOPA-assoziierte Fluktuationen 253
 –, L-DOPA-Spareffekt 251
 –, Langzeit-L-DOPA-Spareffekt 250
 –, Mortalität 254
 –, Nebenwirkungen 254
 –, Neuroprotektion 250
 –, neuroprotektive Eigenschaften 249
 –, Progression 253
 –, Schmelztablette 254
 –, sympathomimetische Nebenwirkungen 102
 –, tägliche Dosis 253
Selegilin-Monotherapie 101
Selektive Serotonin-Wiederaufnahme-Hemmer 289
Sensitivierung 114, 115
 –, L-DOPA-induzierte 115
serotoninerges System 29
Serotonin-5-HT$_4$-Rezeptor 3
Sertralin 382
Sexualität 343
 –, Arzneimittel-Gruppen 343
 –, Dopamin-Rezeptoragonist 343
 –, L-DOPA 343
 –, Parkinson-Symptome 343
Sexualität und Partnerschaft 341–342
Sexualverhalten 352
sexuelle Dysfunktionen 342
sexuelle Funktionsstörungen 343
sexuelle Probleme 298
sexuelle Zufriedenheit 343
Shaking Palsy 1
Shy-Drager-Syndrom 35
Sialorrhö 28
Signaltransduktion 54, 56
Signaltransduktionsweg 78
Signalübertragung 55
SIMCOM-Studie 213
SINDEPAR-Studie 250
SINEMET® s. L-DOPA/Carbidopa

SN-Echogenität 14
Singen 345
SOD 172
SOD-Aktivität 172
Somatostatin 44
Somnolenz 30, 36, 37
Sonografie 12
 –, transkranielle 12
soziales Netz 339
Spastik 26
SPECT-Studie 235
Speichel
 –, -bildung 25
 –, -fluss 28, 203
Spheramine 320
Sphinkter-EMG 35
Sprache 28
20S-Proteasom 159
Sprouting 78, 112
Stadien-Einteilung 8
 –, nach Hoehn 8
 –, nach Yahr 8
Stadieneinteilung 58
 –, neuropathologische 58
Stammzellen 318
Stammzellen in dopaminerge Neuronen 327
Starthemmung s. Freezing
Steele-Richardson-Olszewski-Syndrom s. PSP
stereotaktische Operationen 79
Stiftung, Hans-Tauber 353
Stimme
 –, Veränderung 25
Stimulation 201
 –, phasische 201
 –, tonische 201
Stoffwechselprodukte 44
 –, niedermolekulare 44
Störung der Ca^{2+}-Homöostase 139
 –, auslösender Prozess 139
 –, neuroprotektive Strategie 139
Störung der mitochondrialen Funktion 139
 –, auslösender Prozess 139
 –, auslösender Prozess; neuroprotektive Strategie 139
Stress 16
 –, oxidativer 16
striato-nigrale Degeneration 34
Striatum 13, 44, 48, 50–52, 59, 61, 63–64, 67, 68, 102, 108, 111, 117, 123, 130, 131, 143, 147, 174, 188, 198, 243
STRIDE-PD-Studie 213
Sturzrisiko 358

Substantia nigra 9, 10–14, 34–36, 42, 50–52, 57–60, 62, 63, 67, 70–72, 74, 76, 77, 84, 102, 105, 108, 111, 113, 119, 127, 131, 144, 155, 184, 188, 243
Subtypen 8
Suchtentwicklung 52
Suizid 310
Superoxid-Dismutase 141
Superoxid-Radikal 16
Supination s. Arme, Bewegungen
supranukleäre Blicklähmung 34
Suszeptibilität 12, 120, 121, 126
Switch-Studie 216
sympathisches System 66
symptomatische Therapie 314
   –, Entwicklungen zur Verbesserung 314
Symptome 66
   –, depressive 66
Synapsen 39–40
   –, chemische 40
   –, elektrische 40
   –, Kontaktzone 39
synaptischer Spalt 39, 43, 45, 46, 149
   –, postsynaptisch 33–35, 39, 45, 63, 64, 93, 113
   –, präsynaptisch 32, 39, 45, 60, 93
synaptische Übertragung 40
synaptische Übertragunsmechanismen 39
synaptische Verbindungen 41
Syndrom 13
   –, akinetisches 13
Syndrome 72
   –, hypokinetische 72
Synkopen 36, 37, 94
Syphilis 4

T-Lymphozyten 154
TaClo 4, 18, 129–130
Tacrin (s. a. ACh-Esterase-Hemmer) 4
Tagesmüdigkeit 31, 303
Talgbildung bei Parkinson-Patienten 302
Tangles s. Proteine
Tau 24
   –, -Kopplung 24
   –, -Protein 131
Tau-positive Neurone 34
Tauopathien 24
TC-INIT-Studie 214
TEMPO-Studie 255–256, 282
   –, zeitlicher Verlauf 256
Tetrabenazin 3
Tetrahydrobiopterin 328
Tetrahydropapaverolin 129
TH-Aktivität 63, 329

TH-Aktivitäten 65
Thalamotomie 263
therapeutische Klonierung 319
Therapie 297, 324
   –, autonome Störungen 297
   –, kausale 324
Therapie der Frühphase 283
Therapie der Frühphase bei Patienten über 70 Jahren 285
   –, Akinese-Rigor-Typ 285
   –, Tremor-Typ 285
Therapie der Frühphase bei Patienten unter 70 Jahren 284
   –, Akinese-Rigor-Typ 284
Therapie der Spätphase 287
Therapie der Spätphase des idiopathischen Parkinson-Syndroms 287
Therapie von L-DOPA-assoziierten motorischen Komplikationen 289
Therapien 311
   –, nicht zugelassene 311
   –, zukünftige 311
Therapien der Parkinson-Krankheit 328
   –, nicht zugelassene 328
Therapiestrategien bei Patienten über 70 Jahren 286
Therapiestrategien bei Patienten unter 70 Jahren 283
   –, Tremor-dominanter Typ 284
   –, Akinese-Rigor-Typ 284
Thermokoagulation 263
Tiefe Hirnstimulation 27, 223, 264, 293
   –, Kontraindikationen 65
Tiefenhirn-stimulierte „TIP"-Patienten 354
Tierexperiment(e) 4, 14, 44, 45, 49, 59, 77–79, 82, 83, 85, 91, 92, 94, 97, 100, 102, 105–136, 143, 148, 165, 272
   –, Drehverhalten 113, 114
Tiermodelle 105, 106, 109, 134
   –, charakteristische Merkmale 109
   –, molekulare 106
   –, neuropathologischer Effekt 109
   –, Progression der Neurodegeneration 109
   –, Symptomatik 109
   –, transgene 106, 134
Tocopherol 170
   –, Strukturformeln 170
Tolcapon 89, 91, 213, 215–217, 290, 383
   –, Diarrhöen 217
   –, experimentelle Pharmakologie 215
   –, Indikation 216
   –, klinische Pharmakologie 216
   –, Kontraindikationen 217

–, Langzeitverträglichkeit 216
–, Leberfunktion 215
–, Leberfunktionsstörungen 89
–, Leberschädigung 217
–, Nebenwirkungen 217
–, Pharmakokinetik 89
–, Reduktion des Wearing-off 216
Tollkirsche 81
Toxine 18
–, endogene 18
–, exogene 18
–, MPTP-ähnliche 18
toxische Wirkungen 272
–, akute 272
transdermale Applikationsformen 313
transgene Strategie 134
transgene Tiermodelle 135–136
–, Beispiele 135–136
Transkriptionsfaktoren 172
Transplantation 317
Transplantation von fetalen mesenzephalen Neuronen 317
Transplantation von transfizierten Zellen 321
transplantiertes embryonales Gewebe 319
–, Abstoßungsreaktionen 319
–, Krebsentstehung 319
Tremor 24, 26, 27, 66, 72, 79, 81, 82, 336
–, essenzieller 27
Tremor-dominantes Parkinson-Syndrom 285, 286
–, Anticholinergika 285
–, Budipin 285
–, Clozapin 285
–, Pramipexol 285
Tremor-Dominanz-Typ 8
Trichlorethylen 18, 130
Trihexyphenidyl 82, 384
trizyklische Antidepressiva 308, 309
tubero-infundibulares System 53
Tyramin 102
Tyrosin 45, 57, 328
–, -hydroxylase 45, 47, 49, 57, 59, 60, 63, 65, 107, 108, 110, 117, 121, 136, 189

U 40 333, 342, 354
Ubichinon 171
–, Strukturformel 171
Ubiquitin 58
Ubiquitin-Carboxy-terminale Hydrolase 21
Ubiquitin-Ligase 21
Ubiquitin-Proteasom-System 156, 163
Ubiquitin-Proteasom-Systems beim IPS 157
Ubiquitin-Proteasom-Weg 158, 161
UCH-L1 21

Ultraschall s. Sonografie
Umgangsregeln 339
Umweltbelastung mit Exotoxinen 137
Unified Parkinson's Disease Rating Scale s. UPDRS
Unterbringung psychiatrisch Erkrankter s. Psychiatrie
UPDRS 12, 97, 182, 186, 189, 202, 222, 230, 232, 235, 240, 346
urogenitale Funktionsstörungen 297
Ursachen 5
–, genetische 5
USA 4, 34, 199, 216, 223, 235, 335

Vaguskern 57, 59
Vagusnerv des Herzens 40
Vasopressin 44, 71
Vegetative Symptome 27
Vektoren 322
Verdauung 299
–, Störungen 299
Vererbung 5, 6, 24, 32, 37, 46, 145, 165
Vergiftung(en) s. CO etc.
Verlangsamung s. Beweglichkeit
Verteilungsvolumen 98
Verwirrtheit 30, 190, 205, 225, 271, 274
Vesikulärer Monoamin-Transporter 60
Vitamin C 128, 169
–, präklinische Untersuchungen 169
Vitamin C und E 168
–, neuroprotektive Wirksamkeit 168
Vitamin E 170
–, präklinische und klinische Befunde 170
VMAT-2-Knock-out-Mäuse 119
von-Economo-Enzephalitis 4
Vulnerabilität der dopaminergen SN-Neuronen 137

Wahnvorstellungen s. Halluzinationen
Waisen-Rezeptoren 55
Wasserstoffperoxid 16
Wasserstoffperoxid-metabolisierende Enzyme 144
Wearing-off 292
–, Maßnahmen 292
Westphal-Variante 37
Wiederaufnahme von Dopamin 313
–, Hemmung 313
Willkürbewegungen 336
Wilson-Krankheit 37
Wirkstoffe 165
–, neuronenheilende 165
–, neuronenrettende 165

Zahnradphänomen 26
Zellersatz-Strategie 320

Zellfortsätze 39, 147
Zellkörper 39, 43, 147
Zellkulturmodelle 172
Zelltod (s. a. Apoptose) 23, 116, 120, 152, 168
  –, programmierter 23
Zelltodmechanismen 153, 163
Zellverluste 67
  –, cholinerge 67
Zellzyklus 153
Zink
  –, Konzentration in der SN 14

Zitteraal 19
Zittern 1, 2, 4, 5, 8, 12, 20, 22, 26, 32, 35, 36, 72, 79, 104, 107, 108, 123, 131, 133, 198, 202, 219, 224, 235, 311, 336, 338, 343
Zusatzdiagnostik 30
2,4-Dinitrophenol 89
Zwillinge
  –, Untersuchungen 19
Zyanid 5
Zytokine 154
Zytoskelett 16

SpringerMedizin

Thomas Berger, Christoph Brezinka, Gerhard Luef (Hrsg.)

Neurologische Erkrankungen in der Schwangerschaft

Evidence Based Medicine

2007. XVI, 325 Seiten. 22 Abbildungen.
Gebunden **EUR 59,90**, sFr 92,–
ISBN 978-3-211-00492-0

Schwangerschaft und Geburt sind natürliche physiologische Vorgänge und von zentraler Bedeutung im Leben einer jeden Frau. Neurologische Erkrankungen können dabei sowohl bereits vor als auch während einer Schwangerschaft auftreten. In beiden Fällen sind sachkundige neurologische und geburtshilfliche Beratung und Management nötig. Diese Thematik wurde nun erstmals im deutschen Sprachraum in Form eines interdisziplinären praxisorientierten Handbuches aufbereitet. Das Werk richtet sich daher an Gynäkologen, Neurologen sowie an Allgemeinmediziner. Auf Basis der klinischen und wissenschaftlichen Expertise der Autoren werden relevante neurologische Krankheitsbilder aktuell und detailliert, aber vor allem klar strukturiert und praxisnahe dargestellt, sodass dieses Buch zu einem unverzichtbaren Bestandteil der kompetenten Betreuung von betroffenen Frauen vor und während ihrer Schwangerschaft wird.

SpringerWienNewYork

P.O. Box 89, Sachsenplatz 4–6, 1201 Wien, Österreich, Fax +43.1.330 24 26, books@springer.at, **springer.at**
Haberstraße 7, 69126 Heidelberg, Deutschland, Fax +49.6221.345-4229, SDC-bookorder@springer.com, springer.com
P.O. Box 2485, Secaucus, NJ 07096-2485, USA, Fax +1.201.348-4505, service@springer-ny.com, springer.com
Preisänderungen und Irrtümer vorbehalten.

SpringerMedizin

Peter Riederer, Gerd Laux (Hrsg.)

Neuro-Psychopharmaka

Ein Therapie-Handbuch
Band 6: Notfalltherapie, Antiepileptika, Psychostimulantien,
Suchttherapeutika und sonstige Psychopharmaka

2., neu bearbeitete Auflage.
2006. XIII, 536 S. Mit zahlreichen Abbildungen.
Gebunden **EUR 120,–**, sFr 184,–
ISBN 978-3-211-22956-9

Die ersten drei Kapitel – Neuropsychiatrische Notfalltherapie, Antiepileptika und Psychostimulanzien – wurden vollständig aktualisiert und ergänzt um den Einbezug der intensivmedizinischen Versorgung von Psychopharmaka-Intoxikationen. Angesichts der wachsenden Bedeutung wurden im Kapitel Psychostimulanzien die Therapiestrategien des ADHS besonders hervorgehoben. Neu ist das große Hauptkapitel Suchttherapeutika – hier fanden in den letzten Jahren die größten psychopharmakotherapeutischen Innovationen und Veränderungen statt. Angesichts der Häufigkeit dieser Erkrankungen und Störungen erfolgte eine fundierte Darstellung dieser Thematik. Wie das Gesamtwerk folgt auch dieser Band einer stringenten Gliederung in die Subkapitel Pharmakologie, Neurobiochemie/Wirkmechanismus sowie Klinik – illustriert durch zahlreiche Tabellen und Abbildungen. Übersichtstabellen der Einzelpräparate – farblich abgesetzt mit wichtigen praktisch-klinischen Angaben zur raschen Information – runden den Band ab.

SpringerWienNewYork

P.O. Box 89, Sachsenplatz 4–6, 1201 Wien, Österreich, Fax +43.1.330 24 26, books@springer.at, **springer.at**
Haberstraße 7, 69126 Heidelberg, Deutschland, Fax +49.6221.345-4229, SDC-bookorder@springer.com, springer.com
P.O. Box 2485, Secaucus, NJ 07096-2485, USA, Fax +1.201.348-4505, service@springer-ny.com, springer.com
Preisänderungen und Irrtümer vorbehalten.

SpringerMedizin

Manfred Gerlach, Andreas Warnke,
Christoph Wewetzer (Hrsg.)

Neuro-Psychopharmaka im Kindes- und Jugendalter

Grundlagen und Therapie

2004. XVIII, 356 Seiten. 27 zum Teil farbige Abbildungen.
Gebunden **EUR 59,80**, sFr 92,–
ISBN 978-3-211-00825-6

Dieses Buch vermittelt einen umfassenden Überblick über das aktuelle Wissen auf dem Gebiet der Neuropsychopharmakologie im Kindes- und Jugendalter. Im ersten Teil werden die Grundlagen der Neuro-Psychopharmakologie dargelegt, um ein tieferes Verständnis der Therapieprinzipien sowie der Besonderheiten der Neuro-Psychopharmakologie bei Kindern- und Jugendlichen zu erhalten. Rechtliche und ethische Fragen im Praxisalltag werden eingehend erörtert.

Im speziellen Teil werden die verschiedenen Arzneistoffgruppen ausführlich behandelt. Im dritten Teil wird die störungsspezifische und symptomorientierte Medikation praxisorientiert beschrieben und kritisch bewertet, so dass der Arzt über eine klare Handlungsanleitung verfügt.

Das Lehrbuch und Nachschlagewerk besticht durch die komprimierte und einheitliche Darstellung mit vielen zweifarbigen Tabellen, Schemata und Abbildungen. Es wendet sich an Kinder- und Jugendpsychiater und -psychotherapeuten, Pädiater, Allgemeinmediziner, Psychologen, Pflegekräfte und Lehrer.

SpringerWienNewYork

P.O. Box 89, Sachsenplatz 4–6, 1201 Wien, Österreich, Fax +43.1.330 24 26, books@springer.at, **springer.at**
Haberstraße 7, 69126 Heidelberg, Deutschland, Fax +49.6221.345-4229, SDC-bookorder@springer.com, springer.com
P.O. Box 2485, Secaucus, NJ 07096-2485, USA, Fax +1.201.348-4505, service@springer.com, springer.com
Preisänderungen und Irrtümer vorbehalten.

Springer und Umwelt

ALS INTERNATIONALER WISSENSCHAFTLICHER VERLAG sind wir uns unserer besonderen Verpflichtung der Umwelt gegenüber bewusst und beziehen umweltorientierte Grundsätze in Unternehmensentscheidungen mit ein.

VON UNSEREN GESCHÄFTSPARTNERN (DRUCKEREIEN, Papierfabriken, Verpackungsherstellern usw.) verlangen wir, dass sie sowohl beim Herstellungsprozess selbst als auch beim Einsatz der zur Verwendung kommenden Materialien ökologische Gesichtspunkte berücksichtigen.

DAS FÜR DIESES BUCH VERWENDETE PAPIER IST AUS chlorfrei hergestelltem Zellstoff gefertigt und im pH-Wert neutral.